행정 · 입법고시

통계학

| 합격대비 |

SD에듀
㈜시대고시기획

2024 SD에듀
행정·입법고시 통계학 합격대비

Always **with you**

사람의 인연은 길에서 우연하게 만나거나 함께 살아가는 것만을 의미하지는 않습니다.

책을 펴내는 출판사와 그 책을 읽는 독자의 만남도 소중한 인연입니다.

SD에듀는 항상 독자의 마음을 헤아리기 위해 노력하고 있습니다. 늘 독자와 함께하겠습니다.

머리말 PREFACE

이 책은 행정고시, 입법고시를 준비하는 수험생분들에게 기본 이론서 역할을 할 수 있도록 쓰려고 노력하였다. 이 책에 소개된 통계이론들을 모두 이해하고, 각 Part 마다 수록된 과거 기출문제와 부록에 수록한 최근 기출문제를 모두 풀어본다면 행정고시 및 입법고시를 준비하는 데 부족함이 없으리라 본다.

기존에 출간한 「행정·입법고시 금융공기업 통계학」의 경우 한국은행과 금융감독원 기출문제를 수록하여 이 금융공기업 기출문제들을 해설하기 위한 이론을 추가하였기 때문에 다소 행정고시와 입법고시를 준비하는 수험생들에게 부담이 되었던 것은 사실이다. 이에 2000년 이후부터 행정고시와 입법고시에 출제되었던 문제들을 재분석하여 불필요한 부분들을 삭제하고 자주 출제되었던 단원들을 보충하였다.

이 책은 총 11개의 Part로 구성되어 있다. 각 Part마다 통계이론들을 먼저 설명한 후 2000년 이전에 출제되었던 과거 행정고시, 입법고시, 기술고시 문제를 해설하여 수험생 스스로 통계이론을 정리할 수 있도록 하였다. Part 1은 자료의 요약과 기초 통계량으로 출제 빈도는 비교적 낮으며 가장 기본이 되는 통계분석기법 및 통계용어를 소개하였다. Part 2 자료의 연관성에서는 통계분석 초기 단계에 사용하는 상관계수에 대해 설명하였다. Part 3 확률과 확률분포, Part 4 특수한 확률분포, Part 5 표본통계량과 표본분포, Part 6 추정, Part 7 가설검정은 수리적인 내용이 많이 포함되어 있어 다소 어렵게 느껴지는 부분이지만 그만큼 출제빈도 또한 높으니 많은 시간을 투자해 준비하기 바란다. 단, Part 7 가설검정에서 일반화가능도비검정이 과거 행정고시에 한 번 출제된 후 출제되고 있지 않아 다소 출제 범위를 벗어난 문제라 생각된다. 이와 같은 이유로 Part 7을 공부할 때 최강력검정, 균일최강력검정, 일반화가능도비검정 부분은 기출문제 등을 참고하여 필요한 부분을 선택적으로 공부하는 것이 바람직할 것이다. Part 8 범주형 자료 분석은 출제 빈도가 높은 Part이니 시간 투자를 적절히 배분하기 바라며, Part 9 분산분석은 비교적 출제 빈도가 낮고 이해하기 쉽게 출제되는 부분이다. Part 10 회귀분석은 매우 높은 출제 빈도를 보이고 있으니 Part 3, 4, 5, 6, 7과 더불어 많은 시간을 투자해 준비하길 바란다. Part 11 표본추출이론은 표본추출방법이 종종 출제되고 있으니 각 표본추출방법의 장단점 및 특징에 대해 잘 정리해 두었으면 한다.

더불어 부록에 2011년부터 출제되었던 문제들을 해설하였고 통계이론을 이해하기 편리하도록 미적분 기본공식, 분포표 등을 수록하였다. 각 Part에 수록된 과거 기출문제와 부록에 수록된 최근 기출문제 해설은 반드시 정답이라고 할 수는 없지만 좋은 답안의 한 예는 되리라고 생각한다. 마지막으로 이 책이 고시를 준비하는 수험생들에게 조금이나마 도움이 되길 진심으로 바란다.

2023년 11월 소 정현

이 책의 구성과 특징 STRUCTURES

⑦ 산술평균과 중위수의 성질

산술평균 $\bar{x}$ 는 관측값으로 부터의 차이를 제곱한 제곱합을 $S = \sum_{i=1}^{n}(x_i-b)^2$ 이라 할 때, S 를 최소로 하는 통계량 b 는 산술평균이 된다. 이는 S 를 b 에 대해 편미분하여 0으로 놓는 b 의 값을 찾는 것과 같으며, $\frac{\partial S}{\partial b} = -2\sum_{i=1}^{n}(x_i-b) = 0$ 을 만족하는 통계량 b 가 S 를 최소로 한다.

$\sum_{i=1}^{n}(x_i-b) = \sum_{i=1}^{n}x_i - nb = 0$ 이므로, $b = \dfrac{\sum_{i=1}^{n}x_i}{n} = \bar{x}$ 이다. 또한, 2차 조건으로 $\dfrac{\partial^2 S}{\partial b^2} = 2 > 0$ 이 성립되어 $b = \bar{x}$ 일 때 S 를 최소로 한다. 중위수 m 은 관측값으로 부터의 차이에 대한 절대값의 합을 $Z = \sum_{i=1}^{n}|x_i-a|$ 이라 할 때, Z 를 최소로 하는 통계량 a 는 중위수가 된다. 확률변수 X 의 확률밀도함수가 $f(x)$ 인 연속형 확률변수라 한다면 중위수 m 에 대해 다음이 성립한다.

㉠ $a \leq m$ 일 경우

$$E(|X-a|) = \int_{-\infty}^{a} -(x-a)f(x)dx + \int_{a}^{\infty}(x-a)f(x)dx$$

$$= \int_{-\infty}^{m} -(x-a)f(x)dx + \int_{a}^{m}(x-a)f(x)dx + \int_{m}^{\infty}(x-a)f(x)dx$$
$$+ \int_{m}^{\infty}(x-a)f(x)dx$$

$$= \int_{-\infty}^{m} -xf(x)dx + a\int_{m}^{\infty}f(x)dx + 2\int_{a}^{m}(x-a)f(x)dx$$
$$+ \int_{m}^{\infty}xf(x)dx - a\int_{m}^{\infty}f($$

$$= \int_{-\infty}^{m} -xf(x)dx + \int_{m}^{\infty}xf$$

$$= \int_{-\infty}^{m} -xf(x)dx + \int_{m}^{\infty}$$
$$+ 2\int_{a}^{m}(x-a)f(x)dx$$

$$= E(|X-m|) + 2\int_{a}^{m}(x-a)$$

㉡ $a > m$ 일 경우 $E(|X-m|) + 2\int_{m}^{n}(a-x$

한편 $E(|X-a|) = E(|X-m|) + 2\int_{m}^{a}(a$

등호가 성립된다.

∴ $E(|X-a|)$ 가 최소가 되기 위해서는 X

---

(4) 혼합분포함수(Mixture Distribution Function)

어떤 확률변수가 특정영역에서는 이산형이고, 다른 특정영역에서는 연속형인 함수를 혼합밀도함수라 한다.

예제 3.7 확률변수 X 에 대하여 $f(x) = P(X=x)$ 가 다음과 같을 때 혼합누적분포함수 및 확률변수 X 의 기대값 $E(X)$ 를 구해보자.

$$f(x) = \begin{cases} \dfrac{1}{2}, & x = 1 \\ \dfrac{1}{2}, & 1 < x < 2 \\ 0, & elsewhere \end{cases}$$

❶ 확률변수 X 가 $x=1$ 일 때 $\frac{1}{2}$ 이고, $1 < x < 2$ 일 때 $\frac{1}{2}$ 이므로 이는 혼합확률변수이다. 혼합누적분포함수를 구하면 다음과 같다.

$$F(x) = \begin{cases} 0, & x < 1 \\ \dfrac{x}{2}, & 1 \leq x < 2 \\ 1, & x \geq 2 \end{cases}$$

❷ 위의 혼합누적분포함수를 그래프로 나타내면 다음과 같다.

〈표 3.5〉 혼합누적분포함수

❸ 혼합확률변수에 대한 기대값은 이산확률변수인 구간과 연속확률변수인 구간을 각각 나누어 기대값을 계산한다.

❹ $E(X) = (1) \times \left(\dfrac{1}{2}\right) + \int_{1}^{2}\dfrac{1}{2}xdx = \dfrac{1}{2} + \left[\dfrac{1}{4}x^2\right]_{1}^{2} = \dfrac{1}{2} + 1 - \dfrac{1}{4} = \dfrac{5}{4}$

---

(5) 두 확률변수의 결합분포

두 확률변수 X 와 Y 의 결합분포함수는 한 확률변수의 확률밀도함수가 확장된 개념이다.

① 결합확률함수(Joint Probability Function)

표본공간 S 의 부분집합 A 에 대해 아래와 같이 정의된 $f(x, y)$ 를 두 확률변수 X 와 Y 의 결합확률함수라 한다. X 와 Y 가 이산형 확률분포인 경우 결합확률질량함수(Joint Probability Mass Function)라 하며, X 와 Y 가 연속형 확률분포인 경우 결합확률밀도함수(Joint Probability Density Function)라 한다.

최근 기출문제 수록

▶ 부록에 수록된 2011년부터 최근 2023년까지 출제되었던 문제들을 풀어보고 어떤 부분들이 시험에서 중요하게 다루어지는지를 파악해보세요.

STEP 13 | 2023년 시행 행정고등고시

01

확률변수 X는 아래의 지수분포(Exponential Distribution)를 따른다고 하자.

$$f(x) = 2e^{-2x}, \ 0 < x < \infty$$

다음 물음에 답하시오.

(1) $W = \frac{1}{2}(1 - e^{-2X})$의 확률밀도함수(Probability Density Function)를 구하시오.

(2) 0보다 큰 상수 c에 대해 $X > c$로 주어졌을 때, X의 조건부 확률밀도함수를 구하시오.

(3) $E(X-1 \mid X > 1)$을 구하시오.

01 해설

(1) 변수변환

① $0 < x < \infty$이므로 확률변수 W의 범위는 $0 < w < \frac{1}{2}$이다.

② $w = \frac{1}{2}(1 - e^{-2x})$이므로 $x = -\frac{1}{2}ln(1-2w)$가 되어 $\left|\frac{\partial x}{\partial w}\right| = \frac{1}{1-2w}$이 된다.

$\therefore \partial x = -\frac{1}{2} \cdot \frac{-2}{(1-2w)}\partial w$

③ 변수변환을 이용하여 확률변수 W의 확률밀도함수를 구하면

$\therefore f(w) = \frac{1}{1-2w} \cdot 2e^{-2 \cdot -\frac{1}{2}ln(1-2w)} = 2, \quad 0 < w < \frac{1}{2}$

④ 결과적으로 확률변수 W는 균일분포 $W \sim U\left(0, \frac{1}{2}\right)$을 따른다.

(2) 이항분포

① 임의의 양의 값 c까지 생존한다는 조건하에 사망할때까지의 ... 과 같이 정의한다.

$f(x \mid X > c) = \begin{cases} \frac{f(x)}{1-F(c)}, & c < x \\ 0, & elsewhere \end{cases}$

② $\lambda = 2$인 지수분포의 분포함수 $F(c) = P(X < c) = \int_0^c 2e^{...}$

$\therefore f(x \mid X > c) = \frac{f(x)}{1-F(c)} = \frac{2e^{-2x}}{e^{-2c}} = 2e^{-2(x+c)}, \ c < x$

$= 0, \quad elsewhere$

③ $n = 45$이므로 중위수의 위치는 $d(M) = \frac{45+1}{2} = 23$ 번째 값인 93이 된다.

④ 자료 중에 극단적인 값이 이상치가 존재하는 경우에 평균보다는 중위수를 구하여 그 자료의 대표값으로 사용하는 것이 바람직하다.

(2) 사분위수 범위(Inter-quartile Range)

① 사분위범위는 주어진 자료의 제3사분위수에서 제1사분위수를 뺀 값이다.
사분위범위(IQR) = 제3사분위수(Q_3) $-$ 제1사분위수(Q_1)

② 제1사분위수는 자료를 가장 작은 값부터 가장 큰 값까지 오름차순으로 정리하여 4등분할 때 첫 번째 4등분점이 제1사분위수이고, 두 번째 4등분점은 중위수, 세 번째 4등분점은 제3사분위수가 된다.

③ 중위수와 사분위수를 통계패키지를 이용하지 않고 쉽게 구하는 방법으로 Tukey가 제안한 자료의 깊이(Depth) 개념을 사용한다. 제1사분위수와 제3사분위수의 위치는 다음과 같다.

제1사분위수의 위치: $\frac{|d(M)|+1}{2}$, $|d(M)|$은 $d(M)$을 넘지 않는 최대 정수

제3사분위수의 위치: $|d(M)| + \frac{|d(M)|+1}{2}$

④ 제1사분위수는 $\frac{|d(M)|+1}{2} = \frac{|23|+1}{2} = 12$번째에 위치한 87이고, 제3사분위수는 $d(M) + \frac{d(M)+1}{2} = 35$번째에 위치한 97이다.

⑤ 즉, 사분위범위(IQR) = 제3사분위수(Q_3) $-$ 제1사분위수(Q_1) $= 97 - 87 = 10$이다.

⑥ 최대값과 최소값의 차이인 범위(Range)는 양극단의 관측치에 의해 크게 좌우되므로 올바른 산포의 척도가 되지 못하는 단점을 가지고 있다.

⑦ 이와 같은 단점을 보완하고자 사분위범위는 자료의 중심부에 있는 50%의 관측치에 대한 범위로서 전체 자료에 대한 범위보다 양극단의 관측치에 상대적으로 덜 민감하다.

(3) 왜도(Skewness)

① 왜도(a_3)는 비대칭도라고도 하며 분포 모양의 비대칭 정도를 나타내는 값이다. 평균이 중위수보다 큰 경우 왜도는 양의 값을 갖고, 평균과 중위수가 같은 경우는 0이며, 평균이 중위수보다 작은 경우 왜도는 음의 값을 갖는다.

② 왜도는 편차를 표준편차로 나눈 후 3제곱을 한 다음 평균을 내는 개념으로 다음과 같이 구한다.

왜도 $= a_3 = \frac{1}{n}\sum_{i=1}^{n}\left(\frac{X_i - \bar{X}}{S}\right)^3 = \frac{1}{45}\left[\left(\frac{66-92.29}{9.29}\right)^3 + \left(\frac{73-92.29}{9.29}\right)^3 + \cdots + \left(\frac{115-92.29}{9.29}\right)^3\right]$

$= -0.204$

③ 위의 자료는 평균(92.29)<중위수(93)<최빈수(94)로 왼쪽으로 기울어진 분포를 하고 있다. 또한 왜도가 0보다 작으므로 아래의 그림과 같이 오른쪽으로 치우친 분포이다.

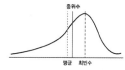

중위수 / 평균 / 최빈수

세세한 해설과 정리된 수식

▶ 문제마다 자세하게 풀어낸 해설을 확인하고 직접 풀어보며 자신의 것으로 만드세요.

행정고시

매년 1회 행정안전부 채용관리과 주관으로 실시되며,「국가공무원법」제33조의 국가공무원 결격사유에 해당되지 않는 사람으로서 최종시험일 기준으로 18세 이상이면 학력과 경력에 상관없이 누구나 응시할 수 있다. 3차 시험인 면접시험에 합격한 자는 5급 행정직 공무원으로 임용된다.

▌ 기본 지원요건

❶ 학력 · 경력 : 제한없음

❷ 응시연령 : 18세 이상

❸ 기타 : 해당 시험의 최종시험 시행예정일(면접시험 최종예정일) 현재를 기준으로「국가공무원법」제33조(외무공무원은「외무공무원법」제9조, 검찰직공무원은「검찰청법」제50조)의 결격사유에 해당하거나,「국가공무원법」제74조(정년)·「외무공무원법」제27조(정년)에 해당하는 자 또는「공무원임용시험령」등 관계법령에 따라 응시자격이 정지된 자는 응시할 수 없음

▌ 전형절차

❶ 1차 선택형 필기시험
   – 헌법 : 25문항(5지선다형/25분)으로 60점 미만일 경우 다른 과목 점수에 상관없이 불합격
   – PSAT(언어논리영역, 자료해석영역, 상황판단영역) : 과목별 40문항(5지선다형/과목당 90분)
   – 영어(영어능력검정시험으로 대체)
   – 한국사(한국사능력검정시험으로 대체)

❷ 2차 논문형 필기시험
   – 과목 : 5과목(필수4, 선택1)
   – 문항수 및 시간 : 3~4문항(논술형 또는 약술형)으로 과목당 120분

❸ 3차 면접시험
   집단심화 토의면접, 직무역량면접, 공직가치 · 인성면접

▌ 접수방법

사이버국가고시센터(gosi.kr)에 접속하여 접수할 수 있음

입법고시

국회사무처에서 실시하는 공개경쟁채용시험으로, 입법고시는 일반행정직 · 법제직 · 재경직 · 사서직이 있으며 각 직류별 선발 인원은 5명 내외이다. 1차 시험은 보통 1~3월에 실시되고 2차 시험은 5~6월에 시행된다.

기본 지원요건

❶ 학력 · 경력 : 제한없음

❷ 응시연령 : 18세 이상

❸ 기타 : 「국가공무원법」 제33조의 결격사유에 해당하거나 「국회공무원 임용시험규정」 제50조의 응시자격 정지사유에 해당하는 사람은 응시할 수 없음(판단기준일 : 면접시험 예정일)

전형절차

❶ 1차 선택형 필기시험

– 헌법 : 25문항(5지선다형/25분)으로 60점 미만일 경우 다른 과목 점수에 상관없이 불합격

– PSAT(언어논리영역, 자료해석영역, 상황판단영역) : 과목별 40문항(5지선다형/과목당 90분)

– 영어(영어능력검정시험으로 대체)

– 한국사(한국사능력검정시험으로 대체)

❷ 2차 논문형 필기시험

– 과목 : 5과목(필수4, 선택1)

– 문항수 및 시간 : 3~4문항(논술형 또는 약술형)으로 과목당 120분

❸ 3차 면접시험

종합직무능력검사(인성검사), 조별집단토론, 조별집단발표, 개별면접

접수방법

국회채용시스템(gosi.assembly.go.kr)에 접속하여 접수할 수 있음

빈도표 ANALYSIS

최근 행정고등고시 통계학 기출문제 빈도분석표

단 원	2000	2001	2002	2003	2004	2005	2006	2007	2008	2009	2010	2011	2012	2013	2014	2015	2016	2017	2018	2019	2020	2021	2022	2023
Part 1. 자료의 요약과 기초 통계량		●											●											
Part 2. 자료의 연관성							●	●			●	●						●						
Part 3. 확률과 확률분포			●		●		●	●						●	●		●	●	●	●	●	●	●	●
Part 4. 특수한 확률분포							●			●	●	●		●		●		●		●	●	●		●
Part 5. 표본통계량과 표본분포		●					●								●	●		●	●	●	●	●		
Part 6. 추정				●	●	●		●	●	●				●						●	●			
Part 7. 가설검정	●	●	●	●		●	●	●	●			●	●	●	●		●	●						
Part 8. 범주형 자료 분석	●		●				●		●		●				●	●								
Part 9. 분산분석				●																				
Part 10. 회귀분석	●				●	●				●		●	●	●	●	●	●	●	●			●		
Part 11. 표본추출이론	●			●	●					●														

합격의 공식 FORMULA OF PASS
SD에듀 WWW.SDEDU.CO.KR

최근 입법고등고시 통계학 기출문제 빈도분석표

단 원	2000	2001	2002	2003	2004	2005	2006	2007	2008	2009	2010	2011	2012	2013	2014	2015	2016	2017	2018	2019	2020	2021	2022	2023
Part 1. 자료의 요약과 기초 통계량			●	●	●	●	●	●						●						●				
Part 2. 자료의 연관성			●				●	●					●	●	●									
Part 3. 확률과 확률분포	●	●	●		●	●			●		●	●		●	●	●	●	●	●					●
Part 4. 특수한 확률분포	●	●							●	●				●			●		●	●		●		●
Part 5. 표본통계량과 표본분포	●	●		●						●			●			●			●	●				
Part 6. 추정	●	●	●	●			●			●			●	●	●					●	●		●	
Part 7. 가설검정	●	●	●			●			●	●	●	●	●				●	●				●		●
Part 8. 범주형 자료 분석												●					●	●					●	
Part 9. 분산분석						●			●	●	●									●		●		
Part 10. 회귀분석				●			●	●		●		●		●	●	●		●	●		●		●	●
Part 11. 표본추출이론									●						●									

이 책의 목차 CONTENTS

이 책의 목차 CONTENTS

참고문헌

PART

01

자료의 요약과 기초 통계량

1. 자료의 요약

자료는 측정가능하거나 셀 수 있는 측정형 자료(Measurable Data)와 개체 또는 집단을 분류하는데 사용하는 범주형 자료(Categorical Data)로 구분된다. 측정형 자료는 양적자료(Quantitative Data)라고도 하며, 양적자료는 이산형 자료(Discrete Data)와 연속형 자료(Continuous Data)로 구분할 수 있다. 범주형 자료는 질적자료(Qualitative Data)라고도 한다. 원자료를 수집하고 나면 많은 경우 자료의 양이 너무 많기 때문에 모집단의 특성 및 형태를 파악하기 위해 자료를 정리 또는 요약할 필요가 있다. 자료의 종류에 따라 자료를 정리하고 요약하는 방법, 확률모형의 설정, 추정과 검정 등이 달라진다. 범주형 자료는 빈도분석, 교차표, 막대그래프 등을 이용하여 자료를 요약할 수 있으며, 측정형 자료는 도수분포표, 히스토그램, 줄기와 잎 그림, 상자와 수염 그림 등을 이용하여 자료를 요약할 수 있다.

(1) 도수분포표(Frequency Distribution Table)

도수분포표는 수집된 양적자료의 관측치들을 각 계급으로 구분하여 계급의 구간에 포함되는 관측치들의 빈도수를 계급별로 정리한 표이다.

① 도수분포표의 용어 정리

ㄱ 최대값(Maximum) : 자료 중에서 가장 큰 값

ㄴ 최소값(Minimum) : 자료 중에서 가장 작은 값

ㄷ 범위(Range) : 최대값 - 최소값

ㄹ 계급구간 : 계급의 너비 예 50~60

ㅁ 계급 수 : 계급구간의 총 수

ㅂ 계급의 한계 : 계급구간의 끝수 예 계급구간이 50~60이면 계급의 한계는 50, 60이다.

ㅅ 계급 하한값 : 계급의 한계에서 작은 값

ㅇ 계급 상한값 : 계급의 한계에서 큰 값

ㅈ 도수(Frequency) : 각 계급에 포함된 측정값의 수

ㅊ 누적도수 : 각 계급구간에 포함된 측정값의 수에 주어진 측정값의 수를 더한 값

ㅋ 상대도수 : 전체도수에 대한 각 계급의 도수 비율

ㅌ 누적상대도수 : 전체도수에 대한 각 계급의 누적도수 비율

ㅍ (중앙)계급값 : 계급 상한값과 계급 하한값을 합하여 2로 나눈 값

ㅎ 평균(Mean) : 각각의 (중앙)계급값을 각각의 도수로 곱한 합을 전체 도수로 나눈 값

② 도수분포표 작성 순서

도수분포표는 다음과 같은 순서에 의해 작성한다.

최대값과 최소값을 찾아 범위를 구한다.
⇩
범위를 고려하여 계급수를 결정하고 계급구간을 구한다.
⇩
계급수와 계급구간은 분석에 용이하도록 임의로 정한다.
⇩
계급, 도수, (중앙)계급값, 누적도수, 상대도수, 누적상대도수를 구하여 표로 작성한다.
⇩
도수분포표에 알맞은 제목을 붙인다.

예제

1.1 다음 자료는 S대학교 통계학과 1학년 학생들의 몸무게를 측정한 자료이다. 다음 자료를 이용하여 도수분포표를 작성해보자.

55	64	70	67	87	49	85	76	62	45	92	82	75	83	74
73	85	55	50	64	75	92	65	54	62	82	74	62	46	70
74	84	53	80	76	96	52	67	60	54	66	69	68	60	86

❶ 최대값이 96이고 최소값이 45이므로 범위는 51이다.

❷ 범위가 51이므로 계급수를 6으로 하고 계급구간을 10으로 결정한다.

❸ 계급, 도수, (중앙)계급값, 누적도수, 상대도수, 누적상대도수를 구하여 다음의 표를 완성한다. 단, 각 계급은 계급 하한값 이상, 상한값 미만을 의미한다. 즉, 첫 번째 계급 41~50은 41 이상 50 이하를 의미한다.

〈표 1.1〉 S대학교 통계학과 1학년 학생들의 몸무게에 대한 도수분포표

계 급	계급값	도 수	누적도수	상대도수	누적상대도수
41~50	45	4	4	4/45	4/45
51~60	55	8	12	8/45	12/45
61~70	65	13	25	13/45	25/45
71~80	75	9	34	9/45	34/45
81~90	85	8	42	8/45	42/45
91~100	95	3	45	3/45	45/45

① 상대도수는 다른 두 종류의 자료의 분포를 비교할 때 유용하게 사용된다.
② 상대도수의 총합은 1이 된다.
③ 마지막 계급의 누적상대도수는 1이 된다.
④ 도수의 총합(전체 데이터의 수)은 마지막 계급의 누적도수와 같다.
⑤ 도수의 총합(전체 데이터의 수)은 상대도수와 누적상대도수의 분모와 같다.

(2) 히스토그램(Histogram)

도수분포표 작성 후 자료의 분포 형태를 한눈에 알아볼 수 있도록 히스토그램을 작성한다. 히스토그램은 자료의 상태를 도수분포표의 계급과 도수를 이용하여 기둥 모양으로 나타낸 그래프이다. 히스토그램은 측정형 자료의 형태를 나타낼 때 사용하며 횡축에는 측정형 변수의 계급을 표시하고 종축에는 빈도를 표시한다. 위의 [예제 1.1]의 도수분포표를 참조하여 히스토그램을 그려보면 다음과 같다.

〈표 1.2〉 학생들의 몸무게에 대한 히스토그램

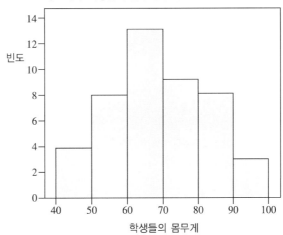

(3) 막대그래프(Bar Graph)

히스토그램이 측정형 자료의 형태를 나타낼 때 사용한다면 막대그래프는 범주형 자료를 나타낼 때 사용한다. 횡축에는 범주형 변수의 범주를 표시하고 종축에는 빈도를 표시한다. 예를 들어 Y대학교 통계학과 3학년 학생들이 자주 사용하는 통계패키지를 조사한 자료가 다음과 같이 빈도분석표 형태로 주어졌다고 하자.

〈표 1.3〉 통계패키지 조사결과

통계패키지	EXCEL	SAS	SPSS	R	기 타
빈 도	3	6	15	21	7

위의 자료를 이용하여 막대그래프를 그리면 다음과 같다.

〈표 1.4〉 통계패키지 사용에 대한 막대그래프

막대그래프와 히스토그램의 차이 비교

① 막대그래프는 관측 자료가 범주형일 경우 사용하며 히스토그램은 관측 자료가 측정형일 경우에 사용한다.
② 막대그래프의 각 막대의 너비는 정보를 가지지 못하며, 높이만이 정보를 가진다.
③ 히스토그램의 각 기둥의 너비와 높이는 모두 정보를 가지고 있다.
④ 히스토그램의 종축이 빈도임을 감안하면 히스토그램의 전체 면적은 1이 아니다. 단, 상대도수밀도가 확률임을 감안하면 상대도수밀도 히스토그램의 전체 면적은 1이 된다.

(4) 줄기와 잎 그림(Stem and Leaf Plot)

줄기와 잎 그림이란 데이터를 세로선을 기준으로 줄기와 잎 두 부분으로 나누어 구분함으로써 주어진 자료에 대한 대략적인 분포의 형태를 알아보기 위해 사용하는 그래픽 기법이다. 줄기와 잎 그림은 언제든지 원래의 자료를 줄기와 잎 그림을 통해 얻을 수 있다는 장점이 있지만 자료의 개수가 많을 경우 사용하기 불편한 단점이 있어 자료의 개수가 많을 경우 히스토그램을 사용한다. 줄기와 잎 그림은 다음과 같은 순서에 의해 그린다.

각 관측값들을 줄기와 잎 두 부분으로 나눈다.
⇩
세로선을 긋고, 세로선 왼쪽에 열을 맞추어 줄기 값을 작은 것부터 차례대로 쓴다.
⇩
세로선의 오른쪽에 잎의 숫자를 오름차순으로 쓴다.
⇩
줄기와 잎 그림에 알맞은 제목을 붙인다.

1.2 [예제 1.1]의 S대학교 통계학과 1학년 학생들의 몸무게를 측정한 자료를 이용하여 자료의 대략적인 분포의 형태를 알아보기 위해 줄기와 잎 그림을 그려보자.

55	64	70	67	87	49	85	76	62	45	92	82	75	83	74
73	85	55	50	64	75	92	65	54	62	82	74	62	46	70
74	84	53	80	76	96	52	67	60	54	66	69	68	60	86

❶ 줄기와 잎 그림을 작성할 때 일반적으로 잎은 마지막 한 자리수를 차지하고, 줄기부분은 하나 이상의 자리를 차지한다. 위의 자료는 모두 두 자리 숫자이므로 앞의 십의 단위를 줄기로 하고 뒤의 일의 단위를 잎으로 구분한다. 위의 자료 중에서 가장 작은 값이 45이고 가장 큰 값이 96으로 줄기에 해당하는 부분을 4부터 9까지 차례로 쓴다.

〈표 1.5〉 줄기와 잎 그림 1단계

줄기	잎
4	
5	
6	
7	
8	
9	

❷ 제일 작은 값인 45는 줄기를 4로 잎을 5로 나타내어 표현한다. 이 과정을 가장 큰 값인 96까지 반복한다.

〈표 1.6〉 줄기와 잎 그림 2단계

줄기	잎
4	5 6 9
5	0 2 3 4 4 5 5
6	0 0 2 2 2 4 4 5 6 7 7 8 9
7	0 0 3 4 4 4 5 5 6 6
8	0 2 2 3 4 5 5 6 7
9	2 2 6

❸ 마지막으로 줄기와 잎 그림에 알맞은 제목을 붙인다.

〈표 1.7〉 학생들의 몸무게에 대한 줄기와 잎 그림

줄기	잎
4	5 6 9
5	0 2 3 4 4 5 5
6	0 0 2 2 2 4 4 5 6 7 7 8 9
7	0 0 3 4 4 4 5 5 6 6
8	0 2 2 3 4 5 5 6 7
9	2 2 6

❹ 위의 줄기와 잎 그림으로부터 22명이 69kg보다 작고 22명이 69kg보다 크므로 관측값은 69kg을 중심으로 분포되어 있다. 즉, 중앙값은 69이며 평균을 계산하면 69.33이 된다. 또한, 줄기와 잎 그림을 시계 반대방향으로 90도 회전해보면 분포의 모양은 봉우리가 한 개이며 평균을 중심으로 좌우 대칭형에 가까운 분포임을 알 수 있다. 분포의 형태로 보아 대부분의 관측값은 아주 크거나 작은 값이 없음을 알 수 있다.

PLUS ONE　**줄기와 잎 그림의 특징**

① 분포의 중심(중위수)을 알 수 있다.
② 분포의 전체적인 형태를 대략적으로 알 수 있다.
③ 대부분의 관측값에 비해 아주 크거나 작은 관측값(이상치)이 있는지 알 수 있다.

예제

1.3　금년도 통계청에 입사한 신규직원들의 면접점수가 다음과 같다고 하자. 이 자료를 이용하여 다음 물음에 답해보자.

65	67	35	41	89	74	52	45	65	78
39	42	91	86	62	62	54	65	51	71

❶ 위의 통계청 신규직원들의 면접점수에 대한 자료를 보고 줄기와 잎 그림을 그리시오.

〈표 1.8〉 통계청 신규직원들의 면접점수에 대한 줄기와 잎 그림

줄기	잎
3	5 9
4	1 2 5
5	1 2 4
6	2 2 5 5 5 7
7	1 4 8
8	6 9
9	1

❷ 금년도 통계청 신규직원들의 수는 모두 몇 명인가?
　　⇨ 20명

❸ 줄기는 면접점수의 어떤 자리 숫자를 나타내는가?
　　⇨ 10의 자리 숫자

❹ 잎은 면접점수의 어떤 자리 숫자를 나타내는가?
　　⇨ 1의 자리 숫자

❺ 잎이 가장 많은 줄기는 어느 것인가?

⇨ 6

❻ 면접점수가 65점인 직원은 몇 명인가?

⇨ 3명

❼ 통계청 신규직원들 중 면접점수가 67점인 직원은 몇 번째로 고득점을 맞았는가?

⇨ 7번째

❽ 가장 고득점을 맞은 직원과 가장 저득점을 맞은 직원의 면접점수의 차는 얼마인가?

⇨ 범위=91−35=56

❾ 줄기와 잎 그림의 좋은 점은 무엇인가?

⇨ 관측값들에 대한 분포의 중심을 알 수 있고, 분포의 대략적인 형태를 알 수 있으며, 이상치 발견에 용이하다.

(5) 상자와 수염 그림(Box and Whisker Plot)

다섯 수치요약은 자료를 오름차순으로 정리하여 4등분할 때 경계가 되는 수치를 의미한다. 즉, 다섯 수치는 최소값, 첫 번째 4등분점(제1사분위수), 2등분점(중위수), 세 번째 4등분점(제3사분위수), 최대값이다.

PLUS ONE 다섯 수치요약에 사용되는 용어

① 최소값(Min ; Minimum) : 중앙값−$(1.5 \times IQR)$보다 큰 자료 중에서 가장 작은 값
② 제1사분위수, 하사분위수(Q1 ; Quartile1) : 자료를 오름차순으로 정리했을 경우 첫 번째 4등분점
③ 중위수(M ; Median) : 자료를 오름차순으로 정리했을 경우 2등분점
④ 제3사분위수, 상사분위수(Q3 ; Quartile3) : 자료를 오름차순으로 정리했을 경우 세 번째 4등분점
⑤ 최대값(Max ; Maximum) : 중앙값+$(1.5 \times IQR)$보다 작은 자료 중에서 가장 큰 값
⑥ 사분위범위(IQR ; Interquartile Range) : 제3사분위수(Q3) − 제1사분위수(Q1)
⑦ 두 개의 안울타리 : $IL = Q1 - (1.5 \times IQR)$, $IU = Q3 + (1.5 \times IQR)$
⑧ 두 개의 바깥울타리 : $OL = Q1 - (3 \times IQR)$, $OU = Q3 + (3 \times IQR)$
⑨ 이상치(Outlier) : 안울타리와 바깥울타리 사이에 위치한 관측값
⑩ 극단 이상치(Extreme Outlier) : 바깥울타리의 밖에 위치한 관측값

상자와 수염 그림은 상자그림(Box Plot)이라고도 하며 주어진 자료를 그대로 이용하여 그래프를 그리는 것이 아니라 자료로부터 얻어낸 통계량인 다섯 수치요약(최소값, Q1, 중위수, Q3, 최대값)을 이용하여 그린다.

다섯 수치요약 중 제1사분위수와 제3사분위수는 어떤 통계패키지를 이용하느냐에 따라 결과가 서로 상이하게 나타날 수 있다. 중위수와 사분위수를 통계패키지를 이용하지 않고 쉽게 구하는 방법으로 Tukey가 제안한 자료의 깊이(Depth) 개념을 사용한다. 깊이는 자료를 오름차순으로 정리했을 때 중위수와 사분위수의 위치를 나타내며 다음과 같이 찾을 수 있다.

① **중위수의 위치** : $d(M) - \dfrac{n+1}{2}$, n은 관측값의 개수

② **제1사분위수의 위치** : $\dfrac{[d(M)]+1}{2}$, $[d(M)]$은 $d(M)$을 넘지 않는 최대 정수

③ **제3사분위수의 위치** : $[d(M)] + \dfrac{[d(M)]+1}{2}$

예를 들어 4, 2, 1, 5, 6, 3, 11, 9, 8, 10, 7, 12와 같은 자료가 있다고 하자. 이 자료를 이용하여 Tukey방법으로 중위수와 사분위수를 구해보면 다음과 같다. 관측값의 개수 $n = 12$이므로 중위수의 위치는 $d(M) = \dfrac{n+1}{2} = \dfrac{12+1}{2} = 6.5$가 된다. 즉, 자료들을 1, 2, 3, 4, 5, 6, 7, 8, 9, 10, 11, 12와 같이 오름차순으로 정리했을 때 6.5번째 위치한 값인 6.5가 중위수이다. 제1사분위수의 위치는 $\dfrac{[d(M)]+1}{2} = \dfrac{[6.5]+1}{2} = \dfrac{6+1}{2} = 3.5$로 자료들을 오름차순으로 정리했을 때 3.5번째 위치한 값인 3.5가 제1사분위수이다.

제3사분위수의 위치는 $[d(M)] + \dfrac{[d(M)]+1}{2} = [6.5] + \dfrac{[6.5]+1}{2} = 9.5$로 자료들을 오름차순으로 했을 때 9.5번째 위치한 값인 9.5가 된다. 하지만 통계패키지(R, SAS, SPSS, EXCEL)를 이용하여 사분위수를 구해보면 결과는 각각 다음과 같이 상이하게 나온다.

〈표 1.9〉 통계패키지와 Tukey방법을 이용한 통계량

통계량	제1사분위수	중위수	제3사분위수
Tukey방법	3.5	6.5	9.5
R	3.75	6.5	9.25
SAS	3.5	6.5	9.5
SPSS	3.25	6.5	9.75
Excel(경계값 포함)	3.75	6.5	9.25
Excel(경계값 제외)	3.25	6.5	9.75

사분위수의 위치는 중위수의 위치값에 따라 정수가 될 수도 있으며, 정수가 아닐 수도 있다. 중위수와 사분위수의 위치가 정수이면 해당하는 관측값이 중위수와 사분위수가 되며, 중위수와 사분위수의 위치가 정수가 아니면 두 인접한 정수를 위치로 갖는 관측값 또는 그 사이에 있는 모든 실수값이 중위수와 사분위수가 될 수 있다. 결과적으로 사분위수는 어떤 통계패키지를 이용하느냐에 따라 서로 계산하는 방법이 다르기 때문에 상이한 결과가 나올 수 있으며 이 책에서는 깊이를 이용한 Tukey방법을 사용하기로 한다.

다섯 수치요약을 이용한 상자와 수염 그림 작성 절차는 다음과 같다.

① 주어진 자료로부터 다섯 수치요약(최소값, 제1사분위수, 중위수, 제3사분위수, 최대값) 통계량 값을 구한다.

② 제1사분위수와 제3사분위수에 해당하는 수직선상의 위치에 네모형 상자의 양 끝이 오도록 그린 후 상자 안에서 중위수에 해당하는 위치에 종으로 선을 그린다.

〈표 1.10〉 상자와 수염 그림 작성 1단계

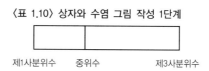

③ 최소값과 최대값이 위치하는 곳까지 상자의 양쪽 중심에서 횡으로 선을 연결한다.

〈표 1.11〉 상자와 수염 그림 작성 2단계

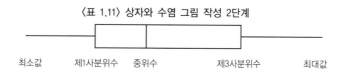

④ 사분위범위($IQR = Q3 - Q1$)를 구한 후 두 개의 안울타리 값(IL, IU)과 두 개의 바깥울타리 값(OL, OU)을 계산하여 안울타리와 바깥울타리 사이에 관측값이 있으면 이상치로 판단하여 해당 위치에 '*' 표시를 하고 바깥울타리의 밖에 관측값이 있으면 극단 이상치로 판단하여 그 해당 위치에 '∘' 표시를 한다.

〈표 1.12〉 상자와 수염 그림

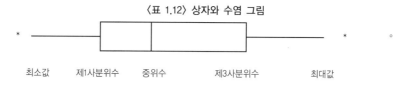

상자와 수염 그림은 히스토그램과는 다르게 집단이 여러 개인 경우에도 한 공간에 표현할 수 있는 장점이 있다. 또한 상자와 수염그림을 통해서 분포의 모양, 중심 위치, 이상치 등 자료의 특성을 파악할 수 있다.

〈표 1.13〉 상자와 수염 그림의 형태

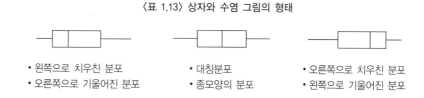

• 왼쪽으로 치우친 분포
• 오른쪽으로 기울어진 분포

• 대칭분포
• 종모양의 분포

• 오른쪽으로 치우친 분포
• 왼쪽으로 기울어진 분포

1.4 K대학교 통계학과 1학년 여학생 20명이 하루 문자 메시지를 받는 횟수를 측정한 자료이다. 이 자료를 이용하여 다음 물음에 답하여라.

2	98	152	32	24	15	12	5	8	19
54	39	46	62	22	14	7	3	16	9

(1) 위 자료에 대한 다섯 수치요약(Min, Q1, M, Q3, Max) 값과 사분위범위를 구해보자.

(2) 다섯 수치요약(Min, Q1, M, Q3, Max) 값을 참조하여 상자와 수염 그림을 그려보자.

(3) 안울타리 값과 바깥울타리 값을 구하여 이상치와 극단 이상치 값이 있는지 확인해보자.

(4) 위의 자료에 대한 분포의 특성에 대하여 설명해보자.

(1) 위 자료에 대한 다섯 수치요약(Min, Q1, M, Q3, Max) 값과 사분위범위를 구해보자.

❶ 위 자료를 오름차순으로 정리하면 2, 3, 5, 7, 8, 9, 12, 14, 15, 16, 19, 22, 24, 32, 39, 46, 54, 62, 98, 152가 되므로 최소값(Min)은 2이고, 최대값(Max)은 152이다.

❷ 중위수의 위치는 $d(M) = \dfrac{n+1}{2} = \dfrac{20+1}{2} = 10.5$이므로 $M = \dfrac{(16+19)}{2} = 17.5$가 된다.

❸ 제1사분위수의 위치는 $\dfrac{[d(M)]+1}{2} = \dfrac{[10.5]+1}{2} = \dfrac{10+1}{2} = 5.5$이므로 $Q_1 = \dfrac{(8+9)}{2} = 8.5$이다.

❹ 제3사분위수의 위치는 $[d(M)] + \dfrac{[d(M)]+1}{2} = [10.5] + \dfrac{[10.5]+1}{2} = 15.5$이므로

$$Q_3 = \frac{(39+46)}{2} = 42.5 \text{이다.}$$

(2) 다섯 수치요약(Min, Q1, M, Q3, Max) 값을 참조하여 상자와 수염 그림을 그려보자.

〈표 1.14〉 문자 메시지 받는 횟수에 대한 상자그림

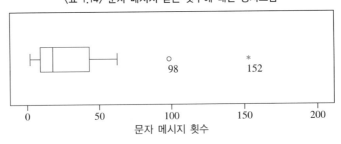

(3) 안울타리 값과 바깥울타리 값을 구하여 이상치와 극단 이상치 값이 있는지 확인해보자.

❶ 안울타리 값과 바깥울타리 값을 구하기 위해서는 먼저 사분위범위를 구해야 한다.
$IQR = Q_3 - Q_1 = 42.5 - 8.5 = 34$

❷ 사분위범위를 이용하여 안울타리 값과 바깥울타리 값을 구하면 다음과 같다.

$$IL = Q_1 - (1.5 \times IQR) = 8.5 - 51 = -42.5$$

$$IU = Q_3 + (1.5 \times IQR) = 42.5 + 51 = 93.5$$

$$OL = Q_1 - (3 \times IQR) = 8.5 - 102 = -93.5$$

$$OU = Q_3 + (3 \times IQR) = 42.5 + 102 = 144.5$$

❸ 안울타리와 바깥울타리 사이에 존재하는 값이 98로 이상치로 판단하며, 바깥울타리 밖에 존재하는 값 152는 극단 이상치로 판단한다.

(4) 위의 자료에 대한 분포의 특성에 대하여 설명해보자.

⇨ 상자와 수염 그림으로부터 위의 자료는 왼쪽으로 치우친(오른쪽으로 약간 기울어져있는) 비대칭분포임을 알 수 있으며 이상치와 극단 이상치가 존재함을 알 수 있다.

2. 기초 통계량(Elementary Statistic)

(1) 대표값(Representative Value)

대표값은 중심위치의 측도로서 자료의 중심적인 경향이나 자료 분포의 중심 위치를 나타내는 수치로 주어진 자료들을 대표하는 특정한 값이다. 대표값으로 주로 사용되는 통계량은 산술평균, 기하평균, 조화평균, 평방평균, 절사평균, 중위수, 최빈수 등이 있다.

① 산술평균(AM ; Arithmetic Mean)

중심적 경향을 나타내는 대표값 중에서 가장 보편적으로 사용되는 산술평균은 모든 관측값을 더한 값을 관측값의 총 개수로 나누어 준 값이다. 산술평균은 줄여서 평균이라고도 하며 이상치에 영향을 많이 받는다는 단점이 있다. 일반적으로 변수 X에 대해 n개의 관측값이 $x_1, \ x_2, \ \cdots, \ x_n$이라 할 때 산술평균 $\overline{x}$는 합산기호($\sum$)를 이용하여 $\frac{1}{n} \sum_{i=1}^{n} x_i$과 같이 표현하고, 간략히 $\frac{1}{n} \sum x_i$와 같이 표현하기도 한다.

$$\overline{x} = \frac{1}{n} \sum_{i=1}^{n} x_i = \frac{1}{n} (x_1 + x_2 + \ \cdots \ + x_n)$$

예제

1.5 어느 회사 신입사원의 영어점수가 다음과 같다고 하자. 이 자료를 이용하여 산술평균을 구해보자.

| 78 | 86 | 72 | 94 | 69 | 82 | 90 | 84 | 92 | 74 |

⇨ $\overline{x} = \frac{1}{10} \sum_{i=1}^{10} x_i = \frac{1}{10} (78 + 86 + 72 + 94 + 69 + 82 + 90 + 84 + 92 + 74) = \frac{821}{10} = 82.1$

② 기하평균(GM ; Geometric Mean)

기하평균은 여러 개의 수를 연속으로 곱해 그 개수의 거듭제곱근으로 구한 값이다. 흔히 시간적으로 변화하는 비율(인구성장률, 물가변동률 등)의 대표값 산정에 많이 쓰인다. 일반적으로 변수 X에 대해 n개의 관측값이 $x_1, x_2, \cdots, x_n$이라면, 기하평균(GM)은 다음과 같이 계산한다.

$$GM = \sqrt[n]{\prod_{i=1}^{n} x_i} = \sqrt[n]{x_1 \times x_2 \times \cdots \times x_n}$$

예제

1.6 우리나라 국가직공무원의 지난 4년간 임금인상률이 다음과 같다고 하자. 이 자료를 이용하여 기하평균을 구해보자.

〈표 1.15〉 국가직공무원의 지난 4년간 임금인상률 자료

연 도	2013년	2014년	2015년	2016년
임금인상률	1.02	1.04	1.05	1.07

⇨ $GM = \sqrt[4]{1.02 \times 1.04 \times 1.05 \times 1.07} = 1.089$

예제

1.7 2014년을 기준으로 2015년도 분기별 물가상승률을 나타낸 자료가 다음의 표와 같다고 하자. 기하평균을 구하고 이를 설명해보자.

〈표 1.16〉 2013년 분기별 물가상승률 자료

연 도	1분기	2분기	3분기	4분기
물가상승률	4%	−2%	6%	9%

⇨ $GM = \sqrt[n]{\prod_{i=1}^{n} x_i} = \sqrt[4]{1.04 \times 0.98 \times 1.06 \times 1.09} = 1.0417$로 2014년 대비 2015년 평균 물가상승률은 4.17%이다.

③ 조화평균(HM ; Harmonic Mean)

조화평균은 각 관측값들에 대한 역수의 산술평균한 값의 역수를 구한 값이다. 흔히 시간적으로 계속 변화하는 속도(작업속도, 평균속도 등)를 계산하는데 사용한다. 일반적으로 변수 X에 대해 n개의 관측값이 $x_1, x_2, \cdots, x_n$이라면, 조화평균(HM)은 다음과 같이 계산한다.

$$HM = \frac{n}{\sum_{i=1}^{n} \dfrac{1}{x_i}} = \frac{n}{\dfrac{1}{x_1} + \dfrac{1}{x_2} + \cdots + \dfrac{1}{x_n}}$$

즉, 관측값 $n = 2$인 경우, $HM = \dfrac{2}{\dfrac{1}{x_1} + \dfrac{1}{x_2}} = \dfrac{2x_1 x_2}{x_1 + x_2}$와 같이 계산한다.

1.8 어떤 마라톤 선수가 반환점까지 시속 18km/h로 뛰고 반환점을 돈 순간부터 결승점까지 시속 12km/h로 뛰었다면 이 마라톤 선수의 평균속도를 구해보자.

$$\Rightarrow HM = \frac{2x_1 x_2}{x_1 + x_2} = \frac{2(18 \times 12)}{18 + 12} = 14.4\,\text{km/h}$$

④ 산술평균, 기하평균, 조화평균의 관계

두 개의 수 $a > 0$, $b > 0$일 때 산술평균은 $\frac{a+b}{2}$, 기하평균은 $\sqrt{ab}$, 조화평균은 $\frac{2ab}{a+b}$이다. 산술평균과 기하평균의 크기를 비교해 보면 $\frac{a+b}{2} - \sqrt{ab} = \frac{a+b-2\sqrt{ab}}{2} = \frac{1}{2}\left(\sqrt{a} - \sqrt{b}\right)^2$ ≥ 0이 성립하므로 산술평균은 기하평균보다 크거나 같다. 또한 기하평균과 조화평균의 크기를 비교해 보면 $\sqrt{ab} - \frac{2ab}{a+b} = \frac{\sqrt{ab}(a+b) - 2ab}{a+b} = \frac{\sqrt{ab}(a+b-2\sqrt{ab})}{a+b} = \frac{\sqrt{ab}}{a+b}\left(\sqrt{a} - \sqrt{b}\right)^2 \geq 0$이 성립하므로 기하평균은 조화평균보다 크거나 같다. 이를 n개의 양의 관측값 $x_1, x_2, \cdots, x_n$으로 확장하면 산술평균(AM), 기하평균(GM), 조화평균(HM) 간에는 다음의 관계가 성립한다. 단, 등호는 $x_1 = x_2 = \cdots = x_n$일 경우 성립한다.

$$AM \geq GM \geq HM$$

⑤ 절사평균(TM ; Trimmed Mean)

자료 중에 극단적인 값인 이상치가 존재하는 경우 평균은 이상치의 영향을 많이 받으므로 자료의 총 개수에서 일정비율만큼 가장 큰 부분과 작은 부분을 제거한 후 산출한 평균이다. 예를 들면 10% 절사평균이란 자료의 총 개수(n)에서 상위 10%, 하위 10%에 위치한 값까지 삭제한 뒤 구한 산술평균이 된다. 만약 표본의 크기가 10인 표본 집단의 경우의 10% 절사평균은 총 2개를 제외하며, 순서상 상위 1개, 하위 1개를 제외한 8개 표본의 산술평균을 구하는 것이다. $100\alpha\%$ 절사평균은 다음과 같이 정의한다.

$$TM = \frac{x_{([n\alpha+1])} + \cdots + x_{(n-[n\alpha])}}{n - 2[n\alpha]}$$

1.9 어느 보험회사 직원들의 월급(단위 : 만원)을 조사한 자료가 다음과 같다고 하자. 산술평균과 10% 절사평균을 구한 후 대표값으로 어느 통계량이 바람직한지 이유를 설명해보자.

198, 132, 1586, 159, 202, 224, 254, 186, 249, 268, 280, 282

❶ 위의 자료에 대한 산술평균은 다음과 같다.

$$\bar{x} = \frac{1}{10} \sum_{i=1}^{10} x_i$$

$$= \frac{1}{10}(198+132+1586+159+202+224+254+186+249+268+280+282)$$

$$= \frac{4020}{12} = 335$$

❷ 위의 자료를 오름차순으로 정리하면 132, 159, 186, 198, 202, 224, 249, 254, 268, 280, 282, 1586이 되고 절사평균은 $[n \times 10\%] = [12 \times 0.1] = [1.2] = 1$이므로, 가장 작은 수인 132와 가장 큰 수인 1586을 제외한 평균이 된다.

$$\therefore \ TM = \frac{x_{(2)} + \cdots + x_{(11)}}{12-2} = \frac{159+186+\cdots+280+282}{10} = \frac{2302}{10} = 230.2$$

❸ 대부분의 직원들 월급이 1, 2백만원으로 적지만 한명의 월급이 1,586만원으로 이상치로 판단된다. 산술평균을 대표값으로 사용할 경우 대부분의 직원들 월급이 적은데 평균적으로 3백만원대의 월급을 받는 것으로 되어 대표값으로 적당하지 못하다. 즉, 이상치가 있을 경우 산술평균은 이상치의 영향을 많이 받으므로 절사평균을 사용하는 것이 바람직하다.

⑥ 중위수(Median)

중위수는 중앙값이라고도 하며 주어진 자료를 크기순으로 나열했을 때 가운데 위치하는 관측값이다. 자료 중에 극단적인 값인 이상치가 존재하는 경우 평균은 이상치의 영향을 많이 받으므로 상대적으로 이상치에 덜 민감한 중위수를 구하여 그 자료의 대표값으로 사용하는 것이 바람직하다.

예제

1.10 [예제 1.9]의 어느 보험회사 직원들의 월급(단위 : 만원)을 조사한 자료를 이용하여 중위수를 구하고 산술평균, 10% 절사평균과 비교하여 대표값으로 어떤 값이 바람직한지 설명해보자.

> 198, 132, 1586, 159, 202, 224, 254, 186, 249, 268, 280, 282

❶ 위의 자료를 오름차순으로 정리하면 132, 159, 186, 198, 202, 224, 249, 254, 268, 280, 282, 1586이 되고, 중위수의 위치는 n이 짝수일 경우 $d(M) = \frac{n+1}{2} = \frac{12+1}{2} = 6.5$이므로 중위수 $M = \frac{(224+249)}{2} = 236.5$이다.

❷ 이상치가 존재하는 경우 산술평균보다는 중앙값과 절사평균을 대표값으로 사용하는 것이 바람직하며 정보의 손실 측면까지 고려한다면 절사평균보다는 중앙값을 사용하는 것이 바람직하다. 그 이유는 자료를 절사하여 정보의 손실을 감소하는 것 보다는 전체 자료를 이용하여 극단적인 이상치에 영향을 적게 받는 중앙값(236.5)을 위 자료의 대표값으로 선택하는 것이 바람직하다.

⑦ 산술평균과 중위수의 성질

산술평균 $\overline{x}$는 관측값으로부터의 차이를 제곱한 제곱합을 $S = \sum_{i=1}^{n}(x_i - b)^2$이라 할 때, S를 최소로 하는 통계량 b는 산술평균이 된다. 이는 S를 b에 대해 편미분하여 0으로 놓는 b의 값을 찾는 것과 같으며, $\frac{\partial S}{\partial b} = -2\sum_{i=1}^{n}(x_i - b) = 0$을 만족하는 통계량 b가 S를 최소로 한다.

$\sum_{i=1}^{n}(x_i - b) = \sum_{i=1}^{n}x_i - nb = 0$이므로, $b = \dfrac{\sum_{i=1}^{n}x_i}{n} = \overline{x}$이다. 또한, 2차 조건으로 $\dfrac{\partial^2 S}{\partial b^2} = 2 > 0$이 성립되어 $b = \overline{x}$일 때 S를 최소로 한다. 중위수 m은 관측값으로부터의 차이에 대한 절대값의 합을 $Z = \sum_{i=1}^{n}|x_i - a|$이라 할 때, Z를 최소로 하는 통계량 a는 중위수가 된다. 확률변수 X의 확률밀도함수가 $f(x)$인 연속형 확률변수라 한다면 중위수 m에 대해 다음이 성립한다.

㉠ $a \le m$일 경우

$$
\begin{aligned}
E(|X-a|) &= \int_{-\infty}^{a} -(x-a)f(x)dx + \int_{a}^{\infty}(x-a)f(x)dx \\
&= \int_{-\infty}^{m} -(x-a)f(x)dx + \int_{a}^{m}(x-a)f(x)dx + \int_{a}^{m}(x-a)f(x)dx \\
&\quad + \int_{m}^{\infty}(x-a)f(x)dx \\
&= \int_{-\infty}^{m} -xf(x)dx + a\int_{-\infty}^{m}f(x)dx + 2\int_{a}^{m}(x-a)f(x)dx \\
&\quad + \int_{m}^{\infty}xf(x)dx - a\int_{m}^{\infty}f(x)dx \\
&= \int_{-\infty}^{m} -xf(x)dx + \int_{m}^{\infty}xf(x)dx + 2\int_{a}^{m}(x-a)f(x)dx \\
&= \int_{-\infty}^{m} -xf(x)dx + \int_{-\infty}^{m}mf(x)dx + \int_{a}^{m}xf(x)dx - \int_{m}^{\infty}mf(x)dx \\
&\quad + 2\int_{a}^{m}(x-a)f(x)dx \\
&= E(|X-m|) + 2\int_{a}^{m}(x-a)f(x)dx
\end{aligned}
$$

㉡ $a > m$일 경우 $E(|X-m|) + 2\int_{m}^{a}(a-x)f(x)dx$이 성립한다.

한편 $E(|X-a|) = E(|X-m|) + 2\int_{m}^{a}(a-x)f(x)dx \ge E(|x-m|)$에서 $x = m$일 때 등호가 성립된다.

∴ $E(|X-a|)$가 최소가 되기 위해서는 $X = m$일 때이다.

① $\sum_{i=1}^{n}(x_i - b)^2$을 최소화하는 통계량 b는 산술평균 $\overline{x}$ 이다.

② $\sum_{i=1}^{n}|x_i - a|$을 최소화하는 통계량 a는 중위수 m 이다.

⑧ 최빈수(Mode)

최빈수는 주어진 자료 중에서 가장 빈도가 높은 관측값을 의미한다. 만약, 자료가 도수분포표로 작성되어 있다면 최빈수는 도수가 가장 높은 계급의 계급중앙값이 된다.

예제

1.11 다음 자료에 대해 최빈수를 구해보자.

> 3, 4, 4, 4, 6, 8, 8, 8, 9, 9

⇨ 가장 빈도가 높은 관찰값이 동시에 2개(4, 8)가 있으므로 최빈수는 4와 8이 된다.

예제

1.12 다음 자료에 대해 최빈수를 구해보자.

> 2, 3, 5, 6, 9, 8, 7, 1, 4

⇨ 모든 관찰값의 빈도가 1로 동일하므로 가장 높은 빈도를 가진 최빈수는 없다.

예제

1.13 다음 자료는 어느 섬유회사 직원 250명에 대한 연봉(단위 : 백만원)을 도수분포표로 나타낸 결과이다. 연봉에 대한 최빈수를 구해보자.

〈표 1.17〉 어느 섬유회사 직원 150명에 대한 연봉의 도수분포표

연 봉	직원수
20~25	11
25~30	22
30~35	42
35~40	145
40 이상	30

⇨ 도수가 145로 가장 높은 계급이 35~40이므로, 연봉에 대한 최빈수는 이 계급의 계급중앙값인 37.5가 된다.

(2) 산포도(Measure of Dispersion)

산포도는 중심위치로부터 자료들이 흩어져 있는 정도를 나타내는 척도이다. 즉, 산포도란 개개의 관측값이 중심위치로부터 얼마만큼 떨어져 있는지를 나타내며, 관측값들이 중심위치로부터 흩어져 있는 정도를 나타낸다. 산포도로 주로 사용되는 통계량은 범위, 사분위범위, 평균편차, 분산, 표준편차 등이 있다.

① 범위(R ; Range)

범위는 주어진 자료의 최대값에서 최소값을 뺀 값이다. 하지만, 범위는 계산하기 쉬운 반면 양쪽의 극단값에 크게 영향을 받는다는 단점이 있다. 이런 단점을 보완할 수 있는 통계량이 사분위범위이다.

$$R = 최대값(\text{Maximum}) - 최소값(\text{Minimum})$$

② 사분위범위(IQR ; Interquartile Range)

사분위범위는 주어진 자료의 제3사분위수에서 제1사분위수를 뺀 값으로 전체 자료에서 중심부에 있는 50%의 관측값에 대한 범위로서 양쪽 극단값에 상대적으로 덜 민감한 장점이 있다. 하지만 범위와 사분위범위는 전체 자료를 사용하지 않고 단지 두 개의 관측값만을 사용하기 때문에 정보의 손실 측면에서 비효율적이다. 이와 같은 단점을 보완하기 위해서 전체 자료를 사용하는 평균편차, 분산, 표준편차 등을 이용하기도 한다.

$$사분위범위(IQR) = 제3사분위수(Q_3) - 제1사분위수(Q_1)$$

③ 평균편차(MD ; Mean Deviation)

평균편차는 절대평균편차라고도 하며 각각의 관측값에서 평균을 뺀 값을 편차라고 하는데, 편차의 합이 0이 되므로 각각의 편차에 절대값을 취한 후 평균을 구한 값이다.

$$평균편차(MD) = \frac{1}{n}\sum_{i=1}^{n}\left|X_i - \overline{X}\right|$$

④ 분산(V ; Variance)

분산은 각각의 관측값에서 평균을 뺀 값을 편차라 하는데, 개개의 편차를 제곱한 값들의 평균이다. 분산에는 모분산과 표본분산이 있다. 분산의 기호로는 σ^2, $V(X)$, $Var(X)$ 등을 사용한다.

ⓐ 모분산 : $\sigma^2 = \dfrac{1}{N}\sum_{i=1}^{N}\left(X_i - \mu\right)^2$, 여기서 N은 모집단의 크기, μ는 모평균

ⓑ 표본분산 : $S^2 = \dfrac{1}{n-1}\sum_{i=1}^{n}\left(X_i - \overline{X}\right)^2$, 여기서 n은 표본의 크기, $\overline{X}$는 표본평균

⑤ 표준편차(SD ; Standard Deviation)

표준편차는 분산의 제곱근으로 모표준편차와 표본표준편차가 있다. 분산은 실제 측정한 단위의 제곱 형태로 표현되기 때문에 실질적인 사용에 문제가 있다. 하지만, 표준편차는 분산의 제곱근 형태로 실제 측정한 단위와 일치한다.

ⓐ 모표준편차 : $\sigma = \sqrt{\dfrac{1}{N}\sum_{i=1}^{N}\left(X_i - \mu\right)^2}$

ⓑ 표본표준편차 : $S = \sqrt{\dfrac{1}{n-1}\sum_{i=1}^{n}\left(X_i - \overline{X}\right)^2}$

(3) 그 외의 기초 통계량

① 변동계수(CV ; Coefficient of Variation)

변동계수는 변이계수라고도 하며 자료의 단위가 다르거나, 평균의 차이가 클 때 평균에 대한 표준편차의 상대적 크기를 비교하기 위해 사용한다. 변동계수의 단위는 없으며, $(변동계수)^2$을 상대분산이라 한다.

㉠ 변동계수(모집단) $= \dfrac{\sigma}{\mu}$

㉡ 변동계수(표본) $= \dfrac{S}{\overline{X}}$

㉢ 상대분산(모집단) $= \left(\dfrac{\sigma}{\mu}\right)^2$

㉣ 상대분산(표본) $= \left(\dfrac{S}{\overline{X}}\right)^2$

예제

1.14 A편의점과 B편의점의 월 매출(단위: 백만원) 평균과 표준편차가 다음과 같다고 하자. 어느 편의점의 월 매출이 안정적인지 산포도를 이용하여 설명해보자.

〈표 1.18〉 두 편의점의 월 매출 평균과 표준편차

편의점	평 균	표준편차
A	150	15
B	50	10

❶ 표준편차만을 고려한다면 A편의점의 표준편차가 1천 5백만원이고 B편의점의 표준편차가 1천만원으로 B편의점이 A편의점보다 매출에 있어서 안정적이라고 할 수 있다. 즉, 표준편차는 절대적인 값으로 두 집단 간 평균의 차이가 클 때는 산포도의 척도로는 적합하지 않다.

❷ 표준편차의 이러한 단점을 보안하여 표준편차를 평균으로 나눈 변동계수를 이용한다.

A편의점의 변동계수 $= \dfrac{15}{150} = 0.1$

B편의점의 변동계수 $= \dfrac{10}{50} = 0.2$

❸ A편의점의 변동계수가 B편의점의 변동계수보다 작으므로 A편의점이 B편의점보다 월 매출에 있어서 안정적이라고 할 수 있다.

② 표준화점수(Standardized Score)

표준화점수(Z)는 서로 다른 분포로부터 나온 값들을 비교하기 위해 사용한다. 각각의 관측값에서 평균을 빼주고 표준편차로 나누어 평균이 0이고, 표준편차가 1이 되도록 만들어 주는 작업을 표준화라고 한다. 즉, 표준화점수가 양수이면 표준보다 크고 음수이면 표준보다 작음을 의미한다.

㉠ 표준화점수(모집단) : $Z = \dfrac{X - \mu}{\sigma}$

㉡ 표준화점수(표본) : $Z = \dfrac{X - \overline{X}}{S_X}$

예제

1.15 어느 고등학교 3학년 학생 10명에 대한 국어점수와 수학점수를 측정한 자료가 다음과 같다고
하자. 표준화점수를 이용하여 개인별 능력을 파악해보자.

〈표 1.19〉 고등학교 3학년 학생 10명에 대한 국어와 수학점수를 측정한 자료

일련번호	1	2	3	4	5	6	7	8	9	10
국 어	75	96	52	44	67	66	92	48	42	82
수 학	63	74	61	59	63	64	96	94	38	76

❶ 고등학교 3학년 학생 10명에 대한 표준화 국어와 표준화 수학을 구하면 다음과 같다.

〈표 1.20〉 고등학교 3학년 학생 10명에 대한 표준화 국어와 표준화 수학

일련번호	국어점수	수학점수	표준화 국어	표준화 수학	개인별 능력
1	75	43	0.44	−0.33	
2	96	44	1.58	−0.28	언어능력 좋음
3	52	41	−0.82	−0.44	
4	54	39	−0.71	−0.55	
5	67	43	0	−0.33	
6	66	44	−0.05	−0.28	
7	92	76	1.36	1.49	언어, 수리능력 좋음
8	48	74	−1.04	1.38	수리능력 좋음
9	42	18	−1.36	−1.71	언어, 수리능력 나쁨
10	78	68	0.6	1.05	
평 균	67	49	0.00	0.00	
표준편차	18.355	18.141	1.00	1.00	

❷ 국어점수와 수학점수의 분포가 서로 다르므로 두 변수를 비교하기 위해 표준화 국어점수와 표준화
수학점수를 비교하여 개인별 능력을 파악할 수 있다.

❸ 일련번호 2의 경우 표준화 국어점수는 0보다 상당히 높고 표준화 수학점수는 0보다 낮으므로 언어능
력이 뛰어남을 알 수 있고, 일련번호 7의 경우 표준화 국어점수와 표준화 수학점수가 모두 0보다
상당히 높으므로 언어능력과 수리능력 모두 뛰어남을 알 수 있다. 일련번호 8의 경우 표준화 국어점수
는 0보다 상당히 낮고 표준화 수학점수는 0보다 상당히 높으므로 수리능력이 뛰어남을 알 수 있고,
일련번호 9의 경우 표준화 국어점수와 표준화 수학점수가 모두 낮으므로 언어능력과 수리능력 모두
좋지 않음을 알 수 있다.

③ 왜도(Skewness)

왜도(a_3)는 비대칭도라고도 하며 분포 모양의 비대칭 정도를 나타내는 값이다. 평균이 중위수보다 큰 경우 왜도는 양의 값을 갖고, 평균과 중위수가 같은 경우 왜도는 0이며, 평균이 중위수보다 작은 경우 왜도는 음의 값을 갖는다. 왜도가 0인 경우는 좌우 대칭형 분포이며, 대표적인 분포로는 정규분포와 t분포가 있다. 왜도는 편차를 표준편차로 나눈 후 3제곱을 한 다음 평균을 내는 개념으로 다음과 같이 표현한다.

㉠ 왜도(모집단)$= a_3 = \dfrac{E(X-\mu)^3}{\sigma^3}$

㉡ 왜도(표본) $= a_3 = \dfrac{1}{n}\sum_{i=1}^{n}\left(\dfrac{X_i - \overline{X}}{S}\right)^3$

④ 첨도(Kurtosis)

첨도(a_4)는 분포의 모양이 얼마나 뾰족한가를 나타내는 값이다. 정규분포의 첨도는 3으로 중첨(中尖)이라 하고, 첨도가 3보다 크면 정규분포보다 정점이 높고 뾰족한 모양으로 급첨(急尖)이라 하고, 첨도가 3보다 작으면 정규분포보다 정점이 낮고 무딘 모양으로 완첨(緩尖)이라 한다. 첨도는 편차를 표준편차로 나눈 후 4제곱을 한 다음 평균을 구한 개념으로 다음과 같이 표현한다.

㉠ 첨도(모집단) $= a_4 = \dfrac{E(X-\mu)^4}{\sigma^4}$

㉡ 첨도(표본) $= a_4 = \left[\dfrac{1}{n}\sum_{i=1}^{n}\left(\dfrac{X_i - \overline{X}}{S}\right)^4\right]$

정규분포의 첨도 3을 기준으로 급첨과 완첨을 표현하면 다음과 같다.

〈표 1.21〉 정규분포 기준 급첨과 완첨

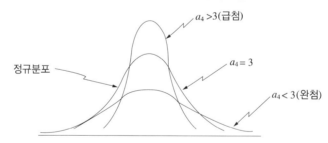

정규분포의 왜도는 0이고 첨도는 3이며 왜도의 절대값이 3 이상, 첨도가 10 이상이면 정규성 가정을 만족한다고 할 수 없다.

⑤ 분포의 형태에 따른 기초통계량 비교

자료의 분포가 하나의 봉우리(단봉)를 가진다면 다음과 같이 대칭형 분포와 비대칭형 분포의 형태를 하며, 대칭형 분포에서는 평균, 중위수, 최빈수가 동일하지만 비대칭형 분포에서는 그 값이 일치하지 않는다.

〈표 1.22〉 분포의 형태에 따른 대표값의 비교

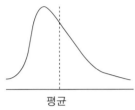

평균

- 최빈수 < 중위수 < 평균
- 오른쪽으로 기울어진 분포
- 왼쪽으로 치우친 분포
- 왜도 > 0

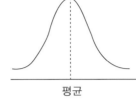

평균

- 평균 = 중위수 = 최빈수
- 좌우 대칭형인 분포
- 종모양의 분포
- 왜도 = 0(정규분포, t 분포)

평균

- 평균 < 중위수 < 최빈수
- 왼쪽으로 기울어진 분포
- 오른쪽으로 치우친 분포
- 왜도 < 0

(4) 기대값과 분산의 성질

a, b, c, d가 임의의 상수라고 할 때 기대값, 분산, 표준편차에 대해 다음과 같은 성질이 항상 성립한다.

① 기대값의 성질

   ㉠ $E(X) = \mu$

   ㉡ $E(aX) = aE(X)$

   ㉢ $E(X+b) = E(X)+b$

   ㉣ $E(X+Y) = E(X)+E(Y)$

   ㉤ $E[ab(X)+cd(Y)] = aE[b(X)]+cE[d(Y)]$

   ㉥ $E(abXY) = abE(XY)$ 만약, X와 Y가 독립이면 $E(abXY) = abE(X)E(Y)$

② 분산의 성질

   ㉠ $Var(X) = E[(X-\mu)^2] = E(X^2) - [E(X)]^2$

   ㉡ $Var(a) = 0$

   ㉢ $Var(aX) = a^2 Var(X)$

   ㉣ $Var(aX+b) = a^2 Var(X)$

   ㉤ $Var(aX+bY) = a^2 Var(X) + b^2 Var(Y) + 2ab Cov(X, Y)$

   ㉥ $Var(aX-bY) = a^2 Var(X) + b^2 Var(Y) - 2ab Cov(X, Y)$ 만약, X와 Y가 독립이면

      $Cov(X, Y) = 0$이므로, $Var(aX+bY) = Var(aX-bY) = a^2 Var(X) + b^2 Var(Y)$

③ 표준편차의 성질

   $\sigma(aX+b) = |a|\sigma(X)$

01

기출 1999년

객관적 척도로서 평균, 중앙값, 절사평균이 있다. 다음 물음에 답하여라.

(1) Outlier가 포함되어 있는 경우, 위 세 가지 척도로서의 적절성을 설명하라.

(2) 다음 자료를 기초로 위 세 척도 중 하나를 선택하여 척도로서의 적절성을 보여라.

> 한 마을에 농가 20가구가 있다. 각 가구의 소득분포는 다음과 같다.
> 18은 2가구, 19는 6가구, 20은 4가구, 21은 1가구, 22는 3가구, 23은 3가구, 430은 1가구(단위
> : 1,000원)

01 해 설

(1) 이상치(Outlier)

① 평균은 중심적 경향을 나타내 주는 대표값 중에서 가장 보편적으로 사용되는 대표값으로 모든 관측값을 더한 값을 관측값의 총 개수로 나누어 준 값이다. 즉, 평균은 모든 수치의 정보를 담고 있기 때문에 이상치의 영향을 크게 받는다. 따라서 이상치가 포함되어 있는 경우, 평균은 대표값의 객관적 척도로서 적절하지 못하다.

② 중위수는 주어진 자료를 크기순으로 나열했을 때 가운데 위치하는 관측값이다. 자료 중에 이상치가 존재하는 경우 평균은 이상치의 영향을 많이 받으므로 중위수를 구하여 그 자료의 대표값으로 사용하는 것이 바람직하다.

③ 절사평균은 자료의 총 개수에서 일정비율만큼 가장 큰 부분과 작은 부분을 제거한 후 산출한 평균이다. 예를 들면 5% 절사평균이란 자료의 총 개수(n)에서 상위 5%, 하위 5%에 위치한 값까지 삭제한 뒤 구한 산술평균이 된다. 즉, 절사평균은 이상치의 영향을 적게 받지만 자료의 일부를 절사하기 때문에 전체 자료에 대한 정보의 손실을 감안해야 한다.

④ 결과적으로 이상치가 존재하는 경우 평균보다는 중앙값과 절사평균을 대표값으로 사용하는 것이 바람직하며 정보의 손실 측면까지 고려한다면 절사평균보다는 중앙값을 사용하는 것이 바람직하다.

(2) 대표값의 결정

① 각 가구의 소득분포를 통계표로 작성하면 다음과 같다.

(단위 : 1,000)

소 득	가구 수
18	2
19	6
20	4
21	1
22	3
23	3
430	1

② 위 자료는 대부분의 가구소득이 낮은 반면, 한 가구의 가구소득이 430으로 다른 가구에 비해 지나치게 높아 극단적인 이상치에 해당된다.

③ 위의 통계표를 바탕으로 각각의 대표값을 계산하면 다음과 같다.

$$평균 = \frac{(18 \times 2) + (19 \times 6) + (20 \times 4) + (21 \times 1) + (22 \times 3) + (23 \times 3) + (430 \times 1)}{20} = 40.8$$

$$중앙값 = 20$$

$$5\% \text{ 절사평균} = \frac{(18 \times 1) + (19 \times 6) + (20 \times 4) + (21 \times 1) + (22 \times 3) + (23 \times 3)}{18} \approx 20.44$$

④ (1)의 ④에서 설명한 것과 같이 자료를 절사하여 정보의 손실을 감소하는 것 보다는 전체자료를 이용하여 극단적인 이상치에 영향을 적게 받는 중앙값(20)을 위 자료의 대표값으로 선택하는 것이 바람직하다.

다음은 고등학생 1인당 사교육비 지출액에 대한 자료이다(단위 : 만원).

35	21	31	14	8	17	2	57	15	9	26	10	13	9	46	12	17
50	13	5	15	7	3	3	17	13	31	22	18	52	1	10	14	11
50	10	12	23	30	16	35	16	15	37	27	20	0	12	57	61	

(1) 자료의 분포적 특성을 잘 보여줄 수 있는 그림을 하나 그리고 그림에 나타나는 분포적 특징을 기술하시오.

(2) 이 자료의 평균은 20.96이고 중위수는 15.5이다. 이와 같은 차이가 나는 이유에 대하여 설명하시오.

(3) 평균과 중위수 중 어느 것이 대표값으로 적당하다고 생각하는지 이유를 들어 설명하시오.

02 해설

(1) 줄기-잎 그림(Stem and Leaf Plot)

　① 위 자료의 특성을 잘 보여줄 수 있는 그림 중 하나는 줄기-잎 그림이다.

〈줄기와 잎 그림 2단계〉

줄기	잎
0	0 1 2 3 3 5 7 8 9 9
1	0 0 0 1 2 2 2 3 3 3 4 4 5 5 5 6 6 7 7 7 8
2	0 1 2 3 6 7
3	0 1 1 5 5 7
4	6
5	0 0 2 7 7
6	1

　② 이 자료의 분포적 특징은 다음과 같다.

　　㉠ 왼쪽으로 치우친 분포의 형태를 갖고 있다(오른쪽으로 기울어진 분포의 형태를 갖고 있다).

　　㉡ 최빈수는 빈도가 3인 10, 12, 13, 15, 17으로 5개인 것을 알 수 있다.

　　㉢ 중위수는 15.5이고 평균은 20.96으로 중위수보다 평균이 크다.

　　㉣ 왜도(Skewness)는 1.06으로 0보다 크다.

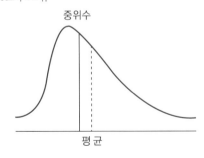

③ 만약 통계패키지를 이용한다면 줄기-잎 그림보다는 상자그림이 위의 자료를 더 잘 설명해 줄 수 있을 것이다.

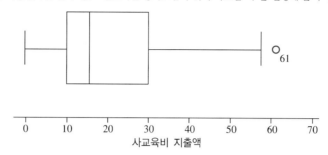

④ 위의 상자그림을 통해서 이 자료는 왼쪽으로 치우친 분포를 하고 있으며 이상치인 61이 포함되어 있음을 알 수 있다.

(2) 이상치(Outlier)

① 평균이 중위수보다 크게 나타나는 이유는 자료가 왼쪽으로 치우쳐 있을 때의 일반적인 특성이며, 대부분의 자료가 가지는 값보다 매우 큰 값을 가진 이상치가 포함되어 있을 때 나타나는 현상이다.

② 위 자료의 경우 대부분의 저액 사교육비 지출자가 많은 반면, 고액 사교육비(61만원) 지출자 역시 존재하기 때문에 이와 같은 현상이 발생한다.

(3) 대표값의 결정

① 평균은 중심적 경향을 나타내 주는 대표값 중에서 가장 보편적으로 사용되는 대표값으로 모든 관측값을 더한 값을 관측값의 총 개수로 나누어 준 값이다. 즉, 평균은 모든 수치의 정보를 담고 있기 때문에 이상치의 영향을 크게 받는다. 따라서 이상치가 포함되어 있는 경우, 평균은 대표값의 객관적 척도로서 적절하지 못하다.

② 중위수는 주어진 자료를 크기순으로 나열했을 때 가운데 위치하는 관측값이다. 자료 중에 이상치가 존재하는 경우 평균은 이상치의 영향을 많이 받으므로 상대적으로 이상치의 영향을 적게 받는 중위수를 구하여 그 자료의 대표값으로 사용하는 것이 바람직하다.

01

기출 2004년

다음 상황을 고려하자.

> 귀하가 지방자치단체의 장이라고 가정하자. 지방자치단체에 대한 중앙정부의 지원금 할당과 관련하여 최근 중앙정부로부터 온 공문의 내용을 간단히 요약하면 다음과 같다. "여러분이 관할하는 지방자치단체 소속 주민의 연간 소득을 대표할 수 있는 수치를 보고하라. 이 수치를 보고 중앙정부의 지원 액수를 결정하고자 하며, 소득수준이 타 지역에 비하여 떨어지는 지방자치단체에 대해서는 지원금을 확대할 예정이다."

귀하의 대답과 함께 그러한 결론을 이끌어낸 논리를 피력하라.

01 해설

대표값의 선택

① 모집단의 특성을 대표하는 대표값은 산술평균, 기하평균, 조화평균, 중앙값, 최빈값 등이 있다.

② 기하평균이나 조화평균은 비율 또는 속도와 같이 특수한 경우에 주로 사용하므로 제외한다.

③ 소득은 연속형 자료로 범주형 자료에 주로 사용되는 최빈값은 적절하지 않으므로 제외한다.

④ 산술평균은 모든 관측값을 더한 값을 관측값의 총 개수로 나누어 준 값으로 모든 자료를 이용하므로 정보의 손실은 없지만 이상치에 영향을 많이 받는다는 단점이 있다.

⑤ 일반적으로 소득분포의 경우 저소득층의 빈도가 고소득층의 빈도보다 높게 나타나므로 분포의 형태는 저소득층 쪽으로 치우친 경향을 보인다.

⑥ 중앙값은 주어진 자료를 크기순으로 나열했을 때 가운데 위치하는 값으로 소득분포와 같이 한쪽으로 치우친 분포 또는 이상치가 있는 경우 산술평균보다는 중앙값을 대표값으로 선택하는 것이 자료의 중심위치를 나타내는데 합리적이다.

02

기출 2005년

어느 대학의 입시 홍보 브로슈어에는 다음과 같은 글이 적혀있었다. "본 대학의 졸업생들은 졸업 10년 후 평균연봉이 1억원으로 조사되었다." 동창회 명부에 있는 졸업생들에게 설문을 보내 응답 설문을 통해 평균치를 계산한 것이다. 이 브로슈어를 보고 이 대학에 지원하려는 학생은 만약 이 대학에 입학만 하면 앞으로 큰 부자가 될 수 있을 것으로 생각하였다. 이 학생의 생각에 대하여 통계학적인 관점에서 문제점을 지적하시오.

02 해설

평균값의 특징

① 대표값 중에서 가장 보편적으로 사용되는 평균값은 모든 관측값을 더한 값을 관측값의 총 개수로 나누어 준 값으로 이상치에 영향을 많이 받는다는 단점이 있다.

② 일반적으로 연봉 분포의 경우 저연봉의 빈도가 고연봉의 빈도보다 높게 나타나므로 분포의 형태는 저연봉으로 치우친 경향을 보이며, 평균연봉이 1억원임을 감안한다면 초고액 연봉자인 이상치가 포함되어 있을 것으로 보인다.

③ 중앙값은 주어진 자료를 크기순으로 나열했을 때 가운데 위치하는 값으로 연봉 분포와 같이 한쪽으로 치우친 분포 또는 이상치가 있는 경우 평균값 보다 중앙값을 대표값으로 선택하는 것이 자료의 중심위치를 나타내는데 합리적이다.

초등학교 정문 앞 문구점에는 아래 그림과 같이 8등분한 원판의 각 면에 숫자가 적혀있다. 초등학생이 100원을 걸고 돌아가는 원판에 화살을 던져 맞춘 부분에 있는 숫자만큼 돈을 주기로 할 때 이 문구점이 손해를 보지 않기 위해 A부분에 넣을 수 있는 최대값을 구하는 문제이다.

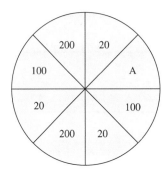

(1) 확률분포표를 만들고, A부분에 넣을 수 있는 최대값을 구하라.

(2) (1)에서 구한 최대값을 이용하여, 문구점 주인이 주는 금액의 분산을 구하라.

03 해설

(1) 기대값 계산

① 확률분포표는 다음과 같다.

$X = x_i$	20	100	A	200
$P(X = x_i) = P(x_i)$	$\dfrac{3}{8}$	$\dfrac{2}{8}$	$\dfrac{1}{8}$	$\dfrac{2}{8}$

② 위의 확률분포표를 바탕으로 이 확률분포의 기대값을 구하면 다음과 같다.

$$E(X) = x_i p(x_i) = \left(20 \times \frac{3}{8}\right) + \left(100 \times \frac{2}{8}\right) + \left(200 \times \frac{2}{8}\right) + \left(A \times \frac{1}{8}\right) = 82.5 + \frac{A}{8}$$

③ 이 문구점이 손해를 보지 않기 위해서는 100원보다 기대값이 작거나 같아야 한다.

$$\therefore \ 82.5 + \frac{A}{8} \leq 100 \text{이므로}, \ \frac{A}{8} \leq 17.5 \text{이 성립되어 } A \leq 140 \text{이 된다.}$$

(2) 분산의 계산

① $Var(X) = E(X^2) - [E(X)]^2$

② $E(X) = 82.5 + \dfrac{140}{8} = 100$

③ $E(X^2) = \sum x_i^2 P(x_i) = \left(20^2 \times \frac{3}{8}\right) + \left(100^2 \times \frac{2}{8}\right) + \left(140^2 \times \frac{1}{8}\right) + \left(200^2 \times \frac{2}{8}\right) = 15100$

④ $Var(X) = E(X^2) - [E(X)]^2 = 15100 - (100)^2 = 5100$

100명의 학생이 두 개의 선택과목 중 한 과목을 선택하여 시험을 친 결과가 다음과 같다.

구 분	인 원	평 균	분 산
선택과목 1	40	80	100
선택과목 2	60	70	25

(1) 과목 선택을 무시하고 전체 학생의 평균과 분산을 계산하라.

(2) '선택과목 1'의 답안지 중 1장이 잘못 채점되어 실제로 10점인데 90점으로 계산되었다. 실제 '선택과목 1'의 평균과 분산을 계산하라.

(3) '선택과목 1'의 난이도가 '선택과목 2'보다 낮은 것으로 보인다. 이 경우 '선택과목 2'를 선택한 학생들이 불이익을 받지 않도록 난이도를 조정하는 방안을 제시하라.

01 해설

(1) 평균과 분산의 계산

① $E(X) = \dfrac{(40 \times 80) + (60 \times 70)}{100} = \dfrac{7400}{100} = 74$

② $\sigma^2 = \dfrac{1}{N}\sum_{i=1}^{N}(x_i - \mu)^2 = \dfrac{1}{N}\sum_{i=1}^{N}x_i^2 - \mu^2$ $\because \sum_{i=1}^{N}x_i = N\mu$

③ $\sigma_1^2 = \dfrac{1}{40}\sum_{i=1}^{40}x_i^2 - 80^2 = 100$이므로 $\sum_{i=1}^{40}x_i^2 = 260000$, $\sigma_2^2 = \dfrac{1}{60}\sum_{i=41}^{100}x_i^2 - 70^2 = 25$이므로 $\sum_{i=41}^{100}x_i^2 = 295500$

④ $\sigma^2 = \dfrac{1}{N}\sum_{i=1}^{N}(x_i - \mu)^2 = \dfrac{1}{N}\sum_{i=1}^{N}x_i^2 - \mu^2 = \dfrac{1}{100}(260000 + 295500) - 74^2 = 79$

(2) 평균과 분산의 계산

① 선택과목 1의 전체합계 $\sum_{i=1}^{40}x_i$는 $40 \times 80 = 3200$이다.

② 1장이 잘못 채점되어 실제 10점인데 90점으로 계산되었으므로 전체합계는 80점을 뺀 $3200 - 80 = 3120$이다.

∴ 선택과목 1의 평균은 $\dfrac{3120}{40} = 78$이다.

③ 1장이 잘못 채점되어 실제 10점인데 90점으로 계산되었으므로

잘못 채점된 점수 : $\sum_{i=1}^{40}x_i^2 = \cdots + (90)^2 = 260000$

실제 점수 : $\sum_{i=1}^{40}x_i^2 = \cdots + (10)^2$

즉, 올바른 제곱합의 계산 점수는 $\sum_{i=1}^{40}x_i^2 = 260000 - 90^2 + 10^2 = 252000$

∴ 선택과목 1의 분산은 $\sigma^2 = \dfrac{1}{N}\sum_{i=1}^{N}(x_i - \mu)^2 = \dfrac{1}{N}\sum_{i=1}^{N}x_i^2 - \mu^2 = \dfrac{252000}{40} - 78^2 = 216$이다.

(3) 평균 및 분산의 차이에 따른 불이익 극복 방법

① 선택과목 1의 평균이 80, 분산이 100이고 선택과목 2의 평균이 70, 분산이 25임을 고려하여 선택과목 2의 난이도를 낮추거나 선택과목 1의 난이도를 높여서 평균점수를 비슷하게 맞춘다. 또한 선택과목 2에 초고난이도 문제를 적절히 추가하여 분산을 선택과목 1과 비슷하게 높이는 방안 또한 고려한다.

② 하지만 위와 같은 방법만으로 선택과목의 차이에 따른 불이익을 완전히 없애는 것은 어려운 문제이다. 그러므로 이와 같은 단점을 보완하기 위해 표준점수 도입을 병행하는 것도 좋은 방법이 될 수 있다. 일반적으로 잘 알려져 있는 수학능력시험의 표준점수 공식은 아래와 같다.

$$표준점수 = \frac{학생의\ 원점수 - 원점수의\ 평균}{원점수의\ 표준편차} \times 20 + 100$$

PART

02

자료의 연관성

1. 측정형 자료의 연관성

(1) 산점도(Scatter Plot)

산점도는 두 변수 간의 관계를 알아보고자 할 때 분석 초기단계에서 사용하는 가장 대표적인 방법으로 직교좌표의 평면에 관측점들을 표시하여 그린 통계 그래프이다. 산점도는 특히 자료의 개수가 많을 때 유용하게 사용되며 일반적으로 영향을 주는 변수를 X축으로 하고 영향을 받는 변수를 Y축으로 설정하여 그래프를 작성한다. 산점도로부터 두 변수 간의 관계 형태(선형, 비선형)를 알 수 있으며, 관계의 방향(양, 음의 방향) 및 관계의 세기(Strength), 군집(Cluster), 단절(Gap), 이상점 유무 등을 파악할 수 있다. 다음 자료는 통계청 농가경제조사 표본농가의 10아르($1000m^2$)당 유기질비료 투입량 (kg)과 메벼생산량(kg)을 조사한 자료이다.

〈표 2.1〉 10아르당 유기질비료 투입량과 메벼생산량 자료

표본농가	1	2	3	4	5	6	7	8	9	10
메벼생산량	681	685	647	722	742	671	689	657	706	722
비료투입량	193	184	168	245	250	182	201	178	213	234

위의 자료를 이용하여 산점도를 그려보면 다음과 같다.

〈표 2.2〉 비료투입량과 메벼생산량 산점도

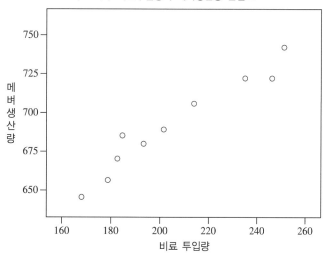

산점도로부터 유기질비료의 투입량이 증가함에 따라 메벼생산량도 증가하는 것을 알 수 있다. 하지만, 산점도는 분석 초기에 있어 두 변수 간의 관계를 대략적으로 알아보는 것이지 변수 간의 인과관계를 설명해 주는 것은 아니다.

(2) 공분산(Covariance)

공분산은 산점도에 표시된 변수관계의 크기와 부호를 정량화하기 위해서 만들어진 값이다. 결합확률 분포를 이루는 두 개의 확률변수 X와 Y가 서로 독립이 아니라 종속이라면 그것은 그 두 확률변수 사이에 일정한 상호연관관계가 존재한다는 것을 의미한다. 두 변수 간에 선형의 상호연관관계를 갖는 다면 그 선형연관성의 존재여부를 공분산이라 하며, 두 변수 간의 선형연관성을 나타내는 척도인 공분 산은 다음과 같이 정의된다.

$$Cov(X, \ Y) = \sigma_{XY} = E\big[\big(X - \mu_X\big)\big(Y - \mu_Y\big)\big]$$

$$\text{여기서, } \mu_X = E(X), \ \mu_Y = E(Y)$$

또한, 표본에서의 공분산은 $Cov(X, \ Y) = \dfrac{\sum \big(x_i - \overline{x}\big)\big(y_i - \overline{y}\big)}{n - 1}$ 와 같이 정의한다.

① 공분산의 이해

공분산은 X변수가 얼마만큼 변할 때 다른 Y변수가 얼마만큼 변하는지를 나타내는 것으로 공분산 의 값이 크다는 것은 $X > \overline{X}$일 때 $Y > \overline{Y}$인 변수 값과, $X < \overline{X}$일 때 $Y < \overline{Y}$인 변수 값이 많 다는 의미이다. 이는 아래 〈표 2.3〉과 같이 각 변수의 평균을 기준으로 변수 값을 4등분할 때, 제 1사분면과 제 3사분면에 많은 자료가 위치하는 것이고, 이를 X와 Y가 양의 선형관계를 갖는다고 표현한다. 또한, 자료들이 제 2사분면과 제 4사분면에 많이 분포하면, X와 Y는 음의 선형관계를 갖는다.

〈표 2.3〉 공분산의 이해

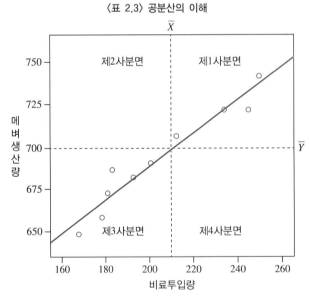

② 변수의 독립과 공분산

자료들이 〈표 2.3〉의 각 4개사분면에 균일하게 분포되어 있으면 두 변수 간에 어떤 선형관계도 존재하지 않는다고 본다. 이때 공분산의 값은 서로 ＋, － 가 상쇄되어 0이 된다. 하지만, 공분산이 0이라고 해서 두 변수가 서로 독립인 것은 아니다. 그러나 두 변수가 서로 독립(연관성이 없을 때) 이면 공분산은 0이 된다.

③ 공분산의 성질

　㉠ $Cov(X,\ Y) = E[(X - E(X))(Y - E(Y))] = E[(X - \mu_x)(Y - \mu_y)]$

　㉡ $Cov(X,\ Y) = Cov(Y,\ X)$

　㉢ $Cov(X,\ X) = E[(X - E(X))(X - E(X))]$
　　　　　　　$= E[(X - E(X))^2] = E[(X - \mu)^2] = Var(X)$

　㉣ $Cov(aX,\ Y) = aCov(X,\ Y)$　(단, a는 상수)

　㉤ $Cov(aX + b, cY + d) = acCov(X,\ Y)$　(단, $a,\ b,\ c,\ d$는 상수)

　㉥ $Cov\left(\sum_{i=1}^{n} X_i,\ \sum_{j=1}^{m} Y_j\right) = \sum_{i=1}^{n}\sum_{j=1}^{m} Cov(X_i,\ Y_j)$

　㉦ $Cov(X,\ X + Y) = Cov(X, X) + Cov(X, Y) = Var(X) + Cov(X,\ Y)$

　㉧ $Cov(X,\ X - Y) = Cov(X, X) - Cov(X, Y) = Var(X) - Cov(X,\ Y)$

④ 공분산의 특성

　㉠ 공분산은 범위에 제한이 없다.

　㉡ 공분산은 측정단위에 영향을 받는다.

　㉢ 두 변수가 서로 독립이면 공분산은 0이다.

　㉣ 공분산이 0이라고 해서 두 변수가 반드시 독립인 것은 아니다.

　㉤ 공분산이 0이면 상관계수도 0이다.

　㉥ 공분산은 선형관계의 측도이다.

⑤ 공분산의 한계

비록 공분산이 선형관계를 나타내주긴 하지만 그 크기가 변수의 측정단위에 영향을 받기 때문에 선형관계를 비교하는 적당한 통계량이라고는 할 수 없다. 위의 설명에서 메벼 생산량과 유기질비료 투입량의 측정단위는 kg이었다. 측정단위를 kg에서 ton으로 바꾸면 같은 연관성을 갖는 분포에서도 측정단위의 차이에 따라 공분산은 변하게 된다. 즉, 공분산 값 자체로는 얼마나 강한 연관성이 있는지 알기가 어렵다. 이런 단점을 보완하기 위해 공분산을 각 변수의 표준편차로 나눈 상관계수를 이용한다.

예제

2.1　확률변수 $X,\ Y$가 서로 독립이면 공분산이 0임을 증명해보자.

$$
\begin{aligned}
Cov(X,\ Y) &= E[(X - E(X))(Y - E(Y))] = E[(X - \mu_x)(Y - \mu_y)] \\
&= E(XY) - \mu_x E(Y) - \mu_y E(X) + \mu_x \mu_y \quad \because E(X) = \mu_x,\ E(Y) = \mu_y \\
&= E(X)E(Y) - \mu_x \mu_y \quad \because X,\ Y는\ 독립 \\
&= \mu_x \mu_y - \mu_x \mu_y = 0
\end{aligned}
$$

---

(3) 상관계수(Correlation Coefficient)

공분산은 두 확률변수가 취하는 값의 측정단위에 의존하기 때문에 이러한 측정단위에 대한 의존도를 없애주기 위해 공분산을 두 확률변수의 표준편차의 곱으로 나누어준 값이 상관계수이다. 공분산과 상관계수의 유의할 점은 이 두 측도 모두 두 확률변수에 대한 직선적인 관계(선형관계)의 정도를 측정한다는 점에서 공통점이 있고, 공분산은 측정단위에 의존하지만 상관계수는 측정단위에 의존하지 않는다는 것이 차이점이다.

① 모상관계수

모상관계수는 모집단으로부터 산출된 상관계수이며, 연속형 변수(구간척도 또는 비율척도)로 측정된 변수들 사이의 선형관계(선형연관성)를 나타내는 측도이다. 모상관계수(ρ)가 취할 수 있는 값은 $-1 \leq \rho \leq 1$이며 다음과 같이 구한다.

$$\rho = Corr(X, \ Y) = \frac{Cov(X, \ Y)}{\sigma_X \sigma_Y} = \frac{\sum (X - \mu_X)(Y - \mu_Y)}{\sqrt{\sum (X - \mu_X)^2} \sqrt{\sum (Y - \mu_Y)^2}}$$

여기서, $E(X) = \mu_X$, $E(Y) = \mu_Y$, $\sigma_X = \sqrt{Var(X)}$, $\sigma_Y = \sqrt{Var(Y)}$

② 피어슨상관계수(표본상관계수, 적률상관계수)

표본상관계수는 표본으로부터 산출된 상관계수로 표본상관계수를 흔히 상관계수라 하며 상관계수(r)가 취할 수 있는 값은 $-1 \leq r \leq 1$이다. 표본상관계수(r)는 다음과 같이 구한다.

$$r = \frac{Cov(X, \ Y)}{S_X S_Y} = \frac{\sum (X_i - \overline{X})(Y_i - \overline{Y})}{\sqrt{\sum (X_i - \overline{X})^2} \sqrt{\sum (Y_i - \overline{Y})^2}} = \frac{\sum X_i Y_i - n \overline{X} \overline{Y}}{\sqrt{\sum X_i^2 - n \overline{X^2}} \sqrt{\sum Y_i^2 - n \overline{Y^2}}}$$

③ 자료의 형태에 따른 상관계수

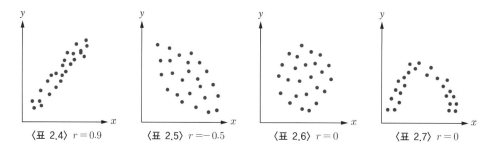

〈표 2.4〉 $r = 0.9$ 〈표 2.5〉 $r = -0.5$ 〈표 2.6〉 $r = 0$ 〈표 2.7〉 $r = 0$

상관분석 또는 회귀분석을 할 때 초기단계에서 산점도를 그려보는 이유는 변수들 간의 상호 연관성을 대략적으로 파악해볼 뿐만 아니라 〈표 2.7〉과 같이 상관계수가 0으로 나타난 두 변수 사이에 선형 연관성이 없을지라도 곡선의 연관성이 있을 수 있기 때문이다.

(4) 상관분석

모상관계수 ρ에 대한 추론인 상관분석은 표본상관계수 r에 기초한다. 모상관계수 $\rho = 0$을 검정하기 위한 검정통계량은 $t = \dfrac{r - \rho}{\sqrt{1 - r^2 / n - 2}} \sim t_{(n-2)}$이고, 모회귀직선의 기울기 $\beta = 0$을 검정하기 위한 검정통계량은 $t = \dfrac{b - \beta}{\sqrt{MSE / S_{xx}}} \sim t_{(n-2)}$이다.

$$t = \frac{b - 0}{\sqrt{\dfrac{MSE}{S_{xx}}}} = \frac{b\sqrt{S_{xx}}}{\sqrt{MSE}} = \frac{\sqrt{SSR}}{\sqrt{\dfrac{SSE}{n-2}}} \qquad \because SSR = b^2 S_{xx}$$

$$= \frac{\sqrt{SSR/SST}}{\sqrt{\dfrac{SSE/SST}{n-2}}} = \frac{\sqrt{R^2}}{\sqrt{\dfrac{1 - R^2}{n-2}}} = \frac{r - 0}{\sqrt{\dfrac{1 - r^2}{n-2}}} = \frac{r\sqrt{n-2}}{\sqrt{1 - r^2}}$$

단순회귀분석에서 결정계수는 상관계수의 제곱과 같고, 모상관계수(ρ) 검정과 모회귀직선의 기울기 (β) 검정에 대한 검정통계량은 동일함을 알 수 있다. 위의 결과를 요약하면 (X, Y)가 이변량 정규분포를 따를 때, 귀무가설 $\rho = 0$을 검정하기 위한 검정통계량은 다음과 같다.

$$T = \frac{r\sqrt{n-2}}{\sqrt{1 - r^2}} \sim t_{(n-2)}$$

예제

2.2 다음 자료에 대한 표본상관계수를 구하고, 이를 이용하여 가설($H_0 : \rho = 0$, $H_1 : \rho > 0$)을 유의수준 5%에서 검정해보자.

〈표 2.8〉 X와 Y의 측정자료

X	1	2	3	4	5
Y	5	4	2	3	6

❶ $r = \dfrac{\sum (X_i - \overline{X})(Y_i - \overline{Y})}{\sqrt{\sum (X_i - \overline{X})^2}\,\sqrt{\sum (Y_i - \overline{Y})^2}} = \dfrac{\sum X_i Y_i - n\overline{X}\,\overline{Y}}{\sqrt{\sum X_i^2 - n\overline{X}^2}\,\sqrt{\sum Y_i^2 - n\overline{Y}^2}}$

$n = 5$, $\sum X_i = 15$, $\sum X_i^2 = 55$, $\overline{X} = 3$, $\sum Y_i = 20$, $\sum Y_i^2 = 90$, $\sum X_i Y_i = 61$, $\overline{Y} = 4$

$\therefore\ r = \dfrac{61 - 5 \times 3 \times 4}{\sqrt{55 - 5 \times 3^2}\,\sqrt{90 - 5 \times 4^2}} = \dfrac{1}{\sqrt{10}\,\sqrt{10}} = \dfrac{1}{10} = 0.1$

❷ 상관분석에 대한 검정통계량이 $T = \dfrac{r\sqrt{n-2}}{\sqrt{1 - r^2}} \sim t_{(n-2)}$이므로 검정통계량 값은 $t = \dfrac{0.1\sqrt{5 - 2}}{\sqrt{1 - 0.1^2}}$ $= 0.174$이고, 유의수준 5%에서의 기각치 $t_{3,0.05} = 2.353$보다 검정통계량 값이 작으므로 귀무가설을 채택한다. 즉, 유의수준 5%에서 $\rho = 0$이라고 할 수 있다.

---

2. 순서형 자료의 연관성

(1) 스피어만의 순위상관계수(Spearman's Rank Correlation Coefficient)

두 변수 X와 Y의 표본상관계수에서 두 변수에 대한 순위를 R과 S라 한다면 스피어만의 순위상관계수는 순위에 대한 변수 R과 S를 이용하여 표본상관계수를 구한 것이다. 스피어만의 순위상관계수는 관측치의 분포가 극단적인 분포를 보이거나 관측치가 순위 정도의 정보밖에 갖고 있지 않을 경우에 이 변수들 간의 상관관계를 빨리 알고자 할 때 사용한다. 두 변수 X와 Y의 분포에 대한 가정이 필요 없으며 각 변수들의 관측치를 순위화한 후 각 순위에 대한 편차($d_i = R_i - S_i$)를 구하여 각 편차를 제곱한 편차제곱합(d_i^2)을 이용한다. 스피어만의 순위상관계수 r_s의 범위는 $-1 \leq r_s \leq 1$으로 상관계수의 범위와 같다. 스피어만의 순위상관계수(r_s)는 다음과 같이 정의한다.

$$r_s = 1 - \frac{6\sum_{i=1}^{n} d_i^2}{n^3 - n}, \quad \text{여기서}, \ \sum_{i=1}^{n} d_i^2 = \sum_{i=1}^{n} (R_i - S_i)^2 \ : \ \text{순위에 대한 편차제곱합}$$

(2) 스피어만의 순위상관분석

스피어만의 순위상관계수는 $r_s = 1 - \dfrac{6\sum d_i^2}{n^3 - n} = 1 - \dfrac{6\sum (R_i - S_i)^2}{n^3 - n}$으로 X와 Y가 독립일 경우 R_i와 S_i는 서로 독립이고 $R_1, \cdots, R_n$과 $S_1, \cdots, S_n$은 모두 $1, \cdots, n$의 모든 순열들을 같은 확률로 취하는 확률변수들이므로 r_s의 분포는 F분포와는 무관하다. X와 Y가 서로 독립이면 귀무가설 $\rho = 0$하에서 스피어만의 순위상관계수 r_s에 대하여 다음이 성립한다.

$$E(r_s) = 0, \ \ Var(r_s) = \frac{1}{n-1}$$

또한, n이 충분히 크다면 $\rho = 0$을 검정하기 위한 검정통계량은 다음과 같다.

$$Z = \sqrt{n-1}\, r_s \sim N(0,1)$$

예제

2.3 다음 자료는 어느 회사 신규직원 5명에 대한 입사시험 성적 순위와 1년 후 근무성적 평정 순위에 대한 자료이다. 이 자료에 대한 스피어만의 순위상관계수를 구하고, 이를 이용하여 가설($H_0 : \rho = 0$, $H_1 : \rho > 0$)을 유의수준 5%에서 검정해보자.

〈표 2.9〉 입사시험 성적 순위와 근무성적 평정 순위에 대한 자료

입사시험 성적 순위	2	3	1	4	5
근무성적 평정 순위	1	3	2	5	4

❶ 스피어만의 순위상관계수를 구하기 위해서는 아래와 같은 각 순위에 대한 편차제곱합 표를 작성하는 것이 편리하다.

<표 2.10> 각 순위에 대한 편차제곱합 표

입사시험 성적 순위	2	3	1	4	5
근무성적 평정 순위	1	3	2	5	4
순위 편차(d_i)	1	0	−1	−1	1
순위 편차제곱(d_i^2)	1	0	1	1	1

$$\therefore \ r_s = 1 - \frac{6\sum d_i^2}{n^3 - n} = 1 - \frac{6 \times 4}{125 - 5} = 1 - \frac{24}{120} = 0.8$$

❷ 스피어만의 순위상관분석에 대한 검정통계량이 $Z = \sqrt{n-1}\,r_s \sim N(0,1)$이므로 검정통계량 값은 $z = \sqrt{5-1} \times 0.8 = 1.6$이고, 유의수준 5%에서의 기각치 $z_{0.05} = 1.645$보다 검정통계량 값이 작으므로 귀무가설을 채택한다. 즉, 유의수준 5%하에서 $\rho = 0$이라고 할 수 있다.

(3) 켄달의 타우(Kendall's Tau)

피어슨상관계수는 연속형 변수(구간척도 또는 비율척도)로 측정된 변수들 사이의 선형관계를 나타내는 척도이며 확률분포가 정규분포를 따른다고 가정하지만, 켄달의 타우와 스피어만의 순위상관계수는 순위척도로 측정된 변수들 사이의 연관성을 나타내는 척도이며 확률분포가 무엇인지 모르는 비모수적 방법의 상관분석이다. 켄달의 타우(τ)는 다음과 같이 정의한다.

$$\tau = \frac{P - Q}{\frac{1}{2}n(n-1)}$$

여기서, $P + Q = n(n-1)/2$

크기순 짝의 개수 P : $[\mathrm{Rank}(X_j) - \mathrm{Rank}(X_i)][\mathrm{Rank}(Y_j) - \mathrm{Rank}(Y_i)] > 0$

크기역순 짝의 개수 Q : $[\mathrm{Rank}(X_j) - \mathrm{Rank}(X_i)][\mathrm{Rank}(Y_j) - \mathrm{Rank}(Y_i)] < 0$

P는 x_i를 크기순으로 나열하였을 때 $(x_i,\ y_i)$의 짝 중에서 y_i가 크기순으로 나열되어 있는 짝의 수로 $X_i - X_j$와 $Y_i - Y_j$의 부호가 같으면 부합(Concordant)이라 하고, Q는 크기의 역순으로 나열되어 있는 짝의 수로 $X_i - X_j$와 $Y_i - Y_j$의 부호가 다르면 비부합(Discordant)이라 한다. τ의 범위는 $-1 \le \tau \le 1$으로 상관계수의 범위와 같다.

(4) 켄달의 검정통계량

켄달통계량($K = P - Q$)는 귀무가설 $\tau = 0$하에서 F분포와 무관하며 켄달통계량 K에 기초한 켄달의 검정통계량은 분포무관 검정법이다. 하지만 표본의 크기가 충분히 크다면 정규근사를 이용하여 귀무가설 $\tau = 0$하에서 켄달통계량 K에 대하여 다음이 성립한다.

$$E(K) = 0, \ \ Var(K) = \frac{n(n-1)(2n+5)}{18}$$

즉, n이 충분히 크다면 $\tau = 0$을 검정하기 위한 검정통계량은 다음과 같다.

$$Z_K = \frac{K}{\sqrt{n(n-1)(2n+5)/18}} \sim N(0,\ 1)$$

예제

2.4 어느 대학교 통계학과 4학년 학생 중 대학원 입학 예정인 5명에 대한 조사방법론과 통계학 성적 순위를 나타낸 자료가 다음과 같다고 하자. 두 과목의 연관성 정도를 알기 위해 켄달의 타우(τ)를 구하고, 이를 이용하여 가설($H_0 : \tau = 0$, $H_1 : \tau \neq 0$)을 유의수준 5%에서 검정해보자.

〈표 2.11〉 두 인사 담당자의 예비합격자 순위 평가자료

과 목	학생1	학생2	학생3	학생4	학생5
조사방법론	3	4	1	2	5
통계학	2	1	4	3	5

❶ 켄달의 타우를 구하기 위해서는 아래와 같은 켄달의 타우 표를 작성하는 것이 편리하다.

❷ $(x_i,\ y_i)$의 짝을 x_i에 대해 크기순으로 나열한다.

〈표 2.12〉 켄달의 타우 표

x_i	y_i	크기순의 짝의 수	크기역순의 짝의 수
1	4	1	3
2	3	1	2
3	2	1	1
4	1	1	0
5	5	0	0
		$P = 4$	$Q = 6$

❸ P는 x_i를 크기순으로 나열하였을 때 $(x_i,\ y_i)$의 짝 중에서 y_i가 크기순으로 나열되어 있는 짝의 수이고, Q는 크기의 역순으로 나열되어 있는 짝의 수이다.

❹ 크기순 짝과 크기역순 짝을 구하기 위해서 첫 번째 $(x_i,\ y_i) = (1,\ 4)$을 기준으로 그 다음에 있는 4개의 짝을 볼 때 $(5,\ 5)$짝의 y값이 4보다 크므로 크기순 짝은 1이 되며, $(2,\ 3)$, $(3,\ 2)$, $(4,\ 1)$짝의 y값이 4보다 작으므로 크기역순 짝은 3이 된다.

❺ 두 번째 $(x_i,\ y_i) = (2,\ 3)$을 기준으로 그 다음에 있는 3개의 짝을 볼 때 $(5,\ 5)$짝의 y값이 3보다 크므로 크기순 짝은 1이 되며, $(3,\ 2)$, $(4,\ 1)$짝의 y값이 3보다 작으므로 크기역순 짝은 2가 된다.

❻ 세 번째 $(x_i,\ y_i) = (3,\ 2)$을 기준으로 그 다음에 있는 2개의 짝을 볼 때 $(5,\ 5)$짝의 y값이 2보다 크므로 크기순 짝은 1이 되며, $(4,\ 1)$짝의 y값이 2보다 작으므로 크기역순 짝은 1이 된다.

❼ 네 번째 $(x_i,\ y_i) = (4,\ 1)$을 기준으로 그 다음에 있는 1개의 짝을 볼 때 $(5,\ 5)$짝의 y값이 1보다 크므로 크기순 짝은 1이 되며, 2보다 작은 짝은 없으므로 크기역순 짝은 0이 된다.

❽ 마지막 $(x_i,\ y_i)=(5,\ 5)$는 비교할 짝이 없으므로 크기순 짝과 크기역순 짝 모두 0이 된다.

$$\therefore\ K=P-Q=4-6=-2\text{이고},\ \tau=\cfrac{K}{\cfrac{1}{2}n(n-1)}=\cfrac{-2}{\cfrac{1}{2}(5)(4)}=-0.2\text{가 된다.}$$

❾ 켄달통계량 $K=-2$이고 켄달의 검정통계량이 $Z_K=\cfrac{K}{\sqrt{n(n-1)(2n+5)/18}}\sim N(0,\ 1)$이므로

검정통계량 값은 $z_K=\cfrac{-2}{\sqrt{5(5-1)(10+5)/18}}=\cfrac{-2}{4.0825}=-0.49$이다. 유의수준 5%에서의 기각
치 $z_{0.025}=\pm1.96$으로 검정통계량 값 -0.49가 기각치 -1.96과 1.96사이에 위치하므로 귀무가설을
채택한다. 즉, 유의수준 5%하에서 $\tau=0$이라고 할 수 있다.

3. 범주형 자료의 연관성

범주형 변수로 측정된 변수 간의 연관성을 측정하기 위해서는 먼저 분할표(Contingency Table)를
작성한다. 분할표는 일반적으로 영향을 주는 변수인 독립변수를 행으로 하고, 영향을 받는 변수인 종
속변수를 열로 하여 작성한다. 예를 들어 성별에 따른 과목선호도 조사결과가 다음과 같은 분할표 형
태로 주어져 있다고 하자.

〈표 2.13〉 성별에 따른 과목선호도 교차표

성 별 　선호도	국 어	영 어	수 학	합 계
남 성	25	50	75	150
여 성	75	50	25	150
합 계	100	100	100	300

위의 자료로부터 남성들은 국어보다는 수학을 선호하고, 여성들은 수학보다는 국어를 선호하는 것으
로 나타났다. 또한 영어는 성별에 따른 과목선호도에 차이가 없는 것을 알 수 있다. 교차표 형태로
주어진 자료에 대한 연관성 검정은 카이제곱검정을 하며, 이는 제8장 범주형 자료 분석에서 자세히
다루기로 한다.

4. 결합확률분포와 상관계수

(1) 결합확률분포를 이용한 상관계수

두 확률변수 X와 Y가 가질 수 있는 모든 가능한 값 x와 y에 대해 결합확률 $P(X=x\cap Y=y)$을
두 확률변수 X와 Y의 결합확률분포라 하며 간단히 $P(x,y)$로 표시한다. 예를 들어 공정한 동전을
세 번 던지는 시행에서 확률변수 X를 앞면(Head)이 나오는 횟수, Y를 런(Run)[1]의 수라고 한다면
표본공간과 확률변수 X, Y는 다음과 같다.

---

1) 런(Run) : 동일한 문자, 동일한 숫자, 동일한 기호 등이 상이한 문자, 숫자, 기호 등에 방해됨이 없이 계속되는 것을 말한다.

<표 2.14> 표본공간과 확률변수 X와 Y

표본공간	확률	X	Y
HHH	1/8	3	1
HHT	1/8	2	2
HTH	1/8	2	3
THH	1/8	2	2
HTT	1/8	1	2
THT	1/8	1	3
TTH	1/8	1	2
TTT	1/8	0	1

위의 자료를 결합확률분포로 표현하면 다음과 같다.

<표 2.15> 공정한 동전을 3번 던졌을 때의 결합확률분포

x \ y	1	2	3	주변확률 $f_X(x)$
0	1/8	0	0	1/8
1	0	2/8	1/8	3/8
2	0	2/8	1/8	3/8
3	1/8	0	0	1/8
주변확률 $f_Y(y)$	2/8	4/8	2/8	1

예제

2.5　다음과 같은 (A), (B), (C) 각각의 결합확률분포를 이용하여 공분산과 상관계수의 부호를 대략적으로 파악해보자.

<표 2.16> (A)의 결합확률분포

(A)	$y=1$	$y=3$	$y=5$	합계 $f_X(x)$
$x=0$	0.00	0.05	0.25	0.30
$x=1$	0.05	0.30	0.05	0.40
$x=2$	0.25	0.05	0.00	0.30
합계 $f_Y(y)$	0.30	0.40	0.30	1.00

<표 2.17> (B)의 결합확률분포

(B)	$y=1$	$y=3$	$y=5$	합계 $f_X(x)$
$x=0$	0.30	0.00	0.00	0.30
$x=1$	0.00	0.40	0.00	0.40
$x=2$	0.00	0.00	0.30	0.30
합계 $f_Y(y)$	0.30	0.40	0.30	1.00

〈표 2.18〉 (C)의 결합확률분포

(C)	$y=1$	$y=3$	$y=5$	합계 $f_X(x)$
$x=0$	0.10	0.10	0.10	0.30
$x=1$	0.10	0.20	0.10	0.40
$x=2$	0.10	0.10	0.10	0.30
합계 $f_Y(y)$	0.30	0.40	0.30	1.00

(A)는 X가 0, 1, 2로 보다 큰 값을 가질 때, Y는 5, 3, 1로 보다 작은 값을 가지려는 경향이 있으므로 공분산과 상관계수는 음의 부호를 가지게 될 것이다. (B)는 X가 0, 1, 2로 보다 큰 값을 가질 때, Y도 1, 3, 5로 큰 값을 가지려는 경향이 있으므로 공분산과 상관계수는 양의 부호를 가지게 될 것이다. (C)는 X가 0, 1, 2로 보다 큰 값을 가질 때 Y는 큰 값 또는 작은 값을 가지려는 경향이 없이 자료가 고르게 분포되어 있으므로 X와 Y는 서로 연관성이 없음을 짐작할 수 있다.

예제

2.6 위의 [예제 2.5]에서 (A), (B), (C) 각각의 결합확률분포를 이용하여 공분산과 상관계수를 직접 구해보자.

(A)의 공분산 및 상관계수 계산

〈표 2.19〉 (A)의 공분산 계산 과정

(1)	(2)	(3)	(4) 편차	(5) 편차	(6)	(6)×(3)
X	Y	$f(x,y)$	$X-E(X)$	$Y-E(Y)$	(4)×(5)	
0	1	0.00	−1	−2	2	0
0	3	0.05	−1	0	0	0
0	5	0.25	−1	2	−2	−0.5
1	1	0.05	0	−2	0	0
1	3	0.30	0	0	0	0
1	5	0.05	0	2	0	0
2	1	0.25	1	−2	−2	−0.5
2	3	0.05	1	0	0	0
2	5	0.00	1	2	2	0
합 계		1.00				$Cov(X, Y)=-1$

$$E(X) = \sum X_i f(x) = (0 \times 0.3) + (1 \times 0.4) + (2 \times 0.3) = 1$$

$$E(Y) = \sum Y_i f(y) = (1 \times 0.3) + (3 \times 0.4) + (5 \times 0.3) = 3$$

$$V(X) = \sum X_i^2 f(x) - \mu_X^2 = (0^2 \times 0.3) + (1^2 \times 0.4) + (2^2 \times 0.3) - 1^2 = 0.6$$

$$V(Y) = \sum Y_i^2 f(y) - \mu_Y^2 = (1^2 \times 0.3) + (3^2 \times 0.4) + (5^2 \times 0.3) - 3^2 = 2.4$$

(A)의 상관계수 $r = \dfrac{Cov(X,Y)}{\sqrt{Var(X)} \; \sqrt{Var(Y)}} = \dfrac{-1}{\sqrt{0.6} \; \sqrt{2.4}} = -0.833$

(B)의 공분산 및 상관계수 계산

〈표 2.20〉 (B)의 공분산 계산 과정

(1)	(2)	(3)	(4) 편차	(5) 편차	(6)	(6)×(3)
X	Y	$f(x,y)$	$X-E(X)$	$Y-E(Y)$	(4)×(5)	
0	1	0.30	−1	−2	2	0.6
0	3	0.00	−1	0	0	0
0	5	0.00	−1	2	−2	0
1	1	0.00	0	−2	0	0
1	3	0.40	0	0	0	0
1	5	0.00	0	2	0	0
2	1	0.00	1	−2	−2	0
2	3	0.00	1	0	0	0
2	5	0.30	1	2	2	0.6
합 계		1.00				$Cov(X,\ Y)=1.2$

(A), (B), (C)의 주변분포가 모두 같기 때문에 X와 Y의 기대값과 분산은 (A), (B), (C) 모두 같다.

(B)의 상관계수 $r=\dfrac{Cov(X,Y)}{\sqrt{Var(X)}\ \sqrt{Var(Y)}}=\dfrac{1.2}{\sqrt{0.6}\ \sqrt{2.4}}=1$

(C)의 공분산 및 상관계수 계산

〈표 2.21〉 (C)의 공분산 계산 과정

(1)	(2)	(3)	(4) 편차	(5) 편차	(6)	(6)×(3)
X	Y	$f(x,y)$	$X-E(X)$	$Y-E(Y)$	(4)×(5)	
0	1	0.10	−1	−2	2	0.2
0	3	0.10	−1	0	0	0
0	5	0.10	−1	2	−2	−0.2
1	1	0.10	0	−2	0	0
1	3	0.20	0	0	0	0
1	5	0.10	0	2	0	0
2	1	0.10	1	−2	−2	−0.2
2	3	0.10	1	0	0	0
2	5	0.10	1	2	2	0.2
합 계		1.00				$Cov(X,\ Y)=0$

(C)의 상관계수는 공분산이 0이므로 상관계수 역시 0이 된다.

(2) 상관계수의 성질

① 상관계수는 $-1 \leq r \leq 1$의 값을 가지므로 $|r| \leq 1$이 성립한다.

② 상관계수의 크기는 두 변수 사이의 선형 연관관계의 강도를 나타내며 상관계수의 부호(+ / −)는 선형관계의 방향을 나타낸다.

③ 상관계수는 단위가 없는 수이며, 측정단위에 영향을 받지 않는다.

④ 두 변수의 선형관계가 강해질수록 상관계수는 1 또는 −1에 근접하게 된다.

⑤ 상관계수의 부호는 공분산 및 단순회귀직선의 기울기 부호와 항상 같다.

⑥ 두 확률변수가 서로 독립이면 공분산과 상관계수는 0이지만, 공분산과 상관계수가 0이라고 해서 두 확률변수가 서로 독립인 것은 아니다.

⑦ 절편이 있는 단순선형회귀에서는 상관계수의 제곱이 결정계수와 같다.

⑧ 상관계수는 변수들 간의 선형관계를 나타내는 것이지 인과관계를 나타내는 것은 아니다.

⑨ 상관계수가 0이면 변수 간에 선형연관성이 없는 것이지 곡선의 연관성은 있을 수 있다.

⑩ X와 Y의 상관계수 값과 Y와 X의 상관계수 값은 서로 같다.

⑪ $r = b\dfrac{S_X}{S_Y} = b\dfrac{\sqrt{\sum(X_i - \overline{X})^2}}{\sqrt{\sum(Y_i - \overline{Y})^2}}$ 여기서, 단순선형회귀선의 기울기 $b = \dfrac{\sum(X_i - \overline{X})(Y_i - \overline{Y})}{\sum(X_i - \overline{X})^2}$

⑫ X와 Y의 표본표준편차가 같다면 상관계수와 단순선형회귀선의 기울기는 같다.

⑬ 임의의 상수 a, b에 대하여 Y를 $Y = a + bX$와 같이 X의 선형변환으로 표현할 수 있다면, $b > 0$일 때 상관계수는 1이고, $b < 0$일 때 상관계수는 −1이 된다.

⑭ 임의의 상수 a, b, c, d에 대하여 X, Y의 상관계수는 $a + bX$, $c + dY$의 상관계수와 $bd > 0$일 때 동일하며, $bd < 0$일 때 부호만 바뀐다.

⑮ 단순선형회귀분석에서 변수들을 표준화한 표준화 회귀계수(b)는 상관계수와 같다.

⑯ 상관계수에서 자료를 절단할 때 윗부분(제3사분위값) 또는 아랫부분(제1사분위값)을 절단하면 상관계수는 낮아지고, 중간부분(IQR)을 절단하면 상관계수는 높아진다.

⑰ 두 변수 간 상관계수의 유의확률과 단순선형회귀분석에서 독립변수의 회귀계수(b) 검정의 유의확률은 같다.

⑱ 상관계수가 ±1이면 완전한 선형관계에 있다고 하고 모든 관측값들은 일직선상에 놓이게 된다.

⑲ 변수 X와 Y간의 두 회귀식이 $Y = bX + a$, $X = cY + d$이면 결정계수 $r^2 = bc$이 성립한다.

⑳ 모든 자료를 표준화(Standardization)시켰을 때 표준화된 자료로부터 계산된 표본공분산행렬은 원자료의 표본상관행렬과 일치한다.

㉑ 단순회귀분석에서 Y와 $\hat{Y}$의 표본상관계수의 제곱은 Y와 X의 표본상관계수의 제곱과 같다.

$$\therefore \ \frac{\left[\sum(Y_i - \overline{Y})(\hat{Y_i} - \overline{Y})\right]^2}{\sum(Y_i - \overline{Y})^2 \sum(\hat{Y_i} - \overline{Y})^2} = \frac{\left[\sum(Y_i - \overline{Y})(a + bX_i - a - b\overline{X})\right]^2}{\sum(Y_i - \overline{Y})^2 \sum(a + bX_i - a - b\overline{X})^2}$$

$$= \frac{b^2\left[\sum(Y_i - \overline{Y})(X_i - \overline{X})\right]^2}{b^2\sum(Y_i - \overline{Y})^2 \sum(X_i - \overline{X})^2} = \frac{\left[\sum(Y_i - \overline{Y})(X_i - \overline{X})\right]^2}{\sum(Y_i - \overline{Y})^2 \sum(X_i - \overline{X})^2}$$

예제

2.7 어느 대학에서 통계학 시험을 치렀는데 학생들의 점수가 모두 50점 미만으로 낮게 나와서 고민하다가 원점수에 1.5를 곱해주고 10점을 더한 가중점수로 학생들의 학점을 매기기로 하였다. 원점수와 가중점수 간의 상관계수를 구해보자.

상관계수의 성질 중 임의의 상수 a, b에 대하여 Y를 $Y = a + bX$와 같이 X의 선형변환으로 표현할 수 있다면, $b > 0$일 때 상관계수는 1이고, $b < 0$일 때 상관계수는 -1이 된다. 즉, 원점수를 X라 놓았을 때 가중점수 Y는 $Y = 1.5X + 10$과 같이 X의 선형변환식으로 표현할 수 있고, 기울기가 0보다 크므로 상관계수는 1이 된다.

∵ 원점수 X에 가중점수 Y가 가질 수 있는 모든 값들이 기울기가 양인 직선상에 놓이게 되기 때문이다.

예제

2.8 X와 Y의 상관계수가 0.7이라고 할 때, $Corr(-2X, 2Y - 4)$을 구해보자.

상관계수의 특성 중 임의의 상수 a, b, c, d에 대하여 X, Y의 상관계수는 $a + bX$, $c + dY$의 상관계수와 $bd > 0$일 때 동일하며, $bd < 0$일 때 부호만 바뀐다. 즉, X와 Y의 상관계수가 0.3이면, $-2X$와 $2Y - 4$의 상관계수는 $(-2 \times 2) = -4 < 0$이므로 -0.7이 된다.

(3) 상관계수의 한계

상관계수는 수치에 대한 수학적인 관계일 뿐, 속성의 관계로 확대해석 해서는 안 된다. 또한 상관계수는 선형관계의 측도이며 상관계수가 0이라도 선형의 관계가 없는 것이지 곡선의 관계는 존재할 수 있다. 상관계수는 자료 분석의 초기단계에서 사용하는 통계량이지 결론단계에 사용되는 통계량은 아니다.

01

기출 1994년

두 확률변수 X와 Y가 서로 독립이면 그 공분산은 0이 됨을 증명하고, 그 역은 성립하지 않음을 예를 들어 설명하시오.

01 해설

독립과 공분산의 관계

① 두 확률변수 X와 Y가 서로 독립이면 그 공분산은 0이다.

$$Cov(X, \ Y) = E[(X - E(X))(Y - E(Y))] = E[(X - \mu_x)(Y - \mu_y)]$$
$$= E(XY) - \mu_x E(Y) - \mu_y E(X) + \mu_x \mu_y \quad \because E(X) = \mu_x, \ E(Y) = \mu_y$$
$$= E(X)E(Y) - \mu_x \mu_y \quad \because X, \ Y \text{는 독립}$$
$$= \mu_x \mu_y - \mu_x \mu_y = 0$$

② 공분산이 0이라고 해서 반드시 두 확률변수 X와 Y가 서로 독립인 것은 아니다.

　㉠ 확률변수 X와 Y의 결합확률밀도함수가 다음과 같다고 하자.

X ＼ Y	$y=1$	$y=3$	$y=5$	합계 $f_X(x)$
$x=0$	0.10	0.10	0.10	0.30
$x=1$	0.10	0.20	0.10	0.40
$x=2$	0.10	0.10	0.10	0.30
합계 $f_Y(y)$	0.30	0.40	0.30	1.00

ⓛ 위의 결합확률밀도함수를 이용하여 각각의 확률변수 X, Y, XY의 확률밀도함수를 구하면 다음과 같다.

〈X의 확률밀도함수〉

X	$x=0$	$x=1$	$x=2$	합 계
$f_X(x)$	0.30	0.40	0.30	1.00

〈Y의 확률밀도함수〉

Y	$y=1$	$y=3$	$y=5$	합 계
$f_Y(y)$	0.30	0.40	0.30	1.00

〈XY의 확률밀도함수〉

XY	$xy=0$	$xy=1$	$xy=2$	$xy=3$	$xy=5$	$xy=6$	$xy=10$	합 계
$f_{XY}(xy)$	0.30	0.10	0.10	0.20	0.10	0.10	0.10	1.00

ⓒ $E(X) = (0 \times 0.3) + (1 \times 0.4) + (2 \times 0.3) = 1$

$E(Y) = (1 \times 0.3) + (3 \times 0.4) + (5 \times 0.3) = 3$

$E(XY) = (0 \times 0.3) + (1 \times 0.1) + (2 \times 0.1) + (3 \times 0.2) + (5 \times 0.1) + (6 \times 0.1) + (10 \times 0.1) = 3$

$\therefore \ Cov(X, \ Y) = E(XY) - E(X)E(Y) = 3 - 3 = 0$

ⓔ 하지만, $f_X(0) = 0.3$, $f_Y(1) = 0.3$, $f_{XY}(0) = 0.3$으로 $f_{XY}(xy) \neq f_X(x)f_Y(y)$이 되어 서로 독립이 아니다.

③ 결과적으로 두 확률변수 X와 Y가 서로 독립이면 그 공분산은 0이지만, 공분산이 0이라고 해서 두 확률변수 X와 Y가 서로 독립이라고 할 수는 없다.

02

기출 1996년

두 확률변수 X, Y의 관계에 있어 "독립적(Independent)이다는 것과 상관관계에 있지 않다 (Uncorrelated)", "되어있다"는 것 간의 관계를 설명하라.

02 해설

상관계수의 특성

① 상관계수는 두 확률변수 사이에 선형의 연관성을 나타내주는 측도이다.

② 두 확률변수 X와 Y가 독립적이라는 것은 상관계수 $\rho(X, Y) = 0$이 됨을 의미한다.

③ 하지만, 상관계수 $\rho(X, Y) = 0$이라고 해서 두 확률변수 X와 Y가 반드시 독립적이라고 할 수는 없다.

④ 상관계수 $\rho(X, Y) = 0$이면 두 확률변수 X와 Y는 상관관계에 있지 않다. 즉, 상관계수 $\rho(X, Y) = 0$이면 두 확률변수 사이에 선형의 연관성이 없다는 의미로 곡선의 연관성은 있을 수 있다.

⑤ 상관계수 $\rho(X, Y) \neq 0$이면 두 확률변수 X와 Y는 상관관계에 있고 이는 두 확률변수 사이에 선형의 연관성이 존재한다는 의미이다.

⑥ 상관계수 $\rho(X, Y) = \pm 1$이면 두 확률변수 X와 Y는 완전 상관관계에 있다고 한다.

01

기출 2006년

시계열 데이터 $X_1, \cdots, X_n$이 주어졌을 때 1차 자기상관계수는

$$\widehat{\rho_1} = \frac{\sum_{i=1}^{n-1}\left(X_i - \overline{X}\right)\left(X_{i+1} - \overline{X}\right)}{\sum_{i=1}^{n}\left(X_i - \overline{X}\right)^2}$$

으로 정의된다. 이 값은 미래의 값 X_{n+1}을 예측하는 데 중요한 역할을 하는 것으로 알려져 있다. 주가의 움직임을 예측하는 데 있어서 5일 평균이 30일 평균을 상향 돌파하는 경우, 추가 상승이 기대된다는 말을 많이 하는데 이를 Golden Cross가 발생한다고 말한다. 이러한 골든크로스 현상을 위의 1차 자기상관계수를 통해 설명하시오.

01 해설

자기상관계수

① 일반적으로 주가의 움직임을 예측하는 데 있어서 시계열 분석을 사용하는 경우, 과거의 데이터를 분석하여 미래의 데이터를 예측하는데 이때 중요한 개념이 자기상관계수이다. 1차 자기상관계수 $\widehat{\rho_1}$는 X_n과 X_{n-1} 사이의 선형상관관계를 나타낸다.

② 주가 분석에 있어 $\widehat{\rho_1}$은 양의 값을 가지는 것이 일반적이다. 그리고 5일 평균의 경우 30일 평균에 비해 현재에 가까운 값의 영향을 많이 받는다. 즉, $\widehat{\rho_1}$값의 영향을 많이 받는다고 볼 수 있다.

③ 5일 평균이 30일 평균을 상향 돌파하는 경우 먼 과거의 값을 반영한 평균값보다 최근 값에 비중을 높일 경우의 평균값이 더 높아진다는 뜻으로, 주식시장에서 해당 주가의 최근 분위기가 상승분위기라는 것을 의미한다. 따라서 $\widehat{\rho_1}$의 값이 일반적으로 양의 값임을 감안할 때, 최근의 상승세 영향을 받아 앞으로도 주가의 추가 상승이 기대된다고 해석할 수 있다.

PART
03

확률과 확률분포

1. 순열(Permutation)과 조합(Combination)

n개에서 r개를 순서를 고려하여 뽑는 것을 순열(Permutation)이라 하며, n개에서 r개를 순서를 고려하지 않고 선택하는 것을 조합(Combination)이라 한다. n개에서 r개를 순서를 고려하여 뽑는 경우의 수는 $n \times (n-1) \times \cdots \times (n-r+1)$이고 $_nP_r$로 표기한다. 특별히 $_nP_n$는 간단히 $n!$로 표기하며 n계승(Factorial)이라 표현한다. 조합의 경우의 수를 $_nC_r$ 또는 $\binom{n}{r}$로 표기한다. 순열과 계승, 조합 간에는 다음과 같은 등식이 성립한다.

PLUS ONE 순열과 조합의 기호 정의

① $_nP_n = n! = n(n-1) \times \cdots \times 2 \times 1 = n \times (n-1)!$

② $_nP_r = \dfrac{n(n-1) \times \cdots \times (n-r+1) \times (n-r) \times (n-r-1) \times \cdots \times 2 \times 1}{(n-r) \times (n-r-1) \times \cdots \times 2 \times 1} = \dfrac{n!}{(n-r)!}$

③ $0! = 1 \qquad \because {}_nP_n = \dfrac{n!}{(n-n)!} = \dfrac{n!}{0!} = n!$

④ $_nP_0 = 1 \qquad \because {}_nP_0 = \dfrac{n!}{(n-0)!} = \dfrac{n!}{n!} = 1$

⑤ $_nC_r = \binom{n}{r} = \dfrac{_nP_r}{r!} = \dfrac{n!}{r!(n-r)!} = {}_nC_{n-r} \qquad$ 단, $n \geq r$

⑥ $_nC_r = {}_nC_{n-r}$ 단, $n \geq r$

⑦ $_nC_0 = 1 \qquad \because {}_nC_0 = \dfrac{_nP_0}{0!} = \dfrac{n!}{0!(n-0)!} = 1$

⑧ $_nC_n = 1 \qquad \because {}_nC_n = \dfrac{_nP_n}{n!} = \dfrac{n!}{n!(n-n)!} = 1$

예제

3.1 1, 2, 3, 4, 5, 6의 숫자 중 5개의 숫자를 나열하여 다섯 자리의 자연수를 만들 때, 1과 2 사이에 2개 이상의 다른 숫자가 들어있는 경우의 수는 몇 가지인지 알아보자.

❶ 1과 2를 제외한 나머지 4개의 숫자 중에서 3개를 선택하여 일렬로 나열하는 방법은 세 가지이며 각각의 경우의 수는 $_4P_3$이다.

$\boxed{1}\boxed{}\boxed{}\boxed{2}\boxed{}$의 경우
$\boxed{}\boxed{1}\boxed{}\boxed{}\boxed{2}$의 경우
$\boxed{1}\boxed{}\boxed{}\boxed{}\boxed{2}$의 경우

❷ 이때, 1과 2의 위치가 서로 바뀌는 경우를 고려해서 각각의 경우에 2를 곱하면 구하고자 하는 경우의 수는 $3 \times {_4P_3} \times 2 = 144$가 된다.

예제

3.2 어느 연구모임은 회장과 총무를 포함한 8명으로 구성되어 있다. 이 중 4명을 뽑아 일렬로 세울 때 회장과 총무가 모두 포함되어 있고 서로 인접하여 있을 경우의 수를 구해보자.

❶ 뽑힌 4명 중에서 회장과 총무를 미리 뽑았다고 가정하면 6명 중에서 2명을 뽑는 경우의 수는 $_6C_2$이다.

❷ 회장과 총무가 서로 인접하도록 묶어 한 그룹으로 생각하면 나머지 뽑힌 2명과 일렬로 세울 경우의 수는 3!이다.

❸ 서로 인접하도록 묶은 회장과 총무를 일렬로 세울 경우의 수는 2!이다.

∴ 구하고자 하는 경우의 수는 $_6C_2 \times 3! \times 2! = 180$이다.

2. 확률의 이해

(1) 표본공간(Sample Space)과 사상(Event)

발생할 수 있는 모든 결과들의 집합을 표본공간이라고 정의하며, 일반적으로 표본공간을 S로 나타낸다. 예를 들어 공정한 동전을 1번 던지는 경우의 표본공간은 $S = \{$앞면, 뒷면$\}$, 주사위를 1번 던지는 경우의 표본공간은 $S = \{1, 2, 3, 4, 5, 6\}$, 물고기 1마리의 길이를 재는 경우의 표본공간은 $S = [0, \infty]$이다.

발생할 수 있는 모든 결과들 중 일부를 사상(Event)이라 하며 사상은 표본공간의 부분집합이다. 일반적으로 사상은 A, B, C와 같이 대문자로 표기한다. 예를 들어 공정한 동전을 1개 던졌을 때 앞면이 나오는 사상 A는 $A = \{$앞면$\}$, 주사위 1번 던졌을 때 홀수가 나오는 사상 B는 $B = \{1, 3, 5\}$, 물고기 1마리의 길이를 쟀을 때, 그 길이가 30cm 이상인 사상 C는 $C = [30, \infty]$이다. 사상은 표본공간의 부분집합으로, 위의 A, B, C 사상들을 각각 $A = \{$앞면$\} \in S = \{$앞면, 뒷면$\}$, $B = \{1, 3, 5\} \in S = \{1, 2, 3, 4, 5, 6\}$, $C = [30, \infty] \in S = [0, \infty]$와 같이 표현할 수도 있다.

(2) 확률의 정의

확률의 정의는 크게 고전적 정의(Classical Definition of Probability)와 공리적 정의(Axiomatic Definition of Probability)로 나눌 수 있다.

확률의 고전적 정의는 표본공간에서 발생가능성이 동일한 결과들의 총수에 대한 이들 사상을 구성하고 있는 결과들의 수의 비율이다. N을 표본공간에서 발생가능성이 동일한 결과들의 총수라 하고, $n(A)$를 A사상에 속해 있는 결과들의 수라 하면 사상 A의 확률은 $P(A) = \dfrac{n(A)}{N}$로 정의된다.

이와 같은 고전적 정의는 상대도수적 정의라고도 한다.

수학자들은 현실에서 보다 보편적으로 확률의 개념을 활용하기 위해 확률의 고전적 정의를 넘어선 확률의 공리적 정의를 규정하였다. 공리적 정의에서는 다음과 같은 조건을 만족하는 P를 확률로 정의한다.

PLUS ONE   확률의 공리적 정의

① 임의의 사상 A에 대하여 $0 \le P(A) \le 1$이다.
② $P(S) = 1$이다. 여기서 S는 표본공간을 의미한다.
③ 표본공간 S에 정의된 사상 A_1, A_2, A_3, $\cdots$이 서로 배반사건(모든 $i \ne j$에 대해 $A_i \cap A_j = \phi$)일 때 $P(A_1 \cup A_2 \cup \cdots) = P(A_1) + P(A_2) + \cdots$이 성립한다.

즉, 공리적 정의에서는 확률을 표본공간을 정의역으로 하면서 위의 세 가지 공리를 만족하는 함수로 정의되며, 고전적 정의의 확률값은 시행회수 n이 무한히 커지면서 공리적 정의 확률값으로 수렴한다.

(3) 조건부 확률(Conditional Probability)

사상 A와 B는 표본공간 S상에 정의되어 있다고 하자. $P(B) > 0$에 대해 사상 B가 일어났다는 조건하에서 사상 A가 일어날 확률을 $P(A|B)$으로 표기하고, 사상 B가 일어났을 때의 사상 A의 조건부 확률이라 하며 다음과 같이 정의한다.

$$P_B(A) = P(A|B) = \frac{P(A \cap B)}{P(B)} \quad 단, \ P(B) > 0$$

만약 $P(B) = 0$이면 조건부확률 $P(A|B)$은 정의되지 않는다. 위의 식으로부터 $P(A \cap B) = P(B)P(A|B)$이 성립함을 알 수 있다. $P(A) > 0$에 대해 사상 A가 일어났다는 조건하에서 사상 B가 일어날 확률은 $P_A(B) = P(B|A) = \dfrac{P(A \cap B)}{P(A)}$이므로 $P(A \cap B) = P(A)$ $P(B|A)$이 성립함을 알 수 있으며 $P(A \cap B)$에 대해 다음의 관계가 성립함을 알 수 있다.

$$P(A \cap B) = P(B)P(A|B) = P(A)P(B|A) \quad 단, \ P(A) > 0, \ P(B) > 0$$

3.3 어떤 TV제품에 대한 시장조사 결과 아래와 같은 자료를 얻었다. 한 사람을 임의로 선택했을 때 그 사람이 A에 속했다면 X의 조건부 확률을 구해보자.

〈표 3.1〉 어떤 TV제품에 대한 시장조사 결과

	신문광고를 보았음(A)	신무광고를 보지 못했음(B)
제품을 구입함(X)	30	70
제품을 구입하지 않음(Y)	70	30

⇨ X의 조건부 확률은 $P(X|A) = \dfrac{P(X \cap A)}{P(A)} = \dfrac{30}{100} = 0.3$이다.

(4) 배반사상(Exclusive Event)과 독립사상(Independent Event)

동전을 한 번 던지는 실험에서 앞면이 나오는 사상을 A라 하고, 뒷면이 나오는 사상을 B라 할 때 이 두 사상은 동시에 일어날 수 없는 사상이다. 이와 같이 사상 A와 B가 서로 동시에 일어날 수 없는 경우 A와 B를 배반사상이라 한다. A와 B가 배반사상이면 다음이 성립한다.

$$A \cap B = \varnothing$$

어떤 사상 A가 일어나는 것이 사상 B가 일어날 확률에 영향을 미치지 않거나 이와 반대로 사상 B가 일어나는 것이 사상 A가 일어날 확률에 영향을 미치지 않는 경우 이 두 사상 A와 B를 서로 독립이라고 한다. 확률적으로 사상 B가 일어났다는 조건하에 사상 A가 일어날 조건부 확률 $P(A|B)$이 사상 B에 의존하지 않고, 사상 A가 일어날 확률 $P(A)$와 같다. A와 B가 서로 독립이 아닐 경우 두 사상 A와 B를 종속사상이라 한다. 두 사상 A와 B가 서로 독립이면 다음이 성립한다.

$$P(A \cap B) = P(A) \times P(B)$$

조건부확률에서 두 사상 A와 B가 서로 독립이면 다음이 성립한다.

① $P(A|B) = \dfrac{P(A \cap B)}{P(B)} = \dfrac{P(A)P(B)}{P(B)} = P(A)$ 단, $P(B) > 0$

② $P(B|A) = \dfrac{P(A \cap B)}{P(A)} = \dfrac{P(A)P(B)}{P(A)} = P(B)$ 단, $P(A) > 0$

서로 배반적인 사상은 반드시 종속이지만, 종속사상은 서로 배반적일 필요는 없다. 서로 배반적이지 않은 사상은 독립이거나 종속일 수 있지만, 독립사상은 상호 배반적일 수 없다.

(5) 여사상의 확률(여확률)

사상 A가 일어나지 않을 확률은 전체 확률 1에서 사상 A가 일어날 확률을 뺀 것과 같다. 즉, 사상 A가 일어나지 않을 확률을 여사상의 확률 또는 줄여서 여확률이라 하며 $P(A^c)$ 또는 $P(\overline{A})$와 같이 표기한다. 임의의 사상 A에 대해 다음의 관계가 성립한다.

$$P(A^c) = 1 - P(A)$$

여기서 A^c는 사상 A가 일어나지 않았다는 것을 의미하며 A의 여사상(Complementary Event)이라 한다. 사상 A가 일어났다면 여사상 A^c는 일어나지 않으며 여사상 A^c가 일어났다면 사상 A는 일어나지 않는다. 즉, 사상 A와 A^c는 서로 배반적으로 $P(A) + P(A^c) = 1$이 성립한다. 또한, 어느 상황에서든지 사상 A가 일어나거나 일어나지 않거나 둘 중 하나가 될 것이므로 동시에 일어날 확률은 $P(A \cap A^c) = \phi$이고 $P(A \cup A^c) = 1$이 성립한다. 확률의 계산에서 '적어도'라는 말이 나오면 여확률을 이용하여 확률을 구하면 간편할 때가 많다.

예제

3.4 한 상자에 흰 공 3개, 붉은 공 4개, 파란 공 3개가 들어있다. 3개의 공을 상자에서 임의로 비복원추출할 때 적어도 하나는 붉은 공일 확률을 구해보자.

❶ 구하고자 하는 확률은 여확률을 활용하여 아래와 같이 쉽게 구할 수 있다.

❷ 전체 확률에서 붉은 공을 하나도 뽑지 않을 확률을 빼면 적어도 하나의 붉은 공을 뽑을 확률이 된다.

$$\therefore \ 1 - \frac{{}_6C_3}{{}_{10}C_3} = 1 - \frac{\dfrac{6!}{3!3!}}{\dfrac{10!}{3!7!}} = 1 - \frac{6!7!}{10!3!} = 1 - \frac{6 \times 5 \times 4}{10 \times 9 \times 8} = 1 - \frac{1}{6} = \frac{5}{6}$$

(6) 전확률과 베이즈 공식

표본공간 S가 n개의 사상 A_1, A_2, $\cdots$, A_n으로 분할되어있고, 모든 $i = 1, 2, \cdots, n$에 대하여 $P(A_i) \neq 0$이라 가정하자. 그렇다면 임의의 사상 B에 대해 다음의 두 가지 공식이 성립한다.

① 전확률 공식(Total Probability Formula)

$$P(B) = P(A_1)P(B|A_1) + \cdots + P(A_n)P(B|A_n)$$

② 베이즈 공식(Bayes' Formula)

$$P(A_i|B) = \frac{P(A_i)P(B|A_i)}{P(A_1)P(B|A_1) + P(A_2)P(B|A_2) + \cdots + P(A_n)P(B|A_n)}$$

여기서 $P(A_1)$, $P(A_2)$, $\cdots$, $P(A_n)$을 사전확률(Prior Probability)이라 하고, 조건부확률 $P(A_1|B)$, $P(A_2|B)$, $\cdots$, $P(A_n|B)$을 사후확률(Posterior Probability)이라 한다. 즉, 베이즈 공식은 어떤 표본조사 또는 사전조사를 통해서 얻어진 정보와 같이 새로운 정보가 주어졌다는 조건하에서 어떤 사상이 발생한 확률을 결정하는 것과 관련이 있다.

3.5 다음은 직업을 A, B, C로 구분할 때 아버지의 직업에서 아들의 직업으로 전이될 조건부 확률을 나타낸 것이다. 아버지의 직업이 A, B, C일 확률은 각각 0.1, 0.4, 0.5라고 하자. 아들의 직업이 A일 때, 그의 아버지의 직업이 A일 확률을 구해보자.

〈표 3.2〉 아버지와 아들의 직업에 대한 확률자료

아버지	아 들		
	A	B	C
A	0.45	0.45	0.1
B	0.1	0.7	0.2
C	0.05	0.5	0.45

❶ 전확률 공식에 의해 $P(A_{아들}) = P(A_{아버지})P(A_{아들}|A_{아버지}) + P(B_{아버지})P(A_{아들}|B_{아버지})$ $+ P(C_{아버지})P(A_{아들}|C_{아버지})$ 이다.

❷ $P(A_{아들}|A_{아버지}) = \dfrac{P(A_{아들} \cap A_{아버지})}{P(A_{아버지})} = 0.45$ $\therefore$ $P(A_{아들} \cap A_{아버지}) = 0.45 \times 0.1 = 0.045$

❸ $P(A_{아들}|B_{아버지}) = \dfrac{P(A_{아들} \cap B_{아버지})}{P(B_{아버지})} = 0.1$ $\therefore$ $P(A_{아들} \cap B_{아버지}) = 0.1 \times 0.4 = 0.04$

❹ $P(A_{아들}|C_{아버지}) = \dfrac{P(A_{아들} \cap C_{아버지})}{P(C_{아버지})} = 0.05$ $\therefore$ $P(A_{아들} \cap C_{아버지}) = 0.05 \times 0.5 = 0.025$

❺ 따라서, $P(A_{아들}) = 0.045 + 0.04 + 0.025 = 0.11$ 이다.

❻ 베이즈 공식에 의해 구하고자 하는 확률은 다음과 같다.

$$P(A_{아버지}|A_{아들}) = \frac{P(A_{아들} \cap A_{아버지})}{P(A_{아들})} = \frac{0.045}{0.11} = 0.409 = \frac{9}{22}$$

3. 확률변수(Random Variable)

확률변수는 우연적인 실험의 결과에 수치를 할당하는 역할을 한다. 수학적으로 엄밀하게 정의하면 실험 결과를 실수와 대응시키는 함수로서 표본공간에서 정의된 실수함수를 확률변수라 정의한다. 일반적으로 확률변수는 X, Y, Z와 같이 대문자로 표기하며, 확률변수의 값은 x, y, z와 같이 소문자로 표기한다. 예를 들어 동전을 3번 던져서 앞면이 두 번 나왔다면 확률변수인 동전을 3번 던져서 나오는 앞면의 수(X)를 이용하여 $X = 2$로 표기할 수 있다.

(1) 이산확률변수(Discrete Random Variable)

확률변수 X가 가질 수 있는 값이 유한개이거나 또는 셀 수 있는 경우의 X를 이산확률변수라고 한다. 확률변수 X가 x_1, x_2, $\cdots$, x_n의 값을 취할 때, X가 x_i값을 취할 확률을 $p(x_i)$로 나타내면 $P(X = x_i) = p(x_i)$이다. 이 경우 확률변수 X를 이산확률변수라 한다. 또한, 확률변수 X가 취하는 값 x_i와 확률변수 X가 x_i를 취할 확률 $p(x_i)$와의 대응관계를 확률변수 X의 확률분포라 하며 이 대응관계를 결정하는 함수 $f(x) = P(X = x)$를 X의 확률질량함수(Probability Mass Function)라 한다.

〈표 3.3〉 이산확률분포표

X	x_1	x_2	x_3	$\cdots$	x_n
$P(X)$	$p(x_1)$	$p(x_2)$	$p(x_3)$	$\cdots$	$p(x_n)$

이산확률변수의 기대값과 분산은 확률질량함수를 이용하여 다음과 같이 정의한다.

① $\mu = E(X) = \sum_{i=1}^{n} x_i p(x_i)$

② $\sigma^2 = Var(X) = E\big[(X-\mu)^2\big] = \sum_{i=1}^{n} (x_i - \mu)^2 p(x_i)$

$\qquad = \sum_{i=1}^{n} x_i^2 p(x_i) - 2\mu \sum_{i=1}^{n} x_i p(x_i) + \mu^2 \sum_{i=1}^{n} p(x_i)$

$\qquad = \sum_{i=1}^{n} x_i^2 p(x_i) - \mu^2 \qquad \therefore \sum_{i=1}^{n} x_i p(x_i) = \mu,\ \sum_{i=1}^{n} p(x_i) = 1$

$\qquad = E(X^2) - \big[E(X)\big]^2$

(2) 연속확률변수(Continuous Random Variable)

확률변수 X가 취할 수 있는 값이 실직선상의 어떤 구간인 경우의 X를 연속확률변수라고 한다. 즉, 함수 $f(x)$가 구간 $-\infty < x < \infty$을 정의역으로 하는 함수이며 다음의 조건을 만족하면 변수 X를 연속확률변수라 하고 함수 $f(x)$를 X의 확률밀도함수(Probability Density Function)라 한다.

연속확률변수 X가 어떤 구간 $[a,\ b]$에 속할 확률 $P(a \le X \le b) = \displaystyle\int_a^b f(x)dx$, $-\infty < a \le x \le b < \infty$ 은 다음의 그래프 아래 면적을 의미한다.

〈표 3.4〉 X가 구간 $[a,\ b]$에 속할 확률

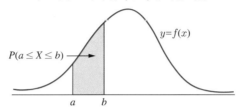

연속확률변수는 한 점에서의 확률 $P(X = x)$이 0이므로 구간의 끝점에 등호를 붙이거나 떼거나 확률은 동일하다. 즉, 다음과 같은 등식이 성립한다.

$$P(a \le X \le b) = P(a < X \le b) = P(a \le X < b) = P(a < X < b)$$

연속확률변수의 기대값과 분산은 이산확률변수의 공식과 대부분 동일하되, $\sum$ 대신에 $\int$ 을 사용하는 점과 확률질량함수 대신 확률밀도함수를 사용한다는 점에 차이가 있다.

① $\mu = E(X) = \displaystyle\int_{-\infty}^{\infty} xf(x)dx$

② $\sigma^2 = Var(X) = E\big[(X - \mu)^2\big] = \displaystyle\int_{-\infty}^{\infty} (x - \mu)^2 f(x)dx$

$\qquad = \displaystyle\int_{-\infty}^{\infty} x^2 f(x)dx - 2\mu \int_{-\infty}^{\infty} xf(x)dx + \mu^2 \int_{-\infty}^{\infty} f(x)dx$

$\qquad = \displaystyle\int_{-\infty}^{\infty} x^2 f(x)dx - \mu^2 \qquad \because \int_{-\infty}^{\infty} xf(x)dx = \mu,\ \int_{-\infty}^{\infty} f(x)dx = 1$

$\qquad = E(X^2) - \big[E(X)\big]^2$

X가 확률변수일 경우 X의 함수 $u(X)$ 또한 확률변수가 된다. $u(X)$의 기대값 $E[u(X)]$은 다음과 같이 구한다.

① X가 이산형일 경우 : $E[u(X)] = \displaystyle\sum_x u(x)f(x)$

② X가 연속형일 경우 : $E[u(X)] = \displaystyle\int_{-\infty}^{\infty} u(x)f(x)dx$

특히 $u(x) = e^{tx}$인 경우, $E[e^{tX}] = M_X(t)$를 확률변수 X의 적률생성함수(Moment Generating Function)라 정의한다. 또한 적률생성함수는 적률모함수라고 부르기도 한다. 일반적으로 다음과 같은 식이 성립한다.

$$E(X) = M_X{'}(0) \qquad \text{여기서 } M_X{'}(t) = \frac{d}{dt}M_X(t)$$

$$E(X^r) = \frac{d^r}{dt^r}M_X(0) \qquad r = 1,\ 2,\ \cdots \ (\text{이를 } X\text{의 } r\text{차 적률이라 한다})$$

적률생성함수는 확률변수 X의 함수형태의 확률변수 중 매우 중요한 역할을 한다. 이 중 가장 중요한 성질로 확률변수 X, Y의 적률생성함수 $M_X(t)$, $M_Y(t)$가 동일하다면, 두 확률변수 X, Y의 확률밀도함수 또한 동일하다. 즉, 적률생성함수가 주어짐에 따라 해당 확률분포의 확률밀도함수는 유일하게 존재한다.

(3) 누적분포함수(CDF ; Cumulative Distribution Function)

누적분포함수는 어떤 확률분포에 대해 확률변수 X가 특정값 x보다 작거나 같을 확률을 나타낸다.
$$F_X(x) = P(X \le x)$$

확률변수의 종류가 확실할 경우 누적분포함수의 아랫부분 첨자를 생략하고 $F(x)$와 같이 표현하기도 한다. 확률변수 X가 어떤 구간 $(a,\ b]$에 속할 확률을 누적분포함수로 표현하면 $P(a < X \le b)$ $= F(b) - F(a)$이고 확률변수 X의 값이 x가 될 확률은 $P(X = x) = F(x) - F(x-)$이다.[2] 또한, 연속형에서는 확률밀도함수가 모든 점에서 미분 가능할 경우 $f(x) = \dfrac{d}{dx}F(x)$이 성립한다.

예제

3.6 확률변수 X의 확률밀도함수가 다음과 같을 때, 임의의 상수 c의 값과 X의 누적분포함수를 구해보자.

$$f(x) = \begin{cases} cx, & 0 \le x \le 1 \\ 0, & \text{elsewhere} \end{cases}$$

❶ $f(x)$가 확률밀도함수이므로 $\displaystyle\int_{-\infty}^{\infty} f(x)dx = 1$이 성립한다.

$\displaystyle\int_0^1 cxdx = \left[\frac{1}{2}cx^2\right]_0^1 = \frac{1}{2}c = 1$이다. 그러므로, $c = 2$이다.

❷ X의 누적분포함수 $F_X(x)$는 다음과 같다.

$$F_X(x) = P(X \le x) = \int_{-\infty}^{x} 2tdt = [t^2]_0^x = x^2$$

$$\therefore \ F_X(x) = \begin{cases} 0, & x < 0 \\ x^2, & 0 \le x \le 1 \\ 1, & x > 1 \end{cases}$$

---

[2] $F(x-)$: 여기서 $F(x-)$는 $F(x)$의 좌극한(Left-hand Limit)을 의미한다.

(4) 혼합분포함수(Mixture Distribution Function)

어떤 확률변수가 특정영역에서는 이산형이고, 다른 특정영역에서는 연속형인 함수를 혼합밀도함수라 한다.

예제

3.7 확률변수 X에 대하여 $f(x) = P(X = x)$가 다음과 같을 때 혼합누적분포함수 및 확률변수 X의 기대값 $E(X)$를 구해보자.

$$f(x) = \begin{cases} \dfrac{1}{2}, & x = 1 \\ \dfrac{1}{2}, & 1 < x < 2 \\ 0, & \text{elsewhere} \end{cases}$$

❶ 확률변수 X가 $x = 1$일 때 $\dfrac{1}{2}$이고, $1 < x < 2$일 때 $\dfrac{1}{2}$이므로 이는 혼합확률변수이다. 혼합누적분포함수를 구하면 다음과 같다.

$$F(x) = \begin{cases} 0, & x < 1 \\ \dfrac{x}{2}, & 1 \leq x < 2 \\ 1, & x \geq 2 \end{cases}$$

❷ 위의 혼합누적분포함수를 그래프로 나타내면 다음과 같다.

〈표 3.5〉 혼합누적분포함수

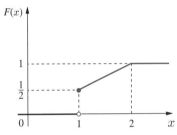

❸ 혼합확률변수에 대한 기대값은 이산확률변수인 구간과 연속확률변수인 구간을 각각 나누어 기대값을 계산한다.

❹ $E(X) = (1) \times \left(\dfrac{1}{2} \right) + \displaystyle\int_{1}^{2} \dfrac{1}{2} x\,dx = \dfrac{1}{2} + \left[\dfrac{1}{4} x^2 \right]_{1}^{2} = \dfrac{1}{2} + 1 - \dfrac{1}{4} = \dfrac{5}{4}$

(5) 두 확률변수의 결합분포

두 확률변수 X와 Y의 결합분포함수는 한 확률변수의 확률밀도함수가 확장된 개념이다.

① 결합확률함수(Joint Probability Function)

표본공간 S의 부분집합 A에 대해 아래와 같이 정의된 $f(x, y)$를 두 확률변수 X와 Y의 결합확률함수라 한다. X와 Y가 이산형 확률분포인 경우 결합확률질량함수(Joint Probability Mass Function)라 하며, X와 Y가 연속형 확률분포인 경우 결합확률밀도함수(Joint Probability Density Function)라 한다.

㉠ 이산형 : $f_{X, Y}(x, y) = P(X = x, Y = y)$

　　㉡ 연속형 : $P[(X, Y) \in A] = \int_A \int f(x, y) dx dy$

　　　결합확률함수는 모든 실수 x, y에 대하여 $f_{X, Y}(x, y) \geq 0$이며, X와 Y가 이산형인 경우

　　　$\sum\limits_{\text{모든} x, y} \sum f_{X, Y}(x, y) = 1$, X와 Y가 연속형인 경우 $\int_{-\infty}^{\infty} \int_{-\infty}^{\infty} f_{X, Y}(x, y) dx dy = 1$

　　　을 만족한다.

② 결합누적분포함수(Joint Cumulative Distribution Function)

　　두 확률변수 X와 Y의 결합누적분포함수는 다음과 같이 정의한다.

$$F(x, y) = P(X \leq x, Y \leq y)$$

　　결합확률함수와 결합누적분포함수 사이에는 다음의 등식이 성립한다.

　　㉠ 이산형 : $F(x, y) = P(X \leq x, Y \leq y) = \sum\limits_{u \leq x} \sum\limits_{v \leq y} f(x, y)$

　　㉡ 연속형 : $F(x, y) = P(X \leq x, Y \leq y) = \int_{-\infty}^{x} \int_{-\infty}^{y} f(u, v) du dv$

　　㉢ X와 Y가 연속형 확률분포이고, $F(x, y)$가 미분가능하다면 $f(x, y) = \dfrac{\partial^2 F(x, y)}{\partial x \partial y}$ 이 성

　　　립한다.

③ 주변확률밀도함수(Marginal Probability Density Function)

　　두 확률변수 X와 Y의 결합확률함수 $f(x, y)$에 대하여 주변확률함수는 다음과 같이 정의한다.

　　㉠ X의 주변확률함수

　　　이산형 : $f_X(x) = \sum\limits_y f(x, y)$, 　　연속형 : $f_X(x) = \int_{-\infty}^{\infty} f(x, y) dy$

　　㉡ Y의 주변확률함수

　　　이산형 : $f_Y(y) = \sum\limits_x f(x, y)$, 　　연속형 : $f_Y(y) = \int_{-\infty}^{\infty} f(x, y) dx$

예제

3.8　　X와 Y의 결합확률함수가 다음과 같다고 할 때, X의 주변확률함수 $f_X(x)$를 구해보자.

$$f(x, y) = \begin{cases} \dfrac{x+y}{32}, & x = 1, \quad 2y = 1, 2, 3, 4 \\[2mm] 0, & \text{elsewhere} \end{cases}$$

❶ 결합확률함수 $f(x, y)$는 X와 Y가 이산형 확률분포인 경우 결합확률질량함수이다.

❷ X와 Y가 이산형임을 감안하여 X의 주변분포함수는 다음과 같이 구할 수 있다.

$$f_X(x) = \sum_y f(x, y) = \sum_{y=1}^{4} \frac{x+y}{32} = \frac{4x+10}{32}, \ x = 1, 2$$

(6) 확률변수의 독립과 조건부확률밀도함수

① 확률변수의 독립

두 확률변수 X와 Y의 결합확률함수 $f(x, y)$와 각각의 주변확률함수에 대하여 다음과 같은 등식이 성립할 때 확률변수 X와 Y는 서로 독립이라 한다.

$$f(x, y) = f_X(x)f_Y(y), \quad \text{모든 } x, y \text{에 대하여}$$

세 개 이상의 확률변수 $X_1, \cdots, X_n$에 대하여 다음과 같은 등식이 성립할 때 상호 독립(Mutually Independent)이라고 한다.

$$f_{X_1, \cdots, X_n}(x_1, \cdots, x_n) = f_{X_1}(x_1) \cdots f_{X_n}(x_n)$$

n개의 확률변수 $X_1, \cdots, X_n$이 상호독립이고 동일한 확률함수 $f(x)$를 가진다면 특별히 $X_1, \cdots, X_n \sim iid\, f(x)$와 같이 표기한다. 여기서 iid는 Independent and Identically Distributed의 약자이다.

예제

3.9 X_1, X_2, X_3이 아래와 같은 결합확률분포를 가진다고 한다.

$$f(x) = \begin{cases} \dfrac{1}{4}, & (x_1, x_2, x_3) \in C, \text{ 단 } C = \{(1, 0, 0), (0, 1, 0), (0, 0, 1), (1, 1, 0)\} \\ 0, & \text{elsewhere} \end{cases}$$

(1) X_1과 X_2, X_2와 X_3, X_3와 X_1이 각각 서로 독립인지 알아보자.

(2) X_1, X_2, X_3이 서로 독립인지 알아보자.

(1) X_1과 X_2, X_2와 X_3, X_3와 X_1은 각각 서로 독립인지 알아보자.

❶ X_1과 X_2의 결합확률분포표는 다음과 같다.

〈표 3.6〉 X_1과 X_2의 결합확률분포표

X_2 \\ X_1	0	1	$f_{X_1}(x_1)$
0	$\dfrac{1}{4}$	$\dfrac{1}{4}$	$\dfrac{1}{2}$
1	$\dfrac{1}{4}$	$\dfrac{1}{4}$	$\dfrac{1}{2}$
$f_{X_2}(x_2)$	$\dfrac{1}{2}$	$\dfrac{1}{2}$	1

위의 결합확률분포표에 의하면, 모든 정의역에 대하여 $f(x_1, x_2) = f_{X_1}(x_1)f_{X_2}(x_2)$이 성립하므로 X_1과 X_2는 서로 독립이다.

❷ X_2과 X_3의 결합확률분포표는 다음과 같다.

〈표 3.7〉 X_2와 X_3의 결합확률분포표

X_2 \ X_3	0	1	$f_{X_2}(x_2)$
0	$\frac{1}{4}$	$\frac{1}{4}$	$\frac{1}{2}$
1	$\frac{1}{2}$	0	$\frac{1}{2}$
$f_{X_3}(x_3)$	$\frac{3}{4}$	$\frac{1}{4}$	1

위의 결합확률분포표에 의하면, $f(x_2,\ x_3) = f_{X_2}(x_2)f_{X_3}(x_3)$이 성립하지 않는 부분이 있으므로 X_2과 X_3는 서로 독립이 아니다.

❸ X_2과 X_3의 결합확률분포표는 다음과 같다.

〈표 3.8〉 X_3과 X_1의 결합확률분포표

X_3 \ X_1	0	1	$f_{X_3}(x_3)$
0	$\frac{1}{4}$	$\frac{1}{2}$	$\frac{3}{4}$
1	$\frac{1}{4}$	0	$\frac{1}{4}$
$f_{X_1}(x_1)$	$\frac{1}{2}$	$\frac{1}{2}$	1

위의 결합확률분포표에 의하면, $f(x_3,\ x_1) = f_{X_3}(x_3)f_{X_1}(x_1)$이 성립하지 않는 부분이 있으므로 X_3과 X_1는 서로 독립이 아니다.

(2) X_1, X_2, X_3은 서로 독립인지 알아보자.

❶ $f(0,0,0) = 0$이고 $f_{X_1}(0) \times f_{X_2}(0) \times f_{X_3}(0) = \frac{1}{2} \times \frac{1}{2} \times \frac{3}{4} = \frac{3}{16}$이다.

❷ $f(x_1,\ x_2,\ x_3) \neq f_{X_1}(x_1) \times f_{X_2}(x_2) \times f_{X_3}(x_3)$인 정의역이 존재하므로 X_1, X_2, X_3은 상호독립이 아니다.

② 조건부확률밀도함수(Conditional Probability Density Function)

두 확률변수의 결합분포를 고려하는 경우 한 확률변수가 취하는 값에 따라 다른 변수의 확률분포가 다를 수 있다. 이러한 개념이 바로 조건부분포이다. 두 확률변수 X와 Y의 결합확률함수가 $f(x,\ y)$일 때 Y의 값이 y로 주어졌다는 조건하에 X의 조건부확률함수는 $f(x \mid y)$로 나타내고 다음과 같이 정의한다.

$$f(x \mid y) = \frac{f(x,\ y)}{f_Y(y)} \qquad 단,\ f_Y(y) > 0$$

조건부확률함수에서 두 확률변수 X와 Y가 상호독립이라면 다음과 같은 등식이 성립한다.

㉠ $f(x \mid y) = \dfrac{f(x,\ y)}{f_Y(y)} = \dfrac{f_X(x)f_Y(y)}{f_Y(y)} = f_X(x)$　　단, $f_Y(y) > 0$

㉡ $f(y \mid x) = \dfrac{f(x,\ y)}{f_X(x)} = \dfrac{f_X(x)f_Y(y)}{f_X(x)} = f_Y(y)$　　단, $f_X(x) > 0$

③ 조건부 기대값(Conditional Expectation)

Y의 값이 y로 주어졌다는 조건하에 X의 조건부확률함수가 $f(x \mid y)$라 하면, X의 조건부 기대값은 다음과 같이 정의한다.

㉠ 이산형 : $E(X \mid y) = \displaystyle\sum_x x f(x \mid y)$

㉡ 연속형 : $E(X \mid y) = \displaystyle\int_{-\infty}^{\infty} x f(x \mid y) dx$

예제

3.10 **두 확률변수 X와 Y의 결합확률함수가 다음과 같을 때 조건부 기대값 $E(X \mid y)$을 구해보자.**

$$f(x,\ y) = \frac{1}{2},\ 0 < x < y < 2$$

❶ $f_Y(y) = \displaystyle\int_0^y \frac{1}{2} dx = \frac{1}{2}y,\ 0 < y < 2$

❷ $f(x \mid y) = \dfrac{f(x,\ y)}{f_Y(y)} = \dfrac{1/2}{y/2} = \dfrac{1}{y},\ 0 < x < y < 2,\ 0 < y < 2$

❸ $E(X \mid y) = \displaystyle\int_0^y x f(x \mid y) dx = \int_0^y \frac{x}{y} dx = \frac{1}{y}\left[\frac{x^2}{2}\right]_0^y = \frac{y}{2},\ 0 < y < 2$

위의 [예제 3.10]에서 조건부 기대값 $E(X \mid y)$는 y의 함수이다. y를 확률변수로 취급하여 다시 기대값을 구해보면 $E_Y[E(X \mid y)] = \displaystyle\int_0^2 \frac{y}{2} \cdot \frac{y}{2} dy = \left[\frac{y^3}{12}\right]_0^2 = \frac{2}{3}$ 이 된다.

또한, X의 주변확률함수는 $f_X(x) = \displaystyle\int_x^2 \frac{1}{2} dy = \frac{1}{2}(2-x) = 1 - \frac{1}{2}x,\ 0 < x < 2$ 이므로 X

의 기대값을 구하면 다음과 같이 $E(X) = \displaystyle\int_0^2 x \cdot \frac{1}{2}(2-x) dx = \left[\frac{x^2}{2} - \frac{x^3}{6}\right]_0^2 = \frac{2}{3}$ 이 되어

두 확률변수 X와 Y에 대해 다음의 등식이 성립한다.

$$\cdot\ E_Y[E(X\,|\,Y)] = E(X)$$

$$\cdot\ E_X[E(Y\,|\,X)] = E(Y)$$

위의 등식은 $E(X\,|\,y)$이 y의 각 값에서 X의 평균을 구한다는 뜻이고, 이것을 다시 모든 y에 대해 평균을 구한 결과가 X의 분포에서 평균을 구한 것과 같다는 의미이다. 이를 이중기대값의 정리라고 하며, 조건부 분산의 기대값 계산에 유용하게 사용된다.

④ 조건부 분산의 기대값

확률변수 X가 주어졌다는 조건하에 확률변수 Y의 분산이 $Var(Y\,|\,X) = E(Y^2|X) - [E(Y\,|\,X)]^2$이므로 조건부 분산의 기대값은 이중기대값의 정리를 이용하여 다음과 같이 계산할 수 있다.

$$
\begin{aligned}
E[\,Var(Y\,|\,X)] &= E\{E(Y^2|X) - [E(Y\,|\,X)]^2\} \quad \because E[E(Y^2|X)] = E(Y^2)\\
&= E(Y^2) - [E(Y)]^2 - E[E(Y\,|\,X)^2] + [E(Y)]^2\\
&\because\ E[E(Y\,|\,X)] = E(Y)\\
&= Var(Y) - E[E(Y\,|\,X)^2] + \{E[E(Y\,|\,X)]\}^2\\
&= Var(Y) - Var[E(Y\,|\,X)]
\end{aligned}
$$

즉, 위의 식으로부터 두 확률변수 X와 Y에 대해 다음의 등식이 성립한다.

$$Var(Y) = E[\,Var(Y\,|\,X)] + Var[E(Y\,|\,X)]$$

두 확률변수 X와 Y의 결합분포를 고려하는 대신 한 확률변수의 조건부분포를 고려해 보자. 확률변수 X의 확률밀도함수를 $f(x)$, 분포함수를 $F(x)$라 할 때, 임의의 양의 값 x_0까지 생존한다는 조건하에 사망할 때까지의 시간을 고려한 조건부확률밀도함수 $f(x\,|\,X > x_0)$은 다음과 같이 정의한다.

$$
f(x\,|\,X > x_0) = \begin{cases} \dfrac{f(x)}{1 - F(x_0)}, & x_0 < x \\ 0, & \text{elsewhere} \end{cases}
$$

이 조건부확률밀도함수는 일정 시간 동안 생존한다는 조건하에 사망할 때까지의 시간에 대한 문제로 지수분포에서 많이 이용된다. 또한, 조건부확률밀도함수를 이용한 조건부 기대값으로 다음의 관계가 성립한다.

$$E(X\,|\,X > x_0) = x_0 + E(X - x_0\,|\,X > x_0)$$

3.11 확률변수 X의 확률밀도함수를 $f(x)$, 분포함수를 $F(x)$라 할 때, 임의의 양수 x_0가 주어졌다는 조건하에 X의 확률밀도함수는 다음과 같다.

$$f(x|X > x_0) = \begin{cases} \dfrac{f(x)}{1 - F(x_0)}, & x_0 < x \\ 0, & \text{elsewhere} \end{cases}$$

(1) 위의 조건부확률밀도함수 $f(x \,|\, X > x_0)$가 확률밀도함수인지 알아보자.

(2) $f(x) = e^{-x}$, $0 < x < \infty$ 일 때, $P(X > 2 \,|\, X > 1)$을 구해보자.

(3) $f(x) = e^{-x}$, $0 < x < \infty$ 일 때, $E(X \,|\, X > 1)$을 구해보자.

(4) $f(x) = e^{-x}$, $0 < x < \infty$ 일 때, $E(X - 1 \,|\, X > 1)$을 구해보자.

(1) 위의 조건부확률밀도함수 $f(x \,|\, X > x_0)$가 확률밀도함수인지 알아보자.

$\Rightarrow \displaystyle\int_{x_0}^{\infty} \frac{f(x)}{1 - F(x_0)} dx = \frac{1}{1 - F(x_0)} \int_{x_0}^{\infty} f(x) dx = \frac{1}{1 - F(x_0)} \left[F(x) \right]_{x_0}^{\infty} = \frac{F(\infty) - F(x_0)}{1 - F(x_0)} = 1$ 이

성립하므로 $f(x|X > x_0)$은 확률밀도함수이다.

(2) $f(x) = e^{-x}$, $0 < x < \infty$ 일 때, $P(X > 2 \,|\, X > 1)$을 구해보자.

$\Rightarrow P(X > 2 \,|\, X > 1) = \dfrac{P(X > 2, \ X > 1)}{P(X > 1)} = \dfrac{P(X > 2)}{P(X > 1)} = \dfrac{\displaystyle\int_2^{\infty} e^{-x} dx}{\displaystyle\int_1^{\infty} e^{-x} dx} = \dfrac{\left[-e^{-x} \right]_2^{\infty}}{\left[-e^{-x} \right]_1^{\infty}} = \dfrac{e^{-2}}{e^{-1}} = e^{-1}$

(3) $f(x) = e^{-x}$, $0 < x < \infty$ 일 때, $E(X \,|\, X > 1)$을 구해보자.

$\Rightarrow E(X \,|\, X > 1) = \dfrac{\displaystyle\int_1^{\infty} x f(x)}{e^{-1}} dx = \dfrac{\left[-x e^{-x} \right]_1^{\infty} + \displaystyle\int_1^{\infty} e^{-x} dx}{e^{-1}} = \dfrac{e^{-1} + e^{-1}}{e^{-1}} = 2$

(4) $f(x) = e^{-x}$, $0 < x < \infty$ 일 때, $E(X - 1 \,|\, X > 1)$을 구해보자.

$\Rightarrow E(X - 1 \,|\, X > 1) = \dfrac{\displaystyle\int_1^{\infty} (x - 1) f(x)}{e^{-1}} dx = \dfrac{\left[-x e^{-x} \right]_1^{\infty} + \displaystyle\int_1^{\infty} e^{-x} dx - \displaystyle\int_1^{\infty} e^{-x} dx}{e^{-1}}$

$\qquad\qquad\qquad\qquad = \dfrac{e^{-1} + e^{-1} - e^{-1}}{e^{-1}} = 1$

결과적으로 $E(X \mid X > 1) = 1 + E(X-1 \mid X > 1)$이 성립되어 지수분포에서 조건부확률밀도함수를 이용한 조건부 기대값 $E(X \mid X > x_0) = x_0 + E(X - x_0 \mid X > x_0)$이 성립됨을 알 수 있다.

(7) 체비세프 부등식(Chebyshev's Inequality)

$g(X)$를 확률변수 X의 음이 아닌 함수라 하고, $E[g(X)]$가 존재한다면 모든 양의 상수 c에 대해서 다음의 부등식이 성립한다. 이를 마코프(Markov)의 확률부등식이라 한다.

$$P[g(X) \geq c] \leq \frac{E[g(X)]}{c}$$

확률변수 X는 확률밀도함수가 $f(x)$인 연속형 확률변수라고 가정하자. 또한, 이 부등식은 이산형 확률변수에 대해서도 성립한다.

$$
\begin{aligned}
E[g(X)] &= \int_{-\infty}^{\infty} g(x)f(x)dx = \int_{\{x;g(x) \geq c\}} g(x)f(x)dx + \int_{\{x;g(x) < c\}} g(x)f(x)dx \\
&\geq \int_{\{x;g(x) \geq c\}} g(x)f(x)dx \qquad \because \int_{\{x;g(x) < c\}} g(x)f(x)dx \geq 0 \\
&\geq \int_{\{x;g(x) \geq c\}} cf(x)dx = cP[g(X \geq c]
\end{aligned}
$$

양변을 양의 상수 c로 나누면 $P[g(X) \geq c] \leq \dfrac{E[g(X)]}{c}$이 성립한다.

체비세프 부등식은 마코프의 확률부등식으로부터 $g(X) = (X - \mu)^2$, $c = k^2$를 대입하여 다음과 같이 유도할 수 있다.

$$P[(X-\mu)^2 \geq k^2] \leq \frac{E[(X-\mu)^2]}{k^2}$$

체비세프 부등식은 확률변수 X에 대해 평균이 $E(X) = \mu$이고, 분산이 $Var(X) = \sigma^2$일 때, 임의의 양수 k에 대해 다음이 성립한다.

$$P(|X-\mu| \geq k) \leq \frac{\sigma^2}{k^2} \quad \text{또는} \quad P(|X-\mu| \leq k) \geq 1 - \frac{\sigma^2}{k^2}$$

이 체비세프 부등식은 표본의 평균으로 모평균이 속해있는 구간을 추정할 때, 구간의 길이를 조정하기 위해 유용하게 쓰이며, 확률변수의 값이 평균으로부터 표준편차의 일정 상수배 이상 떨어진 확률의 상한값 또는 하한값을 제시해 준다. 하지만, 이 부등식은 어떤 확률의 상한값 또는 하한값을 제시해 줄 뿐, 이 상한값 또는 하한값이 구하고자 하는 정확한 확률에 반드시 가깝지는 않다는 한계가 있다. 이런 이유로 이 부등식을 확률에 근사시키는 데는 사용하지 않는다.

3.12   공정한 동전을 던지는 실험을 1000번 독립시행했을 경우 앞면이 나올 횟수가 480번과 520 번 사이에 있을 확률이 적어도 몇 %보다 큰지 체비세프 부등식을 이용하여 구해보자.

❶ 동전 던지기 실험에서 앞면이 나올 횟수를 확률변수 X라 하면 $X \sim B(1000,\ 0.5)$인 이항분포를 따른다.

❷ 확률변수 X의 $E(X) = \mu = np = 500,\ \ V(X) = \sigma^2 = npq = 250$이다.

❸ 체비세프 부등식을 이용해서 앞면이 나올 횟수가 480번과 520번 사이에 있을 확률은 다음과 같이 구할 수 있다.

$$P(|X - \mu| \le k) \ge 1 - \frac{\sigma^2}{k^2} = P(|X - 500| \le k) \ge 1 - \frac{250}{k^2}$$

$$= P(-k \le X - 500 \le k) \ge 1 - \frac{250}{k^2}$$

$$= P(-20 \le X - 500 \le 20) \ge 1 - \frac{250}{20^2}$$

$$- P(480 \le X \le 520) \ge 1 - \frac{250}{20^2} = 0.375$$

❹ 체비세프 부등식을 이용할 경우 앞면이 나올 횟수가 480번과 520번 사이에 있을 확률은 적어도 37.5% 보다 크다.

STEP 1 | 행정고시

01

기출 1988년

추첨에 있어서 첫 번째 뽑은 사람과 두 번째 뽑은 사람 중에서 누가 유리한가?

01 해설

확률의 계산

① 상자 속에 n개의 추첨공 중에서 r개의 당첨공이 있다고 가정하자.

② 첫 번째 뽑는 사람이 당첨 공을 뽑을 사상을 X, 두 번째 뽑는 사람이 당첨 공을 뽑을 사상을 Y라 할 때 각각의 확률은 복원추출과 비복원추출로 나누어 생각할 수 있다.

③ 복원추출인 경우 $P(X) = P(Y) = \dfrac{r}{n}$로 동일하다.

④ 비복원추출인 경우 $P(X) = \dfrac{r}{n}$

$$P(Y) = P(X \cap Y) + P(X^c \cap Y) = \left(\frac{r}{n} \times \frac{r-1}{n-1} \right) + \left(\frac{n-r}{n} \times \frac{r}{n-1} \right)$$

$$= \frac{r(r-1) + r(n-r)}{n(n-1)} = \frac{r(n-1)}{n(n-1)} = \frac{r}{n}$$

⑤ 즉, 추첨에 있어서 복원추출이든 비복원추출이든 첫 번째 뽑은 사람과 두 번째 뽑은 사람 중에서 누가 유리하다고 할 수 없다.

체비세프의 부등식에 대해 서술하시오.

02 해 설

체비셰프 부등식(Chebyshev's Inequality)

① $g(X)$를 확률변수 X의 음이 아닌 함수라 하고, $E[g(X)]$가 존재한다면 모든 양의 상수 c에 대해서 다음의 부등식이 성립한다. 이를 마코프의 확률부등식이라 한다.

$$P[g(X \geq c] \leq \frac{E[g(X)]}{c}$$

② 확률변수 X는 확률밀도함수가 $f(x)$인 연속형 확률변수라고 가정하자. 또한, 이 부등식은 이산형 확률변수에 대해서도 성립한다.

$$\begin{aligned} E[g(X)] &= \int_{-\infty}^{\infty} g(x)f(x)dx = \int_{\{x;g(x)\geq c\}} g(x)f(x)dx + \int_{\{x;g(x)<c\}} g(x)f(x)dx \\ &\geq \int_{\{x;g(x)\geq c\}} g(x)f(x)dx \qquad \because \int_{\{x;g(x)<c\}} g(x)f(x)dx \geq 0 \\ &\geq \int_{\{x;g(x)\geq c\}} cf(x)dx = cP[g(X) \geq c] \end{aligned}$$

양변을 양의 상수 c로 나누면 $P[g(X \geq c] \leq \dfrac{E[g(X)]}{c}$ 이 성립한다.

③ 체비세프 부등식은 마코프의 확률부등식으로부터 $g(X) = (X-\mu)^2$, $c = k^2$를 대입하여 다음과 같이 유도할 수 있다.

$$P[(X-\mu)^2 \geq k^2] \leq \frac{E[(X-\mu)^2]}{k^2}$$

④ 체비세프 부등식은 확률변수 X에 대해 평균이 $E(X) = \mu$이고, 분산이 $Var(X) = \sigma^2$일 때, 임의의 양수 k에 대해 다음이 성립한다.

$$P(|X-\mu| \geq k) \leq \frac{\sigma^2}{k^2} \;\; \text{또는} \;\; P(|X-\mu| \leq k) \geq 1 - \frac{\sigma^2}{k^2}$$

⑤ 표본의 평균으로 모평균이 속해있는 구간을 추정할 때, 구간의 길이를 조정하기 위해 유용하게 쓰이며, 확률변수의 값이 평균으로부터 표준편차의 일정 상수배 이상 떨어진 확률의 상한값 또는 하한값을 제시해 준다.

⑥ 어떤 확률의 상한값 또는 하한값을 제시해 줄 뿐, 이 상한값 또는 하한값이 구하고자 하는 정확한 확률에 반드시 가깝지는 않다는 한계가 있다. 이런 이유로 이 부등식을 확률에 근사시키는 데는 사용하지 않는다.

Bayes 공식을 설명하고 간단히 실례를 들어라.

03 해 설

베이즈 공식(Bayes' Fomula)

① 베이즈 공식의 정의

표본공간이 n개의 사상 A_1, A_2, $\cdots$, A_n에 의해 분할되었고, 모든 $i = 1,\ 2,\ \cdots,\ n$에 대하여 $P(A_i)$가 0이 아니라면 임의의 사상 B에 대해 다음이 성립한다.

$$P(A_i|B) = \frac{P(A_i)P(B|A_i)}{P(A_1)P(B|A_1) + P(A_2)P(B|A_2) + \cdots + P(A_n)P(B|A_n)}$$

여기서 $P(A_1)$, $P(A_2)$, $\cdots$, $P(A_n)$을 사전확률(Prior Probability)이라 하고, 조건부확률 $P(A_1|B)$, $P(A_2|B)$, $\cdots$, $P(A_n|B)$을 사후확률(Posterior Probability)이라 한다.

② 베이즈 공식의 실례

㉠ 예를 들어 어느 제철공장은 고로가 3호기까지 있으며 1호기, 2호기, 3호기에서 각각 전체 제품 생산량의 20%, 30%, 50%를 생산한다고 하자. 또한 1호기, 2호기, 3호기의 불량률은 각각 0.4%, 0.2%, 0.1%로 알려져 있다고 했을 때 이 공장에서 생산되는 제품 가운데 임의로 1개의 제품을 뽑았을 때 이 불량품이 1호기에서 생산되었을 확률은 베이즈 공식을 이용하여 다음과 같이 구한다.

㉡ 불량품이 뽑히는 사상을 B라 하고, 1호기, 2호기, 3호기에서 생산되는 사상을 각각 A_1, A_2, A_3이라고 하면 다음과 같다.

$P(A_1) = 0.2$, $P(A_2) = 0.3$, $P(A_3) = 0.5$, $P(B|A_1) = 0.004$, $P(B|A_2) = 0.002$, $P(B|A_3) = 0.001$

㉢ 전확률 공식을 이용하여 불량품이 뽑히는 확률을 구하면 다음과 같다.

$P(B) = P(A_1)P(B|A_1) + P(A_2)P(B|A_2) + P(A_3)P(B|A_3)$

$\quad = (0.2 \times 0.004) + (0.3 \times 0.002) + (0.5 \times 0.001)$

$\quad = 0.0019$

$\therefore\ P(A_1|B) = \dfrac{P(A_1 \cap B)}{P(B)} = \dfrac{P(A_1)P(B|A_1)}{P(B)} = \dfrac{(0.2 \times 0.004)}{0.0019} = 0.421$

확률밀도함수의 분포가 다음과 같을 때 다음을 계산하라.

Y \ X	0	1	2
0	0.10	0.20	0.15
1	0.05	0.30	0.20

(1) $\Pr(X=Y)$

(2) $E(3X^2+2)$, $Var(-2X-2)$

(3) $(X+Y)$의 분포

04 해설

(1) 확률의 계산

① $X=Y$인 경우는 0과 1이다.

② $\Pr(X=Y)=P(X=Y=0)+P(X=Y=1)$ ∵ X와 Y는 이산형확률변수
        $=0.10+0.30=0.40$

(2) 평균과 분산의 계산

① 확률변수 X의 확률밀도함수는 다음과 같다.

X	0	1	2	합 계
$P(X)$	0.15	0.50	0.35	1.00

② $E(3X^2+2)$과 $Var(-2X-2)$의 계산은 기댓값과 분산의 성질을 이용해서 다음과 같이 쉽게 구할 수 있다.

$E(3X^2+2)=3E(X^2)+2=3\left[(0^2\times0.15)+(1^2\times0.50)+(2^2\times0.35)\right]+2=(3\times1.9)+2=7.7$

$Var(-2X-2)=4Var(X)=4\{E(X^2)-[E(X)]^2\}=4(1.9-1.2^2)=1.84$

∵ $E(X)=(0\times0.15)+(1\times0.50)+(2\times0.35)=1.2$

(3) 확률밀도함수

① X와 Y는 이산형확률변수이므로 $X+Y$는 0, 1, 2, 3을 가질 수 있다.

② $X+Y$의 확률밀도함수는 다음과 같다.

$X+Y$	0	1	2	3	합 계
$P(X+Y)$	0.1	0.25	0.45	0.20	1.00

05

2002년

두 사람 A와 B가 최대 4회의 게임을 하는데 매 게임에서 A가 이길 확률이 θ, B가 이길 확률이 $1-\theta$이다. 만약 B가 2승하기 전에 A가 3승하면 A가 최종 승자가 되며, 반대로 A가 3승하기 전에 B가 2승하면 B가 최종 승자가 된다. A가 최종 승자가 될 확률을 구하고 풀이 과정을 작성하시오.

05 해설

확률의 계산

① A가 이길 확률은 모수가 θ인 베르누이분포를 따른다.

② A가 이길 경우를 'O', 패할 경우를 'X'라고 표현하면 A가 최종 승자가 될 경우는 다음과 같이 4가지 경우로 표현할 수 있으며 확률은 다음과 같다.

   ㉠ O O O $\Rightarrow$ $\theta \times \theta \times \theta = \theta^3$

   ㉡ O O X O $\Rightarrow$ $\theta \times \theta \times (1-\theta) \times \theta = \theta^3 - \theta^4$

   ㉢ O X O O $\Rightarrow$ $\theta \times (1-\theta) \times \theta \times \theta = \theta^3 - \theta^4$

   ㉣ X O O O $\Rightarrow$ $(1-\theta) \times \theta \times \theta \times \theta = \theta^3 - \theta^4$

③ 즉, A가 최종 승리할 확률은 $\theta^3 + 3(\theta^3 - \theta^4) = 4\theta^3 - 3\theta^4$이다.

④ 이는 A가 1회 게임부터 연속해서 3번 이기거나, 처음 3번의 게임에서 2번 게임을 이긴 후 4번째 게임에서 이길 확률이다.

   $\therefore \ _3C_3\theta^3(1-\theta)^0 + {_3C_2}\theta^2(1-\theta)^1 \times \theta = \theta^3 + 3\theta^3(1-\theta) = 4\theta^3 - 3\theta^4$

06

기출 1988년

한 사업가가 선택할 수 있는 대안이 A_1, A_2 두 가지가 있고, 사업을 시작한 후 예상할 수 있는 경제상황이 S_1, S_2 두 가지가 있으며, 각 경우의 이익금은 아래의 표와 같이 주어진다.

대 안	불확실한 상황	
	S_1	S_2
A_1	100	75
A_2	50	120

과거의 경험으로 보아 경제상황 S_1, S_2가 나타날 확률은 각각 0.4, 0.6으로 예상된다.

(1) 최대 기대이익을 기준으로 어느 대안이 선택되는가?

(2) 위의 사업가는 더욱 확실하게 경제전망을 파악하기 위하여 한 경제연구소에 상담을 의뢰하였다. 이 경제연구소의 과거 실적에 의하면 경제상황이 S_1인 경우는 90%, 경제상황이 S_2인 경우는 80%의 예측 정확도를 보였다. 경제연구소의 전망이 S_1으로 나왔을 때 경제상황 S_1, S_2의 사후확률을 계산하고 이를 이용하여 최대 기대이익을 기준으로 하는 대안을 선택하시오.

(3) 경제연구소의 전망이 S_2로 나왔을 때 경제상황 S_1, S_2의 사후확률을 계산하고 이를 이용하여 최대 기대이익을 기준으로 하는 대안을 선택하시오.

(4) 이러한 상담을 통하여 사업가가 얻을 수 있는 이득에 대해 논하시오.

06 해설

(1) 기대값의 계산

① 과거의 경험으로 경제상황 S_1, S_2가 나타날 확률을 다음과 같이 정의한다.

$P(S_1) = 0.4$, $P(S_2) = 0.6$

② 각각의 대안 A_1과 A_2의 기대값을 구하면 다음과 같다.

$E(A_1) = [A_1 \times P(S_1)] + [A_1 \times P(S_2)] = (100 \times 0.4) + (75 \times 0.6) = 85$

$E(A_2) = [A_2 \times P(S_1)] + [A_2 \times P(S_2)] = (50 \times 0.4) + (120 \times 0.6) = 92$

③ $E(A_1) < E(A_2)$이므로 A_2가 선택된다.

(2) 베이즈 공식(Bayes' Formula)

① 베이즈 공식의 정의에 의하면 표본공간이 n개의 사상 A_1, A_2, $\cdots$, A_n에 의해 분할되었고, 모든 $i = 1$, 2, $\cdots$, n에 대하여 $P(A_i)$가 0이 아니라면 임의의 사상 X에 대해 다음이 성립한다.

$$P(A_i|X) = \frac{P(A_i)P(X|A_i)}{P(A_1)P(X|A_1) + P(A_2)P(X|A_2) + \cdots + P(A_n)P(X|A_n)}$$

여기서 $P(A_1)$, $P(A_2)$, $\cdots$, $P(A_n)$을 사전확률(Prior Probability)이라 하고, 조건부확률 $P(A_1|X)$, $P(A_2|X)$, $\cdots$, $P(A_n|X)$을 사후확률(Posterior Probability)이라 한다.

② 경제연구소의 경제상황 예측 사상을 각각 E_1, E_2라고 한다면 다음과 같이 정의할 수 있다.

$P(E_1|S_1) = \dfrac{P(E_1 \cap S_1)}{P(S_1)} = 0.9$이고 사전정보에 의해 $P(S_1) = 0.4$이므로 $P(E_1 \cap S_1) = 0.36$,

$P(E_2|S_1) = \dfrac{P(E_2 \cap S_1)}{P(S_1)} = 0.1$이고 사전정보에 의해 $P(S_1) = 0.4$이므로 $P(E_2 \cap S_1) = 0.04$,

$P(E_2|S_2) = \dfrac{P(E_2 \cap S_2)}{P(S_2)} = 0.8$이고 사전정보에 의해 $P(S_2) = 0.6$이므로 $P(E_2 \cap S_2) = 0.48$,

$P(E_1|S_2) = \dfrac{P(E_1 \cap S_2)}{P(S_2)} = 0.2$이고 사전정보에 의해 $P(S_2) = 0.6$이므로 $P(E_1 \cap S_2) = 0.12$

③ 전확률 정리를 이용하여 $P(E_1)$를 구하면 다음과 같다.

$$\begin{aligned} P(E_1) &= P(S_1)P(E_1|S_1) + P(S_2)P(E_1|S_2) \\ &= (0.4 \times 0.9) + (0.6 \times 0.2) \\ &= 0.48 \end{aligned}$$

④ 베이즈 공식에 의해 E_1에 대한 S_1, S_2의 사후확률을 구하면 다음과 같다.

$$P(S_1|E_1) = \dfrac{P(S_1 \cap E_1)}{P(E_1)} = \dfrac{0.36}{0.48} = 0.75$$

$$P(S_2|E_1) = \dfrac{P(S_2 \cap E_1)}{P(E_1)} = \dfrac{0.12}{0.48} = 0.25$$

⑤ 각각의 대안 A_1과 A_2의 기대값을 구하면 다음과 같다.

$$E(A_1) = \left[A_1 \times P(S_1|E_1) \right] + \left[A_1 \times P(S_2|E_1) \right] = (100 \times 0.75) + (75 \times 0.25) = 93.75$$

$$E(A_2) = \left[A_2 \times P(S_1|E_1) \right] + \left[A_2 \times P(S_2|E_1) \right] = (50 \times 0.75) + (120 \times 0.25) = 67.5$$

⑥ 즉, 경제연구소의 전망이 S_1로 나왔을 때 $E(A_1) > E(A_2)$이므로 A_1이 선택된다.

(3) 베이즈 공식(Bayes' Formula)

① 전확률 정리를 이용하여 $P(E_2)$를 구하면 다음과 같다.

$$\begin{aligned} P(E_2) &= P(S_1)P(E_2|S_1) + P(S_2)P(E_2|S_2) \\ &= (0.4 \times 0.1) + (0.6 \times 0.8) \\ &= 0.52 \end{aligned}$$

② 베이즈 공식에 의해 E_1에 대한 S_1, S_2의 사후확률을 구하면 다음과 같다.

$$P(S_1|E_2) = \dfrac{P(S_1 \cap E_2)}{P(E_2)} = \dfrac{0.04}{0.52} = 0.077$$

$$P(S_2|E_2) = \dfrac{P(S_2 \cap E_2)}{P(E_2)} = \dfrac{0.48}{0.52} = 0.923$$

③ 각각의 대안 A_1과 A_2의 기대값을 구하면 다음과 같다.

$$E(A_1) = \left[A_1 \times P(S_1|E_2) \right] + \left[A_1 \times P(S_2|E_2) \right] = (100 \times 0.077) + (75 \times 0.923) = 76.925$$

$$E(A_2) = \left[A_2 \times P(S_1|E_2) \right] + \left[A_2 \times P(S_2|E_2) \right] = (50 \times 0.077) + (120 \times 0.923) = 114.61$$

④ 즉, 경제연구소의 전망이 S_2로 나왔을 때 $E(A_1) < E(A_2)$이므로 A_2가 선택된다.

(4) 기대값의 계산

① 사업가가 경제연구소에 상담을 의뢰하지 않은 경우 대안 A_1과 A_2의 기대값이 각각 $E(A_1)=85$과 $E(A_2)=92$으로 대안 A_2를 선택할 경우 최대 기대이익은 92이다.

② 사업가가 경제연구소에 상담을 의뢰한 경우 경제상황의 전망이 S_1인 상태에서 대안 A_1과 A_2의 기대값이 각각 $E(A_1)=93.75$와 $E(A_2)=67.5$로 대안 A_1을 선택할 경우 최대 기대이익은 93.75이다.

③ 사업가가 경제연구소에 상담을 의뢰한 경우 경제상황의 전망이 S_2인 상태에서 대안 A_1과 A_2의 기대값이 각각 $E(A_1)=76.925$와 $E(A_2)=114.61$로 대안 A_2를 선택할 경우 최대 기대이익은 114.61이다.

④ 결과적으로 사업가가 경제연구소에 상담을 의뢰할 경우의 최대 기대이익은 $(0.48\times93.75)+(0.52\times114.61)=104.5972$이 되어 상담을 의뢰하지 않은 경우 최대 기대이익 92보다 12.5972만큼 더 기대이익을 볼 수 있다.

07

어떤 건전지의 수명 X에 대한 확률밀도함수가 다음과 같다.

$$f(x) = \alpha e^{-\alpha x}, \ 0 < x < \infty$$

서로 독립인 두 건전지의 수명을 각각 X_1, X_2라 하고, $Y_1 = X_1 + X_2$라 할 때 다음 물음에 답하시오.

(1) Y_1의 확률밀도함수를 구하시오.

(2) Y_1과 X_1 사이의 상관계수를 구하시오.

07 해설

(1) 분포함수 이용한 확률밀도함수

① Y_1의 분포함수는 다음과 같다.

$$F_{Y_1}(y_1) = P(Y_1 \leq y_1) = P(X_1 + X_2 \leq y_1) = P(X_2 \leq y_1 - X_1)$$

$$= \int_0^{y_1} \int_0^{y_1 - x_1} f_{X_1, \ X_2}(x_1, \ x_2) dx_2 dx_1$$

$$= \int_0^{y_1} \int_0^{y_1 - x_1} f_{X_1}(x_1) f_{X_2}(x_2) dx_2 dx_1 \qquad \because X_1 \text{과 } X_2 \text{는 독립}$$

$$= \int_0^{y_1} f_{X_1}(x_1) \int_0^{y_1 - x_1} f_{X_2}(x_2) dx_2 dx_1$$

$$= \int_0^{y_1} \alpha e^{-\alpha x_1} \int_0^{y_1 - x_1} \alpha e^{-\alpha x_2} dx_2 dx_1$$

$$= \int_0^{y_1} \alpha e^{-\alpha x_1} \left[-e^{-\alpha x_2} \right]_0^{y_1 - x_1} dx_1$$

$$= \int_0^{y_1} \alpha e^{-\alpha x_1} \left(-e^{-\alpha(y_1 - x_1)} + 1 \right) dx_1$$

$$= \int_0^{y_1} -\alpha e^{-\alpha y_1} + \alpha e^{-\alpha x_1} dx_1$$

$$= \left[-\alpha e^{-\alpha y_1} x_1 - e^{-\alpha x_1} \right]_0^{y_1}$$

$$= -\alpha y_1 e^{-\alpha y_1} - e^{-\alpha y_1} + 1$$

② Y_1의 분포함수 y_1에 대해 미분하면 y_1의 확률밀도함수를 구할 수 있다.

$$\frac{dF_{Y_1}(y_1)}{dy_1} = -\alpha e^{-\alpha y_1} + \alpha^2 y_1 e^{-\alpha y_1} + \alpha e^{-\alpha y_1} = \alpha^2 y_1 e^{-\alpha y_1}$$

③ 이는 $a = 2$, $b = 1/\alpha$인 $\Gamma(a, \ b)$ 감마분포의 확률밀도함수이다.

(2) 상관계수 계산

$$Corr(Y_1,\ X_1) = \frac{Cov(Y_1,\ X_1)}{\sqrt{Var(Y_1)}\ \sqrt{Var(X_1)}} = \frac{E(Y_1 X_1) - E(Y_1)E(X_1)}{\sqrt{Var(X_1 + X_2)}\ \sqrt{Var(X_1)}}$$

$$= \frac{E(X_1^2) + E(X_1 X_2) - [E(X_1)]^2 - E(X_1)E(X_2)}{\sqrt{Var(X_1) + Var(X_2)}\ \sqrt{Var(X_1)}} \qquad \because X_1 과 X_2 는 독립$$

$$= \frac{Var(X_1) + Cov(X_1,\ X_2)}{\sqrt{Var(X_1) + Var(X_2)}\ \sqrt{Var(X_1)}} \qquad \because Cov(X_1,\ X_2) = 0$$

$$= \frac{Var(X_1)}{Var(X_1) + \sqrt{Var(X_1)}\ \sqrt{Var(X_2)}}$$

$$= \sqrt{\frac{Var(X_1)}{Var(X_1) + Var(X_2)}} = \sqrt{\frac{1}{2}} \qquad \because X_1,\ X_2 는 동일한 분포를 따름$$

08

기출 2007년

어떤 회사의 세탁기는 3개의 공장에서 생산된다. 생산된 전체 세탁기 중에서 20%는 A공장에서, 30%는 B공장에서, 그리고 나머지 50%는 C공장에서 생산되었다고 한다. A공장에서 생산된 세탁기의 불량률은 5%, B공장에서 생산된 세탁기의 불량률은 2%, C공장에서 생산된 세탁기의 불량률은 2%라고 한다.

(1) 이 회사에서 생산되는 세탁기의 불량률을 구하시오.

(2) 임의로 추출한 2개의 세탁기가 모두 불량품일 때, 두 세탁기 모두 C공장에서 생산되었을 확률을 구하시오.

08 해설

(1) 전확률 공식(Total Probability Formula)

① A공장에서 생산한 세탁기일 확률 $\Rightarrow P(A) = 0.2$

B공장에서 생산한 세탁기일 확률 $\Rightarrow P(B) = 0.3$

C공장에서 생산한 세탁기일 확률 $\Rightarrow P(C) = 0.5$

F는 세탁기가 불량품일 확률 $\Rightarrow P(F)$

② $P(F|A) = 0.05$, $P(F|B) = 0.02$, $P(F|C) = 0.02$

③ 전확률 공식에 의해서 세탁기가 불량품일 확률은 다음과 같다.

$$P(F) = P(A)P(F|A) + P(B)P(F|B) + P(C)P(F|C)$$
$$= 0.2 \times 0.05 + 0.3 \times 0.02 + 0.5 \times 0.02 = 0.026$$
$$= 0.026$$

(2) 베이즈 공식(Bayes' Formula)

① 임의로 추출한 1개의 세탁기가 불량품일 확률이 $P(F) = 0.026$이므로 임의로 추출한 2개의 세탁기가 불량품일 확률은 $P(F_1 \cap F_2) = P(F_1)P(F_2) = 0.026^2$이다.

② 베이즈 공식을 이용하여 임의로 추출한 2개의 세탁기가 모두 불량품이라는 가정하에 두 세탁기 모두 C공장에서 생산되었을 확률은 다음과 같다.

$$P(C|F_1 \cap F_2) = \frac{P(C)P(F_1 \cap F_2|C)}{P(F_1 \cap F_2)} = \frac{P(C \cap F_1)P(C \cap F_2)}{P(F_1 \cap F_2)} = \frac{0.5 \times 0.02 \times 0.5 \times 0.02}{0.026^2} = 0.1479$$

09

다음은 두 확률변수 X와 Y의 결합확률분포이다.

> $$P(X=0,\ Y=0)=p_{00},\ P(X=0,\ Y=1)=p_{01},$$
> $$P(X=1,\ Y=0)=p_{10},\ P(X=1,\ Y=1)=p_{11},$$
> 여기서 $p_{00}+p_{01}+p_{10}+p_{11}=1$ 이다.

(1) X와 Y가 독립이기 위한 조건을 구하시오.

(2) X와 Y의 상관계수가 0인 조건이 X와 Y가 서로 독립이기 위한 필요충분조건임을 설명하시오.

09 해 설

(1) 함수의 독립성

① 위 식을 결합확률분포표로 표시하면 다음과 같다.

X \ Y	0	1	합 계
0	p_{00}	p_{01}	$p_{00}+p_{01}$
1	p_{10}	p_{11}	$p_{10}+p_{11}$
합 계	$p_{00}+p_{10}$	$p_{01}+p_{11}$	1

② 결합확률분포표가 주어졌을 때 확률변수 X, Y의 결합확률밀도함수 $f_{X,\ Y}(x,\ y)$가 독립이 되기 위해서는 결합확률밀도함수 $f_{X,\ Y}(x,\ y)$가 X, Y의 주변확률밀도함수의 곱과 동일해야 한다.

$$f_{X,\ Y}(x,\ y)=f_X(x)f_Y(y)$$

③ 다음이 성립하면 확률변수 X와 Y는 서로 독립이다.

$$p_{00}=(p_{00}+p_{10})(p_{00}+p_{01})=p_{00}p_{00}+p_{00}p_{01}+p_{10}p_{00}+p_{10}p_{01}$$
$$\Rightarrow p_{00}(1-p_{00}-p_{01}-p_{10})=p_{10}p_{01}\Rightarrow p_{00}p_{11}=p_{10}p_{01}\quad \because\ p_{00}+p_{01}+p_{10}+p_{11}=1$$
$$p_{10}=(p_{00}+p_{10})(p_{10}+p_{11})=p_{00}p_{10}+p_{00}p_{11}+p_{10}p_{10}+p_{10}p_{11}$$
$$\Rightarrow p_{10}(1-p_{00}-p_{10}-p_{11})=p_{00}p_{11}\Rightarrow p_{10}p_{01}=p_{00}p_{11}$$
$$p_{01}=(p_{00}+p_{01})(p_{10}+p_{11})=p_{00}p_{01}+p_{00}p_{11}+p_{01}p_{01}+p_{01}p_{11}$$
$$\Rightarrow p_{01}(1-p_{00}-p_{01}-p_{11})=p_{00}p_{11}\Rightarrow p_{10}p_{01}=p_{00}p_{11}$$
$$p_{11}=(p_{01}+p_{11})(p_{10}+p_{11})=p_{01}p_{10}+p_{01}p_{11}+p_{11}p_{10}+p_{11}p_{11}$$
$$\Rightarrow p_{11}(1-p_{01}-p_{10}-p_{11})=p_{01}p_{10}\Rightarrow p_{11}p_{00}=p_{01}p_{10}$$

$\therefore\ p_{00}p_{11}=p_{10}p_{01}$ 이 성립하면 확률변수 X와 Y는 서로 독립이다.

(2) 확률변수의 독립과 상관계수

① 충분조건으로 $Corr(X,\ Y)=0$이면 확률변수 X와 Y는 서로 독립이다.

② $Corr(X,\ Y)=\dfrac{Cov(X,\ Y)}{\sqrt{Var(X)}\ \sqrt{Var(Y)}}=0$이면 $Cov(X,\ Y)=0$이다.

$$E(XY)=\sum_{y=0}^{1}\sum_{x=0}^{1}xyf_{X,\ Y}(x,\ y)=0\times(p_{00}+p_{01}+p_{10})+1\times p_{11}=p_{11}$$

$$E(X)=\sum_{x=0}^{1}xf_X(x)=0\times(p_{00}+p_{01})+1\times(p_{10}+p_{11})=p_{10}+p_{11}$$

$$E(Y)=\sum_{y=0}^{1}yf_Y(y)=0\times(p_{00}+p_{10})+1\times(p_{01}+p_{11})=p_{01}+p_{11}$$

$$
\begin{aligned}
Cov(X,\ Y)&=E[(X-E(X))(Y-E(Y))]=E[(X-(p_{10}+p_{11}))(Y-(p_{01}+p_{11}))]\\
&=E(XY)-(p_{10}+p_{11})E(Y)-(p_{01}+p_{11})E(X)+(p_{10}+p_{11})(p_{01}+p_{11})\\
&=p_{11}-(p_{10}+p_{11})(p_{01}+p_{11})-(p_{01}+p_{11})(p_{10}+p_{11})+(p_{10}+p_{11})(p_{01}+p_{11})\\
&=p_{11}-(p_{01}+p_{11})(p_{10}+p_{11})\\
&=p_{11}-p_{01}p_{10}-p_{01}p_{11}-p_{11}p_{10}-p_{11}p_{11}\\
&=p_{11}(1-p_{01}-p_{10}-p_{11})-p_{01}p_{10}\qquad \because p_{00}+p_{01}+p_{10}+p_{11}=1\\
&=p_{11}p_{00}-p_{01}p_{10}
\end{aligned}
$$

③ $Cov(X,\ Y)=0$이면 $p_{11}p_{00}=p_{10}p_{01}$이 성립되어 확률변수 X와 Y는 서로 독립이 되므로 충분조건을 만족한다.

④ 필요조건으로 확률변수 X와 Y가 서로 독립이면 $Corr(X,\ Y)=0$이다.

$$
\begin{aligned}
Corr(X,\ Y)&=\dfrac{Cov(X,\ Y)}{\sqrt{Var(X)}\ \sqrt{Var(Y)}}=\dfrac{E[(X-E(X))(Y-E(Y))]}{\sqrt{Var(X)}\ \sqrt{Var(Y)}}\\[2mm]
&=\dfrac{E(XY)-E(X)E(Y)-E(X)E(Y)+E(X)E(Y)}{\sqrt{Var(X)}\ \sqrt{Var(Y)}}\\[2mm]
&=\dfrac{E(XY)-E(X)E(Y)}{\sqrt{Var(X)}\ \sqrt{Var(Y)}}\qquad \because X,\ Y\text{는 서로 독립}\\[2mm]
&=\dfrac{E(X)E(Y)-E(X)E(Y)}{\sqrt{Var(X)}\ \sqrt{Var(Y)}}\\[2mm]
&=0
\end{aligned}
$$

⑤ 확률변수 X와 Y가 서로 독립이면 $Cov(X,\ Y)=0$이 되어 상관계수 또한 0이 되므로 필요조건을 만족한다.

10

두 확률변수 X와 Y의 결합확률밀도함수(Joint Probability Density Function)는 다음과 같다.

$$f(x,\ y) = \begin{cases} 3x, & 0 < y < x < 1 \\ 0, & \text{그 외} \end{cases}$$

(1) X와 Y의 주변확률밀도함수(Marginal Probability Density Function)를 각각 구하시오.

(2) $Y = \dfrac{1}{2}$로 주어졌을 때 X의 조건부확률밀도함수(Conditional Probability Density Function)를 구하시오.

(3) $P\left(X \le \dfrac{3}{4} \,\middle|\, Y = \dfrac{1}{2}\right)$을 구하시오.

10 해설

(1) 주변확률밀도함수(Marginal Probability Density Function)

① 두 확률변수 X와 Y의 주변확률밀도함수는 각각 다음과 같이 정의한다.

$$f_X(x) = \int_{-\infty}^{\infty} f(x,\ y)dy,\ f_Y(y) = \int_{-\infty}^{\infty} f(x,\ y)dx$$

② 위의 정의를 이용하여 두 확률변수 X와 Y의 주변확률밀도함수는 다음과 같이 구한다.

$$f_X(x) = \int_0^x 3xdy = [3xy]_0^x = 3x^2,\ 0 < x < 1$$

$$f_Y(y) = \int_y^1 3xdx = \left[\frac{3}{2}x^2\right]_y^1 = \frac{3}{2}(1-y^2),\ 0 < y < 1$$

(2) 조건부확률밀도함수(Conditional Probability Density Function)

① $Y = y$로 주어졌을 때 X의 조건부확률밀도함수는 다음과 같다.

$$f_{X|Y}(x|y) = \frac{f(x,\ y)}{f_Y(y)} = \frac{3x}{\frac{3}{2}(1-y^2)} = \frac{2x}{1-y^2},\ 0 < y < x < 1$$

② $Y = \dfrac{1}{2}$로 주어졌을 때 X의 조건부확률밀도함수를 구하면 다음과 같다.

$$f_{X|Y}\left(x\middle|y = \frac{1}{2}\right) = \frac{3x}{\frac{3}{2}\left[1 - \left(\frac{1}{2}\right)^2\right]} = \frac{8}{3}x,\ \frac{1}{2} < x < 1$$

(3) 조건부확률의 계산

① $Y = y$로 주어졌을 때 $a \le X \le b$인 조건부확률은 다음과 같이 정의한다.

$$P(a \le X \le b | Y = y) = \int_a^b f(x|y)dx = \int_a^b \frac{f(x,\ y)}{f_Y(y)}dx$$

② 위의 정의를 이용하여 $Y = \frac{1}{2}$로 주어졌을 때 $X \le \frac{3}{4}$일 조건부확률은 다음과 같다.

$$P\left(X \le \frac{3}{4} | Y = \frac{1}{2}\right) = \int_{\frac{1}{2}}^{\frac{3}{4}} \frac{f(x,\ y)}{f_Y(y)}dx = \int_{\frac{1}{2}}^{\frac{3}{4}} \frac{8}{3}xdx = \left[\frac{4}{3}x^2\right]_{\frac{1}{2}}^{\frac{3}{4}} = \frac{4}{3}\left[\left(\frac{3}{4}\right)^2 - \left(\frac{1}{2}\right)^2\right] = \frac{5}{12}$$

상자 안에 1, 2, 3이 각각 적혀있는 세 장의 카드가 있다. 이 상자에서 두 장의 카드를 임의로 추출하되, 추출방법에 따라 다음과 같이 정의된 두 통계량 T와 S를 고려하기로 한다.

$T = \dfrac{X_1 + X_2}{2}$, 여기서 X_1은 첫 번째 추출된 카드의 숫자, X_2는 첫 번째 추출된 카드를 복원시킨 후 두 번째로 추출된 카드의 숫자이다.

$S = \dfrac{Y_1 + Y_2}{2}$, 여기서 Y_1은 첫 번째 추출된 카드의 숫자, Y_2는 첫 번째 추출된 카드를 복원시키지 않고 두 번째로 추출된 카드의 숫자이다.

(1) Y_1과 Y_2의 공분산(Covariance)을 구하시오.

(2) T와 S의 분산을 각각 구하시오.

11 해설

(1) 결합확률분포표에서 공분산 계산

① Y_1과 Y_2의 결합확률분포표는 다음과 같다.

Y_1 \ Y_2	1	2	3	합 계
1	0	1/6	1/6	1/3
2	1/6	0	1/6	1/3
3	1/6	1/6	0	1/3
합 계	1/3	1/3	1/3	1

② $Cov(Y_1,\ Y_2) = E[(Y_1 - E(Y_1))(Y_2 - E(Y_2))] = E(Y_1 Y_2) - E(Y_1)E(Y_2)$ 이다.

$E(Y_1 Y_2) = \sum_{y_2=1}^{3} \sum_{y_1=1}^{3} y_1 y_2 f_{Y_1,\ Y_2}(y_1,\ y_2)$

$= \left(1 \times 2 \times \dfrac{1}{6}\right) + \left(1 \times 3 \times \dfrac{1}{6}\right) + \left(2 \times 1 \times \dfrac{1}{6}\right) + \left(2 \times 3 \times \dfrac{1}{6}\right) + \left(3 \times 1 \times \dfrac{1}{6}\right) + \left(3 \times 2 \times \dfrac{1}{6}\right) = 11/3$

$E(Y_1) = \sum_{y_1=1}^{3} y_1 f_{Y_1}(y_1) = \left(1 \times \dfrac{1}{3}\right) + \left(2 \times \dfrac{1}{3}\right) + \left(3 \times \dfrac{1}{3}\right) = 2$

$E(Y_2) = \sum_{y_2=1}^{3} y_2 f_{Y_2}(y_2) = \left(1 \times \dfrac{1}{3}\right) + \left(2 \times \dfrac{1}{3}\right) + \left(3 \times \dfrac{1}{3}\right) = 2$

$\therefore Cov(Y_1,\ Y_2) = E(Y_1 Y_2) - E(Y_1)E(Y_2) = 11/3 - 2 \times 2 = -\dfrac{1}{3}$

(2) 분산의 계산

① X_1과 X_2의 결합확률분포표는 다음과 같다.

X_1＼X_2	1	2	3	합 계
1	1/9	1/9	1/9	1/3
2	1/9	1/9	1/9	1/3
3	1/9	1/9	1/9	1/3
합 계	1/3	1/3	1/3	1

② $E(X_1) = \sum_{x_1=1}^{3} x_1 f_{X_1}(x_1) = \left(1 \times \dfrac{1}{3}\right) + \left(2 \times \dfrac{1}{3}\right) + \left(3 \times \dfrac{1}{3}\right) = 2$

$E(X_1^2) = \sum_{x_1=1}^{3} x_1^2 f_{x_1}(x_1) = \left(1^2 \times \dfrac{1}{3}\right) + \left(2^2 \times \dfrac{1}{3}\right) + \left(3^2 \times \dfrac{1}{3}\right) = \dfrac{14}{3}$

$Var(X_1) = E(X_1^2) - \left[E(X_1)\right]^2 = \dfrac{14}{3} - 4 = \dfrac{2}{3}$

③ $Var(T) = Var\left(\dfrac{X_1 + X_2}{2}\right) = \dfrac{1}{4} Var(X_1 + X_2)$

$\qquad = \dfrac{1}{4} \times 2 \times Var(X_1) \quad \because X_1$와 X_2는 서로 독립이며, 동일한 분포를 따름

$\qquad = \dfrac{1}{2} Var(X_1) = \dfrac{1}{2} \times \dfrac{2}{3} = \dfrac{1}{3}$

$\therefore Var(T) = \dfrac{1}{3}$

④ $S = \dfrac{Y_1 + Y_2}{2}$ 이므로, $Var(S)$는 Y_1과 Y_2의 결합확률분포표 및 위에서 구한 $Cov(Y_1, Y_2)$를 사용해서 다음과 같이 구할 수 있다.

⑤ $E(Y_1^2) = \sum_{y_1=1}^{3} y_1^2 f_{y_1}(y_1) = \left(1^2 \times \dfrac{1}{3}\right) + \left(2^2 \times \dfrac{1}{3}\right) + \left(3^2 \times \dfrac{1}{3}\right) = \dfrac{14}{3}$

$Var(Y_1) = E(Y_1^2) - \left[E(Y_1)\right]^2 = \dfrac{14}{3} - 2^2 = \dfrac{2}{3}$

$E(Y_2^2) = \sum_{y_2=1}^{3} y_2^2 f_{y_2}(y_2) = \left(1^2 \times \dfrac{1}{3}\right) + \left(2^2 \times \dfrac{1}{3}\right) + \left(3^2 \times \dfrac{1}{3}\right) = \dfrac{14}{3}$

$Var(Y_2) = E(Y_2^2) - \left[E(Y_2)\right]^2 = \dfrac{14}{3} - 2^2 = \dfrac{2}{3}$

⑥ $Var(S) = Var\left(\dfrac{Y_1 + Y_2}{2}\right) = \dfrac{1}{4} Var(Y_1 + Y_2)$

$\qquad = \dfrac{1}{4}\left[Var(Y_1) + Var(Y_2) + 2Cov(Y_1, Y_2)\right]$

$\qquad = \dfrac{1}{4}\left[\dfrac{2}{3} + \dfrac{2}{3} + 2 \times (-\dfrac{1}{3})\right] = \dfrac{1}{4} \times \dfrac{2}{3} = \dfrac{1}{6}$

$\therefore Var(S) = \dfrac{1}{6}$

01

기출 1998년

어느 승용차 제조회사는 자사에서 소요되는 타이어 전체물량 중 40%는 A사 제품을, 나머지 60%는 B사 제품을 사용한다고 한다. 그간의 거래를 통해 확인된 사실은 A사 제품가운데 10%가 불량품이었고, B사 제품 가운데 5%가 불량품이었다. 이제 이들 제품가운데서 임의로 한 타이어를 선택하여 품질을 조사하였다. 물음에 답하시오.

(1) 임의로 선택한 타이어가 불량품인 경우, 이 타이어가 A사 제품일 확률을 구하시오.

(2) 위 문제를 풀기위해 사용한 정리는 무엇인지 답하고 이에 대해 간략히 설명하시오.

01 해설

(1) 베이즈 공식(Bayes' Formula)

① A : A사 제품을 선택하는 사상, B : B사 제품을 선택하는 사상, X : 불량품을 선택하는 사상이라 가정하자.
$P(A) = 0.4$, $P(B) = 0.6$, $P(X|A) = 0.1$, $P(X|B) = 0.05$

② 전확률 공식에 의해 불량품을 선택할 확률을 구하면 다음과 같다.
$P(X) = P(A)P(X|A) + P(B)P(X|B) = (0.4 \times 0.1) + (0.6 \times 0.05) = 0.07$

③ 베이즈 공식에 의해 불량품이 선택되었다는 조건하에 A사 제품일 확률은 다음과 같이 구할 수 있다.

$$P(A|X) = \frac{P(A)P(X|A)}{P(A)P(X|A) + P(B)P(X|B)} = \frac{0.4 \times 0.1}{(0.4 \times 0.1) + (0.6 \times 0.05)} = \frac{0.04}{0.07} = \frac{4}{7}$$

∴ 구하고자 하는 확률은 $\frac{4}{7} \approx 0.57$이다.

(2) 전확률과 베이즈 공식

① 표본공간이 n개의 사상 A_1, A_2, $\cdots$, A_n에 의해 분할되었고, $P(A_i)$가 0이 아니면 임의의 사상 B에 대해 다음의 식이 성립한다.

② 전확률 공식(Total Probability Formula)
$P(B) = P(A_1)P(B|A_1) + \cdots + P(A_n)P(B|A_n)$

③ 베이즈 공식(Bayes' Formula)

$$P(A_i|B) = \frac{P(A_i)P(B|A_i)}{P(A_1)P(B|A_1) + P(A_2)P(B|A_2) + \cdots + P(A_n)P(B|A_n)}$$

④ 즉, 베이즈 공식은 어떤 표본조사 또는 사전조사를 통해서 얻어진 정보와 같이 새로운 정보가 주어졌다는 조건하에서 어떤 사상이 발생한 확률을 결정하는 것과 관련이 있다.

02

기출 2000년

다음의 물음에 답하시오.

(1) 갑, 을 두 사람이 제비뽑기를 하는데 10개의 제비 중에 당첨 제비가 한 장 있다. 갑에게 먼저 연속해서 최대 두 장까지 뽑을 기회가 주어지고, 그 후 을에게도 같은 기회가 주어진다. 먼저 뽑는 사람과 나중에 뽑는 사람의 당첨 확률을 각각 계산하여 누가 유리한지를 판단하시오.

(2) 이번에는 n명의 사람이 제비뽑기를 하는데 $2n$개의 제비 중에 당첨 제비가 한 장 있다. 위 문제와 마찬가지로 각 사람이 차례로 연속해서 최대 두 장까지 뽑을 수 있는 기회가 주어진다면, k번째$(k = 1, \cdots, n)$ 뽑는 사람이 당첨될 확률을 계산하시오.

02 해설

(1) 확률의 계산

① 갑이 당첨 제비를 뽑을 사상을 X, 을이 당첨 제비를 뽑을 사상을 Y라 할 때 각각의 확률은 복원추출과 비복원추출로 나누어 생각할 수 있다.

② 복원추출인 경우 $P(X) = P(Y) = \dfrac{1}{10} + \left(\dfrac{9}{10} \times \dfrac{1}{10} \right) = \dfrac{19}{100}$ 로 동일하다.

③ 비복원추출인 경우 갑이 당첨 제비를 뽑을 확률은 $P(X) = P(X_1) + P(X_1^c)P(X_2) = \dfrac{1}{10} + \left(\dfrac{9}{10} \times \dfrac{1}{9} \right) = \dfrac{1}{5}$ 이다.

④ 갑이 당첨제비를 뽑았을 때에 을이 당첨 제비를 뽑을 확률은 0이다.

⑤ 갑이 당첨제비를 뽑지 못했을 때에 을이 당첨 제비를 뽑을 확률은 다음과 같다.

$$P(Y) = P(X^c)P(Y_1) + P(X^c)P(Y_1^c)P(Y_2) = \left(\dfrac{4}{5} \times \dfrac{1}{8} \right) + \left(\dfrac{4}{5} \times \dfrac{7}{8} \times \dfrac{1}{7} \right) = \dfrac{1}{5}$$

⑥ 즉, 갑과 을이 당첨 제비를 뽑을 확률은 1/5로 동일하다.

⑦ 결과적으로 먼저 뽑건 나중에 뽑건 복원추출이건 비복원추출이건 당첨 제비를 뽑을 확률은 동일하다.

(2) 확률의 계산

① 복원추출인 경우 n명의 사람이 각각 당첨 제비를 뽑을 확률은 $\dfrac{1}{2n} + \left(\dfrac{2n-1}{2n} \times \dfrac{1}{2n} \right) = \dfrac{4n-1}{4n^2}$ 으로 동일하다.

② 비복원 추출인 경우 1번째 사람이 당첨되지 않을 확률은 $\dfrac{2n-1}{2n} \times \dfrac{2n-2}{2n-1} = \dfrac{n-1}{n}$ 이다.

③ 1번째, 2번째 사람 모두 당첨되지 않을 확률은 $\dfrac{n-1}{n} \times \left(\dfrac{2n-3}{2n-2} \times \dfrac{2n-4}{2n-3} \right) = \dfrac{n-2}{n}$ 이다.

④ 규칙성을 고려했을 때, $k-1$번째 사람까지 모두 당첨되지 않을 확률은 $\dfrac{n-(k-1)}{n}$ 이다.

⑤ 즉, k번째 사람이 당첨될 확률은 다음과 같다.

$$\dfrac{n-(k-1)}{n} \times \left[\dfrac{1}{2n-2(k-1)} + \left(\dfrac{2n-2(k-1)-1}{2n-2(k-1)} \times \dfrac{1}{2n-2(k-1)-1} \right) \right] = \dfrac{1}{n}$$

∴ 제비를 뽑는 순서에 상관없이 당첨될 확률은 $\dfrac{1}{n}$ 으로 동일하다는 것을 알 수 있다.

03

요즘 만들어지는 국산영화 중 40%가 영화평가기관으로부터 좋은 등급을 받는다. 좋은 등급을 받은 영화 중 80%는 흥행에 성공을 하고, 좋은 등급을 받지 않은 영화 중에서는 25%만이 흥행에 성공을 한다.

(1) 어떤 영화가 흥행에 성공했을 때, 그 영화가 영화평가기관으로부터 좋은 등급을 받았을 확률은 얼마인가?

(2) 영화가 영화평가기관으로부터 좋은 등급을 받는 사건과 흥행에 성공하는 사건은 서로 독립인가? 그 이유를 설명하라.

03 해설

(1) 베이즈 공식(Bayes' Formula)

① A : 영화가 좋은 등급을 받는 사상, X : 영화가 흥행에 성공하는 사상이라 하자.

② 전확률 공식을 이용하여 영화가 흥행에 성공할 확률을 구하면 다음과 같다.

$$P(X) = P(A)P(X|A) + P(A^c)P(X|A^c) = (0.4 \times 0.8) + (0.6 \times 0.25) = 0.47$$

③ 베이즈 공식에 의해 어떤 영화가 흥행에 성공했을 때 그 영화가 좋은 등급을 받았을 확률은 다음과 같이 구한다.

$$P(A|X) = \frac{P(A)P(X|A)}{P(A)P(X|A) + P(A^c)P(X|A^c)} = \frac{0.4 \times 0.8}{(0.4 \times 0.8) + (0.6 \times 0.25)} = \frac{0.32}{0.47} \approx 0.68$$

∴ 구하고자 하는 확률은 0.68이다.

(2) 확률적 독립

① 영화가 좋은 등급을 받을 확률은 $P(A) = 0.4$이고, 흥행에 성공할 확률은 $P(X) = 0.47$이다.

② 영화가 좋은 등급을 받고 흥행에 성공할 확률은 다음과 같다.

$$P(A \cap X) = P(A)P(X|A) = 0.4 \times 0.8 = 0.32$$

③ 만약 두 사건이 서로 독립이라면 $P(A \cap X) = P(A)P(X)$이 성립한다.

④ 하지만 $P(A)P(X) = 0.4 \times 0.47 = 0.188$이고, $P(A \cap X) = 0.32$이므로 $P(A \cap X) = P(A)P(X)$이 성립되지 않아 두 사건은 서로 독립이 아니다.

92 행정·입법고시 통계학 합격대비

04

기출 2002년

자기부담액(Deductible)이 50만원인 자동차 보험을 고려하자(자기부담액이 50만원이라는 것은 사고로 인한 손실액이 50만원 이하일 경우에는 자신이 손실액을 전액 부담하며, 손실액이 50만원을 초과할 경우, 자신이 50만원을 부담하고 나머지는 보험회사에서 부담하는 것을 말한다). 보험회사의 과거 자료에 따르면 보험가입자의 사고로 인한 손실액의 분포는 다음과 같다고 한다.

손실액	확률
0원	0.1
30만원	0.2
50만원	0.3
80만원	0.3
100만원	0.1

확률변수 X와 Y를 다음과 같이 정의하자.

X : 보험가입자의 손실 부담액

Y : 보험회사의 손실 부담액

(1) 확률변수 Y의 확률분포를 표로써 나타내고, Y의 기대값과 표준편차를 각각 구하라.

(2) X와 Y의 결합확률분포는 다음과 같이 표로써 나타낼 수 있다.

X \ Y	0	30만원	50만원
0	ⓐ	ⓑ	0
30만원	ⓒ	0	ⓓ
50만원	ⓔ	0.3	ⓕ

빈칸 ⓐ, ⓑ, ⓒ, ⓓ, ⓔ, ⓕ를 채워라.

(3) 보험회사의 손실 부담액이 0일 경우, 보험가입자의 손실 부담액의 조건부 확률분포를 구하라.

(4) X와 Y가 독립적인 확률변수인지의 여부를 판단하라(근거를 제시해야 함).

(5) 확률변수 X와 Y의 상관계수, 즉 $Corr(X, Y)$를 구하고, 그 의미를 설명하라(힌트 : $E(X) = 41$, $Var(X) = 249$).

04 해설

(1) 기대값과 표준편차

① Y의 확률분포표는 다음과 같다.

손실액	확률
0원	0.6
30만원	0.3
50만원	0.1

② $E(Y) = (0 \times 0.6) + (30 \times 0.3) + (50 \times 0.1) = 14$(만원)

③ $E(Y^2) = (0 \times 0.6) + (30^2 \times 0.3) + (50^2 \times 0.1) = 270 + 250 = 520$(만원)

④ $Var(Y) = E(Y^2) - \{E(Y)\}^2 = 520 - 14^2 = 520 - 196 = 324$(만원)

⑤ $\sigma(Y) = \sqrt{Var(Y)} = \sqrt{324} = 18$(만원)

(2) 결합확률분포표

X ＼ Y	0	30만원	50만원
0	ⓐ = 0.1	ⓑ = 0	0
30만원	ⓒ = 0.2	0	ⓓ = 0
50만원	ⓔ = 0.3	0.3	ⓕ = 0.1

(3) 조건부확률분포표

X ＼ Y	0
0	$\dfrac{0.1}{0.1 + 0.2 + 0.3} = \dfrac{1}{6}$
30만원	$\dfrac{0.2}{0.1 + 0.2 + 0.3} = \dfrac{1}{3}$
50만원	$\dfrac{0.3}{0.1 + 0.2 + 0.3} = \dfrac{1}{2}$

(4) 확률변수의 독립

① 두 확률변수 X와 Y가 서로 독립이면 $Cov(X, Y) = 0$이 성립한다. 또한 $Cov(X, Y) \neq 0$이면 두 확률변수 X와 Y는 서로 독립이 아니다.

② X의 확률분포표는 다음과 같다.

손실액	확 률
0원	0.1
30만원	0.2
50만원	0.7

③ $Cov(X, Y) = E(XY) - E(X)E(Y)$

$E(XY) = (50 \times 30 \times 0.3) + (50 \times 50 \times 0.1) = 450 + 250 = 700$

$E(X) = (30 \times 0.2) + (50 \times 0.7) = 6 + 35 = 41$

$E(Y) = 14$ ((1) 참조)

④ $Cov(X, Y) = 700 - (41 \times 14) = 700 - 574 = 126 \neq 0$

∴ 두 확률변수 X와 Y는 서로 독립이 아니다.

(5) 상관계수(Correlation Coefficient)

① $Cov(X, Y) = 126$ ((4) 참조)

② $Var(X) = 249$, $Var(Y) = 324$ ((1) 참조)

③ $Corr(X, Y) = \dfrac{Cov(X, Y)}{\sqrt{V(X)}\sqrt{V(Y)}} = \dfrac{126}{\sqrt{249}\sqrt{324}} \approx 0.44$

④ 이는 두 확률변수 X, Y 사이에 일정한 양의 선형 연관성이 존재한다는 것을 의미한다.

기출 2003년

A회사와 B회사는 합병이 논의되고 있다. 논의되기 이전의 A회사의 주식가격은 4900원, B회사의 주식가격은 2000원이었다고 한다. 합병이 논의되고 있는 현재의 주식가격은 시너지효과에 의해 A회사는 5400원, B회사는 3000원에 거래되고 있다고 한다. 합병이 성사될 확률은 80%이고 합병이 되면 A회사의 주식은 5500원으로 B회사의 주식은 4000원으로 될 것으로 예측된다면, 어떤 회사의 주식을 살 것인지를 기대치의 개념에서 설명하라. 단, 합병이 실패하면 현재의 주식가격은 합병논의 이전의 주식가격으로 환원된다고 가정한다.

05 해설

기대이익

① 현재 A회사의 주식가격은 5400원이고, 80% 확률로 5500원, 20% 확률로 4900원이 된다.

② 즉, A회사의 기대이익을 계산하면 다음과 같다.

   $E(A) = (0.8 \times 100) + [0.2 \times (-500)] = 80 - 100 = -20$

③ 현재 B회사의 주식가격은 3000원이고, 80% 확률로 4000원, 20% 확률로 2000원이 된다.

④ 즉, B회사의 기대이익을 계산하면 다음과 같다.

   $E(B) = (0.8 \times 1000) + [0.2 \times (-1000)] = 800 - 200 = 600$

⑤ A회사의 주식보다 B회사의 주식이 기대이익이 더 높으므로 B회사의 주식을 사는 것이 기대값를 기준으로 보았을 때 합리적이다.

어느 도시는 하루에 발생하는 교통사고 건수를 매일 모니터링 한다. 그리고 사고 건수가 90건에서 110건 사이이면 정상적인 날로, 그렇지 않으면 비정상적인 날로 판단한다고 한다. 실제 그 도시에서 매일매일 발생하는 교통사고 건수는 독립적으로 평균이 100이고 표준편차가 5인 정규분포를 따른다고 한다.

(1) 며칠 만에 최초로 비정상적인 날이 발생할 것으로 기대하는가?(과정을 제시할 것)

(2) 그 도시의 교통사고 건수의 분포가 표준편차는 같지만 평균이 105로 증가하였다면 며칠 만에 최초로 비정상적인 날이 발생할 것으로 기대하는가?(과정을 제시할 것)

단, 표준정규분포를 따르는 변수 Z에 대하여 $P(Z \geq 1) = 0.16$, $P(Z \geq 2) = 0.02$, $P(Z \geq 3) = 0.001$로 가정한다.

(3) 사고 건수의 평균이 100인 경우에는 평균적으로 150일 만에 최초로 비정상적인 날이 발생하고, 사고 건수의 평균이 110인 경우에는 평균적으로 5일 만에 최초로 비정상적인 날이 발생하도록 모니터링 기준을 결정할 수 있는지의 여부를 판단하여라(근거를 제시할 것). 그리고 그러한 기준을 결정할 수 있다면, 그 기준을 구하는 과정을 설명하라.

06 해설

(1) 확률의 계산

① 비정상적인 날로 판단할 경우는 사고건수가 90건 미만이거나 110건을 초과하는 날이다.

② 비정상적인 날로 판단할 확률은 $P(X < 90) + P(X > 110)$이 된다.

③ 교통사고 건수를 X라 할 때 확률변수 $X \sim N(100,\ 5^2)$을 따르므로 표준화하면 다음과 같다.

$$P\left(Z < \frac{90-100}{5}\right) + P\left(Z > \frac{110-100}{5}\right) = P(Z < -2) + P(Z > 2) = 0.02 + 0.02 = 0.04$$

④ 즉, 비정상적인 날로 판단될 경우의 확률은 $p = 0.04$이다.

⑤ 최초로 비정상적인 날이 발생하는 데 걸리는 날짜는 기하분포 $G(p)$를 따른다고 볼 수 있다.

⑥ 그러므로 최초로 비정상적인 날이 발생할 것으로 기대되는 날은 $G(p)$의 기대값으로 볼 수 있으며, 기대값

$$E(X) = \frac{1}{p} = \frac{1}{0.04} = 25$$이다.

⑦ 결과적으로 최초로 비정상적인 날이 발생할 것으로 기대되는 날은 25일째가 된다.

(2) 확률의 계산

① 확률변수 $X \sim N(105,\ 5^2)$을 따르므로 표준화하면 다음과 같다.

$$P\left(Z < \frac{90-105}{5}\right) + P\left(Z > \frac{110-105}{5}\right) = P(Z < -3) + P(Z > 1) = 0.001 + 0.16 = 0.161$$

② 즉, 비정상적인 날로 판단될 경우의 확률은 $p = 0.161$이다.

③ 최초로 비정상적인 날이 발생하는 데 걸리는 날짜는 기하분포 $G(p)$를 따른다고 볼 수 있다.

④ 그러므로 최초로 비정상적인 날이 발생할 것으로 기대되는 날은 $G(p)$의 기대값으로 볼 수 있으며, 기대값 $E(X) = \dfrac{1}{p} = \dfrac{1}{0.161} = 6.21118 \cdots$이다.

⑤ 결과적으로, 최초로 비정상적인 날이 발생할 것으로 기대되는 날은 7일째가 된다.

(3) **확률의 계산**

① 모니터링 기준으로서 사고 건수가 x건에서 y건 사이이면 정상적인 날로, 그렇지 않으면 비정상적인 날로 판단한다고 가정하자.

② 평균이 100인 경우 비정상적인 날이 발생할 확률은 $p_1 = P\left(Z < \dfrac{x-100}{5}\right) + P\left(Z > \dfrac{y-100}{5}\right)$이다.

③ 최초로 비정상적인 날이 발생할 것으로 기대되는 날은 $G(p_1)$의 기대값으로 볼 수 있으며, 기대값 $E(X) = \dfrac{1}{p_1}$이 된다.

④ 150일 만에 최초로 비정상적인 날이 발생하기 위해서는 다음의 부등식이 성립한다.

$149 < \dfrac{1}{p_1} \leq 150$이므로 $\dfrac{1}{150} \leq p_1 < \dfrac{1}{149}$이다.

⑤ 위와 마찬가지 방법으로 평균이 110인 경우 비정상적인 날이 발생할 확률은 $p_2 = P\left(Z < \dfrac{x-110}{5}\right) + P\left(Z > \dfrac{y-110}{5}\right)$이다.

⑥ 5일 만에 최초로 비정상적인 날이 발생하기 위해서는 다음의 부등식이 성립한다.

$4 < \dfrac{1}{p_2} \leq 5$이므로 $\dfrac{1}{5} \leq p_2 < \dfrac{1}{4}$이다.

⑦ 즉, 아래의 두 부등식을 만족하는 x와 y를 구하면 위 기준을 만족하는 모니터링 기준이 된다. 이는 표준정규분포표를 통해 구할 수 있다.

$$\dfrac{1}{150} \leq P\left(Z < \dfrac{x-100}{5}\right) + P\left(Z > \dfrac{y-100}{5}\right) < \dfrac{1}{149} \,, \quad \dfrac{1}{5} \leq P\left(Z < \dfrac{x-110}{5}\right) + P\left(Z > \dfrac{y-110}{5}\right) < \dfrac{1}{4}$$

어느 보험회사에서는 사람들을 두 부류로 나눌 수 있다고 믿고 있다. 즉, 사고성향이 있는 사람과 그렇지 않은 사람으로 나눌 수 있다. 보험회사의 과거 자료에 의하면 사고성향이 있는 사람의 경우 주어진 1년 내에 사고를 일으킬 확률은 0.4이고, 반면에 사고성향이 없는 사람이 사고를 일으킬 확률은 0.2이다.

(1) 만약 모집단의 30%가 사고성향이 있다고 하면, 어떤 새로운 계약자가 계약한지 1년 내에 사고를 일으킬 확률은?

(2) 새로운 계약자가 계약 1년 내에 사고를 낸다고 가정하자. 그렇다면 그가 사고성향을 갖고 있을 확률은?

(3) 어떤 계약자가 계약 첫 해에 사고를 냈다는 조건하에서, 이 계약자가 계약 다음 해에도 사고를 낼 확률은?

07 해설

(1) 전확률 공식(Total Probability Formula)

① A를 사고성향이 있는 사람이 계약할 사상이라 한다면 확률 $P(A) = 0.3$이 된다.

B를 사고성향이 없는 사람이 계약할 사상이라 한다면 확률 $P(B) = 1 - P(A^c) = 0.7$이 된다.

F를 1년 이내에 사고가 발생할 사상이라 하자.

② $P(F|A) = 0.4$, $P(F|B) = 0.2$

③ 전확률 공식을 이용하여 구하고자 하는 확률은 다음과 같다.

$P(F) = P(A)P(F|A) + P(B)P(F|B) = (0.3 \times 0.4) + (0.7 \times 0.2) = 0.26$

(2) 베이즈 공식(Bayes' Formula)

베이즈 공식을 이용하여 구하고자 하는 확률은 다음과 같다.

$$P(A|F) = \frac{P(A \cap F)}{P(F)} = \frac{P(A)P(F|A)}{P(A)P(F|A) + P(B)P(F|B)}$$

$$= \frac{(0.3 \times 0.4)}{(0.3 \times 0.4) + (0.7 \times 0.2)} = \frac{0.12}{0.26} = 0.4615$$

(3) 조건부확률의 계산

① F_1을 어떤 계약자가 계약 첫 해에 사고를 낸 사상이라 하고, F_2를 다음해에 사고를 낸 사상이라 하자.

② 어떤 계약자가 계약 첫 해에 사고를 냈다는 조건하에,

그가 사고성향이 있을 확률은 $P(A|F_1) = 0.4615$,

그가 사고성향이 없을 확률은 $P(B|F_1) = 1 - P(A^c|F_1) = 1 - 0.4615 = 0.5385$이다.

③ 사고성향이 있는 계약자가 첫해에 사고를 냈다는 조건하에 그가 다음해에 사고를 낼 확률은 $P(F_2|A \cap F_1) = 0.4$이고,

사고성향이 없는 계약자가 첫해에 사고를 냈다는 조건하에 그가 다음해에 사고를 낼 확률은 $P(F_2|B \cap F_1) = 0.2$이다.

④ 즉, 구하고자 하는 확률은 다음과 같다.

$P(F_2|F_1) = P(A|F_1)P(F_2|A \cap F_1) + P(B|F_1)P(F_2|B \cap F_1)$

$= (0.4615 \times 0.4) + (0.5385 \times 0.2) = 0.2923$

08

기출 2006년

세 개의 투자자산 A, B, C의 수익률 X_1, X_2, X_3은 다음의 관계를 가지고 있다고 한다.

$$X_1 = Z + \epsilon_1, \quad X_2 = 2Z + \epsilon_2, \quad X_3 = 3Z + \epsilon_3$$

단, 여기에서 Z, ϵ_1, ϵ_2, ϵ_3는 서로 간에 독립이며, Z는 시장수익률을 나타내며 평균은 0.1%, 표준편차는 5%라고 한다. 그리고 ϵ_1, ϵ_2, ϵ_3는 모두 평균이 0이며 표준편차는 각각 $\sqrt{75}\,\%$, $\sqrt{125}\,\%$, $\sqrt{175}\,\%$ 라고 한다. A, B, C 세 개의 자산에 대한 기대수익률이 0.22%인 포트폴리오(Portfolio, 분산투자) 중 최소분산을 갖는 포트폴리오를 구하시오.

08 해설

주어진 조건하에 최소분산을 갖는 확률분포

① A, B, C의 비중을 각각 a, b, c라 하자.

② 위의 문제를 수식으로 정리하면 다음과 같다.

$X = aX_1 + bX_2 + cX_3$

$Z \sim (0.1, \ 5^2)$, $\epsilon_1 \sim (0, \ (\sqrt{75})^2)$, $\epsilon_2 \sim (0, \ (\sqrt{125})^2)$, $\epsilon_3 \sim (0, \ (\sqrt{175})^2)$

③ $a + b + c = 1$ ------------------------- ❶

$0.1a + 0.2b + 0.3c = 0.22$ -------------- ❷

④ 위의 문제는 $Var(X)$를 최소화하는 a, b, c를 구하는 문제가 된다.

$$\begin{aligned} Var(X) &= Var(aX_1 + bX_2 + cX_3) = Var(aZ + a\epsilon_1 + 2bZ + b\epsilon_2 + 3cZ + c\epsilon_3) \\ &= Var[(a + 2b + 3c)Z + a\epsilon_1 + b\epsilon_2 + c\epsilon_3) \\ &= (a + 2b + 3c)^2 Var(Z) + a^2 Var(\epsilon_1) + b^2 Var(\epsilon_2) + c^2 Var(\epsilon_3) \quad \because \ Z, \ \epsilon_1, \ \epsilon_2, \ \epsilon_3 \text{은 서로 독립} \\ &= 25(a^2 + 4b^2 + 9c^2 + 4ab + 6ac + 12bc) + 75a^2 + 125b^2 + 175c^2 \\ &= 100a^2 + 225b^2 + 400c^2 + 100ab + 150ac + 300bc \end{aligned}$$

⑤ 위의 식 ❶, ❷를 연립하여 풀면 $b = -2a + 0.8$, $c = a + 0.2$가 된다.

⑥ 이를 $Var(X)$에 대입하면

$f = Var(X) = 100a^2 + 225(-2a + 0.8)^2 + 400(a + 0.2)^2 + 100a(-2a + 0.8) + 150a(a + 0.2) + 300(-2a + 0.8)(a + 0.2)$

⑦ f를 최소화하는 a값을 구하기 위해서는 $\dfrac{df}{da} = 0$이 성립하도록 하는 a값을 구하면 된다.

$\dfrac{df}{da} = 200a + 450(-2a + 0.8)(-2) + 800(a + 0.8) - 400a + 80 + 300a + 30 - 1200a + 120 = 0$

$1500a = 330$

$a = \dfrac{330}{1500} = 0.22$

$\therefore \ a = 0.22, \ b = 0.36, \ c = 0.42$

⑧ 즉, 기대수익률이 0.22%이면서 최소분산을 갖는 포트폴리오는 아래 표와 같다.

투자자산	A	B	C
비 율	22%	36%	42%

09

주머니 속에 2개의 검정 공이 들어있다. 이때 주사위를 한 번 던져서 나온 눈의 수만큼 주머니에 흰 공을 추가로 넣어 두었다. 이 주머니에서 공을 한 개 무작위로 뽑는 실험을 하였다.

(1) 뽑힌 공이 검정 공일 확률은 얼마인가?

(2) 뽑힌 공이 검정 공이라고 가정할 때 주사위의 눈이 1이었을 확률은 얼마인가?

09 해설

(1) 전확률 공식(Total Probability Formula)

① $X=i$를 주사위를 한 번 던져서 나온 눈의 수(i)라 하고, B를 검정공이 나올 사상이라 하자.

② 전확률 공식에 의해 뽑힌 공이 검정 공일 확률은 다음과 같다.

$$P(B) = P(X=1)P(B|X=1) + P(X=2)P(B|X=2) + \cdots + P(X=6)P(B|X=6)$$

③ 주사위 눈이 1이 나올 경우 뽑힌 공이 검정 공일 확률 ; $P(X=1 \cap B) = \frac{1}{6} \times \frac{{}_2C_1}{{}_3C_1} = \frac{1}{9}$

④ 주사위 눈이 2가 나올 경우 뽑힌 공이 검정 공일 확률 : $P(X=2 \cap B) = \frac{1}{6} \times \frac{{}_2C_1}{{}_4C_1} = \frac{1}{12}$

⑤ 주사위 눈이 3이 나올 경우 뽑힌 공이 검정 공일 확률 : $P(X=3 \cap B) = \frac{1}{6} \times \frac{{}_2C_1}{{}_5C_1} = \frac{1}{15}$

⑥ 주사위 눈이 4가 나올 경우 뽑힌 공이 검정 공일 확률 : $P(X=4 \cap B) = \frac{1}{6} \times \frac{{}_2C_1}{{}_6C_1} = \frac{1}{18}$

⑦ 주사위 눈이 5가 나올 경우 뽑힌 공이 검정 공일 확률 : $P(X=5 \cap B) = \frac{1}{6} \times \frac{{}_2C_1}{{}_7C_1} = \frac{1}{21}$

⑧ 주사위 눈이 6이 나올 경우 뽑힌 공이 검정 공일 확률 : $P(X=6 \cap B) = \frac{1}{6} \times \frac{{}_2C_1}{{}_8C_1} = \frac{1}{24}$

$$\therefore \ P(B) = \frac{1}{9} + \frac{1}{12} + \frac{1}{15} + \frac{1}{18} + \frac{1}{21} + \frac{1}{24} = \frac{341}{840} \approx 0.406$$

(2) 베이즈 공식(Bayes' Formula)

뽑힌 공이 검정 공이라고 가정할 때 주사위의 눈이 1이었을 확률은 베이즈 공식에 의해 다음과 같이 구한다.

$$P(X=1 \,|\, B) = \frac{P(X=1 \cap B)}{P(B)} = \frac{\dfrac{1}{9}}{\dfrac{1}{9} + \dfrac{1}{12} + \dfrac{1}{15} + \dfrac{1}{18} + \dfrac{1}{21} + \dfrac{1}{24}} \approx \frac{0.111}{0.406} \approx 0.273$$

PART
04

특수한 확률분포

1. 이산형 확률분포(Discrete Probability Distribution)

(1) 베르누이 분포(Bernoulli Distribution)

어떠한 실험의 결과가 둘로 나뉘는 실험을 베르누이 시행(Bernoulli Trial)이라 한다. 결과가 성공과 실패로 나뉜다고 가정할 때, 성공의 횟수를 확률변수 X라 하면, 확률변수 X는 성공 확률이 p인 베르누이 분포를 따른다고 한다. 베르누이 시행의 확률질량함수는 다음과 같다.

$$f(x) = p^x(1-p)^{1-x}, \quad x = 0, \ 1, \quad 0 \leq p \leq 1$$

확률변수 X가 모수 p를 갖는 베르누이 분포를 따를 경우 다음과 같이 표현한다.

$$X \sim Ber(p)$$

PLUS ONE **베르누이 분포의 특성**

① 성공의 확률을 p라고 하면 실패할 확률은 $1-p$이고, 일반적으로 이를 q로 나타낸다.
② $X \sim Ber(p)$일 때, $E(X) = p$, $Var(X) = pq$이다.
③ $X \sim Ber(p)$일 때, $p < 0.5$이면 $median(X) = 0$, $p = 0.5$이면 $median(X) = 0.5$, $p > 0.5$이면 $median(X) = 1$이다.
④ $X \sim Ber(p)$일 때, $M_X(t) = (1-p) + pe^t = q + pe^t$

예제

4.1 $P(X=1) = p$, $P(X=0) = 1-p \, (0 < p < 1)$일 때, 확률변수 X의 $E(X)$과 $Var(X)$을 구해보자.

❶ 위 확률변수 X는 베르누이 분포이며 확률질량함수 $f(x) = p^x(1-p)^{1-x}$, $x = 0, \ 1$이다.

❷ $E(X) = \displaystyle\sum_{x=0}^{1} xf(x) = \sum_{x=0}^{1} xp^x(1-p)^{1-x} = p$

❸ $Var(X) = E[(X-\mu)^2] = \displaystyle\sum_{x=0}^{1}(x-p)^2 f(x) = \sum_{x=0}^{1}(x-p)^2 p^x(1-p)^{1-x}$
$\quad = p^2(1-p) + (1-p)^2 p = p^2 - p^3 + p - 2p^2 + p^3$
$\quad = p(1-p)$

(2) 이항분포(Binomial Distribution)

어떠한 실험이 성공 확률이 p인 베르누이 시행이라 하자. 이러한 실험을 독립적으로 n번 반복 시행했을 때 성공의 횟수를 확률변수 X라 하면 확률변수 X는 시행횟수 n과 성공의 확률 p를 모수로 갖는 이항분포를 따른다고 한다. 이항분포의 확률질량함수는 다음과 같다.

$$f(x) = \binom{n}{x} p^x (1-p)^{n-x}, \quad x = 0, \ 1, \cdots, \ n, \quad q = 1-p$$

확률변수 X가 모수 n, p를 갖는 이항분포를 따를 경우 다음과 같이 표현한다.

$$X \sim B(n, \ p)$$

PLUS ONE **이항분포의 특성**

① $X \sim B(n, \ p)$일 때, $E(X) = np$, $Var(X) = npq$, $median(X) = \lfloor np \rfloor$ 또는 $\lfloor np \rfloor$이다.

② 베르누이 확률변수 $X \sim Ber(p)$는 $X \sim B(1, \ p)$와 같이 $n = 1$인 이항분포로 표현할 수 있다.

③ 확률변수 X가 이항분포 $B(n, \ p)$를 따를 때, $np > 5$ 이고 $nq > 5$이면, 정규분포 $N(np, \ npq)$로 근사한다.

④ $X_1, \ \cdots, \ X_n \sim Ber(p)$이고 서로 독립이면, $Y = X_1 + X_2 + \cdots + X_n \sim B(n, \ p)$이다.

⑤ $X \sim B(n_1, \ p)$, $Y \sim B(n_2, \ p)$이고 서로 독립이면, $X + Y \sim B(n_1 + n_2, \ p)$이다.

⑥ $X \sim B(n, \ p)$일 때, $M_X(t) = \left[(1-p) + pe^t \right]^n = (q + pe^t)^n$

예제

4.2 확률변수 X와 Y가 각각 $X \sim B(n_1, \ p)$, $Y \sim B(n_2, \ p)$을 따르고 서로 독립이면, $X + Y$는 $X + Y \sim B(n_1 + n_2, \ p)$임을 증명해보자.

❶ $X + Y = S$라 하면 다음이 성립한다.

$$
\begin{aligned}
P(X + Y = S) &= \sum_{\substack{x, \ y \\ x+y=s}} P(X=x, \ Y=y) \\
&= \sum_{\substack{x, \ y \\ x+y=s}} P(X=x) P(Y=y) \quad \because \ X, \ Y는 \ 서로 \ 독립 \\
&= \sum_{x=0}^{s} P(X=x) P(Y=s-x)
\end{aligned}
$$

❷ S의 확률질량함수 $f(s)$는 다음과 같이 구할 수 있다.

$$
\begin{aligned}
f(s) &= \sum_{x=0}^{s} \binom{n_1}{x} p^x (1-p)^{n_1-x} \binom{n_2}{s-x} p^{s-x} (1-p)^{n_2-(s-x)} \\
&= \left\{ \sum_{x=0}^{s} \binom{n_1}{x} \binom{n_2}{s-x} \right\} p^s (1-p)^{n_1+n_2-s} \\
&= \binom{n_1+n_2}{s} p^s (1-p)^{n_1+n_2-s}
\end{aligned}
$$

❸ 이는 $B(n_1+n_2, \ p)$의 확률질량함수이므로 $X + Y \sim B(n_1 + n_2, \ p)$이다.

(3) 다항분포(Multinomial Distribution)

다항분포란 k개의 상호배반적인 범주 중에서 각 범주에 속할 확률을 p_1, p_2, $\cdots$, p_k $(p_1 + p_2 + \cdots + p_k = 1)$이라 하고, 이와 같은 실험을 n회 독립적으로 수행했을 때 확률변수 X_i를 범주 i에 나타나는 발생회수라고 한다면 X_1, X_2, $\cdots$, X_k는 다항분포를 따른다고 한다. 다항분포의 결합확률질량함수는 다음과 같다.

$$f(x_1,\ x_2,\ \cdots,\ x_k) = \frac{n!}{x_1! x_2! \cdots x_k!} p_1^{x_1} p_2^{x_2} \cdots p_k^{x_k}$$

$$\sum_{i=0}^{k} x_i = n, \quad p_1 + p_2 + \cdots + p_k = 1$$

PLUS ONE **다항분포의 특성**

① X_1, X_2, $\cdots$, $X_k \sim MN(n,\ p_1,\ p_2,\ \cdots,\ p_k)$일 때, $E(X_i) = np_i$, $Var(X_i) = np_i(1-p_i)$, $Cov(X_i,\ X_j) = -np_i p_j \ (i \neq j)$ 이다.

② 이항분포는 $k = 2$인 다항분포이다.

③ 다항분포의 적률생성함수는 $M_X(t_1,\ t_2,\ \cdots,\ t_k) = \sum_{i=1}^{k} \left(p_i e_i^t\right)^n$

예제

4.3 어느 제조업체에서 생산하는 제품은 A등급이 30%, B등급이 40%, C등급이 30%라고 한다. 5개의 제품을 임의로 추출했을 때, A등급이 3개, B등급이 1개, C등급이 1개일 확률을 구해보자.

❶ 추출된 제품이 A등급인 경우를 E_A, 추출된 제품이 B등급인 경우를 E_B, 추출된 제품이 C등급인 경우를 E_C라 하자.

$p_A = P(E_A) = 0.3$, $p_B = P(E_B) = 0.4$, $p_C = P(E_C) = 0.3$

❷ E_A, E_B, E_C가 일어나는 횟수를 x_1, x_2, x_3이라 하면 $x_1 = 3$, $x_2 = 1$, $x_3 = 1$이고 $n = 5$이다.

❸ 따라서 구하고자 하는 확률은 $f(x_A,\ x_B,\ x_C ; p_A,\ p_B,\ p_C,\ n) = \dfrac{n!}{x_A! x_B! x_C!} p_A^{x_A} p_B^{x_B} p_c^{x_C}$이므로

$f(3,\ 1,\ 1 ; 0.3,\ 0.4, 0.3) = \dfrac{5!}{3! 1! 1!}(0.3)^3(0.4)^1(0.3)^1 = 0.0648$이다.

(4) 포아송분포(Poisson Distribution)

단위시간, 단위면적 또는 단위공간 내에서 발생하는 어떤 사건의 횟수를 확률변수 X라 하고 이 횟수의 평균값을 λ라 하자. 이때 확률변수 X는 λ를 모수로 갖는 포아송분포를 따른다고 정의하며 확률질량함수는 다음과 같다.

$$f(x) = \frac{e^{-\lambda}\lambda^x}{x!}, \ x = 0, \ 1, \ 2, \ \cdots$$

$$e = 2.71818 \cdots = \lim_{n \to \infty}\left(1 + \frac{1}{n}\right)^n$$

확률변수 X가 모수 λ를 갖는 포아송분포를 따를 경우 다음과 같이 표현한다.

$$X \sim Poisson(\lambda)$$

PLUS ONE　　**포아송분포의 특성**

① $X \sim Poisson(\lambda)$일 때, $E(X) = Var(X) = \lambda$, $M_X(t) = e^{\lambda(e^t - 1)}$이다.

② 이항분포에서 시행횟수 n이 매우 크고 성공의 확률 p가 0에 가까워질 경우에 포아송분포로 근사한다.

③ $X_1, \ X_2, \ \cdots, \ X_n$이 서로 독립이고 각각의 평균이 $\lambda_1, \ \lambda_2, \ \cdots, \ \lambda_n$인 포아송분포를 따를 때 $X_1 + X_2 + \cdots + X_n$의 분포는 평균이 $\lambda_1 + \lambda_2 + \cdots + \lambda_n$인 포아송분포를 따른다. 이를 포아송분포의 가법성이라 한다.

④ $X \sim Poisson(\lambda)$, $Y \sim Poisson(\theta)$이고 서로 독립일 때, $X + Y = n$으로 주어졌다는 조건하에 X의 분포는 이항분포 $B\left(n, \ \dfrac{\lambda}{\lambda + \theta}\right)$을 따른다.

예제

4.4　$X \sim Poisson(\lambda)$, $Y \sim Poisson(\theta)$이고 서로 독립일 때, $X + Y = n$으로 주어졌다는 조건하에 X의 분포를 제시해보자.

❶ $P(X = x \,|\, X + Y = n) = \dfrac{P(X = x, \ X + Y = n)}{P(X + Y = n)} = \dfrac{P(X = x)P(Y = n - x)}{P(X + Y = n)}$

$= \dfrac{\dfrac{e^{-\lambda}\lambda^x}{x!} \times \dfrac{e^{-\theta}\theta^{n-x}}{(n-x)!}}{\dfrac{e^{-(\lambda+\theta)}(\lambda+\theta)^n}{n!}} = \dfrac{n!\,\lambda^x\theta^{n-x}}{x!(n-x)!(\lambda+\theta)^n}$

$= \dfrac{n!\,\lambda^x\theta^{n-x}}{x!(n-x)!(\lambda+\theta)^x(\lambda+\theta)^{n-x}}$

$= {}_nC_x\left(\dfrac{\lambda}{\lambda+\theta}\right)^x\left(\dfrac{\theta}{\lambda+\theta}\right)^{n-x}$

$= {}_nC_x\left(\dfrac{\lambda}{\lambda+\theta}\right)^x\left(1 - \dfrac{\lambda}{\lambda+\theta}\right)^{n-x}$

❷ $X + Y = n$일 때 X의 조건부확률분포는 이항분포 $B\!\left(n, \dfrac{\lambda}{\lambda + \theta}\right)$을 따른다.

확률변수 X가 이항분포 $B(n, p)$를 따른다고 할 때 n이 커지고 p가 0으로 수렴하되 $np = \lambda$를 만족하면 이항분포는 포아송분포에 근사한다.

$$_nC_x p^x (1-p)^{n-x} = \frac{n!}{(n-x)!\,x!}\, p^x (1-p)^{n-x} = \frac{n!}{(n-x)!\,x!}\left(\frac{\lambda}{n}\right)^x\left(1 - \frac{\lambda}{n}\right)^{n-x}$$

$$= \frac{n(n-1)\cdots(n-x+1)}{n^x}\,\frac{\lambda^x}{x!}\,\frac{(1-\lambda/n)^n}{(1-\lambda/n)^x}$$

$n \to \infty$이고 p가 충분히 작다면

$$\frac{n(n-1)\cdots(n-x+1)}{n^x} \approx 1,\ \left(1 - \frac{\lambda}{n}\right)^n \approx e^{-\lambda},\ \left(1 - \frac{\lambda}{n}\right)^x \approx 1$$이므로 다음이 성립한다.

$$\lim_{n\to\infty} {}_nC_x p^x (1-p)^{n-x} = \frac{\lambda^x e^{-\lambda}}{x!}$$

주어진 구간에서 발생한 어떤 사건의 발생횟수가 포아송분포를 따르며 겹치지 않는 구간에서 그 사건의 발생횟수가 서로 독립일 때의 확률과정을 포아송 과정(Poisson Process)이라 한다. 포아송 과정의 엄밀한 정의는 $N_\lambda(t)$을 시간 0에서 t까지 사건 발생횟수라고 할 때, $\{N_\lambda(t)\,;\,t \geq 0\}$이 음이 아닌 정수를 택하는 확률변수들의 모임으로서 다음의 가정을 만족하면 이를 포아송 과정이라 한다.

① **독립 증분성(Independent Increments)** : 겹치지 않는 구간 내에서 발생하는 사건 수는 상호독립이다. 즉, $N_\lambda(t)$와 $N_\lambda(t,\ t+h)$는 서로 독립이다.

② **비례성(Proportionality)** : 짧은 시간 내에 하나의 사건이 발생할 확률은 시간의 길이에 비례한다. 즉, $P\big[N_\lambda(h) = 1\big] = \lambda h + o(h),\ h \to 0$이다.

③ **희귀성(Rareness)** : 짧은 시간 내에 두 개 이상의 사건이 발생할 확률은 매우 작으며 따라서 0이라고 가정한다. 즉, $P\big[N_\lambda(h) \geq 2\big] = o(h),\ h \to 0$이다.

④ **정상성(Stationarity)** : 위의 조건들은 모든 시간 구간에서 동일하게 성립한다. 즉, $N_\lambda(t)$의 분포와 $N_\lambda(t,\ t+h)$의 분포는 같다.

(5) 기하분포(Geometric Distribution)

성공의 확률이 p 인 베르누이 시행을 독립적으로 반복 시행할 때 처음으로 성공할 때까지의 시행횟수를 확률변수 X라 하고, 처음으로 성공할 때까지의 실패횟수를 확률변수 Y라 하자. 이때 확률변수 X와 Y는 성공률 p를 모수로 갖는 기하분포를 따른다고 한다. 분석자가 무엇에 관심을 갖느냐에 따라 X와 Y중 하나를 선택하여 사용하며, 일반적으로 시행횟수에 관심을 갖는 경우가 많다. X와 Y의 확률질량함수는 각각 다음과 같이 표현할 수 있다.

① X가 처음 성공할 때까지의 시행횟수이면 : $f(x) = pq^{x-1}$, $x = 1, \ 2, \ 3, \ \cdots$

② Y가 처음 성공할 때까지의 실패횟수이면 : $f(y) = pq^y$, $y = 0, \ 1, \ 2, \ \cdots$

③ 위의 X와 Y 사이에는 $Y = X - 1$과 같은 관계가 성립한다.

확률변수 X가 모수 p를 갖는 기하분포를 따를 경우 다음과 같이 표현한다.

$$X \sim G(p)$$

PLUS ONE | **기하분포의 특성**

① $X \sim G(p)$ (X : 처음 성공할 때까지의 시행횟수)일 때, $E(X) = \dfrac{1}{p}$, $Var(X) = \dfrac{q}{p^2}$,

$M_X(t) = \dfrac{pe^t}{1 - qe^t}$ 이다.

② $Y \sim G(p)$ (Y : 처음 성공할 때까지의 실패횟수)일 때, $E(Y) = \dfrac{q}{p}$, $Var(Y) = \dfrac{q}{p^2}$,

$M_Y(t) = \dfrac{p}{1 - qe^t}$ 이다.

③ 처음 성공할 때까지의 시행횟수, 실패횟수 중 어느 것에 관심이 있는지에 따라 기대값이 달라진다.

④ X가 기하분포를 따를 때, 과거 실패한 횟수는 앞으로 성공할 가능성에 영향을 미치지 않는 성질을 지니는데 이를 기하분포의 무기억성(Memoryless Property)[3]이라고 한다.

---

3) 기하분포의 무기억성 : $X \sim G(p)$ 이면, 임의의 양수 s와 t에 대하여 $P(X > s + t \mid X > s) = P(X > t)$이 성립한다.

$$
\begin{aligned}
P(X > s + t \mid X > s) &= \frac{P(X > s + t)}{P(X > s)} \\
&= \frac{(1-p)^{s+t}}{(1-p)^s} \quad \because \ P(X > t) = \sum_{s=t+1}^{\infty} p(1-p)^{s-1} = \frac{p(1-p)^t}{1 - (1-p)} = (1-p)^t \\
&= (1-p)^t = P(X > t)
\end{aligned}
$$

4.5 확률변수 X가 성공의 확률이 p인 베르누이 시행을 처음으로 성공할 때까지의 시행횟수라 할 때, $E(X) = \dfrac{1}{p}$, $Var(X) = \dfrac{q}{p^2}$ 임을 증명해보자.

❶ 확률변수 X가 성공의 확률이 p인 베르누이 시행을 처음으로 성공할 때까지의 시행횟수라 하면 확률변수 X는 기하분포를 따르고 확률질량함수는 다음과 같다.

$$f(x) = pq^{x-1}, \ x = 1, \ 2, \ 3, \ \cdots$$

❷ $E(X) = \displaystyle\sum_{x=1}^{\infty} xf(x)$

$\qquad = p\displaystyle\sum_{x=1}^{\infty} xq^{x-1} = p \times (1 + 2q + 3q^2 + 4q^3 + \cdots)$

$\qquad = p \times \dfrac{d}{dq}(q + q^2 + q^3 + \cdots) = p \times \dfrac{d}{dq}\left(\dfrac{q}{1-q}\right) = p \times \left[\dfrac{1}{1-q} + \dfrac{q}{(1-q)^2}\right]$

$\qquad = p \times \dfrac{1}{(1-q)^2} = p \times \dfrac{1}{p^2} = \dfrac{1}{p}$

❸ $E(X^2) = \displaystyle\sum_{x=1}^{\infty} x^2 f(x)$

$\qquad = p\displaystyle\sum_{x=1}^{\infty} x^2 q^{x-1} = p \times (1 + 4q + 9q^2 + \cdots) = p \times \dfrac{d}{dq}(q + 2q^2 + 3q^3 + 4q^4 + \cdots)$

$\qquad = p \times \dfrac{d}{dq}\left[q \times (1 + 2q + 3q^2 + 4q^3 + \cdots)\right] = p \times \dfrac{d}{dq}\left\{q \times \left[\dfrac{d}{dq}(q + q^2 + q^3 + \cdots)\right]\right\}$

$\qquad = p \times \dfrac{d}{dq}\left\{q \times \dfrac{d}{dq}\left[\dfrac{q}{(1-q)}\right]\right\} = p \times \dfrac{d}{dq}\left\{q \times \left[\dfrac{1}{(1-q)} + \dfrac{q}{(1-q)^2}\right]\right\}$

$\qquad = p \times \dfrac{d}{dq}\left[\dfrac{q}{(1-q)^2}\right] = p \times \dfrac{(1+q)(1-q)}{(1-q)^3} = \dfrac{1+q}{p^2}$

$\qquad \therefore \ Var(X) = E(X^2) - [E(X)]^2 = \dfrac{1+q}{p^2} - \dfrac{1}{p^2} = \dfrac{q}{p^2}$

(6) 음이항분포(Negative Binomial Distribution)

성공의 확률이 p인 베르누이 시행을 독립적으로 반복 시행할 때 처음으로 k번 성공할 때까지의 시행 횟수를 확률변수 X라 하고, 처음으로 k번 성공할 때까지의 실패횟수를 확률변수 Y라 하자. 이때 확률변수 X와 Y는 k, p를 모수로 갖는 음이항분포를 따른다고 한다. 분석자가 무엇에 관심을 갖느냐에 따라 X와 Y 중 하나를 선택하여 사용하며, 일반적으로 시행횟수에 관심을 갖는 경우가 많다. X와 Y의 확률질량함수는 각각 다음과 같이 표현할 수 있다.

① X가 k번 성공할 때까지의 시행횟수이면 :

$$f(x) = \binom{x-1}{k-1}p^k(1-p)^{x-k}, \quad x = k, \ k+1, \ k+2, \ \cdots, \quad k > 0$$

② Y가 k번 성공할 때까지의 실패횟수이면 :

$$g(y) = \binom{y+k-1}{y} p^k (1-p)^y, \quad y = 0, \ 1, \ 2 \cdots, \quad k > 0$$

③ 위의 X와 Y 사이에는 $Y = X - k$의 관계가 성립한다.

확률변수 X가 모수 k, p를 갖는 음이항분포를 따를 경우 다음과 같이 표현한다.

$$X \sim NB(k, \ p)$$

PLUS ONE 　음이항분포의 특성

① $X \sim NB(k, \ p)$ (X : k번 성공할 때까지의 시행횟수)일 때, $E(X) = \dfrac{k}{p}$, $Var(X) = \dfrac{kq}{p^2}$,

$M_X(t) = \left(\dfrac{pe^t}{1 - qe^t} \right)^k$ 이다.

② $Y \sim NB(k, \ p)$ (Y : k번 성공할 때까지의 실패횟수)일 때, $E(Y) = \dfrac{kq}{p}$, $Var(Y) = \dfrac{kq}{p^2}$,

$M_Y(t) = \left(\dfrac{p}{1 - qe^t} \right)^k$ 이다.

③ 음이항분포에서 $k = 1$이면 기하분포 $G(p)$가 된다. $X \sim NB(1, \ p) = G(p)$

④ $X_1, \ X_2, \ \cdots, \ X_k \sim NB(r_i, \ p)$이고 서로 독립이면, $Y = X_1 + X_2 + \cdots + X_k \sim$ $NB(r_1 + \cdots + r_k, \ p)$이다.

⑤ $X_1, \ X_2, \ \cdots, \ X_r \sim G(p)$이고 서로 독립이면, $Y = X_1 + X_2 + \cdots + X_r \sim NB(r, \ p)$이다.

⑥ 음이항분포는 k번 성공할 때까지의 시행횟수와 실패횟수 중 어느 것에 관심이 있는지에 따라 기대값이 달라진다.

예제

4.6

음이항분포의 확률질량함수가 아래와 같이 주어졌을 때 $E(X) = \dfrac{k}{p}$, $Var(X) = \dfrac{kq}{p^2}$ 임을

증명해보자.

$$f(x) = \binom{x-1}{k-1} p^k (1-p)^{x-k}, \quad x = k, \ k+1, \ k+2, \ \cdots, \quad k > 0$$

❶ 확률변수 X가 성공의 확률이 p인 베르누이 시행을 k번 성공할 때까지의 시행횟수라 하면 확률변수 X는 음이항분포를 따르고 확률질량함수는 다음과 같다.

$$f(x) = \binom{x-1}{k-1} p^k (1-p)^{x-k}, \quad x = k, \ k+1, \ k+2, \ \cdots, \quad k > 0$$

❷ 확률변수 X의 r차 적률을 구하면 $E(X)$, $Var(X)$를 쉽게 구할 수 있다.

$$E(X^r) = \sum_{n=k}^{\infty} n^r \binom{n-1}{k-1} p^k (1-p)^{n-k}$$

$$= \frac{k}{p} \sum_{n=k}^{\infty} n^{r-1} \binom{n}{k} p^{k+1} (1-p)^{n-k} \quad \because \ n\binom{n-1}{k-1} = k\binom{n}{k}$$

$$= \frac{k}{p} \sum_{m=k+1}^{\infty} (m-1)^{r-1} \binom{m-1}{k} p^{k+1} (1-p)^{m-(k+1)} \quad \because \ m = n+1$$

$$= \frac{k}{p} E[(Y-1)^{r-1}] \quad \because \ Y \sim NB(k+1, \ p)$$

$$\therefore \ E(X) = \frac{k}{p}$$

❸ $E(X^2) = \dfrac{k}{p} E[Y-1] = \dfrac{k}{p}\left(\dfrac{k+1}{p} - 1\right)$ 이므로 $Var(X) = \dfrac{k}{p}\left(\dfrac{k+1}{p} - 1\right) - \left(\dfrac{k}{p}\right)^2 = \dfrac{kq}{p^2}$ 이다.

---

(7) 초기하분포(Hypergeometric Distribution)

크기 N의 유한 모집단 중 k개는 성공, 나머지 $(N-k)$개는 실패로 분류하고 n개의 확률표본을 비복원추출할 경우 성공 횟수를 X라 하면, 확률변수 X는 N, k, n을 모수로 갖는 초기하분포를 따른다고 한다. 확률질량함수는 다음과 같이 표현할 수 있다.

$$f(x) = \frac{\binom{k}{x}\binom{N-k}{n-x}}{\binom{N}{n}}, \quad x = 0, \ 1, \ 2, \ \cdots, \ n$$

확률변수 X가 모수 N, k, n을 갖는 초기하분포를 따를 경우 다음과 같이 표현한다.

$$X \sim HG(N, \ k, \ n)$$

PLUS ONE 초기하분포의 특성

① $X \sim HG(N, \ k, \ n)$일 때, $E(X) = \dfrac{nk}{N}$, $Var(X) = \dfrac{nk}{N} \dfrac{N-k}{N} \dfrac{N-n}{N-1}$ 이다.

② 이항분포는 복원추출, 초기하분포는 비복원추출이라는 점에 차이가 있다.

③ 샘플링 검사에서는 복원추출을 하지 않고 비복원추출을 하는데, 이는 초기하분포의 분산이 이항분포의 분산보다 작기 때문이다.

④ 초기하분포는 N이 충분히 크면 이항분포로 근사한다.

⑤ $X \sim B(m, \ p)$, $Y \sim B(n, \ p)$이고 서로 독립이면 $X|X+Y=t \sim HG(m+n, \ m, \ t)$이다.

예제

4.7 $X \sim B(m,\ p)$, $Y \sim B(n,\ p)$이고 서로 독립이면
$X \,|\, X+Y = t \sim HG(m+n,\ m,\ t)$이 성립함을 증명해보자.

❶ $X \sim B(m,\ p)$, $Y \sim B(n,\ p)$이고 서로 독립이면, $X+Y \sim B(m+n,\ p)$이다.

❷ $P(X=x \,|\, X+Y=t) = \dfrac{P(X=x,\, X+Y=t)}{P(X+Y=t)}$

$$= \dfrac{P(X=x,\ Y=t-x)}{\dbinom{m+n}{t}p^t(1-p)^{m+n-t}} \qquad \because\ X+Y \sim B(m+n,\ p)$$

$$= \dfrac{P(X=x)P(Y=t-x)}{\dbinom{m+n}{t}p^t(1-p)^{m+n-t}} \qquad \because\ X,\ Y는\ 서로\ 독립$$

$$= \dfrac{\dbinom{m}{x}p^x(1-p)^{m-x}\dbinom{n}{t-x}p^{t-x}(1-p)^{n-t+x}}{\dbinom{m+n}{t}p^t(1-p)^{m+n-t}}$$

$$= \dfrac{\dbinom{m}{x}\dbinom{n}{t-x}}{\dbinom{m+n}{t}}$$

❸ 즉, $X \sim B(m,\ p)$, $Y \sim B(n,\ p)$이고 서로 독립이면 $X \,|\, X+Y=t$의 분포는 $HG(m+n,\ m,\ t)$을 따른다.

(8) 이산형 확률분포 관련 분포도

이산형 확률분포들 간에는 아래와 같은 연관성이 있다.

〈표 4.1〉 이산형 확률분포 관련 분포도

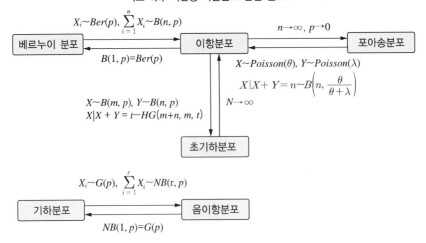

이산형 확률분포에 대한 각각의 확률밀도함수와 적률생성함수를 하나의 표로 정리하면 다음과 같다.

〈표 4.2〉 이산형 확률분포의 확률밀도함수 및 적률생성함수

확률분포	확률밀도함수	적률생성함수
베르누이 시행	$p^x(1-p)^{1-x}, \ x=0, \ 1$	$pe^t + q$
이항분포	$\binom{n}{x}p^x(1-p)^{n-x}, \ x=0, \ 1, \ \cdots, \ n$	$\left(pe^t + q\right)^n$
다항분포	$\dfrac{n!}{x_1!x_2!\cdots x_k!}p_1^{x_1}p_2^{x_2}\cdots p_k^{x_k}$ $\sum_{i=0}^{k}x_i = n, \ p_1 + p_2 + \cdots + p_k = 1$	$\left(p_1 e^{t_1} + \cdots + p_k e^{t_k}\right)^n$
포아송분포	$\dfrac{e^{-\lambda}\lambda^x}{x!}, \ x=0, \ 1, \ 2, \ \cdots$	$e^{\lambda(e^t - 1)}$
기하분포	$pq^{r-1}, \ x=1, \ 2, \ 3, \ \cdots$ $pq^r, \ x=0, \ 1, \ 2, \ \cdots$	$\dfrac{pe^t}{1-qe^t}$ $\dfrac{p}{1-qe^t}$
음이항분포	$\binom{x-1}{k-1}p^k(1-p)^{x-k}, \ x=k, \ k+1, \ k+2, \ \cdots$ $\binom{r+x-1}{x}p^r(1-p)^x, \ x=0, \ 1, \ 2, \ \cdots$	$\left(\dfrac{pe^t}{1-qe^t}\right)^k$ $\left(\dfrac{p}{1-qe^t}\right)^r$
초기하분포	$\dfrac{\binom{k}{x}\binom{N-k}{n-x}}{\binom{N}{x}}, \ x=0, \ 1, \ \cdots, \ n$	Not Useful

2. 연속형 확률분포(Continuous Probability Distribution)

(1) 연속형 균일분포(Continuous Uniform Distribution)

구간 $(a, \ b)$에서 확률변수 X가 균일하게 분포되어 있다면, 확률변수 X는 구간 $(a, \ b)$에서 균일분포(또는 균등분포)를 따른다고 한다. 확률밀도함수는 다음과 같이 표현할 수 있다.

$$f(x) = \frac{1}{b-a}, \quad a < x < b$$

확률변수 X가 모수 $a, \ b$를 갖는 균일분포를 따를 경우 다음과 같이 표현한다.

$$X \sim U(a, \ b)$$

① $X \sim U(a, b)$일 때, $E(X) = median(X) = \dfrac{a+b}{2}$, $Var(X) = \dfrac{(b-a)^2}{12}$이다.

② $X \sim U(a, b)$인 경우 누적분포함수는 $F(x) = \begin{cases} 0, & x < a \\ (x-a)/b-a, & a \le x < b \\ 1, & x \ge b \end{cases}$이다.

③ $X \sim U(a, b)$일 때, $M_X(t) = \dfrac{e^{tb} - e^{ta}}{t(b-a)}$ 이다.

예제

4.8

확률변수 X가 연속형 균일분포 $U(a, b)$일 때, $E(X) = \dfrac{a+b}{2}$, $Var(X) = \dfrac{(b-a)^2}{12}$ 임을 증명해보자.

❶ 기대값은 $E(X) = \displaystyle\int xf(x)dx = \int_a^b \dfrac{r}{b-a} dx = \left[\dfrac{x^2}{2(b-a)} \right]_a^b = \dfrac{b^2 - a^2}{2(b-a)} = \dfrac{a+b}{2}$ 이다.

❷ 분산은 다음과 같이 구할 수 있다.

$$E(X^2) = \int x^2 f(x)dx = \int_a^b \dfrac{x^2}{b-a} dx = \left[\dfrac{x^3}{3(b-a)} \right]_a^b = \dfrac{b^3 - a^3}{3(b-a)} = \dfrac{a^2 + ab + b^2}{3}$$

$$Var(X) = E(X^2) - [E(X)]^2$$

$$= \dfrac{a^2 + ab + b^2}{3} - \dfrac{a^2 + 2ab + b^2}{4} = \dfrac{4a^2 + 4ab + 4b^2 - 3a^2 - 6ab - 3b^2}{12}$$

$$= \dfrac{a^2 - 2ab + b^2}{12} = \dfrac{(b-a)^2}{12}$$

(2) 정규분포(Normal Distribution)

확률분포 중 가장 많이 사용되는 분포가 바로 정규분포이다. 그 이유는 다음 장에서 다룰 중심극한정리에 의해 표본의 수를 증가시키면 모집단의 분포에 관계없이 평균과 분산이 존재한다면 모든 분포는 정규분포에 근사하기 때문이다. 정규분포는 2개의 모수(평균 μ와 표준편차 σ)에 의해 그 분포가 결정되며 평균 μ는 분포의 중심을 결정하고, 표준편차 σ는 분포의 퍼진 정도를 결정한다. 정규분포의 확률밀도함수는 다음과 같다.

$$f(x) = \dfrac{1}{\sqrt{2\pi}\,\sigma} e^{-\frac{(x-\mu)^2}{2\sigma^2}}, \quad -\infty < x < \infty$$

확률변수 X가 모수 μ, σ를 갖는 정규분포를 따를 경우 다음과 같이 표현한다.

$$X \sim N(\mu, \sigma^2)$$

연속확률분포의 확률은 확률밀도함수 곡선의 아래 면적으로 주어지며 이는 일반적으로 적분을 통해서 구할 수 있다. 하지만 정규분포의 경우 확률밀도함수를 적분하여 면적을 계산하는 것은 매우 복잡하므로 평균과 표준편차를 이용하여 X를 표준화한 후 면적이 이미 구해져있는 표준정규분포표를 이용해서 X의 확률을 구한다. 이때, 확률변수 X를 $Z = \dfrac{X - \mu}{\sigma}$ 로 변환시키는 것을 표준화(Standardize)라 하고, 이렇게 표준화된 확률변수 Z를 표준정규분포라 한다. 표준정규분포는 $\mu = 0$, $\sigma = 1$인 정규분포이다. 표준정규분포는 정규분포의 특수한 경우이며 확률밀도함수는 다음과 같다.

$$f(z) = \frac{1}{\sqrt{2\pi}} e^{-\frac{z^2}{2}}, \quad -\infty < z < \infty$$

확률변수 Z가 표준정규분포를 따를 경우 다음과 같이 표현한다.

$$Z \sim N(0, \ 1)$$

확률변수 X가 평균 μ와 분산 σ^2을 갖는 정규분포 $N(\mu, \ \sigma^2)$을 따를 때 $P(a < X < b)$의 확률은 다음과 같이 표현할 수 있다.

$$P(a < X < b) = P\left(\frac{a - \mu}{\sigma} < \frac{X - \mu}{\sigma} < \frac{b - \mu}{\sigma} \right) = P\left(\frac{a - \mu}{\sigma} < Z < \frac{b - \mu}{\sigma} \right)$$

$$= \Phi\left(\frac{b - \mu}{\sigma} \right) - \Phi\left(\frac{a - \mu}{\sigma} \right) \quad \text{여기서 } \Phi(z) = P(Z \leq z)$$

PLUS ONE　**정규분포의 특성**

① $X \sim N(\mu, \ \sigma^2)$일 때, $E(X) = median(X) = \mu$, $Var(X) = \sigma^2$, $M_X(t) = e^{\mu t + \frac{1}{2}\sigma^2 t^2}$이다.

② 정규분포의 왜도는 0, 첨도는 3이다.

③ 정규분포의 양측꼬리는 X축에 닿지 않는다.

④ 정규분포의 곡선의 모양은 평균과 분산에 의해 유일하게 결정되며, 평균을 중심으로 좌우대칭이다.

⑤ $X_1, \ \cdots, \ X_n \sim N(\mu, \ \sigma^2)$이고 서로 독립이면, $\displaystyle\sum_{i=1}^{n} X_i \sim N(n\mu, \ n\sigma^2)$이다.

⑥ $X_1, \ \cdots, \ X_n \sim N(\mu_i, \ \sigma_i^2)$, $i = 1, \ \cdots, \ n$이고 서로 독립이면, $Y = a_1 X_1 + \cdots + a_n X_n$
　$\sim N(a_1\mu_1 + \cdots + a_n\mu_n, \ a_1^2\sigma_1^2 + \cdots + a_n^2\sigma_n^2)$이다.

4.9 어느 페트병을 생산하는 생산라인에서 하루 발생하는 불량품 건수가 10건 미만이면 정상작동으로, 10건 이상이면 오작동으로 판단한다고 한다. 생산라인의 하루 발생하는 불량품 건수는 평균이 4이고 분산이 9인 정규분포를 따른다. 단, 표준정규분포를 따르는 변수 Z에 대하여 $P(Z \geq 1) = 0.16$, $P(Z \geq 2) = 0.02$, $P(Z \geq 3) = 0.001$로 가정한다.

(1) 생산라인은 며칠 만에 처음 오작동으로 판단되는 날이 발생할 것으로 기대되는지 알아보자.

(2) 생산라인의 노후화로 하루 불량품 건수의 분산은 동일하지만 평균이 7로 증가하였다면 며칠 만에 처음 오작동으로 판단되는 날이 발생할 것으로 기대되는지 알아보자.

(1) 생산라인은 며칠 만에 처음 오작동으로 판단되는 날이 발생할 것으로 기대되는지 알아보자.

❶ 생산라인이 오작동으로 판단되는 날은 불량건수가 10건 이상이다.

❷ 생산라인이 오작동으로 판단될 확률은 $P(X \geq 10)$이다.

❸ 불량품 건수를 X라 할 때, 확률변수 $X \sim N(4, \ 3^2)$을 따르므로 표준화하면 다음과 같다.
$$P\left(Z > \frac{10-4}{3}\right) = P(Z > 2) = 0.02$$

❹ 즉, 오작동으로 판단될 경우의 확률은 $p = 0.02$이다.

❺ 처음 오작동으로 판단되는 날이 발생하는 데 걸리는 날은 기하분포 $G(p)$를 따른다고 볼 수 있으므로 기대값 $E(X) = \dfrac{1}{p} = \dfrac{1}{0.02} = 50$이다.

❻ 결과적으로 처음 오작동으로 판단되는 날이 발생할 것으로 기대되는 날은 50일째가 된다.

(2) 생산라인의 노후화로 하루 불량품 건수의 분산은 동일하지만 평균이 7로 증가하였다면 며칠 만에 처음 오작동으로 판단되는 날이 발생할 것으로 기대되는지 알아보자.

❶ 확률변수 $X \sim N(7,9)$을 따르므로 표준화하면 다음과 같다.
$$P\left(Z > \frac{10-7}{3}\right) = P(Z > 1) = 0.16$$

❷ 즉, 오작동으로 판단될 경우의 확률은 $p = 0.16$이다.

❸ 처음 오작동으로 판단되는 날이 발생하는 데 걸리는 날은 기하분포 $G(p)$를 따른다고 볼 수 있으므로 기대값 $E(X) = \dfrac{1}{p} = \dfrac{1}{0.16} = 6.25$이다.

❹ 결과적으로, 최초로 비정상적인 날이 발생할 것으로 기대되는 날은 7일째가 된다.

(3) 지수분포(Exponential Distribution)

확률변수 X가 지수분포를 따른다고 할 때 X는 한 번의 사건이 발생할 때까지 소요되는 시간이고 λ는 단위시간 동안에 평균적으로 발생한 사건의 횟수를 나타내는 모수이며, 이를 비율모수라 한다. 지수분포는 다음과 같이 두 가지 방법4)으로 정의한다.

① 비율모수(Rate Parameter) λ를 이용하여 정의한 지수분포의 확률밀도함수는 다음과 같다.

$$f(x) = \lambda e^{-\lambda x}, \quad x > 0, \quad \lambda > 0$$

② 척도모수(Scale Parameter) λ를 이용하여 정의한 지수분포의 확률밀도함수는 다음과 같다.

$$f(x) = \frac{1}{\lambda} e^{-\frac{x}{\lambda}}, \quad x > 0, \quad \lambda > 0$$

확률변수 X가 모수 λ를 갖는 지수분포를 따를 경우 다음과 같이 표현한다.

$$X \sim \epsilon(\lambda)$$

확률변수 X가 지수분포를 따르고 λ가 비율모수일 때, 확률밀도함수는 $f(x) = \lambda e^{-\lambda x}$, $x > 0$, $\lambda > 0$이다. 이때, 누적분포함수는 $F(t) = P(X \leq t) = \int_0^t \lambda e^{-\lambda x} dx = \left[-e^{-\lambda x} \right]_0^t = 1 - e^{-\lambda t}$ 이다.

포아송분포는 이산형 분포로 단위시간 동안에 어떤 사건이 발생한 횟수에 대한 분포이다. 지수분포는 연속형 분포로 어떤 사건이 발생하고 다음 사건이 발생할 때까지 걸리는 시간의 분포이다. 확률변수 $N(t)$를 최초 시점부터 시간 t까지 사건이 발생한 횟수라고 하자. 단위시간당 평균적으로 사건이 λ만큼 발생한다면, $N(t) \sim Poisson(\lambda t)$이다. 한편, n번째 사건이 발생하는 시점을 $T(n)$이라 하자. 그러면 이전 사건부터 다음 사건까지의 시간 간격인 $T(1)$, $T(2) - T(1)$, $T(3) - T(2)$, $\cdots$는 모두 지수분포 $\epsilon(\lambda)$를 따른다.

---

4) **비율모수**와 **척도모수** : 일반적으로 비율모수를 이용한 정의를 많이 사용한다.

4.10 통계청 080 콜센터에서는 시간당 평균 6건의 문의전화가 걸려온다고 파악되고 있다. 문의전화가 걸려오는 평균전화건수를 나타내는 확률변수는 포아송분포를 따르고, 문의전화가 걸려오는 시간 간격을 나타내는 확률변수는 지수분포를 따른다고 하자.

(1) 통계청 080 콜센터에 걸려오는 전화의 평균 시간간격을 구해보자.

(2) 한 통의 전화가 걸려온 후 30분 이내 또 다른 한 통의 전화가 걸려올 확률을 구해보자.

(3) 전화가 걸려온 후 다음 전화가 걸려올 때까지의 시간이 15분 이상일 확률을 구해보자.

(1) 통계청 080 콜센터에 걸려오는 전화의 평균 시간간격을 구해보자.

시간당 평균 6건의 문의전화가 걸려오므로 평균 시간간격은 $\frac{1}{6}$ 시간 = 10분이다.

(2) 한 통의 전화가 걸려온 후 30분 이내에 또 다른 한 통의 전화가 걸려올 확률을 구해보자.

❶ 1통의 전화가 걸려온 후 다음 전화까지의 시간 간격 T는 지수분포 $\epsilon(6)$를 따른다.

❷ 기준 단위는 시간이므로 구하고자 하는 확률은 $P(T \le 0.5)$이다.

$$\therefore \ P(T \le 0.5) = \int_0^{0.5} 6e^{-6t} dt = \left[-e^{-6t}\right]_0^{0.5} = e^0 - e^{-3} = 0.95$$

(3) 전화가 걸려온 후 다음 전화가 걸려올 때까지의 시간이 15분 이상일 확률을 구해보자.

❶ 전화가 걸려온 후 다음 전화까지의 시간 간격 T는 지수분포 $\epsilon(6)$를 따른다.

❷ 기준 단위는 시간이므로 구하고자 하는 확률은 $P(T \ge 0.25)$이다.

$$P(T < 0.25) = \int_0^{0.25} 6e^{-6t} dt = \left[-e^{-6t}\right]_0^{0.25} = e^0 - e^{-1.5} = 0.78$$

$$\therefore \ P(T \ge 0.25) = 1 - P(T < 0.25) = 1 - 0.78 = 0.22$$

4.11 어느 공장에서 불량품이 10시간에 2개 나오는 포아송분포를 따른다고 한다. 한 번 불량품이 나온 후 다음 불량품이 나올 때까지 걸린 시간이 1시간 이내일 확률 및 기대값과 분산을 구해 보자.

❶ 불량품이 10시간에 2개 나오므로 단위시간(1시간)에 평균적으로 0.2번 나오는 $\theta = 0.2$인 포아송분포를 따른다.

❷ 확률변수 X를 불량품이 한 번 나온 후 다음 불량품이 나올 때까지 걸린 시간이라고 한다면 X는 평균이 $\dfrac{1}{\lambda} = 5$인 지수분포를 따른다.

❸ 불량품이 하나 나온 후 다음 불량품이 나올 때까지 걸린 시간이 1시간 이내일 확률은 $P(X \leq 1)$이다.

❹ $P(X \leq 1) = \displaystyle\int_0^1 0.2e^{-0.2x}dx = \left[-e^{-0.2x}\right]_0^1 = 1 - e^{-0.2} \approx 1 - 0.8187 = 0.1813$

❺ 확률변수 X가 $\lambda = 0.2$인 지수분포를 따르므로 $X \sim \epsilon(0.2)$과 같이 표현할 수 있다.

❻ 기대값은 $E(X) = \dfrac{1}{\lambda} = 5$이고, 분산은 $V(X) = \dfrac{1}{\lambda^2} = 25$이다.

PLUS ONE 　**지수분포의 특성**

① $X \sim \epsilon(\lambda)$이고 λ가 비율모수일 때, $E(X) = \dfrac{1}{\lambda}$, $Var(X) = \dfrac{1}{\lambda^2}$, $median(X) = \dfrac{\ln 2}{\lambda}$,

$M_X(t) = \left(1 - \dfrac{t}{\lambda}\right)^{-1} = \dfrac{\lambda}{\lambda - t}$ 이다.

② $X \sim \epsilon(\lambda)$이고 λ가 척도모수일 때, $E(X) = \lambda$, $Var(X) = \lambda^2$, $median(X) = \lambda \ln 2$,

$M_X(t) = (1 - \lambda t)^{-1} = \dfrac{1}{1 - \lambda t}$ 이다.

③ $X \sim \epsilon(\lambda)$이고 λ가 비율모수일 때, 포아송분포의 평균과 지수분포의 평균은 서로 역의 관계에 있다.

④ $X \sim \epsilon(\lambda)$이고 λ가 척도모수일 때, 포아송분포의 평균과 지수분포의 평균은 일치한다.

⑤ 어떤 기계설비의 수명이 지수분포를 따른다면 기계설비의 지금까지 사용한 시간은 앞으로 남은 수명에 영향을 미치지 않는 성질을 지니는데, 이를 지수분포의 무기억성[5]이라 한다.

⑥ X, $Y \sim \epsilon(\beta)$이고 서로 독립이면, $Z = \dfrac{X}{X + Y} \sim U(0, 1)$이다. 단, β는 비율모수

---

[5] 지수분포의 무기억성 : $X \sim G(p)$이면, 임의의 양의 실수 s와 t에 대하여 $P(X > s + t \mid X > s) = P(X > t)$이 성립한다.

$$P(X > s + t \mid X > s) = \frac{P(X > s + t, \; X > s)}{P(X > s)} = \frac{P(X > s + t)}{P(X > s)}$$
$$= \frac{e^{-(s+t)\lambda}}{e^{-s\lambda}} \qquad \therefore \; F(x) = P(X \leq x) = 1 - e^{-\lambda x}$$
$$= e^{-\lambda t} = P(X > t)$$

4.12 LED전구는 평균수명이 10만 시간인 지수분포를 따른다고 한다. 이 LED전구를 지금까지 5만 시간을 사용하였다면 앞으로 7만 시간 이상 더 사용할 확률을 구해보자.

❶ 단위를 만 시간으로 하면 평균수명 $E(X) = \dfrac{1}{\lambda} = 10$인 지수분포를 따르므로 $\lambda = 0.1$이 되어 확률밀도함수는 $f(x) = 0.1e^{-0.1x}$가 된다.

❷ 구하고자 하는 확률은 조건부확률로서 다음과 같다.

$$P(X > 7+5 \mid X > 5) = \frac{P(X > 12 \cap X > 5)}{P(X > 5)} = \frac{P(X > 12)}{P(X > 5)}$$

❸ $P(X > t) = \displaystyle\int_{t}^{\infty} 0.1e^{-0.1x}dx = e^{-0.1t}$이므로 $\dfrac{P(X > 12)}{P(X > 5)} = \dfrac{e^{-1.2}}{e^{-0.5}} = e^{-0.7}$이다.

❹ 즉, $P(X > 7) = e^{-0.7}$이고, $P(X > 7+5 | X > 5) = e^{-0.7}$으로 동일하므로 새로운 LED전구나 5만 시간을 사용한 LED전구나 잔여수명은 확률적으로 동일하다.

❺ 결과적으로 어느 제품의 수명이 지수분포를 따른다면 앞으로 남은 잔여수명은 지금까지 사용한 시간과는 무관하며, 이와 같은 성질을 지수분포의 무기억성이라 한다.

(4) 감마분포(Gamma Distribution)

지수분포가 첫 번째 사건이 발생할 때까지의 대기시간 분포라고 한다면 이 개념을 확장하여 α번의 사건이 발생할 때까지의 대기시간의 분포가 감마분포이다. 감마분포는 다음과 같이 두 가지 방법[6]으로 정의한다.

① 형상모수(Shape Parameter) α와 비율모수(Rate Parameter) β를 이용하여 정의한 감마분포의 확률밀도함수는 다음과 같다.

$$f(x) = \frac{\beta^{\alpha}}{\Gamma(\alpha)} x^{\alpha-1} e^{-x\beta}, \quad x > 0, \ \alpha > 0, \ \beta > 0$$

② 형상모수(Shape Parameter) α와 척도모수(Scale Parameter) β를 이용하여 정의한 감마분포의 확률밀도함수는 다음과 같다.

$$f(x) = \frac{1}{\Gamma(\alpha)\beta^{\alpha}} x^{\alpha-1} e^{-\frac{x}{\beta}}, \quad x > 0, \ \alpha > 0, \ \beta > 0$$

여기서 $\Gamma(\alpha) = \displaystyle\int_{0}^{\infty} x^{\alpha-1} e^{-x}dx$, $\alpha > 0$를 감마함수라 정의한다.

---

[6] **척도모수** : 이론서에 따라 정의하는 방법이 다른 경우를 많이 볼 수 있으므로 각 방법에 대한 명확한 정리가 필요하다. 감마분포를 정의할 때는 지수분포와는 달리 척도모수를 많이 사용한다.

① $\Gamma(\alpha) = (\alpha-1)\Gamma(\alpha-1) = (\alpha-1)!$
② $\Gamma(1) = 1$
③ $\Gamma\left(\dfrac{1}{2}\right) = \sqrt{\pi}$

확률변수 X가 모수 α, β를 갖는 감마분포를 따를 경우 다음과 같이 표현한다.

$$X \sim Gamma(\alpha,\ \beta) \ \text{또는} \ X \sim \Gamma(\alpha,\ \beta)$$

① $X \sim \Gamma(\alpha,\ \beta)$이고 β가 비율모수일 때, $E(X) = \dfrac{\alpha}{\beta}$, $Var(X) = \dfrac{\alpha}{\beta^2}$,

$M_X(t) = \left(1 - \dfrac{t}{\beta}\right)^{-\alpha} = \left(\dfrac{\beta}{\beta-t}\right)^{\alpha}$ 단, $t < \beta$이다.

② $X \sim \Gamma(\alpha,\ \beta)$이고 β가 척도모수일 때, $E(X) = \alpha\beta$, $Var(X) = \alpha\beta^2$,

$M_X(t) = (1-\beta t)^{-\alpha} = \left(\dfrac{1}{1-\beta t}\right)^{\alpha}$ 단, $t < \dfrac{1}{\beta}$ 이다.

③ $X_1,\ \cdots,\ X_r \sim \epsilon(\lambda)$이고 서로 독립이면, $\displaystyle\sum_{i=1}^{r} X_i \sim \Gamma(r,\ \lambda)$이다. 단, λ는 비율모수

④ $X_1,\ \cdots,\ X_r \sim \epsilon(\lambda)$이고 서로 독립이면, $\displaystyle\sum_{i=1}^{r} X_i \sim \Gamma\left(r,\ \dfrac{1}{\lambda}\right)$이다. 단, λ는 척도모수

⑤ $X \sim \Gamma(\alpha,\ \beta)$이고 $\alpha = 1$인 경우, $X \sim \epsilon(\beta)$이다. 이 때, β는 비율모수

⑥ $X \sim \Gamma(\alpha,\ \beta)$이고 $\alpha = 1$인 경우, $X \sim \epsilon\left(\dfrac{1}{\beta}\right)$이다. 이 때, β는 척도모수

⑦ $X_1,\ \cdots,\ X_k$이 서로 독립이고 각각이 $\Gamma(r_i,\ \lambda)$이면, $\displaystyle\sum_{i=1}^{k} X_i \sim \Gamma\left(\displaystyle\sum_{i=1}^{k} r_i,\ \lambda\right)$을 따른다.

⑧ $X \sim \Gamma(\alpha,\ \beta)$이고, β가 척도모수일 때, $\dfrac{X}{\beta} \sim \Gamma(\alpha,\ 1)$이고, $cX \sim \Gamma(\alpha,\ c\beta)$이다. 단, c는 상수

4.13 감마분포의 확률밀도함수가 아래와 같을 때 $E(X) = \alpha\beta$, $Var(X) = \alpha\beta^2$임을 증명해 보자.

$$f(x) = \frac{1}{\Gamma(\alpha)\beta^\alpha} x^{\alpha-1} e^{-\frac{x}{\beta}}, \quad x > 0, \ \alpha > 0, \ \beta > 0$$

❶ $E(X) = \displaystyle\int_0^\infty x \frac{1}{\Gamma(\alpha)\beta^\alpha} x^{\alpha-1} e^{-\frac{x}{\beta}} = \int_0^\infty \frac{\alpha\beta}{\Gamma(\alpha+1)\beta^{\alpha+1}} x^\alpha e^{-\frac{x}{\beta}}$

$= \alpha\beta \quad \because \ \dfrac{1}{\Gamma(\alpha+1)\beta^{\alpha+1}} x^\alpha e^{-\frac{x}{\beta}}$은 $X \sim \Gamma(\alpha+1, \ \beta)$의 확률밀도함수

❷ $E(X^2) = \displaystyle\int_0^\infty x^2 \frac{1}{\Gamma(\alpha)\beta^\alpha} x^{\alpha-1} e^{-\frac{x}{\beta}} = \int_0^\infty \frac{\alpha(\alpha+1)\beta^2}{\Gamma(\alpha+2)\beta^{\alpha+2}} x^{\alpha+1} e^{-\frac{x}{\beta}} = \alpha(\alpha+1)\beta^2$

$\therefore \ Var(X) = E(X^2) - [E(X)]^2 = \alpha(\alpha+1)\beta^2 - \alpha^2\beta^2 = \alpha\beta^2$

확률변수 Y가 감마분포 $\Gamma(k, 1)$을 따르고, X가 포아송분포 $Poi(\mu)$를 따를 때, 다음의 관계가 성립한다.

$$\int_\mu^\infty \frac{y^{n-1} e^{-y}}{\Gamma(k)} dy = \sum_{x=0}^{n-1} \frac{\mu^x e^{-\mu}}{x!}$$

$\because \ \displaystyle\int_\mu^\infty \frac{y^{n-1} e^{-y}}{\Gamma(k)} dy = \frac{1}{(k-1)!} \left\{ \left[y^{n-1}(-e^{-y}) \right]_\mu^\infty + \int_\mu^\infty (k-1) y^{n-2} e^{-y} dy \right\}$

$\qquad = \dfrac{1}{(k-1)!} \mu^{n-1} e^{-\mu} + \dfrac{1}{(k-2)!} \displaystyle\int_\mu^\infty y^{n-2} e^{-y} dy$

$\qquad = \dfrac{1}{(k-1)!} \mu^{n-1} e^{-\mu} + \dfrac{1}{(k-2)!} \mu^{n-2} e^{-\mu} + \dfrac{1}{(k-3)!} \displaystyle\int_{10}^\infty y^{n-3} e^{-y} dy$

$\qquad\qquad \vdots \qquad\qquad$ 귀납적 방법 이용

$\qquad = \dfrac{\mu^{n-1} e^{-\mu}}{(k-1)!} + \dfrac{\mu^{n-2} e^{-\mu}}{(k-2)!} + \cdots + \dfrac{\mu^2 e^{-\mu}}{2!} + \dfrac{\mu^1 e^{-\mu}}{1!} + e^{-\mu}$

$\qquad = \displaystyle\sum_{x=0}^{n-1} \frac{\mu^x e^{-\mu}}{x!}$

(6) 베타분포(Beta Distribution)

베타분포는 유한구간의 확률현상을 모형화하기 위한 분포로 베이지안 추론에서 자주 이용하는 분포이다. 베타분포의 확률밀도함수는 다음과 같다.

$$f(x) = \frac{1}{B(\alpha, \beta)} x^{\alpha-1} (1-x)^{\beta-1}, \quad 0 < x < 1, \ \alpha > 0, \ \beta > 0$$

여기서 $B(\alpha, \beta) = \int_0^1 x^{\alpha-1}(1-x)^{\beta-1}dx$를 베타함수라 정의한다. 베타함수의 주요 성질로는

$B(\alpha, \beta) = B(\beta, \alpha)$으로 대칭성이 있으며, $B(\alpha, \beta) = \dfrac{\Gamma(\alpha)\Gamma(\beta)}{\Gamma(\alpha+\beta)}$의 관계가 성립한다. 확률변수 X가 모수 α, β를 갖는 베타분포를 따를 때 다음과 같이 표현한다.

$$X \sim B(\alpha, \beta)$$

PLUS ONE　　**베타분포의 특성**

① $X \sim Beta(\alpha, \beta)$일 때, $E(X) = \dfrac{\alpha}{\alpha+\beta}$, $Var(X) = \dfrac{\alpha\beta}{(\alpha+\beta)^2(\alpha+\beta+1)}$이다.

② 베타분포에서 $\alpha=1$, $\beta=1$인 경우 균일분포 $U(0, 1)$가 된다.

③ $\alpha=\beta$일 때 $x=\dfrac{1}{2}$에서 대칭이다.

④ $X \sim Beta(\alpha, \beta)$일 때, $1-X \sim Beta(\beta, \alpha)$이다.

⑤ $X \sim \Gamma(\alpha, \lambda)$, $Y \sim \Gamma(\beta, \lambda)$이고 서로 독립이면, $\dfrac{X}{X+Y} \sim Beta(\alpha, \beta)$이다.

⑥ $X \sim Beta(\lambda, 1)$일 때, $-\ln X \sim \epsilon(\lambda)$이고 $-\sum \ln X_i \sim \Gamma(n, \lambda)$이다.

예제

4.14　**확률변수 X가 베타분포 $Beta(\alpha, \beta)$을 따를 때,**

$$E(X) = \frac{\alpha}{\alpha+\beta},\ Var(X) = \frac{\alpha\beta}{(\alpha+\beta)^2(\alpha+\beta+1)}\ \text{이 됨을 증명해보자.}$$

❶ 베타분포의 확률밀도함수가 $f(x) = \dfrac{1}{B(\alpha, \beta)}x^{\alpha-1}(1-x)^{\beta-1}$, $0<x<1$, $\alpha>0$, $\beta>0$이므로 확률변수 X의 k차 적률을 구하면 다음과 같다.

$$E(X^k) = \frac{1}{B(\alpha, \beta)}\int_0^1 x^{k+\alpha-1}(1-x)^{\beta-1}dx$$

$$= \frac{B(k+\alpha, \beta)}{B(\alpha, \beta)} = \frac{\Gamma(k+\alpha)\Gamma(\beta)}{\Gamma(k+\alpha+\beta)}\frac{\Gamma(\alpha+\beta)}{\Gamma(\alpha)\Gamma(\beta)}$$

$$= \frac{\Gamma(k+\alpha)\Gamma(\alpha+\beta)}{\Gamma(\alpha)\Gamma(k+\alpha+\beta)}$$

❷ 확률변수 X의 1차 적률과 2차 적률을 이용하여 기대값과 분산을 구할 수 있다.

$$E(X) = \frac{\Gamma(1+\alpha)\Gamma(\alpha+\beta)}{\Gamma(\alpha)\Gamma(1+\alpha+\beta)} = \frac{\alpha}{\alpha+\beta}$$

$$E(X^2) = \frac{\Gamma(2+\alpha)\Gamma(\alpha+\beta)}{\Gamma(\alpha)\Gamma(2+\alpha+\beta)} = \frac{\alpha(\alpha+1)}{(\alpha+\beta+1)(\alpha+\beta)}$$

$$Var(X) = E(X^2) - [E(X)]^2 = \frac{\alpha(\alpha+1)}{(\alpha+\beta+1)(\alpha+\beta)} - \left(\frac{\alpha}{\alpha+\beta}\right)^2 = \frac{\alpha\beta}{(\alpha+\beta+1)(\alpha+\beta)^2}$$

(7) 연속형 확률분포 관련 분포도

연속형 확률분포들 간에는 아래와 같은 연관성이 있다.

〈표 4.3〉 연속형 확률분포 관련 분포도

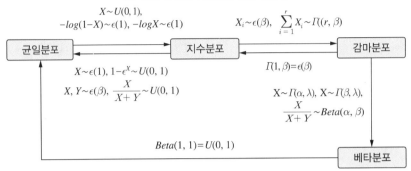

연속형 확률분포에 대한 각각의 확률밀도함수와 적률생성함수를 하나의 표로 정리하면 다음과 같다.

〈표 4.4〉연속형 확률분포의 확률밀도함수 및 적률생성함수

확률분포	확률밀도함수	적률생성함수
균일분포	$\dfrac{1}{b-a},\ a<x<b$	$\dfrac{e^{tb}-e^{ta}}{t(b-a)}$
정규분포	$\dfrac{1}{\sqrt{2\pi}\,\sigma}e^{-\frac{1}{2}\left(\frac{x-\mu}{\sigma}\right)^2},\ -\infty<x<\infty$	$e^{\mu t+\frac{1}{2}\sigma^2 t^2}$
표준정규분포	$\dfrac{1}{\sqrt{2\pi}}e^{-\frac{1}{2}x^2},\ -\infty<x<\infty$	$e^{\frac{1}{2}t^2}$
지수분포	$\lambda e^{-\lambda x},\ x>0$	$\dfrac{\lambda}{\lambda-t}$
	$\dfrac{1}{\lambda}e^{-\frac{x}{\lambda}},\ x>0$	$\dfrac{1}{1-\lambda t}$
감마분포	$\dfrac{\beta^\alpha}{\Gamma(\alpha)}x^{\alpha-1}e^{-\beta x},\ x>0,\ \alpha>0,\ \beta>0$	$\left(\dfrac{\beta}{\beta-t}\right)^\alpha$
	$\dfrac{1}{\Gamma(\alpha)\beta^\alpha}x^{\alpha-1}e^{-\frac{x}{\beta}},\ x>0,\ \alpha>0,\ \beta>0$	$\left(\dfrac{1}{1-\beta t}\right)^\alpha$
베타분포	$\dfrac{1}{B(\alpha,\ \beta)}x^{\alpha-1}(1-x)^{\beta-1},\ 0<x<1,\ \alpha>0,\ \beta>0$	Not Useful

01

확률변수 X가 이항분포 $B(n,\ p)$를 따르는 경우에 n이 크고(대략 50 이상), p가 작으면 (대략 0.1 이하) 휴대용 계산기를 이용하여 X에 대한 확률을 계산할 수 있는데, 이 근사법을 증명과 함께 논하시오.

01 해설

이항분포의 포아송 근사

① 확률변수 X가 이항분포 $B(n,\ p)$를 따른다고 할 때 n이 커짐에 따라 p가 0으로 수렴하되 $np = \lambda$를 만족하면 이항분포는 포아송분포에 근사한다.

② $_{n}C_{x}\,p^{x}\,(1-p)^{n-x} = \dfrac{n!}{(n-x)!x!}\,p^{x}(1-p)^{n-x} = \dfrac{n!}{(n-x)!x!}\left(\dfrac{\lambda}{n}\right)^{x}\left(1-\dfrac{\lambda}{n}\right)^{n-x}$

$\qquad\qquad\qquad\qquad\quad = \dfrac{n(n-1)\cdots(n-x+1)}{n^{x}}\dfrac{\lambda^{x}}{x!}\dfrac{(1-\lambda/n)^{n}}{(1-\lambda/n)^{x}}$

$n \to \infty$이고 p가 충분히 작다면

$\dfrac{n(n-1)\cdots(n-x+1)}{n^{x}} \approx 1$, $\left(1-\dfrac{\lambda}{n}\right)^{n} \approx e^{-\lambda}$, $\left(1-\dfrac{\lambda}{n}\right)^{x} \approx 1$이므로 다음이 성립한다.

$\displaystyle\lim_{n \to \infty} {}_{n}C_{x}\,p^{x}\,(1-p)^{n-x} = \dfrac{\lambda^{x}e^{-\lambda}}{x!}$

③ 즉, 확률변수 X가 이항분포 $B(n,\ p)$를 따르고 표본크기 n이 50 이상으로 큰 경우 휴대용 계산기를 이용하여 X에 대한 확률을 계산한다는 것은 가능은 하지만 매우 어려운 일이다. 하지만, 표본의 크기가 크고 p의 값이 매우 작다면 이항분포의 포아송 근사를 이용하여 X에 대한 확률을 휴대용 계산기로도 간단하게 구할 수 있다.

A도시에서 한 시간 동안 발생하는 교통사고 건수 X는 평균이 λ인 포아송분포를 따른다고 한다.

(1) 교통사고 발생시점을 T_1, T_2, $\cdots$ 와 같이 기록했다고 하자. $T_0 = 0$을 자료수집 시작이라고 하면, T_i는 i번째 사고 발생시점이다. T_1의 확률분포를 구하시오(단, 시점기록 단위는 시간이다. 예를 들어 1시간 30분 만에 사건이 발생했으면 1.5로 기록한다).

(2) B도시에서 한 시간 동안에 발생하는 교통사고 건수 Y는 평균이 θ인 포아송분포를 따르며, X와 Y는 서로 독립이라고 하자.

   1) $X + Y$의 확률분포를 제시하고, 그 이유를 설명하시오.

   2) $X + Y = 3$일 때 X의 조건부확률분포를 제시하고, 그 이유를 설명하시오.

02 해설

(1) 포아송 과정(Poisson Process)

  ① X'를 t시간 동안 발생하는 교통사고 건수라고 하면 $X' \sim P(\lambda t)$분포를 따른다.

  ② X'의 확률밀도함수 및 기대값, 분산은 다음과 같다.

$$f(x) = \frac{(\lambda t)^x}{x!} e^{-\lambda t}, \ E(X') = \lambda t, \ Var(X') = \lambda t$$

  ③ T_1은 1번째 사고 발생시점이므로, 1번째 사고가 발생하는데 걸리는 시간을 의미한다.

  ④ T_1의 확률분포는 다음과 같이 구할 수 있다.

$$P(T_1 > t) = P(t\text{시간 동안 사건이 발생하지 않음}) = P(X' = 0) = e^{-\lambda t}$$

$$P(T_1 \leq t) = 1 - P(T_1 > t) = 1 - e^{-\lambda t}$$

$$P(T_1 = t) = \frac{dP(T_1 \leq t)}{dt} = \lambda e^{-\lambda t} \ (\leftarrow \text{지수분포의 확률밀도함수})$$

$$\therefore \ T_1 \text{은 모수가 } \frac{1}{\lambda} \text{인 지수분포를 따른다.}$$

(2)-1) 포아송분포의 가법성

  ① $X + Y = N$라 하면 $P(N = n)$의 확률분포는 다음과 같다.

$$P(X + Y = n) = \sum_{r=0}^{n} P(X = r, \ Y = n - r)$$

$$= \sum_{r=0}^{n} P(X = r) P(Y = n - r) \quad \because X, \ Y \text{는 서로 독립}$$

$$= \sum_{r=0}^{n} \frac{e^{-\lambda} \lambda^r}{r!} \times \frac{e^{-\theta} \theta^{n-r}}{(n-r)!}$$

$$= \frac{e^{-(\lambda + \theta)}}{n!} \sum_{r=0}^{n} \frac{n! \lambda^r \theta^{n-r}}{r!(n-r)!} \quad \because (a+b)^n = \sum_{r=0}^{n_n} {}_n C_r a^r b^{n-r}$$

$$= \frac{e^{-(\lambda + \theta)} (\lambda + \theta)^n}{n!}$$

② $X \sim P(\lambda)$, $Y \sim P(\theta)$을 따르며 X와 Y가 서로 독립이면 $X + Y \sim P(\lambda + \theta)$을 따른다.

③ X_1, X_2, $\cdots$, X_n이 서로 독립이고 각각의 평균이 λ_1, λ_2, $\cdots$, λ_n인 포아송분포를 따를 때 $X_1 + X_2 + \cdots + X_n$의 분포는 평균이 $\lambda_1 + \lambda_2 + \cdots + \lambda_n$인 포아송분포를 따른다. 이를 포아송분포의 가법성이라 한다.

(2)-2 조건부 포아송분포

① $P(X = x \mid X + Y = 3) = \dfrac{P(X = x,\ X + Y = 3)}{P(X + Y = 3)}$

$\qquad\qquad\qquad\quad = \dfrac{P(X = x)P(Y = 3 - x)}{P(X + Y = 3)}$

$\qquad\qquad\qquad\quad = \dfrac{\dfrac{e^{-\lambda}\lambda^x}{x!} \times \dfrac{e^{-\theta}\theta^{3-x}}{(3-x)!}}{\dfrac{e^{-(\lambda+\theta)}(\lambda+\theta)^3}{3!}} = \dfrac{3!\lambda^x\theta^{3-x}}{x!(3-x)!(\lambda+\theta)^3}$

$\qquad\qquad\qquad\quad = \dfrac{3!\lambda^x\theta^{3-x}}{x!(3-x)!(\lambda+\theta)^x(\lambda+\theta)^{3-x}}$

$\qquad\qquad\qquad\quad = {}_3C_x\left(\dfrac{\lambda}{\lambda+\theta}\right)^x\left(\dfrac{\theta}{\lambda+\theta}\right)^{3-x}$

$\qquad\qquad\qquad\quad = {}_3C_x\left(\dfrac{\lambda}{\lambda+\theta}\right)^x\left(1 - \dfrac{\lambda}{\lambda+\theta}\right)^{3-x}$

② $X + Y = 3$일 때 X의 조건부확률분포는 $n = 3$, 성공확률이 $\dfrac{\lambda}{\lambda+\theta}$인 이항분포를 따른다.

01

기출 2000년

주식시장이 정상일 때, KOSPI 200지수에 포함된 200개의 종목은 다음날 오를 확률과 내릴 확률이 각각 1/2로 같다고 가정하자.

(1) 주식시장이 정상인 어느 날 KOSPI 200지수에 포함된 200개의 종목 중 오르는 종목의 수가 90개 이하일 확률을 정규분포를 이용하여 소수 둘째 자리까지 계산하시오(단, Z를 표준정규 확률변수라 할 때, $P(Z \leq 0.41) = 0.66$, $P(Z \leq 1.41) = 0.92$, $P(Z \leq 2.41) = 0.99$ 이다).

(2) KOSPI 200지수에 포함된 200개 종목을 우연히 3일간 관찰하였는데, 3일 중 이틀은 오른 종목의 수가 90개 이하였고, 하루만 90개를 초과하였다. 주식시장이 정상에서 벗어났다고 결론 내릴 수 있는가?

01 해설

(1) 이항분포의 정규근사

① 200개의 종목 중 오르는 종목의 수를 X라 하고 표본크기를 n, 하나의 종목이 오를 확률을 p라 할 때 확률변수 X는 이항분포 $X \sim B\left(200, \dfrac{1}{2}\right)$를 따른다.

② 이 때, 기대값 $E(X) = np = 100$, 분산 $Var(X) = np(1-p) = 50$이다.

③ n이 200으로 충분히 크므로 중심극한정리에 의해 확률변수 X를 정규분포로 근사시킬 수 있다.
즉, $X \sim N(100, \ (\sqrt{50})^2)$이다.

④ 오르는 종목의 수가 90개 이하일 확률은 다음과 같이 구할 수 있다.

$$P(X \leq 90) = P\left(\frac{X-100}{\sqrt{50}} \leq \frac{90-100}{\sqrt{50}}\right) = P\left(Z \leq -\frac{10}{\sqrt{50}}\right)$$

$$\approx P(Z \leq -1.41) = 1 - P(Z \leq 1.41) = 1 - 0.92 = 0.08$$

∴ 구하고자 하는 확률은 0.08이다.

(2) 이항분포(Binomial Distribution)

① (1)에서 구한 값에 의하면, 오르는 종목의 수가 90개 이하일 확률은 0.08이다.

② 검정을 위해 가설을 다음과 같이 설정한다.
귀무가설(H_0) : 주식시장이 정상을 벗어나지 않았다($p = 0.08$).
대립가설(H_1) : 주식시장이 정상을 벗어났다($p > 0.08$).

③ X_1, X_2, X_3은 서로 독립이고 귀무가설(H_0) 하에서 모수 $p = 0.08$인 베르누이 분포를 따른다고 볼 수 있다.

④ 그러므로 $X_1 + X_2 + X_3 \sim B(3, \ p)$이며, 확률질량함수는 $f(x) = {}_3C_x (0.08)^x (0.92)^{3-x}$이다.

⑤ 3일 중 이틀은 오른 종목의 수가 90개 이하였고, 하루만 90개를 초과할 확률은

$$f(2) = {}_3C_2(0.08)^2(0.92)^1 = 3 \times (0.08)^2 \times 0.92 = 0.017664$$ 이다.

⑥ p값이란 귀무가설이 사실이라는 전제하에 검정통계량이 표본에서 계산된 값과 같거나 그 값보다 대립가설 방향으로 더 극단적인 값을 가질 확률이다.

$$\therefore \ p-value = f(2) + f(3) = 0.017664 + 0.000512 = 0.018176$$

⑦ $p-value = 0.018176$이 유의수준 0.05보다 작으므로 귀무가설을 기각한다. 즉, 유의수준 5%하에서 주식시장이 정상에서 벗어났다고 결론지을 수 있다.

매번 시행에서 성공의 확률이 $p(0 < p < 1)$일 때 첫 번째 성공을 얻기 위해 필요한 시행횟수를 X라고 하자. 단 각 시행은 서로 독립이다. 즉, i번째 시행결과가 j번째 시행결과에 영향을 미치지 않는다(단, $i \neq j$).

(1) 확률변수 X의 확률분포함수(Probability Distribution Function)를 구하라.

(2) (1)의 결과를 이용하여 확률변수 X의 기대값(Expected Value)을 구하라.

(3) 한국인의 모든 부부가 자녀를 딸 선호사상에 의해서 낳는다고 가정하자. 딸 선호사상이 첫 아이가 딸이면 더 이상 낳지 않고 첫 아이가 아들이면 둘째를 낳아서 딸이면 그만 낳고 아들이면 또 낳는다. 즉, 딸 선호사상이란 첫 딸을 낳을 때까지 계속 낳고 첫 딸을 낳으면 더 이상 낳지 않는 것이다(단, 아들과 딸을 낳을 확률은 각각 0.5로 동일하며 임신 중에 초음파 검사 등을 통해 태아 성감별을 하여 강제유산 시키는 일은 없다고 가정한다). 이렇게 딸 선호사상으로 모든 부부가 자녀를 낳을 경우 많은 시간이 지난 후 한국인의 성비는 어떻게 되겠는가? (2)의 결과를 이용하여 답하라.

02 해설

(1) 기하분포의 확률질량함수

① 성공의 확률이 p인 베르누이 시행을 처음으로 성공할 때까지의 시행횟수를 확률변수 X라 할 때 확률변수 X는 성공률 p를 모수로 갖는 기하분포를 따른다.

② 성공률이 p인 기하분포의 확률질량함수는 $f(x) = pq^{r-1}$, $x = 1, 2, 3, \cdots$이다.

(2) 기하분포의 기대값

① $E(X) = \sum_{x=1}^{\infty} x p q^{r-1} = p + 2pq + 3pq^2 + 4pq^3 + \cdots$

② $qE(X) = \sum_{x=1}^{\infty} x p q^r = pq + 2pq^2 + 3pq^3 + 4pq^4 + \cdots$

③ $E(X) - qE(X) = p + pq + pq^2 + pq^3 + \cdots = \dfrac{p}{1-q}$ ∵ 등비수열의 합

∴ $E(X) = \dfrac{p}{(1-q)^2} = \dfrac{1}{p}$ ∵ $1-q = p$

④ 다음과 같이 미분을 이용하여 기대값을 구할 수도 있다.

$E(X) = \sum_{x=1}^{\infty} x\, p\, q^{x-1} = p + 2pq + 3pq^2 + 4pq^3 + \cdots$

$\qquad = p(1 + 2q + 3q^2 + 4q^3 + \cdots) = p\left[\dfrac{d}{dq}(q + q^2 + q^3 + \cdots)\right] = p\left[\dfrac{d}{dq}\left(\dfrac{q}{1-q}\right)\right]$

$\qquad = p \times \dfrac{d}{dq}(q + q^2 + q^3 + \cdots) = p \times \dfrac{d}{dq}\left(\dfrac{q}{1-q}\right) = p \times \left[\dfrac{1}{1-q} + \dfrac{q}{(1-q)^2}\right]$

$\qquad = p \times \dfrac{1}{(1-q)^2} = p \times \dfrac{1}{p^2} = \dfrac{1}{p}$

(3) **기하분포의 기대값**

   ① 확률변수 X를 첫 번째 딸을 낳을 때까지의 자녀수라 할 때 확률변수 X는 성공률 p를 모수로 갖는 기하분포를 따른다.

   ② 첫 번째 딸을 낳으면 자녀 낳는 일을 중단하므로, 딸의 수는 무조건 1이다.

   ③ X가 전체자녀 수이므로 아들의 수는 $X-1$이다.

   ④ (2)의 결과를 통해 $E(X) = \dfrac{1}{p} = \dfrac{1}{0.5} = 2$이므로, 딸의 기대값도 1, 아들의 기대값도 1이다.

     $\therefore$ 딸 선호사상에 의해 부부가 자녀를 낳을 경우 많은 시간이 지나도 딸과 아들의 성비는 1:1로 변화가 없다.

A 지역에서 B 지역까지 천연가스 수송관을 아래와 같이 설계하고 주요지점에 압력을 조절하는 장치 ①, ②, ③을 설치하려고 한다. 압력조절 장치에 이상이 있으면 그 부분에서 가스공급이 중단되도록 만들고 각 압력조절 장치는 별개의 업체에서 독립적으로 제작되었으며 수명은 모두 평균이 5년인 지수분포를 따른다고 하자. 압력조절장치를 제외한 다른 부분에서는 문제가 발생하지 않는다고 가정한다. 압력조절 장치를 5년 전 같은 시기에 설치하고 지금까지 보수 및 수리를 하지 않았다(단, $\exp(-1) = 0.37$, $\exp(-2) = 0.14$, $\exp(-3) = 0.05$이고, 평균이 c인 지수분포의 확률밀도함수는 $f(x) = \dfrac{1}{c}e^{-x/c}$, $x > 0$ 이다).

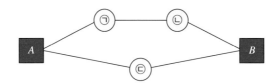

(1) 압력조절장치 ⓒ이 설치된 이후 10년 이상 정상적으로 작동할 확률을 구하여라.

(2) 현재 A 지역에서 B 지역까지 가스가 공급될 확률을 구하여라.

(3) 현재 A 지역에서 B 지역까지 가스가 공급되어 있을 때, ⓐ과 ⓑ이 정상적으로 작동하고 있을 확률을 구하여라.

(4) 현재 ⓐ, ⓑ, ⓒ이 모두 정상적으로 작동하고 있다고 할 때, 5년 후에도 A 지역에서 B 지역까지 가스가 공급될 확률을 구하고 그 이유를 기술하여라.

03 해설

(1) 지수분포(Exponential Distribution)

① 압력조절장치의 평균수명은 5년인 지수분포를 따른다. $E(X) = \lambda = 5$가 된다.

② $P(X \geq 10) = 1 - P(X < 10) = 1 - \displaystyle\int_0^{10} \frac{1}{5} e^{-\frac{x}{5}} dx = 1 - \left[-e^{-\frac{x}{5}} \right]_0^{10} = 1 - (1 - e^{-2}) = 0.14$

(2) 지수분포(Exponential Distribution)

① C를 ⓐ과 ⓑ이 정상적으로 작동할 사상이라 하면 $P(C) = P(X \geq 5) \times P(X \geq 5)$이다.

$P(X \geq 5) = 1 - P(X < 5) = 1 - \displaystyle\int_0^5 \frac{1}{5} e^{-\frac{x}{5}} dx = 1 - \left[-e^{-\frac{x}{5}} \right]_0^5 = 1 - (1 - e^{-1}) = 0.37$이므로

$P(C) = P(X \geq 5) \times P(X \geq 5) = 0.37 \times 0.37 = 0.1369$이다.

② D를 ⓒ이 정상적으로 작동할 사상이라 하면 $P(D) = P(X \geq 5) = 0.37$이다.

③ A 지역에서 B 지역까지 가스가 공급될 확률

$P(C \cup D) = P(C) + P(D) - P(C \cap D) = 0.1369 + 0.37 - (0.1369) \times (0.37) = 0.456247$

(3) 조건부 확률의 계산

$$P(C \mid C \cup D) = \frac{P(C)}{P(C \cup D)} = \frac{0.1369}{0.456247} \approx 0.3$$

(4) 지수분포의 무기억성

① 지수분포의 특징 중 하나는 무기억성이다.

② 지수분포에서 무기억성이란 과거에 일어난 일이 미래의 일에 전혀 영향을 미치지 않는다는 점이다.

③ 즉, 현재의 작동여부 및 미래 어느 시점의 작동여부와 관계없이 5년 후에 A지역에서 B지역까지 가스가 공급될 확률은 현재에 A지역에서 B지역까지 가스가 공급될 확률과 일치한다.

∴ 5년 후에 A지역에서 B지역까지 가스가 공급될 확률은 (2)에서 구한 0.456247이다.

어떤 의회는 100명의 의원으로 이루어져 있고 의원 중 45%가 A당, 30%가 B당, 25%가 C당 소속이라고 하자. 본회의에 제출된 법안에 대해 의원 과반수 이상의 출석과 출석의원 중 과반수이상의 찬성이 있으면 법률이 통과된다고 하자. 이번에 심의된 법률에 대해 A당 의원의 80%, B당 의원이 20%, C당 의원의 40%가 찬성하고 있다고 할 때 아래의 물음에 답하여라.

(1) 무작위로 선정된 한 의원이 법안을 찬성하고 있다면, 이 의원이 C당 소속 의원일 확률을 구하여라.

(2) 의원 중 3명을 비복원으로 무작위 선정하여 법안에 대해 찬성여부를 알아보았을 때 2명이 찬성할 확률을 구하여라.

04 해 설

(1) 베이즈 공식(Bayes' Formula)

① D를 한 의원이 법안을 찬성할 사상이라 하고, A, B, C를 각 당의 의원이 법안을 찬성할 사상이라 하자.

② 전확률 공식을 이용하여 한 의원이 법안을 찬성할 확률을 구하면 다음과 같다.

$$P(D) = P(A)P(D|A) + P(B)P(D|B) + P(C)P(D|C)$$
$$= (0.45 \times 0.8) + (0.3 \times 0.2) + (0.25 \times 0.4)$$
$$= 0.52$$

③ 베이즈 공식을 이용하여 구하고자 하는 확률은 다음과 같다.

$$P(C|D) = \frac{P(C)P(D|C)}{P(D)} = \frac{0.25 \times 0.4}{(0.45 \times 0.8) + (0.3 \times 0.2) + (0.25 \times 0.4)} = \frac{0.1}{0.52} \approx 0.1923$$

(2) 초기하분포(Hypergeometric Distribution)

① 전체 $N = 100$명 중 찬성하는 의원은 $n = 52$명이고 비복원으로 추출한 $k = 3$명 중 법안에 찬성한 사람이 $x = 2$명일 확률은 초기하분포를 따른다.

② 초기하분포의 확률질량함수는 다음과 같다.

$$P(X = x) = \frac{\binom{n}{x}\binom{N-n}{k-x}}{\binom{N}{k}}$$

③ $P(X = 2) = \dfrac{\binom{52}{2}\binom{100-52}{3-2}}{\binom{100}{3}} = \dfrac{\binom{52}{2}\binom{48}{1}}{\binom{100}{3}} = \dfrac{(52 \times 51/2) \times (48)}{100 \times 99 \times 98/3 \times 2 \times 1}$

   ≈ 0.3936

PART

05

표본통계량과
표본분포

1. 표본통계량과 표본분포

표본통계량이란 미지의 모수를 포함하지 않는 랜덤표본 $X_1, \cdots, X_n$의 함수를 의미한다. 표본통계량을 구하는 목적은 이를 통해 모집단의 성격을 알고자 하는 것이다. 하지만 이 표본통계량이 해당 모집단의 성격을 얼마나 잘 측정해 주는지는 정확히 알 수 없다. 같은 통계량을 이용한다고 하더라도 매번 표본을 추출할 때마다 통계량의 값이 달라지기 때문이다. 표본통계량 또한 확률변수로 어떤 표본이 뽑히느냐에 따라 그 값이 달라지므로 어떠한 형태로 변하는가를 조사함으로서 표본통계량의 분포를 알 수 있다. 이때 표본통계량의 분포를 표본분포라 한다. 결과적으로 표본분포는 통계량의 확률분포로서 이를 통해 모집단의 특성을 추론할 수 있다. 대표적인 표본분포는 χ^2-분포, t-분포, F-분포가 있다.

2. 분포 수렴과 확률적 수렴

(1) 분포 수렴(Convergence in Distribution)

분포 수렴은 확률론에 있어서 가장 중요한 대수의 법칙과 중심극한정리를 설명하는 이론적 토대이다. 확률변수 X가 양의 정수 n에 의존한다고 할 때, 이 확률변수의 누적분포함수 $F(x)$ 또한 n에 의존한다. 이 절에서는 양의 정수 n에 의존하는 확률변수 X를 X_n이라 표현하고, 누적분포함수를 $F_n(x)$으로 표기하기로 하자. 확률변수(통계량) X_n의 누적분포함수 $F_n(x)$가 $n \to \infty$일 때, 어떤 확률변수 X의 누적분포함수 $F(x)$로 수렴하는 경우 X_n은 X로 분포 수렴한다고 정의한다.

수식으로 정의하면, 어떤 확률변수 X의 누적분포함수를 $F(x)$라 할 때 연속인 모든 점 x에 대해서 $\lim_{n \to \infty} F_n(x) = F(x)$가 성립할 경우, X_n은 X로 분포 수렴한다고 정의하고 다음과 같이 표현한다.

$$X_n \xrightarrow{\;d\;} X$$

여기서 누적분포함수 $F_n(x)$를 가지는 분포를 X_n의 극한분포(Limiting Distribution)라 한다.

5.1 확률변수 X가 이항분포 $B(n,\ p)$를 따른다고 하자. $\lambda = np$이고 $n \to \infty$일 때 $X \xrightarrow{\;d\;} P(\lambda)$임을 증명해보자.

❶ $X \sim B(n,\ p)$이므로 X의 확률밀도함수 $f(x)$는 다음과 같다.

$$f(x) = \binom{n}{x} p^x (1-p)^{n-x},\ x = 0,\ 1, \cdots,\ n$$

❷ $\lambda = np$이므로 $p = \dfrac{\lambda}{n}$이고, 따라서 $f(x)$를 전개하면 다음과 같다.

$$f(x) = \binom{n}{x}\left(\frac{\lambda}{n}\right)^x \left(1 - \frac{\lambda}{n}\right)^{n-x}$$

$$= \frac{n!}{x!(n-x)!}\left(\frac{\lambda}{n}\right)^x \left(1 - \frac{\lambda}{n}\right)^{n-x}$$

$$= \frac{\lambda^x}{x!}\frac{n!}{(n-x)!}\frac{1}{n^x}\left(1 - \frac{\lambda}{n}\right)^{n-x}$$

여기서, $\dfrac{n!}{(n-x)!}\dfrac{1}{n^x} = \dfrac{n(n-1)\cdots(n-x+1)}{n^x} = 1 \times \left(1 - \dfrac{1}{n}\right) \times \left(1 - \dfrac{2}{n}\right) \times \cdots \left(1 - \dfrac{x-1}{n}\right)$

이므로 $f(x) = \dfrac{\lambda^x}{x!} \times 1 \times \left(1 - \dfrac{1}{n}\right) \times \left(1 - \dfrac{2}{n}\right) \times \cdots \left(1 - \dfrac{x-1}{n}\right) \times \left(1 - \dfrac{\lambda}{n}\right)^n \times \left(1 - \dfrac{\lambda}{n}\right)^{-x}$ 이다.

❸ $n \to \infty$이면 다음이 성립한다.

㉠ $\displaystyle\lim_{n \to \infty}\left(1 - \frac{1}{n}\right) \times \left(1 - \frac{2}{n}\right) \times \cdots \left(1 - \frac{x-1}{n}\right) = 1$

㉡ $\displaystyle\lim_{n \to \infty}\left(1 - \frac{\lambda}{n}\right)^n = e^{-\lambda}$

㉢ $\displaystyle\lim_{n \to \infty}\left(1 - \frac{\lambda}{n}\right)^{-x} = 1$

❹ ㉠, ㉡, ㉢에 의해서 $\displaystyle\lim_{n \to \infty}f(x) = \dfrac{\lambda^x}{x!}e^{-\lambda}$: 포아송분포의 확률밀도함수

$$\therefore\ X \xrightarrow{\;d\;} P(\lambda)$$

(2) 확률적 수렴(Convergence in Probability)

확률적 수렴에서는 체비세프 부등식을 유용하게 사용할 수 있다. 양의 정수 n에 의존하는 확률변수 X_n의 누적분포함수를 $F_n(x)$라 하고 어떤 상수 k를 n에 의존하지 않는 상수라 하자. 확률변수 X_n이 모든 양수 ϵ에 대해서 $n \to \infty$일 때 어떤 상수값 k에 수렴하는 경우, 확률변수 X_n은 k에 확률적으로 수렴한다고 정의한다. 그리고 상수값 k를 해당 통계량의 확률적 극한이라고 정의한다.

임의의 양수 ϵ에 대하여 $\lim_{n \to \infty} P[|X_n - k| < \epsilon] = 1$ 또는 $\lim_{n \to \infty} P[|X_n - k| \geq \epsilon] = 0$이 성립하면, 확률변수 X_n은 상수 k에 확률적으로 수렴한다고 정의하고 k를 X_n의 확률적 극한이라 정의하며 수식으로는 다음과 같이 표현한다.

$$X_n \xrightarrow{\ p\ } k$$

예제

5.2 S_n^2을 $N(\mu, \sigma^2)$인 분포로부터 추출한 크기가 n인 확률표본의 분산이라 하자. $\dfrac{n}{n-1} S_n^2$

이 σ^2으로 확률적으로 수렴함을 증명해보자. 단, $S_n^2 = \dfrac{1}{n} \sum (X_i - \overline{X})^2$으로 정의한다.

❶ $\lim_{n \to \infty} P\left[\left| \dfrac{n}{n-1} S_n^2 - \sigma^2 \right| \geq \epsilon \right] = 0$이 성립하면 $\dfrac{n}{n-1} S_n^2$은 σ^2으로 확률적으로 수렴한다.

❷ 체비세프 부등식을 이용하기 위해 S_n^2의 기대값과 분산을 구한다.

$$E(S_n^2) = E\left[\frac{1}{n} \sum (X_i - \overline{X})^2 \right] = \frac{\sigma^2}{n} E\left[\frac{\sum(X_i - \overline{X})^2}{\sigma^2} \right] \qquad \because \frac{\sum(X_i - \overline{X})^2}{\sigma^2} \sim \chi^2_{(n-1)}$$

$$= \frac{n-1}{n} \sigma^2$$

$$Var(S_n^2) = Var\left[\frac{1}{n} \sum (X_i - \overline{X})^2 \right] = \frac{\sigma^4}{n^2} Var\left[\frac{\sum(X_i - \overline{X})^2}{\sigma^2} \right] = \frac{2(n-1)}{n^2} \sigma^4$$

❸ 체비세프 부등식 $P(|X - \mu| \geq k) \leq \dfrac{\sigma^2}{k^2}$을 이용하면 다음이 성립한다.

$$P\left[\left| \frac{n}{n-1} S_n^2 - \sigma^2 \right| \geq \epsilon \right] \leq \frac{E\left[\left(\dfrac{n}{n-1} S_n^2 - \sigma^2 \right)^2 \right]}{\epsilon^2}$$

$$\leq \frac{Var\left(\dfrac{n}{n-1} S_n^2 - \sigma^2 \right) + \left[E\left(\dfrac{n}{n-1} S_n^2 - \sigma^2 \right) \right]^2}{\epsilon^2}$$

$$\leq \frac{1}{\epsilon^2} \left[\left(\frac{n}{n-1} \right)^2 \frac{2(n-1)}{n^2} \sigma^4 + \left(\frac{n}{n-1} \right)\left(\frac{n-1}{n} \right) \sigma^2 - \sigma^2 \right]^2$$

$$\leq \frac{2\sigma^4}{(n-1)\epsilon^2}$$

$$\therefore \lim_{n \to \infty} P\left[\left| \frac{n}{n-1} S_n^2 - \sigma^2 \right| \geq \epsilon \right] \leq \lim_{n \to \infty} \frac{2\sigma^4}{(n-1)\epsilon^2} = 0 \text{이므로} \quad \frac{n}{n-1} S_n^2 \xrightarrow{\ p\ } \sigma^2 \text{이다.}$$

---

① 확률변수 X_n이 X로 확률적 수렴하면 분포 수렴한다.

$$X_n \xrightarrow{\quad p \quad} X \Rightarrow X_n \xrightarrow{\quad d \quad} X$$

② 확률변수 X_n이 X로 분포 수렴한다고 해서 확률적 수렴하는 것은 아니다.

$$X_n \xrightarrow{\quad d \quad} X \nRightarrow X_n \xrightarrow{\quad p \quad} X$$

③ 분포 수렴이 상수에 대한 분포일 때는 두 수렴성은 동일하다.

$$X_n \xrightarrow{\quad p \quad} X \Leftrightarrow X_n \xrightarrow{\quad d \quad} X$$

(3) 대수의 약법칙(WLLN ; Weak Law of Large Number)

X_1, X_2, $\cdots$, X_n이 서로 독립이고 동일한 분포를 가지는 확률변수라 할 때, 각 확률변수가 유한 평균 $E(X_i) = \mu$와 유한 분산 $\sigma^2 < \infty$를 갖는다면 표본평균 $\overline{X} = \dfrac{X_1 + X_2 + \cdots + X_n}{n}$ 은 μ에 확률적으로 수렴한다고 정의하고 다음과 같이 표기한다.

$$\overline{X} \xrightarrow{\quad p \quad} \mu$$

이를 대수의 약법칙이라 하고, 확률적 수렴의 정의를 이용하여 표현하면 임의의 양수 ϵ에 대하여 $\displaystyle\lim_{n \to \infty} P[|\overline{X} - \mu| < \epsilon] = 1$ 또는 $\displaystyle\lim_{n \to \infty} P[|\overline{X} - \mu| \geq \epsilon] = 0$이 성립한다.

예제

5.3   확률변수 X_1, X_2, $\cdots$, X_n이 서로 독립인 $Ber(p)$을 따른다고 할 때, 표본비율

$\widehat{p_n} = \dfrac{\sum X_i}{n}$ 이 모비율 p로 수렴함을 증명해보자.

❶ $Y_n = \displaystyle\sum_{i=1}^{n} X_i$라 한다면 $Y_n \sim B(n,p)$을 따른다.

❷ $\displaystyle\lim_{n \to \infty} P\left(\left|\dfrac{Y_n}{n} - p\right| \geq \epsilon\right) = 0$이 성립하면 $\widehat{p_n} = \dfrac{\sum X_i}{n}$ 은 p로 확률적으로 수렴한다.

❸ 체비세프 부등식을 이용하면 다음이 성립한다.

$$P\left[\left|\frac{Y_n}{n}-p\right|\geq\epsilon\right]\leq\frac{E\left[\left(\frac{Y_n}{n}-p\right)^2\right]}{\epsilon^2}$$

$$\leq\frac{\left[\frac{1}{n^2}E(Y_n^2)-\frac{2p}{n}E(Y_n)+p^2\right]}{\epsilon^2}$$

$$\leq\frac{\left[\frac{1}{n^2}(npq+n^2p^2)-\frac{2p}{n}np+p^2\right]}{\epsilon^2}$$

$$\leq\frac{pq}{n\epsilon^2}$$

$$\therefore\lim_{n\to\infty}P\left(\left|\frac{Y_n}{n}-p\right|\geq\epsilon\right)=\lim_{n\to\infty}\frac{pq}{n\epsilon^2}=0 \text{이므로 } \widehat{p_n}\xrightarrow{\ p\ }p\text{이다.}$$

3. 정규분포로부터의 표본분포

(1) 카이제곱분포(Chi-square Distribution)

모평균 μ를 추정하기 위해 표본평균 $\overline{X}$를 이용하고 모분산 σ^2을 추정하기 위해 표본분산 S^2을 이용한다. 또한, 모평균 μ에 관한 추론문제를 다루기 위해서는 $\overline{X}$의 분포를 알아야 하며 모분산 σ^2에 관한 추론문제에서는 S^2과 관련된 분포를 알아야 한다. 카이제곱분포는 두 범주형 변수 간의 연관성 검정, 또는 모집단이 정규분포인 대표본에서 모분산 σ^2이 특정한 값을 갖는지 여부 검정에 주로 사용되는 분포이다. 카이제곱분포는 감마분포의 특수한 경우로서 형상모수 $\alpha=\frac{n}{2}$, 척도모수 $\beta=2$(혹은 비율모수 $\beta=\frac{1}{2}$)인 경우를 자유도 n인 카이제곱분포라고 한다. 자유도 n인 카이제곱분포의 확률밀도함수는 다음과 같다.

$$f(x)=\frac{1}{\Gamma(n/2)2^{\frac{n}{2}}}x^{\frac{n}{2}-1}e^{-\frac{x}{2}},\quad x>0,\ n>0$$

확률변수 X가 자유도 n인 카이제곱분포를 따를 경우 다음과 같이 표현한다.

$$X\sim\chi^2_{(n)}$$

자유도란 독립적인 관측값의 개수를 의미한다. 예를 들어, 표본자료로부터 평균까지의 편차합 $\sum(X_i-\overline{X})$을 구하면 항상 0이 된다. 즉, $n-1$개 자료의 편차를 알면 나머지 하나의 편차는 다른 자료들에 의해 자동적으로 결정된다. 따라서 전체 n개의 자료값 중에서 $n-1$개의 자료값 만이 자유롭게 변화할 수 있다는 의미에서 자유도라 하며 ϕ와 같이 표기하기도 한다.

카이제곱분포의 특성

① $X \sim \chi^2_{(n)}$일 때, $E(X) = n$, $Var(X) = 2n$, $M_X(t) = (1-2t)^{-n/2}$ 단, $t < 1/2$이다.

② Z_1, $\cdots$, Z_n이 $N(0, 1)$에서 확률표본일 때, $Z^2 \sim \chi^2_{(1)}$이고, $Y = Z_1^2 + \cdots + Z_n^2 \sim \chi^2_{(n)}$을 따른다.

③ X_1, $\cdots$, X_n이 $N(\mu, \sigma^2)$에서 확률표본이고, $\overline{X} = \dfrac{1}{n} \sum_{i=1}^{n} X_i$, $S^2 = \dfrac{1}{n-1} \sum_{i=1}^{n} (X_i - \overline{X})^2$으로 정의

한다면, $\overline{X}$와 S^2은 독립이며, $\dfrac{(n-1)S^2}{\sigma^2} = \dfrac{\sum_{i=1}^{n} (X_i - \overline{X})^2}{\sigma^2} \sim \chi^2_{(n-1)}$을 따른다. 이는 Student's
Theorem 중 일부이다.

④ X_1, $\cdots$, X_k가 상호독립이고 $X_i \sim \chi^2_{(r_i)}$, $i = 1$, $\cdots$, k일 때, $Y = X_1 + \cdots + X_k$는 자유도
$(r_1 + \cdots + r_k)$인 카이제곱분포 $\chi^2_{(r_1 + \cdots + r_k)}$를 따른다. 이를 카이제곱분포의 가법성이라 한다.

⑤ $X \sim \Gamma(\alpha, \beta)$이고 β가 척도모수일 때 $Y = \dfrac{2X}{\beta} \sim \Gamma(\alpha, 2) = \chi^2_{(2\alpha)} = \chi^2_{(r)}$이다.

⑥ $X \sim U(0, 1)$일 때, $Y = -2\ln X \sim \chi^2_{(2)}$이다.

⑦ X_1, $\cdots$, $X_n \sim U(0, 1)$이고 서로 독립이면, $Y = -2 \sum_{i=1}^{n} \ln X \sim \chi^2_{(2n)}$이다.

예제

5.4

X_1, $\cdots$, X_n이 $N(\mu, \sigma^2)$에서 확률표본일 때, $S^2 = \dfrac{1}{n-1} \sum_{i=1}^{n} (X_i - \overline{X})^2$의 평균과 분산을 구해보자.

❶ X_1, $\cdots$, X_n이 $N(\mu, \sigma^2)$에서 확률표본일 때, $\dfrac{(n-1)S^2}{\sigma^2} \sim \chi^2_{(n-1)}$을 따른다.

❷ $E\left[\dfrac{(n-1)S^2}{\sigma^2}\right] = \dfrac{(n-1)}{\sigma^2} E(S^2) = n-1$이므로 $E(S^2) = \sigma^2$이다.

❸ $Var\left[\dfrac{(n-1)S^2}{\sigma^2}\right] = \dfrac{(n-1)^2}{\sigma^4} Var(S^2) = 2(n-1)$이므로 $Var(S^2) = \dfrac{2}{n-1}\sigma^4$이다.

① $X_1, \cdots, X_n$이 $N(\mu,\ \sigma^2)$에서 확률표본일 때, $S^2 = \dfrac{1}{n-1}\displaystyle\sum_{i=1}^{n}\left(X_i - \overline{X}\right)^2$의 평균과 분산은

$E(S^2) = \sigma^2$, $Var(S^2) = \dfrac{2}{n-1}\sigma^4$이다.

② $X_1, \cdots, X_n$이 평균이 μ이고 분산이 σ^2인 어느 모집단으로부터의 확률표본일 때,

$S^2 = \dfrac{1}{n-1}\displaystyle\sum_{i=1}^{n}\left(X_i - \overline{X}\right)^2$의 평균과 분산은 $E(S^2) = \sigma^2$, $Var(S^2) = \dfrac{1}{n}\left(\mu_4 - \dfrac{n-3}{n-1}\sigma^4\right)$이다.

※ $Var(S^2) = \dfrac{1}{n}\left(\mu_4 - \dfrac{n-3}{n-1}\sigma^4\right)$은 구하는 계산 과정이 매우 복잡하므로 생략하기로 한다.

(2) t-분포

확률변수 Z와 U가 서로 독립이고 각각 $Z \sim N(0,\ 1)$, $U \sim \chi^2_{(n)}$이라 하자. 자유도가 n인 t-분포는 다음과 같이 정의한다.

$$T = \frac{Z}{\sqrt{U/n}}, \quad Z \sim N(0,\ 1), \quad U \sim \chi^2_{(n)}$$

자유도 n인 t-분포의 확률밀도함수는 다음과 같다.

$$f(x) = \frac{\Gamma\left(\dfrac{\nu+1}{2}\right)}{\sqrt{\nu\pi}\,\Gamma\left(\dfrac{\nu}{2}\right)}\left(1 + \frac{x^2}{\nu}\right)^{-\left(\frac{\nu+1}{2}\right)}, \quad -\infty < x < \infty,\ \nu > 0\ (\nu\ :\ \text{자유도})$$

확률변수 X가 자유도 n인 t-분포를 따를 경우 다음과 같이 표현한다.

$$X \sim t_{(n)}$$

$X_1, \cdots, X_n$이 $N(\mu,\ \sigma^2)$에서 확률표본일 때 확률변수 $Z = \dfrac{\overline{X} - \mu}{\sigma/\sqrt{n}} \sim N(0,\ 1)$이고 확률변수

$U = \dfrac{(n-1)S^2}{\sigma^2} \sim \chi^2_{(n-1)}$을 따르며, $\overline{X}$와 S^2이 서로 독립이면 다음이 성립한다.

$$T = \frac{\overline{X} - \mu}{S/\sqrt{n}} = \left(\frac{\overline{X} - \mu}{\sigma/\sqrt{n}}\right)\Big/ \sqrt{\frac{(n-1)S^2}{\sigma^2}\Big/(n-1)} \sim t_{(n-1)}$$

① $X \sim t_{(n)}$일 때, $E(X) = 0$, $Var(X) = \dfrac{n}{n-2}$이다.

② t-분포는 $x = 0$을 중심으로 좌우대칭이다.

③ t-분포는 자유도가 증가함에 따라 표준정규분포 $N(0,\ 1)$에 수렴한다.

④ t-분포는 소표본에 주로 이용되는 분포이다.

5.5 $X_1,\ X_2,\ \cdots,\ X_n,\ X_{n+1}$을 $N(\mu,\ \sigma^2)$인 정규분포로부터 추출한 크기 $n+1$인 확률표본이라고 하자. 표본평균과 표본분산을 각각 $\overline{X}=\dfrac{\sum\limits_{i=1}^{n}X_i}{n}$ 와 $S^2=\dfrac{1}{n}\sum\limits_{i=1}^{n}\left(X_i-\overline{X}\right)^2$으로 정의하면 통계량 $V=\dfrac{c\left(\overline{X}-X_{n+1}\right)}{S}$ 이 t-분포를 따르기 위한 상수 c를 구해보자.

❶ $X_1,\ X_2,\ \cdots,\ X_n,\ X_{n+1}\sim N(\mu,\ \sigma^2)$을 따른다.

❷ $\overline{X}\sim N\left(\mu,\ \dfrac{\sigma^2}{n}\right)$을 따르고 $\overline{X}-X_{n+1}$의 분포는 기대값과 분산의 성질을 이용하여 다음과 같이 구할 수 있다.

$E(\overline{X}-X_{n+1})=E(\overline{X})-E(X_{n+1})=\mu-\mu=0$

$Var(\overline{X}-X_{n+1})=Var(\overline{X})+Var(X_{n+1})=\dfrac{\sigma^2}{n}+\sigma^2$이므로 $\overline{X}-X_{n+1}\sim N\left(0,\ \sigma^2+\dfrac{\sigma^2}{n}\right)$을 따른다.

❸ $\overline{X}-X_{n+1}$을 표준화하면 $\dfrac{\overline{X}-X_{n+1}}{\sqrt{\sigma^2+\dfrac{\sigma^2}{n}}}=\dfrac{\overline{X}-X_{n+1}}{\sqrt{\dfrac{(n+1)\sigma^2}{n}}}=Z\sim N(0,\ 1)$을 따른다.

❹ $X_1,\ \cdots,\ X_{n+1}$이 $N(\mu,\ \sigma^2)$에서 확률표본이고, $\overline{X}=\dfrac{1}{n}\sum\limits_{i=1}^{n}X_i,\ S^2=\dfrac{1}{n}\sum\limits_{i=1}^{n}\left(X_i-\overline{X}\right)^2$으로 정의한다면, $\overline{X}$와 S^2은 독립이며, $\dfrac{nS^2}{\sigma^2}=\dfrac{\sum\limits_{i=1}^{n}\left(X_i-\overline{X}\right)^2}{\sigma^2}\sim\chi^2_{(n-1)}$을 따른다.

❺ 확률변수 Z와 U가 서로 독립이고 각각 $Z\sim N(0,\ 1),\ U\sim\chi^2_{(n)}$을 따르면 자유도가 n인 t-분포는 $T=\dfrac{Z}{\sqrt{U/n}}$으로 정의한다.

❻ $\dfrac{\overline{X}-X_{n+1}}{\sqrt{\dfrac{(n+1)\sigma^2}{n}}}\sim N(0,\ 1)$이고, $\dfrac{nS^2}{\sigma^2}\sim\chi^2_{(n-1)}$이므로 $\dfrac{\overline{X}-X_{n+1}}{\sqrt{\dfrac{(n+1)\sigma^2}{n}}}\Big/\sqrt{\dfrac{nS^2}{\sigma^2}/(n-1)}$ 은 자유도가 $n-1$인 t-분포를 따른다.

$\therefore\ \dfrac{\overline{X}-X_{n+1}}{\sqrt{\dfrac{(n+1)\sigma^2}{n}}}\Big/\sqrt{\dfrac{nS^2}{\sigma^2}/(n-1)}=\dfrac{\sqrt{n-1}\left(\overline{X}-X_{n+1}\right)}{\sqrt{(n+1)\sigma^2}}\Big/\sqrt{\dfrac{S^2}{\sigma^2}}$

$=\sqrt{\dfrac{n-1}{n+1}}\ \dfrac{\left(\overline{X}-X_{n+1}\right)}{S}\sim t_{(n-1)}$이 되어 $c=\sqrt{\dfrac{n-1}{n+1}}$ 이다.

(3) F-분포

F-분포는 분산분석, 또는 회귀분석에서 집단 간의 분산을 비교하는 검정에 주로 사용한다. 세 집단 이상의 모평균을 비교할 때에도 사용한다. 확률변수 U는 자유도가 m인 카이제곱분포를 따르고, 확률변수 V는 자유도가 n인 카이제곱분포를 따르며, U와 V가 상호 독립일 때, 자유도 (m, n)인 F-분포는 아래와 같이 정의한다.

$$F = \frac{U/m}{V/n}$$

자유도 (m,n)인 F-분포의 확률밀도함수는 다음과 같다.

$$f(x) = \frac{\sqrt{\dfrac{(mx)^m n^n}{(mx+n)^{m+n}}}}{x B\left(\dfrac{m}{2},\ \dfrac{n}{2}\right)} \quad (0 \le x < \infty,\ m > 0,\ n > 0)\ (m,\ n\ :\ 자유도)$$

확률변수 X가 자유도 $(m,\ n)$인 F-분포를 따를 경우 다음과 같이 표현한다.

$$X \sim F_{(m,\ n)}$$

PLUS ONE **F-분포의 특성**

① $X \sim F_{(m,\ n)}$일 때 $E(X) = \dfrac{n}{n-2}\,(n>2)$, $Var(X) = \dfrac{2n^2(m+n-2)}{m(n-2)^2(n-4)}\,(n>4)$ 이다.

② $X \sim F_{(m,\ n)}$일 때 $M_X(t)$는 존재하지 않는다.

③ $T \sim t_{(n)}$일 때 $T^2 \sim F_{(1,\ n)}$이다.

④ $X_1 \sim \chi^2_{(n_1)}$, $X_2 \sim \chi^2_{(n_2)}$이고 서로 독립이면, $\dfrac{X_1/n_1}{X_2/n_2} \sim F_{(n_1,\ n_2)}$이다.

⑤ X가 $F_{(m,\ n)}$을 따를 때 $\dfrac{1}{X}$의 분포는 $F_{(n,\ m)}$을 따른다.

⑥ $F_{(1-\alpha,\ m,\ n)} = \dfrac{1}{F_{(\alpha,\ n,\ m)}}$ 이 성립한다.

서로 독립인 두 정규모집단 $N(\mu_1,\ \sigma_1^2)$과 $N(\mu_2,\ \sigma_2^2)$으로부터 각각 m개와 n개의 랜덤표본을 얻었다고 가정하자. 그러면 다음과 같은 식이 성립한다.

$$U = \frac{(m-1)S_1^2}{\sigma_1^2} \sim \chi^2_{(m-1)}, \qquad V = \frac{(n-1)S_2^2}{\sigma_2^2} \sim \chi^2_{(n-1)}$$

U와 V는 서로 독립이므로, F-분포의 정의에 의해 최종적으로 다음과 같은 식이 성립한다.

$$F = \frac{S_1^2/\sigma_1^2}{S_2^2/\sigma_2^2} = \frac{\dfrac{(m-1)S_1^2}{\sigma_1^2}/(m-1)}{\dfrac{(n-1)S_2^2}{\sigma_2^2}/(n-1)} \sim F_{(m-1,\ n-1)}$$

(6) 표본분포 관련 분포도

확률분포와 표본분포들 간의 연관성을 정리하면 다음과 같다.

〈표 5.1〉 확률분포와 표본분포 관련 분포도

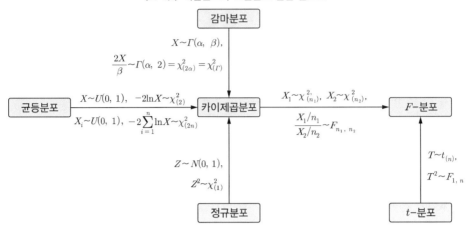

카이제곱분포는 감마분포의 특수한 형태로서 형상모수가 $\alpha = \dfrac{n}{2}$ 이고 척도모수가 $\beta = 2$ (혹은 비율

모수 $\beta = \dfrac{1}{2}$)인 감마분포로서 감마분포의 확률밀도함수와 적률생성함수를 기억하는 것이 카이제곱

분포를 이해하는 데 도움이 될 것이다.

4. 확률분포 간의 관계

(1) 모집단($X_1,\ X_2,\ \cdots,\ X_n$) 분포와 표본평균($\overline{X}$) 분포의 관계

① 유한모집단(비복원추출)에 의한 표본평균의 표본분포에 대해서 다음이 성립한다.

$$E\left(\overline{X}\right) = \mu,\ \ Var\left(\overline{X}\right) = \sigma_{\overline{X}}^2 = \frac{N-n}{N-1}\frac{\sigma^2}{n}$$

여기서, $\dfrac{N-n}{N-1}$ 을 유한모집단수정계수(Finite Population Correction Factor)라고 한다.

② 무한모집단(복원추출)에 의한 표본평균의 표본분포에 대해서 대해서 다음이 성립한다.

$$E\left(\overline{X}\right) = \mu,\ \ Var\left(\overline{X}\right) = \sigma_{\overline{X}}^2 = \frac{\sigma^2}{n}$$

여기서, $\sqrt{Var\left(\overline{X}\right)} = \sigma_{\overline{X}} = \dfrac{\sigma}{\sqrt{n}}$ 를 표본평균 $\overline{X}$의 표준오차(Standard Error)라 한다.

(2) 중심극한정리(Central Limit Theorem)

중심극한정리란 표본의 크기가 충분히 크면(대략 $n \geq 30$이면 대표본으로 간주) 모집단의 분포와 관계없이 표본평균 $\overline{X}$의 분포는 기대값이 모평균 μ이고, 분산이 $\dfrac{\sigma^2}{n}$인 정규분포로 분포 수렴한다. 중심극한정리에서 가장 중요한 것은 모분포에 대해 특정한 형태를 필요로 하지 않는다는 점이다.

$$\overline{X} \xrightarrow[n \to \infty]{d} N\left(\mu, \ \frac{\sigma^2}{n}\right)$$

일반적으로 $n \geq 30$이면 대표본으로 간주하여 중심극한정리를 적용하며, 표본평균 $\overline{X}$의 분포를 정규분포라 가정하고 확률 등을 근사적으로 계산한다. 중심극한정리의 응용으로 모분포의 형태에 관계없이 표본의 크기가 충분히 크고, 유한한 평균과 분산만 존재한다면 확률변수 Z_n의 분포는 표준정규분포 $N(0, \ 1)$로 수렴한다는 것과 표본합 $\sum\limits_{i\,=\,1}^{n} X_i$의 분포를 그에 상응하는 정규분포로 근사시킬 수 있다. 즉, 많은 확률분포들이 정규분포와 연관성이 있으며 중심극한정리에 의해 모분포의 형태에 관계없이 표본의 크기가 충분히 크고, 유한한 평균과 분산만 존재한다면 모든 분포는 정규분포에 근사하게 된다. 단, 코쉬분포는 평균과 분산이 존재하지 않기 때문에 중심극한정리를 적용할 수 없다.

(3) 이항분포의 정규근사

확률변수 X가 이항분포 $B(n, \ p)$를 따른다고 할 때, $np > 5$이고 $n(1-p) > 5$이면, 이 분포는 정규분포 $N(np, \ npq)$에 근사한다. 이를 이용하여 다음과 같이 근사적으로 확률을 구할 수 있다.

$$P(a < X < b) \approx P\left(\frac{a - np}{\sqrt{npq}} < \frac{X - np}{\sqrt{npq}} < \frac{b - np}{\sqrt{npq}}\right)$$

예제

5.6 [예제 3.12]의 공정한 동전을 던지는 실험을 1000번 독립시행했을 경우 앞면이 나올 횟수가 480번과 520번 사이에 있을 확률이 적어도 몇 %보다 큰지 체비세프 부등식을 이용하여 구해보았다. 이항분포의 정규근사를 이용해서 실질적으로 공정한 동전을 던지는 실험을 1,000번 독립시행했을 경우 앞면이 나올 횟수가 480번과 520번 사이에 있을 확률을 구해보자.

❶ 동전 던지기 실험에서 앞면이 나올 횟수를 확률변수 X라 하면 $X \sim B(1000, \ 0.5)$인 이항분포를 따르므로, $E(X) = \mu = np = 500$, $Var(X) = \sigma^2 = npq = 250$이다.

❷ $np > 5$이고 $nq > 5$이므로, 이항분포의 정규근사 조건을 만족한다.

❸ $X \sim N(500, \ \sqrt{250}^2)$을 따르므로 구하고자 하는 확률은 다음과 같다.

$$P(480 \leq X \leq 520) = P\left(\frac{480 - 500}{\sqrt{250}} \leq Z \leq \frac{520 - 500}{\sqrt{250}}\right)$$
$$= P(-1.265 \leq Z \leq 1.265) = 0.7941 \text{이 된다.}$$

(4) 표본비율 $\hat{p}$의 표본분포

성공의 확률이 p인 모집단에서 독립적으로 크기 n의 표본을 추출했다고 하자. 중심극한정리에 의해서 표본비율 $\overline{X} = \dfrac{X}{n}$의 분포는 근사적으로 평균이 p이고 분산이 $\dfrac{p(1-p)}{n}$인 정규분포에 근사한다. 일반적으로 $np > 5$이고 $n(1-p) > 5$이면 이항분포의 정규근사에 따라 아래와 같이 된다.

$$Z = \frac{\hat{p} - p}{\sqrt{p(1-p)/n}} \sim N(0, \ 1)$$

하지만 위 식에서 $\hat{p}$의 표준오차에 다시 p가 들어 있기 때문에, 이 p에 $\hat{p}$을 대입하여 표본비율 $\hat{p} = \dfrac{X}{n}$의 분포를 구하면 아래와 같다.

$$Z = \frac{\hat{p} - p}{\sqrt{\hat{p}(1-\hat{p})/n}} \sim N(0, \ 1)$$

여기서, $\sqrt{Var(\hat{p})} = \sqrt{\dfrac{\hat{p}(1-\hat{p})}{n}}$을 표본비율 $\hat{p}$의 표준오차(Standard Error)라 한다.

5. 확률변수의 함수의 분포

확률변수의 함수로 표현되는 새로운 확률변수의 분포는 일반적으로 3가지 방법(누적분포함수를 이용한 방법, 변수변환을 이용한 방법, 적률생성함수를 이용한 방법)을 통해 그 분포를 구할 수 있다. 이 중 누적분포함수를 이용한 방법과 변수변환을 이용한 방법에 대해 알아보기로 한다.

(1) 누적분포함수를 이용한 방법(CDF Method)

기존 확률변수의 분포함수를 이용하여 새로운 확률변수의 분포함수를 유도하여 분포를 구하는 방법으로 일반적으로 가장 많이 사용하는 방법이다.

예제

5.7 확률변수 X가 다음과 같은 $Beta(\lambda, 1)$를 따른다고 할 때, $Y = -\ln X$의 확률밀도함수를 누적분포함수를 이용해 구해보자.

$$f(x) = \lambda x^{\lambda - 1}, \quad 0 < x < 1, \quad \lambda > 0$$

❶ Y의 분포함수 $F_Y(y)$는 아래와 같다.

$F_Y(y) = P(Y \leq y) = P(-\ln X \leq y) = P(\ln X \geq -y) = 1 - P(\ln X < -y)$

$\qquad = 1 - P(X < e^{-y})$

❷ 확률변수 X의 확률밀도함수를 통해 분포함수를 구하면 다음과 같다.

$$F_X(x) = \begin{cases} 0, & x \leq 0 \\ x^\lambda, & 0 < x < 1 \\ 1, & x \geq 1 \end{cases}$$

❸ $Y = -\ln X$라 하였으므로 다음과 같은 식이 성립한다.

$$F_Y(y) = 1 - P(X < e^{-y}) = \begin{cases} 1, & y \leq 0 \\ 1 - e^{-\lambda y}, & y > 0 \end{cases}$$

❹ Y의 확률밀도함수 $f_Y(y)$는 $F_Y(y)$의 1차 미분이므로 다음과 같다.

$$\frac{d}{dy}F_Y(y) = f_Y(y) = \begin{cases} \lambda e^{-\lambda y}, & y > 0 \\ 0, & \text{elsewhere} \end{cases}$$

(2) 변수변환을 이용한 방법 (Transformation Method)

일반적으로 분포함수를 이용한 방법을 가장 많이 사용하지만, 특정한 조건을 만족하는 경우 변수변환을 이용하여 쉽게 분포를 구할 수 있다. 이를 위해 필요한 변수변환정리는 다음과 같다.

> X의 확률밀도함수를 $f_X(x)$라 하고, 함수 $g(x)$는 $f_X(x)$의 정의역 구간에서 단조함수[7]라 하자. 그러면 확률변수 $Y = g(X)$의 확률밀도함수는 다음과 같다.
> $$f_Y(y) = \left| \frac{\partial x}{\partial y} \right| f_X(x), \quad x = g^{-1}(y)$$

예제

5.8 확률변수 X가 다음과 같은 $Beta(\lambda, 1)$를 따른다고 할 때, $Y = -\ln X$의 확률밀도함수를 변수변환을 이용해 구해보자.

> $$f(x) = \lambda x^{\lambda - 1}, \quad 0 < x < 1, \quad \lambda > 0$$

❶ $Y = -\ln X$은 단조함수이고, 정의역 $0 < x < 1$에서 $X = e^{-Y}$이다.

❷ $dx = -e^{-y}dy$이므로 $Y = -\ln X$의 확률밀도함수는 다음과 같이 바로 구할 수 있다.

$$f_Y(y) = \left| \frac{\partial x}{\partial y} \right| f_X(x) = e^{-y} \cdot \lambda e^{-y(\lambda-1)} = \lambda e^{-\lambda y}, \ 0 < y < \infty$$

❸ $X \sim Beta(\lambda, 1)$일 때 $Y = -\ln X$은 $\epsilon(\lambda)$을 따른다.

---

[7] **단조함수** : 실변수의 실함수 $f(x)$에 대하여 $a < b$일 때 $f(a) \leq f(b)$가 성립하면 함수 $f(x)$를 단조증가함수라 하고, $a < b$일 때 $f(a) \geq f(b)$가 성립하면 함수 $f(x)$를 단조감소함수라고 한다. 즉, 선택된 범위 내에서 항상 증가하거나 감소하는 함수를 단조함수라 한다.

(3) 2차원 이상 확률변수의 함수의 분포

2개 이상의 확률변수의 함수로 표현되는 새로운 확률변수의 분포를 구하는 데에는 다음의 정리를 사용하면 편리하다.

두 확률변수 X와 Y의 결합분포함수가 $f_{X,\,Y}(x,\,y)$라 하고, X를 고정시켰을 때, $W = t(X,\,Y)$가 Y에 대한 단조감소 또는 단조증가함수라 하면 W의 확률밀도함수는 다음과 같다.

$$f_W(w) = \int \left| \frac{\partial y}{\partial w} \right| f_{XY}(x,\,y)dx$$

단, x의 적분구간은 문제에 맞게 설정한다.

위의 정리를 바탕으로 하여 두 확률변수의 다양한 함수의 분포를 구할 수 있다. 대표적인 경우의 확률밀도함수를 몇 가지 정리하면 다음과 같다.

두 확률변수 X와 Y의 결합분포함수가 $f(x,y)$일 때 다음이 성립한다.

① $A = X + Y$의 확률밀도함수 : $f_A(a) = \int f(x,\,a - x)dx$

② $B = X - Y$의 확률밀도함수 : $f_B(b) = \int f(x,\,x - b)dx$

③ $C = XY$의 확률밀도함수 : $f_C(c) = \int \left| \frac{1}{x} \right| f\left(x,\,\frac{c}{x}\right)dx$

④ $W = \dfrac{Y}{X}$의 확률밀도함수 : $f_W(w) = \int |x| f(x,\,wx)dx$

위의 정리는 $f_W(w) = \int \left| \dfrac{\partial y}{\partial w} \right| f_{XY}(x,\,y)dx$를 이용하여 다음과 같이 쉽게 증명할 수 있다.

① $A = X + Y$이므로 $Y = A - X$가 되어, $\dfrac{\partial Y}{\partial A} = 1$이 된다.

② $B = X - Y$이므로 $Y = X - B$가 되어, $\dfrac{\partial Y}{\partial B} = -1$이 된다.

③ $C = XY$이므로 $Y = \dfrac{C}{X}$가 되어, $\dfrac{\partial Y}{\partial C} = \dfrac{1}{X}$이 된다.

④ $W = \dfrac{Y}{X}$이므로 $Y = WX$가 되어, $\dfrac{\partial Y}{\partial W} = X$가 된다.

5.9 확률변수 X가 균일분포 $U(0,\ 1)$을 따를 때, 임의로 뽑은 $X_1,\ X_2,\ X_3$에 대하여 $W=X_1+X_2+X_3$의 확률밀도함수와 분포의 형태를 알아보자.

❶ $U=X_1+X_2$라 하면 결합확률밀도함수는 $f(x_1,\ x_2)=1,\ 0\le x_1\le 1,\ 0\le x_2\le 1$이다.

❷ $U=X_1+X_2$의 확률밀도함수는 $f_U(u)=\int\left|\dfrac{\partial x_2}{\partial u}\right|f(x_1,\ u-x_1)dx_1$이고, 여기서 $\left|\dfrac{\partial x_2}{\partial u}\right|=1$이 된다. 하지만 u에 따른 x_1의 범위에 유의해야 한다.

❸ $u=x_1+x_2$이므로 $0\le u\le 2,\ 0\le x_1\le 1$이고, $0\le x_2=u-x_1\le 1$이므로 $u-1\le x_1\le u$이다. 즉, 적분구간은 $\{0\le x_1\le 1,\ u-1\le x_1\le u,\ 0\le u\le 2\}$이 되고 이를 그래프로 나타내면 다음과 같다.

〈표 5.2〉 적분구간에 대한 그래프

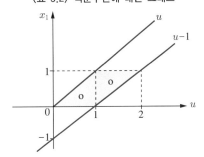

❹ 적분구간에 대한 그래프로부터 x_1의 범위는 $0\le u\le 1$일 때, $0\le x_1\le u$이고, $1<u\le 2$일 때, $u-1\le x_1\le 1$이다.

∴ $U=X_1+X_2$의 확률밀도함수는 다음과 같이 구할 수 있다.

$$f_U(u)=\int f(x_1,\ u-x_1)dx_1$$

$$=\begin{cases}\displaystyle\int_0^u 1dx_1=u, & 0\le u\le 1\\[2mm]\displaystyle\int_{u-1}^1 1dx_1=2-u, & 1<u\le 2\\[2mm]0, & \text{elsewhere}\end{cases}$$

❺ $f_U(u)$의 분포를 그래프로 나타내면 다음과 같고, 이 분포를 삼각형분포(Triangular Distribution)라고 한다.

〈표 5.3〉 삼각형분포(Triangular Distribution)

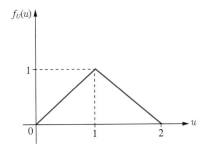

❻ $W = U + X_3$라 하면 결합확률밀도함수는 U와 X_3이 서로 독립이므로 $f(u, x_3) = f(u)$, $0 \le u \le 2$, $0 \le x_2 \le 1$이다.

❼ $W = U + X_3$의 확률밀도함수는 $f_W(w) = \int \left| \dfrac{\partial x_3}{\partial w} \right| f(u, w-u) du = \int f(u) du$이고,

여기서 $\left| \dfrac{\partial x_3}{\partial w} \right| = 1$이 된다. 하지만 w에 따른 u의 범위에 유의해야 한다.

❽ $w = u + x_3$이므로 $0 \le u \le 2$, $0 \le w - u \le 1$, $0 \le w \le 3$이므로 적분구간은 $\{0 \le u \le 2, \ w - 1 \le u \le w, \ 0 \le w \le 3\}$이 되고 이를 그래프로 나타내면 다음과 같다.

〈표 5.4〉 적분구간에 대한 그래프

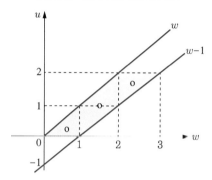

❾ 적분구간에 대한 그래프로부터 u의 범위는 $0 \le w \le 1$일 때, $0 \le u \le w$이고, $1 < w \le 2$일 때, $w - 1 \le u \le w$이며, $2 < w \le 3$일 때 $w - 1 \le u \le 2$이다.

∴ $W = U + X_3$의 확률밀도함수는 다음과 같이 구할 수 있다.

$$f_W(w) = \int f(u, w-u) du$$

$$= \begin{cases} \displaystyle\int_0^w u\, du = \frac{1}{2} w^2, & 0 \le w \le 1 \\[2mm] \displaystyle\int_{w-1}^1 u\, du + \int_1^w (2-u) du = -\left(w - \frac{3}{2} \right)^2 + \frac{3}{4}, & 1 < w \le 2 \\[2mm] \displaystyle\int_{w-1}^2 (2-u) du = \frac{1}{2}(w-3)^2, & 2 < w \le 3 \\[2mm] 0, & \text{elsewhere} \end{cases}$$

❿ $f_W(w)$의 분포를 그래프로 나타내면 다음과 같고, 이 분포는 2차 곡선의 형태로 나타난다.

〈표 5.5〉 2차 곡선의 형태의 $f_W(w)$ 분포

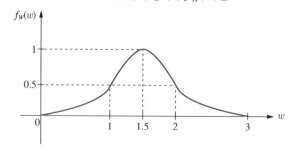

⓫ 결과적으로 $U(0, 1)$에서 표본을 2개 뽑은 합의 분포는 삼각형 형태로 나타나며, 표본을 3개 뽑은 합의 분포는 2차 곡선의 형태로 나타나므로 표본의 크기를 증가시킴에 따라 중심극한정리에 의해 표본합의 분포는 빠르게 정규분포에 근사함을 알 수 있다.

확률변수의 함수의 확률분포를 파악하는 더 일반적인 방법을 알아보도록 하자.

두 확률변수 X_1, X_2의 결합확률밀도함수가 $f_{X_1, X_2}(x_1, x_2)$이고 새로운 확률변수 Y_1, Y_2가 존재하여 $Y_1 = u_1(X_1, X_2)$, $Y_2 = u_2(X_1, X_2)$이고 $X_1 = w_1(Y_1, Y_2)$, $X_2 = w_2(Y_1, Y_2)$라 하자. 여기서 (y_1, y_2)의 범위 T는 x_1과 x_2의 범위 S를 사용하여 상황에 맞게 결정한다. 다음과 같은 편미분 행렬의 행렬식 J를 자코비안(Jacobian)이라 정의한다.

$$J = \begin{vmatrix} \dfrac{\partial x_1}{\partial y_1} & \dfrac{\partial x_1}{\partial y_2} \\ \dfrac{\partial x_2}{\partial y_1} & \dfrac{\partial x_2}{\partial y_2} \end{vmatrix}$$

그러면 다음의 식이 성립한다.

$$\int \int f_{X_1, X_2}(x_1, x_2)dx_1 dx_2 = \int \int f_{X_1, X_2}[w_1(y_1, y_2), w_2(y_1, y_2)]|J|dy_1 dy_2$$

이를 사용하여 Y_1, Y_2의 결합확률밀도함수를 다음과 같이 구할 수 있다.

$$f_{Y_1, Y_2}(y_1, y_2) = \begin{cases} f_{X_1, X_2}[w_1(y_1, y_2), w_2(y_1, y_2)]|J|, & (y_1, y_2) \in T \\ 0, & \text{elsewhere} \end{cases}$$

예제

5.10 확률변수 X_1, X_2가 서로 독립이며, 각각 $\Gamma(\alpha, \lambda)$, $\Gamma(\beta, \lambda)$를 따를 때,

$U = \dfrac{X_1}{X_1 + X_2}$, $V = X_1 + X_2$으로 정의 한다면 확률변수 U의 분포가 $B(\alpha, \beta)$이 됨을 증명해보자.

❶ $U = \dfrac{X_1}{X_1 + X_2}$, $V = X_1 + X_2$이므로 u와 v의 영역은 $0 \le u < 1$이고 $0 \le v < \infty$이다.

❷ 이를 정리하면 $X_1 = UV$, $X_2 = V(1 - U)$이다.

❸ 자코비안 행렬식은 $|J| = \begin{vmatrix} \dfrac{\partial x_1}{\partial u} & \dfrac{\partial x_1}{\partial v} \\ \dfrac{\partial x_2}{\partial u} & \dfrac{\partial x_2}{\partial v} \end{vmatrix} = \begin{vmatrix} v & u \\ -v & 1-u \end{vmatrix} = v(1-u) + uv = v$이다.

❹ V, W의 결합확률밀도함수를 다음과 같이 구할 수 있다.

$$f_{U, V}(u, v) = \frac{1}{\Gamma(\alpha)\Gamma(\beta)\lambda^{\alpha+\beta}}(uv)^{\alpha-1}[v(1-u)]^{\beta-1}e^{-\frac{uv}{\lambda}}e^{-\frac{v(1-u)}{\lambda}}v$$

$$= \frac{1}{\Gamma(\alpha)\Gamma(\beta)\lambda^{\alpha+\beta}}u^{\alpha-1}(1-u)^{\beta-1}v^{\alpha+\beta-1}e^{-\frac{v}{\lambda}}, \quad 0 \le u < 1, \quad 0 \le v < \infty$$

❺ 위를 결합확률밀도함수를 바탕으로 U의 주변확률밀도함수를 구하면 다음과 같다.

$$
\begin{aligned}
f_U(u) &= \frac{u^{\alpha-1}(1-u)^{\beta-1}}{\Gamma(\alpha)\Gamma(\beta)} \int_0^\infty \frac{1}{\lambda^{\alpha+\beta}} v^{\alpha+\beta-1} e^{-\frac{v}{\lambda}} dv \\
&= \frac{u^{\alpha-1}(1-u)^{\beta-1}\Gamma(\alpha+\beta)}{\Gamma(\alpha)\Gamma(\beta)} \int_0^\infty \frac{1}{\Gamma(\alpha+\beta)\lambda^{\alpha+\beta}} v^{\alpha+\beta-1} e^{-\frac{v}{\lambda}} dv \\
&= \frac{u^{\alpha-1}(1-u)^{\beta-1}\Gamma(\alpha+\beta)}{\Gamma(\alpha)\Gamma(\beta)} \quad \because \int_0^\infty \frac{1}{\Gamma(\alpha+\beta)\lambda^{\alpha+\beta}} v^{\alpha+\beta-1} e^{-\frac{v}{\lambda}} dv = 1 \\
&= \frac{\Gamma(\alpha+\beta)}{\Gamma(\alpha)\Gamma(\beta)} u^{\alpha-1}(1-u)^{\beta-1}
\end{aligned}
$$

$\therefore Y = \dfrac{X_1}{X_1+X_2}$ 는 베타분포 $B(\alpha,\ \beta)$ 를 따른다.

---

(4) 순서통계량의 분포

$X_1,\ \cdots,\ X_n$ 이 확률밀도함수 $f(x)$ 와 누적분포함수 $F(x)$ 를 갖는 서로 독립이고 동일한 분포를 따르는 연속확률변수라 한다면 다음과 같이 통계량을 정의할 수 있다.

$$X_{(1)} = X_1,\ X_2,\ \cdots,\ X_n \ \text{중에서 최소값}$$
$$\vdots$$
$$X_{(k)} = X_1,\ X_2,\ \cdots,\ X_n \ \text{중에서 } k\text{번째 작은 값}$$
$$\vdots$$
$$X_{(n)} = X_1,\ X_2,\ \cdots,\ X_n \ \text{중에서 최대값}$$

위와 같이 통계량을 순서화 시킨 $X_{(1)} \le X_{(2)} \le \cdots \le X_{(n)}$ 을 확률변수 $X_1,\ X_2,\ \cdots,\ X_n$ 에 대응되는 순서통계량(Order Statistic)이라 하며, 이 순서통계량은 비모수적 방법에 많이 활용된다. 순서통계량의 확률밀도함수와 누적분포함수를 수식을 통해 구해보자. k번째 순서통계량인 $X_{(k)}$ 의 누적분포함수는 $F_k(x) = P[X_{(k)} \le x]$ 이다. 즉, n개의 관측값 중에서 x보다 작거나 같은 것이 최소한 k개 이상이다. 한 개의 관측값이 x보다 작거나 같을 확률이 $F(X) = P(X \le x)$ 이므로 $P[X_{(k)} \le x]$ 은 성공률이 $F(x)$ 인 실험을 n회 시행했을 때 k번 이상 성공할 확률 $F_k(x)$

$= P[X_{(k)} \le x] = \sum_{r=k}^{n} \binom{n}{r} [F(x)]^r [1-F(x)]^{n-r}$ 이다. 또한 k번째 순서통계량의 확률밀도함

수는 $F_k(x)$ 을 x에 대해 미분한 $f_k(x) = \dfrac{d}{dx} F_k(x)$ 으로 다음과 같이 구할 수 있다.

$$
\begin{aligned}
f_k(x) &= \sum_{r=k}^{n} \binom{n}{r} r [F(x)]^{r-1} f(x) [1-F(x)]^{n-r} - \sum_{r=k}^{n} \binom{n}{r} [F(x)]^r (n-r) [1-F(x)]^{n-r-1} f(x) \\
&= nf(x) \left\{ \sum_{r=k}^{n} \binom{n-1}{r-1} [F(x)]^{r-1} [1-F(x)]^{n-r} - \sum_{r=k}^{n-1} \binom{n-1}{r} [F(x)]^r [1-F(x)]^{n-r-1} \right\} \\
&= nf(x) \binom{n-1}{k-1} [F(x)]^{k-1} [1-F(x)]^{n-k}, \quad \because \binom{n}{r} r = n\binom{n-1}{r-1},\ \binom{n}{r}(n-r) = n\binom{n-1}{r} \\
&= \frac{n!}{(n-k)!(k-1)!} [F(x)]^{k-1} [1-F(x)]^{n-k} f(x)
\end{aligned}
$$

k번째 순서통계량의 확률밀도함수를 수리적인 방법으로 구하였다. 하지만 다음의 그림으로 k번째 순서통계량의 확률밀도함수를 직관적으로 이해하면 편리하다.

〈표 5.6〉 k번째 순서통계량의 확률밀도함수

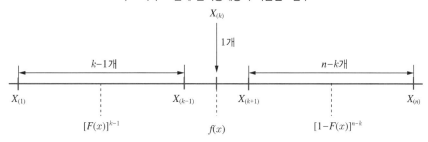

$X_{(k)} = x$이기 위해서는 1개의 관측값이 x이어야 되며, $(k-1)$개의 관측값은 x보다 작고 $(n-k)$개 관측값은 x보다 커야 한다. 즉, n개의 관측값 중에서 $F(x)$의 확률로 $(k-1)$개를, $1-F(x)$의 확률로 $(n-k)$개를 뽑고, 하나는 정확히 $X_{(k)} = x$의 확률 $f(x)$로 뽑으면 k번째 순서통계량의 확률밀도함수가 된다. 특히, 순서통계량의 분포 중 응용성이 높은 최소값 $X_{(1)}$과 최대값 $X_{(n)}$의 분포는 다음과 같다.

$$F_1(x) = P[X_{(1)} \le x] = 1 - P[X_{(1)} > x] = 1 - P(X_1 > x, \ X_2 > x, \ \cdots, \ X_n > x)$$
$$= 1 - [1 - F(x)]^n$$

$$f_1(x) = \frac{d}{dx} F_1(x) = n[1 - F(x)]^{n-1} f(x)$$

$$F_n(x) = P[X_{(n)} \le x] = P(X_1 \le x, X_2 \le x, \cdots, X_n \le x)$$
$$= [F(x)]^n$$

$$f_n(x) = \frac{d}{dx} F_n(x) = n[F(x)]^{n-1} f(x)$$

결과적으로 $X_1, \ \cdots, \ X_n$이 확률밀도함수 $f(x)$와 누적분포함수 $F(x)$를 갖는 서로 독립이고 동일한 분포를 따르는 연속확률변수일 경우 순서통계량 분포는 다음과 같이 정리할 수 있다.

---

① 최소값 $X_{(1)}$의 분포 : $F_1(x) = 1 - [1 - F(x)]^n$, $f_1(x) = n[1 - F(x)]^{n-1} f(x)$

② k번째 순서통계량의 분포 : $F_k(x) = \sum_{r=k}^{n} \binom{n}{r} [F(x)]^r [1 - F(x)]^{n-r}$,

$$f_k(x) = \frac{n!}{(n-k)!(k-1)!} [F(x)]^{k-1} [1 - F(x)]^{n-k} f(x)$$

③ 최대값 $X_{(n)}$의 분포 : $F_n(x) = [F(x)]^n$, $f_n(x) = n[F(x)]^{n-1} f(x)$

5.11 $X_1,\ \cdots,\ X_n$이 서로 독립이고 균일분포 $U(0,\ \lambda)$에서 뽑은 확률표본이라 할 때, 최대값에 대한 $E[X_{(n)}]$과 $Var[X_{(n)}]$을 구해보자.

❶ 최대값에 대한 누적분포함수는 다음과 같다.

$$F_n(x) = P[X_{(n)} \le x] = P(X_1 \le x,\ X_2 \le x,\ \cdots,\ X_n \le x)$$
$$= [F(x)]^n$$

❷ 누적분포함수를 x에 대해 미분해 다음과 같은 최대값의 확률밀도함수를 구할 수 있다.

$$f_n(x) = \frac{d}{dx} F_n(x) = n[F(x)]^{n-1} f(x)$$

❸ $X \sim U(0,\ \lambda)$일 때, $f(x) = \dfrac{1}{\lambda}$이고 $F(x) = \dfrac{x}{\lambda}$이므로 최대값의 확률밀도함수는 다음과 같다.

$$f_n(x) = n\left(\frac{x}{\lambda}\right)^{n-1} \frac{1}{\lambda} = \frac{nx^{n-1}}{\lambda^n},\ 0 \le x \le \lambda$$

❹ 최대값의 확률밀도함수를 이용하여 최대값의 평균과 분산을 구하면 다음과 같다.

$$E[X_{(n)}] = \int_0^\lambda x \frac{nx^{n-1}}{\lambda^n} dx = \frac{n}{\lambda^n} \int_0^\lambda x^n dx = \frac{n}{\lambda^n} \left[\frac{1}{n+1} x^{n+1}\right]_0^\lambda = \frac{n}{n+1}\lambda$$

$$E[(X_{(n)})^2] = \int_0^\lambda x^2 \frac{nx^{n-1}}{\lambda^n} dx = \frac{n}{\lambda^n} \int_0^\lambda x^{n+1} dx = \frac{n}{\lambda^n} \left[\frac{1}{n+2} x^{n+2}\right]_0^\lambda = \frac{n}{n+2}\lambda^2$$

$$Var[X_{(n)}] = E[(X_{(n)})^2] - \{E[X_{(n)}]\}^2 = \left[\frac{n}{n+2} - \left(\frac{n}{n+1}\right)^2\right]\lambda^2$$

01

기출 1987년

$F-$분포는 어떠한 것이며, 이의 이용에 대하여 설명하라.

01 해설

$F-$분포의 정의와 이용

① 확률변수 U는 자유도가 m인 카이제곱분포를 따르고, 확률변수 V는 자유도가 n인 카이제곱분포를 따르며 U와 V가 상호 독립일 때, $F=\dfrac{U/m}{V/n}$ 은 자유도가 $(m,\ n)$인 F분포를 따른다고 정의한다. 또한 확률변수 X가 자유도 $(m,\ n)$인 F분포를 따를 때 $X \sim F_{(m,\ n)}$으로 표현한다.

② 서로 독립인 두 정규모집단 $N(\mu_1,\ \sigma_1^2)$과 $N(\mu_2,\ \sigma_2^2)$으로부터 각각 m개와 n개의 랜덤표본을 얻었을 경우 다음이 성립한다.

$$F=\frac{S_1^2/\sigma_1^2}{S_2^2/\sigma_2^2}=\frac{\dfrac{(m-1)S_1^2}{\sigma_1^2}/(m-1)}{\dfrac{(n-1)S_2^2}{\sigma_2^2}/(n-1)} \sim F_{(m-1,\ n-1)}$$

위 식의 분자와 분모에서 각각은 아래와 같이 카이제곱분포를 따르며

$$U=\frac{(m-1)S_1^2}{\sigma_1^2} \sim \chi_{(m-1)}^2, \qquad V=\frac{(n-1)S_2^2}{\sigma_2^2} \sim \chi_{(n-1)}^2$$

U와 V는 서로 독립이므로, $F-$분포의 정의에 의해 자유도가 $(m-1,\ n-1)$인 $F-$분포를 따른다.

③ 또한, $t-$분포와 $F-$분포의 정의로부터 두 분포 사이에 다음의 관계가 성립함을 알 수 있다.

$t-$분포의 정의에 의해 $U \sim \chi_{(n)}^2$을 따를 때, $t=\dfrac{Z}{\sqrt{U/n}} \sim t_{(n)}$이고, Z와 U가 상호 독립이므로 $F-$분포의 정의에 의해 t^2은 자유도가 $(1,n)$인 $F-$분포를 따른다.

$$t^2 = \frac{Z^2}{U/n} = \frac{Z^2/1}{U/n} \sim F_{(1,n)}$$

④ 두 모분산의 동일성 검정, 분산분석, 회귀분석 등에서 나타나는 검정통계량은 흔히 제곱합의 비로 표현되며, 이런 통계량은 일반적으로 $F-$분포를 따른다.

이항분포, 포아송분포 및 정규분포와 이들의 관계에 대해 설명하시오.

02 해설

분포론(Distribution Theory)

① 이항분포의 포아송 근사

확률변수 X가 이항분포 $B(n,p)$을 따른다고 할 때 n이 커짐에 따라 p가 0으로 수렴하되 $np=\lambda$를 만족하면 이항분포는 포아송분포에 근사한다.

$$_nC_xp^x(1-p)^{n-x}=\frac{n!}{(n-x)!x!}p^x(1-p)^{n-x}=\frac{n!}{(n-x)!x!}\left(\frac{\lambda}{n}\right)^x\left(1-\frac{\lambda}{n}\right)^{n-x}$$

$$=\frac{n(n-1)\cdots(n-x+1)}{n^x}\frac{\lambda^x}{x!}\frac{(1-\lambda/n)^n}{(1-\lambda/n)^x}$$

$n\to\infty$이고 p가 충분히 작다면

$$\frac{n(n-1)\cdots(n-x+1)}{n^x}\approx1,\ \left(1-\frac{\lambda}{n}\right)^n\approx e^{-\lambda},\ \left(1-\frac{\lambda}{n}\right)^x\approx1$$이므로 아래가 성립한다.

$$\lim_{n\to\infty}{_nC_x}p^x(1-p)^{n-x}=\frac{\lambda^xe^{-\lambda}}{x!}$$

② 이항분포의 정규근사

$Y_1,\ \cdots,\ Y_n$이 성공률 p인 베르누이 분포에서 확률표본일 때 $X=\sum Y_i$는 이항분포 $B(n,\ p)$을 따른다. 그러므로 비율 추정량인 표본비율 $\hat{p}=\dfrac{X}{n}=\dfrac{\sum Y_i}{n}=\overline{Y}$는 실질적으로 베르누이 분포에서 표본평균에 해당된다. 이항분포의 기대값은 $E(X)=np$이고 분산은 $Var(X)=np(1-p)$이므로, 표본비율의 기대값과 분산은 각각 아래와 같다.

$$E(\hat{p})=E\left(\frac{X}{n}\right)=\frac{1}{n}E(X)=p,\ Var(\hat{p})=Var\left(\frac{X}{n}\right)=\frac{1}{n^2}Var(X)=\frac{p(1-p)}{n}$$

표본크기 n이 충분히 크다면, 흔히 $np>5$이고 $n(1-p)>5$이면 중심극한정리에 의해 아래와 같이 이항분포의 정규근사를 얻는다.

$$Z=\frac{\hat{p}-p}{\sqrt{p(1-p)/n}}\to N(0,\ 1)$$

③ 포아송분포의 정규근사

$Y_1,\ \cdots,\ Y_n$이 평균이 λ인 포아송분포에서 확률표본일 때 $X=\sum Y_i$는 포아송분포의 가법성에 의해 포아송분포 $Poisson(n\lambda)$을 따른다. $E(X)=n\lambda$이고 분산은 $Var(X)=n\lambda$이므로, 표본크기 n이 $n\to\infty$일 때, 중심극한정리에 의해 아래와 같이 포아송분포의 정규근사를 얻는다.

$$Z=\frac{X-n\lambda}{\sqrt{n\lambda}}\to N(0,\ 1)$$

표본통계량(Sample Statistic)과 표본분포(Sampling Distribution)에 관하여 설명하시오.

03 해설

표본통계량과 표본분포

① 표본통계량이란 미지의 모수를 포함하지 않는 랜덤표본 $X_1, \cdots, X_n$의 함수를 의미한다.

② 표본통계량을 구하는 목적은 이를 통해 모집단의 성격을 알고자 하는 것이다. 하지만 이 표본통계량이 해당 모집단의 성격을 얼마나 잘 측정해 주는지는 정확히 알 수 없다. 같은 통계량을 이용한다고 하더라도 매번 표본을 추출할 때마다 통계량의 값이 달라지기 때문이다.

③ 표본통계량 또한 확률변수로 어떤 표본이 뽑히느냐에 따라 그 값이 달라지므로 어떠한 형태로 변하는가를 조사함으로써 표본통계량의 분포를 알 수 있다. 이때 표본통계량의 분포를 표본분포라 한다.

④ 결과적으로 표본분포는 통계량의 확률분포로서 이를 통해 모집단의 특성을 추론할 수 있다.

정규분포를 따르는 모집단에서 추출한 확률표본으로부터 얻은 통계량의 분포와 관련하여 다음 물음에 답하시오.

(1) t – 분포, 카이제곱(χ^2)분포, F – 분포에 대하여 설명하시오.

(2) 통계적 추론에서 t – 분포, 카이제곱(χ^2)분포, F – 분포가 활용되는 예를 제시하시오. 제시한 예에서 사용된 통계량의 분포와 자유도를 제시하고, 그 이유를 (1)의 내용을 중심으로 설명하시오.

04 해설

(1) χ^2–분포, t – 분포, F – 분포

① χ^2–분포

카이제곱분포는 감마분포의 특수한 경우로서 $\alpha = \dfrac{n}{2}$, $\beta = \dfrac{1}{2}$ 인 경우를 자유도 n인 카이제곱분포라고 한다. 자유도가 n인 카이제곱분포의 확률밀도함수는 다음과 같다.

$$f(x) = \frac{1}{\Gamma(n/2)2^{\frac{n}{2}}}x^{\frac{n}{2}-1}e^{-\frac{x}{2}}, \quad x > 0, \ n > 0$$

확률변수 X가 자유도 n인 카이제곱분포를 따를 때 $X \sim \chi^2_{(n)}$와 같이 표현한다.

카이제곱분포의 특성은 다음과 같다.

㉠ $X \sim \chi^2_{(n)}$일 때, $E(X) = n$, $Var(X) = 2n$이다.

㉡ $X \sim \chi^2_{(n)}$일 때, $M_X(t) = (1-2t)^{-\frac{k}{2}}$이다. 단 $t < \dfrac{1}{2}$

㉢ $Z_1, \cdots, Z_n$이 $N(0,\ 1)$에서 확률표본일 때, $Z^2 \sim \chi^2_{(1)}$이고, $Y = Z_1^2 + \cdots + Z_n^2 \sim \chi^2_{(n)}$을 따른다.

㉣ $X_1, \cdots, X_n$이 $N(\mu,\ \sigma^2)$에서 확률표본이고, $\overline{X} = \dfrac{1}{n}\sum\limits_{i=1}^{n}X_i, S^2 = \dfrac{1}{n-1}\sum\limits_{i=1}^{n}\left(X_i - \overline{X}\right)^2$으로 정의한다면, $\overline{X}$와 S^2

은 독립이며, $\dfrac{(n-1)S^2}{\sigma^2} = \dfrac{\sum\limits_{i=1}^{n}\left(X_i - \overline{X}\right)^2}{\sigma^2} \sim \chi^2_{(n-1)}$을 따른다. 이는 Student's Theorem 중 일부이다.

㉤ $X_1, \cdots, X_k$가 상호독립이고 $X_i \sim \chi^2_{(r_i)}$, $i = 1, \cdots, k$일 때, $Y = X_1 + \cdots + X_k$는 자유도$(r_1 + \cdots + r_k)$인 카이제곱분포 $\chi^2_{(r_1 + \cdots + r_k)}$를 따른다. 이를 카이제곱분포의 가법성이라 한다.

㉥ $X \sim \Gamma(\alpha,\ \beta)$이고 β가 척도모수일 때 $Y = \dfrac{2X}{\beta} \sim \Gamma(\alpha,\ 2) = \chi^2_{(2\alpha)} = \chi^2_{(r)}$이다.

㉦ $X \sim U(0,\ 1)$일 때, $Y = -2\ln X \sim \chi^2_{(2)}$이다.

㉧ $X_1, \cdots, X_n \sim U(0,\ 1)$이고 서로 독립이면, $Y = -2\sum\limits_{i=1}^{n}\ln X \sim \chi^2_{(2n)}$이다.

② t-분포

    확률변수 Z는 평균이 0이고 표준편차가 1인 표준정규분포를 따르고, 확률변수 U는 자유도가 k인 카이제곱분포를 따르며, Z와 U가 서로 독립일 경우 자유도가 k인 t분포는 다음과 같이 정의한다.

$$T = \frac{Z}{\sqrt{U/k}}, \quad Z \sim N(0, 1), \ U \sim \chi^2_{(k)}$$

    확률변수 X가 자유도 n인 t분포를 따를 때 $X \sim t_{(n)}$와 같이 표현한다.

    t-분포의 특성은 다음과 같다.

    ㉠ $X \sim t_{(n)}$일 때, $E(X) = 0$, $Var(X) = \dfrac{k}{k-2}$이다.

    ㉡ t-분포는 $x = 0$을 중심으로 좌우대칭이다.

    ㉢ t-분포는 자유도가 증가함에 따라 표준정규분포에 수렴한다.

    ㉣ t-분포는 소표본에 주로 이용되는 분포이다.

③ F-분포

    확률변수 U는 자유도가 m인 카이제곱분포를 따르고, 확률변수 V는 자유도가 n인 카이제곱분포를 따르며 U와 V가 상호 독립일 때, 자유도 (m, n)인 F분포는 다음과 같이 정의한다.

$$F = \frac{U/m}{V/n}$$

    확률변수 X가 자유도 (m, n)인 F분포를 따를 때 $X \sim F_{(m, n)}$와 같이 표현한다.

    F-분포의 특성은 다음과 같다.

    ㉠ $X \sim F_{(m, n)}$일 때 $E(X) = \dfrac{n}{n-2}(n > 2)$, $Var(X) = \dfrac{2n^2(m+n-2)}{m(n-2)^2(n-4)}$ $(n > 4)$이다.

    ㉡ $X \sim F_{(m, n)}$일 때 $M_X(t)$는 존재하지 않는다.

    ㉢ $T \sim t_{(n)}$일 때 $T^2 \sim F_{(1, n)}$이다.

    ㉣ $X_1 \sim \chi^2_{(n_1)}$, $X_2 \sim \chi^2_{(n_2)}$이고 서로 독립이면, $\dfrac{X_1/n_1}{X_2/n_2} \sim F_{(n_1, n_2)}$이다.

    ㉤ X가 $F_{(m, n)}$을 따를 때 $\dfrac{1}{X}$의 분포는 $F_{(n, m)}$을 따른다.

    ㉥ $F_{(1-\alpha, m, n)} = \dfrac{1}{F_{(\alpha, n, m)}}$이 성립한다.

(2) χ^2-분포, t-분포, F-분포

① χ^2-분포

    모평균 μ를 추정하기 위해 표본평균 $\overline{X}$를 이용하고 모분산 σ^2을 추정하기 위해 표본분산 S^2을 이용한다. 또한 모평균 μ에 대한 추론문제를 다루기 위해서는 $\overline{X}$의 분포를 알아야 하며 모분산 σ^2에 대한 추론문제에서는 S^2과 관련된 분포를 알아야 한다. 카이제곱분포는 모분산 σ^2이 어떤 특정한 값 σ_0^2을 갖는지 여부를 검정하는데 사용되는 분포이며 이때의 검정통계량은 다음과 같다.

$$\chi^2 = \frac{\sum_{i=1}^{n} \left(X_i - \overline{X} \right)^2}{\sigma_0^2} \sim \chi^2_{(n-1)}$$

또한 두 범주형 변수 간의 연관성 및 동질성을 검정할 때 역시 사용된다. 예를 들어 각각의 범주가 k와 r개로 이루어진 범주형 자료에서 두 변수 간의 연관성 및 동질성 검정을 위한 검정통계량은 다음과 같다.

$$\chi^2 = \sum_{i=1}^{r} \sum_{j=1}^{k} \frac{(O_{ij} - E_{ij})^2}{E_{ij}} \sim \chi^2_{(r-1)(k-1)}$$

여기서, O_{ij}는 관측도수를 나타내며, E_{ij}는 기대도수를 나타낸다.

비모수적 방법으로 단일표본에서 한 변수의 범주 값에 따라 기대빈도와 관측빈도 간에 유의한 차이가 있는지를 검정하는 카이제곱 적합성 검정이 있으며 이를 위한 검정통계량은 다음과 같다.

$$\chi^2 = \sum_{i=1}^{k} \frac{(O_i - E_i)^2}{E_i} \sim \chi^2_{(k-1)}$$

② $t-$분포

$X_1, \cdots, X_n$이 $N(\mu, \sigma^2)$에서 확률표본일 때 확률변수 $Z = \dfrac{\overline{X} - \mu}{\sigma/\sqrt{n}} \sim N(0, 1)$을 따르고 확률변수

$U = \dfrac{(n-1)S^2}{\sigma^2} \sim \chi^2_{(n-1)}$을 따르며, $\overline{X}$와 S^2이 서로 독립이면 다음이 성립한다.

$$T = \frac{\overline{X} - \mu}{S/\sqrt{n}} = {}'\left(\frac{\overline{X} - \mu}{\sigma/\sqrt{n}}\right) \bigg/ \sqrt{\frac{(n-1)S^2}{\sigma^2} \bigg/ (n-1)} \sim t_{(n-1)}$$

즉, t분포의 정의에 의해 주어진 t통계량은 자유도 $n-1$을 따른다. t분포는 주로 소표본($n<30$)에서 모평균 μ가 특정한 값을 갖는지 여부를 검정하는데 사용하며, 모평균 μ에 대한 신뢰구간을 구하는데 사용한다.

③ $F-$분포

서로 독립인 두 정규모집단 $N(\mu_1, \sigma_1^2)$과 $N(\mu_2, \sigma_2^2)$으로부터 각각 m개와 n개의 랜덤표본을 얻었을 경우 다음이 성립한다.

$$F = \frac{S_1^2/\sigma_1^2}{S_2^2/\sigma_2^2} = \frac{\dfrac{(m-1)S_1^2}{\sigma_1^2} \big/ (m-1)}{\dfrac{(n-1)S_2^2}{\sigma_2^2} \big/ (n-1)} \sim F_{(m-1,\ n-1)}$$

위 식의 분자와 분모에서 각각은 다음과 같이 카이제곱분포를 따르며

$$U = \frac{(m-1)S_1^2}{\sigma_1^2} \sim \chi^2_{(m-1)}, \quad V = \frac{(n-1)S_2^2}{\sigma_2^2} \sim \chi^2_{(n-1)}$$

U와 V는 서로 독립이므로, F분포의 정의에 의해 주어진 F통계량은 자유도 $(m-1,\ n-1)$을 따른다. F분포는 두 모분산에 대한 동일성 검정 및 분산분석과 회귀분석에서 집단 간 분산비 검정에 주로 사용하며, 집단 간 분산비에 대한 신뢰구간을 구하는데 사용한다.

④ t분포와 F분포의 정의로부터 두 분포 사이에 다음의 관계가 성립함을 알 수 있다.

t분포의 정의에 의해 $Z \sim N(0, 1)$, $U \sim \chi^2_{(n)}$을 따르고 Z와 U가 상호 독립이면 $T = \dfrac{Z}{\sqrt{U/n}} \sim t_{(n)}$이고, F분포의 정의에 의해 T^2은 자유도가 $(1,\ n)$인 F분포를 따른다.

$$T^2 = \frac{Z^2}{U/n} = \frac{Z^2/1}{U/n} \sim F_{(1,\ n)}$$

⑤ χ^2-분포, $t-$분포, $F-$분포는 모두 자유도에 의존해 확률을 구하는 분포이다.

05

기출 2005년

수식을 사용하지 않고 중심극한정리(Central Limit Theorem)의 의미와 그 중요성에 대하여 기술하시오.

05 해설

중심극한정리(Central Limit Theorem)

① 중심극한정리란 표본의 크기가 충분히 크면(대략 $n \geq 30$이면 대표본으로 간주) 모집단의 분포와 관계없이 표본평균 $\overline{X}$의 분포는 기대값이 모평균 μ이고, 분산이 $\dfrac{\sigma^2}{n}$인 정규분포에 근사한다는 정리이다.

② 중심극한정리는 모분포에 대해 특정한 꼴을 필요로 하지 않는다. 즉, 모분포의 형태에 관계없이 표본의 크기가 충분히 크고, 유한한 평균과 분산만 존재한다면 확률변수 Z의 분포는 표준정규분포 $N(0, 1)$로 수렴한다는 것이다.

③ 중심극한정리의 응용으로 표본합 $\displaystyle\sum_{i=1}^{n} X_i$의 분포를 그에 상응하는 정규분포로 근사시킬 수 있다.

06

기출 2006년

어떤 제품의 품질변수 X가 평균이 μ, 분산이 4인 정규분포를 따르고, 제품의 규격은 $8 \leq X \leq 12$ 이다. X가 규격 내에 속하면 A 원의 이익이, $X < 8$이면 B원의 손실이, $X > 12$이면 C원의 손실이 발생한다. 다음 물음에 답하시오.

〈참고〉
• 아래의 표준정규확률변수 Z의 근사적 성질을 이용하시오.
  $P(-1 \leq Z \leq 1) = 0.68$, $P(-2 \leq Z \leq 2) = 0.95$, $P(-3 \leq Z \leq 3) = 0.99$
• 표준정규누적확률함수의 기호 $\Phi(\ \bullet\ )$을 사용하시오.

(1) μ가 10인 경우와 12인 경우에 대하여, 규격 상한을 초과할 확률과 규격 내에 속할 확률을 각각 구하고, μ가 증가할 때 각 확률의 변화를 설명하시오.

(2) 현재 μ가 10이라고 알고 있으며, 연속적으로 제조될 100개의 제품 중에서 90개 이상이 규격 내에 속하면 변수의 분산이 감소된 것으로 판단한다. 실제 분산이 4인데도 분산이 감소된 것으로 판단할 확률을 구하시오.

(3) μ가 8인 경우에 최초로 규격 상한을 초과하는 제품은 몇 번째일 것으로 기대하는가?

(4) 이 제품의 제조 과정에서 변수 X의 평균 μ를 조정할 수 있다고 한다. 기대이익을 최대로 하는 μ의 값을 결정할 수 있는지를 설명하시오.

06 해설

(1) 확률의 변화

① $\mu = 10$인 경우 규격 상한을 초과할 확률 $X > 12$은 다음과 같다.

$$P(X > 12 \,|\, \mu = 10) = P\left(Z > \frac{12-10}{2}\right) = P(Z > 1) = 1 - P(Z < 1) = 1 - \Phi(1) = 1 - 0.84 = 0.16$$

② $\mu = 12$인 경우 규격 상한을 초과할 확률 $X > 12$은 다음과 같다.

$$P(X > 12 \,|\, \mu = 12) = P\left(Z > \frac{12-12}{2}\right) = P(Z > 0) = 1 - P(Z < 0) = 1 - \Phi(0) = 1 - 0.5 = 0.5$$

③ $\mu = k$인 경우 규격 상한을 초과할 확률 $X > 12$은 다음과 같다.

$$P(X > 12 \,|\, \mu = k) = P\left(Z > \frac{12-k}{2}\right) = 1 - P\left(Z < \frac{12-k}{2}\right)$$

즉, k가 증가할 때 위의 확률이 증가되므로 μ가 증가함에 따라 규격 상한을 초과할 확률은 증가한다.

④ $\mu = 10$인 경우 규격 내에 속할 확률 $8 \leq X \leq 12$은 다음과 같다.

$$P(8 \leq X \leq 12 \,|\, \mu = 10) = P\left(\frac{8-10}{2} \leq Z \leq \frac{12-10}{2}\right) = P(-1 \leq Z \leq 1)$$

$$= P(Z \leq 1) - P(Z \leq Q - 1) = \Phi(1) - \Phi(-1) = 0.84 - 0.16 = 0.68$$

⑤ $\mu = 12$인 경우 규격 내에 속할 확률 $8 \leq X \leq 12$은 다음과 같다.

$$P(8 \leq X \leq 12 \,|\, \mu = 12) = P\left(\frac{8-12}{2} \leq Z \leq \frac{12-12}{2}\right) = P(-2 \leq Z \leq 0)$$

$$= P(Z \leq 0) - P(Z \leq -2) = \Phi(0) - \Phi(-2) = 0.5 - 0.0228 = 0.4772$$

⑥ $\mu = k$인 경우 규격 내에 속할 확률 $8 \leq X \leq 12$은 다음과 같다.

$$P(8 \leq X \leq 12 \,|\, \mu = k) = P\left(\frac{8-k}{2} \leq Z \leq \frac{12-k}{2}\right) = P\left(Z \leq \frac{12-k}{2}\right) - P\left(Z \leq \frac{8-k}{2}\right)$$

$$= \Phi\left(\frac{12-k}{2}\right) - \Phi\left(\frac{8-k}{2}\right)$$

즉, k가 10일 때까지 증가하며 10일 경우 최대가 된다. 하지만 k가 10을 초과할 경우 위의 확률은 감소한다. 결론적으로 $\mu < 10$일 때 규격 내에 속할 확률은 증가하고, $\mu = 10$일 경우 규격 내에 속할 확률은 최대이며, $\mu > 10$일 때 규격 내에 속할 확률은 감소한다.

(2) 이항분포의 정규근사

① $\mu = 10$, 실제 분산이 4인 상태에서 제품 하나가 규격 내에 속할 확률 p는 다음과 같다.

$$p = P(8 \leq X \leq 12) = P(-1 \leq Z \leq 1) = 0.68$$

② 100개의 제품을 뽑았을 때에, 규격 내에 속하는 제품의 개수 Y는 이항분포 $Y \sim B(100,\ p)$를 따른다.

③ 확률변수 Y의 기대값은 $E(Y) = np = 100 \times 0.68 = 68$이고 분산은 $Var(Y) = npq = 100 \times 0.68 \times 0.32 = 21.76$이므로 표준편차는 $\sigma(Y) \approx 4.665$이다.

④ 이항분포의 정규근사 조건인 $np > 5$이고 $nq > 5$를 만족하므로 확률변수 Y는 정규분포 $Z \sim N(68,\ 21.76)$에 근사시켜 계산할 수 있다.

⑤ 제품 90개 이상이 규격 내에 속할 확률은

$$P(Y \geq 90) = P\left(Z \geq \frac{90-68}{4.665}\right) = (Z \geq 4.716) \approx 0$$

⑥ 즉, 실제 분산이 4인데도 분산이 감소된 것으로 판단할 확률은 0에 가깝다.

(3) 기하분포의 기대값

① $\mu = 8$인 경우에 규격 상한을 초과할 확률은 다음과 같다.

$$P(X > 12 \,|\, \mu = 8) = P\left(Z > \frac{12-8}{2}\right) = P(Z > 2) = 1 - P(Z < 2) = 1 - \Phi(2) = 1 - 0.975 = 0.025$$

② 최초로 규격 상한을 초과하는 제품의 생산회수를 T라 한다면 확률변수 T는 $p = 0.025$인 기하분포 $T \sim G(0.025)$를 따른다.

③ 즉, 기하분포 $G(p)$의 기대값이 이 문제에서 구하는 값이라고 볼 수 있다.

④ $T \sim G(p)$일 때, $E(T) = \dfrac{1}{p} = \dfrac{1}{0.025} = 40$

⑤ 결과적으로 이 제품은 40번째에 규격 상한을 초과할 것으로 기대된다.

(4) 기대이익의 계산

① X가 규격 내에 속하면 A원의 이익이, $X < 8$이면 B원의 손실이, $X > 12$이면 C원의 손실이 발생한다.

② 기대이익을 α라고 할 때 α는 다음과 같이 계산할 수 있다.

$$\alpha = \left[P(8 \leq X \leq 12) \times A \right] - \left[P(X < 8) \times B \right] - \left[P(X > 12) \times C \right]$$

$$= \left[P\left(\frac{8-\mu}{2} \leq Z \leq \frac{12-\mu}{2} \right) \times A \right] - \left[P\left(Z < \frac{8-\mu}{2} \right) \times B \right] - \left[P\left(Z > \frac{12-\mu}{2} \right) \times C \right]$$

$$= \left[\Phi\left(\frac{12-\mu}{2} \right) \times A \right] - \left[\Phi\left(\frac{8-\mu}{2} \right) \times A \right] - \left[\Phi\left(\frac{8-\mu}{2} \right) \times B \right] - \left[1 - \Phi\left(\frac{12-\mu}{2} \right) \right] \times C$$

$$= \Phi\left(\frac{12-\mu}{2} \right) \times (A+C) - \Phi\left(\frac{8-\mu}{2} \right) \times (A+B) - C$$

③ 위의 식을 최대화하는 μ의 값이 기대이익을 최대화 한다.

07

$X_1,\ X_2,\ \cdots,\ X_n$이 균일분포(Uniform Distribution) $U(0,\ \theta)$에서 추출한 확률표본이고, 그 중 최대값을 T라고 하자.

(1) $Y = \dfrac{T}{\theta}$ 의 누적분포함수(Cumulative Distribution Function)가 다음과 같음을 보여라.

$$F_Y(y) = P(Y \le y) = \begin{cases} 0, & y \le 0 \\ y^n & 0 < y \le 1 \\ 1, & y > 1 \end{cases}$$

(2) $P\left(y < \dfrac{T}{\theta} \le 1\right) = 0.9$가 되는 y를 구하고, 이를 이용하여 θ의 90% 신뢰구간이 $[T,\ aT)$가 되도록 상수 a를 구하여라.

07 해설

(1) 누적분포함수(Cumulative Distribution Function)

① $X \sim U(0,\ \theta)$이므로 확률밀도함수는 다음과 같다.

$f(x) = \dfrac{1}{\theta}$, $0 < x < \theta$

② X의 확률밀도함수를 고려하여 X의 누적분포함수를 구하면 다음과 같다.

$$F_X(x) = P(X \le x) = \begin{cases} 0, & x \le 0 \\ \dfrac{x}{\theta}, & 0 < x \le \theta \\ 1, & x > 0 \end{cases}$$

③ $Y = \dfrac{T}{\theta}$ 이므로 Y의 누적분포함수는 다음과 같다.

$$\begin{aligned}
F_Y(y) &= P(Y \le y) = P\left(\frac{T}{\theta} \le y\right) \\
&= P\left(\frac{\max(X_1,\ X_2,\ \cdots,\ X_n)}{\theta} \le y\right) = P(\max(X_1,\ X_2,\ \cdots,\ X_n) \le \theta y) \\
&= P(X_1 \le \theta y,\ X_2 \le \theta y,\ \cdots,\ X_n \le \theta y) \\
&= P(X_1 \le \theta y) P(X_2 \le \theta y) \cdots P(X_n \le \theta y) \quad \because X_1,\ X_2,\ \cdots,\ X_n\ \text{서로 독립} \\
&= [P(X_1 \le \theta y)]^n \quad \because X_1,\ X_2,\ \cdots,\ X_n\ \text{동일한 분포를 따름} \\
&= [F_X(\theta y)]^n \\
&= \begin{cases} 0, & \theta y \le 0 \\ \left(\dfrac{\theta y}{\theta}\right)^n, & 0 < \theta y \le \theta \\ 1, & y > 1 \end{cases} \\
&= \begin{cases} 0, & y \le 0 \\ y^n, & 0 < y \le 1 \\ 1, & y > 1 \end{cases}
\end{aligned}$$

(2) 누적분포함수 및 신뢰구간

① $P\left(y < \dfrac{T}{\theta} \le 1\right) = P\left(\dfrac{T}{\theta} \le 1\right) - P\left(\dfrac{T}{\theta} < y\right) = F_Y(1) - F_Y(y) = 1 - F_Y(y) = 0.9$을 만족하므로 $F_Y(y) = 0.1$이다.

② Y의 누적분포함수를 고려하면 0.1이 0과 1사이에 있으므로 $F_Y(y) = y^n = 0.1$이 된다.

$\therefore \ y = \sqrt[n]{0.1}$

③ θ의 90% 신뢰구간이 $[T, \ aT]$가 되려면 다음을 만족해야 한다.

$P(T \le \theta < aT) = 0.9$

④ $P(T \le \theta < aT) = P\left(\dfrac{T}{\theta} \le 1 < a\dfrac{T}{\theta}\right) = P\left(\dfrac{T}{\theta} \le 1\right) \ \text{and} \ P\left(\dfrac{T}{\theta} > \dfrac{1}{a}\right)$

$\qquad = P\left(\dfrac{T}{\theta} \le 1\right) \ \text{and} \ \left[1 - P\left(\dfrac{T}{\theta} \le \dfrac{1}{a}\right)\right] = F_Y(1) \times \left[1 - F_Y\left(\dfrac{1}{a}\right)\right]$

$\qquad = 0.9$

⑤ $F_Y(1) = 1$임을 고려하면 $F_Y\left(\dfrac{1}{a}\right) = 0.1$이다.

⑥ $F_Y\left(\dfrac{1}{a}\right) = \left(\dfrac{1}{a}\right)^n = 0.1$이므로 $a = 10^{\frac{1}{n}} = \sqrt[n]{10}$ 이 된다.

08

기출 2009년

다음 물음에 답하시오.

(1) $P(X=1)=p$, $P(X=0)=1-p(0<p<1)$일 때, 확률변수 X의 분산을 구하시오.

(2) U는 0과 1사이에서 균일분포(Uniform Distribution)를 갖는 확률변수이고, $P(X=1)=U$, $P(X=0)=1-U$라고 한다.

    1) 확률변수 U의 기대값과 분산을 구하시오.

    2) 조건부 기대값의 성질을 이용하여 확률변수 X의 분산을 구하고, (1)에서 구한 값과 비교하시오.

    3) $X=0$일 때, U의 조건부확률밀도함수를 구하시오.

08 해설

(1) 베르누이 분포의 분산

    ① 위 확률변수 X는 베르누이 분포이며, 베르누이 분포의 확률질량함수는 $f(x)=p^x(1-p)^{1-x}$, $x=0$, 1이다.

    ② $\mu=E(X)=\sum_{x=0}^{1}xf(x)=\sum_{x=0}^{1}xp^x(1-p)^{1-x}=p$

    ③ $\sigma^2=Var(X)=E[(X-\mu)^2]=\sum_{x=0}^{1}(x-p)^2f(x)=\sum_{x=0}^{1}(x-p)^2p^x(1-p)^{1-x}$

        $=p^2(1-p)+(1-p)^2p=p^2-p^3+p-2p^2+p^3$

        $=p(1-p)$

(2)-1) 균일분포의 기대값과 분산

    ① 연속형 균일분포의 확률밀도함수는 $f(u)=\dfrac{1}{b-a}$, $a<u<b$이다.

    ② $\mu=E(U)=\int_0^1 uf(u)du=\int_0^1 udu=\left[\dfrac{u^2}{2}\right]_0^1=\dfrac{1}{2}$

    ③ $\sigma^2=Var(U)=E[(U-\mu)^2]=\int_0^1\left(u-\dfrac{1}{2}\right)^2f(u)du=\int_0^1 u^2-u+\dfrac{1}{4}du$

        $=\left[\dfrac{1}{3}u^3-\dfrac{1}{2}u^2+\dfrac{1}{4}u\right]_0^1=\dfrac{1}{3}-\dfrac{1}{2}+\dfrac{1}{4}$

        $=\dfrac{1}{12}$

(2)-2) 조건부 기대값(Conditional Expectation)

① 조건부 기대값의 성질을 이용하여 확률변수 X의 분산은 다음과 같이 정의한다.

$$
\begin{aligned}
Var(X) &= E[Var(X|U)] + Var[E(X|U)] \\
&= E[E(X^2|U)] - E[E(X|U)^2] + Var[E(X|U)] \\
&= E\{[0^2 \times (1-U)] + (1^2 \times U)\} - E\{[[0 \times (1-U)] + (1 \times U)]^2\} + Var\{[0 \times (1-U)] + (1 \times U)\} \\
&= E(U) - E(U^2) + Var(U) \\
&= E(U) - E(U^2) + E(U^2) - [E(U)]^2 \\
&= E(U) - [E(U)]^2 \\
&= \frac{1}{2} - \frac{1}{4} = \frac{1}{4}
\end{aligned}
$$

② (1)에서 구한 $Var(X) = p(1-p)$이고 확률변수 U의 기대값 $E(U) = p = \dfrac{1}{2}$이므로 위의 2)에서 구한 $Var(X) = \dfrac{1}{4}$은

(1)에서 구한 $Var(X) = p(1-p)$에서 $p = \dfrac{1}{2}$인 결과임을 알 수 있다.

(2)-3) 조건부확률밀도함수(Conditional Probability Density Function)

① $U = u$일 때 확률변수 X는 모수가 u인 베르누이분포를 따르므로 조건부확률밀도함수는 다음과 같다.

$$f_{X|U}(x|u) = u^x(1-u)^{1-x} \quad 0 \le u \le 1, \ x = 0, \ 1$$

② $f_{X|U}(x|u) = \dfrac{f_{X,U}(x,u)}{f_U(u)}$ 이므로 X와 U의 결합확률밀도함수는 다음과 같다.

$$f_{X,U}(x, u) = f_U(u)f_{X|U}(x|u) = u^x(1-u)^{1-x} \quad 0 \le u \le 1, \ x = 0, \ 1$$

③ X의 주변확률밀도함수는 다음과 같다.

$$
f_X(x) = \begin{cases} \displaystyle\int_0^1 (1-u)du = \left[u - \frac{1}{2}u^2\right]_0^1 = \frac{1}{2}, & x = 0 \\[4mm] \displaystyle\int_0^1 u\,du = \left[\frac{1}{2}u^2\right]_0^1 = \frac{1}{2}, & x = 1 \end{cases}
$$

④ $X = x$일 때, U의 조건부확률밀도함수는 다음과 같다.

$$f_{U|X}(u|x) = \dfrac{f_{X,U}(x, u)}{f_X(x)} = 2u^x(1-u)^{1-x} \quad 0 \le u \le 1, \ x = 0, \ 1$$

⑤ $X = 0$일 때, U의 조건부확률밀도함수는 다음과 같다.

$$f_{U|X}(u|0) = 2(1-u) \quad 0 \le u \le 1$$

PART

06

추정(Estimation)

통계적 추론(Statistical Inference)의 가장 중요한 분야로 여겨지는 것은 미지의 모수값에 대한 추정과 이 값에 대한 가설검정이다. 모집단의 특성은 모집단의 특성을 결정짓는 상수 값을 이용해서 표현할 수 있는데, 이 상수들을 모수(Parameters)라 한다. 모수들의 값은 모집단 전체를 조사하지 않는 한 알 수 없으며, 모수가 알려져 있다면 확률밀도함수가 완벽하게 설정될 수 있으므로 통계적 추론과정은 필요 없게 된다.

미지의 모수들에 대한 정보를 얻기 위해 모집단으로부터 표본을 추출하고 이 표본으로부터 얻을 수 있는 모집단의 모수에 대응되는 개념을 통계량(Statistic)이라 한다. 즉, 통계량은 미지의 모수를 포함하지 않는 관측 가능한 확률표본의 함수이다. 특히 모집단의 특정한 모수를 추정하기 위해 사용되는 통계량을 그 모수의 추정량(Estimator)이라 하고, 추정량의 특성값을 추정값(Estimate)이라 한다. 예를 들어 모평균 μ 를 추정하기 위해 사용되는 표본평균 $\overline{X} = \dfrac{\sum X_i}{n}$ 은 μ의 추정량이고, $\overline{x} = \dfrac{\sum x_i}{n}$ 은 μ의 추정값이다.

추정은 표본으로부터 얻은 어떤 특정한 값으로 모수를 추정하는 점추정과 모수를 포함하리라 생각되는 구간으로 추정하는 구간추정으로 나눌 수 있다.

1. 점추정(Point Estimation)

(1) 점추정 방법

모수 θ에 대해 추정량을 구분하기 위해 추정량을 $\hat{\theta} = \hat{\theta}(X_1, \cdots, X_n)$으로 표현하고, 추정값을 $\hat{\theta} = \hat{\theta}(x_1, \cdots, x_n)$으로 표현한다. 추정이론에서는 모수 θ의 추정값이 $\hat{\theta} = \hat{\theta}(x_1, \cdots, x_n)$이므로 θ의 추정량은 θ의 대문자를 사용하여 $\hat{\Theta}$으로 표현하는 것이 올바른 표현이지만 일반적으로 추정량 역시 $\hat{\theta}$을 사용한다. 표본 $x_1, \cdots, x_n$으로부터 모수 θ의 추측값으로 추정값 $\hat{\theta} = \hat{\theta}(x_1, \cdots, x_n)$ 을 정하는 과정을 점추정이라 한다. 대표적인 점추정 방법으로는 적률법과 최대가능도추정법이 있다.

① 적률법(Method of Moments)

적률법은 점추정 방법 중 가장 직관적인 방법으로 적용이 용이하다. 모집단의 r차 적률을 $\mu_r = E(X^r)$, $r = 1, 2, \cdots$이라 하고 표본의 r차 적률을 $\widehat{\mu_r} = \dfrac{1}{n}\sum X_i^r$, $r = 1, 2, \cdots$이라 할 때 모집단의 적률과 표본의 적률을 같다($\mu_r = \widehat{\mu_r}$, $r = 1, 2, \cdots$)고 놓고 해당 모수에 대해 추정량을 구하는 방법이다. 이렇게 구한 추정량을 모수 θ에 대한 적률추정량(MME ; Method of Moments Estimator)이라 한다. 적률법은 모집단의 분포가 어떤 특수한 분포임을 가정하지 않으므로 적용범위가 매우 넓지만, 모집단의 분포가 어떤 특수한 분포라면 비효율적이라는 단점이 있다.

예제

6.1 $X_1, \cdots X_n$이 다음과 같은 확률밀도함수를 갖는 확률분포라 하자. θ의 적률추정량을 구해보자.

$$f(x) = (\theta + 2)x^{\theta + 1}, \ 0 < x < 1$$

❶ $\mu_1 = E(X) = \int_0^1 xf(x)dx = \int_0^1 (\theta + 2)x^{\theta + 2}dx = \left[\dfrac{\theta + 2}{\theta + 3}x^{\theta + 3} \right]_0^1 = \dfrac{\theta + 2}{\theta + 3}$

❷ 따라서, 적률법에 의해 $\overline{X} = \dfrac{\theta + 2}{\theta + 3}$이고, 이를 θ에 대하여 정리하면 $\hat{\theta}^{MME} = \dfrac{2 - 3\overline{X}}{\overline{X} - 1}$이다.

예제

6.2 $X_1, \cdots, X_n$이 $U(\mu - \sqrt{3}\sigma, \ \mu + \sqrt{3}\sigma)$로부터 얻은 확률표본이라 하자. 모평균 μ와 모표준편차 σ에 대한 적률추정량을 구해보자.

❶ $\mu_1 = E(X) = \dfrac{(\mu - \sqrt{3}\sigma) + (\mu + \sqrt{3}\sigma)}{2} = \mu$

$\mu_2 = E(X^2) = Var(X) + [E(X)]^2 = \dfrac{[(\mu + \sqrt{3}\sigma) - (\mu - \sqrt{3}\sigma)]^2}{12} + \mu^2 = \sigma^2 + \mu^2$

❷ $\mu_1 = \hat{\mu_1} = \dfrac{1}{n}\sum X_i, \ \mu_2 = \hat{\mu_2} = \dfrac{1}{n}\sum X_i^2$로 놓고 μ와 σ에 대해 풀면 다음과 같다.

$\hat{\mu} = \dfrac{\sum X_i}{n} = \overline{X}, \ \hat{\sigma^2} = \dfrac{1}{n}\sum X_i^2 - \overline{X}^2 = \dfrac{1}{n}\sum (X_i - \overline{X})^2$

❸ 모평균 μ와 모표준편차 σ에 대한 적률추정량은 $\hat{\mu} = \overline{X}, \ \hat{\sigma} = \sqrt{\dfrac{1}{n}\sum (X_i - \overline{X})^2}$이다.

② 최대가능도추정법(Method of Maximum Likelihood)

표본을 추출한 결과를 통해서 모집단의 특성을 유추할 때에는 일반적으로 표본을 추출한 결과(사건)가 일어날 가능성이 가장 높은 상태를 현재 모집단의 특성이라고 유추하기 마련이다. 이러한 아이디어에서 시작된 점추정법이 바로 최대가능도추정법이며, 이를 최우추정법이라고도 한다. 최대가능도추정법을 수학적으로 표현하면 n개의 관측값 $x_1, \cdots, x_n$에 대한 결합밀도함수인 가능도함수(우도함수)를 다음과 같이 정의한다.

$$L(\theta) = L(\theta \ ; x) = \prod_{i=1}^{n} f(x_i \ ; \theta) = f(x_1, \cdots, x_n \ ; \theta)$$

여기서 $f(x_i\,;\,\theta)$은 θ가 주어졌을 때 x의 함수를 의미하며 $f(x_i|\theta)$로 표기하기도 한다. $L(\theta\,;\,x)$은 x가 주어졌을 때 θ의 함수를 의미하며 $L(\theta|x)$로 표기하기도 하지만 특별한 경우가 아닌 한 이 책에서는 $f(x_i\,;\,\theta)$과 $L(\theta)=L(\theta\,;\,x)$의 기호를 사용하기로 한다.

가능도함수 $L(\theta)$를 θ의 함수로 간주할 때 $L(\theta)$를 최대로 하는 θ의 값 $\hat\theta$을 구하는 방법이 최대가능도추정법이다. 이때 $\hat\theta$을 모수 θ의 최대가능도추정량(MLE ; Maximum Likelihood Estimator)이라 하며, 이를 최우추정량이라고도 한다. 가능도함수 $L(\theta)$를 최대로 하는 θ는 로그가능도함수 $\log L(\theta)$ 또한 최대로 한다. 많은 경우 계산의 편의상 가능도함수 $L(\theta)$보다 로그를 취한 로그가능도함수 $\log L(\theta)$를 이용하여 최대가능도추정량을 구한다.

예제

6.3 지수분포 $\epsilon(\theta)$에서 추출한 n개의 확률표본 $X_1,\ \cdots,\ X_n$에 대해 θ의 최대가능도추정량을 구해보자(단, 확률밀도함수는 $f(x)=\theta e^{-\theta x}$, $x>0$, $\theta>0$이다).

❶ θ의 가능도함수 $L(\theta)$와 로그가능도함수 $\log L(\theta)$를 구하면 다음과 같다.

$$L(\theta)=\prod_{i=1}^{n}f(x_i\,;\,\theta)=\theta^n e^{-\theta\sum_{i=1}^{n}x_i}$$

$$\log L(\theta)=n\log\theta-\theta\sum_{i=1}^{n}x_i$$

❷ 로그가능도함수를 θ에 대하여 미분한 후 0으로 놓고 θ에 대해 정리하면 다음과 같다.

$$\frac{d\log(\theta)}{d\theta}=\frac{n}{\theta}-\sum_{i=1}^{n}x_i=0$$

$$\therefore\ \widehat{\theta^{MLE}}=\frac{n}{\sum_{i=1}^{n}X_i}=\frac{1}{\overline{X}}$$

PLUS ONE

$y=f(x)$에 대해 $\dfrac{dy}{dx}=0$을 만족시키는 각 x에 대한 최대, 최소 검사 방법

① $\dfrac{dy}{dx}=0$이고 $\dfrac{d^2y}{dx^2}>0$이면 y는 최소

② $\dfrac{dy}{dx}=0$이고 $\dfrac{d^2y}{dx^2}<0$이면 y는 최대

③ $\dfrac{dy}{dx}=0$이고 $\dfrac{d^2y}{dx^2}=0$이면 판정 불가능

위의 [예제 6.3]에서 $\log L(\theta)$를 최대로 하는 θ를 찾기 위해 $\log L(\theta)$를 θ에 대해 미분한 후 0으로 놓고 구한 추정량 $\hat{\theta} = 1/\overline{X}$는 단지 $\log L(\theta)$가 최대가 되기 위한 필요조건에 해당하며 충분조건을 만족하기 위해서는 $\log L(\theta)$를 θ에 대해 2차 미분한 값이 $\dfrac{d^2 \log L(\theta)}{d\theta^2} < 0$을 만족해야 한다.

위의 [예제 6.3]에서 로그가능도함수를 θ에 대해 2차 미분한 값을 구하면 $\dfrac{d^2 \log L(\theta)}{d\theta^2} = -\dfrac{n}{\theta^2} < 0$

이 성립되므로 θ의 최대가능도추정량은 $1/\overline{X}$이다.

즉, 최대가능도추정량을 구할 때 반드시 충분조건까지 제시해 주는 것을 잊지 않도록 주의한다. 이 충분조건은 회귀분석에서 보통최소제곱추정량(Ordinary Least Square Estimator)을 구할 때도 이용된다.

예제

6.4 $X_1,\ X_2,\ \cdots,\ X_n$이 정규분포 $N(\mu,\ \sigma^2)$으로부터 추출한 확률표본일 때, 모분산 σ^2의 최대가능도추정량을 구해보자.

❶ 정규분포 $N(\mu,\ \sigma^2)$의 확률밀도함수는 $f(x) = \dfrac{1}{\sigma\sqrt{2\pi}} e^{-\frac{(x-\mu)^2}{2\sigma^2}},\ -\infty < x < \infty$이다.

❷ μ와 σ^2의 가능도함수 $L(\mu,\ \sigma^2)$와 로그가능도함수 $\log L(\mu,\ \sigma^2)$는 다음과 같다.

$$L(\mu,\ \sigma^2) = \prod_{i=1}^{n} f(x_i\,;\mu,\ \sigma^2) = \prod_{i=1}^{n} \frac{1}{\sigma\sqrt{2\pi}} e^{\left[-\frac{(x_i-\mu)^2}{2\sigma^2}\right]} = \left(2\pi\sigma^2\right)^{-\frac{n}{2}} \exp\left[-\frac{\sum(x_i-\mu)^2}{2\sigma^2}\right]$$

$$\log L(\mu,\ \sigma^2) = -\frac{n}{2}\log(2\pi) - \frac{n}{2}\log\sigma^2 - \frac{\sum(x_i-\mu)^2}{2\sigma^2}$$

❸ 로그가능도함수를 μ와 σ^2에 대해 편미분한 후 각각을 0으로 놓고 μ와 σ^2에 대해 정리하면 다음과 같다.

$$\frac{\partial \log L(\mu,\ \sigma^2)}{\partial \mu} = \frac{1}{\sigma^2}\sum(x_i-\mu) = 0$$

$$\frac{\partial \log L(\mu,\ \sigma^2)}{\partial \sigma^2} = -\left(\frac{n}{2}\right)\left(\frac{1}{\sigma^2}\right) + \frac{1}{2\sigma^4}\sum(x_i-\mu)^2 = 0$$

❹ 위의 두 방정식을 μ와 σ^2에 대해 풀면 다음과 같은 최대가능도추정량을 구할 수 있다.

$$\widehat{\mu^{MLE}} = \frac{1}{n}\sum X_i = \overline{X}$$

$$\widehat{\sigma^{2MLE}} = \frac{1}{n}\sum\left(X_i - \overline{X}\right)^2$$

❺ 하지만 $\log L(\mu,\ \sigma^2)$을 μ와 σ^2에 대해 편미분한 후 0으로 놓고 구한 추정량 $\hat{\mu}$과 $\widehat{\sigma^2}$은 $\log L(\mu,\ \sigma^2)$가 최대가 되기 위한 필요조건에 해당하며 충분조건은 다음을 만족해야 한다.

$$\frac{\partial^2 \log L(\mu,\ \sigma^2)}{\partial \mu^2} < 0 \text{이고 } |H| = \begin{vmatrix} \dfrac{\partial^2 \log L(\mu,\ \sigma^2)}{\partial \mu^2} & \dfrac{\partial^2 \log L(\mu,\ \sigma^2)}{\partial \mu \partial \sigma^2} \\ \dfrac{\partial^2 \log L(\mu,\ \sigma^2)}{\partial \sigma^2 \partial \mu} & \dfrac{\partial^2 \log L(\mu,\ \sigma^2)}{\partial \sigma^4} \end{vmatrix} > 0$$

$$\frac{\partial^2 \log L(\mu,\ \sigma^2)}{\partial \mu^2} = -\frac{n}{\sigma^2} < 0 \text{이고}$$

$$|H| = \begin{vmatrix} -\dfrac{n}{\sigma^2} & -\dfrac{1}{\sigma^4}\sum(x_i - \mu) \\ -\dfrac{1}{\sigma^4}\sum(x_i - \mu) & \dfrac{n}{2\sigma^4} - \dfrac{1}{\sigma^6}\sum(x_i - \mu)^2 \end{vmatrix}$$

$$= \frac{n}{\sigma^8}\sum(x_i - \mu)^2 - \frac{n^2}{2\sigma^6} - \frac{1}{\sigma^8}\left[\sum(x_i - \mu)\right]^2$$

$$= \frac{1}{\sigma^8}\left\{n\sum(x_i - \mu)^2 - \left[\sum(x_i - \mu)\right]^2\right\} - \frac{n^2}{2\sigma^6}$$

$$= \frac{1}{\sigma^8}\left[n\sum x_i^2 - \left(\sum x_i\right)^2\right] - \frac{n^2}{2\sigma^6}$$

$$= \frac{1}{2\sigma^8}\left\{2n\sum x_i^2 - 2\left[\sum x_i\right]^2 - n^2\sigma^2\right\}$$

$$= \frac{1}{2\sigma^8}\left\{2n\sum x_i^2 - 2\left[\sum x_i\right]^2 - n\sum(x_i - \overline{x})^2\right\} \quad \because\ \sigma^2 = \frac{1}{n}\sum(x_i - \overline{x})^2$$

$$= \frac{1}{2\sigma^8}\left[n\sum(x_i - \overline{x})^2\right] > 0$$

즉, $\dfrac{\partial^2 \log L(\mu,\ \sigma^2)}{\partial \mu^2} < 0$과 $|H| = \begin{vmatrix} \dfrac{\partial^2 \log L(\mu,\ \sigma^2)}{\partial \mu^2} & \dfrac{\partial^2 \log L(\mu,\ \sigma^2)}{\partial \mu \partial \sigma^2} \\ \dfrac{\partial^2 \log L(\mu,\ \sigma^2)}{\partial \sigma^2 \partial \mu} & \dfrac{\partial^2 \log L(\mu,\ \sigma^2)}{\partial \sigma^4} \end{vmatrix} > 0$을 만족하므로 추정량

$\hat{\mu}$와 $\widehat{\sigma^2}$는 $\log L(\mu,\ \sigma^2)$을 최대로 한다.

∴ 모수 $(\mu,\ \sigma^2)$의 최대가능도추정량은 $\left(\overline{X},\ \dfrac{1}{n}\sum(X_i - \overline{X})^2\right)$이다.

이후 기출문제 풀이 부분을 제외하고 이론 전개에서는 충분조건에 대한 언급은 생략하기로 한다.

---

③ 적률법과 최대가능도추정법의 직관적 이해

적률법과 최대가능도추정법을 직관적으로 이해하기 위해 다음과 같은 예를 생각해보자. 2가지 유형의 동전 A, B가 있는데 앞면이 나올 확률 p가 A는 $\dfrac{1}{2}$, B는 $\dfrac{1}{3}$로 알려져 있다. 동전은 겉모양으로는 어떤 동전을 선택했는지 판단할 수 없고, 동전던지기를 통해 p를 추정해야 한다. 만약 동전을 100번 던졌을 때 앞면이 50번 나왔다고 가정하자.

우선 적률법에 의해 p를 추정하면, 100번 던져서 앞면이 50번 나왔으므로 $\hat{p} = \dfrac{50}{100} = \dfrac{1}{2}$로 직관적으로 추정할 수 있다. 다음으로 최대가능도추정법에 의해 p를 추정해보자. 가능도란 어떤 사건이 발생했을 때 그 사건이 발생할 수 있는 가능성이라 생각하면 된다. 동전을 한 번 던지는 경우 X_i는 각각 베르누이 분포 $Ber(p)$를 따른다. 따라서 동전을 100번 던져 50번 앞면이 나왔을 때 가능도함수는 $L(p) = {}_{100}C_{50}\, p^{50}(1-p)^{50}$이다. 이 경우 p를 추정할 수 있는 $\hat{p}$의 경우의 수가 두 가지밖에 없으므로, $\hat{p} = \dfrac{1}{2}$인 경우의 가능도와 $\hat{p} = \dfrac{1}{3}$인 경우의 가능도를 각각 계산하여 가능

도가 더 높은 경우의 $\hat{p}$를 p의 추정량으로 결정한다. 이것이 바로 최대가능도추정법이다.

$\hat{p} = \dfrac{1}{2}$ 인 경우 가능도는 $L\left(\dfrac{1}{2}\right) = {}_{100}C_{50}\left(\dfrac{1}{2}\right)^{50}\left(\dfrac{1}{2}\right)^{50}$ 이고, $\hat{p} = \dfrac{1}{3}$ 인 경우 가능도는

$L\left(\dfrac{1}{3}\right) = {}_{100}C_{50}\left(\dfrac{1}{3}\right)^{50}\left(\dfrac{2}{3}\right)^{50}$ 이다. 즉, $L\left(\dfrac{1}{2}\right) > L\left(\dfrac{1}{3}\right)$ 이므로 위의 경우 최대가능도추정량은

$\hat{p} = \dfrac{1}{2}$ 가 된다.

④ 최대가능도추정량의 주요 성질

최대가능도추정량은 여러 가지 성질이 있지만 그 중 중요한 성질 몇 가지만을 소개하기로 한다.

㉠ 최대가능도추정량은 존재하지 않을 수 있다.

㉡ 최대가능도추정량은 유일하지 않을 수 있다. 즉, 2개 이상이 존재할 수 있다.

㉢ 최대가능도추정량이 유일하게 존재하면 충분통계량의 함수이다.

㉣ 최대가능도추정량이 존재할 때 반드시 불편성의 성질을 가지는 것은 아니다.

㉤ 최대가능도추정량은 점근적(Asymptotically) 불편추정량이다.

㉥ 최대가능도추정량은 일치추정량이다.

㉦ 최대가능도추정량의 불변성(Invariance Property) : $X_1, \cdots, X_n \sim pdf f(x\,;\theta)$ 에 대해 $\hat{\theta}$ 이 θ의 최대가능도추정량이면, $g(\hat{\theta})$ 은 $g(\theta)$ 의 최대가능도추정량이다.

예제

6.5 $X_1, \cdots, X_n$ 이 $U(\theta - 1,\ \theta + 1)$ 에서 뽑힌 확률표본이라 할 때 θ의 최대가능도추정량을 구해보자.

❶ θ의 가능도함수는 다음과 같이 상수와 지시함수(Indicator Function)[8]로 나타낸다.

$$L(\theta) = \prod_{i=1}^{n} \frac{1}{2} I_{[\theta-1,\ \theta+1]}(x_i)$$

$$= \left(\frac{1}{2}\right)^n I_{[\theta-1 \le x_{(1)},\ x_{(n)} \le \theta+1]}$$

$$= \left(\frac{1}{2}\right)^n I_{[x_{(n)}-1,\ x_{(1)}+1]}(\theta)$$

여기서 $x_{(1)}$은 최소값을 $x_{(n)}$은 최대값을 나타낸다.

❷ $\theta - 1 \le x_{(1)},\ x_{(n)} \le \theta + 1$을 θ에 대해 정리하면 $x_{(n)} - 1 \le \theta \le x_{(1)} + 1$이므로 위의 가능도함수는 구간 $[x_{(n)} - 1,\ x_{(1)} + 1]$의 모든 점에서 최대값 $\left(\dfrac{1}{2}\right)^n$을 갖는다.

❸ 가능도함수 $L(\theta)$를 최대로 하는 θ의 최대가능도추정량은 $X_{(n)} - 1$과 $X_{(1)} + 1$사이에 있는 모든 값으로 위 함수에 대해서 최대가능도추정량이 유일하지 않다.

---

8) **지시함수(Indicator Function)** : 위의 지시함수 $I_{[\theta-1,\ \theta+1]}(x_i)$의 의미는 x_i가 $[\theta - 1,\ \theta + 1]$의 구간 안에 들어가면 1을 주고, 그렇지 않으면 0의 값을 갖는 것으로 정의한다.

6.6 n 개의 확률표본 $X_1, \cdots, X_n$ 이 평균이 λ 인 포아송분포로부터 뽑힌 확률표본이라 할 때 X 의 표준편차 $\sqrt{\lambda}$ 의 최대가능도추정량을 구해보자.

❶ 포아송분포 $Poisson(\lambda)$ 의 확률질량함수는 $f(x) = \dfrac{e^{-\lambda}\lambda^x}{x!}$, $x = 0, 1, 2, \cdots$ 이다.

❷ λ 의 가능도함수 $L(\lambda)$ 와 로그가능도함수 $\log L(\lambda)$ 는 다음과 같다.

$$L(\lambda) = \prod_{i=1}^{n} f(x_i\,;\,\mu,\ \sigma^2) = \frac{e^{-n\lambda}\lambda^{\sum_{i=1}^{n}x_i}}{\prod_{i=1}^{n}x_i!}$$

$$\log L(\lambda) = -n\lambda + \sum_{i=1}^{n}x_i\log\lambda - \log\prod_{i=1}^{n}x_i!$$

❸ 로그가능도함수를 λ 에 대해 미분한 후 0으로 놓고 λ 에 대해 정리하면 다음과 같다.

$$\frac{d\log L(\lambda)}{d\lambda} = -n + \frac{\sum_{i=1}^{n}x_i}{\lambda} = 0$$

$$\widehat{\lambda^{MLE}} = \frac{\sum_{i=1}^{n}X_i}{n} = \overline{X}$$

❹ 위에서 구한 추정량 $\hat{\lambda} = \overline{X}$ 가 최대값인지를 판단하기 위해 충분조건인 $\dfrac{d^2\log L(\lambda)}{d\lambda^2} < 0$ 을 확인한다.

$$\frac{d^2\log L(\lambda)}{d\lambda^2} = -\frac{\sum_{i=1}^{n}x_i}{\lambda^2} < 0$$

❺ $\hat{\lambda} = \overline{X}$ 가 충분조건까지 만족하므로 $\widehat{\lambda^{MLE}} = \overline{X}$ 이다.

❻ λ 에 대한 최대가능도추정량이 $\overline{X}$ 이므로 최대가능도추정량의 불변성을 이용하여 $\sqrt{\lambda}$ 의 최대가능도 추정량은 $\sqrt{\overline{X}}$ 임을 알 수 있다.

6.7

$X_1,\ X_2,\ \cdots,\ X_n$이 $Ber(\theta),\ 0<\theta<\dfrac{2}{3}$으로부터 추출한 확률표본일 때, 모수 θ의 최대가능도추정량을 구해보자.

❶ 베르누이 분포 $Ber(\theta)$의 확률질량함수는 $f(x)=\theta^x(1-\theta)^{1-x}$, $x=0,\ 1$이다.

❷ θ의 가능도함수 $L(\theta)$와 로그가능도함수 $\log L(\theta)$는 다음과 같다.

$$L(\theta)=\prod_{i=1}^{n}f(x_i\,;\theta)=\theta^{\sum_{i=1}^{n}x_i}(1-\theta)^{n-\sum_{i=1}^{n}x_i}$$

$$\log L(\theta)=\sum_{i=1}^{n}x_i\log\theta-\left(n-\sum_{i=1}^{n}x_i\right)\log(1-\theta)$$

❸ 로그가능도함수를 θ에 대해 미분한 후 0으로 놓고 θ에 대해 정리하면 다음과 같다.

$$\frac{d\log L(\theta)}{d\theta}=\frac{\sum_{i=1}^{n}x_i}{\theta}-\frac{n-\sum_{i=1}^{n}x_i}{1-\theta}=\frac{\sum_{i=1}^{n}x_i-\theta\sum_{i=1}^{n}x_i-n\theta+\theta\sum_{i=1}^{n}x_i}{\theta(1-\theta)}=0$$

$$\hat{\theta}=\frac{\sum_{i=1}^{n}X_i}{n}=\overline{X}$$

❹ 하지만 가능도함수 $L(\theta)$는 θ에 대한 2차 곡선의 형태로 나타나며, $0<\theta<\dfrac{2}{3}$을 고려하여 가능도함수를 그래프로 나타내면 다음과 같다.

〈표 6.1〉 영역에 따른 가능도함수

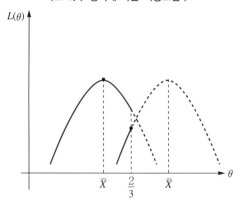

❺ 위의 가능도함수 그래프에서 알 수 있듯이 $\overline{X}\le\dfrac{2}{3}$인 경우, 최대가능도추정량은 $\overline{X}$가 되고 $\overline{X}>\dfrac{2}{3}$인 경우, 최대가능도추정량은 $\dfrac{2}{3}$가 된다.

(2) 바람직한 추정량의 성질

모수를 추정함에 있어서 가장 바람직한 추정량은 변동 없이 항상 추정량 값이 모수와 일치하게 되는 추정량이다. 이러한 바람직한 추정량에 가장 근접한 추정량을 선택하기 위해서 추정량의 몇 가지 성질을 기준으로 사용한다.

① 불편성(Unbiasedness)

모수 θ의 추정량을 $\hat{\theta}$으로 나타낼 때, $\hat{\theta}$의 기대값이 θ가 되는 성질이다. 수학적으로 정의하면, $E(\hat{\theta}) = \theta$이 성립하면 $\hat{\theta}$을 θ에 대한 불편추정량(Unbiased Estimator)이라 한다. 불편추정량이 되지 못하는 추정량을 편향추정량(Biased Estimator)이라고 하며, 추정량의 편향은 $Bias(\hat{\theta}) = E(\hat{\theta}) - \theta$로 정의한다.

예제

6.8 평균이 μ이고 분산이 σ^2인 분포로부터 크기 n인 확률표본 X_1, $\cdots$, X_n을 추출했을 때 σ^2의 추정량으로 다음의 두 가지를 흔히 사용한다. 불편성 기준으로 어떤 추정량이 더 좋은 추정량인지 알아보자.

> ① $S_1^2 = \dfrac{1}{n} \displaystyle\sum_{i=1}^{n} \left(X_i - \overline{X} \right)^2$
>
> ② $S_2^2 = \dfrac{1}{n-1} \displaystyle\sum_{i=1}^{n} \left(X_i - \overline{X} \right)^2$

❶ $E\left(\dfrac{nS_1^2}{\sigma^2} \right) = E\left(\dfrac{\sum (X_i - \overline{X})^2}{\sigma^2} \right) = n-1$이므로, $E(S_1^2) = \dfrac{(n-1)\sigma^2}{n}$이 된다.

∴ S_1^2은 편향추정량이다.

❷ $E\left(\dfrac{(n-1)S_2^2}{\sigma^2} \right) = E\left(\dfrac{\sum (X_i - \overline{X})^2}{\sigma^2} \right) = n-1$이므로, $E(S_2^2) = \dfrac{(n-1)\sigma^2}{n-1} = \sigma^2$이 된다.

∴ S_2^2은 불편추정량이다.

❸ 모분산 σ^2을 추정하기 위해서 S_1^2보다는 S_2^2을 사용하는 것이 불편성 기준에서 볼 때 편향(Bias)이 없으므로 바람직하다.

---

② 일치성(Consistency)

표본의 크기가 커짐에 따라 추정량 $\hat{\theta}$이 확률적으로 모수 θ에 가깝게 수렴하는 성질이다. 일치성을 확률적 수렴으로 나타내면, $X_1, \cdots, X_n$이 확률표본이고 $\hat{\theta} = f(X_1, \cdots, X_n)$일 때, $\hat{\theta} \xrightarrow[n \to \infty]{P} \theta$이면 추정량 $\hat{\theta}$는 θ의 일치추정량(Consistent Estimator)이라 한다. 이를 수학적으로 달리 표현한다면 임의의 $\epsilon > 0$에 대해 $\lim_{n \to \infty} P(|\hat{\theta} - \theta| \leq \epsilon) = 1$을 만족하는 추정량 $\hat{\theta}$이 일치추정량이다. 특히 $\hat{\theta}$이 모수 θ의 불편추정량일 경우 $\lim_{n \to \infty} Var(\hat{\theta}) = 0$이 성립하면 $\hat{\theta}$는 θ의 일치추정량이다.

예제

6.9

n개의 확률표본이 $X_1, \cdots, X_n \sim N(\mu, \sigma^2)$일 때, $\overline{X} = \dfrac{\displaystyle\sum_{i=1}^{n} X_i}{n}$ 은 μ의 일치추정량임을 증명해보자.

❶ $E(\overline{X}) = E\left(\dfrac{\displaystyle\sum_{i=1}^{n} X_i}{n}\right) = \mu$이다.

❷ $Var(\overline{X}) = \dfrac{1}{n^2} Var\left(\displaystyle\sum_{i=1}^{n} X_i\right) = \dfrac{\sigma^2}{n}$ 이다.

❸ $\lim_{n \to \infty} Var(\overline{X}) = \lim_{n \to \infty} \dfrac{\sigma^2}{n} = 0$이므로 $\overline{X}$는 μ의 일치추정량이다.

③ 효율성(Efficiency)

직관적으로 보았을 때 모수를 추정하는 추정량의 분산이 작으면 그만큼 해당 추정량의 신뢰도는 높아진다. 이러한 직관적인 생각을 바탕으로 추정량의 효율성을 정의한다. 추정량 $\hat{\theta}$이 θ의 불편추정량이고, 그 분산이 θ의 다른 추정량 $\hat{\theta}_i$와 비교했을 때 최소의 분산을 가질 경우 $\hat{\theta}$를 θ의 효율추정량(Efficient Estimator)이라 한다. 수학적으로 정의하면, $\hat{\theta}_i$의 효율성은 $eff(\hat{\theta}_i) = \dfrac{1}{Var(\hat{\theta}_i)}$ 로 정의하며, $\hat{\theta} = \mathrm{argmax}\,(eff(\hat{\theta}_i))$ [9]를 θ의 효율추정량이라 정의한다.

---

9) argmax 함수(Argmax Function) : 위의 함수 $\mathrm{argmax}(eff(\hat{\theta}_i))$는 $eff(\hat{\theta}_i)$의 값을 최대화하는 $\hat{\theta}_i$의 값으로 정의한다.

모수 θ에 대한 불편추정량 $\widehat{\theta_1}$, $\widehat{\theta_2}$이 있다고 하자. $Var(\widehat{\theta_1}) < Var(\widehat{\theta_2})$이면 $\widehat{\theta_1}$은 $\widehat{\theta_2}$에 비해 효율적이라고 표현한다. 이 때, $\widehat{\theta_2}$에 대한 $\widehat{\theta_1}$의 상대효율을 다음과 같이 정의한다.

$$eff(\widehat{\theta_1},\ \widehat{\theta_2}) = \frac{Var(\widehat{\theta_2})}{Var(\widehat{\theta_1})}$$

예제

6.10

n개의 확률표본이 $X_1,\ \cdots,\ X_n \sim N(\mu,\ \sigma^2)$일 때, $S^2 = \dfrac{1}{n-1}\displaystyle\sum_{i=1}^{n}(X_i - \overline{X})^2$의 효율성 $eff(S^2)$를 구해보자.

❶ $\dfrac{(n-1)S^2}{\sigma^2} \sim \chi^2_{(n-1)}$이므로 $Var\left[\dfrac{(n-1)S^2}{\sigma^2}\right] = 2(n-1)$이고, 따라서 $Var(S^2) = \dfrac{2}{n-1}\sigma^4$이다.

❷ S^2의 효율성은 $eff(S^2) = \dfrac{1}{Var(S^2)} = \dfrac{n-1}{2\sigma^4}$이다.

④ 충분성(Sufficiency)

통계량 T가 모수 θ에 대하여 가능한 한 많은 표본정보를 내포하고 있을 때 통계량 T는 충분성 (Sufficiency)을 가진다고 하고 T를 θ의 충분통계량이라 한다. 수학적으로 정의하면, 통계량 T 가 주어졌을 때 확률표본 $X_1,\ \cdots,\ X_n$의 T에 대한 조건부분포가 모수 θ에 의존하지 않을 때, 즉 다음과 같은 조건을 만족할 때 통계량 T를 충분통계량이라 정의한다.

$$P(X_1 = x_1,\ \cdots,\ X_n = x_n | T = t) = k(x_1,\ \cdots,\ x_n)$$

예제

6.11 X_1, X_2가 $Ber(\theta)$로부터 뽑은 크기가 2인 확률표본이라 할 때, $X_1 - X_2$가 θ에 대한 충분통계량인지 정의를 통해 확인해보자.

❶ $X_1 - X_2$가 충분통계량인지를 확인하려면 $P(X_1 = a,\ X_2 = b | X_1 - X_2 = c)$가 모든 a,b,c의 값에 대해서 θ와 무관하게 확률이 결정됨을 확인해야 한다.

❷ a, b는 각각 값으로 0, 1을 가지고 c는 -1, 0, 1을 값으로 가질 수 있으므로 모든 경우의 수는 12가지이다.

❸ $(a,\ b,\ c)$의 모든 경우의 수에 대해서 조건부분포의 값은 다음과 같다.

〈표 6.2〉 $P(X_1 = a,\ X_2 = b | X_1 - X_2 = c)$의 조건부확률

$(a,\ b,\ c)$	$P(X_1 = a,\ X_2 = b | X_1 - X_2 = c)$	$(a,\ b,\ c)$	$P(X_1 = a,\ X_2 = b | X_1 - X_2 = c)$
$(0,\ 0,\ -1)$	0	$(1,\ 0,\ -1)$	0
$(0,\ 0,\ 0)$	$\dfrac{(1-\theta)^2}{(1-\theta)^2 + \theta^2}$	$(1,\ 0,\ 0)$	0
$(0,\ 0,\ 1)$	0	$(1,\ 0,\ 1)$	1
$(0,\ 1,\ -1)$	1	$(1,\ 1,\ -1)$	0
$(0,\ 1,\ 0)$	0	$(1,\ 1,\ 0)$	$\dfrac{\theta^2}{(1-\theta)^2 + \theta^2}$
$(0,\ 1,\ 1)$	0	$(1,\ 1,\ 1)$	0

$\therefore\ P(X_1 - X_2 = 0) = P(X_1 = 0,\ X_2 = 0) + P(X_1 = 1,\ X_2 = 1) = (1-\theta)^2 + \theta^2$

$$P(X_1 = 0,\ X_2 = 0 | X_1 - X_2 = 0) = \frac{P(X_1 = 0,\ X_2 = 0)}{P(X_1 - X_2 = 0)} = \frac{(1-\theta)^2}{(1-\theta)^2 + \theta^2}$$

$$P(X_1 = 1,\ X_2 = 1 | X_1 - X_2 = 0) = \frac{P(X_1 = 1,\ X_2 = 1)}{P(X_1 - X_2 = 0)} = \frac{\theta^2}{(1-\theta)^2 + \theta^2}$$

❹ $P(X_1 = 0,\ X_2 = 0 | X_1 - X_2 = 0)$, $P(X_1 = 1,\ X_2 = 1 | X_1 - X_2 = 0)$의 값이 모수 θ를 포함하고 있으므로 $X_1 - X_2$는 충분통계량이 아니다.

(3) 평균제곱오차(MSE ; Mean Square Error)

어떤 모수에 대한 추정량이 좋은 추정량인지를 나타내는 가장 기본적인 측도는 기대값과 분산이다. 기대값이 모수에 근접할수록 좋은 추정량이며, 분산이 작을수록 좋은 추정량이다. 추정량을 선택할 때 이 두 가지 측도 중 한 가지를 배제할 수는 없으므로 기대값과 분산을 동시에 고려하는 새로운 기준이 필요한데, 이것이 바로 평균제곱오차(MSE ; Mean Square Error)이다. 오차는 추정량($\hat{\theta}$)이 모수(θ)와 어느 정도 떨어져있는지를 측정하기 위한 값으로 $\hat{\theta} - \theta$로 정의하며, 각 추정량과 모수의 차의 제곱에 대한 기대값을 평균제곱오차라 정의한다.

$$
\begin{aligned}
MSE(\hat{\theta}) &= E(\hat{\theta} - \theta)^2 = E(\hat{\theta} - \mu + \mu - \theta)^2 \\
&= E(\hat{\theta} - \mu)^2 + 2E(\hat{\theta} - \mu)(\mu - \theta) + E(\mu - \theta)^2 \\
&= E(\hat{\theta} - \mu)^2 + 2(\mu - \theta)E(\hat{\theta} - \mu) + (\mu - \theta)^2 \quad \therefore\ \mu와\ \theta는\ 상수 \\
&= E(\hat{\theta} - \mu)^2 + (\mu - \theta)^2 \quad \therefore\ E(\hat{\theta}) = \mu이므로\ E(\hat{\theta} - \mu) = 0 \\
&= Var(\hat{\theta}) + \left[Bias(\hat{\theta})\right]^2 \\
&\therefore\ Var(\hat{\theta}) = E(\hat{\theta} - \mu)^2이고\ Bias(\hat{\theta}) = E(\hat{\theta}) - \theta = \mu - \theta
\end{aligned}
$$

즉, 평균제곱오차는 추정량의 분산과 편향[$Bias(\hat{\theta}) = E(\hat{\theta}) - \theta$]의 제곱으로 이루어져 있다.

$$MSE(\hat{\theta}) = E(\hat{\theta} - \theta)^2 = Var(\hat{\theta}) + \left[Bias(\hat{\theta})\right]^2$$

분산은 추정량이 기대값에서 떨어진 정도를 측정해 주지만 평균제곱오차는 추정량이 목표값에서 떨어진 정도를 측정해 준다. 만약 불편(비편향)이면서 분산이 큰 추정량과 편향이면서 분산이 작은 추정량이 있다면 어느 추정량이 더 효율적인지를 판단하는 기준이 된다. 두 추정량의 분산이 동일하다면 작은 편향을 갖는 추정량이 바람직하며, 두 추정량이 불편성을 만족한다면 작은 분산을 갖는 추정량이 바람직하다. 실질적으로 추정량이 불편성을 만족하면 $Bias(\hat{\theta}) = 0$이 되어 평균제곱오차는 분산과 동일하다. 따라서 평균제곱오차는 분산의 개념을 일반화시킨 것이라고 할 수 있다.

예제

6.12 위의 [예제 6.8]의 두 추정량 각각에 대한 평균제곱오차를 구하고 평균제곱오차 기준으로 어떤 추정량이 더 좋은 추정량인지 알아보자.

> ① $S_1^2 = \dfrac{1}{n}\displaystyle\sum_{i=1}^{n}\left(X_i - \overline{X}\right)^2$
>
> ② $S_2^2 = \dfrac{1}{n-1}\displaystyle\sum_{i=1}^{n}\left(X_i - \overline{X}\right)^2$

❶ $E(S_1^2) = \dfrac{(n-1)\sigma^2}{n}$ 이므로 $Bias(S_1^2) = E(S_1^2) - \sigma^2 = -\dfrac{\sigma^2}{n}$ 이다.   ∵ $Bias(\hat{\theta}) = E(\hat{\theta}) - \theta$

❷ $E(S_2^2) = \sigma^2$ 이므로 $Bias(S_2^2) = E(S_2^2) - \sigma^2 = 0$ 이다.

❸ $Var\left(\dfrac{\sum(X_i - \overline{X})^2}{\sigma^2}\right) = Var\left(\dfrac{nS_1^2}{\sigma^2}\right) = 2(n-1)$ 이므로 $Var(S_1^2) = \dfrac{2(n-1)\sigma^4}{n^2}$ 이다.

❹ $Var\left(\dfrac{\sum(X_i - \overline{X})^2}{\sigma^2}\right) = Var\left(\dfrac{(n-1)S_2^2}{\sigma^2}\right) = 2(n-1)$ 이므로 $Var(S_2^2) = \dfrac{2\sigma^4}{n-1}$ 이다.

❺ $MSE(S_1^2) = Var(S_1^2) + \left[Bias(S_1^2)\right]^2 = \dfrac{2(n-1)\sigma^4}{n^2} + \left[-\dfrac{\sigma^2}{n}\right]^2 = \dfrac{(2n-1)\sigma^4}{n^2} = \dfrac{2\sigma^4}{n} - \dfrac{\sigma^4}{n^2}$

❻ $MSE(S_2^2) = Var(S_2^2) + \left[Bias(S_2^2)\right]^2 = \dfrac{2\sigma^4}{n-1}$

❼ $MSE(S_1^2) < MSE(S_2^2)$ 이므로 평균제곱오차를 기준으로 했을 때는 $S_1^2 = \dfrac{1}{n}\displaystyle\sum_{i=1}^{n}\left(X_i - \overline{X}\right)^2$이 더 좋은 추정량이다.

2. 구간추정(Interval Estimation)

점추정에서는 모평균 μ를 추정하기 위해 표본평균 $\overline{X}$, 모분산 σ^2을 추정하기 위해 표본분산 S^2, 모비율 p를 추정하기 위해 표본비율 $\hat{p}$을 사용하였다. 하지만, 점추정에서는 $\overline{X}$, S^2, $\hat{p}$의 값만 제시하므로 이 값들이 얼마나 정확하게 모수를 추정하고 있는지 모른다. 이러한 단점을 보완하는 방법으로 점추정에 오차의 개념을 추가하여 구간으로 모수를 추정하는 방법이 구간추정이다.

(1) 신뢰구간, 신뢰수준, 신뢰계수

모수가 포함되었을 것이라고 추정하는 일정한 구간을 제시하였을 때 그 구간을 신뢰구간이라 한다. 신뢰수준 95%인 신뢰구간이란 똑같은 연구를 똑같은 방법으로 100번 반복해서 신뢰구간을 구하는 경우, 그 중 적어도 95번은 그 구간 안에 모수가 포함될 것임을 의미하며, 구간이 모수를 포함하지 않는 경우는 5% 이상 되지 않는다는 의미이다. 예를 들어 추정량의 분포가 정규분포 $N(\mu,\ \sigma^2)$를 따를 때 모수 μ에 대한 $\pm\sigma$, $\pm2\sigma$, $\pm3\sigma$의 신뢰수준은 다음과 같다.

〈표 6.3〉 μ에 대한 $\pm\sigma$, $\pm2\sigma$, $\pm3\sigma$에 대한 신뢰수준

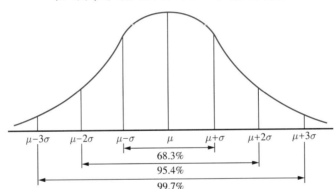

신뢰계수는 추정량의 분포와 신뢰수준에 의해 결정된다. 예를 들어 추정량의 분포가 정규분포를 따를 때 모수 μ에 대한 각각의 신뢰구간은 다음과 같다.

① μ의 90% 신뢰구간 $= \overline{X} \pm 1.645 \dfrac{\sigma}{\sqrt{n}}$

② μ의 95% 신뢰구간 $= \overline{X} \pm 1.96 \dfrac{\sigma}{\sqrt{n}}$

③ μ의 99% 신뢰구간 $= \overline{X} \pm 2.575 \dfrac{\sigma}{\sqrt{n}}$

여기서 90%, 95%, 99%을 신뢰수준이라 하고, $z_{0.05} = 1.645$, $z_{0.025} = 1.96$, $z_{0.005} = 2.575$를 신뢰계수라 하며, $\dfrac{\sigma}{\sqrt{n}}$을 표준오차라 한다. 즉, 위의 식을 간단히 표현하면 다음과 같다.

μ의 신뢰구간 $= \overline{X} \pm$ 신뢰계수 $\times$ 표준오차

여기서 μ는 확률변수가 아니라 모집단의 모수로서 상수이며, 이 모수에 대한 90%, 95%, 99%의 신뢰수준에 해당하는 각각의 신뢰계수를 그림으로 나타내면 다음과 같다.

〈표 6.4〉 90% 신뢰수준에 대한 신뢰계수

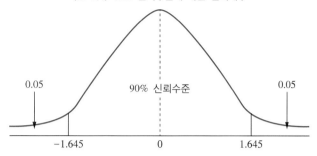

〈표 6.5〉 95% 신뢰수준에 대한 신뢰계수

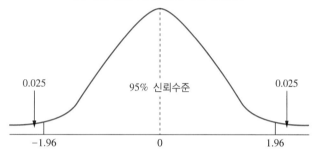

〈표 6.6〉 99% 신뢰수준에 대한 신뢰계수

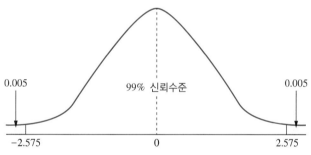

신뢰수준을 높이면 신뢰계수가 커지고 신뢰구간이 넓어지며, 신뢰수준을 낮추면 신뢰계수가 작아지고 신뢰구간이 좁아진다. 같은 신뢰수준에서 신뢰구간이 좁다는 것은 추정이 정밀하게 되었다는 뜻이다.

(2) 구간추정의 종류

① 대표본($n \geq 30$)에서 모평균 μ에 대한 $100(1-\alpha)\%$ 신뢰구간

모평균 μ의 추정량은 표본평균 $\overline{X}$이며, 대표본인 경우 $\overline{X}$를 표준화한 Z통계량을 이용한다.

$$Z = \frac{\overline{X} - \mu}{\sigma / \sqrt{n}} \sim N(0, \ 1)$$

$$P\left(-z_{\alpha/2} < Z < z_{\alpha/2}\right) = 1 - \alpha$$

$$P\left(-z_{\alpha/2} < \frac{\overline{X} - \mu}{\sigma / \sqrt{n}} < z_{\alpha/2}\right) = 1 - \alpha$$

$$P\left(\overline{X} - z_{\alpha/2} \frac{\sigma}{\sqrt{n}} < \mu < \overline{X} + z_{\alpha/2} \frac{\sigma}{\sqrt{n}}\right) = 1 - \alpha$$

㉠ 모분산 σ^2을 알고 있는 경우 μ에 대한 $100(1-\alpha)\%$ 신뢰구간은 다음과 같다.

$$\left(\overline{X} - z_{\alpha/2} \frac{\sigma}{\sqrt{n}}, \ \overline{X} + z_{\alpha/2} \frac{\sigma}{\sqrt{n}}\right)$$

㉡ 모분산 σ^2을 모르고 있는 경우 μ에 대한 $100(1-\alpha)\%$ 신뢰구간은 다음과 같다.

$$\left(\overline{X} - z_{\alpha/2} \frac{S}{\sqrt{n}}, \ \overline{X} + z_{\alpha/2} \frac{S}{\sqrt{n}}\right)$$

실제자료에서 모집단의 분포가 정밀한 정규분포를 따르는 경우는 없다. 또한, 모분산 σ^2이 알려져 있는 경우도 거의 없다. 하지만, 표본의 크기 n이 충분히 클 때에는 중심극한정리에 의해 표본평균 $\overline{X}$는 근사적으로 정규분포를 따르며 모분산 σ^2은 표본분산 S^2으로 추정될 수 있다.

② 소표본($n < 30$)에서 모평균 μ에 대한 $100(1-\alpha)\%$ 신뢰구간

평균 μ의 추정량은 표본평균 $\overline{X}$이며 소표본인 경우 $\overline{X}$를 표준화한 t통계량을 이용한다.

$$T = \frac{\overline{X} - \mu}{S / \sqrt{n}} \sim t_{(n-1)}$$

$$P\left(-t_{(\alpha/2, \ n-1)} < T < t_{(\alpha/2, \ n-1)}\right) = 1 - \alpha$$

$$P\left(-t_{(\alpha/2, \ n-1)} < \frac{\overline{X} - \mu}{S / \sqrt{n}} < t_{(\alpha/2, \ n-1)}\right) = 1 - \alpha$$

$$P\left(\overline{X} - t_{(\alpha/2, \ n-1)} \frac{S}{\sqrt{n}} < \mu < \overline{X} + t_{(\alpha/2, \ n-1)} \frac{S}{\sqrt{n}}\right) = 1 - \alpha$$

소표본에서 모평균 μ에 대한 $100(1-\alpha)\%$ 신뢰구간은 다음과 같다.

$$\left(\overline{X} - t_{(\alpha/2, \ n-1)} \frac{S}{\sqrt{n}}, \ \overline{X} + t_{(\alpha/2, \ n-1)} \frac{S}{\sqrt{n}}\right)$$

③ 대표본에서 모비율 p에 대한 $100(1-\alpha)\%$ 신뢰구간

모비율 p의 추정량은 표본비율 $\hat{p}$이며 이항분포의 정규근사를 이용한 Z통계량을 이용한다.

$$Z = \frac{\hat{p} - p}{\sqrt{p(1-p)/n}} \sim N(0, \ 1)$$

하지만, 표본비율 $\hat{p}$의 표준오차에 모비율 p가 포함되어 있으므로 실제 계산에서는 모비율 p 대신 표본비율 $\hat{p}$을 이용한 다음의 Z통계량을 이용한다.

$$Z = \frac{\hat{p} - p}{\sqrt{\hat{p}(1-\hat{p})/n}} \sim N(0,\ 1)$$

$$P(-z_{\alpha/2} < Z < z_{\alpha/2}) = 1 - \alpha$$

$$P\left(-z_{\alpha/2} < \frac{\hat{p} - p}{\sqrt{\hat{p}(1-\hat{p})/n}} < z_{\alpha/2}\right) = 1 - \alpha$$

$$P\left(\hat{p} - z_{\alpha/2}\sqrt{\frac{\hat{p}(1-\hat{p})}{n}} < p < \hat{p} + z_{\alpha/2}\sqrt{\frac{\hat{p}(1-\hat{p})}{n}}\right) = 1 - \alpha$$

모비율 p에 대한 $100(1-\alpha)\%$ 신뢰구간은 다음과 같다.

$$\left(\hat{p} - z_{\alpha/2}\sqrt{\frac{\hat{p}(1-\hat{p})}{n}},\ \hat{p} + z_{\alpha/2}\sqrt{\frac{\hat{p}(1-\hat{p})}{n}}\right)$$

④ 독립표본인 경우 두 모평균의 차 $\mu_1 - \mu_2$에 대한 $100(1-\alpha)\%$ 신뢰구간

모평균의 차 $\mu_1 - \mu_2$의 추정량은 표본평균 $\overline{X_1} - \overline{X_2}$이며 대표본인 경우 Z통계량을 이용한다.

$$Z = \frac{\overline{X_1} - \overline{X_2} - (\mu_1 - \mu_2)}{\sqrt{\dfrac{\sigma_1^2}{n_1} + \dfrac{\sigma_2^2}{n_2}}} \sim N(0,\ 1)$$

$$P(-z_{\alpha/2} < Z < z_{\alpha/2}) = 1 - \alpha$$

$$P\left(-z_{\alpha/2} < \frac{\overline{X_1} - \overline{X_2} - (\mu_1 - \mu_2)}{\sqrt{\dfrac{\sigma_1^2}{n_1} + \dfrac{\sigma_2^2}{n_2}}} < z_{\alpha/2}\right) = 1 - \alpha$$

$$P\left(\overline{X_1} - \overline{X_2} - z_{\alpha/2}\sqrt{\frac{\sigma_1^2}{n_1} + \frac{\sigma_2^2}{n_2}} < \mu_1 - \mu_2 < \overline{X_1} - \overline{X_2} + z_{\alpha/2}\sqrt{\frac{\sigma_1^2}{n_1} + \frac{\sigma_2^2}{n_2}}\right) = 1 - \alpha$$

㉠ 대표본($n \geq 30$)에서 두 모분산을 알고 있을 경우 $\mu_1 - \mu_2$에 대한 $100(1-\alpha)\%$ 신뢰구간은 다음과 같다.

$$\left((\overline{X_1} - \overline{X_2}) - z_{\alpha/2}\sqrt{\frac{\sigma_1^2}{n_1} + \frac{\sigma_2^2}{n_2}},\ (\overline{X_1} - \overline{X_2}) + z_{\alpha/2}\sqrt{\frac{\sigma_1^2}{n_1} + \frac{\sigma_2^2}{n_2}}\right)$$

㉡ 대표본($n \geq 30$)에서 두 모분산을 모르고 있을 경우 $\mu_1 - \mu_2$에 대한 $100(1-\alpha)\%$ 신뢰구간은 다음과 같다.

$$\left((\overline{X_1} - \overline{X_2}) - z_{\alpha/2}\sqrt{\frac{S_1^2}{n_1} + \frac{S_2^2}{n_2}},\ (\overline{X_1} - \overline{X_2}) + z_{\alpha/2}\sqrt{\frac{S_1^2}{n_1} + \frac{S_2^2}{n_2}}\right)$$

㉢ 소표본($n < 30$)에서 두 모분산을 모르지만 같다는 것은 알고 있을 경우 모평균의 차 $\mu_1 - \mu_2$의 추정량은 표본평균 $\overline{X_1} - \overline{X_2}$이며 소표본인 경우 t통계량을 이용한다.

$$T = \frac{\overline{X_1} - \overline{X_2} - (\mu_1 - \mu_2)}{S_p\sqrt{\dfrac{1}{n_1} + \dfrac{1}{n_2}}} \sim t_{(n_1 + n_2 - 2)}$$

여기서, 합동표본분산 $S_p^2 = \dfrac{(n_1 - 1)s_1^2 + (n_2 - 1)s_2^2}{(n_1 + n_2 - 2)}$

$$P\left(-t_{\alpha/2,\ (n_1 + n_2 - 2)} < T < t_{\alpha/2,\ (n_1 + n_2 - 2)}\right) = 1 - \alpha$$

$$P\left(-t_{\alpha/2,\ (n_1 + n_2 - 2)} < \dfrac{\overline{X_1} - \overline{X_2} - (\mu_1 - \mu_2)}{S_p\sqrt{\dfrac{1}{n_1} + \dfrac{1}{n_2}}} < t_{\alpha/2,\ (n_1 + n_2 - 2)}\right) = 1 - \alpha$$

$$P\left(\overline{X_1} - \overline{X_2} - t_{\frac{\alpha}{2},\ n_1 + n_2 - 2} S_p\sqrt{\dfrac{1}{n_1} + \dfrac{1}{n_2}} < \mu_1 - \mu_2 < \overline{X_1} - \overline{X_2} + t_{\frac{\alpha}{2},\ n_1 + n_2 - 2}\right.$$
$$\left. S_p\sqrt{\dfrac{1}{n_1} + \dfrac{1}{n_2}}\right) = 1 - \alpha$$

표준화 시킨 t통계량을 이용하여 $\mu_1 - \mu_2$에 대한 $100(1-\alpha)\%$ 신뢰구간은 다음과 같다.

$$\left(\left(\overline{X_1} - \overline{X_2}\right) - t_{\alpha/2,\ n_1 + n_2 - 2} S_p\sqrt{\dfrac{1}{n_1} + \dfrac{1}{n_2}},\ \left(\overline{X_1} - \overline{X_2}\right) + t_{\alpha/2,\ n_1 + n_2 - 2} S_p\sqrt{\dfrac{1}{n_1} + \dfrac{1}{n_2}}\right)$$

⑤ 대응표본인 경우의 대응된 두 모평균의 차 $\mu_1 - \mu_2$에 대한 $100(1-\alpha)\%$ 신뢰구간

모평균의 차 $\mu_1 - \mu_2$에 대한 추정량은 표본평균 $\overline{D} = \overline{X_1} - \overline{X_2}$이며 대표본인 경우 Z통계량을 이용한다.

$$Z = \dfrac{\overline{D} - (\mu_1 - \mu_2)}{S_D/\sqrt{n}} \sim N(0,\ 1),\ \text{여기서 } S_D^2 = \dfrac{\sum(D_i - \overline{D})^2}{n - 1}$$

$$P\left(-z_{\alpha/2} < Z < z_{\alpha/2}\right) = 1 - \alpha$$

$$P\left(-z_{\alpha/2} < \dfrac{\overline{D} - (\mu_1 - \mu_2)}{S_D/\sqrt{n}} < z_{\alpha/2}\right) = 1 - \alpha$$

$$P\left(\overline{X_1} - \overline{X_2} - z_{\alpha/2}\dfrac{S_D}{\sqrt{n}} < \mu_1 - \mu_2 < \overline{X_1} - \overline{X_2} + z_{\alpha/2}\dfrac{S_D}{\sqrt{n}}\right) = 1 - \alpha$$

㉠ 대표본($n \geq 30$)인 경우 $\mu_1 - \mu_2$에 대한 $100(1-\alpha)\%$ 신뢰구간은 다음과 같다.

$$\left(\overline{D} - z_{\alpha/2}\dfrac{S_D}{\sqrt{n}},\ \overline{D} + z_{\alpha/2}\dfrac{S_D}{\sqrt{n}}\right)$$

㉡ 소표본($n < 30$)인 경우 $\mu_1 - \mu_2$에 대한 $100(1-\alpha)\%$ 신뢰구간은 다음과 같다.

$$\left(\overline{D} - t_{\alpha/2,\ (n-1)}\dfrac{S_D}{\sqrt{n}},\ \overline{D} + t_{\alpha/2,\ (n-1)}\dfrac{S_D}{\sqrt{n}}\right)$$

소표본인 경우 표본평균의 차 $\overline{D} = \overline{X_1} - \overline{X_2}$이 자유도가 $n-1$인 t분포를 따른다는 것에 유의한다. 또한, 두 모평균의 차 $\mu_1 - \mu_2$에 대한 $100(1-\alpha)\%$ 신뢰구간은 독립표본인 경우와 대응표본인 경우 동일하다. 하지만, 귀무가설의 설정과 자료의 수집에 있어서 차이가 있다.

⑥ 대표본에서 두 모비율의 차 $p_1 - p_2$에 대한 $100(1-\alpha)\%$ 신뢰구간

모비율의 차 $p_1 - p_2$의 추정량은 표본평균 $\hat{p_1} - \hat{p_2}$이며 대표본인 경우 Z통계량을 이용한다.

$$Z = \frac{\hat{p_1} - \hat{p_2} - (p_1 - p_2)}{\sqrt{\dfrac{p_1(1-p_1)}{n_1} + \dfrac{p_2(1-p_2)}{n_2}}} \sim N(0, \ 1)$$

위 식에서 표본비율 $\hat{p_1}$과 $\hat{p_2}$의 분산에 다시 모비율 p_1과 p_2가 들어있기 때문에, 모비율 p_1과 p_2에 표본비율 $\hat{p_1}$과 $\hat{p_2}$를 대입하여 사용하게 된다.

$$Z = \frac{\hat{p_1} - \hat{p_2} - (p_1 - p_2)}{\sqrt{\dfrac{\hat{p_1}(1-\hat{p_1})}{n_1} + \dfrac{\hat{p_2}(1-\hat{p_2})}{n_2}}} \sim N(0, \ 1)$$

$$P(-z_{\alpha/2} < Z < z_{\alpha/2}) = 1 - \alpha$$

$$P\left(-z_{\alpha/2} < \frac{\hat{p_1} - \hat{p_2} - (p_1 - p_2)}{\sqrt{\dfrac{\hat{p_1}(1-\hat{p_1})}{n_1} + \dfrac{\hat{p_2}(1-\hat{p_2})}{n_2}}} < z_{\alpha/2}\right) = 1 - \alpha$$

$$P\left(\hat{p_1} - \hat{p_2} - z_{\alpha/2}\sqrt{\frac{\hat{p_1}(1-\hat{p_1})}{n_1} + \frac{\hat{p_2}(1-\hat{p_2})}{n_2}} < p_1 - p_2 < \hat{p_1} - \hat{p_2} + z_{\alpha/2}\sqrt{\frac{\hat{p_1}(1-\hat{p_1})}{n_1} + \frac{\hat{p_2}(1-\hat{p_2})}{n_2}}\right)$$
$$= 1 - \alpha$$

모비율의 차 $p_1 - p_2$에 대한 $100(1-\alpha)\%$ 신뢰구간은 다음과 같다.

$$\left(\hat{p_1} - \hat{p_2} - z_{\alpha/2}\sqrt{\frac{\hat{p_1}(1-\hat{p_1})}{n_1} + \frac{\hat{p_2}(1-\hat{p_2})}{n_2}}, \ \hat{p_1} - \hat{p_2} + z_{\alpha/2}\sqrt{\frac{\hat{p_1}(1-\hat{p_1})}{n_1} + \frac{\hat{p_2}(1-\hat{p_2})}{n_2}}\right)$$

⑦ 모분산 σ^2에 대한 $100(1-\alpha)\%$ 신뢰구간

모분산 σ^2의 추정량은 표본분산 S^2이며 χ^2통계량을 이용한다.

$$\chi^2 = \frac{(n-1)S^2}{\sigma^2} \sim \chi^2_{(n-1)}$$

카이제곱분포에서 오른쪽 꼬리의 확률이 α가 되는 $(1-\alpha)$분위수를 χ^2_α로 나타내므로 다음이 성립한다.

$$P\left(\chi^2_{1-\frac{\alpha}{2}, \ n-1} < \chi^2 < \chi^2_{\frac{\alpha}{2}, \ n-1}\right) = 1 - \alpha$$

$$P\left(\chi^2_{1-\frac{\alpha}{2}, \ n-1} < \frac{(n-1)S^2}{\sigma^2} < \chi^2_{\frac{\alpha}{2}, \ n-1}\right) = 1 - \alpha$$

$$P\left(\frac{(n-1)S^2}{\chi^2_{\frac{\alpha}{2}, \ n-1}} < \sigma^2 < \frac{(n-1)S^2}{\chi^2_{1-\frac{\alpha}{2}, \ n-1}}\right) = 1 - \alpha$$

χ^2통계량을 이용하여 σ^2에 대한 $100(1-\alpha)\%$ 신뢰구간은 다음과 같다.

$$\left(\frac{(n-1)S^2}{\chi^2_{\frac{\alpha}{2},\ n-1}},\ \frac{(n-1)S^2}{\chi^2_{1-\frac{\alpha}{2},\ n-1}} \right)$$

⑧ 모분산의 비 σ_2^2/σ_1^2에 대한 $100(1-\alpha)\%$ 신뢰구간

모분산의 비 σ_2^2/σ_1^2의 추정량은 표본분산의 비 S_2^2/S_1^2이며 F통계량을 이용한다.

$$F = \frac{S_1^2/\sigma_1^2}{S_2^2/\sigma_2^2} = \frac{\dfrac{(m-1)S_1^2}{\sigma_1^2}/(m-1)}{\dfrac{(n-1)S_2^2}{\sigma_2^2}/(n-1)} \sim F_{(m-1,\ n-1)}$$

F분포에서 오른쪽 꼬리의 확률이 α가 되는 점을 $F_{\alpha,\ m,\ n}$으로 나타내므로 다음이 성립한다.

$$P\left(F_{1-\frac{\alpha}{2},\ m-1,\ n-1} < F < F_{\frac{\alpha}{2},\ m-1,\ n-1} \right) = 1 - \alpha$$

$$P\left(F_{1-\frac{\alpha}{2},\ m-1,\ n-1} < \frac{S_1^2/\sigma_1^2}{S_2^2/\sigma_2^2} < F_{\frac{\alpha}{2},\ m-1,\ n-1} \right) = 1 - \alpha$$

$$P\left(F_{1-\frac{\alpha}{2},\ m-1,\ n-1} \frac{S_2^2}{S_1^2} < \frac{\sigma_2^2}{\sigma_1^2} < F_{\frac{\alpha}{2},\ m-1,\ n-1} \frac{S_2^2}{S_1^2} \right) = 1 - \alpha$$

F통계량을 이용하여 σ_2^2/σ_1^2에 대한 $100(1-\alpha)\%$ 신뢰구간은 다음과 같다.

$$\left(F_{1-\frac{\alpha}{2},\ m-1,\ n-1} \frac{S_2^2}{S_1^2},\ F_{\frac{\alpha}{2},\ m-1,\ n-1} \frac{S_2^2}{S_1^2} \right)$$

위와 동일한 방법을 이용하여 분산비 σ_1^2/σ_2^2에 대한 $100(1-\alpha)\%$ 신뢰구간을 구하면 다음과 같다.

$$\left(\frac{1}{F_{\frac{\alpha}{2},\ m-1,\ n-1}} \frac{S_1^2}{S_2^2},\ \frac{1}{F_{1-\frac{\alpha}{2},\ m-1,\ n-1}} \frac{S_1^2}{S_2^2} \right)$$

실제 분산비에 대한 신뢰구간을 구할 경우 F분포의 특성 중 확률변수 X가 $F_{(m,\ n)}$을 따를 때 $\dfrac{1}{X}$의 분포는 $F_{(n,\ m)}$을 따름을 이용하여 구할 수 있다. 즉, 분산비 σ_1^2/σ_2^2에 대한 $100(1-\alpha)\%$ 신뢰구간은 $\left(\dfrac{1}{F_{\frac{\alpha}{2},\ m-1,\ n-1}} \dfrac{S_1^2}{S_2^2},\ F_{\frac{\alpha}{2},\ n-1,\ m-1} \dfrac{S_1^2}{S_2^2} \right)$와 같이 표현할 수 있다.

(3) 표본크기 결정

① 모평균의 추정에 필요한 표본크기 결정

X_1, X_2, $\cdots$, X_n은 평균이 μ, 분산이 σ^2인 모집단에서의 확률표본일 때 모평균 μ의 $100(1-\alpha)\%$ 신뢰구간은 $\overline{X} \pm z_{\alpha/2} \dfrac{\sigma}{\sqrt{n}}$이다. 여기서, $\dfrac{\sigma}{\sqrt{n}}$을 표준오차라 하고, $z_{\alpha/2}\dfrac{\sigma}{\sqrt{n}}$을 추정오차(오차한계)라 하며, 추정오차가 d 이내가 되도록 하려면 $z_{\alpha/2}\dfrac{\sigma}{\sqrt{n}} \leq d$으로부터 다음과 같이 표본의 크기 n을 결정할 수 있다.

$$n \geq \left(\frac{z_{\alpha/2} \times \sigma}{d} \right)^2$$

예제

6.13 모평균 μ를 추정하는데 있어서 90% 신뢰수준하에서 오차한계가 ± 2.5가 되기 위하여 요구되는 표본의 크기는 216이라고 알려져 있다. 이 경우 95% 신뢰수준하에서 오차한계가 ± 1.8이 되기 위하여 요구되는 최소한의 표본의 크기를 구해보자.

❶ 90% 신뢰수준하에서 $n=216$, $z_{\alpha/2}=1.645$, $d=2.5$이므로 이를 통해서 σ값을 구하면 $\sigma \approx 22.336$이다.

❷ 95% 신뢰수준하에서 $d=1.8$, $z_{\alpha/2}=1.96$, $\sigma \approx 22.336$이므로 이를 통해서 n값을 구하면 $n=591.52$이며 따라서 최소한의 표본의 크기는 592명이다.

② 모비율의 추정에 필요한 표본크기 결정

모비율 p에 대한 $100(1-\alpha)\%$ 신뢰구간은 $\hat{p} \pm z_{\alpha/2}\sqrt{\dfrac{\hat{p}(1-\hat{p})}{n}}$이다.

여기서, $\sqrt{\dfrac{\hat{p}(1-\hat{p})}{n}}$을 표준오차라 하고, $z_{\alpha/2}\sqrt{\dfrac{\hat{p}(1-\hat{p})}{n}}$을 추정오차(오차한계)라 하며, 추정오차가 d 이내가 되도록 하려면 $z_{\alpha/2}\sqrt{\dfrac{\hat{p}(1-\hat{p})}{n}} \leq d$으로 부터 다음과 같이 표본의 크기 n을 결정할 수 있다.

$$n \geq \hat{p}(1-\hat{p})\left(\frac{z_{\alpha/2}}{d} \right)^2$$

모비율 p에 대한 과거의 경험이나 시험조사를 통해 사전정보가 있을 경우, 표본의 크기는 $n \geq \hat{p}(1-\hat{p})\left(\dfrac{z_{\alpha/2}}{d} \right)^2$을 사용하지만, 모비율 p에 대한 사전 정보가 없는 경우에는 보수적인 방법으로 $\hat{p}(1-\hat{p})$을 최대로 해주는 $\hat{p}=\dfrac{1}{2}$을 대입하여 표본크기를 결정한다.

6.14 모집단에 대해 회사 A가 여론조사를 한다. 표본의 크기를 1,000명으로 하고 신뢰수준은 95%로 할 때 최대 오차의 한계는 얼마인지 구해보자.

❶ 모비율 p에 대한 $100(1-\alpha)$% 신뢰구간은 $\hat{p} \pm z_{\alpha/2}\sqrt{\dfrac{\hat{p}(1-\hat{p})}{n}}$ 이다. 여기서 $\sqrt{\dfrac{\hat{p}(1-\hat{p})}{n}}$ 을 표준오차라 하고, $z_{\alpha/2}\sqrt{\dfrac{\hat{p}(1-\hat{p})}{n}}$ 을 추정오차(오차한계)라 하며, 추정오차가 d 이내가 되도록 하려면 $z_{\alpha/2}\sqrt{\dfrac{\hat{p}(1-\hat{p})}{n}} \le d$ 로부터 다음과 같이 표본의 크기를 구할 수 있다.

$$n \ge \hat{p}(1-\hat{p})\left(\frac{z_{\alpha/2}}{d}\right)^2$$

❷ 모비율 p에 대한 사전 정보가 없는 경우이므로 $\hat{p} = \dfrac{1}{2}$ 을 대입하여 표본크기를 결정한다.

$$\therefore \ z_{\alpha/2}\sqrt{\frac{\hat{p}(1-\hat{p})}{n}} = 1.96\sqrt{\frac{0.5 \times 0.5}{1000}} = 0.031 \le d$$

(4) 손실함수(Loss Function)와 위험함수(Risk Function)

$X_1,\ X_2,\ \cdots,\ X_n$ 이 확률밀도함수 $f(x\,;\theta)$, $\theta \in \Omega$로부터의 확률표본, $Y = u(X_1,\ X_2,\ \cdots,\ X_n)$ 을 통계량이라 하자. θ의 추정량 $\delta(y)$가 좋은 추정량이 되기 위해서는 가능한 한 모수 θ와 가까워야 한다. 여기서 추정량 $\delta(y)$을 결정함수(Decision Function)라고 표현한다. θ를 $\delta(y)$로 추정했을 때 발생하는 손실을 손실함수 $L[\theta,\ \delta(y)]$ 라하고 다음과 같이 정의한다.

$$L[\theta,\ \delta(y)] = |\theta - \delta(y)|^k$$

손실함수는 가능한 한 작아야 좋다. θ와 $\delta(y)$ 사이의 거리인 오차가 클 때 손실이 크면 손실함수는 $L[\theta,\ \delta(y)] = [\theta - \delta(y)]^2$와 같이 제곱오차를 생각할 수 있고, 오차가 클 때 손실이 작다면 $L[\theta,\ \delta(y)] = |\theta - \delta(y)|$와 같이 절대오차를 생각할 수 있다. 이런 의미로 손실함수에서 $k=1$인 경우를 절대오차손실함수라 하고, $k=2$인 경우를 제곱오차손실함수라 한다. 추정량 $\delta(y)$가 좋은 추정량인지를 결정하는 하나의 방법으로 다음과 같이 손실함수 $L[\theta,\ \delta(y)]$ 의 기대값을 생각할 수 있다.

$$R[\theta,\ \delta(y)] = E[L(\theta,\ \delta(y))] = \int L(\theta,\ \delta(y)) f_Y(y\,;\theta) dy$$

여기서 $R[\theta,\ \delta(y)]$ 을 위험함수라고 한다. 제곱오차손실함수를 고려해 보면 위험함수는 제곱오차손실의 기대값 $E[L(\theta,\ \delta(y))] = E[\theta - \delta(y)]^2 = E[\delta(y) - \theta]^2$으로 나타나며 이때 위험함수는 평균제곱오차(MSE)와 동일하다.

6.15

$X_1,\ X_2,\ \cdots,\ X_n$이 확률밀도함수 $f(x;\theta)=\dfrac{1}{\theta}e^{-\frac{x}{\theta}}$, $\theta>0$로부터의 확률표본이라 할 때, 모평균 θ의 추정량으로 $Y_1=\overline{X}+1$과 $Y_2=X_2$를 고려하였다. 제곱오차손실함수를 이용하여 위험함수를 구하고 어떤 추정량이 더 좋은 추정량인지 설명해보자.

❶ 각각의 추정량 Y_1과 Y_2의 위험함수를 구하면 다음과 같다.

$$R_1\big[\theta,\ \delta(y_1)\big]=E\big[L\big(\theta,\ \delta(y_1)\big)\big]=E\big[(\overline{X}+1)-\theta\big]^2=E\big[(\overline{X}-\theta)+1\big]^2$$
$$=E(\overline{X}-\theta)^2+2E(\overline{X}-\theta)+1=Var(\overline{X})+1$$
$$=\frac{\theta^2}{n}+1\quad\because\ X_i\sim\epsilon\!\left(\frac{1}{\theta}\right)=\Gamma(1,\ \theta)$$

$$R_2\big[\theta,\ \delta(y_2)\big]=E\big[L\big(\theta,\ \delta(y_2)\big)\big]=E\big[X_2-\theta\big]^2=Var(X_2)=\theta^2$$

❷ 위에서 구한 위험함수를 그래프로 나타내면 다음과 같다.

〈표 6.7〉 위험함수 그래프

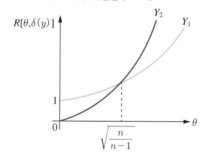

❸ 위의 위험함수 그래프로부터 $0<\theta<\sqrt{\dfrac{n}{n-1}}$ 인 경우 Y_2가 좋은 추정량이며, $\theta>\sqrt{\dfrac{n}{n-1}}$ 인 경우 Y_1이 더 좋은 추정량이다.

STEP 1 | 행정고시

01

기출 1987년

평균자승오차와 분산의 차이점을 논하라.

01 해설

평균제곱오차와 분산

① 바람직한 추정량의 성질 중 불편성(Unbiasedness)은 모수 θ의 추정량 $\hat{\theta}$에 대하여 $E(\hat{\theta}) = \theta$이 성립할 때 $\hat{\theta}$을 θ의 불편추정 량이라 한다. 만약 $E(\hat{\theta}) \neq \theta$이면 $\hat{\theta}$을 θ의 편향추정량이라 하며 그 차이 $E(\hat{\theta}) - \theta$를 편향(Bias)이라 한다.

② 유효성(Efficiency)이란 추정량 $\hat{\theta}$이 불편추정량이고, 그 분산이 다른 추정량 $\hat{\theta}_i$에 비해 최소의 분산을 갖는 성질이다. 즉, 각 추정량의 분산 $Var(\hat{\theta}) = E(\hat{\theta} - \mu)^2$ 크기를 비교하여 최소분산을 갖는 추정량을 선택하는 기준이 유효성이다.

③ 분산은 추정량이 기대값에서 떨어진 정도를 측정해 주지만 평균제곱오차(MSE)는 추정량이 목표값에서 떨어진 정도를 측정 해 준다.

④ 예를 들어 불편추정량이면서 분산이 큰 추정량과 편향추정량이면서 분산이 작은 추정량이 있다면 어떤 추정량이 더 유효한 지 판단하는 기준이 필요하다.

⑤ 이런 기준으로 기대값과 분산을 동시에 고려한 것이 평균제곱오차이다. 평균제곱오차는 추정량의 분산에 추정량의 편향을 제곱한 것이다.

$$MSE(\hat{\theta}) = E(\hat{\theta} - \theta)^2 = E(\hat{\theta} - \mu + \mu - \theta)^2 = E(\hat{\theta} - \mu)^2 + 2E(\hat{\theta} - \mu)(\mu - \theta) + E(\mu - \theta)^2$$
$$= E(\hat{\theta} - \mu)^2 + 2(\mu - \theta)E(\hat{\theta} - \mu) + (\mu - \theta)^2 \quad \because \mu\text{와 }\theta\text{는 상수}$$
$$= E(\hat{\theta} - \mu)^2 + (\mu - \theta)^2 \quad \because E(\hat{\theta}) = \mu\text{이므로 }E(\hat{\theta} - \mu) = 0$$
$$= Var(\hat{\theta}) + \left[Bias(\hat{\theta})\right]^2 \quad \because Var(\hat{\theta}) = E(\hat{\theta} - \mu)^2\text{이고 }Bias(\hat{\theta}) = E(\hat{\theta}) - \theta = \mu - \theta$$

⑥ 만약 두 추정량의 분산이 동일하다면 작은 편향을 갖는 추정량이 바람직하다.

⑦ 또한 두 추정량이 불편성을 만족한다면 작은 분산을 갖는 추정량이 바람직하다. 실질적으로 추정량이 불편성을 만족하면 $Bias(\hat{\theta}) = 0$이 되어 평균제곱오차는 분산과 동일하다. 따라서 평균제곱오차는 분산의 개념을 일반화시킨 것이라고 할 수 있다.

어느 회사에서 생산되는 제품의 지름을 조사하기 위하여 임의로 100개를 뽑아 조사하였더니 평균이 45cm, 표준편차가 2cm였다. 이 회사가 생산한 제품의 지름에 대한 모평균을 95%의 신뢰수준에서 추정하라.

02 해설

대표본에서 모분산 σ^2을 모를 경우 μ에 대한 $100(1-\alpha)\%$ 신뢰구간

① 모평균 μ의 추정량은 표본평균 $\overline{X}$이며, 대표본인 경우 $\overline{X}$를 표준화한 Z통계량을 이용한다.

$$Z = \frac{\overline{X}-\mu}{\sigma/\sqrt{n}} \sim N(0,\ 1)$$

② Z통계량을 이용하여 모평균 μ에 대한 $100(1-\alpha)\%$ 신뢰구간을 구하는 과정은 다음과 같다.

$P(-z_{\alpha/2} < Z < z_{\alpha/2}) = 1-\alpha$

$P\left(-z_{\alpha/2} < \dfrac{\overline{X}-\mu}{\sigma/\sqrt{n}} < z_{\alpha/2}\right) = 1-\alpha$

$P\left(\overline{X} - z_{\alpha/2}\dfrac{\sigma}{\sqrt{n}} < \mu < \overline{X} + z_{\alpha/2}\dfrac{\sigma}{\sqrt{n}}\right) = 1-\alpha$

③ 그러나 실제자료에서 모집단의 분포가 정밀한 정규분포를 따르는 경우는 없다. 또한, 모분산 σ^2이 알려져 있는 경우도 거의 없다. 하지만, 표본의 크기 n이 충분히 클 때($n \geq 30$)에는 중심극한정리에 의해 표본평균 $\overline{X}$는 근사적으로 정규분포를 따르며 모분산 σ^2은 표본분산 S^2으로 추정될 수 있다.

④ 모분산 σ^2을 모르고 있는 경우 μ에 대한 $100(1-\alpha)\%$ 신뢰구간은 다음과 같다.

$$\left(\overline{X} - z_{\alpha/2}\dfrac{S}{\sqrt{n}},\ \overline{X} + z_{\alpha/2}\dfrac{S}{\sqrt{n}}\right)$$

⑤ $n = 100$, $\overline{X} = 45$, $S = 2$, $z_{0.025} = 1.96$이므로 위의 식에 대입하여 μ에 대한 95% 신뢰구간을 구할 수 있다.

$$\left(45 - 1.96\dfrac{2}{\sqrt{100}},\ 45 + 1.96\dfrac{2}{\sqrt{100}}\right) \Rightarrow (44.608, 45.392)$$

정규분포(모분포)의 모평균 추정에 따른 표본크기의 결정 방법에 대해 논하라.

03 해설

모평균의 추정에 필요한 표본크기 결정

① X_1, X_2, $\cdots$, X_n은 평균이 μ, 분산이 σ^2인 모집단에서의 확률표본일 때 모평균 μ의 $100(1-\alpha)\%$ 신뢰구간은

$\overline{X} \pm z_{\alpha/2} \dfrac{\sigma}{\sqrt{n}}$ 이다.

② 여기서, $\dfrac{\sigma}{\sqrt{n}}$ 을 표준오차라 하고, $z_{\alpha/2} \dfrac{\sigma}{\sqrt{n}}$ 을 추정오차(오차한계)라 하며, 추정오차가 d 이내가 되도록 하려면

$z_{\alpha/2} \dfrac{\sigma}{\sqrt{n}} \leq d$로부터 다음과 같이 표본의 크기 n을 결정할 수 있다.

$$n \geq \left(\frac{z_{\alpha/2} \times \sigma}{d} \right)^2$$

확률밀도함수 $f(x:\theta)$인 모집단으로부터 추출된 랜덤표본 X_1, X_2, $\cdots$, X_n을 이용하여 얻은 모수 θ에 대한 추정치에 대해서 편의와 분산을 정의하고 통계적 의의를 설명한 다음 그 평균제곱오차와 편의와 분산의 관계를 논하라.

04 해설

평균제곱오차와 분산

① 바람직한 추정량의 성질 중 불편성(Unbiasedness)과 유효성(Efficiency)이 있다.

② 모수 θ의 추정량 $\hat{\theta}$에 대하여 $E(\hat{\theta}) = \theta$이 성립할 때 $\hat{\theta}$을 θ의 불편추정량이라 한다. 즉, 이때 $\hat{\theta}$는 θ의 추정량으로써 불편성(Unbiasedness)을 만족한다고 한다. 만약 $E(\hat{\theta}) \neq \theta$이면 $\hat{\theta}$을 θ의 편향추정량이라 하며 그 차이 $E(\hat{\theta}) - \theta$를 편향(Bias)이라 한다.

③ 추정량 $\hat{\theta}$이 θ의 불편추정량이고 다른 θ의 불편추정량 $\hat{\theta}_i$과 비교했을 때 $\hat{\theta}$가 최소의 분산을 가지게 되면 $\hat{\theta}$는 θ의 추정량으로써 유효성(Efficiency)을 만족한다고 한다. 즉, 각 추정량의 분산 $Var(\hat{\theta}) = E(\hat{\theta} - \mu)^2$ 크기를 비교하여 최소분산을 갖는 추정량을 선택하는 기준이 유효성이다.

④ 분산은 추정량이 기대값에서 떨어진 정도를 측정해 주지만 평균제곱오차(MSE)는 추정량이 목표값에서 떨어진 정도를 측정해 준다.

⑤ 예를 들어 불편추정량이면서 분산이 큰 추정량과 편향추정량이면서 분산이 작은 추정량이 있다면 어떤 추정량이 더 유효한지 판단하는 기준이 필요하다.

⑥ 이런 기준으로 기대값과 분산을 동시에 고려한 것이 평균제곱오차이다. 평균제곱오차는 추정량의 분산에 추정량의 편향을 제곱한 것이다.

$$
\begin{aligned}
MSE(\hat{\theta}) &= E(\hat{\theta} - \theta)^2 = E(\hat{\theta} - \mu + \mu - \theta)^2 = E(\hat{\theta} - \mu)^2 + 2E(\hat{\theta} - \mu)(\mu - \theta) + E(\mu - \theta)^2 \\
&= E(\hat{\theta} - \mu)^2 + 2(\mu - \theta)E(\hat{\theta} - \mu) + (\mu - \theta)^2 \quad \because \mu \text{와} \theta \text{는 상수} \\
&= E(\hat{\theta} - \mu)^2 + (\mu - \theta)^2 \quad \because E(\hat{\theta}) = \mu \text{이므로} E(\hat{\theta} - \mu) = 0 \\
&= Var(\hat{\theta}) + \left[Bias(\hat{\theta})\right]^2 \quad \because Var(\hat{\theta}) = E(\hat{\theta} - \mu)^2 \text{이고} Bias(\hat{\theta}) = E(\hat{\theta}) - \theta = \mu - \theta
\end{aligned}
$$

⑦ 만약 두 추정량의 분산이 동일하다면 작은 편향을 갖는 추정량이 바람직하다.

⑧ 또한 두 추정량이 불편성을 만족한다면 작은 분산을 갖는 추정량이 바람직하다. 실질적으로 추정량이 불편성을 만족하면 $Bias(\hat{\theta}) = 0$이 되어 평균제곱오차는 분산과 동일하다. 따라서 평균제곱오차는 분산의 개념을 일반화시킨 것이라고 할 수 있다.

평균 μ와 분산 σ^2이 미지인 정규모집단 $N(\mu,\ \sigma^2)$으로부터 추출한 확률표본 $X_1,\ X_2,\ \cdots,\ X_n$ 에 대하여 모분산 σ^2을 점추정하는 방법들을 비교, 설명하시오.

05 해설

점추정 방법

① 적률법(Method of Moment) 이용

적률법이란 모집단의 r차 적률을 $\mu_r = E(X^r)$, $r = 1,\ 2,\ \cdots$라 하고, 표본의 r차 적률을 $\widehat{\mu_r} = \dfrac{1}{n}\sum X_i^r$, $r = 1,\ 2,\ \cdots$라 할 때 모집단의 적률과 표본의 적률을 이용하여 $\mu_r = \widehat{\mu_r}$, $r = 1,\ 2,\ \cdots$를 해당 모수에 대해 풀어 추정량을 구하는 방법이다. $X_1,\ X_2,\ \cdots,\ X_n$이 $N(\mu,\sigma^2)$에서 뽑은 확률표본이므로 $\mu_1 = E(X) = \mu$, $\mu_2 = E(X^2) = \sigma^2 + [E(X)]^2$이 성립하며, $E(X)$와 $E(X^2)$의 표본적률은 $\widehat{\mu_1} = \dfrac{1}{n}\sum X_i$, $\widehat{\mu_2} = \dfrac{1}{n}\sum X_i^2$이므로 $\mu_1 = \widehat{\mu_1}$, $\mu_2 = \widehat{\mu_2}$라 놓고 이를 μ와 σ^2에 대해 풀면 다음과 같은 적률추정량(MME ; Method of Moment Estimator)을 구할 수 있다.

$$\widehat{\mu^{MME}} = \frac{1}{n}\sum X_i = \overline{X}$$

$$\widehat{\sigma^{2MME}} = \frac{1}{n}\sum X_i^2 - \overline{X}^2 = \frac{1}{n}\sum\left(X_i - \overline{X}\right)^2$$

② 최대가능도추정법(Method of Maximum Likelihood) 이용

최대가능도추정법이란 n개의 관측값 $x_1,\ x_2,\ \cdots,\ x_n$에 대한 결합밀도함수 $L(\theta) = f(x_1,\ \cdots,\ x_n;\theta)$을 θ의 함수로 간주할 때 $L(\theta)$를 가능도함수(Likelihood Function)라 한다. 이 가능도함수 $L(\theta)$를 최대로 하는 θ의 값 $\hat{\theta}$을 모수 θ의 최대가능도 추정량(MLE ; Maximum Likelihood Estimator)이라 한다.

$X_1,\ X_2,\ \cdots,\ X_n$이 $N(\mu,\sigma^2)$에서 뽑은 확률표본이므로 가능도함수는 다음과 같다.

$$L(\mu,\ \sigma^2) = \prod_{i=1}^{n} f(x_i\ ;\ \mu,\ \sigma^2) = \prod_{i=1}^{n}\frac{1}{\sigma\sqrt{2\pi}}e^{\left[-\frac{(x_i-\mu)^2}{2\sigma^2}\right]} = (2\pi\sigma^2)^{-\frac{n}{2}}\exp\left[-\frac{\sum(x_i-\mu)^2}{2\sigma^2}\right]$$

계산의 편의를 위해 가능도함수 양변에 로그를 취하면 다음이 성립한다.

$$\log L(\mu,\ \sigma^2) = -\frac{n}{2}\log(2\pi) - \frac{n}{2}\log\sigma^2 - \frac{\sum(x_i-\mu)^2}{2\sigma^2}$$

최대가능도추정량을 구하기 위해 $\log L(\mu,\ \sigma^2)$을 μ와 σ^2에 대해 편미분한 후 각각을 0으로 놓으면 다음과 같다.

$$\frac{\partial\log L(\mu,\ \sigma^2)}{\partial\mu} = \frac{1}{\sigma^2}\sum(x_i-\mu) = 0$$

$$\frac{\partial\log L(\mu,\ \sigma^2)}{\partial\sigma^2} = -\left(\frac{n}{2}\right)\left(\frac{1}{\sigma^2}\right) + \frac{1}{2\sigma^4}\sum(x_i-\mu)^2 = 0$$

위의 두 방정식을 μ와 σ^2에 대해 풀면 다음과 같은 최대가능도추정량을 구할 수 있다.

$$\widehat{\mu^{MLE}} = \frac{1}{n}\sum X_i = \overline{X}$$

$$\widehat{\sigma^{2MLE}} = \frac{1}{n}\sum\left(X_i - \overline{X}\right)^2$$

하지만 $\log L(\mu, \sigma^2)$을 μ와 σ^2에 대해 편미분한 후 0으로 놓고 구한 추정량 $\hat{\mu}$과 $\hat{\sigma^2}$가 최대가 되기 위한 필요충분조건은 다음을 만족해야 한다.

$$\frac{\partial^2 \log L(\mu, \sigma^2)}{\partial \mu^2} < 0 \text{이고 } |H| = \begin{vmatrix} \dfrac{\partial^2 \log L(\mu, \sigma^2)}{\partial \mu^2} & \dfrac{\partial^2 \log L(\mu, \sigma^2)}{\partial \mu \partial \sigma^2} \\ \dfrac{\partial^2 \log L(\mu, \sigma^2)}{\partial \sigma^2 \partial \mu} & \dfrac{\partial^2 \log L(\mu, \sigma^2)}{\partial \sigma^4} \end{vmatrix} > 0$$

$$\frac{\partial^2 \log L(\mu, \sigma^2)}{\partial \mu^2} = -\frac{n}{\sigma^2} < 0 \text{이고}$$

$$|H| = \begin{vmatrix} -\dfrac{n}{\sigma^2} & -\dfrac{1}{\sigma^4}\sum(x_i - \mu) \\ -\dfrac{1}{\sigma^4}\sum(x_i - \mu) & \dfrac{n}{2\sigma^4} - \dfrac{1}{\sigma^6}\sum(x_i - \mu)^2 \end{vmatrix}$$

$$= \frac{n}{\sigma^8}\sum(x_i - \mu)^2 - \frac{n^2}{2\sigma^6} - \frac{1}{\sigma^8}\left[\sum(x_i - \mu)\right]^2$$

$$= \frac{1}{\sigma^8}\left\{n\sum(x_i - \mu)^2 - \left[\sum(x_i - \mu)\right]^2\right\} - \frac{n^2}{2\sigma^6}$$

$$= \frac{1}{\sigma^8}\left[n\sum x_i^2 - \left(\sum x_i\right)^2\right] - \frac{n^2}{2\sigma^6}$$

$$= \frac{1}{2\sigma^8}\left\{2n\sum x_i^2 - 2\left[\sum x_i\right]^2 - n^2\sigma^2\right\}$$

$$= \frac{1}{2\sigma^8}\left\{2n\sum x_i^2 - 2\left[\sum x_i\right]^2 - n\sum(x_i - \bar{x})^2\right\} \quad \because \sigma^2 = \frac{1}{n}\sum\left(x_i - \bar{x}\right)^2$$

$$= \frac{1}{2\sigma^8}\left[n\sum(x_i - \bar{x})^2\right] > 0$$

즉, $\dfrac{\partial^2 \log L(\mu, \sigma^2)}{\partial \mu^2} < 0$과 $|H| = \begin{vmatrix} \dfrac{\partial^2 \log L(\mu, \sigma^2)}{\partial \mu^2} & \dfrac{\partial^2 \log L(\mu, \sigma^2)}{\partial \mu \partial \sigma^2} \\ \dfrac{\partial^2 \log L(\mu, \sigma^2)}{\partial \sigma^2 \partial \mu} & \dfrac{\partial^2 \log L(\mu, \sigma^2)}{\partial \sigma^4} \end{vmatrix} > 0$을 만족하므로 추정량 $\hat{\mu}$와 $\hat{\sigma^2}$는 $\log L(\mu, \sigma^2)$을

최대로 한다.

∴ 모수 (μ, σ^2)의 최대가능도추정량은 $\left(\bar{X}, \dfrac{1}{n}\sum\left(X_i - \bar{X}\right)^2\right)$이다.

③ 결론적으로 $X_1, X_2, \cdots, X_n$이 $N(\mu, \sigma^2)$에서 뽑은 확률표본일 경우 모분산 σ^2에 대한 적률추정량과 최대가능도추정량은 동일하다.

어떤 모집단에서 모평균 μ를 추정하기 위하여 랜덤표본 $X_1, \cdots, X_n$을 표본추출하고 $\hat{\theta}$를 추정량으로 사용한다고 하자. 확률분포와 표본분포를 정의하고 이들 사이의 관계를 설명하시오. 특히 $\hat{\theta} = \overline{X}$(표본평균)인 경우에 대하여 표본분포와 추론과정(신뢰구간)을 구체적으로 밝히시오.

06 해설

표본평균의 표본분포

① 확률변수는 우연적인 실험의 결과에 수치를 할당하는 역할을 한다. 수학적으로 엄밀하게 정의하면 실험 결과를 실수와 대응시키는 함수로서 표본공간에서 정의된 실수함수를 확률변수라 정의한다.

② 확률변수 X가 취하는 값 x_i와 확률변수 X가 x_i를 취할 확률 $p(x_i)$와의 대응관계를 확률변수 X의 확률분포라 한다.

③ 표본통계량이란 미지의 모수를 포함하지 않는 랜덤표본 $X_1, \cdots, X_n$의 함수를 의미한다. 표본통계량을 구하는 목적은 이를 통해 모집단의 성격을 알고자 하는 것이다. 표본통계량 또한 확률변수로 어떤 표본이 뽑히느냐에 따라 그 값이 달라지므로 어떠한 형태로 변하는가를 조사함으로써 표본통계량의 분포를 알 수 있다. 이 때 표본통계량의 확률분포를 표본분포라 한다.

④ $\hat{\theta} = \overline{X}$의 경우 표본의 수에 따라서 표본분포와 추론과정이 다르다. 우선, 표본의 수가 충분히 큰 대표본의 경우 중심극한정리에 의해 $\overline{X} \sim N\left(\mu, \dfrac{\sigma^2}{n}\right)$에 근사한다.

⑤ 모분산 σ^2이 알려져 있지 않은 경우 표본분산 S^2으로 대체하여 사용하며, 표본의 수가 충분히 큰 대표본의 경우 중심극한정리에 의해 정규분포로 근사시켜 다음과 같이 신뢰구간을 구할 수 있다.

$$P\left(-z_{0.025} \leq Z \leq z_{0.025}\right) = 0.95$$

$$P\left(-1.96 \leq \dfrac{\overline{X} - \mu}{S/\sqrt{n}} \leq 1.96\right) = 0.95$$

$$P\left(\overline{X} - 1.96\dfrac{S}{\sqrt{n}} \leq \mu \leq \overline{X} + 1.96\dfrac{S}{\sqrt{n}}\right) = 0.95$$

$$\therefore \mu \text{에 대한 95\% 신뢰구간} : \left(\overline{X} - 1.96\dfrac{S}{\sqrt{n}}, \ \overline{X} + 1.96\dfrac{S}{\sqrt{n}}\right)$$

⑥ 소표본의 경우는 중심극한정리를 사용할 수 없으므로 모집단이 정규분포를 따른다는 가정을 필요로 한다.

⑦ 모분산 σ^2이 알려져 있지 않은 경우 표본분산 S^2으로 대체하여 사용하며, $T = \dfrac{\overline{X} - \mu}{S/\sqrt{n}}$는 $t_{(n-1)}$ 분포를 따른다.

⑧ 따라서 신뢰구간은 다음과 같은 과정을 통해 구할 수 있다.

$$P\left(-t_{(0.025, \ n-1)} \leq \dfrac{\overline{X} - \mu}{S/\sqrt{n}} \leq t_{(0.025, \ n-1)}\right) = 0.95$$

$$P\left(\overline{X} - t_{(0.025, \ n-1)}\dfrac{S}{\sqrt{n}} \leq \mu \leq \overline{X} + t_{(0.025, \ n-1)}\dfrac{S}{\sqrt{n}}\right) = 0.95$$

$$\therefore \mu \text{에 관한 95\% 신뢰구간} : \left(\overline{X} - t_{(0.025, \ n-1)}\dfrac{S}{\sqrt{n}}, \ \overline{X} + t_{(0.025, \ n-1)}\dfrac{S}{\sqrt{n}}\right)$$

기출 1997년

인구 10만명인 어떤 도시에 거주하는 20세 이상의 성인 중 신문을 읽는 사람의 비율을 알아보기 위하여 400명을 랜덤 추출하여 조사한 결과 360명이 신문을 읽는다고 대답하였다. 도시 전체의 신문을 읽는 성인의 비율에 대한 95% 신뢰구간을 구하시오.

07 해설

모비율 p에 대한 신뢰구간

① 확률변수 Y를 어떤 도시에 거주하는 20세 이상의 한 성인이 신문을 읽는 사상이라고 한다면 Y는 $B(1, p)$인 베르누이 분포를 따른다. 즉, $Y_1, \cdots, Y_n$이 성공률이 p인 베르누이 분포에서 확률표본일 때 표본합 $X = \sum Y_i$는 이항분포 $B(n, p)$을 따른다.

② 비율 추정량인 표본비율 $\hat{p} = \dfrac{X}{n} = \dfrac{\sum Y_i}{n} = \overline{Y}$는 실질적으로 베르누이 분포에서 표본평균에 해당된다. 이항분포의 기대값은 $E(X) = np$이고 분산은 $Var(X) = np(1-p)$이므로, 표본비율의 기대값과 분산은 각각 다음과 같다.

$$E(\hat{p}) = E\left(\frac{X}{n}\right) = \frac{1}{n}E(X) = p, \ Var(\hat{p}) = Var\left(\frac{X}{n}\right) = \frac{1}{n^2}Var(X) = \frac{p(1-p)}{n}$$

③ 표본크기 n이 충분히 크다면, 중심극한정리에 의해 다음과 같이 이항분포의 정규근사를 얻는다.

$$Z = \frac{\hat{p} - p}{\sqrt{p(1-p)/n}} \to N(0, 1)$$

④ 하지만, 표본비율 $\hat{p}$의 표준오차에 모비율 p가 포함되어 있으므로 실제 계산에서는 모비율 p대신 표본비율 $\hat{p}$을 이용한 다음의 Z통계량을 이용한다.

$$Z = \frac{\hat{p} - p}{\sqrt{\hat{p}(1-\hat{p})/n}} \sim N(0, 1)$$

$$P\left(-z_{\alpha/2} < Z < z_{\alpha/2}\right) = 1 - \alpha$$

$$P\left(-z_{\alpha/2} < \frac{\hat{p} - p}{\sqrt{\hat{p}(1-\hat{p})/n}} < z_{\alpha/2}\right) = 1 - \alpha$$

$$P\left(\hat{p} - z_{\alpha/2}\sqrt{\frac{\hat{p}(1-\hat{p})}{n}} < p < \hat{p} + z_{\alpha/2}\sqrt{\frac{\hat{p}(1-\hat{p})}{n}}\right) = 1 - \alpha$$

⑤ 모비율 p에 대한 $100(1-\alpha)\%$ 신뢰구간은 다음과 같다.

$$\left(\hat{p} - z_{\alpha/2}\sqrt{\frac{\hat{p}(1-\hat{p})}{n}}, \ \hat{p} + z_{\alpha/2}\sqrt{\frac{\hat{p}(1-\hat{p})}{n}}\right)$$

⑥ $\hat{p} = \dfrac{X}{n} = \dfrac{360}{400} = 0.9$이므로 위의 식을 이용하여 모비율 p에 대한 95% 신뢰구간을 구하면 다음과 같다.

$$\left(0.9 - 1.96\sqrt{\frac{0.9(1-0.9)}{400}}, \ 0.9 + 1.96\sqrt{\frac{0.9(1-0.9)}{400}}\right) = (0.8706, 0.9294)$$

모비율 θ에 대한 추정량 U를 생각해 보자. 추정량 U는 표본을 추출하는 대신에 동전을 던져서 앞면이 나오면 $\theta = \dfrac{1}{3}$ 이라고 추정하고 뒷면이 나오면 $\theta = \dfrac{2}{3}$ 라고 추정한다. 이 추정량 U에 대한 평균제곱오차(Mean Square Error)을 구하고, 평균제곱오차의 그래프를 그리시오.

08 해설

평균제곱오차(Mean Square Error)

① $MSE(U) = E(\theta - U)^2 = Var(U) + [Bias(U)]^2$

② $E(U) = \left(\dfrac{1}{2} \times \dfrac{1}{3} \right) + \left(\dfrac{1}{2} \times \dfrac{2}{3} \right) = \dfrac{1}{2}$

③ $Var(U) = E(U^2) - [E(U)]^2 = \left(\dfrac{1}{3} \right)^2 \times \dfrac{1}{2} + \left(\dfrac{2}{3} \right)^2 \times \dfrac{1}{2} - \left(\dfrac{1}{2} \right)^2 = \dfrac{1}{36}$

④ $Bias(U) = E(U) - \theta = \dfrac{1}{2} - \theta$

$\therefore MSE(U) = Var(U) + [Bias(U)]^2 = \dfrac{1}{36} + \left(\dfrac{1}{2} - \theta \right)^2$

⑤ $0 \le \theta \le 1$이므로 평균제곱오차(MSE)의 그래프는 다음과 같다.

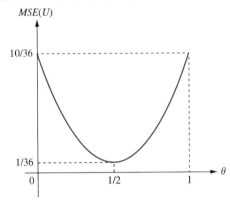

09

기출 2007년

어느 지역 특정작물의 평균수확량을 추정하고자 세 그루의 작물을 임의로 추출하여 얻은 수확량을 각각 X_1, X_2, X_3이라 하자. 각 수확량은 평균이 μ이고 분산이 σ^2인 모집단에서의 임의표본 (Random Sample)이라고 할 때, μ의 추정량으로서 두 추정량 $T_1 = \dfrac{X_1 + X_2 + X_3}{3}$과

$T_2 = \dfrac{Y + X_3}{2}$을 고려하기로 하자(단, $Y = \dfrac{X_1 + X_2}{2}$).

(1) 두 추정량의 특성을 추정량이 갖추어야 할 성질을 중심으로 기술하시오.

(2) 두 추정량 중 하나를 선택한다면 어떤 추정량을 선택하겠는가? 그 이유를 설명하시오.

(3) X_1, X_2, X_3 중에서 X_1과 X_2는 서로 이웃한 작물의 수확량이어서 상관관계가 있다고 가정하자. X_1과 X_2의 상관계수를 ρ라 할 때, ρ의 값에 따른 적절한 추정량을 선택하고 그 이유를 설명하시오.

09 해설

(1) 바람직한 추정량

  ① 일반적으로 아래와 같은 특성을 가지는 추정량을 바람직한 추정량이라고 한다.

    ㉠ 불편성(Unbiasedness) : 모수 θ의 추정량을 $\hat{\theta}$으로 나타낼 때, $\hat{\theta}$의 기대값이 θ가 되는 성질이다. 즉, $E(\hat{\theta}) = \theta$이면 $\hat{\theta}$은 불편추정량이라 한다.

    ㉡ 일치성(Consistency) : 표본의 크기가 커짐에 따라 추정량이 확률적으로 모수에 가깝게 수렴하는 성질이다.

    ㉢ 충분성(Sufficiency) : 모수에 대하여 가능한 많은 표본정보를 내포하고 있는 추정량의 성질이다.

    ㉣ 효율성(Efficiency) : 추정량 $\hat{\theta}$가 불편추정량이고, 그 분산이 다른 추정량에 비해 최소의 분산을 갖는 성질이다.

  ② 두 추정량 T_1, T_2는 각각 다음과 같은 특성을 가지고 있다.

바람직한 추정량	T_1	T_2
불편성	○	○
일치성	×	×
충분성	○	○
효율성	○	×

  ③ 추정량 T_1과 T_2는 불편추정량이다.

$$E(T_1) = E\left(\frac{X_1 + X_2 + X_3}{3}\right) = \frac{E(X_1) + E(X_2) + E(X_3)}{3} = \mu \quad \therefore X_1,\ X_2,\ X_3 \text{은 서로 독립}$$

$$E(T_2) = E\left(\frac{Y + X_3}{2}\right) = E\left(\frac{\frac{X_1 + X_2}{2} + X_3}{2}\right) = \frac{E(X_1) + E(X_2) + 2E(X_3)}{4} = \mu$$

  ④ 표본의 수 $n = 3$으로 고정한 상태이므로, n이 증가함에 따라 추정량이 모수에 가까워지는 성질인 일치성은 이 문제에서 논할 수 없다.

⑤ 두 추정량 모두 모집단으로 부터의 임의표본(Random Sample) X_1, X_2, X_3을 모두 이용하여 구한 추정량이므로 충분성을 만족한다.

⑥ 추정량의 분산을 비교해 볼 때 $Var(T_1) < Var(T_2)$이므로 T_1이 효율성을 만족한다.

$$Var(T_1) = Var\left(\frac{X_1 + X_2 + X_3}{3}\right) = \frac{1}{9}\left[Var(X_1) + Var(X_2) + Var(X_3)\right] = \frac{\sigma^2}{3}$$

$$Var(T_2) = Var\left(\frac{X_1 + X_2 + 2X_3}{4}\right) = \frac{1}{16}\left[Var(X_1) + Var(X_2) + 4Var(X_3)\right] = \frac{3\sigma^2}{8}$$

(2) 바람직한 추정량의 선택

① 문제 (1)로부터 두 추정량 T_1, T_2는 모두 불편성, 충분성을 만족하고 있으며, T_1는 추가적으로 효율성을 만족한다.

② 즉, T_1로 추정할 때가 T_2로 추정할 때보다 분산이 작으므로 모수에 가깝게 추정할 가능성이 더 높다고 해석할 수 있다.

(3) 바람직한 추정량의 선택

① X_1과 X_2는 서로 이웃한 작물의 수확량이어서 상관관계가 있다고 가정했기 때문에 공분산이 0이 아님을 알 수 있다.

② $Corr(X_1,\ X_2) = \dfrac{Cov(X_1,\ X_2)}{\sqrt{Var(X_1)}\ \sqrt{Var(X_2)}} = \dfrac{Cov(X_1,\ X_2)}{\sqrt{\sigma^2}\ \sqrt{\sigma^2}} = \dfrac{Cov(X_1,\ X_2)}{\sigma^2} = \rho$

③ X_1과 X_2의 공분산 $Cov(X_1,\ X_2) = \rho\sigma^2$이 된다.

④ $Var(T_1) = \dfrac{1}{9}\left[Var(X_1) + Var(X_2) + 2Cov(X_1,\ X_2) + Var(X_3)\right] = \dfrac{\sigma^2}{3} + \dfrac{2\rho\sigma^2}{9}$

⑤ $Var(T_2) = \dfrac{1}{16}\left[Var(X_1) + Var(X_2) + 2Cov(X_1,\ X_2) + 4Var(X_3)\right] = \dfrac{3\sigma^2}{8} + \dfrac{\rho\sigma^2}{8}$

⑥ $Var(T_1) - Var(T_2) = -\dfrac{\sigma^2}{24} + \dfrac{7\sigma^2\rho}{72} = \dfrac{\sigma^2}{72}(7\rho - 3)$

⑦ $\rho > \dfrac{3}{7}$ 이면 $Var(T_1) - Var(T_2) > 0 \Rightarrow Var(T_1) > Var(T_2)$이 되어 바람직한 추정량으로 T_2을 선택한다.

$\rho = \dfrac{3}{7}$ 이면 $Var(T_1) - Var(T_2) = 0 \Rightarrow Var(T_1) = Var(T_2)$이 되어 바람직한 추정량으로 T_1 또는 T_2를 선택한다.

$\rho < \dfrac{3}{7}$ 이면 $Var(T_1) - Var(T_2) < 0 \Rightarrow Var(T_1) < Var(T_2)$이 되어 바람직한 추정량으로 T_1을 선택한다.

10

기출 2008년

서로 독립인 확률변수 X_1, X_2, X_3의 분포는 각각 $X_i \sim N(\mu_i, \ \sigma^2)$, $i = 1, \ 2, \ 3$이라고 한다. 각 모집단으로부터 각각 크기가 1인 표본을 추출한 결과 $x_1 = 1$, $x_2 = 2$, $x_3 = 3$을 얻었다.

(1) $\mu_1 = \mu_2 = \mu_3$로 알려져 있는 경우에 σ^2의 95% 신뢰구간을 구하시오(단, $V \sim \chi^2(2)$일 때, $P(V \leq 0.05) = 0.025, P(V \leq 7.38) = 0.975$).

(2) $\sigma^2 = 6$으로 알려져 있는 경우에, $\mu_1 + 2\mu_2 - \mu_3$의 95% 신뢰구간을 구하되 그 과정을 구체적으로 설명하시오(단, $Z \sim N(0,1)$일 때, $P(Z \geq 1.96) = 0.025$).

(3) $\sigma^2 = 6$으로 알려져 있는 경우에, 귀무가설 $H_0 : \mu_1 + 2\mu_2 - \mu_3 = 8$과 대립가설 $H_1 : \mu_1 + 2\mu_2 - \mu_3 \neq 8$에 대해 유의수준 5%로 검정하기 위한 기각역(Critical Region)을 구하고, 이에 따라 귀무가설을 검정하시오.

10 해설

(1) 모분산의 추정

① $\mu_1 = \mu_2 = \mu_3$로 알려져 있다고 가정하면, 확률변수 X_1, X_2, X_3는 $X \sim N(\mu, \ \sigma^2)$를 따른다고 볼 수 있다.

② $x_1 = 1$, $x_2 = 2$, $x_3 = 3$이므로 표본평균 $\overline{X} = 2$이다.

③ 표본분산 $S^2 = \dfrac{1}{n-1} \sum (X_i - \overline{X})^2 = \dfrac{1}{2}(1 + 0 + 1) = 1$이다.

④ $\dfrac{(n-1)S^2}{\sigma^2} \sim \chi^2_{(n-1)}$을 따른다. 즉, $n = 3$, $S^2 = 1$이므로 $\dfrac{2}{\sigma^2} \sim \chi^2_{(2)}$을 따른다.

⑤ $V \sim \chi^2_{(2)}$일 때, $P(V \leq 0.05) = 0.025, P(V \leq 7.38) = 0.975$이므로

$$P\left(0.05 \leq \frac{2}{\sigma^2} \leq 7.38\right) = 0.95 \Rightarrow P\left(0.025 \leq \frac{1}{\sigma^2} \leq 3.69\right) = 0.95 \Rightarrow P(0.271 \leq \sigma^2 \leq 40) = 0.95$$

∴ σ^2의 95% 신뢰구간은 (0.271, 40)이다.

(2) 신뢰구간 계산

① $Y = X_1 + 2X_2 - X_3$의 분포는 정규분포의 가법성에 의해 $Y \sim N(\mu_1 + 2\mu_2 - \mu_3, \ 6\sigma^2)$을 따른다.

② $\sigma^2 = 6$이므로, $Y \sim N(\mu_1 + 2\mu_2 - \mu_3, \ 6^2)$이다.

③ $Z = \dfrac{Y - (\mu_1 + 2\mu_2 - \mu_3)}{6} \sim N(0, \ 1)$이다.

④ $x_1 = 1$, $x_2 = 2$, $x_3 = 3$이므로 $y = 2$으로 다음이 성립한다.

$$P\left[-1.96 \leq \frac{2 - (\mu_1 + 2\mu_2 - \mu_3)}{6} \leq 1.96\right] = 0.95$$

$$\Rightarrow P[-11.76 \leq 2 - (\mu_1 + 2\mu_2 - \mu_3) \leq 11.76] = 0.95$$

$$\Rightarrow P[-13.76 \leq -(\mu_1 + 2\mu_2 - \mu_3) \leq 9.76] = 0.95$$

$$\Rightarrow P(-9.76 \leq \mu_1 + 2\mu_2 - \mu_3 \leq 13.76) = 0.95$$

∴ $\mu_1 + 2\mu_2 - \mu_3$의 95% 신뢰구간은 (−9.76, 13.76)이다.

(3) 기각역 계산 및 가설 검정

① $Y = X_1 + 2X_2 - X_3 \sim N(8, \ 6^2)$이다.

② 유의수준 5%하에서 기각역은 $Z \geq 1.96$ 또는 $Z \leq -1.96$이다.

③ 즉, $Y \geq 8 + (1.96 \times 6)$ 또는 $Y \leq 8 - (1.96 \times 6)$이고, 이를 정리하면 기각역은 $Y \geq 19.76$ 또는 $Y \leq -3.76$이다.

④ $x_1 = 1$, $x_2 = 2$, $x_3 = 3$이므로 $y = 2$이고, 이는 기각역에 포함되지 않으므로 유의수준 5%하에 귀무가설을 기각하지 않는다. 즉, 유의수준 5%하에서 $\mu_1 + 2\mu_2 - \mu_3 = 8$이라고 해석할 수 있다.

11

확률변수 X의 확률밀도함수가 다음과 같다.

$$f(x) = \frac{1}{\lambda} exp\left(-\frac{x}{\lambda}\right),\ x > 0,\ \lambda > 0$$

(1) 확률변수 X의 제90백분위수(Percentile)를 구하시오.

(2) 위 확률밀도함수를 갖는 분포로부터 크기 n인 표본을 뽑아서 그것을 $X_1,\ X_2,\ \cdots,\ X_n$이라고 할 때 모수 λ의 최우추정량(Maximum Likelihood Estimator)을 구하시오.

(3) (2)에서 구한 최우추정량이 불편성(Unbiasedness)을 만족하는지 여부를 밝히시오.

11 해설

(1) 지수분포(Exponential Distribution)

① 제90백분위수의 정의는 $P(X < x) \le 0.9$이고 $P(X \le x) > 0.9$인 x이다.

② 하지만 연속형분포에서는 $P(X = x) = 0$이므로 $P(X < x) = P(X \le x)$가 성립한다.

③ $P(X \le x) = 0.9$을 만족하는 x값이 확률변수 X의 제 90백분위수(Percentile)가 된다.

④ $P(X \le x) = \int_0^x \frac{1}{\lambda} exp\left(-\frac{t}{\lambda}\right) dt = \left[-exp\left(-\frac{t}{\lambda}\right)\right]_0^x = 1 - exp\left(-\frac{x}{\lambda}\right) = 0.9$

⑤ $exp\left(-\frac{x}{\lambda}\right) = 0.1 \Rightarrow -\frac{x}{\lambda} = \ln 0.1,\ \ \therefore\ x = \lambda \ln 10$

(2) 최우추정량(Maximum Likelihood Estimator)

① 최대가능도추정량(최우추정량)은 n개의 관측값 $x_1,\ x_2,\ \cdots,\ x_n$에 대한 결합밀도함수인 가능도함수(우도함수) $L(\lambda) = f(\lambda ; x_1,\ \cdots,\ x_n)$을 λ의 함수로 간주할 때 $L(\lambda)$를 최대로 하는 λ의 값 $\hat{\lambda}$을 의미한다.

② 가능도함수 $L(\lambda ; x_1,\ x_2,\ \cdots,\ x_n) = \left(\frac{1}{\lambda}\right)^n exp\left(-\dfrac{\sum_{i=1}^n x_i}{\lambda}\right)$이다.

③ 계산의 편의를 위해 가능도함수의 양변에 log를 취하면 다음과 같다.

$$\log L(\lambda ; x_1,\ x_2,\ \cdots,\ x_n) = -n\log\lambda - \frac{\sum_{i=1}^n x_i}{\lambda}$$ 이다.

④ $\log L(\lambda ; x_1,\ x_2,\ \cdots,\ x_n)$을 λ에 대해 미분하여 0으로 놓고 풀면 이 함수를 최대로 하는 λ값을 찾을 수 있다.

$$\frac{d\log L(\lambda ; x_1,\ x_2,\ \cdots,\ x_n)}{d\lambda} = -\frac{n}{\lambda} + \frac{\sum_{i=1}^n x_i}{\lambda^2} = 0 \Rightarrow -\lambda n + \sum_{i=1}^n x_i = 0$$

$$\therefore\ \lambda \widehat{MLE} = \frac{\sum_{i=1}^n X_i}{n} = \overline{X}$$

⑤ 하지만 $\hat{\lambda}$이 최대가 되기 위해서는 로그가능도함수의 2차 미분 값이 음수가 되어야 한다.

$$\frac{d^2 \log L(\lambda\,;\,x_1,\ x_2,\ \cdots,\ x_n)}{d\lambda^2} = \frac{n}{\lambda^2} - \frac{2\sum\limits_{i=1}^{n} x_i}{\lambda^3} < 0 \quad \therefore\ \lambda > 0$$

⑥ 즉, 가능도함수 $\log L(\lambda\,;\,x_1,\ x_2,\ \cdots,\ x_n)$를 최대화하는 최대가능도추정량은 $\hat{\lambda}^{MLE} = \dfrac{\sum\limits_{i=1}^{n} X_i}{n} = \overline{X}$이다.

(3) 불편성(Unbiasedness)

① $E(\widehat{\lambda^{MLE}}) = E(\overline{X}) = E\left(\dfrac{X_1 + X_2 + \cdots + X_n}{n}\right)$

$\qquad = \dfrac{1}{n}\left[E(X_1) + E(X_2) + \cdots + E(X_n)\right] \quad \because\ X_1,\ X_2,\ \cdots,\ X_n$은 서로 독립

$\qquad = \dfrac{1}{n} \times n \times E(X_1) \quad \because\ X_1,\ X_2,\ \cdots,\ X_n$은 동일한 분포

$\qquad = E(X_1) = \lambda \quad \because$ 지수분포의 기대값은 λ

② $E(\widehat{\lambda^{MLE}}) = \lambda$를 만족하므로 최대가능도추정량 $\hat{\lambda}^{MLE}$은 λ의 불편추정량이다.

01

기출 1996년

모평균 μ, 모분산 σ^2을 갖는 정규모집단으로부터 크기 n의 확률표본 X_1, X_2, $\cdots$, X_n을 추출하였을 때 μ와 σ^2의 추정량으로 각각 표본평균 $\overline{X}$와 표본분산 $S^2 = \dfrac{1}{n-1}\displaystyle\sum_{i=1}^{n}\left(X_i - \overline{X}\right)^2$을 일반적으로 사용하는 통계적 이유에 대하여 논하시오.

01 해설

바람직한 추정량

① 일반적으로 다음과 같은 특성을 가지는 추정량을 바람직한 추정량이라고 한다.

ㄱ 불편성(Unbiasedness) : 모수 θ의 추정량을 $\hat{\theta}$으로 나타낼 때, $\hat{\theta}$의 기대값이 θ가 되는 성질이다. 즉, $E(\hat{\theta}) = \theta$이면 $\hat{\theta}$은 불편추정량이라 한다.

ㄴ 일치성(Consistency) : 표본의 크기가 커짐에 따라 추정량이 확률적으로 모수에 가깝게 수렴하는 성질이다.

ㄷ 효율성(Efficiency) : 추정량 $\hat{\theta}$가 불편추정량이고, 그 분산이 다른 불편추정량과 비교하였을 때 최소의 분산을 갖는 성질이다.

ㄹ 충분성(Sufficiency) : 모수에 대하여 가능한 많은 표본정보를 내포하고 있는 추정량의 성질이다.

② 표본의 크기가 충분히 크다면 일반적으로 다음이 성립한다.

③ 표본평균 $\overline{X}$와 표본분산 $S^2 = \dfrac{1}{n-1}\displaystyle\sum_{i=1}^{n}(X_i - \overline{X})^2$은 불편성을 만족하지만, $S_2^2 = \dfrac{1}{n}\displaystyle\sum_{i=1}^{n}(X_i - \overline{X})^2$은 불편성을 만족하지 못한다.

$$E(\overline{X}) = E\left(\frac{X_1 + \cdots + X_n}{n}\right) = \frac{1}{n}\left[E(X_1) + \cdots + E(X_n)\right] = \frac{1}{n}(\mu + \cdots + \mu) = \frac{1}{n} \times n\mu = \mu$$

$$\frac{(n-1)S^2}{\sigma^2} = \frac{\displaystyle\sum_{i=1}^{n}\left(X_i - \overline{X}\right)^2}{\sigma^2} \sim \chi^2_{(n-1)}$$ 을 따른다.

$$E\left[\frac{(n-1)S^2}{\sigma^2}\right] = \frac{n-1}{\sigma^2}E\left[\frac{\displaystyle\sum_{i=1}^{n}\left(X_i - \overline{X}\right)^2}{n-1}\right] = n-1$$ 이므로 $E(S^2) = \sigma^2$

∴ 표본평균 $\overline{X}$와 표본분산 S^2은 불편성을 만족한다.

$$\frac{nS_2^2}{\sigma^2} = \frac{\displaystyle\sum_{i=1}^{n}\left(X_i - \overline{X}\right)^2}{\sigma^2} \sim \chi^2_{n-1}$$ 을 따른다. $E\left[\dfrac{nS_2^2}{\sigma^2}\right] = \dfrac{n}{\sigma^2}E\left[\dfrac{\displaystyle\sum_{i=1}^{n}\left(X_i - \overline{X}\right)^2}{n}\right] = n-1$ 이므로 $E(S_2^2) = \dfrac{n-1}{n}\sigma^2$ 으로 불편성을 만족하지 못한다.

④ 표본평균 $\overline{X}$와 표본분산 $S^2 = \dfrac{1}{n-1}\sum\limits_{i=1}^{n}(X_i - \overline{X})^2$, $S_2^2 = \dfrac{1}{n}\sum\limits_{i=1}^{n}(X_i - \overline{X})^2$은 모두 일치성을 만족한다.

$$Var(\overline{X}) = Var\left(\frac{X_1 + \cdots + X_n}{n}\right) = \frac{1}{n^2}\left[\,Var(X_1) + \cdots + Var(X_n)\,\right]$$

$$= \frac{1}{n^2}(\sigma^2 + \cdots + \sigma^2) = \frac{1}{n^2}\times n\sigma^2 = \frac{\sigma^2}{n}$$

$$Var\left[\frac{(n-1)S^2}{\sigma^2}\right] = \frac{(n-1)^2}{\sigma^4}Var\left[\frac{\sum\limits_{i=1}^{n}\left(X_i - \overline{X}\right)^2}{n-1}\right] = 2(n-1)\text{이므로 } Var(S^2) = \frac{2\sigma^4}{(n-1)}$$

$$Var\left[\frac{nS_2^2}{\sigma^2}\right] = \frac{n^2}{\sigma^4}Var\left[\frac{\sum\limits_{i=1}^{n}\left(X_i - \overline{X}\right)^2}{n}\right] = 2(n-1)\text{이므로 } Var(S_2^2) = \frac{2(n-1)\sigma^4}{n^2}$$

$$\lim_{n\to\infty}E(\overline{X}) = \lim_{n\to\infty}\mu = \mu,\ \ \lim_{n\to\infty}Var(\overline{X}) = \lim_{n\to\infty}\frac{\sigma^2}{n} = 0$$

$$\lim_{n\to\infty}E(S^2) = \lim_{n\to\infty}\sigma^2 = \sigma^2,\ \ \lim_{n\to\infty}Var(S^2) = \lim_{n\to\infty}\frac{2\sigma^4}{n-1} = 0$$

$$\lim_{n\to\infty}E(S_2^2) = \lim_{n\to\infty}\frac{(n-1)\sigma^2}{n} = \sigma^2,\ \ \lim_{n\to\infty}Var(S_2^2) = \lim_{n\to\infty}\frac{2(n-1)\sigma^4}{n^2} = 0$$

⑤ 표본평균 $\overline{X}$는 효율성을 만족하지만 S^2와 S_2^2의 경우, $Var(S^2) > Var(S_2^2)$으로 S_2^2의 분산이 더 작다.

$$\frac{Var(S^2)}{Var(S_2^2)} = \frac{2\sigma^2/(n-1)}{2(n-1)\sigma^4/n^2} = \frac{n^2}{(n-1)^2} > 1\text{이므로 } Var(S^2) > Var(S_2^2)\text{이 성립한다.}$$

⑥ 결과적으로 표본평균 $\overline{X}$는 바람직한 추정량의 성질을 모두 만족하며, 표본분산 S^2의 분산이 S_2^2의 분산보다 클지라도 S_2^2는 불편성을 만족하지 않기 때문에 불편성을 만족하는 S^2를 일반적으로 σ^2의 추정량으로 사용한다.

02

한 여론조사기관이 어느 대도시에서 승용차운행 10부제를 실시하는 것에 대해 전화조사한 결과 "10부제에 찬성하는 성인의 비율은 95% 신뢰수준에서 42.7%±3.1%이다."라고 발표하였다. 이 발표의 통계적 의미와 위 결과를 얻는 과정을 설명하시오.

02 해설

신뢰구간(Confidence Interval)

① 95% 신뢰구간의 의미는 이 구간이 모수 μ를 포함하고 있을 확률이 95%라는 뜻이다.

② 이는 어디까지나 사전적인 확률이다. 신뢰구간을 일단 구하고 나면, 원래 존재했던 모수가 구한 구간 안에 속해 있느냐 속해 있지 않느냐 라는 결과만이 존재할 뿐, 이 결과가 확률적으로 결정되지는 않는다.

③ 즉, 위에서 95% 신뢰수준에서 42.7%±3.1%라는 구간을 구한 것은 모수를 포함할 확률이 95%인 '과정'을 통해서 구한 구간이라는 뜻이다. 저 구간 자체가 무조건 95% 확률로 모수를 포함한다는 뜻이 아니다.

④ 모집단 X에서 임의로 한 사람을 뽑았을 때 이 사람이 승용차운행 10부제에 찬성할 사람인 경우는 베르누이분포 $B(p)$를 따른다.

⑤ 즉, n명의 표본을 뽑는다고 가정할 때, X_1, X_2, $\cdots$, $X_n \sim B(p)$라고 볼 수 있다.

⑥ 여기서, $X_1 + X_2 + \cdots + X_n \sim B(n, \ p)$이며, n이 충분히 크다면 중심극한정리에 의해
$X_1 + X_2 + \cdots + X_n \sim N(np, \ np(1-p))$를 따르게 된다.

⑦ 즉, n이 충분히 크면 $\hat{p} = \overline{X} \sim N\left(p, \ \dfrac{p(1-p)}{n}\right)$을 따르게 된다.

⑧ $Z = \dfrac{\hat{p} - p}{\sqrt{\dfrac{p(1-p)}{n}}} \sim N(0, \ 1)$이다. 그러므로 아래의 과정을 통해 신뢰구간을 구할 수 있다.

$$P\left(-z_{\alpha/2} \leq \dfrac{\hat{p} - p}{\sqrt{\dfrac{p(1-p)}{n}}} \leq z_{\alpha/2}\right) = 1 - \alpha$$

$$P\left(-z_{\alpha/2}\sqrt{\dfrac{p(1-p)}{n}} \leq \hat{p} - p \leq z_{\alpha/2}\sqrt{\dfrac{p(1-p)}{n}}\right) = 1 - \alpha$$

$$P\left(\hat{p} - z_{\alpha/2}\sqrt{\dfrac{p(1-p)}{n}} \leq p \leq \hat{p} + z_{\alpha/2}\sqrt{\dfrac{p(1-p)}{n}}\right) = 1 - \alpha$$

⑨ $\hat{p}$의 표준오차에 모수 p가 포함되어 있으므로, p대신에 $\hat{p}$로 대체하여 표준오차를 구하고, 이를 바탕으로 신뢰구간을 구한다. 즉, 모비율 p에 대한 $100(1-\alpha)\%$ 신뢰구간은 다음과 같다.

$$\left(\hat{p} - z_{\alpha/2}\sqrt{\dfrac{\hat{p}(1-\hat{p})}{n}}, \ \hat{p} + z_{\alpha/2}\sqrt{\dfrac{\hat{p}(1-\hat{p})}{n}}\right)$$

⑩ 위의 경우는 신뢰수준이 95%이고 신뢰구간이 42.7%±3.1%로 주어졌으므로 표본비율이 42.7%임을 알 수 있다. 따라서 $\alpha = 0.05$, $\hat{p} = 0.427$을 위 식에 대입하여 신뢰구간 및 오차한계를 구할 수 있다.

⑪ 또한, 오차한계가 $z_{\alpha/2}\sqrt{\dfrac{\hat{p}(1-\hat{p})}{n}} = 0.031$이므로 이를 바탕으로 표본크기 n을 구하면

$$n \geq \left(\dfrac{1.96}{0.031}\right)^2 0.427 \times 0.573 = 978.07$$이므로 표본크기는 979명임을 추가적으로 알 수 있다.

$X_1,\ X_2,\ \cdots,\ X_n$은 평균이 μ이고 분산이 σ^2인 어느 모집단에서 구한 서로 독립인 n개의 관측치이다. 여기서 $n \geq 2$이고 μ와 σ는 미지이며 $-\infty < \mu < \infty$, $0 < \sigma < \infty$이다. 흔히 $n \geq 30$이면 $X_1,\ X_2,\ \cdots,\ X_n$을 대표본(Large Sample)이라 부르고, 그렇지 않은 경우 소표본(Small Sample)이라 한다.

(1) 표본평균 $\overline{X} = \dfrac{1}{n}(X_1 + \cdots + X_n)$은 μ에 대한 불편추정량(Unbiased Estimator)임을 밝히고 $Var(\overline{X})$를 구하시오.

(2) 표본분산 $S^2 = \dfrac{1}{n-1}\displaystyle\sum_{i=1}^{n}(X_i - \overline{X})^2$은 σ^2에 관한 불편추정량임을 밝히시오.

(3) n이 커짐에 따라 $\overline{X}$와 S^2은 특별한 값으로 수렴하게 되는바 그들의 극한값을 구하고 근거되는 확률법칙을 말하시오.

(4) 대표본의 경우 μ에 관한 95%의 신뢰구간을 구하고 그 확률적 근거를 말히시오.

(5) 소표본의 경우 μ에 관한 신뢰구간을 구하기 위해 필요한 모집단에 대한 가정을 말하고 그 가정 하에서 μ에 관한 95% 신뢰구간을 구하는 과정을 쓰시오.

03 해설

(1) 표본평균의 기대값 및 분산

① $E(\overline{X}) = E\left(\dfrac{X_1 + \cdots + X_n}{n}\right) = \dfrac{1}{n}\left[E(X_1) + \cdots + E(X_n)\right] = \dfrac{1}{n}(\mu + \cdots + \mu) = \dfrac{1}{n} \times n\mu = \mu$

∴ $\overline{X}$는 μ에 대한 불편추정량이다.

② $Var(\overline{X}) = Var\left(\dfrac{X_1 + \cdots + X_n}{n}\right) = \dfrac{1}{n^2}\left[Var(X_1) + \cdots + Var(X_n)\right]$

$\qquad\qquad = \dfrac{1}{n^2}(\sigma^2 + \cdots + \sigma^2) = \dfrac{1}{n^2} \times n\sigma^2 = \dfrac{\sigma^2}{n}$

∴ $Var(\overline{X}) = \dfrac{\sigma^2}{n}$

(2) 표본분산의 기대값

① $E(S^2) = \dfrac{1}{n-1}E\left[\displaystyle\sum_{i=1}^{n}(X_i - \overline{X})^2\right]$

$\qquad\quad = \dfrac{1}{n-1}\left[E(X_1 - \overline{X})^2 + E(X_2 - \overline{X})^2 + \cdots + E(X_n - \overline{X})^2\right]$

$\qquad\quad = \dfrac{n}{n-1}\left[E(X_1 - \overline{X})^2\right]$

$\qquad\quad = \dfrac{n}{n-1}\left[E(X_1)^2 - 2E(X_1\overline{X}) + E(\overline{X})^2\right]$

$$= \frac{n}{n-1}\left[E(X_1)^2 - 2\left[E\left(\frac{X_1^2}{n}\right) + E\left(\frac{X_1 X_2}{n}\right) + \cdots + E\left(\frac{X_1 X_n}{n}\right)\right]\right] + E(\overline{X})^2$$

$$= \frac{n}{n-1}\left[\mu^2 + \sigma^2 - 2\left(\frac{\mu^2 + \sigma^2}{n}\right) - 2\left[\frac{(n-1)\mu^2}{n}\right] + \mu^2 + \frac{\sigma^2}{n}\right]$$

$$= \frac{n}{n-1} \times \frac{(n-1)\sigma^2}{n} = \sigma^2$$

$\therefore\ E(S^2) = \sigma^2$ 이므로 S^2 는 σ^2 의 불편추정량이다.

② 만약 $X_1,\ X_2,\ \cdots,\ X_n$ 이 평균이 μ 이고 분산이 σ^2 인 정규모집단에서 구한 서로 독립인 n개의 관측값이면 카이제곱분

포의 특성 $\dfrac{(n-1)S^2}{\sigma^2} = \dfrac{\displaystyle\sum_{i=1}^{n}\left(X_i - \overline{X}\right)^2}{\sigma^2} \sim \chi^2_{(n-1)}$ 을 이용하여 다음과 같이 쉽게 표본분산의 기대값을 구할 수 있다.

$$E\left[\frac{(n-1)S^2}{\sigma^2}\right] = \frac{(n-1)}{\sigma^2}E(S^2) = n-1$$

$\therefore\ E(S^2) = \sigma^2$

(3) 확률적 수렴(Convergence in Probability)

① $E(\overline{X}) = \mu$, $Var(\overline{X}) = \dfrac{\sigma^2}{n}$ 이므로 n 이 커짐에 따라 $E(\overline{X})$ 는 μ 로, $Var(\overline{X})$ 는 0 으로 수렴한다.

$$\lim_{n\to\infty} E(\overline{X}) = \lim_{n\to\infty}\mu = \mu,\ \ \lim_{n\to\infty} Var(\overline{X}) = \lim_{n\to\infty}\frac{\sigma^2}{n} = 0$$

② $E(S^2) = \sigma^2$, $Var(S^2) = \dfrac{1}{n}\left(\mu_4 - \dfrac{n-3}{n-1}\sigma^4\right)$ 이므로 마찬가지로 n 이 커짐에 따라 $E(S^2)$ 는 σ^2 으로, $Var(S^2)$ 는 0 으로 수렴한다.

③ $\lim\limits_{n\to\infty} E(S^2) = \sigma^2$, $\lim\limits_{n\to\infty} Var(S^2) = \lim\limits_{n\to\infty}\dfrac{1}{n}\left(\mu_4 - \dfrac{n-3}{n-1}\sigma^4\right) = 0$

④ 이와 같이 주어진 통계량의 확률분포가 n 이 커짐에 따라 일정한 상수값으로 수렴하는 경우 그 통계량은 그 상수값에 확률적으로 수렴한다고 정의하고, 그 상수값을 주어진 통계량의 확률적 극한이라고 정의한다.

(4) 대표본에서 μ 에 대한 신뢰구간

① 표본의 수가 충분히 큰 대표본의 경우 중심극한정리에 의해 $\overline{X} \sim N\left(\mu,\ \dfrac{\sigma^2}{n}\right)$ 을 따른다고 할 수 있다.

② 모분산 σ^2 이 알려져 있지 않은 경우 표본분산 S^2 으로 대체하여 사용하며, 표본의 수가 충분히 큰 대표본의 경우 중심극한정리에 의해 정규분포로 근사시켜 신뢰구간을 구할 수 있다.

$$P\left(-z_{0.025} \le Z \le z_{0.025}\right) = 0.95$$

$$P\left(-1.96 \le \frac{\overline{X} - \mu}{S/\sqrt{n}} \le 1.96\right) = 0.95$$

$$P\left(\overline{X} - 1.96\frac{S}{\sqrt{n}} \le \mu \le \overline{X} + 1.96\frac{S}{\sqrt{n}}\right) = 0.95$$

$\therefore\ \mu$ 에 대한 95% 신뢰구간 : $\left(\overline{X} - 1.96\dfrac{S}{\sqrt{n}},\ \overline{X} + 1.96\dfrac{S}{\sqrt{n}}\right)$

(5) **소표본에서 μ에 대한 신뢰구간**

① 대표본의 경우 중심극한정리를 이용해 정규분포로 수렴함을 이용할 수 있지만, 소표본의 경우는 그렇지 않으므로 모집 단이 정규분포를 따른다는 가정을 필요로 한다.

② 모분산 σ^2이 알려져 있지 않은 경우 표본분산 S^2으로 대체하여 사용하며, $T = \dfrac{\overline{X} - \mu}{S/\sqrt{n}}$ 는 $t_{(n-1)}$ 분포를 따른다.

③ 따라서 신뢰구간은 다음과 같은 과정을 통해 구할 수 있다.

$$P\left(-t_{(0.025,\ n-1)} \le \frac{\overline{X} - \mu}{S/\sqrt{n}} \le t_{(0.025,\ n-1)}\right) = 0.95$$

$$P\left(\overline{X} - t_{(0.025,\ n-1)}\frac{S}{\sqrt{n}} \le \mu \le \overline{X} + t_{(0.025,\ n-1)}\frac{S}{\sqrt{n}}\right) = 0.95$$

$$\therefore\ \mu\text{에 관한 95\% 신뢰구간} : \left(\overline{X} - t_{(0.025,\ n-1)}\frac{S}{\sqrt{n}},\ \overline{X} + t_{(0.025,\ n-1)}\frac{S}{\sqrt{n}}\right)$$

기출 2001년

실험의 결과가 오직 성공 또는 실패의 두 가지 중의 하나인 실험을 베르누이 실험(Bernoulli Experiment)이라고 한다. 또한, 동일한 성공의 확률 p를 갖는 베르누이 실험을 독립적으로 n번 반복시행했을 때, n번 중에서 성공의 횟수 Y를 이항확률변수(Binomial Random Variable)라고 하며, Y의 분포를 시행횟수 n, 성공률 p인 이항분포(Binomial Distribution)라고 한다. 이때, $i = 1, \cdots, n$에 대하여,

$$X_i = \begin{cases} 1, & i \text{번째 베르누이 실험의 결과가 성공이면,} \\ 0, & i \text{번째 베르누이 실험의 결과가 실패면,} \end{cases}$$

으로 확률변수 $X_1, \cdots, X_n$을 정의하였다.

(1) 이항확률변수 Y를 $X_1, \cdots, X_n$을 이용하여 나타내시오.

(2) $i = 1, \cdots, n$에 대하여 X_i의 분포를 기술하고, 이로부터 X_i의 기대값과 분산을 구하시오.

(3) 위의 결과를 이용하여 Y의 기대값과 분산을 유도하시오.

(4) n의 값이 커짐에 따라 $\dfrac{Y - np}{\sqrt{np(1-p)}}$의 분포가 근사적으로 표준정규분포 $N(0, 1)$이 되는 과정을 위의 결과를 이용하여 설명하시오. 이 과정에서 사용되는 확률법칙을 제시하고 그 내용을 기술하시오.

(5) n의 값이 클 때, $\hat{p} = \dfrac{Y}{n}$를 사용하여 p에 대한 근사적인 95% 신뢰구간을 유도하시오.

04 해설

(1) 표본합의 분포

① 확률변수 X_i는 다음과 같이 성공과 실패 두 가지 중 하나인 베르누이 분포를 따른다.

$$X_i = \begin{cases} 1, & i \text{번째 베르누이 실험의 결과가 성공이면} \\ 0, & i \text{번째 베르누이 실험의 결과가 실패면} \end{cases}$$

② 베르누이 시행을 독립적으로 n번 반복 시행했을 때 성공의 횟수를 Y라 한다면 확률변수 Y는 다음과 같이 표현할 수 있다.

$$Y = X_1 + X_2 + \cdots + X_n = \sum_{i=1}^{n} X_i$$

③ 여기서 확률변수 Y는 시행횟수 n, 성공률 p인 이항분포를 따른다.

$$\therefore Y = \sum_{i=1}^{n} X_i \sim B(n, p)$$

(2) 베르누이 시행(Bernoulli Trails)

① 확률변수 X_i의 분포는 다음과 같다.

$$X_i = \begin{cases} 1, & i\text{번째 베르누이 실험의 결과가 성공이면} \\ 0, & i\text{번째 베르누이 실험의 결과가 실패면} \end{cases}$$

② 위와 같은 분포를 베르누이 분포라 하며 $X_i \sim Ber(p)$로 표현한다.

③ 베르누이 분포의 확률질량함수는 다음과 같다.

$$f(x) = p^x(1-p)^{1-x} \quad x = 0, \ 1$$

④ 기대값 및 분산은 다음과 같이 구할 수 있다.

$$E(X) = \sum_{i=0}^{1} x p^x (1-p)^{1-x} = 0 + p = p$$

$$E(X^2) = \sum_{i=0}^{1} x^2 p^x (1-p)^{1-x} = 0 + p = p$$

$$Var(X) = E(X^2) - [E(X)]^2 = p - p^2 = p(1-p)$$

(3) 기대값 및 분산

① $E(X_i) = p, \ Var(X_i) = p(1-p)$이다.

② $Y = X_1 + \cdots + X_n$이므로 기대값 및 분산은 다음과 같다.

$$E(Y) = E(X_1 + \cdots + X_n) = E(X_1) + \cdots + E(X_n) = p + \cdots + p = np$$

$$\begin{aligned} Var(Y) &= Var(X_1 + \cdots + X_n) = Var(X_1) + \cdots + Var(X_n) \\ &= p(1-p) + \cdots + p(1-p) = np(1-p) \end{aligned}$$

(4) 중심극한정리(Central Limit Theorem)

① 표본의 합 $Y = X_1 + \cdots + X_n = \sum_{i=1}^{n} X_i$으로 $Y \sim B(n, \ p)$을 따른다.

② 확률변수 Y의 기대값과 분산은 다음과 같다.

$$E(Y) = np, \ Var(Y) = np(1-p)$$

③ 표본의 크기가 커짐에 따라 중심극한정리에 의해 표본의 합 $Y = \sum_{i=1}^{n} X_i$의 분포는 $N(np, \ np(1-p))$에 근사한다.

④ 따라서 Y를 표준화한 $Z = \dfrac{Y - np}{\sqrt{np(1-p)}}$은 근사적으로 $N(0, \ 1)$을 따른다.

(5) 신뢰구간(Confidence Interval)

① $\hat{p}$의 기대값과 분산을 구하면 다음과 같다.

$$E(\hat{p}) = E\left(\frac{Y}{n}\right) = \frac{1}{n}E(Y) = \frac{np}{n} = p$$

$$Var(\hat{p}) = Var\left(\frac{Y}{n}\right) = \frac{1}{n^2}Var(Y) = \frac{np(1-p)}{n^2} = \frac{p(1-p)}{n}$$

② 표본의 크기가 크면 중심극한정리에 의해 $\hat{p} \sim N\left(p, \ \dfrac{p(1-p)}{n}\right)$에 근사한다.

③ 그러므로 p에 대한 95% 신뢰구간은 다음과 같이 구할 수 있다.

$$P\left(-z_{0.025} \leq \frac{\hat{p}-p}{\sqrt{\dfrac{p(1-p)}{n}}} \leq z_{0.025}\right) = 0.95$$

$$P\left(-z_{0.025}\sqrt{\frac{p(1-p)}{n}} \leq \hat{p}-p \leq z_{0.025}\sqrt{\frac{p(1-p)}{n}}\right) = 0.95$$

$$P\left(\hat{p}-z_{0.025}\sqrt{\frac{p(1-p)}{n}} \leq p \leq \hat{p}+z_{0.025}\sqrt{\frac{p(1-p)}{n}}\right) = 0.95$$

④ $\hat{p}$의 표준오차에 모수 p가 포함되어 있으므로, p 대신에 $\hat{p}$로 대체하여 표준오차를 구하고, 이를 바탕으로 신뢰구간을 구한다. 즉, 모비율 p에 대한 95% 신뢰구간은 다음과 같다.

$$\left(\hat{p}-z_{0.025}\sqrt{\frac{\hat{p}(1-\hat{p})}{n}},\ \hat{p}+z_{0.025}\sqrt{\frac{\hat{p}(1-\hat{p})}{n}}\right)$$

어떤 운전자가 승용차의 번호판에 있는 4자리 번호에 같은 숫자가 유난히 많다고 생각하였다. 이를 확인하기 위하여 200대의 승용차를 단순확률추출하여 조사해 본 결과, 적어도 한 쌍의 번호가 같은 차가 120대이고 4자리의 숫자가 모두 다른 차가 80대였다. 번호판의 4자리 숫자 중에서 적어도 한 쌍의 번호가 같을 확률을 p라고 하자.

(1) 승용차의 번호는 1000부터 9999까지 9,000개의 번호 중에서 무작위로 하나를 선택하여 정해진다고 할 때, 번호판에 있는 4자리 숫자 중에서 적어도 한 쌍의 번호가 같을 확률을 구하시오.

(2) 승용차의 번호가 9,000개의 번호 중에서 무작위로 정해진다는 가정을 하지 않으면 p의 값을 알 수가 없다. 200대의 승용차 번호를 조사한 결과로부터 p의 95%(근사적) 신뢰구간을 구하시오. 단, 각 승용차의 번호는 독립적으로 정해지며 중복될 수 있다고 가정한다.

05 해설

(1) 여확률(Complementary Probability)

① A : 적어도 한 쌍의 번호가 같을 사상이라 한다면 A^c는 모든 번호가 서로 다른 사상이다.

② 번호판의 첫 번째 자리수는 1~9까지 9개이고, 두 번째 자리부터 4번째 자리는 0~9까지 10개를 선택할 수 있다.

③ 번호판의 4자리 숫자가 모두 다를 확률은 다음과 같다.

$$P(A^c) = \frac{9 \times 9 \times 8 \times 7}{9000} = 0.504$$

④ 따라서 여확률을 이용하여 구하고자 하는 확률은 $P(A) = p = 1 - P(A^c) = 0.496$이다.

(2) 신뢰구간(Confidence Interval)

① 적어도 한 쌍의 번호가 같은 차량의 수 X는 이항분포 $B(n,\ p)$를 따른다.

② 기대값 $E(X) = np$, 분산 $Var(X) = np(1-p)$이다.

③ n이 충분히 크다면 중심극한정리에 의해 $X \sim N(np, np(1-p))$에 근사한다.

④ 표본비율 $\hat{p} = \dfrac{X}{n}$의 기대값과 분산은 다음과 같다.

$$E(\hat{p}) = E\left(\frac{X}{n}\right) = \frac{1}{n}E(X) = \frac{np}{n} = p$$

$$Var(\hat{p}) = Var\left(\frac{X}{n}\right) = \frac{1}{n^2}Var(X) = \frac{np(1-p)}{n^2} = \frac{p(1-p)}{n}$$

⑤ 즉, 표본비율 $\hat{p} \sim N\left(p,\ \dfrac{p(1-p)}{n}\right)$에 근사하므로 이를 표준화한 $Z = \dfrac{\hat{p}-p}{\sqrt{p(1-p)/n}} \sim N(0,\ 1)$을 이용하여 근사적 신뢰구간을 구할 수 있다.

⑥ p의 신뢰구간은 다음과 같이 구할 수 있다.

$$P\left(-1.96 \leq \frac{\hat{p}-p}{\sqrt{p(1-p)/n}} \leq 1.96\right) = 0.95$$

$$P\left(\hat{p} - 1.96\sqrt{\frac{p(1-p)}{n}} \leq p \leq \hat{p} + 1.96\sqrt{\frac{p(1-p)}{n}}\right) = 0.95$$

⑦ 하지만 $\hat{p}$의 표준오차에 모수 p가 포함되어 있으므로 p대신 $\hat{p}$를 대입하여 신뢰구간을 구한다.

$$\left(\hat{p} - 1.96 \sqrt{\frac{\hat{p}(1-\hat{p})}{n}} \ , \ \hat{p} + 1.96 \sqrt{\frac{\hat{p}(1-\hat{p})}{n}} \right)$$

⑧ $\hat{p} = \dfrac{120}{200} = 0.6$, $n = 200$이므로 이를 위의 식에 대입하여 p에 대한 95% 신뢰구간은 다음과 같다.

$$\left(0.6 - 1.96 \sqrt{\frac{0.6 \times 0.4}{200}} \ , 0.6 + 1.96 \sqrt{\frac{0.6 \times 0.4}{200}} \right) = (0.532, 0.668)$$

자유로를 통과하는 차량의 시속 V의 분포는 정규분포를 따른다고 가정하자. 시속 80km가 넘는 차량이 전체의 86%, 96km 이하는 70%라는 사실을 알았다. 다음 질문에 답하라. 단, 표준정규분포를 따르는 변수 Z에 대하여 $P(Z \le 0.52) = 0.70$, $P(Z \le 1.08) = 0.86$, $P(Z \le 1.28) = 0.90$, $P(Z \le 1.64) = 0.95$, $P(Z \le 1.9) = 0.97$, $P(Z \le 1.96) = 0.975$ 이다.

(1) 자유로를 통과하는 차량의 시속 V의 평균(μ)과 표준편차를 구하라.

(2) 어느 상수 c에 대하여 모든 차량속도의 90%가 $\mu \pm c$사이에 위치한다면 c의 값은 얼마인가?

(3) 대략 몇 %의 운전자가 시속 110km 이상으로 운전하고 있는가?

06 해 설

(1) 평균과 표준편차 계산

① 자유로를 통과하는 차량의 시속 V는 $V \sim N(\mu, \sigma^2)$을 따른다.

② $P(V > 80) = P\left(Z > \dfrac{80 - \mu}{\sigma}\right) = 0.86$이 알려져 있고, $P(Z \le 1.08) = 0.86$이다.

③ $P(Z \le 1.08) = P(Z > -1.08)$이므로 $\dfrac{80 - \mu}{\sigma} = -1.08$이 성립한다.

∴ $\mu - 1.08\sigma = 80$ ·························· ❶

④ $P(V \le 96) = P\left(Z \le \dfrac{96 - \mu}{\sigma}\right) = 0.7$이 알려져 있고, $P(Z \le 0.52) = 0.7$이다.

⑤ $\dfrac{96 - \mu}{\sigma} = 0.52$이 성립한다.

∴ $\mu + 0.52\sigma = 96$ ·························· ❷

⑥ 위의 ❶과 ❷를 연립하여 풀면 $\mu = 90.8$, $\sigma = 10$이다.

(2) 신뢰구간(Confidence Interval)

① $P(Z \le 1.64) = 0.95$이므로 $P(0 \le Z \le 1.64) = 0.45$이다.

② 따라서, $P(-1.64 \le Z \le 1.64) = 0.90$이고, $P(\mu - 1.64\sigma \le V \le \mu + 1.64\sigma) = 0.90$이다.

③ (1)에서 구한 $\sigma = 10$을 대입하면 $c = 16.4$이 된다.

(3) 표준정규분포(Standard Normal Distribution)

① $P(V \ge 110) = P\left(Z \ge \dfrac{110 - 90.8}{10}\right) = P(Z \ge 1.92)$

② $P(Z \le 1.9) = 0.97$이고, $P(Z \le 1.96) = 0.975$임을 고려하면 대략 2.5%~3%사이의 운전자가 시속 110km 이상으로 운전하고 있다고 할 수 있다.

어떤 조합의 임원들은 그들이 관리하는 근로자들이 회사로부터 받는 봉급의 적정수준에 관심을 가지고 있다. 그래서 시간당 평균임금을 평가하기 위해 회사로부터 n명을 골라, 적정수준의 여부를 조사하기로 결정하였다. 만일 회사의 봉급의 격차가 시간당 10(천)원의 범위(최대값−최소값)를 가지는 것으로 알려져 있다면, 시간당 평균임금 μ를 0.6(천)원의 허용오차를 가지는 95% 신뢰구간으로 추정하기 위한 샘플의 크기 n을 결정하시오(단위 : 천원).

07 해설

모평균의 추정에 필요한 표본크기 결정

① 표본의 크기 n이 충분히 커서 봉급의 분포 X가 정규분포를 따른다고 가정하면, $P(-2\sigma < X - \mu < 2\sigma) \approx 0.95$이다.

② 범위 $Range \approx 4\sigma$ 정도로 추정할 수 있으므로 $\sigma \approx \dfrac{Range}{4} = 2.5$가 된다.

③ X_1, X_2, $\cdots$, X_n은 평균이 μ, 분산이 σ^2인 모집단에서의 확률표본일 때 모평균 μ의 $100(1-\alpha)\%$ 신뢰구간은

$\overline{X} \pm z_{\frac{\alpha}{2}} \dfrac{\sigma}{\sqrt{n}}$ 이다. 여기서 $\dfrac{\sigma}{\sqrt{n}}$을 표준오차라 하고, $z_{\frac{\alpha}{2}} \dfrac{\sigma}{\sqrt{n}}$을 추정오차(오차한계)라 한다.

④ 추정오차가 허용오차(d) 이내가 되도록 하려면 $z_{\frac{\alpha}{2}} \dfrac{\sigma}{\sqrt{n}} \leq d$으로부터 표본의 크기 n은 $n \geq \left(\dfrac{z_{\frac{\alpha}{2}} \times \sigma}{d}\right)^2$와 같이 결정할 수 있다.

$$\therefore \ n \geq \left(\frac{z_{\frac{\alpha}{2}} \times \sigma}{d}\right)^2 = \left(\frac{1.96 \times 2.5}{0.6}\right)^2 = 66.6875$$이므로 표본의 크기 n은 67이다.

기출 2007년

우리나라 국민들을 대상으로 정부에서 입안한 새로운 교육정책에 대해 찬성하는 사람들의 비율 p를 파악하고자 한다. 이와 관련해 두 개의 조사기관에서 각각 독립적으로 랜덤하게 표본을 추출하여 여론조사가 수행되었다. 조사기관 '갑'에서는 800명을 랜덤하게 추출하여 조사한 결과 찬성률 $\hat{p_1} = 480/800 = 0.6$을 얻었고, 다른 조사기관 '을'에서는 랜덤하게 추출된 200명을 조사하여 찬성률 $\hat{p_2} = 80/200 = 0.4$를 얻었다. 정책 담당자는 두 조사기관에서 얻은 결과를 종합하여 좀 더 신뢰할 수 있는 찬성률 p를 추정하기 위해 다음과 같은 두 가지 추정방법을 고려하고자 한다.

① $\hat{p} = (0.6 + 0.4)/2 = 0.5$

② $\tilde{p} = (480 + 80)/(800 + 200) = 0.56$

(1) 두 가지 추정방법에 대해 각각 편향(Bias)이 발생하는지 밝혀라.

(2) 두 가지 추정방법에 대해 추정량의 분산을 구하라.

(3) 제시된 $\hat{p}$과 $\tilde{p}$는 $\hat{p_1}$과 $\hat{p_2}$의 가중평균 형식의 추정량이다. 이런 가중평균 주정량 중 가장 효율적인 추정량을 구하는 방법에 대해 설명하라.

08 해설

(1) 불편추정량(Unbiased Estimator)

① 모집단의 분포를 X라 하자. 그러면, 갑이 추출한 표본 800명 X_1, ..., X_{800}은 $X \sim Ber(p)$을 따르고, 을이 추출한 표본 200명 X_{801}, ..., X_{1000} 역시 $X \sim Ber(p)$을 따른다. 여기서 $Ber(p)$는 모수가 찬성률(p)인 베르누이 분포를 의미한다.

② 위의 두 가지 추정량은 각각 다음과 같다.

$$\hat{p} = \frac{\dfrac{X_1 + ... + X_{800}}{800} + \dfrac{X_{801} + ... + X_{1000}}{200}}{2} = \frac{X_1 + ... + X_{800}}{1600} + \frac{X_{801} + ... + X_{1000}}{400}$$

$$\tilde{p} = \frac{X_1 + ... + X_{1000}}{1000}$$

③ 위의 각 추정량에 대한 기대값은 다음과 같다.

$$E(\hat{p}) = \frac{800p}{1600} + \frac{200p}{400} = p$$

$$E(\tilde{p}) = \frac{1000p}{1000} = p$$

∴ 두 추정량 모두 $Bias = 0$인 불편추정량이다.

(2) 추정량의 분산

① 각 추정량에 대한 분산은 다음과 같다.

$$Var(\hat{p}) = \left[\frac{1}{1600^2} \times 800 \times Var(X)\right] + \left[\frac{1}{400^2} \times 200 \times Var(X)\right] = \frac{5}{3200}p(1-p)$$

∵ X_i는 서로 독립

$$Var(\tilde{p}) = \frac{1}{1000^2} \times 1000 \times Var(X) = \frac{1}{1000}p(1-p)$$

② $Var(\hat{p}) > Var(\tilde{p})$이므로 $\tilde{p}$가 $\hat{p}$보다 더 효율적인 추정량임을 알 수 있다.

(3) 효율적인 추정량

① 모든 가중평균 형식의 추정량은 편향이 없는 불편추정량이다.

② 불편추정량 중에서 가장 효율적인 추정량은 분산이 가장 작은 추정량이다.

③ 위의 문제를 일반화하면 다음과 같다.

k개의 여론조사 기관에서 각각 n_k만큼의 표본을 추출하는 경우, 각 여론조사 기관의 추정량은

$$\frac{\sum_{i=1}^{n_1} X_{1i}}{n_1}, \ \frac{\sum_{i=1}^{n_2} X_{2i}}{n_2}, \ \cdots, \ \frac{\sum_{i=1}^{n_k} X_{ki}}{n_k} \text{ 이 된다.}$$

④ 이에 대한 위와 같은 가중평균 형식의 추정량은

$$\hat{p} = \left(w_1 \times \frac{\sum_{i=1}^{n_1} X_{1i}}{n_1}\right) + \left(w_2 \times \frac{\sum_{i=1}^{n_2} X_{2i}}{n_2}\right) + \cdots + \left(w_k \times \frac{\sum_{i=1}^{n_k} X_{ki}}{n_k}\right) \text{(단, } w_1 + \cdots + w_k = 1)$$

$$Var(\hat{p}) = \left[\frac{w_1^2}{n_1}Var(X)\right] + \cdots + \left[\frac{w_k^2}{n_k}Var(X)\right] = \left(\frac{w_1^2}{n_1} + \cdots + \frac{w_k^2}{n_k}\right)Var(X) \text{이다.}$$

⑤ 즉, $w_1 + \cdots + w_k = 1$을 만족하면서 $\frac{w_1^2}{n_1} + \cdots + \frac{w_k^2}{n_k}$을 최소화하는 가중평균 추정량이 가장 효율적인 추정량이다.

⑥ 위의 문제는 $k=2$인 경우이므로 $w_1 + w_2 = 1$을 만족하면서 $\frac{w_1^2}{n_1} + \frac{w_2^2}{n_2}$을 최소화하는 가중평균 추정량이 가장 효율적인 추정량이다.

01

기출 2011년

어느 지역의 일평균 기온자료 X가 정규분포를 따른다고 할 때, 다음 물음에 답하시오.

(1) 정규분포의 특성에 대하여 기술하시오.

(2) 모표준편차 σ가 주어졌을 때, 확률표본 X_1, X_2, $\cdots$, X_n을 이용하여 모평균 μ에 대한 $100(1-\alpha)\%$ 신뢰구간을 구하시오.

(3) 모평균 μ에 대한 95% 신뢰구간의 의미를 기술하시오.

01 해설

(1) 정규분포의 특성

① $X \sim N(\mu,\ \sigma^2)$일 때, $E(X) = median(X) = \mu$, $Var(X) = \sigma^2$, $M_X(t) = e^{\mu t + \frac{1}{2}\sigma^2 t^2}$이다.

② 정규분포의 왜도는 0, 첨도는 3이다.

③ 정규분포의 양측꼬리는 X축에 닿지 않는다.

④ 정규분포의 곡선의 모양은 평균과 분산에 의해 유일하게 결정되며, 평균을 중심으로 좌우대칭이다.

⑤ X_1, $\cdots$, $X_n \sim N(\mu,\ \sigma^2)$이고 서로 독립이면, $\sum\limits_{i=1}^{n} X_i \sim N(n\mu,\ n\sigma^2)$이다.

⑥ X_1, $\cdots$, $X_n \sim N(\mu_i,\ \sigma_i^2)$, $i = 1,\ \cdots,\ n$이고 서로 독립이면,

  $Y = a_1 X_1 + \cdots + a_n X_n \sim N(a_1\mu_1 + \cdots + a_n\mu_n,\ a_1^2\sigma_1^2 + \cdots + a_n^2\sigma_n^2)$이다.

(2) 모평균 μ에 대한 신뢰구간

① 모평균 μ의 추정량은 표본평균 $\overline{X}$이며, 대표본인 경우 $\overline{X}$를 표준화한 Z통계량을 이용하여 다음과 같은 과정을 통해 신뢰구간을 구한다.

$$Z = \frac{\overline{X} - \mu}{\sigma/\sqrt{n}} \sim N(0,\ 1)$$

$$P\left(-z_{\alpha/2} < Z < z_{\alpha/2}\right) = 1 - \alpha$$

$$P\left(-z_{\alpha/2} < \frac{\overline{X} - \mu}{\sigma/\sqrt{n}} < z_{\alpha/2}\right) = 1 - \alpha$$

$$P\left(\overline{X} - z_{\alpha/2}\frac{\sigma}{\sqrt{n}} < \mu < \overline{X} + z_{\alpha/2}\frac{\sigma}{\sqrt{n}}\right) = 1 - \alpha$$

② 모분산 σ^2을 알고 있으므로 μ에 대한 $100(1-\alpha)\%$ 신뢰구간은 다음과 같다.

$$\left(\overline{X} - z_{\alpha/2}\frac{\sigma}{\sqrt{n}},\ \overline{X} + z_{\alpha/2}\frac{\sigma}{\sqrt{n}}\right)$$

(3) 신뢰구간의 의미

① 모수가 포함되었을 것이라고 추정하는 일정한 구간을 제시하였을 때 그 구간을 신뢰구간이라 한다.

② 신뢰수준 95%인 신뢰구간이란 똑같은 연구를 똑같은 방법으로 100번 반복해서 신뢰구간을 구하는 경우, 그중 적어도 95번은 그 구간 안에 모수가 포함될 것임을 의미하며, 구간이 모수를 포함하지 않는 경우는 5% 이상 되지 않는다는 의미이다.

배우기만 하고 생각하지 않으면 얻는 것이 없고,
생각만 하고 배우지 않으면 위태롭다.

- 공자 -

PART

07

가설검정
(Test of Hypothesis)

1. 가설검정의 이해

통계적 추론은 크게 추정과 가설검정으로 나눌 수 있다. 가설검정은 표본에서 얻어진 통계량 값을 바탕으로 분석하는 사람이 모집단(모수)에 대한 주장의 채택여부를 결정하는 일련의 과정이다. 분석하는 사람이 새롭게 주장하고자 하는 가설을 대립가설(H_1)이라 하고 이러한 새로운 주장이 타당한 것으로 볼 수 없을 때는 현재 믿어지는 가설로 돌아가게 되는데 이 가설을 귀무가설(H_0)이라 한다. 가설검정에서는 흔히 대립가설에 더 관심이 있으며, 일반적으로 분석하는 사람은 자신의 주장을 입증하기 위해 대립가설을 채택하고 귀무가설을 기각하기를 원한다. 따라서 표본에서 얻어진 통계량 값이 대립가설이 참이라는 확실한 근거가 있다고 판단될 때에 대립가설을 채택하게 된다.

가설검정의 형태는 사전정보에 의해 표본분포의 한쪽에 관심을 가지고 시행하는 검정 방법인 단측검정과 사전정보가 없거나 표본분포의 양쪽에 관심을 가지고 시행하는 검정 방법인 양측검정이 있다.

(1) 검정통계량 값에 의한 검정기준

검정통계량은 검정의 기준을 결정하는 통계량으로 검정통계량 값이 어느 범위에 위치하는지에 따라 귀무가설을 기각 또는 채택한다. 기각치(임계치)는 기각범위와 채택범위를 구별시켜주는 값으로 검정통계량 값이 기각치를 기준으로 기각범위에 포함될 경우 귀무가설을 기각한다. 예를 들어 표본분포가 정규분포임을 가정한다면 양측검정의 기각범위, 채택범위, 기각치는 다음과 같이 나타낼 수 있다.

〈표 7.1〉 정규분포 가정하의 검정통계량 값에 따른 채택범위와 기각범위

기각범위 (H_0를 기각)	채택범위 (H_0를 채택)	기각범위 (H_0를 기각)
$-z_{\frac{\alpha}{2}}$ 값보다 작은 값	$-z_{\frac{\alpha}{2}}$ 값과 $z_{\frac{\alpha}{2}}$ 값 사이값	$z_{\frac{\alpha}{2}}$ 값보다 큰 값
	기각치 기각치	

즉, 검정통계량 값이 기각범위에 위치하면 귀무가설을 기각하고 채택범위에 위치하면 귀무가설을 채택한다.

(2) 제1종의 오류와 제2종의 오류

제1종의 오류는 귀무가설이 옳음에도 불구하고 대립가설을 채택하는 오류이고, 제2종의 오류는 대립가설이 옳음에도 불구하고 귀무가설을 채택하는 오류이다.

〈표 7.2〉 제1종의 오류와 제2종의 오류

검정결과	실제현상	
	H_0가 사실	H_0가 거짓
H_0를 채택	옳은 결정	잘못된 결정(제2종의 오류 : β)
H_0를 기각	잘못된 결정(제1종의 오류 : α)	옳은 결정

제1종의 오류를 범할 확률을 유의수준이라 하며 α로 표기한다. 즉, 유의수준은 귀무가설이 참일 때 귀무가설을 기각하는 오류를 범할 확률을 의미한다.

$$\alpha = P(제1종의 오류) = P(H_0 \text{ 기각} \mid H_0 \text{ 사실})$$

제2종의 오류를 범할 확률은 β로 표기한다. 즉, β는 대립가설이 참일 때 대립가설을 기각하는 오류를 범할 확률을 의미하며 다음과 같이 나타낸다.

$$\beta = P(제2종의 오류) = P(H_0 \text{ 채택} \mid H_1 \text{ 사실})$$

가설검정에서는 표본의 크기가 고정되어 있다고 가정할 때 제1종의 오류와 제2종의 오류는 상호 역의 관계에 있으므로 제1종의 오류를 범할 확률을 증가시키면 제2종의 오류를 범할 확률은 감소하고 제1종의 오류를 범할 확률을 감소시키면 제2종의 오류를 범할 확률은 증가한다. 즉, 표본의 크기가 고정된 상태라면 제1종의 오류와 제2종의 오류를 동시에 감소시키는 방법은 없다. 제1종의 오류는 유의수준 α에 의해서 관리되며, 표본의 크기 변화와는 무관하다. 제2종의 오류는 유의수준 α가 주어진 경우에 표본의 크기에 의해서만 관리된다.

제1종의 오류와 제2종의 오류를 동시에 감소시킬 수 있는 유일한 방법은 기각역을 고정시킨 상태에서 표본의 크기를 증가시키는 것이다. 하지만 표본의 크기를 무한히 증가시키면 표준오차가 0에 가깝게 되므로 귀무가설이 사실이건 아니건 간에 대부분의 경우에 있어서 귀무가설을 기각하게 된다.

예제

7.1 확률변수 X는 정규분포 $N(\theta, 1^2)$를 따른다고 하고, 귀무가설과 대립가설이 다음과 같다고 하자.

$$H_0 : \theta = 0, \quad H_1 : \theta = 1$$

기각역이 $X \geq 2$일 때, 제1종의 오류와 제2종의 오류 확률을 각각 구해보자.

❶ 제1종의 오류는 귀무가설이 참일 때 귀무가설을 기각할 오류이므로 제1종의 오류를 범할 확률은 $P(X \geq 2 \mid \theta = 0) = P(Z \geq 2) = 1 - P(Z \leq 2) = 1 - 0.9772 = 0.0228$이다.

❷ 제2종의 오류는 대립가설이 참일 때 귀무가설을 채택할 오류이므로 제2종의 오류를 범할 확률은 $P(X < 2 \mid \theta = 1) = P\left(Z < \dfrac{2-1}{1}\right) = P(Z < 1) = 0.8413$이다.

(3) 검정력 함수와 검정력

검정력 함수(Power Function)는 귀무가설 H_0를 기각시킬 확률을 모수 θ의 함수로 나타낸 것으로 귀무가설에 대한 기각영역을 C라 할 때 검정력 함수($\pi(\theta)$)는 다음과 같다.

$$\pi(\theta) = P(H_0 \text{ 기각} \mid \theta) = P[(X_1, \ X_2, \ \cdots, \ X_n) \in C \mid \theta]$$

즉, 검정력 함수는 실제가 어떻든지 간에 귀무가설을 기각할 확률로 정의할 수 있으며, 주어진 θ에서의 검정력 함수의 값을 θ에서의 검정력(Power)이라 한다. 예를 들어 귀무가설(H_0) : $\theta = \theta_0$이고 대립가설(H_1) : $\theta = \theta_1$일 때 검정력 $\pi(\theta_0)$은 귀무가설이 참일 때 귀무가설을 기각할 확률이므로 $\pi(\theta_0) = P(H_0 \text{ 기각} \mid \theta_0) = \alpha$으로 유의수준이 된다. 즉, 귀무가설이 참일 때의 검정력 $\pi(\theta_0)$은 제1종의 오류를 범할 확률, 유의수준, 기각역의 크기와 모두 동일한 의미이다. 또한, 검정력 $\pi(\theta_1)$은 대립가설이 참일 때 귀무가설을 기각할 확률이므로 $\pi(\theta) = P(H_0 \text{ 기각} \mid \theta)$으로 옳은 결정을 내릴 확률이 된다. 결과적으로 검정력은 모수 θ가 귀무가설에 속하는 값이면 유의수준이 되므로 작은 것이 좋고, 모수 θ가 대립가설에 속하는 값이면 옳은 결정을 내릴 확률이 되므로 큰 것이 좋다. 모수 θ가 대립가설에 속하는 값이면 검정력($1 - \beta$)은 전체 확률 1에서 제2종의 오류를 범할 확률 β를 뺀 확률로, 대립가설이 참일 때 귀무가설을 기각할 확률로 다음과 같이 표현할 수 있다.

$$1 - \beta = 1 - \pi(\theta_1) = 1 - P(H_0 \text{ 채택} \mid H_1 \text{ 사실}) = P(H_0 \text{ 기각} \mid H_1 \text{ 사실})$$

동일한 검정통계량을 사용할 경우 표본의 크기를 증가시키면 검정력은 증가한다. 제1종의 오류(α)를 고정시킨 상태에서 표본의 크기를 증가시키면 제2종의 오류(β)를 감소시킬 수 있다. 검정력은 $1 - \beta$이므로 제2종의 오류(β)가 감소되면 검정력은 증가한다. 유의수준 α가 분석자에 의해 임의로 정해진 상태에서 표본크기 변화에 따른 양측검정과 단측검정을 검정력을 이용하여 설명하기 위해 다음과 같은 문제를 생각해보자.

정규분포의 모평균 μ가 특정한 값 μ_0라는 귀무가설을 검정하려 한다. 우선 양측검정의 경우를 생각해보자. 귀무가설 및 대립가설을 다음과 같이 설정할 수 있다.

$$H_0 : \mu = \mu_0, \quad H_1 : \mu \neq \mu_0$$

정규분포의 모평균 μ가 특정한 값 μ_0라는 귀무가설을 검정하기 위한 검정통계량은 다음과 같다.

$$Z = \frac{\overline{X} - \mu}{\sigma / \sqrt{n}}$$

유의수준을 α라 할 때 검정통계량의 값(z_c)과 기각치($z_{\alpha/2}$)를 비교하여 $|z_c| \geq z_{\alpha/2}$이면 귀무가설을 기각하고, 그렇지 않을 경우 귀무가설을 채택한다. 즉, 기각역은 $\left| \dfrac{\overline{X} - \mu_0}{\sigma / \sqrt{n}} \right| \geq z_{\alpha/2}$이 되어 $\overline{X} \geq \mu_0 + \dfrac{\sigma}{\sqrt{n}} z_{\alpha/2}$ 또는 $\overline{X} \leq \mu_0 - \dfrac{\sigma}{\sqrt{n}} z_{\alpha/2}$이다. 표본의 수 n이 증가함에 따라 기각역의 범위가 넓어지며, 귀무가설을 기각할 가능성이 높아지게 된다.

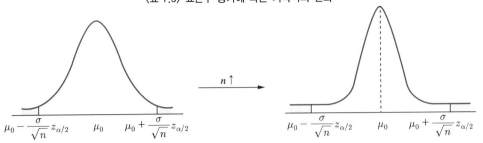

여기서 제1종의 오류 확률은 유의수준 α로 분석자에 의해 임의로 지정되며, 이는 표본 수 n의 크기와는 관계가 없으며 분석자의 재량에 의해 정해진다. 제2종의 오류 확률 β는 표본 수 n이 커짐에 따라 감소하며, 따라서 검정력 $1 - \beta$는 표본 수 n이 커짐에 따라 증가한다. 이를 그래프로 표현하면 다음과 같다.

〈표 7.4〉 표본수 증가에 따른 검정력의 변화

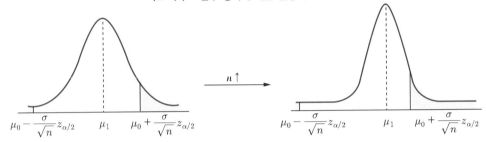

다음으로 단측검정의 경우를 생각해보자. 우측검정의 경우 귀무가설 및 대립가설을 다음과 같이 설정할 수 있다.

$$H_0 : \mu \leq \mu_0, \quad H_1 : \mu > \mu_0$$

좌측검정의 경우 귀무가설 및 대립가설을 다음과 같이 설정할 수 있다.

$$H_0 : \mu \geq \mu_0, \quad H_1 : \mu < \mu_0$$

우측검정과 좌측검정은 방향이 반대인 점을 제외하고는 모두 동일하므로 우측검정을 기준으로 설명한다. 유의수준을 α라 할 때 우측검정의 경우 검정통계량의 값(z_c)과 기각치(z_α)를 비교하여 $z_c \geq z_\alpha$이면 귀무가설을 기각하고, 그렇지 않을 경우 귀무가설을 채택한다. 즉, 기각역은 $\dfrac{\overline{X} - \mu_0}{\sigma / \sqrt{n}} \geq z_\alpha$이

되어 $\overline{X} \geq \mu_0 + \dfrac{\sigma}{\sqrt{n}} z_\alpha$이다. 표본의 수 n이 증가함에 따라 기각역의 범위가 넓어지며, 귀무가설을 기각할 가능성이 높아지게 된다.

〈표 7.5〉 표본수 증가에 따른 기각역의 변화

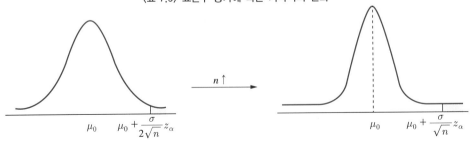

여기서 제1종의 오류 확률은 유의수준 α로 분석자에 의해 임의로 지정되며, 이는 표본수 n의 크기와는 관계가 없으며 분석자의 재량에 의해 정해진다. 제2종의 오류 확률 β는 표본 수 n이 커짐에 따라 감소하며, 따라서 검정력 $1 - \beta$는 표본 수 n이 커짐에 따라 증가한다. 이를 그래프로 표현하면 다음과 같다.

〈표 7.6〉 표본수 증가에 따른 검정력의 변화

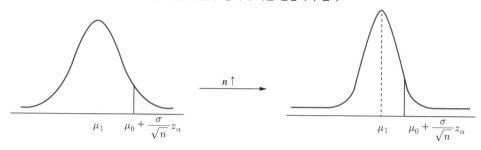

결론적으로 단측검정 및 양측검정 모두 동일한 유의수준(제1종의 오류 확률)하에서 표본 수 n이 증가할수록 제2종의 오류 확률 β는 감소하며, 검정력 $1 - \beta$는 증가한다. 같은 유의수준과 같은 표본크기에서는 검정력이 큰 검정법이 더 좋은 검정법이다. 마치 점추정 이론에서 어떤 추정량이 좋은 추정량인지를 평균제곱오차(MSE)로 판가름 하듯이 검정에서는 유의수준이 고정되었을 때 검정력이 검정방법의 성능을 결정하는 기준이 된다.

예제

7.2 이산형 확률변수 X의 확률밀도함수가 $H_0 : \theta = \theta_0$, $H_1 : \theta = \theta_1$일 때 각각 다음과 같이 주어졌다고 가정하자. 아래 표에서 $f(x \mid \theta_0)$과 $f(x \mid \theta_1)$은 각각 귀무가설과 대립가설에서의 확률밀도함수이다.

〈표 7.7〉 가설에 따른 이산형 확률변수의 확률밀도함수

X	1	2	3	4	5	6
$f(x \mid \theta_0)$	0.01	0.04	0.15	0.05	0.40	0.35
$f(x \mid \theta_1)$	0.05	0.07	0.14	0.20	0.24	0.30

유의수준 $\alpha = 0.05$인 모든 기각역을 제시하고, 각 기각역에 따른 제2종의 오류를 범할 확률을 구해보자.

❶ $\alpha = 0.05$이므로 $f(x \mid \theta_0) = 0.05$인 영역을 기각역으로 제시할 수 있으므로 가능한 기각역은 $C_1 = \{X = 1,\ 2\}$, $C_2 = \{X = 4\}$이다.

❷ 기각역 $C_1 = \{X = 1,\ 2\}$에 대한 제2종의 오류를 범할 확률 $P(H_0$ 채택 $\mid H_1$ 사실$)$은 다음과 같다.
$$P(X = 3,\ 4, 5,\ 6 \mid \theta = \theta_1) = f(3 \mid \theta_1) + (4 \mid \theta_1) + f(5 \mid \theta_1) + (6 \mid \theta_1)$$
$$= 0.14 + 0.20 + 0.24 + 0.30 = 0.88$$

❸ 기각역 $C_2 = \{X = 4\}$에 대한 제2종의 오류를 범할 확률은 다음과 같다.
$$P(X = 1,\ 2, 3,\ 5,\ 6 \mid \theta = \theta_1) = f(1 \mid \theta_1) + f(2 \mid \theta_1) + f(3 \mid \theta_1) + f(5 \mid \theta_1) + f(6 \mid \theta_1)$$
$$= 0.05 + 0.07 + 0.14 + 0.24 + 0.30 = 0.8$$

7.3 X_1, X_2, $\cdots$, X_{25} 이 평균 μ, 표준편차 10인 정규모집단에서의 확률표본일 때, 모평균에 대한 귀무가설 $H_0 : \mu = 75$, $H_1 : \mu = 80$을 검정하고자 한다. 이 검정에서 H_0에 대한 기각역을 $\overline{X} > 77$ 로 사용할 경우 이 검정의 검정력을 구해보자.

❶ 제2종의 오류(β)는 대립가설이 참일 때 귀무가설을 채택할 오류이다.

$$\therefore \beta = P(\overline{X} \leq 77 \mid \mu = 80) = P\left(Z \leq \frac{77-80}{10/\sqrt{25}} \mid \mu = 80\right)$$

$$= P(Z \leq -1.5) = 1 - \Phi(1.5) = 1 - 0.4332 = 0.0668$$

❷ 검정력$(1-\beta)$은 $1-\beta = 1 - 0.0668 = 0.9332$가 된다.

---

(4) 유의확률($p - value$)

p값이란 귀무가설이 사실이라는 전제하에 검정통계량이 표본에서 계산된 값과 같거나 그 값보다 대립가설 방향으로 더 극단적인 값을 가질 확률이다. 즉, p값은 검정통계량 값에 대해서 귀무가설을 기각시킬 수 있는 최소의 유의수준으로 유의수준을 α 라 하고 검정통계량 값에 의해 계산되는 유의확률을 p값이라 할 때 다음과 같이 검정할 수 있다.

$$\alpha > p\,\text{값} \Rightarrow \text{귀무가설} \ H_0 \ \text{기각}$$

$$\alpha < p\,\text{값} \Rightarrow \text{귀무가설} \ H_0 \ \text{채택}$$

예를 들어 X_1, X_2, $\cdots$, X_n 이 $N(\mu, \sigma^2)$ 에서 나온 랜덤표본이라고 할 때 검정통계량 값(z_c)에 의해 계산되는 유의확률 p값을 다음의 그림으로 이해하면 좀 더 명확하게 알 수 있다.

〈표 7.8〉 검정통계량 값에 의해 계산된 유의확률

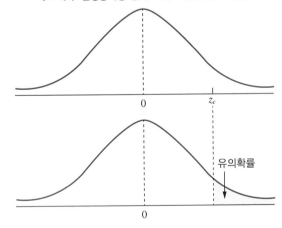

① 유의수준과 유의확률이 동일한 경우

유의수준은 분석자가 분석에 앞서 사전적으로 정하는 귀무가설 기각여부의 기준으로 유의수준과 유의확률이 동일한 경우 분석자가 이를 어떻게 해석하느냐에 따라 귀무가설을 기각할 수도 있고 기각하지 않을 수도 있다. 분석하는 사람의 입장에서는 귀무가설을 채택하게 되면 현재 믿어지는 가설이 옳은 것이 되므로 유의수준과 유의확률이 동일한 경우 귀무가설을 기각하려는 경향이 있다. 유의수준은 귀무가설이 참일 때 귀무가설을 기각할 오류(제1종의 오류)를 범할 확률의 최대허용한계를 의미한다. 즉, 유의수준 0.05는 제1종의 오류를 범할 확률을 최대 5%까지는 허용하며, 5%를 초과할 경우 허용하지 않겠다는 의미이다.

유의확률은 검정통계량 값에 대해서 귀무가설을 기각할 수 있는 최소의 유의수준을 의미한다. 즉, 유의확률 0.05는 검정통계량 값에 대해서 유의수준 5%까지는 귀무가설을 기각하고, 5% 미만일 경우 기각하지 않겠다는 의미이다. 이와 같은 이유로 일반적으로 유의수준과 유의확률이 동일한 경우 귀무가설을 기각한다. 하지만, 엄밀히 말해서 유의수준과 유의확률이 동일한 경우 분석하는 사람의 재량에 따라 귀무가설을 기각할 수도 있고 기각하지 않을 수도 있다.

② 검정형태에 따른 유의확률($p-value$)의 계산

〈표 7.9〉 $p-value$의 계산

가설의 종류	$p-value$의 계산
$H_0 : \mu = \mu_0, \quad H_1 : \mu > \mu_0$	$P(\overline{X} > \overline{x}_{obs})$
$H_0 : \mu = \mu_0, \quad H_1 : \mu < \mu_0$	$P(\overline{X} < \overline{x}_{obs})$
$H_0 : \mu = \mu_0, \quad H_1 : \mu \neq \mu_0$	$P(|\overline{X}| > |\overline{x}_{obs}|)$

여기서, $\overline{x}_{obs}$는 표본으로부터 관측된 표본평균을 나타낸다.

예제

7.4 $X_1, X_2, \cdots, X_{25}$는 표준편차가 2인 정규분포 $N(\theta, 2^2)$의 확률표본이라고 가정할 때, 귀무가설 및 대립가설이 다음과 같다고 하자. 관측값이 $\overline{x} = 0.6$일 때, 유의확률을 구해보자.

$$H_0 : \theta = 0, \quad H_1 : \theta = 1$$

❶ $\overline{x} = 0.6$이므로 귀무가설하에서 검정통계량 Z의 값은 $z_c = \dfrac{\overline{X} - 0}{2/\sqrt{25}} = \dfrac{\overline{X}}{0.4} = \dfrac{0.6}{0.4} = 1.5$이다.

❷ H_0가 참일 때 Z는 표준정규분포를 따르므로 유의확률 값은 다음과 같다.
$p-value = P(Z \geq 1.5) = 1 - 0.9332 = 0.0668$이다.

7.5 어떤 제약회사에서 A 라는 병에 대한 새로운 약을 개발했다. 기존에 사용하던 약의 완치율이 40%라고 한다. 이 제약회사에서는 새로운 약이 기존의 약보다 효과가 좋다고 주장하고 있다. 이 문제를 위해 20명을 조사한 결과 효과를 본 사람이 X명이었다고 하자. 표본결과 $X = 19$ 명이 나타났다면 유의확률을 구해보자.

❶ 귀무가설 및 대립가설을 설정하면 다음과 같다.

$H_0 : p = 0.4$

$H_1 : p > 0.4$

❷ H_0이 참일 때 $X \sim B(20,\ 0.4)$를 따르므로 유의확률 값은 다음과 같다.

$$p - value = P(X \geq 19) = P(X = 19) + P(X = 20)$$
$$= {}_{20}C_{19}(0.4)^{19} \times 0.6 + {}_{20}C_{20}(0.4)^{20} \times (0.6)^0$$
$$= (0.4)^{19} \times 0.6 \times 20 + (0.4)^{20} = 0.0000003408$$

7.6 확률변수 X는 분산이 16인 정규분포 $N(\theta,\ 16)$를 따른다고 한다. 평균에 대한 가설 $H_0 : \theta = \theta_0$ 대 $H_1 : \theta > \theta_0$을 검정하기 위한 검정통계량 값으로 1.856을 얻었다면 검정 통계량 값에 의해 계산되는 유의확률을 표준정규분포의 확률밀도함수를 이용하여 수식으로 표현해보자.

❶ 유의확률은 검정통계량 값에 대해서 귀무가설을 기각시킬 수 있는 최소의 유의수준이다.

❷ $P(Z \leq z) = 1 - \alpha$이므로 $\alpha = 1 - P(Z \leq z) = 1 - P(Z \leq 1.856)$이 성립한다.

❸ 표준정규분포의 확률밀도함수가 $f(z) = \dfrac{1}{\sqrt{2\pi}} \exp\left[-\dfrac{\sum\limits_{i=1}^{n} z_i^2}{2} \right],\ -\infty < z < \infty$ 이므로 유의확률 은 다음과 같이 구할 수 있다.

$$1 - P(Z \leq 1.856) = 1 - \int_{-\infty}^{1.856} \frac{1}{\sqrt{2\pi}} \exp\left[-\frac{\sum\limits_{i=1}^{n} z_i^2}{2} \right] dz$$

❹ 검정통계량 값에 의해 계산되는 유의확률을 그래프로 나타내면 다음과 같다.

〈표 7.10〉 검정통계량 값에 의해 계산된 유의확률

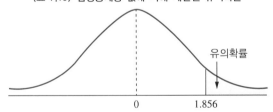

2. 가설검정의 기본 원리

가설검정을 위해서는 여러 가지 검정법이 있을 수 있으며, 이 중 어떤 검정법이 최적인 검정법인지를 선택하는 문제가 발생한다. 좋은 검정법이라면 이 검정으로 인한 오류의 확률이 가능한 한 작아야 한다. 그러나 오류에는 제1종의 오류와 제2종의 오류 두 종류가 있으며, 가설검정에서는 표본의 크기가 정해져 있으므로 주어진 한 검정법에서 이 두 종류의 오류를 동시에 최소화하는 방법은 없다. 가설검정에서는 제1종의 오류와 제2종의 오류를 모두 피할 수는 없고 일반적으로 두 가지 오류 중에서 제1종의 오류를 더 심각한 오류로 생각하기 때문에 제1종의 오류 확률 α를 허용 가능한 일정 수준에 고정시킨 상태에서 제2종의 오류 확률을 최소화시키는 방식으로 좋은 검정법을 선택한다.

(1) 최량기각역(Best Critical Region)과 최강력검정(Most Powerful Test)

가설검정의 기본 원리를 설명하는데 가장 기본적인 형태로 귀무가설과 대립가설이 모두 단순가설인 경우에 대해 먼저 살펴보자. 검정할 귀무가설과 대립가설이 모두 단순가설이므로 모수공간(Ω)은 두 점으로 이루어지는 집합이다. 만약 세 개의 확률변수 X_1, X_2, X_3을 고려할 때 관측값 x_1, x_2, x_3으로 부터 기각역(C) $x_1 + x_2 + x_3 > 3$을 얻었다면 $x_1 + x_2 + x_3 \leq 3$일 때 귀무가설을 채택하고 그 외에는 귀무가설을 기각하게 된다. 즉, 기각역과 검정은 이런 의미에서 서로 교환해서 사용될 수 있으므로 최량기각역이 정의된다면 최강력검정 또한 정의할 수 있다. 최강력검정은 최량검정(Optimal Test)이라고도 한다.

모수 θ에 대한 가설을 두 개의 단순가설로 다음과 같이 설정하였다고 하자.

$$H_0 : \theta = \theta_0, \ H_1 : \theta = \theta_1$$

위 가설에 대한 기각역 C가 다음 조건을 만족하면 이를 크기 α의 최량기각역이라 한다.

$P[(X_1, \cdots, X_n) \in A \mid H_0] = \alpha$을 만족하는 표본공간의 모든 부분집합 A에 대해서
① $P[(X_1, \cdots, X_n) \in C \mid H_0] = \alpha$
② $P[(X_1, \cdots, X_n) \in C \mid H_1] \geq P[(X_1, \cdots, X_n) \in A \mid H_1]$

귀무가설이 사실이라고 가정할 때 $P[(X_1, \cdots, X_n) \in A \mid H_0] = \alpha$을 만족하는 표본공간의 다수의 부분집합 A가 존재한다. 이들 집합중의 하나를 C라 가정하면 대립가설이 사실일 때 C의 검정력이 적어도 다른 A와 관련된 검정력 보다 크다고 한다면 기각역 C를 크기가 α인 최량기각역이라 정의한다. 또한, 이 최량기각역에 의해서 정의되는 검정을 크기 α의 최강력검정이라고 한다. 위의 최량기각역을 검정력 함수를 이용하여 정의하면 다음과 같이 나타낼 수 있다.

기각역 C로 정의된 검정력 함수 π_C에 대하여
① $\pi_C(\theta_0) = \alpha$
② 유의수준이 α인 어떤 다른 기각역 C^*에 대해서도 $\pi_C(\theta_1) \geq \pi_{C^*}(\theta_1)$이 성립

최량기각역을 그래프를 이용하여 검정력 함수로 표현하면 다음과 같다.

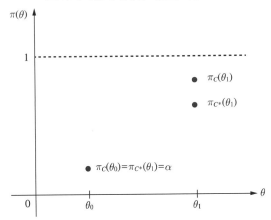

〈표 7.11〉 검정력 함수를 이용한 최량기각역

즉, $\theta = \theta_0$ 에서는 두 검정의 검정력이 동일하고 $\theta = \theta_1$ 에서의 검정력이 가장 큰 $\pi_C(\theta_1)$ 을 크기 α 의 최량기각역이라 한다.

예제

7.7

$X_1, \cdots, X_5 \sim Ber(p)$ 라 하고, 귀무가설과 대립가설이 다음과 같다고 하자. $Y = \sum_{i=1}^{5} X_i$

라 할 때, $\alpha = \dfrac{6}{32}$ 의 최량기각역을 구해보자.

$$H_0 : p = \frac{1}{2}, \quad H_1 : p = \frac{2}{3}$$

❶ $X_1, \cdots, X_5 \sim Ber(p)$ 이므로 $Y = \sum_{i=1}^{5} X_i \sim B(5, p)$ 이다.

❷ $p = \dfrac{1}{2}$ 일 때와 $p = \dfrac{2}{3}$ 일 때의 Y 의 확률분포는 각각 다음과 같다.

〈표 7.12〉 확률의 변화에 따른 Y 의 확률분포표

y	0	1	2	3	4	5
$p = \dfrac{1}{2}$	$\dfrac{1}{32}$	$\dfrac{5}{32}$	$\dfrac{10}{32}$	$\dfrac{10}{32}$	$\dfrac{5}{32}$	$\dfrac{1}{32}$
$p = \dfrac{2}{3}$	$\dfrac{1}{243}$	$\dfrac{10}{243}$	$\dfrac{40}{243}$	$\dfrac{80}{243}$	$\dfrac{80}{243}$	$\dfrac{32}{243}$

❸ $\alpha = \dfrac{6}{32}$ 인 기각역 $P[(X_1, \cdots, X_n) \in A | H_0]$ 의 형태는 다음과 같은 네 가지가 있다.

$$\{ Y = 0, \ 1 \}, \ \{ Y = 0, \ 4 \}, \ \{ Y = 1, \ 5 \}, \ \{ Y = 4, \ 5 \}$$

❹ 각 경우에 해당하는 $\pi\left(\dfrac{2}{3}\right)$ 을 구해보면 각각 $\dfrac{11}{243}, \ \dfrac{81}{243}, \ \dfrac{42}{243}, \ \dfrac{112}{243}$ 이다.

∴ 검정력이 가장 큰 $\{ Y = 4, \ 5 \}$ 가 $\alpha = \dfrac{6}{32}$ 인 최량기각역이다.

(2) 네이만-피어슨 정리(Neyman-Pearson Lemma)

네이만과 피어슨은 설정된 귀무가설과 대립가설이 모두 단순가설인 경우 최적인 검정법을 찾는 체계적인 방법을 제시하였는데, 이를 네이만-피어슨 정리라 한다. 가설이 단순가설인 경우 네이만-피어슨 정리를 사용하면 정의를 직접 사용하는 것보다 손쉽게 최량기각역을 구할 수 있다.

위의 [예제 7.7]의 Y의 확률분포표에서 귀무가설과 대립가설하에서의 확률밀도함수의 비율을 고려해보자.

〈표 7.13〉 귀무가설과 대립가설하에서 Y의 확률밀도함수의 비율

y	0	1	2	3	4	5
$f(y \mid 1/2)$	$\dfrac{1}{32}$	$\dfrac{5}{32}$	$\dfrac{10}{32}$	$\dfrac{10}{32}$	$\dfrac{5}{32}$	$\dfrac{1}{32}$
$f(y \mid 2/3)$	$\dfrac{1}{243}$	$\dfrac{10}{243}$	$\dfrac{40}{243}$	$\dfrac{80}{243}$	$\dfrac{80}{243}$	$\dfrac{32}{243}$
$\dfrac{f(y \mid 1/2)}{f(y \mid 2/3)}$	$\dfrac{243}{32}$	$\dfrac{243}{64}$	$\dfrac{243}{128}$	$\dfrac{243}{256}$	$\dfrac{243}{512}$	$\dfrac{243}{1024}$

표본으로부터 구한 $\dfrac{f(y \mid 1/2)}{f(y \mid 2/3)}$ 의 값이 크면 귀무가설을 기각할 이유가 없으며, 작으면 귀무가설을 기각할 근거가 된다. 이 값이 얼마나 작아야 귀무가설을 기각할 수 있는지에 대한 문제는 유의수준에 의해 결정된다.

$X_1, \cdots, X_n$이 확률밀도함수 $f(x\,;\theta)$에서 추출된 확률표본이고 $X_1, \cdots, X_n$의 결합확률밀도함수인 가능도함수 $L(\theta)$는 다음과 같이 표현한다.

$$L(\theta) = L(\theta\,;x_1,\,x_2,\,\cdots,\,x_n) = f(\theta\,;x_1)f(\theta\,;x_2)\cdots f(\theta\,;x_n)$$

모수 θ에 대한 가설을 두 개의 단순가설로 다음과 같이 설정하였다고 하자.

$$H_0 : \theta = \theta_0, \quad H_1 : \theta = \theta_1$$

위의 단순가설을 검정하기 위한 크기 α의 최량기각역 C는 다음을 만족하는 점 $(x_1, \cdots, x_n)$의 집합으로 가능도비를 이용한 아래의 네이만-피어슨 정리를 이용해 구할 수 있다.

---

① $P[(X_1, \cdots, X_n) \in C \mid H_0] = \alpha$

② $(x_1, \cdots, x_n) \in C$인 경우 $\lambda = \dfrac{L(\theta_0)}{L(\theta_1)} \le k, \quad k > 0$

③ $(x_1, \cdots, x_n) \not\in C$인 경우 $\lambda = \dfrac{L(\theta_0)}{L(\theta_1)} \ge k, \quad k > 0$

귀무가설하에서 가능도함수와 대립가설하에서 가능도함수의 비율인 λ를 가능도비(Likelihood Ratio)라고 한다. 특히 강조되어야 될 부분은 가능도비 $\lambda = \dfrac{L(\theta_0)}{L(\theta_1)} \le k,\ k > 0$을 만족하는 모든 점 $(x_1, \cdots, x_n)$의 집합으로 이루어진 기각역 C가 최량기각역이 된다는 것이다. 네이만-피어슨 정리는 검정의 꽃이라 불리며 모든 검정법의 기초가 되는 이론으로 이에 대한 증명은 벤다이어그램을 이용하면 간단히 증명할 수 있다. 크기 α인 기각역 C 이외에 크기 α인 다른 기각역 A가 존재한다고 하자.

$$\alpha = P[(X_1, \cdots, X_n) \in C \mid H_0] = P[(X_1, \cdots, X_n) \in A \mid H_0]$$

동일한 크기 α인 기각역에 대해서 대립가설이 참일 때 귀무가설을 기각할 확률이 $P[(X_1, \cdots, X_n) \in C \mid H_1] \geq P[(X_1, \cdots, X_n) \in A \mid H_1]$임을 밝히면 네이만–피어슨 정리는 증명된다. 계산의 편의상 각각의 확률을 다음과 같이 표현하자.

$$P[(X_1, \cdots, X_n) \in C \mid H_1] = \int \cdots \int_C f(x_1 ; \theta_1) dx_1 \cdots f(x_n ; \theta_1) dx_n = \int_C L(\theta_1) dx$$

$$P[(X_1, \cdots, X_n) \in A \mid H_1] = \int \cdots \int_A f(x_1 ; \theta_1) dx_1 \cdots f(x_n ; \theta_1) dx_n = \int_A L(\theta_1) dx$$

〈표 7.14〉 A와 C의 기각역

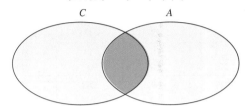

$$\int_C L(\theta_1) dx - \int_A L(\theta_1) dx$$

$$= \int_{C \cap A^c} L(\theta_1) dx + \int_{C \cap A} L(\theta_1) dx - \left[\int_{A \cap C^c} L(\theta_1) dx + \int_{A \cap C} L(\theta_1) dx \right]$$

$$= \int_{C \cap A^c} L(\theta_1) dx + \int_{A \cap C^c} L(\theta_1) dx \geq \frac{1}{k} \int_{C \cap A^c} L(\theta_0) dx - \frac{1}{k} \int_{A \cap C^c} L(\theta_0) dx$$

$$= \frac{1}{k} \left[\int_{C \cap A^c} L(\theta_0) dx + \int_{C \cap A} L(\theta_0) dx - \int_{A \cap C^c} L(\theta_0) dx - \int_{C \cap A} L(\theta_0) dx \right]$$

$$= \frac{1}{k} \left[\int_C L(\theta_0) dx - \int_A L(\theta_0) dx \right] = \frac{1}{k} [\alpha - \alpha] = 0$$

예제

7.8 확률밀도함수가 $f(x ; \theta) = (1+\theta) x^\theta$ (단, $0 \leq x \leq 1$, $\theta > 0$ 임)인 모집단으로부터 크기가 n인 랜덤표본을 추출한다고 하자. 이때 가설 $H_0 : \theta = 0$과 $H_1 : \theta = 1$의 검정에 관하여 최강력 검정법을 구해보자.

❶ $X_1, \cdots, X_n$이 확률밀도함수가 $f(x ; \theta) = (1+\theta) x^\theta$ ($0 \leq x \leq 1$, $\theta > 0$)인 분포를 따르는 랜덤표본으로 이 분포는 베타분포 $B(1+\theta, 1)$이다.

❷ 가능도비 λ를 구하면 $\lambda = \dfrac{L(0)}{L(1)} = \dfrac{1}{2^n (x_1 x_2 \cdots x_n)}$ 이다.

❸ 네이만–피어슨 정리에 의해 적절한 양의 상수 k에 대해 $\dfrac{1}{2^n (x_1 x_2 \cdots x_n)} \leq k$를 만족하는 $(x_1, \cdots, x_n)$의 집합이 최량기각역이다.

❹ 이를 정리하면 적절한 상수 $k^{'}$에 대해 최량기각역의 형태는 $\prod_{i=1}^{n} x_i \geq \dfrac{1}{2^n k} = k^{'}$이다. 즉,

$C = \left\{ (x_1,\ x_2,\ \cdots,\ x_n)\ ;\ \prod_{i=1}^{n} x_i \geq k^{'} \right\}$이 $H_1 : \theta = 1$에 대해 $H_0 : \theta = 0$을 검정하는 최량기각역이 된다.

예제

7.9 $X_1,\ \cdots,\ X_n$이 $N(0,\ \sigma^2)$으로부터의 랜덤표본일 때, 가설 $H_0 : \sigma^2 = 2$와 $H_1 : \sigma^2 = 4$의 검정에 대한 최량기각역이 $C = \left\{ (x_1,\ x_2,\ \cdots,\ x_n) ; \sum_{i=1}^{n} x_i^2 \geq k^{'} \right\}$의 형태로 주어지는 것을 보이고, $n = 10$일 때 유의수준이 $\alpha = 0.05$가 되기 위한 상수 $k^{'}$의 값을 구해보자.

❶ 네이만–피어슨 정리를 이용하여 가능도비 λ를 구하면 다음과 같다.

$$\lambda = \frac{L(2)}{L(4)} = \frac{(4\pi)^{-n/2} \exp\left(-\sum_{i=1}^{n} x_i^2 / 4\right)}{(8\pi)^{-n/2} \exp\left(-\sum_{i=1}^{n} x_i^2 / 8\right)} = \left(\frac{1}{2}\right)^{-\frac{n}{2}} \exp\left(\sum_{i=1}^{n} x_i^2 / 8 - \sum_{i=1}^{n} x_i^2 / 4\right)$$

$$= \left(\frac{1}{2}\right)^{-\frac{n}{2}} \exp\left(-\frac{1}{8} \sum_{i=1}^{n} x_i^2\right)$$

❷ $\lambda \leq k$의 양변에 로그(ln)를 취하여 정리하면 $-\dfrac{1}{8} \sum_{i=1}^{n} x_i^2 \leq \ln k + \dfrac{n}{2} \ln 2$이 되어 최량기각역의 형태는 $\sum_{i=1}^{n} x_i^2 \geq k^{'}$이 된다.

❸ $n = 10$일 때 $\dfrac{\sum_{i=1}^{10} X_i^2}{\sigma^2} \sim \chi_{(10)}^2$을 따르므로 유의수준이 $\alpha = 0.05$가 되기 위해서는

$$P\left(\frac{\sum_{i=1}^{10} X_i^2}{2} \geq k \,\middle|\, \sigma^2 = 2\right) = 0.05$$이 성립해야 한다.

$\therefore\ k^{'} = 2k = 2\chi_{(0.05, 10)}^2 = 2 \times 20.48 = 40.96$

(3) 균일최강력검정(Uniformly Most Powerful Test)

네이만-피어슨 정리는 두 개의 단순가설에 대한 최강력검정을 구하는 체계적인 방법을 제시한다. 하지만 일반적으로 가설검정은 복합가설에 의해 이루어지는 경우가 많으므로 이에 대한 최적의 검정법을 제시하는 것이 더 중요하다. 균일최강력검정은 가설이 단순가설 대 복합가설, 복합가설 대 복합가설인 경우 사용한다.

위의 [예제 7.9]에서 최량기각역의 형태는 $\sum_{i=1}^{n} x_i^2 \geq k'$ 이었다. 만약, 가설을 $H_0 : \sigma^2 = 2$ 와

$H_1 : \sigma^2 = 6$ 으로 바꾸었다면 가능도비는 $\lambda = \left(\dfrac{2}{3}\right)^{-\frac{n}{2}} \exp\left(-\dfrac{1}{6}\sum_{i=1}^{n} x_i^2\right)$ 이 되어 최량기각역의 형

태는 동일하게 된다. 이와 같이 최량기각역의 형태는 $H_0 : \sigma^2 = 2$, $H_1 : \sigma^2 > 2$ 인 가설에 대해 균일하게 최강력검정을 제공한다. 이 때 최량기각역의 형태는 대립가설하에서의 모수 σ_1^2 에 의존하지 않는다. 즉, 네이만-피어슨 정리를 이용하여 최량기각역의 형태를 구함에 있어서 σ_1^2 이 σ_0^2 보다 크다는 사실만을 이용하였지 σ_1^2 의 값 자체는 이용하지 않았다. 이는 σ_0^2 보다 큰 모든 σ_1^2 에 대해서 균일하게 최강력검정이 된다.

가장 보편적인 상황으로 H_0 가 단순가설이고 H_1 이 복합가설인 다음과 같은 경우를 생각해보자.

$$H_0 : \theta = \theta_0, \quad H_1 : \theta > \theta_0$$

어떤 한 검정법이 $\theta_1 > \theta_0$ 를 만족하는 임의의 모수 θ_1 에 대하여 단순가설

$$H_0 : \theta = \theta_0, \quad H_1 : \theta = \theta_1(> \theta_0)$$

을 검정하기 위한 크기 α 의 최강력검정이 되면, 이 검정법을 크기 α 인 균일최강력검정(UMP검정)이라 한다. 이 때 이에 대응되는 기각역을 크기 α 인 균일최량기각역(Uniformly Best Critical Region)이라 한다.

예제

7.10 $X_1, X_2, \cdots, X_{25}$ 는 정규분포 $N(\theta, 5^2)$ 로부터 추출한 확률표본이다. $H_1 : \theta > 75$ 에 대하여 $H_0 : \theta = 75$ 를 유의수준 $\alpha = 0.05$ 에서 검정하기 위한 균일최량기각역을 구해보자.

❶ 귀무가설 및 대립가설은 다음과 같다.
- 귀무가설(H_0) : $\theta = 75$
- 대립가설(H_1) : $\theta > 75$

❷ H_1 하에서 임의의 θ_1 에 대한 가능도비는 다음과 같다.

$$\lambda = \frac{L(75)}{L(\theta_1)} = \exp\left[\frac{1}{2}\sum(x_i - \theta_1)^2 - \frac{1}{2}\sum(x_i - 75)^2\right]$$

$$= \exp\left[\frac{1}{2}\left\{\left(\sum_{i=1}^{25} x_i^2 - 2\theta_1\sum_{i=1}^{25} x_i + 25\theta_1^2\right) - \left(\sum_{i=1}^{25} x_i^2 - 150\sum_{i=1}^{25} x_i + 25 \times 75^2\right)\right\}\right]$$

$$= \exp\left[(75 - \theta_1)\sum_{i=1}^{25} x_i + 25(75^2 - \theta_1^2)/2\right]$$

❸ $\lambda \le k$에 대응되는 최량기각역의 형태는 $(75-\theta_1)\sum\limits_{i=1}^{25} x_i \le k'$이고, $\theta_1 > 75$이므로 최량기각역의

형태는 $\sum\limits_{i=1}^{25} x_i \ge c$ 또는 $\overline{X} \ge c$이다.

❹ $\dfrac{\overline{X}-\theta}{5/\sqrt{25}} \sim N(0,1)$를 따르므로 유의수준 $\alpha = 0.05$에서의 균일최량기각역은 $P(\overline{X}-75 \ge$

$1.645 \mid \theta = 75) = 0.05$을 만족하는 $\overline{X} \ge 76.645$이다.

위의 [예제 7.10]은 H_0이 단순가설이고 H_1이 복합가설인 특별한 경우이다. 이제 더 일반적인 경우로 H_0와 H_1이 모두 복합가설인 경우를 생각하기 위해서는 전체 모수공간 Ω와 검정력 함수 π를 이용하는 것이 편리하다. ω를 Ω의 부분집합이라고 하고, 귀무가설과 대립가설을 다음과 같이 설정해보자.

$$H_0 : \theta \in \omega, \quad H_1 : \theta \in \Omega - \omega$$

위의 가설에 대한 기각역 C가 다음의 조건을 만족할 때 이를 크기가 α인 균일최강력검정(UMP검정)이라 한다.

기각역 C로 정의된 검정력 함수 π_C에 대하여

① $\max\{\pi_C(\theta) \mid \theta \in w\} = \alpha$

② 유의수준이 α인 어떤 다른 기각역 C^*에 대한 모든 $H_1 : \theta \in \Omega - \omega$하에서 $\pi_C(\theta) \ge \pi_{C^*}(\theta)$이 성립

즉, 검정의 크기가 α보다 작거나 같은 기각역 C중 대립가설 H_1하에서 검정력이 가장 큰 검정을 의미한다. 균일최량기각역을 검정력 함수 그래프를 이용하여 표현하면 다음과 같다.

〈표 7.15〉 검정력 함수를 이용한 균일최량기각역

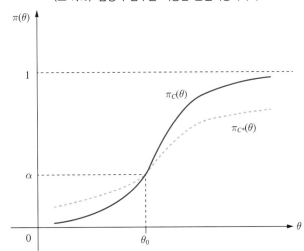

즉, $\max\{\pi_C(\theta) \mid \theta \in w\} = \alpha$이고, 모든 $H_1 : \theta \in \Omega - \omega$하에서 $\pi_C(\theta) \ge \pi_{C^*}(\theta)$의 성질을 만족하는 검정력이 가장 큰 $\pi_C(\theta)$을 크기 α의 균일최량기각역이라 한다.

7.11 $X_1,\ X_2,\ \cdots,\ X_n$는 정규분포 $N(\theta,\ 1^2)$로부터 추출한 확률표본이다. $H_1 : \theta > 0$에 대하여 $H_0 : \theta \leq 0$를 유의수준 $\alpha = 0.05$에서 검정하기 위한 균일최량기각역을 구해보자.

❶ 귀무가설 및 대립가설은 다음과 같다.
귀무가설(H_0) : $\theta \leq 0$
대립가설(H_1) : $\theta > 0$

❷ H_0하에서 임의의 θ_0와 H_1하에서 임의의 θ_1는 $\theta_0 \leq 0 < \theta_1$를 만족하며 θ_0와 θ_1에 대한 가능도비는 다음과 같다.
$$\lambda = \frac{L(\theta_0)}{L(\theta_1)} = \exp\left[\frac{1}{2}\sum(x_i - \theta_1)^2 - \frac{1}{2}\sum(x_i - \theta_0)^2\right] = \exp\left[(\theta_0 - \theta_1)\sum x_i + n(\theta_1^2 - \theta_0^2)/2\right]$$

❸ $\lambda \leq k$에 대응되는 최량기각역의 형태는 $(\theta_0 - \theta_1)\sum x_i \leq k'$이고, $\theta_1 > \theta_0$이므로 최량기각역의 형태는 $\sum x_i \geq c$ 또는 $\overline{X} \geq c$이다.

❹ θ가 참값일 때 $\frac{(\overline{X} - \theta)}{1/\sqrt{n}} \sim N(0, 1)$를 따르므로 H_0하에서 $P[\sqrt{n}(\overline{X} - \theta) \geq \sqrt{n}(c - \theta)]$의 최대값은 $\theta = 0$일 때이다. 또한 $\theta = 0$일 때 $P(\sqrt{n}\,\overline{X} \geq z_{0.05}) = 0.05$이므로 유의수준 $\alpha = 0.05$에서의 균일최량기각역은 $\overline{X} \geq \frac{1}{\sqrt{n}} \times 1.645$이다.

균일최강력검정은 항상 존재하는 것은 아니며, 일반적으로 복합대립가설이 $H_1 : \theta > \theta_0$이거나 $H_1 : \theta < \theta_0$인 경우에는 균일최강력검정이 존재하지만 복합대립가설이 양측검정인 $H_1 : \theta \neq \theta_0$에서는 균일최강력검정이 존재하지 않는다.

7.12 $X_1,\ X_2,\ \cdots,\ X_{25}$는 정규분포 $N(\theta,\ 5^2)$로부터 추출한 확률표본이다. $H_1 : \theta \neq 75$에 대하여 $H_0 : \theta = 75$를 유의수준 $\alpha = 0.05$에서 검정하기 위한 균일최량기각역을 구해보자.

❶ 귀무가설 및 대립가설은 다음과 같다.
• 귀무가설(H_0) : $\theta = 75$
• 대립가설(H_1) : $\theta \neq 75$

❷ H_1하에서 임의의 θ_1에 대한 가능도비는 다음과 같다.
$$\lambda = \frac{L(\theta_0)}{L(\theta_1)} = \exp\left[\frac{1}{2}\sum(x_i - \theta_1)^2 - \frac{1}{2}\sum(x_i - 75)^2\right]$$
$$= \exp\left[(75 - \theta_1)\sum_{i=1}^{25} x_i + 25(75^2 - \theta_1^2)/2\right]$$

❸ $\lambda \leq k$에 대응되는 최량기각역의 형태는 $(75 - \theta_1)\overline{X} \leq k'$이고, $\theta_1 > 75$일 때 최량기각역의 형태는 $\overline{X} \geq c$이며, $\theta_1 < 75$일 때 최량기각역의 형태는 $\overline{X} \leq c$이다.

❹ 결과적으로 H_1하에서는 $\theta_1 > 75$일 때와 $\theta_1 < 75$일 때의 기각역 형태가 각각 다르므로 H_1의 모든 θ에 대하여 균일하게 최강력한 균일최강력검정은 존재하지 않는다.

(4) 일반화가능도비검정(Generalized Likelihood Ratio Test)

앞서 알아본 최적의 검정 기준은 한정된 조건하에서의 기준이다. 실제로 네이만-피어슨 정리만으로 문제를 해결할 수 없는 경우가 많다. 이러한 일반적인 경우에 널리 사용할 수 있는 검정법이 바로 일반화가능도비검정법이다. 추정에서 가능도함수를 사용하는 것과 비슷한 개념으로 생각하면 된다. 단, 가능도함수를 통해 추정량을 구할 시에 불편추정량이 아닐 수도 있듯이, 가능도비검정이 항상 최적의 성격을 가지고 있는 것은 아니다. 예를 들어 θ_0와 θ_1이 각각 H_0와 H_1에서 정의된 θ라고 할 때 표본 $(X_1,\ X_2,\ \cdots,\ X_n)$이 H_0하에서 정의된 모수보다 H_1에서 정의된 모수를 더 잘 설명한다면 H_0를 기각해야 한다. 즉, $L(\theta_0) \leq L(\theta_1)$이면 H_0보다는 H_1의 가능성이 더 큼을 나타낸다. 하지만 복합 가설일 경우 θ_0와 θ_1은 여러 값을 갖게 되고 H_1하에서의 최대가능도함수의 값 $L(\theta_1)$을 구하는 것이 어렵기 때문에 보다 일반적인 방법으로 귀무가설과 대립가설의 합인 모수공간 Ω에서의 최대가능도함수의 값과 비교한다. 일반화가능도비검정은 다음과 같이 정의한다.

Ω를 모수공간이라 하고, ω를 Ω의 부분집합이라 하자. 귀무가설과 대립가설이
$$H_0 : \theta \in \omega,\ H_1 : \theta \in \Omega - \omega$$
일 때,
$$\lambda = \frac{\max_{H_0} L(\theta)}{\max_{\Omega} L(\theta)}$$
를 일반화가능도비(Generalized Likelihood Ratio) 또는 가능도비(Likelihood Ratio)라 하며, 가능도비 검정의 기각역은 $0 < k < 1$에 대해 $\lambda \leq k$으로 주어진다. 이때 크기 α인 가능도비 검정은 k가 $\alpha = P(\lambda \leq k \mid H_0)$을 만족하는 값으로 정해진다.

위의 일반화가능도비 λ를 $\lambda = $와 같이 표현하기도 하고, 모수공간 Ω과 귀무가설의 모수공간 w에서 $L(\theta)$의 최대값에 대한 표현으로 $\lambda = \dfrac{L(\hat{w})}{L(\hat{\Omega})}$와 같이 나타내기도 한다.

7.13

$X_1,\ \cdots\ ,\ X_n$이 $f(x;\theta)=\theta e^{-\theta x}$, $0<x<\infty$ 에서 뽑은 확률표본이라 하자. 복합가설 $H_0:\theta\le 1$, $H_1:\theta>1$을 검정하기 위한 크기 α인 LR검정법을 구해보자.

❶ 가능도함수가 $L(\theta)=\theta^n e^{-\theta\sum x_i}$, $0<x<\infty$ 이므로 양변에 로그를 취한 후 θ에 대해 미분하여 최대 가능도추정량을 구하면 다음과 같다.

$$\ln L(\theta)=n\ln\theta-\theta\sum x_i$$

$$\frac{\ln L(\theta)}{\partial\theta}=\frac{n}{\theta}-\sum x_i=0$$

$$\hat{\theta}^{MLE}=\frac{n}{\sum x_i}$$

❷ 일반화가능도비 λ는 다음과 같이 구할 수 있다.

$$\lambda=\frac{L(\hat{w})}{L(\hat{\Omega})}=\begin{cases}1, & \dfrac{n}{\sum x_i}\le 1\\[3mm]\dfrac{e^{-\sum x_i}}{\left(\dfrac{n}{\sum x_i}\right)^n e^{-n}}, & \dfrac{n}{\sum x_i}>1\end{cases}$$

❸ 따라서 $\lambda\le k$, $0<k<1$을 만족하는 관측값의 집합은 적절한 k에 대해 다음과 같다.

$$\frac{n}{\sum x_i}>1인 경우\ \left(\frac{\sum x_i}{n}\right)^n e^{(n-\sum x_i)}\le k$$

❹ 또한 위의 식은 $\overline{X}<1$인 경우 $\left(\overline{X}\right)^n e^{\left[-n(\overline{X}-1)\right]}\le k$와 같이 나타낼 수 있다.

❺ 적절한 상수 $0<k^{'}<1$일 때, 기각역의 형태는 $\left\{\overline{X}\le k^{'}\right\}$또는 $\left\{\sum x_i\le nk^{'}\right\}$이다.

❻ $X_i\sim\epsilon(\theta)$을 따를 때 $\sum X_i\sim\Gamma(n,\ 1/\theta)=\dfrac{1}{2\theta}\Gamma(n,\ 2)=\dfrac{1}{2\theta}\chi^2_{(2n)}$을 따른다.

$\alpha=P\left(\overline{X}\le k^{'}\,|\,H_0\right)=P\left(\sum x_i\le nk^{'}\,|\,H_0\right)=P\left[\chi^2_{(2n)}\le 2nk^{'}\,|\,H_0\right]$

❼ $2nk^{'}=\chi^2_{(1-\alpha,\ 2n)}$이므로 $k^{'}=\dfrac{1}{2n}\chi^2_{(1-\alpha,\ 2n)}$이 되어 크기 α인 LR검정의 기각역은 $\overline{x}\le\dfrac{1}{2n}\chi^2_{(1-\alpha,\ 2n)}$ 이다.

7.14

$X_1,\ \cdots,\ X_n$과 $Y_1,\ \cdots,\ Y_m$이 각각 $N(\theta_1,\ \theta_3)$과 $N(\theta_2,\ \theta_3)$을 따른다고 하고, θ_3을 모른다고 가정하자. 가설 $H_0:\theta_1=\theta_2$, $H_1:\theta_1\neq\theta_2$에 대한 LR검정법을 구해보자.

❶ $H_0:\boldsymbol{\theta}\in\omega$로 표현했을 때, ω를 다음과 같이 표현할 수 있다.

$$\omega=\left\{(\theta_1,\ \theta_2,\ \theta_3)\,|-\infty<\theta_1=\theta_2<\infty,\ 0<\theta_3<\infty\right\}$$

❷ 가능도함수를 구하면 다음과 같다.

$$L(\omega) = \left(\frac{1}{2\pi\theta_3}\right)^{(n+m)/2} \exp\left\{-\frac{1}{2\theta_3}\left[\sum_{i=1}^{n}(x_i-\theta_1)^2 + \sum_{j=1}^{m}(y_j-\theta_1)^2\right]\right\}$$

$$L(\Omega) = \left(\frac{1}{2\pi\theta_3}\right)^{(n+m)/2} \exp\left\{-\frac{1}{2\theta_3}\left[\sum_{i=1}^{n}(x_i-\theta_1)^2 + \sum_{j=1}^{m}(y_j-\theta_2)^2\right]\right\}$$

❸ 분자를 구하기 위해 1계도조건 $\dfrac{\partial \log L(w)}{\partial \theta_1}=0$, $\dfrac{\partial \log L(w)}{\partial \theta_3}=0$을 계산하면,

$$\sum_{i=1}^{n}(x_i-\theta_1) + \sum_{j=1}^{m}(y_j-\theta_1) = 0$$

$$\frac{1}{\theta_3}\left[\sum_{i=1}^{n}(x_i-\theta_1)^2 + \sum_{j=1}^{m}(y_j-\theta_1)^2\right] = n+m$$

❹ θ_1, θ_3은 각각

$$\widehat{\theta_1} = \frac{1}{n+m}\left\{\sum_{i=1}^{n}x_i + \sum_{j=1}^{m}y_j\right\}$$

$$\widehat{\theta_3} = \frac{1}{n+m}\left\{\sum_{i=1}^{n}(x_i-\widehat{\theta_1})^2 + \sum_{j=1}^{m}(y_j-\widehat{\theta_1})^2\right\}$$

이고, 이때 $L(\omega)$는 $L(\widehat{\omega}) = \left(\dfrac{e^{-1}}{2\pi\widehat{\theta_3}}\right)^{(n+m)/2}$ 이다.

❺ 분모를 구하기 위해 1계도조건 $\dfrac{\partial \log L(w)}{\partial \theta_1}=0$, $\dfrac{\partial \log L(w)}{\partial \theta_2}=0$ $\dfrac{\partial \log L(w)}{\partial \theta_3}=0$을 계산하면,

$$\sum_{i=1}^{n}(x_i-\theta_1) = 0$$

$$\sum_{j=1}^{m}(y_j-\theta_2) = 0$$

$$-(n+m) + \frac{1}{\theta_3}\left[\sum_{i=1}^{n}(x_i-\theta_1)^2 + \sum_{j=1}^{m}(y_j-\theta_2)^2\right] = 0$$

❻ θ_1, θ_2, θ_3의 값은 각각

$$\widehat{\theta_1}' = \frac{1}{n}\sum_{i=1}^{n}x_i$$

$$\widehat{\theta_2}' = \frac{1}{m}\sum_{j=1}^{m}y_j$$

$$\widehat{\theta_3}' = \frac{1}{n+m}\left[\sum_{i=1}^{n}(x_i-\widehat{\theta_1}')^2 + \sum_{j=1}^{m}(y_j-\widehat{\theta_2}')^2\right]$$

이고, 이때 $L(\Omega)$는 $L(\widehat{\Omega}) = \left(\dfrac{e^{-1}}{2\pi\widehat{\theta_3}'}\right)^{(n+m)/2}$ 이다.

❼ 따라서 가능도비 λ는 $\lambda = \dfrac{L(\widehat{\omega})}{L(\widehat{\Omega})} = \left(\dfrac{\widehat{\theta_3}'}{\widehat{\theta_3}}\right)^{(n+m)/2}$ 이다.

❽ $\lambda^{2/(n+m)}$을 계산하면,

$$\lambda^{2/(n+m)} = \frac{\displaystyle\sum_{i=1}^{n}(X_i - \overline{X})^2 + \sum_{j=1}^{m}(Y_i - \overline{Y})^2}{\displaystyle\sum_{i=1}^{n}\left\{X_i - [(n\overline{X}+m\overline{Y})/(n+m)]\right\}^2 + \sum_{j=1}^{m}\left\{Y_i - [(n\overline{X}+m\overline{Y})/(n+m)]\right\}^2}$$

$$= \frac{\displaystyle\sum_{i=1}^{n}(X_i - \overline{X})^2 + \sum_{j=1}^{m}(Y_j - \overline{Y})^2}{\displaystyle\sum_{i=1}^{n}(X_i - \overline{X})^2 + \sum_{j=1}^{m}(Y_j - \overline{Y})^2 + [nm/(n+m)](\overline{X}-\overline{Y})^2}$$

$$= \frac{1}{1 + \dfrac{[nm/(n+m)](\overline{X}-\overline{Y})^2}{\displaystyle\sum_{i=1}^{n}(X_i - \overline{X})^2 + \sum_{j=1}^{m}(Y_j - \overline{Y})^2}}$$

❾ 귀무가설 $H_0 : \theta_1 = \theta_2$가 참이라면,

$$T = \sqrt{\frac{nm}{n+m}}\,(\overline{X}-\overline{Y})\Big/\left\{(n+m-2)^{-1}\left[\sum_{i=1}^{n}(X_i - \overline{X})^2 + \sum_{j=1}^{m}(Y_j - \overline{Y})^2\right]\right\}^{1/2}$$

는 자유도가 $n+m-2$인 $t-$분포를 따른다. 따라서 $\lambda^{2/(n+m)} = \dfrac{n+m-2}{(n+m-2)+T^2}$이다.

❿ 가능도비 원리에 의하면 기각역은 $\lambda \leq k < 1$에 의해 정의된다. 유의수준 α인 LR검정법을 구하면, $\alpha = P[\lambda(X_1,\, \cdots,\, X_n,\, Y_1,\, \cdots,\, Y_m) \leq k \,|\, H_0]$이고, 이는 ❶~❾에 의해 $\alpha = P(|T| \geq c \,|\, H_0)$와 같이 나타낼 수 있다.

⓫ 일반화가능도비검정은 정규분포에서 모수에 대한 검정을 하는 데에 가장 널리 사용된다.

3. 가설검정 절차에 따른 검정통계량

검정통계량은 표본의 통계량을 표준화한 것으로 앞서 구간추정에서 신뢰구간을 구할 때 유도한 표본의 분포를 이용한다.

〈표 7.16〉 가설검정 절차에 따른 검정통계량

가설검정 절차	가 설	검정통계량
모분산 σ^2을 알고 있을 경우 모평균 μ의 검정	$H_0 : \mu = \mu_0$	$Z = \dfrac{\overline{X}-\mu_0}{\sigma/\sqrt{n}}$
모분산 σ^2을 모르고 있을 경우 모평균 μ의 검정	$H_0 : \mu = \mu_0$	$T = \dfrac{\overline{X}-\mu_0}{S/\sqrt{n}}$
표본비율 $\hat{p}$에 의한 모비율 p의 검정	$H_0 : p = p_0$	$Z = \dfrac{\hat{p}-p_0}{\sqrt{p_0(1-p_0)/n}}$
대표본에서 두 모분산을 알고 있는 경우 두 모평균의 차 $\mu_1 - \mu_2$에 대한 검정	$H_0 : \mu_1 = \mu_2$	$Z = \dfrac{\overline{X_1}-\overline{X_2}}{\sqrt{\dfrac{\sigma_1^2}{n_1} + \dfrac{\sigma_2^2}{n_2}}}$

대표본에서 두 모분산을 모르고 있는 경우 두 모평균의 차 $\mu_1 - \mu_2$에 대한 검정	$H_0 : \mu_1 = \mu_2$	$Z = \dfrac{\overline{X}_1 - \overline{X}_2}{\sqrt{\dfrac{S_1^2}{n_1} + \dfrac{S_2^2}{n_2}}}$
소표본에서 두 모분산을 모르지만 같다는 것을 아는 경우 두 모평균의 차 $\mu_1 - \mu_2$에 대한 검정	$H_0 : \mu_1 = \mu_2$	$T = \dfrac{\overline{X}_1 - \overline{X}_2}{S_p \sqrt{\dfrac{1}{n_1} + \dfrac{1}{n_2}}}$
대응표본인 경우 두 집단 간의 차이 $D = \mu_1 - \mu_2$에 대한 검정	$H_0 : \mu_1 - \mu_2 = 0$	$T = \dfrac{\overline{D}}{S_D / \sqrt{n}}$
두 모비율 차 $p_1 - p_2$에 대한 검정	$H_0 : p_1 = p_2$	$Z = \dfrac{\hat{p}_1 - \hat{p}_2}{\sqrt{\hat{p}(1 - \hat{p})\left(\dfrac{1}{n_1} + \dfrac{1}{n_2}\right)}}$ 합동표본비율 $\hat{p} = \dfrac{x_1 + x_2}{n_1 + n_2}$
모분산 σ^2에 대한 검정	$H_0 : \sigma^2 = \sigma_0^2$	$\chi^2 = \dfrac{(n-1)S^2}{\sigma_0^2}$
모분산 $\sigma_1^2 = \sigma_2^2$에 대한 검정	$H_0 : \sigma_1^2 = \sigma_2^2$ $H_1 : \sigma_1^2 > \sigma_2^2$ 또는 $H_1 : \sigma_1^2 \neq \sigma_2^2$	$F = \dfrac{S_1^2 / \sigma_1^2}{S_2^2 / \sigma_2^2} = \dfrac{S_1^2}{S_2^2}$
모분산 $\sigma_1^2 = \sigma_2^2$에 대한 검정	$H_0 : \sigma_1^2 = \sigma_2^2$ $H_1 : \sigma_1^2 < \sigma_2^2$	$F = \dfrac{S_2^2 / \sigma_2^2}{S_1^2 / \sigma_1^2} = \dfrac{S_2^2}{S_1^2}$

모비율 차$(p_1 - p_2)$를 검정하기 위한 검정통계량은 모비율 차 신뢰구간 추정에 사용한 각각의 표본비율에 대한 표준오차 $\sqrt{\dfrac{\hat{p}_1(1 - \hat{p}_1)}{n_1} + \dfrac{\hat{p}_2(1 - \hat{p}_2)}{n_2}}$ 를 사용하지 않고, 합동표본비율을 이용한 표준오차 $\sqrt{\hat{p}(1 - \hat{p})\left(\dfrac{1}{n_1} + \dfrac{1}{n_2}\right)}$ 를 사용하는 것이 일반적이다.

(1) 결정원칙

가설의 기각여부는 귀무가설을 기준으로 생각하지만, 결론은 대립가설을 기준으로 기술한다. 귀무가설을 기각하면 통계적으로 유의하다. 모표준편차 σ를 알 경우 모평균의 가설검정은 대립가설에 따라 다음과 같이 구분할 수 있다.

① 좌측검정인 경우$(H_0 : \mu_1 = \mu_0,\ H_1 : \mu < \mu_0)$

검정통계량의 값(z_0)과 기각치$(-z_\alpha)$를 비교하여 $z_0 \leq -z_\alpha$이거나, 유의확률$(p$값$)$과 유의수준(α)을 비교하여 $p - value < \alpha$이면 귀무가설을 기각한다.

② 우측검정인 경우$(H_0 : \mu_1 = \mu_0,\ H_1 : \mu > \mu_0)$

검정통계량의 값(z_0)과 기각치(z_α)를 비교하여 $z_0 \geq z_\alpha$이거나, 유의확률$(p$값$)$과 유의수준(α)을 비교하여 $p - value < \alpha$이면 귀무가설을 기각한다.

③ 양측검정인 경우($H_0 : \mu_1 = \mu_0,\ H_1 : \mu \neq \mu_0$)

검정통계량의 값(z_0)과 기각치($z_{\alpha/2}$)를 비교하여 $|z_0| \geq z_{\alpha/2}$이거나, 유의확률(p값)과 유의수준 (α)을 비교하여 $p - value < \alpha$이면 귀무가설을 기각한다.

(2) 가설검정의 절차

가설검정은 모집단의 모수에 대해 사전에 설정한 가설이 주어진 확률범위 내에서 통계적으로 유의한 지를 사후적으로 분석하는 과정으로 다음과 같다.

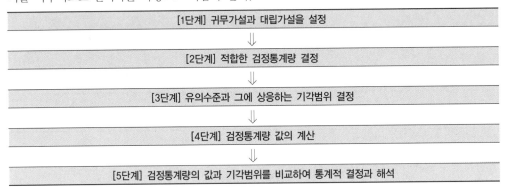

(3) 대립가설의 형태에 따른 기각역

대립가설 형태에 따라 검정통계량 값과 다음의 기각역을 비교하여 통계적 결정과 해석을 한다.

〈표 7.17〉 대립가설 형태에 따라 검정통계량 값과 기각역

기본가정	귀무가설	검정통계량	대립가설	기각역
σ^2 기지	$\mu = \mu_0$	$Z = \dfrac{\overline{X} - \mu_0}{\sigma/\sqrt{n}}$	$\mu \neq \mu_0$	$|z_0| \geq z_{\alpha/2}$
			$\mu > \mu_0$	$z_0 \geq z_\alpha$
			$\mu < \mu_0$	$z_0 \leq -z_\alpha$
σ^2 미지	$\mu = \mu_0$	$T = \dfrac{\overline{X} - \mu_0}{S/\sqrt{n}}$	$\mu \neq \mu_0$	$|t_0| \geq t_{\alpha/2}$
			$\mu > \mu_0$	$t_0 \geq t_\alpha$
			$\mu < \mu_0$	$t_0 \leq -t_\alpha$
$np_0 > 5$, $np_0(1-p_0) > 5$	$p = p_0$	$Z = \dfrac{\hat{p} - p_0}{\sqrt{p_0(1-p_0)/n}}$	$p \neq p_0$	$|z_0| \geq z_{\alpha/2}$
			$p > p_0$	$z_0 \geq z_\alpha$
			$p < p_0$	$z_0 \leq -z_\alpha$
$\sigma_1^2,\ \sigma_2^2$ 기지	$\mu_1 = \mu_2$	$Z = \dfrac{\overline{X}_1 - \overline{X}_2}{\sqrt{\dfrac{\sigma_1^2}{n_1} + \dfrac{\sigma_2^2}{n_2}}}$	$\mu_1 \neq \mu_2$	$|z_0| \geq z_{\alpha/2}$
			$\mu_1 > \mu_2$	$z_0 \geq z_\alpha$
			$\mu_1 < \mu_2$	$z_0 \leq -z_\alpha$
$S_1^2,\ S_2^2$ 기지	$\mu_1 = \mu_2$	$Z = \dfrac{\overline{X}_1 - \overline{X}_2}{\sqrt{\dfrac{S_1^2}{n_1} + \dfrac{S_2^2}{n_2}}}$	$\mu_1 \neq \mu_2$	$|z_0| \geq z_{\alpha/2}$
			$\mu_1 > \mu_2$	$z_0 \geq z_\alpha$
			$\mu_1 < \mu_2$	$z_0 \leq -z_\alpha$

			$\mu_1 \neq \mu_2$	$\lvert t_0 \rvert \geq t_{\alpha/2}$
$\sigma_1^2,\ \sigma_2^2$ 미지 $\sigma_1^2 = \sigma_2^2$	$\mu_1 = \mu_2$	$T = \dfrac{\overline{X}_1 - \overline{X}_2}{S_p \sqrt{\dfrac{1}{n_1} + \dfrac{1}{n_2}}}$	$\mu_1 > \mu_2$	$t_0 \geq t_\alpha$
			$\mu_1 < \mu_2$	$t_0 \leq -t_\alpha$
$\sigma_1^2,\ \sigma_2^2$ 기지	$\mu_1 - \mu_2 = 0$	$T = \dfrac{\overline{D}}{S_D / \sqrt{n}}$	$\mu_1 - \mu_2 \neq 0$	$\lvert t_0 \rvert \geq t_{\alpha/2}$
			$\mu_1 - \mu_2 > 0$	$t_0 \geq t_\alpha$
			$\mu_1 - \mu_2 < 0$	$t_0 \leq -t_\alpha$
$n_1,\ n_2$가 상당히 큼	$p_1 = p_2$	$Z = \dfrac{\hat{p}_1 - \hat{p}_2}{\sqrt{\hat{p}(1-\hat{p})\left(\dfrac{1}{n_1} + \dfrac{1}{n_2}\right)}}$	$p_1 \neq p_2$	$\lvert z_0 \rvert \geq z_{\alpha/2}$
			$p_1 > p_2$	$z_0 \geq z_\alpha$
			$p_1 < p_2$	$z_0 \leq -z_\alpha$
σ^2 기지	$\sigma^2 = \sigma_0^2$	$\chi^2 = \dfrac{(n-1)S^2}{\sigma_0^2}$	$\sigma^2 \neq \sigma_0^2$	$\chi_0^2 \geq \chi_{\alpha/2}^2$ 또는 $\chi_0^2 \leq \chi_{1-\alpha/2}^2$
			$\sigma^2 > \sigma_0^2$	$\chi_0^2 \geq \chi_\alpha^2$
			$\sigma^2 < \sigma_0^2$	$\chi_0^2 \leq \chi_{1-\alpha}^2$
$\sigma_1^2,\ \sigma_2^2$ 미지	$\sigma_1^2 = \sigma_2^2$	$F = \dfrac{S_1^2/\sigma_1^2}{S_2^2/\sigma_2^2} = \dfrac{S_1^2}{S_2^2}$	$\sigma_1^2 \neq \sigma_2^2$	$f_0 \geq f_{\alpha/2,\ n_1-1,\ n_2-1}$ 또는 $f_0 \leq f_{1-\alpha/2,\ n_1-1,\ n_2-1}$
			$\sigma_1^2 > \sigma_2^2$	$f_0 \geq f_{\alpha,\ n_1-1,\ n_2-1}$
		$F = \dfrac{S_2^2/\sigma_2^2}{S_1^2/\sigma_1^2} = \dfrac{S_2^2}{S_1^2}$	$\sigma_1^2 < \sigma_2^2$	$f_0 \geq f_{\alpha,\ n_2-1,\ n_1-1}$

통계패키지를 이용하여 모분산비 검정을 할 경우 계산에 제약이 없으므로 대립가설이 어떤 형태든 간에 검정통계량을 $F = \dfrac{S_1^2/\sigma_1^2}{S_2^2/\sigma_2^2} = \dfrac{S_1^2}{S_2^2}$ 으로 고정하여 계산하는 경우가 있다. 하지만 본서에서는 부록의 F-분포표를 이용하여 우측검정으로 계산해야 되기 때문에 표본분산이 큰 것을 분자에, 표본분산이 작은 것을 분모에 위치하여 검정통계량을 결정한다.

〈표 7.18〉 F-분포표를 이용한 모분산비 검정의 검정통계량과 기각역

귀무가설	대립가설	표본분산	검정통계량	기각역
$\sigma_1^2 = \sigma_2^2$	$\sigma_1^2 \neq \sigma_2^2$	$S_1^2 > S_2^2$	$F = \dfrac{S_1^2/\sigma_1^2}{S_2^2/\sigma_2^2} = \dfrac{S_1^2}{S_2^2}$	$f_0 \geq f_{\alpha/2,\ n_1-1,\ n_2-1}$
		$S_1^2 < S_2^2$	$F = \dfrac{S_2^2/\sigma_2^2}{S_1^2/\sigma_1^2} = \dfrac{S_2^2}{S_1^2}$	$f_0 \geq f_{\alpha/2,\ n_2-1,\ n_1-1}$
	$\sigma_1^2 > \sigma_2^2$	$S_1^2 > S_2^2$	$F = \dfrac{S_1^2/\sigma_1^2}{S_2^2/\sigma_2^2} = \dfrac{S_1^2}{S_2^2}$	$f_0 \geq f_{\alpha,\ n_1-1,\ n_2-1}$
	$\sigma_1^2 < \sigma_2^2$	$S_1^2 < S_2^2$	$F = \dfrac{S_2^2/\sigma_2^2}{S_1^2/\sigma_1^2} = \dfrac{S_2^2}{S_1^2}$	$f_0 \geq f_{\alpha,\ n_2-1,\ n_1-1}$

7.15 $X_1, \cdots, X_n$ 이 $N(\theta_0, 42^2)$을 따르는 확률표본이라고 가정하고 $\overline{X} = 272$ 라 하자. 다음 가설을 유의수준 5%에서 검정할 때, 귀무가설을 기각하기 위한 n의 값을 구해보자.

$$H_0 : \theta_0 = 300, \quad H_1 : \theta_0 \neq 300$$

❶ 검정통계량은 다음과 같다.

$$Z = \frac{\overline{X} - \mu}{\sigma/\sqrt{n}} \sim N(0, 1)$$

❷ 유의수준과 그에 상응하는 기각범위를 결정한다.

유의수준 α가 0.05이므로 기각치는 ± 1.96이 되며, 기각범위는 -1.96보다 작거나, $+1.96$보다 큰 경우 귀무가설을 기각한다.

❸ 검정통계량 값을 계산하면 다음과 같다.

$$z_c = \frac{272 - 300}{42/\sqrt{n}}$$

❹ 검정통계량의 값과 기각범위를 비교하여 통계적 결정과 해석을 한다.

$z_c = \dfrac{272 - 300}{42/\sqrt{n}} < -1.96$일 때 귀무가설을 기각한다. 이를 계산하면, $n > 8.6436$이다. 즉, n이 $\overline{X} = 272$일 때 n이 9 이상이면 귀무가설을 기각하게 된다.

7.16 어느 리서치 회사에서 정책 X에 대한 A지역과 B지역의 선호도를 조사하려 한다. 표본추출을 통하여 조사한 선호도 현황이 다음과 같을 때, 유의수준 5%에서 선호도에 차이가 있는지를 검정해보자.

〈표 7.19〉 지역별 선호도 조사 결과

A지역	B지역
표본 수 67	표본 수 54
정책에 대한 찬성 수 43	정책에 대한 찬성 수 32

❶ 귀무가설과 대립가설을 설정하면 다음과 같다.

$$H_0 : p_1 = p_2 \quad \text{vs} \quad H_1 : p_1 \neq p_2$$

❷ n_1과 n_2가 충분히 크므로 검정통계량은 다음과 같다.

$$Z = \frac{\hat{p_1} - \hat{p_2}}{\sqrt{\hat{p}(1 - \hat{p})\left(\dfrac{1}{n_1} + \dfrac{1}{n_2}\right)}}, \quad \text{여기서 합동표본비율} \ \hat{p} = \frac{x_1 + x_2}{n_1 + n_2}$$

❸ 유의수준과 그에 상응하는 기각범위를 결정한다.

유의수준 α가 0.05이므로 기각치는 ± 1.96이 되며, 기각범위는 -1.96보다 작거나, $+1.96$보다 큰 경우 귀무가설을 기각한다.

❹ 검정통계량 값을 계산하면 다음과 같다.

$$\hat{p_1} = A지역의 \ 찬성비율 = 43/67 \approx 0.64$$

$$\hat{p_2} = B지역의 \ 찬성비율 = 32/54 \approx 0.59$$

$$\hat{p} = \frac{n_1\hat{p_1}+n_2\hat{p_2}}{n_1+n_2} = \frac{67 \times 0.64 + 54 \times 0.59}{67+54} \approx 0.62$$

$$z_c = \frac{\hat{p_1}-\hat{p_2}}{\sqrt{\hat{p}(1-\hat{p})\left(\frac{1}{n_1}+\frac{1}{n_2}\right)}} = \frac{0.64-0.59}{\sqrt{0.62 \times (1-0.62) \times \left(\frac{1}{67}+\frac{1}{54}\right)}} = \frac{0.05}{0.0081} \approx 6.196$$

❺ 검정통계량 값 6.196이 유의수준 0.05에서 기각치 1.96보다 크므로 귀무가설을 기각한다. 즉, 유의수준 5%에서 두 지역의 정책 X에 대한 선호도 차이가 있다고 할 수 있다.

4. 독립표본과 대응표본

두 모집단을 비교하는 방법으로 독립표본과 대응표본으로 나눌 수 있다. 독립표본은 실험단위를 임의의 두 집단으로 나눈 뒤 두 집단에 각각 다른 처리를 적용한 후 두 집단 간 처리효과의 차이를 비교한다. 대응표본은 실험단위를 각각 짝지어 여러 쌍으로 분리한 뒤 각 쌍에서 하나는 처리1, 다른 하나는 처리2를 적용하여 처리효과의 차이를 비교한다.

(1) 독립표본

두 표본이 서로 독립인 표본인 경우 $X_1 \sim N(\mu_1, \sigma_1^2)$, $X_2 \sim N(\mu_2, \sigma_2^2)$을 따르며, X_1과 X_2는 서로 독립이라고 가정한다. 첫 번째 집단과 두 번째 집단에 포함되는 표본은 조사대상 개체가 서로 다르다. 독립표본의 데이터 구조를 예를 들면 다음과 같다.

〈표 7.20〉 독립표본의 데이터 구조

1변수(성별)	2변수(점수)
1(남자)	70
1(남자)	50
2(여자)	80
1(남자)	90
2(여자)	60

독립표본 비교 시에 가설 설정은 일반적으로 다음과 같다.

귀무가설(H_0) : 두 개의 독립된 집단에서의 실험효과는 차이가 없다($\mu_1 = \mu_2$).

대립가설(H_1) : 두 개의 독립된 집단에서의 실험효과는 차이가 있다($\mu_1 \neq \mu_2$).

① 독립표본인 경우 대표본에서 σ_1^2과 σ_2^2이 알려져 있다면 검정통계량은 다음과 같다.

$$Z = \frac{\left(\overline{X_1} - \overline{X_2}\right) - \left(\mu_1 - \mu_2\right)}{\sqrt{\dfrac{\sigma_1^2}{n_1} + \dfrac{\sigma_2^2}{n_2}}} \sim N(0,\ 1)$$

위의 검정통계량을 이용하여 $\mu_1 - \mu_2$의 $100(1-\alpha)\%$ 신뢰구간을 구하면 다음과 같다.

$$\left(\left(\overline{X_1} - \overline{X_2}\right) - z_{\alpha/2}\sqrt{\frac{\sigma_1^2}{n_1} + \frac{\sigma_2^2}{n_2}} ,\quad \left(\overline{X_1} - \overline{X_2}\right) + z_{\alpha/2}\sqrt{\frac{\sigma_1^2}{n_1} + \frac{\sigma_2^2}{n_2}} \right)$$

② 독립표본인 경우 대표본에서 σ_1^2과 σ_2^2은 알려지지 않았지만 S_1^2과 S_2^2은 알려져 있다면 검정통계량은 다음과 같다.

$$Z = \frac{\left(\overline{X_1} - \overline{X_2}\right) - \left(\mu_1 - \mu_2\right)}{\sqrt{\dfrac{S_1^2}{n_1} + \dfrac{S_2^2}{n_2}}} \sim N(0,\ 1)$$

위의 검정통계량을 이용하여 $\mu_1 - \mu_2$의 $100(1-\alpha)\%$ 신뢰구간을 구하면 다음과 같다.

$$\left(\left(\overline{X_1} - \overline{X_2}\right) - z_{\alpha/2}\sqrt{\frac{S_1^2}{n_1} + \frac{S_2^2}{n_2}} ,\quad \left(\overline{X_1} - \overline{X_2}\right) + z_{\alpha/2}\sqrt{\frac{S_1^2}{n_1} + \frac{S_2^2}{n_2}} \right)$$

③ 독립표본인 경우 소표본에서 σ_1^2과 σ_2^2은 알려지지 않았지만 $\sigma_1^2 = \sigma_2^2$임을 알고 있다면 검정통계량은 다음과 같다.

$$T = \frac{\left(\overline{X_1} - \overline{X_2}\right) - \left(\mu_1 - \mu_2\right)}{S_p\sqrt{\dfrac{1}{n_1} + \dfrac{1}{n_2}}} \sim t_{(n_1 + n_2 - 2)},\ \text{합동표본분산}\ S_p^2 = \frac{(n_1-1)S_1^2 + (n_2-1)S_2^2}{(n_1 + n_2 - 2)}$$

위의 검정통계량을 이용하여 $\mu_1 - \mu_2$의 $100(1-\alpha)\%$ 신뢰구간을 구하면 다음과 같다.

$$\left(\left(\overline{X_1} - \overline{X_2}\right) - t_{(\alpha/2,\ n_1 + n_2 - 2)}S_p\sqrt{\frac{1}{n_1} + \frac{1}{n_2}},\ \left(\overline{X_1} - \overline{X_2}\right) + t_{(\alpha/2,\ n_1 + n_2 - 2)}S_p\sqrt{\frac{1}{n_1} + \frac{1}{n_2}} \right)$$

이것이 일반적으로 알려져 있는 독립표본 t검정이다.

④ 독립표본인 경우 소표본에서 σ_1^2과 σ_2^2이 알려져 있지 않으며 등분산을 가정할수 없다면 두 모평균차에 대한 검정 문제를 베렌스-피셔(Behrens-Fisher) 문제라고 하며 검정통계량 T는 t-분포를 따르지 않는다. 이 경우에는 Welch의 방법을 사용해 자유도를 보정하여 t-분포에 근사시키며, 보정된 자유도는 다음과 같다.

$$T^{'} = \frac{\left(\overline{X_1} - \overline{X_2}\right) - \left(\mu_1 - \mu_2\right)}{\sqrt{\dfrac{S_1^2}{n_1} + \dfrac{S_2^2}{n_2}}} \sim t_{df},\quad \text{보정된 자유도}\ df = \frac{\left(\dfrac{S_1^2}{n_1} + \dfrac{S_2^2}{n_2}\right)^2}{\dfrac{S_1^4}{n_1^2(n_1 - 1)} + \dfrac{S_1^4}{n_2^2(n_2 - 1)}}$$

Welch의 t-검정에서는 자유도가 정수가 아니므로 t-분포표를 사용할 수 없기 때문에 컴퓨터 프로그램을 이용해 유의확률 등을 계산한다.

7.17 어느 고등학교에서 두 가지 영어수업 방식에 따라 영어 성적에 차이가 있는지를 알기 위해 22명의 학생들을 랜덤하게 추출하여 두 개의 그룹으로 나누어 첫 번째 그룹에는 토론식수업을 실시하고, 두 번째 그룹에는 암기식수업을 실시하였다. 측정된 자료로부터 다음과 같은 결과 값을 얻었을 때, 유의수준 5%에서 두 집단 간 영어성적에 차이가 있는지를 검정해보자.

〈표 7.21〉 각 그룹별 영어성적 통계치

	첫 번째 그룹	두 번째 그룹
영어성적의 합계	869	764
영어성적의 표본분산	16	32

❶ 22명의 학생들을 각각 11명씩 두 개의 집단으로 분류하여 서로 다른 수업방식을 실시하였으므로 비교대상 개체가 서로 다르기 때문에 독립표본 t검정을 실시한다.

❷ 독립표본 t검정은 두 모집단의 모분산이 동일한지 동일하지 않은지에 따라 검정통계량이 달라진다.

❸ 모분산 동일성 검정을 위한 가설은 다음과 같다.

귀무가설(H_0) : 두 모집단의 모분산은 동일하다($\sigma_1^2 = \sigma_2^2$).

대립가설(H_1) : 두 번째 그룹의 영어성적 모분산이 첫 번째 그룹의 영어성적 모분산보다 크다.

$$(\sigma_1^2 < \sigma_2^2)$$

❹ $s_1^2 < s_2^2$이므로 모분산 동일성 검정의 검정통계량은 다음과 같이 결정할 수 있다.

$$F = \frac{S_2^2/\sigma_2^2}{S_1^2/\sigma_1^2} = \frac{S_2^2}{S_1^2} \sim F_{(10,\,10)}$$

❺ 검정통계량 값이 $f_c = \dfrac{32}{16} = 2$으로 좌측검정인 것을 감안하면 유의수준 5%에서 기각치

$f_{(0.95,\,10,\,10)} = \dfrac{1}{f_{(0.05,\,10,\,10)}} = \dfrac{1}{2.98} = 0.336$보다 크므로 귀무가설을 채택한다. 즉, 유의수준 5%에서 두 모집단의 모분산은 동일하다고 할 수 있다.

❻ 모평균 차 검정을 위한 가설은 다음과 같다.

귀무가설(H_0) : 토론식수업과 암기식수업에 따라 영어성적에 차이가 없다($\mu_1 = \mu_2$).

대립가설(H_1) : 토론식수업과 암기식수업에 따라 영어성적에 차이가 있다($\mu_1 \neq \mu_2$).

❼ 두 모집단의 모분산은 모르지만 같다는 것이 가정되므로 두 모집단에 대한 모평균에 차이가 있는지 검정하기 위한 검정통계량은 다음과 같이 결정할 수 있다.

$$t = \frac{\overline{X_1} - \overline{X_2}}{S_p\sqrt{\dfrac{1}{n_1} + \dfrac{1}{n_2}}} \sim t_{(n_1 + n_2 - 2)}, \quad \text{여기서 합동표본분산 } S_p^2 = \frac{(n_1 - 1)S_1^2 + (n_2 - 1)S_2^2}{(n_1 + n_2 - 2)}$$

❽ 검정통계량 t값을 계산하면 다음과 같다.

$$n_1 = 11, \ n_2 = 11, \ \overline{X_1} = 79, \ \overline{X_2} = 70, \ S_1^2 = 16, \ S_2^2 = 32$$

$$t \approx \frac{\overline{X_1} - \overline{X_2}}{S_p \sqrt{\dfrac{1}{n_1} + \dfrac{1}{n_2}}} = \frac{79 - 70}{4.90 \sqrt{\dfrac{1}{11} + \dfrac{1}{11}}} = \frac{9}{2.09} \approx 4.3,$$

$$\therefore \ S_p^2 = \frac{(11-1)16 + (11-1)32}{(11+11-2)} = \frac{480}{20} = 24$$

❾ 검정통계량 t값 4.3이 양측검정임을 감안하면 유의수준 5%에서의 기각치 $t_{(0.975, \ 20)} = 2.086$보다 크므로 귀무가설을 기각한다. 즉, 유의수준 5%에서 토론식수업과 암기식수업에 따라 영어성적에 차이가 있다고 할 수 있다.

---

(2) 대응표본

두 표본이 일대일로 쌍을 이루는 대응표본인 경우에는 $D_i = X_{1i} - X_{2i}, \ i = 1, \ 2, \ \cdots, \ n$ 이라 할 때, $D_i \sim N(\mu_D, \ \sigma_D^2)$을 따른다고 가정한다. 이 경우에는 일반적으로 전후의 비교와 같이 짝을 이루고 있으므로 조사대상 개체가 동일히다. 대응표본의 데이터 구조를 예를 들면 다음과 같다.

〈표 7.22〉 대응표본의 데이터 구조

대응표본 T검정의 데이터 구조	
1변수(사전점수)	2변수(사후점수)
60	80
80	90
60	65
70	60
80	95

대응표본 비교 시 가설 설정은 일반적으로 다음과 같다.

귀무가설(H_0) : 한 집단에서의 실험효과는 차이가 없다($\mu_1 - \mu_2 = \mu_D = 0$).

대립가설(H_1) : 한 집단에서의 실험효과는 차이가 있다($\mu_1 - \mu_2 = \mu_D \neq 0$).

① 대응표본에서 대표본인 경우 검정통계량은 다음과 같다.

$$Z = \frac{\overline{D} - \mu_D}{S_D / \sqrt{n}} \sim N(0, \ 1)$$

$$\overline{D} = \frac{\sum D_i}{n}, \ \mu_D = \mu_1 - \mu_2, \ S_D^2 = \frac{\sum (D_i - \overline{D})^2}{n-1}$$

위의 검정통계량을 이용하여 $\mu_1 - \mu_2$의 $100(1-\alpha)$% 신뢰구간을 구하면 다음과 같다.

$$\left(\overline{D} - z_{\alpha/2} \frac{S_D}{\sqrt{n}}, \ \ \overline{D} + z_{\alpha/2} \frac{S_D}{\sqrt{n}} \right)$$

② 대응표본에서 소표본인 경우 검정통계량은 다음과 같다.

$$T = \frac{\overline{D} - \mu_D}{S_D / \sqrt{n}} \sim t_{(n-1)}$$

위의 검정통계량을 이용하여 $\mu_1 - \mu_2$의 $100(1-\alpha)\%$ 신뢰구간을 구하면 다음과 같다.

$$\left(\overline{D} - t_{(\alpha/2,\, n-1)} \frac{S_D}{\sqrt{n}} ,\quad \overline{D} + t_{(\alpha/2,\, n-1)} \frac{S_D}{\sqrt{n}} \right)$$

이것이 일반적으로 알려져 있는 대응표본 t검정이다.

예제

7.18 어느 고등학교에서 토론식 수업이 영어성적에 미치는 영향을 알아보기 위해 10명의 학생들을 랜덤하게 추출하여 토론식 수업 전과 토론식 수업 후의 영어성적을 조사하였다. 조사된 자료로부터 다음과 같은 결과 값을 얻었을 때, 토론식 수업 후의 영어성적이 토론식 수업 전의 영어성적보다 높아졌는지를 유의수준 5%에서 검정하려고 한다. 필요한 가정, 가설, 검정결과에 대해 설명해보자.

〈표 7.23〉 토론식 수업 전과 후의 학생들의 성적 자료

학생	1	2	3	4	5	6	7	8	9	10
토론식 수업 후	90	56	49	64	65	88	62	91	74	93
토론식 수업 전	72	55	56	58	62	79	55	72	73	74

❶ 필요한 가정

토론식 수업 전과 토론식 수업 후의 영어성적의 차이를 $D_i = X_{1i} - X_{2i}$, $i = 1,\, 2,\, \cdots,\, 10$이라 할 때, $D_i \sim N(\mu_D,\, \sigma_D^2)$을 따른다고 가정한다.

❷ 분석에 앞서 가설을 먼저 설정한다.

귀무가설(H_0) : 토론식 수업 전과 토론식 수업 후의 영어성적에 차이가 없다($\mu_1 - \mu_2 = \mu_D = 0$).

대립가설(H_1) : 토론식 수업 후의 영어성적이 토론식 수업 전의 영어성적보다 높다($\mu_1 - \mu_2 = \mu_D > 0$).

❸ 검정통계량을 결정한다.

$$T = \frac{\overline{D}}{S_D / \sqrt{n}} \sim t_{(n-1)}, \quad \text{여기서 } \overline{D} = \overline{X_1} - \overline{X_2},\ S_D^2 = \frac{\sum (D_i - \overline{D})^2}{n-1}$$

❹ 유의수준과 그에 상응하는 기각범위를 결정한다.

귀무가설이 $\mu_1 = \mu_2$이고 대립가설이 $\mu_1 > \mu_2$이므로 이는 단측검정 중 우측검정의 경우이다. 유의수준 α를 0.05라 한다면 기각치는 $t_{(\alpha,\, n-1)} = t_{(0.05,\, 9)} = 1.833$이 되며, 기각범위는 1.833보다 큰 경우 귀무가설을 기각한다.

❺ 검정통계량 값을 계산한다.

〈표 7.24〉 토론식 수업 전과 후의 차이에 대한 학생들의 성적 자료

학 생	1	2	3	4	5	6	7	8	9	10
토론식 수업 후	90	56	49	64	65	88	62	91	74	93
토론식 수업 전	72	55	56	58	62	79	55	72	73	74
차이(D)	18	1	−7	6	3	9	7	19	1	19

$$\overline{D} = \overline{X_1} - \overline{X_2} = 73.2 - 65.6 = 7.6$$

$$S_D^2 = \frac{\sum (D_i - \overline{D})^2}{n-1} = \frac{(18-7.6)^2 + (1-7.6)^2 + \cdots + (19-7.6)^2}{9} \approx 77.16$$

$$t_c = \frac{\overline{d}}{s_D / \sqrt{n}} = \frac{7.6}{8.78 / \sqrt{10}} \approx 2.74$$

❻ 검정통계량 값과 기각범위를 비교하여 통계적 결정을 한다.

검정통계량 값 2.74가 기각치 1.833보다 크므로 유의수준 5%에서 귀무가설을 기각한다. 즉, 유의수준 5%에서 토론식 수업 후의 영어성적이 토론식 수업 전의 영어성적보다 높다고 할 수 있다.

(3) 독립표본과 대응표본의 차이 비교

독립표본과 대응표본의 추론에 있어서 모집단의 특성, 가정, 자료수집, 가설 설정, 검정통계량 및 신뢰구간, 분석결과 등에서 차이가 있다.

① 모집단의 특성 차이

독립표본인 경우 두 모집단의 자료수가 달라도 되지만 대응표본인 경우 서로 짝을 이루고 있으므로 두 모집단의 자료수가 동일해야 된다. 또한, 독립표본인 경우 실험단위 간 처리효과의 요인이 비슷하지만 대응표본인 경우 실험단위 간 처리효과의 요인 차이가 크다.

② 가정의 차이

독립표본인 경우 $X_1 \sim N(\mu_1, \sigma_1^2)$, $X_2 \sim N(\mu_2, \sigma_2^2)$을 따르며, X_1과 X_2는 서로 독립이라고 가정하는 반면 대응표본인 경우 $D_i = X_{1i} - X_{2i}$, $i = 1, 2, \cdots, n$ 이라 할 때, $D_i \sim N(\mu_D, \sigma_D^2)$을 따른다고 가정한다.

③ 자료수집의 차이

독립표본인 경우 첫 번째 집단과 두 번째 집단에 포함되는 표본이 서로 독립이 되어야 하므로 조사대상 개체가 서로 다른 반면 대응표본추출은 일반적으로 전후의 비교와 같이 짝을 이루고 있으므로 조사대상 개체가 동일하다. 예를 들어 독립표본과 대응표본의 데이터 구조를 보면 다음과 같다.

〈표 7.25〉 독립표본과 대응표본의 데이터 구조

독립표본 T검정의 데이터 구조		대응표본 T검정의 데이터 구조	
1변수(성별)	2변수(점수)	1변수(사전점수)	2변수(사후점수)
1(남자)	70	60	80
1(남자)	50	80	90
2(여자)	80	60	65
1(남자)	90	70	60
2(여자)	60	80	95

④ 가설 설정의 차이

　㉠ 독립표본인 경우

　　• 귀무가설(H_0) : 두 개의 독립된 집단에서의 실험효과는 차이가 없다($\mu_1 = \mu_2$).

　　• 대립가설(H_1) : 두 개의 독립된 집단에서의 실험효과는 차이가 있다($\mu_1 \neq \mu_2$).

　㉡ 대응표본인 경우

　　• 귀무가설(H_0) : 한 집단에서의 실험효과는 차이가 없다($\mu_1 - \mu_2 = \mu_D = 0$).

　　• 대립가설(H_1) : 한 집단에서의 실험효과는 차이가 있다($\mu_1 - \mu_2 = \mu_D \neq 0$).

⑤ 검정통계량 및 신뢰구간의 차이

　㉠ 독립표본인 경우 소표본에서 σ_1^2과 σ_2^2은 알려지지 않았지만 $\sigma_1^2 = \sigma_2^2$임을 알고 있는 경우 검정통계량은 다음과 같다.

$$T = \frac{(\overline{X_1} - \overline{X_2}) - (\mu_1 - \mu_2)}{S_p \sqrt{\dfrac{1}{n_1} + \dfrac{1}{n_2}}} \sim t_{(n_1 + n_2 - 2)},$$

$$\text{합동표본분산 } S_p^2 = \frac{(n_1 - 1)S_1^2 + (n_2 - 1)S_2^2}{(n_1 + n_2 - 2)}$$

위의 검정통계량을 이용하여 $\mu_1 - \mu_2$의 $100(1 - \alpha)\%$ 신뢰구간을 구하면 다음과 같다.

$$\left((\overline{X_1} - \overline{X_2}) - t_{(\alpha/2,\ n_1 + n_2 - 2)} S_p \sqrt{\frac{1}{n_1} + \frac{1}{n_2}}, \right.$$

$$\left. (\overline{X_1} - \overline{X_2}) + t_{(\alpha/2,\ n_1 + n_2 - 2)} S_p \sqrt{\frac{1}{n_1} + \frac{1}{n_2}} \right)$$

　㉡ 대응표본에서 소표본인 경우 검정통계량은 다음과 같다.

$$T = \frac{\overline{D} - \mu_D}{S_D / \sqrt{n}} \sim t_{(n-1)}$$

위의 검정통계량을 이용하여 $\mu_1 - \mu_2$의 $100(1 - \alpha)\%$ 신뢰구간을 구하면 다음과 같다.

$$\left(\overline{D} - t_{(\alpha/2,\ n-1)} \frac{S_D}{\sqrt{n}},\ \overline{D} + t_{(\alpha/2,\ n-1)} \frac{S_D}{\sqrt{n}} \right)$$

⑥ 분석결과의 차이

　㉠ 신뢰구간의 길이에 영향을 미치는 것은 신뢰계수($t_{\alpha/2}$)와 추정량($\overline{X_1} - \overline{X_2}$)의 표준편차이다.

　㉡ 독립표본과 대응표본의 소표본에서 신뢰구간을 비교해 보면 독립표본의 자유도가 $n_1 + n_2 - 2$ $= 2n - 2$로 대응표본의 자유도 $n - 1$보다 큼을 알 수 있다. t분포의 특성상 자유도가 커짐에 따라 신뢰계수는 감소하기 때문에 신뢰구간의 길이 또한 작아진다. 즉, 자유도 측면에서 본다면 독립표본이 대응표본보다 더 효율적인 추정을 한다고 볼 수 있다.

ⓒ 표준오차(추정량의 표준편차)를 비교해 보면 독립표본인 경우 $Var(\overline{X_1} - \overline{X_2}) = Var(\overline{X_1})$ $+ Var(\overline{X_2})$이고 대응표본인 경우 $Var(\overline{X_1} - \overline{X_2}) = Var(\overline{X_1}) + Var(\overline{X_2})$ $- 2Cov(\overline{X_1} + \overline{X_2})$이므로 표준오차는 대응표본이 독립표본보다 $\sqrt{2Cov(\overline{X_1} + \overline{X_2})}$ 만큼 작음을 알 수 있다. 즉, 표준오차 측면에서는 대응표본이 독립표본보다 더 효율적인 추정을 한다고 볼 수 있다.

㉣ 검정통계량에 있어서도 표준오차가 대응표본이 독립표본보다 $\sqrt{2Cov(\overline{X_1} + \overline{X_2})}$ 만큼 작기 때문에 대응표본의 검정통계량 값이 독립표본의 검정통계량 값보다 크게 됨을 알 수 있다.

(4) 독립표본과 대응표본의 적용 예시

① 독립표본의 적용 예
  ㉠ 도시지역과 시골지역의 평균 가족 수에 차이 있는지 비교
  ㉡ 흑인과 백인 간의 지능지수에 차이가 있는지 비교
  ㉢ 대졸사원의 남녀 간 월별 초임에 차이가 있는지 비교

② 대응표본의 적용 예
  ㉠ 동일한 운전자에게 기존 휘발유와 새로 개발한 휘발유의 평균 주행거리에 차이가 있는지 비교
  ㉡ 10명의 학생들에게 새로운 교육법을 실시하여 이전 성적과 새로운 교육법을 실시한 이후의 성적이 같은지 비교
  ㉢ 오른발에는 새로 만든 운동화, 왼발에는 기존 운동화를 신고 운동화의 마모도가 같은지 비교

01

기출 1993년

두 실험 결과를 비교하기 위해서 행한 Paired 표본에 대해서 비교를 행하는 경우와 독립된 표본에 대해서 비교를 행하는 경우에서 양자의 추론의 차이에 대해서 논하라.

01 해설

독립표본과 대응표본의 차이 비교

① 가정의 차이

독립표본인 경우 $X_1 \sim N(\mu_1,\ \sigma_1^2)$, $X_2 \sim N(\mu_2,\ \sigma_2^2)$을 따르며, X_1과 X_2는 서로 독립이라고 가정한다.

대응표본인 경우 $D_i = X_{1i} - X_{2i}$, $i = 1,\ 2,\ \cdots,\ n$이라 할 때, $D_i \sim N(\mu_D,\ \sigma_D^2)$을 따른다고 가정한다.

② 자료수집의 차이

독립표본인 경우 첫 번째 집단과 두 번째 집단에 포함되는 표본은 조사대상 개체가 서로 다른 반면 대응표본추출은 일반적으로 전후의 비교와 같이 짝을 이루고 있으므로 조사대상 개체가 동일하다. 예를 들어 독립표본과 대응표본의 데이터 구조를 보면 다음과 같다.

독립표본 T검정의 데이터 구조		대응표본 T검정의 데이터 구조	
1변수(성별)	2변수(점수)	1변수(사전점수)	2변수(사후점수)
1(남자)	70	60	80
1(남자)	50	80	90
2(여자)	80	60	65
1(남자)	90	70	60
2(여자)	60	80	95

③ 가설 설정의 차이

ㄱ 독립표본인 경우

- 귀무가설(H_0) : 두 개의 독립된 집단에서의 실험효과는 차이가 없다($\mu_1 = \mu_2$).
- 대립가설(H_1) : 두 개의 독립된 집단에서의 실험효과는 차이가 있다($\mu_1 \neq \mu_2$).

ㄴ 대응표본인 경우

- 귀무가설(H_0) : 한 집단에서의 실험효과는 차이가 없다($\mu_1 - \mu_2 = \mu_D = 0$).
- 대립가설(H_1) : 한 집단에서의 실험효과는 차이가 있다($\mu_1 - \mu_2 = \mu_D \neq 0$).

④ 검정통계량 및 신뢰구간의 차이

　㉠ 독립표본인 경우 대표본에서 σ_1^2과 σ_2^2이 알려져 있다면 검정통계량은 다음과 같다.

$$Z = \frac{(\overline{X_1} - \overline{X_2}) - (\mu_1 - \mu_2)}{\sqrt{\dfrac{\sigma_1^2}{n_1} + \dfrac{\sigma_2^2}{n_2}}} \sim N(0,\ 1)$$

　위의 검정통계량을 이용하여 $\mu_1 - \mu_2$의 $100(1-\alpha)\%$ 신뢰구간을 구하면 다음과 같다.

$$\left((\overline{X_1} - \overline{X_2}) - z_{\alpha/2}\sqrt{\frac{\sigma_1^2}{n_1} + \frac{\sigma_2^2}{n_2}},\quad (\overline{X_1} - \overline{X_2}) + z_{\alpha/2}\sqrt{\frac{\sigma_1^2}{n_1} + \frac{\sigma_2^2}{n_2}} \right)$$

　㉡ 독립표본인 경우 대표본에서 σ_1^2과 σ_2^2은 알려지지 않았지만 S_1^2과 S_2^2은 알려진 경우 검정통계량은 다음과 같다.

$$Z = \frac{(\overline{X_1} - \overline{X_2}) - (\mu_1 - \mu_2)}{\sqrt{\dfrac{S_1^2}{n_1} + \dfrac{S_2^2}{n_2}}} \sim N(0,\ 1)$$

　위의 검정통계량을 이용하여 $\mu_1 - \mu_2$의 $100(1-\alpha)\%$ 신뢰구간을 구하면 다음과 같다.

$$\left((\overline{X_1} - \overline{X_2}) - z_{\alpha/2}\sqrt{\frac{S_1^2}{n_1} + \frac{S_2^2}{n_2}},\quad (\overline{X_1} - \overline{X_2}) + z_{\alpha/2}\sqrt{\frac{S_1^2}{n_1} + \frac{S_2^2}{n_2}} \right)$$

　㉢ 독립표본인 경우 소표본에서 σ_1^2과 σ_2^2은 알려지지 않았지만 $\sigma_1^2 = \sigma_2^2$임을 알고 있는 경우 검정통계량은 다음과 같다.

$$T = \frac{(\overline{X_1} - \overline{X_2}) - (\mu_1 - \mu_2)}{S_p\sqrt{\dfrac{1}{n_1} + \dfrac{1}{n_2}}} \sim t_{(n_1 + n_2 - 2)}, \quad 여기서\ S_p^2 = \frac{(n_1 - 1)S_1^2 + (n_2 - 1)S_2^2}{(n_1 + n_2 - 2)}$$

　위의 검정통계량을 이용하여 $\mu_1 - \mu_2$의 $100(1-\alpha)\%$ 신뢰구간을 구하면 다음과 같다.

$$\left((\overline{X_1} - \overline{X_2}) - t_{(\alpha/2,\ n_1 + n_2 - 2)} S_p\sqrt{\frac{1}{n_1} + \frac{1}{n_2}},\quad (\overline{X_1} - \overline{X_2}) + t_{(\alpha/2,\ n_1 + n_2 - 2)} S_p\sqrt{\frac{1}{n_1} + \frac{1}{n_2}} \right)$$

　㉣ 대응표본에서 대표본인 경우 검정통계량은 다음과 같다.

$$Z = \frac{\overline{D} - \mu_D}{S_D/\sqrt{n}} \sim N(0,\ 1)$$

$$\overline{D} = \frac{\sum D_i}{n},\ \mu_D = \mu_1 - \mu_2,\ S_D^2 = \frac{\sum (D_i - \overline{D})^2}{n - 1}$$

　위의 검정통계량을 이용하여 $\mu_1 - \mu_2$의 $100(1-\alpha)\%$ 신뢰구간을 구하면 다음과 같다.

$$\left(\overline{D} - z_{\alpha/2}\frac{S_D}{\sqrt{n}},\quad \overline{D} + z_{\alpha/2}\frac{S_D}{\sqrt{n}} \right)$$

　㉤ 대응표본에서 소표본인 경우 검정통계량은 다음과 같다.

$$T = \frac{\overline{D} - \mu_D}{S_D/\sqrt{n}} \sim t_{(n-1)}$$

　위의 검정통계량을 이용하여 $\mu_1 - \mu_2$의 $100(1-\alpha)\%$ 신뢰구간을 구하면 다음과 같다.

$$\left(\overline{D} - t_{(\alpha/2,\ n-1)}\frac{S_D}{\sqrt{n}},\quad \overline{D} + t_{(\alpha/2,\ n-1)}\frac{S_D}{\sqrt{n}} \right)$$

⑤ 분석결과의 차이

ⓐ 신뢰구간의 길이에 영향을 미치는 것은 신뢰계수($t_{\alpha/2}$)와 추정량($\overline{X_1} - \overline{X_2}$)의 표준편차이다.

ⓑ 독립표본과 대응표본의 소표본에서 신뢰구간을 비교해 보면 독립표본의 자유도가 $n_1 + n_2 - 2 = 2n - 2$로 대응표본의 자유도 $n - 1$보다 큼을 알 수 있다. t분포의 특성상 자유도가 커짐에 따라 신뢰계수는 감소하기 때문에 신뢰구간의 길이 또한 작아진다. 즉, 자유도 측면에서 본다면 독립표본이 대응표본보다 더 효율적인 추정을 한다고 볼 수 있다.

ⓒ 하지만 표준오차(추정량의 표준편차)를 비교해 보면 독립표본인 경우 $Var(\overline{X_1} - \overline{X_2}) = Var(\overline{X_1}) + Var(\overline{X_2})$이고 대응표본인 경우 $Var(\overline{X_1} - \overline{X_2}) = Var(\overline{X_1}) + Var(\overline{X_2}) - 2Cov(\overline{X_1} + \overline{X_2})$이므로 표준오차는 대응표본이 독립표본보다 $\sqrt{2Cov(\overline{X_1} + \overline{X_2})}$ 만큼 작음을 알 수 있다. 즉, 표준오차 측면에서는 대응표본이 독립표본보다 더 효율적인 추정을 한다고 볼 수 있다.

ⓓ 검정통계량에 있어서도 표준오차가 대응표본이 독립표본보다 $\sqrt{2Cov(\overline{X_1} + \overline{X_2})}$ 만큼 작기 때문에 대응표본의 검정통계량 값이 독립표본의 검정통계량 값보다 크게 됨을 알 수 있다.

02

기출 2000년

A 감기약은 부작용으로 혈압이 낮아지는 것으로 알려졌다. 이를 알아보기 위해 10명의 감기환자를 표본추출하여 감기약 복용 1시간 전과 복용 2시간 후에 혈압을 조사한 결과가 다음과 같다.

환자번호	1	2	3	4	5	6	7	8	9	10
복용 전	90	56	49	64	65	88	62	91	74	93
복용 후	72	55	56	58	62	79	55	72	73	74

위의 자료를 이용하여 실제로 혈압이 낮아지는 지를 알아보기 위한 통계적 분석방법(필요한 가정, 가설, 검정방법 등)에 대해 논하시오.

02 해설

대응표본 t-검정(Paired Sample t-Test)

① 필요한 가정

A 감기약 복용 전과 복용 후의 혈압차이를 $D_i = X_{1i} - X_{2i}$, $i = 1,\ 2,\ \cdots,\ 10$이라 할 때, $D_i \sim N(\mu_D,\ \sigma_D^2)$을 따른다고 가정한다.

② 분석에 앞서 가설을 먼저 설정한다.

- 귀무가설(H_0) : A 감기약 복용 전과 복용 후의 혈압에 차이가 없다($\mu_1 - \mu_2 = \mu_D = 0$).
- 대립가설(H_1) : A 감기약 복용 전과 복용 후의 혈압에 차이가 있다($\mu_1 - \mu_2 = \mu_D > 0$).

③ 검정통계량을 결정한다.

$$T = \frac{\overline{D}}{S_D / \sqrt{n}} \sim t_{(n-1)}, \quad \text{여기서 } \overline{D} = \overline{X_1} - \overline{X_2},\ S_D^2 = \frac{\sum (D_i - \overline{D})^2}{n-1}$$

④ 유의수준과 그에 상응하는 기각범위를 결정한다.

귀무가설이 $\mu_1 = \mu_2$이고 대립가설이 $\mu_1 > \mu_2$이므로 이는 단측검정 중 우측검정의 경우이다. 유의수준 α를 0.05라 한다면 기각치는 $t_{(\alpha, n-1)} = t_{(0.05, 9)} = 1.833$이 되며, 기각범위는 1.833보다 큰 경우 귀무가설을 기각한다.

⑤ 검정통계량 값을 계산한다.

환자번호	1	2	3	4	5	6	7	8	9	10
복용 전	90	56	49	64	65	88	62	91	74	93
복용 후	72	55	56	58	62	79	55	72	73	74
차이(D)	18	1	-7	6	3	9	7	19	1	19

$$\overline{D} = \overline{X_1} - \overline{X_2} = 73.2 - 65.6 = 7.6$$

$$S_D^2 = \frac{\sum (D_i - \overline{D})^2}{n-1} = \frac{(18-7.6)^2 + (1-7.6)^2 + \cdots + (19-7.6)^2}{9} \approx 77.16$$

$$t_c = \frac{\overline{d}}{s_D / \sqrt{n}} = \frac{7.6}{8.78 / \sqrt{10}} \approx 2.74$$

⑥ 검정통계량 값과 기각범위를 비교하여 통계적 결정을 한다.

검정통계량 값 2.74가 기각치 1.833보다 크므로 유의수준 5%에서 귀무가설을 기각한다. 즉, 유의수준 5%하에서 A 종류의 감기약 복용 전과 복용 후의 혈압에 차이가 있다고 할 수 있다.

03

어느 제약회사의 연구팀이 개발한 혈중콜레스테롤 수치를 낮춰주는 신약 A가 기존의 약 B보다 더 효과가 있는지 알아보려고 한다. 연구 목적에 맞는 귀무가설과 대립가설을 설정하고, 이 가설을 검정하기 위한 자료수집방법과 분석방법을 설명하시오.

03 해설

독립표본 t-검정(Independent Sample t-Test)

① 소표본에서 두 모분산을 모르지만 같다는 것을 아는 경우 두 모평균의 차 $\mu_A - \mu_B$에 대한 검정이다.

② 독립표본인 경우 첫 번째 집단과 두 번째 집단에 포함되는 표본이 서로 독립이 되어야 하므로 조사대상 개체가 서로 다른 표본을 추출해야 한다. 즉, 독립표본인 경우 $X_A \sim N(\mu_A,\ \sigma_A^2)$, $X_B \sim N(\mu_B,\ \sigma_B^2)$을 따르고, X_A와 X_B는 서로 독립이라고 가정한다. 서로 독립인 각각의 표본 n_A와 n_B를 추출하여 A집단에는 신약 A를 투여하고 B집단에는 기존 약 B를 투여한다.

③ 독립표본 t 검정은 두 모집단의 모분산이 동일한지 동일하지 않은지에 따라 검정통계량이 달라진다.

④ 모분산 동일성 검정을 위한 가설은 다음과 같다.

   • 귀무가설(H_0) : 두 모집단의 모분산은 동일하다($\sigma_A^2 = \sigma_B^2$).
   • 대립가설(H_1) : A집단의 모분산이 B집단의 모분산보다 크다($\sigma_A^2 > \sigma_B^2$).

⑤ $S_A^2 > S_B^2$ 이라는 가정하에 모분산 동일성 검정의 검정통계량은 다음과 같이 결정할 수 있다.

$$F = \frac{S_A^2/\sigma_A^2}{S_B^2/\sigma_B^2} = \frac{S_A^2}{S_B^2} \sim F_{(n_A-1,\ n_B-1)}$$

⑥ 검정통계량 값 F_c와 유의수준 5%에서 기각치 $F_{(0.05,\ n_A-1,\ n_B-1)}$를 비교하여 $F_c < F_{(0.05,\ n_A-1,\ n_B-1)}$이면 귀무가설을 채택하고 그렇지 않으면 귀무가설을 기각한다.

⑦ 모분산이 동일하다는 가정하에 모평균 차 검정을 위한 가설은 다음과 같다.

   • 귀무가설(H_0) : 신약 A는 기존 약 B에 비해 혈중콜레스테롤 수치를 낮추는데 효과가 없다($\mu_A = \mu_B$).
   • 대립가설(H_1) : 신약 A가 기존 약 B보다 혈중콜레스테롤 수치를 낮추는데 효과가 있다($\mu_A < \mu_B$).

⑧ 검정통계량을 결정한다.

$$T = \frac{\overline{X_A} - \overline{X_B}}{S_p\sqrt{\dfrac{1}{n_A} + \dfrac{1}{n_B}}} \sim t_{(n_A+n_B-2)}, \ \ 단\ 합동표본분산\ S_p^2 = \frac{(n_A-1)s_A^2 + (n_B-1)s_B^2}{(n_A+n_B-2)}$$

⑨ 유의수준과 그에 상응하는 기각범위를 결정한다.

   귀무가설이 $\mu_A = \mu_B$이고 대립가설이 $\mu_A < \mu_B$이므로 이는 단측검정 중 좌측검정의 경우이다. 즉, 유의수준 0.05에서 기각치는 $t_{(0.05,\ n_A+n_B-2)}$가 되며, 기각범위는 $t_{(0.05,\ n_A+n_B-2)}$보다 작은 경우 귀무가설을 기각한다.

⑩ 검정통계량 값을 계산한다.

$$t_c = \frac{\overline{x_A} - \overline{x_B}}{s_p\sqrt{\dfrac{1}{n_A} + \dfrac{1}{n_B}}}$$

⑪ 검정통계량 값 t_c와 기각치 $t_{(0.05,\ n_A+n_B-2)}$을 비교하여 $t_c \leq t_{(0.05,\ n_A+n_B-2)}$이면 귀무가설을 기각하고 그렇지 않으면 귀무가설을 채택한다.

⑫ 만약 두 모집단의 모분산은 모르지만 n_A과 n_B의 표본의 크기가 충분히 크다면 모분산 σ_A^2과 σ_B^2을 각각의 표본분산 S_A^2과 S_B^2으로 대체하고 중심극한정리에 의해 정규분포에 근사시켜 검정통계량 $Z = \dfrac{(\overline{X_1} - \overline{X_2}) - (\mu_1 - \mu_2)}{\sqrt{\dfrac{S_1^2}{n_1} + \dfrac{S_2^2}{n_2}}} \sim N(0, 1)$임을 이용하여 검정을 실시한다.

⑬ 이 경우 유의수준 0.05에서 기각치는 $z_{0.05} = -1.645$가 되며, 기각범위는 -1.645보다 작은 경우이므로 검정통계량 값 z_c와 기각치를 비교하여 $z_c \leq -1.645$이면 귀무가설을 기각한다.

04

기출 2002년

어느 회사 직원들의 TOEFL 시험성적분포가 정규분포 $N(\mu,\ 8100)$이라고 가정하자. 이 회사 직원들 중에서 $n=36$명을 랜덤추출하여 시행한 TOEFL 성적을 가지고 귀무가설 $H_0 : \mu = 530$과 대립가설 $H_1 : \mu < 530$에 대한 검정을 기각역 $C = \{\overline{X} : \overline{X} \le 510.77\}$으로 실시하고자 한다(단, $\overline{X}$는 시험결과의 평균점수를 나타낸다). 표준정규확률변수의 누적확률함수 $\Phi(\ \cdot\ )$를 사용하여 다음 물음에 답하시오.

(1) 이 검정의 유의수준 α를 구하고, 만약 표본의 크기 n이 유동적이라면 이것의 변화가 α값에 미치는 영향을 서술하시오.

(2) 이 검정의 검정력 함수 $K(\mu)$를 구하고, $K(\mu)$의 그래프의 개형을 그리시오.

(3) 시험결과 수험자의 평균점수가 507.33일 때, 이 검정의 p값($p - value$)를 구하시오.

(4) 대립가설을 $H_1 : \mu \ne 530$으로 바꾼 후, 유의수준 0.05하에서 우도비검정을 할 경우 기각역을 구하시오.

04 해설

(1) 유의수준(Level of Significance)

① 유의수준은 귀무가설이 참일 때 귀무가설을 기각하는 오류를 범할 확률을 의미한다.

$$\alpha = P(\text{제1종의 오류}) = P(H_0\ \text{기각}\ |\ H_0\ \text{사실})$$

$$= P(\overline{X} \le 510.77\ |\ \mu = 530) = P\left(Z \le \frac{510.77 - 530}{90/\sqrt{36}}\right) = P(Z \le -1.282) = 0.1$$

② $n > 36$일 경우 유의수준 α값은 0.1보다 작아지고, $n < 36$일 경우 유의수준 α값은 0.1보다 커진다.

(2) 검정력 함수(Power Function)

① 검정력 함수는 귀무가설(H_0)을 기각시킬 확률을 모수 μ의 함수로 나타낸 것으로 다음과 같이 정의한다.

$$K(\mu) = P(H_0\text{를 기각}\ |\ \mu) = P(\overline{X} \le 510.77\ |\ \mu) = P\left(\frac{\overline{X} - \mu}{90/\sqrt{36}} \le \frac{510.77 - \mu}{90/\sqrt{36}}\ |\ \mu\right)$$

$$= P\left(\frac{\overline{X} - \mu}{15} \le 34.05 - \frac{\mu}{15}\ |\ \mu\right) = \Phi\left(34.05 - \frac{\mu}{15}\right)$$

② μ값에 대한 $K(\mu)$값을 구하면 다음과 같다.

μ	470	480	490	500	510	520	530	540	550	560	570
$K(\mu)$	0.997	0.980	0.917	0.763	0.520	0.269	0.100	0.026	0.004	0.001	0.000

③ μ값이 변화함에 따라 검정력 함수 $K(\mu)$의 값을 그래프로 나타내면 다음과 같다.

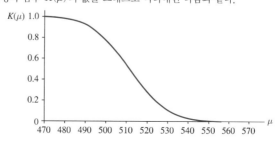

(3) 유의확률($p-value$)

① p값이란 귀무가설이 사실이라는 전제하에 검정통계량이 표본에서 계산된 값과 같거나 그 값보다 대립가설 방향으로 더 극단적인 값을 가질 확률이다.

② p값은 $P\left(\overline{X} \le 507.33 \mid \mu = 530\right) = P\left(Z \le \dfrac{507.33 - 530}{90/\sqrt{36}}\right) = P(Z \le -1.51) = 0.0655$

(4) 우도비검정의 기각역 계산

① $X_1,\ X_2,\ \cdots,\ X_n$이 $f(x\,;\,\theta)$에서 추출된 확률표본이고 $L(\theta)$를 가능도함수(우도함수)라고 할 때, 가설 $H_0 : \theta \in w$, $H_1 : \theta \in \Omega - w$을 검정하기 위한 가능도비(우도비)는 $\lambda = \dfrac{\underset{H_0}{s\,u\,p}\,L(\theta)}{\underset{H_0 + H_1}{s\,u\,p}\,L(\theta)}$로 나타낼 수 있다. 어떤 상수 $k > 0$에 대해 기각역이 $\lambda \le k$로 정의되는 검정법을 가능도비검정(우도비검정)이라 한다. 단, 여기서 k는 H_0하에서 $P(\lambda \le k) = \alpha$가 되도록 결정한다.

② $X_1,\ X_2,\ \cdots\ X_n \sim N(\mu,\ 90^2)$이므로 우도함수 $L(\mu)$는 다음과 같다.

$$L(\mu) = f_1(\mu) f_2(\mu) \cdots f_n(\mu) = \frac{1}{\sqrt{2\pi} \times 90} \exp\left[-\sum_{i=1}^{n} \frac{(x_i - \mu)^2}{2 \times 90^2}\right]$$

H_0하에서의 MLE를 μ_0, Ω하에서의 MLE를 μ_1이라 하면, $\mu_0 = 530$, $\mu_1 = \overline{X}$이다.

그러므로 우도비 λ는 다음과 같다.

$$\lambda = \frac{\underset{H_0}{s\,u\,p}\,L(\theta)}{\underset{H_0 + H_1}{s\,u\,p}\,L(\theta)} = \frac{\exp\left[-\displaystyle\sum_{i=1}^{n} \frac{(x_i - 530)^2}{2 \times 90^2}\right]}{\exp\left[-\displaystyle\sum_{i=1}^{n} \frac{(x_i - \overline{x})^2}{2 \times 90^2}\right]} = \exp\left\{\frac{1}{2 \times 90^2} \sum_{i=1}^{n}\left[(x_i - \overline{x})^2 - (x_i - 530)^2\right]\right\}$$

$$= \exp\left\{\frac{1}{2 \times 90^2} \sum_{i=1}^{n}\left[(x_i^2 - 2x_i\overline{x} + \overline{x}^2) - (x_i^2 - 1060x_i + 530^2)\right]\right\} \quad \because \sum_{i=1}^{n} x_i = n\overline{x}$$

$$= \exp\left[\frac{1}{2 \times 90^2}\left(-2n\overline{x}^2 + n\overline{x}^2 + 1060n\overline{x} - n\,530^2\right)\right]$$

$$= \exp\left[\frac{1}{2 \times 90^2}\left(-n\overline{x}^2 + 1060n\overline{x} - n\,530^2\right)\right]$$

$$= \exp\left[-\frac{n}{2 \times 90^2}(\overline{x} - 530)^2\right]$$

③ $\lambda \le k$를 만족하는 관측값의 집합은 적절한 k'에 대해 다음과 같다.

$$\lambda = \exp\left[-\frac{n}{2 \times 90^2}(\overline{x} - 530)^2\right] \le k \Rightarrow (\overline{x} - 530)^2 \ge -\frac{2 \times 90^2}{n} \ln k$$

$$\Rightarrow |\overline{x} - 530| \ge \sqrt{-\frac{2 \times 90^2}{n} \ln k} \Rightarrow \frac{|\overline{x} - 530|}{90/\sqrt{n}} \ge \sqrt{-2\ln k} = c$$

④ $\dfrac{\overline{x} - 530}{90/\sqrt{n}} \sim N(0,\ 1)$이고, $n = 36$이므로,

$\dfrac{|\overline{x} - 530|}{15} \ge c$이고 $z_{0.025} = 1.96$이므로 기각역은 $|\overline{x} - 530| \ge 29.4$이다.

05

정규분포 $N(\mu_1, \ \sigma^2)$을 따르는 모집단과 정규분포 $N(\mu_2, \ \sigma^2)$을 따르는 모집단에서 크기가 n_1, n_2인 표본을 추출하였다. 여기서 μ_1, μ_2, σ^2은 미지의 모수이다. 각 표본의 표본평균을 $\overline{X_1}$, $\overline{X_2}$, 표본분산을 S_1^2, S_2^2이라 하자. 두 모집단의 평균을 비교하고자 한다.

(1) 적당한 가설을 설정하시오.

(2) 가설을 검정하기 위한 검정통계량을 유도하시오.

(3) 유의수준 5%에서 (2)의 검정통계량을 이용하여 가설검정을 수행하는 과정을 설명하시오.

05 해설

(1) 가설 설정

    귀무가설(H_0) : 두 모집단의 모평균은 같다($\mu_1 = \mu_2$).

    대립가설(H_1) : 두 모집단의 모평균은 다르다($\mu_1 \neq \mu_2$).

(2) 검정통계량 계산

    ① 표본평균의 차 $\overline{X_1} - \overline{X_2}$에 대한 기대값은 $E(\overline{X_1} - \overline{X_2}) = E(\overline{X_1}) - E(\overline{X_2}) = \mu_1 - \mu_2$이다.

    ② 표본평균의 차 $\overline{X_1} - \overline{X_2}$에 대한 분산은 $Var(\overline{X_1} - \overline{X_2}) = Var(\overline{X_1}) + Var(\overline{X_2}) = \dfrac{\sigma_1^2}{n_1} + \dfrac{\sigma_2^2}{n_2}$이다.

        $\because \ \overline{X_1}$과 $\overline{X_2}$는 서로 독립

    ③ 두 모집단의 모분산은 모르지만 동일한 모분산 σ^2을 가지고 있음을 알고 있고, n_1과 n_2의 표본의 크기($n < 30$)가 작다면 합동표본분산(Pooled Variance)을 사용한다. 합동표본분산은 다음과 같다.

$$S_p^2 = \frac{(n_1 - 1)S_1^2 + (n_2 - 1)S_2^2}{n_1 + n_2 - 2}$$

    ④ 따라서 확률변수 $\overline{X_1} - \overline{X_2}$에서 표본평균의 차에 대한 기대값을 빼고 표준편차로 나누어 표준화하면 검정통계량은 다음과 같다.

$$T = \frac{(\overline{X_1} - \overline{X_2}) - (\mu_1 - \mu_2)}{S_p\sqrt{\dfrac{1}{n_1} + \dfrac{1}{n_2}}} \sim t_{(n_1 + n_2 - 2)}$$

    ⑤ 만약 두 모집단의 모분산은 모르지만 n_1과 n_2의 표본의 크기($n \geq 30$)가 충분히 크다면 모분산 σ^2을 각각의 표본분산 S_1^2과 S_2^2으로 대체하고 중심극한정리에 의해 정규분포에 근사시켜 검정통계량 $Z = \dfrac{(\overline{X_1} - \overline{X_2}) - (\mu_1 - \mu_2)}{\sqrt{\dfrac{S_1^2}{n_1} + \dfrac{S_2^2}{n_2}}} \sim N(0, 1)$

    임을 이용하여 검정을 실시한다.

(3) 가설검정 절차

① 가설을 설정한다.

- 귀무가설(H_0) : 두 모집단의 모평균은 같다($\mu_1 = \mu_2$).
- 대립가설(H_1) : 두 모집단의 모평균은 다르다($\mu_1 \neq \mu_2$).

② n_1과 n_2의 표본의 크기($n < 30$)가 작은 경우 검정통계량은 다음과 같다.

$$T = \frac{(\overline{X_1} - \overline{X_2}) - (\mu_1 - \mu_2)}{S_p \sqrt{\dfrac{1}{n_1} + \dfrac{1}{n_2}}}, \text{ 여기서 } S_p^2 = \frac{(n_1 - 1)S_1^2 + (n_2 - 1)S_2^2}{n_1 + n_2 - 2}$$

③ 유의수준과 그에 상응하는 기각범위를 결정한다.

귀무가설이 $\mu_1 = \mu_2$이고 대립가설이 $\mu_1 \neq \mu_2$이므로 이는 양측검정이다. 즉, 유의수준 α가 0.05이므로 기각치는 $\pm t_{(0.025,\, n_1 + n_2 - 2)}$이 되며, 기각범위는 $|t| \geq t_{(0.025,\, n_1 + n_2 - 2)}$이나.

④ 검정통계량 값을 계산한다.

$$t_c = \frac{(\overline{x_1} - \overline{x_2}) - (\mu_1 - \mu_2)}{s_p \sqrt{\dfrac{1}{n_1} + \dfrac{1}{n_2}}}$$

⑤ 검정통계량 값과 기각범위를 비교하여 통계적 결정을 한다.

$t_c \leq t_{(0.025,\, n_1 + n_2 - 2)}$이기니 $t_c \geq t_{(0.025,\, n_1 + n_2 - 2)}$이면 귀무가설을 기각하고, 그렇지 않으면 귀무가설을 채택한다.

⑥ n_1과 n_2의 표본의 크기($n \geq 30$)가 충분히 크다면 검정통계량은 다음과 같다.

$$Z = \frac{(\overline{X_1} - \overline{X_2}) - (\mu_1 - \mu_2)}{\sqrt{\dfrac{S_1^2}{n_1} + \dfrac{S_2^2}{n_2}}} \sim N(0,\ 1)$$

⑦ 유의수준과 그에 상응하는 기각범위를 결정한다.

양측검정임을 감안하면 유의수준 α가 0.05이므로 기각치는 $\pm z_{0.025} = 1.96$이 되며, 기각범위는 $|Z| \geq 1.96$이다.

⑧ 검정통계량 값을 계산한다.

$$z_c = \frac{(\overline{x_1} - \overline{x_2}) - (\mu_1 - \mu_2)}{\sqrt{\dfrac{s_1^2}{n_1} + \dfrac{s_2^2}{n_2}}}$$

⑨ 검정통계량 값과 기각범위를 비교하여 통계적 결정을 한다.

$z_c \leq -1.96$이거나 $z_c \geq 1.96$이면 귀무가설을 기각하고, 그렇지 않으면 귀무가설을 채택한다.

06

기출 2003년

한 여론조사 발표에서 1,000명을 조사한 결과 "찬성이 52%이며 95% 신뢰수준하에서 최대허용오차는 ±3.1%이다."라고 발표하였다.

(1) 최대허용오차가 ±3.1%라는 주장의 의미와 이 값의 계산과정을 설명하시오.

(2) 이 발표에 의할 때 모집단의 과반수가 찬성한다고 주장할 수 있는가에 대한 의견을 제시하고 그 이유를 설명하시오.

06 해 설

(1) 최대허용오차

① 최대허용오차는 허용 가능한 최대의 표본오차범위를 의미한다. 즉, 95% 신뢰수준하에서 최대허용오차가 ±3.1%라는 의미는 "추정비율(52%) ± 최대허용오차(3.1%) 사이에 실제비율이 있을 가능성을 95% 정도 신뢰할 수 있다." 라는 뜻이다.

② 모비율 p에 대한 $100(1-\alpha)\%$ 신뢰구간은 $\hat{p} \pm z_{\alpha/2}\sqrt{\dfrac{\hat{p}(1-\hat{p})}{n}}$ 이다. 여기서 $\sqrt{\dfrac{\hat{p}(1-\hat{p})}{n}}$ 을 표준오차라 하고, $z_{\alpha/2}\sqrt{\dfrac{\hat{p}(1-\hat{p})}{n}}$ 을 추정오차(오차한계)라 한다.

③ $z_{\alpha/2}$과 표본크기 n이 정해져있으므로 추정오차를 최대로 하기 위해서는 $\hat{p}(1-\hat{p})$가 최대가 되면 된다.

④ $f(\hat{p}) = \hat{p}(1-\hat{p})$이라 할 때 $f(\hat{p})$를 $\hat{p}$에 대해 미분하여 0으로 놓으면 $f(\hat{p})$을 최대로 하는 $\hat{p}$을 구할 수 있다.

$$\frac{df(\hat{p})}{d\hat{p}} = -2\hat{p} + 1 = 0$$

$$\therefore \ \hat{p} = 0.5$$

⑤ 95% 신뢰수준하에서 최대허용오차는 $\hat{p}$에 0.5를 대입해 다음과 같이 구한다.

$$\pm z_{\alpha/2}\sqrt{\frac{\hat{p}(1-\hat{p})}{n}} = \pm 1.96\sqrt{\frac{0.5(1-0.5)}{1000}} = \pm 3.1$$

(2) 모비율 p검정

① 분석에 앞서 가설을 설정한다.

모집단의 과반수가 찬성한다고 주장할 수 있는지를 묻고 있으므로 이 주장이 대립가설이 된다.

• 귀무가설(H_0) : 모집단의 과반수 이상이 찬성하지 않는다($p \leq 0.5$).

• 대립가설(H_1) : 모집단의 과반수가 찬성한다($p > 0.5$).

② 검정통계량을 결정한다.

$$Z = \frac{\hat{p} - p}{\sqrt{p(1-p)/n}}$$

③ 유의수준과 그에 상응하는 기각범위를 결정한다.

귀무가설이 $p \leq 0.5$이고 대립가설이 $p > 0.5$이므로 이는 우측검정에 해당한다. 즉, 유의수준 0.05에서의 기각치는 1.645가 되며, 기각범위는 검정통계량 값이 1.645보다 크면 귀무가설을 기각한다.

④ 검정통계량 값을 계산한다.

$$z_c = \frac{\hat{p} - p}{\sqrt{p(1-p)/n}} = \frac{0.52 - 0.5}{\sqrt{0.5(1-0.5)/1000}} = 1.265$$

⑤ 검정통계량 값과 기각치를 비교하여 통계적 결정을 한다.

검정통계량 값 1.265가 유의수준 0.05에서의 기각치 1.645보다 작으므로 귀무가설을 채택한다. 즉, 유의수준 5%에서 모집단의 과반수 이상이 찬성하지 않는다고 할 수 있다.

07

두 종류의 자동차 타이어 A와 B의 마모도에 차이가 있는지를 조사하기로 하였다. 먼저, 16대의 택시를 임의(Random)로 선택하고, A와 B 각각 32개의 타이어를 16대의 자동차에 임의로 장착하여 3만 km를 주행한 후에 각 타이어의 마모도를 밀리미터(mm)단위로 측정하기로 한다.

(1) 택시에 따라 주로 운행하는 도로의 상태가 달라 타이어의 마모도에 차이가 날 수 있다. 각 종류별로 32개 타이어를 16대의 자동차에 어떻게 장착하는 것이 마모도의 차이를 정확히 검정할 수 있는가를 설명하시오.

(2) 실제, 택시 1대당 종류별로 2개씩의 타이어를 장착하여 주행하고, 각 택시는 타이어 종류별로 마모도의 평균값만을 보고하였다고 한다. 두 종류의 타이어 마모도에 차이가 있는지를 검정할 수 있는 방법을 제시하시오(가설과 필요한 가정, 그리고 검정방법을 제시할 것).

07 해 설

(1) 실험의 계획

① 분석에 있어서 타이어 제품의 차이 이외의 요인을 통제할 필요가 있다.

② 자동차 운행에 있어 좌측에 부과되는 하중과 우측에 부과되는 하중은 동일하다고 가정할 수 있다. 하지만 앞바퀴에 부과되는 하중과 뒷바퀴에 부과되는 하중은 다를 수 있다.

③ 그 외 자동차 별로 주행하는 도로의 상태, 운전자의 운전습관, 주행시간 등 다른 여러 가지 요소는 외부요인으로 분석에 있어 통제되어야 할 요인들이다.

④ 이를 종합적으로 고려하여, 각 택시별로 왼쪽과 오른쪽에 각각 타이어 A, B를 장착시켜 비교한다. 이 때, 앞바퀴와 뒷바퀴는 서로 동일한 방법으로 타이어 A와 B를 각각 장착하여야 한다.

(2) 대응표본 t-검정(Paired Sample t-Test)

① 필요한 가정

두 종류의 타이어 마모도의 차이를 $D_i = X_{1i} - X_{2i}$, $i = 1, 2, \cdots, n$이라 할 때, $D_i \sim N(\mu_D, \sigma_D^2)$을 따른다고 가정한다.

② 가설을 설정한다.

- 귀무가설(H_0) : 두 종류의 타이어 마모도에 차이가 없다($\mu_1 - \mu_2 = \mu_D = 0$).
- 대립가설(H_1) : 두 종류의 타이어 마모도에 차이가 있다($\mu_1 - \mu_2 = \mu_D \neq 0$).

③ 검정통계량을 결정한다.

$$T = \frac{\overline{D}}{S_D / \sqrt{n}} \sim t_{(n-1)}, \quad \text{단,} \ \overline{D} = \overline{X_1} - \overline{X_2}, \ S_D^2 = \frac{\sum (D_i - \overline{D})^2}{n-1}$$

④ 유의수준과 그에 상응하는 기각범위를 결정한다.

유의수준 α를 0.05라 한다면 기각치는 $t_{(\alpha/2, \, n-1)} = t_{(0.025, \, 15)} = \pm 2.131$이 되며, 기각범위는 -2.131보다 작거나, 2.131보다 큰 경우 귀무가설을 기각한다.

⑤ 검정통계량 값을 계산한다.

$$t_c = \frac{\overline{d}}{s_D / \sqrt{n}}$$

⑥ 검정통계량 값과 기각범위를 비교하여 통계적 결정을 한다.

$t_c \leq -2.131$이거나 $t_c \geq 2.131$이면 귀무가설을 기각하고, 그렇지 않으면 귀무가설을 채택한다.

앞면이 1부터 18까지의 숫자가 적힌 18장의 카드와 '*'의 표시가 된 2장의 카드가 있고 뒷면은 어느 카드나 같다. 어느 사람이 초지각능력을 가졌다고 주장하고 있어 2장의 '*' 표시 카드를 비복원으로 뽑는 실험으로 초능력을 테스트하기로 하였다. 실험 결과, 1장의 '*' 표시 카드와 1장의 숫자 카드가 뽑혔다고 하자.

(1) 이 실험연구의 귀무가설과 대립가설을 기술하시오.

(2) 유의확률($p-$값)을 구하여라. 유의수준 10%에서 검정 결과를 제시하시오.

08 해설

(1) 가설 설정

① '*' 표시가 되어있는 카드를 뽑은 수를 x로 표시하기로 하자.

② 분석에 앞서 먼저 가설을 설정한다.

③ 어느 사람이 초지각능력을 가졌다고 주장하고 있으므로 이 주장이 대립가설이 된다.

　　• 귀무가설(H_0) : 초지각능력을 가지고 있지 않다.

　　• 대립가설(H_1) : 초지각능력을 가지고 있다.

(2) 유의확률($p-$값)과 검정 결과 해석

① p값이란 귀무가설이 사실이라는 전제하에 검정통계량이 표본에서 계산된 값과 같거나 그 값보다 대립가설 방향으로 더 극단적인 값을 가질 확률이다.

② p값은 $P(X \geq 1) = P(X=1) + P(X=2) = \dfrac{_{18}C_0 \times {_2}C_2}{_{20}C_2} + \dfrac{_{18}C_1 \times {_2}C_1}{_{20}C_2} = \dfrac{37}{190} \approx 0.1947$

③ 유의확률 p값이 0.1949로 유의수준 0.1보다 크므로 귀무가설을 채택한다. 즉, 유의수준 10%에서 초지각능력을 가지고 있지 않다고 할 수 있다.

09

기출 2007년

주머니에 5개의 공이 들어 있는데, 그중에 θ개가 빨간색 공이고 나머지는 파란색 공이다. 가설 $H_0 : \theta = 2$ VS $H_1 : \theta = 4$를 검정하기 위하여 2개의 공을 비복원 추출하여 2개 모두 빨간색 공이면 귀무가설 H_0을 기각하고 그 이외의 경우에는 귀무가설을 기각하지 않는다.

(1) 이 검정방법에 대한 제1종의 오류를 범할 확률을 구하시오.

(2) 이 검정방법에 대한 제2종의 오류를 범할 확률을 구하시오.

09 해설

(1) 제1종의 오류를 범할 확률

① 제1종의 오류를 범할 확률을 유의수준이라 하며 α로 표기한다. 즉, 유의수준은 귀무가설이 참일 때 귀무가설을 기각하는 오류를 범할 확률을 의미한다.

$\alpha = P(제1종의 오류) = P(H_0 \text{ 기각} \mid H_0 \text{ 사실})$

② $\alpha = P(2개 모두 빨간색 공일 경우 \mid \theta = 2) = \dfrac{{}_2C_2 \times {}_3C_0}{{}_5C_2} = \dfrac{1}{10}$

(2) 제2종의 오류를 범할 확률

① 제2종의 오류를 범할 확률은 β로 표기한다. 즉, β는 대립가설이 참일 때 귀무가설을 채택하는 오류를 범할 확률이다.

$\beta = P(제2종의 오류) = P(H_0 \text{ 채택} \mid H_1 \text{ 사실}) = 1 - P(H_0 \text{ 기각} \mid H_1 \text{ 사실})$

② $\beta = 1 - P(2개 모두 빨간색 공일 경우 \mid \theta = 4) = 1 - \dfrac{{}_4C_2 \times {}_3C_0}{{}_5C_2} = 1 - \left(\dfrac{4}{5} \times \dfrac{3}{4}\right) = \dfrac{2}{5}$

신, 구형 휴대폰 단말기의 선호도를 알아보기 위해 랜덤 추출한 36명을 2그룹으로 나누어서 각각의 단말기에 대한 선호도를 50점 만점의 점수로 평가하도록 하였다.

신형 단말기와 구형 단말기의 선호도 사이에 차이가 있는지에 대한 검정을 수행하고자 한다. 자료로부터 다음과 같은 t 검정 결과를 얻었다(단, 원자료에서 각 점수는 정규분포를 따르는 것으로 가정한다).

구 분	n	평 균	표본분산
구형 단말기	18	32	38
신형 단말기	18	39	34
T 검정 : $|T| = 3.50$			
분산의 합동추정량(Pooled Variance) : 36			

(1) 모분산이 동일하다는 가정하에서는 모분산에 대한 합동추정량을 사용한다. 모분산이 동일한가를 위의 자료를 이용하여 검정하는 방법을 설명하시오.

(2) 모분산이 동일하다는 가정하에서, 신형 단말기의 선호도와 구형 단말기의 선호도 사이에 차이가 있는지에 대한 기설을 세우고, 검정통계량의 값(=3.50)과 유의확률(p 값)을 구하는 과정을 구체적으로 설명하시오.

10 해 설

(1) 모분산의 동일성 검정

① 분석에 앞서 가설을 설정한다.

• 귀무가설(H_0) : 구형 단말기와 신형 단말기의 모분산은 동일하다($\sigma_1^2 = \sigma_2^2$).

• 대립가설(H_1) : 구형 단말기의 모분산이 신형 단말기의 모분산보다 크다($\sigma_1^2 > \sigma_2^2$).

② S_1^2이 S_2^2보다 크므로 검정통계량은 다음과 같다.

$$F = \frac{\dfrac{(m-1)S_1^2}{\sigma_1^2} / (m-1)}{\dfrac{(n-1)S_2^2}{\sigma_2^2} / (n-1)} = \frac{S_1^2 / \sigma_1^2}{S_2^2 / \sigma_2^2} \sim F_{(m-1,\, n-1)}$$

③ 유의수준과 기각치를 결정한다.

유의수준 α를 0.05라 한다면 유의수준 0.05에서의 기각치는 $f_{(0.05,\, 17,\, 17)} = 2.27$이다.

④ 검정통계량 값을 계산한다.

$$F_c = \frac{\dfrac{(m-1)S_1^2}{\sigma_1^2} / (m-1)}{\dfrac{(n-1)S_2^2}{\sigma_2^2} / (n-1)} = \frac{S_1^2 / \sigma_1^2}{S_2^2 / \sigma_2^2} = \frac{S_1^2}{S_2^2} = \frac{38}{34} = 1.118$$

⑤ 검정통계량 값과 기각치를 비교하여 통계적 결정을 한다.

검정통계량 F_c 값이 1.118로 유의수준 0.05에서 기각치 2.27보다 작으므로 귀무가설을 채택한다. 즉, 유의수준 5%하에서 구형 단말기와 신형 단말기의 모분산은 동일하다고 할 수 있다.

(2) **독립표본** t**-검정(Independent Sample** t**-Test)**

① 소표본에서 두 모분산을 모르지만 같다는 것을 아는 경우 두 모평균의 차 $\mu_1 - \mu_2$에 대한 검정이다.

② 가설을 설정한다.

- 귀무가설(H_0) : 구형 단말기와 신형 단말기의 선호도 평균은 동일하다($\mu_1 = \mu_2$).
- 대립가설(H_1) : 구형 단말기와 신형 단말기의 선호도 평균은 동일하지 않다($\mu_1 \neq \mu_2$).

③ 검정통계량을 결정한다.

$$T = \frac{\overline{X}_1 - \overline{X}_2}{S_p \sqrt{\dfrac{1}{n_1} + \dfrac{1}{n_2}}} \sim t_{(n_1 + n_2 - 2)}, \ 단\ 합동표본분산\ S_p^2 = \frac{(n_1 - 1)s_1^2 + (n_2 - 1)s_2^2}{(n_1 + n_2 - 2)}$$

④ 유의수준과 그에 상응하는 기각범위를 결정한다.

유의수준 α를 0.05라 한다면 기각치는 $t_{0.025, 34}$에 해당하는 ± 2.032이 되며, 기각범위는 -2.032보다 작거나, 2.032보다 큰 경우 귀무가설을 기각한다.

⑤ 검정통계량 값을 계산한다.

$$t_c = \frac{\overline{x}_1 - \overline{x}_2}{s_p \sqrt{\dfrac{1}{n_1} + \dfrac{1}{n_2}}} = \frac{32 - 39}{6 \sqrt{\dfrac{1}{18} + \dfrac{1}{18}}} = \frac{-7}{2} = -3.5$$

⑥ t분포는 좌우 대칭형으로 검정통계량을 $T = \dfrac{\overline{X}_1 - \overline{X}_2}{S_p \sqrt{\dfrac{1}{n_1} + \dfrac{1}{n_2}}}$과 $T = \dfrac{\overline{X}_2 - \overline{X}_1}{S_p \sqrt{\dfrac{1}{n_1} + \dfrac{1}{n_2}}}$ 중 어느 것을 사용해도 검정통계량 값에 있어서 부호만 바뀌며 양측검정임을 감안하면 분석결과는 동일하다.

⑦ p값이란 귀무가설이 사실이라는 전제하에 검정통계량이 표본에서 계산된 값과 같거나 그 값보다 대립가설 방향으로 더 극단적인 값을 가질 확률이다.

⑧ p값은 $P(T \leq -3.5 \,|\, \mu_1 = \mu_2) = P(T \leq -3.5)$이 된다. 하지만, 양측검정의 경우 p값은 표본분포의 한 쪽 끝부분에서 얻어진 단측검정의 p값에 두 배가 된다.

$\therefore\ p$값 $= P(T \leq -3.5) + P(T \geq 3.5) = 2P(T \leq -3.5) = 0.00047$

01

기출 1996년

2표본 $t-$검정(Two Sample $t-$Test)과 짝진표본의 $t-$검정(Paired $t-$Test)에 대하여 다음 사항들을 고려하여 비교하시오.

(1) 모집단 특성

(2) 분석목적

(3) 자료형태

(4) 검정과정

01 해설

(1) 독립표본 $t-$검정과 대응표본 $t-$검정 비교

독립표본인 경우 두 모집단의 자료수가 달라도 되지만 대응표본인 경우 서로 짝을 이루고 있으므로 두 모집단의 자료수가 동일해야 된다. 또한, 독립표본인 경우 실험단위 간 처리효과의 요인이 비슷하지만 대응표본인 경우 실험단위 간 처리효과의 요인의 차이가 크다.

(2) 가설 설정에 따른 분석 결과

① 독립표본인 경우 귀무가설과 대립가설은 다음과 같다.

귀무가설(H_0) : 두 개의 독립된 집단에서의 실험효과는 차이가 없다($\mu_1 = \mu_2$).

대립가설(H_1) : 두 개의 독립된 집단에서의 실험효과는 차이가 있다($\mu_1 \neq \mu_2$).

② 대응표본인 경우 귀무가설과 대립가설은 다음과 같다.

귀무가설(H_0) : 한 집단에서의 실험효과는 차이가 없다($\mu_1 - \mu_2 = \mu_D = 0$).

대립가설(H_1) : 한 집단에서의 실험효과는 차이가 있다($\mu_1 - \mu_2 = \mu_D \neq 0$).

③ 즉, 독립표본 $t-$검정은 두 개의 독립된 집단에서의 모평균에 차이가 있는지를 검정하고, 대응표본 $t-$검정은 한 집단에서의 모평균에 차이가 있는지를 검정한다.

(3) 데이터 구조

독립표본인 경우 첫 번째 집단과 두 번째 집단에 포함되는 표본은 조사대상 개체가 서로 다른 반면 대응표본추출은 일반적으로 전후의 비교와 같이 짝을 이루고 있으므로 조사대상 개체가 동일하다. 예를 들어 독립표본과 대응표본의 데이터 구조를 보면 다음과 같다.

독립표본 T검정의 데이터 구조		대응표본 T검정의 데이터 구조	
1변수(성별)	2변수(점수)	1변수(사전점수)	2변수(사후점수)
1(남자)	70	60	80
1(남자)	50	80	90
2(여자)	80	60	65
1(남자)	90	70	60
2(여자)	60	80	95

(4) 검정과정 비교

① 독립표본인 경우 소표본에서 σ_1^2과 σ_2^2은 알려지지 않았지만 $\sigma_1^2 = \sigma_2^2$임을 알고 있는 경우 검정통계량은 다음과 같다.

$$T = \frac{(\overline{X_1} - \overline{X_2}) - (\mu_1 - \mu_2)}{S_p \sqrt{\dfrac{1}{n_1} + \dfrac{1}{n_2}}} \sim t_{(n_1 + n_2 - 2)}, \text{ 합동표본분산 } S_p^2 = \frac{(n_1 - 1)S_1^2 + (n_2 - 1)S_2^2}{(n_1 + n_2 - 2)}$$

검정통계량 값 t_c와 유의수준 α에서의 기각치 $t_{(\alpha/2,\, n_1 + n_2 - 2)}$를 비교하여 $|t_c| \geq t_{(\alpha/2,\, n_1 + n_2 - 2)}$이면 귀무가설을 기각하고 그렇지 않으면 귀무가설을 채택한다.

② 대응표본에서 소표본인 경우 검정통계량은 다음과 같다.

$$T = \frac{\overline{D} - \mu_D}{S_D / \sqrt{n}} \sim t_{(n-1)}$$

$$\overline{D} = \frac{\sum D_i}{n}, \ \mu_D = \mu_1 - \mu_2, \ S_D^2 = \frac{\sum (D_i - \overline{D})^2}{n-1}, \ D_i = X_i - Y_i$$

검정통계량 값 t_c와 유의수준 α에서의 기각치 $t_{(\alpha/2,\, n-1)}$를 비교하여 $|t_c| \geq t_{(\alpha/2,\, n-1)}$이면 귀무가설을 기각하고 그렇지 않으면 귀무가설을 채택한다.

표본의 수는 통계적 의사결정을 하는 데에 매우 중요하다. 예를 들면 여론조사를 하거나 통계분석을 해야 하는 실험을 할 때 제일 먼저 결정해야 할 문제 중의 하나이다.

(1) 정규분포의 모평균 μ에 관한 신뢰구간을 구할 때, 주어진 오차의 한계를 만족하는 표본의 수를 결정하는 과정을 설명하시오.

(2) 정규분포의 모평균 μ가 특정한 값 μ_0라는 귀무가설을 검정하는 문제에서 표본의 수가 통계적 가설 검정에 미치는 영향에 관하여 다음 용어들을 포함하여 설명하시오(단측검정, 양측검정, 제1종의 오류, 제2종의 오류, 검정력).

(3) 모든 통계소프트웨어는 p값을 제공한다. 정규분포의 모평균에 대한 가설 검정을 예로 하여 p값에 대하여 설명하고, 이 p값에 의하여 내려지는 결정과 기각역에 의하여 내려지는 결정과의 관계를 설명하시오.

02 해설

(1) 모평균 추정에 필요한 표본크기 결정

① X_1, X_2, $\cdots$, X_n은 평균이 μ, 분산이 σ^2인 정규분포에서의 확률표본일 때 모평균 μ의 $100(1-\alpha)\%$ 신뢰구간은 다음과 같다.

$$\left(\overline{X} - z_{\alpha/2} \frac{\sigma}{\sqrt{n}}, \quad \overline{X} + z_{\alpha/2} \frac{\sigma}{\sqrt{n}} \right)$$

② 여기서, $\dfrac{\sigma}{\sqrt{n}}$을 표준오차라 하고, $z_{\alpha/2} \dfrac{\sigma}{\sqrt{n}}$을 추정오차(오차한계)라 하며, 추정오차가 d 이내가 되도록 하려면

$z_{\alpha/2} \dfrac{\sigma}{\sqrt{n}} \le d$로부터 다음과 같이 표본의 크기 n을 결정할 수 있다.

③ $z_{\alpha/2} \dfrac{\sigma}{\sqrt{n}} \le d$로부터 $\dfrac{z_{\alpha/2} \times \sigma}{d} \le \sqrt{n}$ 식을 얻을 수 있으며 최종적인 표본의 크기는 다음과 같이 결정할 수 있다.

$$n \ge \left(\frac{z_{\alpha/2} \times \sigma}{d} \right)^2$$

(2) 표본크기 변화에 따른 가설 검정

① 양측검정

㉠ 양측검정에 대한 귀무가설 및 대립가설은 다음과 같다.

$$\text{귀무가설}(H_0) : \mu = \mu_0, \ \text{대립가설}(H_1) : \mu \ne \mu_0$$

㉡ 정규분포의 모평균 μ가 특정한 값 μ_0라는 귀무가설을 검정하기 위한 검정통계량은 $Z = \dfrac{\overline{X} - \mu}{\sigma / \sqrt{n}}$이다.

㉢ 유의수준을 α라 할 때 검정통계량의 값(z_c)과 기각치($z_{\alpha/2}$)를 비교하여 $|z_c| \ge z_{\alpha/2}$이면 귀무가설을 기각하고, 그렇지 않을 경우 귀무가설을 채택한다. 즉, 기각역은 $\left| \dfrac{\overline{X} - \mu_0}{\sigma / \sqrt{n}} \right| \ge z_{\alpha/2}$이 되어 $\overline{X} \ge \mu_0 + \dfrac{\sigma}{\sqrt{n}} z_{\alpha/2}$ 또는 $\overline{X} \le \mu_0 - \dfrac{\sigma}{\sqrt{n}} z_{\alpha/2}$이다.

ⓔ 표본의 수 n이 증가함에 따라 기각역의 범위가 넓어지며, 귀무가설을 기각할 가능성이 높아지게 된다.

ⓜ 여기서 제1종의 오류 확률은 유의수준 α로 임의로 지정된다. 이는 표본 수 n의 크기와는 관계가 없으며 분석자의 재량에 의해 정해진다.

ⓗ 제2종의 오류 확률 β는 표본 수 n이 커짐에 따라 감소하며, 따라서 검정력 $1-\beta$는 표본 수 n이 커짐에 따라 증가한다. 이를 그래프로 표현하면 다음과 같다.

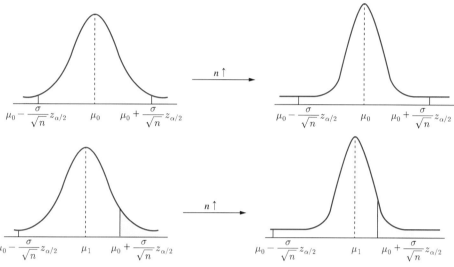

② 단측검정

　㉠ 단측검정을 할 시에 귀무가설 및 대립가설은 다음 두 가지 경우로 나눌 수 있다.

　　ⓐ 귀무가설(H_0) : $\mu \le \mu_0$, 대립가설(H_1) : $\mu > \mu_0$

　　ⓑ 귀무가설(H_0) : $\mu \ge \mu_0$, 대립가설(H_1) : $\mu < \mu_0$

　㉡ ⓐ와 ⓑ는 방향이 반대인 점을 제외하고는 모두 동일하므로 ⓐ을 기준으로 설명한다.

　㉢ 가설검정을 할 시에 검정통계량 $\overline{X} \sim N\left(\mu, \dfrac{\sigma^2}{n}\right)$이다.

　㉣ 유의수준을 α라 할 때, $\overline{X} - \mu_0 \ge \dfrac{\sigma}{\sqrt{n}} z_\alpha$ 이면 귀무가설을 기각하며, 그렇지 않을 경우 귀무가설을 채택한다. 기각역은 $\overline{X} \ge \mu_0 + \dfrac{\sigma}{\sqrt{n}} z_\alpha$ 이다.

　㉤ 즉, 표본 수 n이 클수록 기각역의 범위가 넓어지며, 귀무가설을 기각할 가능성이 높아지게 된다.

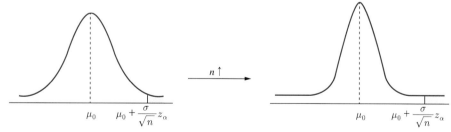

　㉥ 여기서 제1종의 오류 확률은 유의수준 α로 임의로 지정된다. 이는 표본 수 n의 크기와는 관계가 없으며 분석자의 재량에 의해 정해진다.

ⓐ 제2종의 오류 확률 β는 표본 수 n이 커짐에 따라 감소하며, 따라서 검정력 $1-\beta$는 표본 수 n이 커짐에 따라 증가한다. 이를 그래프로 표현하면 다음과 같다.

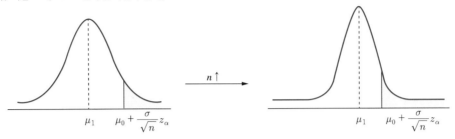

③ 결론적으로 단측검정 및 양측검정 모두 동일한 유의수준(제1종의 오류 확률)하에서 n이 클수록 제2종의 오류 확률 β는 감소하며, 검정력 $1-\beta$는 증가한다.

(3) 기각역과 p값에 의한 가설 검정

① 정규분포의 모평균 μ가 특정한 값 μ_0라는 귀무가설을 검정하기 위해 우측검정을 예로 든다면 가설은 다음과 같다.

$$귀무가설(H_0) : \mu = \mu_0, \ 대립가설(H_1) : \mu > \mu_0$$

② 검정통계량이 $Z = \dfrac{\overline{X} - \mu}{\sigma / \sqrt{n}} \sim N(0,\ 1)$을 따르므로 검정통계량 값은 다음과 같다.

$$z_c = \frac{\overline{x} - \mu_0}{\sigma / \sqrt{n}}$$

③ 유의수준 α에서의 기각치를 z_α라고 기각치 z_α와 검정통계량 값 z_c를 비교하여 다음과 같이 검정한다.

$$z_\alpha < z_c값 \Rightarrow 귀무가설(H_0) \ 기각$$
$$z_\alpha > z_c값 \Rightarrow 귀무가설(H_0) \ 채택$$

④ 즉, 유의수준 α_1에서의 기각치를 z_{α_1}라고 하고 유의수준 α_2에서의 기각치를 z_{α_2}라고 할 때 $z_{\alpha_1} < z_c < z_{\alpha_2}$의 관계가 성립한다면 다음과 같이 검정할 수 있다.

$$z_{\alpha_1} < z_c값 \Rightarrow 귀무가설(H_0) \ 기각$$
$$z_{\alpha_2} > z_c값 \Rightarrow 귀무가설(H_0) \ 채택$$

⑤ p값이란 귀무가설이 사실이라는 전제하에 검정통계량이 표본에서 계산된 값과 같거나 그 값보다 대립가설 방향으로 더 극단적인 값을 가질 확률이다. p값은 검정통계량 값에 대해서 귀무가설을 기각시킬 수 있는 최소의 유의수준으로 유의수준을 α라 하고 검정통계량 값에 의해 계산되는 유의확률을 p값이라 할 때 다음과 같이 검정할 수 있다.

$$\alpha > p값 \Rightarrow 귀무가설(H_0) \ 기각$$
$$\alpha < p값 \Rightarrow 귀무가설(H_0) \ 채택$$

⑥ 즉, 유의수준 α_1과 유의수준 α_2가 유의확률 p값에 대해 $\alpha_1 < p값 < \alpha_2$의 관계가 성립한다면 다음과 같이 검정할 수 있다.

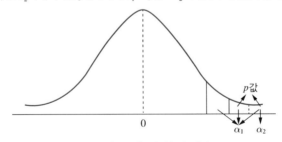

$$\alpha_1 > p값 \Rightarrow 귀무가설(H_0) \ 기각$$
$$\alpha_2 < p값 \Rightarrow 귀무가설(H_0) \ 채택$$

⑦ 이는 위의 두 개의 그림을 동시에 고려하면 p값에 의하여 내려지는 결정과 기각역에 의하여 내려지는 결정과의 관계를 좀 더 명확하게 알 수 있다.

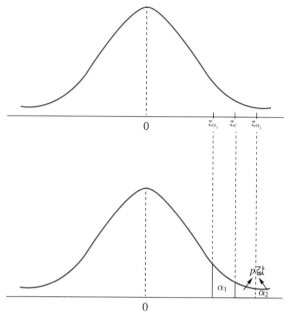

⑧ 위의 그림에서 알 수 있듯이 결과적으로 검정통계량 값과 기각치를 비교하여 검정하는 것과 유의수준과 유의확률을 이용해서 검정하는 것은 동일한 결과를 얻는다.

10년 전 우리나라 성인들의 1인당 년 간 평균 소주 소비량은 100병으로 알려져 있다. 작년도에 성인 1인당 평균 소주 소비량이 10년 전과 비교하여 변화가 있는지를 알아보기 위하여, 임의 추출된 500명의 성인들을 대상으로 하여 작년의 음주량을 조사하였다.

(1) 조사목적에 부합되도록 귀무가설과 대립가설을 적절하게 설정하고, 이를 검정하기 위한 검정통계량을 제시하시오.

(2) 유의수준 5%의 검정방법을 유도하시오.

(3) 만일 검정의 결과, 귀무가설이 기각되지 않았다면, 검정결과의 통계적 의미를 설명하시오.

03 해설

(1) 대표본에서의 모평균 μ에 대한 검정통계량

① 귀무가설 및 대립가설을 설정하면 아래와 같다.

- 귀무가설(H_0) : 성인들의 1인당 연 간 평균 소주 소비량은 100병이다($\mu = 100$).

- 대립가설(H_1) : 성인들의 1인당 연 간 평균 소주 소비량은 100병이 아니다($\mu \neq 100$).

② 이를 검정하기 위해 임의 추출된 500명의 성인들에 대한 작년 음주량 평균 $\overline{X}$를 구한다.

③ 표본의 크기가 500으로 충분히 크므로 중심극한정리에 의해서 $\overline{X} \sim N\left(\mu, \dfrac{\sigma^2}{n}\right)$에 근사한다.

④ 따라서 검정통계량 $Z = \dfrac{\overline{X} - \mu}{\sigma / \sqrt{n}} \sim N(0,\ 1)$에 근사함을 이용하여 표준정규분포표를 통해 검정을 실시한다.

⑤ 하지만 모분산 σ^2이 알려져 있지 않으므로 표본분산 $S^2 = \dfrac{1}{n-1} \displaystyle\sum_{i=1}^{n} \left(X_i - \overline{X}\right)^2$로 대체하여 다음과 같은 검정통계량을 이용하여 검정을 실시한다.

$$Z = \frac{\overline{X} - \mu}{S / \sqrt{n}} \sim N(0,\ 1)$$

(2) 가설 검정

① 중심극한정리에 의해 표본평균 $\overline{X} \sim N\left(\mu,\ \dfrac{\sigma^2}{n}\right)$에 근사한다.

② 모분산 σ^2이 알려져 있지 않고 표본의 크기가 충분히 크므로 모분산 대신 표본분산 $S^2 = \dfrac{1}{n-1} \displaystyle\sum_{i=1}^{n} \left(X_i - \overline{X}\right)^2$을 이용하면 검정통계량은 다음과 같다.

$$Z = \frac{\overline{X} - \mu}{S / \sqrt{n}} \sim N(0,\ 1)$$

③ 양측검정임을 감안하면 유의수준 5%에서 기각치는 ± 1.96이다.

④ 검정통계량 값을 구한다.

$$z_c = \frac{\overline{x} - 100}{s / \sqrt{500}}$$

⑤ 검정통계량 값 z_c와 기각치를 비교하여 $z_c \leq -1.96$ 또는 $z_c \geq 1.96$이면 귀무가설을 기각하고 그렇지 않으면 귀무가설을 채택한다.

(3) 검정결과 해석

① 검정결과 귀무가설이 기각되지 않았다면, 통계적으로 보았을 때, 성인 1인당 평균 소주 소비량이 100병에서 변하지 않았음을 의미한다.

② 이 결과는 명백한 사실이 아닌 통계자료의 해석 및 유의수준 설정 기준에 의한 추측일 뿐이다. 같은 통계자료라 하더라도 유의수준 설정에 따라 검정결과가 달라질 수 있으며 이는 연구자의 경험 및 가치관에 의해 결정된다.

평균이 μ이고 분산이 $\frac{1}{4}$인 정규분포 $N\left(\mu, \frac{1}{4}\right)$을 따르는 모집단으로부터 구한 크기 4인 임의표본 (Random Sample) X_1, X_2, X_3, X_4를 사용하여, 다음의 가설 $H_0 : \mu = 1$ VS $H_1 : \mu = -1$ 을 검정하고자 한다. 단, 여기서 사용되는 검정통계량(Test Statistic)은 표본평균 $\overline{X} = \frac{1}{4}(X_1 + X_2 + X_3 + X_4)$이다.

(1) 귀무가설 H_0하에서의 $\overline{X}$의 확률분포와 대립가설 H_1하에서의 $\overline{X}$의 확률분포를 말하시오.

(2) $\overline{X} \leq 0$이면 H_0를 기각(Reject)한다고 하자. 제1종의 오류(Type I Error), 제2종의 오류 (Type II Error)를 설명하고 제1종의 오류를 범할 확률 α와 제2종의 오류를 범할 확률 β를 구하시오. 또한 검정력(Power)을 구하시오.

(3) 관측된 $\overline{X}$의 값이 0.02였다고 하자. $p-value$를 구하고, 이를 이용하여 유의수준 1%와 유의 수준 5%에서 H_0의 기각, 채택여부를 결정하시오.

(4) 일반적으로 제1종의 오류를 범할 확률 α와 제2종의 오류를 범할 확률 β는 기각역(Rejection Region)의 선택에 좌우된다. α와 β를 동시에 최소화 할 수 없음을 설명하시오.

04 해설

(1) 확률분포

① $X_i \sim N\left(\mu, \frac{1}{4}\right)$이므로, $\overline{X} \sim N\left(\mu, \frac{1}{16}\right)$이다.

$$E(\overline{X}) = E\left[\frac{1}{4}(X_1 + X_2 + X_3 + X_4)\right] = \frac{1}{4}(\mu + \mu + \mu + \mu) = \mu$$

$$Var(\overline{X}) = Var\left[\frac{1}{4}(X_1 + X_2 + X_3 + X_4)\right] = \frac{1}{16}Var(X_1 + X_2 + X_3 + X_4)$$

$$= \frac{1}{16}\left(\frac{1}{4} + \frac{1}{4} + \frac{1}{4} + \frac{1}{4}\right) = \frac{1}{16}$$

② 귀무가설(H_0)하에서 $\mu = 1$이므로 $\overline{X} \sim N\left(1, \frac{1}{16}\right)$을 따른다.

③ 대립가설(H_1)하에서 $\mu = -1$이므로 $\overline{X} \sim N\left(-1, \frac{1}{16}\right)$을 따른다.

(2) 제1종 오류, 제2종 오류, 검정력

① 제1종의 오류는 귀무가설이 옳음에도 불구하고 대립가설을 채택하는 오류이고, 제2종의 오류는 대립가설이 옳음에도 불구하고 귀무가설을 채택하는 오류이다.

검정결과	실제현상	
	H_0가 사실	H_0가 거짓
H_0를 채택	옳은 결정	잘못된 결정(제2종의 오류 : β)
H_0를 기각	잘못된 결정(제1종의 오류 : α)	옳은 결정

② 제1종의 오류를 범할 확률 α는 다음과 같이 구할 수 있다.

$$\alpha = P(\overline{X} \leq 0 \mid \mu = 1) = P\left(Z \leq \frac{0-1}{\sqrt{1/16}}\right) = P(Z \leq -4) \approx 0.000$$

③ 제2종의 오류를 범할 확률 β는 다음과 같이 구할 수 있다.

$$\beta = P(\overline{X} > 0 \mid \mu = -1) = P\left(Z > \frac{0+1}{\sqrt{1/16}}\right) = P(Z > 4) \approx 0.000$$

④ 검정력 $1 - \beta = 1 - 0.000 \approx 1$이다.

(3) p값($p-value$)

① p값이란 귀무가설이 사실이라는 전제하에 검정통계량이 표본에서 계산된 값과 같거나 그 값보다 대립가설 방향으로 더 극단적인 값을 가질 확률이다.

② $p-value = P(\overline{X} \leq 0.02 \mid \mu = 1) = P\left(Z \leq \frac{0.02-1}{\sqrt{1/16}}\right) = P(Z \leq -3.92) \approx 0.000$

③ $p-value < 0.01$이므로 유의수준 1%에서 귀무가설(H_0)을 기각한다.

④ $p-value < 0.05$이므로 유의수준 5%에서 귀무가설(H_0)을 기각한다.

(4) 제1종 오류와 제2종 오류의 관계

① 가설검정에서는 표본의 크기가 고정되어 있으며 제1종 오류와 제2종 오류는 일반적으로 상호 역의관계에 있다. 제1종 오류를 범할 확률을 증가시키면 제2종 오류를 범할 확률은 감소하고 제1종 오류를 범할 확률을 감소시키면 제2종 오류를 범할 확률은 증가한다.

② 표본의 크기가 고정된 상태라면 제1종의 오류와 제2종의 오류를 동시에 감소시키는 방법은 없다. 제1종의 오류는 유의수준 α에 의해서 관리되며, 표본의 크기 변화와는 무관하다. 제2종의 오류는 유의수준 α가 주어진 경우에 표본의 크기에 의해서만 관리된다.

③ 이는 α는 기각역에 해당하는 경우이며, β는 기각역에 해당하지 않는 경우이기 때문에 발생하는 현상이다. 기각역을 좁게 잡을 경우 α를 줄일 수 있지만 β는 커지게 된다. 기각역을 넓게 잡을 경우 반대 현상이 발생한다.

④ 위와 같은 이유로 표본의 크기가 정해져있으면 제1종 오류와 제2종 오류를 동시에 최소화 할 수는 없으며, 제1종 오류를 고정시킨 상태에서 표본의 크기를 증가시키면 제2종의 오류를 감소시킬 수 있다.

기출 2005년

제품조립을 위한 직업훈련 프로그램으로 두 가지 다른 방법(A, B)이 제안되었다. 직업훈련기관은 두 방법 중에서 효과적인 방법을 채택하기 위하여 실험을 하고자 한다. 실험에 소요되는 비용의 제약 때문에 22명의 훈련생만을 대상으로 실험할 수 있으며, 일정기간 훈련을 실시한 후 각 훈련생이 제품을 조립하는데 걸리는 시간을 측정하여 의사결정에 활용하고자 한다.

(1) 실험을 어떻게 실행해야 하는지 계획을 수립하라.

(2) 실험에서 방법A에 의해 훈련받은 훈련생의 수와 방법B에 의해 훈련받은 훈련생의 수가 같고, 측정된 자료로부터 다음과 같이 요약된 값들을 얻었다고 가정한다.

　　[방법A] 훈련생들의 소요시간 합계 = 55, 훈련생들의 소요시간 제곱의 합계 = 285.
　　[방법B] 훈련생들의 소요시간 합계 = 69, 훈련생들의 소요시간 제곱의 합계 = 451.
　　훈련생이 제품을 조립하는 데 걸리는 시간이 정규분포를 따른다고 가정하고 의사결정을 위한 통계적 가설을 설정하라.

(3) 통계적인 방법에 바탕을 둔 의사결정을 하라(단, 유의수준은 5%를 적용하고, 다음 값들을 참고할 것. $F(a, b)$는 자유도 a, b인 $F-$분포, $t(c)$는 자유도 c인 $t-$분포를 의미함).

$$P(F(10, 10) \leq 2.98) = 0.95, \ P(F(10, 10) \leq 3.72) = 0.975,$$
$$P(F(11, 11) \leq 2.82) = 0.95, \ P(F(11, 11) \leq 3.47) = 0.975,$$
$$P(F(20, 20) \leq 2.12) = 0.95, \ P(F(20, 20) \leq 2.46) = 0.975,$$
$$P(F(22, 22) \leq 2.05) = 0.95, \ P(F(22, 22) \leq 2.36) = 0.975,$$
$$P(t(10) \leq 1.812) = 0.95, \ P(t(10) \leq 2.228) = 0.975,$$
$$P(t(11) \leq 1.796) = 0.95, \ P(t(11) \leq 2.201) = 0.975,$$
$$P(t(20) \leq 1.725) = 0.95, \ P(t(20) \leq 2.086) = 0.975,$$
$$P(t(22) \leq 1.171) = 0.95, \ P(t(22) \leq 2.074) = 0.975$$

05 해 설

(1) 실험의 계획

　① 실험의 설계에 앞서 다음과 같은 가정을 한다.

　　$X_1 \sim N(\mu_1, \sigma_1^2)$, $X_2 \sim N(\mu_2, \sigma_2^2)$이고 방법$A$와 방법$B$는 서로 독립이다.

　② 22명의 훈련생을 랜덤하게 두 그룹으로 11명씩 분류한다.

　③ 한 집단은 방법A, 다른 집단은 방법B로 훈련을 실시한 뒤 제품조립 시간을 측정한다.

　④ 방법A와 방법B로 훈련한 후 두 집단 간의 제품조립 시간을 비교한다.

(2) 가설 설정

　① 귀무가설(H_0) : 방법A가 방법B의 제품조립 소요시간보다 크거나 같다($\mu_1 \geq \mu_2$).

　② 대립가설(H_1) : 방법A가 방법B의 제품조립 소요시간보다 작다($\mu_1 < \mu_2$).

(3) 독립표본 t−검정(Independent Sample t−Test)

① 방법 A에 의해 훈련받은 집단을 첫 번째 집단이라 하고 방법 B에 의해 훈련받은 집단을 두 번째 집단이라 하자.

② 22명의 훈련생을 각각 11명씩 두 개의 집단으로 분류하여 실험을 실시하였으므로 비교대상 개체가 서로 다르기 때문에 독립표본 t 검정을 실시한다.

③ 독립표본 t 검정은 두 모집단의 모분산이 동일한지 동일하지 않은지에 따라 검정통계량이 달라진다.

④ $\sum x_{1i} = 55$, $\sum x_{1i}^2 = 285$, $\sum y_{1i} = 69$, $\sum y_{1i}^2 = 451$ 임을 고려하여 각각의 표본분산을 구하면 다음과 같다.

$$s_1^2 = \frac{\sum \left(x_{1i} - \overline{x_1}\right)^2}{n-1} = \frac{1}{n-1}\left(\sum x_{1i}^2 - n\overline{x_1^2}\right) = \frac{1}{10}\left(285 - 11 \times 5^2\right) = 1, \quad \because \sum x_{1i} = n\overline{x_1}$$

$$s_2^2 = \frac{\sum \left(x_{2i} - \overline{x_2}\right)^2}{n-1} = \frac{1}{n-1}\left(\sum x_{2i}^2 - n\overline{x_2^2}\right) = \frac{1}{10}\left(451 - 11 \times 6.27^2\right) = \frac{20}{11}$$

⑤ 모분산 동일성 검정을 위한 가설은 다음과 같다.

귀무가설(H_0) : 두 모집단의 모분산은 동일하다($\sigma_1^2 = \sigma_2^2$).

대립가설(H_1) : 방법 B의 모분산이 방법 A의 모분산보다 크다($\sigma_2^2 > \sigma_1^2$).

⑥ $S_1^2 < S_2^2$ 라는 가정하에 모분산 동일성 검정의 검정통계량은 다음과 같이 결정할 수 있다.

$$F = \frac{S_2^2/\sigma_2^2}{S_1^2/\sigma_1^2} = \frac{S_2^2}{S_1^2} \sim F_{(10, \, 10)}$$

⑦ 검정통계량 값 $F_c = \frac{20}{11} = 1.82$ 가 유의수준 5%에서 기각치 $F_{(0.05, \, 10, \, 10)} = 2.98$ 보다 작으므로 귀무가설을 채택한다. 즉, 유의수준 5%에서 두 모집단의 모분산은 동일하다고 할 수 있다.

⑧ 두 모집단의 모분산은 모르지만 같다는 것이 가정되므로 두 모집단에 대한 모평균에 차이가 있는지 검정하기 위한 검정통계량은 다음과 같이 결정할 수 있다.

$$T = \frac{\overline{X_1} - \overline{X_2}}{S_p \sqrt{\dfrac{1}{n_1} + \dfrac{1}{n_2}}} \sim t_{(n_1 + n_2 - 2)}, \quad \text{여기서 합동표본분산 } S_p^2 = \frac{(n_1-1)S_1^2 + (n_2-1)S_2^2}{(n_1 + n_2 - 2)}$$

⑨ 검정통계량 t 값을 계산하면 다음과 같다.

$$t_c = \frac{\overline{X_1} - \overline{X_2}}{s_p \sqrt{\dfrac{1}{n_1} + \dfrac{1}{n_2}}} = \frac{5 - 6.27}{1.187\sqrt{\dfrac{1}{11} + \dfrac{1}{11}}} = \frac{-1.27}{0.506} \approx -2.5, \quad \because s_p^2 = \frac{(11-1)1 + (11-1)\dfrac{20}{11}}{(11+11-2)} = \frac{310/11}{20} = \frac{31}{22}$$

⑩ 검정통계량 t 값 -2.5가 단측검정 중 좌측검정임을 감안하면 유의수준 5%에서의 기각치 $t_{(0.05, \, 20)} = -1.725$ 보다 작으므로 귀무가설을 기각한다. 즉, 유의수준 5%에서 방법 A가 방법 B의 제품조립 소요시간보다 짧다고 할 수 있으므로 방법 A가 방법 B보다 더 효과적인 방법이라 할 수 있다.

$p-$value(p값)에 대한 정의를 기술하고 통계분석 Package의 출현과 더불어 더욱 중요해지는 이유를 설명하라.

06 해설

유의확률(p값)

① p값이란 귀무가설이 사실이라는 전제하에 검정통계량이 표본에서 계산된 값과 같거나 그 값보다 대립가설 방향으로 더 극단적인 값을 가질 확률이다. 즉, p값은 귀무가설을 기각시킬 수 있는 최소의 유의수준으로 귀무가설이 사실일 확률이라 생각할 수 있다.

② 통계분석 Package에서는 기본적으로 p값을 제공해주기 때문에 유의수준 α를 임의로 정해야 하는 문제점이 해결되고 통계적 분석결과를 인용할 때 분석자 스스로 귀무가설(H_0)을 기각할 것인지 채택할 것인지를 결정할 수 있다.

③ p값에 의해 다음과 같이 가설 검정을 실시할 수 있다.

유의수준 $\alpha >$ 유의확률 p값 $\Rightarrow$ 귀무가설(H_0) 기각

유의수준 $\alpha <$ 유의확률 p값 $\Rightarrow$ 귀무가설(H_0) 채택

다음 그림은 여자 11명과 남자 14명의 주당 독서시간(분) 자료에 대한 상자그림이다. 남녀 간 평균 독서시간에 차이가 있는지 알아보려 한다. 적절한 통계분석 방법을 서술하시오.

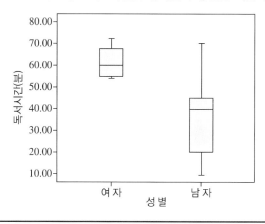

07 해설

독립표본 t-검정(Independent Sample t-Test)

① 여자 11명과 남자 14명은 서로 독립적으로 랜덤하게 분류되었으며 독서시간(분)이 연속형 자료이므로 독립표본 t 검정을 실시한다. 또한 가정으로 $X_1 \sim N(\mu_1,\ \sigma_1^2)$, $X_2 \sim N(\mu_2,\ \sigma_2^2)$ 이고 X_1 과 X_2 는 서로 독립이다.

② 성별에 따라 각각의 상자그림을 그렸으므로 여자 11명과 남자 14명에 대한 전체자료가 알려져 있다. 즉, 알려진 자료를 기초로 성별에 따른 각각의 평균과 표본분산을 구할 수 있다.

③ 독립표본 t 검정은 두 모집단의 모분산이 동일한지 동일하지 않은지에 따라 검정통계량이 달라진다.

④ 모분산 동일성 검정을 위한 가설은 다음과 같다.

　귀무가설(H_0) : 두 모집단의 모분산은 동일하다($\sigma_1^2 = \sigma_2^2$).

　대립가설(H_1) : 남성이 여성의 주당 독서시간에 대한 모분산보다 크다($\sigma_1^2 > \sigma_2^2$).

⑤ $S_1^2 > S_2^2$ 라는 가정하에 모분산 동일성 검정의 검정통계량은 다음과 같이 결정할 수 있다.

$$F = \frac{S_1^2/\sigma_1^2}{S_2^2/\sigma_2^2} = \frac{S_1^2}{S_2^2} \sim F_{(n_1-1,\ n_2-1)}$$

⑥ 검정통계량 값 F_c 와 유의수준 5%에서 기각치 $F_{(0.05,\ n_1-1,\ n_2-1)}$ 를 비교하여 $F_c < F_{(0.05,\ n_1-1,\ n_2-1)}$ 이면 귀무가설을 채택하고 그렇지 않으면 귀무가설을 기각한다.

⑦ 모분산이 동일하다는 가정하에 모평균 차 검정을 위한 가설은 다음과 같다.

- 귀무가설(H_0) : 여자와 남자의 평균독서시간은 같다($\mu_1 = \mu_2$).
- 대립가설(H_1) : 여자와 남자의 평균독서시간은 다르다($\mu_1 \neq \mu_2$).

⑧ 검정통계량을 결정한다.

$$T = \frac{\overline{X_A} - \overline{X_B}}{S_p \sqrt{\dfrac{1}{n_A} + \dfrac{1}{n_B}}} \sim t_{(n_A+n_B-2)}, \ \ \text{단 합동표본분산 } S_p^2 = \frac{(n_A-1)s_A^2 + (n_B-1)s_B^2}{(n_A+n_B-2)}$$

⑨ 검정통계량 값(t_c)과 유의수준 α에서의 기각치($t_{\alpha/2}$)를 비교하여 $|t_c| \geq t_{\alpha/2}$이면 귀무가설을 기각하고 그렇지 않으면 귀무가설을 채택한다.

⑩ 상자그림은 최대값, 최소값, 중앙값, 사분위수로 구성되어있다. 이 통계량들을 바탕으로 평균과 표준편차를 추정할 수 있다.

⑪ 최대값, 최소값, 중앙값을 바탕으로 한 평균과 표준편차의 추정량은 다음과 같다.

a : 최소값, b : 최대값, m : 중앙값, n : 표본 수

$$\bar{x} = \frac{a+2m+b}{4} + \frac{a-2m+b}{4n}$$

$$s^2 = \frac{1}{n-1}\left\{a^2 + m^2 + b^2 + \left(\frac{n-3}{2}\right)\left[\frac{(a+m)^2 + (m+b)^2}{4}\right] - n\left(\frac{a+2m+b}{4} + \frac{a-2m+b}{4n}\right)^2\right\}$$

08

다음 각 문제에 대해 답하라.

(1) 식약청에서 중국에서 수입된 농산물의 농약 잔류검사를 위해 다음과 같은 귀무가설(Null Hypothesis)을 세웠다.

> H_0 : 농약 잔류치는 허용치 이하이다.

중국산 농산물의 잔류치에 대한 자료를 얻은 다음 검정한 결과 유의수준(Level of Significance) 0.05에서 귀무가설을 기각하지 않았다. 만약 같은 자료를 이용하여 유의수준 0.01과 0.1에서 검정을 시행한다면 각각 어떤 결과가 나올 것인가?

(2) 어떤 정책에 대한 지지도를 조사하여 95% 신뢰구간을 구했더니 (35%, 45%)였다. 이 신뢰구간이 의미하는 바는 무엇인가?

(3) 대학수학능력시험의 결과는 원점수, 변환표준점수, 백분위수 등으로 수험생 개개인에게 주어진다. 어떤 학생의 언어와 외국어 모두 90점인데 변환표준점수는 각각 125점과 145점으로 나타났다. 표준변환점수가 계산되는 과정을 설명하고 이처럼 원점수는 같은데 변환표준점수가 다르게 나타나는 이유를 설명하라.

(4) 확률변수 Z_1, Z_2, Z_3, Z_4가 서로 독립이고 표준정규분포인 $N(0, 1)$을 따른다고 가정하자. 다음 각 변수들의 분포를 명시하라.

(a) $\dfrac{Z_1^2 + Z_2^2}{Z_3^2 + Z_4^2}$ (b) $\dfrac{Z_1}{|Z_2|}$ (c) $\dfrac{Z_1 + Z_2}{\sqrt{Z_3^2 + Z_4^2}}$

(5) 확률변수 T가 자유도 n인 t–분포를 따를 때에 $t_{0.025}(n)$는 $P[T > t_{0.025}(n)] = 0.025$을 만족하는 실수값이다. n이 변함에 따라 $t_{0.025}(n)$이 다음과 같이 변한다. n이 매우 커지면 $(n \to \infty)$ $t_{0.025}(n)$은 어떠한 값으로 수렴하는가?

n	$t_{0.025}(n)$
1	12.706
2	4.303
3	3.182
4	2.776
5	2.571
10	2.228
20	2.086
⋮	⋮

08 해설

(1) 유의수준에 따른 귀무가설 검정

① 분석에 앞서 가설을 먼저 설정한다.
- 귀무가설(H_0) : 농약 잔류치는 허용치 이하이다($\mu \leq \mu_0$).
- 대립가설(H_1) : 농약 잔류치를 초과한다($\mu > \mu_0$).

② 단측검정이므로 $P(Z < 1.285) = 0.90$ $P(Z < 1.645) = 0.95$, $P(Z < 1.96) = 0.975$, $P(Z < 2.58) = 0.995$으로 유의수준 0.05에서 귀무가설을 채택하였으므로 검정통계량 값은 1.645보다 작다고 해석할 수 있다.

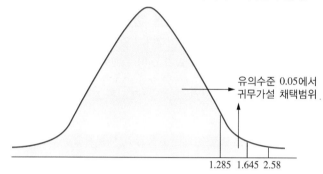

③ 유의수준 0.05에서 검정통계량이 채택영역에 속하므로 유의수준 0.01에서는 계산할 필요 없이 당연하게 채택영역에 들어가며, 유의수준 0.1의 경우는 채택영역이나 기각영역 어느 쪽에도 들어갈 가능성이 있으므로 주어진 문제만으로는 그 결과를 알 수 없다.

(2) 95% 신뢰구간의 의미

어떤 정책에 대한 지지도를 p라 했을 때 모수 p에 대한 95% 신뢰구간의 의미는 신뢰구간을 반복해서 구할 때 전체의 약 95% 정도는 모수 p가 (35%, 45%)사이에 포함될 것이라 기대할 수 있다는 의미이다.

(3) 대학수학능력시험의 표준점수

① X : 원점수, μ : 원점수 평균, σ : 원점수 표준편차라고 한다면, 대학수학능력시험에서 표준점수를 구하는 공식은 아래와 같다.

$$\text{표준점수 } A = \left(\frac{X - \mu}{\sigma} \times 20 \right) + 100$$

여기서 20과 100은 단순히 점수화를 위한 조정에 불과하므로 실질적으로 표준점수는 원점수를 평균과 표준편차를 고려하여 표준화한 점수라고 볼 수 있다.

② 표준점수는 전체 시험성적 분포에서 내 점수의 위치가 실질적으로 어느 정도인지를 알려주는 지표로 사용할 수 있다.

③ 원점수가 같은 90점이라도 시험과목의 난이도에 따른 평균 및 표준편차의 차이로 인해 표준점수는 차이가 날 수 있다.

(4) 특수한 확률분포

(a) $\dfrac{Z_1^2 + Z_2^2}{Z_3^2 + Z_4^2}$

① 확률변수 $Z_i \sim iidN(0, 1)$일 때 Z_i^2은 각각 자유도가 1인 χ^2분포를 따른다.

② $Z_1^2 + Z_2^2 = U \sim \chi^2_{(2)}$, $Z_3^2 + Z_4^2 = V \sim \chi^2_{(2)}$ ∵ 카이제곱분포의 가법성

∴ $\dfrac{Z_1^2 + Z_2^2}{Z_3^2 + Z_4^2} = \dfrac{U/2}{V/2} \sim F_{(2, 2)}$

(b) $\dfrac{Z_1}{|Z_2|}$

   ① $|Z_2| = \sqrt{\dfrac{Z_2^2}{1}}$ 이고, Z_1과 Z_2가 서로 독립이므로 Z_1과 Z_2^2도 서로 독립이 된다.

   ② $Z_1 \sim N(0, 1)$, $Z_2^2 \sim \chi_{(1)}^2$

     $\therefore \dfrac{Z_1}{|Z_2|} = \dfrac{Z_1}{\sqrt{\dfrac{Z_2^2}{1}}} \sim t_{(1)}$

   ③ 자유도가 1인 t분포를 코쉬분포(Cauchy Distribution)라고 한다.

(c) $\dfrac{Z_1 + Z_2}{\sqrt{Z_3^2 + Z_4^2}}$

   ① $Z_1 + Z_2 = Y$라 놓으면 $E(Y) = E(Z_1 + Z_2) = E(Z_1) + E(Z_2) = 0$이고,

     $Var(Y) = Var(Z_1 + Z_2) = Var(Z_1) + Var(Z_2) = 1 + 1 = 2$이 성립한다.

   $\therefore$ Z_1과 Z_2는 서로 독립

   ② 확률변수 Y를 표준화하면 $\dfrac{Y-0}{\sqrt{2}} = Z$이 된다. $Z_3^2 + Z_4^2 = V$라 하면 카이제곱분포의 가법성에 의해

     $Z_3^2 + Z_4^2 = V \sim \chi_{(2)}^2$이 성립한다.

     $\therefore \dfrac{Z_1 + Z_2}{\sqrt{Z_3^2 + Z_4^2}} = \dfrac{Y/\sqrt{2}}{\sqrt{V}} = \dfrac{\sqrt{2}\,Z}{\sqrt{V}} = \dfrac{Z}{\sqrt{V/2}} \sim t_{(2)}$

(5) 중심극한정리(Central Limit Theorem)

① 표본의 크기가 $n \geq 30$이면 대표본으로 간주하여 모집단의 분포와 관계없이 표본평균 $\overline{X}$의 분포는 기대값이 모평균 μ

이고, 분산이 $\dfrac{\sigma^2}{n}$인 정규분포에 근사한다.

$$\overline{X} \sim N\left(\mu,\ \dfrac{\sigma^2}{n}\right), \quad n \to \infty$$

② 결과적으로 $n \to \infty$로 커짐에 따라 $t = \dfrac{\overline{X} - \mu}{S/\sqrt{n}} \sim N(0, 1)$로 근사하게 된다. 즉, $P[Z > 1.96] = 0.025$이므로 $n \to \infty$

일 경우 $t_{0.025}(n)$은 1.96이 된다.

어떤 일기예보의 정확도를 확인하기 위해 '비올 확률 50%'로 비가 예보된 날들을 조사해 보았더니 100일 중 67일은 비가 온 것으로 기록되어 있다. 이 자료를 근거하여 '비올 확률 50%'라는 일기예보의 정확도에 관해 어떻게 말할 수 있겠는가? 그 이유를 설명하라.

09 해설

표본비율 $\hat{p}$에 의한 모비율 p의 검정

① 분석에 앞서 가설을 먼저 설정한다.

- 귀무가설(H_0) : 비올 확률은 50%이다($p = 0.5$).
- 대립가설(H_1) : 비올 확률은 50%가 아니다($p \neq 0.5$).

② 표본비율 $\hat{p}$에 의한 모비율 p의 검정통계량은 $Z = \dfrac{\hat{p} - p_0}{\sqrt{\hat{p}(1-\hat{p})/n}}$ 이다. 하지만 모비율 p가 알려져 있으므로 검정통계량 값

은 $z_c = \dfrac{\hat{p} - p_0}{\sqrt{p_0(1-p_0)/n}} = \dfrac{0.67 - 0.5}{\sqrt{0.5(1-0.5)/100}} = 3.4$이다.

③ $n = 100$으로 대표본이므로, 중심극한정리에 의해 검정통계량 Z는 표준정규분포로 근사할 수 있다.

④ 검정통계량 값 3.4가 유의수준 1%에서의 기각치 2.58보다 크므로 귀무가설을 기각한다. 즉, 유의수준 1%에서 비가 예보된 날에 비올 확률은 50%가 아니라고 할 수 있다.

⑤ 결론적으로 유의수준 1%에서 일기예보가 정확하지 않다고 결론지을 수 있다.

01

기출 2011년

현재 운영 중인 AWS에 내장된 기온센서의 평균수명이 900일로 알려져 있다. 한 개발회사는 새로 개발된 기온센서가 기존의 기온센서보다 평균수명이 길다고 주장하고 있다. 이를 확인하기 위하여 통계적 가설검정을 수행하기로 하였다. 이와 관련하여 다음 물음에 답하시오(단, 모표준편차는 알려져 있지 않다).

(1) 귀무가설과 대립가설을 설정하시오.

(2) 표본크기(n)가 충분히 큰 경우 새로 개발된 기온센서의 평균수명에 대한 검정통계량을 기술하고, 그 검정통계량의 분포에 대하여 설명하시오.

(3) 개발회사의 주장이 맞는지 유의수준 5%에서 검정하는 과정을 기술하시오.

01 해설

(1) 가설 설정

위 문제에서 귀무가설과 대립가설은 각각 다음과 같다.

- 귀무가설(H_0) : 새로 개발된 기온센서의 평균수명은 900일이다($\mu = 900$).
- 대립가설(H_1) : 새로 개발된 기온센서의 평균수명은 900일보다 길다($\mu > 900$).

(2) 모평균 μ의 검정을 위한 검정통계량

① 모분산 σ^2을 모르고 있을 경우 모평균 μ의 검정을 위한 검정통계량은 다음과 같다.

$$t = \frac{\overline{X} - 900}{S/\sqrt{n}}$$

② 이 때 검정통계량 T는 $t_{(n-1)}$을 따른다.

③ 표본크기 n이 충분히 큰 경우 t분포는 표준정규분포 $Z = \dfrac{\overline{X} - \mu}{S/\sqrt{n}} \sim N(0,\ 1)$에 근사한다.

(3) 모평균 μ의 검정

① 귀무가설과 대립가설을 설정한다.

- 귀무가설(H_0) : 새로 개발된 기온센서의 평균수명은 900일이다($\mu = 900$).
- 대립가설(H_1) : 새로 개발된 기온센서의 평균수명은 900일보다 길다($\mu > 900$).

② 검정통계량을 결정한다.

$$T = \frac{\overline{X} - 900}{S/\sqrt{n}} \sim t_{(n-1)}$$

③ 표본크기(n)가 충분히 큰 경우를 가정하였으므로 검정통계량 t는 표준정규분포 Z를 따른다고 가정할 수 있다.

④ 유의수준과 그에 상응하는 기각범위를 결정한다.

유의수준 α가 0.05이고 단측검정이므로 기각치는 +1.645이며, 기각범위는 +1.645보다 큰 경우 귀무가설을 기각한다.

⑤ 실제 검정통계량의 값을 구한 뒤 기각범위와 비교하여 통계적 결정 및 해석을 시행한다.

검정통계량 z_c가 $z_c > 1.645$이면 귀무가설을 기각한다. 이는 유의수준 5%에서 새로 개발된 기온센서의 평균수명은 900일보다 길다는 것을 의미한다. 만약 $z_c \leq 1.645$이면 귀무가설을 채택한다. 이는 유의수준 5%에서 새로 개발된 기온센서의 평균수명은 900일임을 의미한다.

02

A, B 두 지역의 지난 51년간 8월 최고기온(℃)을 측정하여 정리한 결과가 아래 표와 같을 때, 다음 물음에 답하시오(단, 지역별 8월 최고기온은 정규분포를 따른다).

통계값 \ 지역	A지역	B지역
평 균	39	35
표준편차	8	7

(1) 두 지역의 8월 최고기온의 모평균이 동일한지에 대하여 검정하고자 가설 $H_0 : \mu_A = \mu_B$ vs $H_1 : \mu_A \neq \mu_B$을 설정하였다. 유의수준 5%에서 검정하시오(단, 두 지역의 8월 최고기온에 대한 모분산이 동일하다고 가정한다).

(2) 두 지역의 8월 최고기온의 모분산에 대하여 검정하고자 가설 $H_0 : \sigma_A^2 = \sigma_B^2$ vs $H_1 : \sigma_A^2 \neq \sigma_B^2$을 설정하였다. 유의수준 5%에서 검정하시오.

> 필요하면 다음 분포표의 값을 사용하시오.
> $z_{0.025} = 1.96$, $z_{0.05} = 1.645$, $F_{0.025}(50, 50) = 1.75$, $F_{0.05}(50, 50) = 1.60$

02 해설

(1) 독립표본 T검정

① 분석에 앞서 가설은 다음과 같다.

- 귀무가설 $H_0 : \mu_A = \mu_B$
- 대립가설 $H_1 : \mu_A \neq \mu_B$

② 모분산을 모르지만 등분산을 가정하므로 가설검정을 위한 검정통계량은 다음과 같다.

$$T = \frac{\overline{X_A} - \overline{X_B}}{S_p \sqrt{\dfrac{1}{n_A} + \dfrac{1}{n_B}}} \text{, 여기서 } S_p^2 = \frac{(n_A - 1)S_A^2 + (n_B - 1)S_B^2}{(n_A + n_B - 2)} \text{이다.}$$

③ 검정통계량 T는 t-분포 $t_{(n_A + n_B - 2)}$를 따른다.

④ 양측검정이므로 기각역은 $|t_c| \geq t_{(\alpha/2,\ n_A + n_B - 2)}$이다.

⑤ $\overline{x_A} = 39$, $\overline{x_B} = 35$, $n_A = n_B = 51$, $s_A = 8$, $s_B = 7$

$S_p^2 = \dfrac{50 \times 8^2 + 50 \times 7^2}{100} = 32 + 24.5 = 56.5$이므로 검정통계량의 값은 $t_c = \dfrac{39 - 35}{\sqrt{56.5 \times \dfrac{1}{5}}} = 2.66$이다.

⑥ $n_A + n_B - 2 = 100$으로 충분히 크므로 검정통계량 t의 분포를 표준정규분포에 근사할 수 있다.

⑦ 따라서 기각역은 $|t_c| \geq 1.96$이며, $2.66 > 1.96$이므로 귀무가설을 기각한다. 이는 유의수준 5%에서 두 지역의 8월 최고기온의 모평균이 동일하지 않음을 의미한다.

(2) 모분산의 검정

① 설정된 가설은 다음과 같다.

- 귀무가설 $H_0 : \sigma_A^2 = \sigma_B^2$
- 대립가설 $H_1 : \sigma_A^2 \neq \sigma_B^2$

② 모분산의 검정을 위한 검정통계량은 다음과 같다.

$$F = \frac{S_A^2/\sigma_A^2}{S_B^2/\sigma_B^2} = \frac{S_A^2}{S_B^2} \sim F_{(n_A-1,\ n_B-1)}$$

③ 양측검정이므로 기각역은 $F_c \leq F_{(\alpha/2,\ n_A-1,\ n_B-1)}$ 또는 $F_c \geq F_{(1-\alpha/2,\ n_A-1,\ n_B-1)}$ 이다.

④ $s_A = 8$, $s_B = 7$이므로 검정통계량의 값은 $F_c = \dfrac{8^2}{7^2} = \dfrac{64}{49} \approx 1.306$이다.

⑤ $F \sim F_{(50,\ 50)}$에서 $P(F > 1.306) = 0.174$이다. 즉, 1.306은 기각역에 포함되지 않으므로 귀무가설을 채택한다. 즉, 두 지역의 8월 최고기온의 모분산은 유의수준 5%에서 동일하다고 할 수 있다.

PART 08 | 범주형 자료 분석 (Analysis of Categorical Data)

1. 범주형 자료 분석의 이해

관측된 자료들이 어떤 특성을 갖는지에 따라 몇 개의 범주로 분류되고, 각 분류된 범주에 속하는 도수를 이용한 통계적 추론방법을 범주형 자료 분석이라 한다. 두 연속형 변수 간의 선형 연관성을 검정하는 경우 상관분석을 이용하였다. 두 범주형 변수 간의 관계(연관성, 관련성)를 검정하는 경우 카이제곱(Chi-square : χ^2)검정통계량을 이용한다. 카이제곱검정은 교차표 형태로 주어지기 때문에 교차분석(Cross Analysis)이라고도 하며, 카이제곱 독립성 검정과 카이제곱 동질성 검정으로 나뉜다. 또한, 비모수적 방법으로 카이제곱 적합성 검정이 있다.

(1) 척도의 기본 유형

척도란 측정하고자 하는 대상에 부여하는 일련의 기호나 숫자들의 체계를 말한다. 이러한 척도는 다음과 같이 몇 가지 유형으로 분류된다.

① 명목척도(Nominal Scale) : 가장 단순하고 기초적인 척도로서 몇 개의 상호 배타적으로 분류한 범주에 명칭을 붙여 척도의 값으로 나타낸다. 명목척도는 측정대상의 속성에 대해 정확한 파악보다는 기본적인 관계(A는 B와 다르다 등)를 밝혀주므로 척도의 구성은 간단하지만 통계분석 측면에서는 많은 제약을 받게 되는 단점이 있다.

② 서열척도(Ordinal Scale) : 측정대상을 명목척도와 같이 분류할 수 있을 뿐만 아니라 그들의 속성에 따라 각 측정대상들의 등급순위를 결정할 수 있다. 서열척도는 양적인 계산은 불가능하지만 수학적 부등호는 사용할 수 있다. 하지만 범주와 범주사이의 거리가 동일하다고 말 할 수 없으므로 산술평균 또는 표준편차와 같은 통계분석은 제한된다.

③ 등간척도(Interval Scale) : 측정대상을 그들의 속성에 따라 측정대상의 큼, 작음, 같은 것뿐만 아니라 구별되는 급간의 차이가 같다고 하는 동일성의 척도이다. 등간척도에서는 거리가 동일한 두 점간의 차이는 직선상의 어디에서나 같은 의미를 지니기 때문에 덧셈과 뺄셈이 가능하며 숫자 0은 어떤 기준점을 나타내는 표시일 뿐 양적 의미를 지니지 못하기 때문에 상대적 원점(Relative Zero Point)이라고 한다.

④ 비율척도(Ratio Scale) : 가장 많은 정보를 내포하고 있는 척도로서 구간척도가 가지는 모든 성질에 더하여 절대적 영점(Absolute Zero Point)[10]의 값을 가짐으로써 비율의 성격을 지니는 척도이다. 비율척도는 비율이 의미를 가지기 때문에 사칙연산(덧셈, 뺄셈, 곱셈, 나눗셈)이 가능하다.

---

10) 절대적 영점(Absolute Zero Point) : 숫자 0은 측정하려는 특성이 전혀 존재하지 않는다는 것을 나타낸다. 등간척도의 예로 온도가 0이라는 의미는 아무것도 없는 상태가 아니라 상대적으로 0만큼 있는 상태를 의미하므로 상대적 원점이 존재하는 것이고, 비율척도의 예로 무게가 0이라는 의미는 아무것도 없는 상태를 의미하므로 절대적 원점이 존재하는 것이다.

(2) 척도의 유형에 따른 자료의 적절한 통계기법 및 적용 예

등간척도와 비율척도를 구분하는 기준으로 상대적 영점과 절대적 영점 외에도 배수의 개념이 있다. 예를 들어 등간척도인 섭씨 30도는 섭씨 60도보다 2배 따뜻한 개념이 아니라 섭씨 60도가 섭씨 30도 보다 30도만큼 더 많은 양일뿐이다. 하지만, 비율척도인 무게 60kg은 30kg보다 2배 더 무겁기 때문에 배수의 개념이 존재한다.

〈표 8.1〉 척도의 종류에 따른 자료의 적절한 통계기법 및 적용 예

척 도	비교방법	자료의형태	통계기법	적용 예
명목척도	확인, 분류	질적자료	퍼센트, 최빈수, 도수	인종, 성별, 종교
서열척도	순위비교	순위, 등급	중위수, 백분위수, 켄달의 타우, 스피어만의 순위상관계수	직위, 학급석차, 선호도 순위
등간척도	간격비교	양적자료	평균, 표준편차, 피어슨의 적률상관계수	온도, IQ, 주가지수
비율척도	절대적크기비교	양적자료	기하평균, 변동계수	무게, 급여, 시간, 투표율

2. 범주형 자료 분석의 분석절차

범주형 자료 분석은 다음과 같은 절차에 의해 분석한다.

① 가설(귀무가설과 대립가설)을 설정한다.
⇩
② 기대도수를 구한다.
⇩
③ 검정통계량을 결정한다.
⇩
④ 유의수준과 그에 상응하는 기각범위를 결정한다.
⇩
⑤ 검정통계량 값을 계산한다.
⇩
⑥ 검정통계량 값과 유의수준에 상응하는 기각범위를 비교하여 통계적 결정을 한다.

3. 범주형 자료 분석의 종류

(1) 카이제곱 독립성 검정(Chi-Square Independence Test)

카이제곱 독립성 검정은 두 범주형 변수 간에 서로 연관성이 있는지(종속인지) 없는지(독립인지)를 검정한다.

① 자료수집 및 교차표 작성

카이제곱 독립성 검정은 모집단 전체에서 단일표본을 무작위로 추출하며 각 변수별 표본의 크기가 미리 정해져 있지 않다. 일반적으로 영향을 미친다고 생각되는 독립변수를 행으로 하고, 영향을 받는다고 생각되는 종속변수를 열로 하여 교차표를 작성한다. A 변수에 대한 속성이 r개, B변수에 대한 속성이 c개라 할 때, 다음과 같이 $r \times c$교차표를 작성한다.

A＼B	B_1	B_2	$\cdots$	B_c	합 계
A_1	O_{11}	O_{12}	$\cdots$	O_{1c}	$O_{1.}$
A_2	O_{21}	O_{22}	$\cdots$	O_{2c}	$O_{2.}$
$\vdots$	$\vdots$	$\vdots$	$\vdots$	$\vdots$	$\vdots$
A_r	O_{r1}	O_{r2}	$\cdots$	O_{rc}	$O_{r.}$
합계	$O_{.1}$	$O_{.2}$	$\cdots$	$O_{.c}$	n

여기서 $O_{i.} = \sum_{j=1}^{c} O_{ij}$, $O_{.j} = \sum_{i=1}^{r} O_{ij}$, $n = \sum_{i=1}^{r}\sum_{j=1}^{c} O_{ij}$ 이다.

② 가설을 설정한다.

- 귀무가설(H_0) : 변수 A와 B는 서로 독립이다(변수 A와 B는 서로 연관성이 없다).
- 대립가설(H_1) : 변수 A와 B는 서로 독립이 아니다(변수 A와 B는 서로 연관성이 있다).

③ 기대도수를 구한다.

두 변수가 서로 독립이면 P(표본 n명 중 ij셀에 속하는 빈도)$= E_{ij} = \left(\dfrac{O_{i.}}{n}\right)\left(\dfrac{O_{.j}}{n}\right)n$이 된다.

즉, 기대도수 $E_{ij} = \dfrac{O_{i.} \times O_{.j}}{n}$이다.

④ 카이제곱 검정통계량을 결정한다.

$$\chi^2 = \sum_{i=1}^{r}\sum_{j=1}^{c} \frac{\left(O_{ij} - E_{ij}\right)^2}{E_{ij}} \sim \chi^2_{(r-1)(c-1)}$$

여기서 관측도수(Observed Frequency)는 O_{ij}로 표기하고, 기대도수(Expected Frequency)는 E_{ij}로 표기한다.

⑤ 유의수준과 그에 상응하는 기각범위를 결정한다.

귀무가설하에서 관측도수와 기대도수의 차이가 큰지를 검정하기 때문에 유의수준 α에서의 기각치는 $\chi^2_{\alpha,\,(r-1)(c-1)}$이 되고 기각범위는 기각치보다 큰 경우 귀무가설을 기각한다.

⑥ 카이제곱 검정통계량 값을 계산한다.

$$\chi^2_c = \sum_{i=1}^{r}\sum_{j=1}^{c} \frac{\left(o_{ij} - e_{ij}\right)^2}{e_{ij}}$$

⑦ 통계적 결정

카이제곱 검정통계량 값 χ^2_c과 유의수준이 α로 주어졌을 때, 기각치 $\chi^2_{\alpha,\,(r-1)(c-1)}$는 카이제곱 분포의 오른편에 위치하게 되므로 다음과 같이 결과를 분석한다.

$$\chi^2_c \geq \chi^2_{\alpha,\,(r-1)(c-1)} \implies \text{귀무가설}(H_0)\ \text{기각}$$
$$\chi^2_c < \chi^2_{\alpha,\,(r-1)(c-1)} \implies \text{귀무가설}(H_0)\ \text{채택}$$

8.1 어느 병원에 내원한 환자들 중 800명을 임의추출하여 흡연여부와 혈압을 측정한 자료가 다음과 같이 교차표 형태로 주어졌다고 하자. 흡연여부와 혈압은 상호 연관성이 있는지 유의수준 5%에서 검정해보자.

〈표 8.3〉 흡연여부와 혈압에 대한 교차표

흡연여부	혈압			합 계
	고혈압	정 상	저혈압	
흡 연	84	182	34	300
비흡연	76	378	46	500
합 계	160	560	80	800

❶ 두 범주형 변수인 흡연여부와 혈압간에 연관성이 있는지를 검정하므로 카이제곱 독립성 검정을 실시한다.

❷ 분석에 앞서 가설을 먼저 설정한다.
  귀무가설(H_0) : 흡연여부와 혈압은 상호 연관성이 없다(흡연여부와 혈압은 서로 독립이다).
  대립가설(H_1) : 흡연여부와 혈압은 상호 연관성이 있다(흡연여부와 혈압은 서로 독립이 아니다).

❸ 기대도수를 구한다.

$$E_{11} = \frac{300 \times 160}{800} = 60, \quad E_{12} = \frac{300 \times 560}{800} = 210, \quad E_{13} = \frac{300 \times 80}{800} = 30$$

$$E_{21} = \frac{500 \times 160}{800} = 100, \quad E_{22} = \frac{500 \times 560}{800} = 350, \quad E_{23} = \frac{500 \times 80}{800} = 50$$

❹ 카이제곱 검정통계량을 결정한다.

$$\chi^2 = \sum_{i=1}^{r} \sum_{j=1}^{c} \frac{(O_{ij} - E_{ij})^2}{E_{ij}} \sim \chi^2_{(r-1)(c-1)}$$

❺ 유의수준과 그에 상응하는 기각범위를 결정한다.
  귀무가설하에서 관측도수와 기대도수의 차이가 큰지를 검정하기 때문에 유의수준 α 에서의 기각치는 $\chi^2_{\alpha,(r-1)(c-1)}$ 이 되고 기각범위는 기각치보다 큰 경우 귀무가설을 기각한다.

❻ 카이제곱 검정통계량 값을 계산한다.

$$\chi^2_c = \sum_{i=1}^{2} \sum_{j=1}^{3} \frac{(o_{ij} - e_{ij})^2}{e_{ij}} = \frac{(84-60)^2}{60} + \frac{(182-210)^2}{210} + \cdots + \frac{(46-50)^2}{50} = 23.78$$

❼ 검정통계량 값이 23.78로 유의수준 $\alpha = 0.05$ 에서의 기각치 $\chi^2_{0.05,\,2} = 5.991$ 보다 크므로 귀무가설 (H_0)을 기각한다. 즉, 유의수준 5%에서 흡연여부와 혈압은 상호 연관성이 있다고 할 수 있다.

PLUS ONE **카이제곱 독립성 검정의 적용 예**

① 학력(고졸, 전문대졸, 대졸)과 재산 정도(상, 중, 하)사이에 연관성이 있는지를 검정
② 지역(농촌, 도시)과 전공(인문, 사회과학, 자연과학)선택에 관련성이 있는지를 검정
③ 혈압(고혈압, 정상, 저혈압)과 몸무게(비만, 정상, 저체중)는 서로 독립인지를 검정

(2) 카이제곱 동질성 검정(Chi-square Homogeneity Test)

카이제곱 동질성 검정은 하나의 특성에 대하여 몇 개의 범주로 분류된 자료가 주어졌을 때 여러 모집단들이 주어진 특성에 대하여 서로 동일한 분포를 하는지 검정하는 것이다.

① 자료수집 및 교차표 작성

카이제곱 동질성 검정은 모집단을 r개의 부차모집단으로 분류한 뒤, 표본을 각각의 부차모집단에서 무작위로 추출한다. 각 집단별 표본의 크기를 미리 정한 후 표본을 추출하기 때문에 〈표 8.4〉에서 각 집단별 표본의 크기인 n_1, n_2, $\cdots$,n_r이 미리 정해져 있다는 것이 카이제곱 독립성 검정과 차이점이다. A변수에 대한 집단이 r개, B변수에 대한 범주가 c개라 할 때 $r \times c$ 교차표를 만든다.

〈표 8.4〉 카이제곱 동질성 검정의 $r \times c$ 교차표

집 단 \ B	B_1	B_2	$\cdots$	B_c	합 계
A_1	O_{11}	O_{12}	$\cdots$	O_{1c}	n_1
A_2	O_{21}	O_{22}	$\cdots$	O_{2c}	n_2
$\vdots$	$\vdots$	$\vdots$	$\vdots$	$\vdots$	$\vdots$
A_r	O_{r1}	O_{r2}	$\cdots$	O_{rc}	n_r
합 계	$O_{.1}$	$O_{.2}$	$\cdots$	$O_{.c}$	n

② 가설을 설정한다.

- 귀무가설(H_0) : 각 집단이 변수 B의 범주에 대해 동일한 비율을 가진다.

$$(p_{11},\ p_{12},\ \cdots,\ p_{1c}) = (p_{21},\ p_{22},\ \cdots,\ p_{2c}) = \cdots = (p_{r1},\ p_{r2},\ \cdots,\ p_{rc})$$

- 대립가설(H_1) : 각 집단이 변수 B의 범주에 대해 동일한 비율을 갖지 않는다(귀무가설이 아니다).

③ 기대도수를 구한다.

각 수준이 동일이라면 셀의 기대도수 $E_{ij} = $ (전체 열 퍼센트)$\times$(행의 총 빈도)$= \left(\dfrac{O_{.j}}{n}\right)O_{i.}$이 된

다. 즉, 기대도수 $E_{ij} = \dfrac{O_{i.} \times O_{.j}}{n}$이다.

④ 카이제곱 검정통계량을 결정한다.

$$\chi^2 = \sum_{i=1}^{r} \sum_{j=1}^{c} \frac{(O_{ij} - E_{ij})^2}{E_{ij}} \sim \chi^2_{(r-1)(c-1)}$$

⑤ 유의수준과 그에 상응하는 기각범위를 결정한다.

귀무가설하에서 관측도수와 기대도수의 차이가 큰지를 검정하기 때문에 유의수준 α에서의 기각치는 $\chi^2_{\alpha,\ (r-1)(c-1)}$이 되고 기각범위는 기각치보다 큰 경우 귀무가설을 기각한다.

⑥ 카이제곱 검정통계량 값을 계산한다.

$$\chi_c^2 = \sum_{i=1}^{r} \sum_{j=1}^{c} \frac{(o_{ij} - e_{ij})^2}{e_{ij}}$$

⑦ 통계적 결정

카이제곱 검정통계량 값 χ_c^2 과 유의수준이 α 로 주어졌을 때, 기각치 $\chi_{\alpha,\,(r-1)(c-1)}^2$ 는 카이제곱 분포의 오른편에 위치하게 되므로 다음과 같이 결과를 분석한다.

$$\chi_c^2 \geq \chi_{\alpha,\,(r-1)(c-1)}^2 \implies \text{귀무가설}(H_0) \text{ 기각}$$

$$\chi_c^2 < \chi_{\alpha,\,(r-1)(c-1)}^2 \implies \text{귀무가설}(H_0) \text{ 채택}$$

예제

8.2 어느 마케팅 부서에서는 연령대에 따라 마트선호도에 차이가 있는지를 알아보기 위해 각 연령대별 200명씩 조사한 결과 다음의 자료를 얻었다. 연령대에 따라 마트선호도에 차이가 있는지를 유의수준 1%에서 검정해보자.

〈표 8.5〉 연령대에 따른 마트선호도 교차표

연령대	마트선호도			합 계
	E	L	H	
20대 미만	73	71	56	200
20~30대	102	55	43	200
40~50대	73	66	61	200
60대 이상	62	98	40	200
합 계	310	290	200	800

❶ 연령대별 표본의 크기가 200명으로 고정되어있으며 연령대에 따라 마트선호도에 차이가 있는지를 검정하므로 카이제곱 동질성 검정을 실시한다.

❷ 분석에 앞서 가설을 먼저 설정한다.
- 귀무가설(H_0) : 연령대에 따라 마트선호도의 비율은 같다(연령대에 따라 마트선호도에 차이가 없다).
- 대립가설(H_1) : 연령대에 따라 마트선호도의 비율은 같지 않다(연령대에 따라 마트선호도에 차이가 있다).

❸ 기대도수를 구한다.

$$E_{11} = \frac{200 \times 310}{800} = 77.5, \quad E_{12} = \frac{200 \times 290}{800} = 72.5, \quad E_{13} = \frac{200 \times 200}{800} = 50$$

$$E_{21} = \frac{200 \times 310}{800} = 77.5, \quad E_{22} = \frac{200 \times 290}{800} = 72.5, \quad E_{23} = \frac{200 \times 200}{800} = 50$$

$$E_{31} = \frac{200 \times 310}{800} = 77.5, \quad E_{32} = \frac{200 \times 290}{800} = 72.5, \quad E_{33} = \frac{200 \times 200}{800} = 50$$

$$E_{41} = \frac{200 \times 310}{800} = 77.5, \quad E_{42} = \frac{200 \times 290}{800} = 72.5, \quad E_{43} = \frac{200 \times 200}{800} = 50$$

❹ 카이제곱 검정통계량을 결정한다.

$$\chi^2 = \sum_{i=1}^{r} \sum_{j=1}^{c} \frac{(O_{ij} - E_{ij})^2}{E_{ij}} \sim \chi_{(r-1)(c-1)}^2$$

❺ 유의수준과 그에 상응하는 기각범위를 결정한다.

귀무가설하에서 관측도수와 기대도수의 차이가 큰지를 검정하기 때문에 유의수준 α에서의 기각치는 $\chi^2_{\alpha,\,(r-1)(c-1)}$이 되고 기각범위는 기각치보다 큰 경우 귀무가설을 기각한다.

❻ 카이제곱 검정통계량 값을 계산한다.

$$\chi^2_c = \sum_{i=1}^{4} \sum_{j=1}^{3} \frac{(o_{ij} - e_{ij})^2}{e_{ij}} = \frac{(73 - 77.5)^2}{77.5} + \frac{(71 - 72.5)^2}{72.5} + \cdots + \frac{(40 - 50)^2}{50} = 31.3$$

❼ 검정통계량 값이 31.3으로 유의수준 $\alpha = 0.01$에서의 기각치 $\chi^2_{0.01,\,6} = 16.81$보다 크므로 귀무가설 (H_0)을 기각한다. 즉, 유의수준 1%에서 연령대에 따라 마트선호도에 차이가 있다고 결론 내릴 수 있다.

PLUS ONE **카이제곱 동질성 검정의 적용 예**

① 직종(판매직, 사무직)에 따라 회사만족도(만족, 보통, 불만)에 차이가 있는지 검정
② 지역에 따라 정당선호도(A, B, C)에 차이가 있는지 검정
③ 인종(백인, 흑인, 황인)에 따라 눈의 색깔에 차이가 있는지를 검정

PLUS ONE **카이제곱검정 결과 해석**

① 카이제곱 검정통계량 $\chi^2 = \displaystyle\sum_{i=1}^{r} \sum_{j=1}^{c} \frac{(O_{ij} - E_{ij})^2}{E_{ij}}$에서 분자 부분의 관측도수와 기대도수의 차가 클수록 대립가설을 지지하여 귀무가설을 기각한다.
② 귀무가설하에서 관측도수와 기대도수의 차이가 큰지를 검정하기 때문에 단측검정 중 우측검정에 해당하며 기각역은 이 카이제곱분포의 오른편에 있게 된다.
③ 검정통계량 값 χ^2_c과 유의수준 α에서의 기각치 $\chi^2_{\alpha,\,(r-1)(c-1)}$를 비교하여 검정통계량 값이 기각치보다 크면 귀무가설을 기각한다.
④ 유의수준과 유의확률을 비교하여 유의수준이 유의확률보다 크면 귀무가설을 기각한다.

---

(3) 카이제곱 독립성 검정과 카이제곱 동질성 검정의 차이 비교

① 자료수집 단계

카이제곱 독립성 검정은 모집단 전체에서 단일표본을 무작위 추출하기 때문에 각 변수별 표본의 크기가 미리 정해져 있지 않는 반면 카이제곱 동질성 검정은 모집단을 몇 개의 부차모집단으로 분류한 뒤, 표본을 각각의 부차모집단에서 무작위로 추출하기 때문에 각 집단별 표본의 크기를 미리 정해놓고 표본을 추출한다.

집 단 ＼ B	B_1	B_2	$\cdots$	B_c	합 계
A_1	O_{11}	O_{12}	$\cdots$	O_{1c}	n_1
A_2	O_{21}	O_{22}	$\cdots$	O_{2c}	n_2
$\vdots$	$\vdots$	$\vdots$	$\vdots$	$\vdots$	$\vdots$
A_r	O_{r1}	O_{r2}	$\cdots$	O_{rc}	n_r
합 계	$O_{.1}$	$O_{.2}$	$\cdots$	$O_{.c}$	n

즉, 자료수집 단계에서 카이제곱 동질성 검정은 각 집단별 표본크기인 n_1, n_2, $\cdots$, n_r이 미리 정해져 있는 반면 카이제곱 독립성 검정은 각 변수별 표본의 크기가 미리 정해져 있지 않다.

② 가설 설정

㉠ 카이제곱 독립성 검정의 가설은 다음과 같다.

- 귀무가설(H_0) : 변수 A와 B는 서로 독립이다(변수 A와 B는 서로 연관성이 없다).
- 대립가설(H_1) : 변수 A와 B는 서로 독립이 아니다(변수 A와 B는 서로 연관성이 있다).

㉡ 카이제곱 동질성 검정의 가설은 다음과 같다.

- 귀무가설(H_0) : 각 집단이 변수 B의 범주에 대해 동일한 비율을 가진다.

$$(p_{11}, p_{12}, \cdots, p_{1c}) = (p_{21}, p_{22}, \cdots, p_{2c}) = \cdots = (p_{r1}, p_{r2}, \cdots, p_{rc})$$

- 대립가설(H_1) : 각 집단이 변수 B의 범주에 대해 동일한 비율을 갖지 않는다(귀무가설이 아니다).

③ 기대도수와 자유도

㉠ 카이제곱 독립성 검정에서 A변수의 i번째 범주이고 B변수의 j번째 범주에 속할 확률을 p_{ij}라고 한다면 A변수의 i번째 범주와 B변수의 j번째 범주에 나타난 관측도수 O_{ij}는 다항분포 $O_{ij} \sim MN(n, p_{11}, p_{12}, \cdots, p_{1c}, p_{21}, \cdots, p_{rc})$를 따른다고 할 수 있다.

즉, $\sum_{i=1}^{r} \sum_{j=1}^{c} \dfrac{(O_{ij} - np_{ij})^2}{np_{ij}}$은 전체 표본크기가 n이므로 전체 표본크기에서 하나를 뺀 자유도가 $(n-1) = (rc - 1)$인 카이제곱분포에 근사한다. 귀무가설인 두 변수 A와 B가 서로 독립이 되기 위해서는 다음이 성립해야 한다.

$p_{ij} = P(A$변수의 i번째 범주이고 B변수의 j번째 범주$)$

$\quad = P(A$변수의 i번째 범주$)P(B$변수의 j번째 범주$)$

$\quad = p_{i.}p_{.j}$

관측도수에 대한 기대도수 $\widehat{O_{ij}} = E_{ij} = n\widehat{p_{i.}}\widehat{p_{.j}}$를 구하기 위해서는 $\hat{p}_{i.}$과 $\hat{p}_{.j}$을 추정해야 한다.

$\widehat{p_{i.}}$과 $\widehat{p_{.j}}$의 최대가능도추정량이 $\widehat{p_{i.}} = \dfrac{\sum\limits_{j=1}^{c} O_{ij}}{n}$ 과 $\widehat{p_{.j}} = \dfrac{\sum\limits_{i=1}^{r} O_{ij}}{n}$ 이므로 귀무가설하에서 다음과 같은 검정통계량을 사용할 수 있다.

$$\sum_{i=1}^{r}\sum_{j=1}^{c} \frac{\left(O_{ij} - n\widehat{p_{i.}}\,\widehat{p_{.j}}\right)^2}{n\widehat{p_{i.}}\,\widehat{p_{.j}}} = \sum_{i=1}^{r}\sum_{j=1}^{c} \frac{\left(O_{ij} - E_{ij}\right)^2}{E_{ij}}$$

위의 추정량 $\widehat{p_{i.}}$과 $\widehat{p_{.j}}$에서 $\sum\limits_{i=1}^{r}\widehat{p_{i.}} = \widehat{p_{1.}} + \widehat{p_{2.}} + \cdots + \widehat{p_{r.}} = 1$이고 $\sum\limits_{j=1}^{c}\widehat{p_{.j}} = \widehat{p_{.1}} + \widehat{p_{.2}} + \cdots + \widehat{p_{.c}} = 1$인 제약조건이 있으므로 추정해야 할 모수의 수는 $(r-1) + (c-1)$개가 된다. 즉, 자유도는 다음과 같이 주어지게 된다.

자유도 = 전체 표본크기 − 제약조건의 수 − 추정해야 할 모수

$$= (rc - 1) - [(r-1) + (c-1)]$$
$$= rc - r - c + 1$$
$$= (r-1)(c-1)$$

결과적으로 검정통계량 $\sum\limits_{i=1}^{r}\sum\limits_{j=1}^{c} \dfrac{\left(O_{ij} - n\widehat{p_{i.}}\,\widehat{p_{.j}}\right)^2}{n\widehat{p_{i.}}\,\widehat{p_{.j}}}$ 은 자유도가 $(r-1)(c-1)$인 카이제곱 분포에 근사한다.

ⓛ 카이제곱 동질성 검정에서는 각 집단으로 분류된 표본크기인 $n_1, n_2, \cdots, n_r$ 이 미리 정해져있다는 조건하에 B변수의 j번째 범주에 속할 확률을 $p_{j|i}$라고 한다면 각 집단별 관측도수 O_{ij}는 다음과 같은 다항분포를 따른다고 할 수 있다.

$$\left(O_{11}, O_{12}, \cdots, O_{1c}\right) \sim MN\left(n_1, p_{1|1}, p_{2|1}, \cdots, p_{c|1}\right)$$
$$\left(O_{21}, O_{22}, \cdots, O_{2c}\right) \sim MN\left(n_2, p_{1|2}, p_{2|2}, \cdots, p_{c|2}\right)$$
$$\vdots$$
$$\left(O_{r1}, O_{r2}, \cdots, O_{rc}\right) \sim MN\left(n_r, p_{1|r}, p_{2|r}, \cdots, p_{c|r}\right)$$

즉, $\sum\limits_{i=1}^{r}\sum\limits_{j=1}^{c} \dfrac{\left(O_{ij} - np_{j|i}\right)^2}{np_{j|i}}$ 은 전체 표본크기가 n이므로 전체 표본크기에서 r개를 뺀 자유도가 $(n-r) = (rc - r) = r(c-1)$인 카이제곱분포에 근사한다. 귀무가설인 r개인 모집단이 동일한 분포를 갖기 위해서는 각 집단에 대해서 $p_{j|i} = p_j$이 성립해야 한다.

관측도수에 대한 기대도수 $\widehat{O_{ij}} = E_{ij} = n\widehat{p_j}$를 구하기 위해서는 $\widehat{p_j}$을 추정해야 한다.

$\widehat{p_j}$의 최대가능도추정량이 $\widehat{p_j} = \dfrac{\sum\limits_{i=1}^{r} O_{ij}}{n}$ 이므로 귀무가설하에서 다음과 같은 검정통계량을 사용할 수 있다.

$$\sum_{i=1}^{r}\sum_{j=1}^{c} \frac{\left(O_{ij} - n\widehat{p_j}\right)^2}{n\widehat{p_j}} = \sum_{i=1}^{r}\sum_{j=1}^{c} \frac{\left(O_{ij} - E_{ij}\right)^2}{E_{ij}}$$

위의 추정량 $\hat{p}_j$에서 $\sum_{j=1}^{c} \hat{p}_j = \hat{p}_1 + \hat{p}_2 + \cdots + \hat{p}_c = 1$인 제약조건이 있으므로 추정해야 할 모수의 수는 $(c-1)$개가 된다. 즉, 자유도는 다음과 같이 주어지게 된다.

자유도 = 전체 표본크기 − 제약조건의 수 − 추정해야 할 모수

$$= r(c-1) - (c-1)$$
$$= rc - r - c + 1$$
$$= (r-1)(c-1)$$

결과적으로 검정통계량 $\sum_{i=1}^{r} \sum_{j=1}^{c} \dfrac{(O_{ij} - n\hat{p}_j)^2}{n\hat{p}_j}$은 자유도가 $(r-1)(c-1)$인 카이제곱분포에 근사한다.

④ 결과해석

카이제곱 독립성 검정과 카이제곱 동질성 검정은 귀무가설하에서 관측도수와 기대도수의 차이가 큰지를 검정하기 때문에 단측검정 중 우측검정에 해당하며 기각역은 이 카이제곱분포의 오른편에 있게 됨을 유의하자. 즉, 검정통계량 값 χ_c^2과 유의수준 α에서의 기각치 $\chi_{\alpha,\,(r-1)(c-1)}^2$를 비교하여 검정통계량 값이 기각치보다 크면 귀무가설을 기각한다. 카이제곱 독립성 검정에서 귀무가설이 기각되었다면 두 변수는 서로 연관성이 있다(두 변수는 서로 독립이 아니다)고 할 수 있다. 또한, 카이제곱 동질성 검정에서 귀무가설이 기각되었다면 각 집단은 변수 B의 범주에 대해 동일한 비율(분포)을 갖지 않는다고 할 수 있다.

> **PLUS ONE** 카이제곱 독립성 검정과 카이제곱 동질성 검정 비교
>
> ① 카이제곱 독립성 검정과 카이제곱 동질성 검정은 검정통계량과 자유도를 유도하는 과정에는 서로 차이가 있지만 검정통계량의 형태와 자유도가 일치하여 실제 어느 검정을 하던지 검정결과는 동일하다.
> ② 가설 설정과 자료수집 단계 및 결과를 해석하는 부분에 차이가 있다.
> ③ 각 집단별 표본크기가 미리 정해져 있으면 카이제곱 동질성 검정으로 판단하고 표본크기가 미리 정해져 있지 않다면 카이제곱 독립성 검정으로 판단하면 된다.

(4) 카이제곱 적합성 검정(Chi-Square Goodness of Fit Test)

단일표본에서 한 변수의 범주 값에 따라 기대도수와 관측도수 간에 유의한 차이가 있는지를 검정한다.

① 카이제곱 적합성 검정의 자료구조 형태는 다음과 같다.

〈표 8.7〉 카이제곱 적합성 검정의 자료구조 형태

범 주	1	2	⋯	k	합 계
관측도수(O_i)	O_1	O_2	⋯	O_k	n
범주에 속할 확률(p_i)	p_1	p_2	⋯	p_k	1

② i번째 범주에 속할 확률 p_i가 미리 주어진 확률 π_i와 같은지 검정하기 위한 가설을 세운다.

- 귀무가설(H_0) : $p_1 = \pi_1, \cdots, p_k = \pi_k$
- 대립가설(H_1) : 귀무가설(H_0)이 아니다.

③ 기대 도수 $E_i = n\pi_i$를 구한다.

④ 카이제곱 검정통계량을 결정한다.

$$\chi^2 = \sum_{i=1}^{k} \frac{(O_i - E_i)^2}{E_i} \sim \chi_{(k-1)}^2$$

⑤ 유의수준과 그에 상응하는 기각범위를 결정한다.

귀무가설하에서 관측도수와 기대도수의 차이가 큰지를 검정하기 때문에 유의수준 α에서의 기각치는 $\chi_{\alpha,\,k-1}^2$이 되고 기각범위는 기각치보다 큰 경우 귀무가설을 기각한다.

⑥ 카이제곱 검정통계량 값을 계산한다.

$$\chi_c^2 = \sum_{i=1}^{k} \frac{(o_i - e_i)^2}{e_i}$$

⑦ 통계적 결정

카이제곱 검정통계량 값과 유의수준이 α로 주어졌을 때, 기각치는 카이제곱분포의 오른편에 있게 되므로 다음과 같이 결과를 분석한다.

$\chi_c^2 \geq \chi_{\alpha,\,k-1}^2 \implies$ 귀무가설(H_0) 기각

$\chi_c^2 < \chi_{\alpha,\,k-1}^2 \implies$ 귀무가설(H_0) 채택

예제

8.3 국내자동차 시장점유율은 현대 37%, 기아 33%, 한국지엠 13%, 르노삼성 9%, 쌍용 8%라고 알려져 있다. 1000명을 랜덤추출하여 조사한 결과가 다음과 같다고 할 때 이 자료로부터 기존에 알려진 국내자동차 시장점유율이 옳다고 할 수 있는지 유의수준 5%에서 검정해보자.

〈표 8.8〉 국내자동차 선호도조사 결과

상 표	현 대	기 아	한국지엠	르노삼성	쌍 용
선호도(단위 : 명)	242	354	168	152	94

❶ 단일표본에서 i번째 범주에 속할 확률 p_i가 미리 주어진 확률 π_i와 같은지를 검정하므로 카이제곱 적합성 검정을 실시한다.

❷ 분석에 앞서 가설을 먼저 설정한다.
- 귀무가설(H_0) : 국내자동차 현대, 기아, 한국지엠, 르노삼성, 쌍용의 시장점유율은 각각 37%, 33%, 13%, 9%, 8%이다.
- 대립가설(H_1) : 국내자동차 현대, 기아, 한국지엠, 르노삼성, 쌍용의 시장점유율은 각각 37%, 33%, 13%, 9%, 8%이 아니다.

❸ 범주에 속할 확률에 표본크기 1000명을 곱하여 기대도수를 구하면 다음과 같다.

〈표 8.9〉 국내자동차 선호도에 대한 기대도수

범 주	현 대	기 아	한국지엠	르노삼성	쌍 용
관측도수	242	354	168	152	94
범주에 속할 확률	0.37	0.33	0.13	0.09	0.08
기대도수	370	330	130	90	80

❹ 카이제곱 검정통계량을 결정한다.

$$\chi^2 = \sum_{i=1}^{k} \frac{(O_i - E_i)^2}{E_i} \sim \chi^2_{(k-1)}$$

❺ 유의수준과 그에 상응하는 기각범위를 결정한다.

귀무가설하에서 관측도수와 기대도수의 차이가 큰지를 검정하기 때문에 유의수준 α에서의 기각치는 $\chi^2_{\alpha,\,(k-1)}$이 되고 기각범위는 기각치보다 큰 경우 귀무가설을 기각한다.

❻ 카이제곱 검정통계량 값을 계산한다.

$$
\begin{aligned}
\chi^2_c &= \sum_{i=1}^{5} \frac{(o_i - e_i)^2}{e_i} \\
&= \frac{(242-370)^2}{370} + \frac{(354-330)^2}{330} + \frac{(168-130)^2}{130} + \frac{(152-90)^2}{90} + \frac{(94-80)^2}{80} \\
&= 102.3
\end{aligned}
$$

❼ 검정통계량 값이 102.3으로 유의수준 5%에서의 기각치 $\chi^2(4, 0.05) = 9.488$보다 크므로 귀무가설을 기각한다. 즉, 유의수준 5%에서 국내자동차 현대, 기아, 한국지엠, 르노삼성, 쌍용의 시장점유율은 각각 37%, 33%, 13%, 9%, 8%가 아니라고 할 수 있다.

---

(5) 모집단 분포에 대한 카이제곱 적합성 검정

위의 카이제곱 적합성 검정에서 i번째 범주에 속할 확률 p_i가 알려져 있지 않은 경우 주어진 자료가 어떤 분포를 따르는가를 검정한다. 각 범주에 속할 확률이 미지의 모수에 의해 결정될 때 모수는 최대 가능도추정량으로 대치하고 이를 이용하여 각 범주에 속할 확률을 구한다. 이렇게 만들어진 검정통계량은 카이제곱 적합성 검정에 이용된 $\chi^2 = \sum_{i=1}^{k} \frac{(O_i - E_i)^2}{E_i}$로 주어진다. 이 때 확률변수 χ^2은 근사적으로 카이제곱분포를 따르며 자유도는 범주의수$-$추정된 모수의 수-1임에 유의한다. 즉, 표본으로부터 미지의 모수를 추정함으로 인해 가설검정을 위한 정보의 손실을 초래하였으며 이는 자유도의 감소로 반영된다.

모집단 분포에 대한 카이제곱 적합성 검정에 흔히 사용되는 귀무가설의 예는 다음과 같다.

① 귀무가설(H_0) : 주어진 자료는 이항분포를 따른다.

② 귀무가설(H_0) : 주어진 자료는 포아송분포를 따른다.

③ 귀무가설(H_0) : 주어진 자료는 지수분포를 따른다.

④ 귀무가설(H_0) : 주어진 자료는 정규분포를 따른다.

위에서 설정한 귀무가설에 대해 모집단의 분포가 이산확률분포인 경우와 연속확률분포인 경우 검정방법에 있어 약간의 차이가 있으므로 다음의 예제를 통해 살펴보도록 한다.

8.4 다음 자료는 즉석복권을 하루에 두 장씩 50일간 구매한 자료로서 매일 구매한 두 장의 복권 중 당첨된 복권의 수를 기록한 결과이다($\chi_\alpha^2(\nu)$는 자유도가 ν인 카이제곱 분포의 상위 100 α-백분위수를 나타내고, $\chi_{0.025}^2(1) = 5.024$, $\chi_{0.025}^2(2) = 7.378$, $\chi_{0.025}^2(3) = 9.348$, $\chi_{0.05}^2(1) = 3.841$, $\chi_{0.05}^2(2) = 5.991$, $\chi_{0.05}^2(3) = 7.815$ 이다).

〈표 8.10〉 50일간 구매 간 즉석복권 중 당첨된 복권 수 자료

1	0	0	1	0	0	0	1	0	0
0	0	1	0	1	0	0	0	0	1
2	0	1	1	1	1	0	0	0	0
0	1	1	0	1	2	0	0	0	0
1	0	1	1	1	0	0	1	1	0

위의 자료를 하루에 당첨된 복권의 수를 기준으로 세 개의 범주 $X_0 = \{0\}$, $X_1 = \{1\}$, $X_2 = \{2\}$로 분류하여 관측도수를 구한 후, 이를 이용하여 위의 자료가 이항분포를 따르는지 유의수준 5%에서 검정해보자.

❶ 이항분포의 모수인 성공률 p가 알려져 있지 않으므로 모집단 분포에 대한 카이제곱 적합성 검정을 실시한다.

❷ 분석에 앞서 가설을 먼저 설정한다.
- 귀무가설(H_0) : 주어진 자료는 이항분포를 따른다.
- 대립가설(H_1) : 주어진 자료는 이항분포를 따르지 않는다.

❸ 하루에 두 장씩 50일간 복권을 구매하였으므로 총 100장의 복권을 구매한 셈이다. 이 중 당첨된 복권은 23장이므로 주어진 자료를 통해 $\hat{p} = 0.23$으로 추정할 수 있다.

❹ 이항분포의 확률질량함수가 $f(x) = {}_nC_x p^x(1-p)^{n-x}$임을 고려하여 $P(X_0)$, $P(X_1)$, $P(X_2)$의 확률을 구하면 다음과 같다.

$P(X_0) = {}_2C_0(0.23)^0(0.77)^2 = 0.5929$

$P(X_1) = {}_2C_1(0.23)^1(0.77)^1 = 2 \times 0.23 \times 0.77 = 0.3542$

$P(X_2) = {}_2C_2(0.23)^2(0.77)^0 = 0.0529$

❺ 범주에 속할 확률에 50일을 곱하여 기대되는 복권당첨의 기대일수를 구하면 다음과 같다.

〈표 8.11〉 각 범주에 대한 복권당첨 횟수의 기대도수

범 주	A_0	A_1	A_2
관측도수	29	19	2
범주에 속할 확률	0.5929	0.3542	0.0529
기대도수	29.645	17.71	2.645

❻ 카이제곱 검정통계량 값을 계산한다.

$$\chi_c^2 = \frac{(29-29.645)^2}{29.645} + \frac{(19-17.71)^2}{17.71} + \frac{(2-2.645)^2}{2.645} \approx 1.47$$

❼ 자유도는 당첨된 복권 수를 3개의 범주로 나누었으므로 $k = 3$이 되고, 추정된 모수가 p 하나이므로 다음과 같이 계산한다.

자유도 $= (k-1) - (추정된 모수의 수) = (3-1) - 1 = 1$

❽ 검정통계량 값 1.47이 유의수준 5%에서의 기각치 $\chi^2_{(0.05,\,1)} = 3.841$보다 작으므로 귀무가설을 채택한다. 즉, 유의수준 5%에서 위의 자료는 이항분포를 따른다고 할 수 있다.

예제

8.5 다음 자료는 경찰청에 걸려온 장난전화 건수를 30일간 관측한 자료이다. 이 자료를 5개의 범주 $A_1 = \{0,\,1\}$, $A_2 = \{2\}$, $A_3 = \{3\}$, $A_4 = \{4\}$, $A_5 = \{5\ \text{이상}\}$로 분류하여 장난전화 건수가 포아송분포를 따르는지 유의수준 5%에서 검정해보자.

〈표 8.12〉 일자별 경찰청에 걸려온 장난전화 건수

3	7	4	0	12	0	4	5	2	1
2	0	1	3	6	7	3	4	15	2
2	3	13	2	4	1	5	7	2	0

❶ 포아송분포의 모수인 평균이 알려져 있지 않으므로 모집단 분포에 대한 카이제곱 적합성 검정을 실시한다.

❷ 분석에 앞서 가설을 먼저 설정한다.
- 귀무가설(H_0) : 지난 30일간 경찰청에 걸려온 장난전화 건수는 포아송분포를 따른다.
- 대립가설(H_1) : 지난 30일간 경찰청에 걸려온 장난전화 건수는 포아송분포를 따르지 않는다.

❸ 귀무가설의 확률분포가 포아송분포로 모수가 하나 있으며, 귀무가설에서 이 모수에 대한 언급이 없으므로 기대도수를 구하기 위해서는 주어진 자료로부터 모수의 값을 추정해야 한다.

❹ 포아송분포의 모수인 평균 λ의 최대가능도추정량은 $\hat{\lambda}^{MLE} = \overline{X}$이다.

❺ 즉, 추정치 $\overline{x} = 120/30 = 4$이므로 이 추정치를 이용하여 기대도수를 구할 수 있다.

❻ 포아송분포의 확률질량함수가 $f(x) = \dfrac{e^{-\lambda}\lambda^x}{x!}$임을 고려하여 $P(A_1),\ \cdots,\ P(A_5)$의 확률을 구하면 다음과 같다.

$$P(A_1) = \frac{e^{-4}4^0}{0!} + \frac{e^{-4}4^1}{1!} = 0.091578$$

$$P(A_2) = \frac{e^{-4}4^2}{2!} = 0.146525$$

$$P(A_3) = \frac{e^{-4}4^3}{3!} = 0.195367$$

$$P(A_4) = \frac{e^{-4}4^4}{4!} = 0.195367$$

$$P(A_5) = \frac{e^{-4}4^5}{5!} + \frac{e^{-4}4^6}{6!} + \frac{e^{-4}4^7}{7!} + \cdots = 0.371163$$

❼ 범주에 속할 확률에 30일을 곱하여 기대되는 장난전화 건수의 기대일수를 구하면 다음과 같다.

〈표 8.13〉 각 범주에 대한 경찰청에 걸려온 장난전화 건수의 기대도수

장난전화 건수 범주	A_1	A_2	A_3	A_4	A_5
관측도수	7	6	4	4	9
범주에 속할 확률	0.091578	0.146525	0.195367	0.195367	0.371163
기대도수	2.7	4.4	5.9	5.9	11.1

❽ 카이제곱 검정통계량 값을 계산한다.

$$\chi_c^2 = \sum_{i=1}^{5} \frac{(o_i - e_i)^2}{e_i} = \frac{(7-2.7)^2}{2.7} + \frac{(6-4.4)^2}{4.4} + \frac{(4-5.9)^2}{5.9} + \frac{(4-5.9)^2}{5.9} + \frac{(9-11.1)^2}{11.1} = 9.05$$

❾ 자유도는 장난전화 건수를 5개의 범주로 나누었으므로 $k=5$가 되고, 추정된 모수가 λ 하나이므로 다음과 같이 계산한다.

자유도 $= (k-1) - ($추정된 모수의 수$) = (5-1) - 1 = 3$

❿ 검정통계량 값 9.05가 유의수준 5%에서의 기각치 $\chi_{(0.05,\ 3)}^2 = 7.815$보다 크므로 귀무가설을 기각한다. 즉, 유의수준 5%에서 지난 30일간 경찰청에 걸려온 장난전화 건수는 포아송분포를 따르지 않는다고 할 수 있다.

8.6 다음은 어느 특정 중소도시에서 강력범죄가 발생하는 시간간격을 기록한 자료이다. 이 자료의 시간간격을 4개의 범주 $A_1 = (0 \sim 50)$, $A_2 = [50 \sim 100)$, $A_3 = [100 \sim 150)$, $A_4 = [150$ 이상$)$으로 분류하여 특정한 중소도시에서 강력범죄가 발생하는 시간간격이 지수분포를 따르는지 유의수준 5%에서 검정해보자.

〈표 8.14〉 특정 중소도시에서 강력범죄 발생 시간 간격

36	42	114	7	21	78	184	69	3	124	18	62
121	154	160	65	87	45	78	14	92	142	198	6

❶ 지수분포의 모수인 평균이 알려져 있지 않으므로 모집단 분포에 대한 카이제곱 적합성 검정을 실시한다.

❷ 분석에 앞서 가설을 먼저 설정한다.
- 귀무가설(H_0) : 어느 특정 중소도시에서 강력범죄가 발생하는 시간간격은 지수분포를 따른다.
- 대립가설(H_1) : 어느 특정 중소도시에서 강력범죄가 발생하는 시간간격은 지수분포를 따르지 않는다.

❸ 귀무가설의 확률분포가 지수분포로 모수가 하나 있으며, 귀무가설에서 이 모수에 대한 언급이 없으므로 기대도수를 구하기 위해서는 주어진 자료로부터 모수의 값을 추정해야 한다.

❹ 지수분포의 모수인 평균 λ의 최대가능도추정량은 $\hat{\lambda}^{MLE} = \overline{X}$이다.

❺ 즉, 추정치 $\overline{x} = 1920/24 = 80$이므로 이 추정치를 이용하여 기대도수를 구할 수 있다.

❻ 지수분포의 확률밀도함수가 $f(x) = \dfrac{1}{\lambda}e^{-\frac{x}{\lambda}}$ 임을 고려하여 $P(A_1), \cdots, P(A_4)$의 확률을 구하면 다음과 같다.

$$P(A_1) = \int_0^{50} \frac{1}{80}e^{-\frac{x}{80}}dx = \left[-e^{-\frac{x}{80}}\right]_0^{50} = e^{-\frac{0}{80}} - e^{-\frac{50}{80}} = 0.465$$

$$P(A_2) = \int_{50}^{100} \frac{1}{80}e^{-\frac{x}{80}}dx = \left[-e^{-\frac{x}{80}}\right]_{50}^{100} = e^{-\frac{50}{80}} - e^{-\frac{100}{80}} = 0.249$$

$$P(A_3) = \int_{100}^{150} \frac{1}{80}e^{-\frac{x}{80}}dx = \left[-e^{-\frac{x}{80}}\right]_{100}^{150} = e^{-\frac{100}{80}} - e^{-\frac{150}{80}} = 0.133$$

$$P(A_4) = \int_{150}^{\infty} \frac{1}{80}e^{-\frac{x}{80}}dx = \left[-e^{-\frac{x}{80}}\right]_{150}^{\infty} = e^{-\frac{150}{80}} - e^{-\frac{\infty}{80}} = 0.153$$

❼ 범주에 속할 확률에 24를 곱하여 각 범주에 해당하는 기대일수를 구하면 다음과 같다.

〈표 8.15〉 각 범주에 대한 강력범죄 발생 시간간격의 기대도수

강력범죄 발생 시간간격 범주	A_1	A_2	A_3	A_4
관측도수	9	7	4	4
범주에 속할 확률	0.465	0.249	0.133	0.153
기대도수	11	6	3	4

❽ 카이제곱 검정통계량 값을 계산한다.

$$\chi_c^2 = \sum_{i=1}^{5} \frac{(O_i - E_i)^2}{E_i} = \frac{(9-11)^2}{11} + \frac{(7-6)^2}{6} + \frac{(4-3)^2}{3} + \frac{(4-4)^2}{4} = 0.864$$

❾ 자유도는 강력범죄가 발생하는 시간을 4개의 범주로 나누었으므로 $k=4$가 되고, 추정된 모수가 λ 하나이므로 다음과 같이 계산한다.
자유도$= (k-1) - ($추정된 모수의 수$) = (4-1) - 1 = 2$

❿ 검정통계량 값 0.864가 유의수준 5%에서의 기각치 $\chi^2_{(0.05,\,2)} = 5.991$ 보다 작으므로 귀무가설을 채택한다. 즉, 유의수준 5%에서 어느 특정 중소도시에서 강력범죄가 발생하는 시간간격은 지수분포를 따른다고 할 수 있다.

8.7 다음 자료는 어느 유치원 어린이들 45명의 줄넘기 횟수를 도수분포표로 나타낸 자료이다. 다음의 자료가 유의수준 5%에서 정규분포를 따르는지 검정해보자.

〈표 8.16〉 어느 유치원 어린이들 45명의 줄넘기 횟수 대한 도수분포표

줄넘기 횟수	중앙값	도 수
41~50	45.5	4
51~60	55.5	8
61~70	65.5	13
71~80	75.5	9
81~90	85.5	8
91~100	95.5	3

❶ 정규분포의 모수인 평균과 분산이 알려져 있지 않으므로 모집단 분포에 대한 카이제곱 적합성 검정을 실시한다.

❷ 분석에 앞서 가설을 먼저 설정한다.
- 귀무가설(H_0) : 유치원 어린이들의 줄넘기 횟수는 정규분포를 따른다.
- 대립가설(H_1) : 유치원 어린이들의 줄넘기 횟수는 정규분포를 따르지 않는다.

❸ 귀무가설의 확률분포가 정규분포로 모수가 두 개 있으며, 귀무가설에서 이 모수에 대한 언급이 없으므로 기대도수를 구하기 위해서는 주어진 자료로부터 모수의 값들을 추정해야 한다.

❹ 정규분포의 모수인 평균 λ와 분산 σ^2의 최대가능도추정량은 $\hat{\mu} = \overline{X}$과 $\hat{\sigma^2} = \frac{1}{n} \sum \left(X_i - \overline{X} \right)^2$이다.

❺ 각 구간에 속하는 확률을 구하기 위해 추정치를 계산하면 다음과 같다.

$$\hat{\mu} = \overline{X} = \frac{(45.5 \times 4) + (55.5 \times 8) + \cdots + (95.5 \times 3)}{45} = \frac{3127.5}{45} = 69.5$$

$$\hat{\sigma^2} = \frac{1}{n} \sum \left(X_i - \overline{X} \right)^2 = \frac{(45.5 - 69.5)^2 + (55.5 - 69.5)^2 + \cdots + (95.5 - 69.5)^2}{45} = \frac{1756}{45} = 39$$

❻ 각 구간에 속할 확률을 연속성 수정과 표준화를 통해 계산하면 다음과 같다.

$$P(41 < X < 50) \approx P(40.5 < X < 50.5) = P \left(\frac{40.5 - 69.5}{\sqrt{39}} < Z < \frac{50.5 - 69.5}{\sqrt{39}} \right) = 0.0012$$

$$P(51 < X < 60) \approx P(50.5 < X < 60.5) = P \left(\frac{50.5 - 69.5}{\sqrt{39}} < Z < \frac{60.5 - 69.5}{\sqrt{39}} \right) = 0.0736$$

$$P(61 < X < 70) \approx P(60.5 < X < 70.5) = P \left(\frac{60.5 - 69.5}{\sqrt{39}} < Z < \frac{70.5 - 69.5}{\sqrt{39}} \right) = 0.4888$$

$$P(71 < X < 80) \approx P(70.5 < X < 80.5) = P \left(\frac{70.5 - 69.5}{\sqrt{39}} < Z < \frac{80.5 - 69.5}{\sqrt{39}} \right) = 0.3973$$

$$P(81 < X < 90) \approx P(80.5 < X < 90.5) = P \left(\frac{80.5 - 69.5}{\sqrt{39}} < Z < \frac{90.5 - 69.5}{\sqrt{39}} \right) = 0.0387$$

$$P(91 < X < 100) \approx P(90.5 < X < 100.5) = P \left(\frac{90.5 - 69.5}{\sqrt{39}} < Z < \frac{100.5 - 69.5}{\sqrt{39}} \right) = 0.0004$$

❼ 범주에 속할 확률에 45를 곱하여 각 범주에 해당하는 기대일수를 구하면 다음과 같다.

〈표 8.17〉각 범주에 대한 줄넘기 횟수의 기대도수

줄넘기 횟수 범주	41~50	51~60	61~70	71~80	81~90	91~100
관측도수	4	8	13	9	8	3
범주에 속할 확률	0.0012	0.0736	0.4888	0.3973	0.0387	0.0004
기대도수	0	3	22	18	2	0

하지만 위의 〈표 8.17〉에서 41~50구간과 91~100구간에 속하는 기대도수가 1보다 작게 나타났다. 각 범주에 속하는 도수의 기대값이 최소한 1 이상이 되어야 검정통계량 χ^2이 근사적으로 카이제곱분포를 따른다고 알려져 있으므로 기대도수가 1보다 작은 구간을 근처의 다른 구간에 포함시켜 새로운 구간을 만든다.

〈표 8.18〉복합 범주에 대한 줄넘기 횟수의 기대도수

줄넘기 횟수 범주	41~60	61~70	71~80	81~100
관측도수	12	13	9	11
범주에 속할 확률	0.0749	0.4888	0.3973	0.0391
기대도수	3	22	18	2

❽ 카이제곱 검정통계량 값을 계산한다.

$$\chi_c^2 = \sum_{i=1}^{4} \frac{(o_i - e_i)^2}{e_i} = \frac{(12-3)^2}{3} + \frac{(13-22)^2}{22} + \frac{(9-18)^2}{18} + \frac{(11-2)^2}{2} = 75.681$$

❾ 자유도는 위의 표에서 줄넘기 횟수 범주를 4개의 범주로 나누었으므로 $k=4$가 되고, 추정된 모수가 평균 λ와 분산 σ^2으로 2개이므로 다음과 같이 계산한다.
자유도 $= (k-1) - (추정된 모수의 수) = (4-1) - 2 = 1$

❿ 검정통계량 값 75.681이 유의수준 5%에서의 기각치 $\chi_{(0.05,\,1)}^2 = 3.841$ 보다 크므로 귀무가설을 기각한다. 즉, 유의수준 5%에서 유치원 어린이들의 줄넘기 횟수는 정규분포를 따르지 않는다고 할 수 있다.

4. 심슨의 패러독스(Simpson's Paradox)

교차표를 분석할 경우 각각의 부분자료에서 성립하는 대소 관계가 종종 그 부분자료를 종합한 전체자료에 대해서는 성립하지 않는 경우가 있다. 이와 같은 모순이 발생하는 현상을 심슨의 패러독스라 한다. 심슨의 패러독스는 1951년 이 현상을 설명한 에드워드 심슨의 이름을 따서 만든 용어이다. 이 현상이 널리 알려지게 된 계기는 1973년 미국의 명문대학인 UC버클리 대학원에 지원한 학생들의 성별 합격률에 남녀 차별이 있다는 주장을 통해서이다. 그 당시 남성과 여성의 UC버클리 대학원에 지원한 학생 수와 합격률은 다음과 같다.

〈표 8.19〉성별에 따른 지원자수와 합격률 전체자료

성 별	지원자수	합격률
남 성	8442	44%
여 성	4321	35%

전체자료에서는 남성의 합격률이 44%이고 여성의 합격률이 35%로 남성의 합격률이 높게 나타났다. 하지만 위의 전체자료를 세분화하여 정원수가 가장 많은 6개 학부의 성별에 따른 지원자수와 합격률을 보면 다음과 같다.

〈표 8.20〉 학부별 성별에 따른 지원자수와 합격률 자료

학 부	남 성		여 성	
	지원자수	합격률	지원자수	합격률
A	825	62%	108	82%
B	325	37%	593	34%
C	417	33%	375	35%
D	373	6%	341	7%
E	560	63%	25	68%
F	191	28%	393	24%

전체자료에서는 남성의 합격률이 여성의 합격률보다 높지만 정원수가 가장 많은 6개 학부자료에서는 4개의 학부에서 여성의 합격률이 높고 2개의 학부에서 남성의 합격률이 높음을 알 수 있다. 즉, 부분자료에서 성립하는 대소 관계가 전체자료에서는 성립되지 않는 모순이 발생한다. 이와 같은 심슨의 패러독스 현상이 발생한 이유를 쉽게 파악하기 위해서 학부별 성별에 따른 지원자수와 합격률의 산점도를 그려보면 다음과 같다.

〈표 8.21〉 학부별 성별에 따른 지원자수와 합격률 산점도

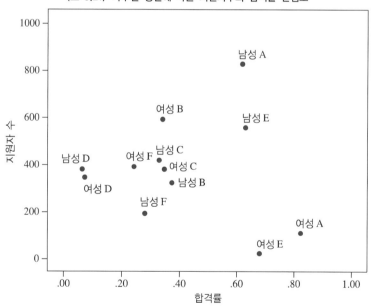

남성의 경우 학부 A와 E에 지원자수가 많고 합격률 또한 높은 반면 여성의 경우 학부 A와 E에 지원자수가 적고 합격률은 높게 나타났다. 여성의 경우 학부 B와 F에 지원자수가 많은 반면 합격률은 낮게 나타났으며 남성의 경우 B와 F에 지원자수가 적으며 합격률 또한 낮게 나타났다. 학부 C와 D는 성별에 따른 지원자수와 합격률에 큰 차이를 보이고 있지 않다. 즉, 남성들은 합격률이 높은 학부에 많이 지원하였으며 합격률이 낮은 학부에는 적게 지원하였다. 하지만 여성들은 합격률이 높은 학부에는 적게 지원하였으며 합격률이 낮은 학부에는 많이 지원하였음을 알 수 있다. 결과적으로 전체자료에서 성별에 따른 합격률이 크게 차이가 나는 것은 남녀 차별이 아닌 남녀 간의 학부별 선호도 차이로 인하

여 발생하였음을 알 수 있다. 이는 학부라는 중요한 변수를 고려하지 않고 성별의 차이로만 합격률을 분석하였기 때문에 잘못된 결론을 내린 것이다. 위와 같이 심슨의 패러독스 현상이 발생했을 경우 학부라는 중요한 변수를 고려하지 않고 분석한 전체자료를 사용하는 것보다는 학부 변수를 고려한 세부자료를 사용하여 분석하는 것이 바람직하다.

예제

8.8 다음은 음주여부와 흡연여부 사이의 연관성을 조사하기 위하여 900명을 랜덤하게 추출하여 음주여부(음주자, 비음주자)와 흡연여부(흡연자, 비흡연자)를 성별(남, 여)에 따라 조사한 자료가 다음과 같다(단, $\chi^2_{0.05,\,1} = 3.84$).

〈표 8.22〉 음주여부와 흡연여부의 전체자료

	흡연자	비흡연자	합 계
음주자	350	200	550
비음주자	300	350	650
합 계	650	550	1200

〈표 8.23〉 성별에 따른 음주여부와 흡연여부의 부분자료

남 자

	흡연자	비흡연자	합 계
음주자	300	100	400
비음주자	150	50	200
합 계	450	150	600

여 자

	흡연자	비흡연자	합 계
음주자	50	100	150
비음주자	150	300	450
합 계	200	400	600

(1) 전체자료를 이용하여 음주여부와 흡연여부에 연관성이 있는지를 유의수준 5%에서 검정해보자.

(2) 부분자료를 이용하여 성별에 따른 음주여부와 흡연여부에 연관성이 있는지를 유의수준 5%에서 검정해보자.

(3) (1)의 전체자료에서 얻은 결론과 (2)의 부분자료에서 얻은 결론은 서로 상반된다. 이와 같이 상반된 결론이 나온 이유를 설명하고 올바른 분석 방법을 제시해보자.

(1) 전체자료를 이용하여 음주여부와 흡연여부에 연관성이 있는지를 유의수준 5%에서 검정해보자.

❶ 두 범주형 변수 간의 관계(연관성, 관련성)를 검정하는 경우이므로 카이제곱 독립성 검정을 실시한다.

❷ 분석에 앞서 먼저 가설을 설정한다.

 • 귀무가설(H_0) : 음주여부와 흡연여부는 서로 독립이다(음주여부와 흡연여부는 서로 연관성이 없다).

 • 대립가설(H_1) : 음주여부와 흡연여부는 서로 독립이 아니다(음주여부와 흡연여부는 서로 연관성이 있다).

❸ 기대도수를 구한다.

$$E_{11} = \frac{550 \times 650}{1200} \approx 298, \quad E_{12} = \frac{550 \times 550}{1200} \approx 252$$

$$E_{21} = \frac{650 \times 650}{1200} \approx 352, \quad E_{22} = \frac{650 \times 550}{1200} \approx 298$$

❹ 카이제곱 검정통계량을 결정한다.

$$\chi^2 = \sum_{i=1}^{r}\sum_{j=1}^{c} \frac{(O_{ij}-E_{ij})^2}{E_{ij}} \sim \chi^2_{(r-1)(c-1)}$$

❺ 유의수준과 그에 상응하는 기각범위를 결정한다. 귀무가설하에서 관측도수와 기대도수의 차이가 큰 지를 검정하기 때문에 유의수준 α에서의 기각치는 $\chi^2_{\alpha,(r-1)(c-1)}$이 되고 기각범위는 기각치보다 큰 경우 귀무가설을 기각한다.

❻ 카이제곱 검정통계량 값을 계산한다.

$$\chi^2_c = \sum_{i=1}^{2}\sum_{j=1}^{2} \frac{(o_{ij}-e_{ij})^2}{e_{ij}} = \frac{(350-298)^2}{298} + \frac{(200-252)^2}{252} + \frac{(300-352)^2}{352} + \frac{(350-298)^2}{298} = 36.5$$

❼ 검정통계량 값 36.56이 유의수준 $\alpha = 0.05$에서의 기각치 3.84보다 크므로 귀무가설(H_0)을 기각한다. 즉, 유의수준 5%하에서 음주여부와 흡연여부는 서로 연관성이 있다고 할 수 있다.

(2) 부분자료를 이용하여 성별에 따른 음주여부와 흡연여부에 연관성이 있는지를 유의수준 5%에서 검정해보자.

① 남성의 경우

❶ 분석에 앞서 가설을 설정한다.
- 귀무가설(H_0) : 남성의 음주여부와 흡연여부는 서로 독립이다(남성의 음주여부와 흡연여부는 서로 연관성이 없다).
- 대립가설(H_1) : 남성의 음주여부와 흡연여부는 서로 독립이 아니다(남성의 음주여부와 흡연여부는 서로 연관성이 있다).

❷ 기대도수를 구한다.

$$E_{11} = \frac{400 \times 450}{600} = 300, \quad E_{12} = \frac{400 \times 150}{600} = 100$$

$$E_{21} = \frac{200 \times 450}{600} = 150, \quad E_{22} = \frac{200 \times 150}{600} = 50$$

❸ 카이제곱 검정통계량 값을 계산한다.

$$\chi^2_c = \sum_{i=1}^{2}\sum_{j=1}^{2} \frac{(o_{ij}-e_{ij})^2}{e_{ij}} = \frac{(300-300)^2}{300} + \frac{(100-100)^2}{100} + \frac{(150-150)^2}{150} + \frac{(50-50)^2}{50} = 0$$

❹ 검정통계량 값 0이 유의수준 $\alpha = 0.05$에서의 기각치 3.84보다 작으므로 귀무가설(H_0)을 채택한다. 즉, 유의수준 5%하에서 남성의 음주여부와 흡연여부는 서로 독립이라고 할 수 있다.

② 여성의 경우

❶ 분석에 앞서 가설을 설정한다.
- 귀무가설(H_0) : 여성의 음주여부와 흡연여부는 서로 독립이다(여성의 음주여부와 흡연여부는 서로 연관성이 없다).
- 대립가설(H_1) : 여성의 음주여부와 흡연여부는 서로 독립이 아니다(여성의 음주여부와 흡연여부는 서로 연관성이 있다).

❷ 기대도수를 구한다.

$$E_{11} = \frac{150 \times 200}{600} = 50, \quad E_{12} = \frac{150 \times 400}{600} = 100$$

$$E_{21} = \frac{450 \times 200}{300} = 150, \quad E_{22} = \frac{450 \times 400}{600} = 300$$

❸ 카이제곱 검정통계량 값을 계산한다.

$$\chi_c^2 = \sum_{i=1}^{2} \sum_{j=1}^{2} \frac{(o_{ij} - e_{ij})^2}{e_{ij}} = \frac{(50-50)^2}{50} + \frac{(100-100)^2}{100} + \frac{(150-150)^2}{150} + \frac{(300-300)^2}{300} = 0$$

❹ 검정통계량 값 0이 유의수준 $\alpha = 0.05$에서의 기각치 3.84보다 작으므로 귀무가설(H_0)을 채택한다. 즉, 유의수준 5%하에서 여성의 음주여부와 흡연여부는 서로 독립이라고 할 수 있다.

---

(3) (1)의 전체자료에서 얻은 결론과 2)의 부분자료에서 얻은 결론은 서로 상반된다. 이와 같이 상반된 결론이 나온 이유를 설명하고 올바른 분석 방법을 제시해보자.

❶ 각각의 부분자료에서 성립하는 성질이 그 부분자료를 종합한 전체자료에 대해서는 성립하지 않는다는 모순이 발생된다. 이와 같은 현상을 심슨의 패러독스(Simpson's Paradox)라 한다.

❷ 이런 현상이 발생한 원인은 성별(남성, 여성)이라는 또 하나의 중요한 변수를 고려하지 않은데 기인한 것이며 성별을 고려한 결과 각각의 부분자료에 가중되는 가중치의 비율이 크게 차이 나기 때문이다. 즉, 각각을 고려한 부분자료에서 음주자와 비음주자의 표본크기에 있어 서로 크게 차이가 나는 데 원인이 있다.

❸ 결과적으로 전체자료를 가지고 분석하기 보다는 성별(남성, 여성)이라는 변수를 고려한 부분자료를 사용하여 통계적 결정을 하는 것이 바람직하다.

STEP 1 | 행정고시

기출 1996년

다음과 같은 출신지역과 전공선택 간 독립성 검정방법을 상세하게 설명하라.

	자연계	사회계	인문계
농 촌			
도 시			

01 해설

카이제곱 독립성 검정(Chi-Square Independence Test)

① 두 범주형 변수 간의 관계(연관성, 관련성)를 검정하는 경우 카이제곱 독립성 검정을 실시한다.

② 분석에 앞서 먼저 가설을 설정한다.

• 귀무가설(H_0) : 출신지역과 전공선택 간에는 서로 독립이다(출신지역과 전공선택 간에는 서로 연관성이 없다).

• 대립가설(H_1) : 출신지역과 전공선택 간에는 서로 독립이 아니다(출신지역과 전공선택 간에는 서로 연관성이 있다).

③ 기대도수를 구한다.

$$E_{11} = \frac{\text{농촌 도수 합계} \times \text{자연계 도수 합계}}{\text{전체 도수}}, \quad E_{12} = \frac{\text{농촌 도수 합계} \times \text{사회계 도수 합계}}{\text{전체 도수}}$$

$$E_{13} = \frac{\text{농촌 도수 합계} \times \text{인문계 도수 합계}}{\text{전체 도수}}, \quad E_{21} = \frac{\text{도시 도수 합계} \times \text{자연계 도수 합계}}{\text{전체 도수}}$$

$$E_{22} = \frac{\text{도시 도수 합계} \times \text{사회계 도수 합계}}{\text{전체 도수}}, \quad E_{23} = \frac{\text{도시 도수 합계} \times \text{인문계 도수 합계}}{\text{전체 도수}}$$

④ 카이제곱 검정통계량을 결정한다.

$$\chi^2 = \sum_{i=1}^{r} \sum_{j=1}^{c} \frac{(O_{ij} - E_{ij})^2}{E_{ij}} \sim \chi^2_{(r-1)(c-1)}$$

⑤ 유의수준과 그에 상응하는 기각범위를 계산한다.

귀무가설하에서 관측도수와 기대도수의 차이가 큰지를 검정하기 때문에 유의수준 α에서의 기각치는 $\chi^2_{\alpha, (2-1)(3-1)}$ 이 되고 기각범위는 기각치보다 큰 경우 귀무가설을 기각한다.

⑥ 카이제곱 검정통계량 값을 계산한다.

$$\chi_c^2 = \sum_{i=1}^{2} \sum_{j=1}^{3} \frac{(o_{ij} - e_{ij})^2}{e_{ij}}$$

⑦ 검정통계량 값 χ_c^2과 유의수준 α에서의 기각치 $\chi_{(\alpha,\, 2)}^2$을 비교하여 $\chi_c^2 > \chi_{(\alpha,\, 2)}^2$이면 귀무가설을 기각하고, $\chi_c^2 < \chi_{(\alpha,\, 2)}^2$이면 귀무가설을 채택한다.

02

치약상품인 A, B, C, D의 시장점유율이 각각 30%, 60%, 8%, 2%라고 알려져 있다. 600명을 랜덤 추출하여 조사한 결과가 다음과 같다.

상 표	A	B	C	D
선호도(단위 : 명)	192	342	44	22

이 자료로부터 기존에 알려진 시장점유율이 옳지 않다고 결론 내릴 수 있는가? 가설을 쓰고 유의수준 5%로 검정하시오($\chi^2_{(3,0.05)} = 7.815$).

02 해 설

카이제곱 적합성 검정(Chi-Square Goodness of fit Test)

① i번째 범주에 속할 확률 p_i가 미리 주어진 확률 π_i와 같은지 검정하는 경우 카이제곱 적합성 검정을 실시한다.

② 분석에 앞서 가설을 먼저 설정한다.

- 귀무가설(H_0) : 치약상품인 A, B, C, D의 시장점유율은 각각 30%, 60%, 8%, 2%이다.
- 대립가설(H_1) : 치약상품인 A, B, C, D의 시장점유율은 각각 30%, 60%, 8%, 2%이 아니다.

③ 범주에 속할 확률에 표본크기 600명을 곱하여 기대도수를 구하면 다음과 같다.

범 주	A	B	C	D
관측도수	192	342	44	22
범주에 속할 확률	0.30	0.60	0.08	0.02
기대도수	180	360	48	12

④ 카이제곱 검정통계량을 결정한다.

$$\chi^2 = \sum_{i=1}^{k} \frac{(O_i - E_i)^2}{E_i} \sim \chi^2_{(k-1)}$$

⑤ 유의수준과 그에 상응하는 기각범위를 계산한다.

귀무가설하에서 관측도수와 기대도수의 차이가 큰지를 검정하기 때문에 유의수준 α에서의 기각치는 $\chi^2_{\alpha,(4-1)}$이 되고 기각범위는 기각치보다 큰 경우 귀무가설을 기각한다.

⑥ 카이제곱 검정통계량 값을 계산한다.

$$\chi^2_c = \sum_{i=1}^{4} \frac{(o_i - e_i)^2}{e_i} = \frac{(192-180)^2}{180} + \frac{(342-360)^2}{360} + \frac{(44-48)^2}{48} + \frac{(22-12)^2}{12} = 10.367$$

⑦ 검정통계량 값 10.367이 유의수준 5%에서의 기각치 $\chi^2_{(3,0.05)} = 7.815$보다 크므로 귀무가설을 기각한다. 즉, 유의수준 5%에서 치약상품인 A, B, C, D의 시장점유율은 각각 30%, 60%, 8%, 2%이 아니라고 할 수 있다.

03

기출 2002년

어떤 안건에 대한 여론조사의 결과 다음과 같은 자료를 얻었다. 이와 같은 범주형 자료의 분석에는 동질성 검정과 독립성 검정 두 가지가 있다. 다음 물음에 답하시오(다만, 이 자료를 이용하여 구체적으로 계산할 필요는 없음).

		의 견		합 계
		찬 성	반 대	
나 이	30세 미만	225	75	300
	30세 이상	174	125	299
합 계		339	200	599

(1) 동질성 검정과 독립성 검정을 위한 각각의 가설을 제시하고, 어떤 차이가 있는지 설명하시오.

(2) 동질성 검정과 독립성 검정을 위한 각각의 적절한 자료수집 방법에 대하여 설명하시오.

(3) 두 검정 방법에서 사용되는 추정기대도수의 계산방법과 검정통계량의 자유도는 결과적으로 동일한 형태를 갖게 되지만 이들에 대한 유도과정을 보면 본질적으로 차이가 있다. 어떤 차이가 있는지 설명하시오.

03 해설

(1) 카이제곱 동질성 검정과 카이제곱 독립성 검정의 가설

① 카이제곱 동질성 검정의 가설
- 귀무가설(H_0) : 30세 미만 집단과 30세 이상 집단의 안건에 대한 의견 분포는 동일하다.
- 대립가설(H_1) : 30세 미만 집단과 30세 이상 집단의 안건에 대한 의견 분포는 동일하지 않다.

② 카이제곱 독립성 검정의 가설
- 귀무가설(H_0) : 나이와 의견은 서로 연관성이 없다(나이와 의견은 서로 독립이다).
- 대립가설(H_1) : 나이와 의견은 서로 연관성이 있다(나이와 의견은 서로 독립이 아니다).

③ 카이제곱 동질성 검정은 변수들의 분포가 동일한지를 검정하는 것이고 카이제곱 독립성 검정은 두 변수가 서로 연관성이 있는지를 검정하는 것이다.

(2) 카이제곱 동질성 검정과 카이제곱 독립성 검정의 가설

① 카이제곱 독립성 검정은 모집단 전체에서 단일표본을 무작위로 추출하기 때문에 각 변수별 표본의 크기가 미리 정해져 있지 않다. 일반적으로 영향을 미친다고 생각되는 설명변수를 행으로 하고, 영향을 받는다고 생각되는 종속변수를 열로 하여 다음과 같이 교차표 형태로 자료를 수집한다.

A \ B	B_1	B_2	$\cdots$	B_c	합 계
A_1	O_{11}	O_{12}	$\cdots$	O_{1c}	$O_{1.}$
A_2	O_{21}	O_{22}	$\cdots$	O_{2c}	$O_{2.}$
$\vdots$	$\vdots$	$\vdots$	$\vdots$	$\vdots$	$\vdots$
A_r	O_{r1}	O_{r2}	$\cdots$	O_{rc}	$O_{r.}$
합 계	$O_{.1}$	$O_{.2}$	$\cdots$	$O_{.c}$	n

즉, 위의 (1)자료에서 30세 미만과 30세 이상의 표본크기를 미리 정하지 않고 무작위로 표본을 추출한다.

② 카이제곱 동질성 검정은 모집단을 몇 개의 부차모집단으로 분류한 뒤, 표본을 각각의 부차모집단에서 무작위로 추출하기 때문에 각 집단별 표본의 크기를 미리 정해놓고 표본을 추출한다.

집 단 \ B	B_1	B_2	$\cdots$	B_c	합 계
A_1	O_{11}	O_{12}	$\cdots$	O_{1c}	n_1
A_2	O_{21}	O_{22}	$\cdots$	O_{2c}	n_2
$\vdots$	$\vdots$	$\vdots$	$\vdots$	$\vdots$	$\vdots$
A_r	O_{r1}	O_{r2}	$\cdots$	O_{rc}	n_r
합 계	$O_{.1}$	$O_{.2}$	$\cdots$	$O_{.c}$	n

즉, 자료수집 단계에서 각 집단별 표본크기인 n_1, n_2, $\cdots$, n_r 이 미리 정해져 있기 때문에 위의 (1)자료에서 모집단을 30세 미만과 30세 이상으로 분리한 뒤, 표본을 각 집단에서 각각 무작위로 정해진 표본크기만큼 추출한다.

(3) 추정기대도수와 자유도 유도과정

1) 카이제곱 독립성 검정

① p_{ij}를 A변수의 i번째 범주이고 B변수의 j번째 범주에 속할 확률이라고 한다면 A변수의 i번째 범주와 B변수의 j번째 범주에 나타난 관측도수 O_{ij}는 다항분포 $O_{ij} \sim MN(n, p_{11}, p_{12}, \cdots, p_{1c}, p_{21}, \cdots p_{rc})$를 따른다고 할 수 있다. 즉, $\sum_{i=1}^{r}\sum_{j=1}^{c}\dfrac{(O_{ij}-np_{ij})^2}{np_{ij}}$ 은 전체 표본크기가 n이므로 전체 표본크기에서 하나를 뺀 자유도가 $(n-1)=(rc-1)$인 카이제곱분포에 근사한다.

② 귀무가설인 두 변수 A와 B가 서로 독립이 되기 위해서는 다음이 성립해야 한다.

$p_{ij} = P(A$변수의 i번째 범주이고 B변수의 j번째 범주$)$

$= P(A$변수의 i번째 범주$) P(B$변수의 j번째 범주$)$

$= p_{i.} p_{.j}$

③ 관측도수에 대한 기대도수 $\widehat{O_{ij}} = E_{ij} = n\widehat{p_{i.}}\widehat{p_{.j}}$를 구하기 위해서는 $\hat{p}_{i.}$ 과 $\hat{p}_{.j}$을 추정해야 한다.

$\hat{p}_{i.}$ 과 $\hat{p}_{.j}$의 최대가능도추정량이 $\widehat{p_{i.}} = \dfrac{\sum_{j=1}^{c}O_{ij}}{n}$ 과 $\widehat{p_{.j}} = \dfrac{\sum_{i=1}^{r}O_{ij}}{n}$ 이므로 귀무가설하에서 다음과 같은 검정통계량을 사용할 수 있다.

$$\sum_{i=1}^{r}\sum_{j=1}^{c}\frac{\left(O_{ij}-n\widehat{p_{i.}}\widehat{p_{.j}}\right)^2}{n\widehat{p_{i.}}\widehat{p_{.j}}} = \sum_{i=1}^{r}\sum_{j=1}^{c}\frac{(O_{ij}-E_{ij})^2}{E_{ij}}$$

④ 위의 추정량 $\hat{p}_{i.}$ 과 $\hat{p}_{.j}$ 에서 $\sum_{i=1}^{r} \hat{p}_{i.} = \hat{p}_{1.} + \hat{p}_{2.} + \cdots + \hat{p}_{r.} = 1$ 이고 $\sum_{j=1}^{c} \hat{p}_{.j} = \hat{p}_{.1} + \hat{p}_{.2} + \cdots + \hat{p}_{.c} = 1$ 인 제약조건이 있으므로 추정해야 할 모수의 수는 $(r-1)+(c-1)$ 개가 된다. 즉, 검정통계량의 자유도는 다음과 같이 구할 수 있다.

$$\begin{aligned} \text{자유도} &= \text{전체 표본크기} - \text{제약조건의 수} - \text{추정해야 할 모수} \\ &= (rc-1) - [(r-1)+(c-1)] \\ &= rc - r - c + 1 \\ &= (r-1)(c-1) \end{aligned}$$

⑤ 결과적으로 검정통계량 $\sum_{i=1}^{r} \sum_{j=1}^{c} \dfrac{\left(O_{ij} - n\hat{p}_{i.}\hat{p}_{.j}\right)^2}{n\hat{p}_{i.}\hat{p}_{.j}}$ 은 자유도가 $(r-1)(c-1)$ 인 카이제곱분포에 근사한다.

2) 카이제곱 동질성 검정

① 카이제곱 동질성 검정에서는 각 집단으로 분류된 표본크기인 n_1, n_2, $\cdots$, n_r 이 미리 정해져있다는 조건하에 B변수의 j번째 범주에 속할 확률을 $p_{j|i}$ 라고 한다면 각 집단별 관측도수 O_{ij} 는 다음과 같은 다항분포를 따른다고 할 수 있다.

$$\begin{aligned} (O_{11}, \ O_{12}, \ \cdots \ O_{1c}) &\sim MN(n_1, \ p_{1|1}, \ p_{2|1}, \ \cdots, \ p_{c|1}) \\ (O_{21}, \ O_{22}, \ \cdots \ O_{2c}) &\sim MN(n_2, \ p_{1|2}, \ p_{2|2}, \ \cdots, \ p_{c|2}) \\ &\vdots \\ (O_{r1}, \ O_{r2}, \ \cdots \ O_{rc}) &\sim MN(n_r, \ p_{1|r}, \ p_{2|r}, \ \cdots, \ p_{c|r}) \end{aligned}$$

즉, $\sum_{i=1}^{r} \sum_{j=1}^{c} \dfrac{(O_{ij} - np_{j|i})^2}{np_{j|i}}$ 은 전체 표본크기가 n이므로 전체 표본크기에서 r개를 뺀 자유도가 $(n-r) = (rc-r)$ $= r(c-1)$ 인 카이제곱분포에 근사한다.

② 귀무가설인 r개인 모집단이 동일한 분포를 갖기 위해서는 각 집단에 대해서 $p_{j|i} = p_j$ 이 성립해야 한다.

③ 관측도수에 대한 기대도수 $\widehat{O}_{ij} = E_{ij} = n\hat{p}_j$ 를 구하기 위해서는 $\hat{p}_j$ 을 추정해야 한다.

$\hat{p}_j$ 의 최대가능도추정량이 $\hat{p}_j = \dfrac{\sum_{i=1}^{r} O_{ij}}{n}$ 이므로 귀무가설하에서 다음과 같은 검정통계량을 사용할 수 있다.

$$\sum_{i=1}^{r} \sum_{j=1}^{c} \frac{\left(O_{ij} - n\hat{p}_j\right)^2}{n\hat{p}_j} = \sum_{i=1}^{r} \sum_{j=1}^{c} \frac{\left(O_{ij} - E_{ij}\right)^2}{E_{ij}}$$

④ 위의 추정량 $\hat{p}_j$ 에서 $\sum_{j=1}^{c} \hat{p}_j = \hat{p}_1 + \hat{p}_2 + \cdots + \hat{p}_c = 1$ 인 제약조건이 있으므로 추정해야 할 모수의 수는 $(c-1)$ 개가 된다. 즉, 검정통계량의 자유도는 다음과 같이 구할 수 있다.

$$\begin{aligned} \text{자유도} &= \text{전체 표본크기} - \text{제약조건의 수} - \text{추정해야 할 모수} \\ &= r(c-1) - (c-1) \\ &= rc - r - c + 1 \\ &= (r-1)(c-1) \end{aligned}$$

⑤ 결과적으로 검정통계량 $\sum_{i=1}^{r} \sum_{j=1}^{c} \dfrac{\left(O_{ij} - n\hat{p}_j\right)^2}{n\hat{p}_j}$ 은 자유도가 $(r-1)(c-1)$ 인 카이제곱분포에 근사한다.

정책 효과를 평가하기 위하여 n명으로 패널을 구성하여 정책시행 이전과 이후의 수행성과에 관한 측정을 하여 다음과 같은 자료를 산출하였다. 다음 각 경우에 대하여 시행전후의 차이가 통계적으로 유의한가를 검증하는 방법을 제시하시오.

패널번호	시행 전	시행 후
1	y_{11}	y_{12}
2	y_{21}	y_{22}
⋮	⋮	⋮
n	y_{n1}	y_{n2}

관측값 y_{ij} $(i=1,\ 2,\ \cdots,\ n\ ;\ j=1,\ 2)$가 다음과 같을 때 각각을 구하시오.

(1) 연속형 측정값일 때

(2) 명목형 범주 $c_1,\ \cdots,\ c_k$ 중 1개를 취할 때

04 해설

(1) 대응표본 t-검정(Paired Sample t-Test)

① 대응표본 t-검정을 하기 위해 다음과 같은 가정이 필요하다.

정책시행 이전과 이후의 수행성과 차이를 $D_i = Y_{1i} - Y_{2i}$, $i=1,\ 2,\ \cdots,\ n$이라 할 때, $D_i \sim N(\mu_D,\ \sigma_D^2)$을 따른다고 가정한다.

② 가설을 설정한다.

- 귀무가설(H_0) : 정책시행 이전과 이후의 수행성과에 차이가 없다($\mu_1 - \mu_2 = 0$).
- 대립가설(H_1) : 정책시행 이전과 이후의 수행성과에 차이가 있다($\mu_1 - \mu_2 \neq 0$).

③ 검정통계량을 결정한다.

$$T = \frac{\overline{D}}{S_D / \sqrt{n}}, \ 단, \ \overline{D} = \overline{Y}_1 - \overline{Y}_2, \ S_D^2 = \frac{\sum(D_i - \overline{D})^2}{n-1}$$

④ 유의수준과 그에 상응하는 기각범위를 결정한다.

유의수준 α를 0.05라 한다면 기각치는 $\pm t_{(0.025,\ n-1)}$이 되며, 기각범위는 $-t_{(0.025,\ n-1)}$보다 작거나, $+t_{(0.025,\ n-1)}$보다 큰 경우 귀무가설을 기각한다.

⑤ 검정통계량 값을 계산한다.

$$t_c = \frac{\overline{d}}{s_D / \sqrt{n}}$$

⑥ 검정통계량 값과 기각범위를 비교하여 통계적 결정을 한다.

$t_c \leq -t_{(0.025,\ n-1)}$이거나 $t_c \geq t_{(0.025,\ n-1)}$이면 귀무가설을 기각하고, 그렇지 않으면 귀무가설을 채택한다.

(2) 카이제곱 동일성 검정(Chi-Square Homogeneity Test)

① 관측값 y_{ij}가 명목형 범주 $c_1, \cdots, c_k$ 중 1개를 취할 경우 데이터 구조는 다음과 같이 나타낼 수 있으며, n명으로 패널을 고정했기 때문에 카이제곱 동일성 검정을 하는 것이 타당하다.

패널번호	시행 전	시행 후
1	c_2	c_4
2	c_k	c_1
$\vdots$	$\vdots$	$\vdots$
n	c_3	c_2

② 위의 데이터 구조를 교차표 형태로 나타내면 다음과 같다.

정책시행	c_1	c_2	$\cdots$	c_k	합 계
시행 전(A_1)	c_1 빈도수	c_2 빈도수	$\cdots$	c_k 빈도수	n_1
시행 후(A_2)	c_1 빈도수	c_2 빈도수	$\cdots$	c_k 빈도수	n_2
합 계	$O_{.1}$	$O_{.2}$	$\cdots$	$O_{.k}$	n

③ 분석에 앞서 가설을 설정한다.
- 귀무가설(H_0) : 정책시행 전과 후는 각각의 범주에 대해 동일한 비율을 가진다.
$$\left(p_{11}, p_{12}, \cdots, p_{1k}\right) = \left(p_{21}, p_{22}, \cdots, p_{2k}\right)$$
- 대립가설(H_1) : 정책시행 전과 후는 각각의 범주에 대해 동일한 비율을 가지지 않는다(귀무가설이 아니다).

④ 기대 도수를 구한다.
$$E_{ij} = \frac{O_{i.} \times O_{.j}}{n}$$

⑤ 검정통계량을 결정한다.
$$\chi^2 = \sum_{i=1}^{r} \sum_{j=1}^{k} \frac{\left(O_{ij} - E_{ij}\right)^2}{E_{ij}} \sim \chi^2_{(r-1)(k-1)}$$

⑥ 유의수준과 그에 상응하는 기각범위를 결정한다.

유의수준 α를 0.05라 한다면 기각치는 $\chi^2_{(0.05,\, k-1)}$이 되며, 기각범위는 $\chi^2_{(0.05,\, k-1)}$보다 큰 경우 귀무가설을 기각한다.

⑦ 검정통계량 값을 계산한다.
$$\chi^2_c = \sum_{i=1}^{2} \sum_{j=1}^{k} \frac{\left(o_{ij} - e_{ij}\right)^2}{e_{ij}} \sim \chi^2_{(2-1)(k-1)}$$

⑧ 검정통계량 값과 기각범위를 비교하여 통계적 결정을 한다.

검정통계량 값 $\chi^2_c \geq \chi^2_{(0.05,\, k-1)}$이면 귀무가설을 기각하고, 그렇지 않으면 귀무가설을 채택한다.

어떤 암의 치료를 위해 새로 개발된 항암제 NEW와 기존의 항암제 OLD의 임상효과를 실증적으로 비교하고자 한다. 50명의 암환자에게는 항암제 NEW를 투약하고 다른 50명의 암환자에게는 항암제 OLD를 투약하여, 1년간 치료한 후 그 결과가 〈표 1〉과 같이 나타났다고 하자.

〈표 1〉 총괄자료

	생 존	사 망	합 계	생존율
항암제 NEW	30	20	50	0.6
항암제 OLD	20	30	50	0.4
합 계	50	50	100	

〈표 1〉에 의하면 항암제 NEW의 생존율이 항암제 OLD의 생존율보다 더 높은 것으로 나타나고 있다. 그런데 한 통계전문가가 좀 더 엄밀하게 이 자료를 탐사한 결과 위 100명의 암환자를 투약직전의 임상적 진단내용에 따라 경증과 중증환자로 분류하여 〈표 2〉의 자료를 구성할 수 있었다.

〈표 2〉 세부자료

가) 경증환자

	생 존	사 망	합 계	생존율
항암제 NEW	28	12	40	0.7
항암제 OLD	8	2	10	0.8
합 계	36	14	50	

나) 중증환자

	생 존	사 망	합 계	생존율
항암제 NEW	2	8	10	0.2
항암제 OLD	12	28	40	0.3
합 계	14	36	50	

〈표 2〉의 세부자료에 의하면 경증환자와 중증환자 모두에서 〈표 1〉과는 달리 항암제 OLD의 생존율이 더 높은 것으로 나타나고 있다.

(1) 총괄자료에서의 항암제 NEW와 OLD 각각의 생존율을 세부자료에서의 경증환자 생존율과 중증환자 생존율을 이용하여 표현하시오.

(2) 총괄자료와 세부자료로 부터의 생존율이 상반되어 보이는 현상에 대한 원인을 (1)의 결과를 이용하여 설명하시오.

(3) 해당 암에 걸린 새로운 환자가 내원했을 때, 어떤 항암제를 사용하는 것이 바람직한지를 판단하고 그 근거를 구체적으로 설명하시오.

05 해설

(1) 자료비교

① 총괄자료에서는 암환자들에게 항암제 NEW와 OLD를 각각 50명씩 투약하여 항암제 NEW와 OLD의 투약 인원비율이 1:1로 동일하다.

② 세부자료에서는 경증환자의 경우 항암제 NEW를 투약한 인원은 40명이고 항암제 OLD를 투약한 인원은 10명으로 항암제 NEW와 OLD의 투약 인원비율이 4:1이다. 또한, 중증환자의 경우 항암제 NEW를 투약한 인원은 10명이고 항암제 OLD를 투약한 인원은 40명으로 항암제 NEW와 OLD의 투약 인원비율이 1:4이다.

③ 세부자료에서 경증환자와 중증환자의 생존율을 이용하여 총괄자료에서의 항암제 NEW와 OLD 각각의 생존율은 다음과 같이 구할 수 있다.

항암제 NEW의 생존율＝(경증환자 항암제 NEW의 투약비율×경증환자 항암제 NEW의 생존율)＋(중증환자 항암제 NEW의 투약비율×중증환자 항암제 NEW의 생존율)

$$= (0.8 \times 0.7) + (0.2 \times 0.2) = 0.6$$

항암제 OLD의 생존율＝(경증환자 항암제 OLD의 투약비율×경증환자 항암제 OLD의 생존율)＋(중증환자 항암제 OLD의 투약비율×중증환자 항암제 OLD의 생존율)

$$= (0.2 \times 0.8) + (0.8 \times 0.3) = 0.4$$

(2) 심슨의 패러독스(Simpson's Paradox)

① 총괄자료에서는 항암제 NEW를 투약 받은 환자의 생존율이 0.6으로 항암제 OLD를 투약 받은 환자의 생존율 0.4보다 높게 나타났다.

② 세부자료에서는 경증환자의 경우 항암제 NEW를 투약 받은 환자의 생존율이 0.7로 항암제 OLD를 투약 받은 환자의 생존율 0.8보다 낮게 나타났고, 중증환자의 경우 항암제 NEW를 투약 받은 환자의 생존율이 0.2로 항암제 OLD를 투약 받은 환자의 생존율 0.3보다 낮게 나타났다.

③ 결과적으로 각 세부자료에서 성립하는 성질이 그 세부자료를 종합한 총괄자료에 대해서는 성립하지 않는다는 모순이 발생된다. 이와 같은 현상을 심슨의 패러독스(Simpson's Paradox)라 한다.

④ 이런 현상이 발생하는 원인은 환자상태(경증환자, 중증환자)라는 또 하나의 중요한 변수를 고려하지 않은데 기인한 것이다. 또한 (1)의 결과에서 알 수 있듯이 각각의 세부자료에 가중되는 가중치의 비율이 크게 차이 나기 때문이다. 즉, 각각의 세부자료에서 항암제 NEW와 항암제 OLD를 투약 받은 환자의 표본크기가 서로 상반되면서 크게 차이가 나는 데 원인이 있다.

(3) 통계적 결정

① 심슨의 패러독스 현상이 발생했을 경우 환자상태(경증환자, 중증환자)라는 또 하나의 중요한 변수를 고려하지 않고 분석한 전체자료를 사용하는 것보다는 환자상태 변수를 고려한 세부자료를 사용하여 분석하는 것이 바람직하다.

② 환자상태 변수를 고려했을 경우 경증환자와 중증환자 모두에서 항암제 OLD를 투약 받은 환자가 생존율이 높게 나타났기 때문이다.

다음 자료는 서울 강남의 특정 지역에서 오후 1시에서 2시 사이에 발생된 교통사고 건수를 50일 간 관측한 자료이다. 이 자료를 이용하여 이 시간대의 교통사고 건수가 포아송분포를 따른다는 가설에 대한 적합도검정(Goodness-of-fit Test)을 하려고 한다.

5	5	3	2	5	4	3	3	7	6
7	4	3	6	4	4	5	3	5	3
7	3	2	8	6	7	4	1	9	8
6	4	3	11	9	6	7	4	5	4
4	8	9	3	9	7	7	9	3	10

(합계 : 270)

(1) 위 자료를 6개의 범주 $A_1 = \{0, 1, 2, 3\}$, $A_2 = \{4\}$, $A_3 = \{5\}$, $A_4 = \{6\}$, $A_5 = \{7\}$, $A_6 = \{8 \text{ 이상}\}$ 으로 분류하여 유의수준 5%로 적합도 검정을 하는 절차를 상세히 서술하시오.

(2) 위 검정에서 귀무가설이 채택되었을 때, 이 지역에서 오후 1시에서 1시 10분 사이에 교통사고가 1건 발생될 확률을 추정하시오.

06 해설

(1) 모집단의 분포에 대한 카이제곱 적합성 검정

① 분석에 앞서 가설을 먼저 설정한다.

- 귀무가설(H_0) : 오후 1시에서 2시 사이에 발생된 교통사고 건수는 포아송분포를 따른다.
- 대립가설(H_1) : 오후 1시에서 2시 사이에 발생된 교통사고 건수는 포아송분포를 따르지 않는다.

② 귀무가설의 확률분포가 포아송분포로 모수가 하나 있으며, 귀무가설에서 이 모수에 대한 언급이 없으므로 기대도수를 구하기 위해서는 주어진 자료로부터 모수의 값을 추정해야 한다.

③ 포아송분포의 모수인 평균 λ의 바람직한 추정량은 $\hat{\lambda}^{MLE} = \overline{X}$이다.

④ 즉, 추정치 $\overline{x} = 270/50 = 5.4$이므로 이 추정치를 이용하여 기대도수를 구할 수 있다.

⑤ 포아송분포의 확률질량함수가 $f(x) = \dfrac{e^{-\lambda}\lambda^x}{x!}$ 임을 고려하여 $P(A_1)$, $\cdots$, $P(A_6)$의 확률을 구하면 다음과 같다.

$$P(A_1) = \frac{e^{-5.4}5.4^0}{0!} + \frac{e^{-5.4}5.4^1}{1!} + \frac{e^{-5.4}5.4^2}{2!} + \frac{e^{-5.4}5.4^3}{3!} = 0.21329$$

$$P(A_2) = \frac{e^{-5.4}5.4^4}{4!} = 0.16002$$

$$P(A_3) = \frac{e^{-5.4}5.4^5}{5!} = 0.17282$$

$$P(A_4) = \frac{e^{-5.4}5.4^6}{6!} = 0.15554$$

$$P(A_5) = \frac{e^{-5.4}5.4^7}{7!} = 0.11999$$

$$P(A_6) = \frac{e^{-5.4}5.4^8}{8!} + \frac{e^{-5.4}5.4^9}{9!} + \frac{e^{-5.4}5.4^{10}}{10!} + \frac{e^{-5.4}5.4^{11}}{11!} = 0.16871$$

⑥ 범주에 속할 확률에 50일을 곱하여 기대되는 교통사고 건수의 기대일수를 구하면 다음과 같다.

사고건수 범주	A_1	A_2	A_3	A_4	A_5	A_6
관측일수	13	9	6	5	7	10
범주에 속할 확률	0.21329	0.16002	0.17282	0.15554	0.11999	0.16871
기대일수	11	8	9	8	6	8

⑦ 카이제곱 검정통계량 값을 계산한다.

$$\chi_c^2 = \sum_{i=1}^{6} \frac{(O_i - E_i)^2}{E_i} = \frac{(13-11)^2}{11} + \frac{(9-8)^2}{8} + \frac{(6-9)^2}{9} + \frac{(5-8)^2}{8} + \frac{(7-6)^2}{6} + \frac{(10-8)^2}{8} = 3.28$$

⑧ 자유도는 교통사고 건수를 6개의 범주로 나누었으므로 $k=6$이 되고, 추정된 모수가 λ 하나이므로 다음과 같이 계산한다.

자유도 $= (k-1) - (추정된\ 모수의\ 수) = (6-1) - 1 = 4$

⑨ 검정통계량 값 3.28이 유의수준 5%에서의 기각치 $\chi^2_{(0.05,\ 4)} = 9.488$보다 작으므로 귀무가설을 채택한다. 즉, 유의수준 5%에서 오후 1시에서 2시 사이에 발생된 교통사고 건수는 포아송분포를 따른다고 할 수 있다.

(2) 포아송분포(Poisson Distribution)

① 귀무가설이 채택되었으므로 오후 1시에서 2시 사이에 하루 동안 발생하는 교통사고 건수를 X라 하면, X는 $\lambda = 5.4$인 포아송분포를 따른다고 할 수 있다.

② 단위시간을 1분으로 바꾸면 교통사고 건수 X는 평균이 $\frac{5.4}{60} = 0.09$인 포아송분포를 따른다.

③ 1시부터 t분 동안 발생하는 교통사고 건수를 Y라 하면, $Y \sim Poisson(0.09t)$를 따르며, 확률질량함수 및 기대값과 분산은 다음과 같다.

$$f(y) = \frac{(0.09t)^y}{y!} e^{-0.09t}, \quad E(Y) = 0.09t, \quad Var(Y) = 0.09t$$

④ 즉, 이 지역에서 오후 1시에서 1시 10분 사이에 교통사고가 1건 발생할 확률은 $t = 10$, $Y = 1$인 경우에 해당한다.

$$\therefore\ f(1) = 0.9 \times e^{-0.9} = 0.3659$$

01

기출 1998년

1968년 모 여성단체에서 낙태에 대한 의견을 조사한 결과는 다음과 같았다.

의 견	적극반대	반 대	찬 성	적극찬성
비 율	20.1%	39.1%	28.6%	12.2%

1998년에 성인 300명을 대상으로 낙태에 관한 의견을 조사한 결과 적극반대, 반대, 찬성, 적극찬성을 말한 사람 수는 각각 52명, 124명, 78명, 46명이었다. 이 자료로부터 과거 30년간 낙태에 대한 의식의 변화가 있었는지를 검정하고자 한다. 사용될 수 있는 통계기법에 대해 논하고, 해당되는 검정 통계량을 계산하시오.

01 해설

카이제곱 적합성 검정(χ^2 Goodness of Fit Test)

① 분석에 앞서 가설을 먼저 설정한다.

낙태에 대한 의견의 모비율을 각각 p_1, p_2, p_3, p_4라 했을 때 귀무가설과 대립가설은 다음과 같다.

- 귀무가설(H_0) : 과거 30년간 낙태에 대한 의식의 변화가 없었다($p_1 = 0.201$, $p_2 = 0.391$, $p_3 = 0.286$, $p_4 = 0.122$).
- 대립가설(H_1) : 과거 30년간 낙태에 대한 의식의 변화가 있었다(귀무가설이 아니다).

② 범주에 속할 확률에 표본크기 300명을 곱하여 기대도수를 구하면 다음과 같다.

범 주	적극반대	반 대	찬 성	적극찬성
관측도수	52	124	78	46
범주에 속할 확률	0.201	0.391	0.286	0.122
기대도수	60.3	117.3	85.8	36.6

③ 카이제곱 검정통계량 값을 계산한다.

$$\chi_c^2 = \sum_{i=1}^{4} \frac{(O_i - E_i)^2}{E_i} = \frac{(52-60.3)^2}{60.3} + \frac{(124-117.3)^2}{117.3} + \frac{(78-85.8)^2}{85.8} + \frac{(46-36.6)^2}{36.6} \approx 4.648$$

④ 검정통계량 값 χ_c^2과 유의수준 α에서의 기각치 $\chi_{(\alpha, 3)}^2$을 비교하여 $\chi_c^2 \geq \chi_{(\alpha, 3)}^2$이면 귀무가설을 기각하고 그렇지 않으면 귀무가설을 채택한다.

우리 인생의 가장 큰 영광은

결코 넘어지지 않는 데 있는 것이 아니라

넘어질 때마다 일어서는 데 있다

- 넬슨 만델라 -

PART

09

분산분석
(Analysis of Variance)

  끝까지 책임진다! SD에듀!

1. 분산분석의 이해

분산분석은 1919년 피셔(R.A. Fisher)에 의해 고안된 방법으로 사회과학의 조사방법이 갖는 한계성을 극복하고자 고안된 실험계획법(Method of Experimental Design)에 주로 사용되어 왔다. 실험계획법은 실험을 실시하는데 있어서 최소의 비용으로 최대의 정밀한 정보를 얻기 위한 계획을 세우는 방법을 연구하는 분야로서 주로 쓰이는 기법이 분산분석이다. 분산분석은 명목척도로 측정된 독립변수와 등간 또는 비율척도로 측정된 종속변수 사이의 관계를 연구하는 통계분석 기법으로 실험의 결과 관측된 변동량을 분산개념으로 파악하여 이러한 분산이 각 요인에 기인하는 부분과 우연히 발생되었다고 볼 수 있는 부분으로 구분한 후 서로 비교함으로써 영향력 유무에 대해 결정을 내리는 것이다. 두 모집단의 평균에 차이가 있는가를 검정하기 위해서는 이표본 t 검정(Two Sample t-test)을 사용한다. 하지만, 두 모집단의 평균 차에 그치지 않고 다수의 모집단을 비교하는 경우로 확장할 경우 분산분석을 사용한다. 예를 들어 5개의 표본평균들을 대상으로 유의수준 5%에서 2개씩 쌍을 지어 10번 ($_5C_2 = 10$)의 이표본 t 검정을 실시한다고 가정하자. 실제로 이들 평균들 간에 차이가 없을 경우 옳은 결론을 내리게 될 확률은 한 쌍에 0.95씩이 된다. 그러므로 10개 쌍 모두 이표본 t 검정을 실시하여 올바른 결론에 도달할 확률은 $(0.95)^{10}$이 된다. 즉, 제1종의 오류를 범할 확률(10번의 검정 중 적어도 하나의 검정이 잘못된 결론을 내리게 될 확률)이 $1 - (0.95)^{10} = 0.401$이나 된다. 이와 같은 문제로 3개 집단 이상의 평균차를 전체적으로 분석할 경우 분산분석을 사용한다. 분산분석은 집단을 나타내는 변수인 요인의 수가 1개인 경우 일원배치 분산분석이라 하고 요인의 수가 2개인 경우 이원배치 분산분석이라 한다.

(1) 분산분석에 사용되는 용어

분산분석 또는 실험계획법에서 주로 사용되는 용어는 다음과 같다.

① 요인, 인자(Factor) : 어떤 실험에서 관측값에 영향을 주는 속성을 나타내며 주로 집단을 나타내는 변수에 해당한다. 즉, 회귀분석에서의 독립변수를 분산분석에서는 요인이라 한다.

② 수준(Level) : 요인의 여러 가지 조건을 나타낸다. 예를 들어 단팥빵의 맛은 빵을 굽는 온도에 따라 결정된다고 할 때 단팥빵의 맛에 영향을 주는 속성을 나타내는 변수인 온도가 요인이 되며 온도를 100℃, 150℃, 200℃에서 실험을 한다고 하면 이 값들은 여러 가지 조건으로 수준이 된다.

③ 모수인자(Fixed Factor) : 빵을 굽는 온도와 같이 기술적인 의미를 가지고 있거나 인자의 수준이 고정된 경우의 인자를 모수인자라 한다. 모수인자로는 온도, 압력, 작업방법 등이 있다.

④ 변량인자(Random Factor) : 날짜, 여러 생산품 박스 중에서 추출된 박스, 여러 작업자 중에서 뽑힌 작업자와 같이 인자의 수준이 랜덤으로 선택된 경우 각 수준은 기술적인 의미를 가지지 못하기 때문에 이와 같은 인자를 변량인자라 한다. 대표적인 변량인자로는 날짜가 있다.

⑤ 교호작용(Interaction) : 2인자 이상의 특정한 인자수준의 조합에서 일어나는 효과로서 실험의 반복이 있는 경우 교호작용효과의 검출이 가능하며 실험의 반복이 없는 경우 교호작용효과를 오차와 분리하여 검출할 수 없다.

(2) 분산분석의 기본 가정 및 가정의 검토

분산분석의 기본 가정은 오차항이 서로 독립이며 정규분포를 따르고 오차항의 분산은 모두 σ_E^2으로 동일하다는 것이다. 즉, 분석에 앞서 가정을 검토하여 오차항에 대한 독립성, 정규성, 등분산성이 모두 만족되는지를 확인할 필요가 있다.

오차항의 독립성 검정은 실험의 계획단계에서 서로 독립인 3개 이상의 집단 간 평균차를 전체적으로 분석하므로 분산분석에서는 독립성 검정을 따로 실시하지는 않는다. 오차항의 정규성 검정은 잔차분석, Q-Q Plot, 정규확률도표(Normal Probability Plot), Shapiro-Wilk 검정, Kolmogorov-Smirnov 검정, 이상치 검정(Outlier Test), Mann-Whitney and Wilcoxon 검정, 변환(Transformation)을 통해서 검토한다. 또한, 오차항의 등분산성 검정은 Levene 검정, Bartlett 검정 등을 통해서 검토한다. 특수한 경우로 두 모집단 간 분산의 차이 검정에서 귀무가설($H_0 : \sigma_1^2 = \sigma_2^2$)이 기각되었을 경우 분산비 $\dfrac{\sigma_1^2}{\sigma_2^2}$은 더 이상 중심 F분포를 따르지 않고, 비중심(Noncentral) F분포를 따른다.

2. 일원배치 분산분석(One-way ANOVA)

일원배치 분산분석은 분산이 같고 독립인 두 모집단의 평균에 차이가 있는지를 검정하는 이표본 t 검정을 분산이 같고 독립인 3개 이상의 모집단에 대한 평균차 비교로 확대한 것이다. 집단을 나타내는 변수인 인자의 수가 1개인 경우로 인자의 적절한 실험처리에서 얻어진 자료의 특성값을 분산분석을 통해 최적의 실험조건을 찾는 실험계획법이다. 일원배치 분산분석은 실험전체를 완전 확률화하여 모든 특성값을 확률화 순서에 의해 구하므로 완전확률화계획법(CRD ; Completely Randomized Design)이라고도 한다.

(1) 일원배치 분산분석(모수모형)

일원배치 분산분석은 인자가 모수인자인지 변량인자인지에 따라 모수모형(Fixed Effect Model)과 변량모형(Random Effect Model)으로 나뉜다. 인자 A가 모수인자이고 실험의 반복이 r회로 동일한 경우의 모수모형에 대한 일원배치 분산분석 분석절차는 다음과 같다.

① 모집단에 대한 가정

각 모집단의 분포가 정규분포를 따르며 서로 독립이고, 모분산은 모두 동일하다.

② 일원배치 모수모형의 자료배열(인자의 수준 k개, 반복 r회)

〈표 9.1〉 반복수가 동일한 일원배치 모수모형의 데이터 구조(인자의 수준 k개, 반복 r회)

	인자의 수준				합 계
	A_1	A_2	$\cdots$	A_k	
실험의 반복	x_{11}	x_{21}	$\cdots$	x_{k1}	
	x_{12}	x_{22}	$\cdots$	x_{k2}	
	$\vdots$	$\vdots$	$\vdots$	$\vdots$	
	x_{1r}	x_{2r}	$\cdots$	x_{kr}	
평 균	$\overline{x}_{1.}$	$\overline{x}_{2.}$	$\cdots$	$\overline{x}_{k.}$	$\overline{\overline{x}}$

③ 일원배치 모수모형의 구조식

일원배치 모수모형의 데이터 구조식을 표현하면 다음과 같다.

$$x_{ij} = \mu + a_i + e_{ij} = \mu + (\mu_i - \mu) + e_{ij}$$

a_i : 미지의 상수, $e_{ij} \sim iidN(0, \ \sigma_E^2)$

단, 인자 A의 주효과 $a_i = \mu_i - \mu$

실험 전체에 대한 모평균 $\mu = \sum_{i=1}^{k} \frac{\mu_i}{k}$,

$i = 1, \ \cdots, \ k, \quad j = 1, \ \cdots, \ r$

④ 일원배치 모수모형의 가설 설정

귀무가설(H_0) : k개 집단의 모평균은 동일하다($\mu_1 = \mu_2 = \cdots = \mu_k$).

인자 A의 주효과는 동일하다($a_1 = a_2 = \cdots = a_k = 0$).

대립가설(H_1) : k개 집단의 모평균이 모두 동일한 것은 아니다(모든 μ_i가 같은 것은 아니다).

인자 A의 주효과가 모두 동일한 것은 아니다(모든 a_i가 0인 것은 아니다).

⑤ 일원배치 모수모형의 분산분석표 작성

〈표 9.2〉 일원배치 모수모형의 분산분석표

요 인	제곱합	자유도	평균제곱	F값	F_α
처 리	SSA	$k-1$	$MSA = \dfrac{SSA}{k-1}$	$F = \dfrac{MSA}{MSE}$	$F_{\alpha\,;\,k-1,\,n-k}$
잔 차	SSE	$k(r-1)$	$MSE = \dfrac{SSE}{k(r-1)}$		
합 계	SST	$kr-1$			

여기서, $SSA = \displaystyle\sum_{i=1}^{k} \sum_{j=1}^{r} \left(\overline{x}_{i.} - \overline{\overline{x}}\right)^2 = r \sum_{i=1}^{k} \left(\overline{x}_{i.} - \overline{\overline{x}}\right)^2$는 처리제곱합(Sum of Squares of

Treatment), $SSE = \displaystyle\sum_{i=1}^{k} \sum_{j=1}^{r} \left(x_{ij} - \overline{x}_{i.}\right)^2$는 오차제곱합(Sum of Squares of Error),

$SST = \displaystyle\sum_{i=1}^{k} \sum_{j=1}^{r} \left(x_{ij} - \overline{\overline{x}}\right)^2$는 총제곱합(Sum of Squares of Total)이다.

⑥ 검정결과 해석

검정통계량 F값과 기각치 $F_{\alpha\,;\,k-1,\,n-k}$를 비교하여 $F = \dfrac{MSA}{MSE} > F_{\alpha\,;\,k-1,\,n-k}$이면 귀무가설을 기각한다. 또는 검정통계량 F값에 대응되는 유의확률 p값이 주어진 경우 유의확률 p값이 유의수준 α보다 작으면 귀무가설을 기각한다.

(2) 제곱합의 분해

인자 A의 수준수가 k개이고, 각 수준마다 반복이 r회로 동일할 경우, 각각의 데이터 x_{ij}와 총평균 $\overline{\overline{x}}$와의 편차$\left(x_{ij} - \overline{\overline{x}}\right)$는 다음과 같이 두 부분으로 분해할 수 있다.

$$\left(x_{ij} - \overline{\overline{x}}\right) = \left(x_{ij} - \overline{x}_{i.}\right) + \left(\overline{x}_{i.} - \overline{\overline{x}}\right)$$

즉, 총편차 $\left(x_{ij} - \overline{\overline{x}}\right)$는 잔차 $\left(x_{ij} - \overline{x}_{i.}\right)$와 각 수준이 가지고 있는 효과의 크기$\left(\overline{x}_{i.} - \overline{\overline{x}}\right)$로 나타낼 수 있으며, 전체 데이터의 수를 고려하여 양변을 제곱해 보면 다음과 같이 전개된다.

$$\sum_{i=1}^{k}\sum_{j=1}^{r}\left(x_{ij} - \overline{\overline{x}}\right)^2 = \sum_{i=1}^{k}\sum_{j=1}^{r}\left(x_{ij} - \overline{x}_{i.}\right)^2 + \sum_{i=1}^{k}\sum_{j=1}^{r}\left(\overline{x}_{i.} - \overline{\overline{x}}\right)^2$$
$$+\,2\sum_{i=1}^{k}\sum_{j=1}^{r}\left(x_{ij} - \overline{x}_{i.}\right)\left(\overline{x}_{i.} - \overline{\overline{x}}\right)$$

즉, 잔차의 합 $\sum_{j=1}^{r}\left(x_{ij} - \overline{x}_{i.}\right)$은 0이므로, $2\sum_{i=1}^{k}\sum_{j=1}^{r}\left(x_{ij} - \overline{x}_{i.}\right)\left(\overline{x}_{i.} - \overline{\overline{x}}\right) = 0$이 성립되어 총편차 제곱합은 다음과 같이 표현할 수 있다.

$$\sum_{i=1}^{k}\sum_{j=1}^{r}\left(x_{ij} - \overline{\overline{x}}\right)^2 = \sum_{i=1}^{k}\sum_{j=1}^{r}\left(x_{ij} - \overline{x}_{i.}\right)^2 + \sum_{i=1}^{k}\sum_{j=1}^{r}\left(\overline{x}_{i.} - \overline{\overline{x}}\right)^2$$

결과적으로 위의 식으로부터 $SST = SSE + SSA$이 성립함을 알 수 있다.

(3) 자유도 계산

제곱합의 자유도(Degrees of Freedom)는 제곱한 편차의 개수에서 편차들의 선형제약조건의 개수를 뺀 것으로 다음과 같이 정의할 수 있다.

> 제곱합의 자유도=제곱한 편차의 개수−편차들의 선형제약조건의 개수

총제곱합 SST의 자유도는 ϕ_T라 표기하고 $SST = \sum_{i=1}^{k}\sum_{j=1}^{r}\left(x_{ij} - \overline{\overline{x}}\right)^2$이므로 제곱한 편차의 개수는 kr개이고 선형제약조건 $\sum_{i=1}^{k}\sum_{j=1}^{r}\left(x_{ij} - \overline{\overline{x}}\right) = 0$이 하나 있으므로 자유도는 $kr-1 = n-1$이 된다. 처리제곱합 SSA의 자유도는 ϕ_A라 표기하고 $SSA = \sum_{i=1}^{k}\sum_{j=1}^{r}\left(\overline{x}_{i.} - \overline{\overline{x}}\right)^2 = r\sum_{i=1}^{k}\left(\overline{x}_{i.} - \overline{\overline{x}}\right)^2$이므로 제곱한 편차의 개수는 k개이고 선형제약조건 $\sum_{i=1}^{k}\left(\overline{x}_{i.} - \overline{\overline{x}}\right) = 0$이 하나 있으므로 자유도는

$k-1$이 된다. 오차제곱합 SSE의 자유도는 ϕ_E라 표기하고 $SSE = \sum_{i=1}^{k}\sum_{j=1}^{r}\left(x_{ij} - \overline{x_{i.}}\right)^2$이므로 제

곱한 편차의 개수는 kr개이고 선형제약조건 $\sum_{j=1}^{r}\left(x_{ij} - \overline{x_{i.}}\right) = 0$이 k개가 있으므로 자유도는

$kr - k = k(r-1) = n - k$가 된다. 결과적으로 제곱합의 자유도는 카이제곱분포의 가법성을 이용

하여 $\phi_T = \phi_A + \phi_E$이 성립함을 알 수 있다.

(4) 반복수가 동일하지 않은 실험

실험의 반복에 있어 결측값이 발생하거나 관측값의 측정 실패로 각 수준에 대해 동일하지 않은 관측값을 얻었을 경우 또는 특정 수준에 대해 모평균 추정의 정도를 높이기 위해 반복수를 다른 수준보다 많게 할 경우가 있다. 이와 같이 반복수가 동일하지 않은 경우의 자료배열은 다음과 같다.

〈표 9.3〉 반복수가 동일하지 않은 일원배치 분산분석의 데이터 구조(인자의 수준 k개, 반복 n_j회)

	인자의 수준				합 계
	A_1	A_2	$\cdots$	A_k	
실험의 반복	x_{11}	x_{21}	$\cdots$	x_{k1}	
	x_{12}	x_{22}	$\cdots$	x_{k2}	
	$\vdots$	$\vdots$	$\vdots$	$\vdots$	
	x_{1n_1}	x_{2n_2}	$\cdots$	x_{kn_k}	
표본크기	n_1	n_2	$\cdots$	n_k	$n = \sum n_j$
평 균	$\overline{x}_{1.}$	$\overline{x}_{2.}$	$\cdots$	$\overline{x}_{k.}$	$\overline{\overline{x}}$

반복수가 동일한 경우와 반복수가 동일하지 않은 경우 모두 데이터 구조식, 가설 설정, 분산분석표 작성에 있어서 거의 차이가 없으며 각 인자의 수준에 있어 반복수가 동일한 경우 $j = 1,\ 2,\ \cdots r$이고 반복수가 동일하지 않은 경우 $j = n_1,\ n_2,\ \cdots,\ n_k$로 제곱합의 계산에 있어 약간의 차이가 있다.

처리제곱합 $SSA = \sum_{i=1}^{k}\sum_{j=n_1}^{n_k}\left(\overline{x}_{i.} - \overline{\overline{x}}\right)^2 = n_j \sum_{i=1}^{k}\left(\overline{x}_{i.} - \overline{\overline{x}}\right)^2,$

오차제곱합 $SSE = \sum_{i=1}^{k}\sum_{j=n_1}^{n_k}\left(x_{ij} - \overline{x_{i.}}\right)^2,$

총제곱합 $SST = \sum_{i=1}^{k}\sum_{j=n_1}^{n_k}\left(x_{ij} - \overline{\overline{x}}\right)^2$이다.

인자의 수준이 k개이고 실험의 반복이 r회로 동일한 경우든 동일하지 않은 경우든 전체자료의 수를 n이라 한다면 총제곱합의 자유도는 $n-1$이 되고 처리제곱합의 자유도는 $k-1$이 되며 카이제곱분포의 가법성을 이용하여 오차제곱합의 자유도는 총제곱합의 자유도에서 처리제곱합의 자유도를 뺀 $(n-1) - (k-1) = n - k$가 된다.

9.1 세 종류의 형광등 수명을 개월 수로 측정한 자료가 다음과 같다고 하자. 형광등 종류에 따라 형광등 평균수명이 모두 같다고 할 수 있는지 유의수준 5%에서 검정해보자.

〈표 9.4〉 형광등 종류에 따른 형광등 수명을 측정한 자료

형광등 종류	A	B	C
형광등 수명	25	21	22
	20	20	20
	25	16	21
	26	15	

❶ 일원배치 모수모형의 데이터 구조식은 다음과 같다.

$$x_{ij} = \mu + a_i + e_{ij} = \mu + (\mu_i - \mu) + e_{ij}$$

$$e_{ij} \sim iidN(0,\ \sigma_E^2),\quad \sum_{i=1}^{k} a_i = 0$$

❷ 분석에 앞서 가설을 먼저 설정한다.
- 귀무가설(H_0) : 형광등 종류에 따라 평균수명은 동일하다($\mu_1 - \mu_2 = \mu_3$).
- 대립가설(H_1) : 형광등 종류에 따라 평균수명이 모두 동일한 것은 아니다(모든 μ_i가 같은 것은 아니다).

❸ 제곱합들을 계산한다.

$n_1 = 4,\ n_2 = 4,\ n_3 = 3$이고, 각 처리의 평균과 총평균을 구하면 다음과 같다.

$$\overline{x}_{1\cdot} = \frac{25+20+25+26}{4} = 24,\quad \overline{x}_{2\cdot} = \frac{21+20+16+15}{4} = 18,$$

$$\overline{x}_{3\cdot} = \frac{22+20+21}{3} = 21,\quad \overline{\overline{x}} = \frac{96+72+63}{11} = 21$$

$$SSA = \sum_{i=1}^{k}\sum_{j=n_1}^{n_k}\left(\overline{x}_{i\cdot} - \overline{\overline{x}}\right)^2 = n_i\sum_{i=1}^{k}\left(\overline{x}_{i\cdot} - \overline{\overline{x}}\right)^2 = 4(24-21)^2 + 4(18-21)^2 + 3(21-21)^2 = 72$$

$$SST = \sum_{i=1}^{k}\sum_{j=n_1}^{n_k}\left(x_{ij} - \overline{\overline{x}}\right)^2 = (25-21)^2 + (20-21)^2 + \cdots + (21-21)^2 = 122$$

$$SSE = SST - SSB = 122 - 72 = 50$$

❹ 반복수가 동일하지 않은 일원배치 모수모형의 분산분석표를 작성한다.

〈표 9.5〉 반복수가 동일하지 않은 일원배치 모수모형의 분산분석표

요 인	제곱합	자유도	평균제곱	F값	$F_{\alpha,\ k-1,\ n-k}$
처 리	72	2	36	5.76	4.46
잔 차	50	8	6.25		
합 계	122	10			

❺ 검정결과 해석

검정통계량 F값이 5.76으로 기각치 $F_{0.05,2,8} = 4.46$보다 크기 때문에 귀무가설을 기각한다. 즉, 유의수준 5%하에서 형광등 종류에 따라 평균수명은 다르다고 할 수 있다.

(5) 일원배치 분산분석(변량모형)

일월배치 분산분석은 모수모형과 변량모형으로 나뉜다. 변량모형은 예를 들어 실험날짜를 k일 택하여 실험을 하거나 또는 여러 생산품 박스 중에서 랜덤하게 k개 박스를 선택하여 실험한 경우 실험날짜와 생산품 박스는 변량인자이다. 인자 A가 변량인자인 변량모형에 대한 일원배치 분산분석은 변동의 분해, 자유도 계산, 분산분석표 작성 등에서 모수모형과 동일하며 데이터 구조식과 결과의 해석에 있어서 차이가 있다. 일원배치 변량모형의 데이터 구조식을 표현하면 다음과 같다.

$$x_{ij} = \mu + a_i + e_{ij}$$
$$a_i \sim iid\,N(0,\ \sigma_A^2),\ e_{ij} \sim iid\,N(0,\ \sigma_E^2),\ Cov(a_i,\ e_{ij}) = 0$$
$$i = 1,\ \cdots,\ k,\ \ j = 1,\ \cdots,\ r$$

변량모형의 구조식은 모수모형과는 다르게 a_i가 확률변수로 기대값이 0이고 분산이 σ_A^2인 정규분포를 따르고 e_{ij}와 a_i는 서로 독립이다. 또한, 결과분석에 있어서 인자 A가 변량인자이므로 인자의 각 수준에서의 모평균 추정은 별로 의미가 없다. 귀무가설은 '변량인자 A의 산포는 균일하다($\sigma_A^2 = 0$)'이고, 대립가설은 '변량인자 A의 산포는 균일하지 않다($\sigma_A^2 > 0$)'이다. 즉, σ_A^2의 추정값이 산포의 정도를 측정하는 방법으로 많이 사용된다. σ_A^2의 추정값을 구하기 위해서는 평균제곱의 기대값을 알아야 한다. 처리제곱합 SSA의 기대값은 다음과 같이 구한다.

$$
\begin{aligned}
E(SSA) &= E\left[r \sum_{i=1}^{k} \left(\overline{x}_{i.} - \overline{\overline{x}} \right)^2 \right] \\
&= E\left\{ r \sum_{i=1}^{k} \left[\left(\mu + a_i + \overline{e}_{i.} \right) - \left(\mu + \overline{a} + \overline{\overline{e}} \right) \right]^2 \right\} \\
&= E\left\{ r \sum_{i=1}^{k} \left[\left(a_i - \overline{a} \right) - \left(\overline{e}_{i.} - \overline{\overline{e}} \right) \right]^2 \right\} \\
&= rE\left[\sum_{i=1}^{k} \left(a_i - \overline{a} \right)^2 \right] + rE\left[\sum_{i=1}^{k} \left(\overline{e}_{i.} - \overline{\overline{e}} \right)^2 \right] \\
&= (k-1)(\sigma_E^2 + r\sigma_A^2) \quad \therefore \sigma_A^2 = E\left[\frac{\sum_{i=1}^{k}\left(a_i - \overline{a}\right)^2}{k-1} \right],\ \sigma_E^2 = E\left[\frac{r\sum_{i=1}^{k}\left(\overline{e}_{i.} - \overline{\overline{e}}\right)^2}{k-1} \right]
\end{aligned}
$$

$$\therefore\ E(MSA) = E(V_A) = \frac{(k-1)\left(\sigma_E^2 + r\sigma_A^2\right)}{k-1} = \sigma_E^2 + r\sigma_A^2$$

같은 방법으로 오차제곱합 SSE의 기대값을 구하면 $E(SSE) = (n-k)\sigma_E^2$이고,

$E(MSE) = E(V_E) = \sigma_E^2$이 된다. 결과적으로 $E(V_A) = \sigma_E^2 + r\sigma_A^2$이고, $E(V_E) = \sigma_E^2$이므로

$\widehat{\sigma_E^2} + r\widehat{\sigma_A^2} = V_A$과 $\widehat{\sigma_E^2} = V_E$이 성립되어 σ_A^2의 추정량은 $\widehat{\sigma_A^2} = \dfrac{V_A - V_E}{r}$이다.

3. 반복이 없는 이원배치 분산분석(Two-way ANOVA)

집단을 나타내는 변수인 인자의 수가 2개인 경우 이원배치 분산분석이라 한다. 이원배치 분산분석은 반복 유무에 따라 반복이 없는 이원배치 분산분석과 반복이 있는 이원배치 분산분석으로 구분한다. 반복이 없는 이원배치 분산분석은 자유도의 부족으로 교호작용을 오차와 구분해서 검출할 수 없지만, 반복이 있는 이원배치 분산분석에서는 2인자 이상의 특정한 인자수준의 조합에서 일어나는 효과인 교호작용 효과(Interaction Effect)를 검출할 수 있다.

(1) 반복이 없는 이원배치 분산분석(모수모형)

반복이 없는 이원배치 분산분석은 두 개의 인자가 모두 모수인자일 경우 모수모형이라 하고, 하나의 인자는 모수인자이고 다른 하나의 인자는 변량인자인 경우 혼합모형이라 하며, 두 개의 인자가 모두 변량인자일 경우 변량모형이라 한다. 특히 반복이 없는 이원배치 분산분석에서는 반복이 없으므로 교호작용 효과는 검출할 수 없다.

① 반복이 없는 이원배치 모수모형의 데이터 구조(인자의 수준은 $l,\ m$)

〈표 9.6〉 반복이 없는 이원배치 모수모형의 데이터 구조(인자의 수준은 $l,\ m$)

요 인	A_1	A_2	$\cdots$	A_l	평 균
B_1	x_{11}	x_{21}	$\cdots$	x_{l1}	$\overline{x}_{.1}$
B_2	x_{12}	x_{22}	$\cdots$	x_{l2}	$\overline{x}_{.2}$
$\vdots$	$\vdots$	$\vdots$	$\vdots$	$\vdots$	$\vdots$
B_m	x_{1m}	x_{2m}	$\cdots$	x_{lm}	$\overline{x}_{.m}$
평 균	$\overline{x}_{1.}$	$\overline{x}_{2.}$	$\cdots$	$\overline{x}_{l.}$	$\overline{\overline{x}}$

② 반복이 없는 이원배치 모수모형의 구조식

$$x_{ij} = \mu + a_i + b_j + e_{ij}$$
$$a_i,\ b_j : \text{미지의 상수},\ e_{ij} \sim iidN(0,\ \sigma_E^2)$$
$$i = 1,\ \cdots,\ l,\quad j = 1,\ \cdots,\ m$$

③ 반복이 없는 이원배치 모수모형의 가설 설정
- 귀무가설(H_0) : 인자 A의 주효과는 동일하다($a_1 = a_2 = \cdots = a_l = 0$).
  인자 B의 주효과는 동일하다($b_1 = b_2 = \cdots = b_m = 0$).
- 대립가설(H_1) : 인자 A의 주효과는 동일하지 않다(모든 a_i가 0인 것은 아니다).
  인자 B의 주효과는 동일하지 않다(모든 b_j가 0인 것은 아니다).
- 귀무가설(H_0) : 인자 A의 주효과는 동일하다($a_1 = a_2 = \cdots = a_l = 0$)는 인자 A의 수준인 l개 집단의 모평균은 동일하다($\mu_1 = \mu_2 = \cdots = \mu_l$)와 같은 의미이다. 반복이 없는 이원배치 모수모형 이후부터는 귀무가설을 인자의 주효과 측면에서 통일해서 사용하도록 한다.

④ 반복이 없는 이원배치 모수모형의 분산분석표

이원배치 분산분석표에서는 제곱합을 SS, 자유도를 ϕ, 평균제곱을 V라 표현하고 평균제곱의 기대값을 $E(V)$으로 표기하기로 한다.

〈표 9.7〉 반복이 없는 이원배치 모수모형의 분산분석표

요 인	제곱합(SS)	자유도(ϕ)	평균제곱(V)	$E(V)$	F
A	S_A	$l-1$	$V_A = \dfrac{S_A}{l-1}$	$E(V_A) = \sigma_E^2 + m\sigma_A^2$	V_A / V_E
B	S_B	$m-1$	$V_B = \dfrac{S_B}{m-1}$	$E(V_B) = \sigma_E^2 + l\sigma_B^2$	V_B / V_E
E	S_E	$(l-1)(m-1)$	$V_E = \dfrac{S_E}{(l-1)(m-1)}$	$E(V_E) = \sigma_E^2$	
T	S_T	$lm-1$			

여기서, $S_A = \sum_i \sum_j \left(\overline{x}_{i.} - \overline{\overline{x}} \right)^2$, $S_B = \sum_i \sum_j \left(\overline{x}_{.j} - \overline{\overline{x}} \right)^2$,

$S_E = \sum_i \sum_j \left(x_{ij} - \overline{x}_{i.} - \overline{x}_{.j} - \overline{\overline{x}} \right)^2$, $S_T = \sum_i \sum_j \left(x_{ij} - \overline{\overline{x}} \right)^2$ 이고, 각각의 평균제곱의 기대값은 다음과 같이 구한다.

$$
\begin{aligned}
E(S_A) &= E \left[\sum_i \sum_j \left(\overline{x}_{i.} - \overline{\overline{x}} \right)^2 \right] = E \left[m \sum_i \left(\overline{x}_{i.} - \overline{\overline{x}} \right)^2 \right] \\
&= E \left\{ m \sum_i \left[\left(\mu + a_i + \overline{e_{i.}} \right) - \left(\mu + \overline{\overline{e}} \right) \right]^2 \right\} \\
&= E \left\{ m \sum_i \left[\left(a_i + \left(\overline{e_{i.}} - \overline{\overline{e}} \right) \right) \right]^2 \right\} \\
&= E \left[\left(m \sum_i a_i^2 + m \sum_i \left(\overline{e_{i.}} - \overline{\overline{e}} \right)^2 + 2m \sum_i a_i \left(\overline{e_{i.}} - \overline{\overline{e}} \right) \right) \right] \quad \because \sum_i a_i \left(\overline{e_{i.}} - \overline{\overline{e}} \right) = 0 \\
&= E \left[\left(m(l-1) \frac{\sum_i a_i^2}{l-1} + m(l-1) \frac{\sum_i \left(\overline{e_{i.}} - \overline{\overline{e}} \right)^2}{l-1} \right) \right] \quad \because \sigma_E^2 = E \left[\frac{m \sum_i \left(\overline{e_{i.}} - \overline{\overline{e}} \right)^2}{l-1} \right] \\
&= (l-1) \left(m\sigma_A^2 + \sigma_E^2 \right)
\end{aligned}
$$

$\therefore E(V_A) = m\sigma_A^2 + \sigma_E^2$

$$
\begin{aligned}
E(S_B) &= E \left[\sum_i \sum_j \left(\overline{x}_{.j} - \overline{\overline{x}} \right)^2 \right] = E \left[l \sum_j \left(\overline{x}_{.j} - \overline{\overline{x}} \right)^2 \right] \\
&= E \left\{ l \sum_j \left[\left(\mu + b_j + \overline{e_{.j}} \right) - \left(\mu + \overline{\overline{e}} \right) \right]^2 \right\} \\
&= E \left\{ l \sum_j \left[\left(b_j + \left(\overline{e_{.j}} - \overline{\overline{e}} \right) \right) \right]^2 \right\} \\
&= E \left[\left(l \sum_j b_j^2 + l \sum_j \left(\overline{e_{.j}} - \overline{\overline{e}} \right)^2 + 2l \sum_j b_j \left(\overline{e_{.j}} - \overline{\overline{e}} \right) \right) \right] \quad \because \sum_j b_j \left(\overline{e_{.j}} - \overline{\overline{e}} \right) = 0
\end{aligned}
$$

$$= E\left[l(m-1)\frac{\sum_j b_j^2}{m-1} + l(m-1)\frac{\sum_j \left(\overline{e}_{\cdot j} - \overline{\overline{e}}\right)^2}{m-1}\right] \quad \because \sigma_E^2 = E\left[\frac{l\sum_j \left(\overline{e}_{\cdot j} - \overline{\overline{e}}\right)^2}{m-1}\right]$$

$$= (m-1)\left(l\sigma_B^2 + \sigma_E^2\right)$$

$$\therefore \ E(V_B) = l\sigma_B^2 + \sigma_E^2$$

$$E(V_E) = \frac{E(S_E)}{(l-1)(m-1)} = \sigma_E^2$$

이원배치 분산분석에서 평균제곱의 기대값을 분산분석표에 추가하는 것은 평균제곱의 기대값에 따라 F검정통계량이 변화하기 때문이다. 특히, 하나의 인자는 모수인자이고 다른 하나의 인자는 변량인자인 혼합모형의 경우 F검정통계량의 결정에 유의해야 한다. 평균제곱의 기대값을 계산하는 과정은 매우 복잡하며 쉽게 유도하는 방법이 알려져 있지만 이 책의 범위를 넘어서므로 다루지는 않고 분산분석표에 결과만을 수록하기로 한다.

예제

9.2 과자의 맛에 영향을 미칠 것으로 생각되는 굽는 온도(100℃, 200℃, 300℃, 400℃)와 원재료인 밀가루(O사제품, P사제품, Q사제품)를 달리하여 반복이 없는 이원배치 실험을 실시하였다. 구조식과 가설을 설정하고 검정통계량을 결정해보자.

❶ 반복이 없는 이원배치 모수모형의 구조식은 다음과 같다.
$$x_{ij} = \mu + a_i + b_j + e_{ij}$$
$a_i, \ b_j$: 미지의 상수, $e_{ij} \sim iidN(0, \ \sigma_E^2)$
$i = 1, \ 2, \ 3, \ 4, \quad j = 1, \ 2, \ 3$

❷ 분석에 앞서 가설을 설정한다.
- 귀무가설(H_0) : 과자의 맛은 굽는 온도에 따라 차이가 없다($a_1 = a_2 = a_3 = a_4 = 0$).
  과자의 맛은 밀가루 제조사에 따라 차이가 없다($b_1 = b_2 = b_3 = 0$).
- 대립가설(H_1) : 과자의 맛은 굽는 온도에 따라 차이가 있다(모든 a_i가 0인 것은 아니다).
  과자의 맛은 밀가루 제조사에 따라 차이가 있다(모든 b_j가 0인 것은 아니다).

❸ 위의 가설을 검정하기 위한 검정통계량은 $F = \dfrac{MSA}{MSE}$과 $F = \dfrac{MSB}{MSE}$이다.

(2) 반복이 없는 이원배치 분산분석(혼합모형)

반복이 없는 이원배치 분산분석에서 A 인자는 모수인자이고 B 인자는 변량인자인 혼합모형을 난괴법 또는 확률화블럭계획법(RBD ; Randomized Block Design)이라 한다. 난괴법은 반복이 없는 이원배치 분산분석의 모수모형과 데이터 구조, 자유도 계산, 분산분석표 작성 등에서 모두 동일하며 데이터 구조식과 결과의 해석에 있어서 차이가 있다.

① 반복이 없는 이원배치 혼합모형의 구조식(인자의 수준은 l, m)

$$x_{ij} = \mu + a_i + b_j + e_{ij}$$

a_i : 미지의 상수, $e_{ij} \sim iidN(0,\ \sigma_E^2)$, $b_j \sim iidN(0,\ \sigma_B^2)$, $Cov(e_{ij},\ b_j) = 0$

$$i = 1,\ \cdots,\ l,\quad j = 1,\ \cdots,\ m$$

난괴법의 구조식은 반복이 없는 이원배치 분산분석의 모수모형과는 다르게 b_j가 확률변수로 기대값이 0이고 분산이 σ_B^2인 정규분포를 따르고, e_{ij}와 b_j는 서로 독립이다.

② 반복이 없는 이원배치 혼합모형의 가설 설정

귀무가설(H_0) : 인자 A의 주효과는 동일하다($a_1 = a_2 = \cdots = a_l = 0$).

변량인자 B의 산포는 균일하다($\sigma_B^2 = 0$).

대립가설(H_1) : 인자 A의 주효과는 동일하지 않다(모든 a_i가 0인 것은 아니다).

변량인자 B의 산포는 균일하지 않다($\sigma_B^2 > 0$).

난괴법에서는 인자 B가 변량인자이므로 인자 B의 모평균 추정은 의미가 없고 수준 간의 산포(σ_B^2)를 추정하는 것만이 의미가 있다. 또한 모수인자인 A의 모평균 추정만이 의미가 있고, 변량인자인 B(블록)에 대한 분산비 $F = V_B / V_E$는 유의성 검정을 위한 것이 아니라, 이원배치 분산분석 설계의 상대적 효율성 평가에 이용한다.

③ 변량인자 B에 대한 수준 간 산포

변량인자 B에 대한 수준 간 산포(σ_B^2)를 구하기 위해서는 $\hat{\sigma}_B^2$을 알아야 한다. 〈표 9.7〉로부터 $E(V_B) = \sigma_E^2 + l\sigma_B^2$이고, $E(V_E) = \sigma_E^2$이므로 $\hat{\sigma}_E^2 + l\hat{\sigma}_B^2 = V_B$과 $\hat{\sigma}_E^2 = V_E$이 성립되어 σ_B^2의 추정량은 $\hat{\sigma}_B^2 = \dfrac{V_B - V_E}{l}$이다.

9.3 감자 생산량을 조사하기 위하여 4개의 서로 다른 감자 품종을 3개의 블록으로 나누어 재배한 후 생산량을 측정하였다. 실험 결과 다음과 같은 분산분석표를 얻었을 때 이 실험에 대한 구조식, 가설 설정, 유의수준 5%에서의 검정결과, 변량인자 B의 산포를 구하기 위한 σ_B^2의 추정값을 구해보자.

〈표 9.8〉 반복이 없는 이원배치 혼합모형(난괴법)의 분산분석표

요 인	제곱합(SS)	자유도(ϕ)	평균제곱(V)	F	$F_{0.05}$
A	6.03	3	2.01	22.3	4.76
B	2.14	2	1.07	11.9	5.14
E	0.54	6	0.09		
T	8.71	11			

❶ 반복이 없는 이원배치 혼합모형의 구조식은 다음과 같다.

$$x_{ij} = \mu + a_i + b_j + e_{ij}$$

a_i : 미지의 상수, $e_{ij} \sim iid\,N(0,\ \sigma_E^2)$, $b_j \sim iid\,N(0,\ \sigma_B^2)$, $Cov(e_{ij},\ b_j) = 0$

$$i = 1,\ 2,\ 3,\ 4,\quad j = 1,\ 2,\ 3$$

❷ 분석에 앞서 가설을 설정한다.

- 귀무가설(H_0) : 감자의 품종에 따라 생산량에 차이가 없다($a_1 = a_2 = \cdots = a_l = 0$).
  변량인자 B의 산포는 균일하다($\sigma_B^2 = 0$).
- 대립가설(H_1) : 감자의 품종에 따라 생산량에 차이가 있다(모든 a_i가 0인 것은 아니다).
  변량인자 B의 산포는 균일하지 않다($\sigma_B^2 > 0$).

❸ 감자의 품종에 따라 생산량에 차이가 있는지를 검정하기 위한 검정통계량 F값은 22.3으로 유의수준 5%에서의 기각치 4.76보다 크므로 귀무가설을 기각한다. 즉, 유의수준 5%하에서 감자의 품종에 따라 생산량에 차이가 있다고 할 수 있다. 또한, 변량인자 B의 산포가 균일한지를 검정하기 위한 검정통계량 F값은 11.9로 유의수준 5%에서의 기각치 5.14보다 크므로 귀무가설을 기각한다. 즉, 유의수준 5%하에 변량인자 B의 산포는 균일하지 않다고 할 수 있다.

❹ 분석결과 변량인자 B의 산포는 균일하지 않으므로 변량인자 B의 산포를 구하기 위한 σ_B^2을 추정해 볼 필요가 있다.

$$\widehat{\sigma_B^2} = \frac{V_B - V_E}{l} = \frac{1.07 - 0.09}{4} = 0.245$$

(3) 반복이 없는 이원배치 분산분석(변량모형)

반복이 없는 이원배치 변량모형은 반복이 없는 이원배치 모수모형과 데이터 구조, 자유도 계산, 분산분석표 작성 등에서 모두 동일하며 데이터 구조식과 결과의 해석에 있어서 차이가 있다.

① 반복이 없는 이원배치 변량모형의 구조식(인자의 수준은 l, m)

$$x_{ij} = \mu + a_i + b_j + e_{ij}$$
$$e_{ij} \sim iid\,N(0,\ \sigma_E^2),\ a_i \sim iid\,N(0,\ \sigma_A^2)\ b_j \sim iid\,N(0,\ \sigma_B^2),$$
$$Cov(e_{ij},\ a_i) = 0,\ Cov(e_{ij},\ b_j) = 0$$
$$i = 1,\ \cdots,\ l,\quad j = 1,\ \cdots,\ m$$

② 반복이 없는 이원배치 변량모형의 가설 설정

귀무가설(H_0) : 변량인자 A의 산포는 균일하다($\sigma_A^2 = 0$).

변량인자 B의 산포는 균일하다($\sigma_B^2 = 0$).

대립가설(H_1) : 변량인자 A의 산포는 균일하지 않다($\sigma_A^2 > 0$).

변량인자 B의 산포는 균일하지 않다($\sigma_B^2 > 0$).

반복이 없는 이원배치 변량모형에서는 인자 A, B가 변량인자이므로 인자 A, B의 모평균 추정은 의미가 없고 수준 간의 산포(σ_A^2, σ_B^2)를 추정하는 것만이 의미가 있다.

(6) 대비(Contrast)

n개의 관측값 x_1, x_2, $\cdots$, x_n의 1차식 $C = c_1 x_1 + c_2 x_2 + \cdots + c_n x_n$을 선형식(선형조합)이라 할 때 대비 계수 $c_1 + c_2 + \cdots + c_n = 0$의 조건이 성립하면 이 선형식 C을 대비라고 한다.

반복수가 동일한 일원배치 분산분석에서 A인자의 각 수준의 평균

$C = \sum_{i=1}^{k} c_i \overline{x_{i.}} = c_1 \overline{x_{1.}} + c_2 \overline{x_{2.}} + \cdots + c_k \overline{x_{k.}}$은 일차 선형식으로 대비 계수들의 합계 $\sum_{i=1}^{k} c_i = 0$

이면 선형식 C은 대비이다. 예를 들어 A인자의 수준이 3개 이고, 이때의 귀무가설(H_0) : $\mu_1 = \mu_2 = \mu_3\ (a_1 = a_2 = a_3 = 0)$이 기각되었다면 위의 대비를 이용하여 어느 수준에 차이가 있는지를 검정할 수 있다. 즉, 가설을 다음과 같은 형태로 다양하게 설정하여 대비를 이용해 검정할 수 있다.

〈표 9.9〉 대비를 이용한 검정

귀무가설(H_0)	대립가설(H_1)	대비(Contrast)
$\mu_1 = \mu_2$	$\mu_1 \neq \mu_2$	$C = \overline{x_{1.}} - \overline{x_{2.}}$
$\dfrac{\mu_1 + \mu_3}{2} = \mu_2$	$\dfrac{\mu_1 + \mu_3}{2} \neq \mu_2$	$C = \dfrac{\overline{x_{1.}} + \overline{x_{3.}}}{2} - \overline{x_{2.}}$
$\mu_1 + \mu_2 = 2\mu_3$	$\mu_1 + \mu_2 \neq 2\mu_3$	$C_3 = \overline{x_{1.}} + \overline{x_{2.}} - 2\overline{x_{3.}}$

즉, 대비에서 $c_1 = 1$이고 $c_2 = -1$인 $C = \overline{x_{1.}} - \overline{x_{2.}}$으로 $\mu_1 = \mu_2$을 검정할 수 있다. 선형식 C의 기대값은 $E(C) = E\left(\sum_{i=1}^{k} c_i \overline{x_{i.}}\right) = \sum_{i=1}^{k} c_i \mu_i$이고, 분산은 $Var(C) = Var\left(\sum_{i=1}^{k} c_i \overline{x_{i.}}\right) = \dfrac{\sigma^2}{n} \sum_{i=1}^{k} c_i^2$

이므로 귀무가설 $\sum_{i=1}^{k} c_i \mu_i = 0$을 검정하기 위한 검정통계량은 $Z = \dfrac{\sum_{i=1}^{k} c_i \overline{x_{i.}}}{\sqrt{\dfrac{\sigma^2}{n} \sum_{i=1}^{k} c_i^2}}$이 된다. σ^2이 알려지지 않은 경우 평균제곱오차인 MSE로 대체할 수 있으며 귀무가설 $\sum_{i=1}^{k} c_i \mu_i = 0$을 검정하기 위한 검정통계량은 $T = \dfrac{\sum_{i=1}^{k} c_i \overline{x_{i.}}}{\sqrt{\dfrac{MSE}{n} \sum_{i=1}^{k} c_i^2}}$이 된다. t분포와 F분포의 연관성을 이용하면 귀무가설 $\sum_{i=1}^{k} c_i \mu_i = 0$을 검정하기 위한 검정통계량으로 다음과 같은 F검정통계량을 이용할 수 있다.

$$F = T^2 = \dfrac{\left(\sum_{i=1}^{k} c_i \overline{x_{i.}}\right)^2}{\dfrac{MSE}{n} \sum_{i=1}^{k} c_i^2} = \dfrac{MSC}{MSE} = \dfrac{SSC/1}{MSE} \sim F_{1,\, N-k}$$

여기서 $SSC = \dfrac{\left(\sum_{i=1}^{k} c_i \overline{x_{i.}}\right)^2}{\dfrac{1}{n} \sum_{i=1}^{k} c_i^2}$은 자유도 1을 갖는다. σ^2이 알려져 있지 않은 경우 $\sum_{i=1}^{k} c_i \mu_i$에 대한 신뢰구간 또한 $E\left(\sum_{i=1}^{k} c_i \overline{x_{i.}}\right) = \sum_{i=1}^{k} c_i \mu_i$과 $Var\left(\sum_{i=1}^{k} c_i \overline{x_{i.}}\right) = \dfrac{MSE}{n} \sum_{i=1}^{k} c_i^2$을 이용하여 다음과 같이 구할 수 있다.

$$\sum_{i=1}^{k} c_i \overline{x_{i.}} - t_{\frac{\alpha}{2},\, N-k} \sqrt{\dfrac{MSE}{n} \sum_{i=1}^{k} c_i^2} \leq \sum_{i=1}^{k} c_i \mu_i \leq \sum_{i=1}^{k} c_i \overline{x_{i.}} + t_{\frac{\alpha}{2},\, N-k} \sqrt{\dfrac{MSE}{n} \sum_{i=1}^{k} c_i^2}$$

만약, 일원배치 분산분석에서 반복수가 동일하지 않다면 $SSC = \dfrac{\left(\sum_{i=1}^{k} c_i \overline{x_{i.}}\right)^2}{\dfrac{1}{n_i} \sum_{i=1}^{k} c_i^2}$ 이 되며, 자유도는 동일하게 1을 갖는다.

9.4 [예제 9.1]의 분석결과 세 종류의 형광등 평균수명은 유의수준 5%하에서 서로 차이가 있다고 결론 내렸다. $\dfrac{\mu_1 + \mu_3}{2} = \mu_2$ 인지 유의수준 5%하에서 검정해보자.

❶ 분석에 앞서 가설을 먼저 설정한다.

- 귀무가설(H_0) : $\dfrac{\mu_1 + \mu_3}{2} = \mu_2$

- 대립가설(H_1) : $\dfrac{\mu_1 + \mu_3}{2} \neq \mu_2$

❷ 대비 계수 $c_1 = 0.5$, $c_2 = -1$, $c_3 = 0.5$이라 하면 $C = \dfrac{\overline{x_{1.}} + \overline{x_{3.}}}{2} - \overline{x_{2.}} = \dfrac{24 + 21}{2} - 18 = 4.5$가 되고, 대비의 제곱합은 다음과 같다.

$$SSC = \dfrac{\left(\sum_{i=1}^{k} c_i \overline{x_{i.}} \right)^2}{\dfrac{1}{n_i} \sum_{i=1}^{k} c_i^2} = \dfrac{4.5^2}{\dfrac{1}{4}(0.5)^2 + \dfrac{1}{4}(-1)^2 + \dfrac{1}{3}(0.5)^2} \approx 51.158$$

❸ 대비의 제곱합의 자유도가 1이므로 기대값 $MSC = 51.158/1 = 51.158$이고, 잔차의 평균제곱 기대값 MSE은 6.25이므로 검정통계량 F값은 $\dfrac{15.429}{6.25} \approx 8.185$가 된다.

❹ 검정통계량 F값이 8.185로 유의수준 5%에서의 기각치 $F_{0.05,\,1,\,8} = 5.32$보다 크므로 귀무가설을 기각한다. 즉, 유의수준 5%하에서 형광등 A와 C의 평균수명을 합한 평균은 형광등 B의 평균수명과 동일하지 않다고 할 수 있다.

4. 반복이 있는 이원배치 분산분석(Two-way ANOVA)

(1) 반복이 있는 이원배치 분산분석(모수모형)

반복이 있는 이원배치법 이상에서는 교호작용을 오차항과 구별하여 구할 수 있으므로 주효과에 대한 검출력이 높아진다. 만약 교호작용이 유의하다면 주효과에 대한 유의성을 알 수 없으므로 주효과에 대한 분석은 무의미하다고 할 수 있다. 교호작용은 2인자 이상의 특정한 인자수준의 조합에서 일어나는 효과를 말한다.

① 반복이 있는 이원배치 모수모형의 데이터 구조(인자의 수준 : l, m, 반복 : r)

〈표 9.10〉 반복이 있는 이원배치 모수모형의 데이터 구조(인자의 수준 : l, m, 반복 : r)

요 인	A_1	A_2	$\cdots$	A_l	평 균
B_1	x_{111} x_{112} $\vdots$ x_{11r}	x_{211} x_{212} $\vdots$ x_{21r}	$\cdots$	x_{l11} x_{l12} $\vdots$ x_{l1r}	$\overline{x}_{.1.}$
B_2	x_{121} x_{122} $\vdots$ x_{12r}	x_{221} x_{222} $\vdots$ x_{22r}	$\cdots$	x_{l21} x_{l22} $\vdots$ x_{l2r}	$\overline{x}_{.2.}$
$\vdots$	$\vdots$	$\vdots$	$\vdots$	$\vdots$	$\vdots$
B_m	x_{1m1} x_{1m2} $\vdots$ x_{1mr}	x_{2m1} x_{2m2} $\vdots$ x_{2mr}	$\cdots$	x_{lm1} x_{lm2} $\vdots$ x_{lmr}	$\overline{x}_{.m.}$
평 균	$\overline{x}_{1..}$	$\overline{x}_{2..}$	$\cdots$	$\overline{x}_{l..}$	$\overline{\overline{x}}$

② 반복이 있는 이원배치 모수모형의 구조식

$$x_{ijk} = \mu + a_i + b_j + (ab)_{ij} + e_{ijk}$$
$$a_i,\ b_j,\ (ab)_{ij} : \text{미지의 상수},\ e_{ijk} \sim iid\,N(0,\ \sigma_E^2)$$
$$i = 1,\ \cdots,\ l,\quad j = 1,\ \cdots,\ m,\quad k = 1,\ \cdots,\ r$$

③ 반복이 있는 이원배치 모수모형의 가설 설정

귀무가설(H_0) : 인자 A의 주효과는 동일하다($a_1 = a_2 = \cdots = a_l = 0$).

　　　　　　　인자 B의 주효과는 동일하다($b_1 = b_2 = \cdots = b_m = 0$).

　　　　　　　교호작용 $A \times B$ 효과는 유의하지 않다($ab_{11} = ab_{12} = \cdots = ab_{lm} = 0$).

대립가설(H_1) : 인자 A의 주효과는 동일하지 않다(모든 a_i가 0인 것은 아니다).

　　　　　　　인자 B의 주효과는 동일하다(모든 b_j가 0인 것은 아니다).

　　　　　　　교호작용 $A \times B$ 효과는 유의하다(모든 ab_{ij}가 0인 것은 아니다).

④ 교호작용 효과

두 요인 이상의 특정한 요인수준의 조합에서 일어나는 효과를 교호작용이라 한다. 교호작용 효과는 반복이 있는 이원배치법 이상에서 검출할 수 있으며 요인 A의 처리수준에 따라 요인 B의 효과에 차이가 있거나, 요인 B의 수준에 따라 요인 A의 효과에 차이가 있을 때 두 요인 사이에는 교호작용이 있다고 한다. 교호작용 $A \times B$가 유의한 경우 요인 A와 B의 각 수준의 모평균을 추정하는 것은 일반적으로 무의미하며 실험결과의 해석은 교호작용을 중심으로 이루어진다. 두 요인에 대한 수준수가 각각 2일 때 교호작용 효과가 있는 경우와 없는 경우를 그래프로 나타내면 다음과 같다.

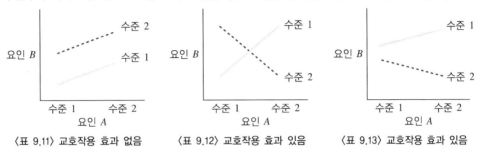

〈표 9.11〉 교호작용 효과 없음   〈표 9.12〉 교호작용 효과 있음   〈표 9.13〉 교호작용 효과 있음

〈표 9.11〉는 두 선분이 평행하므로 교호작용 효과가 없는 경우이다. 즉, 요인 B의 수준이 달라져도 요인 A의 수준 1과 수준 2는 항상 작은 평균값을 가지므로 교호작용 효과는 없다. 하지만 〈표 9.12〉과 〈표 9.13〉의 경우 두 선분의 기울기가 서로 다르므로 교호작용 효과가 있는 경우이다. 즉, 〈표 9.12〉의 경우 요인 A의 수준이 1일 때에는 요인 B의 수준 2가 큰 평균값을 갔지만 요인 A의 수준 2에서는 요인 B의 수준 1이 큰 평균값을 가지므로 교호작용 효과가 있다. 또한 〈표 9.13〉의 경우 요인 A의 수준에 관계없이 요인 B의 수준 1이 큰 평균값을 가지며, 요인 B의 수준이 1일 경우 요인 A의 수준을 2로 하는 것이 더 큰 평균값을 가지고 요인 B의 수준이 2일 경우 요인 A의 수준을 1로 하는 것이 더 큰 평균값을 가지므로 교호작용 효과가 있다.

⑤ 반복이 있는 이원배치 모수모형의 분산분석표

〈표 9.14〉 반복이 있는 이원배치 모수모형의 분산분석표

요 인	제곱합(SS)	자유도(ϕ)	평균제곱(V)	$E(V)$	F
A	S_A	$l-1$	V_A	$E(V_A) = \sigma_E^2 + mr\sigma_A^2$	V_A / V_E
B	S_B	$m-1$	V_B	$E(V_B) = \sigma_E^2 + lr\sigma_B^2$	V_B / V_E
$A \times B$	$S_{A \times B}$	$(l-1)(m-1)$	$V_{A \times B}$	$E(V_{A \times B}) = \sigma_E^2 + r\sigma_{A \times B}^2$	$V_{A \times B} / V_E$
E	S_E	$lm(r-1)$	V_E		
T	S_T	$lmr-1$			

9.5 어느 철강회사에서 신제품을 개발하기 위해 제품의 강도에 영향을 미칠 것으로 생각되는 공정온도(단위 : ℃)와 압력(단위 : kg / cm^2)을 달리하여 5회 반복실험을 실시하였다. 공정온도는 1500, 2000, 2500, 3000과 같이 4개의 수준으로 구분하였고, 압력은 500, 800, 1000과 같이 3개의 수준으로 나누어 실험하였다. 실험 결과 다음과 같은 분산분석표의 일부를 얻었다고 할 때 이 실험에 대한 구조식, 교호작용 효과에 대한 가설 설정, 분산분석표 작성 및 유의수준 5%에서의 검정결과를 설명해보자.

〈표 9.15〉 반복이 있는 이원배치 모수모형의 분산분석표의 일부

요 인	제곱합(SS)	자유도(df)	평균제곱합	F	F_α
공정온도	27	****	****	****	2.80
압 력	8	****	****	****	3.19
교호작용	****	****	****	****	2.29
잔 차	96	****	****		
합 계	203	****			

❶ 반복이 있는 이원배치 모수모형의 구조식은 다음과 같다.

$$x_{ijk} = \mu + a_i + b_j + (ab)_{ij} + e_{ijk}$$

$$a_i, \ b_j, \ (ab)_{ij} : \text{미지의 상수}, \ e_{ijk} \sim iid\,N(0, \ \sigma_E^2)$$

$$i = 1, \ 2, \ 3, \ 4, \quad j = 1, \ 2, \ 3, \quad k = 1, \ 2, \ 3, \ 4, \ 5$$

❷ 분석에 앞서 교호작용 효과에 대한 가설을 설정한다.
- 귀무가설(H_0) : 교호작용 효과는 유의하지 않다($ab_{11} = ab_{12} = \cdots = ab_{43} = 0$).
- 대립가설(H_1) : 교호작용 효과는 유의하다(모든 ab_{ij}가 0인 것은 아니다).

❸ 반복이 있는 이원배치 모수모형의 분산분석표는 다음과 같다.

〈표 9.16〉 반복이 있는 이원배치 모수모형의 분산분석표

요 인	제곱합(SS)	자유도(df)	평균제곱합	F	F_α
공정온도	27	3	9	4.5	2.80
압력	8	2	4	2	3.19
교호작용	72	6	12	6	2.29
잔 차	96	48	2		
합 계	203	59			

❹ 교호작용 효과에 대한 검정통계량 F값이 6으로 유의수준 5%에서의 기각치 2.29보다 크므로 귀무가설을 기각한다. 즉, 유의수준 5%하에서 교호작용 효과는 유의하다고 할 수 있다. 교호작용 효과가 유의하므로 공정온도와 압력에 대한 주효과는 무의미하다.

(2) 반복이 있는 이원배치 분산분석(혼합모형)

이원배치 분산분석에서 하나의 인자는 모수인자이고 다른 하나는 변량인자인 경우의 실험계획으로 반복의 유무에 따라 난괴법과 반복이 있는 이원배치 혼합모형으로 나뉜다. A인자는 모수인자이고 B인자는 변량인자인 경우의 반복이 있는 이원배치 분산분석을 혼합모형이라 한다.

① 반복이 있는 이원배치 혼합모형의 구조식(요인의 수준 : l, m, 반복 : r)

$$x_{ijk} = \mu + a_i + b_j + (ab)_{ij} + e_{ijk}$$

a_i : 미지의 상수, $b_j \sim iid\ N(0,\ \sigma_B^2)$, $(ab)_{ij} \sim iid\ N(0,\ \sigma_{A \times B}^2)$, $e_{ijk} \sim iid\ N(0,\ \sigma_E^2)$

$$i = 1,\ \cdots,\ l,\quad j = 1,\ \cdots,\ m,\quad k = 1,\ \cdots,\ r$$

② 반복이 있는 이원배치 혼합모형의 가설 설정

귀무가설(H_0) : 인자 A의 주효과는 동일하다($a_1 = a_2 = \cdots = a_l = 0$).

변량인자 B의 산포는 균일하다($\sigma_B^2 = 0$).

교호작용 $A \times B$의 산포는 균일하다($\sigma_{A \times B}^2 = 0$).

대립가설(H_1) : 인자 A의 주효과는 동일하지 않다(모든 a_i가 0인 것은 아니다).

변량인자 B의 산포는 균일하지 않다($\sigma_B^2 > 0$).

교호작용 $A \times B$의 산포는 균일하지 않다($\sigma_{A \times B}^2 > 0$).

반복이 있는 이원배치 혼합모형에서는 변량인자 B에 대해서 모평균이나 두 인자의 수준조합 $A_i B_j$에서의 모평균 추정은 의미가 없다. 단지 수준 간의 산포(σ_B^2)와 교호작용의 $\sigma_{A \times B}^2$을 추정하는 것만이 의미가 있으며 모수인자인 A의 모평균 추정만이 의미가 있다.

③ 반복이 있는 이원배치 혼합모형의 분산분석표

〈표 9.17〉 반복이 있는 이원배치 혼합모형의 분산분석표

요 인	제곱합(SS)	자유도(ϕ)	평균제곱(V)	$E(V)$	F
A	S_A	$l-1$	V_A	$\sigma_E^2 + r\sigma_{A \times B}^2 + mr\sigma_A^2$	$V_A / V_{A \times B}$
B	S_B	$m-1$	V_B	$\sigma_E^2 + lr\sigma_B^2$	V_B / V_E
$A \times B$	$S_{A \times B}$	$(l-1)(m-1)$	$V_{A \times B}$	$\sigma_E^2 + r\sigma_{A \times B}^2$	$V_{A \times B} / V_E$
E	S_E	$lm(r-1)$	V_E	σ_E^2	
T	S_T	$lmr-1$			

반복이 있는 이원배치 혼합모형(A가 모수인자, B가 변량인자)의 경우 요인 A의 효과를 검정하기 위한 F검정통계량은 $F = \dfrac{V_A}{V_E}$ 을 사용하지 않고, $F = \dfrac{V_A}{V_{A \times B}}$ 을 사용한다는 점에 유의해야 한다. 그 이유는 $E(V_A) = \sigma_E^2 + r\sigma_{A \times B}^2 + mr\sigma_A^2$, $E(V_{A \times B}) = \sigma_E^2 + r\sigma_{A \times B}^2$이므로, 귀무가설($H_0$) : $\sigma_A^2 = 0$이 성립된다면 $E(V_A)$이 $E(V_{A \times B})$에 나타나기 때문이다. 또한 교호작용이 유의하지 않으면 교호작용을 오차항에 포함하여 새로운 오차항을 만드는데 이를 유의하지 않은 교호작용을 오차항에 풀링(Pooling)한다고 한다.

④ 변량인자 B와 교호작용 효과에 대한 수준 간 산포

반복이 있는 이원배치 혼합모형에서의 변량인자 B의 각 수준이 기술적인 의미가 없으므로, 산포가 어느 정도인가를 알아보는 것이 의미가 있으며, 교호작용 또한 변량인자 B를 포함하고 있으므로 변량인자로 간주한다. 변량인자 B와 교호작용 $A \times B$의 수준 간 산포를 구하기 위한 추정량은 다음과 같다.

$$\hat{\sigma}_B^2 = \frac{V_B - V_E}{lr}, \quad \hat{\sigma}_{A \times B}^2 = \frac{V_{A \times B} - V_E}{r}$$

예제

9.6 A가 모수인자(인자의 수준 l), B가 변량인자(인자의 수준 m)인 반복(r회)이 있는 이원배치 혼합모형의 분산분석표 일부가 다음과 같다고 할 때, 분산분석표를 완성하고 모수인자 A를 검정하기 위한 검정통계량은 $F = \dfrac{V_A}{V_E}$ 을 사용하지 않고, $F = \dfrac{V_A}{V_{A \times B}}$ 을 사용하는 이유에 대해 설명해보자.

〈표 9.18〉 반복이 있는 이원배치 혼합모형의 분산분석표 일부

요 인	제곱합	자유도	평균제곱	$E(V)$	F
A	S_A	****	V_A	$\sigma_E^2 + r\sigma_{A \times B}^2 + mr\sigma_A^2$	****
B	S_B	****	V_B	$\sigma_E^2 + lr\sigma_B^2$	****
$A \times B$	$S_{A \times B}$	****	$V_{A \times B}$	$\sigma_E^2 + r\sigma_{A \times B}^2$	****
E	S_E	****	V_E	σ_E^2	
T	S_T	****			

❶ 반복이 있는 이원배치 혼합모형의 분산분석표를 완성하면 다음과 같다.

〈표 9.19〉 반복이 있는 이원배치 혼합모형의 분산분석

요 인	제곱합	자유도	평균제곱	$E(V)$	F
A	S_A	$l-1$	V_A	$\sigma_E^2 + r\sigma_{A \times B}^2 + mr\sigma_A^2$	$V_A / V_{A \times B}$
B	S_B	$m-1$	V_B	$\sigma_E^2 + lr\sigma_B^2$	V_B / V_E
$A \times B$	$S_{A \times B}$	$(l-1)(m-1)$	$V_{A \times B}$	$\sigma_E^2 + r\sigma_{A \times B}^2$	$V_{A \times B} / V_E$
E	S_E	$lm(r-1)$	V_E	σ_E^2	
T	S_T	$lmr-1$			

❷ 모수인자 A를 검정하기 위한 검정통계량으로 $F = \dfrac{V_A}{V_{A \times B}}$ 을 사용하는 이유는

$E(V_A) = \sigma_E^2 + r\sigma_{A \times B}^2 + mr\sigma_A^2$, $E(V_{A \times B}) = \sigma_E^2 + r\sigma_{A \times B}^2$ 이므로, 귀무가설$(H_0) : \sigma_A^2 = 0$이 성립된다면 $E(V_A)$이 $E(V_{A \times B})$에 나타나기 때문이다.

(3) 반복이 있는 이원배치 분산분석(변량모형)

① 반복이 있는 이원배치 변량모형의 구조식(요인의 수준 : l, m, 반복 : r)

$$x_{ijk} = \mu + a_i + b_j + (ab)_{ij} + e_{ijk}$$
$$a_i \sim iid\, N(0, \sigma_A^2), \quad b_j \sim iid\, N(0, \sigma_B^2), \quad (ab)_{ij} \sim iid\, N(0, \sigma_{A\times B}^2), \quad e_{ijk} \sim iid\, N(0, \sigma_E^2)$$
$$i = 1, \cdots, l, \quad j = 1, \cdots, m, \quad k = 1, \cdots, r$$

② 반복이 있는 이원배치 변량모형의 가설 설정

귀무가설(H_0) : 변량인자 A의 산포는 균일하다($\sigma_A^2 = 0$).

변량인자 B의 산포는 균일하다($\sigma_B^2 = 0$).

교호작용 $A \times B$의 산포는 균일하다($\sigma_{A\times B}^2 = 0$).

대립가설(H_1) : 변량인자 A의 산포는 균일하지 않다($\sigma_A^2 > 0$).

변량인자 B의 산포는 균일하지 않다($\sigma_B^2 > 0$).

교호작용 $A \times B$의 산포는 균일하지 않다($\sigma_{A\times B}^2 > 0$).

반복이 있는 이원배치 변량모형에서는 변량인자 A, B에 대해서 모평균이나 두 인자의 수준조합 $A_i B_j$에서의 모평균 추정은 의미가 없다. 단지 수준 간의 산포(σ_A^2, σ_B^2)와 교호작용의 $\sigma_{A\times B}^2$을 추정하는 것만이 의미가 있다.

③ 반복이 있는 이원배치 변량모형의 분산분석표

〈표 9.20〉 반복이 있는 이원배치 변량모형의 분산분석표

요 인	제곱합(SS)	자유도(ϕ)	평균제곱(V)	$E(V)$	F
A	S_A	$l-1$	V_A	$\sigma_E^2 + r\sigma_{A\times B}^2 + mr\sigma_A^2$	$V_A / V_{A\times B}$
B	S_B	$m-1$	V_B	$\sigma_E^2 + r\sigma_{A\times B}^2 + lr\sigma_B^2$	$V_B / V_{A\times B}$
$A\times B$	$S_{A\times B}$	$(l-1)(m-1)$	$V_{A\times B}$	$\sigma_E^2 + r\sigma_{A\times B}^2$	$V_{A\times B} / V_E$
E	S_E	$lm(r-1)$	V_E	σ_E^2	
T	S_T	$lmr-1$			

반복이 있는 이원배치 변량모형(A, B가 변량인자)의 경우 요인 A와 B의 효과를 검정하기 위한 F검정통계량은 각각 $F = \dfrac{V_A}{V_{A\times B}}$ 과 $F = \dfrac{V_B}{V_{A\times B}}$ 을 사용한다.

④ 변량인자 A, B와 교호작용 효과에 대한 수준 간 산포

반복이 있는 이원배치 변량모형에서는 A, B가 변량인자이므로 교호작용 역시 변량인자로 간주한다. 각각의 수준 간 산포를 구하기 위한 추정량은 다음과 같다.

$$\hat{\sigma}_A^2 = \frac{V_A - V_E}{mr}, \quad \hat{\sigma}_B^2 = \frac{V_B - V_E}{lr}, \quad \hat{\sigma}_{A\times B}^2 = \frac{V_{A\times B} - V_E}{r}$$

(4) 공분산분석(Analysis of Covariance)

공분산분석은 분산분석과 회귀분석이 결합된 형태로 질적변수인 독립변수와 양적변수인 공변량이 양적변수인 종속변수에 미치는 효과를 검정하기 위한 분석이다. 양적변수인 공변량(매개, 잡음, 혼돈변수)의 효과를 통제하지 않고 일원배치 분산분석 또는 이원배치 분산분석을 수행하면 순수한 집단변수의 차이를 확인할 수 없게 되므로 양적변수인 공변량이 종속변수에 미치는 효과를 통제한 후 독립변수가 종속변수에 갖는 순수한 관계를 분석하는 방법이다. 공분산분석의 결과는 요인을 더미화한 더미변수 회귀분석의 결과와 동일하다.

① 요인이 1개인 경우 공분산분석의 데이터 구조(요인의 수준 : 3)

〈표 9.21〉 요인이 1개인 경우 공분산분석의 데이터 구조(요인의 수준 3개)

A_1		A_2		A_3	
y_{ij}	x_{ij}	y_{ij}	x_{ij}	y_{ij}	x_{ij}
y_{11}	x_{11}	y_{21}	x_{21}	y_{31}	x_{31}
y_{12}	x_{12}	y_{22}	x_{22}	y_{32}	x_{32}
$\vdots$	$\vdots$	$\vdots$	$\vdots$	$\vdots$	$\vdots$
y_{1n}	x_{1n}	y_{2n}	x_{2n}	y_{3n}	x_{3n}

② 요인이 1개인 경우 공분산분석의 구조식

$$y_{ij} = \mu + a_i + \beta(x_{ij} - \overline{x}) + \epsilon_{ij}$$
$$= \mu' + a_i + \beta x_{ij} + \epsilon_{ij}$$
$$\epsilon_{ij} \sim N(0,\ \sigma^2), \quad i = 1,\ 2,\ \cdots,\ k, \quad j = 1,\ 2,\ \cdots,\ n$$

여기서 a_i : 요인 A 의 i 번째 수준(집단)의 효과, x : 회귀변수 또는 공변량, β : 회귀계수를 나타낸다. 위의 공분산분석의 구조식 $y_{ij} = \mu + a_i + \beta(x_{ij} - \overline{x}) + \epsilon_{ij}$에서 a_i를 제외하면 회귀분석이고, $\beta(x_{ij} - \overline{x})$을 제외하면 일원배치 분산분석이 되므로 공분산분석은 분산분석과 회귀분석이 결합된 형태이다.

③ 공분산분석의 가설 설정

귀무가설(H_0) : 인자 A 의 주효과는 동일하다($a_1 = a_2 = \cdots = a_k = 0$).

회귀계수 β는 유의하지 않다($\beta = 0$).

대립가설(H_1) : 인자 A 의 주효과는 동일하지 않다(모든 a_i가 0인 것은 아니다).

회귀계수 β는 유의하다($\beta \neq 0$).

④ 공분산분석의 분산분석표

〈표 9.22〉 공분산분석의 분산분석표

요 인	제곱합(SS)	자유도(ϕ)	평균제곱(V)	F
X(공변량)	SSR	1	MSR	MSR/MSE
A(집단변수)	SSA	$k-1$	MSA	MSA/MSE
E	SSE	$k(n-1)-1$	MSE	
T	SST	$kn-1$		

9.7 어느 고등학교에서 3가지 수업 방법(토론식, 발표식, 온라인)에 따라 수업 방법의 효과에 차이가 있는지를 알아보기 위하여 각각 5명씩 랜덤으로 15명을 추출하여 수업 방법을 적용하기 전과 후에 평가를 실시하였다. 하지만 수업 방법 효과에 영향을 미칠 수 있다고 예상되는 변수로 지능지수가 고려된다.

(1) 지능지수가 수업 방법 효과에 영향을 미칠 수 있다고 할 때 적절한 실험설계 및 자료구조의 형태를 제시해보자.

(2) 위의 실험설계를 바탕으로 지능지수를 고려한 3가지 수업 방법에 따라 수능점수에 차이가 나는지를 검정하기 위한 방법을 설명해보자.

(1) 지능지수가 수업 방법 효과에 영향을 미칠 수 있다고 할 때 적절한 실험설계 및 자료구조의 형태를 제시해보자.

❶ 15명을 5명씩 세 집단으로 완전 무작위로 분리한다.

❷ 세 집단 각각 수업 이전에 평가를 실시한 뒤, 수업방법을 달리하여 다시 평가를 실시한다.

❸ 수업방법 이전과 이후의 평가 점수 차이를 구한 뒤 이를 수업방법 효과로 측정한다.

❹ 수업방법을 a_i, 수업방법 효과를 y_{ij}, 지능지수를 x_{ij}라 하면 자료 구조의 형태는 다음과 같다.

〈표 9.23〉 수업방법에 따른 수업방법효과와 지능지수 자료구조 형태

수업방법 1		수업방법 2		수업방법 3	
수업방법효과	지능지수	수업방법효과	지능지수	수업방법효과	지능지수
y_{11}	x_{11}	y_{21}	x_{21}	y_{31}	x_{31}
y_{12}	x_{12}	y_{22}	x_{22}	y_{32}	x_{32}
y_{13}	x_{13}	y_{23}	x_{23}	y_{33}	x_{33}
y_{14}	x_{14}	y_{24}	x_{24}	y_{34}	x_{34}
y_{15}	x_{15}	y_{25}	x_{25}	y_{35}	x_{34}

❺ 공분산분석의 모형은 다음과 같다.

$$y_{ij} = \mu + a_i + \beta(x_{ij} - \overline{x}) + \epsilon_{ij} = \mu' + a_i + \beta x_{ij} + \epsilon_{ij}$$
$$i = 1,\ 2,\ 3 \quad j = 1,\ 2,\ 3,\ 4,\ 5$$

여기서 a_i : 요인 A 의 i 번째 수준(집단)의 효과

x : 공변량 또는 회귀변수

β : 회귀계수

❻ 위의 공분산분석의 구조식 $y_{ij} = \mu + a_i + \beta(x_{ij} - \overline{x}) + \epsilon_{ij}$ 에서 a_i를 제외하면 회귀분석이고, $\beta(x_{ij} - \overline{x})$ 을 제외하면 일원배치 분산분석이 된다.

(2) 위의 실험설계를 바탕으로 지능지수를 고려한 3가지 수업 방법에 따라 수능점수에 차이가 나는지를 검정하기 위한 방법을 설명해보자.

❶ 분석에 앞서 검정을 위한 유의수준과 가설을 설정한다.

귀무가설(H_0) : 수업방법에 따라 수업방법 효과에 차이가 없다($a_1 = a_2 = a_3 = 0$).

대립가설(H_1) : 수업방법에 따라 수업방법 효과에 차이가 있다(모든 a_i가 0인 것은 아니다).

❷ 공분산분석의 분산분석표는 다음과 같다.

〈표 9.24〉 공분산분석의 분산분석표

요 인	제곱합	자유도	평균제곱	F값	유의확률
X(공변량)	SSR	1	MSR	MSR/MSE	$p-value$
A(집단변수)	SSA	$k-1$	MSA	MSA/MSE	$p-value$
E(오차)	SSE	$k(n-1)-1$	MSE		
T	SST	$kn-1$			

$$SSR = (S_{xy})^2/S_{xx} = \left[\sum_{i=1}^{k}\sum_{j=1}^{n}(x_{ij}-\overline{x}_{..})(y_{ij}-\overline{y}_{..})\right]^2 / \sum_{i=1}^{k}\sum_{j=1}^{n}(x_{ij}-\overline{x}_{..})^2$$

$$SSA = SSE' - SSE = S_{yy} - (S_{xy})^2/S_{xx} - \left[E_{yy} - (E_{xy})^2/E_{xx}\right]$$

$$SSE' = \sum_{i=1}^{k}\sum_{j=1}^{n}(y_{ij}-\overline{y}_{..})^2 - \left[\sum_{i=1}^{k}\sum_{j=1}^{n}(x_{ij}-\overline{x}_{..})(y_{ij}-\overline{y}_{..})\right]^2 / \sum_{i=1}^{k}\sum_{j=1}^{n}(x_{ij}-\overline{x}_{..})^2$$

$$SSE = \sum_{i=1}^{k}\sum_{j=1}^{n}(y_{ij}-\overline{y}_{i.})^2 - \left[\sum_{i=1}^{k}\sum_{j=1}^{n}(x_{ij}-\overline{x}_{i.})(y_{ij}-\overline{y}_{i.})\right]^2 / \sum_{i=1}^{k}\sum_{j=1}^{n}(x_{ij}-\overline{x}_{i.})^2$$

$$SST = S_{yy} = \sum_{i=1}^{k}\sum_{j=1}^{n}(y_{ij}-\overline{y}_{..})^2$$

❸ 위에서 구한 값을 바탕으로 다음과 같이 두 가지 방법으로 검정할 수 있다.

❹ F분포는 왼쪽으로 치우친 분포이므로 우측검정임을 감안하면 F검정통계량 값과 기각치를 비교하여 다음과 같이 검정한다.

검정통계량 F값 $\geq$ 기각치 F_α $\Rightarrow$ 귀무가설(H_0) 기각

검정통계량 F값 $<$ 기각치 F_α $\Rightarrow$ 귀무가설(H_0) 채택

❺ 유의수준과 유의확률을 이용하면 다음과 같이 검정한다.

유의수준 $\alpha >$ 유의확률 p값 $\Rightarrow$ 귀무가설(H_0) 기각

유의수준 $\alpha <$ 유의확률 p값 $\Rightarrow$ 귀무가설(H_0) 채택

STEP 1 행정고시

01

기출 2003년

어느 인터넷 쇼핑 기업에서 기존회원의 활성화 캠페인으로서 회원에게

> A : 1,000원의 사이버 머니를 제공하는 방법
> B : 서비스 안내책자를 우송하는 방법
> C : 무(無)조치

를 비교하고자 한다. 그리고 캠페인의 효과는 캠페인 후 한 달간의 인터넷쇼핑 금액으로 측정한다고 하자.

(1) 두 방법의 효과를 비교하는 실험을 구체적으로 설계하시오.

(2) 분석방법을 제시하시오.

01 해설

(1) 실험의 설계

① 기존회원들을 무작위로 표본 추출한 후 추출된 표본을 무작위로 3개의 집단 a, b, c에 배정한다.

② 조치를 취하기 전, 각 집단의 인터넷쇼핑 금액을 측정한다.

③ a집단은 A방법을 사용하고, b집단은 B방법을 사용한 후 한 달간의 인터넷쇼핑 금액을 측정하고, c집단은 아무런 조치를 하지 않은 상태에서 한 달간의 인터넷쇼핑 금액을 측정한다.

④ 각 집단에 대해 캠페인 전과 후의 인터넷쇼핑 금액의 차이를 계산하여 캠페인 효과로 간주한다.

(2) 일원배치 분산분석(One-way ANOVA)

① a, b, c 세 개의 집단에 대한 인터넷쇼핑 금액에 차이가 있는지를 검정해야 하므로 일원배치 분산분석을 실시한다.

② 분석에 앞서 먼저 가설을 설정한다.

- 귀무가설(H_0) : 세 집단의 캠페인 효과는 같다($\mu_a = \mu_b = \mu_c$).
- 대립가설(H_1) : 세 집단의 캠페인 효과는 같지 않다(모든 μ_i가 0인 것은 아니다(단, $i = a$, b, c).

③ 세 집단 간 캠페인 효과에 차이가 있는지를 검정하기 위해 일원배치 분산분석을 실시한다.

④ 다음과 같은 일원배치 분산분석표를 작성하여 분석한다.

요 인	제곱합(SS)	자유도	평균제곱(MS)	F 값	F_α
처 리	$SSA = \sum_i \sum_j \left(\overline{x_{i.}} - \overline{\overline{x}} \right)^2$	$k-1$	$MSA = \dfrac{SSA}{k-1}$	$F = \dfrac{MSA}{MSE}$	$F_{\alpha\,;\,k-1,\,n-k}$
잔 차	$SSE = \sum_i \sum_j \left(x_{ij} - \overline{x_{i.}} \right)^2$	$n-k$	$MSE = \dfrac{SSE}{n-k}$		
합 계	$SST = \sum_i \sum_j \left(x_{ij} - \overline{\overline{x}} \right)^2$	$n-1$			

⑤ 검정통계량 값과 유의수준 α에서의 기각치를 비교하여 검정통계량 값이 기각치보다 크면 귀무가설을 기각하고 그렇지 않으면 귀무가설을 채택한다.

⑥ 일원배치 분산분석 결과 귀무가설이 기각되어 세 집단 간 캠페인 효과에 차이가 있다면 어느 집단과 어느 집단에 차이가 있는지를 사후분석(LSD, Scheffe, Tukey 방법 등)을 실시한다.

⑦ 만약, 독립표본 T검정을 실시하면 3개의 짝을 비교해야 하므로 유의수준을 5%로 한다면 제1종의 오류가 $1 - 0.95^3 = 0.14$로 크게 나타난다. 이와 같은 이유로 3집단 이상에서 모평균에 차이가 있는지를 검정하기 위해서는 일원배치 분산분석을 사용한다.

01

서로 다른 세 종류의 감귤나무에 대한 4가지 다른 살충제의 효과를 검정하고자 하는 실험이 수행되었다. 세 종류의 나무는 과수원에서 임의로 추출되었고 4종류의 살충제는 각 종류의 나무에 랜덤한 순서로 할당되었다. 이 실험의 반복수가 5번일 때 교호작용을 검정하기 위한 가설을 세우고 이에 대한 검정 절차를 설명하시오.

01 해설

반복이 있는 이원배치 분산분석

① 반복이 있는 이원배치 분산분석의 구조식은 다음과 같다.

$$x_{ijk} = \mu + a_i + b_j + (ab)_{ij} + e_{ijk}, \quad e_{ijk} \sim iidN(0, \sigma_E^2)$$

단, $\sum_{i=1}^{l} a_i = 0$, $\sum_{j=1}^{m} b_j = 0$, $\sum_{i=1}^{l} (ab)_{ij} = 0$, $\sum_{j=1}^{m} (ab)_{ij} = 0$

$i = 1, \cdots, l$(감귤나무의 수준수)

$j = 1, \cdots, m$(살충제의 수준수)

$k = 1, \cdots, r$(반복수)

② 교호작용을 검정하기 위한 가설은 다음과 같다.

- 귀무가설(H_0) : $ab_{11} = ab_{12} = ab_{13} = ab_{21} = \cdots = ab_{lm} = 0$
- 대립가설(H_1) : 모든 ab_{ij}가 0인 것은 아니다.

③ 반복이 있는 이원배치 분산분석표는 다음과 같다.

요 인	제곱합	자유도	평균제곱	F	F_α
A	S_A	$l-1$	$\dfrac{S_A}{l-1}$	V_A / V_E	$F_{\alpha, \varnothing_A, \varnothing_E}$
B	S_B	$m-1$	$\dfrac{S_B}{m-1}$	V_B / V_E	$F_{\alpha, \varnothing_B, \varnothing_E}$
$A \times B$	$S_{A \times B}$	$(l-1)(m-1)$	$\dfrac{S_{A \times B}}{(l-1)(m-1)}$	$V_{A \times B} / V_E$	$F_{\alpha, \varnothing_{A \times B}, \varnothing_E}$
E	S_E	$lm(r-1)$	$\dfrac{S_E}{lm(r-1)}$		
T	S_T	$lmr-1$			

④ 검정통계량 F값 $V_{A \times B} / V_E$이 유의수준 α에서의 기각치 $F_{(\alpha, \varnothing_{A \times B}, \varnothing_E)}$보다 크면 귀무가설을 기각하고 작으면 귀무가설을 채택한다.

⑤ 분석결과 교호작용 $A \times B$가 유의한 경우 요인 A와 B의 각 수준의 모평균을 추정하는 것은 일반적으로 무의미하며, 교호작용 $A \times B$가 유의하지 않은 경우 오차항에 포함시켜 새로운 오차항을 만들어 분석한다.

기출 2008년

3가지 공무원 연수방법의 효과를 서로 비교하기 위하여 총 30명의 연수 참가자를 대상으로 3개월간 연수를 실시한 후 연수 이전과 이후 두 차례 평가를 실시하여 연수효과를 측정하기로 하였다.

(1) 참가자의 나이가 연수결과에 영향을 줄 수 있다고 할 때 적절한 실험계획법과 통계모형을 제시하시오.

(2) 위의 실험결과를 이용하여 3가지 연수방법에 따른 차이가 나는지를 검정하는 방법을 구체적으로 서술하시오.

02 해설

(1) 실험의 설계

① 30명을 10명씩 세 집단으로 완전 무작위로 분리한다.

② 세 집단 각각 연수 이전에 평가를 실시한 뒤, 3개월 간 연수를 실시한 후 다시 평가를 실시한다.

③ 연수 이전과 연수 이후의 평가 점수의 차이를 구한 뒤 이를 연수효과로 측정한다.

④ 연수방법을 a_i, 연수효과를 y_{ij}, 나이를 x_{ij}라 하면 자료 구조의 형태는 다음과 같다.

연수방법 1		연수방법 2		연수방법 3	
연수효과	나 이	연수효과	나 이	연수효과	나 이
y_{11}	x_{11}	y_{21}	x_{21}	y_{31}	x_{31}
y_{12}	x_{12}	y_{22}	x_{22}	y_{32}	x_{32}
$\vdots$	$\vdots$	$\vdots$	$\vdots$	$\vdots$	$\vdots$
y_{110}	x_{110}	y_{210}	x_{210}	y_{310}	x_{310}

⑤ 공분산분석의 모형은 다음과 같다.

$$y_{ij} = \mu + a_i + \beta(x_{ij} - \overline{x}) + \epsilon_{ij}$$
$$= \mu^{'} + a_i + \beta x_{ij} + \epsilon_{ij}$$
$$i = 1, \ 2, \ \cdots, \ k, \ \ j = 1, \ 2, \ \cdots, \ n$$

여기서 a_i : 요인 A의 i번째 수준(집단)의 효과

$\quad\quad x$: 공변량 또는 회귀변수

$\quad\quad \beta$: 회귀계수

⑥ 위의 공분산분석의 구조식 $y_{ij} = \mu + a_i + \beta(x_{ij} - \overline{x}) + \epsilon_{ij}$에서 a_i를 제외하면 회귀분석이고, $\beta(x_{ij} - \overline{x})$을 제외하면 일원배치 분산분석이 된다.

(2) 공분산분석 검정 절차

① 분석에 앞서 검정을 위한 유의수준과 가설을 설정한다.
- 귀무가설(H_0) : 연수방법에 따라 연수효과에 차이가 없다($a_1 = a_2 = a_3 = 0$).
- 대립가설(H_1) : 연수방법에 따라 연수효과에 차이가 있다(모든 a_i 가 0인 것은 아니다).

② 공분산분석의 분산분석표는 다음과 같다.

요 인	제곱합	자유도	평균제곱	F 값	유의확률
X(공변량)	SSR	1	MSR	MSR/MSE	$p-value$
A(집단변수)	SSA	$k-1$	MSA	MSA/MSE	$p-value$
E(오차)	SSE	$k(n-1)-1$	MSE		
T	SST	$kn-1$			

$$SSR = (S_{xy})^2/S_{xx} = \left[\sum_{i=1}^{k}\sum_{j=1}^{n}(x_{ij}-\bar{x}_{..})(y_{ij}-\bar{y}_{..})\right]^2 / \sum_{i=1}^{k}\sum_{j=1}^{n}(x_{ij}-\bar{x}_{..})^2$$

$$SSA = SSE' - SSE = S_{yy} - (S_{xy})^2/S_{xx} - \left[E_{yy} - (E_{xy})^2/E_{xx}\right]$$

$$SSE' = \sum_{i=1}^{k}\sum_{j=1}^{n}(y_{ij}-\bar{y}_{..})^2 - \left[\sum_{i=1}^{k}\sum_{j=1}^{n}(x_{ij}-\bar{x}_{..})(y_{ij}-\bar{y}_{..})\right]^2 / \sum_{i=1}^{k}\sum_{j=1}^{n}(x_{ij}-\bar{x}_{..})^2$$

$$SSE = \sum_{i=1}^{k}\sum_{j=1}^{n}(y_{ij}-\bar{y}_{i.})^2 - \left[\sum_{i=1}^{k}\sum_{j=1}^{n}(x_{ij}-\bar{x}_{i.})(y_{ij}-\bar{y}_{i.})\right]^2 / \sum_{i=1}^{k}\sum_{j=1}^{n}(x_{ij}-\bar{x}_{i.})^2$$

$$SST = S_{yy} = \sum_{i=1}^{k}\sum_{j=1}^{n}(y_{ij}-\bar{y}_{..})^2$$

③ 위에서 구한 값을 바탕으로 다음과 같이 두 가지 방법으로 검정할 수 있다.

④ F분포는 왼쪽으로 치우친 분포이므로 우측검정임을 감안하면 F검정통계량 값과 기각치를 비교하여 다음과 같이 검정한다.

검정통계량 F값 $\geq$ 기각치 F_α $\Rightarrow$ 귀무가설(H_0) 기각

검정통계량 F값 $<$ 기각치 F_α $\Rightarrow$ 귀무가설(H_0) 채택

⑤ 유의수준과 유의확률을 이용하면 다음과 같이 검정한다.

유의수준 $\alpha >$ 유의확률 p값 $\Rightarrow$ 귀무가설(H_0) 기각

유의수준 $\alpha <$ 유의확률 p값 $\Rightarrow$ 귀무가설(H_0) 채택

다음은 세 기관(A, B, C)에서 랜덤하게 선정한 연수자 9명의 연간 결석회수를 분석한 결과이다.

ANOVA Table

Source	DF	Sum of Squares	Mean Square	F-value	Pr > F
Model	2	150.0	75.0	5.0	0.0527
Error	6	90.0	15.0		
Corrected Total	8	240.0			

(1) 세 기관에 속한 연수자들의 평균결석회수가 같지 않다는 주장을 입증하고 싶다. 적절한 귀무가설과 대립가설을 서술하라.

(2) 유의수준이란 무엇인지 간단히 설명하고, 세 기관에 속한 연수자들의 평균결석회수가 다르다는 주장이 채택되기에 유리한 유의수준은 1%, 5%, 10%중 어느 것인가 선택하라.

(3) 위에 주어진 표를 참고하여 (2)에서 선택한 유의수준하에서 검정한 결과를 서술하라.

03 해설

(1) 가설 설정

　① 세 기관(A, B, C)에 속한 연수자들의 평균결석회수가 같은지를 분석하기 위해서는 일원배치 분산분석을 실시한다.

　② 분석에 앞서 가설을 먼저 설정한다.

　　• 귀무가설(H_0) : 세 기관에 속한 연수자들의 평균결석회수는 같다.

　　• 대립가설(H_1) : 세 기관에 속한 연수자들의 평균결석회수는 같지 않다.

(2) 유의수준(Level of Significance)

　① 유의수준 α는 귀무가설이 참일 때 대립가설을 채택하는 오류를 범할 확률을 의미한다.

　② 유의확률 p값이란 귀무가설이 사실이라는 전제하에 검정통계량이 표본에서 계산된 값과 같거나 그 값보다 대립가설 방향으로 더 극단적인 값을 가질 확률이다.

　　$\alpha > p$값 $\Rightarrow$ 귀무가설(H_0) 기각

　　$\alpha < p$값 $\Rightarrow$ 귀무가설(H_0) 채택

　③ 유의수준이 높을수록 귀무가설을 기각하는 기각영역의 범위가 넓어지므로, 유의수준이 10%일 때가 1% 또는 5%일 때보다 대립가설을 채택할 가능성이 더 높다.

(3) 결정원칙

　① 유의수준 10%인 경우

　　유의확률이 0.0527로 유의수준 0.10보다 작으므로 귀무가설을 기각한다. 즉, 유의수준 10%에서 세 기관에 속한 연수자들의 평균결석회수는 같지 않다고 할 수 있다.

　② 유의수준 5%인 경우

　　유의확률이 0.0527로 유의수준 0.05보다 크므로 귀무가설을 채택한다. 즉, 유의수준 5%에서 세 기관에 속한 연수자들의 평균결석회수는 같다고 할 수 있다.

　③ 유의수준이 1%인 경우

　　유의확률이 0.0527로 유의수준 0.01보다 크므로 귀무가설을 채택한다. 즉 유의수준 1%에서 세 기관에 속한 연수자들의 평균결석회수는 같다고 할 수 있다.

PART

10

회귀분석
(Regression Analysis)

10 | 회귀분석(Regression Analysis)

1. 회귀분석의 기본 개념

회귀분석이란 둘 또는 그 이상의 변수들 간에 존재하는 연관성을 분석하기 위해 관측된 자료로부터 이들 간의 함수적 관계식을 통계적 방법으로 추정하는 방법이다. 예를 들어 10a($1,000\,\mathrm{m}^2$)당 비료투입량이 증가함에 따라 논벼생산량이 증가한다면 이 변수들 간의 연관성을 수학적인 함수식으로 나타낼 수 있다. 또한 한 변수의 변화가 다른 변수에 얼마만큼 영향을 미치는지 파악할 수 있으며 특정변수들의 변화가 관측된다면 다른 변수의 변화를 예측할 수도 있게 된다. 여기서 비료투입량은 논벼생산량에 영향을 주며, 논벼생산량은 비료투입량에 영향을 받는다. 이와 같이 다른 변수에 영향을 주는 변수를 독립변수(원인변수, 설명변수)라 하고, 다른 변수의 영향을 받는 변수를 종속변수(반응변수, 결과변수)라고 한다. 위의 예에서는 비료투입량이 독립변수가 되고, 논벼생산량이 종속변수가 된다.

종속변수(Dependent Variable)에 영향을 미치는 독립변수(Independent Variable)가 1개일 경우의 분석방법을 단순회귀분석(Simple Regression Analysis)이라 하고, 독립변수의 수가 2개 이상일 경우의 분석방법을 다중회귀분석(Multiple Regression Analysis)이라 한다. 일반적으로 종속변수는 y로 표기하고, 독립변수들은 x_1, x_2, $\cdots$, x_k로 표기한다. 단순회귀분석과 다중회귀분석의 기본개념을 이해하기 위해서 위에 설명한 예를 들어 살펴보자.

어느 농촌지역 10a($1,000\,\mathrm{m}^2$)당 비료투입량과 논벼생산량의 연관성을 분석하기 위해 단순회귀분석을 한다면, 먼저 이 농촌지역의 농지들 중에서 몇 개의 필지를 표본으로 랜덤하게 추출하여 비료투입량과 논벼생산량을 조사한다. 조사된 자료를 기초로 하여 하나의 회귀방정식을 추정할 수 있다. 추정된 방정식이 $\hat{y} = 15 + 0.5x$라 하면 $\hat{y}$은 논벼생산량의 추정값이고, x는 비료투입량을 나타낸다. 이 추정된 방정식으로부터 $x = 0$이면 $\hat{y} = 15$이고, $x = 1$일 때 $\hat{y} = 15.5$가 되어 x가 1단위 증가함에 따라 $\hat{y}$은 0.5단위 증가함을 알 수 있다. 또한, 비료투입량이 $x = 60$이면 논벼생산량은 $\hat{y} = 45$가 될 것이라고 추정할 수 있다. 위의 예에서 비료투입량(x_1) 및 농약살포량(x_2)과 논벼생산량의 연관성을 고려해보자. 조사된 자료를 기초로 하여 추정된 방정식이 $\hat{y} = 30 + 0.8x_1 + 1.2x_2$라 하면, x_2를 고정시킨 상태에서 x_1을 1단위 증가시키면 논벼생산량은 0.8단위 증가하며, x_1을 고정시킨 상태에서 x_2를 1단위 증가시키면 논벼생산량은 1.2단위 증가함을 알 수 있다. 또한, 비료투입량이 $x_1 = 40$이고 농약살포량이 $x_2 = 100$이면 논벼생산량은 $30 + (0.8 \times 40) + (1.2 \times 100) = 182$로 추정할 수 있다.

2. 단순회귀분석(Simple Regression Analysis)

두 변수 간의 관계를 알아보고자 할 때 분석 초기단계에서 사용하는 가장 대표적인 방법으로 산점도가 있다. 단순회귀분석을 할 때 초기단계에서 산점도를 그려봄으로써 변수들 간의 상호 연관성(직선의 연관성, 곡선의 연관성 등)을 대략적으로 파악해볼 수 있으며, 만약 직선의 연관성이 있다면 선형 관계식에서 기울기의 부호 역시 파악할 수 있다. 즉, 단순회귀분석은 두 변수 간의 산점도를 그려보는 것으로부터 시작한다.

(1) 단순선형회귀모형

단순회귀분석에서 두 변수들 간의 선형연관성을 고려해 본다면 x의 한 값이 주어질 때 y는 하나의 값만이 대응되는 것은 아니고 오차항이 취하는 값에 따라 여러 값에 대응될 수 있다. 위의 예에서 비료투입량과 논벼생산량을 고려해 보면 비료투입량이 증가하면 일반적으로 논벼생산량도 증가하는 것으로 나타났지만 항상 이 관계가 성립한다고는 볼 수 없다. 추정된 회귀식 $\hat{y} = 15 + 0.5x$에서 $x = 20$이면 논벼생산량은 25로 추정된다. 하지만 이를 모집단 관측값들에 대응하는 식으로 나타내면 $y = 15 + 0.5x + \epsilon$와 같이 표현할 수 있다. 즉, n개의 표본관측값들에 대응하는 식으로 나타내면 모집단의 단순선형회귀모형은 다음과 같다.

$$y_i = \alpha + \beta x_i + \epsilon_i, \quad \epsilon_i \sim iidN(0, \ \sigma^2), \quad i = 1, \ 2, \ \cdots, n$$

여기서 y_i : i번째 측정된 종속변수 y의 값

$\alpha, \ \beta$: 모집단의 회귀계수

x_i : i번째 주어진 고정된 x의 값

ϵ_i : i번째 측정된 y의 오차항

단순선형회귀모형에 오차항 ϵ_i를 포함시키는 이유는 종속변수 y에 영향을 미치는 독립변수들은 x 이외에 다른 변수들도 있을 수 있으며, 이와 같이 누락된 변수들의 영향은 오차항으로 나타낼 수 있다. 또한 변수들의 값을 측정할 때 나타나는 측정오차의 영향을 오차항으로 나타낼 수 있으며 두 변수의 연관성이 선형이 아님에도 불구하고 선형식으로 표현했기 때문에 발생하는 영향 또한 오차항으로 나타낼 수 있다. 단순선형회귀모형에서 오차항에 대한 다음과 같은 가정을 한다.

① 오차항의 평균은 $E(\epsilon_i) = 0$이다.

즉, 종속변수 y_i에 대해서 $E(y_i) = E(\alpha + \beta x_i + \epsilon_i) = \alpha + \beta x_i + E(\epsilon_i) = \alpha + \beta x_i$이 성립한다.

② 오차항 ϵ_i의 분산은 σ^2으로 등분산(Homoscedasticity)한다.

즉, 종속변수 y_i에 대해서 $V(y_i) = V(\alpha + \beta x_i + \epsilon_i) = V(\epsilon_i) = \sigma^2$이 성립한다.

③ 오차항들은 서로 독립이다. $Cov(\epsilon_i, \ \epsilon_j) = 0, \ i \neq j$

즉, 오차항 ϵ_i와 ϵ_j가 서로 독립이므로 종속변수 y_i와 y_j역시 서로 독립이다.

④ 오차항들은 정규분포를 따른다.

즉, 단순선형회귀모형에서 오차항 ϵ_i에 대한 기본 가정은 정규성, 독립성, 등분산성이며, 이를 수식으로 표현하면 $\epsilon_i \sim iidN(0, \ \sigma^2)$이다. 오차항의 기본 가정을 이용하여 독립변수의 값 x_i가 주어질 때 종속변수 y_i의 분포는 $y_i \sim iidN(\alpha + \beta x_i, \ \sigma^2)$을 따른다. 이를 그래프로 나타내면 다음과 같다.

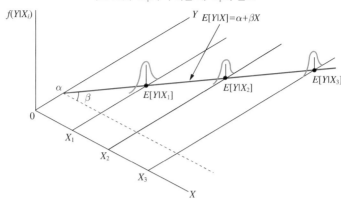

〈표 10.1〉 X_i가 주어질 때 Y_i의 분포

(2) 보통최소제곱법(OLS ; Ordinary Method of Least Squares)

추정값 $\hat{y}_i$는 측정값에 의해 얻은 y의 실제값 y_i와 일치하지는 않는다. 즉, $\hat{y}_i$와 y_i 간에는 차이가 생기는데 이 차이를 잔차(Residual)라고 한다. 잔차를 e_i로 표시하면 $e_i = y_i - \hat{y}_i$이 되며, 잔차는 작으면 작을수록 좋은 회귀선임에 틀림없다. 보통최소제곱법은 관측값 y_i와 추정값 $\hat{y}_i$간의 편차인 잔차의 제곱합을 최소로 하는 표본회귀계수 a와 b를 구하는 방법이다.

잔차의 합 $\sum_{i=1}^{n} e_i = \sum_{i=1}^{n} (y_i - \hat{y}_i)$은 항상 0이 되므로, 잔차들의 제곱합 $\sum_{i=1}^{n} e_i^2 = \sum_{i=1}^{n} (y_i - \hat{y}_i)^2$을 최소로 하는 회귀선을 구하는 방법이 보통최소제곱법이다. 계산의 편의상 $\sum_{i=1}^{n}$을 $\sum$라 표기하면 잔차들의 제곱합은 $\sum e_i^2 = \sum (y_i - \hat{y}_i)^2 = \sum (y_i - a - bx_i)^2$이 된다. $\sum (y_i - a - bx_i)^2$을 a와 b에 대해 편미분한 후 0으로 놓으면 $\sum (y_i - a - bx_i)^2$을 최소로 하는 a와 b를 구할 수 있다.

$$\frac{\partial \sum (y_i - a - bx_i)^2}{\partial a} = -2 \sum (y_i - a - bx_i) = 0 \quad \text{······························} ①$$

$$\frac{\partial \sum (y_i - a - bx_i)^2}{\partial b} = -2 \sum x_i (y_i - a - bx_i) = 0 \quad \text{························} ②$$

위의 식 ①과 ②를 전개하면 다음과 같다.

$$an + b \sum x_i = \sum y_i \quad \text{··} ③$$

$$a \sum x_i + b \sum x_i^2 = \sum x_i y_i \quad \text{··} ④$$

위의 두 방정식 ③과 ④를 정규방정식(Normal Equations)이라 하며, 정규방정식에서 $\dfrac{\sum x_i}{n} = \bar{x}$임을 이용하여 a와 b에 대해 풀면 다음의 추정량을 구할 수 있다.

$$b = \frac{\sum x_i y_i - \dfrac{(\sum x_i)(\sum y_i)}{n}}{\sum x_i^2 - \dfrac{(\sum x_i)^2}{n}} = \frac{\sum (x_i - \bar{x})(y_i - \bar{y})}{\sum (x_i - \bar{x})^2}, \quad a = \frac{\sum y_i}{n} - b \frac{\sum x_i}{n} = \bar{y} - b\bar{x}$$

하지만 $\sum(y_i - a - bx_i)^2$을 a와 b에 대해 편미분한 후 0으로 놓고 구한 추정량 a와 b가 최소가 되기 위한 필요충분조건은 다음을 만족해야 한다.

$$\frac{\partial^2(y_i - a - bx_i)^2}{\partial a^2} > 0, \ |H| = \begin{vmatrix} \dfrac{\partial^2(y_i - a - bx_i)^2}{\partial a^2} & \dfrac{\partial^2(y_i - a - bx_i)^2}{\partial a\,\partial b} \\ \dfrac{\partial^2(y_i - a - bx_i)^2}{\partial b\,\partial a} & \dfrac{\partial^2(y_i - a - bx_i)^2}{\partial b^2} \end{vmatrix} > 0$$

$\dfrac{\partial^2(y_i - a - bx_i)^2}{\partial a^2} = 2n > 0$이고 $|H| = \begin{vmatrix} 2n & 2\sum x_i \\ 2\sum x_i & 2\sum x_i^2 \end{vmatrix} = 4n\sum(x_i - \overline{x})^2 > 0$이므로 추정

량 a와 b는 $\sum(y_i - a - bx_i)^2$을 최소로 한다. 결과적으로 단순선형회귀모형에서 잔차들의 제곱합을 최소로 하는 a와 b는 다음과 같다.

$$b = \frac{\sum(x_i - \overline{x})(y_i - \overline{y})}{\sum(x_i - \overline{x})^2} = \frac{\sum x_i y_i - n\overline{x}\,\overline{y}}{\sum x_i^2 - n\overline{x}^2}, \quad a = \overline{y} - b\overline{x}$$

이 추정된 a와 b를 보통최소제곱추정량(OLSE ; Ordinary Least Squares Estimator)이라 한다. 또한 수식을 간소화하기 위해서 $s_{xx} = \sum(x_i - \overline{x})^2$, $s_{yy} = \sum(y_i - \overline{y})^2$, $s_{xy} = \sum(x_i - \overline{x})$ $(y_i - \overline{y})$으로 표기하면 $b = \dfrac{s_{xy}}{s_{xx}}$가 된다. 표본자료로부터 $y_i = \alpha + \beta x_i + \epsilon_i$을 추정하여 얻은 직선 $\hat{y}_i = a + bx_i$을 추정된 회귀선 또는 간단히 회귀선이라 한다. 즉, a, b, $\hat{y}_i$은 α, β, y_i의 추정값이며 a를 추정된 회귀선의 절편이라 하고, b를 기울기라 한다. a는 $x_i = 0$에서 $\hat{y}_i$의 값이며, b는 x_i가 한 단위 증가할 때에 $\hat{y}_i$의 증가량을 나타낸다.

(3) 총제곱합의 분해

y의 총제곱합 $\sum(y_i - \overline{y})^2$은 잔차제곱합 $\sum(y_i - \hat{y}_i)^2$과 회귀제곱합 $\sum(\hat{y}_i - \overline{y})^2$으로 분해할 수 있다.

〈표 10.2〉 y의 총변동 분해

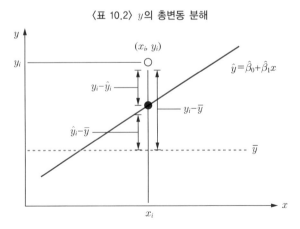

y의 총제곱합을 잔차제곱합과 회귀제곱합으로 분해하면 다음과 같이 표현할 수 있다.

$$y_i - \overline{y} = (y_i - \hat{y}_i) + (\hat{y}_i - \overline{y})$$

$$\sum (y_i - \overline{y})^2 = \sum [(y_i - \hat{y}_i) + (\hat{y}_i - \overline{y})]^2$$

$$= \sum (y_i - \hat{y}_i)^2 + \sum (\hat{y}_i - \overline{y})^2 + 2\sum (y_i - \hat{y}_i)(\hat{y}_i - \overline{y})$$

$$= \sum (y_i - \hat{y}_i)^2 + \sum (\hat{y}_i - \overline{y})^2 \quad \because \sum e_i = 0, \ \sum e_i \hat{y}_i = 0$$

$$SST = SSE + SSR$$

총제곱합 = 잔차제곱합 + 회귀제곱합

(Total Sum of Squares = Error Sum of Squares + Regression Sum of Squares)

예제

10.1 다음은 10아르당 비료투입량에 대한 참깨수확량을 측정한 자료이다. 아래 자료를 이용하여 추정된 회귀식을 구하고 이를 설명해보자(단위 : kg).

〈표 10.3〉 10아르당 비료투입량에 대한 참깨수확량 자료

비료투입량	30	40	50	60	70	80
참깨수확량	43	45	54	57	56	63

❶ $\overline{x} = \dfrac{30+40+50+60+70+80}{6} = 55$, $\quad \overline{y} = \dfrac{43+45+54+57+56+63}{6} = 53$

$s_{xx} = \sum (x_i - \overline{x})^2$

$\quad = (30-55)^2 + (40-55)^2 + (50-55)^2 + (60-55)^2 + (70-55)^2 + (80-55)^2$

$\quad = (-25)^2 + (-15)^2 + (-5)^2 + 5^2 + 15^2 + 25^2 = 1750$

$s_{xy} = \sum (x_i - \overline{x})(y_i - \overline{y}) = \sum x_i y_i - n\overline{x}\,\overline{y}$

$\quad = (30 \times 43) + (40 \times 45) + (50 \times 54) + (60 \times 57) + (70 \times 56) + (80 \times 63) - (6 \times 55 \times 53)$

$\quad = 18170 - 17490 = 680$

$b = \dfrac{s_{xy}}{s_{xx}} = \dfrac{\sum (x_i - \overline{x})(y_i - \overline{y})}{\sum (x_i - \overline{x})^2} = \dfrac{\sum x_i y_i - n\overline{x}\,\overline{y}}{\sum x_i^2 - n\overline{x}^2} = \dfrac{680}{1750} = 0.3886$

$a = \overline{y} - b\overline{x} = 53 - 0.3886 \times 55 = 31.627$

∴ 추정된 회귀식은 $\hat{y} = 31.63 + 0.3886x$ 이다.

❷ 기울기가 $b = 0.3886$이므로 비료투입량이 1kg 증가할 때 참깨수확량은 0.3886kg 증가한다고 해석할 수 있고, 시비량 $x = 90$일 때의 생산량 $\hat{y}$값을 구해보면 66.6kg임을 예측할 수 있다.

(4) 단순회귀모형의 적합성

추정된 회귀선이 표본 관측치들을 잘 적합(Fitting)시키는 경우도 있지만 그렇지 않은 경우도 있다. 단순회귀모형의 적합성은 추정된 회귀선이 표본 관측치들을 얼마만큼 잘 적합시키고 있는지를 나타내는 여러 가지 측도를 통해 알 수 있다.

① 추정값의 표준오차(Standard Error)

단일모집단의 경우 모분산 σ^2의 불편추정량은 표본분산 $S^2 = \dfrac{1}{n-1}\sum(y_i - \overline{y})^2$이다. 단순선형회귀모형에서 오차분산의 추정값은 관측치들의 추정값에 대한 편차의 제곱합인 잔차제곱합을 자유도로 나눈 값이 되며 이를 평균제곱오차(MSE ; Mean Sqruare Error)라고 한다. 즉, 평균제곱오차를 수식으로 표현하면 $MSE = \dfrac{SSE}{n-2} = \dfrac{\sum(y_i - \hat{y})^2}{n-2}$이고 자유도가 $n-2$인 이유는 단순회귀모형에서 미지수가 α와 β로 두 개이기 때문이다. 평균제곱오차 MSE는 $E(MSE) = \sigma^2$이 성립되어 모분산 σ^2에 대한 불편추정량이고 MSE의 제곱근 $\sqrt{MSE}$을 추정값의 표준오차(Standard Error of Estimate)라 한다.

$$\text{추정값의 표준오차 : } \hat{\sigma}^2 = s_{y.x} = \sqrt{\dfrac{e_i^2}{n-2}} = \sqrt{\dfrac{\sum(y_i - \hat{y_i})^2}{n-2}}$$

추정값의 표준오차를 $s_{y.x}$으로 표기하는 이유는 어떤 주어진 x에서 y의 표본표준편차라는 의미이다. 또한, $s_{y.x} = 0$인 경우는 모든 관측치 i에 대해서 $y_i - \hat{y} = 0$이 성립하므로 n개의 관측치들이 모두 추정된 회귀선상에 있음을 의미한다.

PLUS ONE   **단순회귀분석에서 추정값의 표준오차 성질**

① $\sum(y_i - \hat{y_i})^2$값이 작을수록 관측값들이 추정된 회귀선 주위에 밀집되어 있다.

② 오차항의 분산 $Var(\epsilon_i) = \sigma^2$의 불편추정량은 $MSE = \dfrac{\sum(y_i - \hat{y_i})^2}{n-2}$이다.

③ 종속변수 y_i의 분산 $V(y_i) = V(\beta_0 + \beta_1 X_i + \epsilon_i) = V(\epsilon_i) = \sigma^2$ $\because V(\beta_0 + \beta_1 X_i) = 0$

④ 자료의 크기에 따라 표준오차는 변화하므로 좋은 적합성의 측도는 아니다.

---

② 결정계수(R^2 : Coefficient of Determination)

추정된 회귀선이 관측값들을 얼마나 잘 적합시키고 있는지를 나타내는 척도로서 총변동 중에서 회귀선에 의해 설명되는 비율이다. 만약 모든 관측치들이 추정된 회귀선상에 위치하면 $SSE = 0$이 되어 결정계수는 1이 된다. 즉, 결정계수가 1에 가까울수록 추정된 회귀식은 의미가 있다.

$$R^2 = \dfrac{SSR}{SST} = 1 - \dfrac{SSE}{SST} \qquad \because SST = SSR + SSE$$

단순선형회귀분석에서 결정계수는 다음과 같은 특성을 가지고 있다.

㉠ 상관계수 r의 제곱이 결정계수 R^2가 된다.

$\hat{y_i} - \overline{y} = a + bx_i - a - b\overline{x} = b(x_i - \overline{x})$이므로

$SSR = \sum(\hat{y_i} - \overline{y})^2 = b^2\sum(x_i - \overline{x})^2 = b^2 S_{xx}$이 성립한다.

$\therefore R^2 = \dfrac{SSR}{SST} = \dfrac{b^2 S_{xx}}{S_{yy}} = \left(\dfrac{S_{xy}}{S_{xx}}\right)^2 \dfrac{S_{xx}}{S_{yy}} = \dfrac{(S_{xy})^2}{S_{xx} S_{yy}} = r^2$

ⓛ 단순회귀분석에서는 결정계수(R^2)가 상관계수(r)의 제곱이지만 다중회귀분석에서는 그 관계가 성립하지 않는다.

ⓒ 단순회귀분석에서는 결정계수가 회귀모형의 적합성을 측정하는 데 좋은 척도가 되지만 다중회귀분석에서는 독립변수의 수를 증가시키면 독립변수의 영향에 관계없이 결정계수의 값이 커지기 때문에 결정계수로 다중회귀모형의 적합성을 측정하는 데 문제가 있다.

ⓔ 결정계수의 범위는 $0 \leq R^2 \leq 1$이다.

∵ 상관계수의 범위가 $-1 \leq r \leq 1$이므로 결정계수의 범위는 $0 \leq R^2 \leq 1$이 된다.

ⓜ 결정계수가 1에 가까울수록 추정된 회귀식은 의미가 있다.

ⓗ 독립변수의 수가 증가함에 따라 결정계수도 커지는 단점을 보완하기 위해서 회귀변동과 오차변동의 자유도를 고려한 수정결정계수($adj\ R^2$)를 사용한다.

$$adj\ R^2 = 1 - \frac{SSE/(n-k-1)}{SST/(n-1)} = 1 - \frac{n-1}{n-k-1}(1-R^2)$$

(5) 단순회귀모형의 유의성 검정

단순회귀모형의 유의성 검정은 다음과 같은 가설을 검정한다.

귀무가설(H_0) : 회귀모형은 유의하지 않다($\beta = 0$).

대립가설(H_1) : 회귀모형은 유의하다($\beta \neq 0$).

만약 대립가설이 채택되었다면 두 변수 간에 선형 연관성이 존재한다는 의미이다. 이와 같은 가설을 검정하기 위한 검정통계량은 총제곱합을 분해한 회귀제곱합과 잔차제곱합의 크기를 평균 낸 MSR과 MSE를 비교한 것이나. 즉, 난순회귀보형의 섬성통계량은 다음과 같다.

$$F = \frac{SSR/1}{SSE/n-2} = \frac{MSR}{MSE} \sim F_{(1,\ n-2)}$$

단순회귀모형의 유의성 검정은 다음과 같은 분산분석표를 이용하여 분석한다.

〈표 10.4〉 단순회귀모형의 분산분석표

요 인	제곱합	자유도	평균제곱	검정통계량 F	F_α
회 귀	SSR	1	$SSR/1 = MSR$	$F = MSR/MSE$	$F_{(\alpha,\ 1,\ n-2)}$
잔 차	SSE	$n-2$	$SSE/n-2 = MSE$		
합 계	SST	$n-1$			

위의 분산분석표에서 SSR의 자유도가 1인 이유는 단순회귀모형에서 추정해야 될 모수가 α와 β로 두 개이며, 추정된 회귀식 $y = a + bx$은 $(\overline{x},\ \overline{y})$를 지나기 때문에 추정량 b를 알면 a를 알 수 있고 a를 알면 b를 알 수 있기 때문이다.

단순회귀모형의 결과 해석은 검정통계량 값과 기각치를 비교하는 방법 및 유의확률과 유의수준을 이용하는 방법이 있다.

① 검정통계량 값과 기각치를 비교하는 경우

• $F_{(1,\ n-2)} \geq F_{(\alpha,\ 1,\ n-2)}$ ⇒ 귀무가설 기각

• $F_{(1,\ n-2)} < F_{(\alpha,\ 1,\ n-2)}$ ⇒ 귀무가설 채택

② 유의확률과 유의수준을 비교하는 경우
- 유의확률(p-value) < 유의수준(α) ⇒ 귀무가설 기각
- 유의확률(p-value) > 유의수준(α) ⇒ 귀무가설 채택

귀무가설을 기각하는 경우는 회귀직선의 기울기 b 가 0이 아니므로 회귀선이 유의하다는 의미이며, 이와 반대로 귀무가설이 채택되는 경우는 회귀선의 기울기가 0이므로 추정된 회귀선은 유의하지 않다.

(6) 단순회귀계수의 분포

단순회귀계수의 유의성 검정을 위해 단순회귀계수의 분포를 알아야 한다. 단순회귀분석에서 회귀선의 기울기 b의 기대값과 분산은 다음과 같다.

$$b = \frac{\sum (x_i - \overline{x})(y_i - \overline{y})}{\sum (x_i - \overline{x})^2} = \frac{\sum (x_i - \overline{x})y_i - \overline{y}\sum (x_i - \overline{x})}{\sum (x_i - \overline{x})^2} = \frac{\sum (x_i - \overline{x})y_i}{\sum (x_i - \overline{x})^2}$$

$\because$ $\overline{y}$는 상수이고, $\sum (x_i - \overline{x})$은 편차의 합으로 0이다.

$\dfrac{x_i - \overline{x}}{\sum (x_i - \overline{x})^2}$ 을 w_i라고 한다면 $b = \sum w_i y_i$이 된다.

$$E(b) = E\left(\sum w_i y_i\right) = \sum w_i E(y_i) = \sum w_i\left(\alpha + \beta\overline{x} + \beta x_i - \beta\overline{x}\right)$$

$$= (\alpha + \beta\overline{x})\sum w_i + \beta\sum w_i (x_i - \overline{x}) = (\alpha + \beta\overline{x})\frac{\sum (x_i - \overline{x})}{\sum (x_i - \overline{x})^2} + \beta\frac{\sum (x_i - \overline{x})^2}{\sum (x_i - \overline{x})^2}$$

$$= \beta \qquad \because \sum (x_i - \overline{x})\text{은 편차의 합으로 0이다.}$$

즉, 회귀선의 기울기 b는 불편추정량이다.

$$Var(b) = Var\left(\sum w_i y_i\right) = \sum w_i^2\, Var(y_i) \quad \because w_i\text{는 상수}$$

$$= \sum \left[\frac{(x_i - \overline{x})^2}{\left[\sum (x_i - \overline{x})^2\right]^2}\right]\sigma^2 = \frac{\sigma^2}{\sum (x_i - \overline{x})^2} = \frac{\sigma^2}{s_{xx}}$$

회귀선의 절편 a의 기대값과 분산은 다음과 같이 구한다.

$a = \overline{y} - b\overline{x}$이므로

$$E(a) = E(\overline{y}) - \overline{x}E(b) = (\alpha + \beta\overline{x}) - \overline{x}\beta = \alpha$$

즉, 회귀선의 기울기 a는 불편추정량이다.

$$Var(a) = Var(\overline{y} - b\overline{x}) = Var(\overline{y}) + (\overline{x})^2\, Var(b) - 2\,Cov(\overline{y},\, b\overline{x})$$

$$= Var\left(\frac{\sum y_i}{n}\right) + (\overline{x})^2\frac{\sigma^2}{s_{xx}} - 2\overline{x}\,Cov(\overline{y},\, b)$$

$$= \frac{1}{n^2}Var\left(\sum y_i\right) + (\overline{x})^2\frac{\sigma^2}{s_{xx}} - 2\overline{x}\,Cov(\overline{y},\, b)$$

$$= \left(\frac{1}{n} + \frac{(\overline{x})^2}{s_{xx}}\right)\sigma^2$$

$$\therefore Cov(\overline{y},\ b) = Cov\left(\frac{\sum y_i}{n},\ \sum w_i y_i\right) = \frac{1}{n}\sum w_i\, Var(y_i) \quad \therefore \text{공분산의 성질 이용}$$

$$= \frac{\sigma^2}{n}\sum w_i = \frac{\sigma^2}{n}\,\frac{\sum(x_i - \overline{x})}{s_{xx}} = 0 \quad \therefore \sum(x_i - \overline{x})\text{은 편차의 합으로 0이다.}$$

결과적으로 보통최소제곱법에 의해 구한 추정량 a와 b는 불편추정량임을 알 수 있으며, 만약 σ^2을 알고 있는 경우 b의 분포는 $b \sim N\left(\beta,\ \frac{\sigma^2}{s_{xx}}\right)$이며, a의 분포는 $a \sim N\left(\alpha,\ \sigma^2\left(\frac{1}{n} + \frac{\overline{x}^2}{s_{xx}}\right)\right)$이다.

일반적으로 모분산 σ^2을 모르고 있는 경우가 대부분으로 이때의 추정량 a와 b의 분포는 다음과 같다.

> ① b의 분포는 $b \sim t_{n-2}\left(\beta,\ \frac{MSE}{s_{xx}}\right)$
>
> ② a의 분포는 $a \sim t_{n-2}\left(\alpha,\ MSE\left(\frac{1}{n} + \frac{\overline{x}^2}{s_{xx}}\right)\right)$

(7) 단순회귀계수의 유의성 검정

단순회귀계수의 유의성 검정은 다음과 같은 가설을 검정한다.

귀무가설(H_0) : 회귀계수 β는 유의하지 않다($\beta = 0$).

대립가설(H_1) : 회귀계수 β는 유의하다($\beta \neq 0$).

단순회귀모형의 유의성 검정은 분산분석표를 이용한 F검정을 하였지만, 단순회귀계수의 유의성 검정은 t검정을 한다. 회귀선의 기울기 b의 분포는 모분산 σ^2을 모르고 있는 경우 기대값이 β이고, 분산이 $\frac{MSE}{s_{xx}}$이므로 이를 표준화하여 검정통계량으로 결정한다.

$$T = \frac{b - \beta}{\sqrt{Var(b)}} = \frac{b - \beta}{\sqrt{MSE/s_{xx}}} \sim t_{(n-2)}$$

여기서 자유도가 $n-2$인 이유는 MSE의 자유도가 $n-2$이기 때문이다. 단순회귀계수의 결과 해석은 검정통계량 값과 기각치를 비교할 경우 양측검정인지 단측검정 인지에 따라 서로 다르다.

① 단측검정인 경우
- $t_c \geq t_{(\alpha,\ n-2)}$ 또는 $t_c \leq -t_{(\alpha,\ n-2)}$ $\Rightarrow$ 귀무가설 기각
- $-t_{(\alpha,\ n-2)} \leq t_c \leq t_{(\alpha,\ n-2)}$ $\Rightarrow$ 귀무가설 채택

② 양측검정인 경우
- $|t_c| \geq t_{(\alpha/2,\ n-2)}$ $\Rightarrow$ 귀무가설 기각
- $|t_c| < t_{(\alpha/2,\ n-2)}$ $\Rightarrow$ 귀무가설 채택

유의확률과 유의수준을 비교할 경우 다음과 같이 결과를 해석한다. 단측검정일 경우 유의확률 p값은 $P(T \leq t_c)$ 또는 $P(T \geq t_c)$이고, 양측검정일 경우 p값은 단측검정에서의 p값에 두 배가 되므로 $2P(T \geq |t_c|)$이다. 이렇게 구한 유의확률 p값과 유의수준 α를 비교하여 다음과 같이 결과를 해석한다.

- 유의확률(p-value) $<$ 유의수준(α) $\Rightarrow$ 귀무가설 기각
- 유의확률(p-value) $>$ 유의수준(α) $\Rightarrow$ 귀무가설 채택

단순회귀분석에서 회귀제곱합은 $SSR = \sum\left(\hat{y}_i - \bar{y}\right)^2 = \sum\left(a + bx_i - a - b\bar{x}\right)^2 = b^2\sum\left(x_i - \bar{x}\right)^2$ 이고, 귀무가설 $\beta = 0$하에서 다음이 성립한다.

$$T^2 = \left(\frac{b}{\sqrt{Var(b)}}\right)^2 = \frac{b^2}{MSE/s_{xx}} = \frac{b^2\sum(x_i - \bar{x})^2}{MSE} = \frac{SSR/1}{SSE/n-2} = F_{(1,\,n-2)}$$

즉, $(T검정통계량)^2 = \left(\dfrac{b - \beta}{\sqrt{Var(b)}}\right)^2 = F$이 성립하므로, 단순회귀계수의 유의성 검정은 단순회귀 모형의 유의성 검정과 동일함을 알 수 있다.

예제

10.2 전국 30개 대형마트의 광고료와 매출액을 조사하여 광고료가 월매출액에 어떠한 영향을 미치는지 단순회귀분석을 실시한 결과가 다음과 같다고 하자.

〈표 9.5〉 단순회귀분석 결과

Analysis of Variance

Source	DF	Sum of Squares	Mean Square	F-value	Prob > F
Model	1	2244.25736	2244.25736	198.580	0.0001
Error	28	316.44264	11.30152		
C Total	29	2560.70000			

Parameter Estimates

Variable	DF	Parameter Estimate	Standard Error	T-value	Prob > $|T|$
INTERCEP	1	−0.675268	1.71556160	−0.394	0.6968
ADV	1	2.584954	0.18343619	14.092	0.0001

(1) 회귀모형의 유의성 검정을 위한 귀무가설과 대립가설을 설정하고 유의수준 5%에서 검정 해보자.

(2) 위의 결과를 이용하여 회귀모형에 대한 적합성에 대해 설명해보자.

(3) 추정된 회귀식을 쓰고 회귀계수의 기울기에 대한 의미를 설명해보자.

(4) 어느 대형매장의 광고료가 10일 때, 이 매장의 월매출액을 예측해보자.

(1) 회귀모형의 유의성 검정을 위한 귀무가설과 대립가설을 설정하고 유의수준 5%에서 검정해보자.

❶ 분석에 앞서 가설을 먼저 설정한다.
 • 귀무가설(H_0) : 회귀모형은 유의하지 않다($\beta_1 = 0$).
 • 대립가설(H_1) : 회귀모형은 유의하다($\beta_1 \neq 0$).

❷ 단순선형회귀분석에서는 회귀모형의 유의성 검정과 회귀계수의 유의성 검정은 항상 검정결과가 동일 하다.

❸ 회귀모형의 유의성 검정 결과 F검정통계량 값이 198.58이고 유의확률 p값이 0.0001로 유의수준 0.05보다 작으므로 귀무가설을 기각한다. 즉, 유의수준 5%에서 회귀모형은 유의하다($\beta_1 \neq 0$)고 할 수 있다.

❹ 회귀계수의 유의성 검정 결과 t검정통계량 값이 14.092이고 유의확률 p값이 0.0001로 유의수준 0.05보다 작으므로 귀무가설을 기각한다. 즉, 유의수준 5%에서 회귀계수는 유의하다($\beta_1 \neq 0$)고 할 수 있다.

(2) 위의 결과를 이용하여 회귀모형에 대한 적합성에 대해 설명해보자.

❶ 결정계수 $R^2 = \dfrac{SSR}{SST} = \dfrac{2244.3}{2560.7} = 0.8764$이다.

❷ 결정계수는 추정된 회귀선이 관측값들을 얼마나 잘 설명하고 있는가를 나타내는 척도로서 총변동 중에서 회귀선에 의해 설명되는 비율이다. 즉, 추정된 회귀선이 관측값들을 대략 87.64% 정도 설명하고 있다.

(3) 추정된 회귀식을 쓰고 회귀계수의 기울기에 대한 의미를 설명해보자.

❶ 추정된 회귀식은 $\hat{y} = -0.675 + 2.585x$이다.

❷ 독립변수(광고료) x가 1단위 증가할 때 종속변수(월매출액) y의 값이 2.585단위 증가할 것임을 나타낸다.

(4) 어느 대형매장의 광고료가 10일 때, 이 매장의 월매출액을 예측해보자.

추정된 회귀식이 $\hat{y} = -0.675 + 2.585x$이므로 $\hat{y} = -0.675 + (2.585 \times 10) = 25.175$이 된다.

---

(8) 예측(Prediction)

회귀분석에서 예측이란 표본으로 관측된 자료를 이용한 추정된 회귀식으로 독립변수의 특정한 값에 대응되는 종속변수의 값을 예측하게 된다. 예측에는 독립변수의 특정값 x^*가 주어졌을 때 종속변수 y^*의 평균 $E(y^*)$을 예측하는 경우와 종속변수 y^*의 개별관측값을 예측하는 두 가지의 형태가 있다.

① 종속변수의 평균 $E(y^*)$에 대한 예측

종속변수 y^*의 평균 $E(y^*)$를 예측하는 경우 추정된 회귀식이 $\hat{y} = a + bx$라 한다면 $x = x^*$일 때 y^*의 평균 $E(y^*)$에 대한 점추정은 $E(\hat{y}^*) = \alpha + \beta x^*$이 된다. 즉, $E(\hat{y}^*) = \mu_{y^*}$이 성립하므로 $\hat{y}^*$는 μ_{y^*}의 불편추정량이다.

$$Var(\hat{y}^*) = Var(a + bx^*) = Var(a + b\overline{x} + bx^* - b\overline{x}) = Var\left[\overline{y} + b_1(x^* - \overline{x})\right]$$
$$= Var(\overline{y}) + (x^* - \overline{x})^2 Var(b) + 2(x^* - \overline{x})Cov(\overline{y}, b)$$
$$= \sigma^2\left[\frac{1}{n} + \frac{(x^* - \overline{x})^2}{\sum(x - \overline{x})^2}\right] \quad \because Cov(\overline{y}, b) = 0^{11)}$$

---

11) 공분산의 성질 : $Cov(\overline{y}, b) = Cov\left(\sum\dfrac{y_i}{n}, \dfrac{\sum(x_i - \overline{x})y_i}{\sum(x_i - \overline{x})^2}\right) = \sum\dfrac{1}{n}\dfrac{(x_i - \overline{x})}{\sum(x_i - \overline{x})^2}V(y_i) = \dfrac{1}{n}\sum\dfrac{1}{n}\dfrac{(x_i - \overline{x})}{\sum(x_i - \overline{x})^2}\sigma^2$

$= 0 \quad \because \sum(x_i - \overline{x}) = 0$

결과적으로 y^* 의 표본분포는 $\hat{y}^* \sim N\left(\mu_{y^*},\ \sigma^2\left[\dfrac{1}{n}+\dfrac{(x^*-\overline{x})^2}{\sum(x-\overline{x})^2}\right]\right)$ 을 따르며, 특정한 x^*

가 주어졌을 때 종속변수 y^* 의 평균 μ_{y^*} 을 예측하기 위한 $100(1-\alpha)\%$ 의 신뢰구간은 다음과 같다.

$$\left(\hat{y}^* - z_{\alpha/2}\sqrt{\sigma^2\left[\dfrac{1}{n}+\dfrac{(x^*-\overline{x})^2}{\sum(x-\overline{x})^2}\right]},\ \ \hat{y}^* + z_{\alpha/2}\sqrt{\sigma^2\left[\dfrac{1}{n}+\dfrac{(x^*-\overline{x})^2}{\sum(x-\overline{x})^2}\right]}\right)$$

위의 신뢰구간에서 $x^*=\overline{x}$ 일 때 $\hat{y}^*$ 의 표준오차가 가장 작은값을 가지게 되므로 신뢰구간이 가장 좁아지며, x^* 의 값이 $\overline{x}$ 로부터 멀리 떨어질수록 신뢰구간의 폭이 넓어지므로 예측의 정확성은 점점 낮아진다. 만약 모분산 σ^2 이 알려져 있지 않은 경우라면 σ^2 대신 표본으로부터의 추정값 MSE 를 사용하며 신뢰계수 또한 $z_{\alpha/2}$ 대신 $t_{\alpha/2,\,n-2}$ 을 사용한다.

② 종속변수의 개별관측값에 대한 예측

독립변수의 특정값 x^* 가 주어졌을 때 종속변수 y^* 의 한 관측값을 예측하는 경우는 x^* 에 대응되는 y^* 가 확률변수가 되므로 많은 값들을 가질 수 있다. 이 들 중의 한 관측값을 y_0^* 라 한다면 y_0^* 의 점추정값은 $\hat{y}_0^* = a+bx^*$ 이 된다.

하지만 $\hat{y}_0^*$ 의 분산은 기대값에 관심이 있는 것이 아니라 새로운 하나의 관측값에 대한 예측이므로 $\hat{y}^*$ 의 분산에 오차항의 분산 σ^2 을 더한 $Var(\widehat{y_0^*}) = \sigma^2\left[1+\dfrac{1}{n}+\dfrac{(x^*-\overline{x})^2}{\sum(x-\overline{x})^2}\right]$ 과 같다.

결과적으로 y_0^* 의 개별관측값에 대한 $100(1-\alpha)\%$ 의 신뢰구간은 다음과 같다.

$$\left(\widehat{y^*} - z_{\alpha/2}\sqrt{\sigma^2\left[1+\dfrac{1}{n}+\dfrac{(x^*-\overline{x})^2}{\sum(x-\overline{x})^2}\right]},\ \ \widehat{y^*} + z_{\alpha/2}\sqrt{\sigma^2\left[1+\dfrac{1}{n}+\dfrac{(x^*-\overline{x})^2}{\sum(x-\overline{x})^2}\right]}\right)$$

$Var(\hat{y}_0^*)$ 는 $Var(\hat{y}^*)$ 보다 σ^2 만큼 더 크므로 하나의 y_0^* 값에 대한 신뢰구간은 μ_{y^*} 의 신뢰구간보다 넓어지며, 신뢰대 또한 더 넓게 나타난다. 만약 모분산 σ^2 이 알려져 있지 않은 경우라면 σ^2 대신 표본으로부터의 추정값 MSE 를 사용하며 신뢰계수 또한 $z_{\alpha/2}$ 대신 $t_{\alpha/2,\,n-2}$ 을 사용한다.

(9) 표본상관계수, 추정된 회귀선의 기울기, 결정계수의 연관성

① 표본상관계수와 추정된 회귀선의 기울기의 연관성

표본상관계수는 $\quad r = \dfrac{\sum(x_i-\overline{x})(y_i-\overline{y})}{\sqrt{\sum(x_i-\overline{x})^2}\ \sqrt{\sum(y_i-\overline{y})^2}}$ 이고, 추정된 회귀선의 기울기는

$b = \dfrac{\sum(x_i-\overline{x})(y_i-\overline{y})}{\sum(x_i-\overline{x})^2}$ 이므로 표본상관계수 r 과 추정된 회귀선의 기울기 b 간에는 다음의 관계가 성립한다.

㉠ $r = b \dfrac{S_X}{S_Y} = b\sqrt{\dfrac{\sum(x_i - \overline{x})^2}{\sum(y_i - \overline{y})^2}}$ 이 성립한다.

$$\therefore \; r = \dfrac{\sum(x_i - \overline{x})(y_i - \overline{y})}{\sqrt{\sum(x_i - \overline{x})^2}\sqrt{\sum(y_i - \overline{y})^2}} = \dfrac{\sum(x_i - \overline{x})(y_i - \overline{y})}{\sum(x_i - \overline{x})^2} \times \dfrac{\sqrt{\sum(x_i - \overline{x})^2}}{\sqrt{\sum(y_i - \overline{y})^2}}$$

$$= b\dfrac{S_X}{S_Y}$$

㉡ X의 표본표준편차 S_X와 Y의 표본표준편차 S_Y는 모두 0 이상이므로 표본상관계수와 단순회귀계수의 기울기 부호는 항상 동일하다.

㉢ X의 표본표준편차 S_X와 Y의 표본표준편차 S_Y가 같으면 표본상관계수와 단순회귀계수의 기울기 크기는 동일하다.

㉣ 단순선형회귀분석에서 변수들을 표준화한 표준화 회귀계수(b^*)는 상관계수와 같다.

$\therefore$ 표준화한 $X^* = \dfrac{X - \overline{X}}{S_X}$ 와 $Y^* = \dfrac{Y - \overline{Y}}{S_Y}$ 을 이용하여 단순회귀계수의 기울기를 구하면 다음과 같다.

$$b^* = \dfrac{\sum(x_i^* - \overline{x}^*)(y_i^* - \overline{y}^*)}{\sum(x_i^* - \overline{x}^*)^2} = \dfrac{\sum x_i^* y_i^* - n\overline{x}^* \overline{y}^*}{\sum(x_i^*)^2 - n(\overline{x}^*)^2} = \sum x_i^* y_i^*$$

$$= \dfrac{\sum(x_i - \overline{x})(y_i - \overline{y})}{S_X S_Y} = r$$

㉤ 모상관계수(ρ) 검정과 모회귀직선의 기울기(β) 검정에 대한 검정통계량은 동일하며, 검정통계량이 동일하므로 유의확률 역시 동일하다.

$\therefore$ 모상관계수 $\rho = 0$을 검정하기 위한 검정통계량은 $T = \dfrac{r - \rho}{\sqrt{1 - r^2/n - 2}} \sim t_{(n-2)}$ 이고, 모회귀직선의 기울기 $\beta = 0$을 검정하기 위한 검정통계량은 $T = \dfrac{b - \beta}{\sqrt{MSE/S_{xx}}}$ $\sim t_{(n-2)}$ 이다.

$$T = \dfrac{b - 0}{\sqrt{\dfrac{MSE}{S_{xx}}}} = \dfrac{b\sqrt{S_{xx}}}{\sqrt{MSE}} = \dfrac{\sqrt{SSR}}{\sqrt{\dfrac{SSE}{n-2}}} \qquad \therefore \; SSR = b^2 S_{xx}$$

$$= \dfrac{\sqrt{SSR/SST}}{\sqrt{\dfrac{SSE/SST}{n-2}}} = \dfrac{\sqrt{R^2}}{\sqrt{\dfrac{1 - R^2}{n-2}}} = \dfrac{r - 0}{\sqrt{\dfrac{1 - r^2}{n-2}}}$$

② 표본상관계수와 결정계수의 연관성

표본상관계수는 $r = \dfrac{\sum (x_i - \overline{x})(y_i - \overline{y})}{\sqrt{\sum (x_i - \overline{x})^2}\sqrt{\sum (y_i - \overline{y})^2}}$ 이고, 결정계수는 $R^2 = \dfrac{SSR}{SST}$ 이므로,

표본상관계수 r 과 결정계수 R^2 간에는 다음의 관계가 성립한다.

㉠ 표본상관계수 r 의 제곱이 결정계수 R^2 가 된다.

$\hat{y_i} - \overline{y} = a + bx_i - a - b\overline{x} = b(x_i - \overline{x})$ 이므로

$SSR = \sum (\hat{y_i} - \overline{y})^2 = b^2 \sum (x_i - \overline{x})^2 = b^2 S_{xx}$ 이 성립한다.

$\therefore R^2 = \dfrac{SSR}{SST} = \dfrac{b^2 S_{xx}}{S_{yy}} = \left(\dfrac{S_{xy}}{S_{xx}}\right)^2 \dfrac{S_{xx}}{S_{yy}} = \dfrac{(S_{xy})^2}{S_{xx}S_{yy}} = r^2$

㉡ 표본상관계수가 0이면 결정계수도 0이고, 표본상관계수가 ± 1이면 결정계수는 1이 된다.

㉢ 단순회귀분석에서는 결정계수(R^2)가 상관계수(r)의 제곱이지만 다중회귀분석에서는 그 관계가 성립하지 않는다.

㉣ 상관계수의 범위가 $0 \le r \le 1$이므로 결정계수의 범위는 $0 \le R^2 \le 1$이 된다.

③ 제곱합, 상관계수, 결정계수 간의 연관성

㉠ $SSR = b^2 s_{xx}$

$\hat{y_i} - \overline{y} = a + bx_i - a - b\overline{x} = b(x_i - \overline{x})$ 이 성립하므로 양변에 제곱합을 하면

$\sum (\hat{y_i} - \overline{y})^2 = b^2 \sum (x_i - \overline{x})^2$ 이 되어 $SSR = b^2 s_{xx}$ 이 성립한다.

㉡ $SSE = SST(1 - R^2)$

$SSE = SST - SSR = SST - b^2 s_{xx} = \sum (y_i - \overline{y})^2 - \left[\dfrac{\sum (x_i - \overline{x})(y_i - \overline{y})}{\sum (x_i - \overline{x})^2}\right]^2 \sum (x_i - \overline{x})^2$

$= \sum (y_i - \overline{y})^2 - \dfrac{\left[\sum (x_i - \overline{x})(y_i - \overline{y})\right]^2}{\sum (x_i - \overline{x})^2} = \sum (y_i - \overline{y})^2 (1 - r^2) = SST(1 - r^2)$

$= SST(1 - R^2)$

(10) 잔차의 성질

잔차는 오차의 추정값으로 x_i에서 관측된 y_i와 추정된 $\hat{y_i}$의 차이이다. 즉, 잔차는 $e_i = y_i - \hat{y}$ = 관측값 − 예측값으로 다음과 같은 성질이 있다.

① 잔차들의 합은 0이다.

$\sum e_i = \sum (y_i - \hat{y_i}) = \sum (y_i - a - bx_i) = \sum y_i - na - b\sum x_i = 0$

$\therefore \sum y_i - na - b\sum x_i = 0$이 정규방정식이다.

② 관측값 y_i의 합과 예측값 $\hat{y}_i$의 합은 같다.

$\sum y_i - \sum \hat{y_i} = \sum (y_i - \hat{y_i}) = \sum e_i = 0$

③ 잔차들의 x_i에 대한 가중합은 0이다.

$$\sum x_i e_i = \sum x_i (y_i - \hat{y}_i) = \sum x_i (y_i - a - bx_i) = \sum x_i y_i - a \sum x_i - b \sum x_i^2 = 0$$

$$\therefore \ \sum x_i y_i - a \sum x_i - b \sum x_i^2 = 0 \text{이 정규방정식이다.}$$

④ 잔차들의 $\hat{y}_i$에 대한 가중합은 0이다.

$$\sum \hat{y}_i e_i = \sum (a + bx_i) e_i = a \sum e_i + b \sum x_i e_i = 0$$

$$\therefore \ \sum e_i = 0, \ \sum x_i e_i = 0$$

PLUS ONE　**잔차의 성질 정리**

① $\sum e_i = 0$, ② $\sum y_i = \sum \hat{y}_i$, ③ $\sum x_i e_i = 0$, ④ $\sum \hat{y}_i e_i = 0$

회귀직선 모형이 타당하고 오차의 등분산성이 성립된다면 잔차들을 x축에 대해 산점도를 그려보았을 때, 0을 중심으로 완전히 랜덤하게 나타난다.

3. 회귀분석의 기본 가정 검토

회귀분석을 할 때에는 반드시 오차항의 독립성, 정규성, 등분산성을 먼저 검토한 후 기본 가정을 모두 만족한 경우에 회귀분석을 실시해야 한다.

(1) 오차항의 정규성 검토

정규확률그림(Normal Probability Plot)을 그려서 다음과 같이 점들이 거의 일직선상에 위치하면 정규성을 만족한다.

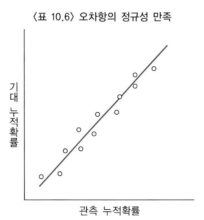

〈표 10.6〉 오차항의 정규성 만족

기대 누적확률

관측 누적확률

정규확률그림은 분포에 따라 다음과 같이 여러 가지 형태로 나타난다.

〈표 10.7〉 분포에 따른 정규확률그림의 여러 가지 형태

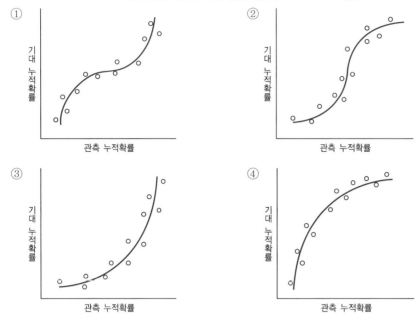

① 정규분포보다 꼬리가 긴 분포는 역S자 형태인 성장곡선의 형태

② 정규분포보다 꼬리가 짧은 분포는 S자 형태인 성장곡선의 형태

③ 큰 값 쪽으로 긴 꼬리를 가진 기울어진 분포는 J자 형태

④ 작은 값 쪽으로 긴 꼬리를 가진 기울어진 분포는 역J자 형태

오차항의 정규성 검토는 정규확률그림 외에도 잔차분석, Q-Q Plot, Shapiro-Wilk 검정, Kolmogorov-Smirnov 검정, 이상치 검정(Outlier Test), Mann-Whitney and Wilcoxon 검정, Jarque-Bera 검정, 변환(Transformation)을 통해서 검토할 수 있다.

(2) 오차항의 등분산성 검토

오차항의 등분산성 검토는 가장 단순하고 쉬운 방법으로 잔차들의 산점도를 그려서 확인할 수 있다. 잔차들을 x축에 대해 그린 산점도가 〈표 10.8〉과 같다고 하자.

〈표 10.8〉 잔차들의 산점도

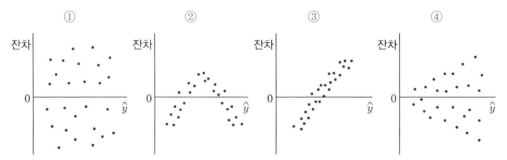

①은 0을 중심으로 랜덤하게 분포되어 있으므로 오차항의 등분산성을 만족한다.

②은 새로운 독립변수로 2차항을 추가한 이차곡선식 $\hat{y} = b_0 + b_1 x + b_2 x^2$이 적합하다.

③은 새로운 독립변수를 추가하는 것이 적합하다.

④은 x가 증가함에 따라 오차의 분산이 증가하기 때문에 가중회귀직선이 적합하다.

선형회귀모형에서 오차항의 분산은 항상 일정한 것으로 가정하였지만 이 가정이 성립되지 않은 경우 오차항의 분산은 이분산(Heteroskedasticity)을 갖는다고 한다. 오차항이 이분산을 갖는 경우 문제점으로 보통최소제곱추정량은 여전히 불편추정량이 되지만, 유효추정량은 되지 않는다. 또한 분산의 추정량은 편의추정량이 되고 따라서 가설검정은 의미가 없게 된다.

(3) 오차항의 독립성 검토

오차항의 독립성 검토는 독립변수가 시계열자료일 경우 오차항이 과거시점의 오차항과 상관관계를 갖고 있는지를 검토한다. 자기상관 존재여부를 검증하는 데 가장 많이 이용되고 있는 검정법은 더빈-왓슨 d통계량(Durbin-Watson d Statistic)으로 다음과 같이 정의한다.

$$d = \frac{\sum_{t=2}^{n} (e_t - e_{t-1})^2}{\sum_{t=1}^{n} e_t^2}$$

더빈-왓슨 d통계량은 연속된 두 오차항의 차를 제곱한 항들의 합과 오차항을 제곱한 항들의 합 간의 비율로 정의된다. 따라서 더빈-왓슨 d통계량은 연속된 두 오차항의 차를 구할 때 한 개의 관측치를 잃게 되므로, 분자의 자유도는 $n-1$이 된다. 또한 더빈-왓슨 d통계량 값은 항상 0과 4 사이의 값을 갖는다. 귀무가설(H_0) : 자기상관은 없다($\rho = 0$)과 대립가설(H_1) : 자기상관은 존재한다($\rho > 0$)을 검정하기 위한 결정원칙은 다음과 같다.

① 더빈-왓슨통계량 값이 2에 가까우면 독립성을 만족한다.

② 더빈-왓슨통계량 값이 0에 가까우면 오차항 간에 양의 상관관계가 존재한다.

③ 더빈-왓슨통계량 값이 4에 가까우면 오차항 간에 음의 상관관계가 존재한다.

더빈-왓슨 d통계량은 오차항의 1차자기상관만 검정할 수 있으며, 확률값은 독립변수의 값에 복잡한 형태로 의존하므로 더빈-왓슨 d통계량의 정확한 확률분포를 도출하는 것은 어려운 작업이다. 독립변수의 값은 표본에 의존하게 되므로 더빈-왓슨 d통계량의 표본 확률분포를 구할 수 있는 유일한 방법이 존재하지 않는다. 또한, 표본의 크기가 어느 정도 이상 많아야 하며 검정결과 판정보류의 영역이 나타난다는 한계점이 있다.

(4) 적합결여검정(Lack of Fit Test)

회귀모형의 적합성에서 단순선형회귀식이 주어진 자료를 얼마나 잘 적합시키는가를 측정하는 측도로서 추정값의 표준오차와 결정계수에 대해 다루었다. 추정값의 표준오차는 작으면 작을수록 단순선형회귀식이 적합하며, 결정계수는 1에 가까운 값을 가지면 단순선형회귀식이 주어진 자료를 잘 적합시킨다고 볼 수 있다. 또한 회귀모형의 유의성 검정에서 F검정통계량 값이 작으면 단순선형회귀식이 유의하지 않으므로 단순회귀분석은 의미가 없다고 할 수 있다.

적합결여검정은 독립변수 X와 종속변수 Y간의 선형관계를 가정하여 단순선형회귀모형을 접합시키는 것이 타당한 것인가를 검정하는 방법이다. 즉, 적합결여검정의 가설은 다음과 같다.

귀무가설(H_0) : 선형회귀모형은 적합하다($E(y) = \alpha + \beta x$).

대립가설(H_1) : 선형회귀모형은 적합하지 않다($E(y) \neq \alpha + \beta x$).

이 검정은 독립변수의 각 수준에 대응하는 종속변수의 반복 측정이 있어야 한다. 즉, x의 수준으로 x_1, x_2, $\cdots$, x_k가 있고, 각 수준에서 n_1, n_2, $\cdots$, n_k개의 반복 측정값이 있을 때 다음과 같이 나타낼 수 있다.

$$(x_i,\ y_{ij}),\quad i = 1,\ 2,\ \cdots,\ k,\quad j = 1,\ 2,\ \cdots,\ n_i$$

여기서 전체 자료의 수는 $n = \sum_{i=1}^{k} n_i$이며, x_i에 대응하는 y의 평균은 $\overline{y}_i = \sum_{j=1}^{n_i} \dfrac{y_{ij}}{n}$이 된다. 추정된 회귀식을 $\hat{y}_i = a + bx_i$, $i = 1,\ 2,\ \cdots,\ k$라고 하면 잔차제곱합 SSE는 다음과 같이 둘로 분해할 수 있다.

$$
\begin{aligned}
\sum_{i=1}^{k}\sum_{j=1}^{n_i}(y_{ij}-\hat{y}_i)^2 &= \sum_{i-1}^{k}\sum_{j-1}^{n_i}[(y_{ij}-\overline{y}_i)+(\overline{y}_i-\hat{y}_i)]^2 \\
&= \sum_{i=1}^{k}\sum_{j=1}^{n_i}(y_{ij}-\overline{y}_i)^2 + \sum_{i=1}^{k}n_i(\overline{y}_i-\hat{y}_i)^2 + 2\sum_{i=1}^{k}\sum_{j=1}^{n_i}(y_i-\overline{y}_i)(\overline{y}_i-\hat{y}_i) \\
&= \sum_{i=1}^{k}\sum_{j=1}^{n_i}(y_{ij}-\overline{y}_i)^2 + \sum_{i=1}^{k}n_i(\overline{y}_i-\hat{y}_i)^2 \quad \because \sum_{j=1}^{n_i}(y_i-\overline{y}_i)=0
\end{aligned}
$$

$$SSE = SSPE + SSLF$$

잔차제곱합 = 순오차제곱합 + 적합결여제곱합

Error Sum of Squares = Pure Error Sum of Squares + Lack-of-fit Sum of Squares

적합결여제곱합의 자유도는 추정해야될 모수가 α와 β로 두 개이므로 $k-2$이며, 순오차제곱합의 자유도는 $n-k$가 된다. 즉, 단순선형회귀모형 $E(y) = \alpha + \beta x$을 접합시키는 것이 타당한 것인가를 검정하는 선형연관성 검정의 검정통계량은 다음과 같다.

$$F = \frac{SSLF/k-2}{SSPE/n-k} = \frac{MSLF}{MSPE} \sim F_{(k-2,\ n-k)}$$

적합결여검정의 유의성 검정은 다음과 같은 분산분석표를 이용하여 분석한다.

〈표 10.9〉 적합결여검정을 위한 분산분석표

요 인	제곱합	자유도	평균제곱	검정통계량 F	F_α
회 귀	SSR	1	MSR		
잔 차	SSE	$n-2$	MSE		
적합결여	$SSLF$	$k-2$	$MSLF$	$F = MSLF/MSPE$	$F_{(\alpha,\,k-2,\,n-k)}$
순오차	$SSPE$	$n-k$	$MSPE$		
합 계	SST	$n-1$			

10.3 어느 지역의 편의점 매장면적(단위 : m^2)과 월 평균매출액(단위 : 십만원)을 조사한 자료가 다음과 같다고 하자. 매장면적과 월 평균매출액 간에 단순선형회귀모형을 적합시키는 것이 타당한지 유의수준 5%에서 검정해보자.

〈표 10.10〉 편의점 매장면적과 월 평균매출액 자료

편의점	1	2	3	4	5	6	7	8	9	10
매장면적	30	50	70	60	30	40	40	50	60	70
월 평균매출액	120	340	520	470	160	220	240	380	390	430

❶ 위의 자료를 이용하여 선형회귀식을 추정하면 다음과 같다.

$$\bar{x} = \frac{30+50+\cdots+70}{10} = 50, \quad \bar{y} = \frac{120+340+\cdots+430}{10} = 327$$

$$s_{xx} = \sum (x_i - \bar{x})^2 = (30-50)^2 + (50-50)^2 + \cdots + (70-50)^2 = 2000$$

$$s_{xy} = \sum (x_i - \bar{x})(y_i - \bar{y}) = \sum x_i y_i - n\bar{x}\,\bar{y}$$
$$= (30 \times 120) + (50 \times 340) + \cdots + (70 \times 430) - (10 \times 50 \times 327) = 17400$$

$$b = \frac{s_{xy}}{s_{xx}} = \frac{\sum (x_i - \bar{x})(y_i - \bar{y})}{\sum (x_i - \bar{x})^2} = \frac{\sum x_i y_i - n\bar{x}\,\bar{y}}{\sum x_i^2 - n\bar{x}^2} = \frac{17400}{2000} = 8.7$$

$$a = \bar{y} - b\bar{x} = 327 - (8.7 \times 50) = -108$$

∴ 추정된 회귀식은 $\hat{y} = -108 + 8.7x$이다.

❷ 회귀모형의 유의성 검정을 위한 분석분석표는 다음과 같다.

$$SSR = \sum (\hat{y}_i - \bar{y})^2 = (153-327)^2 + (327-327)^2 + \cdots + (501-327)^2 = 151380$$

$$SSE = \sum (y_i - \hat{y}_i)^2 = (120-153)^2 + (340-327)^2 + \cdots + (430-501)^2 = 13630$$

$$SST = SSR + SSE = 151380 + 13630 = 165010$$

〈표 10.11〉 단순회귀모형의 분산분석표

요 인	제곱합	자유도	평균제곱	검정통계량 F	F_α
회 귀	151380	1	151380	88.851	5.32
잔 차	13630	8	1703.75		
합 계	165010	9			

검정통계량 F값 88.851이 유의수준 5%에서 기각치 5.32보다 크므로 귀무가설을 기각한다. 즉, 유의 수준 5%에서 회귀모형은 유의하다고 할 수 있다.

❸ 단순선형회귀모형을 적합시키는 것이 타당한 것인가를 검정하는 적합결여검정을 위한 가설을 설정한다.
- 귀무가설(H_0) : $E(y) = \alpha + \beta x$
- 대립가설(H_1) : $E(y) \neq \alpha + \beta x$

❹ 적합결여검정을 위한 분석분석표는 다음과 같다.

$$SSPE = \sum_{i=1}^{k} \sum_{j=1}^{n_i} (y_{ij} - \bar{y}_i)^2 = (120-140)^2 + (340-360)^2 + \cdots + (430-475)^2 = 9050$$

$$SSLF = SSE - SSPE = 13630 - 9050 = 4580$$

요 인	제곱합	자유도	평균제곱	검정통계량 F	F_α
회 귀	151380	1	151380		
잔 차	13630	8	1703.75		
적합결여	4580	3	1526.67	0.8435	5.41
순오차	9050	5	1810		
합 계	165010	9			

❺ 적합결여검정을 위한 검정통계량 F값 0.8435가 유의수준 5%에서 기각치 5.41보다 작으므로 귀무가설을 채택한다. 즉, 유의수준 5%에서 두 변수 간의 단순선형회귀모형을 적합시키는 것이 타당하다고 할 수 있다.

4. 단순선형회귀모형의 여러 가지 형태

(1) 원점을 지나는 단순회귀분석

단순선형회귀모형에서 독립변수 $x = 0$인 경우 반드시 종속변수 $y - 0$되는 경우가 있다. 예를 들어 독립변수가 제품 판매량이라 하고 종속변수가 제품 판매수입이라 한다면 제품 판매량이 없으면 제품 판매수입도 없게 된다. 이와 같은 경우 회귀모형은 절편 $\alpha = 0$이 되고 이를 그래프로 나타내면 원점 (0, 0)을 지나게 된다. 원점을 지나는 회귀모형은 다음과 같다.

$$y_i = \beta x_i + \epsilon_i, \quad \epsilon_i \sim iid\, N(0,\ \sigma^2), \quad i = 1,\ 2,\ \cdots,\ n$$

β의 보통최소제곱추정량 b는 잔차제곱합 $SSE = \sum (y_i - bx_i)^2$을 최소로 하는 b가 된다. $\sum (y_i - bx_i)^2$을 b에 대해 편미분한 후 0으로 놓으면 $\sum (y_i - bx_i)^2$을 최소로 하는 b를 구할 수 있다.

$$\frac{\partial \sum (y_i - bx_i)^2}{\partial b} = -2\sum x_i (y_i - bx_i) = 0$$

위의 식을 b에 대해 정리하면 보통최소제곱추정량은 $b = \dfrac{\sum x_i y_i}{\sum x_i^2}$ 이 되며 추정된 회귀식은 $\hat{y} = bx$ 이 된다.

절편이 있는 단순회귀분석에서는 오차분산 σ^2의 불편추정량이 $MSE = \dfrac{\sum (y_i - \hat{y_i})^2}{n-2}$ 이지만, 원점을 지나는 단순회귀분석에서는 오차분산 σ^2의 불편추정량이 $MSE = \dfrac{\sum (y_i - \hat{y_i})^2}{n-1}$ 이다. 그 이유는 절편이 있는 단순회귀분석에서는 추정해야 할 모수가 α와 β로 두 개이지만, 원점을 지나는 단순회귀분석에서는 추정해야 할 모수가 β로 한 개이기 때문이다. 즉, 원점을 지나는 단순회귀모형의 검정통계량은 다음과 같다.

$$F = \frac{SSR/1}{SSE/n-1} = \frac{MSR}{MSE} \sim F_{(1,\,n-1)}$$

여기서 $SSR = \sum(\hat{y}_i)^2 = \sum(b\,x_i)^2 = b^2\sum x_i^2 = \dfrac{\left(\sum x_i y_i\right)^2}{\sum x_i^2}$ 이고,

$SSE = \sum(y_i - \hat{y}_i)^2 = \sum(y_i - b\,x_i)^2 = \sum y_i^2 - SSR$ 이다.

PLUS ONE 원점을 지나는 단순회귀분석의 특징

① 원점을 지나지 않는 회귀선(절편이 있는 회귀선)의 경우 잔차들의 합은 $\sum_{i=1}^{n} e_i = 0$ 이 되지만, 원점을 통과하는 회귀선에 대해서는 잔차들의 합이 반드시 0인 것은 아니다.

② 잔차제곱합인 $\sum_{i=1}^{n} e_i^2 = \sum(y_i - \hat{y}_i)^2$ 의 자유도는 $(n-1)$ 이다. $\because \hat{Y} = b\,X$

③ 원점을 통과하는 회귀선의 유의성 검정은 검정통계량 $F = \dfrac{SSR/1}{SSE/n-1} = \dfrac{MSR}{MSE}$ 과 기각치 $F_{(\alpha,\,1,\,n-1)}$ 을 비교해서 검정한다.

④ 추정된 회귀직선이 항상 $(\overline{x},\ \overline{y})$ 을 지나는 것은 아니다.

---

(2) 선형변환모형

회귀분석에서는 일반적으로 독립변수 X 와 종속변수 Y 간에 선형연관성을 가정한다. 하지만 때로는 선형식 $y = \alpha + \beta x + \epsilon$ 을 가정하는 것이 적절하지 않은 경우가 있다. 선형식이 아닌 경우 비선형모형을 설정해야 하지만, 비선형모형은 보통최소제곱법을 이용하여 회귀계수를 구할 수 없기 때문에 사용상에 여러 가지 문제점이 있다. 그러나 비선형모형 중에서 특수한 경우 적절한 변환을 통하여 선형모형으로 바꿀 수 있으며 보통최소제곱법을 이용하여 회귀계수를 구할 수 있다. 대표적인 예로 종속변수(y)를 변환시킴으로써 오차가 왜곡된 분포를 갖는 경우, 등분산이 아닌 경우, 비선형모형의 경우를 모두 해결할 수 있는 방법으로 Box-Cox 변환이 있다. 다음과 같은 비선형모형들은 양변에 ln 을 취하거나 역변환을 통해서 선형모형으로 바꿀 수 있다.

① 대수모형 : $y = \beta_0 \beta_1^x \epsilon$

$y = \beta_0 \beta_1^x \epsilon$ 의 양변에 ln 를 취하면 $\ln y = \ln \beta_0 + x \ln \beta_1 + \ln \epsilon$ 이 성립한다. $y^{'} = \ln y$, $\beta_1^{'} = \ln \beta_1$, $\epsilon^{'} = \ln \epsilon$ 라 놓으면, 선형모형 $y^{'} = \beta_0 + \beta_1^{'} x + \epsilon^{'}$ 을 얻을 수 있다.

② 대수모형 : $y = e^{\beta_0 + \beta_1 x} \epsilon$

$y = e^{\beta_0 + \beta_1 x} \epsilon$ 의 양변에 ln 를 취하면 $\ln y = \beta_0 + \beta_1 x + \ln \epsilon$ 이 성립한다. $y^{'} = \ln y$, $\epsilon^{'} = \ln \epsilon$ 라 놓으면, 선형모형 $y^{'} = \beta_0 + \beta_1 x + \epsilon^{'}$ 을 얻을 수 있다.

③ 대수모형 : $y = \dfrac{1}{1+e^{\beta_0+\beta_1 x+\epsilon}}$

$y = \dfrac{1}{1+e^{\beta_0+\beta_1 x+\epsilon}}$ 모형은 $e^{\beta_0+\beta_1 x+\epsilon} = 1 - \dfrac{1}{y}$ 을 만족하므로 양변에 ln를 취하면 $\ln\left(\dfrac{y-1}{y}\right)$

$= \beta_0 + \beta_1 x + \epsilon$ 이 성립한다. $y^{'} = \ln\left(\dfrac{y-1}{y}\right)$ 라 놓으면, 선형모형 $y^{'} = \beta_0 + \beta_1 x + \epsilon$ 을 얻을 수

있다.

④ 대수모형 : $y = \dfrac{e^{\beta_0+\beta_1 x+\epsilon}}{1+e^{\beta_0+\beta_1 x+\epsilon}}$

$y = \dfrac{e^{\beta_0+\beta_1 x+\epsilon}}{1+e^{\beta_0+\beta_1 x+\epsilon}}$ 모형은 $\dfrac{y}{1-y} = e^{\beta_0+\beta_1 x+\epsilon}$ 을 만족하므로 양변에 ln를 취하면 $\ln\left(\dfrac{y}{1-y}\right)$

$= \beta_0 + \beta_1 X + \epsilon$ 이 성립한다. $y^{'} = \ln\left(\dfrac{y}{1-y}\right)$ 라 놓으면, 선형모형 $y^{'} = \beta_0 + \beta_1 x + \epsilon$ 을 얻을

수 있다.

⑤ 역수모형 : $y = \beta_0 + \beta_1\left(\dfrac{1}{x}\right) + \epsilon$

$y = \beta_0 + \beta_1\left(\dfrac{1}{x}\right) + \epsilon$ 에서 $x^{'} = \dfrac{1}{x}$ 이라 놓으면, 선형모형 $y = \beta_0 + \beta_1 x^{'} + \epsilon$ 을 얻을 수 있다.

⑥ 대수역수모형 : $y = e^{\beta_0+\beta_1\left(\frac{1}{x}\right)+\epsilon}$

$y = e^{\beta_0+\beta_1\left(\frac{1}{x}\right)+\epsilon}$ 의 양변에 ln를 취하면 $\ln y = \beta_0 + \beta_1\left(\dfrac{1}{x}\right) + \epsilon$ 이 성립한다. $x^{'} = \dfrac{1}{x}$ 이라 놓으면, 선형모형 $\ln y = \beta_0 + \beta_1 x^{'} + \epsilon$ 을 얻을 수 있다.

〈표 10.13〉 변환에 의한 선형모형

비선형모형		선형모형
$y = \beta_0 \beta_1^x \epsilon$		$\ln y = \ln\beta_0 + x\ln\beta_1 + \ln\epsilon$
$y = e^{\beta_0+\beta_1 x}\epsilon$		$\ln y = \beta_0 + \beta_1 x + \ln\epsilon$
$y = \dfrac{1}{1+e^{\beta_0+\beta_1 x+\epsilon}}$	$\Rightarrow$	$\ln\left(\dfrac{y-1}{y}\right) = \beta_0 + \beta_1 x + \epsilon$
$y = \dfrac{e^{\beta_0+\beta_1 x+\epsilon}}{1+e^{\beta_0+\beta_1 x+\epsilon}}$		$\ln\left(\dfrac{y}{1-y}\right) = \beta_0 + \beta_1 x + \epsilon$
$y = \beta_0 + \beta_1\left(\dfrac{1}{x}\right) + \epsilon$		$y = \beta_0 + \beta_1 x^{'} + \epsilon$
$y = e^{\beta_0+\beta_1\left(\frac{1}{x}\right)+\epsilon}$		$\ln y = \beta_0 + \beta_1 x^{'} + \epsilon$

10.4 아래와 같이 주어진 비선형모형을 변환을 통하여 선형모형으로 바꿀 수 있는지 알아보자.

$$y = \frac{\alpha\beta}{\alpha\sin^2\theta + \beta\cos^2\theta}$$

❶ 위의 주어진 비선형모형은 $\dfrac{1}{y} = \dfrac{\alpha\sin^2\theta + \beta\cos^2\theta}{\alpha\beta}$ 와 같이 바꾸어 쓸 수 있다.

$$\frac{1}{y} = \frac{\alpha\sin^2\theta + \beta\cos^2\theta}{\alpha\beta} = \frac{1}{\beta}\sin^2\theta + \frac{1}{\alpha}\cos^2\theta = \frac{1}{\beta}(1 - \cos^2\theta) + \frac{1}{\alpha}\cos^2\theta$$

$$= \frac{1}{\beta} + \cos^2\theta\left(\frac{1}{\alpha} - \frac{1}{\beta}\right)$$

❷ $\dfrac{1}{y} = y'$, $\dfrac{1}{\beta} = \beta_0$, $\dfrac{1}{\alpha} - \dfrac{1}{\beta} = \beta_1$, $\cos^2\theta = x$ 라 하면 선형모형 $y' = \beta_0 + \beta_1 x$ 가 된다.

5. 중회귀분석(Multiple Regression Analysis)

단순회귀분석에서는 독립변수가 하나인 경우 종속변수와의 선형연관성을 고려하였다면 중회귀분석에서는 독립변수의 수가 2개 이상을 포함하는 경우 종속변수와의 선형연관성을 고려한다.

(1) 중회귀모형

단순회귀분석에서 비료투입량과 논벼생산량의 선형연관성을 고려해 보았다. 하지만 논벼생산량에 영향을 미치는 변수는 비료투입량 외에도 농약사용량, 강수량, 기온 등이 될 수 있다. 이와 같이 회귀모형을 설정할 때 독립변수가 두 개 이상 포함되는 모형을 중회귀모형이라 하며 일반적으로 독립변수의 수가 k개인 다중회귀모형은 다음과 같다.

$$y_i = \beta_0 + \beta_1 x_{1i} + \beta_2 x_{2i} + \cdots + \beta_k x_{ki} + \epsilon_i$$

$$\epsilon_i \sim iid\,N(0,\ \sigma^2),\quad i = 1,\ 2,\ \cdots,\ n$$

중회귀모형의 오차항에 대한 가정은 단순선형회귀모형에서의 오차항에 대한 가정과 동일하다.

① 오차항의 평균은 $E(\epsilon_i) = 0$ 이다.

② 오차항 ϵ_i의 분산은 σ^2으로 등분산(Homoscedasticity)한다.

③ 오차항들은 서로 독립이다. $Cov(\epsilon_i,\ \epsilon_j) = 0,\ i \neq j$

④ 오차항들은 정규분포를 따른다.

⑤ 독립변수 $x_1,\ x_2,\ \cdots,\ x_k$은 선형독립[12]이다.

---

12) 선형독립 : 어떤 벡터 $v_1,\ v_2,\ \cdots,\ v_k$가 주어졌을 때 어떤 상수 $c_1,\ c_2,\ \cdots,\ c_k$에 대해서 선형결합 $\sum\limits_{i=1}^{k} c_i v_i = c_1 v_1 + c_2 v_2 + \cdots + c_k v_k = 0$이 $c_1 = c_2 = \cdots = c_k = 0$인 경우에만 유일하게 성립한다면 벡터 $v_1, v_2, \cdots, v_k$를 서로 선형독립이라 한다.

중회귀모형 $y_i = \beta_0 + \beta_1 x_{1i} + \beta_2 x_{2i} + \cdots + \beta_k x_{ki} + \epsilon_i$을 행렬로 표현하면 다음과 같이 나타낼 수 있다.

$$\boldsymbol{Y} = \boldsymbol{X}\boldsymbol{\beta} + \boldsymbol{\epsilon}, \quad \boldsymbol{\epsilon} \sim N(\boldsymbol{0},\ \sigma^2 \boldsymbol{I}), \quad rank(\boldsymbol{X}) = k+1$$

각각의 행렬을 다음과 같이 정의할 때 오차항에 대한 가정 $\boldsymbol{\epsilon} \sim N(\boldsymbol{0},\ \sigma^2 \boldsymbol{I})$은 ①~④를 나타내며, $rank(\boldsymbol{X}) = k+1$[13]은 ⑤를 나타낸다.

$$
1 = \begin{pmatrix} 1 \\ 1 \\ \vdots \\ 1 \end{pmatrix}, \quad
\boldsymbol{X} = \begin{pmatrix} 1 & x_{11} & \cdots & x_{k1} \\ 1 & x_{12} & \cdots & x_{k2} \\ \vdots & \vdots & \ddots & \vdots \\ 1 & x_{1n} & \cdots & x_{kn} \end{pmatrix}, \quad
\boldsymbol{Y} = \begin{pmatrix} y_1 \\ y_2 \\ \vdots \\ y_n \end{pmatrix}, \quad
\boldsymbol{\beta} = \begin{pmatrix} \beta_0 \\ \beta_1 \\ \vdots \\ \beta_k \end{pmatrix}, \quad
e = \begin{pmatrix} e_1 \\ e_2 \\ \vdots \\ e_n \end{pmatrix}
$$

$$\quad n \times 1 \qquad n \times (k+1) \qquad\quad n \times 1 \quad (k+1) \times 1 \quad n \times 1$$

모자행렬 $\boldsymbol{H}$를 $\boldsymbol{H} = \pi_{\boldsymbol{X}} = \boldsymbol{X}(\boldsymbol{X}'\boldsymbol{X})^{-1}\boldsymbol{X}'$, π_1을 $\pi_1 = 1(1'1)^{-1}1'$로 정의한다면, $\overline{y} = (1'1)^{-1}1'\boldsymbol{Y}$이므로 각각의 제곱합을 다음과 같이 행렬의 형태로 표현할 수 있다.

$$SST = \sum(y_i - \overline{y})^2 = \boldsymbol{Y}'\boldsymbol{Y} - n(\overline{y})^2 = \boldsymbol{Y}'\left[\boldsymbol{I} - 1(1'1)^{-1}1'\right]\boldsymbol{Y} = \boldsymbol{Y}'(\boldsymbol{I} - \pi_1)\boldsymbol{Y}$$

$$SSE = \sum(y_i - \hat{y_i})^2 = (\boldsymbol{Y} - \widehat{\boldsymbol{Y}})'(\boldsymbol{Y} - \widehat{\boldsymbol{Y}}) = (\boldsymbol{Y} - \boldsymbol{X}b)'(\boldsymbol{Y} - \boldsymbol{X}b)$$

$$\quad = \boldsymbol{Y}'\boldsymbol{Y} - 2b'\boldsymbol{X}'\boldsymbol{Y} + b'\boldsymbol{X}'\boldsymbol{X}b \quad \because b'\boldsymbol{X}'\boldsymbol{Y} = \boldsymbol{Y}'\boldsymbol{X}b : \text{스칼라}$$

$$\quad = \boldsymbol{Y}'\boldsymbol{Y} - \boldsymbol{Y}'\boldsymbol{X}(\boldsymbol{X}'\boldsymbol{X})^{-1}\boldsymbol{X}'\boldsymbol{Y} \quad \because b = (\boldsymbol{X}'\boldsymbol{X})^{-1}\boldsymbol{X}'\boldsymbol{Y}$$

$$\quad = \boldsymbol{Y}'\left[\boldsymbol{I} - \boldsymbol{X}(\boldsymbol{X}'\boldsymbol{X})^{-1}\boldsymbol{X}'\right]\boldsymbol{Y} = \boldsymbol{Y}'(\boldsymbol{I} - \pi_{\boldsymbol{X}})\boldsymbol{Y}$$

$$SSR = \sum(\hat{y_i} - \overline{y})^2 = \sum\hat{y_i^2} - n(\overline{y})^2 = \widehat{\boldsymbol{Y}}'\widehat{\boldsymbol{Y}} - n(\overline{y})^2$$

$$\quad = b'\boldsymbol{X}'\boldsymbol{X}b - n(\overline{y})^2 = \boldsymbol{Y}'\boldsymbol{X}(\boldsymbol{X}'\boldsymbol{X})^{-1}\boldsymbol{X}'\boldsymbol{Y} - n(\overline{y})^2 \quad \because \widehat{\boldsymbol{Y}} = \boldsymbol{X}b$$

$$\quad = \boldsymbol{Y}'\left[\boldsymbol{X}(\boldsymbol{X}'\boldsymbol{X})^{-1}\boldsymbol{X}' - 1(1'1)^{-1}1'\right]\boldsymbol{Y} = \boldsymbol{Y}'(\pi_{\boldsymbol{X}} - \pi_1)\boldsymbol{Y}$$

보통최소제곱법은 잔차제곱합 $e'e$을 최소로 하는 추정량 b를 찾는 것이다.

$$SSE = e'e = (\boldsymbol{Y} - \boldsymbol{X}b)'(\boldsymbol{Y} - \boldsymbol{X}b) = \boldsymbol{Y}'\boldsymbol{Y} - 2b'\boldsymbol{X}'\boldsymbol{Y} + b'\boldsymbol{X}'\boldsymbol{X}b \quad \because b'\boldsymbol{X}'\boldsymbol{Y} = \boldsymbol{Y}'\boldsymbol{X}b : \text{Scalar}$$

$$\frac{\partial SSE}{\partial b} = -2\boldsymbol{X}'\boldsymbol{Y} + 2\boldsymbol{X}'\boldsymbol{X}b = 0$$

$$b = (\boldsymbol{X}'\boldsymbol{X})^{-1}\boldsymbol{X}'\boldsymbol{Y}$$

다중회귀계수의 보통최소제곱추정량 b로부터 추정된 다중회귀식은 $\hat{y} = b_0 + b_1 x_1 + b_2 x_2 + \cdots + b_k x_k$이고, 행렬로 표현하면 $\widehat{\boldsymbol{Y}} = \boldsymbol{X}b$이다. 보통최소제곱추정량 b의 평균과 분산은 다음과 같다.

$$E(b) = E\left[(\boldsymbol{X}'\boldsymbol{X})^{-1}\boldsymbol{X}'\boldsymbol{Y}\right] = E\left[(\boldsymbol{X}'\boldsymbol{X})^{-1}\boldsymbol{X}'\boldsymbol{X}\boldsymbol{\beta} + (\boldsymbol{X}'\boldsymbol{X})^{-1}\boldsymbol{X}'\boldsymbol{\epsilon}\right] = \boldsymbol{\beta}$$

$$Var(b) = Var\left[(\boldsymbol{X}'\boldsymbol{X})^{-1}\boldsymbol{X}'y\right] = (\boldsymbol{X}'\boldsymbol{X})^{-1}\boldsymbol{X}' Var(y)\boldsymbol{X}(\boldsymbol{X}'\boldsymbol{X})^{-1}$$

$$\quad = (\boldsymbol{X}'\boldsymbol{X})^{-1}\boldsymbol{X}'(\boldsymbol{I}\sigma^2)\boldsymbol{X}(\boldsymbol{X}'\boldsymbol{X})^{-1} = (\boldsymbol{X}'\boldsymbol{X})^{-1}\sigma^2$$

즉, 보통최소제곱추정량 b는 $\boldsymbol{\beta}$의 불편추정량이며, b의 분산-공분산행렬은 $(\boldsymbol{X}'\boldsymbol{X})^{-1}\sigma^2$이다.

---

13) 계수(Rank) : $m \times n$ 행렬 $\boldsymbol{A}$에서 열계수(Column Rank)는 선형독립인 열의 최대 개수이며 행계수(Row Rank)는 선형독립인 행의 최대 개수를 말한다. 선형독립인 행(열)들의 수를 행렬 $\boldsymbol{A}$의 계수라 하며 $Rank(\boldsymbol{A})$ 또는 $r(\boldsymbol{A})$로 표시한다.

10.5 다중회귀분석에서 회귀추정량과 오차항에 대한 분산추정량을 최소제곱법 및 최대가능도추정법으로 구하고 두 방법을 비교 설명해보자.

❶ 최소제곱법을 이용한 방법

최소제곱법은 잔차제곱합 $e'e$을 최소로 하는 추정량 b를 찾는 것이다.

$SSE = e'e = (y - Xb)'(y - Xb) = y'y - 2b'X'y + b'X'Xb \quad \because b'X'y = y'Xb$: Scalar

$\dfrac{\partial SSE}{\partial b'} = -2X'y + 2X'Xb = 0$이므로 $b = (X'X)^{-1}X'y$이다.

$E(b) = E[(X'X)^{-1}X'y] = E[(X'X)^{-1}X'(X\beta + u)] = \beta$: 불편추정량

$e = y - \hat{y} = y - Xb = y - X(X'X)^{-1}X'y = [I - X(X'X)^{-1}X']y$
$\qquad = My = M(X\beta + u) = Mu$

$E(e'e) = E(u'Mu) = E(tr(u'Mu)) = E(tr(Muu')) = tr(M\sigma^2 I)$: 트레이스(tr)[14]

$\qquad = \sigma^2 tr[I - X(X'X)^{-1}X'] = \sigma^2[tr(I) - tr(X(X'X)^{-1}X')]$

$\qquad = \sigma^2(n - k)$

$\therefore \widehat{\sigma^2} = \dfrac{e'e}{n - k}$: 불편추정량

❷ 최대가능도추정법을 이용한 방법

최대가능도추정법은 가능도함수(Likelihood Function)를 최대로 하는 추정량 b를 찾는 것이다.

$L(\beta, \sigma^2 ; \epsilon) = (2\pi\sigma^2)^{-\frac{n}{2}} \exp\left\{ -\dfrac{1}{2\sigma^2}(y - X\beta)'(y - X\beta) \right\}$

$\ln L(\beta, \sigma^2) = -\dfrac{n}{2}\ln 2\pi - \dfrac{n}{2}\ln\sigma^2 - \dfrac{1}{2\sigma^2}(y - X\beta)'(y - X\beta)$

$\dfrac{\partial \ln L}{\partial \beta} = -\dfrac{1}{2\sigma^2}(-2X'y + 2X'X\beta) = 0$

$\dfrac{\partial \ln L}{\partial \sigma^2} = -\dfrac{n}{2\sigma^2} + \dfrac{1}{2\sigma^4}(y - X\beta)'(y - X\beta) = 0$

$\therefore \hat{\beta} = (X'X)^{-1}X'y$: 불편추정량

$\widehat{\sigma^2} = \dfrac{1}{n}(y - X\beta)'(y - X\beta)$: 편의추정량

❸ 최소제곱법은 가정을 필요로 하지 않는데 반하여 최대가능도추정법은 오차항 $u \sim iid\ N(0, \sigma^2)$의 가정이 필요하다. 또한 추정량 b는 두 방법 모두 $(X'X)^{-1}X'y$으로 불편추정량이며 최소제곱법에서 $\widehat{\sigma^2}$은 불편추정량인데 반해, 최대가능도추정법에서 $\widehat{\sigma^2}$은 편의추정량이다. 또한, 최소제곱법은 추정량 b만을 주는데 반해, 최대가능도추정법은 β와 σ^2의 추정량을 동시에 준다.

---

14) 트레이스 : 정방행렬 A의 대각선 원소들의 합을 트레이스라 하며, $tr(A)$로 표시한다. 즉, $A = (a_{ij})$가 $n \times n$ 행렬일 때 A행렬의 트레이스는 $tr(A) = \sum_{i=1}^{n} a_{ii}$이다. 만약, x가 $n \times 1$벡터이고, A가 $n \times n$행렬이면, $x'Ax$의 트레이스는 $x'Ax = tr(x'Ax)$ $= tr(Axx') = tr(xx'A)$이 성립한다.

(2) 중회귀모형의 적합성

① 결정계수

단순회귀분석에서는 결정계수(R^2)가 상관계수(r)의 제곱이지만 중회귀분석에서는 그 관계가 성립하지 않는다. 또한 단순회귀분석에서는 결정계수가 회귀모형의 적합성을 측정하는데 좋은 척도가 되지만 중회귀분석에서는 독립변수의 수를 증가시키면 독립변수의 영향에 관계없이 결정계수의 값이 커지기 때문에 결정계수로 다중회귀모형의 적합성을 측정하는데 문제가 있다. 검정통계량 F값이 주어져 있는 경우 다음의 식을 사용하여 결정계수를 구할 수도 있다.

$$R^2 = \frac{kF}{(n-k-1)+kF}, \quad k\text{는 독립변수의 수}$$

② 수정된 결정계수($adj\ R^2$)

수정된 결정계수는 회귀변동과 오차변동의 자유도를 고려한 결정계수이다.

$$adj\ R^2 = 1 - \frac{SSE/(n-k-1)}{SST/(n-1)} = 1 - \frac{n-1}{n-k-1}(1-R^2)$$

결정계수는 제곱합들의 비율로서 독립변수의 수가 증가함에 따라 결정계수도 커지는 단점이 있다. 이를 보완하기 위한 수정된 결정계수는 각 제곱합들의 평균값으로 나누어 준 것의 비율이다. 즉, 결정계수는 독립변수의 수가 증가함에 따라 증가하는 증가함수이지만, 수정된 결정계수는 독립변수의 수가 증가함에 따라 증가하는 증가함수가 아니다.

$$adj\ R^2 = \overline{R^2} = 1 - \frac{SSE/(n-k-1)}{SST/(n-1)} = 1 - \frac{n-1}{n-k-1}(1-R^2)$$

$$= 1 - \frac{(n-1)\left(\dfrac{SSE}{SST}\right)}{n-k-1} \quad \because R^2 = \frac{SSR}{SST}, \ \ SST = SSR + SSE$$

$$= 1 - (n-1)\left(\frac{MSE}{SST}\right)$$

결과적으로 MSE를 최소로 하는 k의 값이 $adj\ R^2$을 최대로 한다.

(3) 중회귀모형의 유의성검정

중회귀모형의 유의성 검정은 다음과 같은 가설을 검정한다.

귀무가설(H_0) : 회귀모형은 유의하지 않다($\beta_1 = \beta_2 = \cdots = \beta_k = 0$).

대립가설(H_1) : 회귀모형은 유의하다(적어도 하나의 $\beta_i \neq 0$이다. 단, $i=1,\ \cdots,\ k$).

이와 같은 가설을 검정하기 위한 검정통계량은 다음과 같은 F검정통계량을 이용한다.

$$F = \frac{SSR/k}{SSE/n-k-1} = \frac{MSR}{MSE} \ \sim\ F_{(k,\ n-k-1)}$$

단순회귀모형의 유의성 검정은 다음과 같은 분산분석표를 이용하여 분석한다.

〈표 10.14〉 다중회귀모형의 분산분석표

요 인	제곱합	자유도	평균제곱	검정통계량 F	F_α
회 귀	SSR	k	$SSR/k = MSR$	$F = MSR/MSE$	$F_{(\alpha,\ k,\ n-k-1)}$
잔 차	SSE	$n-k-1$	$SSE/n-k-1 = MSE$		
합 계	SST	$n-1$			

중회귀모형의 결과 해석은 단순회귀모형의 결과 해석과 동일하며 F검정통계량과 기각치의 자유도에만 차이가 있다.

① 기각치를 이용하는 경우

- $F_{(k,\,n-k-1)} \geq F_{(\alpha,\,k,\,n-k-1)} \Rightarrow$ 귀무가설 기각
- $F_{(k,\,n-k-1)} < F_{(\alpha,\,k,\,n-k-1)} \Rightarrow$ 귀무가설 채택

② 유의확률을 이용하는 경우

- 유의확률(p-value) < 유의수준(α) $\Rightarrow$ 귀무가설 기각
- 유의확률(p-value) > 유의수준(α) $\Rightarrow$ 귀무가설 채택

(4) 중회귀계수의 유의성 검정

중회귀계수의 유의성 검정은 다음과 같은 가설을 검정한다.

귀무가설(H_0) : 회귀계수 β_i는 유의하지 않다($\beta_i = 0$, 단, $i = 1,\ \cdots,\ k$).

대립가설(H_1) : 회귀계수 β_i는 유의하다($\beta_i \neq 0$, 단, $i = 1,\ \cdots,\ k$).

중회귀계수의 유의성 검정은 일반적으로 기울기에 해당하는 $\beta_1,\ \beta_2,\ \cdots,\ \beta_k$에 대해서 검정하며 절편에 해당하는 β_0에 대해서는 검정을 하지 않는다. 중회귀계수의 유의성 검정은 t 검정을 한다. 회귀계수 $\boldsymbol{b}$의 분포는 모분산 σ^2을 모르고 있는 경우 기대값이 $\boldsymbol{\beta}$이고, 분산이 $\left(\boldsymbol{X}'\boldsymbol{X}\right)^{-1} MSE$이므로 이를 표준화하여 검정통계량으로 결정한다.

$$T = \frac{b_i - \beta_i}{se\left(b_i\right)} = \frac{b_i - \beta_i}{\sqrt{c_{ii}\,MSE}} \sim t_{(n-k-1)}$$

여기서 c_{ii}는 $Var(\boldsymbol{b}) = \left(\boldsymbol{X}'\boldsymbol{X}\right)^{-1}\sigma^2$임을 감안하면 행렬 $\left(\boldsymbol{X}'\boldsymbol{X}\right)^{-1}$의 $i+1$번째 대각선의 값이 된다. 중회귀계수의 결과 해석은 단순회귀계수의 결과 해석과 동일하게 검정통계량 값과 기각치를 비교할 경우 양측검정인지 단측검정인지에 따라 서로 다르다.

① 단측검정인 경우

- $t_c \geq t_{(\alpha,\,n-k-1)}$ 또는 $t_c \leq -t_{(\alpha,\,n-k-1)} \Rightarrow$ 귀무가설 기각
- $-t_{(\alpha,\,n-k-1)} \leq t_c \leq t_{(\alpha,\,n-k-1)} \Rightarrow$ 귀무가설 채택

② 양측검정인 경우

- $|t_c| \geq t_{(\alpha/2,\,n-k-1)} \Rightarrow$ 귀무가설 기각
- $|t_c| < t_{(\alpha/2,\,n-k-1)} \Rightarrow$ 귀무가설 채택

유의확률과 유의수준을 비교할 경우 다음과 같이 결과를 해석한다. 단측검정일 경우 유의확률 p값은 $P(T \leq t_c)$ 또는 $P(T \geq t_c)$이고, 양측검정일 경우 p값은 단측검정에서의 p값에 두 배가 되므로 $2P(T \geq |t_c|)$이다. 이렇게 구한 유의확률 p값과 유의수준 α를 비교하여 다음과 같이 결과를 해석한다.

- 유의확률(p-value) < 유의수준(α) $\Rightarrow$ 귀무가설 기각
- 유의확률(p-value) > 유의수준(α) $\Rightarrow$ 귀무가설 채택

다중회귀분석에서 변수들의 측정단위가 서로 다른 경우에는 단위에 의존하지 않도록 모든 변수들을 표준화하여 구한 표준화 회귀계수를 가지고 종속변수에 대한 독립변수의 상대적 중요도를 결정한다.

예를 들어 독립변수가 몸무게(kg), 신장(cm)과 같이 단위가 서로 다른 경우에 모든 변수(독립변수, 종속변수)들을 표준화하지 않고 회귀분석을 실시한 후 비표준화 회귀계수를 이용하여 종속변수에 대한 독립변수의 상대적 중요도를 결정해서는 안 된다. 종속변수에 대한 독립변수의 상대적 중요도는 표준화 회귀계수의 절대값이 큰 순서로 높다.

PLUS ONE **표준화 회귀계수의 성질**

① 표준화 회귀계수는 -1과 1 사이에 있다.
② 단순회귀분석에서 표준화 회귀계수는 두 변수의 상관계수와 같다.
③ 단순회귀분석에서 표준화 회귀계수$=$상관계수$=$비표준화 회귀계수$\times (S_X/S_Y)$
④ 단순회귀분석에서 표준화 회귀계수, 상관계수, 비표준화 회귀계수의 부호는 항상 동일하다.

단순선형회귀분석에서 두 변수 X와 Y의 단위 차이가 큰 경우 회귀계수 a와 b의 값이 너무 크거나 작아서 결과 해석상 불편한 경우가 있다. 이런 경우 X와 Y의 실제 측정값 대신 각각을 표준화한 $X^* = \dfrac{X - \overline{X}}{S_X}$와 $Y^* = \dfrac{Y - \overline{Y}}{S_Y}$을 이용하여 회귀식을 구할 수 있다. 이와 같이 변환된 변수 X^*와 Y^*을 표준화된 변수라고 한다. 표준화된 변수를 이용하여 단순회귀모형의 기울기를 구하면 다음과 같다.

$$b = \frac{\sum \left(X_i^* - \overline{X}^*\right)\left(Y_i^* - \overline{Y}^*\right)}{\sum \left(X_i^* - \overline{X}^*\right)^2} = \frac{\sum X_i^* Y_i^* - n \overline{X}^* \overline{Y}^*}{\sum \left(X_i^*\right)^2 - n \left(\overline{X}^*\right)^2} = \sum X_i^* Y_i^*$$

$$= \frac{\sum \left(X_i - \overline{X}\right)\left(Y_i - \overline{Y}\right)}{S_X S_Y} = r$$

예제

10.6 어느 지역의 할인마트 매장면적과 광고료 및 연매출액을 조사하여 매장면적과 광고료가 연매출에 얼마나 영향을 미치는지 알아보고자 다중회귀분석을 한 결과가 다음과 같다.

〈표 10.15〉 다중회귀분석 결과

Analysis of Variance

Source	DF	Sum of Squares	Mean square	F Value	Prob > F
Model	2	166.5000	83.2500	11.57	0.0013
Error	13	93.5000	7.1923		
C Total	15	260.0000			

Root MSE	2.6819	R-square	0.6404
Dependent Mean	63.5000	Adj R-sq	0.5851
Coeff Var	4.2234		

Parameter Estimates

Variable	DF	Parameter Estimate	Standard Error	t Value	Prob > |T|
INTERCEP	1	53.7500	2.2237	24.17	< .0001
AREA	1	1.3500	0.5997	2.25	0.0423
ADV	1	1.2750	0.2998	4.25	0.0009

(1) 전체 조사한 할인마트 수(n)는 몇 개이며 추정된 회귀식은 무엇인지 알아보자.

(2) 회귀모형의 적합성에 대해 설명해보자.

(3) 회귀모형의 유의성 검정을 가설을 설정하고 유의수준 5%에서 검정해보자.

(4) 회귀계수의 유의성 검정을 유의수준 5%에서 검정해보자.

(5) 종속변수(y)의 분산에 대한 추정치는 얼마인지 알아보자.

(6) x_1의 회귀계수 추정치인 1.35의 의미를 설명해보자.

(7) 첫 번째 관측치가 (120, 20, 30)으로 주어졌다면, 이 관측치에 대한 잔차(Residual)는 얼마인지 알아보자(단, 자료는 $(y_i,\ x_{1i},\ x_{2i})$, $i = 1,\ 2,\ \cdots,\ n$으로 주어져 있다).

(1) 전체 조사한 할인마트 수(n)는 몇 개이며 추정된 회귀식은 무엇인지 알아보자.

❶ 전체제곱합의 자유도는 $n-1 = 15$로 전체 조사한 할인마트 수는 $n = 16$이다.

❷ 추정된 회귀식은 $\hat{y} = 53.75 + 1.35\,x_1 + 1.275\,x_2$이다.

(2) 회귀모형의 적합성에 대해 설명해보자.

❶ 결정계수가 $R^2 = 0.6404$로 추정된 회귀선이 관측값들을 대략 64.04% 정도 설명하고 있다.

❷ 결정계수는 독립변수의 수가 증가함에 따라 결정계수도 커지는 단점이 있으므로 이를 보완하기 위한 수정된 결정계수 $adj\,R^2 = 0.5851$을 사용하기도 한다.

(3) 회귀모형의 유의성 검정을 가설을 설정하고 유의수준 5%에서 검정해보자.

❶ 분석에 앞서 가설을 먼저 설정한다.
   • 귀무가설(H_0) : 회귀모형은 유의하지 않다($\beta_1 = \beta_2 = 0$).
   • 대립가설(H_1) : 회귀모형은 유의하다(모든 β_i가 0인 것은 아니다. 단, $i = 1,\ 2$).

❷ 회귀모형의 유의성 검정 결과 F검정통계량 값이 11.57이고 유의확률 p값이 0.0013으로 유의수준 0.05보다 작으므로 귀무가설을 기각한다. 즉, 유의수준 5%에서 회귀모형은 유의하다고 할 수 있다.

(4) 회귀계수의 유의성 검정을 유의수준 5%에서 검정해보자.

❶ 회귀계수의 유의성 검정 결과 매장면적과 광고료의 검정통계량 t값이 각각 2.25, 4.25이며 유의확률이 각각 0.0423과 0.0009로 모두 유의수준 0.05보다 작으므로 귀무가설 $H_0 : \beta_1 = 0$과 $H_0 : \beta_2 = 0$을 기각한다.

❷ 매장면적과 광고료는 유의수준 5%에서 유의하다고 할 수 있다.

(5) 종속변수(y)의 분산에 대한 추정치는 얼마인지 알아보자.

❶ 종속변수 Y의 분산에 대한 추정량은 오차에 대한 분산추정량과 동일하다.
$$Var(y_i) = Var(\beta_0 + \beta_1 x_{1i} + \beta_2 x_{2i} + \epsilon_i) = Var(\epsilon_i) = \sigma^2 \quad \because Var(\beta_0 + \beta_1 x_{1i} + \beta_2 x_{2i}) = 0$$

❷ 오차항의 분산 σ^2의 불편추정량은 $MSE = \dfrac{\sum (y_i - \hat{y_i})^2}{n-2}$이다.
$$\therefore MSE = \left(\sqrt{MSE}\right)^2 = (2.6819)^2 = 7.1925$$

(6) x_1의 회귀계수 추정치인 1.35의 의미를 설명해보자.

x_1의 회귀계수 추정치 1.35의 의미는 독립변수 x_2를 고정시킨 상태에서 x_1의 값을 1단위 증가시켰을 때 종속변수 y의 값이 1.35단위 증가할 것임을 나타낸다.

(7) 첫 번째 관측치가 (120, 20, 30)으로 주어졌다면, 이 관측치에 대한 잔차(Residual)는 얼마인지 알아보자(단, 자료는 $(y_i,\ x_{1i},\ x_{2i})$, $i = 1, 2, \cdots, n$ 으로 주어져 있다).

❶ 잔차는 오차의 추정값으로 $e_i = y_i - \hat{y} =$ 관측값 $-$ 예측값이다.

❷ 추정된 다중회귀식이 $\hat{y} = 53.75 + 1.35\,x_1 + 1.275\,x_2$이므로 $x_1 = 20$, $x_2 = 30$일 때
$\hat{y} = 53.75 + (1.35 \times 20) + (1.275 \times 30) = 119$이므로 잔차는 $e_i = y_i - \hat{y} = 120 - 119 = 1$이다.

(5) 부분 $F-$ 검정(Partial $F-$Test)

중회귀모형에 어떤 새로운 독립변수를 추가하면 회귀제곱합은 커지는 반면 잔차제곱합은 작아지게 된다. 이 경우 중회귀모형에 어떤 새로운 변수를 추가하지 않고 구한 회귀제곱합을 $SSR(R)$이라 표현하고 어떤 새로운 변수를 추가하고 구한 회귀제곱합을 $SSR(F)$로 표현하면 새로운 변수를 추가하였을 때 추가적으로 증가되는 제곱합을 추가제곱합(Extra Sum of Squares)이라 한다. 예를 들어 X_1과 X_2를 독립변수로 가진 모형 $Y = \beta_0 + \beta_1 X_1 + \beta_2 X_2 + \epsilon$을 축소모형(Reduced Model)이라 하면 회귀제곱합은 $SSR(R)$이고, X_1과 X_2에 새로운 독립변수 X_3를 추가한 모형 $Y = \beta_0 + \beta_1 X_1 + \beta_2 X_2 + \beta_3 X_3 + \epsilon$을 완전모형(Full Model)이라 하면 회귀제곱합은 $SSR(F)$이다. 여기서 X_1과 X_2를 독립변수로 가진 모형 $Y = \beta_0 + \beta_1 X_1 + \beta_2 X_2 + \epsilon$에 X_3를 추가함으로써 증가되는 제곱합이 추가제곱합이며 $SS(X_3 \mid X_2,\ X_1)$이라 표현하고 $SS(X_3 \mid X_2,\ X_1) = SSR(X_1,\ X_2,\ X_3) - SSR(X_1,\ X_2)$와 같이 정의할 수 있다. 이 추가제곱합은 작을수록 회귀에 대한 기여도가 떨어지며, 오차분산의 추정량인 평균제곱오차(MSE)에 비해 유의하게 클 경우 새로운 변수를 모형에 포함시키는 것이 바람직하다고 판단한다.

독립변수가 3개인 경우 축소모형의 잔차제곱합을 $SSE(R) = SSE(X_1,\ X_2)$으로 표현하고, 완전모형의 잔차제곱합을 $SSE(F) = SSE(X_1,\ X_2,\ X_3)$으로 표현할 때, 회귀제곱합은 추가제곱합을 이용하여 다음과 같이 여러 가지 방법으로 분해가 가능하다.

① $SSR(X_1,\ X_2,\ X_3) = SSR(X_1) + SS(X_2,\ X_3 \mid X_1)$

② $SSR(X_1,\ X_2,\ X_3) = SSR(X_3) + SS(X_1,\ X_2 \mid X_3)$

③ $SSR(X_1,\ X_2,\ X_3) = SSR(X_3) + SS(X_1,\ X_2 \mid X_3)$

④ $SSR(X_1,\ X_2,\ X_3) = SSR(X_1,\ X_2) + SS(X_3 \mid X_1,\ X_2)$

⑤ $SSR(X_1,\ X_2,\ X_3) = SSR(X_1,\ X_3) + SS(X_2 \mid X_1,\ X_3)$

⑥ $SSR(X_1,\ X_2, X_3) = SSR(X_2,\ X_3) + SS(X_1 \mid X_2,\ X_3)$

⑦ $SSR(X_1,\ X_2,\ X_3) = SSR(X_1) + SS(X_2 \mid X_1) + SS(X_3 v \mid X_2,\ X_1)$

⑧ $SSR(X_1,\ X_2,\ X_3) = SSR(X_2) + SS(X_3 \mid X_2) + SS(X_1 \mid X_2,\ X_3)$

⑨ $SSR(X_1, X_2, X_3) = SSR(X_3) + SS(X_1 \mid X_3) + SS(X_2 \mid X_1, X_3)$

$SST = SSR(F) + SSE(F) = SSR(R) + SSE(R)$임을 이용하여 X_3를 추가함으로써 증가되는 추가제곱합은 다음과 같이 잔차제곱합을 이용하여 표현할 수 있다.

$$SS(X_3 \mid X_1, X_2) = SSR(X_1, X_2, X_3) - SSR(X_1, X_2)$$
$$= SSR(F) - SSR(R)$$
$$= SSE(R) - SSE(F)$$
$$= SSE(X_1, X_2) - SSE(X_1, X_2, X_3)$$

완전모형을 $Y = \beta_0 + \beta_1 X_1 + \beta_2 X_2 + \beta_3 X_3 + \epsilon$라 하고, 축소모형을 $Y = \beta_0 + \beta_1 X_1 + \beta_2 X_2 + \epsilon$라 할 때 독립변수 X_3를 모형에 추가할 것인지를 검정하기 위한 가설은 다음과 같다.

귀무가설(H_0) : 축소모형이 적합하다($\beta_3 = 0$).

대립가설(H_1) : 완전모형이 적합하다($\beta_3 \neq 0$).

추가제곱합 $SS(X_3 \mid X_1, X_2)$의 자유도는 $SSR(F)$의 자유도 3에서 $SSR(R)$의 자유도 2를 뺀 1이 되며 $SSE(F)$의 자유도는 $n - 3 - 1 = n - 4$가 되어 위의 가설을 검정하기 위한 검정통계량을 다음과 같이 설정할 수 있다.

$$F = \frac{[SSR(F) - SSR(R)]/1}{SSE(F)/n-4} = \frac{[SSE(R) - SSE(F)]/1}{SSE(F)/n-4} = \frac{SS(X_3 \mid X_1, X_2)}{MSE}$$

검정결과 검정통계량 F값이 유의수준 α에서의 기각치 $F_{\alpha, 1, n-4}$보다 크면 귀무가설을 기각하여 완전모형이 적합하므로 독립변수 X_3를 모형에 추가하는 것이 바람직하다. 이와 같은 검정을 부분 $F-$검정이라 한다.

이제 위의 예를 일반화한 독립변수가 k개인 경우를 완전모형 $Y = \beta_0 + \beta_1 X_1 + \cdots + \beta_r X_r + \cdots + \beta_k X_k + \epsilon$이라 하고, k개의 독립변수 중에서 r개의 독립변수만을 포함하는 모형을 축소모형 $Y = \beta_0 + \beta_1 X_1 + \cdots + \beta_r X_r + \epsilon$이라 할 때, 부분 $F-$검정에 대해 알아보자. 독립변수 X_{r+1}, X_{r+2}, $\cdots$, X_k를 모형에 추가할 것인지 검정하기 위한 부분 $F-$검정의 가설은 다음과 같다.

귀무가설(H_0) : 축소모형이 적합하다($\beta_{r+1} = \beta_{r+2} = \cdots \beta_k = 0$).

대립가설(H_1) : 완전모형이 적합하다(모든 $\beta_i \neq 0$이다. 단, $i = r+1, r+2, \cdots, k$).

추가제곱합 $SS(X_{r+1}, X_{r+2}, \cdots, X_k \mid X_1, X_2, \cdots, X_r)$은 정의에 의해 다음과 같다.

$$SS(X_{r+1}, X_{r+2}, \cdots, X_k \mid X_1, X_2, \cdots, X_r) = SSR(F) - SSR(R)$$
$$= SSR(X_1, X_2, \cdots, X_k) - SSR(X_1, X_2, \cdots, X_r)$$

여기서 $SSR(F)$의 자유도는 k이고, $SSR(R)$의 자유도는 r이므로 추가제곱합의 자유도는 $k - r$이 된다. 또한 $SSE(F)$의 자유도는 $n - k - 1$이므로 위의 가설을 검정하기 위한 검정통계량을 다음과 같이 설정할 수 있다.

$$F = \frac{[SSR(F) - SSR(R)]/k-r}{SSE(F)/n-k-1} = \frac{[SSE(R) - SSE(F)]/k-r}{SSE(F)/n-k-1} \sim F_{k-r, n-k-1}$$

10.7 독립변수 X_1, X_2, X_3와 종속변수 Y간의 관계를 분석하기 위해 회귀모형의 유의성 검정 결과 다음과 같은 분산분석표를 얻었다.

〈표 10.16〉 독립변수(X_1)가 하나인 경우 회귀모형의 유의성 검정 결과

변 동	제곱합	자유도	평균제곱합
회 귀	400	1	400
오 차	100	13	7.69
합 계	500	14	

〈표 10.17〉 독립변수(X_1, X_2)가 두 개인 경우 회귀모형의 유의성 검정 결과

변 동	제곱합	자유도	평균제곱합
회 귀	410	2	205
오 차	90	12	7.5
합 계	500	14	

〈표 10.18〉 독립변수(X_1, X_2, X_3)가 세 개인 경우 회귀모형의 유의성 검정 결과

변 동	제곱합	자유도	평균제곱합
회 귀	450	3	150
오 차	50	11	4.55
합 계	500	14	

(1) 추가제곱합 $SS(X_2 \mid X_1)$, $SS(X_3 \mid X_1, X_2)$, $SS(X_2, X_3 \mid X_1)$을 구해보자.

(2) 귀무가설(H_0) : $\beta_3 = 0$을 유의수준 $\alpha = 0.05$에서 검정해보자.

(3) 귀무가설(H_0) : $\beta_2 = \beta_3 = 0$을 유의수준 $\alpha = 0.05$에서 검정해보자.

(1) 추가제곱합 $SS(X_2|X_1)$, $SS(X_3 \mid X_1, X_2)$, $SS(X_2, X_3 \mid X_1)$을 구해보자.

$SS(X_2 \mid X_1) = SSR(X_1, X_2) - SSR(X_1) = 410 - 400 = 10$

$SS(X_3 \mid X_2, X_1) = SSR(X_1, X_2, X_3) - SSR(X_1, X_2) = 450 - 410 = 40$

$SS(X_2, X_3 \mid X_1) = SSR(X_1, X_2, X_3) - SSR(X_1) = 450 - 400 = 50$

(2) 귀무가설(H_0) : $\beta_3 = 0$을 유의수준 $\alpha = 0.05$에서 검정해보자.

❶ 검정에 앞서 가설을 먼저 설정한다.
- 귀무가설(H_0) : 축소모형이 적합하다($\beta_3 = 0$).
- 대립가설(H_1) : 완전모형이 적합하다($\beta_3 \neq 0$).

❷ 부분 F-검정을 위한 검정통계량 값을 계산한다.

$$F = \frac{[SSR(F) - SSR(R)] / k - r}{SSE(F) / n - k - 1} = \frac{(450 - 410)/(3 - 2)}{50/(15 - 3 - 1)} = 8.8$$

❸ 검정통계량 F값이 유의수준 5%에서 기각치 $F_{0.05, 1, 11} = 4.84$보다 크므로 귀무가설을 기각한다. 즉, 유의수준 5%에서 완전모형이 적합하다고 할 수 있다.

(3) 귀무가설(H_0) : $\beta_2 = \beta_3 = 0$을 유의수준 $\alpha = 0.05$에서 검정해보자.

❶ 검정에 앞서 가설을 먼저 설정한다.
- 귀무가설(H_0) : 축소모형이 적합하다($\beta_2 = \beta_3 = 0$).
- 대립가설(H_1) : 완전모형이 적합하다(모든 $\beta_i \neq 0$이다. 단, $i = 2, 3$).

❷ 부분 $F-$검정을 위한 검정통계량 값을 계산한다.

$$F = \frac{[SSR(F) - SSR(R)]/k - r}{SSE(F)/n - k - 1} = \frac{(450 - 400)/(3 - 1)}{50/(15 - 3 - 1)} = 5.5$$

❸ 검정통계량 F값이 유의수준 5%에서 기각치 $F_{0.05,\,2,\,11} = 3.98$보다 크므로 귀무가설을 기각한다. 즉, 유의수준 5%에서 완전모형이 적합하다고 할 수 있다.

---

(6) 다중공선성(Multicollinearity)

다중회귀모형 $y_i = \beta_0 + \beta_1 x_{1i} + \beta_2 x_{2i} + \cdots + \beta_k x_{ki} + \epsilon_i$을 행렬로 표현하면 $\boldsymbol{Y} = \boldsymbol{X\beta} + \boldsymbol{\epsilon}$이고, 보통최소제곱법을 이용하여 구한 다중회귀계수의 추정량 $\boldsymbol{b}$는 $\boldsymbol{b} = (\boldsymbol{X'X})^{-1}\boldsymbol{X'Y}$이다. 하지만, 독립변수들 간의 상관계수가 매우 높으면 보통최소제곱법의 사용에 문제가 발생한다. 다중공선성이란 행렬 $\boldsymbol{X}$의 한 열이 다른 열과 선형조합(선형종속)의 관계를 맺고 있는 상태를 말한다. 만약 독립변수들 간에 완전한 상관관계(± 1)가 존재한다면 $\boldsymbol{X'X}$행렬의 역행렬이 존재하지 않아 보통최소제곱법에 의한 $\boldsymbol{b} = (\boldsymbol{X'X})^{-1}\boldsymbol{X'Y}$공식을 사용할 수 없게 되어 추정량 $\boldsymbol{b}$를 구할 수 없다. 또한 독립변수들 간에 높은 상관관계가 존재하면 $\boldsymbol{X'X}$행렬의 역행렬이 이론상으로는 존재하나 실제로 추정량 $\boldsymbol{b}$를 구하기는 어려우며 추정량 $\boldsymbol{b}$의 분산이 매우 크게 되기 때문에 결과적으로 추정량 $\boldsymbol{b}$는 유의하지 않게 된다. 즉, 한 독립변수가 종속변수에 대한 설명력이 높더라도 다중공선성이 높으면 설명력이 낮은 것처럼 나타난다.

예를 들어 다음과 같은 (6×4)행렬 $\boldsymbol{X}$가 있다고 하자.

$$\boldsymbol{X} = \begin{pmatrix} \overset{x_0}{1} & \overset{x_1}{2} & \overset{x_2}{3} & \overset{x_3}{6} \\ 1 & 1 & 2 & 4 \\ 1 & 3 & 3 & 7 \\ 1 & 2 & 2 & 5 \\ 1 & 4 & 1 & 6 \\ 1 & 5 & 4 & 9 \end{pmatrix}$$

위의 행렬 $\boldsymbol{X}$에서 $\boldsymbol{x_0} + \boldsymbol{x_1} + \boldsymbol{x_2} = \boldsymbol{x_3}$이 성립되므로 $\boldsymbol{x_0} + \boldsymbol{x_1} + \boldsymbol{x_2} - \boldsymbol{x_3} = \boldsymbol{0}$이 되어 $\boldsymbol{x_0}, \boldsymbol{x_1}, \boldsymbol{x_2}, \boldsymbol{x_3}$는 선형종속[15]이 된다. 즉, 행렬 $\boldsymbol{X}$의 계수는 완전계수 $rank(\boldsymbol{X}) = 4$가 아니라 3이 되어 $\boldsymbol{X'X}$행렬의 역행렬이 존재하지 않게 되므로 보통최소제곱법에 의한 $\boldsymbol{b} = (\boldsymbol{X'X})^{-1}\boldsymbol{X'Y}$공식을 사용할 수 없게 되어 추정량 $\boldsymbol{b}$를 구할 수 없다. 또한 독립변수들 간에 높은 상관관계가 존재하는 경우를 살펴보자.

---

[15] **선형종속** : 어떤 벡터 $\boldsymbol{v_1}, \boldsymbol{v_2}, \cdots, \boldsymbol{v_k}$가 주어졌을 때 어떤 상수 $c_1, c_2, \cdots, c_k$에 대해서 선형결합 $\sum_{i=1}^{k} c_i \boldsymbol{v_i} = c_1 \boldsymbol{v_1} + c_2 \boldsymbol{v_2} + \cdots + c_k \boldsymbol{v_k} = \boldsymbol{0}$이 모든 $c_i \, (i = 1, 2, \cdots, k)$가 0이 아닌 경우에도 $\sum_{i=1}^{k} c_i \boldsymbol{v_i} = \boldsymbol{0}$이 성립한다면 벡터 $\boldsymbol{v_1}, \boldsymbol{v_2}, \cdots, \boldsymbol{v_k}$는 선형종속의 관계에 있다고 한다.

$$X = \begin{matrix} x_0 & x_1 & x_2 & x_3 \\ \begin{pmatrix} 1 & 2 & 4 & 2 \\ 1 & 1 & 2 & 14 \\ 1 & 3 & 6 & 21 \\ 1 & 2 & 1 & 8 \\ 1 & 4 & 8 & 3 \\ 1 & 5 & 10 & 2 \end{pmatrix} \end{matrix}$$

이와 같은 경우 x_1과 x_2의 상관계수를 구해보면 0.93으로 매우 높은 상관관계가 존재한다. 즉, 독립변수 X_1과 X_2 사이에 높은 상관관계가 존재하는 경우 $X'X$행렬의 역행렬을 구할 수 있어 보통최소제곱법에 의한 $b = (X'X)^{-1}X'Y$공식을 사용하여 추정량 b를 구할 수 있지만 추정량 b의 분산이 매우 크게 되기 때문에 결과적으로 추정량 b는 유의하지 않게 된다.

> **PLUS ONE** **다중공선성 존재 가능성**
>
> ① 독립변수들 간의 상관계수가 0.9 이상일 경우
> ② 공차한계($1 - R_i^2$)가 0.1 이하일 경우, 여기서 R_i^2은 독립변수 X_i를 종속변수 Y로 설정하고 다른 독립변수들을 이용하여 회귀분석을 한 경우의 결정계수(R^2)이다.
> ③ 분산팽창계수(VIF)는 공차한계의 역수($1 - R_i^2)^{-1}$이며, 분산팽창계수가 10 이상일 경우
> ④ 독립변수 X를 $n \times (k+1)$행렬이라 할 때, $Rank(X) < k+1$인 경우
> ⑤ $X'X$행렬의 고유값을 구하여 0이거나 또는 0에 가까운 고유값이 존재하는 경우
> ⑥ 회귀모형에 독립변수를 추가하거나 제외시킬 때 다른 회귀계수 추정값들에 큰 영향을 미칠 경우
> ⑦ 중요한 독립변수의 추정된 회귀계수가 유의하지 않거나 추정된 신뢰구간이 매우 큰 경우
> ⑧ 추정된 회귀계수의 부호가 과거의 경험이나 이론적으로 기대되는 부호와 상반되는 경우
> ⑨ 개별 회귀계수들이 유의하지 않은데도 결정계수가 높게 나타나는 경우
> ⑩ 종속변수와 독립변수 간에 유의한 관계가 존재하는 경우에도 회귀계수가 유의하지 않은 것으로 판정하는 경우
> ⑪ 회귀계수 추정값들이 관찰값의 작은 변화에도 민감하게 반응하는 경우

이와 같이 다중공선성의 문제가 발생하면 종속변수에 영향을 미치는 모든 독립변수를 회귀모형에 포함시키는 경우보다는 변수선택방법(단계별 회귀 등)을 이용하여 유의한 일부의 독립변수들만을 회귀모형에 포함시키는 것이 더 바람직하다. 다중공선성이 존재한다고 판단될 경우 다음과 같은 방법을 이용하여 다중공선성 문제를 해결할 수 있다.

① 다중공선성 문제를 야기시킨 상관관계가 높은 독립변수를 제거한다.
② 표본의 크기를 증가시켜 다중공선성을 감소시킨다.
③ 모형을 재설정하거나 변수들을 변환시켜서 사용한다.
④ 능형회귀(Ridge Regression), 주성분회귀(Principal Components Regression) 등의 새로운 모수추정방법을 사용한다.

(7) 편상관계수(Partial Correlation Coefficient)

편상관계수는 두 변수에 영향을 미치는 제 3의 변수(제어변수)를 통제한 상태에서 얻어진 순수한 두 변수 간의 상관계수를 의미한다. 세 개의 변수 X, Y, Z 중에서 X에서 Z의 영향을 제거하고, Y에서 Z의 영향을 제거한 순수한 X와 순수한 Y의 상관계수인 편상관계수($r_{XY \cdot Z}$)를 구하면 다음과 같다.

$$r_{XY \cdot Z} = \frac{r_{XY} - r_{XZ}\, r_{YZ}}{\sqrt{\left(1 - r_{XZ}^2\right)\left(1 - r_{YZ}^2\right)}}$$

이는 두 변수 X와 Y를 종속변수로 하고 제어변수 Z를 독립변수로 하여 각각의 단순회귀분석을 실행한 후의 잔차들 간의 상관계수를 의미한다.

Z라는 변수가 X와 Y에 영향을 미치면 실제 X와 Y는 상관관계가 없더라도 Z라는 변수에 의해 상관관계가 있는 것처럼 나타나기 때문에 Z의 영향력을 제거한 순수한 X와 순수한 Y의 편상관계수를 구해볼 필요가 있다. 즉, 편상관계수를 통해 각 독립변수 간의 상관관계를 파악할 수 있으며, 이는 곧 다중공선성을 파악하는 것을 의미한다. 다중공선성이 높은 것으로 파악이 될 경우, 독립변수 제거 등의 조치를 취하여 새로운 회귀분석을 수행하여야 한다.

예제

10.8 4개의 독립변수(매장면적, 직원 수, 홍보비용, 직원 친절도) X_1, X_2, X_3, X_4가 종속변수 매출액 Y에 어떠한 영향을 미치는지 분석하고자 다중회귀분석을 실시한 결과가 다음과 같다.

〈표 10.18〉 다중회귀분석의 분석 결과

모 형	비표준화 계수	표준오차	표준화 계수	t 통계량	유의확률	편상관 계수	VIF
상 수	12.354	1.428		3.267	0.004		
X_1	0.010	0.027	0.038	0.375	0.708	0.045	18.24
X_2	0.106	0.029	0.375	3.703	0.000	0.647	1.274
X_3	0.072	0.026	0.270	2.710	0.657	0.427	12.45
X_4	0.100	0.026	0.389	3.814	0.002	0.713	3.214

(1) 종속변수에 대한 독립변수의 상대적 중요도에 대해 설명해보자.

(2) 편상관계수에 대해 설명하고 회귀분석에서 편상관계수가 어떻게 활용되는지 설명해보자.

(3) 분산팽창계수(VIF)의 의미를 설명하고 변수 X_1의 결과값 18.24를 설명해보자.

(1) 종속변수에 대한 독립변수의 상대적 중요도에 대해 설명해보자.

❶ 변수들의 측정단위가 서로 다르기 때문에 종속변수에 대한 독립변수의 상대적 중요도는 표준화 회귀계수의 절대값을 통해 비교한다.

❷ 표준화 회귀계수의 절대값이 $X_4 > X_2 > X_3 > X_1$ 순이므로 종속변수에 대한 독립변수의 상대적 중요도는 X_4가 가장 높고 X_1이 가장 낮다.

(2) 편상관계수에 대해 설명하고 회귀분석에서 편상관계수가 어떻게 활용되는지 설명해보자.

❶ 편상관계수는 두 변수에 영향을 미치는 제3의 변수(제어변수)를 통제한 상태에서 얻어진 순수한 두 변수 간의 상관계수를 의미한다.

❷ 세 개의 변수 X, Y, Z 중에서 X에서 Z의 영향을 제거하고, Y에서 Z의 영향을 제거한 순수한 X와 순수한 Y의 편상관계수 $r_{XY,\,Z}$를 구하면 다음과 같다.

$$r_{XY,\,Z} = \frac{r_{XY} - r_{XZ} \cdot r_{YZ}}{\sqrt{\left(1 - r_{XZ}^2\right)\left(1 - r_{YZ}^2\right)}}$$

❸ 이는 두 변수 X와 Y를 종속변수로 하고 제어변수 Z를 독립변수로 하여 각각의 단순회귀분석을 실행한 후의 잔차들 간의 상관계수를 의미한다.

❹ Z라는 변수가 X와 Y에 영향을 미치면 실제 X와 Y는 상관관계가 없더라도 Z라는 변수에 의해 상관관계가 있는 것처럼 나타나기 때문에 Z의 영향력을 제거한 순수한 X와 순수한 Y의 편상관계수를 구해볼 필요가 있다.

❺ 즉, 편상관계수를 통해 각 독립변수 간의 상관관계를 파악할 수 있으며, 이는 곧 다중공선성을 파악하는 것을 의미한다. 다중공선성이 높은 것으로 파악이 될 경우, 독립변수 제거 등의 조치를 취하여 새로운 회귀분석을 수행하여야 한다.

(3) 분산팽창계수(VIF)의 의미를 설명하고 변수 X_1의 결과값 18.24를 설명해보자.

❶ 결정계수(R_i^2)는 독립변수 X_i를 종속변수 Y로 설정하고 다른 독립변수들을 이용하여 회귀분석을 한 경우의 결정계수를 의미하며 공차한계는 $1 - R_i^2$으로 공차한계가 0.1 이하일 경우 다중공선성 문제가 존재할 가능성이 높다고 판단한다.

❷ 분산팽창계수(VIF)는 공차한계의 역수$\left(1 - R_i^2\right)^{-1}$로서 분산팽창계수가 10 이상일 경우 다중공선성 문제가 존재할 가능성이 높다고 판단한다.

❸ 변수 X_1의 분산팽창계수가 18.24로 10 이상이므로 다른 독립변수와 높은 상관관계가 존재할 가능성이 있다고 판단된다.

---

6. 더미변수(Dummy Variable) 회귀분석

(1) 더미변수의 이해

회귀분석에서 일반적으로 다루어지는 변수들은 양적변수로서 예를 들어 온도, 습도, 압력, 무게 등과 같이 양적으로 비교가 가능한 변수들이다. 하지만, 양적으로 비교가 안 되는 질적변수(예를 들어 학력, 성별, 건강상태 등)를 표현하기 위해 더미변수를 이용한다. 회귀분석에서 더미변수는 표본공간(Sample Space) 내에 들어가면 1을 주고 그렇지 않으면 0을 주는 변수이다. 즉, 더미변수를 표현할 때 주로 0과 1을 사용하기 때문에 더미변수를 이진변수(Binary Variable), 지시변수(Indicator Variable), 가변수라고도 한다. 질적변수는 독립변수로도 사용되며 종속변수로도 사용되지만 본 예에서는 독립변수로 사용되는 경우만을 다룬다.

(2) 더미변수 선택

더미변수는 질적변수의 범주수보다 하나 작게 선택한다. 만약 질적변수의 범주가 4개(1 : 초졸, 2 : 중졸, 3 : 고졸, 4 : 대졸)로 나누어져 있을 경우 더미변수는 범주수보다 하나 작은 $4 - 1 = 3$개를 사용하여 다음과 같이 4개의 범주를 표현한다.

〈표 10.19〉 더미변수 선택 및 입력 방식

학력	더미학력1(D_1)	더미학력2(D_2)	더미학력3(D_3)
초졸=1	1	0	0
중졸=2	0	1	0
고졸=3	0	0	1
대졸=4	0	0	0

더미변수를 범주수와 같게 사용할 경우 $X'X$행렬의 역행렬이 존재하지 않아 보통최소제곱추정법에 의한 $b = (X'X)^{-1}X'Y$공식을 사용할 수 없게 되어 추정량 b를 구할 수 없다. 이런 이유로 일반적으로 범주수가 k개인 질적변수는 $k-1$개의 더미변수를 사용하여 표현한다.

(3) 교호작용(Interaction) 유무에 따른 회귀모형

① 양적변수가 1개, 더미변수가 1개(성별 : 남, 여)인 경우의 교호작용이 없는 회귀모형

$$y_i = \beta_0 + \beta_1 x_i + \beta_2 d_i + \epsilon_i, \quad \epsilon_i \sim iid\,N(0, \sigma^2), \quad i = 1, \cdots, n$$

$$d_i = \begin{cases} 1, & \text{남} \\ 0, & \text{여} \end{cases}$$

교호작용이 없는 경우 남자의 회귀모형은 $y = (\beta_0 + \beta_2) + \beta_1 x + \epsilon$이고, 여자의 회귀모형은 $y = \beta_0 + \beta_1 x + \epsilon$이 된다.

〈표 10.20〉 교호작용이 없는 경우 반응함수

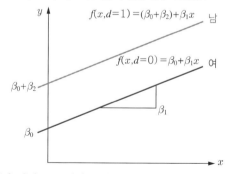

$\beta_1 \neq 0$이고 $\beta_2 \neq 0$이면 남녀 모두에서 x의 기울기는 β_1으로 동일하고, 여자보다 남자가 모든 x에서 β_2만큼 y가 크다. 또한 남녀 모두 x가 1증가할 때 y가 β_1만큼 증가한다.

② 양적변수가 1개, 더미변수가 1개(성별 : 남, 여)인 경우의 교호작용이 있는 회귀모형

$$y_i = \beta_0 + \beta_1 x_i + \beta_2 d_i + \beta_3 x_i d_i + \epsilon_i, \quad \epsilon_i \sim iid\, N(0,\ \sigma^2), \quad i = 1,\ \cdots,\ n$$
$$d_i = \begin{cases} 1, & \text{남} \\ 0, & \text{여} \end{cases}$$

교호작용이 있는 경우 남자의 회귀모형은 $y = (\beta_0 + \beta_2) + (\beta_1 + \beta_3)x + \epsilon$ 이고, 여자의 회귀모형은 $y = \beta_0 + \beta_1 x + \epsilon$ 이 된다.

〈표 10.21〉 교호작용이 있는 경우 반응함수

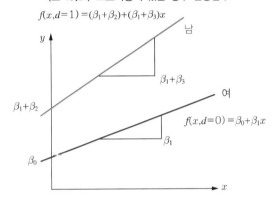

$\beta_1 \neq 0$ 이고 $\beta_2 \neq 0$, $\beta_3 \neq 0$ 이면 x 의 기울기는 남자와 여자가 서로 다르다. 즉, 여자보다 남자에서 x 의 기울기가 β_3 만큼 더 커서 x 가 1증가할 때 y 가 증가하는 크기는 여자가 β_1, 남자가 $\beta_1 + \beta_3$ 이 된다. 물론 $x = 0$ 에서 y 의 값은 남자가 여자보다 β_2 만큼 크다. 또한, $\beta_3 = 0$ 이면 교호작용이 없어지면서 ①모형으로 돌아간다.

③ 양적변수가 1개, 더미변수가 2개(소득수준 : 상, 중, 하)인 경우의 회귀모형

$$y_i = \beta_0 + \beta_1 x_i + \beta_2 d_{1i} + \beta_3 d_{2i} + \epsilon_i, \quad \epsilon_i \sim iid\, N(0,\ \sigma^2), \quad i = 1,\ \cdots,\ n$$
$$\text{소득수준} = \begin{cases} d_{1i} = 1, & d_{2i} = 0, & \text{상} \\ d_{1i} = 0, & d_{2i} = 1, & \text{중} \\ d_{1i} = 0, & d_{2i} = 0, & \text{하} \end{cases}$$

소득수준(상, 중, 하)의 범주 수가 3개 이므로 2개의 더미변수를 이용하여 구한 회귀모형은 다음과 같다.

소득수준이 상인 경우의 회귀모형 : $y = (\beta_0 + \beta_2) + \beta_1 x + \epsilon$

소득수준이 중인 경우의 회귀모형 : $y = (\beta_0 + \beta_3) + \beta_1 x + \epsilon$

소득수준이 하인 경우의 회귀모형 : $y = \beta_0 + \beta_1 x + \epsilon$

β_2 는 소득수준이 하인 경우에 비해 소득수준이 상인 경우의 y 의 증가분이고, β_3 는 소득수준이 하인 경우에 비해 소득수준이 중인 경우의 y 의 증가분을 나타낸다. 또한 소득수준 상은 소득수준 중보다 $\beta_2 - \beta_3$ 만큼 y 가 높으며, 모든 소득수준에서 x 가 1증가할 때 y 가 β_1 만큼 증가한다.

10. 9 편의점 월매출액과 계절별(봄, 여름, 가을, 겨울) 아이스크림 판매액과의 연관성을 알기 위해 더미변수 회귀분석을 하고자 한다. 회귀모형을 설정하고 더미변수를 4개가 아닌 3개를 사용하는 이유에 대해 설명해보자.

❶ 회귀모형은 더미변수를 3개 이용하여 다음과 같이 설정한다.

$$y_i = \beta_0 + \beta_1 x_i + \beta_2 d_{1i} + \beta_3 d_{2i} + \beta_4 d_{3i} + \epsilon_i, \quad \epsilon_i \sim iid\, N(0, \sigma^2), \quad i = 1, \cdots, n$$

$$계절별 = \begin{cases} d_{1i} = 1, & d_{2i} = 0, & d_{3i} = 0 & 봄 \\ d_{1i} = 0, & d_{2i} = 1, & d_{3i} = 0 & 여름 \\ d_{1i} = 0, & d_{2i} = 0, & d_{3i} = 1 & 가을 \end{cases}$$

❷ 더미변수를 범주수와 같게 사용할 경우 $X'X$행렬의 역행렬이 존재하지 않아 보통최소제곱추정법에 의한 $b = (X'X)^{-1}X'Y$공식을 사용할 수 없게 되어 추정량 b를 구할 수 없다. 이런 이유로 일반적으로 범주수가 4개인 질적변수는 $4 - 1 = 3$개의 더미변수를 사용하여 표현한다.

7. 종속변수가 더미변수인 모형

앞 절에서는 독립변수가 더미변수인 경우를 알아보았는데 종속변수가 더미변수인 경우에도 회귀분석이 가능하다. 이와 같이 종속변수가 더미변수로 0 또는 1만을 갖는 모형을 선형확률모형(Linear Probability Model)이라 한다. 예를 들어 월수입에 따른 주택소유여부를 분석하자 할 때 독립변수 x는 월수입이 되며 종속변수 y는 주택소유여부로 다음과 같이 나타낼 수 있다.

$$Y = \begin{cases} 1, & 주택을 \ 소유한 \ 경우 \\ 0, & 주택을 \ 소유하지 \ 않은 \ 경우 \end{cases}$$

선형확률모형 중에서 가장 단순한 단순회귀모형을 고려해 보면 종속변수가 더미변수가 되므로 다음과 같이 모형을 설정할 수 있다.

$$y_i = \alpha + \beta x_i + \epsilon_i, \quad y_i = 0, \ 1$$

오차항의 기대값이 $E(\epsilon_i) = 0$이라고 가정하면 $E(y_i) = \alpha + \beta x_i$이 되고 종속변수 y_i는 0 또는 1만 가질 수 있으므로 오차항 $\epsilon_i = y_i - (\alpha + \beta x_i)$은 단지 두 개의 값만을 갖게 된다. $y_i = 1$인 경우 $\epsilon_i = 1 - (\alpha + \beta x_i)$, $y_i = 0$인 경우 $\epsilon_i = -(\alpha + \beta x_i)$의 값을 가지므로 오차항은 정규분포를 따르지 않는다. 또한, 오차항의 분산을 구해보면 다음과 같다.

$$\begin{aligned} Var(\epsilon_i) &= E\big[\epsilon_i - E(\epsilon_i)\big]^2 \\ &= (1 - \alpha - \beta x_i)^2(\alpha + \beta x_i) + (-\alpha - \beta x_i)^2(1 - \alpha - \beta x_i) \\ &= (1 - \alpha - \beta x_i)(\alpha + \beta x_i)\big[(1 - \alpha - \beta x_i) + (\alpha + \beta x_i)\big] \\ &= (\alpha + \beta x_i)(1 - \alpha - \beta x_i) \\ &= E(y_i)\big[1 - E(y_i)\big] \end{aligned}$$

결과적으로 오차항의 분산은 σ^2으로 등분산하지 않고 이분산을 갖기 때문에 보통최소제곱법을 이용하여 모형을 추정할 경우 추정량 $b = (X'X)^{-1}X'Y$는 불편추정량이지만 유효추정량은 될 수 없다. 독립변수를 k인 경우로 확장하면 다음과 같이 회귀모형을 설정할 수 있다.

$$y_i = \beta_0 + \beta_1 x_{1i} + \beta_2 x_{2i} + \cdots + \beta_k x_{ki} + \epsilon_i$$
$$y_i = 0, \ 1, \quad i = 1, \ 2, \ \cdots, \ n$$

종속변수 y_i가 0 또는 1만을 가지므로 확률로 표현하면 다음의 관계가 성립한다.

$$
\begin{aligned}
P_i = P(y_i = 1) &= P\big(\epsilon_i > -\beta_0 - \beta_1 x_{1i} - \beta_2 x_{2i} - \cdots - \beta_k x_{ki}\big) \\
&= 1 - P\big(\epsilon_i \leq -\beta_0 - \beta_1 x_{1i} - \beta_2 x_{2i} - \cdots - \beta_k x_{ki}\big) \\
&= 1 - F\big(-\beta_0 - \beta_1 x_{1i} - \beta_2 x_{2i} - \cdots - \beta_k x_{ki}\big)
\end{aligned}
$$

여기서 F는 ϵ_i의 누적분포함수로서 오차항 ϵ_i의 분포가 좌우대칭이라면 $1 - F(-Z) = F(Z)$이 성립하므로 위의 식은 $P_i = F(z_i) = F\big(\beta_0 + \beta_1 x_{1i} + \beta_2 x_{2i} + \cdots + \beta_k x_{ki}\big)$와 같이 표현할 수 있다. F의 함수형태는 오차항 ϵ_i의 분포에 의해 결정되며, 만약 오차항 ϵ_i의 분포를 누적정규분포함수로 가정하면 프로빗모형(Probit Model)이 되고, 누적로지스틱함수로 가정하면 로짓모형(Logit Model)이 된다.

F의 함수형태를 누적정규분포함수로 가정하면 $P_i = F(z_i) = \displaystyle\int_{-\infty}^{z_i} \frac{1}{\sqrt{2\pi}} e^{-\frac{t^2}{2}} dt$이 되어 프로빗모형은 다음과 같이 표현할 수 있다.

$$Z_i = F^{-1}(P_i) = \beta_0 + \beta_1 x_{1i} + \beta_2 x_{2i} + \cdots + \beta_k x_{ki}$$

F의 함수형태를 누적로지스틱함수로 가정하면 $P_i = F(z_i) = \dfrac{\exp(z_i)}{1 + \exp(z_i)}$이 되고,

$\ln\left[\dfrac{F(z_i)}{1 - F(z_i)}\right] = Z_i$이 성립하여 로짓모형은 다음과 같이 표현할 수 있다.

$$\ln\left(\frac{P_i}{1 - P_i}\right) = \beta_0 + \beta_1 x_{1i} + \beta_2 x_{2i} + \cdots + \beta_k x_{ki}$$

즉, 로짓모형은 독립변수가 $[-\infty, \infty]$의 어느 숫자이든 관계없이 종속변수의 값은 항상 범위 $[0, 1]$ 사이가 된다.

8. 모형설정의 오류 및 분석방법의 결정

(1) 모형설정의 오류

실제 분석에서 회귀모형을 잘못 설정하면 종속변수의 체계적인 변동으로 인하여 분석결과가 무의미하게 되는 경우가 종종 있다. 대표적인 예로 회귀모형에 반드시 포함해야 할 중요한 독립변수가 모형에서 제외된 경우와 부적절한 독립변수를 모형에 포함한 경우이다.

① 중요한 독립변수가 모형에서 제외된 경우

실제 적절한 모형이 $y_i = \beta_0 + \beta_1 x_{1i} + \beta_2 x_{2i} + \epsilon_i$인데 중요한 독립변수 x_2를 모형에 포함하지 않았다고 하면 잘못 설정된 모형 $y_i = \beta_0 + \beta_1 x_{1i} + \epsilon_i$하에서의 오차항 ϵ_i은 선형회귀모형의 기본 가정인 $E(\epsilon_i) = 0$을 충족시킬 수 없다. 따라서 보통최소제곱법을 이용하여 구한 추정량은 b_1은 편의추정량이 된다. 또한 추정량 b_1의 분산이 작아져 회귀계수의 유의성 검정에 잘못된 결론을 내릴 가능성이 크다.

② 부적절한 독립변수를 모형에 포함한 경우

실제 적절한 모형이 $y_i = \beta_0 + \beta_1 x_{1i} + \epsilon_i$인데 부적절한 독립변수 x_2를 모형에 포함하여 $y_i = \beta_0 + \beta_1 x_{1i} + \beta_2 x_{2i} + \epsilon_i$와 같이 모형을 잘못 설정하였다 하더라도 추정량 b_1은 불편추정량이 된다. 하지만 추정량 b_1의 분산이 커져 효율성이 떨어지며, 특히 부적절한 독립변수 x_2가 x_1과 높은 상관관계에 있다면 추정량의 분산은 매우 커지게 되어 t검정통계량 값이 작아져 귀무가설 ($H_0 : \beta_1 = 0$)을 기각하기 어려워진다.

〈표 10.22〉 모형설정 오류에 따른 차이 비교

	중요한 변수 제외	부적절한 변수 포함
회귀계수 추정량	편의추정량	불편추정량
추정량의 분산	작아짐	커 짐
오차항의 분산	작아짐	커 짐
검정통계량 t 값	불확실	작아짐
검정결과	무의미	귀무가설 채택 가능성 높음

(2) 분석방법의 결정

독립변수와 종속변수가 연속형인지 범주형인지에 따라 분석방법은 다음과 같이 달라진다.

〈표 10.23〉 자료의 유형에 따른 분석 방법의 결정

		독립변수(설명변수)	
		범주형	연속형
종속변수 (반응변수)	범주형	교차분석(카이제곱검정)	로짓모형, 프로빗모형
	연속형	이표본 t 검정, 분산분석	상관분석, 회귀분석

│STEP 1│ 행정고시

기출 1988년

결정계수에 대하여 논하라.

01 해설

결정계수(Coefficient of Determination ; R^2)

① 결정계수는 추정된 회귀선이 관측값들을 얼마나 잘 설명하고 있는가를 나타내는 척도로서 총변동 중에서 회귀선에 의해 설명되는 비율이다.

② $R^2 = \dfrac{SSR}{SST} = 1 - \dfrac{SSE}{SST}$ $\because SST = SSR + SSE$

③ 결정계수의 범위는 $0 \le R^2 \le 1$이다.

④ 결정계수가 1에 가까울수록 추정된 회귀식은 의미가 있다.

⑤ 단순선형회귀에서는 상관계수(r)의 제곱이 결정계수(R^2)가 된다.

$SSR = \sum \left(\hat{y_i} - \bar{y}\right)^2 = b^2 S_{xx} = b^2 \sum (x_i - \bar{x})^2$ 이 성립한다.

$\because \hat{y_i} - \bar{y} = a + bx_i - a - b\bar{x} = b\left(x_i - \bar{x}\right)$

$S_{xy} = \sum \left(x_i - \bar{x}\right)\left(y_i - \bar{y}\right),\ S_{xx} = \sum \left(x_i - \bar{x}\right)^2,\ S_{yy} = \sum \left(y_i - \bar{y}\right)^2$ 라 할 때,

$R^2 = \dfrac{SSR}{SST} = \dfrac{b^2 S_{xx}}{S_{yy}} = \left(\dfrac{S_{xy}}{S_{xx}}\right)^2 \dfrac{S_{xx}}{S_{yy}} = \dfrac{(S_{xy})^2}{S_{xx} S_{yy}} = r^2$

⑥ 단순회귀분석에서는 결정계수(R^2)가 상관계수(r)의 제곱이지만 다중회귀분석에서는 그 관계가 성립하지 않는다.

⑦ 단순회귀분석에서는 결정계수가 회귀모형의 적합성을 측정하는데 좋은 척도가 되지만 다중회귀분석에서는 독립변수의 수를 증가시키면 독립변수의 영향에 관계없이 결정계수의 값이 커지기 때문에 결정계수로 다중회귀모형의 적합성을 측정하는데 문제가 있다.

⑧ 독립변수의 수가 증가함에 따라 결정계수도 커지는 단점을 보완하기 위해서 회귀변동과 오차변동의 자유도를 고려한 수정결정계수를 사용한다.

$adj\ R^2 = 1 - \dfrac{SSE/(n-k-1)}{SST/(n-1)} = 1 - \dfrac{n-1}{n-k-1}\left(1 - R^2\right)$

⑨ 절편이 있는 회귀모형에서의 결정계수는 항상 0 이상이지만, 원점을 지나는 회귀모형에서의 결정계수는 음의 값을 가질 수 있다.

단순회귀계수와 상관계수와의 관계를 비교, 설명하라.

02 해설

회귀계수와 상관계수의 연관성

① 표본상관계수를 r이라 하고, 단순회귀계수의 기울기를 b라 하자.

② 상관계수 $r = \dfrac{\sum(x_i - \bar{x})(y_i - \bar{y})}{\sqrt{\sum(x_i - \bar{x})^2}\,\sqrt{\sum(y_i - \bar{y})^2}}$ 이고, 회귀계수 $b = \dfrac{\sum(x_i - \bar{x})(y_i - \bar{y})}{\sum(x_i - \bar{x})^2}$ 이다.

$$\therefore r = \frac{\sum(x_i - \bar{x})(y_i - \bar{y})}{\sqrt{\sum(x_i - \bar{x})^2}\,\sqrt{\sum(y_i - \bar{y})^2}} = \frac{\sum(x_i - \bar{x})(y_i - \bar{y})}{\sum(x_i - \bar{x})^2} \times \frac{\sqrt{\sum(x_i - \bar{x})^2}}{\sqrt{\sum(y_i - \bar{y})^2}} = b\frac{S_X}{S_Y}$$

③ X의 표본표준편차 S_X와 Y의 표본표준편차 S_Y는 모두 0 이상이므로 표본상관계수와 단순회귀계수의 기울기 부호는 항상 동일하다.

④ X의 표본표준편차 S_X와 Y의 표본표준편차 S_Y가 같으면 표본상관계수와 단순회귀계수의 기울기 크기는 동일하다.

⑤ 단순선형회귀분석에서 변수들을 표준화한 표준화 회귀계수(b^*)는 상관계수와 같다.

표준화한 $X^* = \dfrac{X - \bar{X}}{S_X}$와 $Y^* = \dfrac{Y - \bar{Y}}{S_Y}$을 이용하여 단순회귀계수의 기울기를 구하면 다음과 같다.

$$b^* = \frac{\sum(x_i^* - \bar{x}^*)(y_i^* - \bar{y}^*)}{\sum(x_i^* - \bar{x}^*)^2} = \frac{\sum x_i^* y_i^* - n\bar{x}^*\bar{y}^*}{\sum(x_i^*)^2 - n(\bar{x}^*)^2} = \sum x_i^* y_i^* = \frac{\sum(x_i - \bar{x})(y_i - \bar{y})}{S_X S_Y} = r$$

⑥ 모상관계수 $\rho = 0$을 검정하기 위한 검정통계량은 $T = \dfrac{r - \rho}{\sqrt{1 - r^2/n - 2}} \sim t_{(n-2)}$이고, 모회귀직선의 기울기 $\beta = 0$을 검정

하기 위한 검정통계량은 $T = \dfrac{b - \beta}{\sqrt{MSE/S_{xx}}} \sim t_{(n-2)}$이다.

$$T = \frac{b - 0}{\sqrt{\dfrac{MSE}{S_{xx}}}} = \frac{b\sqrt{S_{xx}}}{\sqrt{MSE}} = \frac{\sqrt{SSR}}{\sqrt{\dfrac{SSE}{n-2}}} \qquad \because SSR = b^2 S_{xx}$$

$$= \frac{\sqrt{SSR/SST}}{\sqrt{\dfrac{SSE/SST}{n-2}}} = \frac{\sqrt{R^2}}{\sqrt{\dfrac{1 - R^2}{n-2}}} = \frac{r - 0}{\sqrt{\dfrac{1 - r^2}{n-2}}}$$

∴ 모상관계수(ρ) 검정과 모회귀직선의 기울기(β) 검정에 대한 검정통계량은 동일하며, 검정통계량이 동일하므로 유의확률 역시 동일하다.

단순선형회귀분석에서 주어진 자료와 독립인 새로운 관찰값$(x^*, \, y)$에 대하여 Y의 95% 예측구간 (Prediction Interval)을 구하고, 95% 신뢰구간과 어떻게 다른지 간략히 비교하라.

03 해설

단순회귀에서 예측

회귀분석에서 예측이란 표본으로 관측된 자료를 이용한 추정된 회귀식으로 독립변수의 특정한 값에 대응되는 종속변수의 값을 예측하게 된다. 예측에는 독립변수의 특정값 x^* 가 주어졌을 때 종속변수 y^* 의 평균 $E(y^*)$을 예측하는 경우와 종속변수 y^* 의 개별관측값을 예측하는 두 가지의 형태가 있다.

① 종속변수의 평균 $E(y^*)$에 대한 예측

종속변수 y^* 의 평균 $E(y^*)$를 예측하는 경우 추정된 회귀식이 $\hat{y} = a + bx$라 한다면 $x = x^*$ 일 때 y^* 의 평균 $E(y^*)$에 대한 점추정은 $E(\hat{y^*}) = \alpha + \beta x^*$ 이 된다. 즉, $E(\hat{y^*}) = \mu_{y^*}$이 성립하므로 $\hat{y^*}$ 는 μ_{y^*}의 불편추정량이다.

$$Var(\hat{y^*}) = Var(a + bx^*) = Var(a + b\overline{x} + bx^* - b\overline{x}) = Var[\overline{y} + b_1(x^* - \overline{x})]$$
$$= Var(\overline{y}) + (x^* - \overline{x})^2 Var(b) + 2(x^* - \overline{x})Cov(\overline{y}, \, b)$$
$$= \sigma^2\left[\frac{1}{n} + \frac{(x^* - \overline{x})^2}{\sum(x - \overline{x})^2}\right] \quad \because Cov(\overline{y}, \, b) = 0$$

결과적으로 y^* 의 표본분포는 $\hat{y^*} \sim N\left(\mu_{y^*}, \; \sigma^2\left[\frac{1}{n} + \frac{(x^* - \overline{x})^2}{\sum(x - \overline{x})^2}\right]\right)$을 따르며, 특정한 x^* 가 주어졌을 때 종속변수 y^* 의 평균 μ_{y^*}을 예측하기 위한 $100(1-\alpha)\%$의 신뢰구간은 다음과 같다.

$$\left(\hat{y^*} - z_{\alpha/2}\sqrt{\sigma^2\left[\frac{1}{n} + \frac{(x^* - \overline{x})^2}{\sum(x - \overline{x})^2}\right]}, \; \hat{y^*} + z_{\alpha/2}\sqrt{\sigma^2\left[\frac{1}{n} + \frac{(x^* - \overline{x})^2}{\sum(x - \overline{x})^2}\right]}\right)$$

위의 신뢰구간에서 $x^* = \overline{x}$ 일 때 $\hat{y^*}$ 의 표준오차가 가장 작은값을 가지게 되므로 신뢰구간이 가장 좁아지며, x^* 의 값이 $\overline{x}$로부터 멀리 떨어질수록 신뢰구간의 폭이 넓어지므로 예측의 정확성은 점점 낮아진다. 만약 모분산 σ^2이 알려져 있지 않은 경우라면 σ^2 대신 표본으로부터의 추정값 MSE를 사용하며 신뢰계수 또한 $z_{\alpha/2}$ 대신 $t_{\alpha/2, \, n-2}$을 사용한다.

② 종속변수의 개별 관측값에 대한 예측

독립변수의 특정값 x^* 가 주어졌을 때 종속변수 y^* 의 한 관측값을 예측하는 경우는 x^* 에 대응되는 y^* 가 확률변수가 되므로 많은 값들을 가질 수 있다. 이들 중의 한 관측값을 y_0^* 라 한다면 y_0^* 의 점추정값은 $\hat{y_0^*} = a + bx^*$ 이 된다.

하지만 $\hat{y_0^*}$ 의 분산은 기대값에 관심이 있는 것이 아니라 새로운 하나의 관측값에 대한 예측이므로 $\hat{y^*}$ 의 분산에 오차항의 분산 σ^2을 더한 $Var(\hat{y_0^*}) = \sigma^2\left[1 + \frac{1}{n} + \frac{(x^* - \overline{x})^2}{\sum(x - \overline{x})^2}\right]$과 같다.

결과적으로 y_0^* 의 개별관측값에 대한 $100(1-\alpha)\%$의 신뢰구간은 다음과 같다.

$$\left(\hat{y^*} - z_{\alpha/2}\sqrt{\sigma^2\left[1 + \frac{1}{n} + \frac{(x^* - \overline{x})^2}{\sum(x - \overline{x})^2}\right]}, \; \hat{y^*} + z_{\alpha/2}\sqrt{\sigma^2\left[1 + \frac{1}{n} + \frac{(x^* - \overline{x})^2}{\sum(x - \overline{x})^2}\right]}\right)$$

$Var(\hat{y_0^*})$는 $Var(\hat{y^*})$보다 σ^2만큼 더 크므로 하나의 y_0^* 값에 대한 신뢰구간은 μ_{y^*}의 신뢰구간보다 넓어지며, 신뢰대 또한 더 넓게 나타난다. 만약 모분산 σ^2이 알려져 있지 않은 경우라면 σ^2 대신 표본으로부터의 추정값 MSE를 사용하며 신뢰계수 또한 $z_{\alpha/2}$ 대신 $t_{\alpha/2, \, n-2}$을 사용한다.

04

기출 1995년

다중선형 회귀모형 $y_i = \beta_0 + \beta_1 X_1 + \beta_2 X_2 + \cdots + \beta_p X_p + \epsilon_i, \quad \epsilon_i \sim N(0, \sigma^2)$ 이고 서로 독립이다. 변수선택방법과 다중공선성이 발생한 경우 그 발생요인과 회귀모형에 미치는 영향을 설명하고, 대처방안에 대해 논하시오.

04 해설

다중공선성(Multicollinearity)

① 다중회귀모형을 설정할 때 독립변수들 간에는 선형종속관계가 성립하지 않는다는 것을 가정했다. 하지만 만약 독립변수들 간에 선형종속관계가 성립한다면, 또는 거의 선형종속관계가 성립하는 경우 다중공선성의 문제가 발생한다.

② 다중공선성이란 다중회귀분석에서 독립변수들 간에 완전한 상관관계(±1)가 존재한다면 $X'X$행렬의 역행렬이 존재하지 않아 보통 최소제곱 추정방법(OLS ; Ordinary Least Squares)에 의한 $b = (X'X)^{-1}X'y$공식을 사용할 수 없게 되어 추정량 b를 구할 수 없고, 이때의 분산도 정의되지 않는다. 또한 독립변수들 간에 높은 상관관계가 존재하면 $X'X$행렬의 역행렬이 이론상으로는 존재하나 실제로 구하기는 매우 어렵고, 이때의 분산이 매우 크므로 추정량은 유의하지 않게 된다. 즉, 한 독립변수가 종속변수에 대한 설명력이 높더라도 다중공선성이 높으면 설명력이 낮은 것처럼 나타난다.

③ 이와 같이 다중공선성의 문제가 발생하면 종속변수에 영향을 미치는 모든 독립변수를 회귀모형에 포함시키는 경우보다는 변수선택방법(단계별 회귀 등)을 이용하여 유의한 일부의 독립변수들만을 회귀모형에 포함시키는 것이 더 바람직하다.

④ 다중공선성 문제의 해결 방안은 다음과 같다.

　㉠ 다중공선성 문제를 야기 시킨 상관관계가 높은 독립변수를 제거한다.

　㉡ 표본의 크기를 증가시켜 다중공선성을 감소시킨다.

　㉢ 모형을 재설정하거나 변수들을 변환시켜서 사용한다.

　㉣ 능형회귀(Ridge Regression), 주성분회귀(Principal Components Regression) 등의 새로운 모수추정방법을 사용한다.

다음 점선도의 의미를 설명하라.

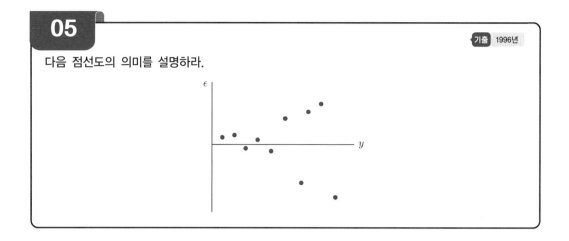

05 해설

잔차분석(Residual Analysis)

① 잔차의 형태로부터 추정된 회귀모형이 관측된 자료를 얼마나 잘 설명해주고 있는지 알 수 있으며 회귀분석의 기본가정에 대해 검토할 수 있다.

② 종속변수의 예측값($\hat{y}$)을 x축으로 하고 잔차(e)를 y축으로 하여 그린 산점도를 잔차도(Residual Plot)라고 한다.

③ 위의 잔차도로부터 $\hat{y}$이 증가함에 따라 오차의 분산이 증가하고 있으므로 이는 오차항(ϵ)의 분산이 등분산하지 않음을 의미한다.

④ 오차항의 등분산 가정이 성립하지 않는 경우에는 각 오차항마다 가중치를 부여하여 가중최소제곱법을 사용할 수 있으며, 많은 경우에 변수들을 대수변환 또는 역변환 등과 같이 변수변환을 통해서 이분산 문제를 어느 정도 해결할 수 있다.

반응(또는 종속)변수 Y를 설명하기 위하여 하나의 설명(또는 독립)변수 X를 사용하는 단순선형회귀모형을 생각한다.

$$Y = \beta_0 + \beta_1 X + \epsilon$$

(1) 다음의 자료를 이용하여 위의 모형에 적합시키기 위한 회귀계수 추정량 β_1의 의미에 대하여 구체적으로 약술하시오(단, 자료를 이용하여 구체적으로 계산할 필요는 없음).

X(단위 : 천톤)	10	16	12	18	17	17	9	19	17	11
Y(단위 : 백만원)	13	18	14	18	23	21	14	25	23	14

X : 운송회사들의 수송량 Y : 안전과 사고대비를 위한 보험료 액수

(2) 추정된 회귀직선의 적합도를 나타내는 측도로 결정계수를 사용한다. 결정계수를 정의하고 그 의미에 대해 논하시오.

(3) 적합된 결과를 이용하여 오차항(ϵ_i)에 대한 가정의 타당성을 검토하는 방법에 대하여 논하시오.

06 해설

(1) 회귀계수의 의미

① 회귀모형 $Y = \beta_0 + \beta_1 X + \epsilon$에서 β_1는 X가 1단위만큼 증가했을 때, Y가 β_1단위만큼 증가한다는 의미이다.

② 따라서 위 자료의 경우, 운송회사들의 수송량이 1천톤 증가했을 때 안전과 사고대비를 위한 보험료 액수는 $\beta_1 \times$백만원만큼 증가함을 의미한다.

(2) 결정계수(Coefficient of Determination ; R^2)

① 결정계수는 추정된 회귀선이 관측값들을 얼마나 잘 설명하고 있는가를 나타내는 척도로서 총변동 중에서 회귀선에 의해 설명되는 비율이다.

② 결정계수는 총변동 중에서 회귀에 의해 설명되는 변동의 비율로서 다음과 같이 정의한다.

$$R^2 = \frac{SSR}{SST} = 1 - \frac{SSE}{SST} \quad \because SST = SSR + SSE$$

(3) 잔차분석(Residual Analysis)

① 회귀분석을 할 때 회귀모형의 기본 가정인 오차항의 독립성, 정규성, 등분산성을 만족하는지 먼저 검토해야 한다.

② 오차항의 정규성 검토

정규확률도표(P-P plot)를 그려서 점들이 거의 일직선상에 위치하면 정규성을 만족한다. 오차항의 정규성 검토는 정규확률도표 외에도 잔차분석, Q-Q Plot, Shapiro-Wilk 검정, Kolmogorov-Smirnov 검정, 이상치 검정(Outlier Test), Mann-Whitney and Wilcoxon 검정, Jarque-Bera 검정, 변환(Transformation)을 통해서 검토할 수 있다.

③ 오차항의 등분산성 검토

오차항의 등분산성 검토는 잔차들의 산점도를 그려서 확인할 수 있다. 잔차를 y축으로 하고 종속변수의 예측치를 x축으로 하여 그린 산점도가 다음과 같다고 하자.

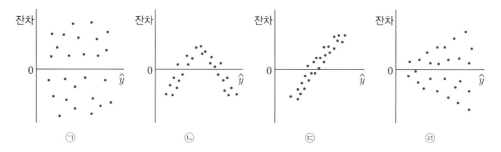

㉠은 0을 중심으로 랜덤하게 분포되어 있으므로 오차항의 등분산성을 만족한다.

㉡은 새로운 독립변수로 2차항을 추가한 이차곡선식 $\hat{y} = b_0 + b_1 x + b_2 x^2$이 적합하다.

㉢은 새로운 독립변수를 추가하는 것이 적합하다.

㉣은 x가 증가함에 따라 오차의 분산이 증가하기 때문에 가중회귀직선이 적합하다.

또한, 오차항이 이분산을 갖는지 검정하는 방법으로 화이트(White) 검정, 골드펠트-퀸트(Goldfeld-Quandt) 검정, 브로이쉬-파간(Breusch-Pagan) 검정, 최대가능도비 검정 등이 있으며, 오차항의 이분산성 문제를 해결할 수 있는 방안으로는 변수변환, 가중최소제곱법, 최대가능도추정법 등이 있다.

④ 오차항의 독립성 검토(독립변수가 시계열자료일 경우)

독립변수가 시계열자료일 경우 더빈-왓슨(Durbin-Watson) d통계량을 이용하여 자기상관성을 검토하며, 독립변수가 시계열자료가 아닌 경우 회귀분석에서 오차항의 독립성 검정은 따로 실시하지 않는다. 오차항의 독립성 검정에 대한 가설은 다음과 같다.

귀무가설(H_0) : $\rho = 0$, 대립가설(H_1) : $\rho > 0$

㉠ 더빈-왓슨 d통계량 값이 2에 가까우면 독립성을 만족한다.

㉡ 더빈-왓슨 d통계량 값이 0에 가까우면 오차항 간에 양의 상관관계가 존재한다.

㉢ 더빈-왓슨 d통계량 값이 4에 가까우면 오차항 간에 음의 상관관계가 존재한다.

더빈-왓슨 d통계량은 오차항의 1차 자기상관만 검정할 수 있으며, 종속변수의 시차변수가 독립변수로 사용되는 모형에서는 더빈-왓슨 h통계량을 사용하고, 2차 이상의 자기상관에 대한 검정은 Ljung-Box의 Q통계량과 Godfley가 제안한 LM(Lagrange Multiplier) 검정 방법이 있다.

기출 2004년

가구의 전력소비량 Y에 대하여 통계적 모형을 설정하고자 한다.

(1) Y에 영향을 주는 변수로 가구원수 $N(=1, 2, 3, \cdots)$, 가구원 총소득 I(단위 : 만원/월), 가장의 직업 $J(=$자영업, 사무직, 노무직, 기타)을 고려한 선형회귀모형을 구체적으로 제시하여라. 모두 몇 개의 설명변수가 필요한가?

(2) 변수 J가 Y에 미치는 영향을 통계적으로 유의한가를 검정하는 방법을 제시하시오.

(3) 변수 Y와 I의 분포가 큰 값 쪽으로 긴 꼬리를 갖는다면 어떤 변환을 취하는 것이 좋은가?

07 해설

(1) 더미변수 회귀분석

① 가구원수와 가구원 총소득은 양적변수로 각각 하나씩의 독립변수를 필요로 한다.

② 가장의 직업은 질적변수로 범주가 4개(자영업, 사무직, 노무직, 기타)로 나누어져 있으므로 더미변수는 범주수보다 하나 작은 $4-1=3$개를 사용하여 다음과 같이 4개의 범주를 표현한다.

직 업	더미직업1(D_1)	더미직업2(D_2)	더미직업3(D_3)
자영업	1	0	0
사무직	0	1	0
노무직	0	0	1
기 타	0	0	0

③ 다중회귀모형은 다음과 같이 표현할 수 있다.

$$y_i = \beta_0 + \beta_1 X_{1i} + \beta_2 X_{2i} + \beta_3 D_{1i} + \beta_4 D_{2i} + \beta_5 D_{3i} + \epsilon_i, \quad \epsilon_i \sim N(0, \sigma^2), \quad i = 1, 2, \cdots, n$$

④ 즉, 필요한 설명변수는 총 5개(가구원수, 가구원 총소득, 더미직업1, 더미직업2, 더미직업3)이다.

(2) 부분 F-검정(Partial F-Test)

① 부분 F-검정은 기존의 모형 속에 새로운 독립변수들을 포함시킬 것인가를 결정하는 검정방법으로 사용할 수 있다.

② (1)의 ③에서 제시한 다중회귀모형을 완전모형이라 하자.

$$y_i = \beta_0 + \beta_1 X_{1i} + \beta_2 X_{2i} + \beta_3 D_{1i} + \beta_4 D_{2i} + \beta_5 D_{3i} + \epsilon_i, \quad \epsilon_i \sim N(0, \sigma^2), \quad i = 1, 2, \cdots, n$$

③ 5개의 독립변수 중에서 2개(가구원수, 가구원 총소득)의 독립변수만을 포함하는 다음과 같은 모형을 축소모형이라 한다.

$$y_i = \beta_0 + \beta_1 X_{1i} + \beta_2 X_{2i} + \epsilon_i, \quad \epsilon_i \sim N(0, \sigma^2), \quad i = 1, 2, \cdots, n$$

④ 부분 F-검정에 설정되는 가설은 다음과 같다.

- 귀무가설(H_0) : 축소모형이 적합하다($y_i = \beta_0 + \beta_1 X_{1i} + \beta_2 X_{2i} + \epsilon_i$, 즉 $\beta_3 = \beta_4 = \beta_5 = 0$).
- 대립가설(H_1) : 완전모형이 적합하다($y_i = \beta_0 + \beta_1 X_{1i} + \beta_2 X_{2i} + \beta_3 D_{1i} + \beta_4 D_{2i} + \beta_5 D_{3i} + \epsilon_i$, 즉 모든 $\beta_i = 0$인 것은 아니다. $i = 3, 4, 5$).

⑤ 부분 F-검정을 위한 검정통계량을 결정한다.

$$F = \frac{SSR(F) - SSR(R)}{df(F) - df(R)} \Big/ \frac{SSR(F)}{n - k - 1} = \frac{SSE(R) - SSE(F)/(k - r)}{MSR} \sim F_{(k - r,\, n - k - 1)}$$

⑥ 유의수준과 그에 상응하는 기각범위를 결정한다.

유의수준 α를 0.05라 가정하고 단측검정임을 감안한다면 기각치는 $F_{(\alpha,\, k - r,\, n - k - 1)}$이 된다.

⑦ 검정통계량 값과 기각치를 비교하여 통계적 결정을 한다.

검정통계량 값을 구한 후 검정통계량 값이 유의수준 0.05에서의 기각치보다 작으면 귀무가설을 채택하고, 크면 귀무가설을 기각한다.

(3) 회귀모형의 변환

① 변수 Y와 I의 산점도를 그려서 대략적으로 어떤 모형이 적절한지를 판단한다.

② 두 변수 Y와 I만을 고려했을 때 변수 Y와 I의 분포가 큰 값 쪽으로 긴 꼬리를 갖는다면 대략적으로 $y = \alpha_0 \alpha_1^I \epsilon$와 같은 관계에 있을 것이다.

③ 위와 같은 모형을 선형으로 만들기 위해서 양변에 log를 취하여 log변환하면 다음과 같은 식이 된다.

$$\log y = \log \alpha_0 + I \log \alpha_1 + \log \epsilon$$

④ $\log y = y^*$, $\log \alpha_0 = \beta_0$, $\log \alpha_1 = \beta_1$, $\log \epsilon = \epsilon^*$ 라 놓으면 $y^* = \beta_0 + \beta_1 I + \epsilon^*$이 된다.

⑤ $y^* = \beta_0 + \beta_1 I + \epsilon^*$ 모형을 적합시켜 회귀분석을 하고 다른 여러 개의 가능한 모형을 적합시켜 회귀분석을 한 후 결정계수를 비교하여 결정계수가 높게 나온 모형을 최종 모형으로 선택한다.

08

기출 2005년

종속변수 Y의 변동을 설명하기 위하여 p개의 독립변수를 고려한 다중선형회귀모형이 다음과 같다고 가정하자.

$$Y_i = \beta_0 + \beta_1 X_{1i} + \beta_2 X_{2i} + \cdots + \beta_p X_{pi} + e_i, \quad i = 1, 2, \cdots, n$$

단, e_i는 서로 독립이며 $N(0, \sigma^2)$이다.

(1) 위 모형에서 독립변수의 관측값들 사이에 강한 선형관계가 존재할 때 발생되는 회귀분석의 문제점과 그 해결책에 대해 논하시오.

(2) 위 모형이 $\beta_2 = \beta_3 = \cdots = \beta_p = 0$인 단순회귀모형일 경우 종속변수 Y와 X_1의 상관계수 ρ와 회귀계수 β_1 간에 관계에 대해 설명하시오.

(3) 위 모형에서 종속변수의 관측값(Y_i)이 0과 1의 값만 가질 경우 발생되는 회귀분석 모형의 가정에 대한 문제점과 그 해결책에 대해 논하시오.

08 해설

(1) 다중공선성(Multicollinearity)

① 다중회귀모형을 설정할 때 독립변수들 간에는 선형종속관계가 성립하지 않는다는 것을 가정했다. 하지만 만약 독립변수들 간에 선형종속관계가 성립한다면, 또는 거의 선형종속관계가 성립하는 경우 다중공선성의 문제가 발생한다.

② 다중공선성이란 다중회귀분석에서 독립변수들 간에 완전한 상관관계(±1)가 존재한다면 $X'X$행렬의 역행렬이 존재하지 않아 보통 최소제곱 추정방법(OLS ; Ordinary Least Squares)에 의한 $b = (X'X)^{-1}X'y$공식을 사용할 수 없게 되어 추정량 b를 구할 수 없고, 이때의 분산도 정의되지 않는다. 또한 독립변수들 간에 높은 상관관계가 존재하면 $X'X$행렬의 역행렬이 이론상으로는 존재하나 실제로 구하기는 매우 어렵고, 이때의 분산이 매우 크므로 추정량은 유의하지 않게 된다. 즉, 한 독립변수가 종속변수에 대한 설명력이 높더라도 다중공선성이 높으면 설명력이 낮은 것처럼 나타난다.

③ 이와 같이 다중공선성의 문제가 발생하면 종속변수에 영향을 미치는 모든 독립변수를 회귀모형에 포함시키는 경우보다는 변수선택방법(단계별 회귀 등)을 이용하여 유의한 일부의 독립변수들만을 회귀모형에 포함시키는 것이 더 바람직하다.

④ 다중공선성 문제의 해결 방안은 다음과 같다.

㉠ 다중공선성 문제를 야기 시킨 상관관계가 높은 독립변수를 제거한다.

㉡ 표본의 크기를 증가시켜 다중공선성을 감소시킨다.

㉢ 모형을 재설정하거나 변수들을 변환시켜서 사용한다.

㉣ 능형회귀(Ridge Regression), 주성분회귀(Principal Components Regression) 등의 새로운 모수추정방법을 사용한다.

(2) 회귀계수와 상관계수의 연관성

① 표본상관계수를 r이라 하고, 단순회귀계수의 기울기를 b_1라 하자.

② 상관계수 $r = \dfrac{\sum(x_{1i} - \overline{x_1})(y_i - \overline{y})}{\sqrt{\sum(x_{1i} - \overline{x_1})^2}\,\sqrt{\sum(y_i - \overline{y})^2}}$ 이고, 회귀계수 $b_1 = \dfrac{\sum(x_{1i} - \overline{x_1})(y_i - \overline{y})}{\sum(x_{1i} - \overline{x_1})^2}$ 이다.

$$\therefore r = \frac{\sum(x_{1i} - \overline{x_1})(y_i - \overline{y})}{\sqrt{\sum(x_{1i} - \overline{x_1})^2}\,\sqrt{\sum(y_i - \overline{y})^2}} = \frac{\sum(x_{1i} - \overline{x_1})(y_i - \overline{y})}{\sum(x_{1i} - \overline{x_1})^2} \times \frac{\sqrt{\sum(x_{1i} - \overline{x_1})^2}}{\sqrt{\sum(y_i - \overline{y})^2}} = b_1 \frac{S_{X_1}}{S_Y}$$

③ X_1의 표본표준편차 S_{X_1}와 Y의 표본표준편차 S_Y는 모두 0 이상이므로 표본상관계수와 단순회귀계수의 기울기 부호는 항상 동일하다.

④ X_1의 표본표준편차 S_{X_1}와 Y의 표본표준편차 S_Y가 같으면 표본상관계수와 단순회귀계수의 기울기 크기는 동일하다.

⑤ 단순선형회귀분석에서 변수들을 표준화한 표준화 회귀계수(b^*)는 상관계수와 같다.

표준화한 $X_1^* = \dfrac{X_1 - \overline{X_1}}{S_{X_1}}$와 $Y^* = \dfrac{Y - \overline{Y}}{S_Y}$을 이용하여 단순회귀계수의 기울기를 구하면 다음과 같다.

$$b_1^* = \frac{\sum(x_{1i}^* - \overline{x_1^*})(y_i^* - \overline{y^*})}{\sum(x_{1i}^* - \overline{x_1^*})^2} = \frac{\sum x_{1i}^* y_i^* - n\overline{x_1^*}\,\overline{y^*}}{\sum(x_{1i}^*)^2 - n(\overline{x_1^*})^2} = \sum x_{1i}^* y_i^* = \frac{\sum(x_{1i} - \overline{x_1})(y_i - \overline{y})}{S_{X_1}S_Y} = r$$

⑥ 모상관계수 $\rho - 0$을 검정하기 위한 검정통계량은 $T = \dfrac{r - \rho}{\sqrt{1 - r^2/n - 2}} \sim t_{(n-2)}$이고, 모회귀직선의 기울기 $\beta_1 = 0$을 검정하기 위한 검정통계량은 $T = \dfrac{b_1 - \beta_1}{\sqrt{MSE/S_{x_1 x_1}}} \sim t_{(n-2)}$이다.

$$T = \frac{b_1 - 0}{\sqrt{\dfrac{MSE}{S_{x_1 x_1}}}} = \frac{b_1\sqrt{S_{x_1 x_1}}}{\sqrt{MSE}} = \frac{\sqrt{SSR}}{\sqrt{\dfrac{SSE}{n-2}}} \quad \because SSR = b_1^2 S_{x_1 x_1}$$

$$= \frac{\sqrt{SSR/SST}}{\sqrt{\dfrac{SSE/SST}{n-2}}} = \frac{\sqrt{R^2}}{\sqrt{\dfrac{1-R^2}{n-2}}} = \frac{r - 0}{\sqrt{\dfrac{1-r^2}{n-2}}}$$

∴ 모상관계수(ρ) 검정과 모회귀직선의 기울기(β_1) 검정에 대한 검정통계량은 동일하며, 검정통계량이 동일하므로 유의확률 역시 동일하다.

(3) 선형확률모형(Linear Probability Model)

① 종속변수가 0과 1의 값만 가지는 더미변수인 경우 일반적인 회귀분석을 실시하면 다음과 같은 문제점이 발생한다.

㉠ 오차항 e_i가 정규분포를 따르지 않기 때문에 통상적인 유의성 검정은 의미가 없다.

㉡ 오차항 e_i의 등분산성이 보장되지 않는다.

㉢ $E(Y_i \mid X_i)$는 특정 사건이 일어날 확률을 나타내지만 실제분석 시 종종 0과 1의 범위를 벗어나게 된다.

㉣ 결정계수(R^2)의 의미 해석이 모호하다.

② 따라서 이와 같은 경우에는 일반적인 회귀분석이 아닌 선형확률모형을 사용한다.

㉠ 로지스틱 회귀분석(Logit Model)

㉡ 프로빗 회귀분석(Probit Model)

㉢ 토빗 회귀분석(Tobit Model)

기출 2010년

다음은 어느 회사의 같은 부서에 근무하는 7명의 직원들에 대하여 시행한 직무능력 평가 결과와 그 직원들의 대학교 평균평점 자료이다.

직무능력 평가점수(Y)	80.3	85.7	83.5	92.9	78.1	87.2	90.4
대학교 평균평점(X)	3.4	3.9	3.3	4.3	3.0	3.4	3.9

대학교 평균평점과 직무능력 평가점수 사이에 어떤 연관이 있는지 알아보기 위해 단순선형회귀모형을 적합하여 다음과 같은 결과를 얻었다.

Analysis of Variance

Source	DF	Sum of Square	Mean Squares	F Value	Pr $> F$
Model	1	129.2	129.2	16.86	0.0093
Error	5	38.3	7.7		
Corrected Total	6	167.5			

Parameter Estimates

Variable	DF	Sum of Square	Mean Squares	t Value	Pr $> |t|$
Intercept	1	48.1	9.2	5.25	0.0033
X	1	10.4	2.5	4.11	0.0093

(1) 회귀모형의 유의성을 검정하고자 한다. 귀무가설과 대립가설을 설정하고 유의수준 5%에서 검정하시오.

(2) 위의 결과물을 이용하여 회귀모형에 대한 결정계수(R^2)를 소수점 둘째 자리까지 구하고 그 의미를 설명하시오.

(3) 적합된 회귀식을 기술하고 그 의미를 설명하시오.

(4) 어느 직원의 대학교 평균평점이 4.0일 때, 이 직원의 직무능력평가점수를 예측하시오.

---

09 해설

(1) 회귀모형의 유의성 검정

① 분석에 앞서 가설을 먼저 설정한다.

- 귀무가설(H_0) : 회귀모형은 유의하지 않다($\beta_1 = 0$).
- 대립가설(H_1) : 회귀모형은 유의하다($\beta_1 \neq 0$).

② 절편이 있는 단순선형회귀분석에서는 회귀모형의 유의성 검정과 회귀계수의 유의성 검정은 항상 검정결과가 동일하다.

③ 회귀모형의 유의성 검정 결과 F검정통계량 값이 16.86이고 유의확률 p값이 0.0093으로 유의수준 0.05보다 작으므로 귀무가설을 기각한다. 즉, 유의수준 5%에서 회귀모형은 유의하다($\beta_1 \neq 0$)고 할 수 있다.

④ 회귀계수의 유의성 검정 결과 t 검정통계량 값이 4.11이고 유의확률 p값이 0.0093으로 유의수준 0.05보다 작으므로 귀무가설을 기각한다. 즉, 유의수준 5%에서 회귀계수는 유의하다($\beta_1 \neq 0$)고 할 수 있다.

(2) 결정계수(Coefficient of Determination)

① 결정계수 $R^2 = \dfrac{SSR}{SST} = \dfrac{129.2}{167.5} = 0.77$이다.

② 결정계수는 추정된 회귀선이 관측값들을 얼마나 잘 설명하고 있는가를 나타내는 척도로서 총변동 중에서 회귀선에 의해 설명되는 비율이다. 즉, 추정된 회귀선이 관측값들을 대략 77% 정도 설명하고 있다.

(3) 단순회귀식

① 추정된 회귀식은 $\hat{y} = 48.1 + 10.4x$이다.

② 독립변수(대학교 평균평점) x가 1단위 증가할 때 종속변수(직무능력평가점수) y의 값이 10.4단위 증가할 것임을 나타낸다.

(4) 회귀식을 이용한 예측

추정된 회귀식이 $\hat{y} = 48.1 + 10.4x$이므로 $\hat{y} = 48.1 + (10.4 \times 4.0) = 89.7$이 된다.

01

기출 2003년

어느 제약회사에서는 새로 개발된 진통제의 효과를 알기 위하여 환자 n명에게 양을 달리하여 투여한 후, 지속시간을 기록하였다. $(x_1,\ y_1),\ (x_2,\ y_2),\ \cdots,\ (x_n,\ y_n)$이 진통제의 양과 지속시간을 기록한 자료이고, 두 변수 사이의 선형관계를 나타내는 통계모형으로 $y_i = \beta x_i + \epsilon_i$, $i = 1,\ 2,\ \cdots,\ n$(여기서 ϵ_i는 오차항으로 서로 독립이고 평균이 0이며 분산이 σ^2이다)을 선택했을 때,

(1) 오차제곱합 $\displaystyle\sum_{i=1}^{n} \epsilon_i^2$을 최소화하는 β의 최소제곱추정량이 $b = \dfrac{\displaystyle\sum_{i=1}^{n} x_i y_i}{\displaystyle\sum_{i=1}^{n} x_i^2}$로 주어짐을 보여라.

(2) b의 의미를 투여량과 지속시간 두 단어를 넣어 설명하라.

(3) b의 기대값을 구하라.

(4) b의 분산이 $\dfrac{\sigma^2}{\displaystyle\sum_{i=1}^{n} x_i^2}$로 주어짐을 보여라.

01 해 설

(1) 보통최소제곱추정량(Ordinary Least Square Estimator)

① 오차의 합 $\displaystyle\sum_{i=1}^{n} \epsilon_i = \sum_{i=1}^{n} (y_i - \beta x_i)$은 0이 되므로 오차들의 제곱합 $\displaystyle\sum_{i=1}^{n} \epsilon_i^2 = \sum_{i=1}^{n} (y_i - \beta x_i)^2$을 최소로 하는 추정량이 보통최소제곱추정량이다.

② $\displaystyle\sum_{i=1}^{n} (y_i - \beta x_i)^2$을 β에 대해 편미분한 후 0으로 놓으면 $\displaystyle\sum_{i=1}^{n} (y_i - \beta x_i)^2$을 최소로 하는 β를 구할 수 있다.

③ $\dfrac{\partial \sum (y_i - \beta x_i)^2}{\partial \beta} = -2 \sum x_i (y_i - \beta x_i) = 0$

④ 위의 식을 β에 대해 풀면 다음의 추정량을 구할 수 있다.

$$\hat{\beta} = b = \dfrac{\displaystyle\sum_{i=1}^{n} x_i y_i}{\displaystyle\sum_{i=1}^{n} x_i^2}$$

⑤ 하지만 $\sum(y_i - \beta x_i)^2$을 β에 대해 편미분한 후 0으로 놓고 구한 추정량 b가 최소가 되기 위한 필요충분조건은 β에 대해 2차 미분한 값이 0보다 커야 한다.

$$\frac{\partial^2 \sum\limits_{i=1}^{n}(y_i - \beta x_i)^2}{\partial \beta^2} = \sum_{i=1}^{n} x_i^2 > 0 \text{이므로 추정량 } b \text{는 } \sum_{i=1}^{n}(y_i - \beta x_i)^2 \text{을 최소로 한다.}$$

$$\therefore \hat{\beta} = b = \frac{\sum\limits_{i=1}^{n} x_i y_i}{\sum\limits_{i=1}^{n} x_i^2}$$

(2) 회귀계수의 의미

회귀계수 b의 의미는 투여량(x_i)이 1단위만큼 증가할 때, 지속시간(y_i)이 b단위만큼 증가한다는 것을 의미한다.

(3) 회귀계수의 기대값

① $w_i = \dfrac{x_i}{\sum\limits_{i=1}^{n} x_i^2}$ 이라 하면 회귀계수 $b = \dfrac{\sum\limits_{i=1}^{n} x_i y_i}{\sum\limits_{i=1}^{n} x_i^2} = \sum\limits_{i=1}^{n} w_i y_i$ 로 표현할 수 있다.

② $E(b) = E\left(\sum\limits_{i=1}^{n} w_i y_i\right) = \sum\limits_{i=1}^{n} w_i E(y_i) = \sum\limits_{i=1}^{n} w_i E(\beta x_i + \epsilon_i) \quad \because w_i \text{는 상수, } E(\epsilon_i) = 0$

$$= \beta \sum_{i=1}^{n} w_i x_i = \beta \frac{\sum\limits_{i=1}^{n} x_i^2}{\sum\limits_{i=1}^{n} x_i^2} = \beta$$

(4) 회귀계수의 분산

① (3)의 ①에서와 같이 회귀계수 $b = \dfrac{\sum\limits_{i=1}^{n} x_i y_i}{\sum\limits_{i=1}^{n} x_i^2} = \sum\limits_{i=1}^{n} w_i y_i$ 라 표현하였다.

② $Var(b) = Var\left(\sum\limits_{i=1}^{n} w_i y_i\right) = \sum\limits_{i=1}^{n} w_i^2 Var(y_i) = \sum\limits_{i=1}^{n} w_i^2 Var(\beta x_i + \epsilon_i)$

$$= \sum_{i=1}^{n} w_i^2 Var(\epsilon_i) = \sigma^2 \sum_{i=1}^{n} w_i^2 = \frac{\sigma^2 \sum\limits_{i=1}^{n} x_i^2}{\left(\sum\limits_{i=1}^{n} x_i^2\right)^2}$$

$$= \frac{\sigma^2}{\sum\limits_{i=1}^{n} x_i^2}$$

02

여러 개의 변수가 주어진 경우 이들 사이의 관계를 알아보고자 한다.

(1) 편상관계수(Partial Correlation Coefficient)를 정의하고 그 의미를 설명하라.

(2) 회귀분석에서 편상관계수가 어떻게 활용되는지 설명하라.

02 해설

(1) 편상관계수(Partial Correlation Coefficient)

① 편상관계수는 두 변수에 영향을 미치는 제3의 변수(제어변수)를 통제한 상태에서 얻어진 순수한 두 변수 간의 상관계수를 의미한다.

② 세 개의 변수 X, Y, Z 중에서 X에서 Z의 영향을 제거하고, Y에서 Z의 영향을 제거한 순수한 X와 순수한 Y의 편상관계수 $r_{XY \cdot Z}$를 구하면 다음과 같다.

$$r_{XY \cdot Z} = \frac{r_{XY} - r_{XZ} \cdot r_{YZ}}{\sqrt{\left(1 - r_{XZ}^2\right)\left(1 - r_{YZ}^2\right)}}$$

③ 이는 두 변수 X와 Y를 종속변수로 하고 제어변수 Z를 독립변수로 하여 각각의 단순회귀분석을 실행한 후의 잔차들 간의 상관계수를 의미한다.

(2) 편상관계수의 활용

① Z라는 변수가 X와 Y에 영향을 미치면 실제 X와 Y는 상관관계가 없더라도 Z라는 변수에 의해 상관관계가 있는 것처럼 나타나기 때문에 Z의 영향력을 제거한 순수한 X와 순수한 Y의 편상관계수를 구해볼 필요가 있다.

② 즉, 편상관계수를 통해 각 독립변수 간의 상관관계를 파악할 수 있으며, 이는 곧 다중공선성을 파악하는 것을 의미한다. 다중공선성이 높은 것으로 파악이 될 경우, 독립변수 제거 등의 조치를 취하여 새로운 회귀분석을 수행하여야 한다.

03

 2009년

회귀모형

$$y_i = \beta_0 + \beta_1 x_{1i} + \beta_2 x_{2i} + \epsilon_i$$

을 적합시킨 결과가 다음과 같다.

Analysis of Variance

Source	DF	Sum of Squares	Mean Square	F-value	Prob > F
Model	2	1422.80	711.40	111.21	<.0001
Error	10	63.97	6.40		
Corrected Total	12	1468.77			

Parameter Estimates

Variable	DF	Parameter Estimate	Standard Error	T-value	Prob > |T|
INTERCEP	1	−65.02	15.07	−4.32	0.0015
X1	1	2.37	0.17	13.86	<.0001
X2	1	0.43	0.07	5.77	0.0002

(1) 전체 관측치 수 n은 얼마인가?

(2) 반응변수(y)의 분산에 대한 추정치는 얼마인가?

(3) x_1의 회귀계수 추정치인 2.37의 의미는 무엇인가?

(4) 각 설명변수에 대응되는 모수를 각각 β_0, β_1, β_2라고 표시할 때 $H_0 : \beta_1 = \beta_2 = 0$의 검정을 유의수준 5%에서 실시하라.

(5) 첫 번째 관측치가 (120, 70, 50)으로 주어졌다. 이 관측치에 대한 잔차(Residual)를 계산하라 (단, 자료는 $(y_i,\ x_{1i},\ x_{2i})$, $i = 1,\ 2,\ \cdots,\ n$으로 주어져 있다).

03 해설

(1) 전체 관측치 수 계산

전체제곱합의 자유도는 $n - 1 = 12$로 전체 관측치 수는 $n = 13$이다.

(2) 평균제곱오차(MSE)

① 반응변수 Y의 분산에 대한 추정량은 오차에 대한 분산추정량과 동일하다.

$$Var(y_i) = Var(\beta_0 + \beta_1 x_{1i} + \beta_2 x_{2i} + \epsilon_i) = Var(\epsilon_i) = \sigma^2, \quad \because Var(\beta_0 + \beta_1 x_{1i} + \beta_2 x_{2i}) = 0$$

② 오차항의 분산 σ^2의 불편추정량은 $MSE = \dfrac{\sum (y_i - \hat{y}_i)^2}{n - 2}$이고, 추정치는 6.40이다.

(3) 다중회귀계수의 해석

회귀계수 추정치 2.37의 의미는 설명변수 x_2를 고정시킨 상태에서 x_1의 값을 1단위 증가시켰을 때 반응변수 y의 값이 2.37 단위 증가할 것임을 나타낸다.

(4) 다중회귀모형의 유의성 검정

① 다중회귀모형의 유의성 검정에 대한 가설을 설정한다.

귀무가설(H_0) : 다중회귀모형은 유의하지 않다($\beta_1 = \beta_2 = 0$).

대립가설(H_1) : 다중회귀모형은 유의하다(모든 β_i가 0인 것은 아니다. 단, $i = 1,\ 2$).

② 검정통계량 값이 111.21이고 유의확률 p값은 0.0001보다 작다.

③ 유의확률이 유의수준 0.05보다 작으므로 귀무가설을 기각한다. 즉, 유의수준 5%에서 다중회귀모형은 유의하다고 할 수 있다.

(5) 잔차 계산

① 잔차는 오차의 추정값으로 $e_i = y_i - \hat{y}$=관측값−예측값이다.

② 추정된 다중회귀식이 $\hat{y} = -65.02 + 2.37x_1 + 0.43x_2$이므로 $x_1 = 70$, $x_2 = 50$일 때 $\hat{y} = -65.02 + (2.37 \times 70) + (0.43 \times 50) = 122.38$이 된다.

③ 잔차는 $e_i = y_i - \hat{y} = 120 - 122.38 = -2.38$이다.

어떤 회사에서 입사시험을 통해 신입직원을 채용하고 있다. 입사시험 성적 우수자가 입사 후 근무성적이 우수한지를 알아보고자 2008년 입사자들을 대상으로 입사시험 성적(A, B, C, D)이 1년 후 근무성적(0~100점)에 어떠한 영향을 미치는가를 조사하고자 한다. 이에 적절한 통계적 분석방법을 제시하라.

04 해 설

(1) 분산분석모형(Analysis of Variance Model)

① 입사시험 성적은 범주형 변수이고, 근무성적은 연속형 변수이다. 이와 같이 독립변수가 모두 범주형 변수인 경우에도 회귀분석은 가능하며, 독립변수가 모두 범주형 변수(더미변수)로 이루어진 회귀모형을 분산분석모형이라 한다.

② 더미변수는 질적변수의 범주수보다 하나 작게 선택한다. 질적변수의 범주가 4개(A, B, C, D)로 나누어져 있으므로 더미변수는 범주수보다 하나 작은 4-1=3개를 사용하여 다음과 같이 4개의 범주를 표현한다.

시험성적	더미성적$A(D_1)$	더미성적$B(D_2)$	더미성적$C(D_3)$
A	1	0	0
B	0	1	0
C	0	0	1
D	0	0	0

③ 더미변수를 이용한 회귀모형은 다음과 같다.

$$y_{ij} = \beta_0 + \beta_1 D_1 + \beta_2 D_2 + \beta_3 D_3 + \epsilon_{ij}, \quad \epsilon_{ij} \sim iid\, N(0,\ \sigma_E^2), \quad i = 1,\ \cdots,\ n$$

④ 분석에 앞서 가설을 설정한다.

• 귀무가설(H_0) : 입사시험 성적에 따라 근무성적에 차이가 없다($\beta_1 = \beta_2 = \beta_3 = 0$).

• 대립가설(H_1) : 입사시험 성적에 따라 근무성적에 차이가 있다(모든 β_i가 0인 것은 아니다).

⑤ 회귀모형의 유의성 검정은 다음의 분산분석표를 이용한다.

요 인	제곱합	자유도	평균제곱	F	F_α	$p-value$
회 귀	SSR	3	$SSR/3 = MSR$	MSR/MSE	$F_{\alpha\,;\,3,\,n-4}$	$p-value$
잔 차	SSE	$n-4$	$SSE/n-4 = MSE$			
합 계	SST	$n-1$				

⑥ F분포는 왼쪽으로 치우친 분포이므로 우측검정임을 감안하면 F검정통계량 값과 기각치를 비교하여 다음과 같이 검정한다.

검정통계량 F값 ≥ 기각치 F_α ⇒ 귀무가설(H_0) 기각

검정통계량 F값 < 기각치 F_α ⇒ 귀무가설(H_0) 채택

⑦ 유의수준과 유의확률을 이용하면 다음과 같이 검정한다.

유의수준 α > 유의확률 p값 ⇒ 귀무가설(H_0) 기각

유의수준 α < 유의확률 p값 ⇒ 귀무가설(H_0) 채택

⑧ 위의 분산분석표는 회귀분석 방법으로 얻어졌지만 일원배치 분산분석을 이용하여 분석해도 동일한 분산분석표를 얻을 수 있다. 이런 의미로 분산분석은 회귀분석의 일부분이라고 할 수 있다.

PART

11

표본추출이론

  끝까지 책임진다! SD에듀!

1. 표본조사의 기본 개념

모집단의 특성을 파악하기 위해 모집단을 구성하고 있는 조사단위 전부를 조사하는 방법을 전수조사 (Complete Survey, Census)라 하고, 모집단의 일부인 표본을 추출하여 특성을 파악하는 방법을 표본조사(Sampling Survey)라고 한다. 일반적으로 경제성, 신속성, 정확성, 심도있는 조사, 파괴검사 측면에서 전수조사보다는 표본조사가 광범위하게 이용되고 있다. 표본조사의 주요 관건은 모집단을 잘 대표할 수 있도록 표본을 추출하는 것이다.

(1) 표본조사의 기본 용어

기본단위(Elementary Unit)는 조사단위 또는 관찰단위라고도 하며 조사의 대상이 되는 가장 최소의 단위를 의미한다. 예를 들어 여론조사의 경우 각 개인이 조사단위가 되며, 통계청 농가경제조사의 경우 농가가 조사단위가 되고, 농작물생산량조사의 경우 일정 면적의 경지가 조사단위가 된다. 모집단 (Population)은 관심의 대상이 되는 모든 개체들의 집합으로 조사목적에 의해 개념적으로 규정한 목표모집단(Target Population)과 표본을 추출하기 위해 규정한 조사모집단(Sampled Population)이 있다. 예를 들어 여론조사에서 도서지방을 제외한 전국 성인 남녀를 모집단으로 하여 표본을 추출하는 경우가 있다. 이 경우 목표모집단은 전국의 성인 남녀가 되며, 조사비용과 시간을 고려하여 조사모집단은 도서지방을 제외한 전국의 성인 남녀가 된다.

표본(Sample)은 모집단의 일부분으로 모집단을 가장 잘 대표할 수 있는 모집단의 일부이다. 전수조사 (Census)는 모집단의 전부를 조사하는 방법으로 통계청에서는 전수조사를 총조사라고 하며 대표적인 전수조사로는 인구주택총조사(Population and Housing Census), 농림어업총조사(Census of Agriculture, Forestry and Fisheries), 경제총조사(Economy Census) 등이 있다. 표본조사 (Survey)는 모집단의 일부를 조사함으로써 모집단 전체의 특성을 추정하는 방법으로 통계청에서는 매월, 분기별, 년도별 조사하는 표본조사를 Survey라 하며 표본조사로는 가계동향조사(Household Income and Expenditure Survey), 전자상거래동향조사(E-commerce Survey), 운수업조사 (Transportation Survey) 등이 있다.

추출단위(Sampling Unit)는 모집단에서 표본을 추출하기 위해 설정한 조사단위들의 집합이다. 조사 단위와 추출단위는 서로 다를 수 있으며 추출단위를 조사단위와 동일하게 할 것인가에 따라 표본추출 틀 작성이 달라지고 표본추출방법과 모수추정방법도 달라진다. 예를 들어 여론조사에서 가구를 표본 으로 선택할 경우 조사단위는 개인이지만, 추출단위는 가구가 된다. 표본추출틀(Sampling Frame)은 추출대장이라고도 하며 표본추출단위들로 구성된 목록이다. 표본조사에서 표본은 표본추출틀로부터 뽑히기 때문에 표본추출틀 작성은 중요하다. 표본추출틀은 모집단의 모든 추출단위를 포함해야 하며, 모든 추출단위는 누락, 중복되어서는 안 된다. 또한, 지정된 추출단위는 조사현장에서 확인할 수 있고 쉽게 식별 가능해야 한다.

1936년 미국 대통령 선거 시 민주당 루즈벨트 후보와 공화당 랜든 후보에 대한 지지도 여론조사에서 전화번호부, 클럽회원명부로부터 표본을 추출해 조사한 결과 공화당 랜든 후보가 57%로, 민주당 루즈벨트 후보의 43%보다 지지도에 있어서 앞섰다. 그러나 선거결과 득표율에서는 민주당 루즈벨트 후보가 63%, 공화당 랜든 후보가 37%로서 민주당 루즈벨트 후보가 당선되었다. 이와 같은 결과는 1936년 미국대통령 선거 여론조사에서 모집단 내의 많은 추출단위들이 표본추출틀에서 누락되어 표본의 대표성에 문제가 발생했기 때문이다.

표본오차(Sample Error)는 모집단으로부터 표본을 추출하여 조사한 자료를 근거로 얻은 결과를 모집단 전체에 대해 일반화하기 때문에 필연적으로 발생하는 오차로서 모수와 표본추정치의 차이이다. 표본의 크기를 증가시킴으로써 표본오차를 감소시킬 수 있다. 표본오차는 표본조사에서 발생되며 전수조사의 표본오차는 0이다. 표본오차는 신뢰수준이 결정되면 계산할 수 있다.

PLUS ONE   표본오차의 발생원인

① 표본추출을 위한 표본추출틀이 완전하지 않거나 체계적으로 편향되어 있을 때 발생
② 표본이 모집단에 대한 완전한 정보를 가지고 있지 않기 때문에 발생
③ 모집단의 일부인 표본으로부터 결과를 추론하기 때문에 자연스럽게 발생

비표본오차(Nonsample Error)는 표본오차를 제외한 모든 오차로 면접, 조사표 구성방법의 오류, 조사관의 자질, 조사표작성 및 집계 과정 등에서 나타나는 오차이다. 비표본오차는 전수조사와 표본조사 모두에서 발생한다.

PLUS ONE   비표본오차의 발생원인

① 조사표 구성방법의 오류	② 무응답
③ 조사착오	④ 입력오류
⑤ 조사원의 편견	⑥ 조사단위의 누락 또는 중복
⑦ 에디팅 또는 부호화의 오류	⑧ 개념 정의의 오류
⑨ 환경적 요인의 변화	⑩ 측정도구와 측정대상자들의 상호작용 발생 등

예제

11.1 어떤 지역에 있는 소들의 평균무게를 알기위해 표본조사를 실시하였다. 그 지역의 이용가능한 모든 농장의 목록으로부터 50개의 농장이 무작위로 추출되었고 추출된 50개 농장에서 각각의 소 무게를 측정하였다. 목표모집단, 표본추출틀, 추출단위, 조사단위가 무엇인지 알아보자.

❶ 목표모집단 : 그 지역에 있는 모든 소들
❷ 표본추출틀 : 그 지역의 이용 가능한 모든 농장의 목록
❸ 추출단위 : 농장
❹ 조사단위 : 소

---

(2) 확률표본추출법과 비확률표본추출법

일반적으로 표본을 추출하는 방법은 크게 확률표본추출법(Probability Sampling Method)과 비확률 표본추출법(Non-probability Sampling Method)으로 구분한다. 확률표본추출법은 모집단을 구성하고 있는 모든 추출단위가 표본으로 추출될 확률을 사전에 알고 있는 추출방법이다. 즉, 확률표본추출법에서는 특정한 표본이 선정될 확률을 계산할 수 있으며, 이 확률을 기초로 표본에서 얻어진 추정결과에 발생하는 오차를 설명할 수 있다. 비확률표본추출법은 각 추출단위들이 표본으로 추출될 확률을 알 수 없기 때문에 추정결과에 대한 정도(Precision)나 신뢰도(Reliability)를 평가할 수 없다. 따라서 모집단의 특성을 대략적으로 파악하기 위한 탐색적 수준의 조사에서 비확률표본추출법을 사용할 수 있지만 정확성을 요구하는 조사에서는 확률표본추출법에 의해 표본을 추출해야 한다.

〈표 11.1〉 확률표본추출법과 비확률표본추출법의 특징 비교

확률표본추출법	비확률표본추출법
① 연구대상이 표본으로 추출될 확률이 알려져 있다.	① 연구대상이 표본으로 추출될 확률이 알려져 있지 않다.
② 무작위 표본추출	② 작위적 표본추출
③ 모수추정에 편의가 없다.	③ 모수추정에 편의가 있다.
④ 분석결과의 일반화가 가능	④ 분석결과의 일반화에 제약
⑤ 표본오차의 추정 가능	⑤ 표본오차의 측정 불가능
⑥ 시간과 비용이 많이 든다.	⑥ 시간과 비용이 적게 든다.

확률표본추출법에는 단순임의추출법, 층화추출법, 집락추출법, 계통추출법 등이 있으며, 비확률표본추출법에는 유의추출법, 판단추출법, 할당추출법, 편의추출법, 눈덩이추출법 등이 있다.

2. 확률표본추출법(Probability Sampling Method)

(1) 단순임의추출법(SRS ; Simple Random Sampling)

단순임의추출법은 확률추출법으로 모든 표본추출방법의 기본이 되는 추출법이다. 크기 N인 모집단으로부터 크기 n인 표본을 추출할 때 $_N C_n$가지의 모든 가능한 표본을 동일한 확률로 추출하는 방법이다. 크기가 N인 모집단으로부터 크기 n인 표본을 추출하는 경우의 수는 다음과 같다.

$$_N C_n = \frac{N!}{n!(N-n)!} = k$$

이 경우 크기 n인 표본이 k개가 추출된다면 k개의 표본들이 표본으로 뽑힐 확률은 각각 $1/k$로 동일하다.

모집단에서 표본을 추출할 때 가장 중요한 것은 무작위(Random)로 표본을 추출하는 것이다. 무작위의 의미는 모집단을 구성하는 어떠한 요소도 다른 요소의 추출방법에 관계없이 같은 확률로 추출되는 것이 보장되는 것이다. 즉, 객관성(Objectiveness)과 임의성(Randomness)이 보장되는 것으로 이를 보장하기 위한 방법으로 흔히 사용되는 것이 난수표(Table of Random Numbers)이다.

단순임의추출법은 확률표본추출의 기본적인 형태로 다른 표본추출법에 이론적 기반을 제공한다. 모집단의 요소들이 편향되지 않고 고르게 분포되어 있는 경우 적합하며, 소규모 조사 또는 예비조사에 주로 사용된다. 모집단의 어느 부분도 과소 또는 과대 반응하지 않는다는 특징이 있다. 전제조건으로 모집단에 대한 정확한 정의와 완전한 목록이 갖춰져야 하며, 표본추출 시 주의할 점은 동일한 난수표를 계속해서 이용할 경우 동일한 시작점으로 동일한 부분을 계속 추출해서는 안 된다. 또한 표본추출

도중 모집단에 변화가 있어서는 안 되고, 표본 선정방법이 처음에는 제비뽑기로 하다가 나중에는 난수표를 이용하는 식의 변동이 있어서도 안 된다. 표본추출단위를 마음대로 변경해서도 안 되며, 모집단을 형성하는 각 표본추출단위는 서로 독립적이어야 한다.

〈표 11.2〉 단순임의추출법의 장·단점

장 점	① 모집단에 대한 사전지식이 필요 없어 모집단에 대한 정보가 아주 적을 때 유용하게 사용한다. ② 추출확률이 동일하기 때문에 표본의 대표성이 높다. ③ 표본오차의 계산이 용이하다. ④ 확률표본추출방법 중 가장 적용이 용이하다. ⑤ 다른 확률표본추출방법과 결합하여 사용할 수 있다. ⑥ 다른 표본추출법에 비해 상대적으로 분석에 용이하다.
단 점	① 모집단에 대한 정보를 활용할 수 없다. ② 동일한 표본크기에서 층화추출법보다 표본오차가 크다. ③ 비교적 표본의 크기가 커야 한다. ④ 표본추출틀 작성이 어렵다. ⑤ 모집단의 성격이 서로 상이한 경우 편향된 표본구성의 가능성이 존재한다. ⑥ 표본추출틀에 영향을 많이 받는다.

(2) 층화추출법(Stratified Sampling)

층화추출법은 모집단 내의 상이하고 이질적인 원소들을 중복되지 않도록 동질적이고 유사한 단위들로 묶은 여러 개의 부모집단으로 나누어 층(Stratum)을 형성한 후 각 층으로부터 단순임의추출법에 의해 표본을 추출하는 방법으로 모집단에 대한 정확한 정보가 필요하다. 예를 들어 어느 지방자치단체에서는 관내에 있는 슈퍼마켓의 연평균매출액을 파악하고자 기존에 행해진 조사결과를 참고하여 관내에 있는 슈퍼마켓 매장면적을 기준으로 대형, 중형, 소형마트로 다음과 같이 구분하였다.

〈표 11.3〉 슈퍼마켓의 매출액에 대한 분포

슈퍼마켓	대형마트	중형마트	소형마트
마트 수	20	300	2500

위와 같은 분포를 보이는 경우 단순임의추출법에 의해 표본을 추출하면 모든 마트가 표본으로 추출될 확률이 동일하게 되어 대형, 중형, 소형마트 중에서 어느 한 부분의 마트만 추출될 수 있다. 만약 대형마트만 표본으로 추출된다면 연평균매출액은 과대추정될 것이고, 소형마트만 표본으로 추출된다면 연평균매출액은 과소 추정될 것이다. 이와 같은 문제점을 보완하고자 슈퍼마켓을 매장면적 기준으로 대형, 중형, 소형 세 그룹으로 나눈 후 각 그룹으로부터 단순임의추출법을 이용하여 표본을 추출하는 방법이 층화추출법이다.

층화의 기준은 층내는 동질적이고(층내분산이 작고), 층간은 이질적이어야(층간분산은 커야) 정도를 높일 수 있다. 모집단을 층화하는 변수를 층화변수라 한다. 위의 예에서는 슈퍼마켓의 매장면적을 기준으로 모집단을 대형, 중형, 소형마트로 구분하였으므로 층화변수는 매장면적이 된다. 만약 어느 대학교 학생들의 학교만족도 조사를 실시한다고 하면 학년 또는 성별이 층화변수가 될 수 있고, 어느 도시의 가구당 월 생계비를 조사한다고 하면 소득수준이 층화변수가 될 수 있다.

층화추출법에서 가장 중요한 것은 층화 기준이 명확하고 적합해야 하며, 각 층별 분석이 가능한 최소한의 표본크기를 가져야 한다. 또한, 층화추출법이 다른 추출방법보다 작은 분산을 가져야 한다. 하지만, 층화추출법이 단순임의추출법보다 항상 작은 분산을 갖는 추정량을 제공하는 것은 아니다. 즉,

층화추출법의 전제조건으로 모집단을 동질적인 몇 개의 층으로 나누어야 하며, 층 내부는 동질적이고 층간에는 이질적이어야 한다. 표본추출 시 주의할 점은 층화변수는 조사항목에서 가장 중심이 되는 항목과 밀접한 관계가 있어야 하고, 층화변수를 너무 많게 선택해서는 안 되며, 시간적인 안정성이 없는 특성은 층화변수로 선택하지 말아야 한다.

층화추출법은 비례층화방법(Proportionate Stratification)과 비비례층화방법(Disproportionate Stratification)으로 나눌 수 있다. 비례층화방법은 모집단의 각 층의 크기에 비례하여 표본을 각 층에 배분하는 방법으로 모집단의 특성을 용이하게 파악할 수 있으나 각 층간의 비교는 어렵다. 하지만 비비례층화방법은 모집단의 각 층의 크기에 상관없이 표본을 각 층에 동일하게 배분하는 방법으로 각 층의 비교가 용이하고 경제적인 반면 모집단의 특성을 파악하기 어렵다.

〈표 11.4〉 단순임의추출법과 비교한 층화추출법의 장·단점

장 점	① 층 내부는 동질적이고 층간에는 이질적이면 표본의 크기가 크지 않아도 모집단의 대표성이 보장된다. ② 모집단을 효과적으로 층화할 경우, 층화추출법에 의해 구한 추정량은 단순임의추출법에 의해 구한 추정량 보다 추정량의 오차가 적게 되어 추정의 정도를 높일 수 있다. ③ 전체 모집단에 대한 추정뿐만 아니라 각 층화집단에 대한 추정이 가능하여 각 층별 특수성을 알 수 있기 때문에 층별 비교가 가능하다. ④ 단순임의추출 또는 계통추출보다 불필요한 자료의 분산을 축소한다. ⑤ 조사관리가 편리하며 조사비용도 절감할 수 있다.
단 점	① 층화의 근거가 되는 층화명부가 필요하다. ② 모집단을 층화하여 가중하였을 경우 원형으로 복귀하기가 어렵다. ③ 표본추출과정에서 시간과 비용이 증가할 수 있다. ④ 단순임의추출법보다 추론이 복잡하다.

(3) 표본배분(Allocation of the Sample)

표본배분은 층화추출법에서 표본크기 n을 각 층에 어떻게 효율적으로 배분할 것인가의 문제이다. 실질적으로 표본크기 n을 먼저 결정한 후, 각 층에 n_1, n_2, $\cdots$, n_L을 배분한다. 표본배분은 표본설계 시 주어진 분산에 대해 비용을 최소로 하는 방법이나 주어진 비용하에서 분산을 최소화하는 방법을 고려하여 표본을 배분한다. 표본배분 시 고려할 사항은 각 층의 크기인 N_h, 각 층 내의 조사단위들 간의 변동인 S_h^2, 각 층의 조사단위당 조사비용 c_h 이다. 즉, 효율적으로 표본을 배분하기 위해서는 층의 크기 N_h 가 클수록 많은 표본을 추출하고, 층내의 변동 S_h^2 이 클수록 많은 표본을 추출하며, 조사비용이 많이 드는 층에 대해서는 표본을 적게 추출한다.

표본배분 방법에는 균등배분, 비례배분, 최적배분, 네이만 배분이 있다. 표본크기 n이 주어졌다는 전제하에 각각의 표본배분 방법으로 각 층에 얼마만큼의 표본을 배분할 것인지에 대해 알아보자.

① 균등배분(Equal Allocation)

표본배분에 있어서 가장 간단한 방법인 균등배분은 각 층의 표본크기를 동일하게 배분하는 방법이다. 균등배분을 이용한 표본배분 식은 다음과 같다.

$$n_h = \frac{n}{L}, \ n_1 = n_2 = \cdots = n_L$$

② 비례배분(Proportional Allocation)

비례배분은 각 층의 크기인 N_h에 비례하여 각 층에 표본을 배분하는 방법이다. 비례배분은 층별 크기만을 고려하기 때문에 층내 변동에 대한 정보가 없을 때에도 사용이 가능하며, 다항목조사에서 유리하게 사용된다. 비례배분을 이용한 표본배분 식은 다음과 같다.

$$n_h = n\left(\frac{N_h}{N}\right), \quad h = 1, \ 2, \ \cdots, \ L$$

③ 최적배분(Optimum Allocation)

최적배분은 각 층별 조사비용까지 고려해야 하는 경우 주어진 비용하에서 추정량의 분산을 최소화하거나 주어진 분산의 범위하에서 조사비용을 최소화시키는 배분방법이다. 최적배분은 층의 크기, 층내 변동의 크기, 층별 조사비용 등 세 가지 요인을 모두 고려하여 각 층별 표본을 배분하는 방법이다. h번째 층의 각 조사단위당 조사비용을 c_h라 한다면, 최적배분을 이용한 표본배분 식은 다음과 같다.

$$n_h = n\left(\frac{N_h S_h / \sqrt{c_h}}{\sum\limits_{h=1}^{L} N_h S_h / \sqrt{c_h}}\right), \quad h = 1, \ 2, \ \cdots, \ L$$

④ 네이만 배분(Neyman Allocation)

네이만 배분은 최적배정의 특수한 경우로 층별 조사비용이 모든 층에서 동일한 경우의 표본배분 방법이다. 즉, 층별 조사비용이 $c_1 = c_2 = \cdots = c_L$으로 동일하다면 최적배정을 이용한 표본배분 식에서 비용 항이 없어지게 된다. 네이만 배분을 이용한 표본배분 식은 다음과 같다.

$$n_h = n\left(\frac{N_h S_h}{\sum\limits_{h=1}^{L} N_h S_h}\right), \quad h = 1, \ 2, \ \cdots, \ L$$

예제

11.2 어느 도시에 있는 식당을 지역에 따라 3개의 층으로 나누어 식당의 하루 평균 고객의 수를 추정하고자 한다. 각 층에 대한 기초적인 자료가 다음과 같이 주어졌을 때 120개의 식당을 표본으로 층화추출하고자 한다. 균등배분, 비례배분, 최적배분, 네이만 배분을 이용하여 지역에 따라 표본을 배분해보자.

〈표 11.5〉 지역별 식당의 하루 평균고객 수에 대한 조사 결과

지역(층)	N_h	s_h	조사비용 1	조사비용 2
중심지(1)	600	20	2000	1000
시내(2)	300	30	2000	2000
시외(3)	100	50	2000	3000

❶ 균등배분을 이용한 표본배분 식은 $n_h = \dfrac{n}{L}$ 이다.

중심지, 시내, 시외의 표본크기 : $n_h = \dfrac{n}{L} = \dfrac{120}{3} = 40$

❷ 비례배분법을 이용한 표본배분 식은 $n_h = n\left(\dfrac{N_h}{N}\right)$ 이다.

중심지의 표본크기 : $n_1 = n\left(\dfrac{N_1}{N}\right) = 120 \times \left(\dfrac{600}{1000}\right) = 72$

시내의 표본크기 : $n_2 = n\left(\dfrac{N_2}{N}\right) = 120 \times \left(\dfrac{300}{1000}\right) = 36$

시외의 표본크기 : $n_3 = n\left(\dfrac{N_3}{N}\right) = 120 \times \left(\dfrac{100}{1000}\right) = 12$

❸ 최적배분법을 이용한 표본배분 식은 $n_h = n\left(\dfrac{N_h S_h / \sqrt{c_h}}{\sum\limits_{h=1}^{L} N_h S_h / \sqrt{c_h}}\right)$ 이다.

$\sum\limits_{k=1}^{L} N_k S_k / \sqrt{c_k} = \dfrac{(600 \times 20)}{\sqrt{1000}} + \dfrac{(300 \times 30)}{\sqrt{2000}} + \dfrac{(100 \times 50)}{\sqrt{3000}} \approx 672$ 이므로, 지역별 표본크기는 다음과 같다.

중심지의 표본크기 : $n_1 = n\left(\dfrac{N_1 S_1 / \sqrt{c_1}}{\sum\limits_{h=1}^{L} N_h S_h / \sqrt{c_h}}\right) = 120\left[\dfrac{(600 \times 20) / \sqrt{1000}}{672}\right] \approx 68$

시내의 표본크기 : $n_2 = n\left(\dfrac{N_2 S_2 / \sqrt{c_2}}{\sum\limits_{h=1}^{L} N_h S_h / \sqrt{c_h}}\right) = 120\left[\dfrac{(300 \times 30) / \sqrt{2000}}{672}\right] \approx 36$

시외의 표본크기 : $n_3 = n\left(\dfrac{N_3 S_3 / \sqrt{c_3}}{\sum\limits_{h=1}^{L} N_h S_h / \sqrt{c_h}}\right) = 120\left[\dfrac{(100 \times 50) / \sqrt{3000}}{672}\right] \approx 16$

❹ 네이만 배분법을 이용한 표본배분 식은 $n_h = n\left(\dfrac{N_h S_h}{\sum\limits_{h=1}^{L} N_h S_h}\right)$ 이다.

$\sum\limits_{h=1}^{L} N_h S_h = (600 \times 20) + (300 \times 30) + (100 \times 50) = 26000$ 이므로, 지역별 표본크기는 다음과 같다.

중심지의 표본크기 : $n_1 = n\left(\dfrac{N_1 S_1}{\sum\limits_{h=1}^{L} N_h S_h}\right) = 120\left[\dfrac{(600 \times 20)}{26000}\right] \approx 55$

시내의 표본크기 : $n_2 = n\left(\dfrac{N_2 S_2}{\sum\limits_{h=1}^{L} N_h S_h}\right) = 120\left[\dfrac{(300 \times 30)}{26000}\right] \approx 42$

시외의 표본크기 : $n_3 = n\left(\dfrac{N_3 S_3}{\sum\limits_{h=1}^{L} N_h S_h}\right) = 120\left[\dfrac{(100 \times 50)}{26000}\right] \approx 23$

(4) 계통추출법, 체계적 추출법(Systematic Sampling)

계통추출법은 추출단위에 일련번호를 부여하고 이를 등간격으로 나눈 후 첫 구간에서 한 개의 번호를 무작위로 선정한 다음 등간격으로 떨어져 있는 번호들을 계속해서 추출해가는 방법이다. 이는 모집단을 층으로 구분한 후 각 층에서 한 개씩의 표본을 추출하는 효과와 같다.

모집단의 크기가 $N = 20$으로 각 단위에 일련번호가 부여되었다고 가정하자. 여기서 5개의 표본을 계통추출법을 이용하여 추출하고자 한다면 추출간격(Sampling Interval)은 $k = \dfrac{N}{n} = \dfrac{20}{5} = 4$가 된다. 추출간격 4보다 작은 수 r을 난수표를 이용하여 랜덤하게 선택하면 이를 임의출발점(Random Starting Point)이라 한다. 예를 들어 난수표로부터 3이 임의출발점으로 선택되었다면 3으로부터 매 4번째 단위들을 추출한다. 즉, 추출된 표본은 3, 7, 11, 15, 19가 된다. 위의 예를 일반화한 계통추출법의 추출과정은 다음과 같다.

① N개의 모집단 단위에 대해 일련번호를 $1 \sim N$까지 부여한다.

② 모집단의 크기 N과 표본크기 n을 고려하여 추출간격 $k = \dfrac{N}{n}$을 결정한다.

③ 추출간격 k보다 작은 수 r을 난수표를 이용하여 랜덤하게 선택한다.

④ 난수 r을 출발점으로 하여 매 k번째 떨어진 단위들을 표본으로 선정한다. 즉, r, $r + k$, $r + 2k$, $\cdots$, $r + (n-1)k$번째 단위들이 표본이 된다.

경우에 따라서는 추출간격이 정확히 정수로 떨어지지 않고 소수점을 포함하는 경우가 있다. 이때 근사값을 이용하면 표본크기가 변화하는 문제점이 발생하므로 그대로 소수점을 포함한 값을 추출간격으로 이용한다. 예를 들어 $N = 20$인 모집단에서 $n = 3$인 표본을 추출하고자 할 경우 추출간격은 $k = \dfrac{N}{n} = \dfrac{20}{3} \approx 6.67$이다. 난수표로부터 추출된 난수가 4.89라고 한다면 $4 < 4.89 \leq 5$이므로 단위 5을 첫 번째 표본으로 선정한다. $11 < 4.89 + 6.67 = 11.56 \leq 12$이므로 단위 12를 두 번째 표본으로 선택하고, $18 < 4.89 + (2 \times 6.67) = 18.23 \leq 19$이므로 19를 세 번째 표본으로 선택한다. 이와 같은 방법을 분수 간격법(Fractional Interval Method)이라 한다.

계통추출법은 대규모 조사에서 주로 사용되는 추출방법 중 하나이며 단순임의추출법보다 표본추출작업이 용이하고 경우에 따라서는 표본의 정도가 높기 때문에 실제조사에서 널리 이용된다. 모집단의 단위들이 어떤 체계에 의해 크기 순서로 나열되었다면 이를 순서모집단(Ordered Population)이라 하며, 모집단의 단위들이 주기적인 변동을 가지면 이를 주기적 모집단(Periodic Population)이라 한다. 주기적 모집단에서 추출된 계통표본들은 $\overline{y}_{sys}$의 분산이 $\overline{y}$의 분산보다 크기 때문에 단순임의추출법이 단위비용당 더 많은 정보를 제공한다. 하지만 순서모집단에서 추출된 계통표본들은 $\overline{y}_{sys}$의 분산이 $\overline{y}$의 분산보다 작기 때문에 계통추출법이 단위비용당 더 많은 정보를 제공한다.

〈표 11.6〉 단순임의추출법과 비교한 계통추출법의 장단점

장 점	• 표본추출작업이 용이하며 바람직한 표본추출틀이 확보되지 않은 경우에 유용하다. • 단위들이 고르게 분포되어 있을 경우 단순임의추출법보다 추출오차가 감소되며 결과의 정도가 향상된다. • 실제 조사현장에서 직접 적용이 용이하다. • 다른 확률표본추출방법과 결합하여 사용할 수 있다. • 단위비용당 다량의 정보 획득이 가능하다.
단 점	• 표본추출틀 구성에 어려움이 있다. • 모집단의 단위가 주기성을 가지면 표본의 대표성에 문제가 발생한다. • 일반적으로 추정량이 편향추정량이다. • 표본추출틀의 형태에 따라 그 정도에 차이가 크다. • 원칙적으로 추정량의 분산에 대한 불편추정량의 계산이 불가능하다.

(5) 집락추출법, 군집추출법(Cluster Sampling)

모집단을 조사단위 또는 집계단위를 모은 집락(Cluster)으로 나누고 이들 집락들 중에서 일부의 집락을 추출한 후 추출된 집락에서 일부 또는 전부를 표본으로 추출하는 방법이다. 집락표본은 모든 모집단 단위들의 목록인 표본추출틀을 얻는데 매우 많은 비용이 들거나 표본단위들이 멀리 떨어져 있어 관측값을 얻는 비용이 증가한다면 단순임의추출법 또는 층화추출법보다 더 적은 비용으로 정보를 얻을 수 있다. 집락추출법의 특수한 형태로 만약 집락들이 지역일 경우 지역을 집락으로 하여 표본을 추출하는 방법을 지역추출법(Area Sampling)이라 한다.

표본집락이 추출되면 이 집락 내의 모든 단위를 전부 조사하는 방법을 1단계 집락추출(One-stage Cluster Sampling)이라 하고, 추출된 표본집락의 모든 단위에서 다시 부차표본(Subsample)을 추출하여 이 부차표본에 대해서만 조사하는 방법을 2단계 집락추출(Multi-stage Cluster Sampling)이라 한다. 예를 들어 1단계로 대도시의 학교를 표본으로 추출하고, 2단계에서는 학교의 학급을 표본으로 추출한 후 표본학급에 있는 학생들을 모두 조사하는 방법이다. 여기서 1단계 추출단위(Primary Sampling Units)는 학교가 되며, 2단계 추출단위(Secondary Sampling Units)는 학급이 된다.

집락들이 자연적으로 형성되어 있을 때를 자연적 집락(Natural Cluster)이라 하며, 인위적 또는 인공적으로 블록(Blocks)이나 분할(Segments)로 구분할 경우 인공적 집락(Artificial Cluster)이라 한다. 이때 구분된 단위를 하나의 조사구(Enumeration's District)라 한다. 예를 들어 자연적 집락으로는 가구, 사업체, 학교, 학급, 통, 동, 반 등이 있으며 대표적인 인공적 집락으로는 통계청에서 실시하는 인구주택총조사를 목적으로 설계한 조사구가 있다. 집락추출법에서는 추출단위와 조사단위가 다른 경우가 일반적이다.

〈표 11.7〉 집락추출법에서 추출단위와 조사단위

조사내용	추출단위(집락)	조사단위
전국 대학생들의 식당만족도 조사	대학교	대학생
입원환자들의 평균 수면시간 조사	병 원	환 자
어떤 지역 산림의 소나무 재선충 감염비율 조사	산림구획	소나무
대선에서 특정 후보의 지지율 조사	선거구	유권자
어떤 시 전체 가구의 평균 통신비지출 조사	구 또는 동	가 구

집락추출법의 정도는 집락 내의 조사단위들의 구성 형태에 따라 크게 좌우된다. 각 집락 내의 조사단위들이 이질적으로 구성되어 있을 경우 단순임의추출법보다 추정의 효율이 높다. 즉, 집락 내는 이질적으로 집락 간은 동질적으로 구성되어 있을 때 효과적이다. 집락의 크기를 크게 하면 집락 내의 조사단위들이 보다 이질적으로 구성되어 급내상관이 작아지므로 추출단위로서 효과적이라 할 수 있다.

집락 설계에서 급내상관계수가 0이면 단순임의추출법과 효율이 같고, 급내상관계수가 0보다 크면 집락추출법이 단순임의추출법보다 효율이 떨어진다. 이 경우 집락들이 대부분 인접한 조사단위들의 집합체가 되기 때문에 상관계수가 0보다 큰 경우가 많다. 이러한 경향으로 표본의 크기가 같다면 집락추출법이 단순임의추출법에 비해 효율이 떨어진다. 그러므로 집락 내부는 서로 이질적인 조사단위로 구성하여 급내상관계수가 음수가 되도록 하면 단순임의추출법보다 높은 효율을 보장하게 된다.

1단계 이상의 집락추출법에서는 1단계 추출단위가 크고 이질적일 때 유효하며, 각 단계의 집락이 동질적이면 집락의 수를 집락 내의 요소를 선택하는 수보다 더 많이 하면 정도를 향상시킬 수 있다. 그 이유는 집락의 동질성에 비추어 볼 때 집락 내의 요소들을 많이 선택하는 것이 더 많은 정보를 제공해 주지 못하기 때문이다. 집락추출법과 층화추출법을 비교해 보면 층화추출법은 층으로 집락추출법은 집락으로 구분된다. 층화추출법은 층 내부는 동질적이고 층간에는 이질적인 단위로 이루어진 모집단에서 추출할 때 이용되고 집락추출법은 집락 내부는 이질적이고 집락 간에는 동질적인 단위로 이루어진 모집단에서 추출할 때 이용된다. 층화추출법은 층에 표본을 미리 배정하고 층 내에서 단순임의추출을 이용하여 표본을 추출하기 때문에 총 표본크기는 미리 정해지는 반면 집락추출법은 집락을 임의로 추출한 다음 집락 내의 모든 단위를 조사하기 때문에 집락의 수는 정해져 있지만 표본크기는 정해져 있지 않은 차이가 있다.

〈표 11.8〉 단순임의추출법과 비교한 집락추출법의 장단점

장 점	• 표본추출작업이 용이하다. • 단순임의추출법보다 시간과 비용이 크게 절약되며 단위비용당 많은 정보를 획득할 수 있다. • 각 집락의 성격뿐만 아니라 모집단의 성격도 파악할 수 있다. • 모집단 전체의 틀이 필요치 않고 조사대상이 되는 틀의 일부만이 요구된다.
단 점	• 집락 내부가 동질적일 경우 오차 개입가능성이 크다. • 단순임의추출보다 측정집단을 과대 또는 과소 포함할 위험이 크다. • 단순임의추출보다 분석방법이 복잡하다.

3. 비확률표본추출법(Non-probability Sampling Method)

비확률표본추출법은 각 추출단위들이 표본으로 추출될 확률을 객관적으로 나타낼 수 없는 표본추출법으로 모집단 추론을 위한 확률적인 통계처리가 불가능하여 모집단의 전체적인 성격을 일반화할 수 없다. 하지만 모집단의 중요한 성격을 어느 정도 파악할 수 있으며 중요한 정보를 제공하기도 한다. 이 방법은 주로 사회과학분야에서 널리 이용되고 있다.

(1) 유의추출법(Purposive Sampling)

모집단의 특성에 대해 조사원이 정확히 알고 있는 경우에 제한적으로 사용하는 방법으로 표본을 구성하는 단위를 추출하는데 있어 확률적으로 추출하는 것이 아니라 주관적 판단에 따라 표본을 추출하는 방법이다. 조사자의 풍부한 경험을 활용하는 표본추출방법으로 일반적으로 예비조사 등에 보조적으로

이용되고 본조사에서는 확률추출방법을 이용한다. 유의추출법은 표본추출작업이 용이하고 조사에 협력한 사람만이 표본으로 선출되기 때문에 본조사를 쉽게 진행할 수 있다. 하지만 표본오차의 크기가 어느 정도일지 또는 잘못된 결론이 나올 가능성이 어느 정도인지 알 수는 없다. 유의추출법은 크게 판단추출법과 할당추출법 등으로 나뉜다.

> 예 현행 통계청의 소비자물가조사 표본선정방식은 유의추출법으로 선정되며, 모집단과 비슷한 구조를 갖도록 표본을 배정하는 할당표본에 가까운 유의표본이라 할 수 있다.

(2) 판단추출법(Judgement Sampling)

조사원이 자신의 지식과 경험에 의해 모집단을 가장 잘 대표한다고 여겨지는 표본을 주관적으로 판단하여 표본을 추출하는 방법이다. 일반적으로 판단추출법은 표본의 크기가 아주 작은 경우에 사용한다. 이 방법은 조사대상이 되는 모집단의 경계를 한정할 수 없을 때에도 조사가 가능하며 적은 비용으로 조사를 실시할 수 있어 주로 예비조사에 이용되고 있다.

> 예 학생운동을 연구할 때 운동권 학생이라고 판단되는 학생들을 표본으로 추출하는 경우

(3) 할당추출법(Quota Sampling)

모집단이 여러 가지 특성으로 구성되어있는 경우 각 특성에 따라 층을 구성한 다음 층별 크기에 비례하여 표본을 배분하거나 동일한 크기의 표본을 조사원이 그 층 내에서 직접 선정하여 조사하는 방법이다. 할당추출법은 확률표본추출방법의 층화추출법과 유사하며, 마지막 표본의 선정이 랜덤하게 선정되지 않고 조사원의 주관에 의해서 선정된다는 차이점이 있다. 그러므로 모수추정에 편의가 있어 표본의 대표성에 문제가 발생한다. 또한 표본오차의 측정이 불가능하다. 또한, 할당추출법은 판단추출법의 결점을 어느 정도 보완한 유의추출법이다.

> 예 여론조사의 표본을 1000명으로 정했을 경우 인구 비례로 서울과 수도권에서 500명, 영남에서 200명, 호남에서 100명, 충청, 강원, 제주에서 100명을 조사원이 임의로 선정하여 조사하는 경우

〈표 11.9〉 할당추출법의 장단점

장 점	• 현지에서 표본추출작업이 쉽고 빠르게 이루어진다. • 신속하게 연구목적을 달성할 수 있다. • 특정유형의 사람들을 표본에 포함시킬 수 있다.
단 점	• 조사자의 편견이 개입되어 표본이 모집단을 반드시 대표하지는 않는다. • 모집단에 대한 정보가 부족하여 이론적으로 의의가 있는 다른 모든 변수를 통제할 수 없다. • 분류에 영향을 미치는 관련변수에 대한 정보의 부족으로 분류오차를 증가시킨다.

(4) 간편추출법, 편의추출법(Convenience Sampling)

모집단에 대한 정보가 전혀 없거나 모집단의 구성요소들 간의 차이가 별로 없다고 판단될 때 표본선정의 편리성에 기준을 두고 조사원이 마음대로 표본을 선정하는 방법이다. 이 방법은 정확한 자료입수보다는 신속하게 어느 정도 정확한 정보를 얻고자 하는 경우에 주로 이용되며 설문지 작성을 위한 사전조사에 주로 이용된다. 접근이 쉬운 조사대상만을 표본으로 선정하게 되어 표본의 편향이 생기기 쉬워 표본의 대표성에 문제가 있다. 즉, 기술조사 또는 인과조사를 위한 표본추출방법으로는 적당하지 못하다.

> 예 길거리에서 만난 사람을 대상으로 표본조사하는 경우

(5) 눈덩이추출법(Snowball Sampling)

눈덩이를 굴리면 커지는 것처럼 소수의 응답자를 찾은 다음 이들과 비슷한 사람들을 소개받아 가는 식으로 표본을 추출하는 방법이다. 연구자가 특수한 모집단의 구성원을 전부 파악하고 있지 못하는 경우 또는 비밀을 확인하려는 경우 제한적으로 사용된다. 표본을 뽑을 수 있는 추출틀이 없거나 불완전한 추출틀을 갖고 있는 경우에도 사용가능하며 처음으로 탐구하는 현상이나 모수의 수가 적은 모집단의 연구에 추가연구의 표본설계를 할 수 있는 효과적인 방법이다. 이 방법은 표본추출에서부터 조사에 이르기까지 과정이 공개되지 않는 표본조사법이다.

예 마약중독자, 불법체류자 등과 같이 표본을 찾기 힘든 경우 1~2명을 조사한 후 비슷한 환경의 사람을 소개받아 조사하는 경우

01

단순확률(임의)추출법과 층화추출법을 비교, 설명하라.

01 해설

(1) 단순임의추출법(SRS ; Simple Random Sampling)

단순임의추출법은 확률추출법으로 모든 표본추출방법의 기본이 되는 추출법으로 크기 N인 모집단으로부터 크기 n인 표본을 추출할 때 $_N C_n$가지의 모든 가능한 표본을 동일한 확률로 추출하는 방법이다.

장점	• 모집단에 대한 사전지식이 필요 없어 모집단에 대한 정보가 아주 적을 때 유용하게 사용한다. • 추출확률이 동일하기 때문에 표본의 대표성이 높다. • 표본오차의 계산이 용이하다. • 확률표본추출방법 중 가장 적용이 용이하다. • 다른 확률표본추출방법과 결합하여 사용할 수 있다. • 다른 표본추출법에 비해 상대적으로 분석에 용이하다.
단점	• 모집단에 대한 정보를 활용할 수 없다. • 동일한 표본크기에서 층화추출법 보다 표본오차가 크다. • 비교적 표본의 크기가 커야 한다. • 표본추출틀 작성이 어렵다. • 모집단의 성격이 서로 상이한 경우 편향된 표본구성의 가능성이 존재한다. • 표본추출틀에 영향을 많이 받는다.

(2) 층화추출법(Stratified Sampling)

층화추출법은 모집단 내의 상이하고 이질적인 원소들을 중복되지 않도록 동질적이고 유사한 단위들로 묶은 여러 개의 부모 집단으로 나누어 층(Stratum)을 형성한 후 각 층으로부터 단순임의추출법에 의해 표본을 추출하는 방법으로 모집단에 대한 정확한 정보가 필요하다.

장 점	• 층 내부는 동질적이고 층간에는 이질적이면 표본의 크기가 크지 않아도 모집단의 대표성이 보장된다. • 모집단을 효과적으로 층화할 경우, 층화추출법에 의해 구한 추정량은 단순임의추출법에 의해 구한 추정량보다 추정량의 오차가 적게 되어 추정의 정도를 높일 수 있다. • 전체 모집단에 대한 추정뿐만 아니라 각 층화집단에 대한 추정이 가능하여 각 층별 특수성을 알 수 있기 때문에 층별 비교가 가능하다. • 단순임의추출 또는 계통추출보다 불필요한 자료의 분산을 축소한다. • 조사관리가 편리하며 조사비용도 절감할 수 있다.
단 점	• 층화의 근거가 되는 층화명부가 필요하다. • 모집단을 층화하여 가중하였을 경우 원형으로 복귀하기가 어렵다. • 표본추출과정에서 시간과 비용이 증가할 수 있다. • 단순임의추출법보다 추론이 복잡하다.

(3) 단순임의추출법과 층화추출법의 비교

층화추출법이 단순임의추출법보다 항상 작은 분산을 갖는 추정량을 제공하는 것은 아니다. 즉, 층화추출법의 전제조건으로 모집단을 동질적인 몇 개의 층으로 나누어야 하며, 층 내부는 동질적이고 층간에는 이질적이어야 한다. 층화추출법은 단순임의추출법에 비해 조사관리가 편리하며 조사비용도 절감할 수 있다. 또한, 적절한 층화변수를 확보하여 모집단을 층화하면 동일한 비용하에서 단순임의추출법에 비해 더 많은 조사단위를 표본에 포함시킬 수 있어 추정의 정도(Precision)를 높일 수 있다.

02

층화랜덤추출방법의 내용과 장점에 대해 논하라.

02 해설

층화추출법(Stratified Sampling)

층화추출법은 모집단 내의 상이하고 이질적인 원소들을 중복되지 않도록 동질적이고 유사한 단위들로 묶은 여러 개의 부모집단으로 나누어 층(Stratum)을 형성한 후 각 층으로부터 단순임의추출법에 의해 표본을 추출하는 방법으로 모집단에 대한 정확한 정보가 필요하다. 층화추출법의 표본추출단위는 구성요소이며, 층을 나누는 기본원리는 층 내부는 동질적이게 하고 층간에는 이질적이 되도록 하면 추정의 정도를 높일 수 있다.

층화추출법의 장점

① 층 내부는 동질적이고 층간에는 이질적이면 표본의 크기가 크지 않아도 모집단의 대표성이 보장된다.

② 모집단을 효과적으로 층화할 경우, 층화추출법에 의해 구한 추정량은 단순임의추출법에 의해 구한 추정량보다 추정량의 오차가 적게 되어 추정의 정도를 높일 수 있다.

③ 전체 모집단에 대한 추정뿐만 아니라 각 층화집단에 대한 추정이 가능하여 각 층별 특수성을 알 수 있기 때문에 층별 비교가 가능하다.

④ 단순임의추출 또는 계통추출 보다 불필요한 자료의 분산을 축소한다.

⑤ 조사관리가 편리하며 조사비용도 절감할 수 있다.

표본조사방법에 있어 단순임의추출, 층화추출, 계통추출, 2단집락추출방법을 설명하고, 각 방법을 사용할 때 주의점과 전제조건에 관하여 논하시오.

03 해설

확률표본추출방법(Probability Sampling Method)

① 단순임의추출법(무작위추출법)은 가장 기본적인 확률표본추출방법으로 크기 N인 모집단으로부터 크기 n인 표본을 추출할 때 $_NC_n$ 가지의 모든 가능한 표본을 동일한 확률로 추출하는 방법이다. 단순임의추출법은 모집단의 조사단위 모두가 추출될 확률이 동일하도록 설계해야 한다.

② 층화추출법은 모집단 내의 상이하고 이질적인 원소들을 중복되지 않도록 동질적이고 유사한 단위들로 묶은 여러 개의 부모 집단으로 나누어 층(Stratum)을 형성한 후 각 층으로부터 단순임의추출법에 의해 표본을 추출하는 방법이다. 모집단에 대한 정확한 정보가 필요하며, 층화의 근거가 되는 층화명부가 필요하다. 층내는 동질적이고 층간은 이질적이어야 한다. 또한, 층화를 효과적으로 하려면 층의 크기를 균등하게 하여야 한다. 층의 크기가 특별히 큰 층이 있으면 표본의 정도가 감소되기 때문이다. 층화변수는 조사항목에서 가장 중심이 되는 항목과 관계가 깊은 특성을 기준으로 하며, 양적인 특성에 대해서는 모집단의 분포가 편향된 것 또는 표준편차, 변동계수가 큰 것을 기준으로 한다. 또한, 시간적인 안정성이 없는 특성은 기준변수로 고려하지 않는다.

③ 계통(계열)추출법은 추출단위에 일련번호를 부여하고 이를 등간격으로 나눈 후 첫 구간에서 한 개의 번호를 무작위로 선정한 다음 등간격으로 떨어져 있는 번호들을 계속해서 추출해가는 방법이다. 모집단의 단위가 고르게 분포되어 있어야 대표성 있는 표본추출이 가능하다. 특히 모집단이 주기성을 갖는 경우에는 계통추출방법의 사용을 피해야 한다.

④ 2단집락추출법은 단순집락추출법의 확장된 개념으로 2단계로 표본을 추출하는 방법이다. 먼저 표본집락을 추출하고 추출된 표본집락 내에서 다시 조사단위인 표본집락을 추출하는 방법이다. 지리적 위치에 따라 집락 내 원소들을 선택해야 하며, 관리가 편리한 집락크기를 선택해야 한다. 또한, 집락이 클 경우에는 집락 내의 원소들은 이질적이므로 모수의 정확한 추정을 위해 각 집락에서 추출하는 표본의 수는 커야 한다. 반면, 집락이 작은 경우에는 집락 내의 원소들은 비교적 동질적이므로 소규모 표본으로도 정확한 추정을 할 수 있다.

1936년 미국 대통령 선거 시 민주당 루즈벨트 후보와 공화당 랜든 후보에 대한 지지도 여론조사에서 전화번호부, 클럽회원명부를 표본추출해 조사한 결과 공화당 랜든 후보가 57%로, 민주당 루즈벨트 후보의 43%보다 지지도에 있어서 앞섰다. 그러나 선거결과 득표율에서는 민주당 루즈벨트 후보가 63%, 공화당 랜든 후보가 37%로서 민주당 루즈벨트 후보가 당선되었는데, 그러한 오차가 발생한 원인과 그 대처방안을 설명하시오.

04 해 설

표본의 대표성

① 1936년 미국 대통령 선거 여론조사에서 모집단 내의 많은 추출단위들이 표본추출틀에서 누락되어 표본의 대표성에 문제가 발생했다.

② 1936년 당시 전화번호부와 클럽회원명부로부터 200만명 이상의 유권자를 대상으로 표본조사를 실시하였는데 이는 비확률 표본추출법 중에서 할당추출법(Quota Sampling)에 해당된다.

③ 할당추출법은 1930년대와 1940년대에 선서예측, 여론조사와 시장조사 등에 널리 이용된 방법으로 표본에 포함될 남자 및 여자의 수, 도시 또는 농촌의 가구 수 등으로 구분하여 각 속성별 표본의 크기를 미리 정하고, 조사원은 정해진 표본의 크기대로 표본을 선정하는데 동일한 속성 내에서 누구를 택할 것이냐는 전적으로 조사원이 알아서 결정하도록 하는 방법이다. 당시 조사원들이 표본을 추출할 때 자신들의 조사에 협조적인 사람들을 주로 선택했는데 그 결과 공화당을 지지하는 경향을 보이는 계층의 사람들이 과다하게 많이 표본으로 추출되었던 것이다.

④ 1936년 당시 전화를 소유하였거나 클럽에 가입한 유권자들은 대부분 경제적으로 풍요로운 사람들이어서 많은 사람들이 공화당을 지지하고 있었다. 그래서 이들로 이루어진 표본으로 조사한 결과는 랜든 후보 쪽으로 편향될 수밖에 없었다.

⑤ 이 결과를 바탕으로 할당추출법으로 대규모의 표본을 뽑는 것이 반드시 올바른 결과를 유도할 수 없으며 표본이 크다는 것만이 올바른 추정을 보장하지 않음을 알 수 있다.

⑥ 결과적으로 위와 같은 오차의 원인은 표본추출 시 표본에 대표성이 결여되어서라고 볼 수 있으며, 이에 대한 대처방안으로 1950년대부터 단순임의표본추출법, 층화표본추출법, 계통표본추출법, 집락표본추출법 등 표본의 대표성이 보장되는 확률 표본추출법을 사용하여 표본을 추출하고 있다.

다음 물음에 답하시오.

(1) 표집방법으로 무작위추출, 층화추출, 군락추출, 계통(계열)추출 방법을 설명하라.

(2) 층화추출, 군락추출, 계통(계열)추출 방법을 무작위추출과 비교하여 그 장단점을 논하시오.

(3) 아래 자료에 주어진 정보를 이용하여 무작위추출, 층화추출, 군락추출, 계통추출을 실시했을 때 그 구체적인 예를 적시하시오.

> 한 대학교의 대학생 10,000명을 대상으로 여론조사를 실시하고자 한다. 각 학생은 고유번호(학번)가 부여되어 있다.
>
> 1학년 : 4,000명   2학년 : 3,000명   3학년 : 2,000명   4학년 : 1,000명
>
> 모두 10개 학과이고 각 학과는 1,000명으로 구성된다.
>
> 교무처 학생부에는 전체 학생목록을 학년, 학과 구별 없이 가나다 이름순으로 기재되어 있다.

05 해설

(1) 확률표본추출방법

① 무작위추출, 층화추출, 군락추출, 계통(계열)추출 방법은 모두 확률표본추출방법이다.

② 확률표본추출방법의 특징은 다음과 같다.

- 연구대상이 표본으로 추출될 확률이 알려져 있다.
- 모수추정에 편의가 없다.
- 분석결과의 일반화가 가능하다.
- 표본오차의 추정이 가능하다.
- 시간과 비용이 많이 든다.

③ 무작위추출법은 가장 기본적인 확률표본추출방법으로 크기 N인 모집단으로부터 크기 n인 표본을 추출할 때 $_N C_n$ 가지의 모든 가능한 표본을 동일한 확률로 추출하는 방법이다.

④ 층화추출법은 모집단 내의 상이하고 이질적인 원소들을 중복되지 않도록 동질적이고 유사한 단위들로 묶은 여러 개의 부모집단으로 나누어 층(Stratum)을 형성한 후 각 층으로부터 단순임의추출법에 의해 표본을 추출하는 방법으로 모집단에 대한 정확한 정보가 필요하다.

⑤ 집락추출법(군락추출법)은 모집단을 조사단위 또는 집계단위를 모은 집락(Cluster)으로 나누고 이들 집락들 중에서 일부의 집락을 추출한 후 추출된 집락에서 일부 또는 전부를 표본으로 추출하는 방법이다.

⑥ 계통(계열)추출법은 추출단위에 일련번호를 부여하고 이를 등간격으로 나눈 후 첫 구간에서 한 개의 번호를 무작위로 선정한 다음 등간격으로 떨어져 있는 번호들을 계속해서 추출해가는 방법이다.

(2) 확률표본추출방법의 장단점 비교

① 단순임의추출법과 비교한 층화추출법의 장단점

장 점	• 층 내부는 동질적이고 층간에는 이질적이면 표본의 크기가 크지 않아도 모집단의 대표성이 보장된다. • 모집단을 효과적으로 층화할 경우, 층화추출법에 의해 구한 추정량은 단순임의추출법에 의해 구한 추정량보다 오차가 적어 추정의 정도를 높일 수 있다. • 전체 모집단에 대한 추정뿐만 아니라 각 층화집단에 대한 추정이 가능하여 각 층별 특수성을 알 수 있기 때문에 층별 비교가 가능하다. • 단순임의추출 또는 계통추출보다 불필요한 자료의 분산을 축소한다. • 조사관리가 편리하며 조사비용도 절감할 수 있다.
단 점	• 층화의 근거가 되는 층화명부가 필요하다. • 모집단을 층화하여 가중하였을 경우 원형으로 복귀하기가 어렵다. • 표본추출과정에서 시간과 비용이 증가할 수 있다. • 단순임의추출법보다 추론이 복잡하다.

② 단순임의추출법과 비교한 집락추출법의 장단점

장 점	• 표본추출작업이 용이하다. • 단순임의추출법보다 시간과 비용이 크게 절약되며 단위비용당 많은 정보를 획득할 수 있다. • 각 집락의 성격뿐만 아니라 모집단의 성격도 파악할 수 있다. • 모집단 전체의 틀이 필요치 않고 조사대상이 되는 틀의 일부만이 요구된다.
단 점	• 집락 내부가 동질적일 경우 오차 개입가능성이 크다. • 단순임의추출보다 측정집단을 과대 또는 과소 포함할 위험이 크다. • 단순임의추출보다 분석방법이 복잡하다.

③ 단순임의추출법과 비교한 계통(계열)추출법의 장단점

장 점	• 표본추출작업이 용이하며 바람직한 표본추출틀이 확보되지 않은 경우에 유용하다. • 단위들이 고르게 분포되어 있을 경우 단순임의추출법보다 추출오차가 감소되며 결과의 정도가 향상된다. • 실제 조사현장에서 직접 적용이 용이하다. • 다른 확률표본추출방법과 결합하여 사용할 수 있다. • 단위비용당 다량의 정보 획득이 가능하다.
단 점	• 표본추출틀 구성에 어려움이 있다. • 모집단의 단위가 주기성을 가지면 표본의 대표성에 문제가 발생한다. • 일반적으로 추정량이 편향추정량이다. • 표본추출틀의 형태에 따라 그 정도의 차이가 크다. • 원칙적으로 추정량의 분산에 대한 불편추정량의 계산이 불가능하다.

(3) 확률표본추출방법의 적용 예

① 무작위추출법

1,000명의 표본을 추출한다고 가정할 때, 가나다 이름순으로 되어있는 전체 학생목록에 학생번호를 부여한 후, 난수표를 이용하여 무작위로 학생 1,000명을 추출한다.

② 층화추출법

1,000명의 표본을 추출한다고 가정할 때, 학년별로 층화하여 1학년에서 400명, 2학년에서 300명, 3학년에서 200명, 4학년에서 100명을 각각 단순무작위추출법을 이용하여 추출한다.

③ 집락추출법(군락추출법)

10개의 학과를 집락(Cluster)으로 구성하면 1개의 집락당 1000명의 학생이 있다. 이와 같은 모집단에서 표본 1000명을 집락추출법으로 추출하는 방법은 여러 가지가 있다.

㉠ 1개의 집락을 추출하여 1000명의 학생을 조사

㉡ 5개의 집락을 추출하여 각 집락당 200명씩을 랜덤하게 조사

㉢ 10개의 집락을 추출하여 각 집락당 100명씩을 랜덤하게 조사 등

하지만 비용과 정도를 고려하면 위의 추출방법에는 다음과 같은 관계가 성립한다.

비용 면에서는 ㉠ < ㉡ < ㉢ 순으로 ㉠의 비용이 가장 작으므로 효율적이고, 정도 면에서는 ㉠ < ㉡ < ㉢ 순으로 ㉢의 정도가 가장 높으므로 효율적이다. 따라서 비용과 추정 정도를 고려하여 가장 적당한 방법을 선택하는 것이 바람직하다.

④ 계통추출법

1,000명의 표본을 추출한다고 가정하면 가나다 이름순으로 기재되어 있는 교무처 학생부 명부에서 1번째~10번째 학생 중 한 명을 임의로 선택한다. 그 뒤, 명부에서 선택된 학생을 기준으로 매 10번째 학생을 표본으로 추출한다.

06

기출 2000년

어느 시청에서 주민들을 대상으로 행정서비스에 대한 주민들의 의견을 수렴하기 위해 표본조사를 실시하고자 한다.

(1) 어느 특정한 날 시청민원실에 들른 주민의 10%에 해당하는 주민을 표본으로 추출하는 방법에 대해 설명하시오.

(2) 표본으로 선정된 주민들을 대상으로 다음을 질문하였다.

"다음 중 가장 시급하게 보완되어야 할 공공시설은 무엇입니까?"

㉠ 도서관　　㉡ 수영장　　㉢ 보육시설　　㉣ 공원　　㉤ 기타

응답자 중 남녀 성별에 따라 응답에 차이가 있는지 알아보기 위한 검정방법에 대해 설명하시오.

06 해설

(1) 계통추출방법(Systematic Sampling)

① 어느 특정한 날 시청민원실에 들른 주민들의 수를 1000명이라고 가정하자. 주민들 중에서 10%의 표본을 확률표본추출방법(단순임의추출, 층화추출, 집락추출, 계통추출 등)을 이용하여 추출하는 방법은 여러 가지가 있지만 계통추출방법을 이용하는 것이 가장 바람직한 것으로 보인다.

② 계통추출방법은 모집단 요소의 목록표를 이용하여 최초의 표본단위만 무작위로 추출하고, 나머지는 일정한 간격을 두고 표본을 추출하는 방법이다. 어느 특정한 날 시청민원실에 들른 주민들의 수를 1000명이라고 가정할 때, 이 주민들 중 10%인 100명의 표본을 추출한다고 하면 1번째~10번째 방문한 주민들 중 한 명을 임의로 선택한 후 선택된 주민을 기준으로 매 10번째 방문한 주민들을 표본으로 추출한다.

(2) 카이제곱 독립성 검정(χ^2 Independence Test)

① 어느 특정한 날 시청민원실에 들른 주민들의 수를 1000명이라고 가정할 때, 이 주민들 중 10%인 100명의 표본을 추출하였지만 성별에 따라 몇 명의 표본을 뽑을 것인지가 미리 정해져 있지 않기 때문에 카이제곱 독립성 검정을 실시한다.

② 성별에 따라 가장 시급하게 보완되어야 할 공공시설의 교차표를 작성하면 다음과 같은 형태이다.

구 분	도서관	수영장	보육시설	공 원	기 타	합 계
남 자						
여 자						
합 계						

③ 분석에 앞서 먼저 가설을 설정한다.

• 귀무가설(H_0) : 성별에 따라 가장 시급하게 보완되어야 할 공공시설에는 차이가 없다.

• 대립가설(H_1) : 성별에 따라 가장 시급하게 보완되어야 할 공공시설에는 차이가 있다.

④ 기대도수를 구한다.

$$E_{11} = \frac{\text{남자 도수 합계} \times \text{도서관 도수 합계}}{\text{전체 도수}}, \ E_{12} = \frac{\text{남자 도수 합계} \times \text{수영장 도수 합계}}{\text{전체 도수}},$$

$$E_{13} = \frac{\text{남자 도수 합계} \times \text{보육시설 도수 합계}}{\text{전체 도수}}, \ E_{14} = \frac{\text{남자 도수 합계} \times \text{공원 도수 합계}}{\text{전체 도수}},$$

$$E_{15} = \frac{\text{남자 도수 합계} \times \text{기타 도수 합계}}{\text{전체 도수}}, \ E_{21} = \frac{\text{여자 도수 합계} \times \text{도서관 도수 합계}}{\text{전체 도수}},$$

$$E_{22} = \frac{\text{여자 도수 합계} \times \text{수영장 도수 합계}}{\text{전체 도수}}, \ E_{23} = \frac{\text{여자 도수 합계} \times \text{보육시설 도수 합계}}{\text{전체 도수}},$$

$$E_{24} = \frac{\text{여자 도수 합계} \times \text{공원 도수 합계}}{\text{전체 도수}}, \ E_{25} = \frac{\text{여자 도수 합계} \times \text{기타 도수 합계}}{\text{전체 도수}}$$

⑤ 카이제곱 검정통계량을 결정한다.

$$\chi^2 = \sum_{i=1}^{2} \sum_{j=1}^{5} \frac{(O_{ij} - E_{ij})^2}{E_{ij}} \sim \chi^2_{(2-1)(5-1)}, \ \text{여기서 } O_{ij} \text{는 관측도수}$$

⑥ 검정통계량 값(χ_c^2)과 유의수준 α에서의 기각치 $\chi^2_{(\alpha, \, 4)}$을 비교하여 $\chi_c^2 \geq \chi^2_{(\alpha, \, 4)}$이면 귀무가설을 기각하고, $\chi_c^2 < \chi^2_{(\alpha, \, 4)}$이면 귀무가설을 채택한다.

07

기출 2003년

어느 닷컴 기업에서 등록회원을 대상으로 이용자 만족도를 전화면접으로 조사하고자 한다. 총 회원 100만명 중 1,000명을 표본으로 추출하고자 한다. 다음을 설명하시오.

(1) 단순임의추출(Simple Random Sampling)방법

(2) 회원 가입순서에 따라 계통추출(Systematic Sampling)방법

(3) 층화임의추출(Stratified Random Sampling)방법(이때, 회원의 성(Gender)과 나이를 층화 변수로 할 것)

(4) 각 방법의 장점

07 해 설

(1) 단순임의추출(Simple Random Sampling)방법

가장 기본적인 확률표본추출방법으로 100만명의 모집단으로부터 크기 1000명인 표본을 추출할 때 $_{1000000}C_{1000}$ 가지의 모든 가능한 표본을 동일한 확률로 추출하는 방법이다. 표본을 추출할 때 주로 난수표를 이용하여 표본을 추출한다.

(2) 계통추출(Systematic Sampling)방법

회원 가입순서 중 1에서 1000번째 가입한 등록회원 중 1명을 난수표를 이용하여 랜덤하게 추출한 후 두 번째 표본부터는 이 추출된 등록회원으로부터 일정한 간격(매 1000번째 회원)을 두고 1000명을 계통적으로 추출하는 방법이다.

(3) 층화임의추출(Stratified Random Sampling)방법

1,000,000명의 등록회원을 성별에 따라 두 개의 층으로 층화한 후 각 성별에 따라 연령대별로 다시 층화한다. 성별에 따른 연령대별 층의 크기에 비례하도록 배분하여 표본크기만큼 랜덤하게 표본을 추출한다.

(4) 확률표본추출방법의 장점

확률표본추출방법	장 점
단순임의추출방법	• 모집단에 대한 사전지식이 필요 없어 모집단에 대한 정보가 아주 적을 때 유용하게 사용한다. • 추출확률이 동일하기 때문에 표본의 대표성이 높다. • 표본오차의 계산이 용이하다. • 확률표본추출방법 중 가장 적용이 용이하다. • 다른 확률표본추출방법과 결합하여 사용할 수 있다. • 다른 표본추출법에 비해 상대적으로 분석에 용이하다.
계통추출방법	• 표본추출작업이 용이하며 바람직한 표본추출틀이 확보되지 않은 경우에 유용하다. • 단위들이 고르게 분포되어 있을 경우 단순임의추출법보다 추출오차가 감소되며 결과의 정도가 향상된다. • 실제 조사현장에서 직접 적용이 용이하다. • 다른 확률표본추출방법과 결합하여 사용할 수 있다. • 단위비용당 다량의 정보 획득이 가능하다.
층화임의추출방법	• 층 내부는 동질적이고 층간에는 이질적이면 표본의 크기가 크지 않아도 모집단의 대표성이 보장된다. • 모집단을 효과적으로 층화할 경우, 층화추출법에 의해 구한 추정량은 단순임의추출법에 의해 구한 추정량보다 추정량의 오차가 적게 되어 추정의 정도를 높일 수 있다. • 전체 모집단에 대한 추정뿐만 아니라 각 층화집단에 대한 추정이 가능하여 각 층별 특수성을 알 수 있기 때문에 층별 비교가 가능하다. • 단순임의추출 또는 계통추출보다 불필요한 자료의 분산을 축소한다. • 조사관리가 편리하며 조사비용도 절감할 수 있다.

어느 세무서에서는 소득세 신고서를 감사하기 위하여 표본을 추출하기로 하였다. 전체 신고서들을 총소득이 비슷한 세 개의 집단으로 분류하고, 집단의 크기에 비례하도록 총표본 50개를 각 집단에 배정하였다. 그런 다음 각 집단에서 배정된 크기만큼의 신고서를 랜덤하게 추출하여 실사한 결과가 다음과 같았다. 물음에 답하시오.

집 단	집단의 크기	표본의 크기	표본 내에 있는 부실 신고서의 수
1. 2000 이하	600	(a)	3
2. 2000~4000	300	(b)	3
3. 4000 이상	100	(c)	2
합 계	1000	50	8

(1) 이러한 표본추출법을 무엇이라고 하는가? 또, 이러한 추출법은 단순랜덤추출법에 비하여 어떤 장점이 있는가?

(2) 위 표의 (a), (b), (c)에 들어갈 숫자를 구하고, 각 집단에서의 부실 신고율 $p_1,\ p_2,\ p_3$를 각각 추성하시오.

(3) 집단 3의 부실 신고율의 추정량에 대한 표준오차를 구하시오.

(4) 총 부실신고서의 수 X를 추정하시오.

(5) 전체 집단의 부실 신고율 p를 추정하시오.

08 해설

(1) 층화추출법(Stratified Sampling)
  ① 모집단을 비슷한 성질을 갖는 2개 이상의 동질적인 층(Stratum)으로 구분하고, 각 층으로부터 단순임의추출방법을 적용하여 표본을 추출하는 방법으로 모집단에 대한 정확한 정보가 필요하다.
  ② 단순임의추출법과 비교한 층화추출법의 장점은 다음과 같다.
    ㉠ 층 내부는 동질적이고 층간에는 이질적이면 표본의 크기가 크지 않아도 모집단의 대표성이 보장된다.
    ㉡ 모집단을 효과적으로 층화할 경우, 층화추출법에 의해 구한 추정량은 단순임의추출법에 의해 구한 추정량보다 추정량의 오차가 적게 되어 추정의 정도를 높일 수 있다.
    ㉢ 전체 모집단에 대한 추정뿐만 아니라 각 층화집단에 대한 추정이 가능하여 각 층별 특수성을 알 수 있기 때문에 층별 비교가 가능하다.
    ㉣ 단순임의추출 또는 계통추출보다 불필요한 자료의 분산을 축소한다.
    ㉤ 조사관리가 편리하며 조사비용도 절감할 수 있다.

(2) 추정량 계산

① 각 집단의 크기에 비례하도록 표본의 크기를 배정하였기 때문에 (a), (b), (c)는 다음과 같다.

(a) $n_1 = n \times \dfrac{N_1}{N} = 50 \times \dfrac{600}{1000} = 30$

(b) $n_2 = n \times \dfrac{N_2}{N} = 50 \times \dfrac{300}{1000} = 15$

(c) $n_3 = n \times \dfrac{N_3}{N} = 50 \times \dfrac{100}{1000} = 5$

② 각 집단에서의 부실 신고율 p_1, p_2, p_3은 다음과 같다.

$p_1 = \dfrac{X_1}{n_1} = \dfrac{3}{30} = 0.1$

$p_2 = \dfrac{X_2}{n_2} = \dfrac{3}{15} = 0.2$

$p_3 = \dfrac{X_3}{n_3} = \dfrac{2}{5} = 0.4$

(3) 표준오차 계산

① 추정량 p_3의 표준편차를 표준오차라 하며 $SE(p_3) = \sqrt{V(p_3)}$ 로 나타낸다.

② $SE(p_3) = \sqrt{V(p_3)} = \sqrt{\left(\dfrac{N_3 - n_3}{N_3}\right)\left(\dfrac{p_3(1-p_3)}{n_3 - 1}\right)} = \sqrt{\left(\dfrac{100-5}{100}\right)\left(\dfrac{0.4(1-0.4)}{5-1}\right)} \approx 0.239$

(4) 모수 추정

$X = N_1 p_1 + N_2 p_2 + N_3 p_3 = (600 \times 0.1) + (300 \times 0.2) + (100 \times 0.4) = 160$

(5) 모수 추정

$\hat{p} = \dfrac{X}{N} = \dfrac{160}{600 + 300 + 100} = 0.16$

기출 2009년

통계조사에서 표본추출방법은 일반적으로 확률표본추출법(Probability Sampling)과 비확률표본추출법(Nonprobability Sampling)으로 구분된다.

(1) 확률표본추출법과 비확률표본추출법을 비교하여 설명하시오.

(2) 할당추출법(Quota Sampling)에 대해 설명하고, 이 방법을 사용하여 조사하는 경우 어떤 문제가 발생할 수 있는지 기술하시오.

09 해 설

(1) 확률표본추출방법과 비확률표본추출방법의 특징 비교

확률표본추출방법	비확률표본추출방법
• 연구대상이 표본으로 추출될 확률이 알려져 있을 때 사용한다.	• 연구대상이 표본으로 추출될 확률이 알려져 있지 않을 때 사용한다.
• 무작위적 표본주출방법이다.	• 작위적 표본추출방법이다.
• 모수추정에 편의가 없다.	• 모수추정에 편의가 있다.
• 분석결과의 일반화가 가능하다.	• 분석결과의 일반화에 제약이 있다.
• 표본오차의 추정이 가능하다	• 표본오차의 측정이 불가능하다.
• 시간과 비용이 많이 든다.	• 시간과 비용이 적게 든다.

(2) 할당추출법(Quota Sampling)

① 할당추출법은 모집단이 여러 가지 특성으로 구성된 경우 각 특성에 따라 층을 구성한 다음 층별 크기에 비례하여 표본을 배분하거나 동일한 크기의 표본을 조사원이 그 층 내에서 직접 선정하여 조사하는 방법이다.

② 할당추출법은 확률표본추출방법의 층화추출법과 유사하며, 마지막 표본의 선정이 랜덤하게 선정되지 않고 조사원의 주관에 의해서 선정된다는 차이점이 있다. 그러므로 모수추정에 편의가 있어 표본의 대표성에 문제가 발생한다. 또한 표본오차의 측정이 불가능하다.

01

기출 2008년

정부에서 입안한 환경관련 정책에 대한 찬성률에 있어서 도시와 농촌 간에 차이가 있는지 알아보기로 하였다. 임의로 뽑힌 도시에 사는 성인 100명 중 70명이 정책에 찬성하였고 또한 농촌에 사는 성인 100명 중 50명이 찬성하였다. 단, 표준정규분포 확률변수 Z에 대하여 $P(Z > 1.96) = 0.025$, $P(Z > 1.645) = 0.05$이다.

(1) 도시의 찬성률이 농촌의 찬성률보다 높은지 유의수준 5%하에서 검정하시오.

(2) 두 지역 간 찬성률에 있어 차이가 있다면 그 차이가 얼마나 되는지 신뢰수준 95%하에서 추정하시오.

(3) 도시와 농촌간의 인구비율이 7:3이라고 할 때, 이 정책에 대한 전체 국민의 찬성률을 추정하는 방법을 논하시오.

01 해설

(1) 두 모비율 차 $p_1 - p_2$에 대한 검정

① 분석에 앞서 가설을 먼저 설정한다.
- 귀무가설(H_0) : 도시의 찬성률과 농촌의 찬성률은 같다($p_1 = p_2$).
- 대립가설(H_1) : 도시의 찬성률이 농촌의 찬성률 보다 높다($p_1 > p_2$).

② 두 모비율 차 $p_1 - p_2$에 대한 검정통계량은 다음과 같다.

$$Z = \frac{\hat{p_1} - \hat{p_2}}{\sqrt{\hat{p}(1-\hat{p})\left(\frac{1}{n_1} + \frac{1}{n_2}\right)}}, \text{ 여기서 합동표본비율 } \hat{p} = \frac{x_1 + x_2}{n_1 + n_2}$$

③ $\hat{p_1} = \frac{70}{100} = 0.7$, $\hat{p_2} = \frac{50}{100} = 0.5$, $\hat{p} = \frac{70+50}{100+100} = 0.6$이므로 검정통계량 값은

$$z_c = \frac{\hat{p_1} - \hat{p_2}}{\sqrt{\hat{p}(1-\hat{p})\left(\frac{1}{n_1} + \frac{1}{n_2}\right)}} = \frac{0.7 - 0.5}{\sqrt{0.6(1-0.6)\left(\frac{1}{100} + \frac{1}{100}\right)}} \approx 2.88675$$이다.

④ 단측검정 중 우측검정임을 감안하면 유의수준 5%에서 기각치는 1.645이다.

⑤ 검정통계량 값 2.88675가 유의수준 5%에서 기각치 1.645보다 크므로 귀무가설을 기각한다. 즉, 유의수준 5%하에서 도시의 찬성률이 농촌의 찬성률보다 높다고 할 수 있다.

(2) 대표본에서 두 모비율의 차 $p_1 - p_2$에 대한 $100(1-\alpha)\%$ 신뢰구간

① 모비율의 차 $p_1 - p_2$에 대한 $100(1-\alpha)\%$ 신뢰구간은 다음과 같다.

$$\left(\hat{p}_1 - \hat{p}_2 - z_{\frac{\alpha}{2}} \sqrt{\frac{\hat{p}_1(1-\hat{p}_1)}{n_1} + \frac{\hat{p}_2(1-\hat{p}_2)}{n_2}} \ , \ \hat{p}_1 - \hat{p}_2 + z_{\frac{\alpha}{2}} \sqrt{\frac{\hat{p}_1(1-\hat{p}_1)}{n_1} + \frac{\hat{p}_2(1-\hat{p}_2)}{n_2}} \right)$$

$$\therefore \left(0.7 - 0.5 - 1.96 \sqrt{\frac{0.7 \times 0.3}{100} + \frac{0.5 \times 0.5}{100}} \ , \ 0.7 - 0.5 + 1.96 \sqrt{\frac{0.7 \times 0.3}{100} + \frac{0.5 \times 0.5}{100}} \right)$$

$\Rightarrow (0.067, \ 0.333)$

② 결과적으로 두 지역 간 찬성률의 차이는 신뢰수준 95%하에서 0.067과 0.333 사이에 있다고 볼 수 있다.

(3) 확률비례층화추출법

① 앞의 결과에 따르면, 유의수준 5%하에서 도시의 찬성률이 농촌의 찬성률보다 높다고 할 수 있다.

② 그러므로, 전체 국민의 찬성률을 추정하기 위해 $\hat{p} = \dfrac{\text{찬성한 사람 수}}{\text{전체 표 본수}}$로 계산하기보다는 집단 간의 이질성을 잘 반영할 수 있는 확률비례층화추출법을 사용하면 모집단의 특성을 더 잘 나타내는 추정을 할 수 있다.

③ N을 모집단의 크기라 하고, N_h을 h층의 모집단의 크기라 하며, $\hat{p}_h$를 h층의 표본비율 추정량이라 할 때 모비율 $\hat{p}_{st}$는 다음과 같이 구한다.

$$\hat{p}_{st} = \frac{1}{N} \sum_{h=1}^{L} N_h \hat{p}_h$$

④ 층을 도시와 농촌 두 개의 층으로 나누었으므로 전체 국민의 찬성률 $\hat{p}_{st}$은 다음과 같다.

$$\hat{p}_{st} = \frac{1}{N} \sum_{h=\text{도시}}^{\text{농촌}} N_h \hat{p}_h = \frac{1}{N} \left[\left(N_{\text{도시}} \times 0.7 \right) + \left(N_{\text{농촌}} \times 0.5 \right) \right]$$

⑤ 도시와 농촌간의 인구비율이 7:3이므로 $N_{\text{도시}} + N_{\text{농촌}} = N$임을 감안하면 $\dfrac{N_{\text{도시}}}{N} = 0.7$, $\dfrac{N_{\text{농촌}}}{N} = 0.3$이 된다.

$$\therefore \ \hat{p}_{st} = \frac{1}{N} \sum_{h=\text{도시}}^{\text{농촌}} N_h \hat{p}_h = \frac{1}{N} \left[\left(N_{\text{도시}} \times 0.7 \right) + \left(N_{\text{농촌}} \times 0.5 \right) \right] = (0.7 \times 0.7) + (0.3 \times 0.5) = 0.64$$

PART

12

부록

01

어떤 대규모 입사시험에서 수험자가 주어진 과제를 해결하는 데 걸리는 시간은 평균이 5분인 지수분포를 따른다고 한다. 지수분포의 확률밀도함수(Probability Density Function)는 다음과 같다. 주어진 〈표〉의 지수함수 값을 이용하여 다음 물음에 답하시오.

$$f(x) = \frac{1}{\lambda} e^{-x/\lambda}, \quad x > 0, \quad \lambda > 0$$

〈표〉 지수함수 값

x	0.5	1	1.5	2	2.5	3	3.5	4	4.5	5
e^{-x}	0.607	0.368	0.223	0.135	0.082	0.050	0.030	0.018	0.011	0.007

(1) 임의로 선택된 한 수험자가 주어진 과제를 5분 안에 해결할 확률을 구하시오.

(2) 수험자들을 A, B 두 개의 그룹으로 나눈 후 A그룹에서 5명을, B그룹에서 7명을 무작위로 선택하여 과제를 해결하도록 하였다. 선택된 12명 중에서 과제를 5분 안에 해결한 사람이 5명이라고 할 때, 이 중 2명이 A그룹의 수험자일 조건부확률을 구하시오.

(3) 무작위로 선택된 100명의 수험자 중 과제 완료시간이 15분 이상인 수험자가 2명 이상일 확률을 근사적으로 구하시오.

01 해설

(1) 지수분포(Exponential Distribution)

　① 수험자가 주어진 과제를 해결하는 데 걸리는 시간 X는 평균이 5분인 지수분포를 따른다. 즉, $E(X) = \lambda = 5$가 된다.

　② $P(X < 5) = \int_0^5 \frac{1}{5} e^{-\frac{x}{5}} dx = \left[-e^{-\frac{x}{5}} \right]_0^5 = (1 - e^{-1}) = 1 - 0.368 = 0.632$

(2) 조건부확률의 계산

① 한 수험자가 주어진 과제를 5분 안에 해결할 확률은 0.632이다.

② A그룹에서 과제를 해결한 수험자를 확률변수 A라 할 때 $A \sim B(5,\ 0.632)$을 따르고, B그룹에서 과제를 해결한 수험자를 확률변수 B라 할 때 $B \sim B(7,\ 0.632)$을 따른다.

③ $P(A=2\,|\,A+B=5) = \dfrac{P(A=2 \cap A+B=5)}{P(A+B=5)} = \dfrac{P(A=2)P(B=3)}{P(A+B=5)}$ $\because$ $A,\ B$는 서로 독립

$$= \dfrac{{}_5C_2(0.632)^2(0.368)^3 \times {}_7C_3(0.632)^3(0.368)^4}{{}_{12}C_5(0.632)^5(0.368)^7} = \dfrac{175}{396}$$

(3) 이항분포의 포아송근사

① 임의로 선택한 한 수험자가 과제 완료시간이 15분 이상일 확률은 다음과 같다.

$$P(X \geq 15) = 1 - P(X < 15) = 1 - \int_0^{15} \frac{1}{5} e^{-\frac{x}{5}}\,dx = \left[-e^{-\frac{x}{5}} \right]_0^{15} = 1 - (1 - e^{-3}) = 0.05$$

② 수험자 중 과제 완료시간이 15분 이상인 수험자를 Y라 한다면 확률변수 Y는 $Y \sim B(100,\ 0.05)$를 따르므로 구하고자 하는 확률은 $P(Y \geq 2) = \displaystyle\sum_{y=2}^{100} {}_{100}C_y (0.05)^y (0.95)^{100-y}$이다.

하지만 계산이 복잡하므로 여확률을 이용하면 $1 - P(Y < 2) = 1 - \displaystyle\sum_{y=0}^{1} {}_{100}C_y (0.05)^y (0.95)^{100-y}$이다.

③ $Y \sim B(100,\ 0.05)$이므로 기대값 $E(Y) = np = 5$이며, 분산은 $Var(Y) = npq = 4.75$이다.

④ 확률변수 Y는 이항분포의 정규근사 조건 $nq > 5$을 만족하지만 $np > 5$을 만족하지 못하여 정규분포에 근사시킬 수 없다.

⑤ $n = 100$으로 충분히 크고 $p = 0.05$로 매우 작으므로 $Y \sim B(100,\ 0.05)$는 평균 $\lambda = np = 5$인 포아송분포에 근사한다.

⑥ $1 - P(Y < 2) = 1 - P(Y \leq 1) = 1 - \displaystyle\sum_{y=0}^{1} \frac{5^y e^{-5}}{y!} = 1 - e^{-5} - 5e^{-5} = 0.958$

확률변수 X가 시행횟수가 6, 성공확률이 $p(0 < p < 1)$인 이항분포를 따른다고 할 때, 다음과 같은 가설을 검정하고자 한다. 이 가설검정에서 기각역의 형태는 '$X \leq c$'이다(단, c는 0 이상의 정수).

$$H_0 : p = \frac{1}{2} \ \text{VS} \ H_1 : p < \frac{1}{2}$$

(1) X의 관측값으로 1을 얻었을 때, 이 가설검정의 유의확률(p값)을 구하시오.

(2) 제1종 오류를 범할 확률을 α, $p = \frac{1}{3}$에서 제2종 오류를 범할 확률을 β라고 할 때, $(2\alpha + \beta)$의 값을 최소로 하는 기각역의 상수 c값을 구하시오.

02 해설

(1) 유의확률(p값)

① 유의확률 p값이란 귀무가설이 사실이라는 전제하에 검정통계량이 표본에서 계산된 값과 같거나 그 값보다 대립가설 방향으로 더 극단적인 값을 가질 확률이다.

② 기각역의 형태가 $X \leq c$임을 고려하면 구하고자 하는 유의확률은 다음과 같다.

$$p-value = P\left(X \leq 1 \mid p = \frac{1}{2}\right) = \sum_{x=0}^{1} {}_6C_x \left(\frac{1}{2}\right)^x \left(\frac{1}{2}\right)^{6-x} = \left(\frac{1}{2}\right)^6 + 6\left(\frac{1}{2}\right)^6 = \frac{7}{64}$$

(2) 기각역(Critical Region)

① 제1종의 오류를 범할 확률을 유의수준이라 하며 α로 표기한다. 즉, 유의수준은 귀무가설이 참일 때 귀무가설을 기각하는 오류를 범할 확률을 의미한다.

$$\alpha = P(\text{제1종의 오류}) = P(H_0 \text{ 기각} \mid H_0 \text{ 사실}) = P\left(X \leq c \mid p = \frac{1}{2}\right) = \sum_{x=0}^{c} {}_6C_x \left(\frac{1}{2}\right)^x \left(\frac{1}{2}\right)^{6-x}$$

② 제2종의 오류를 범할 확률은 β로 표기한다. 즉, β는 대립가설이 참일 때 귀무가설을 채택하는 오류를 범할 확률이다.

$$\beta = P(\text{제2종의 오류}) = P(H_0 \text{ 채택} \mid H_1 \text{ 사실}) = P\left(X > c \mid p = \frac{1}{3}\right) = 1 - P\left(X \leq c \mid p = \frac{1}{3}\right)$$

$$= 1 - \sum_{x=0}^{c} {}_6C_x \left(\frac{1}{3}\right)^x \left(\frac{2}{3}\right)^{6-x}$$

③ 기각역의 상수 c값에 따라 $(2\alpha + \beta)$의 값을 구하면 다음과 같다.

c	α	β	$(2\alpha + \beta)$
0	0.015625	0.912209	0.943459
1	0.109375	0.648834	0.867584
2	0.343750	0.319616	1.007116
3	0.656250	0.100137	1.412637
4	0.890625	0.017833	1.799083
5	0.984375	0.001372	1.970122
6	1	0	2

$\therefore$ $c = 1$일 때 $2\alpha + \beta$의 값을 최소로 한다.

A, B 두 운동화 회사에서 생산한 운동화 바닥의 평균 마모 정도를 비교하기 위하여 8명을 임의로 뽑은 후, 임의로 선택된 한쪽 발에는 A회사의 운동화를, 다른 한쪽 발에는 B회사의 운동화를 신게 하고 일정시간이 흐른 뒤에 운동화 바닥의 마모 정도를 조사하여 다음과 같은 결과를 얻었다. 이 때, 다른 요인이 개입되지 않도록 운동화 디자인은 같게 생산하였고, 운동화 바닥의 마모 정도는 정규분포를 따른다고 가정한다.

회 사	1	2	3	4	5	6	7	8
A	13.2	8.2	10.9	14.3	10.7	6.6	9.5	10.8
B	14.0	8.8	11.2	14.2	11.8	6.4	9.8	11.3

(1) 두 회사에서 생산한 운동화 바닥의 마모 정도가 다른지를 검정하기 위한 적절한 가설을 제시하시오.

(2) (1)의 가설을 검정하기 위한 검정통계량의 값으로 −2.68을 얻었을 때, 이를 얻기 위한 계산 절차를 설명하시오(단, 자세한 계산은 생략 가능).

(3) (2)에서 계산된 검정통계량에 대응되는 유의확률(p값)이 0.0316이라고 할 때, (1)의 가설을 유의수준 5%에서 검정하시오.

03 해 설

(1) 대응표본 t-검정(Paired Sample t-Test)

① A회사와 B회사의 운동화를 각각 한쪽 발에 신었으므로 서로 짝을 이룬 대응표본 t검정을 실시한다.

② 분석에 앞서 먼저 가설을 설정한다.

- 귀무가설(H_0) : A회사와 B회사 운동화 바닥의 마모 정도는 같다($\mu_A - \mu_B = \mu_D = 0$).
- 대립가설(H_1) : A회사와 B회사 운동화 바닥의 마모 정도는 같지 않다($\mu_A - \mu_B = \mu_D \neq 0$).

(2) 검정통계량 결정

① 모평균의 차 $\mu_1 - \mu_2$에 대한 추정량은 표본평균 $\overline{D} = \overline{X}_1 - \overline{X}_2$이며 소표본인 경우 t검정통계량을 이용한다.

② 검정통계량은 다음과 같다.

$$T = \frac{\overline{D}}{S_D / \sqrt{n}} \sim t_{(n-1)}, \text{ 여기서 } S_D^2 = \frac{\sum (D_i - \overline{D})^2}{n-1}$$

③ 검정통계량 값은 다음과 같이 계산한다.

회 사	1	2	3	4	5	6	7	8
A	13.2	8.2	10.9	14.3	10.7	6.6	9.5	10.8
B	14.0	8.8	11.2	14.2	11.8	6.4	9.8	11.3
D	−0.8	−0.6	−0.3	0.1	−1.1	0.2	−0.3	−0.5

$$\overline{D} = \frac{-0.8 - 0.6 - 0.3 + \cdots - 0.5}{8} = -0.4125$$

$$S_D^2 = \frac{\sum(D_i - \overline{D})^2}{n-1} = \frac{(-0.8 - 0.4125)^2 + (-0.6 - 0.4125)^2 + \cdots + (-0.5 - 0.4125)^2}{7} = 0.189821$$

$$\therefore \ t_c = \frac{\overline{d}}{s_D/\sqrt{n}} = \frac{-0.4125}{0.43568/\sqrt{8}} = -2.678$$

(3) 유의확률을 이용한 검정결과 해석

① p값이란 귀무가설이 사실이라는 전제하에 검정통계량이 표본에서 계산된 값과 같거나 그 값보다 대립가설 방향으로 더 극단적인 값을 가질 확률이다.

② 유의확률 p값이 0.0316으로 유의수준 0.05보다 작기 때문에 귀무가설을 기각한다.

③ 즉, 유의수준 5%에서 A회사와 B회사 운동화 바닥의 마모 정도는 같지 않다고 할 수 있다.

04

다음의 단순선형회귀모형을 고려하기로 한다.

$y_i = \alpha + \beta x_i + \epsilon_i$, ϵ_i는 서로 독립이고 평균 0, 분산 σ^2인 동일한 분포를 따르며, $i = 1, 2, \cdots, n$

(1) 회귀계수 α와 β에 대한 최소제곱추정량(Least Squares Estimator)을 구하시오.

(2) (1)에서 구한 β의 최소제곱추정량이 β의 불편추정량(Unbiased Estimator)임을 보이시오.

(3) $\hat{y_i}$를 y_i의 적합값(Fitted Value), 잔차(Residual) e_i를 $(y_i - \hat{y_i})$라 할 때, $\sum \hat{y_i} e_i = 0$이 성립함을 보이시오.

04 해설

(1) 최소제곱추정량(Least Squares Estimator)

① 잔차의 합 $\sum_{i=1}^{n} e_i = \sum_{i=1}^{n} (y_i - \hat{y_i})$은 0이 되므로 잔차들의 제곱합 $\sum_{i=1}^{n} e_i^2 = \sum_{i=1}^{n} (y_i - \hat{y_i})^2$을 최소로 하는 회귀선을 구하는 방법이 최소제곱법이다.

② $\sum e_i^2 = \sum (y_i - \hat{y_i})^2 = \sum (y_i - a - bx_i)^2$이므로 $\sum (y_i - a - bx_i)^2$을 a와 b에 대해 편미분한 후 0으로 놓으면 $\sum (y_i - a - bx_i)^2$을 최소로 하는 a와 b를 구할 수 있다.

③ $\dfrac{\partial \sum (y_i - a - bx_i)^2}{\partial a} = -2 \sum (y_i - a - bx_i) = 0$ ------------------------- ❶

$\dfrac{\partial \sum (y_i - a - bx_i)^2}{\partial b} = -2 \sum x_i (y_i - a - bx_i) = 0$ ------------------------- ❷

④ 식 ❶과 ❷를 전개하면 다음과 같다.

$an + b \sum x_i = \sum y_i$ -- ❸

$a \sum x_i + b \sum x_i^2 = \sum x_i y_i$ --- ❹

⑤ 식 ❸과 ❹를 $\dfrac{\sum x_i}{n} = \overline{x}$을 이용하여 a와 b에 대해 풀면 다음의 추정량을 구할 수 있다.

$$b = \frac{\sum x_i y_i - \dfrac{\left(\sum x_i\right)\left(\sum y_i\right)}{n}}{\sum x_i^2 - \dfrac{\left(\sum x_i\right)^2}{n}} = \frac{\sum (x_i - \overline{x})(y_i - \overline{y})}{\sum (x_i - \overline{x})^2}, \ a = \frac{\sum y_i}{n} - b \frac{\sum x_i}{n} = \overline{y} - b \overline{x}$$

⑥ 하지만 $\sum (y_i - a - bx_i)^2$을 a와 b에 대해 편미분한 후 0으로 놓고 구한 추정량 a와 b가 최소가 되기 위한 필요충분조건은 다음을 만족해야 한다.

$$\frac{\partial^2 (y_i - a - bx_i)^2}{\partial a^2} > 0 \text{이고 } |H| = \begin{vmatrix} \dfrac{\partial^2 (y_i - a - bx_i)^2}{\partial a^2} & \dfrac{\partial^2 (y_i - a - bx_i)^2}{\partial a \partial b} \\ \dfrac{\partial^2 (y_i - a - bx_i)^2}{\partial b \partial a} & \dfrac{\partial^2 (y_i - a - bx_i)^2}{\partial b^2} \end{vmatrix} > 0$$

⑦ $\dfrac{\partial^2 (y_i - a - bx_i)^2}{\partial a^2} = 2n > 0$이고 $|H| = \begin{vmatrix} 2n & 2\sum x_i \\ 2\sum x_i & 2\sum x_i^2 \end{vmatrix} = 4n\sum(x_i - \overline{x})^2 > 0$이므로 추정량 a와 b는

$\sum(y_i - a - bx_i)^2$을 최소로 한다.

$\therefore\ b = \dfrac{\sum(x_i - \overline{x})(y_i - \overline{y})}{\sum(x_i - \overline{x})^2},\ \ a = \overline{y} - b\overline{x}$

(2) 불편추정량(Unbiased Estimator)

① $E(b) = \beta$이 성립하면 추정량 b를 β의 불편추정량이라 한다.

② $b = \dfrac{\sum(x_i - \overline{x})(y_i - \overline{y})}{\sum(x_i - \overline{x})^2}$ 에서 분자부분인 $\sum(x_i - \overline{x})(y_i - \overline{y})$을 전개하면 다음과 같다.

$\sum(x_i - \overline{x})(y_i - \overline{y}) = \sum(x_i - \overline{x})y_i - \overline{y}\sum(x_i - \overline{x}) = \sum(x_i - \overline{x})y_i\ \ \ \because \sum(x_i - \overline{x}) = 0$

③ $u_i = \dfrac{(x_i - \overline{x})}{\sum(x_i - \overline{x})^2}$ 라 놓으면 $b = \dfrac{\sum(x_i - \overline{x})(y_i - \overline{y})}{\sum(x_i - \overline{x})^2} = \sum u_i y_i$이 성립한다.

④ $E(b) = E(\sum u_i y_i) = \sum u_i E(y_i) = \sum u_i(\alpha + \beta\overline{x} + \beta x_i - \beta\overline{x})\ \ \ \because E(y_i) = \alpha + \beta x_i$

$= \sum u_i(\alpha + \beta\overline{x}) + \sum u_i(\beta x_i - \beta\overline{x})$

$= (\alpha + \beta\overline{x})\dfrac{\sum(x_i - \overline{x})}{\sum(x_i - \overline{x})^2} + \beta\dfrac{\sum(x_i - \overline{x})^2}{\sum(x_i - \overline{x})^2}\ \ \ \because \sum(x_i - \overline{x}) = 0$

$= \beta$

(3) 잔차의 성질

$\sum \hat{y_i} e_i = \sum(a + bx_i)e_i = a\sum e_i + b\sum x_i e_i = b\sum x_i e_i\ \ \ \because \sum e_i = 0$

$= b\sum x_i(y_i - \hat{y_i}) = b\sum x_i(y_i - a - bx_i) = b\left(\sum x_i y_i - a\sum x_i - b\sum x_i^2\right)$

$= 0\ \ \ \because \sum x_i y_i - a\sum x_i - b\sum x_i^2$은 (1)의 정규방정식 ❹에 해당하므로 0이다.

01

어느 전구를 생산하는 회사에서 전구의 수명을 조사하였더니 평균 3,800시간이고 표준편차 150시간이었다. 그 후 평균수명을 증가시키기 위해 생산 공정을 새롭게 바꾸었고, 바뀐 공정을 통해 생산한 전구들 중 25개를 임의로 추출하여 구한 수명의 표본평균이 3,875시간이었다. 이것을 토대로 회사 측에서는 새로운 생산 공정을 통해 전구의 평균수명이 증가했다고 광고하였다. 새로 생산된 전구의 수명은 평균 μ인 정규분포를 따르고, 공정이 바뀌어도 표준편차는 변하지 않았다고 할 때 회사 측의 광고가 옳은 것인지를 검정하고자 한다(단 확률변수 Z는 $N(0, 1)$을 따르며, $z_{0.025} = 1.96$, $z_{0.05} = 1.645$이다).

(1) 가설을 세우고, 유의수준 $\alpha = 0.05$에서 기각역을 설정하여 검정하시오.

(2) (1)에서 유의확률(p값)을 $P(Z > a)$의 형태로 나타내고, 유의확률에 근거한 검정방법을 설명하시오.

(3) 유의수준 $\alpha = 0.05$에서, $\mu = 3,900$일 때 제2종의 오류를 범할 확률을 $P(Z > a)$의 형태로 나타내시오.

(4) 유의수준 $\alpha = 0.05$에서, $\mu = 3,850$일 때 검정력이 0.95가 되기 위해서는 몇 개의 전구를 조사하여야 하는지 계산하시오.

01 해설

(1) 가설 및 기각역 설정

① 분석에 앞서 가설을 먼저 설정한다.
- 귀무가설(H_0) : 새로운 생산 공정으로 생산한 전구의 평균수명은 3,800시간이다($\mu = 3800$).
- 대립가설(H_1) : 새로운 생산 공정으로 생산한 전구의 평균수명은 3,800시간을 초과한다($\mu > 3800$).

② 검정통계량을 결정한다.

$$Z = \frac{\overline{X} - \mu}{\sigma/\sqrt{n}} \sim N(0, 1)$$

③ 유의수준과 그에 상응하는 기각역을 결정한다.

귀무가설이 $\mu = 3800$이고 대립가설이 $\mu > 3800$이므로 이는 단측검정 중 우측검정에 해당된다. 즉, 유의수준 0.05에서 $z_c = \frac{\overline{X} - 3800}{150/\sqrt{25}} \geq 1.645$일 때, 귀무가설을 기각한다. 따라서 기각역은 $\overline{X} \geq 3800 + \frac{150}{\sqrt{25}} \times 1.645 = 3849.35$가 된다.

④ 표본평균 $\overline{X} = 3875$가 유의수준 5%에서의 기각치 3849.35보다 크므로 귀무가설을 기각한다. 즉, 유의수준 5%에서 전구의 평균수명은 3,800시간을 초과한다고 할 수 있다.

(2) 유의확률(p값)

① 유의확률 p값이란 귀무가설이 사실이라는 전제하에 검정통계량이 표본에서 계산된 값과 같거나 그 값보다 대립가설 방향으로 더 극단적인 값을 가질 확률이다.

② $p-value = P(\overline{X} \geq 3875 | \mu = 3800) = P\left(Z \geq \dfrac{3875-3800}{150/\sqrt{25}}\right) = P(Z \geq 2.5) = 0.0062$ 이 된다.

③ 표준정규분포의 누적확률표가 주어지지 않았다면 $P(Z \geq 1.645) = 0.05$이므로 $P(Z \geq 2.5)$은 0.05보다 작음을 알 수 있다.

④ 유의확률(p값)이 0.0062로 유의수준 0.05보다 작으므로 귀무가설을 기각한다. 즉, 유의수준 5%에서 전구의 평균수명은 3,800시간을 초과한다고 할 수 있다.

(3) 제2종의 오류(Type Ⅱ Error)

① (1)의 결과에 의해서, $\overline{X} \leq 3849.35$이면 귀무가설을 채택한다.

② 제2종의 오류 확률 β는 대립가설이 참일 때 귀무가설을 채택하는 오류이다.

$$\beta = P(\overline{X} \leq 3849.35 \,|\, \mu = 3900) = P\left(\dfrac{\overline{X}-3900}{150/\sqrt{25}} \leq \dfrac{3849.35-3900}{150/\sqrt{25}}\right)$$

$$= P(Z \leq -1.688)$$

$$= P(Z > 1.688)$$

(4) 표본의 크기 결정

① 표본의 크기가 결정되지 않은 상태에서 기각역을 구하면 다음과 같다.

$$P\left(Z = \dfrac{\overline{X}-\mu}{150/\sqrt{n}} > 1.645 \,|\, \mu = 3800\right) = 0.05$$

기각역 : $\overline{X} > 3800 + \dfrac{246.75}{\sqrt{n}}$

② $\mu = 3850$일 때, 검정력$(1-\beta)$이 0.95가 되기 위한 표본의 크기 n은 다음과 같이 구할 수 있다.

$$P\left(\overline{X} > 3800 + \dfrac{246.75}{\sqrt{n}} \,|\, \mu = 3850\right) = 1 - \beta = 0.95$$

$$P\left(Z = \dfrac{\overline{X}-3850}{150/\sqrt{n}} > 1.645 - \dfrac{\sqrt{n}}{3}\right) = 0.95$$

$$1.645 - \dfrac{\sqrt{n}}{3} = -1.645$$

$$\sqrt{n} = 9.87 \;\rightarrow\; n = 97.4169$$

③ 즉, 검정력이 0.95가 되기 위해서는 98개의 전구를 조사하여야 한다.

02

다음의 각 물음에 대해 〈예시〉와 같이 답하시오. 즉, 적용할 수 있는 적절한 검정방법을 〈보기〉에서 선택하여, 선택의 이유를 간략히 설명하고, 필요한 가정이 있으면 기술하시오. 이 과정에서 관심의 대상이 되는 모수를 정의하고, 검정하고자 하는 귀무가설과 대립가설을 기술하시오.

┤ 예 시 ├

(물음) 전국 20개 하천에서 상류가 하류보다 BOD(생물학적 산소요구량)가 낮은지 검정하고자 한다.
[정답예시] ③ 대응비교(쌍체비교) : 자료가 상류와 하류로 짝지어져 있으므로 대응비교를 실시한다.
짝을 이룬 관측자료가 20개로 작으므로 모집단의 정규분포 가정이 필요하다.
모수 : 상류의 평균 BOD를 μ_1, 하류의 평균 BOD를 μ_2
가설 : $H_0 : \mu_1 - \mu_2 = 0$ VS $H_1 : \mu_1 - \mu_2 < 0$

┤ 보 기 ├

① 회귀분석   ② 일원배치 분산분석
③ 대응비교(쌍체비교)   ④ 모비율에 대한 검정
⑤ 두 모집단의 모비율의 차에 대한 검정   ⑥ 카이제곱 적합도 검정

(1) 86명의 환자를 대상으로 신약이 기존약보다 1주일 후의 완치율이 높은지 검정하고자 한다.

(2) 위의 (1)에서 기존약의 1주일 후 완치율이 80%라고 주어져 있는 상태에서 검정하고자 한다.

(3) 위의 〈예시〉의 (물음)에서 상류의 BOD가 높은 하천은 하류도 BOD가 높은 경향이 있는지 검정하고자 한다.

02 해설

(1) 두 모집단의 모비율의 차에 대한 검정
   ①, ⑤ 두 모집단의 모비율의 차에 대한 검정 : 신약을 사용한 모집단과 기존약을 사용한 모집단 간의 완치율 차이를 비교해야 하므로 두 모집단의 모비율의 차에 대한 검정을 실시한다. $n_1 = n_2 = 43$이다.
   ② 모수 : 신약을 사용한 모집단의 완치율 p_1, 기존약을 사용한 모집단의 완치율 p_2
   ③ 가설 : $H_0 : p_1 - p_2 = 0$, $H_1 : p_1 - p_2 > 0$

(2) 모비율에 대한 검정
   ①, ④ 모비율에 대한 검정 : 기존약의 완치율이 80%로 정해져 있으므로, 이를 기준으로 신약의 완치율이 기존약의 완치율보다 높은지를 검정하기 위해 모비율 검정을 실시한다. $n = 86$이다.
   ② 모수 : 신약을 사용한 모집단의 완치율 p
   ③ 가설 : $H_0 : p = 0.8$, $H_1 : p > 0.8$

(3) 단순회귀분석(Simple Regression Analysis)

① 회귀분석 : 상류의 BOD가 하류의 BOD에 영향을 미치는지에 검정해야 하므로 회귀분석을 실시한다. $n = 20$이며, 독립변수 X를 상류의 BOD, 종속변수 Y를 하류의 BOD라 한다. 단, 오차항은 독립성, 정규성, 등분산성을 만족한다.

② 모수 : 회귀식 $Y_i = \alpha + \beta X_i + \epsilon_i$ 라 했을 때, 모수는 회귀계수인 α, β이다.

③ 가설 : $H_0 : \beta = 0$, $H_1 : \beta \neq 0$

03

총 콜레스테롤(CHOL)과 체질량지수(BMI)가 HDL 콜레스테롤(HDL)에 어떤 연관이 있는지를 알아보기 위해 다중회귀모형을 적합하여 다음과 같은 결과를 얻었다.

Variable	DF	Parameter Estimate	Standard Error	T-value	Prob > $|T|$
INTERCEP	1	−24.990	38.234	−0.654	0.515
BMI	1	2.459	1.651	1.489	0.139
CHOL	1	0.498	0.181	2.753	0.007
BMI＊CHOL	1	−0.019	0.008	−2.406	0.018

(1) 적합된 회귀식을 기술하시오.

(2) BMI＊CHOL에 대한 회귀계수의 유의성을 검정하고자 한다. 귀무가설과 대립가설을 설정하고, 유의수준 5%에서 검정하시오.

(3) 총 콜레스테롤(CHOL)이 129일 때, 체질량지수(BMI)가 HDL 콜레스테롤(HDL)에 미치는 효과에 대하여 설명하시오.

(4) BMI＊CHOL에 대한 회귀계수의 의미를 설명하시오.

03 해설

(1) 적합된 회귀식

① 적합된 회귀식은 위의 분석결과에서 모수 추정치(Parameter Estimate)를 이용하여 구한다.

② $\hat{y} = -24.990 + 2.459BMI + 0.498CHOL - 0.019BMI \ast CHOL$

(2) 가설 설정 및 p값에 의한 검정 결과 해석

① 분석에 앞서 가설을 먼저 설정한다.

귀무가설(H_0) : BMI＊CHOL의 교호작용효과계수는 유의하지 않다($\beta_{12} = 0$).

대립가설(H_1) : BMI＊CHOL의 교호작용효과계수는 유의하다($\beta_{12} \neq 0$).

② 검정통계량 t값이 −2.406이고 유의확률이 0.018로 유의수준 0.05보다 작으므로 귀무가설을 기각한다. 즉, 유의수준 5%에서 BMI＊CHOL의 교호작용효과계수는 유의하다고 할 수 있다.

(3) 회귀계수의 해석

① 적합된 회귀식이 $\hat{y} = -24.990 + 2.459BMI + 0.498CHOL - 0.019BMI \ast CHOL$이므로 $CHOL = 129$일 때 $\hat{y} = -24.990 + 2.459BMI + 64.242 - 2.451BMI = 39.252 + 0.008BMI$이다.

② 즉, 총 콜레스테롤(CHOL)을 고정한 상태에서 체질량지수(BMI)가 1단위 증가할 때 콜레스테롤(HDL)은 0.008단위 증가한다.

(4) 교호작용효과계수(Coefficient of Interaction Effect)

① 교호작용이란 두 개 이상의 특정한 독립변수의 조합에서 일어나는 효과를 의미한다.

② 즉, 체질량지수(BMI)에 따라 총 콜레스테롤(CHOL)에 차이가 있거나, 총 콜레스테롤(CHOL)에 따라 체질량지수(BMI)에 차이가 있을 때, 두 변수 사이에 교호작용이 있다고 할 수 있다.

다음은 어느 시즌 한국프로농구(KBL) 우승팀이 정규리그에서 치른 총 45게임의 득점 자료를 요약한 것이다. 이 결과를 보고 각 물음에 답하시오.

줄기와 잎 그림

Leaf Unit = 1.0

1	6	6
2	7	3
2	7	
8	8	000134
15	8	5777899
(13)	9	0001123344444
17	9	55666678
9	10	00114
4	10	789
1	11	
1	11	5

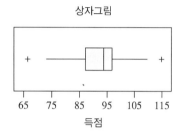

상자그림

득점

통계량

n	평 균	중앙값	표준편차	표준오차	제1사분위수(Q1)	제3사분위수(Q3)
45	92.29	( )	9.29	1.39	( )	96.50

(1) 중앙값(Median)을 구하고, 그 의미를 설명하시오.

(2) 사분위수 범위(Inter-quartile Range)를 구하고, 그 의미를 설명하시오.

(3) 상자그림으로부터 자료의 치우침(Skewness)에 대해 해석하시오.

(4) 상자그림에서 +로 표시된 부분의 의미를 밝히고, 그 값이 +로 표시되는 이유를 구체적으로 설명하시오.

04 해 설

(1) 중앙값(Median)

① 중앙값은 주어진 자료를 가장 작은 값부터 가장 큰 값까지 또는 가장 큰 값부터 가장 작은 값까지 나열했을 때 가운데 위치하는 관측값이다.

② 중위수의 위치는 표본크기 n에 따라 다음과 같이 구한다.

n이 홀수일 경우 : $d(M) = \dfrac{n+1}{2}$

n이 짝수일 경우 : $d(M) = \dfrac{n}{2}$ 번째 값과 $\dfrac{n}{2}+1$ 번째 값과의 평균값

③ $n = 45$이므로 중위수의 위치는 $d(M) = \dfrac{45+1}{2} = 23$번째 값인 93이 된다.

④ 자료 중에 극단적인 값인 이상치가 존재하는 경우에 평균보다는 중위수를 구하여 그 자료의 대표값으로 사용하는 것이 바람직하다.

(2) 사분위수 범위(Inter-quartile Range)

① 사분위범위는 주어진 자료의 제3사분위수에서 제1사분위수를 뺀 값이다.

사분위범위(IQR) = 제3사분위수(Q_3) − 제1사분위수(Q_1)

② 제1사분위수는 자료를 가장 작은 값부터 가장 큰 값까지 오름차순으로 정리하여 4등분할 때 첫 번째 4등분점이 제1사분위수이고, 두 번째 4등분점은 중위수, 세 번째 4등분점은 제3사분위수가 된다.

③ 중위수와 사분위수를 통계패키지를 이용하지 않고 쉽게 구하는 방법으로 Tukey가 제안한 자료의 깊이(Depth) 개념을 사용한다. 제1사분위수와 제3사분위수의 위치는 다음과 같다.

제1사분위수의 위치 : $\dfrac{[d(M)]+1}{2}$, $[d(M)]$은 $d(M)$을 넘지 않는 최대 정수

제3사분위수의 위치 : $[d(M)] + \dfrac{[d(M)]+1}{2}$

④ 제1사분위수는 $\dfrac{[d(M)]+1}{2} = \dfrac{[23]+1}{2} = 12$번째에 위치한 87이고, 제3사분위수는 $d(M) + \dfrac{d(M)+1}{2} = 35$번째에 위치한 97이다.

⑤ 즉, 사분위범위(IQR) = 제3사분위수(Q_3) − 제1사분위수(Q_1) = $97 - 87 = 10$이다.

⑥ 최대값과 최소값의 차이인 범위(Range)는 양극단의 관측치에 의해 크게 좌우되므로 올바른 산포의 측도가 되지 못하는 단점을 가지고 있다.

⑦ 이와 같은 단점을 보안하고자 사분위범위는 자료의 중심부에 있는 50%의 관측치에 대한 범위로서 전체 자료에 대한 범위보다 양극단의 관측치에 상대적으로 덜 민감하다.

(3) 왜도(Skewness)

① 왜도(a_3)는 비대칭도라고도 하며 분포 모양의 비대칭 정도를 나타내는 값이다. 평균이 중위수보다 큰 경우 왜도는 양의 값을 갖고, 평균과 중위수가 같은 경우 왜도는 0이며, 평균이 중위수보다 작은 경우 왜도는 음의 값을 갖는다.

② 왜도는 편차를 표준편차로 나눈 후 3제곱을 한 다음 평균을 내는 개념으로 다음과 같이 구한다.

왜도 = $a_3 = \dfrac{1}{n}\sum_{i=1}^{n}\left(\dfrac{X_i - \overline{X}}{S}\right)^3 = \dfrac{1}{45}\left[\left(\dfrac{66-92.29}{9.29}\right)^3 + \left(\dfrac{73-92.29}{9.29}\right)^3 + \cdots + \left(\dfrac{115-92.29}{9.29}\right)^3\right]$

$= -0.204$

③ 위의 자료는 평균(92.29) < 중위수(93) < 최빈수(94)로 왼쪽으로 기울어진 분포를 하고 있다. 또한 왜도가 0보다 작으므로 아래의 그림과 같이 오른쪽으로 치우친 분포이다.

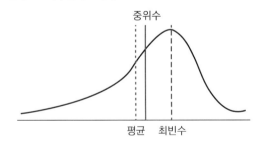

(4) 이상치(Outlier)

① +로 표시된 부분은 이상치를 의미하며 이상치는 상자그림에서 안울타리와 바깥울타리 사이에 위치한 관측값이다.

② 두 개의 안울타리는 다음과 같이 구한다.

$$IL = Q1 - (1.5 \times IQR) = 87 - (1.5 \times 10) = 72$$

$$IU = Q3 + (1.5 \times IQR) = 97 + (1.5 \times 10) = 112$$

③ 두 개의 바깥울타리는 다음과 같이 구한다.

$$OL = Q1 - (3 \times IQR) = 87 - (3 \times 10) = 57$$

$$OU = Q3 + (3 \times IQR) = 97 + (3 \times 10) = 127$$

④ 자료 중 66이 $OL = 57$와 $IL = 72$사이에 위치하며, 115가 $IU = 112$와 $OU = 127$ 사이에 위치하므로 이상치로 판단한다.

⑤ 이상치는 통계분석 결과를 왜곡시킬 수 있으므로 제거하거나 분석에 영향을 덜 미치도록 이상치를 수정하여 평균에 접근하도록 하는 방법이 있다.

PLUS ONE **통계패키지(R, SAS, SPSS, EXCEL)를 이용하여 구한 사분위수**

통계량	제1사분위수	중위수	제3사분위수
Tukey 방법	87	93	97
R	87	93	96
SAS	87	93	97
SPSS	87	93	96.5
Excel(경계값 포함)	87	93	96
Excel(경계값 제외)	87	93	96.5

사분위수의 위치는 중위수의 위치값에 따라 정수가 될 수도 아닐 수도 있다. 중위수와 사분위수의 위치가 정수이면 해당하는 관측값이 중위수와 사분위수가 되며, 중위수와 사분위수의 위치가 정수가 아니면 두 인접한 정수를 위치로 갖는 관측값 또는 그 사이에 있는 모든 실수값이 중위수와 사분위수가 될 수 있다. 결과적으로 사분위수는 어떤 통계패키지를 이용하느냐에 따라 서로 계산하는 방법이 다르기 때문에 상이한 결과가 나올 수 있으며 이 책에서는 통계패키지의 도움 없이 사분위수를 구할 수 있는 깊이를 이용한 Tukey 방법을 사용하기로 한다.

01

A시는 기차역 승차권 매표 대기시간에 대한 승객들의 불만을 감소시키기 위하여 번호표 제도를 도입하고자 한다. 이 제도를 시범 실시한 후 25명의 승객을 임의로 뽑아서 대기시간을 조사하였더니 표준편차가 2분이었다. 현행 대기시간이 표준편차가 4분인 정규분포를 따른다고 할 때, 번호표 제도의 도입이 대기시간의 분산을 줄인다고 볼 수 있는지를 검정하고자 한다. 다음 물음에 답하시오(단, $\chi^2_{0.975}(24) = 12.40$, $\chi^2_{0.95}(24) = 13.85$, $\chi^2_{0.05}(24) = 36.42$, $\chi^2_{0.025}(24) = 39.36$, $\chi^2_{\alpha}(df)$ 는 분포 $\chi^2(df)$ 에서의 $100(1-\alpha)$분위수이다).

(1) 모분산(σ^2)의 식으로 귀무가설과 대립가설을 세우고, 이 가설을 검정하기 위한 검정통계량과 그 분포를 기술하시오.

(2) (1)에서 제안한 검정통계량의 값을 구하여 유의수준 5%에서 가설검정을 하고, 그 결과를 구체적으로 기술하시오.

(3) 이 검정문제에서의 제1종 오류의 의미를 구체적으로 기술하시오.

01 해설

(1) 모분산 검정을 위한 검정통계량 결정

　① 분석에 앞서 가설을 먼저 설정한다.

　　• 귀무가설(H_0) : 번호표 제도의 대기시간은 분산이 16분이다($\sigma^2 = 16$).

　　• 대립가설(H_1) : 번호표 제도의 대기시간은 분산이 16분 미만이다($\sigma^2 < 16$).

　② 모분산 σ^2 을 검정하기 위한 검정통계량은 다음과 같은 절차에 의해 구할 수 있다.

$Z_1, \cdots, Z_n$ 이 $N(0, 1)$에서 확률표본일 때, 카이제곱분포의 가법성에 의해 확률변수 $Y = \sum_{i=1}^{n} Z_i^2 = Z_1^2 + \cdots + Z_n^2 \sim \chi^2_{(n)}$ 을 따른다. $\overline{X} = \frac{1}{n}\sum X_i$, $S^2 = \frac{1}{n-1}\sum(X_i - \overline{X})^2$ 으로 정의한다면 다음이 성립한다.

$$\sum_{i=1}^{n} Z_i^2 = \frac{\sum_{i=1}^{n}(X_i - \mu)^2}{\sigma^2} = \frac{\sum_{i=1}^{n}(X_i - \overline{X} + \overline{X} - \mu)^2}{\sigma^2} = \frac{\sum_{i=1}^{n}(X_i - \overline{X})^2 + n(\overline{X} - \mu)^2}{\sigma^2}$$

$$= \frac{(n-1)S^2}{\sigma^2} + \frac{(\overline{X} - \mu)^2}{\sigma^2/n}$$

$\overline{X}$와 S^2 이 독립이라는 것을 보이기 위해 $n=2$인 경우를 고려해 보자.

$\overline{X} = \frac{X_1 + X_2}{2}$, $S^2 = \sum_{i=1}^{2}(X_i - \overline{X})^2 = \left(X_1 - \frac{X_1 + X_2}{2}\right)^2 + \left(X_2 - \frac{X_1 + X_2}{2}\right)^2 = \frac{(X_1 - X_2)^2}{2}$ 이므로 $X_1 + X_2$과

$X_1 - X_2$ 이 서로 독립이면 $Cov(X_1 + X_2, X_1 - X_2) = 0$이 되고 이들의 함수인 $\overline{X}$와 S^2 또한 서로 독립이다.

$$Cov(X_1 + X_2, \ X_1 - X_2) = E\big[(X_1+X_2)(X_1-X_2)\big] - E(X_1+X_2)E(X_1-X_2)$$
$$= E\big[X_1^2 - X_2^2\big] - E(X_1+X_2)E(X_1-X_2) \quad \because X_1, \ X_2 는 \ 동일한 \ 분포$$
$$= 0$$

즉, X_1+X_2과 X_1-X_2이 서로 독립이므로 $\overline{X}$와 S^2 또한 서로 독립이며, 이들의 함수 $\dfrac{(n-1)S^2}{\sigma^2}$ 과 $\dfrac{(\overline{X}-\mu)^2}{\sigma^2/n}$ 역시 독립이다.

$\displaystyle\sum_{i=1}^{n} Z_i^2 \sim \chi_{(n)}^2$ 을 따르고 $Z^2 = \dfrac{(\overline{X}-\mu)^2}{\sigma^2/n} \sim \chi_{(1)}^2$ 을 따르며 $\dfrac{(n-1)S^2}{\sigma^2}$ 과 $\dfrac{(\overline{X}-\mu)^2}{\sigma^2/n}$ 이 서로 독립이므로 카이제곱분포의 가법성에 의해 $\chi^2 = \dfrac{(n-1)S^2}{\sigma^2} \sim \chi_{(n-1)}^2$ 을 따른다.

③ 결과적으로 모분산 σ^2을 검정하기 위한 검정통계량은 다음과 같다.

$$\chi^2 = \frac{(n-1)S^2}{\sigma^2} \sim \chi_{(n-1)}^2$$

(2) 모분산 검정

① 유의수준과 그에 상응하는 기각범위를 결정한다.

귀무가설이 $\sigma^2 = 16$이고 대립가설이 $\sigma^2 < 16$이므로 이는 단측검정 중 좌측검정의 경우이다. 즉, 유의수준 0.05에서 기각치는 $\chi_{(0.95, \ 24)}^2 = 13.85$가 되며, 기각범위는 13.85보다 작은 경우 귀무가설을 기각한다.

② 검정통계량 값을 계산한다.

$$\chi_c^2 = \frac{(n-1)s^2}{\sigma^2} = \frac{(25-1)4}{16} = 6$$

③ 검정통계량 값과 기각범위를 비교하여 통계적 결정을 한다.

검정통계량 값 6이 유의수준 5%에서의 기각치 13.85보다 작으므로 귀무가설을 기각한다. 즉, 유의수준 5%에서 번호표 제도의 대기시간은 분산이 16분 미만이라고 할 수 있다.

(3) 제1종의 오류(Type Ⅰ Error)

① 제1종의 오류를 범할 확률을 유의수준이라 하며 α로 표기한다. 즉, 유의수준은 귀무가설이 참일 때 귀무가설을 기각하는 오류를 범할 확률을 의미한다.

$$\alpha = P(제1종의 \ 오류) = P(H_0 \ 기각 \mid H_0 \ 사실)$$

② $\alpha = P(\sigma^2 < 16 \mid \sigma^2 = 16)$으로 기차역 승차권 매표 대기시간의 분산이 16분인데 16분보다 작다고 결론내릴 확률이다.

02

어느 자동차 보험회사에서는 보험가입 시 자동차 사고의 위험도에 따라 운전자를 위험도 낮음(L), 보통(M), 높은(H)의 세 등급으로 분류한다. 이 자동차 보험회사에 가입한 운전자의 30%가 L등급, 50%가 M등급, 20%가 H등급으로 분류되어 있다. 임의의 한 운전자에 대해서 1년당 사고의 수는 L등급은 평균이 0.01, M등급은 평균이 0.03, H등급은 평균이 0.08인 포아송(Poisson)분포를 따르며, 운전자들이 자동차 사고에 관련될 가능성은 각각 독립이라고 가정한다(단, 평균이 m인 포아송분포의 확률질량함수는 $p(x) = \dfrac{e^{-m}m^x}{x!}$, $x = 0,\ 1,\ 2,\ \cdots$ 이고 지수함수 값은 다음과 같다).

〈표〉 지수함수 값

x	0.01	0.02	0.03	0.04	0.05	0.06	0.07	0.08	0.09	0.10
e^{-x}	0.99	0.98	0.97	0.96	0.95	0.94	0.93	0.92	0.91	0.90

다음 물음에 답하시오.

(1) 이 보험회사의 가입자들 중 임의로 뽑은 한 명의 운전자가 1년 동안 어떤 자동차 사고에도 연루되지 않았을 확률을 계산하시오.

(2) 이 보험회사의 가입자들 중 임의로 뽑은 두 명의 운전자가 모두 1년 동안 어떤 사고에도 연루되지 않았을 때, 한 사람은 M등급에, 또 다른 한 사람은 L등급에 속할 확률을 계산하시오.

(3) 이 보험회사의 가입자들 중 n명의 표본을 임의로 뽑을 때, 그 표본에 포함된 운전자 중 적어도 한 명이 H등급에 포함될 확률이 최소한 0.90이 되기 위한 가장 작은 n의 값을 구하시오(단, $\log_{10}2 = 0.301$ 이다).

02 해설

(1) 포아송분포의 확률의 계산

① L, M, H를 자동차 보험회사에 가입한 운전자의 등급이라 한다면, $P(L)$, $P(M)$, $P(H)$를 다음과 같이 정의하자.

$P(L) = 0.3$, $P(M) = 0.5$, $P(H) = 0.2$

② X를 운전자가 1년 동안 발생한 교통사고 건수라고 한다면 각 등급별 운전자가 1년 동안 발생한 교통사고 건수에 대한 확률은 다음과 같다.

$P(X|L) = \dfrac{e^{-0.01}0.01^x}{x!}$, $P(X|M) = \dfrac{e^{-0.03}0.03^x}{x!}$, $P(X|H) = \dfrac{e^{-0.08}0.08^x}{x!}$

③ 어떤 운전자가 1년 동안 교통사고에 연루되지 않을 사상은 $X = 0$이므로 구하고자 하는 확률은 $P(X = 0)$이 된다.

④ 전확률 정리에 의해 구하고자 하는 확률 $P(X = 0)$은 다음과 같다.

$P(X=0) = P(L)P(X=0|L) + P(M)P(X=0|M) + P(H)P(X=0|H)$

$= \left(0.3 \times \dfrac{e^{-0.01}0.01^0}{0!}\right) + \left(0.5 \times \dfrac{e^{-0.03}0.03^0}{0!}\right) + \left(0.2 \times \dfrac{e^{-0.08}0.08^0}{0!}\right)$

$= (0.3 \times 0.99) + (0.5 \times 0.97) + (0.2 \times 0.92)$

$= 0.966$

(2) 다항분포(Multinomial Distribution)

① 다항분포란 k개의 상호배반적인 범주 중에서 각 범주에 속할 확률을 p_1, p_2, $\cdots$, $p_k(p_1+p_2+\cdots+p_k=1)$이라 하고, 이와 같은 실험을 n회 독립적으로 수행했을 때 확률변수 X_i를 범주 i에 나타나는 발생회수라고 한다면 X_1, X_2, $\cdots$, X_k는 다항분포를 따른다고 하고 결합확률밀도함수는 다음과 같다.

$$f(x_1,\ x_2,\ \cdots,\ x_k)=\frac{n!}{x_1!x_2!\cdots x_k!}p_1^{x_1}p_2^{x_2}\cdots p_k^{x_k},\quad \sum_{i=0}^{k}x_i=n,\ \ p_1+p_2+\cdots+p_k=1$$

② 임의로 뽑은 운전자가 1년 동안 어떤 사고에도 연루되지 않았을 때, 이 운전자가 각각 L등급, M등급, H등급일 확률은 다음과 같다.

$$P(L\,|\,X=0)=\frac{P(L)P(X=0\,|\,L)}{P(X=0)}=\frac{0.3\times0.99}{0.966}=\frac{0.297}{0.966}=p_1$$

$$P(M\,|\,X=0)=\frac{P(M)P(X=0\,|\,M)}{P(X=0)}=\frac{0.5\times0.97}{0.966}=\frac{0.485}{0.966}=p_2$$

$$P(H\,|\,X=0)=\frac{P(H)P(X=0\,|\,H)}{P(X=0)}=\frac{0.2\times0.92}{0.966}=\frac{0.184}{0.966}=p_3$$

③ 임의로 뽑은 두 명의 운전자가 모두 1년 동안 어떤 사고에도 연루되지 않았을 때, 한 사람은 M등급에, 또 다른 한 사람은 L등급에 속할 확률은 $n=2$, $x_1=1$, $x_2=1$, $x_3=n-x_1-x_2=0$, $p_1=\dfrac{0.297}{0.966}$, $p_2=\dfrac{0.485}{0.966}$, $p_3=\dfrac{0.184}{0.966}$인 다항분포를 따른다.

$$\therefore\ \frac{2!}{1!1!0!}\left(\frac{0.297}{0.966}\right)^1\left(\frac{0.485}{0.966}\right)^1\left(\frac{0.184}{0.966}\right)^0\approx0.309$$

④ 위와 같이 범주가 $k=3$인 경우를 삼항분포(Trinomial Distribution)라 하며 확률밀도함수는 다음과 같이 정의한다.

$$f(x_1,\ x_2)=\frac{n!}{x_1!x_2!(n-x_1-x_2)!}p_1^{x_1}p_2^{x_2}(1-p_1-p_2)^{n-x_1-x_2},\quad x_3=n-x_1-x_2,\ p_3=1-p_1-p_2$$

(3) 이항분포(Binomial Distribution)

① 임의로 뽑은 한 운전자가 H등급일 확률은 0.2이다.

② $P(\text{적어도 1명이 }H\text{등급일 확률})=1-P(\text{모두 }H\text{등급이 아닐 확률})\geq0.9$이므로 모두 H등급이 아닐 확률은 $P(\text{모두 }H\text{등급이 아닐 확률})\leq0.1$이다.

③ n명을 뽑았을 때 x명이 H등급인 사상은 이항분포 $B(n,\ 0.2)$를 따른다.

④ $f(x)={}_nC_x(0.2)^x(0.8)^{n-x}\ \Rightarrow\ f(0)=(0.8)^n\leq0.1$

⑤ $n\log_{10}(0.8)\leq\log_{10}(0.1)$

$\Rightarrow n(\log_{10}8-1)\leq-1$

$\Rightarrow n(3\log_{10}2-1)\leq-1$

$\Rightarrow n\geq\dfrac{-1}{3\log_{10}2-1}=\dfrac{-1}{-0.097}=10.3$

$\therefore\ n=11$

아래의 그림은 1970년부터 2009년까지 40년간의 우리나라 출생자 수(천명)와 사망자 수(천명)를 연도별로 표시한 것이다.

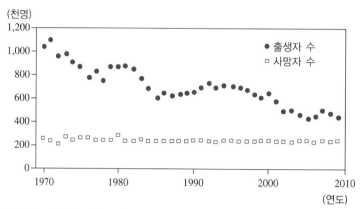

연도(t)를 설명(독립)변수라고 하고, 출생자 수와 사망자 수를 반응(종속)변수로 설정하였다. 각각의 반응변수에 내하여 단순선형회귀모형을 적합한 결과가 아래와 같다.

출생자 수 분석결과

• 표본평균 = 699.4, 표본표준편차 = 163.9

• 회귀분석

	Estimate	Std. Error	T-value	Pr($>|T|$)
(Intercept)	26534.7	1706.1989	15.55	<0.0001
t	−13.0	0.8576	−15.14	<0.0001

사망자 수 분석결과

• 표본평균 = 245.1, 표본표준편차 = 11.3

• 회귀분석

	Estimate	Std. Error	T-value	Pr($>|T|$)
(Intercept)	658.1	304.8287	2.159	0.0372
t	−0.2	0.1532	−1.355	0.1834

다음 물음에 답하시오.

(1) 회귀계수에 대한 검정을 이용하여 연도(t)와 출생자 수의 관계를 기술하고 최종 관계식을 유도하시오(단, 유의수준은 5%로 한다).

(2) 회귀계수에 대한 검정을 이용하여 연도(t)와 사망자 수의 관계를 기술하고 최종 관계식을 유도하시오(단, 유의수준은 5%로 한다).

(3) 인구동태에 영향을 미치는 다른 변인(예 이민 등) 없이 순수하게 출생자 수와 사망자 수만 고려할 때, (1)과 (2)의 결과를 이용하여 총 인구수가 감소하는 시점을 예측하시오.

03 해설

(1) 단순회귀분석(Simple Regression Analysis)

① 분석에 앞서 가설을 먼저 설정한다.

  • 귀무가설(H_0) : 회귀계수 β_1은 유의하지 않다($\beta_1 = 0$).

  • 대립가설(H_1) : 회귀계수 β_1은 유의하다($\beta_1 \neq 0$).

② 회귀계수의 유의성 검정결과 t 검정통계량 값이 -15.14이고 유의확률 p값이 0.0001보다 작아 유의수준 0.05보다 작으므로 귀무가설을 기각한다. 즉, 유의수준 5%에서 회귀계수 β_1은 유의하다고 할 수 있다.

③ 추정된 회귀식은 $\hat{y} = 26534.7 - 13.0t$이다.

④ 추정된 회귀식으로부터 설명변수인 연도(t)가 1년 증가함에 따라 출생자 수는 13명 감소한다고 할 수 있다.

(2) 단순회귀분석(Simple Regression Analysis)

① 분석에 앞서 가설을 먼저 설정한다.

  • 귀무가설(H_0) : 회귀계수 β_1은 유의하지 않다($\beta_1 = 0$).

  • 대립가설(H_1) : 회귀계수 β_1은 유의하다($\beta_1 \neq 0$).

② 회귀계수의 유의성 검정결과 t 검정통계량 값이 -1.355이고 유의확률 p값이 0.1834로 유의수준 0.05보다 작으므로 귀무가설을 채택한다. 즉, 유의수준 5%에서 회귀계수 β_1은 유의하지 않다고 할 수 있다.

③ 귀무가설이 채택되어 모회귀함수는 $E(Y_i) = \beta_0 + (0 \times t_i) = \beta_0$과 같이 되어, 연도($t$)의 변화는 사망자 수($Y$)에 영향을 미치지 않게 된다. 즉, 연도는 사망자 수의 적절한 설명변수가 될 수 없다.

④ 이와 같이 단순선형회귀분석에서 기울기 계수(β_1)가 유의하지 않은 경우 표본으로부터 구한 평균 $\overline{Y}$를 이용한다.

⑤ 그 이유는 $\beta_1 = 0$이라고 믿을 만한 충분한 근거가 있을 때의 모형 $Y_i = \beta_0 + \epsilon_i$에서 β_0의 최소제곱추정량은 다음의 식을 최소화하는 β_0의 추정량 $\hat{\beta_0}$이다.

$$f = \sum_{i=1}^{n}(Y_i - \widehat{Y_i})^2 = \sum_{i=1}^{n}(Y_i - \hat{\beta_0})^2$$

이를 구하기 위해 식 f를 $\hat{\beta_0}$에 대해 편미분한 후 0으로 놓으면 $\sum_{i=1}^{n}(Y_i - \hat{\beta_0})^2$을 최소로 하는 $\hat{\beta_0}$를 구할 수 있다.

$$\frac{\partial f}{\partial \hat{\beta_0}} = -2\sum_{i=1}^{n}(Y_i - \hat{\beta_0}) = 0$$

$$\Rightarrow -2\sum_{i=1}^{n}Y_i + 2n\hat{\beta_0} = 0$$

$$\therefore \hat{\beta_0} = \frac{\sum_{i=1}^{n}Y_i}{n} = \overline{Y}$$

⑥ 결과적으로 단순선형회귀분석에서 기울기 계수(β_1)가 유의하지 않은 경우 최종 관계식은 $\overline{Y} = 245.1$을 이용한다.

(3) 단순회귀분석에 의한 예측

① 출생자수와 연도에 대한 추정된 회귀식이 $\hat{y} = 26534.7 - 13.0t$이고, 사망자수와 연도에 대한 추정된 회귀식이 $\overline{Y} = 245.1$이므로 총 인구수가 감소하는 시점은 사망자수가 출생자수를 초과하는 시점이다.

② $26534.7 - 13.0t < 245.1$

  $\Rightarrow 26289.6 < 13.0t$

  $\Rightarrow 2022.3 < t$

  $\therefore$ 2023년에 사망자수가 출생자수를 초과하게 된다.

04

어느 지방 세무서에서는 관할 지역에 있는 편의점들의 하루 평균 매출액에 대하여 알아보고자 한다. 표준정규분포를 따르는 확률변수 Z에 대한 $P(Z > 1.96) = 0.025, P(Z > 1.645) = 0.05$를 이용하여 다음 물음에 답하시오.

(1) 하루 평균 매출액의 95% 신뢰구간의 길이가 30만원을 넘지 않기 위해서 몇 개의 편의점을 대상으로 조사를 해야 하는지 계산하시오(단, 과거의 조사로부터 표준편차는 60만원이라고 가정한다).

(2) (1)에서 구한 수를 n이라 할 때, 임의로 뽑은 n개의 편의점을 대상으로 매출액을 조사한 후 하루 평균 매출액의 95% 신뢰구간을 구하였더니 (125만원, 155만원)이었다. 이 때 '관할 지역에 있는 편의점들의 하루 평균 매출액이 (125만원, 155만원)에 포함될 확률이 95%다'라는 주장이 옳은지 그른지 판단하고 그 이유를 기술하시오.

04 해설

(1) 신뢰구간의 길이를 이용한 표본크기 결정

① X_1, X_2, $\cdots$, X_n 은 평균이 μ, 분산이 σ^2인 모집단에서의 확률표본일 때 모평균 μ의 $100(1-\alpha)\%$ 신뢰구간은 $\overline{X} \pm z_{\alpha/2} \dfrac{\sigma}{\sqrt{n}}$ 이다.

② 신뢰구간의 길이는 $2z_{\alpha/2} \dfrac{\sigma}{\sqrt{n}}$ 이므로 $2z_{\alpha/2} \dfrac{\sigma}{\sqrt{n}} < 30$이 되는 n을 구하면 된다.

$2 \times 1.96 \dfrac{60}{\sqrt{n}} < 30 \Rightarrow \sqrt{n} > 7.84 \Rightarrow n > 61.4656$

∴ 최소한 62개의 편의점을 대상으로 조사해야 된다.

(2) 신뢰구간의 개념

① 하루 평균 매출액의 95% 신뢰구간이 (125만원, 155만원)이라는 것은 모수인 전체 편의점의 하루 평균 매출액의 평균이 구간 (125만원, 155만원)에 속할 확률이 95%라는 뜻이다.

② 여기서의 모수는 각 편의점의 하루 평균 매출액이 아니라 편의점 전체의 하루 평균 매출액의 평균이라고 볼 수 있으므로, 위의 해석은 적절하지 않다.

01

특정 민원서비스 제도에 대한 만족도가 기존 점수 65점(100점 만점)에 비해 향상되었는지를 알아보기 위하여 평균만족도 점수를 μ라고 할 때, $H_0 : \mu = 65$에 대해 $H_0 : \mu > 65$을 검정하고자 한다. 이를 위해 n명의 표본을 대상으로 만족도를 조사하였다. 표본으로부터 구한 평균만족도 점수를 $\overline{X}$라고 하고, 만족도 점수의 분포는 분산(σ^2)이 100인 정규분포를 따른다고 가정하기로 한다. 다음 물음에 답하시오(단, 표준정규분포를 따르는 확률변수 Z에 대하여 $P(Z > 1.96) = 0.025$, $P(Z > 1.645) = 0.05$, $P(Z > 1.28) = 0.1$, $P(Z > 1) = 0.15$, $P(Z > 0.84) = 0.2$이다).

(1) $\overline{X} > 67$이면 귀무가설(H_0)을 기각하려고 한다. $n = 25$일 때, H_0가 참인데 H_0을 기각할 오류확률, 즉 유의수준을 구하시오.

(2) $n = 25$이고, 기각역을 $\overline{X} > K$라고 할 때, 유의수준 $\alpha = 0.05$가 되기 위한 K값은?

(3) $\overline{X} > 67$이면 귀무가설(H_0)을 기각하려고 한다. 평균만족도 점수가 $\mu = 68$일 때의 검정력(Power)을 0.8로 하기 위해서 필요한 최소 표본수를 구하시오.

01 해설

(1) 유의수준(Level of Significance)

① 제1종의 오류를 범할 확률을 유의수준이라 하며 α로 표기한다. 즉, 유의수준은 귀무가설이 참일 때 귀무가설을 기각하는 오류를 범할 확률을 의미한다.

② $\alpha = P(\text{제1종의 오류}) = P(H_0 \text{ 기각} \mid H_0 \text{ 사실})$

$$= P(\overline{X} > 67 \mid \mu = 65) = P\left(Z > \frac{67 - 65}{10/\sqrt{25}}\right) = P(Z > 1) = 0.15$$

(2) 확률의 계산

① $P(\overline{X} > K \mid \mu = 65) = P\left(Z > \frac{K - 65}{10/\sqrt{25}}\right) = P(Z > 1.645) = 0.05$

② $\dfrac{K - 65}{10/\sqrt{25}} = 1.645$가 되기 위한 K는 68.29이다.

(3) 검정력(Power)

① 검정력($1-\beta$)은 전체 확률 1에서 제2종의 오류를 범할 확률 β를 뺀 확률로, 대립가설이 참일 때 귀무가설을 기각할 확률이다.

$$1-\beta = 1 - P(H_0\ \text{채택} \mid H_1\ \text{사실}) = P\ (H_0\ \text{기각} \mid H_1\ \text{사실})$$

$$= P(\overline{X} > 67 \mid \mu = 68) = P\left(Z > \frac{67-68}{10/\sqrt{n}}\right) = P(Z > -0.84) = 0.8$$

② $\dfrac{67-68}{10/\sqrt{n}} = -0.84$이 성립하므로 $\sqrt{n} = 10 \times 0.84$가 성립되어 $n = (8.4)^2 = 70.56$이 된다.

∴ 필요한 최소 표본크기는 71이다.

02

다음은 자동차의 배기량(X_1)과 무게(X_2)가 자동차의 연비(Y)에 어떤 영향을 주는지 알아보고자 30대의 차량을 대상으로 조사한 후, Y를 X_1과 X_2의 선형식으로 표현하는 중회귀모형을 적합시켜 얻은 결과이다.

Source	DF	Sum of Squares	Mean Squares	F Value	Pr > F
Model	2	199.33894	99.66947	32.86	<.0001
Error	27	81.90330	3.03346		
Corrected Total	29	281.24224			

Variable	DF	Parameter Estimate	Standard Error	t Value	Pr > $|t|$
Intercept	1	15.05151	0.92001	16.36	<.0001
x1	1	−0.00227	0.000464	−4.89	<.0001
x2	1	−0.00025	0.000133	−1.95	0.0616

(1) 적합된 회귀식을 쓰고, 회귀계수에 대한 유의성 검정을 유의수준 5%에서 실시하시오.

(2) 결정계수를 구하고 그 의미를 쓰시오(단, 소수점 이하는 무시하고, 계산할 것).

(3) F−검정의 가설을 기술하고 그 결과를 해석하시오.

(4) X_1의 계수 $−0.00227$의 의미가 무엇인지 설명하시오.

02 해 설

(1) 회귀식과 회귀계수의 유의성 검정
  ① 적합된 회귀식은 위의 분석결과에서 모수 추정치(Parameter Estimate)를 이용하여 구한다.
  $$\hat{y} = 15.05151 - 0.00227X_1 - 0.00025X_2$$
  ② 회귀계수의 유의성 검정 결과 배기량(X_1)의 t 검정통계량 값이 -4.89이고 유의확률이 0.0001보다 작아 유의수준 0.05보다 작으므로 귀무가설($H_0 : \beta_1 = 0$)을 기각한다. 즉, 유의수준 5%에서 β_1은 유의하다고 할 수 있다. 또한, 무게(X_2)의 t 검정통계량 값이 -1.95이고 유의확률이 0.0616으로 유의수준 0.05보다 크므로 귀무가설($H_0 : \beta_2 = 0$)을 채택한다. 즉, 유의수준 5%에서 β_2는 유의하지 않다고 할 수 있다.

(2) 결정계수(Coefficient of Determination)
  ① 결정계수는 추정된 회귀선이 관측값들을 얼마나 잘 설명하고 있는가를 나타내는 척도로서 총변동 중에서 회귀선에 의해 설명되는 비율이다. 즉, 독립변수에 의해 설명되는 종속변수의 비율이다.
  ② $R^2 = \dfrac{SSR}{SST} = \dfrac{199.33894}{281.24224} \approx 71\%$
  ③ 결과적으로 총변동 중에서 회귀선에 의해 설명되는 비율이 71% 정도라고 할 수 있다.

(3) 회귀모형의 유의성 검정

① 분석에 앞서 가설을 먼저 설정한다.

- 귀무가설(H_0) : 회귀모형은 유의하지 않다($\beta_1 = \beta_2 = 0$).
- 대립가설(H_1) : 회귀모형은 유의하다(적어도 하나의 $\beta_i \neq 0$이다. 단, $i = 1,\ 2$).

② 회귀모형의 유의성 검정결과 F검정통계량 값이 32.86이고 유의확률 p값이 0.0001보다 작아 유의수준 0.05보다 작으므로 귀무가설을 기각한다. 즉, 유의수준 5%에서 회귀모형은 유의하다고 할 수 있다.

(4) 회귀계수의 해석

배기량에 대한 회귀계수 추정치 -0.00227의 의미는 독립변수인 무게(X_2)를 고정시킨 상태에서 배기량(X_1)의 값을 1단위 증가시켰을 때 종속변수인 연비(y)의 값이 0.00227단위 감소할 것임을 나타낸다.

03

다음은 어느 기관에서 직원들을 대상으로 600명을 임의로 추출하여 새로운 정책에 대한 여론조사를 실시한 결과이다. 〈표 1〉은 경력이 10년 이상 된 직원에 대한 결과이고, 〈표 2〉는 경력이 10년 미만인 직원에 대한 결과이며, 〈표 3〉은 전체 직원에 대한 결과이다(단, 자유도가 1인 카이제곱분포의 5% 유의수준의 기각역은 3.84이다).

〈표 1〉 경력이 10년 이상 된 직원표본

	찬 성	반 대	합 계
나이가 40세 미만	25	50	75
나이가 40세 이상	75	150	225
합 계	100	200	300

〈표 2〉 경력이 10년 미만인 직원표본

	찬 성	반 대	합 계
나이가 40세 미만	150	50	200
나이가 40세 이상	75	25	100
합 계	225	75	300

〈표 3〉 전체 표본

	찬 성	반 대	합 계
나이가 40세 미만	175	100	275
나이가 40세 이상	150	175	325
합 계	325	275	600

(1) 〈표 1〉과 〈표 2〉에서 각각 나이와 찬성여부가 서로 독립인지에 대한 χ^2 검정을 유의수준 $\alpha = 0.05$ 에서 실시하시오.

(2) 〈표 3〉에서 나이와 찬성여부가 서로 독립인지에 대한 유의수준 $\alpha = 0.05$ 의 검정을 실시한 결과 (1)과는 다른 결론을 얻게 되었다. 이와 같이 상이한 결론이 나온 이유를 설명하고 올바른 분석 방향을 제시하시오.

(3) 〈표 3〉에서 나이에 따른 두 집단에 대해 찬성의 비율이 같은지를 검정하고자 한다. 가설 및 검정통계량을 제시하고, 유의확률(p값)을 구하는 과정을 기술하시오.

03 해 설

(1) 카이제곱 독립성 검정(χ^2 Independence Test)

① 〈표 1〉 경력이 10년 이상 된 직원표본에 대한 카이제곱 독립성 검정은 다음과 같다.

② 분석에 앞서 가설을 설정한다.

- 귀무가설(H_0) : 경력이 10년 이상 된 직원들에 대한 나이와 찬성여부는 서로 독립이다.
- 대립가설(H_1) : 경력이 10년 이상 된 직원들에 대한 나이와 찬성여부는 서로 독립이 아니다.

③ 기대도수를 구한다.

$$E_{11} = \frac{100 \times 75}{300} = 25, \ E_{12} = \frac{200 \times 75}{300} = 50, \ E_{21} = \frac{100 \times 225}{300} = 75, \ E_{22} = \frac{200 \times 225}{300} = 150$$

④ 카이제곱 검정통계량 값을 계산한다.

$$\chi_c^2 = \sum_{i=1}^{2} \sum_{j=1}^{2} \frac{(O_{ij} - E_{ij})^2}{E_{ij}} = \frac{(25-25)^2}{25} + \frac{(50-50)^2}{50} + \frac{(75-75)^2}{75} + \frac{(150-150)^2}{150} = 0$$

⑤ 유의수준 $\alpha = 0.05$로 주어졌고 검정통계량 값 0이 기각치 3.84보다 작으므로 귀무가설(H_0)을 채택한다. 즉, 유의수준 5%하에서 경력이 10년 이상 된 직원들에 대한 나이와 찬성여부는 서로 독립이라고 할 수 있다.

⑥ 〈표 2〉 경력이 10년 미만 된 직원표본에 대한 카이제곱 독립성 검정은 다음과 같다.

⑦ 분석에 앞서 가설을 설정한다.

- 귀무가설(H_0) : 경력이 10년 미만인 직원들에 대한 나이와 찬성여부는 서로 독립이다.
- 대립가설(H_1) : 경력이 10년 미만인 직원들에 대한 나이와 찬성여부는 서로 독립이 아니다.

⑧ 기대도수를 구한다.

$$E_{11} = \frac{225 \times 200}{300} = 150, \ E_{12} = \frac{75 \times 200}{300} = 50, \ E_{21} = \frac{225 \times 100}{300} = 75, \ E_{22} = \frac{75 \times 100}{300} = 25$$

⑨ 카이제곱 검정통계량 값을 계산한다.

$$\chi^2 = \sum_{i=1}^{2} \sum_{j=1}^{2} \frac{(O_{ij} - E_{ij})^2}{E_{ij}} = \frac{(150-150)^2}{150} + \frac{(50-50)^2}{50} + \frac{(75-75)^2}{75} + \frac{(25-25)^2}{25} = 0$$

⑩ 유의수준 $\alpha = 0.05$로 주어졌고 검정통계량 값 0이 기각치 3.84보다 작으므로 귀무가설(H_0)을 채택한다. 즉, 유의수준 5%하에서 경력이 10년 이상 된 직원들에 대한 나이와 찬성여부는 서로 독립이라고 할 수 있다.

(2) 심슨의 패러독스(Simpson's Paradox)

① 〈표 3〉 전체 표본에 대한 카이제곱 독립성 검정은 다음과 같다.

② 분석에 앞서 가설을 설정한다.

- 귀무가설(H_0) : 직원들에 대한 나이와 찬성여부는 서로 독립이다.
- 대립가설(H_1) : 직원들에 대한 나이와 찬성여부는 서로 독립이 아니다.

③ 기대도수를 구한다.

$$E_{11} = \frac{325 \times 275}{600} \approx 149, \quad E_{12} = \frac{275 \times 275}{600} \approx 126,$$

$$E_{21} = \frac{325 \times 325}{600} \approx 176, \quad E_{22} = \frac{275 \times 325}{300} \approx 149$$

④ 카이제곱 검정통계량 값을 계산한다.

$$\chi^2 = \sum_{i=1}^{2} \sum_{j=1}^{2} \frac{(O_{ij} - E_{ij})^2}{E_{ij}} = \frac{(175-149)^2}{149} + \frac{(100-126)^2}{126} + \frac{(150-176)^2}{176} + \frac{(175-149)^2}{149} = 18.2798$$

⑤ 유의수준 $\alpha = 0.05$로 주어졌고 검정통계량 값 18.2798이 기각치 3.84보다 크므로 귀무가설(H_0)을 기각한다. 즉, 유의수준 5%하에서 전체직원들에 대한 나이와 찬성여부는 서로 독립이라고 할 수 없다.

⑥ 결과적으로 각각의 부분자료에서 성립하는 성질이 그 부분자료를 종합한 전체자료에 대해서는 성립하지 않는다는 모순이 발생된다. 이와 같은 현상을 심슨의 패러독스(Simpson's Paradox)라 한다.

⑦ 이런 현상이 발생한 원인은 경력(경력 10년 이상, 경력 10년 미만)이라는 또 하나의 중요한 변수를 고려하지 않은데 기인한 것이며 경력을 고려한 결과 각각의 부분자료에 가중되는 가중치의 비율이 크게 차이 나기 때문이다. 즉, 각각을 고려한 부분자료에서 40세 이상과 40세 미만의 표본크기에 있어 서로 크게 차이가 나는 데 원인이 있다.

⑧ 결과적으로 경력(경력 10년 이상, 경력 10년 미만)이라는 변수를 고려한 부분자료를 사용하여 통계적 결정을 하는 것이 바람직하다.

(3) 두 모비율 차 $p_1 - p_2$에 대한 검정

① 분석에 앞서 가설을 설정한다.

- 귀무가설(H_0) : 나이에 따른 두 집단에 대한 찬성비율은 동일하다($p_1 = p_2$).
- 대립가설(H_1) : 나이에 따른 두 집단에 대한 찬성비율은 동일하지 않다($p_1 \neq p_2$).

② 검정통계량을 결정한다.

나이가 40세 미만인 직원이 새로운 정책에 찬성한 수를 X라 하고, 나이가 40세 이상인 직원이 새로운 정책에 찬성한 수를 Y라 할 때 검정통계량은 다음과 같다.

$$Z = \frac{\hat{p_1} - \hat{p_2}}{\sqrt{\tilde{p}(1-\tilde{p})\left(\frac{1}{n_1} + \frac{1}{n_2}\right)}}, \text{ 여기서 합동표본비율 } \tilde{p} = \frac{X+Y}{n_1 + n_2} = \frac{175 + 150}{275 + 325} = \frac{325}{600} \approx 0.542$$

③ 유의수준과 그에 상응하는 기각범위를 결정한다.

귀무가설이 $p_1 = p_2$이고 대립가설이 $p_1 \neq p_2$이므로 이는 양측검정에 해당된다. 즉, 유의수준 α를 0.05라 한다면 기각치는 ± 1.96이 되며, 기각범위는 -1.96보다 작거나 $+1.96$보다 큰 경우 귀무가설을 기각한다.

④ 검정통계량 값을 계산한다.

$$z_c = \frac{\hat{p_1} - \hat{p_2}}{\sqrt{\tilde{p}(1-\tilde{p})\left(\frac{1}{n_1} + \frac{1}{n_2}\right)}} = \frac{0.64 - 0.46}{\sqrt{0.542(1-0.542)\left(\frac{1}{275} + \frac{1}{325}\right)}} = \frac{0.18}{0.04} \approx 4.5$$

⑤ 검정통계량 값과 기각범위를 비교하여 통계적 결정을 한다.

검정통계량 값 4.5가 유의수준 5%에서의 기각치 1.96보다 크므로 귀무가설을 기각한다. 즉, 유의수준 5%에서 나이에 따른 두 집단에 대한 찬성비율은 동일하지 않다고 할 수 있다.

⑥ 유의확률이란 귀무가설이 사실이라는 전제하에 검정통계량이 표본에서 계산된 값과 같거나 그 값보다 대립가설 방향으로 더 극단적인 값을 가질 확률이다.

⑦ 양측검정의 경우 p값은 표본분포의 한 쪽 끝부분에서 구한 단측검정에 대한 p값의 두 배가 된다.

$$\therefore \ p값 = P(|Z| \geq 4.5) = P(Z \leq -4.5) + P(Z \geq 4.5) = 2P(Z \leq -4.5)$$
$$\approx 0$$

5급 공무원 시험의 어떤 한 문제는 m개의 보기 중 하나를 고르는 선다형 문제라 가정하자. 이때 확률변수 Y와 T는 다음과 같이 정의된다.

> • 만약 시험응시자가 그 문제의 답을 알고 있으면 $Y=1$, 그렇지 않으면 $Y=0$이다.
> • 만약 시험응시자가 선택한 답이 정답이면 $T=1$, 그렇지 않으면 $T=0$이다.

이때 $P(Y=1)=p$, $P(T=1 \mid Y=1)=1$이라 하자. 또한, 시험응시자가 문제의 답을 모르면, m개 중에서 답을 임의로 선택한다고 하자(즉, $P(T=1 \mid Y=0)=1/m$). 다음 물음에 답하시오.

(1) 어느 시험 응시자가 그 문제의 정답을 맞혔다는 조건하에서 그 응시자가 답을 알고 있을 조건부 확률을 구하시오.

(2) 문제의 정답을 맞히면 1점을 얻고, 답이 틀리면 c만큼 감점한다고 하자. 즉, S가 문제에 대한 점수라고 할 때, $T=1$이면 $S=1$이고, $T=0$이면 $S=-c$이다. S의 기대값인 $E(S)$를 구하시오.

04 해설

(1) 베이즈 공식(Bayes' Formula)

① $P(Y=1)=p$, $P(Y=0)=1-p$

② 전확률 정리를 이용하여 어느 시험 응시자가 문제의 정답을 맞힐 확률은 다음과 같다.

$$P(T=1) = P(Y=1)P(T=1|Y=1) + P(Y=0)P(T=1|Y=0)$$

$$= (p \times 1) + \left[(1-p) \times \frac{1}{m}\right]$$

$$= \frac{mp+1-p}{m}$$

③ 어느 시험 응시자가 문제의 정답을 맞혔다는 조건하에 그 응시자가 답을 알고 있을 조건부확률 $P(Y=1|T=1)$은 베이즈 공식에 의해 다음과 같다.

$$P(Y=1|T=1) = \frac{P(Y=1)P(T=1|Y=1)}{P(Y=1)P(T=1|Y=1) + P(Y=0)P(T=1Y=0)}$$

$$= \frac{p}{\frac{mp+1-p}{m}} = \frac{mp}{mp+1-p}$$

(2) 기대값의 계산

① 정답을 맞힐 확률 $P(T=1) = \dfrac{mp+1-p}{m}$ 이므로 답이 틀릴 확률은 다음과 같다.

$$P(T=0) = 1 - \frac{mp+1-p}{m} = \frac{(m-1)(1-p)}{m}$$

② $E(S) = \left(\dfrac{mp+1-p}{m} \times 1\right) + \left(\dfrac{(m-1)(1-p)}{m} \times -c\right) = \dfrac{mp+1-p+cmp-cp-cm+c}{m}$

01

단순선형회귀모형 $Y_i = \beta_0 + \beta_1 X_i + \epsilon_i$, $i = 1, \dots, n$에서 오차항 ϵ_i는 서로 독립이고, 정규분포 $N(0, \sigma^2)$을 따른다고 하자.

(1) $\beta_1 = 0$이라고 믿을 만한 충분한 근거가 있을 때의 모형 $Y_i = \beta_0 + \epsilon_i$에서 β_0의 최소제곱추정량을 구하고, 그 추정량의 기대값과 분산을 구하시오.

(2) $\beta_0 = 0$이라고 믿을 만한 충분한 근거가 있을 때의 모형 $Y_i = \beta_1 X_i + \epsilon_i$에서 β_1의 최소제곱추정량을 구하고, 기울기 $\beta_1 = 0$인지 검정하기 위한 통계량과 그 분포를 기술하시오(단, σ^2의 값은 알고 있다고 가정한다).

01 해설

(1) 보통최소제곱추정량(Ordinary Least Square Estimator)

① 보통최소제곱추정량(OLSE)는 다음의 식을 최소화하는 β_0의 추정량 $\widehat{\beta_0}$이다.

$$f = \sum_{i=1}^{n}(Y_i - \widehat{Y_i})^2 = \sum_{i=1}^{n}(Y_i - \widehat{\beta_0})^2$$

② 이를 구하기 위해 식 f를 $\widehat{\beta_0}$대해 편미분한 후 0으로 놓으면 $\sum_{i=1}^{n}(Y_i - \widehat{\beta_0})^2$을 최소로 하는 $\widehat{\beta_0}$를 구할 수 있다.

$$\frac{\partial f}{\partial \widehat{\beta_0}} = -2\sum_{i=1}^{n}(Y_i - \widehat{\beta_0}) = 0$$

$$\Rightarrow -2\sum_{i=1}^{n}Y_i + 2n\widehat{\beta_0} = 0$$

$$\therefore \widehat{\beta_0} = \frac{\sum_{i=1}^{n}Y_i}{n} = \overline{Y}$$

③ 하지만 $\sum_{i=1}^{n}(Y_i - \widehat{\beta_0})^2$을 $\widehat{\beta_0}$에 대해 편미분한 후 0으로 놓고 구한 추정량 $\widehat{\beta_0}$가 최소가 되기 위한 필요충분조건은 $\widehat{\beta_0}$에 대해 2차 미분한 값이 0보다 커야 한다.

$$\frac{\partial^2 f}{\partial \widehat{\beta_0}^2} = 2n > 0$$

④ $E(\widehat{\beta_0}) = E(\overline{Y}) = E\left(\frac{Y_1 + Y_2 + \dots + Y_n}{n}\right) = \frac{1}{n} \times n \times E(Y_1) = \beta_0 \quad \because E(\epsilon_1) = 0$

⑤ $Var(\widehat{\beta_0}) = Var(\overline{Y}) = Var\left(\frac{Y_1 + Y_2 + \dots + Y_n}{n}\right) = \frac{1}{n^2} \times n \times Var(Y_1) = \frac{\sigma^2}{n} \quad \because Var(\epsilon_1) = \sigma^2$

(2) 보통최소제곱추정량(Ordinary Least Square Estimator)

① 보통최소제곱추정량(OLSE)은 다음의 식을 최소화하는 β_1의 추정량 $\widehat{\beta_1}$이다.

$$g = \sum_{i=1}^{n}(Y_i - \widehat{Y_i})^2 = \sum_{i=1}^{n}(Y_i - \widehat{\beta_1}X_i)^2$$

② 이를 구하기 위해 식 g를 $\widehat{\beta_1}$대해 편미분한 후 0으로 놓으면 $\sum_{i=1}^{n}(Y_i - \widehat{\beta_1}X_i)^2$을 최소로 하는 $\widehat{\beta_1}$를 구할 수 있다.

$$\frac{\partial g}{\partial \widehat{\beta_1}} = -2\sum_{i=1}^{n}(X_iY_i - \widehat{\beta_1}X_i^2) = 0$$

$$\therefore \ \widehat{\beta_1} = \frac{\sum_{i=1}^{n}X_iY_i}{\sum_{i=1}^{n}X_i^2}$$

③ 하지만 $\sum_{i=1}^{n}(Y_i - \widehat{\beta_0})^2$을 $\widehat{\beta_1}$에 대해 편미분한 후 0으로 놓고 구한 추정량 $\widehat{\beta_1}$가 최소가 되기 위한 필요충분조건은 $\widehat{\beta_1}$에 대해 2차 미분한 값이 0보다 커야 한다.

$$\frac{\partial^2 f}{\partial \widehat{\beta_1^2}} = \sum_{i=1}^{n}X_i^2 > 0$$

④ ϵ_i가 정규분포 $N(0, \sigma^2)$를 따르고, Y_i는 ϵ_i의 선형결합, $\widehat{\beta_1}$은 Y_i의 선형결합이므로, $\widehat{\beta_1}$ 또한 정규분포를 따른다.

⑤ $\dfrac{X_i}{\sum X_i^2} = w_i$라 하면

$$\widehat{\beta_1} = \sum w_iY_i = \sum w_i(\beta_1X_i + \epsilon_i) = \sum(\beta_1w_iX_i + w_i\epsilon_i)$$

⑥ $E(\widehat{\beta_1}) = E(\beta_1\sum w_iX_i) + E(\sum w_i\epsilon_i)$

$$= E(\beta_1\sum w_iX_i) \quad \because \ w_i는 \ 상수, \ E(\epsilon_i) = 0$$

$$= E\left(\beta_1\frac{\sum X_i^2}{\sum X_i^2}\right) = \beta_1$$

⑦ $Var(\widehat{\beta_1}) = Var(\sum w_i\epsilon_i) = Var(w_1\epsilon_1 + \ldots + w_n\epsilon_n)$

$$= (w_1^2 + \ldots + w_n^2)\sigma^2 \quad \because \ w_i는 \ 상수, \ Var(\epsilon_i) = \sigma^2$$

$$= \frac{\sigma^2}{\sum X_i^2}$$

$$\therefore \ \widehat{\beta_1} \sim N\left(\beta_1, \ \frac{\sigma^2}{\sum X_i^2}\right)을 \ 따른다.$$

⑧ $\widehat{\beta_1} \sim N\left(\beta_1, \ \dfrac{\sigma^2}{\sum X_i^2}\right)$을 따르므로 검정통계량은 $Z = \dfrac{\widehat{\beta_1} - \beta_1}{\sqrt{\dfrac{\sigma^2}{\sum X_i^2}}}$이 된다.

02

연속확률변수 U_1과 U_2는 0과 1 사이에서 정의된 균일(Uniform) 확률변수들이고, 서로 독립이다.

(1) 확률 $P(U_1 < U_2)$를 구하시오.

(2) $U_1 + U_2$의 확률밀도함수를 구하시오.

(3) $U_{(1)} = \min(U_1,\, U_2)$의 기대값을 구하시오.

02 해설

(1) 확률의 계산

　① 결합확률밀도함수는 아래와 같다.

$$f_{U_1, U_2}(u_1, u_2) = \begin{cases} 1, & 0 < u_1 < 1,\ 0 < u_2 < 1 \\ 0, & \text{eleswhere} \end{cases}$$

　② $P(U_1 < U_2) = \int_0^1 \int_0^{u_2} 1\, du_1 du_2 = \int_0^1 \left[u_1 \right]_0^{u_2} du_2 = \int_0^1 u_2\, du_2 = \left[\frac{1}{2} u_2^2 \right]_0^1 = \frac{1}{2}$

(2) 확률밀도함수(Probability Density Function)

　① $Y = U_1 + U_2$라 하면 결합확률밀도함수는 $f(u_1,\ u_2) = 1$, $0 \le u_1 \le 1$, $0 \le u_2 \le 1$이다.

　② $Y = U_1 + U_2$의 확률밀도함수는 $f_Y(y) = \int \left| \frac{\partial u_2}{\partial y} \right| f(u_1,\ y - u_1) du_1$이고, 여기서 $\left| \frac{\partial u_2}{\partial y} \right| = 1$이 된다. 하지만 y에 따른 u_1의 범위에 유의해야 한다.

　③ $y = u_1 + u_2$이므로 $0 \le y \le 2$, $0 \le u_1 \le 1$이고, $0 \le u_2 = y - u_1 \le 1$이므로 $y - 1 \le u_1 \le y$이다. 즉, 적분구간은 $\{0 \le u_1 \le 1,\ y - 1 \le u_1 \le y,\ 0 \le y \le 2\}$이 되고 이를 그래프로 나타내면 다음과 같다.

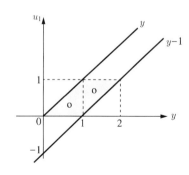

④ 적분구간에 대한 그래프로부터 u_1의 범위는 $0 \leq y \leq 1$일 때, $0 \leq u_1 \leq y$이고, $1 < y \leq 2$일 때, $y-1 \leq u_1 \leq 1$이다.

∴ $Y = U_1 + U_2$의 확률밀도함수는 다음과 같이 구할 수 있다.

$$f_Y(y) = \int f(u_1,\ y - u_1) du_1$$

$$= \begin{cases} \int_0^y 1 du_1 = y, & 0 \leq y \leq 1 \\ \int_{y-1}^1 1 du_1 = 2-y, & 1 < y \leq 2 \\ 0, & \text{elsewhere} \end{cases}$$

⑤ $f_U(u)$의 분포를 그래프로 나타내면 다음과 같고, 이 분포를 삼각형분포(Triangular Distribution)라고 한다.

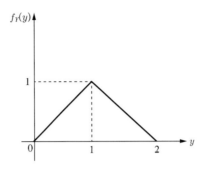

(3) 순서통계량의 기대값

① $U_{(1)} = \min(U_1,\ U_2)$이므로 $U_{(1)}$의 누적밀도함수는 다음과 같다.

$$F_1(u) = P(U \leq u) = 1 - P(U > u) = 1 - P(U_1 > u, U_2 > u)$$

$$= 1 - \prod_{i=1}^2 P(U_i > u) = 1 - \prod_{i=1}^2 \left[1 - F_{U_i}(u) \right] = 1 - \left[1 - F_{U_i}(u) \right]^2$$

$$= 1 - [1 - u]^2 = -u^2 + 2u,\ 0 < u < 1$$

② $U_{(1)}$의 확률밀도함수는 $U_{(1)}$의 누적밀도함수를 u에 대해 미분하여 구한다.

$$f_1(u) = \frac{dF_1(u)}{du} = -2u + 2,\ 0 < u < 1$$

③ $E(U_{(1)}) = \int_0^1 u f_1(u) du = \int_0^1 -2u^2 + 2u\, du = \left[-\frac{2}{3} u^3 + u^2 \right]_0^1 = 1 - \frac{2}{3} = \frac{1}{3}$

A씨는 당첨확률이 20%로 알려져 있는 즉석복권을 하루에 두 장씩 50일간 구매하였다. 매일 구매한 두 장의 복권 중 당첨된 복권의 수를 기록한 결과, 다음과 같은 자료를 얻었다(단, z_α는 표준정규분포의 상위 100α−백분위수를 나타내고, $z_{0.025} = 1.960$, $z_{0.05} = 1.645$, $z_{0.10} = 1.282$이다. $\chi^2_\alpha(\nu)$는 자유도가 ν인 카이제곱 분포의 상위 100α−백분위수를 나타내고, $\chi^2_{0.025}(1) = 5.024$, $\chi^2_{0.025}(2) = 7.378$, $\chi^2_{0.025}(3) = 9.348$, $\chi^2_{0.05}(1) = 3.841$, $\chi^2_{0.05}(2) = 5.991$, $\chi^2_{0.05}(3) = 7.815$이다).

1,	0,	0,	1,	0,	0,	0,	1,	0,	0,
0,	0,	1,	0,	1,	0,	0,	0,	0,	1,
2,	0,	1,	1,	1,	1,	0,	0,	0,	0,
0,	1,	1,	0,	1,	2,	0,	0,	0,	0,
1,	0,	1,	1,	1,	0,	0,	1,	1,	0.

(1) 위 자료를 하루에 당첨된 복권의 수를 기준으로 세 개의 범주 $A_0 = \{0\}$, $A_1 = \{1\}$, $A_2 = \{2\}$로 분류하여 관측도수를 구한 후, 이를 이용하여 당첨확률이 20%인지 검정하기 위한 가설, 카이제곱 검정통계량의 값을 구하고 유의수준 5%에서 검정하시오.

(2) 위 자료에 따르면, 마지막 3일 동안 구매한 6장의 복권 중 당첨된 복권은 두 장이다. 이 값을 이용하여 당첨확률이 20%보다 큰지 검정하고자 한다. 유의확률(p−값)을 소수점 아래 세 자리까지 계산하고, 계산된 유의확률에 근거하여 검정하시오(단, 유의수준은 5%이다).

(3) 50일간 구매한 100개의 복권 중 당첨된 복권은 23장이었다. 이를 이용하여 당첨확률이 20%보다 큰지 유의수준 5%에서 검정하시오.

03 해설

(1) 카이제곱 적합성 검정(χ^2 Goodness of fit Test)

① 분석에 앞서 가설을 먼저 설정한다.

* 귀무가설(H_0) : 복권 1개의 당첨확률은 20%이다($p = 0.2$).
* 대립가설(H_1) : 복권 1개의 당첨확률은 20%아니다($p \neq 0.2$).

② 이항분포의 확률질량함수가 $f(x) = {}_n C_r\, p^r (1-p)^{n-r}$임을 고려하여 $P(A_0)$, $P(A_1)$, $P(A_3)$의 확률을 구하면 다음과 같다.

$P(A_0) = {}_2 C_0 (0.2)^0 (0.8)^2 = 0.64$

$P(A_1) = {}_2 C_1 (0.2)^1 (0.8)^1 = 2 \times 0.2 \times 0.8 = 0.32$

$P(A_2) = {}_2 C_2 (0.2)^2 (0.8)^0 = 0.04$

③ 범주에 속할 확률에 50일을 곱하여 기대되는 복권당첨의 기대일수를 구하면 다음과 같다.

범 주	A_0	A_1	A_2
관측도수	29	19	2
범주에 속할 확률	0.64	0.32	0.04
기대도수	32	16	2

④ 카이제곱 검정통계량 값을 계산한다.

$$\chi_c^2 = \frac{(29-32)^2}{32} + \frac{(19-16)^2}{16} + \frac{(2-2)^2}{2} = \frac{9}{32} + \frac{9}{16} = \frac{27}{32} = 0.844$$

⑤ 검정통계량 값 0.844가 유의수준 5%에서의 기각치 $\chi_{0.05}^2(2) = 5.991$ 보다 작으므로 귀무가설을 채택한다. 즉, 유의수준 5%에서 복권 1개의 당첨확률은 20%라고 할 수 있다.

(2) 유의확률(p-value)

① 분석에 앞서 가설을 먼저 설정한다.

- 귀무가설(H_0) : 복권 1개의 당첨확률은 20%이다($p = 0.2$).

- 대립가설(H_1) : 복권 1개의 당첨확률은 20%보다 크다($p > 0.2$).

② 귀무가설하에서, 당첨된 복권의 개수 X는 $B(6, 0.2)$인 이항분포를 따른다.

③ p값이란 귀부가설이 사실이라는 선세하에 검정통계량이 표본에서 계산된 값과 같거나 그 값보다 대립가설 방향으로 더 극단적인 값을 가질 확률이다.

$$\therefore \ p값은 \ P(X \geq 2 | p = 0.2) = 1 - P(X=0) - P(X=1)$$
$$= 1 - {}_6C_0(0.2)^0(0.8)^6 - {}_6C_1(0.2)^1(0.8)^5$$
$$= 1 - 0.262144 - 0.393216 = 0.34464$$
$$\approx 0.345$$

④ 유의확률 p 값이 0.345로 유의수준 0.05보다 크므로 귀무가설을 채택한다. 즉, 유의수준 5%하에서 복권 1개의 당첨확률은 20%라고 볼 수 있다.

(3) 이항분포의 정규근사

① 분석에 앞서 가설을 먼저 설정한다.

- 귀무가설(H_0) : 복권 1개의 당첨확률은 20%이다($p = 0.2$).

- 대립가설(H_1) : 복권 1개의 당첨확률은 20%보다 크다($p > 0.2$).

② 귀무가설하에서 당첨된 복권의 개수 X는 $B(100, 0.2)$인 이항분포를 따른다.

③ $E(X) = np = 100 \times 0.2 = 20$, $Var(X) = npq = 100 \times 0.2 \times 0.8 = 16$

④ p값이란 귀무가설이 사실이라는 전제하에 검정통계량이 표본에서 계산된 값과 같거나 그 값보다 대립가설 방향으로 더 극단적인 값을 가질 확률이다.

$$\therefore \ p \ 값은 \ P(X \geq 23 | p = 0.2) = 1 - P(X \leq 22) = 1 - \sum_{x=0}^{22} {}_nC_x(0.2)^x(0.8)^{n-x} \ 이다.$$

위의 p 값을 계산하는 것은 매우 복잡하다. 하지만 $n = 100$으로 표본수가 충분히 크고 $p = 0.2$로 0에 아주 가깝지 않으므로 이항분포를 따르는 확률변수 X는 정규분포로 근사한다.

⑤ $E(X) = 20$, $Var(X) = 16$이므로 $X \sim N(20, 4^2)$를 따른다고 할 수 있다.

⑥ p 값은 $P(X \geq 23) = 1 - P(X < 23) = 1 - P\left(Z < \frac{23-20}{4}\right) = 1 - P(Z < 0.75) = 0.22663$이다.

⑦ 유의확률 p 값이 0.22663으로 유의수준 0.05보다 크므로 귀무가설을 채택한다. 즉, 유의수준 5%하에서 복권 1개의 당첨확률은 20%라고 볼 수 있다.

01

6개의 확률변수 X_1, X_2, $\cdots$, X_6은 서로 독립이며, 각각 1, 2, $\cdots$, 6을 평균값으로 갖는 포아송분포(Poisson Distribution)를 따른다고 하자. 즉 X_k 각각의 확률질량함수(Probability Mass Function)는 다음과 같다($k = 1$, 2, $\cdots$, 6).

$$f_k(x) = \frac{e^{-k}k^x}{x!}, \quad x = 0, 1, 2, \cdots$$

(1) 확률 $P(\min(X_1, X_2) \leq 1)$을 구하시오.

(2) 확률 $P(\max(X_1, X_2) = 1)$을 구하시오.

(3) 확률변수 $W = \sum_{k=1}^{6} kX_k$의 기대값과 분산을 구하시오.

01 해설

(1) 확률의 계산

$$\begin{aligned}
P(\min(X_1, X_2) \leq 1) &= 1 - P(\min(X_1, X_2) > 1) = 1 - P(X_1 > 1, X_2 > 1)\\
&= 1 - P(X_1 > 1)P(X_2 > 1) = 1 - [1 - P(X_1 \leq 1)][1 - P(X_2 \leq 1)]\\
&= 1 - [1 - \{P(X_1 = 0) + P(X_1 = 1)\}][1 - \{P(X_2 = 0) + P(X_2 = 1)\}]\\
&= 1 - [1 - (e^{-1} + e^{-1})][1 - (e^{-2} + 2e^{-2})]\\
&= 1 - [1 - 2e^{-1} - 3e^{-2} + 6e^{-3}]\\
&= 2e^{-1} + 3e^{-2} - 6e^{-3}
\end{aligned}$$

(2) 확률의 계산

$$\begin{aligned}
P(\max(X_1, X_2) = 1) &= P(X_1 = 1, X_2 < 1) + P(X_1 < 1, X_2 = 1) + P(X_1 = 1, X_2 = 1)\\
&= P(X_1 = 1)P(X_2 = 0) + P(X_1 = 0)P(X_2 = 1) + P(X_1 = 1)P(X_2 = 1)\\
&= e^{-3} + 2e^{-3} + 2e^{-3}\\
&= 5e^{-3}
\end{aligned}$$

(3) 기대값과 분산의 계산

① $E(W) = E\left(\sum_{i=1}^{6} kX_k\right) = \sum_{i=1}^{6} kE(X_k) = \sum_{i=1}^{6} k^2 = 1 + 4 + 9 + 16 + 25 + 36 = 91$

② $Var(W) = Var\left(\sum_{i=1}^{6} kX_k\right) = \sum_{i=1}^{6} k^2 Var(X_k) = \sum_{i=1}^{6} k^3 = 1 + 8 + 27 + 64 + 125 + 216 = 441$

다음은 어느 기관에서 직원들의 직무수행력과 관련있는 두 가지의 교육 프로그램(A와 B)을 비교하기 위하여 표본 추출된 직원을 대상으로 실험한 연구결과이다. 〈표 1〉은 두 교육 프로그램을 이수한 후 얻은 직무시험점수의 결과이다(단, 두 교육프로그램 후 직무시험점수는 분산이 동일한 정규분포를 따른다고 가정하며, $\sqrt{2} = 1.414$로 계산한다).

〈표 1〉 직무시험점수 결과

구 분	평 균	표준편차
프로그램 A	60.4	19.00
프로그램 B	58.2	19.00
차이($A-B$)	2.2	2.70

〈표 2〉 $t-$분포의 위치값 t_α

α	자유도										
	7	8	9	10	11	12	13	14	15	16	17
0.05	1.895	1.860	1.833	1.812	1.796	1.782	1.771	1.761	1.753	1.746	1.740
0.025	2.365	2.306	2.262	2.228	2.201	2.179	2.160	2.145	2.131	2.120	2.110

(단, $t-$분포를 따르는 확률변수 T에 대하여 $P(T \geq t_\alpha) = \alpha$ 이다)

(1) 직원들의 기본적인 직무능력을 기준으로 직무능력이 유사한 직원들을 두 명씩 짝지어 9쌍을 만들고 두 프로그램을 각 쌍 내에서 임의로 배정하여 교육 후 동일한 직무시험을 치러 〈표 1〉의 결과를 얻었다고 가정하자. 두 교육 프로그램 중 프로그램 B가 프로그램 A보다 직무수행력에 더 효과가 있는지를 유의수준 5%에서 검정하고자 한다. 귀무가설과 대립가설을 세우고, 귀무가설하에서의 검정통계량의 분포를 제시하여 검정을 실시한 후, 주어진 문제를 고려하여 검정결과를 해석하시오.

(2) 직원들의 기본적인 직무능력을 고려하지 않고 18명의 직원을 임의 추출한 후, 프로그램 A와 B로 각각 9명씩을 임의로 배정하여 〈표 1〉의 결과를 얻었다고 가정하자. 두 교육 프로그램에 따른 직무수행력에 차이가 있는지에 대해 유의수준 5%에서 검정하고자 한다. 귀무가설과 대립가설을 세우고, 귀무가설하에서의 검정통계량의 분포를 제시하여 검정을 실시한 후, 주어진 문제를 고려하여 검정 결과를 해석하시오.

(3) 두 교육 프로그램에 따른 직무수행력에 차이가 있는지 알아보고자 한다. 만약 (1)의 실험 설계를 따라 자료가 수집되었지만, (2)의 실험 설계하에서 분석을 하였다고 할 때, 검정통계량에 미치는 영향에 대해서 논하시오(단, 두 교육 프로그램 후 직무시험점수의 분산이 알려져 있다고 가정한다).

02 해설

(1) 대응표본 t - 검정(Paired Sample t - Test)

  ① 필요한 가정

    두 교육프로그램 후 직무시험점수의 차이를 $D_i = X_{Ai} - X_{Bi}$, $i=1,\ 2,\ \cdots,\ n$이라 할 때, $D_i \sim N(\mu_D,\ \sigma_D^2)$을 따른다고 가정한다. 유사한 직원들을 두 명씩 짝지어 9쌍을 만들고 비교하므로 짝을 이룬 대응표본 t - 검정에 해당한다.

  ② 분석에 앞서 가설을 설정한다.

    • 귀무가설(H_0) : 프로그램 A의 직무시험점수가 프로그램 B의 직무시험점수보다 크거나 같다($\mu_A - \mu_B \geq 0$).

    • 대립가설(H_1) : 프로그램 A의 직무시험점수가 프로그램 B의 직무시험점수보다 작다($\mu_A - \mu_B < 0$).

  ③ 검정통계량을 결정한다.

$$T = \frac{\overline{D}}{S_D / \sqrt{n}} \sim t_{(n-1)}, \quad \text{단, } \overline{D} = \overline{X_1} - \overline{X_2},\ S_D^2 = \frac{\sum (D_i - \overline{D})^2}{n-1}$$

  ④ 유의수준과 그에 상응하는 기각범위를 결정한다.

    유의수준 α를 0.05라 한다면 기각치는 $t_{(0.05,\ 8)} = 1.86$이 되며, 기각범위는 1.86보다 큰 경우 귀무가설을 기각한다.

  ⑤ 검정통계량 값을 계산한다.

$$t_c = \frac{\overline{d}}{s_D / \sqrt{n}} = \frac{2.2}{2.7 / \sqrt{9}} \approx 2.44$$

  ⑥ 검정통계량 값과 기각범위를 비교하여 통계적 결정을 한다.

    검정통계량 값 $t_c = 2.44$가 유의수준 5%에서의 기각치 $t_{(0.05,\ 17)} = 1.86$보다 크므로 귀무가설을 기각한다. 즉, 유의수준 5%하에서 프로그램 A의 직무시험점수가 프로그램 B의 직무시험점수 보다 작다고 할 수 있다.

(2) 독립표본 t - 검정(Independent Sample t - Test)

  ① 독립표본인 경우 $X_A \sim N(\mu_A,\ \sigma_A^2)$, $X_B \sim N(\mu_B,\ \sigma_B^2)$을 따르며, X_A와 X_B는 서로 독립이라고 가정한다.

  ② 분석에 앞서 가설을 설정한다.

    • 귀무가설(H_0) : 프로그램 A의 직무시험점수와 프로그램 B의 직무시험점수는 같다($\mu_A = \mu_B$).

    • 대립가설(H_1) : 프로그램 A의 직무시험점수가 프로그램 B의 직무시험점수는 같지 않다($\mu_A \neq \mu_B$).

  ③ 검정통계량을 결정한다.

$$T = \frac{\overline{X_A} - \overline{X_B}}{S_p \sqrt{\dfrac{1}{n_A} + \dfrac{1}{n_B}}} \sim t_{(n_A + n_B - 2)}, \quad \text{단 합동표본분산 } S_p^2 = \frac{(n_A - 1)s_A^2 + (n_B - 1)s_B^2}{(n_A + n_B - 2)}$$

  ④ 유의수준과 그에 상응하는 기각범위를 결정한다.

    귀무가설이 $\mu_A = \mu_B$이고 대립가설이 $\mu_A \neq \mu_B$이므로 이는 양측검정의 경우이다. 즉, 유의수준 0.05에서 기각치는 $t_{(0.025,\ n_A + n_B - 2)}$가 되며, 기각범위는 $t_{(0.025,\ 16)} = \pm 2.12$ 으로 2.12보다 크거나 -2.12보다 작다.

  ⑤ 검정통계량 값을 계산한다.

$$t_c = \frac{\overline{x_A} - \overline{x_B}}{s_p \sqrt{\dfrac{1}{n_A} + \dfrac{1}{n_B}}} = \frac{60.4 - 58.2}{19 \sqrt{\dfrac{1}{9} + \dfrac{1}{9}}} \approx 0.2457,$$

$$S_p^2 = \frac{(n_A - 1)s_A^2 + (n_B - 1)s_B^2}{(n_A + n_B - 2)} = \frac{(9-1)19^2 + (9-1)19^2}{(9+9-2)} = 361$$

  ⑥ 검정통계량 값과 기각범위를 비교하여 통계적 결정을 한다.

    검정통계량 값 $t_c = 0.2457$이 유의수준 5%에서의 기각치 $t_{(0.025,\ 16)} = 2.12$보다 작으므로 귀무가설을 채택한다. 즉, 유의수준 5%하에서 프로그램 A의 직무시험점수가 프로그램 B의 직무시험점수는 같다고 할 수 있다.

(3) 추정 방법에 따른 분석결과의 차이

① (1)과 (2)의 검정 결과를 비교해 보면 같은 자료를 사용하여 검정을 수행하였으나 검정 방법에 따라 결과가 다르게 나오는 것을 알 수 있다. 따라서 실험 설계가 명확한 경우에는 설계 방법에 맞는 분석 방법을 선택하여야 올바른 검정을 수행할 수 있다.

② 실험 설계가 명확하지 않은 경우에 독립표본 $t-$검정과 대응표본 $t-$검정을 비교하면 보는 기준에 따라 그 효율성이 달라진다. 우선 독립표본과 대응표본의 소표본에서 신뢰구간을 비교해 보면 독립표본의 자유도가 $n_1 + n_2 - 2 = 2n - 2$로 대응표본의 자유도 $n-1$보다 큰 것을 알 수 있다. t분포의 특성상 자유도가 커짐에 따라 신뢰계수는 감소하기 때문에 신뢰구간의 길이 또한 작아진다. 즉, 자유도 측면에서 본다면 독립표본이 대응표본보다 더 효율적인 추정을 한다고 볼 수 있다.

③ 하지만 표준오차(추정량의 표준편차)를 비교해 보면 독립표본인 경우 $Var(\overline{X}_A - \overline{X}_B) = Var(\overline{X}_A) + Var(\overline{X}_B)$이고 대응표본인 경우 $Var(\overline{X}_A - \overline{X}_B) = Var(\overline{X}_A) + Var(\overline{X}_B) - 2Cov(\overline{X}_A + \overline{X}_B)$이므로 표준오차는 대응표본이 독립표본보다 $\sqrt{2Cov(\overline{X}_A + \overline{X}_B)}$ 만큼 작음을 알 수 있다. 즉, 표준오차 측면에서는 대응표본이 독립표본보다 더 효율적인 추정을 한다고 볼 수 있다.

④ 검정통계량에 있어서도 표준오차가 대응표본이 독립표본보다 $\sqrt{2Cov(\overline{X}_A + \overline{X}_B)}$ 만큼 작기 때문에 대응표본의 검정통계량 값이 독립표본의 검정통계량 값보다 크게 되는 것을 알 수 있다.

03

다음 (가), (나)는 반응변수 y에 대해 x_1과 x_2를 설명변수로 한 선형회귀모형을 적합시킨 결과 추정된 회귀직선을 나타낸 것이다(단, 오차항은 평균이 0이고 분산이 동일한 정규분포에 따르며 서로 독립이다).

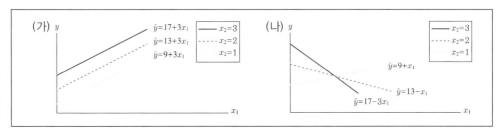

(1) (가)와 (나)의 회귀모형을 제시하고, 그 차이를 기술하시오.

(2) (가)의 결과를 위해 설정된 모형의 추정된 회귀식을 구하시오.

(3) (나)의 결과를 위해 설정된 모형의 추정된 회귀식을 구하시오.

(4) (가)와 (나)의 회귀모형의 차이를 알아보고자 한다. 귀무가설과 대립가설을 세우고 귀무가설 하에서 $F-$ 검정통계량과 그 분포를 기술하시오.

03 해설

(1) 교호작용 유무에 대한 회귀모형

① (가)의 회귀모형은 추정된 회귀선의 기울기가 모두 동일하므로 독립변수 x_1과 x_2의 교호작용 효과가 없는 회귀모형이다.
$$y_i = \beta_0 + \beta_1 x_{1i} + \beta_2 x_{2i} + \epsilon_i, \ \epsilon_i \sim N(0, \ \sigma^2)$$

② (나)의 회귀모형은 추정된 회귀선의 기울기가 서로 다르므로 독립변수 x_1과 x_2의 교호작용 효과가 있는 회귀모형이다.
$$y_i = \beta_0 + \beta_1 x_{1i} + \beta_2 x_{2i} + \beta_3 x_{1i} x_{2i} + \epsilon_i, \ \epsilon_i \sim N(0, \ \sigma^2)$$

③ (가)의 회귀모형은 독립변수 x_1과 x_2의 교호작용 효과가 없는 경우이며 (나)의 회귀모형은 독립변수 x_1과 x_2의 교호작용 효과가 있는 경우에 해당한다. 만약 (나)의 회귀모형에서 교호작용 효과가 없다면 (가)의 회귀모형으로 돌아간다.

(2) 교호작용이 없는 회귀모형

① (가)의 회귀모형이 $y_i = \beta_0 + \beta_1 x_{1i} + \beta_2 x_{2i} + \epsilon_i, \ \epsilon_i \sim N(0, \ \sigma^2)$이므로 각각에 대한 추정된 회귀식은 다음과 같다.

$x_2 = 1$인 경우 추정된 회귀식 : $\hat{y} = b_0 + 3x_1 + b_2 x_2 = (b_0 + b_2) + 3x_1 = 9 + 3x_1$

$x_2 = 2$인 경우 추정된 회귀식 : $\hat{y} = b_0 + 3x_1 + b_2 x_2 = (b_0 + 2b_2) + 3x_1 = 13 + 3x_1$

$x_2 = 3$인 경우 추정된 회귀식 : $\hat{y} = b_0 + 3x_1 + b_2 x_2 = (b_0 + 3b_2) + 3x_1 = 17 + 3x_1$

② 위의 추정된 회귀식을 b_0, b_1에 대해 풀면 $b_0 = 5$, $b_1 = 4$가 되어 추정된 회귀식은 $\hat{y} = 5 + 3x_1 + 4x_2$이 된다.

(3) 교호작용이 존재하는 회귀모형

① (나)의 회귀모형이 $y_i = \beta_0 + \beta_1 x_{1i} + \beta_2 x_{2i} + \beta_3 x_1 x_2 + \epsilon_i$, $\epsilon_i \sim N(0, \sigma^2)$이므로 각각에 대한 추정된 회귀식은 다음과 같다.

$x_2 = 1$인 경우 추정된 회귀식 : $\hat{y} = b_0 + b_1 x_1 + b_2 x_2 + b_3 x_1 x_2 = (b_0 + b_2) + (b_1 + b_3) x_1 = 9 + x_1$

$x_2 = 2$인 경우 추정된 회귀식 : $\hat{y} = b_0 + b_1 x_1 + b_2 x_2 + b_3 x_1 x_2 = (b_0 + 2b_2) + (b_1 + 2b_3) x_1 = 13 - x_1$

$x_2 = 3$인 경우 추정된 회귀식 : $\hat{y} = b_0 + b_1 x_1 + b_2 x_2 + b_3 x_1 x_2 = (b_0 + 3b_2) + (b_1 + 3b_3) x_1 = 17 - 3x_1$

② 위의 추정된 회귀식을 b_0, b_1, b_2, b_3에 대해 풀면 $b_0 = 5$, $b_1 = 3$, $b_2 = 4$, $b_3 = -2$가 되어 추정된 회귀식은 $\hat{y} = 5 + 3x_1 + 4x_2 - 2x_1 x_2$이 된다.

(4) 부분 $F-$검정(Partial $F-$Test)

① 축소모형을 $y_i = \beta_0 + \beta_1 x_{1i} + \beta_2 x_{2i} + \epsilon_i$이라 하고 완전모형을 $y_i = \beta_0 + \beta_1 x_{1i} + \beta_2 x_{2i} + \beta_3 x_1 x_2 + \epsilon_i$이라 할 때 가설을 설정하면 다음과 같다.

• 귀무가설(H_0) : 축소모형이 적합하다($\beta_3 = 0$).

• 대립가설(H_1) : 완전모형이 적합하다($\beta_3 \neq 0$).

② X_1과 X_2를 독립변수로 가진 모형 $y_i = \beta_0 + \beta_1 x_{1i} + \beta_2 x_{2i} + \epsilon_i$에 교호작용 $X_1 X_2$를 추가함으로써 증가되는 회귀제곱합이 추가제곱합이며 $SS(X_1 X_2 \mid X_2, X_1)$이라 표현하고 $SS(X_1 X_2 \mid X_2, X_1) = SSR(X_1, X_2, X_1 X_2) - SSR(X_1, X_2)$와 같이 정의할 수 있다.

③ 추가제곱합 $SS(X_1 X_2 \mid X_1, X_2)$의 자유도는 $SSR(F)$의 자유도 3에서 $SSR(R)$의 자유도 2를 뺀 1이 되며 $SSE(F)$의 자유도는 $n-3-1 = n-4$가 되어 위의 가설을 검정하기 위한 검정통계량을 다음과 같이 설정할 수 있다.

$$F = \frac{[SSR(F) - SSR(R)]/1}{SSE(F)/n-4} = \frac{[SSE(R) - SSE(R)]/1}{SSE(F)/n-4} \sim F_{1, n-4}$$

01

하나의 동전을 세 번 던졌을 때 나오는 앞면의 수를 X, 처음 두 번의 시행에서 나오는 뒷면의 수를 Y라 하자. 다음 물음에 답하시오.

(1) X와 Y의 결합확률분포표를 작성하시오.

(2) $P(1 \leq X \leq 3,\ 0 \leq Y \leq 2)$를 구하시오.

(3) $E(X+Y)$를 구하시오.

(4) 두 확률변수 X와 Y의 상관계수를 구하시오.

01 해설

(1) 결합확률분포표

① 하나의 동전을 세 번 던졌을 때 앞면을 ○, 뒷면을 △라 하면 모든 경우의 수는 다음과 같다.

○○○, ○○△, ○△○, △○○, ○△△, △○△, △△○, △△△

② 동전을 세 번 던졌을 때 나오는 앞면의 수를 X, 처음 두 번의 시행에서 나오는 뒷면의 수를 Y라고 할 때, 각 경우에 해당하는 X, Y의 값을 정리하면 다음과 같다.

	○○○	○○△	○△○	△○○	○△△	△○△	△△○	△△△
X	3	2	2	2	1	1	1	0
Y	0	0	1	1	1	1	2	2

③ 위의 표를 바탕으로 X와 Y의 결합확률분포표를 작성하면 다음과 같다.

X \ Y	0	1	2	$f_X(x)$
0	0	0	1/8	1/8
1	0	2/8	1/8	3/8
2	1/8	2/8	0	3/8
3	1/8	0	0	1/8
$f_Y(y)$	2/8	4/8	2/8	1

(2) 결합확률의 계산

① 위의 결합확률분포표는 이산형 결합확률분포표이므로 $P(1 \leq X \leq 3,\ 0 \leq Y \leq 2)$의 확률은 다음과 같다.

$$
\begin{aligned}
P(1 \leq X \leq 3,\ 0 \leq Y \leq 2) = {} & P(X=1,\ Y=0) + P(X=1,\ Y=1) + P(X=1,\ Y=2) \\
& + P(X=2,\ Y=0) + P(X=2,\ Y=1) + P(X=2,\ Y=2) \\
& + P(X=3,\ Y=0) + P(X=3,\ Y=1) + P(X=3,\ Y=2)
\end{aligned}
$$

② 위의 (1)에서 작성한 이산형 결합확률분포표를 참고하여 $P(1 \leq X \leq 3, \ 0 \leq Y \leq 2)$의 확률은 다음과 같이 구할 수 있다.

$$P(1 \leq X \leq 3, \ 0 \leq Y \leq 2) = P(X=1, \ Y=1) + P(X=1, \ Y=2) + P(X=2, \ Y=0) + P(X=2, \ Y=1)$$
$$+ P(X=3, \ Y=0)$$
$$= \frac{2}{8} + \frac{1}{8} + \frac{1}{8} + \frac{2}{8} + \frac{1}{8} = \frac{7}{8}$$

(3) 기대값

① $E(X) = \sum_{x=0}^{3} x f_X(x) = \left(0 \times \frac{1}{8}\right) + \left(1 \times \frac{3}{8}\right) + \left(2 \times \frac{3}{8}\right) + \left(3 \times \frac{1}{8}\right) = \frac{12}{8} = \frac{3}{2}$

② $E(Y) = \sum_{y=0}^{2} y f_Y(y) = \left(0 \times \frac{2}{8}\right) + \left(1 \times \frac{4}{8}\right) + \left(2 \times \frac{2}{8}\right) = \frac{8}{8} = 1$

③ 기대값의 성질을 이용하면 $E(X+Y) = E(X) + E(Y)$이므로 구하고자 하는 기대값은 다음과 같다.

$$E(X+Y) = E(X) + E(Y) = \frac{3}{2} + 1 = \frac{5}{2}$$

(4) 상관계수

① $E(XY) = \sum_{y=0}^{2} \sum_{x=0}^{3} xy f_{XY}(xy) = \left(0 \times \frac{3}{8}\right) + \left(1 \times \frac{2}{8}\right) + \left(2 \times \frac{3}{8}\right) = 1$

② $E(X)E(Y) = \frac{3}{2} \times 1 = \frac{3}{2}$ 이므로 $Cov(X, Y) = E(XY) - E(X)E(Y) = 1 - \frac{3}{2} = -\frac{1}{2}$

③ $E(X^2) = \sum_{x=0}^{3} x^2 f_X(x) = \left(0 \times \frac{1}{8}\right) + \left(1 \times \frac{3}{8}\right) + \left(4 \times \frac{3}{8}\right) + \left(9 \times \frac{1}{8}\right) = \frac{24}{8} = 3$이므로

$$Var(X) = E(X^2) - [E(X)]^2 = 3 - \frac{9}{4} = \frac{3}{4}$$

④ $E(Y^2) = \sum_{y=0}^{2} y^2 f_Y(y) = \left(0 \times \frac{2}{8}\right) + \left(1 \times \frac{4}{8}\right) + \left(4 \times \frac{2}{8}\right) = \frac{12}{8} = \frac{3}{2}$이므로

$$Var(Y) = E(Y^2) - [E(Y)]^2 = \frac{3}{2} - 1 = \frac{1}{2}$$

⑤ $Corr(X, Y) = \dfrac{Cov(X, Y)}{\sqrt{Var(X)Var(Y)}} = \dfrac{-1/2}{\sqrt{3/4}\ \sqrt{1/2}} = \dfrac{-1/2}{\sqrt{3/8}} = -\sqrt{\dfrac{2}{3}}$

$X_1,\ X_2,\ \cdots,\ X_n\,(n \geq 30)$을 성공확률이 p인 베르누이분포로부터의 확률표본이라고 할 때, 다음의 가설을 검정하려고 한다.

$$H_0 : p = p_0 \ \text{VS} \ H_1 : p > p_0$$

다음 물음에 답하시오(단, z_α는 표준정규분포의 상위 100α — 백분위수를 나타낸다).

(1) 위의 가설에 대한 제1종 오류의 확률이 α인 기각역을 구하시오.

(2) 표본 성공비율$\left(\hat{p} = \dfrac{Y}{n}\right)$의 관측값이 w로 주어질 때, 유의확률(p – 값)을 $\Phi(\ \cdot\ )$을 이용하여 나타내시오(단, $\Phi(\ \cdot\ )$는 표준정규분포의 누적분포함수이고, $Y = \displaystyle\sum_{i=1}^{n} X_i$이다).

(3) 위의 검정에서 $H_1 : p = p_1\,(> p_0)$일 때, 제1종 오류의 확률이 α이고 제2종 오류의 확률이 β 이하가 되게 하는 최소 표본의 크기(n)를 구하는 식을 쓰시오.

02 해설

(1) 중심극한정리

① $X_1, X_2, \cdots, X_n$ 은 성공확률이 p인 베르누이분포를 따르고, $n \geq 30$이므로 중심극한정리에 의해서 표본 성공비율 $\hat{p}$는 정규분포 $N\!\left(p,\ \dfrac{p(1-p)}{n}\right)$을 따른다.

② 귀무가설 $H_0 : p = p_0$ 가정하에서 $\hat{p}$는 정규분포 $N\!\left(p_0,\ \dfrac{p_0(1-p_0)}{n}\right)$을 따르므로, $\dfrac{\hat{p} - p_0}{\sqrt{\dfrac{p_0(1-p_0)}{n}}} \sim Z$ 이다.

③ 대립가설이 $H_1 : p > p_0$의 형태를 띠고, $P(Z \geq z_\alpha) = P\!\left(\dfrac{\hat{p} - p_0}{\sqrt{\dfrac{p_0(1-p_0)}{n}}} \geq z_\alpha\right)$이므로 제1종 오류의 확률이 α인 기각역은 $\hat{p} \geq p_0 + z_\alpha\,\sqrt{\dfrac{p_0(1-p_0)}{n}}$ 이다.

(2) 유의확률

① 대립가설이 $H_1 : p > p_0$의 형태를 띠므로, 귀무가설 $H_0 : p = p_0$ 가정하에서 유의확률(p – 값)은 $P(\hat{p} \geq w)$이다.

② 귀무가설 $H_0 : p = p_0$ 가정하에서 $\hat{p}$는 정규분포 $N\!\left(p_0,\ \dfrac{p_0(1-p_0)}{n}\right)$을 따르므로, $\dfrac{\hat{p} - p_0}{\sqrt{\dfrac{p_0(1-p_0)}{n}}} \sim Z$ 이다.

③ 따라서 유의확률(p-값)은 $P(\hat{p} \geq w) = P\left(p_0 + Z\sqrt{\dfrac{p_0(1-p_0)}{n}} \geq w\right)$

$= P\left(Z \geq \dfrac{w-p_0}{\sqrt{\dfrac{p_0(1-p_0)}{n}}}\right) = 1 - \Phi\left(\dfrac{w-p_0}{\sqrt{\dfrac{p_0(1-p_0)}{n}}}\right)$ 이다.

(3) 표본 크기의 결정

① (1)의 결과에 의해서 기각역은 $\hat{p} \geq p_0 + z_\alpha\sqrt{\dfrac{p_0(1-p_0)}{n}}$ 이다.

② 제2종 오류의 확률은 대립가설 $H_1 : p = p_1(>p_0)$이 참일 때 귀무가설을 기각하지 않을 확률이다. 즉,

$P\left(\hat{p} < p_0 + z_\alpha\sqrt{\dfrac{p_0(1-p_0)}{n}} \,\middle|\, p = p_1\right) \leq \beta$이다.

③ 대립가설 $H_1 : p = p_1(>p_0)$에서 $\dfrac{\hat{p}-p_1}{\sqrt{\dfrac{p_1(1-p_1)}{n}}} \sim Z$이므로 제1종 오류의 확률이 α이고 제2종 오류의 확률이 β 이하

가 되게 하기 위해서는 다음이 성립한다.

$P\left(\hat{p} < p_0 + z_\alpha\sqrt{\dfrac{p_0(1-p_0)}{n}}\right) = P\left(\dfrac{\hat{p}-p_1}{\sqrt{\dfrac{p_1(1-p_1)}{n}}} < \dfrac{p_0 - p_1 + z_\alpha\sqrt{\dfrac{p_0(1-p_0)}{n}}}{\sqrt{\dfrac{p_1(1-p_1)}{n}}}\right)$

$= P\left(Z < \dfrac{p_0 - p_1 + z_\alpha\sqrt{\dfrac{p_0(1-p_0)}{n}}}{\sqrt{\dfrac{p_1(1-p_1)}{n}}}\right) \leq \beta$

④ 최소 표본의 크기 n을 구하는 식은 다음과 같다.

$\dfrac{p_0 - p_1 + z_\alpha\sqrt{\dfrac{p_0(1-p_0)}{n}}}{\sqrt{\dfrac{p_1(1-p_1)}{n}}} \leq z_\beta$

⑤ 위의 식을 n에 대해 정리하여 다음의 최소 표본의 크기를 구할 수 있다.

$\sqrt{n}(p_0 - p_1) \leq z_\beta\sqrt{p_1(1-p_1)} - z_\alpha\sqrt{p_0(1-p_0)}$

$\therefore\ n \geq \left[\dfrac{z_\alpha\sqrt{p_0(1-p_0)} - z_\beta\sqrt{p_1(1-p_1)}}{p_1 - p_0}\right]^2$

03

설명변수 X_1(나이)과 X_2(소득)를 가지고 반응변수 Y(신용도)를 예측하기 위해 다음과 같은 두 가지 회귀모형을 고려하여 분산분석표와 추정값을 구하였다.

다음 물음에 답하시오.

모형 1 : $y_i = \beta_0 + \beta_1 x_{1i} + \epsilon_i$, $i = 1, 2, \cdots, n$, $\epsilon_i \sim N(0, \sigma^2)$

요 인	자유도	제곱합	평균제곱	$F-$값	$p-$값
회 귀	1	30	30	6.857	0.0186
잔 차	16	70	4.375		
전 체	17	100			

변 수	모수추정치	표준오차	$t-$값	$p-$값
절 편	1.31	0.52	2.519	0.0228
X_1	0.34	0.13	2.619	0.0186

모형 2 : $y_i = \beta_0 + \beta_2 x_{2i} + \epsilon_i$, $i = 1, 2, \cdots, n$, $\epsilon_i \sim N(0, \sigma^2)$

요 인	자유도	제곱합	평균제곱	$F-$값	$p-$값
회 귀	1	20	20	4	0.0628
잔 차	16	80	5		
전 체	17	100			

변 수	모수추정치	표준오차	$t-$값	$p-$값
절 편	2.35	0.68	3.456	0.0032
X_2	0.64	0.32	2	0.0628

(1) 모형 1에서 결정계수 R^2을 구하고, 그 의미를 설명하시오.

(2) 모형 2에서 설명변수 X_2에 대한 회귀계수의 유의성을 검정하기 위한 가설을 설정하고 유의수준 5%에서 검정결과를 기술하시오.

(3) X_1과 X_2의 상관계수가 0일 때 모형 $y_i = \beta_0 + \beta_1 x_{1i} + \beta_2 x_{2i} + \epsilon_i$, $i = 1, 2, \cdots, n$에 대한 아래의 분산분석표를 완성하고, β_1과 β_2의 추정치를 구하시오.

요 인	자유도	제곱합	평균제곱	$F-$값	$p-$값
회 귀					
잔 차					
전 체					

03 해설

(1) 결정계수

① 결정계수 $R^2 = \dfrac{SSR}{SST} = \dfrac{30}{100} = 0.3$이다.

② 결정계수는 추정된 회귀선이 관측값들을 얼마나 잘 적합시키고 있는지를 나타내는 척도로서 총변동 중에서 회귀선에 의해 설명되는 비율이다. 즉, 모형 1은 총변동 중에서 약 30%를 설명할 수 있다.

(2) 회귀계수의 유의성 검정

① 설명변수 X_2에 대한 회귀계수의 유의성을 검정하기 위한 가설을 설정하면 다음과 같다.

- 귀무가설(H_0) : 설명변수 X_2에 대한 회귀계수 β_2는 유의하지 않다$(\beta_2 = 0)$.
- 대립가설(H_1) : 설명변수 X_2에 대한 회귀계수 β_2는 유의하다$(\beta_2 \neq 0)$.

② 회귀계수의 유의성 검정 결과 $t-$검정통계량 값이 2이고 유의확률 $p-$값이 0.0628로 유의수준 0.05보다 크므로 귀무가설을 채택한다. 즉, 유의수준 5%에서 회귀계수는 유의하지 않다$(\beta_2 = 0)$고 할 수 있다.

(3) 중회귀분석

① 중회귀분석에서 전체제곱합과 회귀제곱합을 행렬로 표현하면 다음과 같다.

$$1 = \begin{pmatrix} 1 \\ 1 \\ \vdots \\ \vdots \\ 1 \end{pmatrix}, \quad \boldsymbol{X} = \begin{pmatrix} 1 & x_{11} & \cdots & x_{k1} \\ 1 & x_{12} & \cdots & x_{k2} \\ \vdots & \vdots & \ddots & \vdots \\ 1 & x_{1n} & \cdots & x_{kn} \end{pmatrix}, \quad \boldsymbol{Y} = \begin{pmatrix} y_1 \\ y_2 \\ \vdots \\ y_n \end{pmatrix}, \quad \boldsymbol{\beta} = \begin{pmatrix} \beta_0 \\ \beta_1 \\ \vdots \\ \beta_k \end{pmatrix}, \quad \boldsymbol{e} = \begin{pmatrix} e_1 \\ e_2 \\ \vdots \\ e_n \end{pmatrix}$$

$$n \times 1 \qquad n \times (k+1) \qquad n \times 1 \qquad (k+1) \times 1 \qquad n \times 1$$

$$SST = \sum (y_i - \overline{y})^2 = \boldsymbol{Y}'\boldsymbol{Y} - n(\overline{y})^2$$

$$SSR = \sum (\hat{y}_i - \overline{y})^2 = \sum \hat{y}_i^2 - n(\overline{y})^2 = \hat{\boldsymbol{Y}}'\hat{\boldsymbol{Y}} - n(\overline{y})^2 = \boldsymbol{b}'\boldsymbol{X}'\boldsymbol{X}\boldsymbol{b} - n(\overline{y})^2 = \boldsymbol{b}'\boldsymbol{X}'\boldsymbol{Y} - n(\overline{y})^2 \quad \because \hat{\boldsymbol{Y}} = \boldsymbol{X}\boldsymbol{b}$$

② 모형 1, 모형 2, 모형 3 : $y_i = \beta_0 + \beta_1 x_{1i} + \beta_2 x_{2i} + \epsilon_i$, $i = 1, 2, \cdots, n$은 동일한 자료에 대해 각각의 모형을 설정한 것으로 모형 1, 2, 3의 전체제곱합은 $SST = \sum (y_i - \overline{y})^2 = \boldsymbol{Y}'\boldsymbol{Y} - n(\overline{y})^2 = 100$으로 모두 동일하며, 자유도 또한 $n - 1 = 18 - 1 = 17$로 모두 동일하다.

③ 모형 3 : $y_i = \beta_0 + \beta_1 x_{1i} + \beta_2 x_{2i} + \epsilon_i = \boldsymbol{X}\boldsymbol{\beta} + \boldsymbol{\epsilon}$에서 $\boldsymbol{X}$를 다음과 같이 분할 행렬을 이용하여 표현할 수 있다.

$$\boldsymbol{X} = \begin{pmatrix} 1 & x_{11} & x_{21} \\ 1 & x_{12} & x_{22} \\ \vdots & \vdots & \vdots \\ 1 & x_{1n} & x_{2n} \end{pmatrix} = (X_1 \mid X_2), \quad \boldsymbol{\beta} = \begin{pmatrix} \beta_0 \\ \beta_1 \\ \cdots \\ \beta_2 \end{pmatrix}$$

④ 분할 행렬을 이용하여 보통최소제곱추정량 $\boldsymbol{b}$를 구하면 다음과 같다.

$$\boldsymbol{b} = \begin{pmatrix} b_1 \\ b_2 \end{pmatrix} = (\boldsymbol{X}'\boldsymbol{X})^{-1}\boldsymbol{X}'\boldsymbol{Y} = \begin{pmatrix} \boldsymbol{X}_1'\boldsymbol{X}_1 & \boldsymbol{X}_1'\boldsymbol{X}_2 \\ \boldsymbol{X}_2'\boldsymbol{X}_1 & \boldsymbol{X}_2'\boldsymbol{X}_2 \end{pmatrix} \begin{pmatrix} \boldsymbol{X}_1'\boldsymbol{Y} \\ \boldsymbol{X}_2'\boldsymbol{Y} \end{pmatrix}$$

⑤ 변수 X_1과 X_2의 상관계수가 0이므로 $\boldsymbol{X}_1$과 $\boldsymbol{X}_2$는 서로 직교하여 $\boldsymbol{X}_1'\boldsymbol{X}_2 = 0$과 $\boldsymbol{X}_2'\boldsymbol{X}_1 = 0$이 성립한다. 즉, 최소제곱추정량 $\boldsymbol{b}$는 다음과 같이 나타낼 수 있다.

$$\boldsymbol{b} = \begin{pmatrix} b_1 \\ b_2 \end{pmatrix} = \begin{pmatrix} \boldsymbol{X}_1'\boldsymbol{X}_1 & 0 \\ 0 & \boldsymbol{X}_2'\boldsymbol{X}_2 \end{pmatrix} \begin{pmatrix} \boldsymbol{X}_1'\boldsymbol{Y} \\ \boldsymbol{X}_2'\boldsymbol{Y} \end{pmatrix} = \begin{bmatrix} (\boldsymbol{X}_1'\boldsymbol{X}_1)^{-1}\boldsymbol{X}_1'\boldsymbol{Y} \\ (\boldsymbol{X}_2'\boldsymbol{X}_2)^{-1}\boldsymbol{X}_2'\boldsymbol{Y} \end{bmatrix}$$

⑥ 결과적으로 $b_1 = \left(X_1' X_1\right)^{-1} X_1' Y$, $b_2 = \left(X_2' X_2\right)^{-1} X_2' Y$이 성립하므로 최소제곱추정량 b는 모형 1 : $Y = X_1 \beta_1 + \epsilon$과 모형 2 : $Y = X_2 \beta_2 + \epsilon$을 개별적으로 적합시켜서 얻어진 추정량 b_1, b_2와 동일하다.

$\therefore$ β_1의 추정치 b_1는 0.34이고, β_2의 추정치 b_2는 0.64이다.

⑦ 이를 이용하여 모형 3의 회귀제곱합 $SSR(b)$은 $SSR(b_1, b_2) = SSR(b_1) + SSR(b_2)$이 성립됨을 알 수 있다.

$\therefore$ $SSR(b) = 30 + 20 = 50$이 된다.

⑧ 추정해야 할 모수가 β_0, β_1, β_2로 3개이므로 모형 3의 회귀제곱합의 자유도는 $k - 1 = 3 - 1 = 2$가 되며, 카이제곱분포의 가법성을 이용하여 $SST(\varnothing) = SSR(\varnothing) + SSE(\varnothing)$이 성립하므로 $SSE(\varnothing) = 17 - 2 = 15$가 된다.

⑨ $SST = SSR + SSE$이므로 잔차제곱합 $SSE = 100 - 50 = 50$이 성립하여 다음의 표를 작성할 수 있다.

요 인	자유도	제곱합	평균제곱	$F -$ 값	$p -$ 값
회 귀	2	50	25	7.5	0.000
잔 차	15	50	50/15		
전 체	17	100			

⑩ 분산분석은 우측검정을 실시하며 검정통계량 값이 7.5로 충분히 크므로 유의확률 $p -$ 값은 0.000이 된다.

01

다음은 확률변수 X와 Y의 결합확률분포표이다.

Y \ X	−1	0	2	합계
−1	a	0.1	b	0.4
0	c	d	e	f
1	0.2	g	0.1	h
합계	i	0.4	j	1

(1) $E(X) = 0$, $E(Y) = 0$, $Cov(X, Y) = 0$이라고 할 때 위의 분포표를 완성하시오.

(2) X와 Y는 서로 독립인지 아닌지 밝히고 그 이유를 설명하시오.

(3) 사건 A를 $X \geq 0$인 사건이라 할 때 $E(X \mid A)$를 구하시오. 단, (1)에서 결합확률분포표를 완성하지 못한 경우에는 주어진 기호를 이용하여 구하는 식을 구체적으로 제시하시오.

01 해설

(1) 확률의 계산

① $i + 0.4 + j = 1$, $E(X) = \sum x f(x) = (-1 \times i) + (0 \times 0.4) + (2 \times j) = -i + 2j = 0$

   ∴ $j = 0.2$, $i = 0.4$

② $0.4 + f + h = 1$, $E(Y) = \sum y f(y) = (-1 \times 0.4) + (0 \times f) + (1 \times h) = -0.4 + h = 0$이므로 $h = 0.4$, $f = 0.2$

③ $h = 0.4$이므로 $0.2 + g + 0.1 = 0.4$이 되어 $g = 0.1$

④ $g = 0.1$이므로 $0.1 + d + 0.1 = 0.4$이 되어 $d = 0.2$

⑤ $d = 0.2$이고 $f = 0.2$이므로 $c + e = 0$이 되어 $c = 0$, $e = 0$

⑥ $i = 0.4$이므로 $a + 0 + 0.2 = 0.4$이 되어 $a = 0.2$

⑦ $a = 0.2$이므로 $0.2 + 0.1 + b = 0.4$이므로 $b = 0.1$

⑧ 모든 결과를 표로 정리하면 다음과 같다.

Y \ X	−1	0	2	합계
−1	$a = 0.2$	0.1	$b = 0.1$	0.4
0	$c = 0$	$d = 0.2$	$e = 0$	$f = 0.2$
1	0.2	$g = 0.1$	0.1	$h = 0.4$
합계	$i = 0.4$	0.4	$j = 0.2$	1

(2) 확률변수의 독립

① 위의 결합확률분포표로부터 $X=-1$, $Y=-1$인 경우, $f_X(x)=0.4$, $f_Y(y)=0.4$이고 $f_{XY}(xy)=0.2$이다.

② $f_{XY}(xy) \neq f_X(x)f_Y(y)$이므로 X와 Y는 서로 독립이 아니다.

(3) 결합확률분포표

① $E(X|A)$을 구하기 위해서는 조건부확률밀도함수 $f_{X|A}(x|a)$을 알아야 한다.

② A를 $X \geq 0$인 사건이라 했으므로 $X=0$과 $X=2$인 사건이며, 조건부확률밀도함수 $f_{X|A}(x|a)$의 합은 1이므로 $f_{X|A}(0)+f_{X|A}(2)=1$이 성립한다.

③ 위의 결합확률분포표로부터 $X=0$인 경우 $f_X(0)=0.4$이고 $X=2$인 경우 $f_Y(y)=0.2$이므로 $X=0$인 경우는 $X=2$인 경우의 2배이다.

④ $f_{X|A}(0)+f_{X|A}(2)=1$과 $X=2$인 경우의 2배가 $X=0$이 되기 위한 조건을 만족하기 위해서는 $f_{X|A}(0)=\dfrac{2}{3}$, $f_{X|A}(2)=\dfrac{1}{3}$이다.

⑤ 위의 결합확률분포표로부터 $X \geq 0$인 사건에 대해 $f_Y(-1)=f_Y(0)=f_Y(1)=0.2$이 성립하므로 $f_{Y|A}(-1)=f_{Y|A}(0)=f_{Y|A}(1)$이 성립하며 조건부확률밀도함수의 합이 1이므로 $f_{Y|A}(-1)=\dfrac{1}{3}$, $f_{Y|A}(0)=\dfrac{1}{3}$, $f_{Y|A}(1)=\dfrac{1}{3}$이 성립한다.

⑥ $X=0$과 $X=2$인 사건에 대해 위의 결합확률분포표를 참고하여 비율별로 각각의 확률을 구하면 다음의 결합확률분포표를 얻을 수 있다.

Y ＼ X	0	2	합 계
−1	1/6	1/6	1/3
0	1/3	0	1/3
1	1/6	1/6	1/3
합 계	2/3	1/3	1

$$\therefore \ E(X|A) = \left(0 \times \dfrac{2}{3}\right) + \left(2 \times \dfrac{1}{3}\right) = \dfrac{2}{3}$$

두 개의 설명변수 x_1과 x_2에 따른 반응변수 y의 변화를 알아보기 위하여 다음과 같은 다중선형회귀모형을 적합하였다(단, 오차항은 평균이 0이고 분산이 σ^2인 정규분포를 따르며 서로 독립이다).

$$\text{모형} : y_i = \beta_0 + \beta_1 x_{1i} + \beta_2 x_{2i} + \epsilon_i, \quad i = 1, \cdots, 10$$

수집한 총 10개의 데이터를 통해 $(X^TX)^{-1} = \begin{pmatrix} \dfrac{1}{10} & 0 & 0 \\ 0 & \dfrac{1}{20} & 0 \\ 0 & 0 & \dfrac{1}{8} \end{pmatrix}$, $X^Ty = \begin{pmatrix} 108 \\ 32 \\ 14 \end{pmatrix}$임을 알 수 있었다.

여기서 X는 설명변수 값들로 구성된 열들을 포함하는 (10×3)크기의 계획행렬(Design Matrix)이고, X^T는 이 계획행렬의 전치행렬(Transpose Matrix)이며, y는 반응변수의 값들로 구성된 (10×1)크기의 벡터이다. 위의 $(X^TX)^{-1}$와 X^Ty를 이용하여 다음 물음에 답하시오.

(1) 추정된 다중선형회귀모형식을 구하시오.

(2) 추정된 회귀모형에 대한 다음의 분산분석표를 완성하시오.

〈표 1〉 분산분석표

요 인	제곱합	자유도	F
회 귀	76	①	③
잔 차	35	②	

(3) 설명변수 x_1의 회귀계수 β_1에 대한 95% 신뢰구간을 구하시오(단, $t-$분포를 따르는 확률변수 T에 대하여 $P(T \geq t_\alpha) = \alpha$ 이다).

α	자유도									
	1	2	3	4	5	6	7	8	9	10
0.05	6.314	2.920	2.353	2.132	2.015	1.943	1.895	1.860	1.833	1.812
0.025	12.706	4.303	3.182	2.776	2.571	2.447	2.365	2.306	2.262	2.228

(4) 오차항의 분산 σ^2의 최우추정값(Maximum Likelihood Estimate)을 구하시오.

(1) 추정된 다중선형회귀모형식

① 다중회귀모형 $y_i = \beta_0 + \beta_1 x_{1i} + \beta_2 x_{2i} + \cdots + \beta_k x_{ki} + \epsilon_i$ 을 행렬로 표현하면 다음과 같이 나타낼 수 있다.

$$\boldsymbol{Y} = \boldsymbol{X}\boldsymbol{\beta} + \boldsymbol{\epsilon}, \quad \boldsymbol{\epsilon} \sim N(\boldsymbol{0}, \sigma^2 \boldsymbol{I}), \quad rank(\boldsymbol{X}) = k+1$$

여기서 각각의 벡터와 행렬은 다음과 같이 나타낸다.

$$1 = \begin{pmatrix} 1 \\ 1 \\ \vdots \\ 1 \end{pmatrix}, \quad \boldsymbol{X} = \begin{pmatrix} 1 & x_{11} & \cdots & x_{k1} \\ 1 & x_{12} & \cdots & x_{k2} \\ \vdots & \vdots & \ddots & \vdots \\ 1 & x_{1n} & \cdots & x_{kn} \end{pmatrix}, \quad \boldsymbol{Y} = \begin{pmatrix} y_1 \\ y_2 \\ \vdots \\ y_n \end{pmatrix}, \quad \boldsymbol{\beta} = \begin{pmatrix} \beta_0 \\ \beta_1 \\ \vdots \\ \beta_k \end{pmatrix}, \quad \boldsymbol{e} = \begin{pmatrix} e_1 \\ e_2 \\ \vdots \\ e_n \end{pmatrix}$$

$$\quad\quad n \times 1 \quad\quad\quad n \times (k+1) \quad\quad\quad n \times 1 \quad\quad (k+1) \times 1 \quad\quad n \times 1$$

② 보통최소제곱법은 잔차제곱합 $\boldsymbol{e}^T \boldsymbol{e}$ 을 최소로 하는 추정량 $\boldsymbol{b}$ 를 찾는 것이다.

$$SSE = \boldsymbol{e}^T \boldsymbol{e} = (\boldsymbol{Y} - \boldsymbol{X}\hat{\boldsymbol{\beta}})^T (\boldsymbol{Y} - \boldsymbol{X}\hat{\boldsymbol{\beta}}) = \boldsymbol{Y}^T\boldsymbol{Y} - 2\widehat{\boldsymbol{\beta}^T}\boldsymbol{X}^T\boldsymbol{Y} + \widehat{\boldsymbol{\beta}}^T\boldsymbol{X}^T\boldsymbol{X}\hat{\boldsymbol{\beta}}$$

$$\because \widehat{\boldsymbol{\beta}^T}\boldsymbol{X}^T\boldsymbol{Y} = \boldsymbol{Y}^T\boldsymbol{X}\hat{\boldsymbol{\beta}} : \text{Scalar}$$

$$\frac{\partial SSE}{\partial \boldsymbol{b}} = -2\boldsymbol{X}^T\boldsymbol{Y} + 2\boldsymbol{X}^T\boldsymbol{X}\boldsymbol{b} = 0$$

$$\hat{\boldsymbol{\beta}} = (\boldsymbol{X}^T\boldsymbol{X})^{-1}\boldsymbol{X}^T\boldsymbol{Y}$$

③ 하지만 이는 단지 필요조건에 지나지 않으므로 이 해가 반드시 SSE를 최소화한다는 보장은 없다. 2차 조건인 $\partial^2 SSE > 0$ 으로 양정치행렬이 되어야 SSE를 최소화한다.

$$\frac{\partial^2 SSE}{\partial \boldsymbol{b}^2} = 2\boldsymbol{X}^T\boldsymbol{X}$$

④ 행렬 $\boldsymbol{X}$는 각 열이 독립이므로 완전계수(Full Rank)를 가지며 어떤 0이 아닌 원소를 포함한 벡터 $\boldsymbol{d}$ 에 $\boldsymbol{d}^T\boldsymbol{X}^T\boldsymbol{X}\boldsymbol{d} > 0$ 이 성립하기 때문에 $\boldsymbol{X}^T\boldsymbol{X}$ 는 양정치행렬이 되어 역행렬이 존재한다.

∴ 보통최소제곱추정량 $\hat{\boldsymbol{\beta}} = (\boldsymbol{X}^T\boldsymbol{X})^{-1}\boldsymbol{X}^T\boldsymbol{Y}$는 SSE를 최소화한다.

⑤ $\hat{\boldsymbol{\beta}} = (\boldsymbol{X}^T\boldsymbol{X})^{-1}\boldsymbol{X}^T\boldsymbol{Y}$이므로 추정된 회귀계수추정치는 다음과 같다.

$$\begin{pmatrix} \frac{1}{10} & 0 & 0 \\ 0 & \frac{1}{20} & 0 \\ 0 & 0 & \frac{1}{8} \end{pmatrix} \begin{pmatrix} 108 \\ 32 \\ 14 \end{pmatrix} = \begin{pmatrix} 10.8 \\ 6.4 \\ 1.75 \end{pmatrix}$$

∴ 추정된 다중선형회귀모형식은 $\hat{y_i} = 10.8 + 6.4x_{1i} + 1.75x_{2i}$ 이다.

(2) 분산분석표

① 독립변수가 2개이므로 회귀계수의 자유도는 2이다.

② 데이터의 개수가 총 10개이므로 전체 자유도는 $10 - 1 = 9$가 되며 잔차의 자유도는 $9 - 2 = 7$이다.

③ F 통계량의 값은 $\frac{76/2}{35/7} = 38/5 = 7.6$이다.

④ 위의 결과를 바탕으로 분산분석표를 완성하면 다음과 같다.

요 인	제곱합	자유도	F
회 귀	76	① = 2	③ = 7.6
잔 차	35	② = 7	

(3) 회귀계수의 신뢰구간

① 잔차제곱합은 35이고, 잔차의 자유도는 7이므로 평균제곱오차는 $MSE = \widehat{\sigma^2} = 5$ 이다.

② 보통최소제곱추정량 $\hat{\boldsymbol{\beta}}$ 의 분산은 다음과 같다.

$$Var(\hat{\boldsymbol{\beta}}) = Var\left[(\boldsymbol{X}^T\boldsymbol{X})^{-1}\boldsymbol{X}^T\boldsymbol{y}\right]$$
$$= (\boldsymbol{X}^T\boldsymbol{X})^{-1}\boldsymbol{X}^T \, Var(\boldsymbol{y}) \, \boldsymbol{X}(\boldsymbol{X}^T\boldsymbol{X})^{-1}$$
$$= (\boldsymbol{X}^T\boldsymbol{X})^{-1}\boldsymbol{X}^T(\boldsymbol{I}\sigma^2)\boldsymbol{X}(\boldsymbol{X}^T\boldsymbol{X})^{-1}$$
$$= (\boldsymbol{X}^T\boldsymbol{X})^{-1}\sigma^2$$

③ σ^2 이 알려져 있지 않기 때문에 추정량 $\widehat{\sigma^2}$ 을 이용하여 $\hat{\boldsymbol{\beta}}$ 의 분산을 구하면 다음과 같다.

$$Var(\hat{\boldsymbol{\beta}}) = (X^TX)^{-1}\widehat{\sigma^2} = \begin{pmatrix} \dfrac{1}{2} & 0 & 0 \\ 0 & \dfrac{1}{4} & 0 \\ 0 & 0 & \dfrac{5}{8} \end{pmatrix}$$ 이다. 즉, β_1 의 분산은 $Var(\hat{\beta}_1) = 0.25$ 이고 표준오차는 $SE(\hat{\beta}_1) = \sqrt{Var(\hat{\beta}_1)}$

$= 0.5$ 이다.

④ β_1 에 대한 95% 신뢰구간은 $(\beta_1 - t_{\alpha/2,\ n-k-1}SE(\hat{\beta}_1),\ \beta_1 + t_{\alpha/2,\ n-k-1}SE(\hat{\beta}_1))$ 이므로 $(6.4 - (2.365 \times 0.5),\ 6.4$
$+ (2.365 \times 0.5))$ 을 계산하면 $(5.2175,\ 7.5825)$ 이다.

(4) 최대가능도추정법(Method of Maximum Likelihood)

① 최대가능도추정법은 가능도함수(Likelihood Function)를 최대로 하는 추정량 $\hat{\boldsymbol{\beta}}$ 를 찾는 것이다.

$$L(\boldsymbol{\beta},\ \sigma^2;\boldsymbol{e}) = (2\pi\sigma^2)^{-\frac{n}{2}}\exp\left\{-\frac{1}{2\sigma^2}\boldsymbol{e}^T\boldsymbol{e}\right\} = (2\pi\sigma^2)^{-\frac{n}{2}}\exp\left\{-\frac{1}{2\sigma^2}(\boldsymbol{y}-\boldsymbol{X\beta})^T(\boldsymbol{y}-\boldsymbol{X\beta})\right\}$$

$$\ln L(\boldsymbol{\beta},\ \sigma^2) = -\frac{n}{2}ln2\pi - \frac{n}{2}ln\sigma^2 - \frac{1}{2\sigma^2}(\boldsymbol{y}-\boldsymbol{X\beta})^T(\boldsymbol{y}-\boldsymbol{X\beta})$$

$$\frac{\partial \ln L}{\partial \boldsymbol{\beta}} = -\frac{1}{2\sigma^2}(-2\boldsymbol{X}^T\boldsymbol{y} + 2\boldsymbol{X}^T\boldsymbol{X\beta}) = 0$$

$$\frac{\partial \ln L}{\partial \sigma^2} = -\frac{n}{2\sigma^2} + \frac{1}{2\sigma^4}(\boldsymbol{y}-\boldsymbol{X\beta})^T(\boldsymbol{y}-\boldsymbol{X\beta}) = 0$$

$$\therefore\ \hat{\boldsymbol{\beta}} = (\boldsymbol{X}'\boldsymbol{X})^{-1}\boldsymbol{X}'\boldsymbol{y},\ \widehat{\sigma^2} = \frac{1}{n}(\boldsymbol{y}-\boldsymbol{X\beta})'(\boldsymbol{y}-\boldsymbol{X\beta})$$

② 위의 분산분석표로부터 잔차제곱합은 $\boldsymbol{e}^T\boldsymbol{e} = (\boldsymbol{y}-\boldsymbol{X\beta})'(\boldsymbol{y}-\boldsymbol{X\beta}) = 35$ 이다.

$$\therefore\ \widehat{\sigma^2} = \frac{1}{n}(\boldsymbol{y}-\boldsymbol{X\beta})'(\boldsymbol{y}-\boldsymbol{X\beta}) = \frac{1}{10} \times 35 = 3.5$$

03

확률변수 $X_1,\ \cdots,\ X_n$은 서로 독립이며 모두 구간 $(0,\ 1)$에서 균일분포를 따르고 확률변수 $U_i(i=1,\ \cdots,\ n)$와 S_n은 아래와 같이 정의한다.

$$U_i = \begin{cases} 1, & X_i \leq 1/n \text{ 일 때} \\ 0, & X_i > 1/n \text{ 일 때} \end{cases}$$

$$S_n = U_1 + \cdots + U_n$$

다음 물음에 답하시오.

(1) $E(U_1)$을 구하시오.

(2) $P(S_4 = 1)$을 구하시오.

(3) $n = 4$일 때, 조건부 확률 $P\left(X_1 \leq \dfrac{1}{4} \middle| S_4 = 3\right)$을 구하시오.

(4) $Y_i = -\log(1 - X_i)$, $i = 1,\ \cdots,\ n$이라고 할 때, Y_1의 확률밀도함수를 구하시오(단, $\log$는 자연로그를 의미한다).

03 해설

(1) 기대값의 계산

① $U_1 = \begin{cases} 1, & X_1 \leq 1/n \text{일 때} \\ 0, & X_1 > 1/n \text{일 때} \end{cases}$ 이다.

② 따라서, $E(U_1) = 1 \times P(X_1 \leq 1/n) + 0 \times P(X_1 > 1/n) = P(X_1 \leq 1/n) = \displaystyle\int_0^{1/n} 1 du_1 = [u_1]_0^{1/n} = 1/n$이다.

(2) 확률의 계산

① $S_4 = U_1 + U_2 + U_3 + U_4$이므로 $P(S_4 = 1) = P(U_1 + U_2 + U_3 + U_4 = 1)$이다.

② $U_1 = \begin{cases} 1, & X_1 \leq 1/4 \text{일 때} \\ 0, & X_1 > 1/4 \text{일 때} \end{cases}$, $U_2 = \begin{cases} 1, & X_2 \leq 1/4 \text{일 때} \\ 0, & X_2 > 1/4 \text{일 때} \end{cases}$,

$U_3 = \begin{cases} 1, & X_3 \leq 1/4 \text{일 때} \\ 0, & X_3 > 1/4 \text{일 때} \end{cases}$, $U_4 = \begin{cases} 1, & X_4 \leq 1/4 \text{일 때} \\ 0, & X_4 > 1/4 \text{일 때} \end{cases}$이다.

③ $P(U_1 + U_2 + U_3 + U_4 = 1) = P(U_1 = 1,\ U_2 = U_3 = U_4 = 0)$

$+ P(U_2 = 1,\ U_1 = U_3 = U_4 = 0) + P(U_3 = 1,\ U_1 = U_2 = U_4 = 0) + P(U_4 = 1,\ U_1 = U_2 = U_3 = 0)$

④ $P(U_1 = 1) = \displaystyle\int_0^{1/4} 1 du_1 = [u_1]_0^{1/4} = \dfrac{1}{4}$ 로 $P(U_1 = 1) = P(U_2 = 1) = P(U_3 = 1) = P(U_4 = 1) = \dfrac{1}{4}$이고,

$P(U_1 = 0) = \displaystyle\int_{1/4}^1 1 du_1 = [u_1]_{1/4}^1 = \dfrac{3}{4}$ 으로 $P(U_1 = 0) = P(U_2 = 0) = P(U_3 = 0) = P(U_4 = 0) = \dfrac{3}{4}$이다.

$\therefore\ P(U_1 + U_2 + U_3 + U_4 = 1) = \left(\dfrac{1}{4} \times \dfrac{3}{4} \times \dfrac{3}{4} \times \dfrac{3}{4}\right) \times 4 = \dfrac{27}{64}$

(3) 조건부 확률의 계산

① $S_4 = 3$인 경우는 크게 다음 네 가지 경우가 있다.

$U_1 = 0, \ U_2 = U_3 = U_4 = 1$

$U_2 = 0, \ U_1 = U_3 = U_4 = 1$

$U_3 = 0, \ U_1 = U_2 = U_4 = 1$

$U_4 = 0, \ U_1 = U_2 = U_3 = 1$

② 위 네 가지 경우의 확률 중 $X_1 \leq \dfrac{1}{4}$인 경우는 $U_2 = 0, \ U_1 = U_3 = U_4 = 1$과 $U_3 = 0, \ U_1 = U_2 = U_4 = 1$과

$U_4 = 0, \ U_1 = U_2 = U_3 = 1$인 경우이다.

$$P\left(X_1 \leq \frac{1}{4} \Big| S_4 = 3\right) = P(U_2 = 0, \ U_1 = U_3 = U_4 = 1) + P(U_3 = 0, \ U_1 = U_2 = U_4 = 1)$$
$$+ P(U_4 = 0, \ U_1 = U_2 = U_3 = 1)$$
$$= \left(\frac{3}{4} \times \frac{1}{4} \times \frac{1}{4} \times \frac{1}{4}\right) \times 3 = \frac{9}{256}$$

(4) 확률밀도함수

① $X_1 \sim U(0, \ 1)$을 따르므로 X_1의 누적분포함수(Cumulative Distribution Function)는 다음과 같다.

$$F_{X_1}(x_1) = P(X_1 \leq x_1) = \begin{cases} 0 \ (x_1 < 0) \\ x_1 \ (0 \leq x_1 < 1) \\ 1 \ (x_1 \geq 1) \end{cases} \text{이다.}$$

② $Y_1 = -\log(1 - X_1)$이므로 다음이 성립한다.

$$F_{Y_1}(y_1) = P(Y_1 \leq y_1) = P(-\log(1 - X_1) \leq y_1) = P(\log(1 - X_1) \geq -y_1) = P(1 - X_1 \geq e^{-y_1})$$
$$= P(X_1 \leq 1 - e^{-y_1}) = 1 - e^{-y_1} \ (0 < y_1 < \infty) \text{이다.}$$

③ Y_1의 확률밀도함수 $f_{Y_1}(y_1)$는 $F_{Y_1}(y_1)$의 1차 미분이므로 다음과 같다.

$$\frac{d}{dy_1} F_{Y_1}(y_1) = f_{Y_1}(y_1) = e^{-y_1} \ (0 < y_1 < \infty) \text{으로 } \lambda = 1 \text{인 지수분포이다.}$$

01

확률변수 X와 Y는 서로 독립이고, X의 확률밀도함수(Probability Density Function) $f_X(\cdot)$와 Y의 확률밀도함수 $f_Y(\cdot)$는 다음과 같다.

$$f_X(x) = \lambda e^{-\lambda x}, \ x > 0 \ (단, \lambda는 \ 양의 \ 상수)$$
$$f_Y(y) = \lambda^2 y e^{-\lambda y}, \ y > 0 \ (단, \lambda는 \ 양의 \ 상수)$$

다음 물음에 답하시오.

(1) $V = \dfrac{X}{X+Y}$와 $W = X + Y$는 서로 독립임을 보이고, V의 확률밀도함수를 구하시오.

(2) 임의의 양의 값 x_0이 주어졌을 때, $E(X \mid X > x_0)$을 구하시오.

(3) 확률변수 X와 Y가 각각 x와 y로 관측되었을 때, λ의 최대가능도추정량(Maximum Likelihood Estimator)을 구하시오.

01 해설

(1) 감마분포와 베타분포의 특성

① X의 확률밀도함수가 $f_X(x) = \lambda e^{-\lambda x}$, $x > 0$이므로 $X \sim \Gamma\left(1, \dfrac{1}{\lambda}\right)$을 따르고, Y의 확률밀도함수가 $f_Y(y) = \lambda^2 y e^{-\lambda y}$, $y > 0$이므로 $Y \sim \Gamma\left(2, \dfrac{1}{\lambda}\right)$을 따른다.

② 감마분포의 특성으로 $X_1, \cdots, X_k$이 서로 독립이고 각각이 $\Gamma(r_i, \lambda)$이면, $\sum_{i=1}^{k} X_i \sim \Gamma\left(\sum_{i=1}^{k} r_i, \lambda\right)$을 따른다. 즉, 감마분포의 특성을 이용하면 $W = X + Y \sim \Gamma\left(3, \dfrac{1}{\lambda}\right)$을 따른다. 베타분포의 특성으로 $X_1 \sim \Gamma(\alpha, \lambda)$, $X_2 \sim \Gamma(\beta, \lambda)$이고 서로 독립이면, $\dfrac{X_1}{X_1 + X_2} \sim B(\alpha, \beta)$를 따른다. 즉, 베타분포의 특성을 이용하면 $V = \dfrac{X}{X+Y} \sim B(1, 2)$을 따른다.

③ $V = \dfrac{X}{X+Y}$, $W = X + Y$로 정의하면 v와 w의 영역은 $0 \le v < 1$이고 $0 \le w < \infty$이다.

④ 이를 X와 Y에 대해 정리하면 $X = VW$, $Y = W(1-V)$이다.

⑤ 자코비안 행렬식은 $|J| = \begin{vmatrix} \dfrac{\partial x}{\partial v} & \dfrac{\partial x}{\partial w} \\ \dfrac{\partial y}{\partial v} & \dfrac{\partial y}{\partial w} \end{vmatrix} = \begin{vmatrix} w & v \\ -w & 1-v \end{vmatrix} = w(1-v) + vw = w$이다.

⑥ V, W의 결합확률밀도함수를 다음과 같이 구할 수 있다.

$$f_{V,\,W}(v,\ w) = \frac{1}{\Gamma(1)\Gamma(2)\left(\frac{1}{\lambda}\right)^{1+2}}(vw)^{1-1}[w(1-v)]^{2-1}e^{-\lambda vw}e^{-\lambda w(1-v)}w$$

$$= \frac{(1-v)}{\Gamma(1)\Gamma(2)\left(\frac{1}{\lambda}\right)^{1+2}}w^2 e^{-\lambda w},\ 0 \le v < 1,\ 0 \le w < \infty$$

⑦ 위의 결합확률밀도함수를 바탕으로 V의 주변확률밀도함수를 구하면 다음과 같다.

$$f_V(v) = \int_0^\infty \frac{(1-v)}{\Gamma(1)\Gamma(2)\left(\frac{1}{\lambda}\right)^{1+2}}w^2 e^{-\lambda w}dw$$

$$= \frac{(1-v)}{\Gamma(1)\Gamma(2)}\int_0^\infty \lambda^3 w^2 e^{-\lambda w}dw$$

$$= \frac{(1-v)\Gamma(1+2)}{\Gamma(1)\Gamma(2)}\int_0^\infty \frac{\lambda^3}{\Gamma(1+2)}w^2 e^{-\lambda w}dw$$

$$= \frac{(1-v)\Gamma(1+2)}{\Gamma(1)\Gamma(2)} \qquad \because \int_0^\infty \frac{\lambda^3}{\Gamma(3)}w^2 e^{-\lambda w}dw = 1$$

$$= \frac{\Gamma(1+2)}{\Gamma(1)\Gamma(2)}v^{1-1}(1-v)^{2-1},\ 0 \le v < 1$$

$\therefore\ V = \dfrac{X}{X+Y}$는 베타분포 $Beta(1,\,2)$를 따른다.

⑧ 위의 결합확률밀도함수를 바탕으로 W의 주변확률밀도함수를 구하면 다음과 같다.

$$f_W(w) = \int_0^\infty \frac{(1-v)}{\Gamma(1)\Gamma(2)\left(\frac{1}{\lambda}\right)^{1+2}}w^2 e^{-\lambda w}dv$$

$$= \int_0^1 \frac{1}{\Gamma(1)\Gamma(2)\left(\frac{1}{\lambda}\right)^{1+2}}w^2 e^{-\lambda w}dv - \int_0^1 \frac{v}{\Gamma(1)\Gamma(2)\left(\frac{1}{\lambda}\right)^{1+2}}w^2 e^{-\lambda w}dv$$

$$= \left[\frac{1}{\Gamma(1)\Gamma(2)\left(\frac{1}{\lambda}\right)^{1+2}}w^2 e^{-\lambda w}v\right]_0^1 - \left[\frac{v^2}{2\Gamma(1)\Gamma(2)\left(\frac{1}{\lambda}\right)^{1+2}}w^2 e^{-\lambda w}\right]_0^1$$

$$= \left[\frac{1}{\Gamma(1)\Gamma(2)\left(\frac{1}{\lambda}\right)^{1+2}}w^2 e^{-\lambda w}\right] - \left[\frac{1}{2\Gamma(1)\Gamma(2)\left(\frac{1}{\lambda}\right)^{1+2}}w^2 e^{-\lambda w}\right]_0^1$$

$$= \frac{1}{2\Gamma(1)\Gamma(2)\left(\frac{1}{\lambda}\right)^{1+2}}w^2 e^{-\lambda w} \qquad \because \Gamma(3) = 2$$

$$= \frac{1}{\Gamma(3)\left(\frac{1}{\lambda}\right)^3}w^2 e^{-\lambda w},\ 0 \le w < \infty$$

$\therefore\ W = X + Y$는 감마분포 $\Gamma\left(3,\ \dfrac{1}{\lambda}\right)$를 따른다.

⑨ $f_{V,\,W}(v,\ w) = f_V(v)f_W(w)$이 성립하므로 V와 W는 서로 독립이다.

$$f_{V,\,W}(v,\ w) = \frac{(1-v)}{\Gamma(1)\Gamma(2)\left(\frac{1}{\lambda}\right)^{1+2}}w^2 e^{-\lambda w} = \frac{\Gamma(3)}{\Gamma(1)\Gamma(2)}(1-v)\frac{1}{\Gamma(3)\left(\frac{1}{\lambda}\right)^3}w^2 e^{-\lambda w} = f_V(v)f_W(w)$$

(2) 조건부 기대값

① X의 확률밀도함수가 $f_X(x) = \lambda e^{-\lambda x}$, $x > 0$이므로 $X \sim \Gamma\left(1, \dfrac{1}{\lambda}\right)$을 따르고, 이는 지수분포 $\epsilon(\lambda)$로 표현할 수 있다.

② 누적분포함수는 $F(x) = P(X \le x) = \displaystyle\int_0^x \lambda e^{-\lambda t} dt = \left[-e^{-\lambda t}\right]_0^x = 1 - e^{-\lambda x}$ 이다.

③ 임의의 양의 값 x_0이 주어졌을 때, 조건부확률밀도함수는 $f(X|X > x_0) = \dfrac{f(x)}{1 - F(x_0)}$ 이다.

$$f(X|X > x_0) = \frac{f(x)}{1 - F(x_0)} = \frac{\lambda e^{-\lambda x}}{e^{-\lambda x_0}}$$

$$\therefore E(X|X > x_0) = \int_{x_0}^{\infty} x \frac{\lambda e^{-\lambda x}}{e^{-\lambda x_0}} dx = \frac{\lambda}{e^{-\lambda x_0}} \int_{x_0}^{\infty} x e^{-\lambda x} dx$$

$$= \frac{\lambda}{e^{-\lambda x_0}} \left\{ \left[-\frac{x}{\lambda} e^{-\lambda x}\right]_{x_0}^{\infty} - \int_{x_0}^{\infty} -\frac{1}{\lambda} e^{-\lambda x} dx \right\} \quad \because u = x,\ u' = 1,\ v = -\frac{1}{\lambda} e^{-\lambda x},\ v' = e^{-\lambda x}$$

$$= \frac{\lambda}{e^{-\lambda x_0}} \left(\frac{x_0}{\lambda} e^{-\lambda x_0} + \frac{1}{\lambda^2} e^{-\lambda x_0} \right) = x_0 + \frac{1}{\lambda}$$

(3) 최대가능도추정량

① 최대가능도추정량(최우추정량)은 n개의 관측값 $x_1,\ x_2,\ \cdots,\ x_n$에 대한 결합밀도함수인 가능도함수(우도함수) $L(\lambda) = f(\lambda; x_1,\ \cdots,\ x_n)$을 λ의 함수로 간주할 때 $L(\lambda)$를 최대로 하는 λ의 값 $\hat{\lambda}$을 의미한다.

② 가능도함수 $L(\lambda; x_1,\ x_2,\ \cdots,\ x_n) = (\lambda)^n \exp\left(-\lambda \displaystyle\sum_{i=1}^{n} x_i\right)$이다.

③ 계산의 편의를 위해 가능도함수의 양변에 log를 취하면 다음과 같다.

$\log L(\lambda; x_1,\ x_2,\ \cdots,\ x_n) = n \log \lambda - \lambda \displaystyle\sum_{i=1}^{n} x_i$이다.

④ $\log L(\lambda; x_1,\ x_2,\ \cdots,\ x_n)$을 λ에 대해 미분하여 0으로 놓고 풀면 이 함수를 최대로 하는 λ값을 찾을 수 있다.

$$\frac{d \log L(\lambda; x_1,\ x_2,\ \cdots,\ x_n)}{d\lambda} = \frac{n}{\lambda} - \sum_{i=1}^{n} x_i = 0 \Rightarrow n - \lambda \sum_{i=1}^{n} x_i = 0$$

$$\therefore \hat{\lambda}^{MLE} = \frac{n}{\displaystyle\sum_{i=1}^{n} X_i} = \frac{1}{\overline{X}}$$

⑤ 하지만 $\hat{\lambda}$이 최대가 되기 위해서는 로그가능도함수의 2차 미분 값이 음수가 되어야 한다.

$$\frac{d^2 \log L(\lambda; x_1,\ x_2,\ \cdots,\ x_n)}{d\lambda^2} = -\frac{n}{\lambda^2} < 0 \quad \because \lambda > 0$$

⑥ 즉, 가능도함수 $\log L(\lambda; x_1,\ x_2,\ \cdots,\ x_n)$를 최대화하는 최대가능도추정량은 $\hat{\lambda}^{MLE} = \dfrac{1}{\overline{X}}$이다.

⑦ 가능도함수 $L(\lambda; y_1,\ y_2,\ \cdots,\ y_n) = (\lambda^2 y)^n \exp\left(-\lambda \displaystyle\sum_{i=1}^{n} y_i\right)$이다.

⑧ 계산의 편의를 위해 가능도함수의 양변에 log를 취하면 다음과 같다.

$\log L(\lambda; y_1,\ y_2,\ \cdots,\ y_n) = 2n \log \lambda + n \log y - \lambda \displaystyle\sum_{i=1}^{n} y_i$이다.

⑨ $\log L(\lambda ; y_1, \ y_2, \ \cdots, \ y_n)$을 λ에 대해 미분하여 0으로 놓고 풀면 이 함수를 최대로 하는 λ값을 찾을 수 있다.

$$\frac{d\log L(\lambda ; y_1, \ y_2, \ \cdots, \ y_n)}{d\lambda} = \frac{2n}{\lambda} - \sum_{i=1}^{n} y_i = 0 \ \Rightarrow 2n - \lambda \sum_{i=1}^{n} y_i = 0$$

$$\therefore \ \hat{\lambda}^{MLE} = \frac{2n}{\sum_{i=1}^{n} Y_i} = \frac{2}{\overline{Y}}$$

⑩ 하지만 $\hat{\lambda}$이 최대가 되기 위해서는 로그가능도함수의 2차 미분 값이 음수가 되어야 한다.

$$\frac{d^2 \log L(\lambda ; y_1, \ y_2, \ \cdots, \ y_n)}{d\lambda^2} = -\frac{2n}{\lambda^2} < 0 \quad \because \ \lambda > 0$$

⑪ 즉, 가능도함수 $\log L(\lambda ; y_1, \ y_2, \ \cdots, \ y_n)$를 최대화하는 최대가능도추정량은 $\widehat{\lambda^{MLE}} = \frac{2}{\overline{Y}}$ 이다.

02

양의 값을 가지는 연속확률변수 T에 대하여 위험함수(Hazard Function) $h(t)$는 다음과 같이 정의된다.

$$h(t) = \lim_{\delta \to 0} \frac{P(t \le T < t + \delta \mid T \ge t)}{\delta}$$

다음 물음에 답하시오.

(1) T의 확률밀도함수와 누적분포함수(Cumulative Distribution Function)를 각각 $f(t)$와 $F(t)$라고 할 때, 위험함수 $h(t)$는 다음과 같음을 보이시오.

$$h(t) = \frac{f(t)}{1 - F(t)}$$

(2) T의 확률밀도함수 $f(t)$가 다음과 같을 때,

$$f(t) = \frac{2t}{\beta^2} e^{-t^2/\beta^2}, \ t > 0 \ (\text{단, } \beta\text{는 양의 상수})$$

T의 위험함수 $h(t)$를 구하시오.

(3) T의 위험함수가 $h(t) = 1 + 2t, \ t > 0$일 때, T의 누적분포함수를 구하시오.

02 해설

(1) 위험함수

$$\begin{aligned}
h(t) &= \lim_{\delta \to 0} \frac{P(t \le T < t + \delta \mid T \ge t)}{\delta} \\
&= \lim_{\delta \to 0} \frac{P(t \le T < t + \delta)}{P(T \ge t)} \frac{1}{\delta} \\
&= \frac{1}{P(T \ge t)} \lim_{\delta \to 0} \frac{P(t \le T < t + \delta)}{\delta} \\
&= \frac{1}{P(T \ge t)} f(t) \\
&= \frac{f(t)}{1 - F(t)}
\end{aligned}$$

(2) 위험함수

① $f(t) = \dfrac{2t}{\beta^2} e^{-t^2/\beta^2}$, $t > 0$이므로 누적분포함수 $F(t)$는 $F(t) = \displaystyle\int_0^t \frac{2x}{\beta^2} e^{-\frac{x^2}{\beta^2}} dx$이다.

② $\alpha = \dfrac{x^2}{\beta^2}$로 치환하면 $d\alpha = \dfrac{2x}{\beta^2} dx$이고 $x = 0$일 때 $\alpha = 0$, $x = t$일 때 $\alpha = \dfrac{t^2}{\beta^2}$이다.

③ 따라서 $F(t) = \int_0^{\frac{t^2}{\beta^2}} e^{-\alpha} d\alpha = \left[-e^{-\alpha} \right]_0^{t^2/\beta^2} = 1 - e^{-\frac{t^2}{\beta^2}}$ 이다.

$$\therefore \ h(t) = \frac{f(t)}{1 - F(t)} = \frac{2t}{\beta^2}$$

(3) 누적분포함수

① $1 - F(t) = S(t)$라 하면, $f(t) = -S'(t)$이며, $h(t) = -\dfrac{S'(t)}{S(t)}$로 나타낼 수 있다.

② 위의 $h(t) = -\dfrac{S'(t)}{S(t)}$을 이용하면 $(1 + 2t)S(t) = -S'(t)$이 성립하고 이를 만족하는 $S(t)$를 유추하면 $S(t) = e^{-t - t^2}$

이다.

$\quad \because \ S'(t) = -(1 + 2t)e^{-t-t^2} = -(1 + 2t)S(t)$이 성립되어 $S(t) = e^{-t-t^2}$일 때,

$\quad (1 + 2t)S(t) = -S'(t)$이 성립

③ $1 - F(t) = S(t)$이므로 T의 누적분포함수는 $F(t) = 1 - e^{-t-t^2}$이다.

03

한 시설은 출입 보안을 강화하기 위하여 새로운 출입 시스템을 도입하였다. 시설 출입을 위한 출입문의 잠금장치 표시창에는 네 개의 버튼이 있는데, 이 중 한 버튼을 누르면 바로 비밀번호를 입력하는 화면으로 가게 되고, 다른 세 버튼 중 하나를 누르면 일시적으로 잠금장치가 활성화되어 1시간을 기다려야 다시 네 개의 버튼이 보이는 표시창이 나타난다. 버튼을 누르고 화면이 전환되는데 걸리는 시간을 0이라고 가정하고, 네 개의 버튼 중에서 바로 비밀번호를 입력하는 화면으로 가는 버튼의 위치는 매번 임의로 바뀌어 이 버튼을 누를 확률은 항상 1/4로 동일하다고 하자. 비밀번호를 해킹하는데 X시간이 걸리며, X는 $\alpha=1$이고 $\beta=3$인 감마분포를 따르고 감마분포의 확률밀도함수는 다음과 같다.

$$f(x) = \frac{1}{\Gamma(\alpha)\beta^\alpha}x^{\alpha-1}e^{-x/\beta}, \ x>0(단, \ \alpha와 \ \beta는 \ 양의 \ 상수)$$

여기서, $\Gamma(\alpha) = \int_0^\infty x^{\alpha-1}e^{-x}dx$ 이다. 다음 물음에 답하시오.

(1) 불법으로 시설침입을 시도하는 어떤 사람 A가 바로 비밀번호를 입력하는 화면으로 가게 되는 버튼을 눌렀을 때, 비밀번호를 해킹하는 데 걸리는 평균시간을 구하시오.

(2) 어떤 사람 B가 불법으로 시설에 침입하는 데 걸리는 평균시간을 구하시오.

(3) 어떤 사람 C가 불법으로 시설에 침입하는 데 0.5시간 이상 걸릴 확률을 구하시오(단, $e^{-1/6}$은 0.85로 계산할 것).

03 해 설

(1) 감마분포의 기대값

① A가 바로 비밀번호를 입력하는 화면으로 가게 되는 버튼을 눌렀을 때, 비밀번호를 해킹하는 데 걸리는 평균시간은 곧 X의 기대값이다.

② 감마분포 $\Gamma(\alpha, \ \beta)$의 기대값은 $\alpha\beta$이므로 구하고자 하는 평균시간은 3시간이다.

(2) 기하분포

① 비밀번호를 해킹하는 데 걸리는 평균시간은 3시간이다.

② 비밀번호를 입력하는 화면으로 가게 될 확률은 $p=\frac{1}{4}$인 기하분포를 따른다.

③ 불법으로 시설에 침입하는 데 걸리는 시간은 다음과 같은 확률분포를 나타낸다.

b	3	4	...	n	...
$p(b)$	$\frac{1}{4}$	$\left(\frac{3}{4}\right)\left(\frac{1}{4}\right)$	...	$\left(\frac{3}{4}\right)^{n-3}\left(\frac{1}{4}\right)$	...

④ 이 확률분포의 기대값은 다음과 같다.

$$E(B) = \sum bp(b) = \sum_{b=3}^{\infty} b\left(\frac{3}{4}\right)^{b-3}\left(\frac{1}{4}\right) = \sum_{t=1}^{\infty}(t+2)\left(\frac{3}{4}\right)^{t-1}\left(\frac{1}{4}\right) = \sum_{t=1}^{\infty} t\left(\frac{3}{4}\right)^{t-1}\left(\frac{1}{4}\right) + \frac{1}{2}\sum_{t=1}^{\infty}\left(\frac{3}{4}\right)^{t-1}$$

$$= 4+2 = 6$$

∴ 구하고자 하는 평균시간은 6시간이다.

(3) 여확률의 계산

① 여확률의 계산 방법을 사용하기 위해 불법으로 시설에 침입하는 데 0.5시간 미만이 걸릴 확률을 구하도록 한다.

② 0.5시간 미만이 걸리기 위해서는 우선 비밀번호를 입력하는 화면으로 무조건 바로 가야 하므로 그 확률은 $\frac{1}{4}$이다.

③ X는 $\alpha = 1$이고 $\beta = 3$인 감마분포를 따르므로 이는 지수분포 $\epsilon\left(\frac{1}{3}\right)$으로 표현할 수 있다.

④ $P(X < 0.5) = \int_0^{0.5} \frac{1}{3}e^{-\frac{x}{3}}dx = \left[-e^{x/3}\right]_0^{0.5} = -e^{-1/6} + 1 = 0.15$

∴ 구하고자 하는 확률은 $1 - \left(\frac{1}{4} \times 0.15\right) = 1 - 0.0375 = 0.9625$이다.

01

X_1, X_2, $\cdots$, X_n을 평균이 μ, 분산이 1인 정규모집단으로부터의 확률표본이라고 할 때, μ에 대한 추정량 $\widehat{\mu_1}$과 $\widehat{\mu_2}$은 아래와 같다.

$$\widehat{\mu_1} = \frac{1}{n}\sum_{i=1}^{n} X_i$$

$$\widehat{\mu_2} = \frac{1}{2^n} X_1 + \sum_{i=1}^{n} \frac{1}{2^i} X_{n-i+1}$$

다음 물음에 답하시오.

(1) $\widehat{\mu_1}$에 대한 기대값과 표준오차를 구하시오.

(2) $\widehat{\mu_1}$의 일치성(Consistency) 여부를 판단하고, 그 이유를 기술하시오.

(3) $\displaystyle\lim_{n\to\infty} P\left(|\widehat{\mu_2} - \mu| > \frac{\sqrt{3}}{2}\right)$을 표준정규분포의 누적분포표를 이용하여 계산하시오.

(4) $\widehat{\mu_2}$의 일치성(Consistency) 여부를 판단하고, 그 이유를 기술하시오.

01 해설

(1) 기대값과 표준오차 계산

① $E(\widehat{\mu_1}) = \frac{1}{n}\sum_{i=1}^{n} E(X_i) = \frac{1}{n}[E(X_1) + E(X_2) + \cdots + E(X_n)] = \frac{1}{n} \times n \times \mu = \mu$

② $Var(\widehat{\mu_1}) = \frac{1}{n^2}\sum_{i=1}^{n} Var(X_i) = \frac{1}{n^2}[Var(X_1) + Var(X_2) + \cdots + Var(X_n)] = \frac{1}{n^2} \times n = \frac{1}{n}$

③ 표준오차는 추정량의 표준편차이다.

$\therefore \sigma(\widehat{\mu_1}) = \sqrt{Var(\widehat{\mu_1})} = \frac{1}{\sqrt{n}}$

(2) 일치추정량

① $E(\widehat{\mu_1}) = \mu$이므로, $\displaystyle\lim_{n\to\infty} Var(\widehat{\mu_1}) = 0$이 성립하면 $\widehat{\mu_1}$은 μ의 일치추정량이다.

② $\displaystyle\lim_{n\to\infty} Var(\widehat{\mu_1}) = \lim_{n\to\infty} \frac{1}{n} = 0$이 성립하므로 $\widehat{\mu_1}$은 μ의 일치추정량이다.

(3) 분포의 극한, 표준정규분포

① $\widehat{\mu_2} = \dfrac{1}{2^n} X_1 + \displaystyle\sum_{i=1}^{n} \dfrac{1}{2^i} X_{n-i+1}$ 이므로

$$\lim_{n \to \infty} \widehat{\mu_2} = \lim_{n \to \infty} \left\{ \dfrac{1}{2^n} X_1 + \left(\dfrac{1}{2} X_n + \dfrac{1}{2^2} X_{n-1} + \cdots + \dfrac{1}{2^n} X_1 \right) \right\}$$

② $E(\lim_{n \to \infty} \widehat{\mu_2})$과 $Var(\lim_{n \to \infty} \widehat{\mu_2})$을 구하면 다음과 같다.

$$E(\lim_{n \to \infty} \widehat{\mu_2}) = \lim_{n \to \infty} \left\{ \dfrac{1}{2^n} E(X_1) + \dfrac{1}{2} E(X_n) + \dfrac{1}{2^2} E(X_{n-1}) + \cdots + \dfrac{1}{2^n} E(X_1) \right\}$$

$$= \dfrac{1}{2} \mu + \dfrac{1}{2^2} \mu + \cdots = \dfrac{\dfrac{1}{2}\mu}{1 - \dfrac{1}{2}} = \mu \text{이다.}$$

$$Var(\lim_{n \to \infty} \widehat{\mu_2}) = \lim_{n \to \infty} \left\{ \dfrac{1}{2^{2n}} Var(X_1) + \dfrac{1}{2^2} Var(X_n) + \dfrac{1}{2^4} Var(X_{n-1}) + \cdots + \dfrac{1}{2^{2n}} Var(X_1) \right\}$$

$$= \dfrac{1}{2^2} + \dfrac{1}{2^4} + \cdots = \dfrac{\dfrac{1}{4}}{1 - \dfrac{1}{4}} = \dfrac{1}{3} \text{이다.}$$

③ 표준정규분포이 누적분포표를 이용하기 위해서 다음과 같이 표준화하여 계산한다.

$$\lim_{n \to \infty} P\left(|\widehat{\mu_2} - \mu| > \dfrac{\sqrt{3}}{2} \right) = \lim_{n \to \infty} P\left(\left| \dfrac{\widehat{\mu_2} - \mu}{1/\sqrt{3}} \right| > \dfrac{3}{2} \right) = P\left(|Z| > \dfrac{3}{2} \right) = 1 - \left[F\left(\dfrac{3}{2} \right) - F\left(-\dfrac{3}{2} \right) \right]$$

$$= 1 - (0.9332 - 0.0668) = 0.1336$$

(4) 일치추정량

① 임의의 $\epsilon > 0$에 대해 $\lim_{n \to \infty} P(|\widehat{\theta} - \theta| < \epsilon) = 1$을 만족하는 추정량 $\widehat{\theta}$을 일치추정량이라 한다.

② $\lim_{n \to \infty} P(|\widehat{\mu_2} - \mu| < \epsilon) = \lim_{n \to \infty} P\left(\left| \dfrac{\widehat{\mu_2} - \mu}{1/\sqrt{3}} \right| < \sqrt{3}\epsilon \right) = P(|Z| < \sqrt{3}\epsilon) \neq 1 \text{ for all } \epsilon > 0$

∴ $\widehat{\mu_2}$는 μ의 일치추정량이 아니다.

02

확률변수 N은 평균이 λ인 포아송분포를 따른다. N이 주어졌을 때 확률변수 X의 조건부분포 (Conditional Distribution)는 시행횟수가 N, 성공확률이 p인 이항분포(Binomial Distribution) 이다. 다음 물음에 답하시오.

(1) 확률변수 X의 기대값을 구하시오.

(2) 확률변수 X에 대한 분포의 명칭을 기술하고, 그 이유를 밝히시오.

02 해 설

(1) 이중 기대값의 성질

① $N \sim Poisson(\lambda)$, $X|N \sim B(N,\ p)$이므로 이항분포의 기대값의 성질을 이용하면 $E(X|N) = Np$이다.

② 이중 기대값의 성질을 이용하면 $E(E(X|N)) = E(X)$이다.

③ 포아송분포의 기대값의 성질을 이용하면 $E(X) = E(E(X|N)) = E(Np) = pE(N) = p\lambda$이다.

(2) 포아송분포

① $N \sim Poisson(\lambda)$ 을 따르므로 확률질량함수는 $f(n) = \dfrac{\lambda^n e^{-\lambda}}{n!},\ n = 0,\ 1,\ 2,\ \cdots$ 이다.

② N이 주어졌을 때 확률변수 X의 조건부 분포는 $f(X \mid N = n) = \dbinom{n}{x} p^x q^{n-x},\ x = 0, 1, \cdots, n$이다.

③ $f(X \mid N = n) = \dfrac{f(X = x,\ N = n)}{f(N = n)}$ 이므로 $f(X = x,\ N = n) = f(X \mid N = n) \cdot f(N = n)$이 성립한다.

④ $f(X = x,\ N = n) = f(X \mid N = n) \cdot f(N = n) = \dbinom{n}{x} p^x q^{n-x} \cdot \dfrac{\lambda^n e^{-\lambda}}{n!}$ 이다.

⑤ 이산형 결합확률밀도함수의 주변분포 $f_X(x)$는 다음과 같다.

$$f_X(x) = \sum_{n=0}^{\infty} \frac{\lambda^n e^{-\lambda}}{n!} \frac{n!}{x!(n-x)!} p^x (1-p)^{n-x}$$

$$= \frac{(\lambda p)^x e^{-\lambda p}}{x!} \sum_{n-x=0}^{\infty} \frac{[\lambda(1-p)]^{n-x} e^{-\lambda(1-p)}}{(n-x)!}$$

$\therefore$ 확률질량함수의 성질 $\displaystyle\sum_{n-x=0}^{\infty} \frac{[\lambda(1-p)]^{n-x} e^{-\lambda(1-p)}}{(n-x)!} = 1 = \frac{(\lambda p)^x e^{-\lambda p}}{x!},\ x = 0,\ 1,\ 2,\ \cdots$

$\therefore$ $N \sim Poisson(\lambda p)$

확률변수 $X_1, X_2, \cdots, X_n$은 서로 독립이며 모두 구간 $(0, \theta)$에서 균일분포(Uniform Distribution)를 따른다$(0 < \theta < \infty)$. 다음 물음에 답하시오.

(1) 모수 θ의 최대가능도추정량(최대우도추정량, Maximum Likelihood Estimator)을 구하시오.

(2) (1)에서 구한 θ의 최대가능도추정량에 대한 불편성(Unbiasedness) 여부를 판단하고, 그 이유를 기술하시오.

03 해설

(1) 최대가능도추정량

① 연속형 균일분포 $U(0, \theta)$의 확률밀도함수는 $f(x) = \dfrac{1}{\theta}$, $(0 \leq x \leq \theta)$이다.

② θ의 가능도함수 $L(\theta)$는 다음과 같다.

$$L(\theta) = \prod_{i=1}^{n} f(x_i \; ; \; \theta) = \prod_{i=1}^{n} \frac{1}{\theta} I_{[0,\,\theta]}(x_i) = \frac{1}{\theta^n} I_{[0,\,\theta]}(x_{(n)}) \cdot I_{[0,\,x_{(n)}]}(x_{(1)})$$

③ 최대가능도추정량을 구하기 위한 일반적인 방법을 위해서는 $L(\theta)$를 최대로 만들어야 한다. 따라서 추출된 n개의 확률표본을 통해서 θ를 가장 작게 만들면 된다.

④ 하지만 여기서 유의해야 할 점은, 주어진 표본자료가 모두 구간 $[0, \hat{\theta}]$에 들어가 있어야 한다는 것이다. 이를 만족하면서 θ를 가장 작게 만드는 θ의 추정량은 $\hat{\theta}^{MLE} = X_{(n)}$이다.

⑤ 가능도함수 형태를 그래프를 통해 살펴보면 쉽게 최대가능도추정량을 찾을 수 있다.

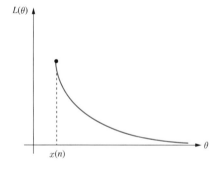

(2) 점근불편추정량(Asymptotic Unbiased Estimator)

① $\hat{\theta} = X_{(n)}$의 누적분포함수는 다음과 같다.

$$F_{X_{(n)}}(t) = P(X_{(n)} \le t) = P(X_1 \le t, \cdots, X_n \le t)$$

$$= \begin{cases} 0 & (t \le 0) \\ \left(\dfrac{t}{\theta}\right)^n & (0 < t \le \theta) \\ 1 & (t > \theta) \end{cases}$$

② 따라서 $X_{(n)}$의 확률밀도함수는 $f_{X_{(n)}}(t) = \dfrac{n}{\theta^n} t^{n-1} \, (0 < t \le \theta)$이다.

③ $X_{(n)}$의 기대값은 다음과 같다.

$$E(X_{(n)}) = \int_0^\theta \frac{n}{\theta^n} t^n dt = \frac{n}{\theta^n}\left[\frac{1}{n+1} t^{n+1}\right]_0^\theta = \frac{n}{n+1}\theta$$

④ $\displaystyle\lim_{n \to \infty} E(X_{(n)}) = \lim_{n \to \infty} \frac{n}{n+1}\theta = \theta$이므로 $X_{(n)}$은 θ의 점근불편추정량이다.

01

단순선형회귀모형 $Y_i = \alpha + \beta x_i + \epsilon_i$, $i = 1,\ 2,\ \cdots,\ n$이 주어져 있다고 하자. 다음 물음에 답하시오(단, $\epsilon_i \sim N(0,\ \sigma^2)$을 따르며, 서로 독립이다).

(1) 최소제곱법(Method of Least Squares)을 이용하여 절편과 기울기의 추정량 $\hat{\alpha}$과 $\hat{\beta}$의 유도과정을 기술하시오.

(2) $E(\hat{\beta})$과 $Var(\hat{\beta})$을 구하는 과정을 기술하시오.

(3) 소득(x)이 소비지출(Y)에 어떠한 영향을 미치는가를 알아보기 위해 10가구를 임의로 추출하여 조사한 결과 다음과 같은 자료를 얻었다. 최소제곱법에 의해 적합된 회귀식을 구한 후, 소득이 300만원인 가구의 평균 소비지출 금액의 예측값을 구하시오(단위 : 만원).

- 소득 : 표본평균 $\bar{x} = 250$, 표본표준편차 $s_x = 50$
- 소비지출 : 표본평균 $\bar{y} = 200$, 표본표준편차 $s_y = 30$
- 소득과 소비지출의 표본상관계수 : $r = 0.9$

01 해설

(1) 보통최소제곱법

① 잔차의 합 $\sum_{i=1}^{n} e_i = \sum_{i=1}^{n}(y_i - \hat{y}_i)$은 항상 0이 되므로, 잔차들의 제곱합 $\sum_{i=1}^{n} e_i^2 = \sum_{i=1}^{n}(y_i - \hat{y}_i)^2$을 최소로 하는 회귀선을 구하는 방법이 보통최소제곱법이다.

② 계산의 편의상 $\sum_{i=1}^{n}$을 $\sum$라 표기하면 잔차들의 제곱합은 $\sum e_i^2 = \sum(y_i - \hat{y}_i)^2 = \sum(y_i - \alpha - \beta x_i)^2$이 된다.

③ $\sum(y_i - \alpha - \beta x_i)^2$을 α와 β에 대해 편미분한 후 0으로 놓으면 $\sum(y_i - \alpha - \beta x_i)^2$을 최소로 하는 α와 β를 구할 수 있다.

$$\frac{\partial \sum(y_i - \alpha - bx_i)^2}{\partial \alpha} = -2\sum(y_i - \alpha - \beta x_i) = 0 \ \text{-------------------------} \ \ominus$$

$$\frac{\partial \sum(y_i - \alpha - \beta x_i)^2}{\partial \beta} = -2\sum x_i(y_i - \alpha - \beta x_i) = 0 \ \text{-------------------} \ \ominus$$

④ 위의 식 ㉠과 ㉡를 전개하면 다음과 같다.

$$\alpha n + \beta \sum x_i = \sum y_i \ \text{---------------------------------------} \ \boxdot$$

$$\alpha \sum x_i + \beta \sum x_i^2 = \sum x_i y_i \ \text{------------------------------} \ \boxdot$$

⑤ 위의 두 방정식 ㉢과 ㉣를 정규방정식(Normal Equations)이라 하며, 정규방정식에서 $\dfrac{\sum x_i}{n} = \bar{x}$임을 이용하여 α와 β에 대해 풀면 다음의 추정량을 구할 수 있다.

$$\beta = \frac{\sum x_i y_i - \dfrac{\left(\sum x_i\right)\left(\sum y_i\right)}{n}}{\sum x_i^2 - \dfrac{\left(\sum x_i\right)^2}{n}} = \frac{\sum\left(x_i - \overline{x}\right)\left(y_i - \overline{y}\right)}{\sum\left(x_i - \overline{x}\right)^2}, \quad \alpha = \frac{\sum y_i}{n} - \beta\frac{\sum x_i}{n} = \overline{y} - \beta\overline{x}$$

⑥ 하지만 $\sum(y_i - \alpha - \beta x_i)^2$을 α와 β에 대해 편미분한 후 0으로 놓고 구한 추정량 α와 β가 최소가 되기 위한 필요충분조건은 다음을 만족해야 한다.

$$\frac{\partial^2(y_i - \alpha - \beta x_i)^2}{\partial\alpha^2} > 0, \ |H| = \begin{vmatrix} \dfrac{\partial^2(y_i - \alpha - \beta x_i)^2}{\partial\alpha^2} & \dfrac{\partial^2(y_i - \alpha - \beta x_i)^2}{\partial\alpha\partial\beta} \\ \dfrac{\partial^2(y_i - \alpha - \beta x_i)^2}{\partial\beta\partial\alpha} & \dfrac{\partial^2(y_i - \alpha - \beta x_i)^2}{\partial\beta^2} \end{vmatrix} > 0$$

⑦ $\dfrac{\partial^2(y_i - \alpha - \beta x_i)^2}{\partial\alpha^2} = 2n > 0$이고 $|H| = \begin{vmatrix} 2n & 2\sum x_i \\ 2\sum x_i & 2\sum x_i^2 \end{vmatrix} = 4n\sum(x_i - \overline{x})^2 > 0$이므로 추정량 α와 β는 $\sum(y_i - \alpha - \beta x_i)^2$

을 최소로 한다. 결과적으로 단순선형회귀모형에서 잔차들의 제곱합을 최소로 하는 $\hat{\alpha}$와 $\hat{\beta}$는 다음과 같다.

$$\hat{\beta} = \frac{\sum\left(x_i - \overline{x}\right)\left(y_i - \overline{y}\right)}{\sum\left(x_i - \overline{x}\right)^2} = \frac{\sum x_i y_i - n\overline{x}\,\overline{y}}{\sum x_i^2 - n\overline{x}^2}, \quad \hat{\alpha} = \overline{y} - \hat{\beta}\overline{x}$$

⑧ 이 추정된 $\hat{\alpha}$와 $\hat{\beta}$를 보통최소제곱추정량(OLSE; Ordinary Least Squares Estimator)이라 한다.

(2) 회귀계수의 기대값과 분산

① $\hat{\beta}$의 기대값과 분산은 다음과 같다.

$$\hat{\beta} = \frac{\sum(x_i - \overline{x})(y_i - \overline{y})}{\sum(x_i - \overline{x})^2} = \frac{\sum(x_i - \overline{x})y_i - \overline{y}\sum(x_i - \overline{x})}{\sum(x_i - \overline{x})^2} = \frac{\sum(x_i - \overline{x})y_i}{\sum(x_i - \overline{x})^2}$$

$\because \overline{y}$는 상수이고, $\sum(x_i - \overline{x})$은 편차의 합으로 0이다.

② $\dfrac{x_i - \overline{x}}{\sum(x_i - \overline{x})^2}$을 w_i라고 한다면 $\hat{\beta} = \sum w_i y_i$이 된다.

$$E(\hat{\beta}) = E\left(\sum w_i y_i\right) = \sum w_i E(y_i) = \sum w_i\left(\alpha + \beta\overline{x} + \beta x_i - \beta\overline{x}\right)$$

$$= \left(\alpha + \beta\overline{x}\right)\sum w_i + \beta\sum w_i(x_i - \overline{x}) = \left(\alpha + \beta\overline{x}\right)\frac{\sum(x_i - \overline{x})}{\sum(x_i - \overline{x})^2} + \beta\frac{\sum(x_i - \overline{x})^2}{\sum(x_i - \overline{x})^2}$$

$$= \beta \qquad \because \sum(x_i - \overline{x})\text{은 편차의 합으로 0이다.}$$

③ 즉, 회귀선의 기울기 $\hat{\beta}$는 불편추정량이다.

④ $Var(\hat{\beta}) = Var\left(\sum w_i y_i\right) = \sum w_i^2 Var(y_i) \quad \because w_i$는 상수

$$= \sum\left[\frac{(x_i - \overline{x})^2}{\left[\sum(x_i - \overline{x})^2\right]^2}\right]\sigma^2 = \frac{\sigma^2}{\sum(x_i - \overline{x})^2} = \frac{\sigma^2}{s_{xx}}$$

(3) 종속변수의 예측값

① 앞에서 구한 $\hat{\alpha}$와 $\hat{\beta}$의 식을 활용하여 적합된 회귀식을 구하면 다음과 같다.

$r = \hat{\beta}\dfrac{S_x}{S_y} = \hat{\beta}\dfrac{50}{30} = 0.9$이므로 $\hat{\beta} = 0.54$ 이고, $\hat{\alpha} = \overline{y} - \hat{\beta}\overline{x}$이므로 $\hat{\alpha} = 65$이다.

$\therefore$ 추정된 회귀식은 $\hat{y} = 65 + 0.54x$이다.

② 소득 $x_i = 300$을 대입하면, 소비지출 $y_i = 227$이 계산된다. 즉, 소득이 300만원인 가구의 평균 소비지출 금액의 예측값은 227만원이다.

확률변수 X_1과 X_2가 아래의 결합확률밀도함수(Joint Probability Density Function)를 가진다. 다음 물음에 답하시오(단, $\lambda > 0$).

$$f(x_1,\ x_2) = \begin{cases} \lambda^2 e^{-\lambda(x_1+x_2)}, & x_1 > 0,\ x_2 > 0 \\ 0 & ,\quad \text{그 밖의 경우} \end{cases}$$

(1) $Y = X_1 + X_2$와 $Z = \dfrac{X_1}{X_2}$의 결합확률밀도함수를 구하시오.

(2) 확률변수 Y의 주변확률밀도함수(Marginal Probability Density Function)를 구하시오.

(3) 확률변수 Z의 주변확률밀도함수를 구하시오.

02 해설

(1) 결합확률밀도함수

① $Y = X_1 + X_2$, $Z = \dfrac{X_1}{X_2}$ 이므로 $X_1 = \dfrac{YZ}{Z+1}$, $X_2 = \dfrac{Y}{Z+1}$ 이다.

② Jacobian $|J| = \begin{vmatrix} \dfrac{\partial x_1}{\partial y} & \dfrac{\partial x_1}{\partial z} \\[2mm] \dfrac{\partial x_2}{\partial y} & \dfrac{\partial x_2}{\partial z} \end{vmatrix} = \begin{vmatrix} \dfrac{z}{z+1} & \dfrac{y}{(z+1)^2} \\[2mm] \dfrac{1}{z+1} & \dfrac{-y}{(z+1)^2} \end{vmatrix}$

$= \left(\dfrac{z}{z+1}\right)\left[-y(z+1)^{-2}\right] - \left[y(z+1)^{-2}(z+1)^{-1}\right]$

$= -yz(z+1)^{-3} - y(z+1)^{-3}$

$= \dfrac{1}{(z+1)^3}(-y)(z+1) = -\dfrac{y}{(z+1)^2}$

③ $f_{Y,\ Z}(y,\ z) = \lambda^2 e^{-\lambda y}|J| = \dfrac{\lambda^2 y e^{-\lambda y}}{(z+1)^2}$, $0 < y < \infty$, $0 < z < \infty$

(2) 주변확률밀도함수

① 결합확률밀도함수 $f_{Y,\ Z}(y, z)$에 대하여 주변확률밀도함수는 $f_Y(y) = \displaystyle\int_{-\infty}^{\infty} f(y, z)\,dz$ 이다.

② $f_Y(y) = \displaystyle\int_0^{\infty} \dfrac{\lambda^2 y e^{-\lambda y}}{(z+1)^2}\,dz$

$= \lambda^2 y e^{-\lambda y}\displaystyle\int_0^{\infty}(z+1)^{-2}\,dz$

$= \lambda^2 y e^{-\lambda y}\left[-(z+1)^{-1}\right]_0^{\infty}$

$= \lambda^2 y e^{-\lambda y},\ \ 0 < y < \infty$

(3) 주변확률밀도함수

① 결합확률밀도함수 $f_{Y,\ Z}(y,\ z)$에 대하여 주변확률밀도함수는 $f_Z(z) = \int_{-\infty}^{\infty} f(y,\ z)dy$이다.

② $f_Z(z) = \int_0^{\infty} \dfrac{\lambda^2 y e^{-\lambda y}}{(z+1)^2} dy$

$\qquad = \dfrac{\lambda^2}{(z+1)^2} \int_0^{\infty} y e^{-\lambda y} dy$

$\qquad = \dfrac{\lambda^2}{(z+1)^2} \left\{ \left[y\left(-\dfrac{1}{\lambda}\right) e^{-\lambda y} \right]_0^{\infty} - \int_0^{\infty} -\dfrac{1}{\lambda} e^{-\lambda y} dy \right\}$

$\qquad = \dfrac{\lambda^2}{(z+1)^2} \left\{ -\left[\dfrac{1}{\lambda^2} e^{-\lambda y} \right]_0^{\infty} \right\} = \dfrac{\lambda^2}{(z+1)^2} \dfrac{1}{\lambda^2}$

$\qquad = \dfrac{1}{(z+1)^2},\quad 0 < z < \infty$

확률변수 λ는 형태모수가 a이고, 척도모수가 b인 감마분포를 따른다(여기서 a와 b는 알려진 자연수이다). 확률변수 λ가 주어졌을 때, 두 확률변수 X와 Y는 서로 독립이고, 모수가 λ인 포아송분포를 각각 따른다. 즉, 모수가 λ인 포아송분포의 확률질량함수는 다음과 같다.

$$f(y|\lambda) = \frac{e^{-\lambda}\lambda^y}{y!} \, , \ y = 0, \ 1, \ 2, \ \cdots$$

또한 형태모수가 a이고, 척도모수가 b인 감마분포의 확률밀도함수는 다음과 같다.

$$f(\lambda|a, \ b) = \frac{b^a}{\Gamma(a)}\lambda^{a-1}e^{-b\lambda} \, , \ \lambda \geq 0$$

그리고 $X = x$가 주어졌을 때, λ의 조건부분포는 형태모수가 $a + x$이고, 척도모수가 $b + 1$인 감마분포를 따른다. 다음 물음에 답하시오.

(1) $f(y|x) = \displaystyle\int f(y|\lambda)f(\lambda|x)d\lambda$ 을 증명하시오.

(2) $X = x$가 주어졌을 때, Y의 조건부분포를 유도하는 계산 과정을 기술하고, 분포의 명칭을 기술하시오.

03 해설

(1) 조건부확률밀도함수

① $X = x$가 주어졌을 때, λ의 조건부분포는 형태모수가 $a + x$이고, 척도모수가 $b + 1$인 감마분포를 따르므로 $f(\lambda \mid x)$

$= \dfrac{(b+1)^{a+x}}{\Gamma(a+x)}\lambda^{a+x-1}e^{-(b+1)\lambda}$ 이다.

② $f(y|x) = \displaystyle\int f(y|\lambda)f(\lambda|x)d\lambda$이 성립한다.

③ $\displaystyle\int f(y \mid \lambda)f(\lambda \mid x)d\lambda = \int_0^\infty \frac{e^{-\lambda}\lambda^y}{y!}\frac{(b+1)^{a+x}}{\Gamma(a+x)}\lambda^{a+x-1}e^{-(b+1)\lambda}d\lambda$

$\qquad\qquad\qquad\qquad\quad = \dfrac{e^{-\lambda}\lambda^y}{y!}\displaystyle\int_0^\infty \frac{(b+1)^{a+x}}{\Gamma(a+x)}\lambda^{a+x-1}e^{-(b+1)\lambda}d\lambda$

$\qquad\qquad\qquad\qquad\quad = \dfrac{e^{-\lambda}\lambda^y}{y!}, \ y = 0, 1, 2, \cdots \qquad \because$ 확률밀도함수의 성질 이용

(2) 함수의 독립

① $X = x$가 주어졌을 때, Y의 조건부확률밀도함수 $f(y \mid x) = \dfrac{f(x, \ y)}{f(x)}$ 이다.

② 확률변수 X와 Y가 서로 독립이므로 $f(y \mid x) = \dfrac{f(x, \ y)}{f(x)} = \dfrac{f(x)f(y)}{f(x)} = f(y)$이 성립한다.

$\qquad \therefore f(y \mid x) = f(y) = \dfrac{e^{-\lambda}\lambda^y}{y!} \, , \ y = 0, \ 1, \ 2, \ \cdots$

③ 결과적으로 $X = x$가 주어졌을 때, Y의 조건부분포는 모수가 λ인 포아송분포를 따른다.

01

두 연속 확률변수 X, Y의 결합확률분포(Joint Probability Distribution)가 아래 그림의 삼각형 음영 영역에서 균일분포(Uniform Distribution)를 따른다고 하자. 다음 물음에 답하시오(단, $a > 0$).

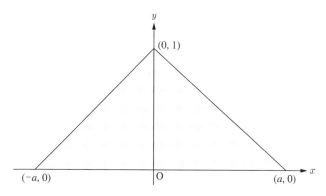

(1) Y의 기대값 $E(Y)$와 Y의 조건부 기대값 $E(Y|X=x)$를 구하시오(단, $-a < x < a$).

(2) X와 Y의 공분산 $Cov(X, Y)$를 구하시오.

01 해설

(1) 기대값과 조건부 기대값

① X, Y의 결합확률밀도함수 $f_{X, Y}(x, y)$가 균일분포를 따르므로 다음과 같다.

$$f_{X, Y}(x, y) = \begin{cases} \dfrac{1}{2a}, & -a < x < a, \ 0 < y < 1 \\ 0, & \text{eleswhere} \end{cases}$$

② X, Y의 주변확률밀도함수를 구하면 다음과 같다.

$$f_X(x) = \int_{-\infty}^{\infty} f(x, y)dy = \int_0^1 \frac{1}{2a}dy = \frac{1}{2a}, \ -a < x < a$$

$$f_Y(y) = \int_{-\infty}^{\infty} f(x, y)dx = \int_{-a}^{a} \frac{1}{2a}dx = 1, \ 0 < y < 1$$

$$\therefore E(Y) = \int_{-\infty}^{\infty} yf_Y(y)dy = \int_0^1 ydy = \left[\frac{1}{2}y^2\right]_0^1 = \frac{1}{2}$$

③ $X=x$일 때, Y의 조건부 확률밀도함수를 구하면 다음과 같다.

$$f(y \mid x) = \frac{f_{X, Y}(x, y)}{f_X(x)} = \frac{1/2a}{1/2a} = 1, \ 0 < y < 1$$

$$\therefore E(Y \mid X=x) = \int_{-\infty}^{\infty} yf(y \mid x)dy = \int_0^1 ydy = \left[\frac{1}{2}y^2\right]_0^1 = \frac{1}{2}$$

(2) 공분산 계산

① X와 Y의 공분산은 $Cov(X, \ Y) = E\big[(X - \mu_X)(Y - \mu_Y)\big] = E(XY) - \mu_X \mu_Y$이다.

② $E(XY)$와 $E(X)$를 구하면 다음과 같다.

$$E(XY) = \int_{-\infty}^{\infty} \int_{-\infty}^{\infty} xy f(x, \ y) dx dy = \int_{0}^{1} \int_{-a}^{a} xy \frac{1}{2a} dx dy = \int_{0}^{1} \frac{a}{2} y dy = \frac{a}{4}$$

$$E(X) = \int_{-\infty}^{\infty} x f_X(x) dx = \int_{-a}^{a} \frac{1}{2a} dx = \left[\frac{1}{2a} x \right]_{0}^{1} = \frac{1}{2a}$$

$$\therefore \ Cov(X, \ Y) = E(XY) - \mu_X \mu_Y = \frac{a}{4} - \left(\frac{1}{2a} \times \frac{1}{2} \right) = \frac{a^2 - 1}{4a}$$

4개의 이산확률변수 X_1, X_2, X_3, X_4는 서로 독립이고, 각각 아래의 확률분포를 갖는다.

x	1	2	3	4
$P(X=x)$	$\dfrac{1}{4}$	$\dfrac{1}{4}$	$\dfrac{1}{4}$	$\dfrac{1}{4}$

이들의 최대값 M, 최소값 m, 범위 R를 각각

$$M=\max_{1\le i\le 4}X_i, \quad m=\min_{1\le i\le 4}X_i, \quad R=M-m$$

이라고 할 때, 다음 물음에 답하시오.

(1) $P(M=3)$을 구하시오.

(2) 최소값 m의 누적분포함수(Cumulative Distribution Function)를 구하시오.

(3) 범위 $R=M-m$의 기대값을 구하시오.

02 해설

(1) 순서통계량의 분포

① 확률변수 X의 확률질량함수와 누적분포함수를 구하면 다음과 같다.

$$f(x)=\begin{cases} \dfrac{1}{4}, & x=1,\ 2,\ 3,\ 4 \\ 0, & \text{elsewhere} \end{cases}$$

$$F(x)=\begin{cases} 0, & x<1 \\ 1/4, & 1\le x<2 \\ 2/4, & 2\le x<3 \\ 3/4, & 3\le x<4 \\ 1, & x\ge 4 \end{cases}$$

② n개의 랜덤표본에 대해서 최대값 M의 누적분포함수와 확률질량함수를 구하면 다음과 같다.

$$F_n(x)=P[X_{(n)}\le x]=P(X_1\le x,\ X_2\le x,\ \cdots,\ X_n\le x)=[F(x)]^n$$

$$f_n(x)=\frac{d}{dx}F_n(x)=n[F(x)]^{n-1}f(x)$$

③ $n=4$이므로 구하고자 하는 확률 $P(M=3)$은 다음과 같다.

$$P(M=3)=4[F(3)]^{4-1}f(3)=4\times\left(\frac{3}{4}\right)^3\times\frac{1}{4}=\left(\frac{3}{4}\right)^3$$

(2) 순서통계량의 누적분포함수

① n개의 랜덤표본에 대해서 최소값 m의 누적분포함수는 다음과 같다.

$$F_1(x) = P[X_{(1)} \leq x] = 1 - P[X_{(1)} > x] = 1 - P(X_1 > x, \ X_2 > x, \ \cdots, \ X_n > x) = 1 - [1 - F(x)]^n$$

② $n = 4$이므로 구하고자 하는 최소값 m의 누적분포함수는 다음과 같다.

$$F_1(x) = P[X_{(1)} \leq x] = 1 - P[X_{(1)} > x] = 1 - P(X_1 > x, \ X_2 > x, \ \cdots, \ X_4 > x) = 1 - [1 - F(x)]^4$$

(3) 범위의 기대값

① $E(R) = E(M - m) = E(M) - E(m)$이 성립한다.

② n개의 랜덤표본에 대해서 최대값 M과 최소값 m의 기대값은 다음과 같다.

$$E(M) = \sum_{x=1}^{n} x f_n(x) = \sum_{x=1}^{n} x n [F(x)]^{n-1} f(x)$$

$$= 4 \times \left[1 \times \left(\frac{1}{4} \right)^3 \times \frac{1}{4} + 2 \times \left(\frac{2}{4} \right)^3 \times \frac{1}{4} + 3 \times \left(\frac{3}{4} \right)^3 \times \frac{1}{4} + 4 \times (1)^3 \times \frac{1}{4} \right] = \frac{177}{32}$$

$$E(m) = \sum_{x=1}^{n} x f_1(x) = \sum_{x=1}^{n} x n [1 - F(x)]^{n-1} f(x) \qquad \because \ f_1(x) = n [1 - F(x)]^{n-1} f(x)$$

$$= 4 \times \left[1 \times \left(1 - \frac{1}{4} \right)^3 \times \frac{1}{4} + 2 \times \left(1 - \frac{2}{4} \right)^3 \times \frac{1}{4} + 3 \times \left(1 - \frac{3}{4} \right)^3 \times \frac{1}{4} \right] = \frac{23}{32}$$

$$\therefore \ E(R) = E(M) - E(m) = \frac{177}{32} - \frac{23}{32} = \frac{154}{32} = \frac{77}{16}$$

03

세 확률변수 X_1, X_2, X_3는 서로 독립이며, 각각 정규분포 $N(0,\ 2^2)$을 따른다. 또한, 확률변수 Y는 감마분포 Gamma($\alpha,\ \beta$)를 따른다. 여기서 Gamma($\alpha,\ \beta$)의 확률밀도함수(Probability Density Function)는 다음과 같다.

$$f(y) = \frac{1}{\Gamma(\alpha)\beta^\alpha} y^{\alpha-1} \exp\left(-\frac{y}{\beta}\right),\ y > 0$$

$T = \sqrt{\left(\dfrac{X_1}{2}\right)^2 + \left(\dfrac{X_2}{2}\right)^2 + \left(\dfrac{X_3}{2}\right)^2}$ 이라고 할 때, 다음 물음에 답하시오.

(1) Y의 적률생성함수(Moment Generating Function) $M_Y(t)$가 다음과 같이 성립함을 보이시오.

$$M_Y(t) = (1-\beta t)^{-\alpha},\ t < \frac{1}{\beta}$$

(2) T^2의 적률생성함수를 구하시오.

(3) T의 확률밀도함수를 구하시오.

(4) $\Gamma\left(\dfrac{1}{2}\right) = \sqrt{\pi}$ 임을 이용하여 T의 기대값을 구하시오.

03 해설

(1) 감마분포의 적률생성함수

① $E[e^{tY}] = M_Y(t)$를 확률변수 Y의 적률생성함수(Moment Generating Function)라 정의한다.

② $E(e^{tY}) = \displaystyle\int_0^\infty e^{ty} \frac{1}{\Gamma(\alpha)\beta^\alpha} y^{\alpha-1} \exp\left(-\frac{y}{\beta}\right) dy$

$\qquad = \displaystyle\int_0^\infty \frac{1}{\Gamma(\alpha)\beta^\alpha} y^{\alpha-1} \exp\left(t - \frac{1}{\beta}\right) y\, dy$

$\qquad = \dfrac{\left(\dfrac{\beta}{1-\beta t}\right)^\alpha}{\beta^\alpha} \displaystyle\int_0^\infty \frac{1}{\Gamma(\alpha)\left(\dfrac{\beta}{1-\beta t}\right)^\alpha} y^{\alpha-1} \exp-\left(\frac{1-\beta t}{\beta}\right) y\, dy \quad \because\ 확률밀도함수의\ 성질\ 이용$

$\qquad = \left(\dfrac{1}{1-\beta t}\right)^\alpha,\ \ t < \dfrac{1}{\beta} \quad \because\ 1 - \beta t > 0$

(2) 카이제곱분포의 적률생성함수

① 확률변수 X_1, X_2, X_3는 서로 독립이며, 각각 정규분포 $N(0,\ 2^2)$를 따른다.

② $X \sim N(0,\ 2^2)$을 따를 때, $Z = \dfrac{X}{2} \sim N(0,\ 1)$을 따르고, Z^2은 자유도가 1인 카이제곱분포 $\chi^2_{(1)}$를 따른다.

③ $T^2 = Z_1^2 + Z_2^2 + Z_3^2$이므로 카이제곱분포의 가법성을 이용하면 $T^2 \sim \chi^2_{(3)}$을 따른다.

④ 카이제곱분포는 감마분포의 특수한 형태로 $\alpha = \dfrac{k}{2}$ 이고 $\beta = 2$인 감마분포로 확률밀도함수는 다음과 같다.

$$f(x) = \frac{1}{\Gamma\left(\dfrac{k}{2}\right) 2^{\frac{k}{2}}} x^{\frac{k}{2}-1} \exp\left(-\frac{x}{2}\right), \quad 0 < x < \infty$$

⑤ 카이제곱분포의 적률생성함수 $E[e^{tX}] = M_X(t)$을 구하면 다음과 같다.

$$E(e^{tX}) = \int_0^\infty e^{tx} \frac{1}{\Gamma\left(\dfrac{k}{2}\right) 2^{\frac{k}{2}}} x^{\frac{k}{2}-1} \exp\left(-\frac{x}{2}\right) dx$$

$$= \int_0^\infty \frac{1}{\Gamma\left(\dfrac{k}{2}\right) 2^{\frac{k}{2}}} x^{\frac{k}{2}-1} \exp\left(t - \frac{1}{2}\right) x \, dy$$

$$= \frac{\left(\dfrac{2}{1-2t}\right)^{\frac{k}{2}}}{2^{\frac{k}{2}}} \int_0^\infty \frac{1}{\Gamma\left(\dfrac{k}{2}\right) \left(\dfrac{2}{1-2t}\right)^{\frac{k}{2}}} y^{\frac{k}{2}-1} \exp-\left(\frac{1-2t}{2}\right) x \, dx \quad \because \text{확률밀도함수의 성질 이용}$$

$$= \left(\frac{1}{1-2t}\right)^{\frac{k}{2}}, \quad t < \frac{1}{2} \quad \because 1-2t > 0$$

⑥ 결과적으로 $T^2 \sim \chi^2_{(3)}$을 따르므로 구하고자 하는 적률생성함수는 $\left(\dfrac{1}{1-2t}\right)^{\frac{3}{2}}$, $t < \dfrac{1}{2}$ 이다.

(3) Half-Normal 분포의 확률밀도함수

① $T = \sqrt{\left(\dfrac{X_1}{2}\right)^2 + \left(\dfrac{X_2}{2}\right)^2 + \left(\dfrac{X_3}{2}\right)^2} = \sqrt{Z_1^2 + Z_2^2 + Z_3^2} = \sqrt{3Z^2} = \sqrt{3}\,|Z|$ 이다.

② T의 누적분포함수 $F_T(t)$를 구하면 다음과 같다.

$$F_T(t) = P(T \le t) = P(\sqrt{3}\,|Z| \le t) = P\left(-\frac{t}{\sqrt{3}} \le Z \le \frac{t}{\sqrt{3}}\right) = \Phi\left(\frac{t}{\sqrt{3}}\right) - \Phi\left(-\frac{t}{\sqrt{3}}\right)$$

$$= \Phi\left(\frac{t}{\sqrt{3}}\right) - \left[1 - \Phi\left(\frac{t}{\sqrt{3}}\right)\right] = 2\Phi\left(\frac{t}{\sqrt{3}}\right) - 1, \quad t > 0$$

여기서 $\Phi(\cdot)$은 표준정규누적확률이다.

③ 누적분포함수 $F_T(t)$를 T에 대해 미분하여 확률밀도함수를 구할 수 있다.

$$f_T(t) = \frac{F_T(t)}{dt} = \frac{2}{\sqrt{3}} \varnothing\left(\frac{t}{\sqrt{3}}\right) = \frac{2}{\sqrt{3}} \frac{1}{\sqrt{2\pi}} e^{-\frac{t^2}{6}} = \frac{\sqrt{2}}{\sqrt{3}\sqrt{\pi}} e^{-\frac{t^2}{6}}, \quad t > 0$$

여기서 $\varnothing(\cdot)$은 표준정규밀도함수이다.

(4) Half-Normal 분포의 기대값 계산

① T의 기대값은 $E(T) = \int t f(t) dt = \int_0^\infty t \frac{\sqrt{2}}{\sqrt{3}} \frac{1}{\sqrt{\pi}} e^{-\frac{t^2}{6}} dt$ 이다.

② $w = \dfrac{t^2}{6}$ 으로 치환하면 $dw = \dfrac{t}{3} dt$ 이므로

$$\int_0^\infty t \frac{\sqrt{2}}{\sqrt{3}} \frac{1}{\sqrt{\pi}} e^{-\frac{t^2}{6}} dt = \int_0^\infty \frac{\sqrt{6}}{\sqrt{\pi}} e^{-w} dw = \frac{\sqrt{6}}{\sqrt{\pi}} = \sqrt{6} / \Gamma\left(\frac{1}{2}\right) \text{이다.}$$

$\because e^{-w}$, $w > 0$은 $\lambda = 1$인 지수분포, $\alpha = \beta = 1$인 감마분포이므로 확률밀도함수의 성질을 이용

01

확률변수 X는 아래의 지수분포(Exponential Distribution)를 따른다고 하자.

$$f(x) = 2e^{-2x}, \ 0 < x < \infty$$

다음 물음에 답하시오.

(1) $W = \dfrac{1}{2}(1 - e^{-2X})$의 확률밀도함수(Probability Density Function)를 구하시오.

(2) 0보다 큰 상수 c에 대해 $X > c$로 주어졌을 때, X의 조건부 확률밀도함수를 구하시오.

(3) $E(X - 1 \mid X > 1)$을 구하시오.

01 해설

(1) 변수변환

① $0 < x < \infty$이므로 확률변수 W의 범위는 $0 < w < \dfrac{1}{2}$이다.

② $w = \dfrac{1}{2}(1 - e^{-2x})$이므로 $x = -\dfrac{1}{2}\ln(1 - 2w)$가 되어 $\left|\dfrac{\partial x}{\partial w}\right| = \dfrac{1}{1 - 2w}$이 된다.

  $\therefore \ \partial x = -\dfrac{1}{2} \cdot \dfrac{-2}{(1 - 2w)}\partial w$

③ 변수변환을 이용하여 확률변수 W의 확률밀도함수를 구하면 $f(w) = \left|\dfrac{\partial x}{\partial w}\right| f(x), \ x = g^{-1}(w)$이다.

  $\therefore \ f(w) = \dfrac{1}{1 - 2w} \cdot 2e^{-2 \cdot -\frac{1}{2}\ln(1 - 2w)} = 2, \quad 0 < w < \dfrac{1}{2}$

④ 결과적으로 확률변수 W는 균일분포 $W \sim U\left(0, \dfrac{1}{2}\right)$을 따른다.

(2) 이항분포

① 임의의 양의 값 c까지 생존한다는 조건하에 사망할 때까지의 시간을 고려한 조건부확률밀도함수 $f(x \mid X > c)$은 다음과 같이 정의한다.

$$f(x \mid X > c) = \begin{cases} \dfrac{f(x)}{1 - F(c)}, & c < x \\ 0, & \text{elsewhere} \end{cases}$$

② $\lambda = 2$인 지수분포의 분포함수 $F(c) = P(X \le c) = \displaystyle\int_0^c 2e^{-2x}dx = \left[-e^{-2x}\right]_0^c = 1 - e^{-2c}$이다.

  $\therefore \ f(x \mid X > c) = \dfrac{f(x)}{1 - F(c)} = \dfrac{2e^{-2x}}{e^{-2c}} = 2e^{-2(x + c)}, \ c < x$
  $\qquad\qquad\qquad = 0, \quad \text{elsewhere}$

(3) 지수분포의 조건부 기대값

① 조건부 기대값의 정의 이용

조건부 기대값의 정의를 이용하면 $E(X-1|X>1)$은 다음과 같다.

$$
\begin{aligned}
E(X-1 \mid X>1) &= \int_1^\infty (x-1) \cdot \frac{f(x)}{1-F(1)} dx = \frac{\int_1^\infty x \cdot 2e^{-2x} dx - \int_1^\infty 2e^{-2x} dx}{e^{-2}} \\
&= \frac{1}{e^{-2}} \left\{ [-xe^{-2x}]_1^\infty - \int_1^\infty -e^{-2x} dx - \int_1^\infty 2e^{-2x} dx \right\} \\
&= \frac{1}{e^{-2}} \left\{ [-xe^{-2x}]_1^\infty - \int_1^\infty e^{-2x} dx \right\} = \frac{1}{e^{-2}} \left\{ e^{-2} - \left[-\frac{1}{2} e^{-2x} \right]_1^\infty \right\} \\
&= \frac{1}{e^{-2}} \left(e^{-2} - \frac{1}{2} e^{-2} \right) = \frac{1}{2}
\end{aligned}
$$

② 지수분포의 조건부 기대값 성질 이용

지수분포의 무기억성에 의해 지수분포의 조건부 기대값은 $E(X \mid X>1) = 1 + E(X-1 \mid X>1)$이 성립한다.

$$
\begin{aligned}
E(X \mid X>1) &= \int_1^\infty x \cdot \frac{f(x)}{1-F(1)} dx = \frac{\int_1^\infty x \cdot 2e^{-2x} dx}{e^{-2}} \\
&= \frac{1}{e^{-2}} \left\{ [-xe^{-2x}]_1^\infty - \int_1^\infty -e^{-2x} dx \right\} \\
&= \frac{1}{e^{-2}} \left\{ e^{-2} - \left[\frac{1}{2} e^{-2x} \right]_1^\infty \right\} = \frac{3}{2}
\end{aligned}
$$

$$
\therefore E(X-1 \mid X>1) = 1 - E(X \mid X>1) = 1 - \frac{1}{2} = \frac{1}{2}
$$

정육면체 주사위를 윗면의 눈이 1 또는 2가 처음 나올 때까지 던지는 실험을 한다. 이 실험에서 주사위를 던진 횟수를 X, 주사위 윗면의 눈이 5 이상 나온 횟수를 Y라고 할 때, 다음 물음에 답하시오.

(1) X의 기대값과 분산을 구하시오.

(2) Y의 기대값과 분산을 구하시오.

02 해 설

(1) ① 성공의 확률이 p인 베르누이 시행을 독립적으로 반복 시행할 때 처음으로 성공할 때까지의 시행횟수를 확률변수 X라 하면, 확률변수 X는 성공률 p를 모수로 갖는 기하분포를 따른다.

② 확률변수 X의 확률질량함수는 $f(x) = pq^{x-1}$, $x = 1, 2, 3, \cdots$ 이고, $E(X)$와 $Var(X)$는 다음과 같다.

$$E(X) = \sum_{x=1}^{\infty} xf(x) = p\sum_{x=1}^{\infty} xq^{x-1} = p \times (1 + 2q + 3q^2 + 4q^3 + \cdots)$$

$$= p \times \frac{d}{dq}(q + q^2 + q^3 + \cdots) = p \times \frac{d}{dq}\left(\frac{q}{1-q}\right) = p \times \left[\frac{1}{1-q} + \frac{q}{(1-q)^2}\right]$$

$$= p \times \frac{1}{(1-q)^2} = p \times \frac{1}{p^2} = \frac{1}{p}$$

$$E(X^2) = \sum_{x=1}^{\infty} x^2 f(x) = p\sum_{x=1}^{\infty} x^2 q^{x-1} = p \times (1 + 4q + 9q^2 + \cdots)$$

$$= p \times \frac{d}{dq}(q + 2q^2 + 3q^3 + \cdots) = p \times \frac{d}{dq}\left[q \times (1 + 2q + 3q^2 + \cdots)\right]$$

$$= p \times \frac{d}{dq}\left\{q \times \left[\frac{d}{dq}(q + q^2 + q^3 + \cdots)\right]\right\} = p \times \frac{d}{dq}\left\{q \times \frac{d}{dq}\left[\frac{q}{(1-q)}\right]\right\}$$

$$= p \times \frac{d}{dq}\left\{q \times \left[\frac{1}{(1-q)} + \frac{q}{(1-q)^2}\right]\right\} = p \times \frac{d}{dq}\left[\frac{q}{(1-q)^2}\right]$$

$$= p \times \left[\frac{1}{(1-q)^2} + \frac{2q}{(1-q)^3}\right] = \frac{(1-q)(1+q)}{(1-q)^3} = \frac{1+q}{p^2}$$

$$\therefore Var(X) = E(X^2) - [E(X)]^2 = \frac{1+q}{p^2} - \frac{1}{p^2} = \frac{q}{p^2}$$

③ 정육면체 주사위를 한 번 던져서 윗면의 눈이 1또는 2가 나올 확률은 $p = \dfrac{1}{3}$이므로,

$$E(X) = \frac{1}{p} = \frac{1}{1/3} = 3, \ Var(X) = \frac{q}{p^2} = \frac{2/3}{1/9} = 6 \text{이다.}$$

(2) ① 1 또는 2가 나온 횟수를 W, 3 또는 4가 나온 횟수를 Z, 5 또는 6이 나온 횟수를 Y라 한다면, 확률변수 W, Z, Y의 결합 확률질량함수는 다음과 같은 다항분포를 따른다.

$$f(w, z, y) = \frac{n!}{w!\, z!\, y!}\, p_1^w\, p_2^z\, p_3^y,$$

$$n = w + z + y, \ \sum_{i=1}^{3} p_i = 1, \ w = 1, \ z = 0, 1, 2, \cdots, \ y = 0, 1, 2, 3, \cdots, \ n = 1, 2, \cdots$$

② 결합확률질량함수를 이용하여 Y의 주변확률질량함수를 구하면 다음과 같다.

$$f_Y(y) = \sum_{z=0}^{\infty} \frac{n!}{1!\, z!\, (n-z-1)!} \left(\frac{1}{3}\right)\left(\frac{1}{3}\right)^z \left(\frac{1}{3}\right)^y, \ y = 0, 1, 2, 3, \cdots$$

③ $\displaystyle\sum_{z=0}^{\infty} \frac{n!}{1!\, z!\, (n-z-1)!} \left(\frac{1}{3}\right)\left(\frac{1}{3}\right)^z = C$라 한다면 확률변수 Y가 주변확률질량함수가 되기 위해서는 $\displaystyle\sum_{y=0}^{\infty} c\left(\frac{1}{3}\right)^y = 1$이 되어야 하므로 $c = \dfrac{2}{3}$이다.

④ 결과적으로 Y의 주변확률질량함수는 $f_Y(y) = \left(\dfrac{2}{3}\right)\left(\dfrac{1}{3}\right)^y$, $y = 0, 1, 2, 3, \cdots$으로 성공의 확률이 p인 베르누이 시행을 독립적으로 반복 시행할 때 처음으로 성공할 때까지의 실패횟수를 확률변수 Y라 하면, 확률변수 Y는 성공률 p를 모수로 갖는 기하분포를 따른다.

⑤ 확률변수 Y의 확률질량함수는 $f(y) = pq^y$, $y = 0, 1, 2, 3, \cdots$ 이고, $E(Y)$와 $Var(Y)$는 다음과 같다.

$$E(Y) = \sum_{y=0}^{\infty} y f(y) = p \sum_{y=0}^{\infty} y q^y = p \times (q + 2q^2 + 3q^3 + \cdots)$$

$$= p \times \left[q \times (1 + 2q + 3q^2 + \cdots)\right] = p \times \left\{ q \times \left[\frac{d}{dq}(q + q^2 + q^3 + \cdots)\right]\right\}$$

$$= \frac{q}{p} \qquad\qquad \therefore \ p \times \frac{d}{dq}(q + q^2 + q^3 + \cdots) = \frac{1}{p}$$

$$E(Y^2) = \sum_{y=0}^{\infty} y^2 f(y) = p \sum_{y=0}^{\infty} y^2 q^y = p \times (q + 4q^2 + 9q^3 + \cdots)$$

$$= p \times q(1 + 4q + 9q^2 + \cdots) = p \times q \times \frac{d}{dq}(q + 2q^2 + 3q^3 + \cdots)$$

$$= \frac{q(1+q)}{p^2} \qquad \therefore \ p \times \frac{d}{dq}(q + 2q^2 + 3q^3 + \cdots) \frac{1+q}{p^2}$$

$$\therefore \ Var(X) = E(X^2) - [E(X)]^2 = \frac{q(1+q)}{p^2} - \frac{q^2}{p^2} = \frac{q}{p^2}$$

⑥ 정육면체 주사위를 한 번 던져서 윗면의 눈이 1, 2, 3, 4가 나올 확률은 $p = \dfrac{2}{3}$이므로,

$$E(Y) = \frac{q}{p} = \frac{1/3}{2/3} = \frac{1}{2}, \quad Var(Y) = \frac{q}{p^2} = \frac{1/3}{4/9} = \frac{3}{4} \text{ 이다.}$$

03

어느 회사는 위기를 극복하기 위한 3개의 사업이 있다. 사업 $i\,(i = 1,\ 2,\ 3)$에서 매출 X_i는 균일분포(Uniform Distribution) $U(2,\ 4)$의 확률표본이고, 비용 Y_i는 균일분포 $U(1,\ 3)$의 확률표본이다. 이때, X_i, Y_i는 서로 독립이다. 3개의 사업 중 비용에 상관없이 매출을 최대로 하는 사업을 선택하는 전략을 A, 매출에 상관없이 비용을 최소로 하는 사업을 선택하는 전략을 B, 3개의 사업 중 랜덤하게 선택하는 전략을 C라고 하자. 각 전략에 따른 이익을 해당 전략의 매출에서 비용을 뺀 값이라 할 때, 다음 물음에 답하시오.

(1) 전략 A, B, C의 이익을 확률변수로 각각 제시하시오.

(2) 전략 B의 이익에 대한 확률밀도함수를 구하시오.

(3) 전략 A의 이익과 전략 C의 이익에 대한 기대값의 차를 구하시오.

03 해설

(1) ① 전략 A는 비용에 상관없이 매출을 최대로 하는 사업이므로 확률변수 X_1, X_2, X_3 중에서 최대인 순서통계량 $X_{(3)}$이고, 전략 A의 이익을 확률변수로 나타내면 최대 매출 $X_{(3)}$에서 비용 Y를 뺀 $X_{(3)} - Y$이다.

② 전략 B는 매출에 상관없이 비용을 최소로 하는 사업이므로 확률변수 Y_1, Y_2, Y_3 중에서 최소인 순서통계량 $Y_{(1)}$이고, 전략 B의 이익을 확률변수로 나타내면 매출 X에서 최소 비용 $Y_{(1)}$을 뺀 $X - Y_{(1)}$이다.

③ 전략 C는 3개의 사업 중 랜덤하게 선택하는 전략이므로, 전략 C의 이익을 확률변수로 나타내면 매출 X에서 비용 Y을 뺀 $X - Y$이다.

(2) ① $X \sim U(2, 4)$을 따르므로 X의 확률밀도함수는 $f(x) = \dfrac{1}{2}$, $2 \le x \le 4$이고, $Y \sim U(1, 3)$을 따르므로 Y의 확률밀도함수는 $f(y) = \dfrac{1}{2}$, $1 \le y \le 3$이고, 누적분포함수는 $F(y) = \dfrac{y-1}{2}$, $1 \le y \le 3$이다.

② 최소 비용 $Y_{(1)}$의 확률밀도함수는 다음과 같다.
$$F_1(y) = P[\,Y_{(1)} \le y\,] = 1 - P[\,Y_{(1)} > y\,] = 1 - P(Y_1 > y,\ Y_2 > y,\ Y_3 > y)$$
$$= 1 - [1 - F(y)]^3$$
$$f_1(y) = \frac{d}{dy} F_1(y) = 3[1 - F(y)]^2 f(y) = \frac{3}{2}\left(1 - \frac{y-1}{2}\right)^2 = \frac{3y^2 - 18y + 27}{8},\ 1 \le y \le 3$$

③ 전략 B의 이익 $X - Y_{(1)}$에 대한 확률밀도함수를 구하기 위해 변수변환을 이용한다.

$U = X - Y_{(1)}$, $V = Y_{(1)}$라 놓으면 $X = U + Y_{(1)}$, $Y_{(1)} = V$이 된다.

번역을 구하면 $2 \le x \le 4$, $1 \le y \le 3$이므로 $2 \le u + v \le 4$, $1 \le v \le 3$이다.

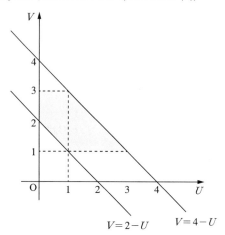

$$|J| = \begin{vmatrix} \dfrac{\partial x}{\partial u} & \dfrac{\partial x}{\partial v} \\ \dfrac{\partial y}{\partial u} & \dfrac{\partial y}{\partial v} \end{vmatrix} = \begin{vmatrix} 1 & 1 \\ 0 & 1 \end{vmatrix} = 1$$이므로 확률변수 U, V의 결합확률밀도함수는 다음과 같다.

$$f_{U, V}(u, v) = f_{X, Y_{(1)}}(u + v, \ v)|J| = \frac{1}{2} \frac{3v^2 - 18v + 27}{8}, \quad 2 \le u + v \le 4, \ 1 \le v \le 3$$

④ 확률변수 U와 V의 결합확률밀도함수를 이용하여 번역을 고려 U의 주변확률밀도함수를 구하면 다음과 같다.

$0 < u < 1$인 경우

$$f_U(u) = \frac{1}{16} \int_{2-u}^{3} 3v^2 - 18v + 27 \, dv = \frac{1}{16} \left[v^3 - 9v^2 + 27v \right]_{2-u}^{3}$$

$$= \frac{1}{16} \left\{ [27 - 81 + 81] - \left[(2-u)^3 - 9(2-u)^2 + 27(2-u) \right] \right\}$$

$$= \frac{1}{16} \left\{ 27 - \left[(8 - 12u + 6u^2 - u^3) - 9(4 - 2u + u^2) + 27(2-u) \right] \right\}$$

$$= \frac{u^3 + 3u^2 + 20u + 27}{16}$$

$1 < u < 3$인 경우

$$f_U(u) = \frac{1}{16} \int_{1}^{4-u} 3v^2 - 18v + 27 \, dv = \frac{1}{16} \left[v^3 - 9v^2 + 27v \right]_{1}^{4-u}$$

$$= \frac{1}{16} \left\{ \left[(4-u)^3 - 9(4-u)^2 + 27(4-u) \right] - (1 - 9 - 27) \right\}$$

$$= \frac{1}{16} \left\{ \left[(64 - 48u + 12u^2 - u^3) - 9(16 - 8u + u^2) + 27(4-u) \right] + 35 \right\}$$

$$= \frac{-u^3 + 3u^2 - 3u + 63}{16}$$

(3) ① X의 확률밀도함수는 $f(x) = \dfrac{1}{2}$, $2 \le x \le 4$이므로 누적분포함수는 $F(x) = \dfrac{x-2}{2}$, $2 \le x \le 4$이다.

② 최대 매출 $X_{(3)}$의 확률밀도함수는 다음과 같다.

$$F_3(x) = P[X_{(3)} \le x] = P(X_1 \le x, X_2 \le x, X_3 \le x) = [F(x)]^3$$

$$f_3(x) = \frac{d}{dx}F_3(x) = 3[F(x)]^2 f(x) = \frac{3}{2}\left(\frac{x-2}{2}\right)^2, \quad 2 \le x \le 4$$

③ 전략 A의 이익에 대한 기대값은 $E[X_{(3)} - Y] = E[X_{(3)}] - E(Y)$이다.

$$E[X_{(3)}] = \int_2^4 x \cdot \frac{3}{2}\left(\frac{x-2}{2}\right)^2 dx = \frac{3}{8}\int_2^4 x^3 - 4x^2 + 4x\, dx = \frac{3}{8}\left[\frac{1}{4}x^4 - \frac{4}{3}x^3 + 2x^2\right]_2^4 = \frac{7}{2}$$

$$E(Y) = \frac{1+3}{2} = 2$$

$$\therefore E[X_{(3)} - Y] = E[X_{(3)}] - E(Y) = \frac{7}{2} - 2 = \frac{3}{2}$$

④ 전략 C의 이익에 대한 기대값은 $E(X - Y) = E(X) - E(Y)$이다.

$$E(X) = \frac{2+4}{2} = 3, \ E(Y) = \frac{1+3}{2} = 2, \ E(X - Y) = E(X) - E(Y) = 1$$

⑤ 결과적으로 전략 A와 전략 C의 이익에 대한 기대값의 차는 $E[X_{(3)} - Y] - E(X - Y) = \dfrac{3}{2} - 1 = \dfrac{1}{2}$이다.

01

양탄자를 생산하는 공정과정에서 과거의 기록을 볼 때 생산기계의 성능이 정상으로 가동되는 경우가 90%이다. 생산기계의 성능이 정상일 때는 불량품의 비율이 10%인데 기계의 성능이 비정상일 때는 불량품의 비율이 30%가 된다. 관리자는 생산되는 양탄자의 불량 여부를 관찰하다가 기계의 성능이 의심스러워지면 가동을 멈추고 기계의 이상 여부를 검사하고자 한다.

어느 날 12개의 생산품을 조사한 결과 불량품(F)와 양품(S)이 다음과 같은 차례로 얻어졌다. 즉, 첫 번째 생산된 양탄자는 양품(S), 두 번째 생산된 양탄자는 불량품(F), 세 번째 생산된 양탄자는 양품(S), … 등이다.

S F S F S F S S S S F S …

(1) 첫 번째 관측치를 얻은 후 첫 번째 관측치가 주어진 조건하에서 기계가 정상일 조건부 확률을 구하라. 단, 이하 모든 계산을 소숫점 두 자리까지만 계산한다.

(2) 두 번째 관측치를 얻은 후 첫 번째와 두 번째 관측치가 주어진 조건하에서 기계가 정상일 조건부 확률을 구하는 데 (1)번의 결과를 이용하라.

(3) 매 관측치 이후에 그 시점까지의 자료가 주어진 조건하에서 기계가 정상일 조건부 확률을 계산하여 이 확률이 70% 이하이면 기계가동을 멈추고 기계를 검사하였다면 몇 번째 생산품 이후에 기계를 멈추어야 했는가?(계산과정을 보이시오)

01 해설

(1) 베이즈 공식(Bayes' Formula)

① 각각의 확률을 다음과 같이 정의하자.

생산기계가 정상일 확률 : $P(N) = 0.9$

생산기계가 비정상일 확률 : $P(N^C) = 1 - P(N) = 1 - 0.9 = 0.1$

생산기계가 정상일 경우 불량품일 확률 : $P(F|N) = 0.1$

생산기계가 정상일 경우 양품일 확률 : $P(S|N) = 0.9$

생산기계가 비정상일 경우 불량품일 확률 : $P(F|N^C) = 0.3$

생산기계가 비정상일 경우 양품일 확률 : $P(S|N^C) = 0.7$

② 전확률 공식을 이용하여 첫 번째 관측치가 양품일 확률은 다음과 같다.

$$P(S) = P(N)P(S|N) + P(N^C)P(S|N^C) = (0.9 \times 0.9) + (0.1 \times 0.7)$$

$$\therefore \ P(기계가 정상 | 첫 번째 관측치가 양품) = P(N|S) = \frac{P(N)P(S|N)}{P(N)P(S|N) + P(N^C)P(S|N^C)}$$

$$= \frac{(0.9 \times 0.9)}{(0.9 \times 0.9) + (0.1 \times 0.7)}$$

$$= \frac{81}{88}$$

(2) 베이즈 공식(Bayes' Formula)

① N_2 : 첫 번째 관측치가 양품일 때에 생산기계가 정상인 경우의 사상이라 하자.

첫 번째 관측치가 양품일 때에 생산기계가 정상일 확률 $P(N_2) = \frac{81}{88}$ $\because$ (1)의 결과 이용

첫 번째 관측치가 양품일 때에 생산기계가 비정상일 확률 $P(N_2^c) = \frac{7}{88}$

생산기계가 정상일 경우 불량품일 확률 $\Rightarrow P(F|N_2) = 0.1$

생산기계가 정상일 경우 양품일 확률 $\Rightarrow P(S|N_2) = 0.9$

생산기계가 비정상일 경우 불량품일 확률 $\Rightarrow P(F|N_2^c) = 0.3$

생산기계가 비정상일 경우 양품일 확률 $\Rightarrow P(S|N_2^c) = 0.7$

② 두 번째 관측치가 불량품인 조건에서 기계가 정상 작동할 확률은 다음과 같다.

$$P(N_2 \mid F_2) = \frac{P(N_2)P(F|N_2)}{P(N_2)P(F|N_2) + P(N_2^C)P(F|N_2^C)}$$

$$= \frac{\frac{81}{88} \times 0.1}{\left(\frac{81}{88} \times 0.1\right) + \left(\frac{7}{88} \times 0.3\right)}$$

$$= \frac{81}{102}$$

(3) 베이즈 공식(Bayes' Formula)

① N_k : k번째 생산품을 뽑은 후에 기계가 정상일 경우의 사상이라 하자.

② $P(N_3 \mid S_3) = \dfrac{\frac{81}{102} \times 0.9}{\left(\frac{81}{102} \times 0.9\right) + \left(\frac{21}{102} \times 0.7\right)} = \frac{729}{876} = \frac{243}{292} \approx 0.83$

③ $P(N_4 \mid F_4) = \dfrac{\frac{243}{292} \times 0.1}{\left(\frac{243}{292} \times 0.1\right) + \left(\frac{49}{292} \times 0.3\right)} = \frac{243}{390} = \frac{81}{130} \approx 0.62 \leq 0.7$

$\therefore$ 4번째 생산품 이후에 기계를 멈추고 검사해야 한다.

어느 직장에서 교육 프로그램 A와 B를 비교하기 위하여 직원 100명을 임의로 선택하여 직원 50명을 교육 프로그램 A를 수강하도록 하였고 나머지 50명은 교육 프로그램 B를 수강하도록 하였다. 6개월 뒤에 100명에 대한 근무성적을 측정한 후 교육 프로그램 A를 수강한 직원의 평균 근무성적 (μ_1)과 교육 프로그램 B를 수강한 직원의 평균 근무성적(μ_2)의 차 $\mu_1 - \mu_2$에 대하여 합동표본분산 (Sample Pooled Variance)과 표준정규분포를 이용한 90% 신뢰구간은 (0.21, 6.79)이다.

(1) $\mu_1 - \mu_2$에 대한 95% 신뢰구간을 계산하라. 표는 Z가 표준정규분포를 따르는 확률변수일 때 z값에 따른 $P(Z \le z)$의 값을 나타낸 것이다.

z	$P(Z \le z)$
-1.282	0.100
-1.645	0.050
-1.960	0.025
-2.326	0.010

(2) 'H_0 : 두 교육 프로그램에 대한 근무성적의 차이가 없다 VS H_1 : 두 교육 프로그램에 대한 근무성적의 차이가 있다'에 대한 검정을 하고자 한다. 이를 위한 가정을 쓰고 유의수준 5%에서 실시하라.

(3) (2)의 검정에서 귀무가설을 기각할 수 있는 최소의 유의수준의 값을 구하고 (2)의 결과와 비교하여 설명하라(뒤의 표를 이용하시오).

02 해설

(1) 소표본$(n < 30)$에서 두 모분산을 모르지만 같다는 것은 알고 있을 경우

① 소표본$(n < 30)$에서 두 모분산을 모르지만 같다는 것은 알고 있을 경우 $\mu_1 - \mu_2$에 대한 $100(1-\alpha)\%$ 신뢰구간을 구하기 위해 다음의 식을 이용한다.

$$P\left(\overline{X_1} - \overline{X_2} - t_{\left(\frac{\alpha}{2},\ n_1 + n_2 - 2\right)} S_p \sqrt{\frac{1}{n_1} + \frac{1}{n_2}} < \mu_1 - \mu_2 < \overline{X_1} - \overline{X_2} + t_{\left(\frac{\alpha}{2},\ n_1 + n_2 - 2\right)} S_p \sqrt{\frac{1}{n_1} + \frac{1}{n_2}}\right) = 1 - \alpha$$

② 하지만 표본의 수가 50으로 $n \ge 30$이므로 대표본으로 간주하여 정규분포로 근사한다.

$\mu_1 - \mu_2$에 대한 90% 신뢰구간을 구하기 위해 다음의 식을 이용한다.

$$P\left(\overline{X_1} - \overline{X_2} - z_{\frac{\alpha}{2}} S_p \sqrt{\frac{1}{n_1} + \frac{1}{n_2}} < \mu_1 - \mu_2 < \overline{X_1} - \overline{X_2} + z_{\frac{\alpha}{2}} S_p \sqrt{\frac{1}{n_1} + \frac{1}{n_2}}\right) = 0.9$$

$$P\left(\overline{X_1} - \overline{X_2} - 1.645 S_p \sqrt{\frac{1}{n_1} + \frac{1}{n_2}} < \mu_1 - \mu_2 < \overline{X_1} - \overline{X_2} + 1.645 S_p \sqrt{\frac{1}{n_1} + \frac{1}{n_2}}\right) = 0.9$$

③ $\mu_1 - \mu_2$에 대한 90% 신뢰구간은 다음과 같다.

$$\left(\overline{X_1} - \overline{X_2} - 1.645 S_p \sqrt{\frac{1}{n_1} + \frac{1}{n_2}},\ \overline{X_1} - \overline{X_2} + 1.645 S_p \sqrt{\frac{1}{n_1} + \frac{1}{n_2}}\right) = (0.21,\ 6.79)$$

④ 위의 신뢰구간이 성립하기 위해서는 $\overline{X_1} - \overline{X_2} = 3.5,\ S_p \sqrt{\frac{1}{n_1} + \frac{1}{n_2}} = 2$이 된다.

⑤ $\mu_1 - \mu_2$ 에 대한 95% 신뢰구간은 다음과 같이 계산할 수 있다.

$$\left(\overline{X_1} - \overline{X_2} - 1.96 S_p \sqrt{\frac{1}{n_1} + \frac{1}{n_2}}, \ \overline{X_1} - \overline{X_2} - 1.96 S_p \sqrt{\frac{1}{n_1} + \frac{1}{n_2}} \right) = (-0.42, \ 7.42)$$

(2) 독립표본 t-검정(Independent Sample t-Test)

① 독립표본 t 검정의 가정은 다음과 같다.

$X_1 \sim N(\mu_1, \ \sigma_1^2)$, $X_2 \sim N(\mu_2, \ \sigma_2^2)$, X_1 과 X_2 는 서로 독립

② 분석에 앞서 가설을 먼저 설정한다.

- 귀무가설(H_0) : 두 교육 프로그램에 대한 근무성적의 차이가 없다$(\mu_1 = \mu_2)$.
- 대립가설(H_1) : 두 교육 프로그램에 대한 근무성적의 차이가 있다$(\mu_1 \neq \mu_2)$.

③ 검정통계량은 값은 $z_c = \dfrac{\overline{X_1} - \overline{X_2}}{S_p \sqrt{\dfrac{1}{n_1} + \dfrac{1}{n_2}}} = \dfrac{3.5}{2} = 1.75$ 이다.

④ 검정통계량 값 1.75가 유의수준 5%에서의 기각치 1.96보다 작으므로 귀무가설을 채택한다. 즉, 유의수준 5%에서 두 교육 프로그램에 대한 근무성적의 차이가 없다고 할 수 있다.

⑤ 또한 (1)에서 구한 결과를 이용하면 95% 신뢰구간 $(-0.42, 7.42)$에 0을 포함하고 있으므로, 유의수준 5%에서 두 교육 프로그램에 대한 근무성적의 차이가 없다고 직관적으로 판단할 수 있다.

(3) 유의확률$(p$-value)

① 유의확률은 귀무가설이 사실이라는 전제하에 검정통계량이 표본에서 계산된 값과 같거나 그 값보다 대립가설 방향으로 더 극단적인 값을 가질 확률이다. 즉, p값은 검정통계량 값에 대해서 귀무가설을 기각시킬 수 있는 최소의 유의수준이다.

② $P(Z < 1.75) = 0.9599$이고 양측검정임을 감안하면 귀무가설을 기각시킬 수 있은 최소의 유의수준은 8.02%이다. 즉, 같은 검정통계량 값 1.75를 구했더라도 유의수준이 5%인 경우는 귀무가설을 기각하지 못하고, 유의수준이 8.02% 이상인 경우에는 귀무가설을 기각하게 된다.

다음은 종속변수 Y와 독립변수 X_1, X_2, X_3의 관계를 분석한 결과로 상관계수 및 다중선형회귀모형의 결과이다.

Correlations

	Y	$X1$	$X2$	$X3$
Y	1.00	0.81	0.83	0.36
$X1$	0.81	1.00	0.96	0.28
$X2$	0.83	0.96	1.00	0.41
$X3$	0.36	0.28	0.41	1.00

Coefficients :

	Estimate	Std. Error	t value	Pr($>|t|$)	VIF
(Intercept)	2.4530	1.4912	1.645	0.109	
$X1$	0.4760	0.6586	0.723	0.475	13.7
$X2$	1.1822	0.7355	1.607	0.117	15.2
$X3$	0.2386	0.4514	0.529	0.600	1.4

Residual standard error : 2.044 on 36 degrees of freedom

Multiple R-Squared : 0.6975, Adjusted R-squared : 0.6723

F-statistic : 27.67 on 3 and 36 DF, p-value : 1.853×10^{-9}

(1) 다중선형회귀모형 $y_i = \beta_0 + \beta_1 x_{1i} + \beta_2 x_{2i} + \beta_3 x_{3i} + \epsilon_i$에서 오차항 ϵ_i에 대한 가정들을 기술하라.

(2) (1)의 모형에서 회귀모형의 유의성을 검정하려 할 때 귀무가설과 대립가설을 기술하고 유의수준 1%에서 검정하라.

(3) 독립변수 X_1, X_2, X_3 각각이 종속변수 Y에 유의한 영향을 미치는지를 유의수준 5%에서 검정하라. (2)의 결과와 비교하여 (3)의 검정결과에 대한 이유를 설명하라.

(4) (3)의 이유에 대한 해결방안을 설명하라.

03 해설

(1) 오차항에 대한 가정

    ① 선형성 : 오차항의 기대값은 0이다. $E(\epsilon_i) = 0$

    ② 독립성 : 오차항은 서로 독립이다. $Cov(\epsilon_i, \ \epsilon_j) = 0, \ i \neq j$

    ③ 등분산성 : 오차항의 분산은 σ^2으로 동일하다. $Var(\epsilon_i) = E(\epsilon_i^2) = \sigma^2 \text{ for all } i$

    ④ 정규성 : 오차항은 정규분포를 따른다.

    ⑤ 이를 수식으로 간단히 표현하면 $\epsilon_i \sim iidN(0, \ \sigma^2)$이다.

(2) 회귀모형의 유의성 검정

① 분석에 앞서 가설을 먼저 설정한다.

- 귀무가설(H_0) : 회귀모형은 유의하지 않다($\beta_1 = \beta_2 = \beta_3 = 0$).

- 대립가설(H_1) : 회귀모형은 유의하다(적어도 하나의 $\beta_i \neq 0$이다. 단, $i = 1,\ 2,\ 3$).

② F검정통계량 값이 27.67이고 유의확률 p값이 1.853×10^{-9}로 유의수준 0.01보다 작으므로 귀무가설을 기각한다. 즉, 유의수준 1%에서 회귀모형은 유의하다고 할 수 있다.

(3) 회귀계수 유의성 검정

① 분석에 앞서 가설을 먼저 설정한다.

- 귀무가설(H_0) : 회귀계수 β_i는 유의하지 않다($\beta_i = 0$, 단 $i = 1,\ 2,\ 3$).

- 대립가설(H_1) : 회귀계수 β_i는 유의하다($\beta_i \neq 0$, 단 $i = 1,\ 2,\ 3$).

② 독립변수 X_1, X_2, X_3의 유의확률이 각각 0.475, 0.117, 0.600으로 유의수준 0.05보다 크므로 귀무가설을 채택한다. 즉, 유의수준 5%에서 각각의 회귀계수 $\beta_1 = 0$, $\beta_2 = 0$, $\beta_3 = 0$이라고 할 수 있다.

③ (2)의 회귀모형의 유의성 검정 결과 유의수준 5%에서 회귀모형은 유의한 것으로 나타났지만 회귀계수의 유의성 검정 결과는 유의수준 5%에서 모든 회귀계수가 유의하지 않은 것으로 나타났다.

④ 이는 독립변수 X_1과 X_2의 상관계수가 0.96으로 높은 상관관계에 있기 때문에 다중공선성이 존재하여 독립변수에 대해 추정된 회귀계수의 분산과 표준오차를 증가시켜 결과적으로 검정통계량 t 값을 떨어트리기 때문이다.

(4) 다중공선성 해결방안

① 독립변수 X_1과 X_2의 상관계수가 0.96으로 높은 상관관계에 있으므로 독립변수 X_1과 X_2 중 한 변수를 제거한 후 회귀분석을 재실시한다.

② X_1의 분산팽창계수(VIF) 값이 13.7이고 X_2의 분산팽창계수 값이 15.2로 X_2의 분산팽창계수 값이 크므로 X_2 변수를 제거한 후 회귀분석을 재실시하는 것이 바람직하다.

어느 지역에서 새 정책에 대한 찬성과 반대를 조사하기 위하여 이 지역 주민 1210명을 임의로 뽑아 주민의 성별(남, 녀)과 학력(대졸 이상, 대졸 미만)과 새 정책에 대한 찬반을 조사하였다. 먼저 학력과 새 정책의 찬반에 대한 분할표는 〈표 1〉과 같다.

〈표 1〉

구분	찬성	반대	합계
대졸 이상	240	420	660
대졸 미만	200	350	550
합계	440	770	1210

또한, 남자와 여자 각각에 대한 학력과 새 정책의 찬반에 대한 분할표는 아래와 같다.

〈표 2〉

남자

구분	찬성	반대	합계
대졸 이상	135	415	550
대졸 미만	5	45	50
합계	140	460	600

여자

구분	찬성	반대	합계
대졸 이상	105	5	110
대졸 미만	195	305	500
합계	300	310	610

(1) 〈표 1〉에서 학력이 새 정책의 찬반에 영향을 준다고 할 수 있는지를 서술하시오.

(2) 〈표 2〉에서 남자에 대한 분할표에서의 독립성검정을 위한 카이제곱통계량의 값이 5.42이고 이에 상응하는 $p-$값은 0.0199이다. 또한, 〈표 2〉의 여자에 대한 분할표에서 독립성 검정을 위한 카이제곱통계량의 값은 115.0이고 이에 상응하는 $p-$값은 0.001보다 작다. 조사 대상 중 남자에 대하여 학력이 새 정책의 찬반에 영향을 준다고 할 수 있는가? 또한, 여자에 대해서는 어떻게 설명할 수 있는가? 이에 대하여 서술하시오.

(3) (1)과 (2)의 결과를 종합적으로 분석하시오.

04 해설

(1) 카이제곱 독립성 검정(χ^2 Independence Test)

① 두 범주형 변수 간의 관계(연관성, 관련성)를 검정하는 경우 카이제곱(Chi-square : χ^2) 검정통계량을 이용한다.

② 분석에 앞서 먼저 가설을 설정한다.

- 귀무가설(H_0) : 학력과 새 정책의 찬반은 서로 독립이다(학력과 새 정책의 찬반은 서로 연관성이 없다).
- 대립가설(H_1) : 학력과 새 정책의 찬반은 서로 독립이 아니다(학력과 새 정책의 찬반은 서로 연관성이 있다).

③ 기대도수를 구한다.

$$E_{11} = \frac{660 \times 440}{1210} = 240, \ E_{12} = \frac{660 \times 770}{1210} = 420, \ E_{21} = \frac{550 \times 440}{1210} = 200, \ E_{22} = \frac{550 \times 770}{1210} = 350$$

④ 카이제곱 검정통계량 값을 계산한다.

$$\chi_c^2 = \sum_{i=1}^{2}\sum_{j=1}^{2}\frac{(O_{ij}-E_{ij})^2}{E_{ij}} = \frac{(240-240)^2}{240} + \frac{(420-420)^2}{420} + \frac{(200-200)^2}{200} + \frac{(350-350)^2}{350} = 0$$

⑤ 검정통계량 값이 0으로 어떤 유의수준하에서의 기각치보다 작으므로 귀무가설을 채택한다. 즉, 학력과 새 정책의 찬반은 서로 연관성이 없다고 할 수 있다.

(2) 유의수준에 따른 검정결과 해석

① 남자의 경우
- 남자의 경우 카이제곱검정통계량의 값이 5.42이고 이에 상응하는 $p-$값은 0.0199이다.
- 유의수준을 5%라 한다면 유의확률 0.0199가 유의수준 0.05보다 작으므로 귀무가설을 기각한다. 즉, 유의수준 5%에서 남자의 경우 학력과 새 정책의 찬반은 연관성이 있다고 할 수 있다.
- 유의수준을 1%라 한다면 유의확률 0.0199가 유의수준 0.01보다 크므로 귀무가설을 채택한다. 즉, 유의수준 1%에서 남자의 경우 학력과 새 정책의 찬반은 연관성이 없다고 할 수 있다.

② 여자의 경우
- 여자의 경우 카이제곱통계량의 값이 115.0이고 이에 상응하는 $p-$값은 0.001보다 작다.
- 유의수준을 5%라 한다면 유의확률이 유의수준 0.05보다 작으므로 귀무가설을 기각한다. 즉, 유의수준 5%에서 여자의 경우 학력과 새 정책의 찬반은 연관성이 있다고 할 수 있다.
- 유의수준을 1%에서도 마찬가지로 유의확률이 유의수준 0.01보다 작으므로 귀무가설을 기각한다. 즉, 유의수준 1%에서 여자의 경우 학력과 새 정책의 찬반은 연관성이 있다고 할 수 있다.

(3) 심슨의 패러독스(Simpson's Paradox)

① 성별을 고려하지 않고 학력만을 고려했을 경우 학력과 새 정책의 찬반은 연관성이 없게 나타났지만 성별을 고려하여 성별에 따른 학력과 새 정책의 찬반은 연관성이 있다고 할 수 있다.

② 이와 같이 성별을 고려한 세부자료에서 성립하는 성질이 그 세부자료를 종합한 총괄자료에 대해서는 성립하지 않는다는 모순이 발생된다. 이와 같은 현상을 심슨의 패러독스(Simpson's Paradox)라 한다.

③ 남자의 경우 대졸 이상의 비중이 92%로 압도적으로 높은 반면, 여자의 경우 대졸 미만의 비중이 82%로 압도적으로 높다. 이러한 관계가 성별이라는 중요한 변수를 고려하지 않은 분석 결과에 상당한 영향을 끼쳤을 것으로 예상할 수 있다. 즉, 실험의 설계에 있어 성별에 따라 학력의 표본수를 동일하게 하던지 차이가 크지 않게 하는 것이 바람직하다.

④ 심슨의 패러독스 현상이 발생했을 경우 성별(남자, 여자)이라는 또 하나의 중요한 변수를 고려하지 않고 분석한 전체자료를 사용하는 것보다는 성별 변수를 고려한 세부자료를 사용하여 분석하는 것이 바람직하다.

01

지난 수년간 100개 공기업의 평균매출액의 평균 9천억원, 표준편차 3천억원, 그리고 평균비용은 평균 7천억원, 표준편차 4천억원으로 알려져 있다. 평균이익을 평균매출액에서 평균비용을 차감한 것으로 정의할 때, 손실이 발생하지 않을 확률을 구할 수 있으면 그 근거를 밝히고 계산하라(단, 평균이익과 평균매출액은 서로 독립이라 가정한다).

01 해설

표본분포의 확률 계산

① 평균매출액 및 평균비용의 분포는 알려지지 않았지만, 모집단 전체에서 뽑은 표본 수 $n=100$이 충분히 크므로 정규분포에 근사한다고 볼 수 있다.

② 즉, $X_{매출} \sim N(9, \ 3^2) X_{비용} \sim N(7, \ 4^2)$이다.

③ 평균이익은 평균매출액에서 평균비용을 차감한 것으로 정의할 때 평균매출액과 평균비용이 서로 독립이라면, 정규분포의 가법성에 의해 $X_{이익} = X_{매출} - X_{비용} \sim N(2, \ 5^2)$를 따르게 된다.

④ 손실이 발생하지 않으려면 평균이익이 0보다 크거나 같아야 한다.

$$P(X_{이익} \geq 0) = P\left(\frac{X_{이익} - 2}{5} \geq \frac{0-2}{5}\right) = P(Z \geq -0.4) = 0.6554$$

∴ 손실이 발생하지 않을 확률은 65.54% 이다.

02

어떤 자료에 단지 두 개의 관찰점 $(x_1,\ y_1)$과 $(x_2,\ y_2)$가 있다고 가정한다. 구할 수 있는 표본상관계수(Pearson's Sample Correlation Coefficient)에 대하여 논의하여라.

02 해 설

상관계수의 성질

① 두 개의 관측치가 서로 독립이라면 두 관측치 사이에는 $y - y_1 = \dfrac{y_2 - y_1}{x_2 - x_1}(x - x_1)$라는 직선의 방정식을 생각할 수 있다. 여

기서 기울기는 $\dfrac{y_2 - y_1}{x_2 - x_1}$ 이 된다.

② 기울기 $\dfrac{y_2 - y_1}{x_2 - x_1} > 0$인 경우

$Y = a + bX$의 선형의 관계식에서 $b > 0$이 되어 표본상관계수는 1이 된다.

③ 기울기 $\dfrac{y_2 - y_1}{x_2 - x_1} < 0$인 경우

$Y = a + bX$의 선형의 관계식에서 $b < 0$이 되어 표본상관계수는 -1이 된다.

④ $x_1 = x_2$ 또는 $y_1 = y_2$인 경우

$r = \dfrac{Cov(X,\ Y)}{S_X S_Y} = \dfrac{\sum (X_i - \overline{X})(Y_i - \overline{Y})}{\sqrt{\sum (X_i - \overline{X})^2}\ \sqrt{\sum (Y_i - \overline{Y})^2}}$ 이므로 분모가 0이 되어 표본상관계수를 정의할 수 없다.

03

두 개의 확률변수 $X,\ Y$가 아래의 결합확률밀도함수를 가질 때 각 물음에 답하여라.

$$f(x,\,y) = \begin{cases} 24xy & 0 < x < 1,\, 0 < y \leq 1-x \\ 0 & \text{otherwise} \end{cases}$$

(1) 주변확률밀도함수 $h(x) = ($ $)$

(2) 조건부확률밀도함수 $g(y\,|\,x) = ($ $)$

(3) $P\left(Y < X\,|\,X = \dfrac{1}{3}\right) = ($ $)$

03 해설

(1) 주변확률밀도함수(Marginal Probability Density Function)

$$h(x) = f_X(x) = \begin{cases} \displaystyle\int_0^{1-x} 24xy\, dy = \left[12xy^2\right]_0^{1-x} = 12x(1-x)^2, & 0 < x < 1 \\ \\ 0 & \text{elsewhere} \end{cases}$$

(2) 조건부확률밀도함수(Conditional Probability Density Function)

$$g(y\,|\,x) = \frac{f(x,\,y)}{f_X(x)} = \begin{cases} \dfrac{24xy}{12x(1-x)^2} = \dfrac{2y}{(1-x)^2}, & 0 < x < 1,\ 0 < y \leq 1-x \\ \\ 0 & \text{elsewhere} \end{cases}$$

(3) 조건부확률 계산

$$P\left(Y < X\,|\,X = \frac{1}{3}\right) = \int_0^x \frac{f(x,\,y)}{f_X(x)}\, dy = \int_0^{\frac{1}{3}} \frac{8y}{16/9}\, dy = \int_0^{\frac{1}{3}} \frac{9y}{2}\, dy = \left[\frac{9y^2}{4}\right]_0^{\frac{1}{3}} = \frac{1}{4}$$

04

새로운 복지정책에 대한 전체 국민들의 지지율을 알아보기 위하여 한 여론조사업체가 전화번호부에 기재된 모든 유선전화번호 중 400개를 무작위로 추출하여 이 복지정책에 대한 지지율을 조사하였다. 전체 응답률이 25%라고 할 때 다음에 답하시오.

(1) 이 정책에 대한 여론조사 지지율이 59%였다면, 이 결과로부터 유의수준 5%하에서 통계적으로 과반수 이상의 국민들이 이 정책에 지지한다고 볼 수 있는지에 대하여 논하시오.

(2) 이 정책에 대한 여론조사 지지율이 80%였다면, 전체 국민의 정책에 대한 지지율의 95% 신뢰구간을 구하시오.

04 해설

(1) 가설 검정

① 우선 표본 400명 중 응답한 표본 100명을 대상으로 가설 검정을 수행해보도록 한다.

② 분석에 앞서 가설을 먼저 설정한다.

- 귀무가설(H_0) : 새로운 복지정책에 대한 국민들의 지지율은 50% 미만이다($p < 0.5$).
- 대립가설(H_1) : 새로운 복지정책에 대한 국민들의 지지율은 50% 이상이다($p \geq 0.5$).

③ 모비율 $p = 0.5$, $\hat{p} = 0.59$, $\hat{q} = (1-\hat{p}) = 0.41$, $n = 400 \times 0.25 = 100$일 때, 검정통계량은 $Z = \dfrac{\hat{p} - p_0}{\sqrt{\hat{p}(1-\hat{p})/n}}$ 이다. 하지만 모비율 p가 알려져 있으므로 검정통계량 값을 구하면 $z_c = \dfrac{\hat{p} - p_0}{\sqrt{p_0(1-p_0)/n}} = \dfrac{0.59 - 0.5}{\sqrt{(0.5 \times 0.5)/100}} = \dfrac{0.09}{0.05} = 1.8$이다.

④ 검정통계량 값이 1.8로 단측검정임을 감안하면 유의수준 5%에서의 기각치 1.645보다 크므로 귀무가설을 기각한다. 즉, 유의수준 5%에서 새로운 복지정책에 대한 국민들의 지지율은 50% 이상이라고 할 수 있다.

⑤ 하지만 여기서 임의추출한 표본 400명 중 300명의 표본이 응답을 하지 않았음을 주목해야 한다. 검정통계량 값 1.8과 유의수준 5%에서의 기각치 1.645는 차이가 크지 않으므로, 응답률이 25%라는 점을 무시하고 국민 전체의 지지율이 50% 이상이라고 일반화시키는 것은 바람직하지 않다.

(2) 대표본에서 모비율 p에 대한 $100(1-\alpha)\%$ 신뢰구간

① 모비율 p의 추정량은 표본비율 $\hat{p}$이며 이항분포의 정규근사를 이용한 Z통계량을 이용한다. 하지만 표본비율 $\hat{p}$의 표준오차에 모비율 p가 포함되어 있으므로 실제 계산에서는 모비율 p대신 표본비율 $\hat{p}$을 이용한 다음의 Z통계량을 이용한다.

$$Z = \frac{\hat{p} - p}{\sqrt{\hat{p}(1-\hat{p})/n}} \sim N(0, \ 1)$$

② $\hat{p} = 0.8$, $\hat{q} = (1-\hat{p}) = 0.2$, $n = 100$이므로 $100(1-\alpha)\%$ 신뢰구간은 다음과 같다.

$$\left(\hat{p} - z_{\frac{\alpha}{2}} \sqrt{\frac{\hat{p}(1-\hat{p})}{n}}, \ \hat{p} + z_{\frac{\alpha}{2}} \sqrt{\frac{\hat{p}(1-\hat{p})}{n}} \right)$$

$$\Rightarrow \left(0.8 - 1.96 \times \sqrt{\frac{0.8 \times 0.2}{100}}, \ 0.8 + 1.96 \times \sqrt{\frac{0.8 \times 0.2}{100}} \right)$$

$$\Rightarrow (0.7216, \ 0.8784)$$

01

세 회사 A, B, C에 근무하는 근로자의 연령을 조사한 결과 다음의 결과를 얻게 되었다.

구 분	근로자 수	평 균	표준편차
회사 A	80	32	7
회사 B	20	44	5
회사 C	60	36	9

위 결과를 이용하여 세 회사를 합한 전체 근로자의 평균과 표준편차를 구하되, 풀이과정을 자세히 기술하여라.

구 분	근로자 수	평 균	표준편차
전 체	160		

여기서 표준편차(s)는 편의상 $s = \sqrt{\dfrac{1}{n}\displaystyle\sum_{i=1}^{n}\left(x_i - \overline{x}\right)^2}$ 으로 정의하기로 한다.

01 해설

평균과 표준편차

① $E(X) = \dfrac{(80 \times 32) + (20 \times 44) + (60 \times 36)}{160} = \dfrac{5600}{160} = 35$

② $s^2 = \dfrac{1}{n}\displaystyle\sum_{i=1}^{n}\left(x_i - \overline{x}\right)^2 = \dfrac{1}{n}\sum_{i=1}^{n}x_i^2 - \overline{x}^2 \quad \because \sum_{i=1}^{n}x_i = n\overline{x}$

③ $s_1^2 = \dfrac{1}{80}\displaystyle\sum_{i=1}^{80}x_i^2 - 32^2 = 7^2$ 이므로 $\displaystyle\sum_{i=1}^{80}x_i^2 = 85840$, $s_2^2 = \dfrac{1}{20}\displaystyle\sum_{i=81}^{100}x_i^2 - 44^2 = 5^2$ 이므로 $\displaystyle\sum_{i=81}^{100}x_i^2 = 39220$, $s_3^2 = \dfrac{1}{60}\displaystyle\sum_{i=101}^{160}x_i^2$

$- 36^2 = 9^2$ 이므로, $\displaystyle\sum_{i=101}^{160}x_i^2 = 82620$

④ $s^2 = \dfrac{1}{n}\displaystyle\sum_{i=1}^{n}\left(x_i - \overline{x}\right)^2 = \dfrac{1}{n}\sum_{i=1}^{n}x_i^2 - \overline{x}^2 = \dfrac{1}{160}(85840 + 39220 + 82620) - 35^2 = 73$

⑤ 위의 결과를 이용하여 다음의 표를 완성한다.

구 분	근로자 수	평 균	표준편차
전 체	160	35	$\sqrt{73}$

02

동일한 모집단에 대해 두 회사가 독립적으로 여론조사를 한다. 회사 A는 표본의 크기를 1,000명으로 하고 회사 B는 2,000명으로 표본설계를 한다고 하자. 모비율을 추정할 때 두 회사 모두 신뢰수준은 95%로 한다.

(1) 각 회사의 최대 오차의 한계는 각각 얼마인가?

(2) 두 회사의 여론조사 결과 두 회사 간 표본비율의 차이가 0.1보다 클 최대 확률을 구하는 방법을 서술하여라. 단, 정규근사를 활용한다고 하자.

02 해설

(1) 모비율 추정에서 최대 오차의 한계

1) 표본의 크기가 1,000명인 경우

① 모비율 p에 대한 $100(1-\alpha)\%$ 신뢰구간은 $\overline{X} \pm z_{\frac{\alpha}{2}} \sqrt{\dfrac{\hat{p}(1-\hat{p})}{n}}$ 이다. 여기서 $\sqrt{\dfrac{\hat{p}(1-\hat{p})}{n}}$ 을 표준오차라 하고,

$z_{\frac{\alpha}{2}} \sqrt{\dfrac{\hat{p}(1-\hat{p})}{n}}$ 을 추정오차(오차한계)라 하며, 추정오차가 d 이내가 되도록 하려면 $z_{\frac{\alpha}{2}} \sqrt{\dfrac{\hat{p}(1-\hat{p})}{n}} \le d$로부터 다음과 같이 표본의 크기를 구할 수 있다.

$$n \ge \hat{p}(1-\hat{p})\left(\dfrac{z_{\frac{\alpha}{2}}}{d}\right)^2$$

② 모비율 p에 대한 과거의 경험이나 시험조사를 통해 사전정보가 있을 경우, 표본의 크기는 $n \ge \hat{p}(1-\hat{p})\left(\dfrac{z_{\frac{\alpha}{2}}}{d}\right)^2$ 을 사용하지만, 모비율 p에 대한 사전 정보가 없는 경우에는 보수적인 방법으로 $\hat{p}(1-\hat{p})$을 최대로 해주는 $\hat{p} = \dfrac{1}{2}$을 대입하여 표본크기를 결정한다.

$$\therefore z_{\frac{\alpha}{2}} \sqrt{\dfrac{\hat{p}(1-\hat{p})}{n}} = 1.96 \sqrt{\dfrac{0.5 \times 0.5}{1000}} = 0.031 \le d$$

2) 표본의 크기가 2,000명인 경우

① $z_{\frac{\alpha}{2}} \sqrt{\dfrac{\hat{p}(1-\hat{p})}{n}} = 1.96 \sqrt{\dfrac{0.5 \times 0.5}{2000}} = 0.022 \le d$

② 결과적으로 표본의 크기를 증가시키면 최대 오차의 한계는 감소하게 된다.

(2) 표본비율을 이용한 확률의 계산

① 구하고자 하는 확률은 $P(|\hat{p}_A - \hat{p}_B| > 0.1)$이다.

② 표본비율 $\hat{p}_A$와 $\hat{p}_B$의 표본의 크기가 충분히 크므로 정규분포에 근사시킬 수 있다.

$$\hat{p}_A \sim N\left(p_A, \ \frac{p_A(1-p_A)}{n_A}\right), \ \hat{p}_B \sim N\left(p_B, \ \frac{p_B(1-p_B)}{n_B}\right)$$

③ 정규분포의 가법성에 의해 $\hat{p}_A - \hat{p}_B$의 분포는 다음과 같다.

$$\hat{p}_A - \hat{p}_B \sim N\left(p_A - p_B, \ \frac{p_A(1-p_A)}{n_A} + \frac{p_B(1-p_B)}{n_B}\right)$$

④ $P(|\hat{p}_A - \hat{p}_B| > 0.1) = P(\hat{p}_A - \hat{p}_B > 0.1) + P(\hat{p}_A - \hat{p}_B < -0.1)$

$$= P\left(Z > \frac{0.1 - (p_A - p_B)}{\sqrt{\dfrac{p_A(1-p_A)}{n_A} + \dfrac{p_B(1-p_B)}{n_B}}}\right) + P\left(Z < \frac{-0.1 - (p_A - p_B)}{\sqrt{\dfrac{p_A(1-p_A)}{n_A} + \dfrac{p_B(1-p_B)}{n_B}}}\right)$$

⑤ 표준정규분포의 누적분포함수를 활용하여 위의 확률이 최대가 되도록 하는 $p_A, \ p_B$를 구하면 된다.

03

다음은 독립변수 X와 반응변수 Y에 대한 관측값이다. 이 자료에 대해 단순선형회귀모형을 적합하고자 한다.

X	1	2	3	5	6	8
Y	0.1	0.15	0.2	0.3	1.5	3.0

$$\sum x = 25, \quad \sum y = 5.25, \quad \sum xy = 35.5, \quad \sum x^2 = 139$$

(1) 단순선형회귀모형과 오차항에 대한 가정을 기술하고, 회귀계수를 추정하여라.

(2) 피어슨(Pearson) 상관계수와 스피어만(Spearman) 상관계수를 각각 구하여라.

(3) 잔차분석을 실시하고, 이를 통해 위 모형에 대한 개선방안을 제시하여라.

03 해설

(1) 단순선형회귀분석(Simple Regression Analysis)

① 단순선형회귀모형

$$y_i = \alpha + \beta x_i + \epsilon_i, \ \epsilon_i \sim iidN(0, \ \sigma^2)$$

여기서 y_i : i번째 측정된 y의 값

$\alpha, \ \beta$: 모집단의 회귀계수

x_i : i번째 주어진 고정된 x의 값

ϵ_i : i번째 측정된 y의 오차항

② 오차항에 대한 가정은 다음과 같다.

불편성 : 오차항의 기대값은 0이다. $E(\epsilon_i) = 0$

독립성 : 오차항은 서로 독립이다. $Cov(\epsilon_i, \ \epsilon_j) = 0, \ i \neq j$

등분산성 : 오차항의 분산은 σ^2으로 동일하다. $Var(\epsilon_i) = E(\epsilon_i^2) = \sigma^2 \ for \ all \ i$

정규성 : 오차항은 정규분포를 따른다.

이를 수식으로 간단히 표현하면 $\epsilon_i \sim iidN(0, \ \sigma^2)$이다.

③ 회귀계수 추정

$$b = \frac{S_{XY}}{S_{XX}} = \frac{\sum(x_i - \bar{x})(y_i - \bar{y})}{\sum(x_i - \bar{x})^2} = \frac{\sum x_i y_i - n\bar{x}\bar{y}}{\sum x_i^2 - n\bar{x}^2} = \frac{35.5 - \left(6 \times \frac{25}{6} \times \frac{5.25}{6}\right)}{139 - \left[6 \times \left(\frac{25}{6}\right)^2\right]} = \frac{13.625}{34.833} = 0.391$$

$$a = \bar{y} - b\bar{x} = \frac{5.25}{6} - \left(0.391 \times \frac{25}{6}\right) = 0.875 - 1.629 = -0.754$$

(2) 피어슨 상관계수와 스피어만 상관계수

① 피어슨 상관계수

$$r = \frac{\sum(X_i - \overline{X})(Y_i - \overline{Y})}{\sqrt{\sum(X_i - \overline{X})^2}\sqrt{\sum(Y_i - \overline{Y})^2}} = \frac{\sum X_i Y_i - n\overline{X}\,\overline{Y}}{\sqrt{\sum X_i^2 - n\overline{X}^2}\sqrt{\sum Y_i^2 - n\overline{Y}^2}}$$

$$= \frac{35.5 - \left(6 \times \frac{25}{6} \times \frac{5.25}{6}\right)}{\sqrt{139 - \left[6 \times \left(\frac{25}{6}\right)^2\right]}\sqrt{11.4125 - \left[6 \times \left(\frac{5.25}{6}\right)^2\right]}} = \frac{13.625}{\sqrt{34.833}\sqrt{6.81875}} = 0.884$$

② 스피어만 상관계수

X의 순위	1	2	3	4	5	6
Y의 순위	1	2	3	4	5	6
순위 편차(d_i)	0	0	0	0	0	0
순위 편차제곱(d_i^2)	0	0	0	0	0	0

$$\therefore \; r_s = 1 - \frac{6\sum d_i^2}{n^3 - n} = 1 - \frac{6 \times 0}{216 - 6} = 1$$

(3) 잔차분석(Residual Analysis)

① 잔차는 오차의 추정값으로 $e_i = y_i - \hat{y}$ =관측값 − 예측값이다.

② 추정된 회귀식이 $\hat{Y} = -0.754 + 0.391X$이므로 각각의 X값에 대한 $\hat{y_i}$를 구하면 $\hat{y_1} = -0.363$, $\hat{y_2} = 0.028$, $\hat{y_3} = 0.419$, $\hat{y_4} = 1.201$, $\hat{y_5} = 1.592$, $\hat{y_6} = 2.374$이다.

  $\therefore$ 각각의 잔차를 구하면 $e_1 = 0.463$, $e_2 = 0.122$, $e_3 = -0.219$, $e_4 = -0.901$, $e_5 = -0.092$, $e_6 = 0.626$이다.

③ x축 $\hat{y}$에 대해 잔차의 산점도를 그려보면 다음과 같이 나타난다.

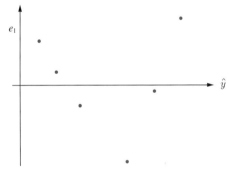

④ 잔차들이 2차 곡선의 형태로 나타나므로 새로운 독립변수로 2차항을 추가한 이차곡선식 $\hat{y} = b_0 + b_1 x + b_2 x^2$이 적합하다.

04

균일분포 $U(\mu - 1,\ \mu + 1)$으로부터 추출된 크기가 1인 확률표본을 X라고 하자.

(1) 한 개의 표본 X를 이용하여 다음의 가설에 대한 검정을 실시하고자 한다.

$$H_0 : \mu \le 10,\ H_1 : \mu > 10$$

유의수준 5%에서의 기각역을 구하여라.

(2) 위 (1)에서 구한 기각역을 사용하여 검정을 실시할 때, 검정력 함수를 구하고 이를 그림으로 그려라.

(3) 위 (1)에서 구한 기각역을 사용하여 아래 가설에 대한 검정을 실시하고자 한다.

$$H_0 : \mu = 10,\ H_1 : \mu = 11$$

제1종 오류와 제2종 오류의 확률을 각각 구하여라.

04 해 설

(1) 균일분포(Uniform Distribution)

① $X \sim U(a,\ b)$일 때 확률밀도함수 $f(x) = \dfrac{1}{b-a}$, $a < x < b$이며, 분포함수 $F(x) = P(X \le x)$는 다음과 같다.

$F(x) = 0, \quad x < a$

$\quad\quad = \dfrac{x-a}{b-a}, \quad a \le x \le b$

$\quad\quad = 1, \quad b < x$

② 제1종의 오류를 범할 확률(α)은 귀무가설이 참일 때 귀무가설을 기각할 확률이다.

$\alpha = 0.05 = P(X \ge x \,|\, \mu = 10)$

$\quad\quad = 1 - P(X \le x \,|\, \mu = 10) \quad \therefore X$가 연속형 분포이면 $P(X \le x) = P(X < x)$이 성립

$\quad\quad = 1 - \dfrac{x-9}{11-9} = \dfrac{11-x}{2}$

$\therefore\ x = 10.9$

③ 즉, 기각역은 $X \ge 10.9$이다.

(2) 검정력 함수(Power Function)

① 검정력 함수는 귀무가설을 기각시킬 확률을 모수 θ의 함수로 나타낸 것이다.

② $h(\theta) = P(\text{귀무가설 기각} \,|\, \theta) = P(X \ge 10.9 \,|\, \mu = \theta)$

$$= 1 - P(X < 10.9 \,|\, \mu = \theta) = \begin{cases} 0 & (\theta < 9.9) \\ 1 - \dfrac{11.9 - \theta}{11 - 9} & (9.9 \le \theta \le 11.9) \\ 1 & (\theta > 11.9) \end{cases}$$

$$= \begin{cases} 0 & (\theta < 9.9) \\ \dfrac{\theta - 9.9}{2} & (9.9 \le \theta \le 11.9) \\ 1 & (\theta > 11.9) \end{cases}$$

③ θ값에 대한 $h(\theta)$를 구하면 다음과 같다.

θ	9.9	10.1	10.3	10.5	10.7	10.9	11.1	11.3	11.5	11.7	11.9
$h(\theta)$	0	0.1	0.2	0.3	0.4	0.5	0.6	0.7	0.8	0.9	1

④ 이를 그래프로 나타내면 다음과 같다.

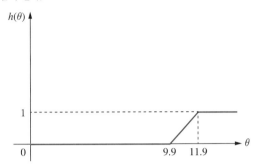

(3) 제1종 오류와 제2종 오류의 확률

① 제1종의 오류를 범할 확률은 귀무가설이 참일 때 귀무가설을 기각할 확률이다.

$$\alpha - P(X \geq 10.9 | \mu = 10) = 1 - P(X < 10.9 | \mu = 10)$$

$$= 1 - \frac{10.9 - 9}{11 - 9} = \frac{11 - 10.9}{2} = 0.05$$

② 제2종의 오류 β는 대립가설이 참일 때 귀무가설을 채택할 오류이다.

$$\beta = P(X < 10.9 | \mu = 11) = \frac{10.9 - 10}{11 - 9} = 0.45$$

01

현재 어떤 메일시스템에 수신되는 메일 중 40%가 스팸메일이고 나머지는 정상메일이라고 한다.
스팸메일 중 제목에 'A'라는 단어가 있는 메일은 25%이고 'A'와 'B' 두 단어가 모두 있는 메일은
20%라고 한다. 정상메일 중 제목에 'A'가 있는 경우는 5%이고 두 단어가 모두 있는 메일은 2%라고
한다면 아래의 물음에 답하여라.

(1) 제목에 'B' 단어는 없고 'A' 단어만 들어 있는 메일은 전체 메일 중 몇 %인지 구하라.

(2) 제목에 'A'와 'B' 두 단어가 모두 있는 메일을 수신했다면 그 메일이 스팸메일일 확률을 구하라
(단, 분수형태로 표시할 것).

(3) 향후 20년 동안 전체메일에서 스팸메일이 차지하는 비율은 매년 2% 포인트씩 증가한다고 하자.
매년 스팸메일과 정상메일에서 제목에 'A'와 'B'가 들어가는 비율에는 변화가 없다고 할 때, 앞으
로 몇 년 후부터 전체메일에서 제목에 'A' 단어가 들어가는 메일이 15% 이상 되는지를 구하라.

01 해설

(1) 전확률 공식(Total Probability Formula)

① 다음과 같이 정의하자.

S : 메일시스템에 스팸메일이 수신되는 사상

N : 메일시스템에 정상메일이 수신되는 사상

A : 전체메일 중 제목에 'A'라는 단어가 포함되어 있는 사상

AB : 전체메일 중 제목에 'A'와 'B' 두 단어가 모두 포함되어 있는 사상

AB^c : 전체메일 중 제목에 'B' 단어는 없고 'A'만 포함되어 있는 사상

② $P(A|S) = 0.25$, $P(AB|S) = 0.2$이므로 스팸메일이란 가정하에 제목에 'A'만 포함되어 있는 확률은 $P(AB^c|S)$
$= P(A|S) - P(AB|S) = 0.25 - 0.2 = 0.05$이다.

③ $P(A|N) = 0.05$, $P(AB|N) = 0.02$이므로 정상메일이란 가정하에 제목에 'A'만 포함되어 있는 확률은 $P(AB^c|N)$
$= P(A|N) - P(AB|N) = 0.05 - 0.02 = 0.03$이다.

④ 전확률 공식을 이용하여 제목에 'B' 단어는 없고 'A' 단어만 들어있는 확률을 구하면 다음과 같다.

$$P(AB^c) = P(AB^c)P(AB^c|S) + P(AB^c)P(AB^c|N)$$

(2) 베이즈 공식(Bayes' Formula)

① 전확률 공식을 이용하여 전체메일 중 제목에 'A'와 'B' 두 단어가 모두 포함되어 있을 확률은 다음과 같다.

$$P(AB) = P(AB)P(AB|S) + P(AB)P(AB|N) = (0.4 \times 0.2) + (0.6 \times 0.02) = 0.092$$

② 베이즈 공식을 이용하여 제목에 'A'와 'B' 두 단어가 모두 포함되어 있는 메일을 수신했다는 조건하에 그 메일이 스팸메일일 확률은 다음과 같다.

$$P(S|AB) = \frac{P(S \cap AB)}{P(AB)} = \frac{P(AB)P(AB|S)}{P(AB)P(AB|S) + P(AB)P(AB|N)}$$

$$= \frac{0.4 \times 0.2}{(0.4 \times 0.2) + (0.6 \times 0.02)} = \frac{0.08}{0.092}$$

$$= \frac{20}{23}$$

(3) 확률의 계산

① x를 연도라고 하자.

② 구하고자 하는 연도는 $(0.4 + 0.02x) \times 0.25 + (0.6 - 0.02x) \times 0.05 \geq 0.15$을 만족한다.

∴ $0.1 + 0.005x + 0.03 - 0.001x \geq 0.15 \implies 0.004x \geq 0.02 \implies x \geq 5$

③ 5년 후부터 전체메일 중 제목에 'A' 단어가 들어가는 메일이 15% 이상이다.

02

서울지역의 초등학교를 다니는 6학년 학생들의 학업성취도를 알아보기 위해 다음과 같은 방법으로 자료를 수집하려고 한다. 이를 통해 초등학교의 평균학업성취도를 비교한다고 했을 때 통계적 관점에서 어떤 공통점과 차이점이 있는지를 기술하라.

방법 ㉠	서울지역 모든 초등학교에서 6학년 전체학생들을 대상으로 학업성취도 자료를 얻음
방법 ㉡	서울지역 모든 초등학교에서 몇 명의 6학년 학생들을 무작위로 추출하여 학업성취도 자료를 얻음
방법 ㉢	서울지역 초등학교 몇 곳을 무작위로 선택하고 선택된 학교에서 몇 명의 6학년 학생들을 무작위로 추출하여 자료를 얻음
방법 ㉣	조사자가 관심을 가지는 초등학교 몇 곳에서 몇 명의 6학년 학생들을 무작위로 추출하여 학업성취도 자료를 얻음

02 해설

자료수집방법

① 통계조사는 모집단에 속해있는 개체를 모두 조사할 것인가 일부만 조사할 것인가에 따라 전수조사와 표본조사로 분류할 수 있다.
 • 방법 ㉠ : 전수조사
 • 방법 ㉡ : 무작위표본추출조사
 • 방법 ㉢ : 군집표본추출조사
 • 방법 ㉣ : 편의표본추출조사

② 각 통계조사에 따른 공통점과 차이점
 • 방법 ㉠은 모집단의 특성을 파악하기 위해 모집단 전체를 조사하는 전수조사이지만, 방법 ㉡, ㉢, ㉣는 모집단으로부터 일부의 표본을 추출하여 조사하는 표본조사이다.
 • 방법 ㉠은 전수조사이므로 표본오차가 발생하지 않지만, 방법 ㉡, ㉢, ㉣는 표본조사로 표본오차가 발생한다.
 • 방법 ㉡, ㉢, ㉣은 표본추출방법에 차이가 있으며, 방법 ㉡, ㉢은 확률표본추출방법으로 표본오차의 측정이 가능하지만 방법 ㉣은 비확률표본추출방법으로 표본오차의 측정이 불가능하다.

A 지역단체장이 제안한 새로운 지역개발 계획에 대한 지역 주민의 지지율을 알아보기 위하여 한 여론조사업체가 유선전화를 통하여 표본을 추출하려 한다. 이때 추출된 표본은 모두 지지여부에 대한 응답을 한다고 하자. 95% 신뢰수준(Confidence Level)에서 지역 주민의 지지율을 허용오차 (Allowable Error) $\pm 3.92\%$ 이내에서 얻기 위한 적정 표본크기 결정방법에 대하여 논하고 표본의 크기를 구하라(여기서, $Z \sim N(0, 1)$이면, $P(Z \geq z_\alpha) = \alpha$에서 $z_{0.05} = 1.645$, $z_{0.025} = 1.96$ 이다).

03 해설

모비율 추정에서 필요한 표본크기 결정

① 모비율 p에 대한 $100(1-\alpha)\%$ 신뢰구간은 $\hat{p} \pm z_{\frac{\alpha}{2}} \sqrt{\dfrac{\hat{p}(1-\hat{p})}{n}}$ 이다. 여기서 $\sqrt{\dfrac{\hat{p}(1-\hat{p})}{n}}$ 을 표준오차라 하고,

$z_{\frac{\alpha}{2}} \sqrt{\dfrac{\hat{p}(1-\hat{p})}{n}}$ 을 추정오차(오차한계)라 하며, 추정오차가 d 이내가 되도록 하려면 $z_{\frac{\alpha}{2}} \sqrt{\dfrac{\hat{p}(1-\hat{p})}{n}} \leq d$ 로부터 다음과 같이 표본의 크기를 구한다.

$$n \geq \hat{p}(1-\hat{p})\left(\frac{z_{\frac{\alpha}{2}}}{d}\right)^2$$

② 모비율 p에 대한 과거의 경험이나 시험조사를 통해 사전정보가 있을 경우, 표본의 크기는 $n \geq \hat{p}(1-\hat{p})\left(\dfrac{z_{\frac{\alpha}{2}}}{d}\right)^2$ 을 사용하지만, 모비율 p에 대한 사전 정보가 없는 경우에는 보수적인 방법으로 $\hat{p}(1-\hat{p})$ 을 최대로 해주는 $\hat{p} = \dfrac{1}{2}$ 을 대입하여 표본크기를 결정한다.

$$\therefore n \geq \hat{p}(1-\hat{p})\left(\frac{z_{\frac{\alpha}{2}}}{d}\right)^2 = 0.5 \times 0.5 \times \left(\frac{1.96}{0.0392}\right)^2 = 625$$

04

단순선형회귀(Simple Linear Regression)모형을 고려하자.

$$y_i = \beta_0 + \beta_1 x_i + \epsilon_i, \ i = 1, \ \cdots, \ n$$

β_0와 β_1의 통상최소제곱추정치(Ordinary Least Squared Estimate)는 다음과 같이 b_0와 b_1으로 구해진다.

$$b_0 = \overline{y} - b_1 \overline{x}, \quad b_1 = \frac{\displaystyle\sum_{i=1}^{n}\left(x_i - \overline{x}\right)\left(y_i - \overline{y}\right)}{\displaystyle\sum_{i=1}^{n}\left(x_i - \overline{x}\right)^2}$$

기울기의 추정치 b_1과 표본상관계수(Sample Correlation Coefficient) r이 같을 수 있는 상황에 대하여 논하라. 여기서 $\overline{x}$와 $\overline{y}$는 x와 y의 표본평균이고, r은 다음과 같다.

$$r = \frac{\displaystyle\sum_{i=1}^{n}\left(x_i - \overline{x}\right)\left(y_i - \overline{y}\right)}{\sqrt{\displaystyle\sum_{i=1}^{n}\left(x_i - \overline{x}\right)^2 \sum_{i=1}^{n}\left(y_i - \overline{y}\right)^2}}$$

04 해설

상관계수의 성질

① 표본상관계수 r과 단순성형회귀직선의 기울기 b_1은 다음의 관계가 성립한다.

$$r = \frac{Cov(X, \ Y)}{S_X S_Y} = \frac{\displaystyle\sum_{i=1}^{n}\left(x_i - \overline{x}\right)\left(y_i - \overline{y}\right)}{\sqrt{\displaystyle\sum_{i=1}^{n}\left(x_i - \overline{x}\right)^2 \sum_{i=1}^{n}\left(y_i - \overline{y}\right)^2}} = \frac{\displaystyle\sum_{i=1}^{n}\left(x_i - \overline{x}\right)\left(y_i - \overline{y}\right)}{\displaystyle\sum_{i=1}^{n}\left(x_i - \overline{x}\right)^2} \frac{\sqrt{\displaystyle\sum_{i=1}^{n}\left(x_i - \overline{x}\right)^2}}{\sqrt{\displaystyle\sum_{i=1}^{n}\left(y_i - \overline{y}\right)^2}} = b_1 \frac{S_X}{S_Y}$$

② 즉, 표본상관계수 r과 단순선형회귀직선의 기울기 b_1이 같게 되기 위해서는 X의 표본표준편차와 Y의 표본표준편차가 동일해야 한다.

③ 또한, $Cov(X, \ Y) = 0$이면 X와 Y는 서로 독립이 되어 표본상관계수와 단순선형회귀직선의 기울기 b_1은 0으로 동일하다.

01

기온(X)이 아이스크림 판매(Y)에 어떤 영향을 주는지 알아보기 위해 임의로 27일을 선택하여 자료를 수집한 후 절편이 있는 단순회귀모형을 적합한 결과 다음의 분석 결과를 얻었다. 분산분석표와 회귀계수 추정치 표를 완성하시오.

분산분석표

요 인	자유도	제곱합	평균제곱합	F값
회 귀	(a)	(d)	0.08	(g)
잔 차	(b)	(e)	(f)	
전 체	(c)	0.58		

회귀계수 추정치

변 수	회귀계수 추정치	추정치의 표준오차	t값
절 편	(h)	0.02	8.00
기 온	(i)	0.04	(j)

01 해설

단순회귀분석(Simple Regression Analysis)

① 임의로 27일을 선택하여 자료를 매일 1회씩 수집하였다고 한다면 표본크기 $n = 27$이 된다.

② 절편이 있는 단순회귀분석에서 회귀모형의 유의성 검정은 다음과 같은 분산분석표를 이용하여 검정한다.

분산분석표

요 인	자유도	제곱합	평균제곱합	F값
회 귀	1	SSA	$MSA = SSA/1$	MSA/MSE
잔 차	$n-2$	SSE	$MSE = SSE/n-2$	
전 체	$n-1$	SST		

③ $MSA = SSA/1 = 0.08$이므로 $SSA = 0.08$이다.

$SST = SSA + SSE = 0.08 + SSE = 0.58$이므로 $SSE = 0.5$이다.

$MSE = SSE/n-2 = 0.5/25 = 0.02$

$F = MSA/MSE = 0.08/0.02 = 4$

④ 위의 결과를 이용하여 다음의 분산분석표를 작성한다.

분산분석표

요 인	자유도	제곱합	평균제곱합	F값
회 귀	(1)	(0.08)	0.08	(4)
잔 차	(25)	(0.5)	(0.02)	
전 체	(26)	0.58		

⑤ 절편이 있는 단순회귀분석에서 회귀모형의 유의성 검정은 다음과 같은 t검정통계량 값을 이용하여 검정한다.

절편 b_0에 대한 검정통계량 : $\dfrac{b_0 - \beta_0}{\sqrt{Var(b_0)}}$

기울기 b_1에 대한 검정통계량 : $\dfrac{b_1 - \beta_1}{\sqrt{Var(b_1)}}$

⑥ 귀무가설 $\beta_0 = 0$하에서 절편 b_0에 대한 검정통계량 값은 $t = \dfrac{b_0 - 0}{0.02} = 8$이므로 $b_0 = 0.16$이다.

⑦ 귀무가설 $\beta_1 = 0$하에서 기울기 b_1에 대한 검정통계량 값은 $t = \dfrac{b_1}{\sqrt{Var(b_0)}}$이고

$$T^2 = \left(\dfrac{b}{\sqrt{Var(b)}}\right)^2 = \dfrac{b^2}{MSE/s_{xx}} = \dfrac{b^2}{MSE/\sum(x_i - \overline{x})^2} = \dfrac{b^2\sum(x_i - \overline{x})^2}{MSE} = \dfrac{SSR/1}{SSE/n-2} = F_{(1,\ n-2)}$$이 성립한다.

$$\therefore\ SSR = \sum(\hat{y_i} - \overline{y})^2 = \sum(b_0 + b_1 x_i - b_0 - b_1 \overline{x})^2 = b_1^2 \sum(x_i - \overline{x})^2$$

⑧ F검정통계량 값이 4이므로 t검정통계량 값은 ± 2가 되고, 기온에 대한 회귀계수 추정치는 ± 0.08이 된다.

회귀계수 추정치

변 수	회귀계수 추정치	추정치의 표준오차	t값
절 편	(0.16)	0.02	8.00
기 온	(±0.08)	0.04	(±2)

⑨ 기온에 대한 회귀계수 추정치와 상관계수의 부호는 항상 동일하다. 그러므로 기온과 아이스크림 판매량과의 상관계수를 구해서 양의 선형연관성이 있으면 기온에 대한 회귀계수 추정치를 0.08, 검정통계량 t값을 2로 판단하고, 음의 선형연관성이 있으면 기온에 대한 회귀계수 추정치를 -0.08, 검정통계량 t값을 -2로 판단한다.

성별과 수입(단위 : 만원), 직업만족도에 대한 조사를 수행하였다. 이 조사 자료로부터 아래 〈표 1〉과 같은 분할표 및 수입과 직업만족도의 독립성에 관한 카이제곱 통계량을 얻었다. 또한, 〈표 2〉와 〈표 3〉은 여성과 남성 각각에 대하여 분할표 및 수입과 직업만족도의 독립성에 관한 카이제곱 통계량이다.

〈표 1〉 수입과 직업만족도 분할표와 카이제곱 통계량

만족도 수 입	불 만	만 족	합 계
0~500	24	45	69
501~1200	24	78	102
1201~4000	3	69	72
4001 이상	9	63	72
합 계	60	255	315

카이제곱통계량 : 24.7499, p-값<0.0001

〈표 2〉 여성들의 수입과 직업만족도 분할표와 카이제곱 통계량

만족도 수 입	불 만	만 족	합 계
0~500	12	39	51
501~1200	15	60	75
1201~4000	3	39	42
4001 이상	6	18	24
합 계	36	156	192

카이제곱통계량 : 5.1713, p-값=0.1597

〈표 3〉 남성들의 수입과 직업만족도 분할표와 카이제곱 통계량

만족도 수 입	불 만	만 족	합 계
0~500	12	6	18
501~1200	9	18	27
1201~4000	0	30	30
4001 이상	3	45	48
합 계	24	99	123

카이제곱통계량 : 5.1713, p-값<0.0001

(1) 〈표 1〉－〈표 3〉 각각에 대하여 표에서 제시한 카이제곱 통계량에 근거하여 수입과 직업만족도의 연관성에 관하여 서술하시오.

(2) 만약 서로 동일한 혹은 상충되는 결론이 나왔다면 이유가 무엇일지 서술하시오.

(3) 수입과 직업만족도의 연관성에 관하여 어떤 결론이 가장 타당하다고 생각하는지 이유를 들어 설명하시오.

02 해 설

(1) 카이제곱 독립성 검정(χ^2 Independence Test)

① 〈표 1〉 성별을 고려하지 않은 수입과 직업만족도에 대한 카이제곱 독립성 검정은 다음과 같다.

② 분석에 앞서 가설을 설정한다.
- 귀무가설(H_0) : 수입과 직업만족도는 서로 연관성이 없다(수입과 직업만족도는 서로 독립이다).
- 대립가설(H_1) : 수입과 직업만족도는 서로 연관성이 있다(수입과 직업만족도는 서로 독립이 아니다).

③ 유의수준 $\alpha = 0.05$로 가정한다면 검정통계량 값이 24.7499이고 유의확률이 0.0001보다 작아 유의수준 0.05보다 작으므로 귀무가설(H_0)을 기각한다. 즉, 유의수준 5%하에서 수입과 직업만족도는 서로 연관성이 있다고 할 수 있다.

④ 〈표 2〉 여성을 고려한 수입과 직업만족도에 대한 카이제곱 독립성 검정은 다음과 같다.

⑤ 분석에 앞서 가설을 설정한다.
- 귀무가설(H_0) : 여성의 수입과 직업만족도는 서로 연관성이 없다(여성의 수입과 직업만족도는 서로 독립이다).
- 대립가설(H_1) : 여성의 수입과 직업만족도는 서로 연관성이 있다(여성의 수입과 직업만족도는 서로 독립이 아니다).

⑥ 유의수준 $\alpha = 0.05$로 가정한다면 검정통계량 값이 5.1713이고 유의확률이 0.1597로 유의수준 0.05보다 작으므로 귀무가설(H_0)을 채택한다. 즉, 유의수준 5%하에서 여성의 수입과 직업만족도는 서로 연관성이 없다고 할 수 있다.

⑦ 〈표 3〉 남성을 고려한 수입과 직업만족도에 대한 카이제곱 독립성 검정은 다음과 같다.

⑧ 분석에 앞서 가설을 설정한다.
- 귀무가설(H_0) : 남성의 수입과 직업만족도는 서로 연관성이 없다(남성의 수입과 직업만족도는 서로 독립이다).
- 대립가설(H_1) : 남성의 수입과 직업만족도는 서로 연관성이 있다(남성의 수입과 직업만족도는 서로 독립이 아니다).

⑨ 유의수준 $\alpha = 0.05$로 가정한다면 검정통계량 값이 5.1713이고 유의확률이 0.0001보다 작아 유의수준 0.05보다 작으므로 귀무가설(H_0)을 기각한다. 즉, 유의수준 5%하에서 남성의 수입과 직업만족도는 서로 연관성이 있다고 할 수 있다.

(2) 심슨의 파라독스(Simpson's Paradox)

① 전체자료인 〈표 1〉에서는 유의수준 5%에서 수입과 직업만족도 간에는 서로 연관성이 있다고 나타났지만 세부자료인 〈표 2〉에서는 유의수준 5%에서 수입과 직업만족도간에는 서로 연관성이 없다고 나타났으며, 〈표 3〉에서는 유의수준 5%에서 수입과 직업만족도 간에는 서로 연관성이 있다고 나타났다.

② 이와 같이 각 세부자료에서 성립하는 성질이 그 세부자료를 종합한 총괄자료에 대해서는 성립하지 않는다는 모순이 발생하게 되는데, 이와 같은 현상을 심슨의 패러독스(Simpson's Paradox)라 한다.

③ 이런 현상이 발생하는 원인은 전체자료에서 성별(남자, 여자)이라는 또 하나의 중요한 변수를 고려하지 않은 데 기인한 것이며 (1)의 결과에서 알 수 있듯이 각각의 세부자료에 가중되는 가중치의 비율이 크게 차이 나기 때문이다. 즉, 각각의 세부자료에서 성별에 따른 수입의 범주에 대한 표본크기가 서로 상반되면서 크게 차이가 나는 데 원인이 있다.

(3) 검정결과 해석

① 위와 같은 심슨의 패러독스 현상이 발생했을 경우 성별(남자, 여자)이라는 또 하나의 중요한 변수를 고려하지 않고 분석한 전체자료를 사용하는 것보다는 성별 변수를 고려한 세부자료를 사용하여 분석하는 것이 바람직하다.

② 결과적으로 성별 변수를 고려했을 경우 여자는 유의수준 5%에서 수입과 직업만족도 간에는 서로 연관성이 없다고 할 수 있으며 남자는 유의수준 5%에서 수입과 직업만족도 간에는 서로 연관성이 있다고 할 수 있다.

서로 독립인 두 확률변수 X_1과 X_2의 누적밀도함수(Cumulative Density Function)는 아래와 같다.

$$F(x) = 0, \quad x \leq 0$$
$$= x, \quad 0 < x \leq 1$$
$$= 1, \quad 1 < x$$

이 두 변수에 대하여 $V = \max(X_1,\ X_2)$이고 $W = \min(X_1,\ X_2)$이라 하자.

(1) V의 확률밀도함수를 구하시오.

(2) W의 확률밀도함수를 구하시오.

(3) V와 W의 결합확률밀도함수를 구하시오.

(4) $W = w$일 때 V의 조건부확률밀도함수를 구하시오.

03 해설

(1) 최대값의 확률밀도함수

① $V = \max(X_1,\ X_2)$이므로 V의 누적밀도함수는 아래와 같이 구할 수 있다.

$$F_V(v) = P(V \leq v) = P(X_1 \leq v,\ X_2 \leq v) = \prod_{i=1}^{2} P(X_i \leq v) = \prod_{i=1}^{2} F_{X_i}(v) = \left[F_X(v)\right]^2 = \begin{cases} 0, & v \leq 0 \\ v^2, & 0 < v \leq 1 \\ 1, & v > 1 \end{cases}$$

② V의 확률밀도함수 $f(v)$는 V의 누적밀도함수 $F_V(v)$를 v에 대해 미분하여 구한다.

$$f_V(v) = \frac{dF_V(v)}{dv} = \frac{v^2}{dv} = \begin{cases} 2v, & 0 < v \leq 1 \\ 0, & \text{elsewhere} \end{cases}$$

(2) 최소값의 확률밀도함수

① $W = \min(X_1,\ X_2)$이므로 W의 누적밀도함수는 아래와 같이 구할 수 있다.

$$F_W(w) = P(W \leq w) = 1 - P(W > w) = 1 - P(X_1 > w,\ X_2 > w) = 1 - \prod_{i=1}^{2} P(X_i > w)$$

$$= 1 - \prod_{i=1}^{2} P(X_i > w) = 1 - \prod_{i=1}^{2} \left[1 - F_{X_i}(w)\right] = 1 - \left[1 - F_{X_i}(w)\right]^2$$

$$= \begin{cases} 0, & w \leq 0 \\ 1 - (1-w)^2, & 0 < w \leq 1 \\ 1, & w > 1 \end{cases}$$

$$= \begin{cases} 0, & w \leq 0 \\ -w^2 + 2w, & 0 < w \leq 1 \\ 1, & w > 1 \end{cases}$$

② W의 확률밀도함수 $f(w)$는 W의 누적밀도함수 $F_W(w)$를 w에 대해 미분하여 구한다.

$$f_W(w) = \frac{dF_W(w)}{dw} = \frac{-w^2 + 2w}{dw} = \begin{cases} -2w + 2, & 0 < w \leq 1 \\ 0, & \text{elsewhere} \end{cases}$$

(3) 결합확률밀도함수(Joint Probability Density Function)

① $V = \max(X_1,\ X_2)$, $W = \min(X_1,\ X_2)$이면, $v > w$에 대해서

$$F_{V,\ W}(v,\ w) = P(V \le v,\ W \le w)$$
$$= P[(X_1 \le v,\ X_2 \le w) \cup (X_1 \le w,\ X_2 \le v)]$$
$$= P(X_1 \le v,\ X_2 \le w) + P(X_1 \le w,\ X_2 \le v) - P(X_1 \le w,\ X_2 \le w)$$
$$= F_{X_1,\ X_2}(v,\ w) + F_{X_1,\ X_2}(w,\ v) - F_{X_1,\ X_2}(w,\ w)$$

② 반면에, $v < w$에 대해서

$$F_{V,\ W}(v,\ w) = P(V \le v,\ W \le w) = P(V \le v,\ W \le v)$$
$$= P(X_1 \le v,\ X_2 \le v)$$
$$= F_{X_1,\ X_2}(v,\ v)$$

③ 따라서 V와 W의 결합밀도확률함수는 아래와 같이 구할 수 있다.

$$f_{V,\ W}(v,\ w) = \frac{\partial^2 F_{V,\ W}(v,\ w)}{\partial v \partial w} = \begin{cases} f_{X_1,\ X_2}(v,\ w) + f_{X_1,\ X_2}(w,\ v), & v > w \\ 0, & v < w \end{cases}$$

④ $f_{X_1,\ X_2}(v,\ w) = \begin{cases} 1, & 0 < v < 1,\ 0 < w < 1 \\ 0, & \text{elsewhere} \end{cases}$이므로

$$\therefore f_{V,\ W}(v,\ w) = \begin{cases} 2, & 0 < w < v < 1 \\ 0, & \text{elsewhere} \end{cases}$$

(4) 조건부확률밀도함수(Conditional Probability Density Function)

① 조건부확률의 정의에 의해 다음과 같은 공식이 성립한다.

$$P(V \mid W) = \frac{P(V \cap W)}{P(W)}$$ 이므로 $P(W)P(V \mid W) = P(V \cap W)$이 성립한다.

② 그러므로 $W = w$일 때 V의 조건부확률밀도함수는 다음과 같이 구할 수 있다.

$$P(W = w) = f(w) = \begin{cases} -2w + 2, & 0 < w \le 1 \\ 0, & \text{eleswhere} \end{cases}$$

$$P(V = v \cap W = w) = f_{V,W}(v,w) = \begin{cases} 2, & 0 < w < v < 1 \\ 0, & \text{elsewhere} \end{cases}$$

$$P(V = v \mid W = w) = \frac{f_{V,W}(v,w)}{f(w)} = \begin{cases} \dfrac{2}{2 - 2w} = \dfrac{1}{1 - w}, & 0 < w < v < 1 \\ 0, & \text{elsewhere} \end{cases}$$

$$\therefore f_{V \mid W = w}(v,w) = \begin{cases} \dfrac{1}{1 - w}, & 0 < w < v < 1 \\ 0, & \text{elsewhere} \end{cases}$$

성공확률이 θ인 베르누이 시행을 4번 독립적으로 반복한 결과 1번의 성공을 얻었다. 성공확률 θ는 0.1, 0.5, 0.9 중 하나의 값을 갖는데, 사전정보에 의하면 θ가 0.1, 0.5, 0.9일 사전확률은 각각 0.3, 0.4, 0.3이라고 한다. 이상의 정보를 종합할 때 θ의 값으로 가장 가능한 값은 어느 것인지 근거를 들어 설명하시오.

04 해설

베이즈 공식(Bayes' Formula)

① $\theta = 0.1$인 사상을 A, $\theta = 0.5$인 사상을 B, $\theta = 0.9$인 사상을 C라 하자.

② 성공확률이 θ인 베르누이 시행을 4번 독립적으로 반복한 결과 1번의 성공을 얻는 사상을 X라 하자.

③ 조건부확률을 구하면 다음과 같다.

$$P(X \mid A) = {}_4C_1 \left(\frac{1}{10}\right)^1 \left(\frac{9}{10}\right)^3 = 4 \times \frac{1}{10} \times \left(\frac{9}{10}\right)^3 = 0.2916$$

$$P(X \mid B) = {}_4C_1 \left(\frac{1}{2}\right)^1 \left(\frac{1}{2}\right)^3 = 4 \times \left(\frac{1}{2}\right)^4 = 0.25$$

$$P(X \mid C) = {}_4C_1 \left(\frac{9}{10}\right)^1 \left(\frac{1}{10}\right)^3 = 4 \times \frac{9}{10} \times \left(\frac{1}{10}\right)^3 = 0.0036$$

④ 베이즈 공식의 정의에 의하면 표본공간이 n개의 사상 $A_1, A_2, \cdots, A_n$에 의해 분할되었고, 모든 $i = 1, 2, \cdots, n$에 대하여 $P(A_i)$가 0이 아니라면 임의의 사상 X에 대해 다음이 성립한다.

$$P(A_i \mid X) = \frac{P(A_i)\,P(X \mid A_i)}{P(A_1)\,P(X \mid A_1) + P(A_2)\,P(X \mid A_2) + \cdots + P(A_n)\,P(X \mid A_n)}$$

여기서 $P(A_1)$, $P(A_2)$, $\cdots$, $P(A_n)$을 사전확률(Prior Probability)이라 하고, 조건부확률 $P(A_1|X)$, $P(A_2|X)$, $\cdots$, $P(A_n|X)$을 사후확률(Posterior Probability)이라 한다.

⑤ 위의 조건부확률로부터 다음을 알 수 있다.

$P(X \mid A) = \dfrac{P(X \cap A)}{P(A)} = 0.2916$이고 사전정보에 의해 $P(A) = 0.3$이므로 $P(X \cap A) = 0.08748$,

$P(X \mid B) = \dfrac{P(X \cap B)}{P(B)} = 0.25$이고 사전정보에 의해 $P(B) = 0.4$이므로 $P(X \cap B) = 0.1$,

$P(X \mid C) = \dfrac{P(X \cap C)}{P(C)} = 0.0036$이고 사전정보에 의해 $P(C) = 0.3$이므로 $P(X \cap C) = 0.00108$

⑥ 전확률 공식을 이용하여 $P(X)$를 구하면 다음과 같다.

$P(X) = P(A)P(X|A) + P(B)P(X|B) + P(C)P(X|C)$

$\quad = 0.3 \times 0.2916 + 0.4 \times 0.25 + 0.0036 \times 0.00108 = 0.18856$

⑦ 베이즈 공식을 이용하여 각각의 확률을 구한다.

$$P(A \mid X) = \frac{P(A \cap X)}{P(A)P(X|A) + P(B)P(X|B) + P(C)P(X|C)} = \frac{0.08748}{0.18856} \approx 0.4639$$

$$P(B \mid X) = \frac{P(B \cap X)}{P(A)P(X|A) + P(B)P(X|B) + P(C)P(X|C)} = \frac{0.1}{0.18856} \approx 0.53$$

$$P(C \mid X) = \frac{P(C \cap X)}{P(A)P(X|A) + P(B)P(X|B) + P(C)P(X|C)} = \frac{0.00108}{0.18856} \approx 0.0057$$

⑧ 위 3가지 확률 중 $P(B \mid X)$가 가장 높으므로 θ의 값 중 가장 가능한 값은 0.5이다.

01

자동차 정비업소 A의 견적이 다른 정비업소 B보다 항상 많게 나오는 경향이 있는 것으로 알려져 있다. 이를 확인하기 위하여 사고가 난 18대 자동차를 두 정비업소에 모두 보내 수리비의 견적을 받아 다음과 같은 결과를 얻었다.

두 정비업소 견적 자료

자동차	견적액(단위 : 십만원)		견적액 차이
	정비업소 A	정비업소 B	
1	6.6	6.0	0.6
2	7.5	6.5	1.0
⋮	⋮	⋮	⋮
18	8.5	7.7	0.8
평 균	7.8	7.2	0.8
분 산	9.5	8.5	0.64

(1) 정비업소 A의 사장은 다음과 같은 가설에 대하여 독립 이표본 $t-$검정을 실시하여 B업소에 비해 평균 견적액이 크지 않음을 주장하였다. 두 업소의 견적액의 분포는 정규분포를 따르고, 동일한 분산을 가지는 것으로 가정한다. 이때 검정통계량의 값을 구하고 유의수준 0.05에서의 가설검정 결과를 유도하여 정비업소 A의 사장의 주장을 확인하여라(단, T가 자유도 n인 t분포를 따르는 확률변수이고, $t_\alpha(n)$을 $P(T > t_\alpha(n)) = \alpha$을 만족하는 수로 정의할 때, $t_{0.05}(34) = 1.69$, $t_{0.05}(17) = 1.74$이며 $\sqrt{2} = 1.4$로 계산할 것).

> 귀무가설 : $\mu_A \leq \mu_B$ 대립가설 : $\mu_A > \mu_B$

(2) (1)에서 실시한 정비업소 A의 사장의 가설검정이 적절하지 않은 이유를 설명하고, 적절한 방법으로 가설검정을 실시하여 (1)의 결과와 비교하여라.

01 해설

(1) 독립표본 $t-$검정(Independent Sample $t-$Test)

① 소표본에서 두 모분산을 모르지만 같다는 것을 아는 경우 두 모평균의 차 $\mu_A - \mu_B$에 대한 검정이다.

② 독립표본인 경우 $X_A \sim N(\mu_A, \sigma_A^2)$, $X_B \sim N(\mu_B, \sigma_B^2)$을 따르며, X_A와 X_B는 서로 독립이라고 가정한다.

③ 분석에 앞서 가설을 설정한다.
   - 귀무가설(H_0) : 정비업소 A의 평균 견적액은 정비업소 B의 평균 견적액 보다 작거나 같다($\mu_A \leq \mu_B$).
   - 대립가설(H_1) : 정비업소 A의 평균 견적액은 정비업소 B의 평균 견적액 보다 크다($\mu_A > \mu_B$).

④ 검정통계량을 결정한다.

$$T = \frac{\overline{X_A} - \overline{X_B}}{S_p \sqrt{\frac{1}{n_A} + \frac{1}{n_B}}} \sim t_{(n_A + n_B - 2)}, \quad \text{합동표본분산 } S_p^2 = \frac{(n_A - 1)s_A^2 + (n_B - 1)s_B^2}{(n_A + n_B - 2)}$$

⑤ 유의수준과 그에 상응하는 기각범위를 결정한다.

귀무가설이 $\mu_A \le \mu_B$ 이고 대립가설이 $\mu_A > \mu_B$ 이므로 이는 단측검정 중 우측검정의 경우이다. 즉, 유의수준 0.05에서 기각치는 $t_{(0.05,\ n_A + n_B - 2)}$가 되며, 기각범위는 $t_{(0.05,\ 34)} = 1.69$보다 큰 경우 귀무가설을 기각한다.

⑥ 검정통계량 값을 계산한다.

$$t_c = \frac{\overline{x_A} - \overline{x_B}}{s_p \sqrt{\frac{1}{n_A} + \frac{1}{n_B}}} = \frac{7.8 - 7.2}{3\sqrt{\frac{1}{18} + \frac{1}{18}}} = 0.6, \quad S_p^2 = \frac{(n_A - 1)s_A^2 + (n_B - 1)s_B^2}{(n_A + n_B - 2)} = \frac{(18 - 1)9.5 + (18 - 1)8.5}{(18 + 18 - 2)} = 9$$

⑦ 검정통계량 값과 기각범위를 비교하여 통계적 결정을 한다.

검정통계량 값 $t_c = 0.6$이 유의수준 5%에서의 기각치 $t_{(0.05,\ 34)} = 1.69$보다 작으므로 귀무가설을 채택한다. 즉, 유의수준 5%하에서 정비업소 A의 평균 견적액은 정비업소 B의 평균 견적액보다 작거나 같다고 할 수 있다.

(2) 대응표본 t-검정(Paired Sample t-Test)

① 필요한 가정

두 자동차 업소의 견적액의 차이를 $D_i = X_{1i} - X_{2i},\ i = 1,\ 2,\ \cdots,\ n$이라 할 때, $D_i \sim N(\mu_D,\ \sigma_D^2)$을 따른다고 가정한다. 사고가 난 동일한 18대의 자동차를 두 정비업소에 모두 보내 수리비의 견적을 받았으므로 이는 짝을 이룬 대응표본 t-검정에 해당한다.

② 분석에 앞서 가설을 설정한다.

• 귀무가설(H_0) : 정비업소 A의 평균 견적액은 정비업소 B의 평균 견적액보다 작거나 같다($\mu_A - \mu_B \le 0$).

• 대립가설(H_1) : 정비업소 A의 평균 견적액은 정비업소 B의 평균 견적액보다 크다($\mu_A - \mu_B > 0$).

③ 검정통계량을 결정한다.

$$T = \frac{\overline{D}}{S_D / \sqrt{n}} \sim t_{(n-1)}, \quad \text{단, } \overline{D} = \overline{X_1} - \overline{X_2},\ S_D^2 = \frac{\sum (D_i - \overline{D})^2}{n - 1}$$

④ 유의수준과 그에 상응하는 기각범위를 결정한다.

유의수준 α를 0.05라 한다면 기각치는 $t_{(0.05,\ 17)} = 1.74$이 되며, 기각범위는 1.74보다 큰 경우 귀무가설을 기각한다.

⑤ 검정통계량 값을 계산한다.

$$t_c = \frac{\overline{d}}{s_D / \sqrt{n}} = \frac{0.8}{0.8 / \sqrt{18}} = 4.24$$

⑥ 검정통계량 값과 기각범위를 비교하여 통계적 결정을 한다.

검정통계량 값 $t_c = 4.24$가 유의수준 5%에서의 기각치 $t_{(0.05,\ 17)} = 1.74$보다 크므로 귀무가설을 기각한다. 즉, 유의수준 5%하에서 정비업소 A의 평균 견적액은 정비업소 B의 평균 견적액보다 크다고 할 수 있다.

02

다음의 자료는 어느 기관의 구성원 592명에 대해, 성별(Sex)에 따른 머리카락의 색(Hair), 눈의 색(Eye)을 조사한 자료이다.

Hair \ Eye	갈 색	푸른색	담갈색	초록색	Hair \ Eye	갈 색	푸른색	담갈색	초록색
	Sex=남성					Sex=여성			
검은색	32	11	10	3	검은색	36	9	5	2
갈 색	53	50	25	15	갈 색	66	34	29	14
빨간색	10	10	7	7	빨간색	16	7	7	7
금발색	3	30	5	8	금발색	4	64	5	8

통계 패키지를 이용하여 남성과 여성 간의 눈의 색의 비율이 같은지를 검정한 결과가 다음과 같다.

$$\chi^2 = 1.5298, \qquad df = 3, \qquad p-\text{값} = 0.6754$$

(1) 가설을 제시하고, 위의 결과를 해석하여라.

(2) 위의 χ^2값을 구하는 계산 과정을 제시하여라(단, 계산을 직접 수행할 필요는 없음).

(3) 위의 $p-$값을 구하는 식을 기술하여라(단, 계산을 직접 수행할 필요는 없음).

---

02 해설

(1) 카이제곱 동일성 검정의 가설 및 결과 해석

　① 분석에 앞서 가설을 설정한다.

　　• 귀무가설(H_0) : 성별에 따라 눈의 색의 비율은 같다.

　　• 대립가설(H_1) : 성별에 따라 눈의 색의 비율은 같지 않다.

　② 유의수준을 5%로 정한다면 검정통계량 값이 1.5298이고 유의확률이 0.6754로 유의수준 0.05보다 크므로 귀무가설을 채택한다. 즉, 유의수준 5%하에서 성별에 따라 눈의 색의 비율은 같다고 할 수 있다.

(2) 카이제곱 동일성 검정의 검정통계량

　① 위의 교차표를 성별에 따른 눈의 색에 대한 교차표로 작성하면 다음과 같다.

SEX \ EYE	갈 색	푸른색	담갈색	초록색	합 계
남 성	98	101	47	33	279
여 성	122	114	46	31	313
합 계	220	215	93	64	592

　② 기대 도수 $E_{ij} = \dfrac{O_{i.} \times O_{.j}}{n}$ 를 구한다.

$$E_{11} = \frac{279 \times 220}{592} \approx 104, \ E_{12} = \frac{279 \times 215}{592} \approx 101, \ \cdots, \ E_{24} = \frac{313 \times 64}{592} \approx 34$$

③ 검정통계량을 결정한다.

$$\chi^2 = \sum_{i=1}^{r} \sum_{j=1}^{c} \frac{(O_{ij} - E_{ij})^2}{E_{ij}} \sim \chi^2_{(r-1)(c-1)}$$

④ 검정통계량 값을 계산한다.

$$\chi^2 = \sum_{i=1}^{2} \sum_{j=1}^{4} \frac{(O_{ij} - E_{ij})^2}{E_{ij}} = \frac{(98-104)^2}{104} + \frac{(101-101)^2}{101} + \cdots + \frac{(31-34)^2}{344}$$

(3) 카이제곱 동일성 검정의 유의확률

① 유의확률은 검정통계량 값에 대해서 귀무가설을 기각시킬 수 있는 최소의 유의수준이다.

② 카이제곱 분포표로부터 $P(\chi^2_n \leq \chi^2_{n,\ \alpha}) = 1 - \alpha$이므로 $\alpha = 1 - P(\chi^2_n \leq \chi^2_{n,\ \alpha}) = 1 - P(\chi^2_n \leq 1.5298)$이 성립한다.

③ 카이제곱 분포의 확률밀도함수가 $f(x) = \frac{1}{\Gamma(n/2)} \left(\frac{1}{2}\right)^{\frac{n}{2}} x^{\frac{n}{2}-1} e^{-\frac{1}{2}x}$, $x > 0$이므로 유의확률은 다음과 같이 구할 수 있다.

$$1 - P(\chi^2_n \leq 1.5298) = 1 - \int_{0}^{1.5298} \frac{1}{\Gamma(3/2)} \left(\frac{1}{2}\right)^{\frac{3}{2}} x^{\frac{3}{2}-1} e^{-\frac{1}{2}x} \, dx$$

03

어느 시스템에는 부품 A, B, C가 직렬로 연결되어 있다(부품 가운데 하나라도 작동하지 않으면 시스템은 작동하지 않는다). 부품 A, B, C의 수명은 중위수(Median)가 각각 1/2, 1/3, 1/4인 지수분포를 따른다고 알려져 있다(단위시간은 1,000시간이다). 단, 각 부품의 수명에 대한 분포는 서로 독립이라고 가정한다. 확률변수 X가 기대값 $1/\lambda$인 지수분포를 따른다고 할 때, 확률밀도함수는 다음과 같다.

$$f_X(x) = \lambda e^{-\lambda x}, \quad x > 0$$

(1) 위 시스템의 수명에 대한 중위수(시간)를 구하여라.

(2) 부품 A가 500시간 고장없이 작동되었다면, 부품 A의 수명에 대한 확률밀도함수와 중위수(시간)를 구하여라.

03 해설

(1) 중위수 계산

① 확률변수 X가 기대값 $\dfrac{1}{\lambda}$인 지수분포를 따른다고 할 때, 중위수는 $\dfrac{1}{\lambda}\ln 2$이다.

② 부품 A, B, C의 수명은 중위수가 각각 1/2, 1/3, 1/4인 지수분포를 따르므로
$A \sim \epsilon(2\ln 2)$, $B \sim \epsilon(3\ln 2)$, $C \sim \epsilon(4\ln 2)$이다.

③ 확률변수 W를 이 시스템의 수명이라고 하면, $W = \min(A, B, C)$이고, W의 분포는 아래와 같이 구할 수 있다.
$$\begin{aligned} P(W \leq w) &= P(\min(A, B, C) \leq w) \\ &= 1 - P(\min(A, B, C) > w) \\ &= 1 - P(A > w)P(B > w)P(C > w) \\ &= 1 - [1 - P(A \leq w)][1 - P(B \leq w)][1 - P(C \leq w)] \end{aligned}$$
$$\begin{aligned} \because X \sim \epsilon(\lambda)\text{을 따르면 } P(X \leq x) &= 1 - e^{-\lambda x} \\ &= 1 - (e^{-2w\ln 2})(e^{-3w\ln 2})(e^{-4w\ln 2}) \\ &= 1 - e^{-9w\ln 2} \; : \; \epsilon(9\ln 2)\text{의 누적분포함수} \end{aligned}$$

④ 확률변수 W는 $\lambda = 9\ln 2$인 지수분포를 따르므로 중위수는 1/9이다.

(2) 지수분포의 무기억성

① 부품 A의 수명이 지수분포를 따르므로 부품 A가 지금까지 고장없이 작동된 시간은 앞으로 남은 수명에 영향을 미치지 않는 성질을 지니는데, 이를 지수분포의 무기억성이라 한다.

② 즉, 부품 A의 수명의 분포는 변동이 없으므로 확률밀도함수는 $f_X(x) = 2\ln 2 \, e^{-2x\ln 2}$, $x > 0$이고 중위수는 $\dfrac{1}{2}$이다.

04

Y_1과 Y_2를 서로 독립이며 동일한 분포 $N(\theta, 4)$를 따르는 확률변수라고 하자. 다음의 가설에 대한 검정을 실시하고자 한다.

$$H_0 : \theta = 0 \qquad H_1 : \theta \neq 0$$

두 가지 검정법을 다음과 같이 정의할 때, 물음에 답하여라(단, $Z \sim N(0, 1)$일 때, $P(-1 < Z < 1) = 0.683$, $P(-2 < Z < 2) = 0.954$, $P(-3 < Z < 3) = 0.997$, $P(Z < 2) = 0.977$이다).

검정 1 : $|Y_1| > 2$이면 H_0를 기각

검정 2 : $|Y_1 + Y_2| > c$이면 H_0를 기각(c : 미지인 양의 상수)

---

(1) 검정 1의 유의수준(Significant Level)을 구하고, 그 의미를 말하여라.

(2) $\theta = 2$일 때, 검정 1의 검정력(Power)을 구하고, 그 의미를 말하여라.

(3) 검정 2의 유의수준이 검정 1과 같아지도록 c값을 구하여라.

04 해설

(1) 유의수준(Significant Level)

    ① 유의수준이란 제1종의 오류를 범할 최대 확률을 의미하며 α로 표기한다.

    ② 검정 1의 경우 유의수준은 H_0가 참일 때 H_0를 기각할 확률로 $\theta = 0$일 때 $|Y_1| > 2$일 확률을 구하면 된다.

$$\therefore \; P(|Y_1| > 2 \,|\, \theta = 0) = P(Y_1 < -2 \,|\, \theta = 0) + P(Y_1 > 2 \,|\, \theta = 0) = 1 - P(-2 < Y_1 < 2)$$
$$= 1 - P(-1 < Z < 1) = 1 - 0.683$$
$$= 0.317$$

(2) 검정력(Power)

    ① 검정력$(1 - \beta)$은 전체 확률 1에서 제2종의 오류를 범할 확률 β를 뺀 확률로, 대립가설이 참일 때 귀무가설을 기각할 확률이다.

$$1 - \beta = 1 - P \,(H_0 \text{ 채택} \,|\, H_1 \text{ 사실}) = P \,(H_0 \text{ 기각} \,|\, H_1 \text{ 사실})$$

    ② 검정 1의 경우 검정력은 $\theta = 2$일 때 $|Y_1| > 2$일 확률을 구하면 된다.

$$\therefore \; P(|Y_1| > 2 \,|\, \theta = 2) = P(Y_1 < -2 \,|\, \theta = 2) + P(Y_1 > 2 \,|\, \theta = 2) = P(Z < -2) + P(Z > 0)$$
$$= 0.023 + 0.5 = 0.523$$

(3) 유의수준(Significant Level)

    ① 위의 (1)에서 구한 검정 1의 유의수준은 0.317이다.

    ② 귀무가설하에서 정규분포의 가법성을 이용하면 $Y_1 + Y_2$의 분포는 $N(0, 8)$이다.

    ③ 유의수준 α를 c에 대하여 정리하면 $P(|Y_1 + Y_2| > c \,|\, \theta = 0) = P\left(|Z| > \dfrac{c}{2\sqrt{2}}\right)$이다.

    ④ 유의수준이 검정 1과 같아지려면 $\dfrac{c}{2\sqrt{2}} = 1$이 되어야 하므로 $c = 2\sqrt{2}$이다.

01

어느 건강 클리닉에서 다이어트 프로그램 A와 B의 체중 감량 효과를 비교하기 위하여 지원자 18명을 임의로 각 프로그램에 9명씩 할당하고 6개월간 각 다이어트 프로그램을 수행한 후 체중 감량분을 조사하여 다음과 같은 결과를 얻었다.

구 분	표본평균	표본분산
프로그램 A	14	19
프로그램 B	11	17

(1) 프로그램 A와 프로그램 B의 합동분산(Pooled Variance)의 추정치를 구하라.

(2) 프로그램 A에서의 체중감소분의 분산과 프로그램 B에서의 체중감소분의 분산이 같다고 가정할 때

H_0 : 두 다이어트 프로그램에 대한 체중감량 평균의 차이가 없다.

H_1 : 두 다이어트 프로그램에 대한 체중감량 평균의 차이가 있다.

에 대한 검정을 유의수준 5%에서 실시하라.

(3) 위의 자료에 대하여 성별, 프로그램 시작 전 체중, 체형 등을 고려하여 프로그램 A의 지원자와 프로그램 B의 지원자를 짝을 지운 후 표본상관계수를 계산하였더니 0.8이었다. 각 짝에서 프로그램 A 수강생의 감량분에서 프로그램 B의 감량분을 뺀 값에 대한 평균은 3, 표본분산은 7.24, 표본표준편차는 2.69이었다. 이 경우에 대하여 (2)에서와 같은 가설을 유의수준 5%에서 검정하라.

(4) (2)의 결과와 (3)의 결과를 비교하여 논하라.

01 해설

(1) 합동표본분산(Pooled Variance)

　① 합동표본분산은 $S_p^2 = \dfrac{(n_1-1)S_1^2 + (n_2-1)S_2^2}{(n_1+n_2-2)}$ 이다.

　② $n_1 = n_2 = 9$, $S_1^2 = 19$, $S_2^2 = 17$이므로 주어진 식으로 합동표본분산을 계산하면 다음과 같다.

$$S_p^2 = \frac{(n_1-1)S_1^2 + (n_2-1)S_2^2}{(n_1+n_2-2)}$$

$$= \frac{(8 \times 19) + (8 \times 17)}{16} = 18$$

(2) 독립표본 t 검정

① 두 모집단의 모분산은 모르지만 같다는 것이 가정되므로 두 모집단의 모평균에 차이가 있는지를 검정하기 위한 검정통계량은 다음과 같이 결정할 수 있다.

$$T = \frac{\overline{X}_1 - \overline{X}_2}{S_p \sqrt{\frac{1}{n_1} + \frac{1}{n_2}}} \sim t_{(n_1 + n_2 - 2)}, \text{ 여기서 합동표본분산 } S_p^2 = \frac{(n_1 - 1)S_1^2 + (n_2 - 1)S_2^2}{(n_1 + n_2 - 2)} = 18$$

② 검정통계량 t 값을 계산하면 다음과 같다.

$$t_c = \frac{\overline{x}_1 - \overline{x}_2}{s_p \sqrt{\frac{1}{n_1} + \frac{1}{n_2}}} = \frac{14 - 11}{\sqrt{18}\sqrt{\frac{1}{9} + \frac{1}{9}}} = 1.5$$

③ 양측검정임을 감안하면 검정통계량 t 값 1.5가 유의수준 5%에서의 기각치 $t_{(0.025, 16)} = 2.120$보다 작으므로 귀무가설을 채택한다. 즉, 유의수준 5% 하에서 두 다이어트 프로그램에 대한 체중감량 평균의 차이가 없다고 할 수 있다.

(3) 대응표본 t 검정

① 귀무가설과 대립가설은 다음과 같다.
- H_0 : 두 다이어트 프로그램에 대한 체중감량 평균의 차이가 없다.
- H_1 : 두 다이어트 프로그램에 대한 체중감량 평균의 차이가 있다.

② (2)와 다른 점은 다음을 가정한다는 것이다.

짝지어진 지원자들 사이의 체중감량분의 차이를 $D_i = X_{1i} - X_{2i}$, $i = 1, 2, \cdots, 9$이라 할 때, $D_i \sim N(\mu_D, \sigma_D^2)$을 따른다.

③ 검정통계량을 결정한다.

$$T = \frac{\overline{D}}{S_D / \sqrt{n}} \sim t_{(n-1)}, \text{ 여기서 } \overline{D} = \overline{X}_1 - \overline{X}_2, \ S_D^2 = \frac{\sum (D_i - \overline{D})^2}{n - 1}$$

④ $\overline{D} = 3$, $n = 9$, $S_D = 2.69$이므로 검정통계량 $T = \frac{3}{2.69/3} = \frac{9}{2.69} \approx 3.35$이다.

⑤ 양측검정임을 감안하면 검정통계량 t 값이 3.35로 유의수준 5%에서의 기각치 $t_{(0.025, 8)} = 2.306$보다 크므로 귀무가설을 기각한다. 즉, 유의수준 5%하에서 두 다이어트 프로그램에 대한 체중감량 평균의 차이가 있다고 할 수 있다.

(4) 추정 방법에 따른 분석결과의 차이

① (2)와 (3)의 검정 결과를 비교해 보면 같은 자료를 사용하여 검정을 수행하였으나 검정 방법에 따라 결과가 다르게 나오는 것을 알 수 있다. 따라서 실험 설계가 명확한 경우에는 설계 방법에 맞는 분석 방법을 선택하여 수행한 결과가 올바른 검정 결과라고 할 수 있다.

② 실험 설계가 명확하지 않은 경우에 독립표본 t – 검정과 대응표본 t – 검정을 비교하면 보는 기준에 따라 그 효율성이 달라진다. 우선 독립표본과 대응표본의 소표본에서 신뢰구간을 비교해 보면 독립표본의 자유도가 $n_1 + n_2 - 2 = 2n - 2$로 대응표본의 자유도 $n - 1$보다 큼을 알 수 있다. t 분포의 특성상 자유도가 커짐에 따라 신뢰계수는 감소하기 때문에 신뢰구간의 길이 또한 작아진다. 즉, 자유도 측면에서 본다면 독립표본이 대응표본보다 더 효율적인 추정을 한다고 볼 수 있다.

③ 하지만 표준오차(추정량의 표준편차)를 비교해 보면 독립표본인 경우 $Var(\overline{X}_1 - \overline{X}_2) = Var(\overline{X}_1) + Var(\overline{X}_2)$이고 대응표본인 경우 $Var(\overline{X}_1 - \overline{X}_2) = Var(\overline{X}_1) + Var(\overline{X}_2) - 2Cov(\overline{X}_1 + \overline{X}_2)$이므로 표준오차는 대응표본이 독립표본보다 $\sqrt{2Cov(\overline{X}_1 + \overline{X}_2)}$ 만큼 작은 것을 알 수 있다. 즉, 표준오차 측면에서는 대응표본이 독립표본보다 더 효율적인 추정을 한다고 볼 수 있다.

④ 검정통계량에 있어서도 표준오차가 대응표본이 독립표본보다 $\sqrt{2Cov(\overline{X}_1 + \overline{X}_2)}$ 만큼 작기 때문에 대응표본의 검정통계량 값이 독립표본의 검정통계량 값보다 크게 되는 것을 알 수 있다.

어느 지역에서 소득에 대하여 알아보기 위하여 소득(Y), 연령(X_1), 교육기간(X_2)을 조사하였다. 조사한 자료에서 Y를 반응변수(종속변수), X_1, X_2를 설명변수(독립변수)로 하여 회귀분석을 실시한 결과가 다음과 같다. 각 회귀모형에서 $\epsilon_i \sim iid \; N(0, \; \sigma^2)$라고 가정한다.

모형 1 : $y_i = \beta_0 + \beta_1 x_1 + \epsilon_i$

Source	자유도	제곱합	평균제곱합	F-값
X_1	1	19.9558	19.95586	20.79
오 차	98	94.0783	0.95998	
전 체	99	114.0343		

	Estimate	Std. Error	t value	$Pr > \lvert t \rvert$
Intercept	1.86987	0.40242	4.65	<.0001
X_1	0.37845	0.08301	4.56	<.0001

모형 2 : $y_i = \beta_0 + \beta_2 x_2 + \epsilon_i$

Source	자유도	제곱합	평균제곱합	F-값
X_2	1	24.0222	24.0222	26.15
오 차	98	90.0121	0.9185	
전 체	99	114.0343		

	Estimate	Std. Error	t value	$Pr > \lvert t \rvert$
Intercept	0.8294	0.16217	5.11	<.0001
X_2	0.6505	0.04624	14.07	<.0001

모형 3 : $y_i = \beta_0 + \beta_1 x_1 + \beta_2 x_2 + \epsilon_i$

Source	자유도	제곱합	평균제곱합	F-값
$X_1,\ X_2$	2	112.8308	56.41539	4547.07
오 차	97	1.2035	0.01241	
전 체	99	114.0343		

	Estimate	Std. Error	t value	$Pr > \lvert t \rvert$	VIF
Intercept	3.8133	0.05097	74.82	<.0001	0
X_1	−1.0114	0.01863	−54.29	<.0001	3.89775
X_2	1.4172	0.01638	86.52	<.0001	3.89775

(1) Y의 변동에 대하여 X_2가 모형에 있을 때 X_1이 추가됨으로써 설명이 증가하는 부분은 얼마인가?

(2) 모형 3에서 독립변수(또는 설명변수) X_1이 종속변수(또는 반응변수) Y에 미치는 영향이 유의한지를 검정하고 X_1이 Y에 미치는 영향을 설명하라.

(3) 모형 1에서의 β_1 추정값과 모형 3에서의 β_1 추정값의 부호가 다른 이유를 설명하라.

(4) 추후 모형 3에서 성별을 추가하여 소득에 미치는 영향을 보려고 한다. 이를 위한 모형을 설정하고 모형을 설명하라.

02 해설

(1) 부분 F-검정

① X_2가 모형에 있을 때 X_1이 추가됨으로써 설명이 증가하는 제곱합을 $X_1|X_2$이라 하자.

② $SS(X_1 \mid X_2) = SSR(X_1, \ X_2) - SSR(X_2) = 112.8308 - 24.0222 = 88.8086$이므로 X_2가 모형에 있을 때 X_1이 추가됨으로써 설명이 증가하는 제곱합은 88.8086이다.

(2) 회귀분석

① X_1이 Y에 미치는 영향이 유의한지를 검정하기 위한 검정통계량 t값은 $t = -54.29$이고, $p-\text{value} < 0.0001$이다. 즉, 유의수준 1%하에서도 X_1이 Y에 미치는 영향은 통계적으로 유의하다고 할 수 있다.

② 위의 회귀분석 결과에 의하면, X_2를 고정시킨 상태에서 X_1이 1단위만큼 증가하면 Y는 1.0114만큼 감소함을 알 수 있다.

(3) 회귀분석

① 모형 1에서는 X_2가 포함되지 않은 모형이고, 모형 3은 X_2가 포함된 모형이다.

② 모형 1의 경우 X_2가 포함되지 않으므로 X_2의 영향이 모형에 반영되지 않는다. 순수한 X_1의 영향에 따른 Y의 변화와 X_1의 영향에 따라 X_2가 영향을 받고 이것이 다시 Y에 주는 영향이 섞여서 모형 3과 같이 부호가 반대로 될 수 있는 것이다.

(4) 더미변수

① 모형 3의 $y_i = \beta_0 + \beta_1 x_1 + \beta_2 x_2 + \epsilon_i$에 성별변수 d_i를 추가하면 $y_i = \beta_0 + \beta_1 x_1 + \beta_2 x_2 + \beta_3 d_i + \epsilon_i$이다.

② 여기서 d_i는 성별이 남자이면 $d_i = 1$, 성별이 여자이면 $d_i = 0$인 더미변수이다.

03

은행 창구에서 고객이 기다리는 시간을 X라고 하면 확률변수 X는 지수분포를 따르며 확률분포함수 $f(x)$는 $f(x) = ce^{-cx}$, $x \geq 0$이다. 한 라인에서의 고객 평균 대기시간은 4분으로 알려져 있다. 다음에 답하라.

(1) 고객이 기다리는 시간이 6분을 넘어갈 확률은 구하라.

(2) k개($k \geq 1$)의 창구를 열어 적어도 한 고객이 4분 이상 기다리지 않을 확률이 0.95 이상이 되도록 하고자 한다. 이때 필요한 최소의 값 k를 구하라.

x	-2.0	-1.9	-1.8	-1.7	-1.6	-1.5	-1.4	-1.3	-1.2	-1.1	-1.0
e^x	0.14	0.15	0.17	0.18	0.20	0.22	0.25	0.27	0.30	0.33	0.37

03 해 설

(1) **지수분포**

① 확률변수 X는 지수분포를 따르며 확률분포함수 $f(x)$는 $f(x) = ce^{-cx}$, $x \geq 0$이다.

② $E(X) = 4 = \dfrac{1}{c}$이므로 확률분포함수 $f(x) = \dfrac{1}{4}e^{-\frac{1}{4}x}$, $x \geq 0$이다.

③ $F(x) = P(X \leq x) = \displaystyle\int_0^x \frac{1}{4}e^{-\frac{1}{4}t}dt = \left[-e^{-\frac{1}{4}t}\right]_0^x = 1 - e^{-\frac{1}{4}x}$이다.

④ 즉, 구하고자 하는 확률은 $P(X > 6) = 1 - P(X \leq 6) = 1 - F(6) = 1 - (1 - e^{-1.5}) = e^{-1.5}$이다.

(2) **지수분포**

① k개의 창구를 열어 적어도 한 고객이 4분 이상 기다리지 않을 확률은 여확률을 사용하여 계산할 수 있다.

② 즉, 전체 확률 1에서 모든 고객이 4분 이상 기다릴 확률을 빼면 된다.

③ k개의 창구가 독립적이라고 할 때, X_1, X_2, $\cdots$, $X_k \sim \epsilon(4)$을 따른다.

④ 구하고자 하는 확률은

$1 - P(X_1 > 4, \ X_2 > 4, \ \cdots, \ X_k > 4) = 1 - P(X_1 > 4)P(X_2 > 4) \cdots P(X_k > 4)$

$= 1 - (1 - P(X_1 \leq 4))(1 - P(X_2 \leq 4)) \cdots (1 - P(X_k \leq 4))$

⑤ $1 - (1 - 0.37)^k \geq 0.95$이므로 $0.63^k \leq 0.05$이고, $k\log(0.63) \leq \log(0.05)$, $k \geq \dfrac{\log(0.05)}{\log(0.63)} \approx 6.48$

⑥ 즉, 최소 $k = 7$개의 창구를 열어야 한다.

04

두 개의 동전을 차례로 던진다. 좌표평면 위의 점 $A(x, y)$는 원점에서 출발하여 x는 첫 번째 동전이 앞면이면 $+1$, 뒷면이면 -1만큼 움직이고, y는 두 번째 동전이 앞면이면 $+1$, 뒷면이면 -1만큼 움직인다. 두 개의 동전을 던지는 시행을 10번 독립적으로 반복 시행했을 때 점 A가 중심이 원점이고 반지름이 1인 원 위 또는 원 이내에 있을 확률을 구하라.

04 해설

이항분포

① X_i를 첫 번째 동전을 던지는 경우, Y_i를 두 번째 동전을 던지는 경우라 하면,

$$X = X_1 + \cdots + X_{10} \sim B\left(10, \frac{1}{2}\right)$$

$$Y = Y_1 + \cdots + Y_{10} \sim B\left(10, \frac{1}{2}\right)$$

이다.

② 총 10번(짝수 번)을 던지므로, x축과 y축의 위치 모두 짝수일 수밖에 없으며, 따라서 반지름이 1인 원 위에 있을 확률은 없다. 즉, 위의 경우는 반지름이 1인 원 이내에 있는 경우로 중심인 원점에 있을 가능성만 존재한다.

③ 중심인 원점에 있기 위해서는 $X = 5$, $Y = 5$이어야 한다. 즉, 구하고자 하는 확률은

$$P(X = 5, \ Y = 5) = P(X = 5)P(Y = 5) = [P(X = 5)]^2 = \left[{}_{10}C_5 \left(\frac{1}{2}\right)^{10}\right]^2 = \left(\frac{252}{1024}\right)^2 \approx 0.06 \text{이다.}$$

01

두 확률변수 X와 Y의 결합확률밀도함수는 다음과 같다.

$$f(x,\ y) = e^{-y}\,(0 < x < y < \infty)$$

(1) $P(X + Y \geq 1)$을 구하시오.

k	0.1	0.2	0.3	0.4	0.5	0.6	0.7	0.8	0.9	1
e^{-k}	0.90	0.82	0.74	0.67	0.61	0.55	0.50	0.45	0.41	0.37

(2) $X = x$가 주어질 때, Y의 조건부확률밀도함수를 구하시오.

(3) X와 Y가 서로 독립인지 종속인지에 대하여 설명하시오.

01 해설

(1) 결합확률의 계산

1) 방법 1

① $P(X + Y \geq 1) = P(Y \geq 1 - X)$이므로 결합확률의 범위는 $0 < x < y < \infty$과 $y \geq 1 - x$를 만족해야 한다. 이를 그래프로 나타내면 다음과 같다.

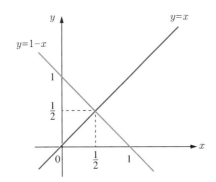

② 따라서 $P(X + Y \geq 1)$을 계산하면 다음과 같다.

$$P(X + Y \geq 1) = \int_0^{\frac{1}{2}} \int_{1-x}^{\infty} e^{-y} dy dx + \int_{\frac{1}{2}}^{\infty} \int_x^{\infty} e^{-y} dy dx = \int_0^{\frac{1}{2}} \left[-e^{-y}\right]_{1-x}^{\infty} dx + \int_{\frac{1}{2}}^{\infty} \left[-e^{-y}\right]_x^{\infty} dx$$

$$= \int_0^{\frac{1}{2}} e^{x-1} dx + \int_{\frac{1}{2}}^{\infty} e^{-x} dx = \left[e^{x-1}\right]_0^{\frac{1}{2}} + \left[-e^{-x}\right]_{\frac{1}{2}}^{\infty}$$

$$= e^{-\frac{1}{2}} - e^{-1} + e^{-\frac{1}{2}} = 2e^{-\frac{1}{2}} - e^{-1} = (2 \times 0.61) - 0.37 = 0.85$$

2) 방법 2

① $P(X+Y \geq 1) = 1 - P(X+Y < 1) = 1 - P(Y < 1-X)$이다.

  $P(Y < 1-X)$의 결합확률 범위는 $0 < x < y < \infty$과 $y < 1-x$를 만족해야 하므로 이를 그래프로 나타내면 다음과 같다.

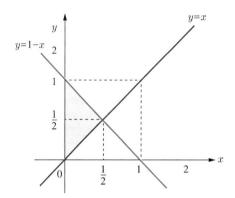

② 따라서 $P(Y < 1-X)$을 계산하면 다음과 같다.

$$P(Y < 1-X) = \int_0^{\frac{1}{2}} \int_x^{1-x} e^{-y} dy dx = \int_0^{\frac{1}{2}} e^{-x} - e^{x-1} dx = 1 + e^{-1} - 2e^{-\frac{1}{2}} = 1 + 0.37 - 1.22 = 0.15$$

$$\therefore P(X+Y \geq 1) = 1 - P(Y < 1-X) = 1 - 0.15 = 0.85$$

(2) 조건부확률밀도함수

① $X = x$가 주어질 때, Y의 조건부확률밀도함수는 $P(Y=y \mid X=x) = \dfrac{P(X=x, \ Y=y)}{P(X=x)}$이다. 이 식을 이용하면 다음

  이 성립한다.

  $P(X=x, \ Y=y) = P(Y=y \mid X=x) P(X=x)$

② $P(X=x) = \displaystyle\int_x^{\infty} e^{-y} dy = \left[-e^{-y} \right]_x^{\infty} = e^{-x} \, (0 < x < \infty)$이므로 다음이 성립한다.

$$P(Y=y \mid X=x) = \frac{e^{-y}}{e^{-x}} = e^{x-y} \, (0 < x < y < \infty)$$

(3) 확률의 독립

① y의 주변확률밀도함수를 구하면 다음과 같다.

$$P(Y=y) = \int_0^y e^{-y} dx = y e^{-y} \ (0 < x < y < \infty)$$

② $P(X=x, \ Y=y) = e^{-y}$이고 $P(X=x)P(Y=y) = y e^{-x-y}$이므로 $P(X=x, \ Y=y) \neq P(X=x)P(Y=y)$이 되어 두 확률변수는 서로 종속이다.

02

동전 하나를 던진 후, 만약 앞면이 나오면 1개의 주사위를 굴리고, 뒷면이 나오면 2개의 주사위를 동시에 굴린다고 하자. Y는 1개 주사위를 굴렸을 때 나타난 수 또는 2개의 주사위를 굴렸을 때 나타난 수들의 합이다(단, 동전과 주사위는 모두 공정하며 주사위의 각 면에는 1부터 6까지의 숫자가 쓰여 있다).

(1) Y의 기대값을 구하시오.

(2) Y의 분산을 구하시오.

02 해설

(1) 기대값의 계산

① 확률변수 Y의 확률질량함수와 이산형확률분포표를 구하면 다음과 같다.

동 전	앞 면						뒷 면										
주사위	1	2	3	4	5	6	2	3	4	5	6	7	8	9	10	11	12
$p(y_i)$	$\frac{1}{12}$	$\frac{1}{12}$	$\frac{1}{12}$	$\frac{1}{12}$	$\frac{1}{12}$	$\frac{1}{12}$	$\frac{1}{72}$	$\frac{2}{72}$	$\frac{3}{72}$	$\frac{4}{72}$	$\frac{5}{72}$	$\frac{6}{72}$	$\frac{5}{72}$	$\frac{4}{72}$	$\frac{3}{72}$	$\frac{2}{72}$	$\frac{1}{72}$

② 동전의 앞면과 뒷면이 나오는 사건은 배반사건이므로 위의 이산형확률분포표를 정리하면 다음과 같다.

Y	1	2	3	4	5	6	7	8	9	10	11	12
$p(y_i)$	$\frac{1}{12}$	$\frac{7}{72}$	$\frac{8}{72}$	$\frac{9}{72}$	$\frac{10}{72}$	$\frac{11}{72}$	$\frac{6}{72}$	$\frac{5}{72}$	$\frac{4}{72}$	$\frac{3}{72}$	$\frac{2}{72}$	$\frac{1}{72}$

③ 기대값의 정의에 의해 $E(Y) = \sum_{i=1}^{n} y_i p(y_i)$ 이다.

$$\therefore E(Y) = \sum_{i=1}^{n} y_i p(y_i) = \left(1 \times \frac{1}{12}\right) + \left(2 \times \frac{7}{72}\right) + \cdots + \left(11 \times \frac{2}{72}\right) + \left(12 \times \frac{1}{72}\right) = \frac{21}{4}$$

(2) 분산의 계산

① 분산의 정의에 의해 $Var(Y) = E(Y^2) - [E(Y)]^2 = \sum_{i=1}^{n} y_i^2 p(y_i) - \mu^2$ 이다.

② $E(Y^2) = \sum_{i=1}^{n} y_i^2 p(y_i) = \left(1^2 \times \frac{1}{12}\right) + \left(2^2 \times \frac{7}{72}\right) + \cdots + \left(11^2 \times \frac{2}{72}\right) + \left(12^2 \times \frac{1}{72}\right) = 35$

$$\therefore Var(Y) = E(Y^2) - [E(Y)]^2 = 35 - \left(\frac{21}{4}\right)^2 = \frac{119}{16}$$

$X_1,\ X_2,\ \cdots,\ X_n$을 평균이 μ이고 분산이 σ^2인 정규분포로부터의 확률표본이라고 하자. 표본평균과 표본분산을 각각 $\overline{X}=\dfrac{\sum\limits_{i=1}^{n}X_i}{n}$와 $S^2=\dfrac{\sum\limits_{i=1}^{n}\left(X_i-\overline{X}\right)^2}{n-1}$으로 정의하고, X_{n+1}을 동일한 모집단으로부터의 추가 관측표본이라고 하자. 통계량 V를 $V=\dfrac{a\left(X_{n+1}-\overline{X}\right)}{S}$로 정의할 때, V가 $t-$분포를 따르기 위한 상수 a를 구하시오.

03 해설

표본분포

① $X_1,\ X_2,\ \cdots,\ X_n,\ X_{n+1}\sim N(\mu,\ \sigma^2)$을 따른다.

② $\overline{X}\sim N\!\left(\mu,\ \dfrac{\sigma^2}{n}\right)$을 따르고 $X_{n+1}-\overline{X}$의 분포는 기대값과 분산의 성질을 이용하여 다음과 같이 구할 수 있다.

$E(X_{n+1}-\overline{X})=E(X_{n+1})-E(\overline{X})=\mu-\mu=0$

$Var(X_{n+1}-\overline{X})=Var(X_{n+1})+Var(\overline{X})=\sigma^2+\dfrac{\sigma^2}{n}$이므로 $X_{n+1}-\overline{X}\sim N\!\left(0,\ \sigma^2+\dfrac{\sigma^2}{n}\right)$을 따른다.

③ $X_{n+1}-\overline{X}$을 표준화하면 $\dfrac{X_{n+1}-\overline{X}}{\sqrt{\sigma^2+\dfrac{\sigma^2}{n}}}=\dfrac{X_{n+1}-\overline{X}}{\sqrt{\dfrac{(n+1)\sigma^2}{n}}}=Z\sim N(0,\ 1)$을 따른다.

④ $X_1,\ \cdots,\ X_n$이 $N(\mu,\ \sigma^2)$에서 확률표본이고, $\overline{X}=\dfrac{1}{n}\sum\limits_{i=1}^{n}X_i$, $S^2=\dfrac{1}{n-1}\sum\limits_{i=1}^{n}\left(X_i-\overline{X}\right)^2$으로 정의한다면, $\overline{X}$와 S^2은 독립이며, $\dfrac{(n-1)S^2}{\sigma^2}=\dfrac{\sum\limits_{i=1}^{n}\left(X_i-\overline{X}\right)^2}{\sigma^2}\sim\chi^2_{(n-1)}$을 따른다.

⑤ 확률변수 Z와 U가 서로 독립이고 각각 $Z\sim N(0,\ 1)$, $U\sim\chi^2_{(n)}$을 따르면 자유도가 n인 $t-$분포는 $T=\dfrac{Z}{\sqrt{U/n}}$으로 정의한다.

⑥ $\dfrac{X_{n+1}-\overline{X}}{\sqrt{\dfrac{(n+1)\sigma^2}{n}}}\sim N(0,\ 1)$이고, $\dfrac{(n-1)S^2}{\sigma^2}\sim\chi^2_{(n-1)}$이므로

$\dfrac{X_{n+1}-\overline{X}}{\sqrt{\dfrac{(n+1)\sigma^2}{n}}}\bigg/\sqrt{\dfrac{(n-1)S^2}{\sigma^2}\bigg/(n-1)}$ 은 자유도가 $n-1$인 $t-$분포를 따른다.

$\therefore\ \dfrac{X_{n+1}-\overline{X}}{\sqrt{\dfrac{(n+1)\sigma^2}{n}}}\bigg/\sqrt{\dfrac{(n-1)S^2}{\sigma^2}\bigg/(n-1)}=\dfrac{\sqrt{n}\left(X_{n+1}-\overline{X}\right)}{\sqrt{(n+1)\sigma^2}}\bigg/\sqrt{\dfrac{S^2}{\sigma^2}}=\sqrt{\dfrac{n}{n+1}}\,\dfrac{\left(X_{n+1}-\overline{X}\right)}{S}\sim t_{(n-1)}$이 되어

$a=\sqrt{\dfrac{n}{n+1}}$이다.

04

시멘트로부터 발생되는 열량(Heat)에 미치는 4개 변수(X_1, X_2, X_3, X_4)의 영향을 알아보고자 회귀분석을 실시하였다. 제시된 분석 결과에 대한 다음 물음에 답하시오.

(1) [결과 A]는 모든 변수를 포함하는 다중회귀분석을 수행한 결과의 일부이다.

[결과 A] 다중회귀분석 결과

구 분	추정된 회귀계수	표준오차	t 통계량	유의확률	a) 편상관계수	b) VIF
절 편	62.405	70.071	0.891	0.399		
X_1	1.551	0.745	2.083	0.071	0.593	38.5
X_2	0.510	0.724	0.705	0.501	0.242	254.4
X_3	0.102	0.755	0.135	0.896	0.048	46.9
X_4	−0.144	0.709	−0.203	0.844	−0.072	282.5

(a) [결과 A]에 제시된 변수 X_1과 열량(Heat) 간의 편상관계수의 의미를 설명하고 그 결과값을 해석하시오.

(b) 분산팽창계수(VIF)의 의미를 설명하고, 변수 X_1의 결과값을 해석하시오.

(2) 변수선택법을 이용하여 변수 X_1과 X_4가 최종 선택되었다. [결과 B]는 최종 적합된 모형의 일부 결과이다. 이에 대해 다음 물음에 답하시오.

[결과 B] 적합 모형 요약

a)		b)	c)
R^2	수정된 R^2	Root MSE	Durbin−Watson
0.972	0.967	2.734	2.001

종속변수 : 열량(Heat) ; 독립변수 : X_1, X_4

(a) 결정계수(R^2)와 수정된 결정계수(Adjusted R^2)의 의미를 설명하고, 결과값을 해석하시오.

(b) 'Root MSE'의 의미를 설명하시오.

(c) Durbin−Watson 통계량의 결과값을 해석하시오.

(3) [결과 C]는 최종 적합된 모형에 대한 잔차분석의 결과이다. 이를 해석하시오.

[결과 C] 잔차분석 결과

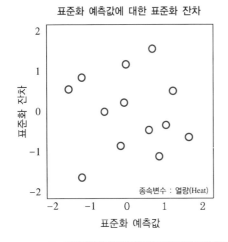

04 해설

(1) (a) **편상관계수(Partial Correlation Coefficient)**

① 변수 X_1과 열량(Heat) 간의 편상관계수는 다른 변수(X_2, X_3, X_4)를 통제한 상태에서 얻어진 순수한 두 변수 X_1과 열량(Heat) 간의 상관계수를 의미한다.

② 이는 변수 X_1에서 변수 X_2, X_3, X_4의 영향을 제거하고, 종속변수 열량(Heat)에서 변수 X_2, X_3, X_4의 영향을 제거한 순수한 X_1과 순수한 열량(Heat)의 상관계수를 의미한다.

③ 결과값 0.593은 다른 변수(X_2, X_3, X_4)를 통제한 상태에서 두 변수 X_1과 열량(Heat) 간의 상관계수를 의미하며, 이 값이 양수이므로 X_1과 열량(Heat)은 양의 상관관계를 가지고 있다고 할 수 있다.

(b) **분산팽창계수(VIF)**

① 결정계수(R_i^2)는 독립변수 X_i를 종속변수 Y로 설정하고 다른 독립변수들을 이용하여 회귀분석을 한 경우의 결정계수를 의미하며 공차한계는 $1 - R_i^2$으로 공차한계가 0.1 이하일 경우 다중공선성 문제가 존재할 가능성이 높다고 판단한다.

② 분산팽창계수(VIF)는 공차한계의 역수$(1 - R_i^2)^{-1}$로서 분산팽창계수가 10 이상일 경우 다중공선성 문제가 존재할 가능성이 높다고 판단한다.

③ 변수 X_1의 분산팽창계수가 38.5로 10 이상이므로 다른 독립변수와 높은 상관관계가 존재할 가능성이 있다고 판단된다.

(2) (a) **결정계수(R^2)와 수정된 결정계수(Adjusted R^2)**

① 결정계수(R^2)는 $R^2 = \dfrac{SSR}{SST} = 1 - \dfrac{SSE}{SST}$으로 정의한다.

② 결정계수(R^2)는 추정된 회귀선이 관측값들을 얼마나 잘 적합시키고 있는지를 나타내는 척도로서 총변동 중에서 회귀선에 의해 설명되는 비율이다. 즉, 독립변수 X_1, X_4에 의해 추정된 회귀선이 97.2% 설명된다고 할 수 있다.

③ 수정결정계수$(adjR^2)$는 $adjR^2 = 1 - \dfrac{SSE/(n-k-1)}{SST/(n-1)} = 1 - \dfrac{n-1}{n-k-1}(1-R^2)$으로 정의한다.

④ 결정계수는 제곱합들의 비율로서 독립변수의 수가 증가함에 따라 결정계수도 커지는 단점이 있다. 이를 보완하기 위한 수정된 결정계수는 각 제곱합들의 평균값으로 나누어 준 것의 비율이다. 즉, 결정계수는 독립변수의 수가 증가함에 따라 증가하는 증가함수이지만, 수정된 결정계수는 독립변수의 수가 증가함에 따라 증가하는 증가함수가 아니다.

⑤ 이와 같은 이유로 최종 선택된 독립변수가 X_1, X_4로 2개이므로 결정계수보다는 수정결정계수 0.967을 가지고 중회귀 모형의 적합도를 판단하는 것이 바람직하다.

(b) 추정값의 표준오차(Standard Error of Estimate)

① 추정값의 표준오차는 추정된 회귀선이 표본 관측치들을 얼마만큼 잘 적합시키고 있는지를 나타내는 여러 가지 측도 중 하나이다.

② 평균제곱오차 MSE는 $E(MSE) = \sigma^2$이 성립되어 모분산 σ^2에 대한 불편추정량이고 MSE의 제곱근 $\sqrt{MSE}$을 추정값의 표준오차(Standard Error of Estimate)라 한다.

③ 중회귀분석에서 추정값의 표준오차는 $\widehat{\sigma^2} = \sqrt{\dfrac{e_i^2}{n-k-1}} = \sqrt{\dfrac{\sum(y_i - \widehat{y_i})^2}{n-k-1}}$으로 정의한다.

④ 추정값의 표준오차가 0인 경우는 모든 관측치 i에 대해서 $y_i - \widehat{y} = 0$이 성립하므로 n개의 관측치들이 모두 추정된 회귀선상에 있음을 의미한다.

(c) 더빈-왓슨 통계량

① 더빈-왓슨 통계량은 독립변수가 시계열자료일 경우 오차항이 과거시점의 오차항과 상관관계를 갖고 있는지를 검토한다.

② 자기상관 존재여부를 검증하는 데 가장 많이 이용되고 있는 검정법으로 $d = \dfrac{\sum\limits_{t=2}^{n}(e_t - e_{t-1})^2}{\sum\limits_{t=1}^{n} e_t^2}$으로 정의한다.

③ 더빈-왓슨 통계량 값은 항상 0과 4 사이의 값을 갖는다.

④ 귀무가설(H_0) : 자기상관은 없다$(\rho = 0)$.과 대립가설(H_1) : 자기상관은 존재한다$(\rho > 0)$.을 검정하기 위한 결정원칙은 다음과 같다.

ㄱ 더빈-왓슨통계량 값이 2에 가까우면 독립성을 만족한다.

ㄴ 더빈-왓슨통계량 값이 0에 가까우면 오차항 간에 양의 상관관계가 존재한다.

ㄷ 더빈-왓슨 통계량 값이 4에 가까우면 오차항 간에 음의 상관관계가 존재한다.

⑤ 더빈-왓슨 통계량 값이 2.001로 2에 가까우므로 오차항에 대한 독립성 가정을 만족한다고 할 수 있다.

(3) 잔차분석

① 잔차들의 산점도를 그려서 오차항의 등분산성을 검토할 수 있다.

② 표준화 잔차 그림으로부터 각각의 표준화 잔차가 0을 중심으로 랜덤하게 분포되어 있기 때문에 오차항에 대한 등분산성을 만족한다고 할 수 있다.

③ 정규확률그림(Normal Probability Plot)을 그려서 오차항의 독립성을 검토할 수 있다.

④ 표준화 잔차에 대한 정규확률그림으로부터 각각의 표준화 잔차들이 거의 일직선상에 위치하므로 오차항에 대한 정규성을 만족한다고 할 수 있다.

01

(1) 정원이 100명인 소극장에서 진행 중인 공연이 매일 예약이 매진될 정도로 인기리에 진행 중이다. 다음 주 공연 역시 월요일부터 금요일까지 공연 티켓이 완전히 매진되었다고 한다. 다음 주 월요일부터 금요일까지 닷새 동안 전체 예매 관객 중 노쇼 인원이 2명 이상일 확률을 계산하시오. 단, 요일에 상관없이 일평균 노쇼 인원은 1명으로 동일한 수준인 것으로 가정한다.

$$* \ e^{-1} = 0.3679, \ e^{-2} = 0.1353, \ e^{-3} = 0.0498,$$
$$e^{-4} = 0.0183, \ e^{-5} = 0.0067, \ e^{-6} = 0.0025$$

(2) 주사위를 던져 1 또는 2가 나오면 10원을 얻고, 나머지 눈이 나오면 10원을 잃는 게임이 있다고 하자. 다섯 번 게임을 하고 난 후 수익금의 기대값과 분산을 계산하시오.

(3) 이산형 확률변수 X가 따르는 확률분포의 중앙값(Median)은 $P(X < m) \leq \dfrac{1}{2}$, $P(X \leq m)$ 을 만족하는 상수 m으로 정의된다. 이항분포 $B\left(3, \ \dfrac{2}{3}\right) \geq \dfrac{1}{2}$ 의 중앙값 m을 계산하시오.

(4) 평균이 θ이고 분산이 1인 정규분포 $N(\theta, \ 1)$에서 추출한 임의표본(Random Sample) $X_1, \ X_2, \ ..., \ X_n$을 사용해 가설 $H_0 : \theta = 0$ vs. $H_1 : \theta > 0$를 검정하는 문제를 생각하자. '$\overline{X} \geq 1$이면 H_0를 기각'하는 검정법의 유의수준이 0.05가 되게 하려면 표본크기 n을 최소 얼마 이상이 되도록 정해야 하는가?(단, $\overline{X} = n^{-1} \sum_{i=1}^{n} X_i$ 이다)

$* \ z_{0.005} = 2.58, \ z_{0.01} = 2.33, \ z_{0.025} = 1.96, \ z_{0.05} = 1.64, \ z_{0.1} = 1.28.$
단, $Z \sim N(0, \ 1)$일 때 $P(Z \geq z_\alpha) = \alpha$가 성립한다.

01 해설

(1) 포아송분포

① 각 요일의 노쇼 인원을 나타내는 확률변수 X_i는 $\lambda = 1$인 포아송분포 $P(1)$을 따른다.

② 다음 주 월요일부터 금요일까지 닷새 동안 노쇼 인원을 나타내는 확률변수는 $X_1 + X_2 + X_3 + X_4 + X_5 \sim P(5)$를 따른다.

③ $Y = X_1 + X_2 + X_3 + X_4 + X_5 \sim P(5)$라 하면 구하고자 하는 확률은
$P(Y \geq 2) = 1 - P(Y < 2) = 1 - P(Y = 0) - P(Y = 1)$이다.

④ Y의 확률질량함수가 $f(y) = \dfrac{e^{-5} \, 5^y}{y!}$이므로 $P(Y = 0) = e^{-5} = 0.0067$이고 $P(Y = 1) = 5e^{-5} = 0.0335$이다.

∴ $P(Y \geq 2) = 1 - 0.0067 - 0.0335 = 0.9598$

(2) 기대값과 분산의 계산

① 주어진 사건의 확률변수를 X_i라 하면, 그 확률질량함수는 다음과 같이 나타낼 수 있다.

x_i	+10	−10
$f(x_i)$	$\dfrac{1}{3}$	$\dfrac{2}{3}$

② X_i의 기대값과 분산을 계산하면 다음과 같다.

$$E(X_i) = \frac{10}{3} - \frac{20}{3} = -\frac{10}{3}$$

$$Var(X_i) = E(X_i^2) - [E(X_i)]^2 = 100 - \frac{100}{9} = \frac{800}{9}$$

③ 다섯 번 게임을 하고 난 후의 수익금은 $Y = X_1 + X_2 + X_3 + X_4 + X_5$이고 그 기대값과 분산은 다음과 같다.

$$E(Y) = E(X_1 + \cdots + X_5) = -\frac{50}{3}$$

$$Var(Y) = Var(X_1 + \cdots + X_5) = Var(X_1) + \cdots + Var(X_5) = \frac{4000}{9}$$

(3) 이항분포

① $X \sim B\left(3, \dfrac{2}{3}\right)$을 따르면, $f(x) = \dbinom{3}{x}\left(\dfrac{2}{3}\right)^x\left(\dfrac{1}{3}\right)^{3-x}$ $x = 0, 1, 2, 3$이다.

② 이를 확률분포표로 나타내면 다음과 같다.

x	0	1	2	3
$f(x)$	$\dfrac{1}{27}$	$\dfrac{6}{27}$	$\dfrac{12}{27}$	$\dfrac{8}{27}$

③ $P(X < m) \leq \dfrac{1}{2}$, $P(X \leq m) \geq \dfrac{1}{2}$을 만족하는 상수 m은 2이다.

(4) 모평균 추정에 필요한 표본크기 결정

① $X_1, X_2, \cdots, X_n$은 평균이 0, 분산이 1인 정규분포에서의 확률표본일 때 유의수준 0.05하에서 H_0을 기각하기 위한 검정법은 다음과 같다.

$$\overline{X} \geq z_{0.05} \frac{1}{\sqrt{n}}$$

② $z_{0.05} \dfrac{1}{\sqrt{n}} < 1$이므로 $\sqrt{n} > 1.64 \rightarrow n > 2.6896$

∴ n은 최소 3 이상이다.

$X_1,\ X_2,\ \ldots,\ X_n$이 $N(\mu,\ 1)$로부터 추출한 임의표본(Random Sample)일 때, 퍼짐(Spread)을 측정하기 위해 아래 식과 같은 통계량 G를 고려하자.

$$G = \sum_{i=1}^{n-1} \sum_{j=i+1}^{n} |X_i - X_j| \Big/ \binom{n}{2}$$

(1) $X_1 - X_2$의 분포는 무엇인가?

(2) $E[G] = E[|X_1 - X_2|]$임을 증명하시오.

(3) $E[G] = 2/\sqrt{\pi}$임을 증명하시오. 단, 평균이 μ이고 분산이 σ^2인 정규분포 $N(\mu,\ \sigma^2)$의 밀도함수는 $f(x) = \dfrac{1}{\sqrt{2\pi\sigma^2}} e^{-\frac{(x-\mu)^2}{2\sigma^2}},\ -\infty < x < \infty$ 이다.

02 해설

(1) 정규분포의 합의 분포

① $X_1 - X_2$은 정규분포의 합이므로 정규분포이다.

② $E(X_1 - X_2) = E(X_1) - E(X_2) = \mu - \mu = 0$

③ $Var(X_1 - X_2) = Var(X_1) + Var(X_2) = 1 + 1 = 2$

   $\therefore\ X_1 - X_2 \sim N(0,\ 2)$

(2) 기대값

① (1)의 풀이에 의하여 $X_i - X_j \sim N(0,\ 2)$이다.

② $E(G) = E\left[\sum_{i=1}^{n-1} \sum_{j=i+1}^{n} |X_i - X_j| \Big/ \binom{n}{2} \right]$

   $= \dfrac{2}{n(n-1)} \sum_{i=1}^{n-1} \sum_{j=i+1}^{n} E[|X_i - X_j|]$

   $= \dfrac{2}{n(n-1)} \sum_{i=1}^{n-1} \left[E(|X_i - X_{i+1}|) + E(|X_i - X_{i+2}|) + \cdots + E(|X_i - X_n|) \right]$

   $= \dfrac{2}{n(n-1)} E(|X_1 - X_2| + \cdots + |X_1 - X_n| + |X_2 - X_3| + \cdots + |X_2 - X_n| + \cdots + |X_{n-1} - X_n|)$

③ $X_1,\ X_2,\ \ldots,\ X_n$이 $N(\mu,\ 1)$로부터 추출한 임의표본(Random Sample)이므로 $|X_i - X_j|$는 모두 독립이다.

   $\therefore\ E(G) = \dfrac{2}{n(n-1)} E\left(\dfrac{n(n-1)}{2} |X_1 - X_2| \right)$

   $= E(|X_1 - X_2|)$

(3) 기대값의 계산

① 확률변수 X의 확률밀도함수가 $f(x)$라 하면, 기대값을 구하는 공식은 $E(X) = \int_{-\infty}^{\infty} x f(x) dx$ 이다.

② $G \sim |X_1 - X_2|$ 이고, $X_1 - X_2 \sim N(0, 2)$를 따르므로

$$E(G) = E(|X_1 - X_2|) = 2 \int_0^{\infty} x \frac{1}{2\sqrt{\pi}} e^{-\frac{x^2}{4}} dx = \frac{1}{\sqrt{\pi}} \int_0^{\infty} x e^{-\frac{x^2}{4}} dx$$

③ $\frac{x^2}{4} = t$ 로 치환하면 $\frac{x}{2} dx = dt$ 이고, $x = 0$일 때 $t = 0$, $x \to \infty$일 때 $t \to \infty$이므로

$$\frac{1}{\sqrt{\pi}} \int_0^{\infty} x e^{-\frac{x^2}{4}} dx = \frac{2}{\sqrt{\pi}} \int_0^{\infty} e^{-t} dt = \frac{2}{\sqrt{\pi}} [-e^{-t}]_0^{\infty} = \frac{2}{\sqrt{\pi}}$$

야구 경기에서 타구의 비거리는 야구공의 구질과 야구공의 반발계수에 의해 영향을 받는다. 야구공의 구질(직구, 슬라이더, 커브)과 반발계수의 값(0.7, 0.8, 0.9)에 따라 타구의 비거리를 각 2번씩 측정한 데이터가 다음 표와 같다.

반발계수 \ 구질	0.7	0.8	0.9
직 구	78	85	91
	79	86	93
슬라이더	82	87	94
	80	84	92
커 브	83	84	96
	85	89	99

(1) 반복이 없는 이원배치법과 비교하여 반복이 있는 이원배치법의 장점을 설명하시오.

(2) 위의 실험데이터를 이용해 적합시킨 교호작용을 포함한 모형에 대한 분산분석표가 아래와 같이 주어져 있다. 분산분석표의 빈칸 (a)~(l)를 채우고, 구질과 반발계수 간에 교호작용이 있는지 유의수준 5%에서 검정하시오.

요 인	제곱합	자유도	평균제곱	F
구 질	520	(a)	(b)	(c)
반발계수	50	(d)	(e)	(f)
교호작용	(g)	(h)	4	(i)
오 차	(j)	(k)	4	
합 계	(l)	17		

(3) (2)의 결과를 이용하여 최종모형을 선택한 후 분산분석표를 작성하고, 구질과 반발계수에 대한 통계적 유의성을 각각 유의수준 5%에서 검정하시오. 그리고, 타구의 비거리를 최대로 만드는 구질과 반발계수의 값을 구하시오.

03 해설

(1) 교호작용 효과

① 집단을 나타내는 변수인 인자의 수가 2개인 경우 이원배치 분산분석이라 한다.

② 이원배치 분산분석은 반복 유무에 따라 반복이 없는 이원배치 분산분석과 반복이 있는 이원배치 분산분석으로 구분한다.

③ 반복이 없는 이원배치 분산분석은 자유도의 부족으로 교호작용을 오차와 구분해서 검출할 수 없지만, 반복이 있는 이원배치 분산분석에서는 2인자 이상의 특정한 인자수준의 조합에서 일어나는 효과인 교호작용 효과(Interaction Effect)를 검출할 수 있다.

④ 교호작용 효과를 오차항과 구별하여 구할 수 있으므로 주효과에 대한 검출력이 높아진다.

(2) 반복이 있는 이원배치 모수모형의 분산분석표
① 반복이 있는 이원배치 모수모형의 분산분석표는 다음과 같다.

요 인	제곱합	자유도	평균제곱	F
A	S_A	$l-1$	V_A	V_A/V_E
B	S_B	$m-1$	V_B	V_B/V_E
$A \times B$	$S_{A \times B}$	$(l-1)(m-1)$	$V_{A \times B}$	$V_{A \times B}/V_E$
E	S_E	$lm(r-1)$	V_E	
T	S_T	$lmr-1$		

② 위의 분산분석표를 이용하여 빈칸을 채우면 다음과 같다.

요 인	제곱합	자유도	평균제곱	F
구질	520	(2)	(260)	(65)
반발계수	50	(2)	(25)	(6.25)
교호작용	(16)	(4)	4	(1)
오 차	(36)	(9)	4	
합 계	(622)	17		

③ 분석에 앞서 교호작용 효과에 대한 가설을 설정한다.
- 귀무가설(H_0) : 교호작용 효과는 유의하지 않다.
- 대립가설(H_1) : 교호작용 효과는 유의하다.

④ 교호작용의 F-값이 1이며 기각치 $F_{0.05}(4,\ 9) = 3.63$보다 작으므로 귀무가설을 채택한다. 즉, 유의수준 5%하에서 구질과 반발계수 간에 교호작용이 없다고 볼 수 있다.

(3) 오차항에 풀링(Pooling)
① 교호작용이 유의하지 않으면 교호작용을 오차항에 포함하여 새로운 오차항을 만드는데 이를 유의하지 않은 교호작용을 오차항에 풀링(Pooling)한다고 한다.
② 교호작용을 오차항에 풀링한 최종모형의 분산분석표를 작성하면 다음과 같다.

요 인	제곱합	자유도	평균제곱	F
구 질	520	2	260	65
반발계수	50	2	25	6.25
오 차	52	13	4	
합 계	622	17		

③ 분석에 앞서 구질과 반발계수에 대한 가설을 설정한다.
- 귀무가설(H_0) : 야구공의 구질은 타구의 비거리에 영향을 미치지 않는다.
- 대립가설(H_1) : 야구공의 구질은 타구의 비거리에 영향을 미친다.
- 귀무가설(H_0) : 야구공의 반발계수는 타구의 비거리에 영향을 미치지 않는다.
- 대립가설(H_1) : 야구공의 반발계수는 타구의 비거리에 영향을 미친다.

④ 구질과 반발계수의 검정통계량 F-값이 65와 6.25로 기각치 $F_{0.05}(2,\ 13) = 3.81$보다 크므로 유의수준 5%하에서 구질과 반발계수 모두 귀무가설을 기각한다. 즉, 구질과 반발계수 모두 유의수준 5%하에서 타구의 비거리에 영향을 준다고 할 수 있다.

⑤ 실험 결과 타구의 비거리를 최대로 만드는 구질과 반발계수의 값은 각각 커브와 0.9이다.

01

연속형 확률변수 X의 모수의 신뢰구간을 구하는 문제를 고려하자.

(1) X가 평균이 λ인 지수분포를 따른다고 가정하자. 표본 개수 n이 충분히 클 때 표본평균 $\overline{X}$의 근사 분포에 기초하여 평균(λ)과 분산(λ^2)에 대한 95% 근사신뢰구간을 나타내는 식을 구하시오(단, $z_{0.025} = 2$로 간주하시오).

(2) X가 평균이 μ이고 분산이 σ^2인 정규분포를 따를 때, 분산(σ^2)에 대한 95% 신뢰구간을 나타내는 식을 구하시오.

(3) 실제 81개의 표본을 관측하여 표본평균 $\overline{x} = 10$, 표본표준편차 $s = 11$을 얻었다고 하자. (1)과 (2)에서 구한 식을 이용하여 분산에 대한 신뢰구간 길이를 각각 계산한 후 비교하시오(단, $\chi^2_{0.025}(80) \simeq 107$, $\chi^2_{0.975}(80) \simeq 57$, $\chi^2_{0.025}(81) \simeq 108$, $\chi^2_{0.975}(81) \doteqdot 58$로 간주하고, 소수점 아래 둘째 자리에서 반올림한다).

01 해설

(1) 지수분포의 신뢰구간

① X가 평균이 λ인 지수분포를 따르므로, $E(X) = \lambda$, $Var(X) = \lambda^2$이다.

② 표본 개수 n이 충분히 크므로 표본평균 $\overline{X}$는 정규분포 $N\left(\lambda, \dfrac{\lambda^2}{n}\right)$에 근사한다.

③ $z_{0.025} = 2$로 간주하고 λ의 95% 근사신뢰구간을 계산하면 다음과 같다.

$$P\left(-2 \leq \frac{\overline{X} - \lambda}{\frac{\lambda}{\sqrt{n}}} \leq 2\right) = 0.95 \rightarrow P\left(-\frac{2}{\sqrt{n}} \leq \frac{\overline{X}}{\lambda} - 1 \leq \frac{2}{\sqrt{n}}\right) = 0.95 \rightarrow$$

$$P\left(\frac{\sqrt{n} - 2}{\sqrt{n}} \leq \frac{\overline{X}}{\lambda} \leq \frac{\sqrt{n} + 2}{\sqrt{n}}\right) = 0.95 \rightarrow P\left(\frac{\sqrt{n}}{\sqrt{n} + 2}\overline{X} \leq \lambda \leq \frac{\sqrt{n}}{\sqrt{n} - 2}\overline{X}\right) = 0.95$$

$\therefore \lambda$의 95% 근사신뢰구간 : $\left(\dfrac{\sqrt{n}}{\sqrt{n} + 2}\overline{X}, \dfrac{\sqrt{n}}{\sqrt{n} - 2}\overline{X}\right)$, λ^2의 95% 근사신뢰구간 : $\left(\dfrac{n}{n + 4\sqrt{n} + 4}\overline{X}^2, \dfrac{n}{n - 4\sqrt{n} + 4}\overline{X}^2\right)$

(2) 정규분포의 신뢰구간

① 모분산 σ^2의 추정량은 표본분산 S^2이며 χ^2통계량을 이용한다.

$$\chi^2 = \frac{(n-1)S^2}{\sigma^2} \sim \chi^2_{(n-1)}$$

② 카이제곱분포에서 오른쪽 꼬리의 확률이 0.95가 되는 $(1-\alpha)$분위수를 χ^2_α로 나타내므로 다음이 성립한다.

$$P\left(\chi^2_{0.975,\ n-1} < \chi^2 < \chi^2_{0.025,\ n-1}\right) = 0.95$$

$$P\left(\chi^2_{0.975,\ n-1} < \frac{(n-1)S^2}{\sigma^2} < \chi^2_{0.025,\ n-1}\right) = 0.95$$

$$P\left(\frac{(n-1)S^2}{\chi^2_{0.025,\ n-1}} < \sigma^2 < \frac{(n-1)S^2}{\chi^2_{0.975,\ n-1}}\right) = 0.95$$

③ χ^2통계량을 이용하여 구한 σ^2에 대한 95% 신뢰구간은 다음과 같다.

$$\left(\frac{(n-1)S^2}{\chi^2_{0.025,\ n-1}},\ \frac{(n-1)S^2}{\chi^2_{0.975,\ n-1}}\right)$$

(3) 신뢰구간 계산

① (1)에서 구한 분산(λ^2)의 95% 근사신뢰구간은 $\left(\dfrac{n}{n+4\sqrt{n}+4}\overline{X}^2,\ \dfrac{n}{n-4\sqrt{n}+4}\overline{X}^2\right)$이다.

   ∴ 분산(λ^2)의 95% 근사신뢰구간은 $(66.9,\ 165.3)$이다.

② (2)에서 구한 분산(σ^2)의 95% 신뢰구간은 $\left(\dfrac{(n-1)S^2}{\chi^2_{0.025,\ n-1}},\ \dfrac{(n-1)S^2}{\chi^2_{0.975,\ n-1}}\right)$이다.

   ∴ 분산(σ^2)의 95% 신뢰구간은 $(90.5,\ 169.8)$이다.

③ 지수분포를 이용한 분산의 신뢰구간 길이는 $165.3 - 66.9 = 98.4$이고, 정규분포를 이용한 분산의 신뢰구간 길이는 $169.8 - 90.5 = 79.3$으로 정규분포를 이용한 분산의 신뢰구간 길이가 더 짧다.

02

앞면이 나올 확률이 p인 동전을 던져 앞면이 나오면 2보 전진하고 뒷면이 나오면 1보 후퇴하는 게임을 한다. 동전을 7번 던지고 이동한 결과, 위치가 출발 지점에서 8보 전진하였다고 하자. 이 경우 첫 번째와 두 번째 동전까지 던지고 이동한 결과, 위치가 출발 지점에서 2보 이하로 전진(후퇴를 포함한다)하였을 경우의 확률을 구하시오.

02 해설

확률의 계산

① 동전을 7번 던지고 이동한 결과, 위치가 출발 지점에서 8보 전진한 경우는 앞면이 5번, 뒷면이 2번 나온 경우이며, 그 경우의 수는 $_7C_5 = _7C_2 = \dfrac{7 \times 6}{2} = 21$가지이다.

② 첫 번째와 두 번째 동전까지 던지고 이동한 결과가 출발 지점에서 2보 이하 전진한 경우는 앞의 2번 중 1번 이상 뒷면이 나온 경우이며, 그 경우의 수는 (앞면, 뒷면), (뒷면, 뒷면), (뒷면, 앞면)으로 총 3가지이다. 즉, 동전을 7번 던지고 이동한 위치가 출발시점에서 8보 진진할 경우의 수는 다음과 같이 총 11가지이다.

앞 뒤	1. 뒤 앞 앞 앞 앞	뒤 앞	6. 뒤 앞 앞 앞 앞	뒤 뒤	11. 앞 앞 앞 앞 앞
	2. 앞 뒤 앞 앞 앞		7. 앞 뒤 앞 앞 앞		
	3. 앞 앞 뒤 앞 앞		8. 앞 앞 뒤 앞 앞		
	4. 앞 앞 앞 뒤 앞		9. 앞 앞 앞 뒤 앞		
	5. 앞 앞 앞 앞 뒤		10.앞 앞 앞 앞 뒤		

③ 따라서 구하고자 하는 확률은 $\dfrac{11}{21}$이다.

3명의 궁수 A, B, C가 차례대로 과녁을 향해 화살을 쏘는 게임에서(쏘는 순서는 $A \to B \to C \to A \to B \to C \to \cdots$를 반복함) 처음으로 한 가운데 10점(만점) 영역을 맞춘 사람이 승자가 된다고 하자. 매 시도에서 궁수 A가 10점을 맞힐 확률은 $\frac{1}{10}$이고, 궁수 B와 C가 10점을 맞힐 확률은 각각 $\frac{1}{9}$와 $\frac{1}{8}$이라고 한다.

(1) 3명의 궁수(A, B, C)가 각각 승자가 될 확률을 계산하시오.

(2) 승자가 결정되기까지는 평균적으로 몇 번의 시도를 해야 하는가? 즉, 총 시도횟수의 기대값을 계산하시오.

03 해 설

(1) 확률의 계산

① A가 승자가 될 확률은 다음과 같다.

$$\frac{1}{10} + \left(\frac{9}{10} \times \frac{8}{9} \times \frac{7}{8}\right) \times \frac{1}{10} + \left(\frac{9}{10} \times \frac{8}{9} \times \frac{7}{8} \times \frac{9}{10} \times \frac{8}{9} \times \frac{7}{8}\right) \times \frac{1}{10} + \cdots$$

$$= \frac{1}{10} + \frac{7}{10} \times \frac{1}{10} + \left(\frac{7}{10}\right)^2 \times \frac{1}{10} + \cdots = \frac{1/10}{1 - 7/10} = \frac{1}{3} \qquad \because \text{무한등비수열의 합 이용}$$

② B, C가 승자가 될 확률을 동일한 방법으로 구하면 다음과 같다.

$$B\text{가 승자가 될 확률} = \left(\frac{9}{10}\right) \times \frac{1}{9} + \left(\frac{9}{10} \times \frac{8}{9} \times \frac{7}{8} \times \frac{9}{10}\right) \times \frac{1}{9} + \cdots = \frac{1}{3}$$

$$C\text{가 승자가 될 확률} = \left(\frac{9}{10} \times \frac{8}{9}\right) \times \frac{1}{8} + \left(\frac{9}{10} \times \frac{8}{9} \times \frac{7}{8} \times \frac{9}{10} \times \frac{8}{9}\right) \times \frac{1}{8} + \cdots = \frac{1}{3}$$

③ 결과적으로 3명의 궁수(A, B, C)가 각각 승리할 확률은 $\frac{1}{3}$로 동일하다.

(2) 기대값의 계산

① 총 시도횟수별 확률은 다음과 같다.

시 도	1	2	3	4	5	6	7	8	9	⋯
확 률	0.1	0.1	0.1	0.7×0.1	0.7×0.1	0.7×0.1	$0.7^2 \times 0.1$	$0.7^2 \times 0.1$	$0.7^2 \times 0.1$	⋯

② 기대값을 계산하면 다음과 같다.

$$E(X) = (6 \times 0.1) + (15 \times 0.7 \times 0.1) + (24 \times 0.7^2 \times 0.1) + \cdots$$

$$= \sum_{i=1}^{\infty} (9i - 3)(0.7)^{i-1}(0.1) = 0.3 \times \sum_{i=1}^{\infty} (3i - 1)(0.7)^{i-1}$$

$$= \left(0.9 \times \sum_{i=1}^{\infty} i(0.7)^{i-1}\right) - \left(0.3 \times \sum_{i=1}^{\infty} (0.7)^{i-1}\right)$$

$\sum_{i=1}^{\infty} i(0.7)^{i-1} = \frac{1}{0.3^2}$이고, $\sum_{i=1}^{\infty} (0.7)^{i-1} = 1 + 0.7 + 0.7^2 + \cdots = \frac{1}{0.3}$ 이므로, 기대값은 $10 - 1 = 9$이다.

어느 지역에 교육 정도(X_1)와 근무기간(X_2)이 소득(Y)에 미치는 영향을 알아보기 위하여 이 지역에 사는 성인 중 100명을 임의로 추출하여 교육 정도, 근무기간, 소득을 조사하였다. 여기서 교육 정도는 고졸 이하, 전문대 졸업, 대학교 졸업, 대학원 졸업(석사 또는 박사)의 4개의 범주로 조사하였다. 이 데이터에서 Y를 반응변수(종속변수), X_1과 X_2를 설명변수(독립변수)로 하여 회귀분석을 실시한 결과, 얻은 잔차제곱합은 다음과 같다. 여기서, $X_1 \times X_2$는 교호작용을 의미한다. 표의 각 모형에 대하여 회귀모형에 대한 가정은 만족한다고 가정한다.

모 형	설명변수	잔차제곱합
1	(intercept), X_1, X_2, $X_1 \times X_2$	73
2	(intercept), X_1, X_2	78
3	(intercept), X_1	87
4	(intercept), X_2	90
5	(intercept)	105

참고 [표]는 $F(v_1, v_2)$가 분자의 자유도가 v_1, 분포의 자유도가 v_2인 F분포를 따르는 확률변수일 때 $P(F(v_1, v_2) \geq c) = 0.05$인 c의 값을 나타낸 것이다.

(1) 모형 1에 대한 분산분석표를 완성하고 모형의 유의성에 대하여 유의수준 5%에서 검정하시오.

분산분석표

요 인	자유도	제곱합	평균제곱합	F값
회 귀				
잔 차				
전 체				

(2) 모형 1에서 교호작용 $X_1 \times X_2$가 유의한지를 유의수준 5%에서 검정하시오. 그리고 교호작용의 유의성 검정 결과에 따라 근무기간의 증가가 소득에 미치는 영향을 교육 정도와 관련지어 설명하시오.

(3) 모형 1에서 교육 정도 X_1과 교육 정도와 근무기간의 교호작용 $X_1 \times X_2$을 모두 제거할 수 있는지를 유의수준 5%에서 검정하시오.

(4) 모형 2에서 교육 정도 X_1을 제거할 수 있는지 여부와 근무기간 X_2를 제거할 수 있는지 여부를 각각 유의수준 5%에서 검정하시오.

(5) (1)~(4)의 결과를 바탕으로 모형 1~5 중 최적의 모형을 선택하고 설명하시오.

04 해설

(1) 부분 F검정을 이용한 분산분석표 작성

    ① 표본크기 $n = 100$ 이므로 전체제곱합의 자유도는 $n - 1 = 99$ 이고, 회귀제곱합의 자유도는 추정할 모수 k가 4개이므로 $k - 1 = 3$이 되어 잔차제곱합의 자유도는 $99 - 3 = 96$이 된다.

    ② 모형 1의 회귀식 $Y = \beta_0 + \beta_1 X_1 + \beta_2 X_2 + \beta_3 (X_1 \times X_2) + \epsilon$ 을 완전모형(Full Model)이라 하고, 모형 5의 회귀식 $Y = \beta_0 + \epsilon$ 을 축소모형(Reduced Model)이라 하면 귀무가설 H_0와 대립가설 H_1은 다음과 같다.

$$H_0 : \beta_1 = \beta_2 = \beta_3 = 0 \text{ VS } H_1 : \text{Not } H_0$$

    ③ 모형 1의 회귀제곱합을 $SSR(F)$, 잔차제곱합을 $SSE(F)$라 하고, 모형 5의 회귀제곱합을 $SSR(R)$, 잔차제곱합을 $SSE(R)$라 하면, 위의 가설을 검정하기 위한 검정통계량의 값은 다음과 같다.

$$F = \frac{[SSR(F) - SSR(R)]/4 - 1}{SSE(F)/n - 4} = \frac{[SSE(R) - SSE(F)]/4 - 1}{SSE(F)/n - 4} = \frac{(105 - 73)/3}{73/96} = 14.03$$

    ④ 이를 바탕으로 분산분석표를 완성하면 다음과 같다.

요 인	자유도	제곱합	평균제곱합	F값
회 귀	3	32	32/3	14.03
잔 차	96	73	73/96	
전 체	99	105		

    ⑤ 검정통계량 F값이 14.03이므로 유의수준 5%에서의 기각치 $F_{(3, 96)} = 2.70$보다 크므로 귀무가설을 기각한다. 즉, 유의수준 5%에서 완전모형이 유의하다.

(2) 부분 F-검정

    ① 모형 1의 회귀식 $Y = \beta_0 + \beta_1 X_1 + \beta_2 X_2 + \beta_3 (X_1 \times X_2) + \epsilon$ 을 완전모형(Full Model)이라 하고, 모형 2의 회귀식 $Y = \beta_0 + \beta_1 X_1 + \beta_2 X_2 + \epsilon$ 을 축소모형(Reduced Model)이라 하면 귀무가설 H_0와 대립가설 H_1은 다음과 같다.

$$H_0 : \beta_3 = 0 \text{ VS } H_1 : \beta_3 \neq 0$$

    ② 모형 1의 회귀제곱합을 $SSR(F)$, 잔차제곱합을 $SSE(F)$라 하고, 모형 2의 회귀제곱합을 $SSR(R)$, 잔차제곱합을 $SSE(R)$라 하면, 위의 가설을 검정하기 위한 검정통계량의 값은 다음과 같다.

$$F = \frac{[SSR(F) - SSR(R)]/4 - 3}{SSE(F)/n - 4} = \frac{[SSE(R) - SSE(F)]/4 - 3}{SSE(F)/n - 4} = \frac{78 - 73}{73/96} = 6.58$$

    ③ 검정통계량 F값이 6.58이므로 유의수준 5%에서의 기각치 $F_{(1, 96)} = 3.94$보다 크므로 귀무가설을 기각한다. 즉, 유의수준 5%에서 교호작용 $X_1 \times X_2$는 통계적으로 유의하다.

    ④ 교호작용 $X_1 \times X_2$이 유의하므로 추정된 회귀식은 $\hat{y} = b_0 + b_1 X_1 + b_2 X_2 + b_3 (X_1 \times X_2)$이 되고 교육 정도($X_1$)를 1로 고정시키면 회귀식은 $\hat{y} = (b_0 + b_1) + (b_2 + b_3) X_2$이 되어 근무기간($X_2$)이 1단위 증가할 때 소득은 $b_2 + b_3$단위만큼 증가한다.

(3) 부분 F검정

    ① 모형 1의 회귀식 $Y = \beta_0 + \beta_1 X_1 + \beta_2 X_2 + \beta_3 (X_1 \times X_2) + \epsilon$ 을 완전모형(Full Model)이라 하고, 모형 4의 회귀식 $Y = \beta_0 + \beta_2 X_2 + \epsilon$ 을 축소모형(Reduced Model)이라 하면 귀무가설 H_0와 대립가설 H_1은 다음과 같다.

$$H_0 : \beta_1 = \beta_3 = 0 \text{ VS } H_1 : \text{Not } H_0$$

    ② 모형 1의 회귀제곱합을 $SSR(F)$, 잔차제곱합을 $SSE(F)$라 하고, 모형 4의 회귀제곱합을 $SSR(R)$, 잔차제곱합을 $SSE(R)$라 하면, 위의 가설을 검정하기 위한 검정통계량의 값은 다음과 같다.

$$F = \frac{[SSR(F) - SSR(R)]/4 - 2}{SSE(F)/n - 4} = \frac{[SSE(R) - SSE(F)]/4 - 2}{SSE(F)/n - 4} = \frac{(90 - 73)/2}{73/96} = 11.18$$

③ 검정통계량 F값이 11.18이므로 유의수준 5%에서의 기각치 $F_{(2, 96)} = 3.09$보다 크므로 귀무가설을 기각한다. 즉, 유의수준 5%에서 완전모형 $Y = \beta_0 + \beta_1 X_1 + \beta_2 X_2 + \beta_3 (X_1 \times X_2) + \epsilon$이 유의하므로 교육 정도 X_1과 교육정도와 근무기간의 교호작용 $X_1 \times X_2$을 모두 제거할 수 없다.

(4) 부분 F검정

① 모형 2의 회귀식을 $Y = \beta_0 + \beta_1 X_1 + \beta_2 X_2 + \epsilon$을 완전모형(Full Model)이라 하고, 모형 4의 회귀식 $Y = \beta_0 + \beta_2 X_2 + \epsilon$을 축소모형(Reduced Model)이라 하면 귀무가설 H_0와 대립가설 H_1은 다음과 같다.

$$H_0 : \beta_1 = 0 \text{ VS } H_1 : \beta_1 \neq 0$$

② 모형 2의 회귀제곱합을 $SSR(F)$, 잔차제곱합을 $SSE(F)$라 하고, 모형 4의 회귀제곱합을 $SSR(R)$, 잔차제곱합을 $SSE(R)$라 하면, 위의 가설을 검정하기 위한 검정통계량의 값은 다음과 같다.

$$F = \frac{[SSR(F) - SSR(R)]/3-2}{SSE(F)/n-3} = \frac{[SSE(R) - SSE(F)]/3-2}{SSE(F)/n-3} = \frac{90 - 78}{78/97} = 14.92$$

③ 검정통계량 F값이 14.92이므로 유의수준 5%에서의 기각치 $F_{(1, 97)} = 3.94$보다 크므로 귀무가설을 기각한다. 즉, 유의수준 5%에서 완전모형 $Y = \beta_0 + \beta_1 X_1 + \beta_2 X_2 + \epsilon$이 유의하므로 모형 2에서 근무기간$(X_2)$을 제거할 수 없다.

④ 위와 같은 방법으로 가설 $H_0 : \beta_2 = 0$ VS $H_1 : \beta_2 \neq 0$을 검정하기 위한 검정통계량의 값은 다음과 같다.

$$F = \frac{[SSR(F) - SSR(R)]/3-2}{SSE(F)/n-3} = \frac{[SSE(R) - SSE(F)]/3-2}{SSE(F)/n-3} = \frac{87 - 78}{78/97} = 11.19$$

⑤ 검정통계량 F값이 11.19이므로 유의수준 5%에서의 기각치 $F_{(1, 97)} = 3.94$보다 크므로 귀무가설을 기각한다. 즉, 유의수준 5%에서 완전모형 $Y = \beta_0 + \beta_1 X_1 + \beta_2 X_2 + \epsilon$이 유의하므로 모형 2에서 근무기간$(X_1)$을 제거할 수 없다.

(5) 최적모형 선택

모든 설명변수$(X_1, X_2, X_1 \times X_2)$가 유의수준 5%에서 통계적으로 유의하므로 모든 설명변수를 포함한 모형 1이 가장 적합하다고 판단할 수 있다.

01

당첨될 확률이 p이며 당첨되면 9만원을 받는 만원짜리 복권이 있다(즉, 당첨되면 8만원 이익, 당첨이 안 되면 만원 손해). 서로 다른 복권의 당첨 여부는 독립이라고 한다.

(1) 철수는 컴퓨터를 이용하여 평균 10인 포아송분포에서 난수 하나를 생성하여 나오는 숫자만큼의 복권을 사기로 하였다. 철수가 얻게 될 이익의 기대치와 분산을 p의 식으로 표현하시오.

(2) 만약 철수가 포아송 난수를 생성하지 않고 10장의 복권을 샀다면, 철수가 얻게 될 이익의 기대치와 분산을 p의 식으로 표현하시오.

(3) (1)과 (2)의 결과를 이익의 기대치와 분산을 이용하여 비교하고 그 원인에 대하여 설명하시오.

01 해 설

(1) 확률변수의 기대값과 분산
① 당첨된 복권의 갯수를 확률변수 X라 하고, 평균 10인 포아송분포를 확률변수 Y라 하자. 그러면 확률변수 $Y = y$일 때, 확률변수 X의 조건부 확률분포는 다음과 같은 이항분포를 따른다.

$$X \,|\, Y = y \sim B(y, \ p)$$

② 이때, 기대값 $E(X \vert Y = y) = yp$이고 $Var(X \vert Y = y) = yp(1-p)$이다.
③ 확률변수 Y는 $\lambda = 10$인 확률분포 $P(\lambda)$를 따른다. 따라서, $E(X)$과 $Var(X)$의 값을 구하면 다음과 같다.

$$E(X) = E[E(X \vert Y)] = E(Yp) = pE(Y) = 10p$$

$$\begin{aligned} Var(X) &= E[Var(X \mid Y)] + Var[E(X \mid Y)] \\ &= E(Yp(1-p)) + Var(Yp) \\ &= p(1-p)E(Y) + p^2 Var(Y) \\ &= 10p(1-p) + 10p^2 = 10p \end{aligned}$$

④ 철수가 얻게 될 이익은 $W = 90000X - 10000$과 같이 나타낼 수 있다. 따라서, 철수가 얻게 될 이익의 기대치와 분산 $E(W)$, $Var(W)$는 각각 다음과 같다.

$$E(W) = E(90000X - 10000) = 90000E(X) - 10000 = 900000p - 10000$$

$$Var(W) = Var(90000X - 10000) = 8100000000 \, Var(X) = 81000000000p$$

(2) 확률변수의 기대값과 분산
① 당첨된 복권의 갯수를 확률변수 X라 하면, 10장의 복권을 샀을 때, 확률변수 X는 다음과 같은 이항분포를 따른다.

$$X \sim B(10, \ p)$$

② X의 기대값과 분산은 $E(X) = 10p$, $Var(X) = 10p(1-p)$이다.
③ 철수가 얻게 될 이익은 $W = 90000X - 10000$과 같이 나타낼 수 있다. 따라서, 철수가 얻게 될 이익의 기대치와 분산 $E(W)$, $Var(W)$는 각각 다음과 같다.

$$E(W) = E(90000X - 10000) = 90000E(X) - 10000 = 90000p - 10000$$

$$Var(W) = Var(90000X - 10000) = 8100000000 \, Var(X) = 81000000000p(1-p)$$

(3) 확률변수의 기대값과 분산

① 이익의 기대값의 경우, 포아송분포의 평균(기대값)은 10이므로, 복권 10장을 사는 때와 포아송 난수를 생성해서 나오는 숫자만큼의 복권을 사는 때가 동일하다.

② 이익의 분산의 경우, 확정적으로 10장의 복권을 사는 경우에 비해 포아송 난수를 생성하는 경우가 변동성이 더 크므로 분산이 더 크다.

02

새로 개발된 자동 관측 장비에서 1시간에 평균 0.2회 오류가 발생한다고 하자(단, 오류가 발생하는 건수는 포아송분포를 따른다고 가정한다).

(1) 3시간 동안 적어도 1건의 오류가 발생할 확률을 구하시오.

(2) 마지막 오류가 발생한 이후 2시간 동안 오류가 발생하지 않았다는 가정하에서 앞으로 2시간 이내에 오류가 발생할 확률을 구하시오.

(3) 매일 자정을 기준으로 24시간 동안 총 몇 건의 오류가 발생했는지 조사하였을 때, 오류가 한 건도 발생하지 않은 날이 30일 중 평균 며칠인지 구하시오.

02 해설

(1) 여확률의 계산

① 단위시간당 평균 0.2회의 오류가 발생하므로 3시간 동안 발생하는 오류의 갯수를 X라 하면, X는 $\lambda = 0.6$인 포아송분포 $X \sim P(\lambda)$를 따른다.

② 따라서, 구하고자 하는 확률의 값은 다음과 같다.

$$P(X \geq 1) = 1 - P(X = 0) = 1 - e^{-0.6}$$

(2) 지수분포의 무기억성

① 마지막 오류가 발생한 이후 2시간 동안 오류가 발생하지 않았다는 사실은 앞으로 오류가 발생할 확률에 영향을 미치지 않는다.

② 주어진 시간 이내에 오류가 발생할 확률은 $\lambda = 0.2$인 지수분포를 따른다.

③ 따라서, 구하고자 하는 확률은 다음과 같다.

$$P(t \leq 2) = \int_0^2 0.2 e^{-0.2t} dt = \int_0^{0.4} e^{-x} dx \qquad \because 0.2t = x$$
$$= \left[-e^{-x} \right]_0^{0.4} = 1 - e^{-0.4}$$

(3) 이항분포의 기대값

① 1시간에 평균 0.2회 오류가 발생하므로 24시간 = 1일에 평균 4.8회 오류가 발생한다.

② 1일에 1건도 오류가 발생하지 않을 확률은 다음과 같다.

$$X \sim P(\lambda), \ \lambda = 4.8 \rightarrow P(X = 0) = e^{-4.8}$$

③ 따라서 30일 중 오류가 1건도 발생하지 않는 날의 갯수 Y는 다음과 같은 이항분포를 따른다.

$$Y \sim B(30, \ p), \ p = e^{-4.8}$$

④ 따라서 구하고자 하는 값은 $30e^{-4.8}$이다. 즉, 오류가 한 건도 발생하지 않은 날은 30일 중 평균 0.25일이다.

03

섬유에 대한 방수 처리를 위해 사용되는 4가지 화학약품의 효과를 비교하기 위하여 3가지의 서로 다른 섬유로부터 각각 크기가 동일한 네 조각을 잘라서 4가지 화학약품을 처리하여 얻은 다음의 분산분석표를 보고 물음에 답하시오.

요 인	제곱합	자유도	제곱평균합	F값
처 리	( )	( )	1	( )
블 록	6	( )	( )	
잔 차	( )	( )	( )	
합 계	12			

(1) 위의 분산분석표를 완성하시오.

(2) 화학약품의 처리효과가 있는지를 유의수준 5%에서 검정하시오.

(3) 화학약품 처리 1과 처리 2 사이의 효과 차이를 알아보기 위해 $\mu_1 - \mu_2$에 대한 95% 신뢰구간을 구하시오(단, 처리 1의 표본평균은 3.5이고 처리 2의 표본평균은 5.1이다).

(4) 위의 분산분석에서 블록 효과를 무시하고 화학약품의 처리효과가 있는지를 유의수준 5%에서 검정하시오.

03 해 설

(1) 난괴법(RBD ; Randomized Block Design)

① 반복이 없는 이원배치 분산분석에서 A인자는 모수인자이고 B인자는 변량인자인 혼합모형을 난괴법 또는 확률화 블럭계획법(RBD ; Randomized Block Design)이라 한다.

② 난괴법은 반복이 없는 이원배치 분산분석의 모수모형과 데이터 구조, 자유도 계산, 분산분석표 작성 등에서 모두 동일하며 데이터 구조식과 결과의 해석에 있어서 차이가 있다.

③ 4가지 화학약품의 효과를 비교하기 때문에 처리의 자유도는 $l - 1 = 4 - 1 = 3$이고 3가지의 서로 다른 섬유를 블록으로 간주하여 블록의 자유도는 $m - 1 = 3 - 1 = 2$이다.

④ 위의 자유도를 이용하여 분산분석표를 완성하면 다음과 같다.

요 인	제곱합	자유도	제곱평균합	F값
처 리	(3)	(3)	1	(2)
블 록	6	(2)	(3)	
잔 차	(3)	(6)	(0.5)	
합 계	12			

(2) 모수인자의 유의성 검정

① 분석에 앞서 가설을 설정하면 다음과 같다.

• 귀무가설(H_0) : 화학약품의 종류에 따라 섬유에 대한 방수 처리 효과의 차이가 없다.

• 대립가설(H_1) : 화학약품의 종류에 따라 섬유에 대한 방수 처리 효과의 차이가 있다.

② 검정통계량 F값은 2로 유의수준 5%에서의 기각치 $F_{0.05}(3, 6) = 4.76$보다 작으므로 귀무가설을 채택한다. 즉, 유의수준 5%하에서 화학약품의 종류에 따라 섬유에 대한 방수 처리 효과의 차이가 없다고 할 수 있다.

(3) 대비(Contrast)

① n개의 관측값 x_1, x_2, $\cdots$, x_n의 1차식 $C = c_1 x_1 + c_2 x_2 + \cdots + c_n x_n$을 선형식(선형조합)이라 할 때 대비 계수 $c_1 + c_2 + \cdots + c_n = 0$의 조건이 성립하면 이 선형식 C을 대비라고 한다.

② 처리 인자의 각 수준의 평균 $C = \sum_{i=1}^{k} c_i \overline{x}_{i.} = c_1 \overline{x}_{1.} + c_2 \overline{x}_{2.} + \cdots + c_k \overline{x}_{k.}$은 일차 선형식으로 대비 계수들의 합계 $\sum_{i=1}^{k} c_i = 0$이면 선형식 C은 대비이다.

③ 분석에 앞서 가설을 설정하면 다음과 같다.
   - 귀무가설(H_0) : 처리 1과 처리 2 사이의 효과 차이가 없다.
   - 대립가설(H_1) : 처리 1과 처리 2 사이의 효과 차이가 있다.

④ 대비에서 $c_1 = 1$이고 $c_2 = -1$인 $C = \overline{x}_{1.} - \overline{x}_{2.}$으로 $\mu_1 = \mu_2$을 검정할 수 있다. 선형식 C의 기대값은 $E(C) = E\left(\sum_{i=1}^{k} c_i \overline{x}_{i.}\right) = \sum_{i=1}^{k} c_i \mu_i$이고, 분산은 $Var(C) = Var\left(\sum_{i=1}^{k} c_i \overline{x}_{i.}\right) = \frac{\sigma^2}{n} \sum_{i=1}^{k} c_i^2$이므로 귀무가설 $\sum_{i=1}^{k} c_i \mu_i = 0$을 검

정하기위한 검정통계량은 $Z = \dfrac{\sum_{i=1}^{k} c_i \overline{x}_{i.}}{\sqrt{\dfrac{\sigma^2}{n} \sum_{i=1}^{k} c_i^2}}$이 된다.

⑤ σ^2이 알려지지 않은 경우 평균제곱오차인 MSE로 대체할 수 있으며 귀무가설 $\sum_{i=1}^{k} c_i \mu_i = 0$을 검정하기 위한 검정통계

량은 $T = \dfrac{\sum_{i=1}^{k} c_i \overline{x}_{i.}}{\sqrt{\dfrac{MSE}{n} \sum_{i=1}^{k} c_i^2}}$이 된다.

⑥ 위의 T-검정통계량을 이용하여 $\mu_1 - \mu_2$에 대한 $100(1-\alpha)\%$ 신뢰구간을 구하면 다음과 같다.

$$\sum_{i=1}^{k} c_i \overline{x}_{i.} - t_{\frac{\alpha}{2},\ N-k} \sqrt{\frac{MSE}{n} \sum_{i=1}^{k} c_i^2} \leq \sum_{i=1}^{k} c_i \mu_i \leq \sum_{i=1}^{k} c_i \overline{x}_{i.} + t_{\frac{\alpha}{2},\ N-k} \sqrt{\frac{MSE}{n} \sum_{i=1}^{k} c_i^2}$$

$$\therefore\ -1.6 - 2.179 \sqrt{\frac{9/8}{3} \times 2} \leq \mu_1 - \mu_2 \leq -1.6 + 2.179 \sqrt{\frac{9/8}{3} \times 2}$$

(4) 오차항에 풀링

① 블록 효과를 무시하고 일원배치 분산분석을 실시하면 분산분석표는 다음과 같다.

요 인	제곱합	자유도	제곱평균합	F값
처 리	3	3	1	8/9
잔 차	9	8	9/8	
합 계	12			

② 분석에 앞서 가설을 설정하면 다음과 같다.
   - 귀무가설(H_0) : 화학약품의 종류에 따라 섬유에 대한 방수 처리 효과의 차이가 없다.
   - 대립가설(H_1) : 화학약품의 종류에 따라 섬유에 대한 방수 처리 효과의 차이가 있다.

③ 검정통계량 F값은 8/9로 유의수준 5%에서의 기각치 $F_{0.05}(3,\ 8) = 4.07$보다 작으므로 귀무가설을 채택한다. 즉, 유의수준 5%하에서 화학약품의 종류에 따라 섬유에 대한 방수 처리 효과의 차이가 없다고 할 수 있다.

04

어떤 바이러스의 예방을 위한 두 백신 A와 B에 대하여 각각의 바이러스 예방률은 적어도 70%와 80% 이상이라고 알려져 있다. 두 백신의 실제 예방률을 조사하기 위해서 실험에 참여한 사람 중 무작위로 n_A명을 선택하여 백신 A를 투여하였고 또 다른 n_B명을 무작위로 선택하여 백신 B를 투여하였다. 백신을 투여받은 후 모든 실험자들은 바이러스에 노출되었다.

(1) $n_A = 10$이라고 가정하자. 백신 A를 투여받은 사람들 중 1명이 바이러스에 감염되었다고 한다. A 백신에 대해서 알려져 있는 예방률이 올바른 수치인지 확인하기 위한 통계적 가설 검정을 유의수준 5%에서 실시하시오(단, $0.7^5 = 0.16807$, $0.3^5 = 0.00243$이다).

(2) $n_A = n_B = 100$이고 알려져 있는 백신 예방률은 사실이라고 가정한다. 백신 A를 투여받은 사람 중 적어도 40명 이상이 바이러스에 감염될 확률과 백신 B를 투여받은 사람 중 적어도 30명 이상이 바이러스에 감염될 확률을 서로 비교할 때 어느 쪽 확률이 더 높은지를 통계적 이론에 근거하여 설명하시오.

04 해설

(1) 소표본에서 모비율 검정

① 표본크기 $n_A = 10$으로 소표본에 해당된다.

② 소표본인 경우 중심극한정리를 이용한 정규근사가 어렵기 때문에 이항분포를 이용하여 검정한다.

③ 확률변수 X를 백신을 투여하고 바이러스에 걸리지 않은 사람의 수라 하면 $X_A \sim B(n, 0.7)$을 따른다.

④ 검정에 앞서 가설을 설정하면 다음과 같다.

$$H_0 : p \geq 0.7 \quad \text{VS} \quad H_1 : p < 0.7$$

⑤ 백신 A를 투여받은 사람들 중 1명이 바이러스에 감염되었으므로 바이러스에 감염되지 않은 사람은 9명이다. 이를 이용하여 유의확률을 구하면 다음과 같다.

$p-\text{value} = P(X \leq 9 \mid H_0) = 1 - P(X = 10 \mid H_0) = 1 - {}_{10}C_{10}(0.7)^{10}(0.3)^0 = 1 - 0.121061 \approx 0.98$

⑥ 유의확률이 0.98로 유의수준 0.05보다 크므로 귀무가설을 채택한다. 즉, 유의수준 5%에서 백신 A의 바이러스 예방률은 70% 이상이다.

(2) 이항분포의 정규근사를 이용한 확률 계산

① 표본크기 $n_A = n_B = 100$으로 대표본에 해당된다.

② 확률변수 X를 백신을 투여하고 바이러스에 걸리지 않은 사람의 수라 하면 $X_A \sim B(100, 0.7)$, $X_B \sim B(100, 0.8)$을 따른다.

③ 각각의 평균과 분산을 구하면 $E(X_A) = 70$, $Var(X_A) = 21$, $E(X_B) = 80$, $Var(X_B) = 16$이다.

④ 확률변수 X가 이항분포 $B(n, p)$를 따른다고 할 때, $np > 5$이고 $n(1-p) > 5$이면, 이 분포는 정규분포 $N(np, npq)$에 근사한다. 이를 이용하여 다음과 같이 근사적으로 확률을 구할 수 있다.

⑤ 이항분포의 정규근사를 이용하여 다음과 같이 근사적으로 확률을 구할 수 있다.

$$P(X_A < 60) = P\left(Z_A < \frac{60-70}{\sqrt{21}}\right) = P\left(Z_A < -\frac{10}{\sqrt{21}}\right) = P(Z_A < -2.182179) \approx 0.1145$$

$$P(X_B < 70) = P\left(Z_A < \frac{70-80}{\sqrt{16}}\right) = P(Z_A < -2.5) \approx 0.0062$$

⑥ 결과적으로 백신 A를 투여받고 적어도 40명 이상 바이러스에 감염될 확률이 백신 B를 투여받고 30명 이상 바이러스에 감염될 확률보다 더 높다.

01

1, 2, ..., N 의 N 개의 정수로 구성된 모집단에서 중복을 허용하여 표본 크기(Sample Size)가 n인 임의표본(Random Sample)을 추출한다고 하자. 각각의 정수들이 뽑힐 확률은 $1/N$ 이다. Y_1, Y_2, ..., Y_n 을 해당 모집단으로부터 추출된 확률표본이라고 할 때, 다음 물음에 답하시오 (단, 아래의 공식들을 참고하시오).

$$\sum_{k=1}^{N} k = \frac{N(N+1)}{2}, \ \sum_{k=1}^{N} k^2 = \frac{N(N+1)(2N+1)}{6}$$

(1) N 에 대한 추정량 $\widehat{N}$ 을 적률추정방법(Methods of Moments)을 사용하여 구하시오.

(2) 위에서 구한 $\widehat{N}$ 의 기대값($E(\widehat{N})$)을 구하시오.

(3) 위에서 구한 $\widehat{N}$ 의 분산($V(\widehat{N})$)을 구하시오.

(4) N 에 대한 최대우도추정량(Maiximum Likelihood Estimator ; MLE)을 구하시오.

01 해설

(1) 적률추정량

① 적률법은 모집단의 r차적률을 $\mu_r = E(Y^r)$, $r = 1, \ 2, \ \cdots$이라 하고 표본의 r차적률을 $\hat{\mu}_r = \frac{1}{n}\sum Y_i^r$, $r = 1, \ 2, \ \cdots$ 이라 할 때 모집단의 적률과 표본의 적률을 같다($\mu_r = \hat{\mu}_r$, $r = 1, \ 2, \ \cdots$)고 놓고 해당 모수에 대해 추정량을 구하는 방법이다.

② 모집단의 1차적률 $\mu_1 = E(Y) = \sum_{y=1}^{N} y \cdot \frac{1}{N} = \frac{1}{N}\sum_{y=1}^{N} y = \frac{1}{N}\frac{N(N+1)}{2} = \frac{N+1}{2}$ 이다.

∴ $\overline{Y} = \frac{\widehat{N}+1}{2}$ 이므로 $\widehat{N^{MME}} = 2\overline{Y} - 1$이다.

(2) 추정량의 기대값

$E(\widehat{N}) = E(2\overline{Y} - 1) = 2E(\overline{Y}) - 1 = 2 \times \frac{N+1}{2} - 1 = N$

(3) 추정량의 분산

① $V(\hat{N}) = V(2\overline{Y}-1) = 4V(\overline{Y}) = 4V\left(\dfrac{Y_1 + Y_2 + \cdots + Y_N}{N}\right) = \dfrac{4}{N}V(Y)$ 이다.

② $V(Y) = E(Y^2) - [E(Y)]^2 = \dfrac{N(N+1)(2N+1)}{6} - \left[\dfrac{(N+1)}{2}\right]^2 = \dfrac{N(N^2-1)}{12}$ 이 성립하므로

$V(\hat{N}) = \dfrac{N^2-1}{3}$ 이다.

(4) 최대가능도추정량(최대우도추정량)

① 최대가능도추정방법은 가능도함수 $L(N) = L(N\,;\,y) = \displaystyle\prod_{i=1}^{n} f(Y_i\,;\,N) = f(y_1,\,\cdots,\,y_n\,;\,N)$ 을 최대로하는 N의 값 $\hat{N}$를

구하는 방법이며, 이때 $\hat{N}$을 모수 N의 최대가능도추정량이라 한다.

② $f(y_1,\,\cdots,\,y_n\,;\,N) = \dfrac{1}{N^n} I_{\{1,\,2,\,\cdots,\,N\}}(y_1) \cdots I_{\{1,\,2,\,\cdots,\,N\}}(y_n)$

$= \dfrac{1}{N^n} I_{\{1,\,\cdots,\,N\}}(y_{(1)}) I_{\{1,\,\cdots,\,N\}}(y_{(n)})$

이므로 가능도함수를 최대로하는 $\hat{N}^{MLE} = y_{(n)}$ 이다.

아래의 데이터를 선형 회귀 모형($y_i = \beta_0 + \beta_1 x_i + \epsilon_i$, $i = 1$, ..., 7)으로 모형화하고자 한다.

여기서 ϵ_i 는 평균은 0이고, 분산은 σ^2인 정규분포를 따른다.

x	−3	−2	−1	0	1	2	3
y	0	1	1	2	2	3	4

(1) β_0 와 β_1 에 대한 최소제곱추정(Ordinary Least Square ; OLS)값 $\widehat{\beta_0}$ 과 $\widehat{\beta_1}$ 을 구하시오.

(2) 분산 σ^2 에 대한 추정값은 $\widehat{\sigma^2} = \dfrac{1}{5} \displaystyle\sum_{i=1}^{7} (y_i - \widehat{\beta_0} - \widehat{\beta_1} x_i)^2 = (0.327)^2$로 계산된다고 하자.

    (a) $\widehat{\beta_0}$ 과 $\widehat{\beta_1}$ 의 공분산 추정값을 구하시오.

    (b) 귀무가설 $H_0 : \beta_1 = 1$, 대립가설 $H_1 : \beta_1 \neq 1$을 유의수준 $\alpha = 0.05$에서 검정하고자 할 때, 검정통계량을 계산하고 검정을 수행하시오(단, T_n이 자유도가 n인 t분포를 따르는 확률변수일 때, $t_{\alpha, \, n}$는 $P(T_n > t_{\alpha, \, n}) = \alpha$를 만족하는 값이고 $t_{0.05, \, 5} = 2.015$, $t_{0.025, \, 5} = 2.571$, $t_{0.05, \, 7} = 1.895$, $t_{0.025, \, 7} = 2.365$이다).

02 해설

(1) 단순회귀계수 계산

    ① 단순선형회귀모형에서 잔차들의 제곱합을 최소로 하는 $\widehat{\beta_0}$과 $\widehat{\beta_1}$ 는 다음과 같다.

$$\hat{\beta_1} = \frac{\sum (x_i - \overline{x})(y_i - \overline{y})}{\sum (x_i - \overline{x})^2} = \frac{\sum x_i y_i - n \overline{x} \, \overline{y}}{\sum x_i^2 - n \overline{x}^2}, \quad \hat{\beta_0} = \overline{y} - \hat{\beta} \overline{x}$$

    ② 위의 최소제곱추정량을 이용하여 회귀계수를 계산하면 다음과 같다.

$$\hat{\beta_1} = \frac{\sum x_i y_i - n \overline{x} \, \overline{y}}{\sum x_i^2 - n \overline{x}^2} = \frac{17}{28} \approx 0.607, \quad \hat{\beta} = \overline{y} = \frac{13}{7} \approx 1.857 \qquad \because \overline{x} = 0$$

(2) (a) 회귀계수의 공분산 계산

    ① 행렬을 이용한 회귀계수 $\boldsymbol{b}$의 분산공분산행렬은 다음과 같다.

$$Var(\boldsymbol{b}) = Var\left[(\boldsymbol{X}'\boldsymbol{X})^{-1}\boldsymbol{X}'\boldsymbol{y}\right] = (\boldsymbol{X}'\boldsymbol{X})^{-1}\boldsymbol{X}' \, Var(\boldsymbol{y}) \, \boldsymbol{X}(\boldsymbol{X}'\boldsymbol{X})^{-1}$$

$$= (\boldsymbol{X}'\boldsymbol{X})^{-1}\boldsymbol{X}'(\boldsymbol{I}\sigma^2)\boldsymbol{X}(\boldsymbol{X}'\boldsymbol{X})^{-1} = (\boldsymbol{X}'\boldsymbol{X})^{-1}\sigma^2$$

    ② 이를 행렬을 이용하여 직접 계산하면 $Var(b_0)$, $Var(b_1)$, $Cov(b_0, b_1)$을 쉽게 구할 수 있다.

$$(\boldsymbol{X}'\boldsymbol{X}) = \begin{pmatrix} 1 & 1 & 1 & 1 & 1 & 1 & 1 \\ -3 & -2 & -1 & 0 & 1 & 2 & 3 \end{pmatrix} \begin{pmatrix} 1 & -3 \\ 1 & -2 \\ 1 & -1 \\ 1 & 0 \\ 1 & 1 \\ 1 & 2 \\ 1 & 3 \end{pmatrix} = \begin{pmatrix} 7 & 0 \\ 0 & 28 \end{pmatrix}$$ 이므로 $(\boldsymbol{X}'\boldsymbol{X})^{-1} = \dfrac{1}{196}\begin{pmatrix} 28 & 0 \\ 0 & 7 \end{pmatrix}$이다.

③ $Var(\boldsymbol{b}) = (\boldsymbol{X}'\boldsymbol{X})^{-1}\sigma^2$ 인데 σ^2 이 알려져 있지 않으므로 추정량 $\widehat{\sigma^2}$ 을 사용하여 회귀계수의 분산과 공분산을 구할 수 있다.

$$Var(b_0) = \frac{28}{196} \times (0.327)^2, \quad Var(b_1) = \frac{7}{196} \times (0.327)^2, \quad Cov(b_0, \ b_1) = 0$$

(b) 회귀계수의 유의성 검정

① 회귀계수 β_1 에 대한 귀무가설 $H_0 : \beta_1 = 1$, 대립가설 $H_1 : \beta_1 \ne 1$ 을 검정하기 위한 검정통계량은 $t = \dfrac{b_1 - \beta_1}{\sqrt{Var(b_1)}}$ $\sim t_{(n-2)}$ 이다.

② t 검정통계량의 값을 구하면 다음과 같다.

$$t = \frac{b_1 - \beta_1}{\sqrt{Var(b_1)}} = \frac{0.607 - 1}{\sqrt{\dfrac{7}{196} \times (0.327)^2}} \approx \frac{-0.393}{0.0618} \approx -6.36$$

③ t 분포는 좌우대칭이므로 유의수준 5%에서 임계치는 $t_{0.975, \ 5} = -2.571$ 이 되고, 검정통계량의 값 -6.36 이 임계치 -2.571 보다 작으므로 귀무가설을 기각한다. 즉, 유의수준 5%에서 회귀계수의 기울기는 $\beta_1 \ne 1$ 이다.

03

어느 도시에서 2009년 어버이날에 집에서 저녁을 가족이 함께한 가정 중 100가정을 무작위추출하여 누가 요리를 하였는지 조사한 결과 다음과 같은 〈표 1〉을 얻었다.

〈표 1〉 2009년 어버이날 요리자의 빈도표

요리자	엄마 (A)	가족전체 (B)	아빠 (C)	외부주문 (D)
빈 도	38	34	19	9

2021년 같은 도시에서 어버이날에 집에서 저녁을 함께한 가정 중 300가정을 무작위추출하여 누가 요리를 하였는지 조사한 결과 다음과 같은 〈표 2〉를 얻었다. 괄호로 표시된 곳은 관측되지 않은 결측값을 의미한다.

〈표 2〉 2021년 어버이날 요리자의 빈도표

요리자	엄마 (A)	가족전체 (B)	아빠 (C)	외부주문 (D)
빈 도	114	102	( )	( )

2009년 요리자의 분포와 2021년 요리자의 분포가 동일한지 여부를 카이제곱 동일성 검정을 이용하여 검정하고자 할 때, 다음 물음에 답하시오.

(1) 검정통계량의 값을 최소로 하고자 할 때, 〈표 2〉의 요리자 (C)와 (D)에서 괄호 안의 빈도를 각각 구하시오.

(2) 위 검정에서 유의수준을 10%로 사용하고자 한다. 이때, 귀무가설을 기각할 수 있는 〈표 2〉의 요리자 (C) 괄호 안 빈도의 최소값을 구하시오.

03 해 설

(1) 카이제곱 동일성 검정

① 위의 〈표 1〉과 〈표 2〉를 하나의 교차표로 작성하면 다음과 같다.

조사년도	엄마 (A)	가족전체 (B)	아빠 (C)	외부주문 (D)	전 체
2009	38	34	19	9	100
2021	114	102	x	$84-x$	300
전 체	152	136	$19+x$	$93-x$	400

② 카이제곱 동질성 검정의 검정통계량은 $\chi^2 = \sum_{i=1}^{r} \sum_{j=1}^{c} \frac{(O_{ij}-E_{ij})^2}{E_{ij}} \sim \chi^2_{(r-1)(c-1)}$ 으로 기대도수 $E_{ij} = \frac{O_{i.} \times O_{.j}}{n}$ 을 구하면 다음과 같다.

$$E_{11} = \frac{100 \times 152}{400} = 38, \ E_{12} = \frac{100 \times 136}{400} = 34, \ E_{13} = \frac{100 \times (19+x)}{400}, \ E_{14} = \frac{100 \times (93-x)}{400}$$

$$E_{21} = \frac{300 \times 152}{400} = 114, \ E_{22} = \frac{300 \times 136}{400} = 102, \ E_{23} = \frac{300 \times (19+x)}{400}, \ E_{24} = \frac{300 \times (93-x)}{400}$$

③ 기대도수 E_{11}, E_{12}, E_{21}, E_{22}와 관측도수 O_{11}, O_{12}, O_{21}, O_{22}가 일치하므로 검정통계량의 값은 다음과 같다.

$$\chi^2 = \frac{\left[19 - \dfrac{19+x}{4}\right]^2}{\dfrac{19+x}{4}} + \frac{\left[9 - \dfrac{93-x}{4}\right]^2}{\dfrac{93-x}{4}} + \frac{\left[x - \dfrac{3(19+x)}{4}\right]^2}{\dfrac{3(19+x)}{4}} + \frac{\left[(84-x) - \dfrac{3(93-x)}{4}\right]^2}{\dfrac{3(93-x)}{4}}$$

$$= \frac{(57-x)^2}{3(19+x)} + \frac{(x-57)^2}{3(93-x)}$$

∴ $x = 57$일 때 카이제곱 검정통계량의 값은 0이 되어 최소가 된다.

④ 결과적으로 다음과 같이 표를 완성할 수 있다.

2021년 어버이날 요리자의 빈도표

요리자	엄마 (A)	가족전체 (B)	아빠 (C)	외부주문 (D)
빈 도	114	102	(57)	(27)

(2) 카이제곱 동일성 검정

① 위의 카이제곱 동일성 검정의 기각치는 $\chi^2_{(3,0.10)} = 6.25$이므로 귀무가설을 기각하기 위해서는 검정통계량의 값이 6.25 보다 커야 한다.

② $\dfrac{(57-x)^2}{3(19+x)} + \dfrac{(x-57)^2}{3(93-x)} > 6.25$이 성립하는 최소의 x를 구하면 되며, 방정식을 x에 대해 정리하면 $130.75x^2 - 14155.5x + 330756.75 > 0$이다.

③ 이는 근사적으로 $x^2 - 108x + 2530 > 0$와 같고 근의공식 $\dfrac{-b \pm \sqrt{b^2 - 4ac}}{2a}$을 이용하여 부등식의 근사해를 구하면 $x < 34.5$, $x > 74.5$이 된다.

④ 결과적으로 〈표 2〉의 요리자 (C) 괄호 안 빈도의 최소값은 34이다.

01

염기 서열은 유전 형질을 구성하는 염기의 순서이다. 인간의 유전자의 경우 아데닌(A), 구아닌(G), 시토신(C), 티민(T) 네 종류로 구성되어 대략 30억 개가 나열되어 있다. 이때 4개의 염기는 동일한 확률로 나타나며 무작위로 반복되어 일렬로 나열되어 있다고 가정하자. 여기서 5개의 염기로 구성된 하나의 조각을 총 n개를 뽑아서 다시 일렬로 배열하였다. 즉, 총 나열된 염기의 수는 $5n$개다.

(예)	$CACTG$	$GGATT$	$GTACA$	......	$TACCG$

(1) 한 조각에서 4가지 염기 중 한 종류의 염기가 연속해서 3개 이상 나올 확률을 구하시오.

(2) 총 n개의 조각에서 동일한 염기가 연속해서 3개 이상 나타나는 조각의 수가 적어도 한 개 이상일 확률을 n을 사용한 식으로 표현하시오.

(3) 한 조각에서 4가지 염기 중 한 종류의 염기가 3개 이상 나올 확률을 구하시오.

(4) 설문(3)에서 구한 확률을 p_1이라 하자. 5개의 염기로 구성된 n개의 조각 중, 한 종류의 염기가 3개 이상 나온 조각의 수 x개 이상이 나올 확률 p_2를 정규근사를 이용해 구하고자 한다. 확률변수 Z가 표준정규분포를 따른다고 할 때, 구하고자 하는 확률 p_2를 다음과 같이 표기할 수 있다.

$$p_2 = P(Z \geq z)$$

이때 z를 n, x, p_1을 사용한 식으로 표현하시오.

(5) 5개의 염기로 구성된 1,000개의 조각 중 한 종류의 염기가 3개 이상 나온 조각의 수가 450개라고 가정하자. 이 경우 설문(4)에서 구한 확률 p_2, 즉 1,000개의 조각 중 동일한 염기가 3개 이상 나온 조각이 450개 이상 나올 확률 값을 유의확률($p-\text{value}$)로 해석한다면 이때 검정하고자 하는 귀무가설과 대립가설을 기술하시오.

01 해설

(1) 확률의 계산

① 4개의 염기는 동일한 확률로 나타나며 무작위로 반복되어 일렬로 나열되어 있다고 가정하였으므로 4가지 염기를 한 조각에 배열할 경우의 수는 $4 \times 4 \times 4 \times 4 \times 4 = 1024$이다.

② 4가지 염기 중 아데닌(A) 염기가 연속해서 3개 이상 나올 경우의 수는 다음과 같다.

연속해서 3개

A	A	A	3	4
3	A	A	A	3
4	3	A	A	A

연속해서 4개

A	A	A	A	3
3	A	A	A	A

연속해서 5개

A	A	A	A	A

$(3 \times 4) + (3 \times 3) + (4 \times 3) + 3 + 3 + 1 = 40$이다.

③ 염기의 종류는 4가지이므로 4가지 염기 중 한 종류의 염기가 연속해서 3개 이상 나올 경우의 수는 $4 \times 40 = 160$이다.

∴ 구하고자 하는 확률은 $\dfrac{160}{1024} = \dfrac{5}{32}$ 이다.

(2) 이항분포

① 총 n개의 조각에서 동일한 염기가 연속해서 3개 이상 나타나는 조각의 수를 확률변수 x라 하면 $X \sim B\left(n, \dfrac{5}{32}\right)$을 따른다.

② 총 n개의 조각에서 동일한 염기가 연속해서 3개 이상 나타나는 조각의 수가 적어도 한 개 이상일 확률은 전체 확률에서 총 n개의 조각에서 동일한 염기가 연속해서 3개 이상 나타나는 조각의 수가 0인 확률을 뺀 확률과 같다. 즉, $P(X \geq 1) = 1 - P(X=0)$이다.

∴ $1 - P(X=0) = 1 - {}_{n}C_{0}\left(\dfrac{5}{32}\right)^{0}\left(\dfrac{27}{32}\right)^{n} = 1 - \left(\dfrac{27}{32}\right)^{n}$

(3) 확률의 계산

① 4가지 염기 중 아데닌(A) 염기가 3개 이상 나올 경우의 수는 다음과 같다.

3개

A	A	A	3	3
A	3	A	A	3
A	3	3	A	A
A	3	A	3	A
A	A	3	A	3
A	A	3	3	A
3	A	A	A	3
3	A	A	3	A
3	A	3	A	A
3	3	A	A	A

4개

3	A	A	A	A
A	3	A	A	A
A	A	3	A	A
A	A	A	3	A
A	A	A	A	3

5개

A	A	A	A	A

$(3 \times 3 \times 10) + (3 \times 5) + 1 = 106$

② 염기의 종류는 4가지이므로 4가지 염기 중 한 종류의 염기가 3개 이상 나올 경우의 수는 $4 \times 106 = 424$이다.

∴ 구하고자 하는 확률은 $\dfrac{424}{1024} = \dfrac{53}{128}$ 이다.

(4) 이항분포의 정규근사

① 총 n개의 조각에서 한 종류의 염기가 3개 이상 나타나는 조각의 수를 확률변수 x라 하면 $X \sim B(n, p_1)$을 따른다.

② 구하고자 하는 확률은 $p_2 = P(X \geq x)$이고, 이항분포의 정규근사 조건 $np_1 > 5$과 $n(1-p_1) > 5$을 만족한다는 조건하에 $X \sim N(np_1, \ np_1(1-p_1))$을 따른다.

$$\therefore \ p_2 = P(X \geq x) = P\left(Z \geq \frac{x - np_1}{\sqrt{np_1(1-p_1)}}\right) \text{이므로 } z = \frac{x - np_1}{\sqrt{np_1(1-p_1)}} \text{이다.}$$

(5) 가설 설정

① 5개의 염기로 구성된 1,000개의 조각 중 한 종류의 염기가 3개 이상 나온 조각의 수가 450개라고 가정하므로 귀무가설은 $p_2 = \dfrac{450}{1000} = 0.45$이다.

② 1,000개의 조각 중 동일한 염기가 3개 이상 나온 조각이 450개 이상 나올 확률 값을 유의확률(p-value)로 간주하므로 대립가설은 $p_2 > 0.45$이다.

02

특정 자료에 대해 단순선형회귀모형($y_i = \alpha + \beta x_i + \epsilon_i$)을 적합하고자 한다. 자료에 대한 요약 결과가 다음과 같이 주어진다. 또한 x와 y의 상관계수 $r = -\sqrt{\dfrac{2}{3}}$ 이라고 한다. 다음 물음에 답하시오.

$$n = 10, \quad \sum_{i=1}^{n} x_i = 50, \quad \sum_{i=1}^{n} x_i^2 = 255, \quad \sum_{i=1}^{n} y_i = 70, \quad \sum_{i=1}^{n} y_i^2 = 520$$

(1) 기울기 β에 대한 최소제곱추정량을 구하시오.

(2) 모집단의 상관계수 ρ에 대한 가설검정 $H_0 : \rho = 0 \ vs \ H_1 : \rho \neq 0$을 위한 t 검정통계량 $t = \dfrac{r\sqrt{n-2}}{\sqrt{1-r^2}}$ 와 기울기 β에 대한 가설검정 $H_0 : \beta = 0 \ vs \ H_1 : \beta \neq 0$ 에 대한 검정통계량이 동일함을 보이시오.

02 해설

(1) 회귀계수 계산

① 표본상관계수는 $r = \dfrac{\sum(x_i - \bar{x})(y_i - \bar{y})}{\sqrt{\sum(x_i - \bar{x})^2}\ \sqrt{\sum(y_i - \bar{y})^2}}$ 이고, 추정된 회귀선의 기울기는 $b = \dfrac{\sum(x_i - \bar{x})(y_i - \bar{y})}{\sum(x_i - \bar{x})^2}$ 이다.

② 표본상관계수 r과 추정된 회귀선의 기울기 b간에는

$$r = \frac{\sum(x_i - \bar{x})(y_i - \bar{y})}{\sqrt{\sum(x_i - \bar{x})^2}\ \sqrt{\sum(y_i - \bar{y})^2}} = \frac{\sum(x_i - \bar{x})(y_i - \bar{y})}{\sum(x_i - \bar{x})^2} \times \frac{\sqrt{\sum(x_i - \bar{x})^2}}{\sqrt{\sum(y_i - \bar{y})^2}} = b\frac{S_X}{S_Y}$$ 이 성립한다.

③ $\bar{X} = 5$, $\bar{Y} = 7$이므로 $r = b\dfrac{S_X}{S_Y} = b\sqrt{\dfrac{\sum(x_i - \bar{x})^2}{\sum(y_i - \bar{y})^2}} = b\sqrt{\dfrac{\sum x_i^2 - n\bar{x}^2}{\sum y_i^2 - n\bar{y}^2}} = b\sqrt{\dfrac{255 - (10 \times 25)}{520 - (10 \times 49)}} = b\sqrt{\dfrac{5}{30}} = b\sqrt{\dfrac{1}{6}}$ 이

성립하여 $b = -\sqrt{\dfrac{2}{3}}\sqrt{6} = -2$이다.

(2) 모상관계수(ρ) 검정과 모회귀직선의 기울기(β) 검정

① 모상관계수 $\rho = 0$을 검정하기 위한 검정통계량은 $t = \dfrac{r - \rho}{\sqrt{1 - r^2/n - 2}} \sim t_{(n-2)}$ 이고, 모회귀직선의 기울기 $\beta = 0$을 검정하기 위한 검정통계량은 $t = \dfrac{b - \beta}{\sqrt{MSE/S_{xx}}} \sim t_{(n-2)}$ 이다.

② $t = \dfrac{b - 0}{\sqrt{MSE/S_{xx}}} = \dfrac{b\sqrt{S_{xx}}}{\sqrt{MSE}} = \dfrac{\sqrt{SSR}}{\sqrt{\dfrac{SSE}{n-2}}} = \dfrac{\sqrt{SSR/SST}}{\sqrt{\dfrac{SSE/SST}{n-2}}} = \dfrac{\sqrt{R^2}}{\sqrt{\dfrac{1 - R^2}{n-2}}} = \dfrac{r - 0}{\sqrt{\dfrac{1 - r^2}{n-2}}}$ 이 성립한다.

$$\because SSR = \sum(\hat{y}_i - \bar{y})^2 = b^2\sum(x_i - \bar{x})^2 = b^2 S_{xx}$$

③ 결과적으로 모상관계수(ρ) 검정과 모회귀직선의 기울기(β) 검정에 대한 검정통계량은 동일하며, 검정통계량이 동일하므로 유의확률 역시 동일하다.

X_1, X_2, $\cdots$ 가 서로 독립이며 평균이 $1/\lambda$인 지수분포를 따르는 확률변수이고, N은 평균이 μ 인 포아송분포를 따른다고 하자(X_i들과는 독립임). S_N을 다음과 같이 정의할 때 다음 물음에 답하시오.

$$S_N = \sum_{i=1}^{N} X_i.$$

여기서 $N=0$이면 $S_N=0$이다.

(1) S_N의 적률생성함수(MGF)를 구하시오.(최대한 간명하게 표현할 것)

(2) $\lambda=1$, $\mu=10$일 때, $P(S_N > 10) = P(N_1 < N_2,\ N_2 \geq 1)$임을 증명하시오.

　(단, $N_1, N_2 \sim Poisson(10)$이고 N_1과 N_2는 독립이다.)

(3) $E\left(\dfrac{S_N}{N+1}\right)$와 $\dfrac{E(S_N)}{E(N+1)}$을 각각 구하시오.

03 해설

(1) 적률생성함수

① X_i가 평균이 $1/\lambda$인 지수분포 $\epsilon(\lambda)$를 따르는 확률변수이므로 X의 확률밀도함수는 비율모수 λ를 이용한 $f(x) = \lambda e^{-\lambda x}$, $x > 0$, $\lambda > 0$이다.

② $X_i \sim \epsilon(\lambda)$을 따르고 서로 독립이므로 $S_N = \sum_{i=1}^{N} X_i \sim \Gamma(n, \lambda)$을 따른다.

③ $S_N \sim \Gamma(n, \lambda)$의 확률밀도함수는 비율모수 λ를 이용한 다음과 같다.

$$f(s_n) = \frac{\lambda^n}{\Gamma(n)} s_n^{n-1} e^{-s_n \lambda}, \qquad s_n > 0, \quad n > 0, \quad \lambda > 0$$

④ 적률생성함수의 정의에 따라 $M(t) = E\left(e^{ts_n}\right)$을 구하면 다음과 같다.

$$E\left(e^{ts_n}\right) = \int_0^\infty e^{ts_n} \frac{\lambda(\lambda s_n)^{n-1} e^{-\lambda s_n}}{\Gamma(n)} ds_n = \int_0^\infty \frac{\lambda(\lambda s_n)^{n-1} e^{-(\lambda-t)s_n}}{\Gamma(n)} ds_n, \quad y = (\lambda - t)s_n \text{으로 치환}$$

$$= \int_0^\infty \frac{\lambda e^{-y} \left(\frac{\lambda y}{\lambda-t}\right)^{n-1}}{\Gamma(n)} \frac{1}{\lambda-t} dy = \int_0^\infty \frac{\left(\frac{\lambda}{\lambda-t}\right)^n y^{n-1} e^{-y}}{\Gamma(n)} dy, \quad \text{확률밀도함수의 성질 이용}$$

$$= \left(\frac{\lambda}{\lambda-t}\right)^n, \ t < \lambda$$

(2) ① 감마분포와 포아송분포에는 다음의 관계가 성립한다.

$$\int_{\mu}^{\infty} \frac{x^{n-1}e^{-x}}{\Gamma(n)}dx = \sum_{x=0}^{n-1} \frac{\mu^x e^{-\mu}}{x!}$$

② $\lambda = 1$, $\mu = 10$이므로 $P(S_N > 10) = \int_{10}^{\infty} \frac{s_n^{n-1}e^{-s_n}}{\Gamma(n)}ds_n = \sum_{n=0}^{n-1} \frac{10^n e^{-10}}{n!}$ 이 성립한다.

$$\therefore \int_{10}^{\infty} \frac{s_n^{n-1}e^{-s_n}}{\Gamma(n)}ds_n = \frac{1}{(n-1)!}\left\{ \left[s_n^{n-1}(-e^{-s_n})\right]_{10}^{\infty} + \int_{10}^{\infty}(n-1)s_n^{n-2}e^{-s_n}ds_n \right\}$$

$$= \frac{1}{(n-1)!}10^{n-1}e^{-10} + \frac{1}{(n-2)!}\int_{10}^{\infty}s_n^{n-2}e^{-s_n}ds_n$$

$$= \frac{1}{(n-1)!}10^{n-1}e^{-10} + \frac{1}{(n-2)!}10^{n-2}e^{-10} + \frac{1}{(n-3)!}\int_{10}^{\infty}s_n^{n-3}e^{-s_n}ds_n$$

$$\vdots \qquad \text{귀납적 방법 이용}$$

$$= \frac{10^{n-1}e^{-10}}{(n-1)!} + \frac{10^{n-2}e^{-10}}{(n-2)!} + \cdots + \frac{10^2 e^{-10}}{2!} + \frac{10^1 e^{-10}}{1!} + e^{-10}$$

$$= \sum_{n=0}^{n-1} \frac{10^n e^{-10}}{n!}$$

③ $P(N_1 < N_2, N_2 \geq 1)$의 확률은 $N_2 \geq 1$이므로 N_1이 0부터 $n-1$까지 나올 확률의 합과 같다.

$P(N_1 = 0) + P(N_1 = 1) + \cdots + P(N_1 = n-1)$

④ $N_1 \sim Poisson(10)$을 따르므로 $P(N_1 < N_2, N_2 \geq 1) = \sum_{n=0}^{n-1} \frac{10^n e^{-10}}{n!}$ 이 되어 $P(S_N > 10) = P(N_1 < N_2, N_2 \geq 1)$ 이 성립한다.

(3) 기대값의 계산

① $N+1$이 주어졌을 때 확률변수 S_N의 조건부 분포는 $f(S_N \mid N+1 = n+1)$이다.

② 확률변수 S_N과 N은 서로 독립이므로 S_N의 조건부 분포에 대해 다음이 성립한다.

$$f(S_N \mid N+1 = n+1) = \frac{f(s_n) \cdot f(N+1 = n+1)}{f(N+1 = n+1)} = f(s_n)$$

③ $\frac{S_N}{N+1}$의 분포가 $\Gamma(n, \lambda)$를 따르므로 $E\left(\frac{S_N}{N+1}\right) = \frac{n}{\lambda}$ 이다.

④ $S_N \sim \Gamma(n, \lambda)$에서 비율모수 λ를 이용하였으므로 $E(S_N) = \frac{n}{\lambda}$ 이다.

⑤ $N \sim Poi(\mu)$을 따르므로 $E(N+1) = \mu+1$이고, 확률변수 S_N과 N은 서로 독립이다.

$$\therefore \frac{E(S_N)}{E(N+1)} = \frac{n}{\lambda(\mu+1)}$$

03 │ 기본 방정식 및 삼각함수 공식

(1) 기본 방정식

① 반지름이 r인 원의 방정식 : $x^2 + y^2 = r^2$

② 기울기가 a이고 (x_0, y_0)를 지나는 직선의 방정식 : $y - y_0 = a(x - x_0)$

③ 기울기가 a이고 y절편이 b인 직선의 방정식 : $y = ax + b$

④ 꼭지점이 (x_0, y_0)인 2차 곡선의 방정식 : $y - y_0 = a(x - x_0)^2$

(2) 삼각함수 기본공식

① $\sin^2\theta + \cos^2\theta = 1$

② $1 + \tan^2\theta = \sec^2\theta$

③ $1 + \cot^2\theta = \csc^2\theta$

④ $\sin^2\dfrac{\theta}{2} = \dfrac{1 - \cos\theta}{2}$

⑤ $\cos^2\dfrac{\theta}{2} = \dfrac{1 + \cos\theta}{2}$

⑥ $\tan^2\dfrac{\theta}{2} = \dfrac{1 - \cos\theta}{1 + \cos\theta}$

⑦ $\sin 2\theta = 2\sin\theta\cos\theta$

⑧ $\cos 2\theta = \cos^2\theta - \sin^2\theta = 2\cos^2\theta - 1 = 1 - 2\sin^2\theta$

⑨ $\tan 2\theta = \dfrac{2\tan\theta}{1 - \tan^2\theta}$

⑩ $\sin(x + y) = \sin x \cos y + \cos x \sin y$

⑪ $\sin(x - y) = \sin x \cos y - \cos x \sin y$

⑫ $\cos(x + y) = \cos x \cos y - \sin x \sin y$

⑬ $\cos(x - y) = \cos x \cos y + \sin x \sin y$

⑭ $\tan(x + y) = \dfrac{\tan x + \tan y}{1 - \tan x \tan y}$

⑮ $\tan(x - y) = \dfrac{\tan x - \tan y}{1 + \tan x \tan y}$

⑯ $\sin x + \sin y = 2\sin\dfrac{x+y}{2}\cos\dfrac{x-y}{2}$

⑰ $\sin x - \sin y = 2\cos\dfrac{x+y}{2}\sin\dfrac{x-y}{2}$

⑱ $\cos x + \cos y = 2\cos\dfrac{x+y}{2}\cos\dfrac{x-y}{2}$

⑲ $\cos x - \cos y = -2\sin\dfrac{x+y}{2}\sin\dfrac{x-y}{2}$

04 | 미적분 기본공식

(1) 미분 기본공식

① $y = cf(x) \Rightarrow y' = cf'(x)$

② $y = f(x) + g(x) \Rightarrow y' = f'(x) + g'(x)$

③ $y = f(x)g(x) \Rightarrow y' = f'(x)g(x) + f(x)g'(x)$

④ $y = \dfrac{f(x)}{g(x)} \Rightarrow y' = \dfrac{f'(x)g(x) + f(x)g'(x)}{[g(x)]^2}$

(2) 미분 기본공식 활용

① $y = x^n \Rightarrow y' = nx^{n-1}$

② $y = e^{ax} \Rightarrow y' = ae^{ax}$

③ $y = e^{f(x)} \Rightarrow y' = f'(x)e^{f(x)}$

④ $y = a^x \Rightarrow y' = a^x \ln a$

⑤ $y = x^x \Rightarrow y' = (1 + \ln x)x^x$

⑥ $y = \ln x \Rightarrow y' = \dfrac{1}{x}$

⑦ $y = \ln f(x) \Rightarrow y' = \dfrac{f'(x)}{f(x)}$

⑧ $y = \log_a x \Rightarrow y' = \dfrac{1}{x \ln a}$

⑨ $y = \sin x \Rightarrow y' = \cos x$

⑩ $y = \cos x \Rightarrow y' = -\sin x$

⑪ $y = \tan x \Rightarrow y' = \sec^2 x$

⑫ $y = \sin^{-1} x \Rightarrow y' = \dfrac{1}{\sqrt{1 - x^2}}$

⑬ $y = \cos^{-1} x \Rightarrow y' = \dfrac{-1}{\sqrt{1 - x^2}}$

⑭ $y = \tan^{-1} x \Rightarrow y' = \dfrac{1}{1 + x^2}$

(3) 적분의 기본공식

① $F'(x) = f(x) \Leftrightarrow F(x) = \int f(x)dx$

② $\int f'(x)g(x)dx = f(x)g(x) - \int f(x)g'(x)dx$

(4) 적분의 기본공식 활용

① $\int x^n dx = \dfrac{x^{n+1}}{n+1} + C \quad (n \neq -1)$

② $\int \dfrac{1}{x} dx = \ln|x| + C$

③ $\int \dfrac{1}{1+x^2} dx = \tan^{-1}x + C$

④ $\int \dfrac{1}{\sqrt{1-x^2}} dx = \sin^{-1}x + C$

⑤ $\int \dfrac{1}{\sqrt{x^2-1}} dx = \cos^{-1}x + C$

⑥ $\int \dfrac{1}{\sqrt{x^2+1}} dx = \ln(x + \sqrt{x^2+1}) + C$

⑦ $\int \sin x\, dx = -\cos x + C$

⑧ $\int \cos x\, dx = \sin x + C$

⑨ $\int \tan x\, dx = -\ln|\cos x| + C$

⑩ $\int e^x dx = e^x + C$

⑪ $\int a^x dx = \dfrac{a^x}{\ln a} + C$

⑫ $\int \ln x\, dx = x\ln x - x + C$

05 | 분포표(이산형분포)

분 포	밀도함수		모수공간	평 균	분 산
베르누이시행	$f(x) = p^x(1-p)^{1-x}$	$x = 0,\ 1$	$0 \leq p \leq 1$ $(q = 1-p)$	p	pq
이항분포	$f(x) = \binom{n}{x}p^x(1-p)^{n-x}$	$x = 0,\ 1,\ \cdots,\ n$	$0 \leq p \leq 1$ $n = 1,\ 2,\ 3,\ \cdots$ $(q = 1-p)$	np	npq
포아송분포	$f(x) = \dfrac{e^{-\lambda}\lambda^x}{x!}$	$x = 0,\ 1,\ 2,\ \cdots$	$\lambda > 0$	λ	λ
음이항분포	① $f(x) = \binom{x-1}{k-1}p^k(1-p)^{x-k}$	① $x = k,\ k+1,\ \cdots$	$0 \leq p \leq 1$ ① $k > 0$, ② $r > 0$ $(q = 1-p)$	① $\dfrac{k}{p}$	① $\dfrac{kq}{p^2}$
	② $f(x) = \binom{r+x-1}{x}p^r(1-p)^x$	② $x = 0,\ 1,\ 2,\ \cdots$		② $\dfrac{rq}{p}$	② $\dfrac{rq}{p^2}$
기하분포	① $f(x) = pq^{x-1}$	① $x = 1,\ 2,\ 3,\ \cdots$	$0 \leq p \leq 1$ $(q = 1-p)$	① $1/p$	① q/p^2
	② $f(x) = pq^x$	② $x = 0,\ 1,\ 2,\ \cdots$		② q/p	② q/p^2
초기하분포	$f(x) = \dfrac{\binom{k}{x}\binom{N-k}{n-x}}{\binom{N}{x}}$	$x = 0,\ 1,\ 2\cdots$	$N = 1,\ 2,\ 3,\ \cdots$ $k = 0,\ 1,\ \cdots,\ N$ $n = 1,\ 2,\ \cdots N$	$n\dfrac{k}{N}$	$n\dfrac{k}{N}\dfrac{N-k}{N}\dfrac{N-n}{N-1}$

06 | 분포표(연속형분포)

분 포	밀도함수	모수공간	평 균	분 산
균일분포	$f(x) = \dfrac{1}{b-a}$ $\qquad a < x < b$	$-\infty < a < b < \infty$	$\dfrac{a+b}{2}$	$\dfrac{(b-a)^2}{12}$
정규분포	$f(x) = \dfrac{1}{\sqrt{2\pi}\,\sigma} e^{-\frac{1}{2}\left(\frac{x-\mu}{\sigma}\right)^2}$ $\quad -\infty < x < \infty$	$-\infty < \mu < \infty$ $\sigma > 0$	μ	σ^2
지수분포	$f(x) = \lambda e^{-\lambda x}$ $\qquad x > 0$	$\lambda > 0$	$\dfrac{1}{\lambda}$	$\dfrac{1}{\lambda^2}$
감마분포	$f(x) = \dfrac{1}{\Gamma(\alpha)\beta^\alpha} x^{\alpha-1} e^{-\frac{x}{\beta}}$ $\quad x > 0$	$\alpha > 0$ $\beta > 0$	$\alpha\beta$	$\alpha\beta^2$
카이제곱분포	$f(x) = \dfrac{1}{\Gamma(n/2)}\left(\dfrac{1}{2}\right)^{\frac{n}{2}} x^{\frac{n}{2}-1} e^{-\frac{1}{2}x}$ $\quad x > 0$	$n = 1,\ 2,\ \cdots$	n	$2n$
F분포	$f(x) = \dfrac{\Gamma[(m+n)/2]}{\Gamma(m/2)\Gamma(n/2)}\left(\dfrac{m}{n}\right)^{\frac{m}{2}} \quad x > 0$ $\times \dfrac{x^{(m-2)/2}}{[1+(m/n)x]^{(m+n)/2}}$	$m,\ n = 1,\ 2,\ \cdots$	$\dfrac{n}{n-2}$	$\dfrac{2n^2(m+n-2)}{m(n-2)^2(n-4)}$
t분포	$f(x) = \dfrac{\Gamma[(n+1)/2]}{\Gamma(n/2)}\dfrac{1}{\sqrt{n\pi}} \quad -\infty < x < \infty$ $\times \dfrac{1}{(1+x^2/n)^{(n+1)/2}}$	$-\infty < x < \infty$ $n > 0$	$\mu = 0,$ $n > 1$	$\dfrac{n}{n-2},\ n > 2$

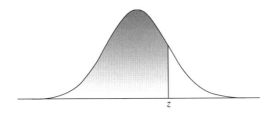

z	0.00	0.01	0.02	0.03	0.04	0.05	0.06	0.07	0.08	0.09
0.0	0.5000	0.5040	0.5080	0.5120	0.5160	0.5199	0.5239	0.5279	0.5319	0.5359
0.1	0.5398	0.5438	0.5478	0.5517	0.5557	0.5596	0.5636	0.5675	0.5714	0.5753
0.2	0.5793	0.5832	0.5871	0.5910	0.5948	0.5987	0.6026	0.6064	0.6103	0.6141
0.3	0.6179	0.6217	0.6255	0.6293	0.6331	0.6368	0.6406	0.6443	0.6480	0.6517
0.4	0.6554	0.6591	0.6628	0.6664	0.6700	0.6736	0.6772	0.6808	0.6844	0.6879
0.5	0.6915	0.6950	0.6985	0.7019	0.7054	0.7088	0.7123	0.7157	0.7190	0.7224
0.6	0.7257	0.7291	0.7324	0.7357	0.7389	0.7422	0.7454	0.7486	0.7517	0.7549
0.7	0.7580	0.7611	0.7642	0.7673	0.7704	0.7734	0.7764	0.7794	0.7823	0.7852
0.8	0.7881	0.7910	0.7939	0.7967	0.7995	0.8023	0.8051	0.8078	0.8106	0.8133
0.9	0.8159	0.8186	0.8212	0.8238	0.8264	0.8289	0.8315	0.8340	0.8365	0.8389
1.0	0.8413	0.8438	0.8461	0.8485	0.8508	0.8531	0.8554	0.8577	0.8599	0.8621
1.1	0.8643	0.8665	0.8686	0.8708	0.8729	0.8749	0.8770	0.8790	0.8810	0.8830
1.2	0.8849	0.8869	0.8888	0.8907	0.8925	0.8944	0.8962	0.8980	0.8997	0.9015
1.3	0.9032	0.9049	0.9066	0.9082	0.9099	0.9115	0.9131	0.9147	0.9162	0.9177
1.4	0.9192	0.9207	0.9222	0.9236	0.9251	0.9265	0.9279	0.9292	0.9306	0.9319
1.5	0.9332	0.9345	0.9357	0.9370	0.9382	0.9394	0.9406	0.9418	0.9429	0.9441
1.6	0.9452	0.9463	0.9474	0.9484	0.9495	0.9505	0.9515	0.9525	0.9535	0.9545
1.7	0.9554	0.9564	0.9573	0.9582	0.9591	0.9599	0.9608	0.9616	0.9625	0.9633
1.8	0.9641	0.9649	0.9656	0.9664	0.9671	0.9678	0.9686	0.9693	0.9699	0.9706
1.9	0.9713	0.9719	0.9726	0.9732	0.9738	0.9744	0.9750	0.9756	0.9761	0.9767
2.0	0.9772	0.9778	0.9783	0.9788	0.9793	0.9798	0.9803	0.9808	0.9812	0.9817
2.1	0.9821	0.9826	0.9830	0.9834	0.9838	0.9842	0.9846	0.9850	0.9854	0.9857
2.2	0.9861	0.9864	0.9868	0.9871	0.9875	0.9878	0.9881	0.9884	0.9887	0.9890
2.3	0.9893	0.9896	0.9898	0.9901	0.9904	0.9906	0.9909	0.9911	0.9913	0.9916
2.4	0.9918	0.9920	0.9922	0.9925	0.9927	0.9929	0.9931	0.9932	0.9934	0.9936
2.5	0.9938	0.9940	0.9941	0.9943	0.9945	0.9946	0.9948	0.9949	0.9951	0.9952
2.6	0.9953	0.9955	0.9956	0.9957	0.9959	0.9960	0.9961	0.9962	0.9963	0.9964
2.7	0.9965	0.9966	0.9967	0.9968	0.9969	0.9970	0.9971	0.9972	0.9973	0.9974
2.8	0.9974	0.9975	0.9976	0.9977	0.9977	0.9978	0.9979	0.9979	0.9980	0.9981
2.9	0.9981	0.9982	0.9982	0.9983	0.9984	0.9984	0.9985	0.9985	0.9986	0.9986
3.0	0.9987	0.9987	0.9987	0.9988	0.9988	0.9989	0.9989	0.9989	0.9990	0.9990

08 | t 분포표

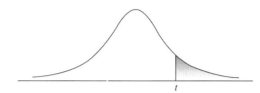

df	P					
	0.10	0.05	0.025	0.01	0.005	0.001
1	3,078	6,314	12,706	31,821	63,657	318,309
2	1,886	2,920	4,303	6,965	9,925	22,327
3	1,638	2,353	3,182	4,541	5,841	10,215
4	1,533	2,132	2,776	3,747	4,604	7,173
5	1,476	2,015	2,571	3,365	4,032	5,893
6	1,440	1,943	2,447	3,143	3,707	5,208
7	1,415	1,895	2,365	2,998	3,499	4,785
8	1,397	1,860	2,306	2,896	3,355	4,501
9	1,383	1,833	2,262	2,821	3,250	4,297
10	1,372	1,812	2,228	2,764	3,169	4,144
11	1,363	1,796	2,201	2,718	3,106	4,025
12	1,356	1,782	2,179	2,681	3,055	3,930
13	1,350	1,771	2,160	2,650	3,012	3,852
14	1,345	1,761	2,145	2,624	2,977	3,787
15	1,341	1,753	2,131	2,602	2,947	3,733
16	1,337	1,746	2,120	2,583	2,921	3,686
17	1,333	1,740	2,110	2,567	2,898	3,646
18	1,330	1,734	2,101	2,552	2,878	3,610
19	1,328	1,729	2,093	2,539	2,861	3,579
20	1,325	1,725	2,086	2,528	2,845	3,552
21	1,323	1,721	2,080	2,518	2,831	3,527
22	1,321	1,717	2,074	2,508	2,819	3,505
23	1,319	1,714	2,069	2,500	2,807	3,485
24	1,318	1,711	2,064	2,492	2,797	3,467
25	1,316	1,708	2,060	2,485	2,787	3,450
26	1,315	1,706	2,056	2,479	2,779	3,435
27	1,314	1,703	2,052	2,473	2,771	3,421
28	1,313	1,701	2,048	2,467	2,763	3,408
29	1,311	1,699	2,045	2,462	2,756	3,396
30	1,310	1,697	2,042	2,457	2,750	3,385
31	1,309	1,696	2,040	2,453	2,744	3,375
32	1,309	1,694	2,037	2,449	2,738	3,365
33	1,308	1,692	2,035	2,445	2,733	3,356
34	1,307	1,691	2,032	2,441	2,728	3,348
35	1,306	1,690	2,030	2,438	2,724	3,340
36	1,306	1,688	2,028	2,434	2,719	3,333
37	1,305	1,687	2,026	2,431	2,715	3,326
38	1,304	1,686	2,024	2,429	2,712	3,319
39	1,304	1,685	2,023	2,426	2,708	3,313
40	1,303	1,684	2,021	2,423	2,704	3,307
∞	1,282	1,645	1,960	2,326	2,576	3,090

09 | 카이제곱분포표

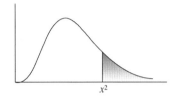

df	α									
	0.995	0.99	0.975	0.95	0.9	0.1	0.05	0.025	0.01	0.005
1	0.000	0.000	0.001	0.004	0.016	2.706	3.841	5.024	6.635	7.879
2	0.010	0.020	0.051	0.103	0.211	4.605	5.991	7.378	9.210	10.597
3	0.072	0.115	0.216	0.352	0.584	6.251	7.815	9.348	11.345	12.838
4	0.207	0.297	0.484	0.711	1.064	7.779	9.488	11.143	13.277	14.860
5	0.412	0.554	0.831	1.145	1.610	9.236	11.070	12.833	15.086	16.750
6	0.676	0.872	1.237	1.635	2.204	10.645	12.592	14.449	16.812	18.548
7	0.989	1.239	1.690	2.167	2.833	12.017	14.067	16.013	18.475	20.278
8	1.344	1.646	2.180	2.733	3.490	13.362	15.507	17.535	20.090	21.955
9	1.735	2.088	2.700	3.325	4.168	14.684	16.919	19.023	21.666	23.589
10	2.156	2.558	3.247	3.940	4.865	15.987	18.307	20.483	23.209	25.188
11	2.603	3.053	3.816	4.575	5.578	17.275	19.675	21.920	24.725	26.757
12	3.074	3.571	4.404	5.226	6.304	18.549	21.026	23.337	26.217	28.300
13	3.565	4.107	5.009	5.892	7.042	19.812	22.362	24.736	27.688	29.819
14	4.075	4.660	5.629	6.571	7.790	21.064	23.685	26.119	29.141	31.319
15	4.601	5.229	6.262	7.261	8.547	22.307	24.996	27.488	30.578	32.801
16	5.142	5.812	6.908	7.962	9.312	23.542	26.296	28.845	32.000	34.267
17	5.697	6.408	7.564	8.672	10.085	24.769	27.587	30.191	33.409	35.718
18	6.265	7.015	8.231	9.390	10.865	25.989	28.869	31.526	34.805	37.156
19	6.844	7.633	8.907	10.117	11.651	27.204	30.144	32.852	36.191	38.582
20	7.434	8.260	9.591	10.851	12.443	28.412	31.410	34.170	37.566	39.997
21	8.034	8.897	10.283	11.591	13.240	29.615	32.671	35.479	38.932	41.401
22	8.643	9.542	10.982	12.338	14.041	30.813	33.924	36.781	40.289	42.796
23	9.260	10.196	11.689	13.091	14.848	32.007	35.172	38.076	41.638	44.181
24	9.886	10.856	12.401	13.848	15.659	33.196	36.415	39.364	42.980	45.559
25	10.520	11.524	13.120	14.611	16.473	34.382	37.652	40.646	44.314	46.928
26	11.160	12.198	13.844	15.379	17.292	35.563	38.885	41.923	45.642	48.290
27	11.808	12.879	14.573	16.151	18.114	36.741	40.113	43.195	46.963	49.645
28	12.461	13.565	15.308	16.928	18.939	37.916	41.337	44.461	48.278	50.993
29	13.121	14.256	16.047	17.708	19.768	39.087	42.557	45.722	49.588	52.336
30	13.787	14.953	16.791	18.493	20.599	40.256	43.773	46.979	50.892	53.672
40	20.707	22.164	24.433	26.509	29.051	51.805	55.758	59.342	63.691	66.766
50	27.991	29.707	32.357	34.764	37.689	63.167	67.505	71.420	76.154	79.490
60	35.534	37.485	40.482	43.188	46.459	74.397	79.082	83.298	88.379	91.952
70	43.275	45.442	48.758	51.739	55.329	85.527	90.531	95.023	100.42	104.21
80	51.172	53.540	57.153	60.391	64.278	96.578	101.87	106.62	112.32	116.32
90	59.196	61.754	65.647	69.126	73.291	107.56	113.14	118.13	124.11	128.29
100	67.328	70.065	74.222	77.929	82.358	118.49	124.34	129.56	135.80	140.16

10 | F분포표

STEP 1 | F분포표($\alpha = 0.01$)

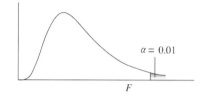

분모 자유도	분자 자유도																		
	1	2	3	4	5	6	7	8	9	10	12	15	20	24	30	40	60	120	∞
1	4052	4999	5403	5624	5763	5858	5928	5981	6022	6055	6106	6157	6208	6234	6260	6286	6313	6339	6365
2	98.50	99.00	99.17	99.25	99.30	99.33	99.36	99.37	99.39	99.40	99.42	99.43	99.45	99.46	99.47	99.47	99.48	99.49	99.50
3	34.12	30.82	29.46	28.71	28.24	27.91	27.67	27.49	27.35	27.23	27.05	26.87	26.69	26.60	26.50	26.41	26.32	26.22	26.13
4	21.20	18.00	16.69	15.98	15.52	15.21	14.98	14.80	14.66	14.55	14.37	14.20	14.02	13.93	13.84	13.75	13.65	13.56	13.46
5	16.26	13.27	12.06	11.39	10.97	10.67	10.46	10.29	10.16	10.05	9.89	9.72	9.55	9.47	9.38	9.29	9.20	9.11	9.02
6	13.75	10.92	9.78	9.15	8.75	8.47	8.26	8.10	7.98	7.87	7.72	7.56	7.40	7.31	7.23	7.14	7.06	6.97	6.88
7	12.25	9.55	8.45	7.85	7.46	7.19	6.99	6.84	6.72	6.62	6.47	6.31	6.16	6.07	5.99	5.91	5.82	5.74	5.65
8	11.26	8.65	7.59	7.01	6.63	6.37	6.18	6.03	5.91	5.81	5.67	5.52	5.36	5.28	5.20	5.12	5.03	4.95	4.86
9	10.56	8.02	6.99	6.42	6.06	5.80	5.61	5.47	5.35	5.26	5.11	4.96	4.81	4.73	4.65	4.57	4.48	4.40	4.31
10	10.04	7.56	6.55	5.99	5.64	5.39	5.20	5.06	4.94	4.85	4.71	4.56	4.41	4.33	4.25	4.17	4.08	4.00	3.91
11	9.65	7.21	6.22	5.67	5.32	5.07	4.89	4.74	4.63	4.54	4.40	4.25	4.10	4.02	3.94	3.86	3.78	3.69	3.60
12	9.33	6.93	5.95	5.41	5.06	4.82	4.64	4.50	4.39	4.30	4.16	4.01	3.86	3.78	3.70	3.62	3.54	3.45	3.36
13	9.07	6.70	5.74	5.21	4.86	4.62	4.44	4.30	4.19	4.10	3.96	3.82	3.66	3.59	3.51	3.43	3.34	3.25	3.17
14	8.86	6.51	5.56	5.04	4.69	4.46	4.28	4.14	4.03	3.94	3.80	3.66	3.51	3.43	3.35	3.27	3.18	3.09	3.00
15	8.68	6.36	5.42	4.89	4.56	4.32	4.14	4.00	3.89	3.80	3.67	3.52	3.37	3.29	3.21	3.13	3.05	2.96	2.87
16	8.53	6.23	5.29	4.77	4.44	4.20	4.03	3.89	3.78	3.69	3.55	3.41	3.26	3.18	3.10	3.02	2.93	2.84	2.75
17	8.40	6.11	5.18	4.67	4.34	4.10	3.93	3.79	3.68	3.59	3.46	3.31	3.16	3.08	3.00	2.92	2.83	2.75	2.65
18	8.29	6.01	5.09	4.58	4.25	4.01	3.84	3.71	3.60	3.51	3.37	3.23	3.08	3.00	2.92	2.84	2.75	2.66	2.57
19	8.18	5.93	5.01	4.50	4.17	3.94	3.77	3.63	3.52	3.43	3.30	3.15	3.00	2.92	2.84	2.76	2.67	2.58	2.49
20	8.10	5.85	4.94	4.43	4.10	3.87	3.70	3.56	3.46	3.37	3.23	3.09	2.94	2.86	2.78	2.69	2.61	2.52	2.42
21	8.02	5.78	4.87	4.37	4.04	3.81	3.64	3.51	3.40	3.31	3.17	3.03	2.88	2.80	2.72	2.64	2.55	2.46	2.36
22	7.95	5.72	4.82	4.31	3.99	3.76	3.59	3.45	3.35	3.26	3.12	2.98	2.83	2.75	2.67	2.58	2.50	2.40	2.31
23	7.88	5.66	4.76	4.26	3.94	3.71	3.54	3.41	3.30	3.21	3.07	2.93	2.78	2.70	2.62	2.54	2.45	2.35	2.26
24	7.82	5.61	4.72	4.22	3.90	3.67	3.50	3.36	3.26	3.17	3.03	2.89	2.74	2.66	2.58	2.49	2.40	2.31	2.21
25	7.77	5.57	4.68	4.18	3.85	3.63	3.46	3.32	3.22	3.13	2.99	2.85	2.70	2.62	2.54	2.45	2.36	2.27	2.17
30	7.56	5.39	4.51	4.02	3.70	3.47	3.30	3.17	3.07	2.98	2.84	2.70	2.55	2.47	2.39	2.30	2.21	2.11	2.01
40	7.31	5.18	4.31	3.83	3.51	3.29	3.12	2.99	2.89	2.80	2.66	2.52	2.37	2.29	2.20	2.11	2.02	1.92	1.80
60	7.08	4.98	4.13	3.65	3.34	3.12	2.95	2.82	2.72	2.63	2.50	2.35	2.20	2.12	2.03	1.94	1.84	1.73	1.60
120	6.85	4.79	3.95	3.48	3.17	2.96	2.79	2.66	2.56	2.47	2.34	2.19	2.03	1.95	1.86	1.76	1.66	1.53	1.38
∞	6.63	4.61	3.78	3.32	3.02	2.80	2.64	2.51	2.41	2.32	2.18	2.04	1.88	1.79	1.70	1.59	1.47	1.32	1.00

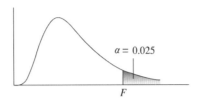

분모 자유도	분자 자유도																		
	1	2	3	4	5	6	7	8	9	10	12	15	20	24	30	40	60	120	∞
1	647.7	799.5	864.1	899.5	921.8	937.1	948.2	956.6	963.2	968.6	976.7	984.8	993.1	997.2	1001	1005	1009	1014	1018
2	38.51	39.00	39.17	39.25	39.30	39.33	39.36	39.37	39.39	39.40	39.41	39.43	39.45	39.46	39.46	39.47	39.48	39.49	39.50
3	17.44	16.04	15.44	15.10	14.88	14.73	14.62	14.54	14.47	14.42	14.34	14.25	14.17	14.12	14.08	14.04	13.99	13.95	13.90
4	12.22	10.65	9.98	9.60	9.36	9.20	9.07	8.98	8.90	8.84	8.75	8.66	8.56	8.51	8.46	8.41	8.36	8.31	8.26
5	10.01	8.43	7.76	7.39	7.15	6.98	6.85	6.76	6.68	6.62	6.52	6.43	6.33	6.28	6.23	6.18	6.12	6.07	6.02
6	8.81	7.26	6.60	6.23	5.99	5.82	5.70	5.60	5.52	5.46	5.37	5.27	5.17	5.12	5.07	5.01	4.96	4.90	4.85
7	8.07	6.54	5.89	5.52	5.29	5.12	4.99	4.90	4.82	4.76	4.67	4.57	4.47	4.41	4.36	4.31	4.25	4.20	4.14
8	7.57	6.06	5.42	5.05	4.82	4.65	4.53	4.43	4.36	4.30	4.20	4.10	4.00	3.95	3.89	3.84	3.78	3.73	3.67
9	7.21	5.71	5.08	4.72	4.48	4.32	4.20	4.10	4.03	3.96	3.87	3.77	3.67	3.61	3.56	3.51	3.45	3.39	3.33
10	6.94	5.46	4.83	4.47	4.24	4.07	3.95	3.85	3.78	3.72	3.62	3.52	3.42	3.37	3.31	3.26	3.20	3.14	3.08
11	6.72	5.26	4.63	4.28	4.04	3.88	3.76	3.66	3.59	3.53	3.43	3.33	3.23	3.17	3.12	3.06	3.00	2.94	2.88
12	6.55	5.10	4.47	4.12	3.89	3.73	3.61	3.51	3.44	3.37	3.28	3.18	3.07	3.02	2.96	2.91	2.85	2.79	2.72
13	6.41	4.97	4.35	4.00	3.77	3.60	3.48	3.39	3.31	3.25	3.15	3.05	2.95	2.89	2.84	2.78	2.72	2.66	2.60
14	6.30	4.86	4.24	3.89	3.66	3.50	3.38	3.29	3.21	3.15	3.05	2.95	2.84	2.79	2.73	2.67	2.61	2.55	2.49
15	6.20	4.77	4.15	3.80	3.58	3.41	3.29	3.20	3.12	3.06	2.96	2.86	2.76	2.70	2.64	2.59	2.52	2.46	2.40
16	6.12	4.69	4.08	3.73	3.50	3.34	3.22	3.12	3.05	2.99	2.89	2.79	2.68	2.63	2.57	2.51	2.45	2.38	2.32
17	6.04	4.62	4.01	3.66	3.44	3.28	3.16	3.06	2.98	2.92	2.82	2.72	2.62	2.56	2.50	2.44	2.38	2.32	2.25
18	5.98	4.56	3.95	3.61	3.38	3.22	3.10	3.01	2.93	2.87	2.77	2.67	2.56	2.50	2.44	2.38	2.32	2.26	2.19
19	5.92	4.51	3.90	3.56	3.33	3.17	3.05	2.96	2.88	2.82	2.72	2.62	2.51	2.45	2.39	2.33	2.27	2.20	2.13
20	5.87	4.46	3.86	3.51	3.29	3.13	3.01	2.91	2.84	2.77	2.68	2.57	2.46	2.41	2.35	2.29	2.22	2.16	2.09
21	5.83	4.42	3.82	3.48	3.25	3.09	2.97	2.87	2.80	2.73	2.64	2.53	2.42	2.37	2.31	2.25	2.18	2.11	2.04
22	5.79	4.38	3.78	3.44	3.22	3.05	2.93	2.84	2.76	2.70	2.60	2.50	2.39	2.33	2.27	2.21	2.14	2.08	2.00
23	5.75	4.35	3.75	3.41	3.18	3.02	2.90	2.81	2.73	2.67	2.57	2.47	2.36	2.30	2.24	2.18	2.11	2.04	1.97
24	5.72	4.32	3.72	3.38	3.15	2.99	2.87	2.78	2.70	2.64	2.54	2.44	2.33	2.27	2.21	2.15	2.08	2.01	1.94
25	5.69	4.29	3.69	3.35	3.13	2.97	2.85	2.75	2.68	2.61	2.51	2.41	2.30	2.24	2.18	2.12	2.05	1.98	1.91
30	5.57	4.18	3.59	3.25	3.03	2.87	2.75	2.65	2.57	2.51	2.41	2.31	2.20	2.14	2.07	2.01	1.94	1.87	1.79
40	5.42	4.05	3.46	3.13	2.90	2.74	2.62	2.53	2.45	2.39	2.29	2.18	2.07	2.01	1.94	1.88	1.80	1.72	1.64
60	5.29	3.93	3.34	3.01	2.79	2.63	2.51	2.41	2.33	2.27	2.17	2.06	1.94	1.88	1.82	1.74	1.67	1.58	1.48
120	5.15	3.80	3.23	2.89	2.67	2.52	2.39	2.30	2.22	2.16	2.05	1.94	1.82	1.76	1.69	1.61	1.53	1.43	1.31
∞	5.02	3.69	3.12	2.79	2.57	2.41	2.29	2.19	2.11	2.05	1.94	1.83	1.71	1.64	1.57	1.48	1.39	1.27	1.00

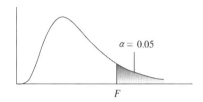

$\alpha = 0.05$

F

분모	분자 자유도																		
자유도	1	2	3	4	5	6	7	8	9	10	12	15	20	24	30	40	60	120	∞
1	161.5	199.5	215.7	224.6	230.2	234.0	236.8	238.9	240.5	241.9	243.9	246.0	248.0	249.1	250.1	251.1	252.2	253.3	254.3
2	18.51	19.00	19.16	19.25	19.30	19.33	19.35	19.37	19.38	19.40	19.41	19.43	19.45	19.45	19.46	19.47	19.48	19.49	19.50
3	10.13	9.55	9.28	9.12	9.01	8.94	8.89	8.85	8.81	8.79	8.74	8.70	8.66	8.64	8.62	8.59	8.57	8.55	8.53
4	7.71	6.94	6.59	6.39	6.26	6.16	6.09	6.04	6.00	5.96	5.91	5.86	5.80	5.77	5.75	5.72	5.69	5.66	5.63
5	6.61	5.79	5.41	5.19	5.05	4.95	4.88	4.82	4.77	4.74	4.68	4.62	4.56	4.53	4.50	4.46	4.43	4.40	4.37
6	5.99	5.14	4.76	4.53	4.39	4.28	4.21	4.15	4.10	4.06	4.00	3.94	3.87	3.84	3.81	3.77	3.74	3.70	3.67
7	5.59	4.74	4.35	4.12	3.97	3.87	3.79	3.73	3.68	3.64	3.57	3.51	3.44	3.41	3.38	3.34	3.30	3.27	3.23
8	5.32	4.46	4.07	3.84	3.69	3.58	3.50	3.44	3.39	3.35	3.28	3.22	3.15	3.12	3.08	3.04	3.01	2.97	2.93
9	5.12	4.26	3.86	3.63	3.48	3.37	3.29	3.23	3.18	3.14	3.07	3.01	2.94	2.90	2.86	2.83	2.79	2.75	2.71
10	4.96	4.10	3.71	3.48	3.33	3.22	3.14	3.07	3.02	2.98	2.91	2.85	2.77	2.74	2.70	2.66	2.62	2.58	2.54
11	4.84	3.98	3.59	3.36	3.20	3.09	3.01	2.95	2.90	2.85	2.79	2.72	2.65	2.61	2.57	2.53	2.49	2.45	2.40
12	4.75	3.89	3.49	3.26	3.11	3.00	2.91	2.85	2.80	2.75	2.69	2.62	2.54	2.51	2.47	2.43	2.38	2.34	2.30
13	4.67	3.81	3.41	3.18	3.03	2.92	2.83	2.77	2.71	2.67	2.60	2.53	2.46	2.42	2.38	2.34	2.30	2.25	2.21
14	4.60	3.74	3.34	3.11	2.96	2.85	2.76	2.70	2.65	2.60	2.53	2.46	2.39	2.35	2.31	2.27	2.22	2.18	2.13
15	4.54	3.68	3.29	3.06	2.90	2.79	2.71	2.64	2.59	2.54	2.48	2.40	2.33	2.29	2.25	2.20	2.16	2.11	2.07
16	4.49	3.63	3.24	3.01	2.85	2.74	2.66	2.59	2.54	2.49	2.42	2.35	2.28	2.24	2.19	2.15	2.11	2.06	2.01
17	4.45	3.59	3.20	2.96	2.81	2.70	2.61	2.55	2.49	2.45	2.38	2.31	2.23	2.19	2.15	2.10	2.06	2.01	1.96
18	4.41	3.55	3.16	2.93	2.77	2.66	2.58	2.51	2.46	2.41	2.34	2.27	2.19	2.15	2.11	2.06	2.02	1.97	1.92
19	4.38	3.52	3.13	2.90	2.74	2.63	2.54	2.48	2.42	2.38	2.31	2.23	2.16	2.11	2.07	2.03	1.98	1.93	1.88
20	4.35	3.49	3.10	2.87	2.71	2.60	2.51	2.45	2.39	2.35	2.28	2.20	2.12	2.08	2.04	1.99	1.95	1.90	1.84
21	4.32	3.47	3.07	2.84	2.68	2.57	2.49	2.42	2.37	2.32	2.25	2.18	2.10	2.05	2.01	1.96	1.92	1.87	1.81
22	4.30	3.44	3.05	2.82	2.66	2.55	2.46	2.40	2.34	2.30	2.23	2.15	2.07	2.03	1.98	1.94	1.89	1.84	1.78
23	4.28	3.42	3.03	2.80	2.64	2.53	2.44	2.37	2.32	2.27	2.20	2.13	2.05	2.01	1.96	1.91	1.86	1.81	1.76
24	4.26	3.40	3.01	2.78	2.62	2.51	2.42	2.36	2.30	2.25	2.18	2.11	2.03	1.98	1.94	1.89	1.84	1.79	1.73
25	4.24	3.39	2.99	2.76	2.60	2.49	2.40	2.34	2.28	2.24	2.16	2.09	2.01	1.96	1.92	1.87	1.82	1.77	1.71
30	4.17	3.32	2.92	2.69	2.53	2.42	2.33	2.27	2.21	2.16	2.09	2.01	1.93	1.89	1.84	1.79	1.74	1.68	1.62
40	4.08	3.23	2.84	2.61	2.45	2.34	2.25	2.18	2.12	2.08	2.00	1.92	1.84	1.79	1.74	1.69	1.64	1.58	1.51
60	4.00	3.15	2.76	2.53	2.37	2.25	2.17	2.10	2.04	1.99	1.92	1.84	1.75	1.70	1.65	1.59	1.53	1.47	1.39
120	3.92	3.07	2.68	2.45	2.29	2.18	2.09	2.02	1.96	1.91	1.83	1.75	1.66	1.61	1.55	1.50	1.43	1.35	1.25
∞	3.84	3.00	2.60	2.37	2.21	2.10	2.01	1.94	1.88	1.83	1.75	1.67	1.57	1.52	1.46	1.39	1.32	1.22	1.00

11 | 로마자 표기법

대문자(Capital)	소문자(Small)	영어	발음
A	α	alpha	알파
B	β	beta	베타
Γ	γ	gamma	감마
Δ	δ	delta	델타
E	ϵ	epsilon	입실론
Z	ζ	zeta	제타
H	η	eta	에타
Θ	θ	theta	쎄타
I	ι	iota	이오타
K	k	kappa	카파
Λ	λ	lambda	람다
M	μ	mu	뮤
N	ν	nu	뉴
Ξ	ξ	xi	크사이
O	o	omicron	오미크론
Π	π	pi	파이
P	ρ	rho	로우
Σ	σ	sigma	시그마
T	τ	tau	타우
Y	υ	upsilon	업실론
Φ	ϕ	phi	피
X	χ	chi	카이
Ψ	ψ	psi	프사이
Ω	ω	omega	오메가

참고문헌

- 김병천. 『統計學을 위한 行列代數學』, 자유아카데미, 1998
- 김성주 외. 『통계학원론』, 탐진, 1994.
- 김수택 외. 『조사방법의 이해』, 교우사, 2005.
- 김연형, 이기훈. 『통계자료분석』, 자유아카데미, 1997
- 김연형. 『통계학개론』, 형설출판사, 1993.
- 김연형. 『통계조사 방법과 응용』, 자유아카데미, 1995.
- 김연형. 『시계열분석』, 자유아카데미, 1994.
- 김종우 외. 『통계학입문』, 정익사, 2003.
- 김종우 외. 『확률론 입문』, 영지문화사, 1986.
- 남궁평. 『현대표본이론』, 탐진, 1999.
- 남궁평. 『표본조사설계와 분석』, 탐진, 2007.
- 메가고시연구소. 『Union Statistics 통계학의 제문제』, 인해, 2014.
- 박성현 외. 『SPSS 17.0 이해와 활용』, 한나래아카데미, 2009.
- 박성현. 『현대실험계획법』. 민영사, 1995.
- 박성현. 『회귀분석』, 민영사, 1995.
- 박성현 외. 『회귀분석』, 한국방송통신대학교출판부, 2004.
- 박성현 외. 『SPSS와 SAS분석을 통한 실험계획법의 이해』, 민영사, 2005.
- 소정현. 『사회조사분석사 2급 2차실기』, 시대고시기획, 2020
- 소정현. 『사회조사분석사 1급 기출문제 풀이』, 시대고시기획, 2020
- 소정현. 『통계직 공무원을 위한 통계학』, 시대고시기획, 2020
- 송성주 외. 『수리통계학』, 자유아카데미, 2015
- 이계오 외. 『표본조사론』, 한국방송통신대학교출판부, 2006.
- 이기성 외. 『한글SPSS 통계자료분석』, 자유아카데미, 2010.
- 이종원 외. 『RATS를 이용한 계량경제분석』, 박영사, 1996.
- 이태림 외. 『통계학개론』, 한국방송통신대학교출판부, 2004.
- 오광우 외. 『회귀분석 입문 및 응용』, 탐진, 1996.
- 장대홍 외. 『비전공자를 위한 통계학이야기 통계마인드』, 통계교육원, 2010.
- 조신섭 외. 『SAS/ETS를 이용한 시계열분석』, 율곡출판사, 2016.
- 지동표. 『線型代數와 그 응용』, 영지출판사, 1995.
- 통계교육원. 『조사방법의 이해』 통계교육원, 2006.
- 통계교육원. 『조사표 설계론』, 통계교육원, 2011.

- 통계교육원. 『표본이론 기초』, 통계교육원, 2015.
- 통계교육원, 『시계열 분석』, 통계교육원, 2017.
- 허문열, 송문섭. 『수리통계학』, 박영사, 1997
- 홍종선. 『추정과 가설검정』, 자유아카데미, 2000
- Alexander M. Mood, Franklin A. Graybill, Duane C. Boes(1974), 『Introduction to the Theory of Statistics』, McGraq-Hill
- Ben Nobel, James W. Daniel(1988), 『Applied Linear Algebra』, Pretence-Hall
- Douglas C. Montgomery(2005), 『Design and Analysis of Experiments』, John Wiley & Sons, Inc
- E.L. Lehmann(1983), 『Theory of Point Estimation』, John Wiley & Sons, Inc
- E.L. Lehmann(1986), 『Testing Statistical Hypotheses』, John Wiley & Sons, Inc
- J. Johnston(1985), 『Econometric Methods Third Edition』, McGraw-Hill Companies, Inc
- Jack Johnston, John Dinardo(1997), 『Econometric Methods Fourth Edition』, McGraw-Hill Companies, Inc.
- J.S. Milton, Jesse C. Arnord(1990), 『Introduction to Probability and Statistics Second Edition』, McGraw-Hill Companies, Inc
- Morris H. DegGroot(1985), 『Second Edition Probability and Statistics』, Addison-Wesley Publishing Company
- Peter J. Bickel, Kjell A. Doksum(2000), 『Mathematical Statistics : Basic Ideas and Selected Topics』, Prentice Hall
- Richard A. Johnson, Dean W. Wichern(2007), 『Applied Multivariate Statistical Analysis Sixth Edition』, Pearson Educatin. Inc
- Robert V. Hogg, Allen T. Craig(1995), 『Introduction to Mathematical Statistics』, Pretence-Hall
- Sharon L. Lohr(1999), 『Sampling: Design and Analysis Second Edition』, Duxbury Press
- Sheldon Ross(1998), 『A First Course in Probability 5th Edition』, Prentice Hall
- S. Sampath(2001), 『Sampling Theory and Methods』, Narosa Publishing House
- Steven K. Thompson(2002), 『Sampling Second Edition』, John Wiley & Sons, Inc
- William G. Cochran(1977), 『Sampling Techniques Third Edition』, John Wiley & Sons, Inc
- Walter Enders(1995), 『Applied Econometric Time Series』, John Wiley & Sons, Inc

2024 SD에듀 행정 · 입법고시 통계학 합격대비

개정4판1쇄 발행	2024년 01월 05일 (인쇄 2023년 11월 14일)
초 판 발 행	2019년 01월 03일 (인쇄 2018년 10월 29일)
발 행 인	박영일
책 임 편 집	이해욱
저 자	소정현 · 김태호
편 집 진 행	노윤재 · 전세영
표 지 디 자 인	김도연
편 집 디 자 인	차성미 · 채현주
발 행 처	(주)시대고시기획
출 판 등 록	제10-1521호
주 소	서울시 마포구 큰우물로 75 [도화동 538 성지 B/D] 9F
전 화	1600-3600
팩 스	02-701-8823
홈 페 이 지	www.sdedu.co.kr

I S B N	979-11-383-4734-1
정 가	40,000원